国外电子与电气工程技术丛书

数字逻辑基础与Verilog设计

（原书第3版）

[加] 斯蒂芬·布朗（Stephen Brown）
斯万克·瓦拉纳西（Zvonko Vranesic） 著
吴建辉 黄成 等译

Fundamentals of Digital Logic with Verilog Design
3rd Edition

机械工业出版社
CHINA MACHINE PRESS

图书在版编目（CIP）数据

数字逻辑基础与Verilog设计（原书第3版）/（加）布朗（Brown, S.），（加）瓦拉纳西（Vranesic, Z.）著；吴建辉等译．—北京：机械工业出版社，2016.6（2024.6重印）
（国外电子与电气工程技术丛书）
书名原文：Fundamentals of Digital Logic with Verilog Design, 3rd Edition

ISBN 978-7-111-53728-1

I. 数… II. ①布… ②瓦… ③吴… III. ①数字逻辑－逻辑设计－教材 ②硬件描述语言－程序设计－教材 IV. ① TP302.2 ② TP312

中国版本图书馆CIP数据核字（2016）第097259号

北京市版权局著作权合同登记 图字：01-2013-4260号。

本书是为“数字逻辑设计”课程编写的入门教材，这门课是电气工程和计算机专业的基础课程。本书着重阐述了数字逻辑基础与逻辑电路的基本设计技术，通过许多例子来引入基本概念，强调综合电路及如何在实际芯片上实现电路。主要内容包括：逻辑电路、算术运算电路、编码器、译码器、多路选择器、移位寄存器、计数器、同步时序电路、异步时序电路、数字系统设计、逻辑函数的优化、计算机辅助设计工具等。本书适合作为高等院校电子和计算机工程专业的数字电路教材，也适合相关专业人士参考。

出版发行：机械工业出版社（北京市西城区百万庄大街22号 邮政编码：100037）
责任编辑：王 颖　　责任校对：殷 虹
印 刷：固安县铭成印刷有限公司　　版 次：2024年6月第1版第11次印刷
开 本：185mm×260mm 1/16　　印 张：28.5
书 号：ISBN 978-7-111-53728-1　　定 价：89.00元

客服电话：（010）88361066 68326294

译者序

本书的作者 Stephen Brown 与 Zvonko Vranesic 为电气工程专业的博士，长期从事数字逻辑、现场可编程 VLSI 技术等领域的科研与教学工作，积累了丰富的实践经验，并将这些经验融合到本书中，撰写了一本科教有效结合的教材。

与其他数字逻辑类书籍不同，本书重点介绍多种逻辑电路及用硬件描述语言 Verilog 实现对应电路的方法，涉及的知识面很广，以较强的逻辑性将这些知识紧密联系在一起，以自下而上的方式介绍简单的单元电路以及构建复杂的电子系统，内容循序渐进。其中，第 1～5 章介绍了数字电路的基本知识，即数字电路设计流程、逻辑电路基础、算术运算电路、组合电路、存储元件等；第 6～11 章介绍了实际数字系统设计的各种知识，如同步时序电路、逻辑功能优化、异步时序电路、完整的 CAD 电路设计流程以及电路测试等。另外附录介绍了 Verilog 的基本特性及电路实现技术，可方便读者的学习与理解。每章末尾的习题反映了对应章的知识点，有利于加深读者对于所学知识点的理解，同时对于重要的题目给出了相应的参考答案，方便初学者巩固知识点。

本书中的例题非常具有代表性，涉及很多设计细节，非常适合作为工程实践人员的入门参考。

本书的翻译工作主要是在东南大学吴建辉的组织下完成的，多位教师与研究生参与了此项工作，虽经认真校对，由于译者水平有限，仍难免存在不妥之处，希望读者不吝赐教。

吴建辉

前　言

本书面向数字逻辑设计的入门课程，这门课程是大多数电子和计算机工程专业的一门基础课程。一个成功的数字逻辑电路设计者首先必须深入了解其基本概念，并且能够牢固掌握基于计算机辅助设计(CAD)工具的现代设计方法。

本书的主要目的为：1)通过典型的数字电路手工设计方法教给学生基本概念；2)清晰地展示当今采用CAD工具设计数字电路的方法。虽然目前除了少数情况外已经不再采用手工方法进行设计，但我们仍想通过教授这些手工设计技术，使学生对如何设计数字电路有一个感性的认识；并且手工设计方法能对CAD工具实现的功能进行很好的解释，使学生体会到自动设计的优势。本书通过简单的电路设计案例引出其基本概念，这些案例都同时采用手工方法和现代CAD方法设计。在建立了基本概念后，提供了更多基于CAD工具的复杂例子。因此，本书的重点仍然放在现代设计方法上，以说明当今数字电路是如何设计的。

技术

本书将讨论现代数字电路实现技术，重点为教科书中最适合采用的可编程逻辑器件(PLD)，其原因主要表现在两个方面：第一，PLD在实际设计中被广泛采用，并且适合于各种数字电路设计，事实上，从某些方面看学生们在他们的职业生涯中更喜欢基于PLD进行设计而不是任何别的技术；第二，可以通过最终用户的编程在PLD上实现电路。因此，在实验室中可以提供给学生一个机会，即基于实际芯片来实现书中的设计例子；学生也可以用自己的计算机仿真所设计电路的性能。为了达到设计目的，我们采用最常见的PLD：复杂可编程逻辑器件(CPLD)和现场可编程逻辑阵列(FPGA)。

在逻辑电路的具体设计中，我们强调硬件描述语言(HDL)的使用，因为基于HDL的方法在实际应用中是最有效的。我们还详细介绍了IEEE标准的Verilog HDL语言，并且在例子中广泛使用。

本书内容

本书第3版的结构进行了较大的改进，第1～6章覆盖一个学期内该课程所需讲述的所有内容，而第7～11章则介绍更先进的内容。

第1章概述了数字系统的设计流程，讨论了设计流程中的关键步骤，解释了如何运用CAD工具自动实现所要求的众多工作；同时介绍了数字信息的表示方式。

第2章介绍了逻辑电路的基本知识，展示了如何使用布尔代数表示逻辑电路；介绍了逻辑电路综合和优化的概念，展示了如何使用逻辑门实现简单电路。第一次向读者展现Verilog，一个可用于描述逻辑电路的硬件描述语言例子。

第3章重点讲述了算术运算电路，讨论了数字系统中数字的表示方式，并说明了这样的数字如何运用到逻辑电路中。另外，该章还阐述了如何使用Verilog详细描述所期望的功能，以及CAD工具如何提供开发所期望电路的机制。

第4章介绍了用作构建模块的组合电路，包括编码器、译码器及多路选择器。这些电路非常便于阐明众多借助Verilog构建的应用，给读者提供了一个揭示Verilog更多高级特性的机会。

第5章介绍了存储单元，讨论了采用触发器实现的规则结构，如移位寄存器和计数器，并给出了这些结构的 Verilog 描述。

第 6 章详细阐明了同步时序电路(有限状态机)，解释了这些电路的行为，并介绍了用手工和自动两种方法进行实际设计开发的技术。

第 7 章讨论了系统设计中经常遇到的问题及其解决办法，介绍了一个较大规模的数字系统层次化设计的例子，并给出了完整的 Verilog 代码。

第 8 章介绍了逻辑功能优化实现的更加先进的技术，提供了优化算法；解释了如何与二元决策图一样使用一种立方体表示法指定逻辑功能。

第 9 章讨论了异步时序电路。虽然没有面面俱到地叙述，但清晰展示了时序电路的主要特性。尽管异步时序电路在实际中的应用并不是很广泛，但是它们提供了一个深刻理解数字电路操作的非常好的途径。该章还展示了可能存在于电路结构内部的传播延迟和冒险竞争。

第 10 章给出了设计者在设计、实现及测试数字电路过程中经历的一个完整的 CAD 流程。

第 11 章介绍了电路的测试。逻辑电路的设计者必须清楚意识到电路测试的必要性，至少应熟悉测试最基本的知识。

附录 A 总结了完整的 Verilog 特性。整本书中都使用了 Verilog，该附录便于读者在编写 Verilog 代码时随时查阅与参考。

附录 B 给出了数字电路的电特性，展示了如何采用晶体管搭建基本的门电路，介绍了影响电路性能的各种因素。该附录重点讨论了最新的技术，同时介绍了 CMOS 工艺和可编程逻辑器件。

课程内容建议

书中大部分内容适用于两个季度的课程。在不需要花费太多时间教授 Verilog 和 CAD 工具时，1 个学期甚至 1 个季度的课程也可以涵盖大部分最重要的内容。为了达到这个目的，我们按照模块化方式组织了 Verilog 内容以便于自学。多伦多大学不同班级的教学实践表明，只须用 3～4 个学时介绍 Verilog，即代码如何编写，包括使用设计层次结构、标量、矢量，以及指定时序电路所需的代码形式。本书给出的 Verilog 例子带有大量的说明，学生很容易理解。

本书也适用于不涉及 Verilog 的逻辑设计课程。然而，了解某些 Verilog 知识，即使是入门水平，对学生也是有益的，并且对于设计工程师日后的工作也非常有帮助。

1 个学期的课程

课程需要教授的内容如下：

第 1 章：每一节

第 2 章：每一节

第 3 章：3.1～3.5 节

第 4 章：每一节

第 5 章：每一节

第 6 章：每一节

1 个季度的课程

课程需要教授的内容如下：

第 1 章：每一节

第 2 章：每一节

第 3 章：3.1～3.3 节和 3.5 节

第 4 章：每一节

第 5 章：每一节

第 6 章：6.1～6.4 节

Verilog

Verilog 是一种复杂的语言，有些教师感到初学者掌握起来很困难，我们完全同意这个观点，并且试图解决这个问题。教师在教学过程中没有必要介绍 Verilog 语言的全部。本书只介绍对于逻辑电路设计和综合有用的重要的 Verilog 语言结构，略去了许多其他语言结构，如那些仅用于仿真的语言结构。并且仅在相关电路设计中用到 Verilog 更高级的特性时才会介绍这些知识。

本书包含了 120 多个示例的 Verilog 代码：从只包含一些门电路到某些表示整个数字系统的电路(如一个简单处理器)，以说明如何采用 Verilog 语言描述不同的逻辑电路。

本书给出的所有 Verilog 示例的代码可参考作者的网站：www. eecg. totonto. edu/～brown/Verilog _ 3e。

问题求解

每一章中都包含解决问题的实例，通过这些实例可以求解典型的习题。

课外习题

本书提供了 400 多道习题，书的最后给出了部分习题的答案。与本书配套的《答案手册》中提供了本书中所有习题的解答，以供老师参考。[⊖]

幻灯片和《答案手册》

读者可以在作者的网站 www. mhhe. com/brownvranesic 上获得本书所有图的幻灯片。老师可以申请获得这些幻灯片以及本书的《答案手册》。

CAD 工具

现代数字系统非常庞大，很多复杂的逻辑电路若不使用 CAD 工具是难以设计的。本书对于 Verilog 的阐述有助于读者编写 Verilog 代码以描述不同复杂度的逻辑电路。为了获得适当的设计过程方法，使用商用 CAD 工具是非常有益的。一些很好的 CAD 工具是免费的，比如，Altera 公司的 Quartus Ⅱ CAD 软件，它广泛应用于基于诸如 FPGA 类的可编程逻辑器件的设计中。Quartus Ⅱ软件的网络版本可以从 Altera 的网站上下载并且免费使用，而不需要许可证。本书先前版本的附录中给出了使用 Quartus Ⅱ软件的教程，这些教程可以在作者的网站上找到，也可以通过 Altera 的编程网站上找到另一些有用的 Quartus Ⅱ教程，其网址为 www. altera. com/eduction/univ。

致谢

对于在本书准备期间给予帮助的人们表达深深的谢意，其中 Dan Vranesic 提供了大量插图，他和 Deshanand Singh 也参与了《答案手册》的准备；Tom Czajkowski 帮助检查一些答案。Thomas Bradicich，North Carolina State University；James Clark，McGill University；Stephen DeWeerth，Georgia Institute of Technology；Sander Eller，CalPoly Pomona；Clay Gloster，Jr. ，North Carolina State University (Raleigh)；Carl Hamacher，Queen's University；Vincent Heuring，University of Colorado；Yu Hen Hu，University of Wisconsin；Wei-Ming Lin，University of Texas (San Antonio)；Wayne Loucks，

⊖ 关于本书教辅资源，用书教师可向麦格劳·希尔教育出版公司北京代表处申请，电话：8008101936/010-62790299-108，电子邮件：instructorchina@mcgraw-hill. com。——编辑注

University of Waterloo；Kartik Mohanram，Rice University；Jane Morehead，Mississippi State University；Chris Myers，Univesity of Utah；Vojin Oklobdzija，Univesity of California (Davis)；James Palmer，Rochester Institute of Technology；Gandhi Puvvada，University of Southern California；Teodoro Robles，Milwaukee School of Engineering；Tatyana Roziner，Boston University；Rob Rutenbar，Carnegie Mellon University；Eric Schwartz，University of Florida；Wen-Tsong Shiue，Oregon State University；Peter Simko，Miami University；Scott Smith，University of Missouri (Rolla)；Arun Somani，Iowa State University；Bernard Svihel，University of Texas (Arlington)；以及 Zeljko Zilic，McGill University 给出了有益的批评与很好的改进建议。

感谢 McGraw-Hill 的工作人员的支持，我们非常感激 Raghu Srinivasan、Vincent Bradshaw、Darlene Schueller、Curt Reynolds 以及 Michael Lange 的帮助，也感谢由 Techsetters 公司提供的排版支持。

Stephen Brown 和 Zvonko Vranesic

作者简介

斯蒂芬·布朗(Stephen Brown)本科毕业于加拿大布伦斯维克大学，获得电子工程学士学位，此后就读于多伦多大学并取得电子工程硕士和博士学位，于1992年进入多伦多大学任教，目前为该校电子与计算机工程系教授，同时在Altera公司发起的国际大学计划中担任理事职务。

研究领域包括现场可编程VLSI技术以及计算机结构，曾获得由加拿大自然科学与工程研究委员会颁发的1992年最佳博士论文奖，并且发表了超过100篇的科研论文。

在电子工程、计算机工程以及计算机科学相关课程方面获得过5次优异教学成果奖，并且与他人合编了两本知名教材：《Fundamentals of Digital Logic with VHDL Design》(第3版)以及《Field-Programmable Gate Arrays》。

斯万克·瓦拉纳西(Zvonko Vranesic)拥有多伦多大学电子工程学士、硕士和博士学位。1963～1965年在位于安大略省布拉马里的北方电力有限公司担任设计工程师；1968年进入多伦多大学任教，现为该校电子与计算机工程系以及计算机科学系的荣誉退休教授；1978～1979年为英国剑桥大学的高级访问学者；1984～1985年为巴黎第六大学的访问学者；1995～2000年担任多伦多大学工程科学部主席，同时还参与了Altera公司多伦多科技中心组织的研发工作。

目前的研究领域包括计算机架构以及现场可编程VLSI技术研究。

除了本书之外，与他人合编了另外3本知名教材：《Computer Organization and Embedded Systems》(第6版)，《Microcomputer Structures》与《Field-Programmable Gate Arrays》。1990年由于指导本科生实验的创新和杰出贡献而获得怀顿(Wighton)奖金；2004年获得由多伦多大学应用科学和工程教师组织颁发的教学奖。

此外，他曾多次代表加拿大出席国际象棋大赛，并被冠以“国际象棋大师”的头衔。

目 录

第1章 引言

本章主要内容

- 数字硬件
- 设计流程概述
- 二进制数码
- 信息的数字化表示方式

本书的内容是关于组成计算机的逻辑电路，正确理解逻辑电路对于从事电子和计算机的工程技术人员而言至关重要。逻辑电路是计算机的主要组成部分，在其他领域中也得到了广泛应用。逻辑电路在电子产品中随处可见，如音视频播放器、电子游戏机、数字手表、数码相机、电视、打印机、家用电器以及诸如电话网络、因特网设备、电视广播设备、工业控制单元和医疗器械等大型系统中。总之，逻辑电路是几乎所有现代产品的重要组成。

本书将介绍逻辑电路设计的众多问题，通过简单的例子解释一些关键的原理，同时阐明如何由基本单元实现复杂电路。本书涵盖了逻辑电路设计中的经典理论，使读者对这些电路的本质有直观的认识。此外，本书也阐述了基于成熟的计算机辅助设计(CAD)软件工具进行逻辑电路设计的现代化方法，本书所采用的 CAD 方法基于该行业标准语言——Verilog 硬件描述语言。从第 2 章开始介绍使用 Verilog 语言进行的设计，而基于 CAD 工具和 Verilog 语言的设计贯穿于本书的每个章节。

逻辑电路由集成电路芯片上的晶体管实现，基于现代工艺的通用芯片可能包含上亿个晶体管，如一些计算机处理器。这些电路的基本模块很容易理解，但是对于一个包含上亿个晶体管的电路就不那么容易理解了。大规模电路带来的复杂性可以通过采用高级别的设计技术加以解决。本章将介绍这些技术，但在这之前先简要介绍构建逻辑电路所用的硬件技术。

1.1 数字硬件

逻辑电路用于构造计算机硬件和许多其他类型的产品，所有这些产品统称为“数字硬件”。用“数字”来命名的原因将在 1.5 节中加以说明——它源于计算机中的信息表示法，即电子信号对应于信息的数字。

用于构造数字硬件的技术在过去几十年中发生了巨大的变化。20 世纪 60 年代以前，逻辑电路都由诸如分立晶体管和电阻等体积较大的元器件构成。集成电路的出现使得在一个芯片上集成多个晶体管甚至整个电路成为可能。起初这些电路只包含少量晶体管，但随着工艺的进步，电路变得越来越复杂。集成电路芯片制造在一个硅片上，如图 1.1 所示。将晶片划片，分成多个独立的芯片，并进行特定类型的封装。到 20 世纪 70 年代，一个芯片上可以集成整个微处理器电路。尽管在今天看来早期微处理器的计算能力十分有限，但通过制造廉价个人计算机开启了信息处理革命的大门。

图 1.1 硅晶片(经 Altera 公司许可转载)

大约 30 年前，Intel 公司的创始人戈登·摩尔就预测到集成电路技术将以令人震惊的速度进行发展，在一个芯片上集成的晶体管数量每两年就会翻一倍。这就是著名的摩尔定律(Moore's Law)，这一现象一直持续到现在。在 20 世纪 90 年代初期，一个微处理器可以集成几百万晶体管，到 20 世纪 90 年代后期已经可以制造出拥有千万个晶体管的处理器，而现在芯片中晶体管的数量达上亿级。

摩尔定律数年内还会成立。一个集成电路联盟对这项技术的发展做出了预测，该预测报告称为国际半导体技术蓝图(ITRS)[1]，它讨论了包括单个芯片集成的最大晶体管数量等多个方面的技术发展。图 1.2 给出了 ITRS 的一个数据样本，从中可以看出，在 1995 年可以制造出拥有千万级晶体管的芯片，这个数字以稳定的速度增长，到现在芯片中已经达到了上亿级晶体管。蓝图预测到 2022 年，芯片中晶体管数量可以达到百亿级，这将给人们日常生活的方方面面带来重大影响。

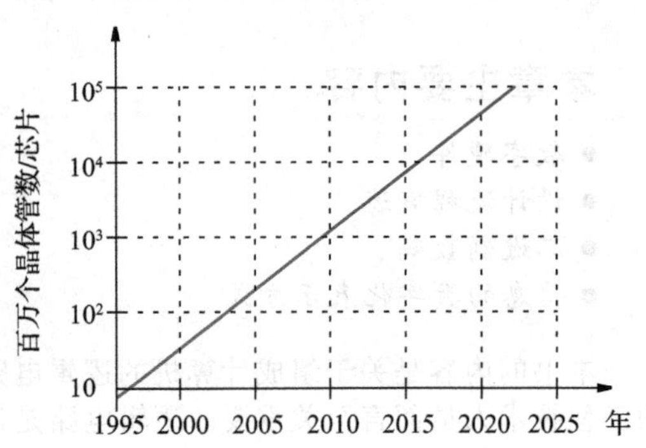

图 1.2　每年芯片上集成的最大晶体管数量估计

数字硬件设计者可以在一个芯片上设计逻辑电路，也可以在印制电路板(PCB)上设计包含多个芯片的电路。通常情况下，某些逻辑电路可以采用现有可用的芯片实现，这种方式简化了设计任务，缩短了最终产品的开发周期。在详细讨论设计过程前，首先介绍不同类型的集成电路芯片。

目前有各种各样功能的芯片可以用于数字硬件实现。这些芯片有些用于实现简单的功能，有些可以实现复杂的功能。例如，一个数字硬件需要一个微处理器完成算术运算，存储芯片提供存储功能，接口芯片实现输入/输出设备的简单互连。这些芯片可以从不同供应商处获得。

对于大多数字硬件产品，从头设计和制造逻辑电路也是必要的。为了实现这些电路，可以使用三种类型的芯片：标准芯片、可编程逻辑器件和全定制芯片。接下来将介绍这些芯片。

1.1.1　标准芯片

有众多可以用于实现常用逻辑电路的芯片，称之为标准芯片。标准芯片具有经精心设计的一致公认和接受的逻辑功能和物理结构。每个标准芯片包含少量电路(通常少于 100 个晶体管)，实现了简单的功能。为了构造一个逻辑电路，设计者需要选取可以实现某种功能的芯片，并定义如何互连以实现一个更大规模的逻辑电路。

在 20 世纪 80 年代早期，使用标准芯片构造逻辑电路非常普遍。然而，随着集成电路工艺的进步，功能低下的芯片在印制电路板上占据了较大的空间，效率低下；标准芯片的另一个缺点就是每个芯片的功能固定不变。

1.1.2　可编程逻辑器件

与具有固定功能的标准芯片相反，制造出一个经用户配置后可以实现众多不同逻辑功能电路的芯片是完全可能的。这些芯片具有通用的结构并包含可编程开关集合，通过这些开关可以采用不同方式配置芯片内部电路。设计者根据需要选择合适的开关结构实现一个特定应用所需的功能。这些开关由最终用户进行编程，而不是在制造芯片时编程，此类芯片称为可编程逻辑器件(PLD)。

可编程逻辑器件的尺寸可变，可以用于实现超大规模逻辑电路。最常用的可编程逻辑器件通常称为现场可编程门阵列(FPGA)。最大的 FPGA 包含有十亿多个晶体管[2,3]，可以支持实现复杂的数字系统。一个FPGA中包含大量小规模逻辑电路单元，它们可以通过FPGA内部的可编程开关实现相互间的连接。由于FPGA具有高容量的特点，并且可以通过配置达到特定应用的需求，因此FPGA得到了广泛的应用。

1.1.3 全定制芯片

FPGA作为一种现成的元件，可以从不同的供应商处购买到，由于它们的可编程性，因而可用于实现数字硬件中的大多数逻辑电路。然而，FPGA存在着一个缺点，即其可编程开关占用了较多芯片面积，同时限制了所实现电路的运行速度。因此在某些情况下，FPGA达不到所期望的性能和成本需求。在这种情况下，可能需要从头开始设计芯片，即首先设计芯片需要包含的逻辑电路，然后由工艺厂进行芯片的制造，这种方法通常称为全定制或半定制设计，而这些芯片通常称为专用集成电路(ASIC)。

全定制电路的主要优点是可以根据特定任务优化电路设计，以获得更好的性能。与其他类型的芯片相比，全定制芯片有可能包含更大规模的逻辑电路。全定制芯片的制造成本通常较高，但是如果用在批量产品中，则每个芯片上的平均成本就会比实现同样功能的其他现成芯片低；此外，如果一颗芯片可以代替多颗芯片实现相同的功能，在PCB上所需面积就会变小，进一步降低了成本。

全定制设计方法的一个缺点是制造过程的时间长，通常需要几个月。相反，如果使用FPGA，最终用户只需花编程时间，而省去了制造时间。

1.2 设计流程

计算机辅助工具的使用大大影响了各种环境中的设计过程。例如，在一般方法上，设计一辆汽车与设计一台熔炉或一台计算机类似。如果最终产品需要满足某些特殊要求，则在开发周期中不能缺少某些步骤。

典型的设计流程图如图1.3所示，假设这是开发一个满足某些要求的产品的流程，则最直观的要求就是该产品的功能必须正确，同时还需要满足所期望的性能，且其成本不能超过某个给定的目标。

设计流程的开始是定义产品的设计规范，确定产品的基本特征，建立对最终产品的特性进行评价的可接受的方法。设计规范必须十分严格，以保证产品达到预期要求，但也不应该添加一些不必要的限制(即规范不应该限制设计的选择，而这些选择可能会导致意想不到的优势)。

规范定义完成后，需要设计产品的总体结构。这一步骤难以自动实现，通常需要人工完成。原因在于开发产品的总体结构没有一个清晰的界定，需要充分的设计经验和直觉技能。

总体结构设计完成后，就可以采用CAD工具进行详细设计了。可以采用多种CAD工具，包括针对单个部分以及总体结构的设计工具。初始设计完成后，需要验证设计结果是否符合原始的设计规范。在CAD工具出现以前，传统的方法是构造设计产品的关键部分的物理模型，而现在很少有必要这样做。CAD工具可以实现复杂产品的行为仿真，通过仿真就可以验证产品是否满足规范需求。如果发现错误，则做出相应的修改，并重复其仿真过程。尽管某些设计缺陷不能通过仿真检查出来，但是这种方法通常可以发现绝大多数细微问题。

当仿真结果表明设计正确后，就可以构造出一个完整的产品物理原型。完整地测试原型是否与规范一致，测试中表现出来的任何错误都必须修正。对于一些小错误，通常可以在产品的物理原型上做直接修改，但是如果发现大的错误，就需要重新设计产品并重复以上流程。当原型通过所有测试后，就可以认为产品设计成功，并拿去生产了。

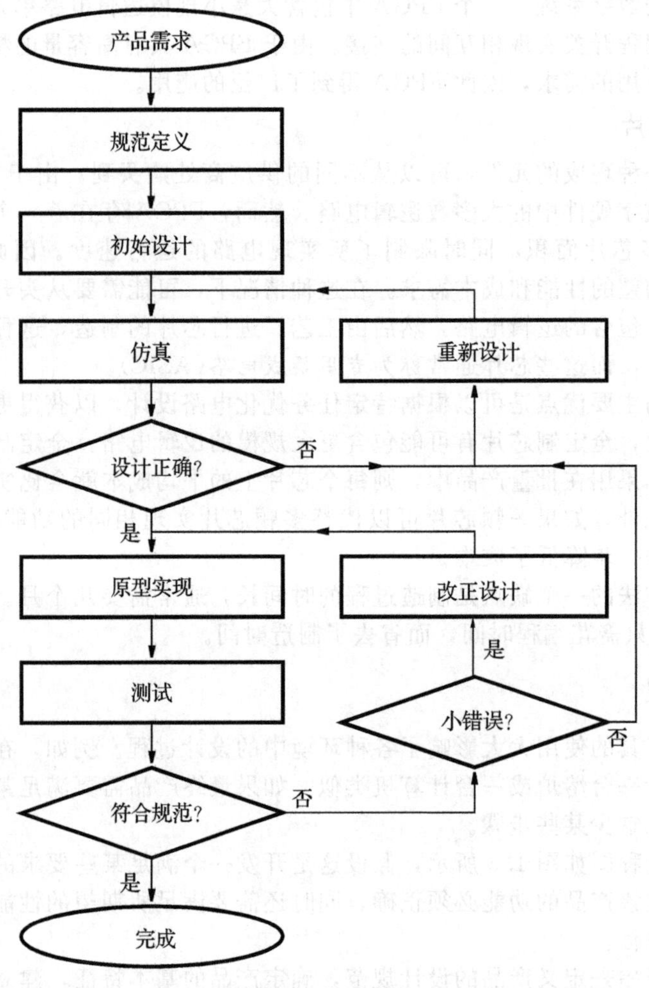

图 1.3 设计流程

1.3 计算机结构

为了理解逻辑电路在数字系统中的作用，需要介绍一下如图 1.4a 所示的典型计算机结构。一个计算机包含多个印制电路板(PCB)、一个电源系统以及存储单元(没有在图中显示，如硬盘、DVD 和 CD-ROM 驱动器)。每个模块都插入一个称为主板的 PCB 中，如图 1.4a 中下部分显示，一块主板中有多个集成电路芯片，并提供连接其他 PCB 的插槽，如声卡、显卡、网卡。

图 1.4b 展示了一个集成电路芯片的结构。这个芯片包括一系列的子电路，它们之间通过互连线连接成一个完整的电路。这些子电路可以实现算术运算、数据存储或者数据流控制。每一个子电路都是一个逻辑电路，从图的中间部分可以看出，一个逻辑电路由相互连接的逻辑门组成。每一个逻辑门实现一个简单的功能，复杂的运算由逻辑门之间的互连实现。逻辑门由晶体管构成，而晶体管由硅片上的各种材料层制备。

本书主要关注图 1.4b 的中间部分——逻辑电路设计。我们将解释如何设计一些具有重要功能的电路，如加法、减法、乘法、计数、数据存储和信息处理控制。本书也将展示如何定义这些电路的行为；如何实现最低成本或最快运行速度的电路；以及如何测试电路以保证电路正确工作。同时简要说明晶体管的工作原理，以及它们是如何在硅片上制备的。

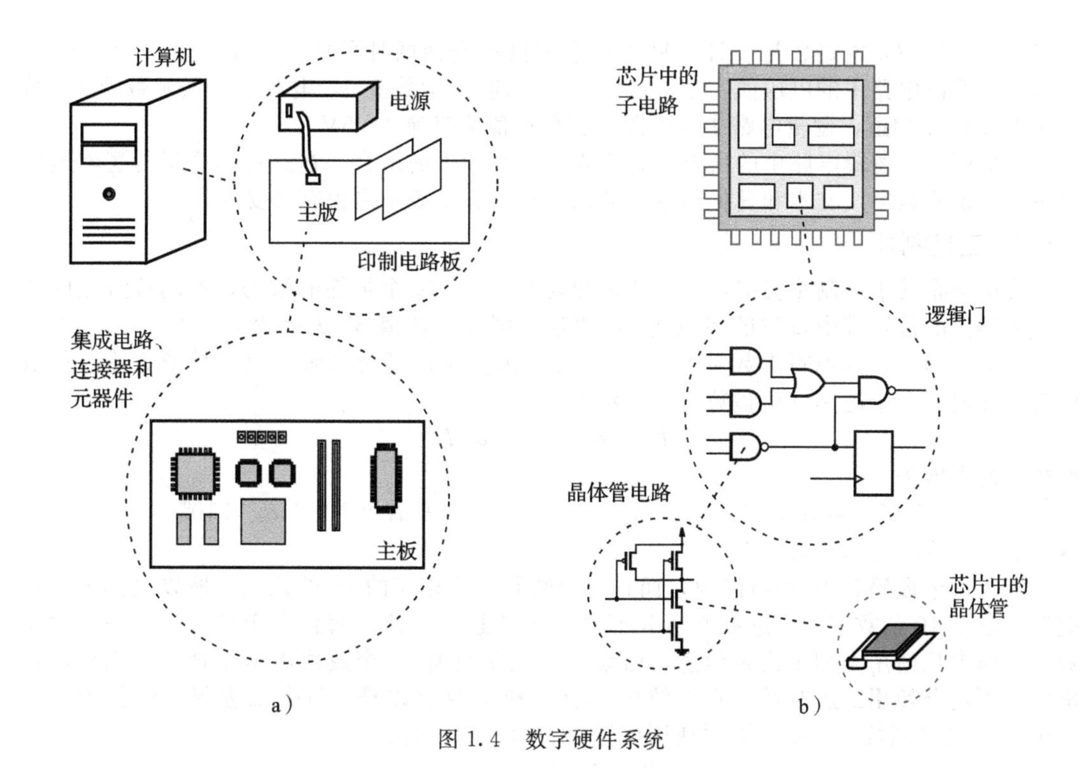

a) b)

图 1.4 数字硬件系统

1.4 本书中的逻辑电路设计

在本书中，使用了基于 Verilog 硬件描述语言和 CAD 工具的现代设计方法来展示逻辑电路设计的众多概念。我们选择该技术的原因是因为它已经广泛用于工业中，并且有助于读者在 FPGA 芯片上实现自己的设计(见下面的讨论)。这项技术特别适合于教学目的，因为可以使得众多读者具备使用 CAD 工具和对 FPGA 器件编程的能力。

为了增加读者的实践经验和对逻辑电路的深刻理解，我们建议读者使用 CAD 软件练习本书中的例子。大多数 CAD 系统供应商都免费提供他们的软件供大学里的学生学习，如 Altera、Cadence、Metor Graphics、Synopsys 和 Xilinx。这些公司中任何一个提供的 CAD 系统都适用于本书。Altera 公司的 Quartus II 和 Xilinx 公司的 ISE 这两个 CAD 系统更适用于本书，因为这两个 CAD 系统都支持逻辑电路设计周期的所有阶段，功能强大且便于使用。鼓励读者访问这些公司的网站，下载软件工具和使用说明书，并可安装到个人计算机中。

为了方便逻辑电路的实验，FPGA 生产商提供了特殊的 PCB(开发板)，包含一个或多个 FPGA 芯片和一个连接到个人计算机的接口。一旦使用 CAD 工具完成逻辑电路设计后，这个电路就可以编程到 FPGA 开发板上。通过开关和其他设备将输入信息加载到 FPGA 上，并且其产生的输出能被检测到。图 1.5 展示了这样的一个开发板。这种类型的开发板对于学习逻辑电路很有帮助，因为它提供了许多简单的输入和输出元件。许多示例性实验都可以通过在 FPGA 开发板上设计和实现逻辑电路来展示。

图 1.5 FPGA 开发板

1.5 信息的数字化表示

1.1 节已经提到：在逻辑电路中信息表示为电子信号。每一个信号都被看作一个数字信息。为了使逻辑电路较易设计，每位数字都只能选择两种可能值，通常表示为 0 和 1。这些逻辑值以电路中的电压值实现。通常用 0V(地)表示数值 0，电源电压表示数值 1。从附录 B 中可以知道，逻辑电路中的电源电压典型值为直流 1～5V。

一般而言，逻辑电路中的所有信息都表示为 0 和 1 的组合。在进行第 2 章的逻辑电路讨论前，说明数字、文本和其他信息是如何通过 0 和 1 表示是很有必要的。

1.5.1 二进制数

在所熟悉的十进制系统中，一个数值包含 0～9 共 10 个可能的数码，不同位置上的数字代表不同的值，其中每位的权重为 10 的幂。例如，数值 8547 代表 $8\times10^3+5\times10^2+4\times10^1+7\times10^0$。不用写出数字的 10 的幂数，因为可以通过位置来表示数值大小。一般而言，任何一个十进制 n 位整数可以表示为：

$$D = d_{n-1}d_{n-2}\cdots d_1 d_0$$

所代表的数值为：

$$V(D) = d_{n-1}\times 10^{n-1} + d_{n-2}\times 10^{n-2} + \cdots + d_1\times 10^1 + d_0\times 10^0$$

这种表示方式称为*位置数表示*。

因为每个数码有 10 种可能值，而且每个数码对应相应的 10 的位权，所以我们说十进制数是基于 10 的数字。十进制数对我们来说很熟悉、方便，而且易于理解。然而，由于数字电路中只使用 0 和 1 代表信息，假设一个数字具有 10 个数值不是很现实。因此，在电路中更适合使用二进制数，在系统中只有 0 和 1 两个数码。每个二进制数码称为 1 位(bit)。在二进制数字系统中同样使用位置数表示，所以有：

$$B = b_{n-1}b_{n-2}\cdots b_1 b_0$$

代表的整数值为：

$$V(B) = b_{n-1}\times 2^{n-1} + b_{n-2}\times 2^{n-2} + \cdots + b_1\times 2^1 + b_0\times 2^0 = \sum_{i=0}^{n-1} b_i\times 2^i \tag{1.1}$$

例如，二进制数 1101 代表的数值是：

$$V = 1\times 2^3 + 1\times 2^2 + 0\times 2^1 + 1\times 2^0$$

因为基于不同的进制，所以每个数码所代表的含义不一样。为了避免混淆，会在数值下方表明相应的进制，即如果 1101 是一个二进制数，我们会写成$(1101)_2$。计算前述 V 的表达式的数值为 $V=8+4+1=13$，因此有：

$$(1101)_2 = (13)_{10}$$

由一个二进制数代表的整数范围取决于所采用的位数。表 1.1 列出了前 15 个正整数所对应的四位二进制数。一个较大数值的例子为$(10110111)_2=(183)_{10}$。一般地，使用 n 位表示正整数的范围为 $0\sim 2^n-1$。

表 1.1 十进制数和二进制数

十进制数表示	二进制数表示	十进制数表示	二进制数表示
00	0000	08	1000
01	0001	09	1001
02	0010	10	1010
03	0011	11	1011
04	0100	12	1100
05	0101	13	1101
06	0110	14	1110
07	0111	15	1111

在二进制数中，最右边的数位称为*最低有效位*(LSB)。最左边的位是 2 的最高位权，

称为最高有效位(MSB)。在数字系统中可以很方便地将一些位数组成一组，4位为一组称为一个半字节(nibble)，而8位为一组称为一个字节(byte)。

1.5.2 十进制和二进制系统间的转换

二进制数转换为十进制数可以简单地运用式(1.1)计算得到；而十进制数转换为二进制数就不是很直观，因为我们需要用2的幂数来构造这样一个数。例如，数值$(17)_{10}$为$2^4+2^0=(10001)_2$，数值$(50)_{10}$为$2^5+2^4+2^1=(110010)_2$。一般而言，十进制数转换为二进制数可以通过逐次除以2取余法实现。假设一个十进制数$D=d_{k-1}\cdots d_1d_0$的数值为V，需要转换成二进制数$B=b_{n-1}\cdots b_2b_1b_0$，则可以将$V$写成如下形式：

$$V=b_{n-1}\times 2^{n-1}+\cdots+b_2\times 2^2+b_1\times 2^1+b_0$$

如果将V除以2，则结果为：

$$\frac{V}{2}=b_{n-1}\times 2^{n-2}+\cdots+b_2\times 2^1+b_1+\frac{b_0}{2}$$

这个整数除法的商为$b_{n-1}\times 2^{n-2}+\cdots+b_2\times 2+b_1$，余数为$b_0$。如果余数是0，那么$b_0=0$；如果余数是1，那么$b_0=1$。通过观察可以得到其商是一个$n-1$位的二进制数。将这个数再次除以2会产生余数$b_1$，新的商为：

$$b_{n-1}\times 2^{n-3}+\cdots+b_2$$

对于新商继续除以2，并确定每一步所得到的位数，将会产生该二进制数的所有位，直到商为0时这个过程才结束。图1.6通过例子$(857)_{10}=(1101011001)_2$展示了这个转换过程。注意，最低有效位最先产生，最高有效位最后产生。

转换$(857)_{10}$

	余数	
857÷2=428	1	LSB
428÷2=214	0	
214÷2=107	0	
107÷2=53	1	
53÷2=26	1	
26÷2=13	0	
13÷2=6	1	
6÷2=3	0	
3÷2=1	1	
1÷2=0	1	MSB

结果是$(1101011001)_2$

图1.6 十进制数转换为二进制数

到目前为止，我们只考虑了正整数的转换，第3章会介绍负数的处理方法以及定点数和浮点数的表示方法。我们同时会解释这些运算如何在计算机中完成。

1.5.3 ASCII字符码

字符信息，例如键盘上的字母和数字，都可表示为包含数0和1的编码，用于这种信息的最广泛的编码是ASCII码，它是美国信息交换标准代码。表1.2展示了由这个标准定义的码字。

ASCII码采用7位二进制数表示128个不同字符。其中10个字符为十进制数0～9，从表1.2中可以看出，这10个数字的高3位编码相同，为$b_6b_5b_4=011$。每个数字由采用二进制方式的低4位$b_{3\sim 0}$定义。大小写字母采用使文本信息易于分类的方式进行编码。A～Z的编码值与正常的字母排序相同，这意味着对字母(或词)分类的任务可以通过对相应的编码进行简单算术比较来实现。

表 1.2 7 位 ASCII 码

位的位置 3210	位的位置 654							
	000	001	010	011	100	101	110	111
0000	NUL	DEL	SPACE	0	@	P	`	p
0001	SOH	DC1	!	1	A	Q	a	q
0010	STX	DC2	”	2	B	R	b	r
0011	ETX	DC3	#	3	C	S	c	s
0100	EOT	DC4	$	4	D	T	d	t
0101	ENQ	NAK	%	5	E	U	e	u
0110	ACK	SYN	&	6	F	V	f	v
0111	BEL	ETB	’	7	G	W	g	w
1000	BS	CAN	(	8	H	X	h	x
1001	HT	EM	)	9	I	Y	i	y
1010	LF	SUB	*	:	J	Z	j	z
1011	VT	ESC	+	;	K	[	k	{
1100	FF	FS	,	<	L	\	l	|
1101	CR	GS	-	=	M	]	m	}
1110	SO	RS	.	>	N	^	n	~
1111	SI	US	/	?	O	_	o	DEL

NUL	Null/Idle	SI	Shift in
SOH	Start of header	DLE	Data link escape
STX	Start of text	DC1-DC4	Device control
ETX	End of text	NAK	Negative acknowledgement
EOT	End of transmission	SYN	Synchronous idle
ENQ	Enquiry	ETB	End of transmitted block
ACQ	Acknowledgement	CAN	Cancel(error in data)
BEL	Audible signal	EM	End of medium
BS	Back space	SUB	Special sequence
HT	Horizontal tab	ESC	Escape
LF	Line feed	FS	File separator
VT	Vertical tab	GS	Group separator
FF	Form feed	RS	Record separator
CR	Carriage return	US	Unit separator
SO	Shift out	DEL	Delete/Idle

位的位置编码形式= | 6 | 5 | 4 | 3 | 2 | 1 | 0 |

除了表示数字和字母的码以外，ASCII 码还包括标点符号(如! 和?)、常用符号(如&、%)以及一些控制字符集。这些控制字符在计算机系统中用于各种设备间数据的控制和转换。例如回车符，表 1.2 中缩写为 CR，表示在诸如打印机或显示器等输出设备中的光标位置应该返回最左边的一列。

ASCII 码用于对文本形式的信息进行编码，但是不便于表示算术运算中的操作数。因此，最好将基于 ASCII 编码的数字转换成前面讨论的二进制数。

ASCII 标准对于字符采用 7 位编码，而计算机系统中更自然的长度是 8 位(或一个字节)。将 ASCII 编码扩充至一个字节存在两种常用方法：第一种方法是将最高位 b_7 置 0；第二种方法是用最高位即 b_7 位表示其他 7 位的奇偶性，即校验这个数是奇数还是偶数。我们将在第 4 章中讨论奇偶校验。

1.5.4 数字和模拟信息

二进制数字可以用于表示很多类型的信息。例如，它们可以代表存储在个人音乐播放器的歌曲。图1.7给出了一个音乐播放器，其中包含了用于存储音乐文件的电子存储器。一个音乐文件由一系列代表音调的二进制数字组成，数模转换电路将这些二进制数字转换成声音，即将数字值转换为相应的电平值，用于形成模拟电压信号驱动扬声器。存储在音乐播放器里的二进制数被看作是数字信息，而驱动扬声器的电压信号是模拟信息。

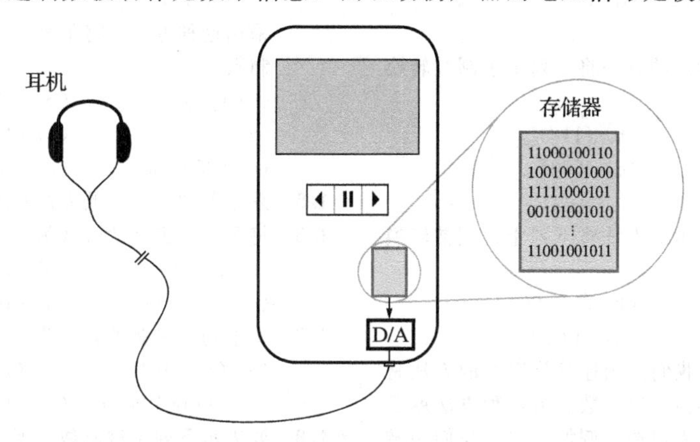

图1.7 使用数字技术表示音乐

1.6 理论与实践

现代化逻辑电路的设计非常依赖于CAD工具，但是逻辑设计理论在CAD工具出现前就早已出现。这个次序十分明显，因为第一台计算机就是由逻辑电路构建的，而当时并没有计算机可用。

人们已经开发出大量用于设计逻辑电路的手工设计技术。第2章将要介绍的布尔代数就被作为设计数字电路的数学方法。人们开发了大量的理论用于处理具体的设计问题，为了实现成功设计，设计者需要熟练运用这些知识。

CAD工具不仅使设计超复杂电路成为可能，还使设计工作简单化，它们可以自动执行许多任务，这意味着当今的设计者不需要完全理解执行该任务(这些都由CAD工具完成)所需的理论概念。这就引出了一个问题，即为什么要学习不再需要的手工设计理论？为什么不简单地学习如何使用CAD工具？

学习相关理论的重要原因主要有三点。第一，尽管CAD工具可以自动完成针对特定设计对象的电路优化工作，但设计者必须给出逻辑电路的原始描述。如果设计者描述的电路本身就有缺点，则最终电路的性能会很差。第二，逻辑电路设计以及处理所需的代数规则和定理已经直接固化在当今的CAD工具中，如果不了解这些基本理论，设计者根本就不可能理解CAD工具在做些什么。第三，在电路设计过程中，CAD工具提供了许多可选处理步骤，用户可以通过检查由CAD工具设计出的电路选择某些选项，并判断电路是否满足需求。设计者确定在给定的状况中是否选择某一特定操作的唯一方法是了解CAD工具在该操作下将做什么，这再次暗示着一个设计者必须熟悉这些基本理论。本书对逻辑电路设计理论进行了深入的讨论，因为如果不理解基本理论概念就无法成为一名优秀的逻辑电路设计者。

学习某些电路设计理论(即使CAD工具并不需要)还有另一个重要的原因。简单而言，学习这些理论非常有趣，而且富有智力挑战性。现代世界充斥着各种各样自动化机器，用这些工具来代替思考非常诱人。然而，与任何设计类型一样，在逻辑电路设计中，基于计算机的工具永远不能代替人类的直觉和创新。一个设计者只有深刻理解逻辑电路设计本质，才能通过这些工具出色地完成数字硬件设计。

习题⊖

*1.1　利用图 1.6 所示的方法将下列十进制数转换成二进制数。
(a) $(20)_{10}$　(b) $(100)_{10}$
(c) $(129)_{10}$　(d) $(260)_{10}$
(e) $(10\,240)_{10}$

1.2　利用图 1.6 所示的方法将下列十进制数转换成二进制数。
(a) $(30)_{10}$　(b) $(110)_{10}$
(c) $(259)_{10}$　(d) $(500)_{10}$
(e) $(20\,480)_{10}$

1.3　利用图 1.6 所示的方法将下列十进制数转换成二进制数。
(a) $(1000)_{10}$　(b) $(10\,000)_{10}$
(c) $(100\,000)_{10}$　(d) $(1\,000\,000)_{10}$

*1.4　在图 1.6 中，我们使用连续除以 2 的方法将十进制数转换为二进制数。另一种方法就是使用 2 的指数来构造。例如，如果我们想转换$(23)_{10}$，那么小于 23 的最大的 2 的指数是 $2^4=16$。因此，这个二进制数应该有 5 位，且最高有效位 $b_4=1$。然后，计算 23－16＝7。现在，小于 7 的最大的 2 的指数是 $2^2=4$，因此 $b_3=0$(因为 $2^3=8$ 大于 7)$b_2=1$。持续这个过程可以得到：

$$
\begin{aligned}
23 &= 16+4+2+1 \\
&= 2^4+2^2+2^1+2^0 \\
&= 10\,000+00\,100+00\,010+00\,001 \\
&= 10\,111
\end{aligned}
$$

采用这种方法，将下列十进制数转换为二进制数。
(a) $(17)_{10}$　(b) $(33)_{10}$
(c) $(67)_{10}$　(d) $(130)_{10}$
(e) $(2560)_{10}$　(f) $(51\,200)_{10}$

1.5　采用习题 1.4 中的方法重新完成习题 1.3。

*1.6　将下列二进制数转换为十进制数。
(a) $(1001)_2$　(b) $(11100)_2$
(c) $(111\,111)_2$　(d) $(101\,010\,101\,010)_2$

1.7　将下列二进制数转换为十进制数。
(a) $(110\,010)_2$　(b) $(1\,100\,100)_2$
(c) $(11\,001\,000)_2$　(d) $(110\,010\,000)_2$

*1.8　要表示下列十进制数，所需的最小位数分别是多少？
(a) $(270)_{10}$　(b) $(520)_{10}$
(c) $(780)_{10}$　(d) $(1029)_{10}$

1.9　重复习题 1.8 的问题。
(a) $(111)_{10}$　(b) $(333)_{10}$
(c) $(555)_{10}$　(d) $(1111)_{10}$

参考文献

1. "International Technology Roadmap for Semiconductors," http://www.itrs.net
2. Altera Corporation, "Altera Field Programmable Gate Arrays Product Literature," http://www.altera.com
3. Xilinx Corporation, "Xilinx Field Programmable Gate Arrays Product Literature," http://www.xilinx.com

⊖ 本书最后给出了带星号习题的答案。

第2章

逻辑电路导论

本章主要内容

- 逻辑函数与电路
- 处理逻辑函数的布尔代数
- 逻辑门与简单电路的综合
- CAD 工具和 Verilog 硬件描述语言
- 逻辑函数的最简化与卡诺图

学习逻辑电路的主要动机在于它在数字计算机中的重要应用，同时它也是许多其他数字系统的基础，如执行控制的应用系统和数字通信系统。所有这些应用都基于对输入信息的简单逻辑运算。

第 1 章说明了计算机中的信息可以表示为具有两种分立值的电子信号，尽管在电路中这些信号数值是由电平实现的，但可以简单地用 0 和 1 表示。任何一个电路中，信号只能取有限个分立值，这种电路称为*逻辑电路*。逻辑电路可以设计成具有不同数量的逻辑值，比如 3 个、4 个，甚至更多，但在本书中只讨论具有两个逻辑值的二进制逻辑电路。

二进制逻辑电路在数字技术中起着重要作用。希望读者明白这些电路是如何工作的；如何用数学符号表示它们；如何用现代化的自动设计技术设计电路。本章首先介绍有关二进制逻辑电路的一些基本概念。

2.1 变量与函数

二进制电路在数字系统中占支配地位的原因是其简单性，它限制信号只能取两种可能值。最简单的二状态元件是具有两种状态的开关。如果由输入变量 x 控制某个给定的开关，则可以认为 $x=0$ 时开关断开，$x=1$ 时开关闭合，如图 2.1a 所示。在接下来的图示中将用如图 2.1b 所示的图形符号表示这样的开关。需要注意的是，输入控制信号用符号 x 表示，在附录 B 中解释了如何用晶体管实现这样的开关。

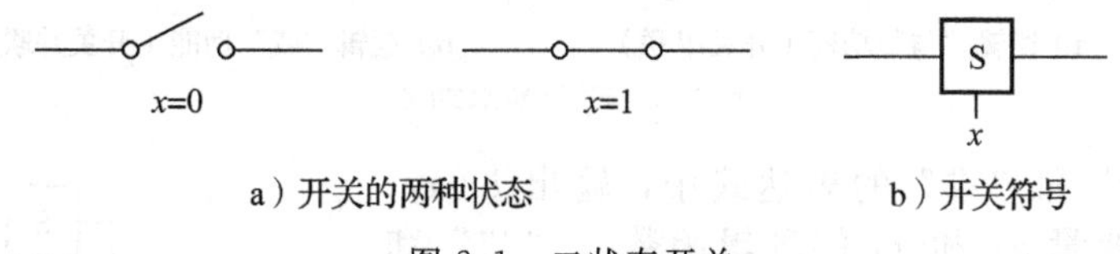

a）开关的两种状态　　b）开关符号

图 2.1　二状态开关

考虑一个开关的简单应用：用开关控制一个小灯的开或关，图 2.2a 所示的电路实现了这个功能，用电池提供电源，当有足够的电流流过小灯时，小灯就会发光，而只有开关闭合(即 $x=1$)时才有电流流过。在本例中引起电路行为变化的输入信号是开关控制信号 x，输出定义为小灯 L 的状态(或条件)，如果小灯亮，则可认为 $L=1$，如果小灯不亮，则认为 $L=0$；基于这种定义，可以将小灯的状态描述成输入变量 x 的函数，因为当 $x=1$ 时 $L=1$，当 $x=0$ 时 $L=0$，可以得到：

$$L(x) = x$$

这个简单的逻辑表达式将输出描述成输入的函数。我们将 $L(x)=x$ 称为*逻辑函数*，

其中 x 是输入变量。

如图 2.2a 所示的电路即为一个普通的手电筒电路，其开关由一个简单的机械装置实现。在电子电路中开关是由晶体管实现的，小灯则可以是一个发光二极管(LED)。电子电路由某个固定的电源供电，电源电压通常在 1～5V 的范围内。电源的一端接地，如图 2.2b所示，电路中的地是一个电压的公共参考点。在电路图中，并不需要将所有到地的结点通过导线连接到一起，而用接地的符号来表示，以此简化电路图，就像图中将小灯底部的端口接地那样。在接下来的电路图中，将使用该方法，以使电路看起来更简洁。

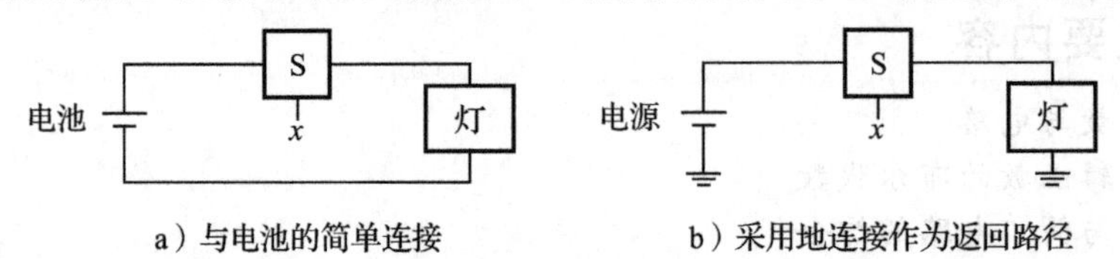

a）与电池的简单连接　　b）采用地连接作为返回路径

图 2.2　有开关控制的灯

现在考虑用两个开关控制小灯状态的情况。定义 x_1 和 x_2 为输入控制变量，如图 2.3 所示，这些开关可以串联或者并联。采用串联方式，小灯只有在两个开关都闭合时才亮，如果有一个开关断开，小灯就不亮。这种行为可用以下表达式来描述：

$$L(x_1,x_2) = x_1 \cdot x_2$$

式中当 $x_1=1$ 并且 $x_2=1$ 时 $L=1$，否则 $L=0$。符号"·"称为与运算，图 2.3a 中的电路实现了逻辑"与"功能。

图 2.3b 展示了两个开关的并联方式。在这种情况中，x_1 或 x_2 中只要有一个开关闭合则小灯亮，当两个开关都闭合时小灯也亮，只有在两个开关都断开时小灯才不亮，这种行为可以表述为：

$$L(x_1,x_2) = x_1 + x_2$$

式中，当 $x_1=1$ 或 $x_2=1$ 或 $x_1=x_2=1$ 时 $L=1$，当 $x_1=x_2=0$ 时 $L=0$。符号"+"称为"或"运算，图 2.3b 中的电路实现了逻辑"或"功能。要注意的是，不能将"+"符号和普通意义上的算术加相混淆。在本章中，除非另作说明，否则"+"符号都代表逻辑或运算。

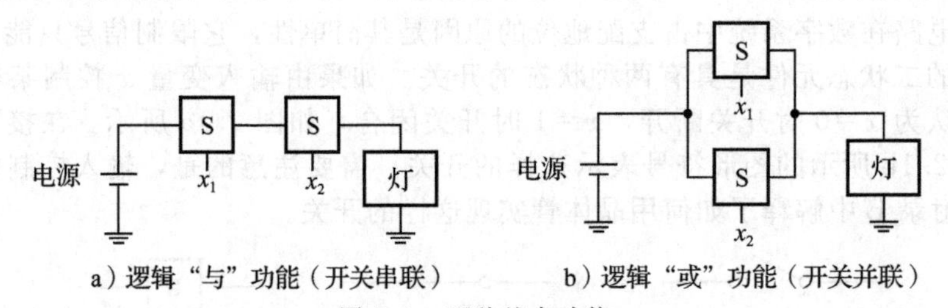

a）逻辑"与"功能（开关串联）　　b）逻辑"或"功能（开关并联）

图 2.3　两种基本功能

在上述"与"和"或"的表达式中，输出 $L(x_1, x_2)$是关于输入变量 x_1 和 x_2 的逻辑函数。"与"和"或"功能是两个非常重要的逻辑功能，加上另外一些其他的简单逻辑功能，可以实现所有逻辑电路的模块。图 2.4 显示了如何通过三个开关以一种更复杂的方式控制小灯，这种串并联方式实现了以下逻辑功能：

$$L(x_1,x_2,x_3) = (x_1 + x_2)x_3$$

当 $x_3=1$ 同时 x_1 和 x_2 中至少有一个为 1 时，小灯变亮。

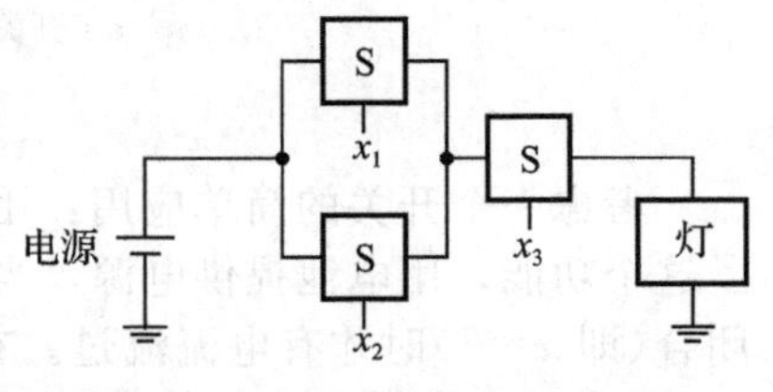

图 2.4　一种开关的串并联

2.2　反相

前面介绍了开关闭合时会发生一些正向的行为，比如小灯的点亮。考虑开关断开时发生正向行为的可能性同样也是非常有用与有趣的。假设根据图 2.5 所示的方式连接小灯。在这种情况下，开关与小灯并联而不是串联，因此闭合的开关会使小灯短路，阻止电流从小灯流过。注意，我们在电路中加入了一个额外的电阻以保证闭合的开关不会造成电源短路。当开关断开时，小灯变亮。形式上可以将这种功能表示为：

$$L(x) = \overline{x}$$

当 $x=0$ 时，$L=1$；当 $x=1$ 时，$L=0$。

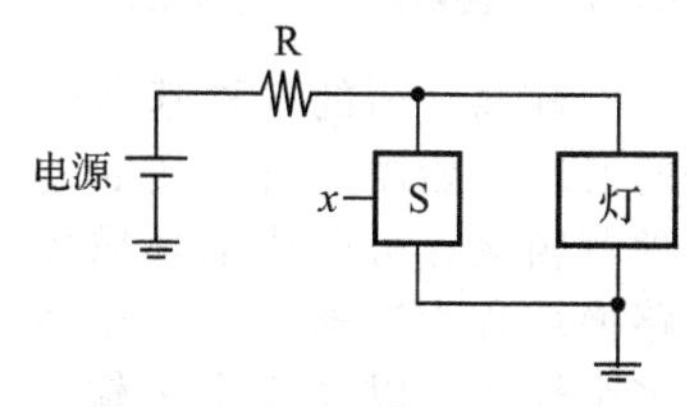

图 2.5 一种反相电路

该函数的值与输入变量相反，相比于用“反相”表示，更常用的术语是“补”。因此在本例中，我们称 $L(x)$是 x 的补。这种运算的另一种常用的术语是“非”运算。表示求补的符号很多。在前面的表达式中，我们在变量 x 的上方加了一横线，从视觉方面看这种符号最直观，但是在使用 CAD 工具时常常要用计算机键盘输入编辑表达式，这时采用上划线的方式就不太方便了。作为替代，在变量的后面加撇号或者在变量的前面加感叹号(!)、波浪号(～)或者单词 NOT 来表示求补，因此以下符号是等价的

$$\overline{x} = x' = !x = \sim x = \text{NOT } x$$

求补运算可以用于单个变量，也可用于更复杂的运算，例如：

$$f(x_1,x_2) = x_1 + x_2$$

则 f 的补为：

$$\overline{f}(x_1,x_2) = \overline{x_1 + x_2}$$

只有当 x_1 和 x_2 都不为 1，即 $x_1=x_2=0$ 时，该表达式的逻辑值才为 1。另外，以下表达式是等价的

$$\overline{x_1 + x_2} = (x_1 + x_2)' = !(x_1 + x_2) = \sim (x_1 + x_2) = \text{NOT}(x_1 + x_2)$$

2.3 真值表

通过开关构成的简单电路，我们已经介绍了 3 种最基本的运算——“与”、“或”和“非”，这种方法赋予了这些逻辑运算特定的“物理意义”。相同的运算也可以以表格的形式表示，即真值表，如图 2.6 所示。表中前两列(双竖线左边)给出了变量 x_1 和 x_2 全部 4 种逻辑值的组合，第 3 列定义了 x_1 和 x_2 每种逻辑值组合的“与”运算，最后一列定义了每种逻辑值组合的“或”运算。因为我们常常需要提到某些变量的“逻辑值的组合”，所以采用一个简短的术语取值表示这种逻辑值的组合。

x_1	x_2	$x_1 \cdot x_2$	x_1+x_2
0	0	0	0
0	1	0	1
1	0	0	1
1	1	1	1
		与	或

图 2.6 “与”、“或”运算真值表

真值表有助于描述逻辑函数中涉及的信息，在本书中我们使用它定义特定的函数，并且用于确定某些函数关系。小型的真值表很容易处理，但是真值表的规模会随着变量的数目增加而呈指数级增加。3 个输入变量的真值表有 8 行，因为这些变量有 8 种可能的取值，如图 2.7 所示。表中定义了 3 个输入变量的“与”函数和“或”函数。4 个输入变量的真值表有 16 行，以此类推，拥有 n 个输入变量的真值表有 2^n 行。

x_1	x_2	x_3	$x_1 \cdot x_2 \cdot x_3$	$x_1+x_2+x_3$
0	0	0	0	0
0	0	1	0	1
0	1	0	0	1
0	1	1	0	1
1	0	0	0	1
1	0	1	0	1
1	1	0	0	1
1	1	1	1	1

图 2.7 三输入“与”、“或”运算真值表

“与”运算和“或”运算可以扩展到 n 个变量。一个以 x_1，x_2，…，x_n 为输入变量的“与”运算只有在所有 n 个变量都为 1 时，其值才为 1。一个以 x_1，x_2，…，x_n 为输入变量的“或”运算则在 1 个或多个输入变量为 1 时，其值都为 1。

2.4　逻辑门和网络

前面介绍的 3 种基本逻辑运算可以用来实现任意复杂的逻辑函数，一个复杂逻辑函数的实现可能需要许多这种基本函数。每一种逻辑运算可以由晶体管实现，形成的电路模块称为*逻辑门*。一个逻辑门有 1 个或多个输入，以及 1 个由输入变量的函数产生的输出。用代表逻辑门的图形符号构成的电路图或原理图描述逻辑电路是很方便的。“与”、“或”、“非”门的图形符号如图 2.8所示，图的左边为只有少数输入变量时“与”、“或”门的画法，而图的右边则为多输入变量时相应的图形符号。附录 B 中给出了用晶体管构建的逻辑函数。

更大规模的电路是由逻辑门的网络实现的。例如，图 2.4 中所示的逻辑函数可以由图 2.9 所示的网络实现。给定网络的复杂度直接影响其成本，为了降低产品的成本，需要找到一些方法尽可能简单地实现逻辑电路。我们将会发现对于给定的逻辑函数有多种不同的网络实现方式，其中一些比较简单，因此寻找最低成本的方案是很有意义的。

逻辑门的网络用术语称为*逻辑网络*，或者简称*逻辑电路*，我们经常混用这些术语。

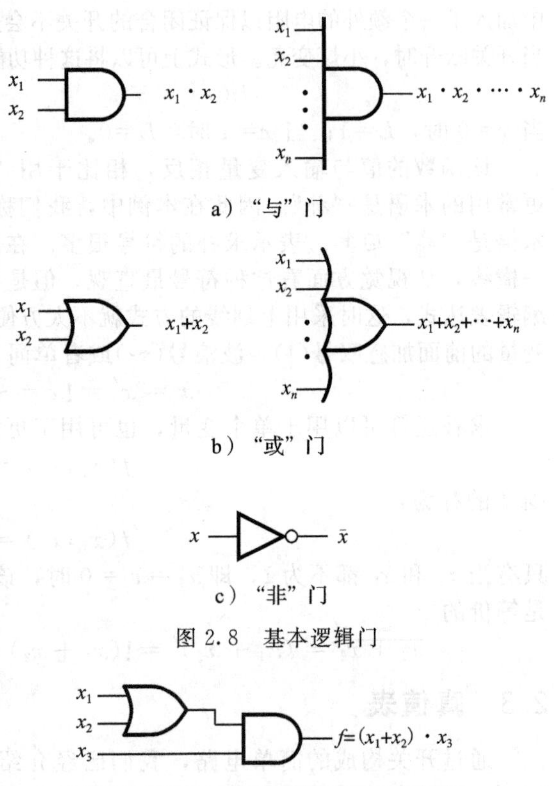

a）“与”门

b）“或”门

c）“非”门

图 2.8　基本逻辑门

图 2.9　图 2.4 中的函数所对应的电路

逻辑网络的分析

数字系统的设计者会面对两个基本问题：对于一个现有的逻辑网络，一定能够确定其所实现的函数，这种任务称为*分析过程*；相反的任务是设计一个实现所需函数功能的新网络，这个过程称为*综合过程*。相比于综合过程，分析过程更为直接和简单。

图 2.10a 是一个由 3 个逻辑门构成的简单网络。为了分析其功能行为，我们可以考虑给电路加入所有可能的输入信号，观察所发生的现象。假设开始时令 $x_1=x_2=0$，则“非”门的输出为 1，“与”门的输出为 0。因为“或”门的一个输入为 1，所以其输出为 1，即当$x_1=x_2=0$时，$f=1$。假设 $x_1=0$ 且 $x_2=1$，则 f 的值不会改变，这是因为“非”门和“与”门的输出仍为 1 和 0。如果 $x_1=1$ 且 $x_2=0$，则“非”门的输出变为 0 而“与”门的输出仍为 0。“或”门的两个输入信号都为 0，因此 f 的值为 0。如果 $x_1=x_2=1$，则“与”门的输出变为 1，促使 f 变为 1。上述的解释可以用 2.10b 所示的真值表表示。

时序图

通过考虑输入 x_1 和 x_2 的 4 种可能值，确定了图 2.10a 中所示网络的行为。假如按以上顺序对应的信号施加到网络上，即$(x_1, x_2)=(0, 0)$，然后依次是(0，1)、(1，0)和(1，1)，则各点的信号变化情况如图 2.10b 所示。也可以用图形表示同样的信息，即时序图，如图 2.10c 所示。时间从左向右，每个输入值在某个固定的时间段保持不变。图中给出了网络的输入、输出波形以及标识为内部信号结点 A 和 B 的波形。

图 2.10c 中的时序图表明，当输入 x_1 和 x_2 的值改变时，结点 A 和 B 以及输出 f 处的波形也立刻发生变化。理想的波形图是基于逻辑门在输入改变后立即响应这一假设的，这

样的时序图在说明逻辑电路的逻辑行为时是很有用的。但是实际上由电子电路构成的逻辑门需要一定的时间来改变输出状态，因此输入值的变化与相应的输出值的变化之间存在一定的延迟。接下来的章节中我们将采用包含这种延迟的时序图。

时序图可以用于多种目的。当用逻辑分析仪或者示波器测试电路时，时序图可以用来描述逻辑电路的行为。同样，也常常用 CAD 工具产生时序图向设计师展示某个电路在电学实现之前的逻辑功能。我们将在本章后续小节中介绍 CAD 工具，并且贯穿全书。

功能等效网络

考虑图 2.10d 中的网络。通过相同的分析过程发现输出 g 的变化和图 2.10a 中 f 的变化完全相同，即 $g(x_1, x_2)=f(x_1, x_2)$，表明这两个网络在功能上是等效的，网络的输出都可由图 2.10b 所示的真值表表示。由于两个网络实现了相同的功能，提示我们要采用较为简单，即实现成本较低的那一个网络。

总而言之，一个逻辑函数的逻辑功能可以由很多种不同的网络实现，各自需要的成本也不相同，这就产生了一个重要的问题：如何找出实现某个特定功能函数最好的方式？本章稍后将讨论综合逻辑功能的一些主要方法。注意，现在将图 2.10a 中较复杂的网络转换成图 2.10d 中的网络需要进行一些处理。因为 $f(x_1, x_2)=\overline{x}+x_1 \cdot x_2$，$g(x_1, x_2)=\overline{x}_1+x_2$，所以必然存在一些规则使得下面的等式成立：

$$\overline{x}_1 + x_1 \cdot x_2 = \overline{x}_1 + x_2$$

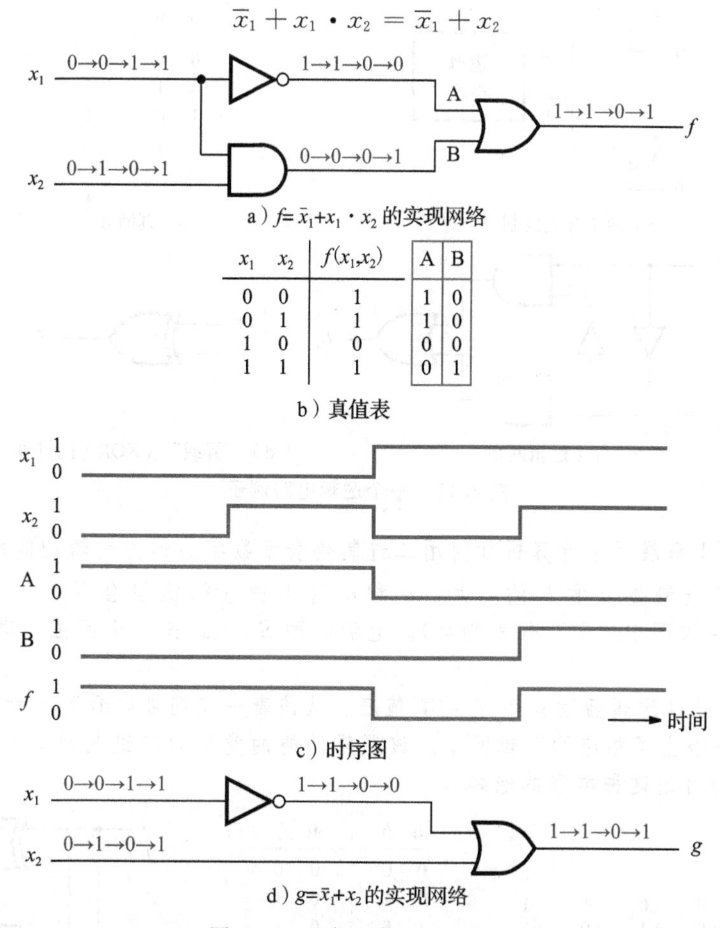

a）$f=\overline{x}_1+x_1 \cdot x_2$ 的实现网络

x_1	x_2	$f(x_1,x_2)$	A	B
0	0	1	1	0
0	1	1	1	0
1	0	0	0	0
1	1	1	0	1

b）真值表

c）时序图

d）$g=\overline{x}_1+x_2$ 的实现网络

图 2.10 逻辑网络的一个例子

我们已经通过详细分析两个电路并且建立真值表的方式建立了以上的等价关系。但是通过对逻辑表达式进行代数运算也可以得到相同的结论。2.5 节将介绍一些处理逻辑功能的数学方法，它为现代电路设计技术奠定了基础。

例 2.1 作为逻辑函数的一个例子，考虑图 2.11a 所示的框图，其中两个拨动开关用来控制信号 x 和 y 的逻辑值。每个拨动开关能拨动到底部或顶部位置。当拨动开关在底部时，信号与逻辑值 0(地)相连；当拨动开关在顶部时，信号与逻辑值 1(供电电压)相连。因此，这些开关可以将 x 和 y 设置成 0 或 1。

信号 x 和 y 输入到一个逻辑电路以控制小灯 L，要求小灯在只有一个开关在顶部(而不是两个开关都在顶部)时才会点亮，因此可以推导出图 2.11b 所示的真值表。由于只有在 $x=0$、$y=1$ 时或 $y=0$、$x=1$ 时才有 $L=1$，因此我们可以采用如图 2.11c 所示的网络实现该逻辑功能。

读者可能会发现，小灯的行为与楼房中照亮楼梯并由两个开关控制的小灯是类似的。一个开关在楼梯的顶端，另一个开关在楼梯的底部，小灯可以由任意一个开关打开或关闭，因为它遵循如图 2.11b 所示的真值表。与两输入都为 1 时的“或”运算不同，该逻辑功能对于其他应用也是很有用的，这种功能称为**异或功能**，在逻辑表达式中用“$\oplus$”表示。因此，我们不会写成 $L=\overline{x}\cdot y+x\cdot\overline{y}$，而是写成 $L=x\oplus y$。“异或”函数的逻辑门符号如图 2.11d所示。

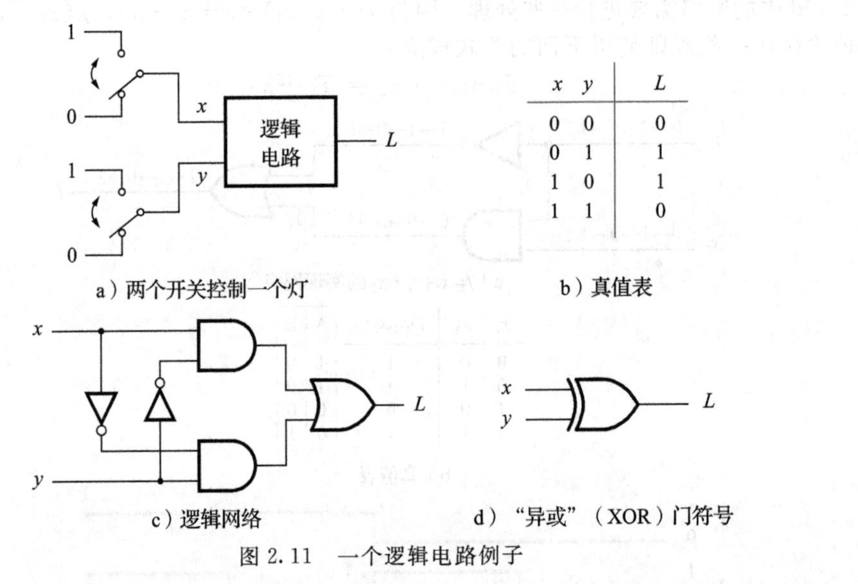

x	y	L
0	0	0
0	1	1
1	0	1
1	1	0

a）两个开关控制一个灯　　b）真值表

c）逻辑网络　　d）“异或”（XOR）门符号

图 2.11　一个逻辑电路例子 ◀

例 2.2 第 1 章展示了计算机如何用二进制码表示数字。作为逻辑功能的另一个例子，考虑两个一位二进制数 a 和 b 的相加。a 和 b 的 4 种可能值组合以及二者相加的和如图 2.12a所示(在该图中“+”代表相加)。它们的和 $S=s_0s_1$ 是一个两位二进制数，当 $a=b=1$ 时，$S=10$。

图 2.12b 给出了逻辑函数 s_0 和 s_1 的真值表。从该表中我们可以看到 $s_1=a\cdot b$ 以及 $s_0=a\oplus b$。图 2.12c 给出了相应的逻辑网络。该逻辑功能的类型为二进制数的相加，称为加法电路。第 3 章将讨论这种类型的电路。

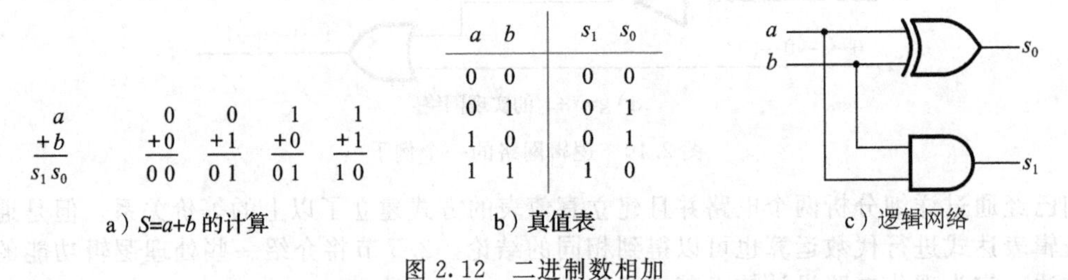

a	b	s_1	s_0
0	0	0	0
0	1	0	1
1	0	0	1
1	1	1	0

a）$S=a+b$ 的计算　　b）真值表　　c）逻辑网络

图 2.12　二进制数相加 ◀

2.5 布尔代数

1849 年乔治·布尔发布了用于描述逻辑思想和推理过程的代数形式[1]。后来这种形式及其进一步完善的形式构成了著名的布尔代数，大约一百年之后布尔代数才在工程中得到应用。在 20 世纪 30 年代后期，克劳德·香农指出布尔代数为由开关构成的电路提供了一种有效的描述方法[2]，这种代数可以用来描述逻辑电路。我们将会证明布尔代数是设计和分析逻辑电路的强大工具，读者也将发现布尔代数是很多现代数字技术的基础。

布尔代数的公理

和任何其他代数一样，布尔代数是建立在由少数基本假设推导的一系列规则之上的，这些基本假设称为*公理*。我们假设布尔代数涉及的元素有 0 和 1 两个值，并假定以下公理为真：

1a. $0 \cdot 0 = 0$
1b. $1 + 1 = 1$
2a. $1 \cdot 1 = 1$
2b. $0 + 0 = 0$
3a. $0 \cdot 1 = 1 \cdot 0 = 0$
3b. $0 + 1 = 1 + 0 = 1$
4a. 若 $x = 0$，则 $\overline{x} = 1$
4b. 若 $x = 1$，则 $\overline{x} = 0$

单变量定理

根据以上公理可以定义一些处理单变量的规则，这些规则称为*定理*。如果 x 是一个布尔变量，则以下定理成立：

5a. $x \cdot 0 = 0$
5b. $x + 1 = 1$
6a. $x \cdot 1 = x$
6b. $x + 0 = x$
7a. $x \cdot x = x$
7b. $x + x = x$
8a. $x \cdot \overline{x} = 0$
8b. $x + \overline{x} = 1$
9. $\overline{\overline{x}} = x$

通过完全归纳法，即将 $x=0$ 和 $x=1$ 分别代入表达式，并且使用上述的公理就很容易证明这些定理的正确性。例如，对于 5a，假如 $x=0$，则符合公理 1a，即 $0 \cdot 0=0$；同理，如果 $x=1$，则符合公理 3a，即 $1 \cdot 0=0$。读者可以采用这种方法验证定理 5a～9。

对偶性

注意，上面列出的公理和定理成对出现，这反映了重要的*对偶性原理*。给定一个逻辑表达式，对偶的表达式可以通过以下方式得到：将所有的“或”运算“+”用“与”运算“·”表示，或者把所有的“·”改为“+”，并将所有的 0 改为 1，或把所有的 1 改为 0。任意正确的表达式(公理或定理)，其对偶式也是正确的。只介绍这些，读者很难理解为什么对偶性是一个很有用的概念。但是，在今后的章节中这个概念将变得更为清晰，那时我们将证明对偶性意味着：采用布尔代数表示每一个逻辑函数至少存在两种不同的方式。通常，能得到更简单的物理实现的表达式更可取。

二变量和三变量性质

为了能处理多个变量，定义一些二变量和三变量的代数恒等式是很有用的。对于每一个恒等式，也给出了其对偶形式。这些恒等式常常称为性质，用以下众所周知的名字命名。如果 x、y 和 z 是布尔变量，则有以下的性质：

10a. $x \cdot y = y \cdot x$ 交换律

10b. $x + y = y + x$

11a. $x \cdot (y \cdot z) = (x \cdot y) \cdot z$ 结合律

11b. $x + (y + z) = (x + y) + z$

12a. $x \cdot (y + z) = x \cdot y + x \cdot z$ 分配律

12b. $x + y \cdot z = (x + y) \cdot (x + z)$

13a. $x + x \cdot y = x$ 吸收律

13b. $x \cdot (x + y) = x$

14a. $x \cdot y + x \cdot \overline{y} = x$ 合并律

14b. $(x + y) \cdot (x + \overline{y}) = x$

15a. $\overline{x \cdot y} = \overline{x} + \overline{y}$ 德摩根定理(也称为反演律)

15b. $\overline{x + y} = \overline{x} \cdot \overline{y}$

16a. $x + \overline{x} \cdot y = x + y$

16b. $x \cdot (\overline{x} + y) = x \cdot y$

17a. $x \cdot y + y \cdot z + \overline{x} \cdot z = x \cdot y + \overline{x} \cdot z$ 包含律

17b. $(x + y) \cdot (y + z) \cdot (\overline{x} + z) = (x + y) \cdot (\overline{x} + z)$

同样我们可以通过完全归纳法或者代数变换来证明这些性质的正确性。图 2.13 说明了如何采用完全归纳法证明德摩根定理，这里采用了真值表形式。恒等式 15a 左边和右边的取值给出了相同的结果。

x	y	$x \cdot y$	$\overline{x \cdot y}$	$\overline{x}$	$\overline{y}$	$\overline{x}+\overline{y}$
0	0	0	1	1	1	1
0	1	0	1	1	0	1
1	0	0	1	0	1	1
1	1	1	0	0	0	0
		LHS		RHS		

图 2.13 德摩根定理(15a)的证明

我们列出了许多公理、定理和性质。定义布尔代数并非需要所有公式，例如，假设要定义"+"和"·"运算，定理 5、8 以及性质 10、12 就足够了。有时称之为 Huntington 基本假设[3]。其他的性质可以从这些假设中推导得到。

前面这些公理、定理和性质提供了对更复杂的表达式进行代数运算所必需的信息。

例 2.3 证明以下逻辑等式成立：

$$(x_1 + x_3) \cdot (\overline{x}_1 + \overline{x}_3) = x_1 \cdot \overline{x}_3 + \overline{x}_1 \cdot x_3$$

证：利用分配律 12a 可以将左边的式子写为：

$$\text{LHS} = (x_1 + x_3) \cdot \overline{x}_1 + (x_1 + x_3) \cdot \overline{x}_3$$

再次使用分配律可以得到：

$$\text{LHS} = x_1 \cdot \overline{x}_1 + x_3 \cdot \overline{x}_1 + x_1 \cdot \overline{x}_3 + x_3 \cdot \overline{x}_3$$

注意：分配律允许在括号中的各项相与的运算与普通代数运算规则相似。根据定理 8a，$x_1 \cdot \overline{x}_1$ 和 $x_3 \cdot \overline{x}_3$ 两项都等于 0，因此：

$$\text{LHS} = 0 + x_3 \cdot \overline{x}_1 + x_1 \cdot \overline{x}_3 + 0$$

根据 6b

$$\text{LHS} = x_3 \cdot \overline{x}_1 + x_1 \cdot \overline{x}_3$$

最后，采用交换律 10a 和 10b，得到：

$$\text{LHS} = x_1 \cdot \overline{x}_3 + \overline{x}_1 \cdot x_3$$

这与原等式的右边相同。◀

例 2.4 证明以下逻辑等式成立：

$$x_1 \cdot \overline{x}_3 + \overline{x}_2 \cdot \overline{x}_3 + x_1 \cdot x_3 + \overline{x}_2 \cdot x_3 = \overline{x}_1 \cdot \overline{x}_2 + x_1 \cdot x_2 + x_1 \cdot \overline{x}_2$$

证： 等式的左边可以进行如下变换

$$
\begin{aligned}
\text{LHS} &= x_1 \cdot \overline{x}_3 + x_1 \cdot x_3 + \overline{x}_2 \cdot \overline{x}_3 + \overline{x}_2 \cdot x_3 && \text{(利用 10b)} \\
&= x_1 \cdot (\overline{x}_3 + x_3) + \overline{x}_2 \cdot (\overline{x}_3 + x_3) && \text{(利用 12a)} \\
&= x_1 \cdot 1 + \overline{x}_2 \cdot 1 && \text{(利用 8b)} \\
&= x_1 + \overline{x}_2 && \text{(利用 6a)}
\end{aligned}
$$

等式的右边可以进行如下变换

$$
\begin{aligned}
\text{RHS} &= \overline{x}_1 \cdot \overline{x}_2 + x_1 \cdot (x_2 + \overline{x}_2) && \text{(利用 12a)} \\
&= \overline{x}_1 \cdot \overline{x}_2 + x_1 \cdot 1 && \text{(利用 8b)} \\
&= \overline{x}_1 \cdot \overline{x}_2 + x_1 && \text{(利用 6a)} \\
&= x_1 + \overline{x}_1 \cdot \overline{x}_2 && \text{(利用 10b)} \\
&= x_1 + \overline{x}_2 && \text{(利用 16a)}
\end{aligned}
$$

通过对初始等式两边的式子进行变换得到了相同的表达式，证明了等式的正确性。注意，同一个逻辑函数可以由上述等式左边或者右边的式子表示，即：

$$
\begin{aligned}
f(x_1, x_2, x_3) &= x_1 \cdot \overline{x}_3 + \overline{x}_2 \cdot \overline{x}_3 + x_1 \cdot x_3 + \overline{x}_2 \cdot x_3 \\
&= \overline{x}_1 \cdot \overline{x}_2 + x_1 \cdot x_2 + x_1 \cdot \overline{x}_2
\end{aligned}
$$

根据变换结果，得到一个更为简单的表达式：

$$f(x_1, x_2, x_3) = x_1 + \overline{x}_2$$

这也代表了相同的函数。这个更简单的表达式可以使实现该函数的逻辑电路的成本更低。◄

例 2.3 和例 2.4 说明了公理、定理和性质用于代数变换的目的。即使这些简单的例子表明采用这种方法处理高度复杂的表达式不现实，但是这些定理和性质为在 CAD 工具中实现逻辑函数的自动综合提供了基础。为了理解使用 CAD 工具能得到什么，设计者必须掌握这些基本概念。

2.5.1 维恩图

我们曾经提到完全归纳法可以用来证明定理和性质，但是这个过程相当繁琐，在概念上也不是很直观。用于代数变换还有一种简单直观的辅助方法，称为维恩图(也称为文氏图)。读者可以发现，维恩图可以更直观地说明为什么两个表达式是等价的。

在传统数学中，维恩图为集合代数的各种操作和关系提供了一种图形化表示方式。集合 s 代表了一个元素集合，这些元素称为集合 s 的成员。在维恩图中，集合中的元素由一个用轮廓线包围的闭合区域表示，如正方形、圆形或椭圆等。例如，全集 N 为 1～10 的整数，则偶数集合是 $E=\{2, 4, 6, 8, 10\}$。表示 E 的轮廓线包含了这些偶数，而 N 中的奇数构成 E 的补集，因此用轮廓外的面积表示 $\overline{E}=\{1, 3, 5, 7, 9\}$。

因为在布尔代数的全集中只有两个值，$B=\{0, 1\}$，所以在轮廓线以内的区域对应于集合 s，表示 $s=1$，而轮廓外面的区域表示 $s=0$。在图中将用阴影部分表示 $s=1$。维恩图的概念如图 2.14 所示。全集 B 由一个矩形表示，常数 1 和 0 分别表示为图 2.14a 和 b 的形式。变量 x 用圆表示，因此圆内的区域对应于 $x=1$，而圆外的区域对应于 $x=0$，如图 2.14c所示。包含一个或多个变量的表达式取值为 1 的部分用阴影表示。图 2.14d 表示了 x 的补集。

为了表示两个变量 x 和 y，我们画了两个相互交叠的圆。这两个圆重叠部分的面积代表 $x=y=1$，即 x 和 y 的“与”，如图 2.14e 所示。因为这个公共部分为 x 和 y 相交的部分，所以“与”运算常称为 x 和 y 的交。图 2.14f 代表了“或”运算，$x+y$ 代表两个圆中的总面积，即 x 和 y 中至少有一个等于 1，因为两个圆中的区域进行了合并，所以“或”运算又称为 x 和 y 的并。

图 2.14g 表示了 $x \cdot \overline{y}$ 的意义，它由 x 和 $\overline{y}$ 相交的区域构成。图 2.14h 给出了一个 3 变量的例子，表达式 $x \cdot y+z$ 表示 $\overline{x}$ 和 $\overline{y}$ 相交区域与 $\overline{z}$ 的区域相并。

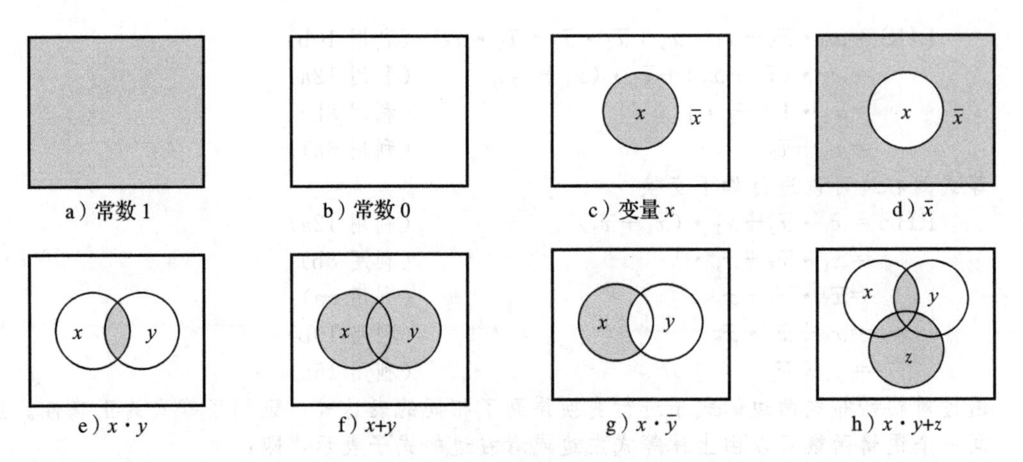

a）常数 1　b）常数 0　c）变量 x　d）$\overline{x}$

e）$x \cdot y$　f）$x+y$　g）$x \cdot \overline{y}$　h）$x \cdot y+z$

图 2.14　维恩图表示方法

我们以证明 2.5 节中的分配律 12a 的正确性为例，说明如何用维恩图证明两个等式的等价性。图 2.15 中给出了定义该性质的恒等式左边和右边的维恩图。

$$x \cdot (y+z) = x \cdot y + x \cdot z$$

图 2.15a 显示了 $x=1$ 的区域。2.15b 显示了 $y+z$ 的区域。2.15c 则为 $x \cdot (y+z)$ 的图，即图 2.15a和图 2.15b 中阴影区域的相交部分。等式的右边部分由图 2.15d、e、f 实现。图 2.15d、e分别表示了 $x \cdot y$ 和 $x \cdot z$ 两项，两图中阴影部分的并对应于表达式 $x \cdot y + x \cdot z$，如图 2.15f 所示。因为图 2.15f 和图 2.15c 中的阴影部分相同，所以分配律是正确的。

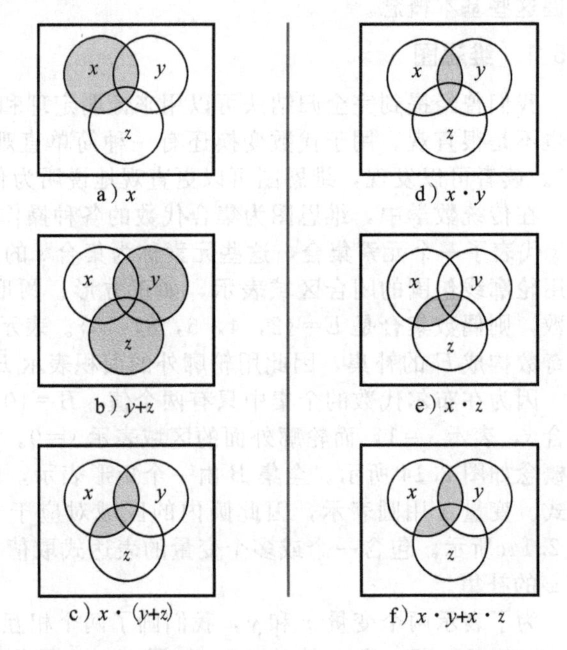

a）x　b）$y+z$　c）$x \cdot (y+z)$　d）$x \cdot y$　e）$x \cdot z$　f）$x \cdot y+x \cdot z$

图 2.15　分配率 $x \cdot (y+z)=x \cdot y+x \cdot z$ 的验证

考虑另一个例子，证明以下等式成立：

$$x \cdot y + \overline{x} \cdot z + y \cdot z = x \cdot y + \overline{x} \cdot z$$

图 2.16 给出了验证过程。注意，该恒等式表示 $y \cdot z$ 示完全被 $x \cdot y$ 和 $\overline{x} \cdot z$ 两项所覆盖，因此该项可以省略。如性质 17a 所列出的，该恒等式通常称为包含律。

读者可以用维恩图证明其他性质。以下的例子证明了分配律 12b 和德摩根定理 15a。

例 2.5　读者应该对图 2.15a 所示的分配律很熟悉，因为它不仅对布尔变量有效，而且对实数变量有效。对于实数变量，涉及的运算是相乘和相加而不是逻辑“与”和逻辑“或”。但是，该性质的对偶式 12b，$x+y \cdot z=(x+y) \cdot (x+z)$，对于实数变量的相乘和相加则不适用。为了证明该恒等式对于布尔变量是有效的，可以采用如图 2.17 所示的维恩图。图 2.17 中的 a 和 b 两部分分别表示了 x 和 $y \cdot z$ 两项，图 2.17c 给出了图 2.17a 和图 2.17b 的并。图 2.17d 和图 2.17e 分别表示 $x+y$ 和 $x+z$ 两项，图 2.17f 表示图 2.17d 和 2.17e 的交。图 2.17f 和图 2.17c 中的图形相同，因此该恒等式成立。

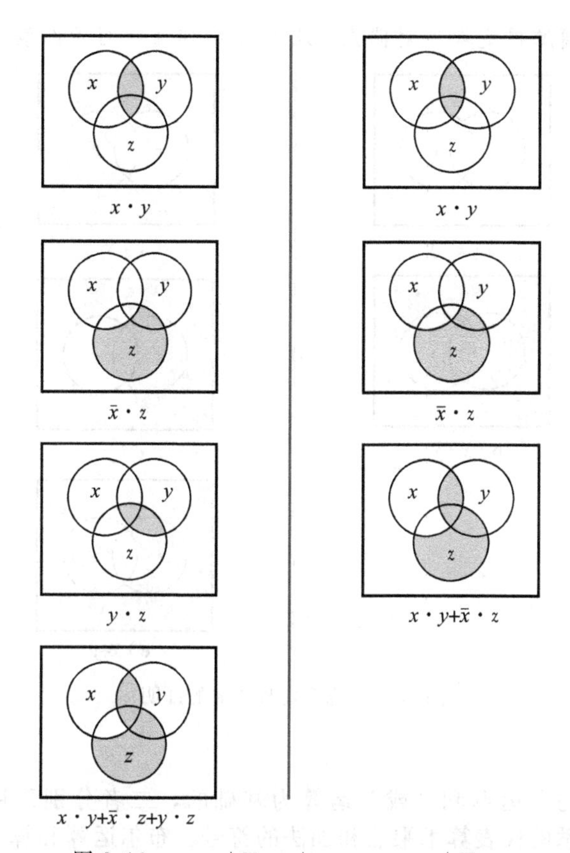

图 2.16　$x \cdot y+\overline{x} \cdot z+y \cdot z=x \cdot y+\overline{x} \cdot z$

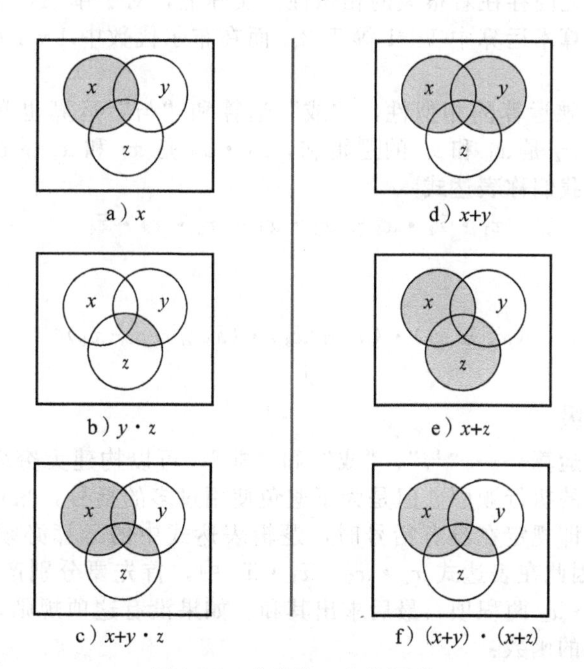

图 2.17　分配律 12b 的证明

◀

例 2.6　图 2.18 所示的维恩图证明了德摩根定理 15a。图 2.18b 所示的是 $x \cdot y$ 的补集，它和图 2.18e 所示相同，即与图 2.18c 和图 2.18d 的图形的并集完全相同，因此证明了该定理成立。对于德摩根定理的对偶式 15b 的证明作为练习留给读者。

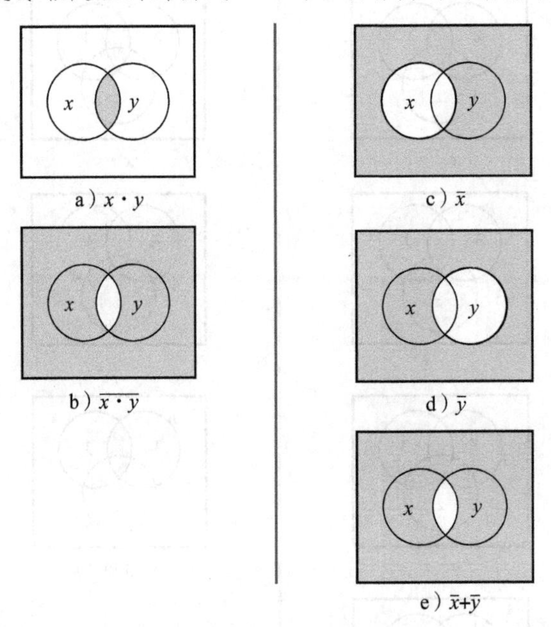

图 2.18　德摩定理 15a 的证明 ◀

2.5.2 符号和术语

布尔代数是以“与”运算和“或”运算为基础的，二者分别采用“·”和“+”表示，这也是大家所熟悉的代表算术乘法和加法的符号。布尔运算和算术运算采用相同符号的主要原因在于两者之间存在着很大的相似性。实际上，对于单个数字的运算只存在一个明显的差别：在普通算术运算中 1+1 等于 2，而在布尔代数中 1+1 则等于 1，如 2.5 节中定理 7b 所示。

由于与算术加和乘运算的相似性，“或”运算和“与”运算也常称为“逻辑和”和“逻辑积”。所以 x_1+x_2 是 x_1 和 x_2 的逻辑和，$x_1 \cdot x_2$ 是 x_1 和 x_2 的逻辑积，通常简称为“和”与“积”。因此我们称表达式

$$x_1 \cdot \overline{x}_2 \cdot x_3 + \overline{x}_1 \cdot x_4 + x_2 \cdot x_3 \cdot \overline{x}_4$$

为 3 项积的和。

而表达式

$$(\overline{x}_1 + x_3) \cdot (x_1 + \overline{x}_3) \cdot (\overline{x}_2 + x_3 + x_4)$$

为 3 项和的积。

2.5.3 运算的优先级

利用 3 个基本的运算——“与”、“或”和“非”，可以构建无穷多个逻辑表达式。括号能够用于表示运算的执行顺序。但是为了避免使用过多的括号，采用另一个规则定义了基本运算的优先级，即规定在没有括号时，逻辑表达式中的运算必须按照“非”、“与”、“或”的顺序执行。因此在表达式 $x_1 \cdot x_2 + \overline{x}_1 \cdot \overline{x}_2$ 中，首先要分别产生 x_1 和 x_2 的补集，再产生 $x_1 \cdot x_2$ 和 $\overline{x}_1 \cdot \overline{x}_2$ 两积项，最后求出其和。如果没有这项规则，就必须使用如下所示的括号来获得相同的函数：

$$(x_1 \cdot x_2) + ((\overline{x}_1) \cdot (\overline{x}_2))$$

最后，为了简化逻辑表达式，当没有多义性时可以省略与运算符号“·”。因此，前一个表达式可以写为：

$$x_1 x_2 + \overline{x}_1 \overline{x}_2$$

在本书中我们都将使用这种方式。

2.6 利用“与”门、“或”门和“非”门进行综合

掌握了一些基本概念后，可以尝试用“与”、“或”和“非”门实现任意的功能。假设希望设计一个具有两个输入 x_1 和 x_2 的逻辑电路。假定 x_1 和 x_2 代表两个开关的状态，任意一个都可以为 0 或 1。该电路的功能是要求能持续监控开关的状态，并且在开关状态(x_1，x_2)为(0，0)、(0，1)、(1，1)中的任何一个时，产生逻辑输出值 1；当开关状态为(1，0)时，产生逻辑输出为 0。用一个真值表表示所需的行为，如图 2.19 所示。

x_1	x_2	$f(x_1, x_2)$
0	0	1
0	1	1
1	0	0
1	1	1

图 2.19　待综合函数的真值表

设计一个实现该真值表功能的电路的一种可能的方法是：产生一个输出函数 f 为 1 的输入逻辑组合的乘积项，就可以用这些乘积项的和来实现函数 f。先观察真值表的第 4 行，当 $x_1=x_2=1$ 时，其函数值为 1 的乘积项为 $x_1 \cdot x_2$，即 x_1 和 x_2 的“与”；接下来再观察真值表的第 1 行，当 $x_1=x_2=0$ 时，其函数值为 1 的乘积项由 $\overline{x}_1 \cdot \overline{x}_2$ 产生。类似地，第 2 行可以得到乘积项为 $\overline{x}_1 \cdot x_2$。因此 f 可以表示为：

$$f(x_1,x_2) = x_1x_2 + \overline{x}_1\overline{x}_2 + \overline{x}_1x_2$$

对应于该表达式的逻辑网络(电路)如图 2.20a 所示。

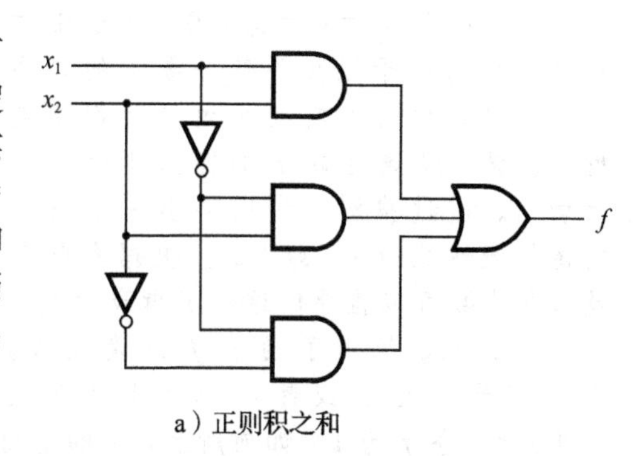

a）正则积之和

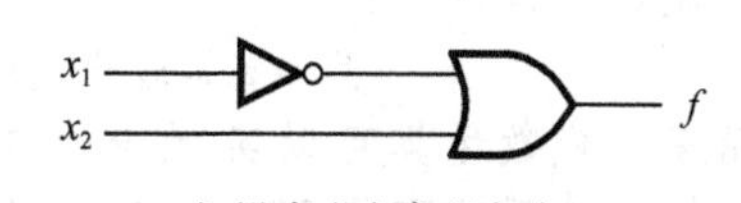

b）最小成本实现电路

图 2.20　图 2.19 函数的两种实现

虽然该电路正确地实现了 f 的功能，但这并不是最简单的电路。为了找到更简单的电路，可以用 2.5 节中的定理和性质变换该表达式。根据定理 7b，在逻辑和表达式中，可重复其中的任意一项。重复第 3 个乘积项，上面的表达式就变为：

$$f(x_1,x_2) = x_1x_2 + \overline{x}_1\overline{x}_2 + \overline{x}_1x_2 + \overline{x}_1x_2$$

根据交换律 10b，交换第 2 和第 3 项乘积项，得到：

$$f(x_1,x_2) = x_1x_2 + \overline{x}_1x_2 + \overline{x}_1\overline{x}_2 + \overline{x}_1x_2$$

根据分配律 12a，得到：

$$f(x_1,x_2) = (x_1 + \overline{x}_1)x_2 + \overline{x}_1(\overline{x}_2 + x_2)$$

应用定理 8b，可以得到：

$$f(x_1,x_2) = 1 \cdot x_2 + \overline{x}_1 \cdot 1$$

最后，根据定理 6b 可以得到：

$$f(x_1,x_2) = x_2 + \overline{x}_1$$

图 2.20b 给出了由该表达式所表示的电路。显然，该电路的成本远低于图 2.20a 中电路的成本。

这个简单的例子说明了两点。首先，用对应于真值表中函数值为 1 的每一行构成乘积项(“与”门)以直接实现逻辑函数。每个乘积项中包含所有的输入变量，形成的方法为：如果该行中输入变量 x_i 的值等于 1，就将 x_i 写入乘积项；如果该行中 $x_i=0$，则把 $\overline{x}_i$ 写入这个乘积项。这些乘积项的和实现了所需的函数。其次，可以有多种不同的电路实现某一给定的函数，其中一些电路比另一些电路简单，我们可以用代数变换法化简逻辑表达

式，以得到成本较低的电路网络。

从描述所期望的函数功能开始，到实现该功能的电路网络的过程称为综合。因此可以认为根据图 2.19 中的真值表“综合”出了如图 2.20 所示的电路网络。根据真值表产生“与-或”表达式只是本书介绍的众多综合技术之一。

例 2.7 图 2.21a 展示了生产泡泡口香糖的工厂的一部分。口香糖在配有三个相关传感器 s_1、s_2 和 s_3 的传送带上传送。传感器 s_1 用于测量每个口香糖的重量，如果某一个口香糖的重量太轻，就置 $s_1=1$；传感器 s_2 和 s_3 测量每个口香糖的直径，如果直径太小，则置 $s_2=1$，若直径太大，则置 $s_3=1$；如果口香糖的重量和尺寸都符合要求，则置 $s_1=s_2=s_3=0$。传送带的一个活动门用于抛弃不符合要求的口香糖，当口香糖太大或太小太轻时都将被抛弃。设定逻辑函数 f 的值为 1 时打开活动门。通过推测，我们得出一个适当的逻辑表达式 $f=s_1s_2+s_3$。根据真值表及布尔代数可以推导出这个逻辑表达式。

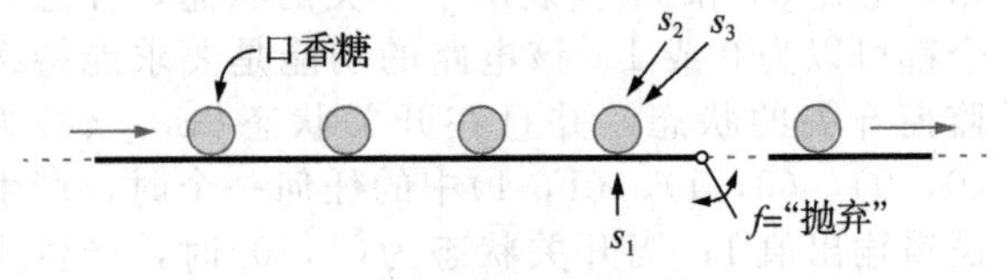

a）传送带和传感器

s_1	s_2	s_3	f
0	0	0	0
0	0	1	1
0	1	0	0
0	1	1	1
1	0	0	0
1	0	1	1
1	1	0	1
1	1	1	1

b）真值表

图　2.21

图 2.21b 给出了函数 f 的真值表。当 s_3 等于 1(太大)或者 $s_1=s_2=1$(太轻且太小)时，令 f 为 1。如前所述，f 的逻辑表达式可以由 $f=1$ 的每一行形成的乘积项的和构成。因此，可以写为：

$$f=\bar{s}_1\bar{s}_2s_3+\bar{s}_1s_2s_3+s_1\bar{s}_2s_3+s_1s_2\bar{s}_3+s_1s_2s_3$$

采用多种代数运算可以实现表达式的化简。如下所示，首先利用定理 7b 重复 $s_1s_2s_3$ 这一项，接着使用分配律 12a 和定理 8b 化简表达式

$$\begin{aligned}f&=\bar{s}_1\bar{s}_2s_3+\bar{s}_1s_2s_3+s_1\bar{s}_2s_3+s_1s_2s_3+s_1s_2\bar{s}_3+s_1s_2s_3\\&=\bar{s}_1s_3(\bar{s}_2+s_2)+s_1s_3(\bar{s}_2+s_2)+s_1s_2(\bar{s}_3+s_3)\\&=\bar{s}_1s_3+s_1s_3+s_1s_2\end{aligned}$$

然后利用组合律 14a 对前两个乘积项进行合并，得到：

$$f=s_3+s_1s_2$$

善于观察的读者会发现，利用组合律 14a 实际上与先利用分配律 12a 后利用定理 8b 的结果等效，即为后两者的简化过程，正如在先前的步骤中所做的，所得到的 f 的简化表达式与先前通过推导确定的表达式一致。◀

例 2.8 有多种方式可以简化由图 2.21b 中的真值表产生的逻辑表达式。其中一种如下。首先像例 2.7 中那样重复 $s_1s_2s_3$ 这一项，接着按照如下步骤进行化简：

$$\begin{aligned}f&=\bar{s}_1\bar{s}_2s_3+\bar{s}_1s_2s_3+s_1\bar{s}_2s_3+s_1s_2s_3+s_1s_2\bar{s}_3+s_1s_2s_3\\&=s_3(\bar{s}_1\bar{s}_2+\bar{s}_1s_2+s_1\bar{s}_2+s_1s_2)+s_1s_2(\bar{s}_3+s_3)\\&=s_3\cdot1+s_1s_2\\&=s_3+s_1s_2\end{aligned}$$

式中，通过分配律 12a 形成了表达式 $(\bar{s}_1\bar{s}_2+\bar{s}_1s_2+s_1\bar{s}_2+s_1s_2)$。因为该表达式中包含了 s_1 和 s_2 所有逻辑值的组合，所以该式的值为 1，进而得到了与先前推导结果相同的表达式。◀

例 2.9 另外还有一种简化表达式的方法，如下所示：

$$\begin{aligned}f&=\bar{s}_1\bar{s}_2s_3+\bar{s}_1s_2s_3+s_1\bar{s}_2s_3+s_1s_2\bar{s}_3+s_1s_2s_3\\&=\bar{s}_1\bar{s}_2s_3+\bar{s}_1s_2s_3+s_1\bar{s}_2s_3+\bar{s}_1\bar{s}_2s_3+s_1s_2\bar{s}_3+s_1s_2s_3\end{aligned}$$

$$
\begin{aligned}
&= \bar{s}_1 s_3(\bar{s}_2 + s_2) + \bar{s}_2 s_3(s_1 + \bar{s}_1) + s_1 s_2(\bar{s}_3 + s_3) \\
&= \bar{s}_1 s_3 + \bar{s}_2 s_3 + s_1 s_2 \\
&= s_3(\bar{s}_1 + \bar{s}_2) + s_1 s_2 \\
&= s_3(\overline{s_1 s_2}) + s_1 s_2 \\
&= s_3 + s_1 s_2
\end{aligned}
$$

在这种方法中，首先重复了 $\bar{s}_1\bar{s}_2 s_3$ 这一项，然后简化得到表达式($s_3(\bar{s}_1+\bar{s}_2)+s_1 s_2$)。根据德摩根定理，可将($\bar{s}_1+\bar{s}_2$)替换成($\overline{s_1 s_2}$)，而根据定理 16a，该项可以略去。

由例 2.6～例 2.9 可以看出，通过布尔代数简化逻辑表达式的方法有很多。这个过程可能会很困难，因为采用哪些规则、恒等式和性质，以及该按何种顺序等并不是很直观。2.11 节将介绍一种称为卡诺图的图形化方法，为产生函数的最简逻辑表达式提供一种系统化的方法，且简化过程更加明了。◀

积之和形式与和之积形式

前面通过简单的例子介绍了综合过程，接下来我们将用技术文献中经常遇到的形式化的术语进行表述。我们也将介绍对偶性(见 2.5 节)在综合过程中的广泛应用。

假如函数 f 由真值表定义，则可以通过考虑表中 $f=1$ 的每一行以实现该函数的表达式，这在前面已经介绍过；或者采用下面将要介绍的方式，即考虑表中 $f=0$ 的每一行来实现。

最小项

对于有 n 个变量的函数，n 个变量中的每一个都出现一次的乘积项称为最小项。出现在最小项中的变量可以是原量或者非量。对于真值表中给定的一行，若 $x_i=1$，则形成的最小项中包括 x_i，若 $x_i=0$，则包括 $\bar{x}_i$。

为了阐明这个概念，我们考虑图 2.22 中的真值表，同时为了便于说明，将表中各行按 0～7 进行编号。通过 1.5 节中有关二进制码的讨论，可以很容易发现选择的行号恰好是由变量 x_1、x_2 和 x_3 以二进制形式表示的数字。图中给出了 3 变量的所有最小项。例如，在第 1 行中，变量的逻辑值为 $x_1=x_2=x_3=0$，对应的最小项为 $\bar{x}_1\bar{x}_2\bar{x}_3$；在第 2 行中，$x_1=x_2=0$，$x_3=1$，其最小项表达式为 $\bar{x}_1\bar{x}_2 x_3$，以此类推。为了易于标记每个最小项，用图中与行号对应的序号来标记各个最小项，即用 m_i 表示最小项，其中 i 为行号。因此 $m_0=\bar{x}_1\bar{x}_2\bar{x}_3$，$m_1=\bar{x}_1\bar{x}_2 x_3$，以此类推。

行号	x_1	x_2	x_3	最小项	最大项
0	0	0	0	$m_0=\bar{x}_1\bar{x}_2\bar{x}_3$	$M_0=x_1+x_2+x_3$
1	0	0	1	$m_1=\bar{x}_1\bar{x}_2 x_3$	$M_1=x_1+x_2+\bar{x}_3$
2	0	1	0	$m_2=\bar{x}_1 x_2\bar{x}_3$	$M_2=x_1+\bar{x}_2+x_3$
3	0	1	1	$m_3=\bar{x}_1 x_2 x_3$	$M_3=x_1+\bar{x}_2+\bar{x}_3$
4	1	0	0	$m_4=x_1\bar{x}_2\bar{x}_3$	$M_4=\bar{x}_1+x_2+x_3$
5	1	0	1	$m_5=x_1\bar{x}_2 x_3$	$M_5=\bar{x}_1+x_2+\bar{x}_3$
6	1	1	0	$m_6=x_1 x_2\bar{x}_3$	$M_6=\bar{x}_1+\bar{x}_2+x_3$
7	1	1	1	$m_7=x_1 x_2 x_3$	$M_7=\bar{x}_1+\bar{x}_2+\bar{x}_3$

图 2.22　3 变量的最小项与最大项

积之和形式

一个函数 f 可以由最小项的和表示，每个最小项是输入变量的取值与相应的函数值的逻辑与。例如，两变量的最小项为 $m_0=\bar{x}_1\bar{x}_2$，$m_1=\bar{x}_1 x_2$，$m_2=x_1\bar{x}_2$ 和 $m_3=x_1 x_2$。图 2.19中的函数可以表示为：

$$
\begin{aligned}
f &= m_0 \cdot 1 + m_1 \cdot 1 + m_2 \cdot 0 + m_3 \cdot 1 \\
&= m_0 + m_1 + m_3 \\
&= \bar{x}_1\bar{x}_2 + \bar{x}_1 x_2 + x_1 x_2
\end{aligned}
$$

这与我们在先前的章节中以直观的方法得到的形式相同。在结果表达式中只有 $f=1$ 的各行所对应的最小项。

任意函数 f 都可以用与真值表中函数值 $f=1$ 的行所对应的最小项的和表示。虽然这种实现方式在功能上是正确的，并且是唯一的，但它不一定是 f 最低成本的实现方式。包含了乘积项（“与”项）相加（相“或”）的逻辑表达式称为积之和（SOP）形式。如果每一个乘积项都是一个最小项，则该表达式称为函数 f 的正则积之和表达式。正如我们在例 2.20 中所看到的，综合过程的第一步就是导出给定函数的正则积之和表达式。然后可以利用 2.5 节中的定理和性质化简表达式，找出一个成本较低且功能等价的积之和表达式。

行号	x_1	x_2	x_3	$f(x_1, x_2, x_3)$
0	0	0	0	0
1	0	0	1	1
2	0	1	0	0
3	0	1	1	0
4	1	0	0	1
5	1	0	1	1
6	1	1	0	1
7	1	1	1	0

图 2.23　一个 3 变量函数

再举另一个例子，考虑由图 2.23 中的真值表定义的 3 变量函数 $f(x_1, x_2, x_3)$。为了综合该函数，必须包含最小项 m_1、m_4、m_5 和 m_6。根据图 2.22 中的最小项表示方式可以得出 f 的正则积之和表达式：

$$f(x_1,x_2,x_3)=\overline{x}_1\overline{x}_2x_3+x_1\overline{x}_2\overline{x}_3+x_1\overline{x}_2x_3+x_1x_2\overline{x}_3$$

该表达式可以经过如下化简：

$$\begin{aligned} f &= (\overline{x}_1+x_1)\overline{x}_2x_3+x_1(\overline{x}_2+x_2)\overline{x}_3 \\ &= 1\cdot\overline{x}_2x_3+x_1\cdot 1\cdot\overline{x}_3 \\ &= \overline{x}_2x_3+x_1\overline{x}_3 \end{aligned}$$

这是 f 成本最低积之和表达式，表明该函数的电路如图 2.24a 所示。评价逻辑电路成本的一个指标是电路中逻辑门的总数加上所有逻辑门输入端的总数。采用这种衡量方式得到图 2.24a 中的网络电路成本是 13，因为有 5 个逻辑门和 8 个输入端。与先前的表达式相比，基于正则积之和表达式实现的网络电路中：1 个“或”门有 4 个输入端，4 个“与”门且每个有 3 个输入端，而 3 个非门且每个有 1 个输入端，其电路成本为 27。

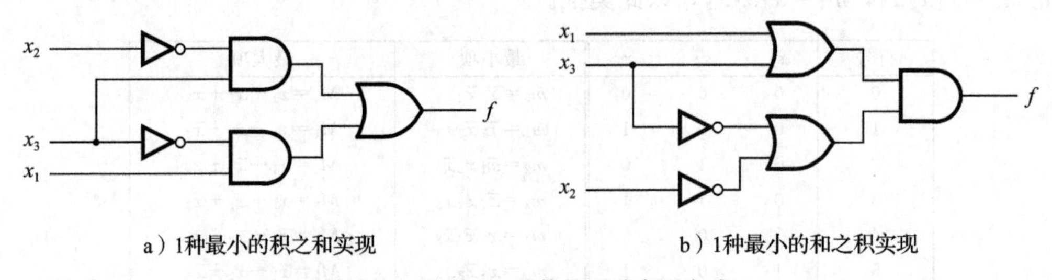

a）1种最小的积之和实现　　b）1种最小的和之积实现

图 2.24　图 2.23 函数的两种实现方式

用行号为下标的最小项可以更简洁地表示一个给定函数。例如，图 2.23 中所示的函数可以表示为：

$$f(x_1,x_2,x_3)=\sum(m_1,m_4,m_5,m_6)$$

甚至可以简写为：

$$f(x_1,x_2,x_3)=\sum m(1,4,5,6)$$

式中符号“$\sum$”表示逻辑和运算，在实际设计中常用这种简洁的形式。

例 2.10　考虑函数：

$$f(x_1,x_2,x_3)=\sum m(2,3,4,6,7)$$

利用最小项可以得到函数的正则 SOP 表达式：

$$f=m_2+m_3+m_4+m_6+m_7=\overline{x}_1x_2\overline{x}_3+\overline{x}_1x_2x_3+x_1\overline{x}_2\overline{x}_3+x_1x_2\overline{x}_3+x_1x_2x_3$$

用 2.5 节中的恒等式按如下方式化简：

$$\begin{aligned} f &= \overline{x}_1 x_2 (\overline{x}_3 + x_3) + x_1 (\overline{x}_2 + x_2) \overline{x}_3 + x_1 x_2 (\overline{x}_3 + x_3) \\ &= \overline{x}_1 x_2 + x_1 \overline{x}_3 + x_1 x_2 \\ &= (\overline{x}_1 + x_1) x_2 + x_1 \overline{x}_3 \\ &= x_2 + x_1 \overline{x}_3 \end{aligned}$$

◀

例 2.11 假设一个 4 变量的函数定义为：

$$f(x_1, x_2, x_3, x_4) = \sum m(3,7,9,12,13,14,15)$$

则该函数的正则 SOP 表达式为：

$$f = \overline{x}_1 \overline{x}_2 x_3 x_4 + \overline{x}_1 x_2 x_3 x_4 + x_1 \overline{x}_2 \overline{x}_3 x_4 + x_1 x_2 \overline{x}_3 \overline{x}_4 + x_1 x_2 \overline{x}_3 x_4 + x_1 x_2 x_3 \overline{x}_4 + x_1 x_2 x_3 x_4$$

通过以下步骤得到简化的 SOP 表达式：

$$\begin{aligned} f &= \overline{x}_1 (\overline{x}_2 + x_2) x_3 x_4 + x_1 (\overline{x}_2 + x_2) \overline{x}_3 x_4 + x_1 x_2 \overline{x}_3 (\overline{x}_4 + x_4) + x_1 x_2 x_3 (\overline{x}_4 + x_4) \\ &= \overline{x}_1 x_3 x_4 + x_1 \overline{x}_3 x_4 + x_1 x_2 \overline{x}_3 + x_1 x_2 x_3 \\ &= \overline{x}_1 x_3 x_4 + x_1 \overline{x}_3 x_4 + x_1 x_2 (\overline{x}_3 + x_3) \\ &= \overline{x}_1 x_3 x_4 + x_1 \overline{x}_3 x_4 + x_1 x_2 \end{aligned}$$

◀

最大项

对偶性表明，如果可以根据真值表中函数值为 1 的各行综合一个函数 f，那么也可以根据真值表中函数值为 0 的各行进行综合。这种方法利用了最小项的非，称为*最大项*。图 2.22列出了 3 变量函数中所有可能出现的最大项，同样可以用行号来标识最大项 M_j，与图中的最小项 m_j 相对应。

和之积形式

如果一个给定的函数 f 用真值表表示，则它的非量 $\overline{f}$ 可以用 $\overline{f}=1$ 的最小项之和表示，即 $f=0$ 的各行。例如，对于图 2.19 中的函数，有：

$$\overline{f}(x_1, x_2) = m_2 = x_1 \overline{x}_2$$

利用德摩根(反演)定理求非，可以得到：

$$\begin{aligned} \overline{\overline{f}} = f &= \overline{x_1 \overline{x}_2} \\ &= \overline{x}_1 + x_2 \end{aligned}$$

注意，这与我们先前通过求解函数 f 的正则积之和经代数化简后得到表达式一致。这里的关键点是：

$$f = \overline{m}_2 = M_2$$

其中 M_2 是真值表中第 2 行的最大项。

以图 2.23 中的函数为例，该函数的非可以表示为：

$$\begin{aligned} \overline{f}(x_1, x_2, x_3) &= m_0 + m_2 + m_3 + m_7 \\ &= \overline{x}_1 \overline{x}_2 \overline{x}_3 + \overline{x}_1 x_2 \overline{x}_3 + \overline{x}_1 x_2 x_3 + x_1 x_2 x_3 \end{aligned}$$

则 f 可以表示为：

$$\begin{aligned} f &= \overline{m_0 + m_2 + m_3 + m_7} \\ &= \overline{m}_0 \cdot \overline{m}_2 \cdot \overline{m}_3 \cdot \overline{m}_7 \\ &= M_0 \cdot M_2 \cdot M_3 \cdot M_7 \\ &= (x_1 + x_2 + x_3)(x_1 + \overline{x}_2 + x_3)(x_1 + \overline{x}_2 + \overline{x}_3)(\overline{x}_1 + \overline{x}_2 + \overline{x}_3) \end{aligned}$$

上式即为用最大项的积表示函数 f 的方式。

一个由各逻辑“或”的逻辑“与”组成的逻辑表达式称为*和之积*(POS)形式。如果每一个和项都是最大项，则该表达式称为给定函数的*正则和之积表达式*。任意函数 f 可以通过寻找正则和之积来综合。正则和之积表达式通过真值表中 $f=0$ 的各行的最大项的乘积得出。

回顾先前的例子，我们可以尝试降低由最大项之积构成的表达式的复杂性。利用 2.5

节中的交换律 10b 和结合律 11b，表达式可以化简为：

$$f = ((x_1 + x_3) + x_2)((x_1 + x_3) + \overline{x}_2)(x_1 + (\overline{x}_2 + \overline{x}_3))(\overline{x}_1 + (\overline{x}_2 + \overline{x}_3))$$

然后利用结合律 14b，表达式可化简为：

$$f = (x_1 + x_3)(\overline{x}_2 + \overline{x}_3)$$

其对应的网络电路如图 2.24 所示，该电路的成本是 13，这与图 2.24a 中积之和电路的成本相同。但是读者要注意，不能认为由积之和表达式得到的电路一定与和之积表达式得到的电路成本相同。

采用简单的标记法，上例中的函数可以表示为：

$$f(x_1, x_2, x_3) = \Pi(M_0, M_2, M_3, M_7)$$

或者可以更简单地表示为：

$$f(x_1, x_2, x_3) = \Pi M(0, 2, 3, 7)$$

符号 Π 表示逻辑乘运算。

前面的讨论说明了如何用逻辑电路形式实现逻辑函数，即由具有基本逻辑门的网络实现基本函数。一个给定的函数可以由很多不同的电路实现结构，这也意味着具有不同的成本。2.11 节将讨论寻找最低成本实现的策略。

例 2.12 再次考虑例 2.10 中的函数。我们不使用最小项，采用 $f=0$ 的最大项的乘积代替最小项表示该函数，即：

$$f(x_1, x_2, x_3) = \Pi M(0, 1, 5)$$

则正则 POS 表达式可以写为：

$$\begin{aligned} f &= M_0 \cdot M_1 \cdot M_5 \\ &= (x_1 + x_2 + x_3)(x_1 + x_2 + \overline{x}_3)(\overline{x}_1 + x_2 + \overline{x}_3) \end{aligned}$$

按如下方式化简 POS 表达式：

$$\begin{aligned} f &= (x_1 + x_2 + x_3)(x_1 + x_2 + \overline{x}_3)(x_1 + x_2 + \overline{x}_3)(\overline{x}_1 + x_2 + \overline{x}_3) \\ &= ((x_1 + x_2) + x_3)((x_1 + x_2) + \overline{x}_3)(x_1 + (x_2 + \overline{x}_3))(\overline{x}_1 + (x_2 + \overline{x}_3)) \\ &= ((x_1 + x_2) + x_3\overline{x}_3)(x_1\overline{x}_1 + (x_2 + \overline{x}_3)) \\ &= (x_1 + x_2)(x_2 + \overline{x}_3) \end{aligned}$$

也可以通过积之和形式来推导和之积表达式：

$$\begin{aligned} \overline{f}(x_1, x_2, x_3) &= \sum m(0, 1, 5) \\ &= \overline{x}_1\overline{x}_2\overline{x}_3 + \overline{x}_1\overline{x}_2x_3 + x_1\overline{x}_2x_3 \\ &= \overline{x}_1\overline{x}_2\overline{x}_3 + \overline{x}_1\overline{x}_2x_3 + \overline{x}_1\overline{x}_2x_3 + x_1\overline{x}_2x_3 \\ &= \overline{x}_1\overline{x}_2(\overline{x}_3 + x_3) + \overline{x}_2x_3(\overline{x}_1 + x_1) \\ &= \overline{x}_1\overline{x}_2 + \overline{x}_2x_3 \end{aligned}$$

现在，基于德摩根定理 15b 和 15a(运用两次)得：

$$\begin{aligned} f &= \overline{\overline{f}} \\ &= (\overline{\overline{x}_1\overline{x}_2 + \overline{x}_2x_3}) \\ &= (\overline{\overline{x}_1\overline{x}_2})(\overline{\overline{x}_2x_3}) \\ &= (x_1 + x_2)(x_2 + \overline{x}_3) \end{aligned}$$

为了判断上式(和之积表达式)与例 2.10 中推导得到的积之和表达式是相同的，我们可以将该表达式改写成 $f=(x_2+x_1)(x_2+\overline{x}_3)$。该表达式与分配律 12b 等式右边的形式相同，因此可以得到积之和表达式 $f=x_2+x_1\overline{x}_3$。◀

2.7 “与非”和“或非”逻辑网络电路

我们已经讨论了“与”门、“或”门和“非”门在逻辑函数综合中的作用。还有一些基本的逻辑函数在函数综合中很有用，特别是“与非”门和“或非”门函数，它们分别是将“与”运算和“或”运算的输出结果求反。这些函数之所以有吸引力是因为相比于“与”函数和“或”函数，它们具有更简单的电路实现，正如在附录 B 中讨论的那样。图 2.25 给出了“与非”门和“或非”门的图形符号，即在“与”门和“或”门的输出端加了一个小圆圈以代表输出信号反相。

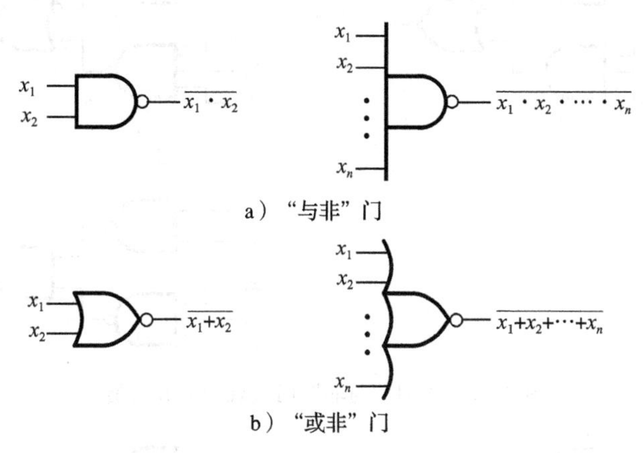

图 2.25 “与非”门和“或非”门

与“与”门和“或”门相比，“与非”门和“或非”门的电路实现更简单，那我们就要思考这些门电路是否可直接用于逻辑综合。2.5 节介绍了德摩根定理，图 2.26 即为其逻辑门实现方式。图 2.26a 表示了恒等式 15a。x_2 和 x_1 两个变量的“与非”门等价于将两个变量分别取反后再实现相“或”运算。注意，在最右边的图中，只是简单地用圆圈表示了“非”门，意味着将该点处的逻辑值反相。德摩根定理的另一半(即恒等式 15b)所表示的性质如图 2.26b 所示，表明“或非”函数等价于先将输入变量求非后再将其相“与”。

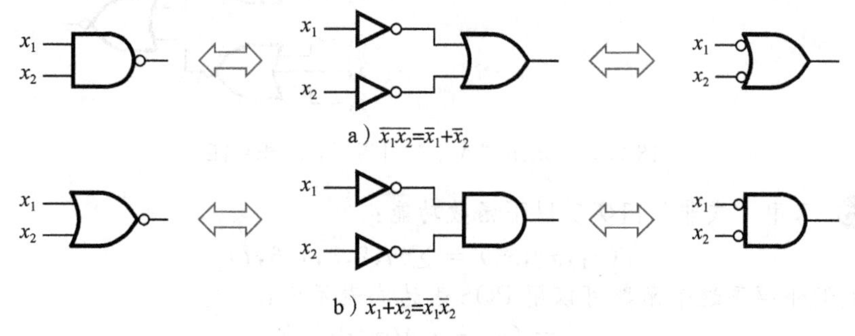

图 2.26 德摩根定理的逻辑门等效

在 2.6 节中给出了如何用积之和形式或和之积形式来实现任意的逻辑函数功能。与这两种形式对应是“与-或”结构和“或-与”结构的逻辑电路。我们现在说明这些电路可以仅由“与非”门或者“或非”门实现。

图 2.27 中的电路网络为采用一般“与-或”电路网络的代表，由图可以看出该电路网络可以转化为“与非”门的电路网络。首先，将每一个“与”门和“或”门之间的连接替换为经过两次反相的连接：即在“与”门输出处经一次反相，并在“或”门输入再一次反相。如 2.5 节中定理 9 所说明的那样，这样的两次反相不会影响电路网络的功能。由图 2.26a可知，在输入处带有反相的“或”门和“与非”门是等价的，因此我们可以把电路改成只包括“与非”门的结构，如图 2.27 所示。本例表明任何“与-或”电路网络可以由具有相同拓扑结构的“与非-与非”电路网络实现。

图 2.28 中给出了一个结构相似的和之积电路网络，它可以转换成只包括“或非”门的电路网络。其过程和图 2.27 中描述的几乎一样，只是这里应用的是图 2.26b 中的等价

关系。可以得到以下结论：任何“或-与”电路网络可与由具有相同拓扑结构的“或非-或非”电路网络实现。

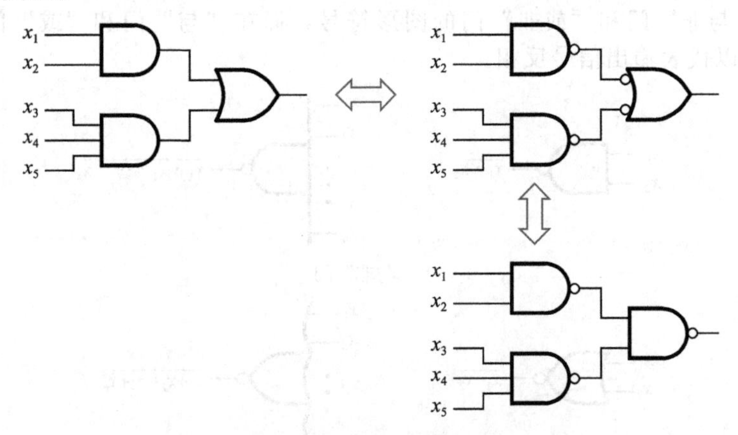

图 2.27 采用“与非”门实现积之和功能

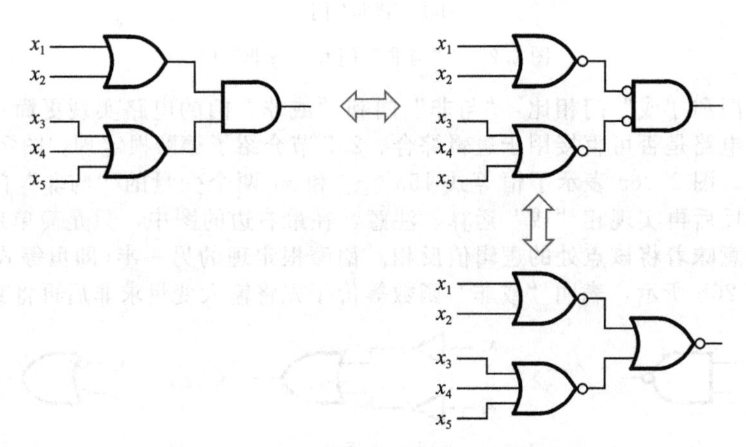

图 2.28 采用“或非”门实现和之积功能

例 2.13 只用“或非”门实现以下函数功能：

$$f(x_1,x_2,x_3)=\sum m(2,3,4,6,7)$$

例 2.12 中我们介绍了这个函数可以用 POS 表达式表示为：

$$f=(x_1+x_2)(x_2+\overline{x}_3)$$

与之对应的“或-与”电路如图 2.29a 所示。采用相同的电路结构，而只采用“或非”门的电路如图 2.29b 所示。注意，x_3 由一个 2 输入端连接在一起的“或非”门实现反相。

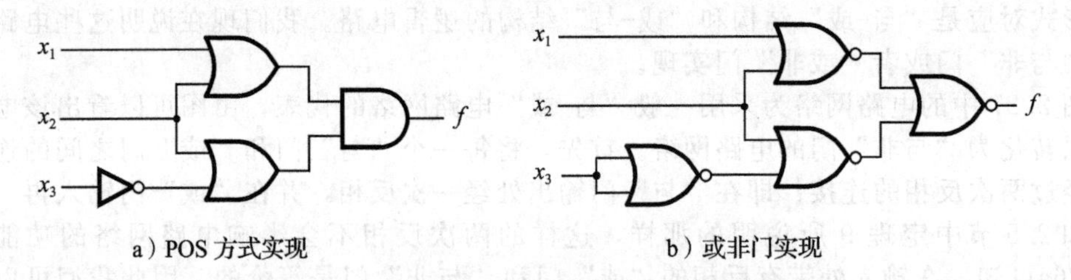

图 2.29 用“或非”门实现例 2.13 的函数功能 ◀

例 2.14 只用“与非”门实现以下函数功能：

$$f(x_1,x_2,x_3)=\sum m(2,3,4,6,7)$$

在例 2.10 中，已经推导出其 SOP 表达式为：

$$f = x_2 + x_1\overline{x}_3$$

该函数可以由图 2.30a 中的电路实现。再次用基本相同但有一处不同的电路结构获得由"与非"门实现的电路，在原图中 x_2 只直接连接到一个"或"门，而不是先经过"与"门再连接到"或"门。如果我们简单地用一个"与非"门代替"或"门，则这个信号将会被反相而产生错误的输出值，既然 x_2 要么不反相，要么反相两次，我们就可以让它经过两个"与非"门，如图 2.30b 所示，可以看出该电路的输出为：

$$f = \overline{\overline{x}_2 \cdot \overline{x_1\overline{x}_3}}$$

应用德摩根定理，上式变化为：

$$f = x_2 + x_1\overline{x}_3$$

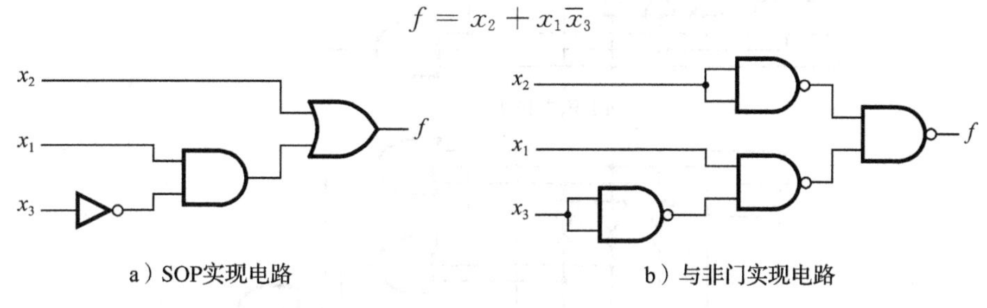

a）SOP实现电路　　b）与非门实现电路

图 2.30　用"与非"门实现例 2.10 中的功能

2.8　设计实例

逻辑电路提供了一种解决问题的方法，实现了某一特定任务所要求的功能。在计算机架构中，逻辑电路提供了执行程序和处理数据的能力。这种电路通常是复杂且难以设计的。但是不管给定的电路多复杂，设计人员常常面对相同的基本问题：首先，必须定义期望的电路行为；其次，对电路进行综合和实现；最后对电路进行测试，以验证它是否符合指标要求。期望的行为通常先用文字描述，然后转化为一种格式描述。本节给出三个简单的设计实例。

2.8.1　三通道电灯控制

假设一个大房间有 3 扇门，每扇门的附近有一个控制屋内电灯的开关。要求改变任意一个开关的状态都能打开或者关闭电灯。

第一步，将这一段文字描述转变为真值表的形式描述：用输入变量 x_1、x_2 和 x_3 分别表示每个开关的状态，假定所有开关都断开时电灯熄灭；闭合任意一个开关则灯亮，接着闭合第 2 个开关时灯灭。因此，只在有 1 个开关闭合时灯亮，如果有两个(或者没有)开关闭合则电灯熄灭；如果两个开关闭合电灯熄灭，则在闭合第 3 个开关时电灯应该变亮。如果用 $f(x_1, x_2, x_3)$表示电灯的状态，则所要求的功能行为可以用如图 2.31 所示的真值表表示，该函数的正则积之和表达式为：

x_1	x_2	x_3	f
0	0	0	0
0	0	1	1
0	1	0	1
0	1	1	0
1	0	0	1
1	0	1	0
1	1	0	0
1	1	1	1

图 2.31　三通道电灯控制的真值表

$$\begin{aligned} f &= m_1 + m_2 + m_4 + m_7 \\ &= \overline{x}_1\overline{x}_2x_3 + \overline{x}_1x_2\overline{x}_3 + x_1\overline{x}_2\overline{x}_3 + x_1x_2x_3 \end{aligned}$$

该表达式不能再化简为成本更低的积之和形式，所对应的电路如图 2.32a 所示。

该函数的另一种实现方式是采用和之积形式，这种形式的正则表达式为：

$$\begin{aligned} f &= M_0 \cdot M_3 \cdot M_5 \cdot M_6 \\ &= (x_1 + x_2 + x_3)(x_1 + \overline{x}_2 + \overline{x}_3)(\overline{x}_1 + x_2 + \overline{x}_3)(\overline{x}_1 + \overline{x}_2 + x_3) \end{aligned}$$

所对应的电路如图 2.32b 所示，它与图 2.32a 所示的电路的成本相同。

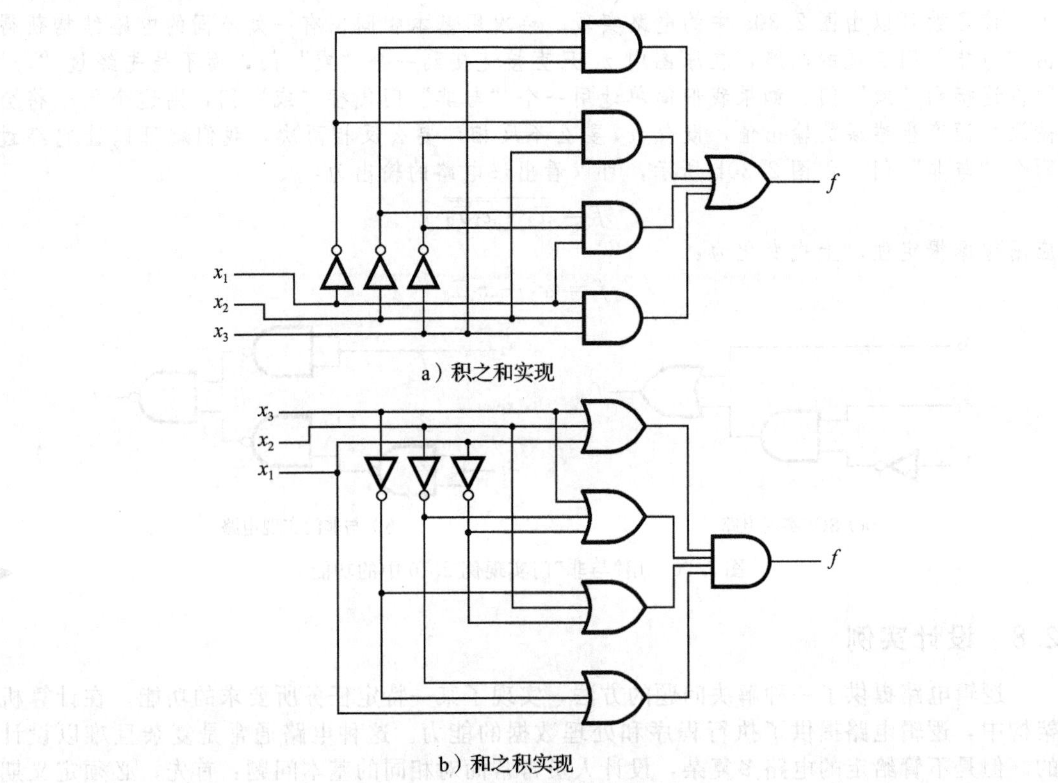

图 2.32　图 2.31 功能的实现

在实现了所设计的电路后，可以通过对电路施加不同的输入变量逻辑值以检查其输出是否与真值表中对应的值相等。最直观的方法是验证 8 种可能的输入逻辑值组合是否都有正确的输出结果。

2.8.2　多路选择器电路

在计算机系统中，经常需要从几个可能的数据来源中选择一个数据。假设有两个数据来源，即输入信号 x_1 和 x_2，这些信号值可能以一个有规律的时间间隔随时间而变化，因此在每个输入端 x_1 和 x_2 上加入 0 和 1 的序列。希望设计一种电路，其输出值根据控制信号 s 的值选择与 x_1 或 x_2 相等，因此电路应该有 3 个输入变量 x_1、x_2 和 s。假设 $s=0$ 时电路的输出等于 x_1，当 $s=1$ 时电路的输出等于 x_2。

根据这些要求，我们可以用如图 2.33a 所示的真值表来表示所期望的电路功能。由真值表可以推导出积之和表达式：

$$f(s,x_1,x_2)=\bar{s}x_1\overline{x}_2+\bar{s}x_1x_2+s\overline{x}_1x_2+sx_1x_2$$

根据分配律，该表达式可以改写为：

$$f=\bar{s}x_1(\overline{x}_2+x_2)+s(\overline{x}_1+x_1)x_2$$

由定理 8b 可以得到：

$$f=\bar{s}x_1\cdot 1+s\cdot 1\cdot x_2$$

最后，根据定理 6a 得到：

$$f=\bar{s}x_1+sx_2$$

实现该函数的电路如图 2.33b 所示。这种类型的电路应用十分广泛，因此它有一个专门的名字，即*多路选择器*。电路根据一个或多个选择控制输入，其输出完全反映了多个数据输入端中一个输入变量的状态。我们称多路选择电路从多个输入信号中选择 1 个信号作为输出。

在本例中，我们得到了一个具有两个数据输入的多路选择器，称为“2 选 1 多路选择器”。通常用如图 2.33c 所示的图形符号表示 2 选 1 多路选择器。同样的思路可以扩展到更大的电路中。一个 4 选 1 多路选择器有 4 个数据输入端和 1 个输出端，在这种情况下，需要有两个选择控制信号，在 4 个输入信号中选择 1 个并将其传输到输出。一个 8 选 1 选择器则需要 8 个数据输入与 3 个选择控制输入，依此类推。

注意，“如果 $s=0$，$f=x_1$；如果 $s=1$，$f=x_2$”的功能可以通过真值表以一种更紧凑的方式表述，如图 2.33d 所示。在以后的章节中，会经常用这种表述方法。

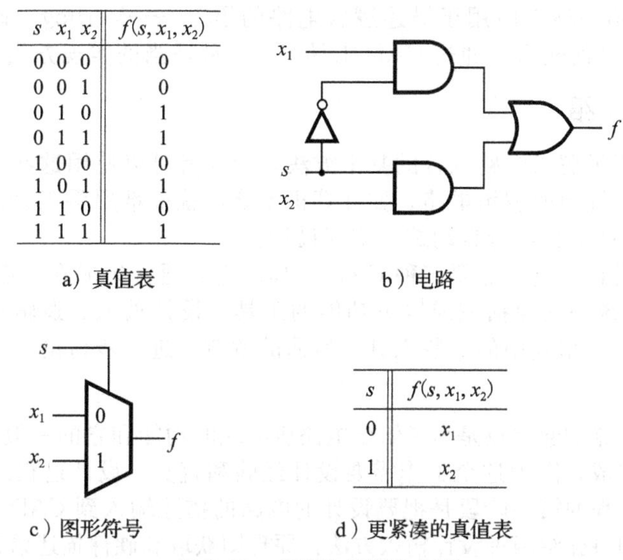

s	x_1	x_2	$f(s, x_1, x_2)$
0	0	0	0
0	0	1	0
0	1	0	1
0	1	1	1
1	0	0	0
1	0	1	1
1	1	0	0
1	1	1	1

a）真值表　　b）电路

s	$f(s, x_1, x_2)$
0	x_1
1	x_2

c）图形符号　　d）更紧凑的真值表

图 2.33　多路选择器的实现

我们介绍了如何用“与”门、“或”门和“非”门实现一个多路选择器。如 2.7 节所述，同样的电路结构也可以采用“与非”门加以实现。附录 B 将说明构建多路选择器的其他方法；第 4 章将详细讨论多路选择器的应用。

2.8.3　数码显示

在例 2.2 中我们设计了加法器电路，它产生了两个一位变量 a 和 b 的算术和 $S=a+b$，且 $S=s_1s_2$ 为产生的两位和，即 00、01 或者 10。在本设计实例中我们要设计一个驱动 7 段数码管的逻辑电路，如图 2.34a 所示。这种显示方式可以实现 S 的十进制表示，即 0、1 或 2。该数码管包括 7 段，在图中标记为 a，b，…，g，每一段都是一个发光二极管(LED)。该逻辑电路有两个输入端 s_0 和 s_1，产生 7 位输出，每位分别控制一个数码段的亮暗。将输出置为 1 时则点亮相应的数码段。通过不同的 s_0s_1 逻辑值点亮特定的数码段，使数码管的显示和相应的十进制数相对应。

s_1s_0 所有可能的逻辑值组合的真值表如图 2.34b所示，表的左侧标明了每种情况下数码管应显示的数字。该真值表分别定义了相应的 7 段数码管中的每一个值。例如，7 段数码管数码段 a 在 S 的十进制值为 0 或 2 时点亮，但当 S 等于 1 时需要熄灭。因此，相应的逻辑函数在最小项为 m_0 和 m_1 时等于 1，即 $a=\bar{s}_1\bar{s}_0+s_1\bar{s}_0=\bar{s}_0$。七段数码管的逻辑表达式分别为：

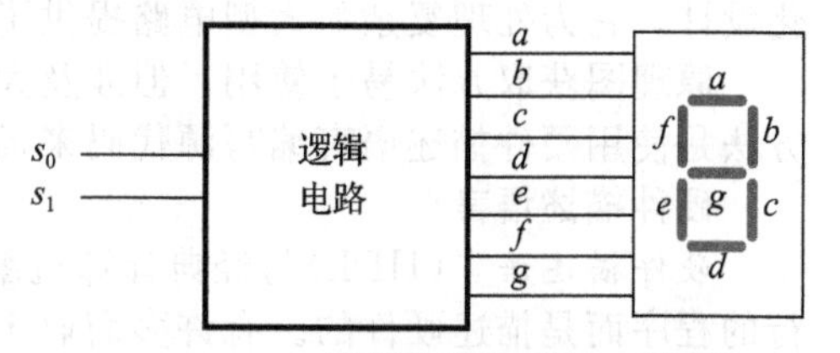

a）逻辑电路与 7 段 ED 显示器

	s_0	s_1	a	b	c	d	e	f	g
0	0	0	1	1	1	1	1	1	0
1	0	1	0	1	1	0	0	0	0
2	1	0	1	1	0	1	1	0	1

b）真值表

图 2.34　数码的显示

$$a = d = e = \overline{s}_0$$
$$b = 1$$
$$c = \overline{s}_1$$
$$f = \overline{s}_1 \overline{s}_0$$
$$g = s_1 \overline{s}_0$$

逻辑电路设计者非常需要 CAD 工具，我们鼓励读者尽快熟悉 CAD 工具。在掌握了前面的知识后，介绍 CAD 工具是十分有意义的。下一节介绍使用 CAD 工具中的一些基本概念。2.10 节还将介绍一种专门用于描述逻辑电路的语言——Verilog。该语言用于描述电路，并作为 CAD 工具的输入，通过 CAD 工具产生一种适当的实现方式。

2.9 CAD 工具介绍

前面的章节介绍了逻辑电路综合的基本方法，设计者可以使用这些方法手工设计一些小电路。但是复杂系统中的逻辑电路，如计算机系统，就很难用手工设计。这类复杂系统通常采用成熟的 CAD 工具进行自动综合实现设计。

为了设计一个逻辑电路，需要多种 CAD 工具。它们通常集成在一起，构成一个 CAD 系统。一个 CAD 系统一般包括完成以下功能的工具：设计输入、逻辑综合及优化、仿真和物理设计。本节将介绍其中的一些工具，后面的章节将进一步讨论。

2.9.1 设计输入

设计一个逻辑电路的起始点是为了给出电路应实现的功能和它的一般结构形式，该步骤通常由设计者手工完成，因为这个工作需要设计经验和直觉。设计过程的其他工作由 CAD 工具辅助完成。该过程的第一阶段是把要设计的电路的描述输入到 CAD 系统中，这个阶段称为设计输入。我们将介绍两种设计输入方法：原理图获取和硬件描述语言编写源代码。

原理图获取

逻辑电路可以通过画出逻辑门并用导线将它们连接来完成定义，以这种方式输入设计电路的 CAD 工具称为*原理图获取工具*。*原理图*指的是在图中的电路元件(如逻辑门等)用图形化的符号表示，电路元件间的连接则用线表示。

原理图获取工具利用计算机的图形能力和鼠标绘制原理图。为了方便在原理图中添加逻辑门，该工具提供了一系列代表不同类型及具有不同输入端的逻辑门符号。这一系列符号称为*元件库*(或*单元库*)。库里的逻辑门可以导入到用户的原理图中，工具还提供了一种图形化的方法将逻辑门的互连形成逻辑网络。

先前产生的所有子电路都可以用图形符号表示，并添加到原理图中。实际上，对于 CAD 用户来说，在设计的电路中包括其他小电路是一件很平常的事，这种方法称为层次化设计，它为处理复杂的大型电路提供了一种好的方法。

原理图获取方法易于使用，但涉及大型电路时使用起来很繁琐。处理大型电路较好的方法是使用硬件描述语言编写源代码来描述电路。

硬件描述语言

硬件描述语言(HDL)与经典计算机编程语言十分相似，只是它不是描述在计算机上执行的程序而是描述硬件的。有许多商业 HDL 可用。有些是专用的，即它们由某个公司提供，只能用来实现基于该公司提供的工艺的电路。本书不介绍专用的 HDL。我们重点关注一种几乎所有数字硬件工艺供应商都支持并且被官方认可为*电气与电子工程师协会*(IEEE)标准的语言。IEEE 是一个世界范围内的组织，旨在促进技术活动服务于社会。该组织的一个活动就是制订标准，定义某些适合于广大用户使用的技术概念。

有两种硬件描述语言符合 IEEE 标准：Verilog HDL 和 VHDL(*超高速集成电路硬件描述语言*)。两种语言在业界的使用都很广泛，本书使用 Verilog，但本书的 VHDL 版本也由同一出版商出版[4]。虽然这两种语言在很多方面存在不同，但在学习逻辑电路时选择哪种语言并不是非常重要，因为它们提供了相似的特性。在本书中采用Verilog表述的概念可以在采用VHDL时直接应用。

和使用原理图获取相比，Verilog具有很多优势。因为提供数字硬件设计工艺的大部分机构都支持Verilog语言，所以提供了设计的可移植性。由Verilog描述的电路可以在众多不同类型的芯片中实现，并且可以使用不同公司提供的CAD工具，而不需要改变Verilog描述。由于数字电路的工艺变化很快，设计的可移植性是一个很重要的优势。通过使用一种标准语言，设计者能够专注于所需电路的功能设计而不必过多考虑最终用于实现电路的工艺细节。

逻辑电路的设计输入是通过编写Verilog代码实现的。电路中的信号可以用源代码中的变量表示，而逻辑功能则用变量赋值表示。Verilog源代码是一种文本，可以方便地包含在文档中，以解释电路如何工作。这个特性再加上Verilog的广泛应用，促进了用Verilog描述的电路的共享和复用。另外，对已有的代码进行改进后，还可以用在新设计的电路中，这大大加速了新产品的开发。

与原理图中处理大型电路的方式类似，Verilog代码也可以写成模块进行层次化设计。小型和大型的逻辑电路都可以用Verilog代码高效地表示。

Verilog设计输入可以和其他方法相结合，例如，原理图获取工具中可以用由Verilog语言描述的子电路。2.10节将介绍Verilog。

2.9.2　逻辑综合

综合是指从一个由原理图或者硬件描述语言描述的初始定义生成逻辑电路的过程，CAD综合工具将这些初始定义高效转化为所需的电路。

将Verilog代码翻译(或编译)成逻辑门网络的过程是综合的一部分，其输出结果是一系列描述实现电路所需逻辑功能的逻辑表达式。

无论采用哪种设计输入，由综合工具产生的初始逻辑表达式一般都不是最优的，因为它反映了设计者用CAD工具输入的数据，设计者几乎不可能手工形成大型电路的最优设计。因此，综合工具重要的任务之一就是将用户的设计自动转换成一个等价但更优的电路。

一个电路优于另一个电路的评价标准取决于设计的特定需求以及所选择的实现技术。本章前面的小节曾提到一个好的电路可能是成本最低的那个电路，但是还存在其他可能的最优化目标，这由实现电路的硬件技术确定。附录B将讨论实现技术。

综合得到的电路性能可以通过电路的物理实现与测试进行评价。但是，电路的功能也可以通过仿真方法进行验证。

2.9.3　功能仿真

以逻辑表达式表示的电路可以通过仿真验证其是否实现了预期的功能。完成此项任务的工具是*功能仿真器*，它使用综合得到的逻辑表达式(常常称为等式)，并假设这些表达式可以用没有延迟的理想逻辑门实现。仿真器要求用户定义仿真过程中所需的输入变量的逻辑值，仿真器根据逻辑表达式求出每一个输入逻辑值组合对应的输出。仿真的结果一般以时序图的形式提供，用户可以通过检查时序图判断电路是否按要求动作。

2.9.4　物理设计

在设计流程中，逻辑综合的下一步是确定在一个给定的芯片上如何准确地实现电路，该步骤常常称为*物理设计*。正如附录B讨论的，用于实现电路的技术有好几种，物理设计工具将以逻辑表达式定义的电路映射到目标芯片中可用资源实现的电路。它们确定特定逻辑元件的布局，这些元件不一定只是前面介绍的简单逻辑门；物理设计同时确定这些元件间的连线以实现所需的电路。

2.9.5　时序仿真

逻辑门和其他的逻辑元件是由电子电路实现的，这些电路动作时不可能是零延时的。

当电路的输入值变化时，输出端需要经过一定的时间才能产生相应的变化，这段时间称为电路的传输延时。传输延时包括两种类型：一种是当输入值变化时，任何逻辑部件建立有效的输出都需要一定的时间而产生的延时；另一种是由于信号在连接不同逻辑元件的导线中传输所引起的延时。两种类型组合在一起形成了实际电路中存在的延时，这对电路的运行速度有着很重要的影响。

时序仿真器可以估算电路存在的可能的延时，其结果可以用来确定生成的电路是否满足设计指标中的时序要求。如果不符合要求，设计者根据标定的必须满足的特定时序约束，通过物理设计工具再次进行尝试；如果还是不能满足要求，设计者就需要在综合步骤中尝试不同的优化方法，或者改进提供给综合工具的初始设计。

2.9.6 电路实现

当设计的电路满足了所有指标要求后，电路就可以在实际的芯片上实现了。如果该设计生成用户定制的芯片，则该步骤称为芯片制造；而如果使用可编程器件，则该步骤称为芯片的配置或编程。附录 B 介绍不同类型的芯片技术。

2.9.7 完整的设计流程

以上讨论的 CAD 工具是一个 CAD 系统中的基本部分。我们讨论的完整设计流程如图 2.35所示，这只是一个简单的介绍性讨论，第 10 章将给出 CAD 工具的完整介绍。

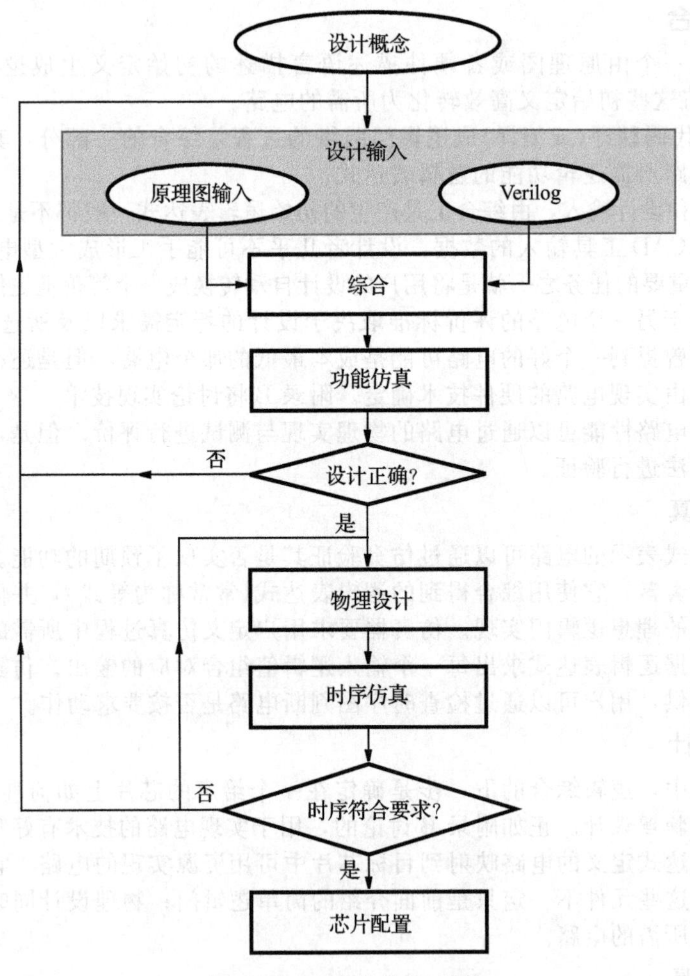

图 2.35 典型的 CAD 系统

到现在为止，读者应该对使用 CAD 工具时涉及的内容有些认识了，但是只有在实际使用之后才能完全掌握。我们强烈建议读者尝试使用合适的 CAD 工具，并且利用这些工具设计一些电路实例。有两种常用的 CAD 工具，分别为 Altera 公司提供的 QuartusII 工具和 Xilinx 公司提供的 ISE 工具，可以从这两个公司的网站上免费获取这两种工具，以供教学使用。

2.10 Verilog 简介

在 20 世纪 80 年代，集成电路工艺的快速发展推动了数字电路设计标准化的开发，Verilog 正是其中之一。Verilog 的原始版本由 GDA(Gateway Design Automation)公司开发，后来该公司被 Cadence(Cadence Design System)设计公司并购。1990 年，Verilog 进入公众领域，从此以后它成为了描述数字电路的最通用的语言。1995 年，Verilog 成为 IEEE 官方标准，称为 IEEE 标准 1364-1995。Verilog 2001 是 Verilog 的一个升级版本，在 2001 年成为 IEEE 标准 1364-2001，该版本引入了许多新特性，也兼容初始 Verilog 版本的所有特性。

Verilog 原本是用于仿真和验证数字电路的，随着综合功能的加入，Verilog 成为 CAD 系统中一种广泛采用的设计输入方式。CAD 工具将 Verilog 代码综合成所描述电路的硬件实现。本书在综合时主要采用 Verilog 代码。

Verilog 是一种复杂而精致的语言，学会 Verilog 的所有特性是一项艰巨的任务。但是，对于综合而言，只有其中的一个子集才是重要的。为了简化描述，我们重点讨论在本书的实例中用到的 Verilog 语言的特性，这些材料足够满足读者设计各种不同的电路需求。要学习完整的 Verilog 语言的读者可以参考专门的资料[5-11]。

纵观全书，在几个阶段都介绍了 Verilog。我们一般只介绍与涉及的设计主题相关的 Verilog 特性。附录 A 简要总结了本书中介绍的 Verilog 特性，读者可以方便地查看该资料。本章剩下的章节将讨论编写简单 Verilog 代码的最基本概念。

数字电路的 Verilog 表示

当使用 CAD 工具综合一个逻辑电路时，如前面的章节所述，设计者可以用多种不同的方式提供电路的初始描述，其中一种高效的方法就是用 Verilog 源代码描述。Verilog 编译器将这种代码编译成一个逻辑电路。

Verilog 允许设计者用多种不同的方式描述所期望的电路。一种可能的方法就是以电路元件的形式描述电路结构的 Verilog 结构。对于较大规模的电路，可以通过编写将这些电路元件连接起来的代码来定义，这种方式称为逻辑电路的*结构化描述*。另一种可能的方式更加抽象地描述逻辑电路。这种方式通过逻辑表达式和 Verilog 编程结构定义电路所期望的功能，而不是用逻辑门的方式表示实际结构，这种方式称为*行为描述*。

2.10.1 逻辑电路的结构化定义

Verilog 包含了一系列与通用逻辑门电路对应的*门级原始结构*，一个逻辑门可以通过定义其函数名、输出和输入来表示。例如，一个 2 输入“与”门，其输出为 y，输入为 x_1 和 x_2，则该与门可以表示为：

```
and (y, x1, x2);
```

一个 4 输入“或”门可以定义为：

```
or (y, x1, x2, x3, x4);
```

同理，可以用关键词 **nand** 和 **nor** 定义“与非”门和“或非”门。“非”门可以定义为：

```
not (y, x);
```

该式实现了 $y=\overline{x}$。门级原始结构可以用于定义较大规模的电路。附录 A 中的表 A.2 列出了所有可用的门级原始结构。

逻辑电路以模块(module)的形式定义，模块中包括了电路的定义。一个模块有输入和输出，它们统称为端口(port)。端口是一个常用的术语，是指连接到电子电路的输入或输出。考虑图 2.33b 中的多路选择器电路，图 2.36 中重新给出了此电路，该电路可以用如图 2.37 所示的 Verilog 代码描述：第一条语句给出了模块的名字，即 example 1，并且指出有 4 个端口信号。接下来的两条语句定义变量 x_1、x_2 和 s 为输入信号，而 f 为输出信号。电路的实际结构由随后的 4 条语句定义，“非”门产生 $k=\bar{s}$，“与”门产生 $g=\bar{s}x_1$ 和 $h=sx_2$。两个“与”门的输出组成“或”门的输入，则有：

$$f = g + h$$
$$= \bar{s}x_1 + sx_2$$

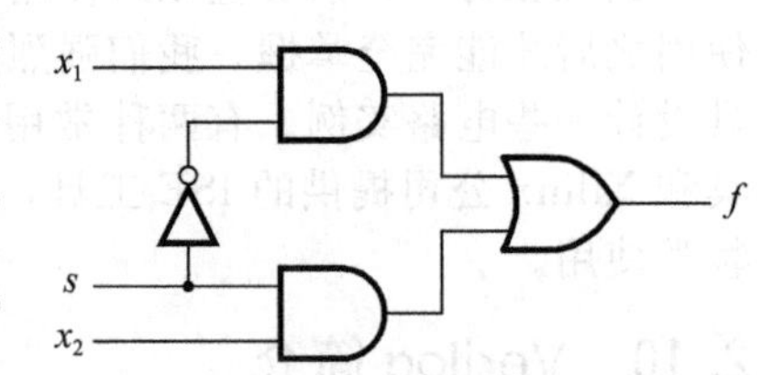

图 2.36　多路选择器的逻辑电路

```
module example1 (x1, x2, s, f);
    input x1, x2, s;
    output f;

    not (k, s);
    and (g, k, x1);
    and (h, s, x2);
    or (f, g, h);

endmodule
```

图 2.37　图 2.36 所示电路的 Verilog 代码

模块以语句 **endmodule** 结束。我们用粗体字标出 Verilog 的关键字，使得文本更容易阅读，在本书中我们将继续这么做。

图 2.38 中给出了 Verilog 代码的第二个例子。所定义的电路有 4 个输入信号 x_1、x_2、x_3 和 x_4，3 个输出信号 f、g 和 h。它实现了以下逻辑功能：

$$g = x_1x_3 + x_2x_4$$
$$h = (x_1 + \bar{x}_3)(\bar{x}_2 + x_4)$$
$$f = g + h$$

我们用 Verilog 运算符“～”(键盘上的波浪号)表示求补，而不用显式“非”门定义 $\bar{x}_2$ 和 $\bar{x}_3$。因此，在代码中 $\bar{x}_2$ 表示为～x₂。该例由 Verilog 编译器产生的电路如图 2.39 所示。

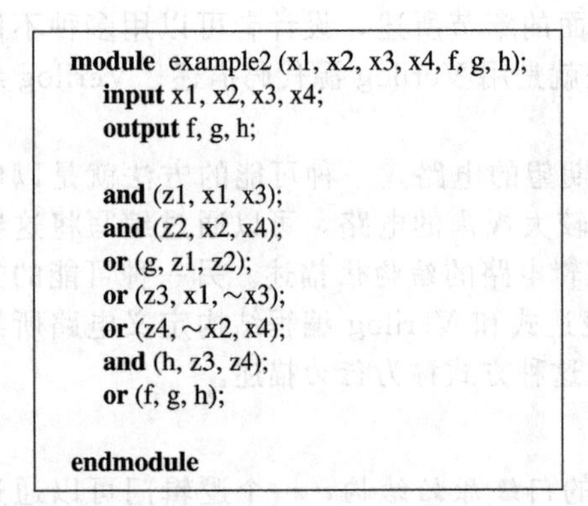

```
module example2 (x1, x2, x3, x4, f, g, h);
    input x1, x2, x3, x4;
    output f, g, h;

    and (z1, x1, x3);
    and (z2, x2, x4);
    or (g, z1, z2);
    or (z3, x1, ~x3);
    or (z4, ~x2, x4);
    and (h, z3, z4);
    or (f, g, h);

endmodule
```

图 2.38　4 输入电路的 Verilog 代码

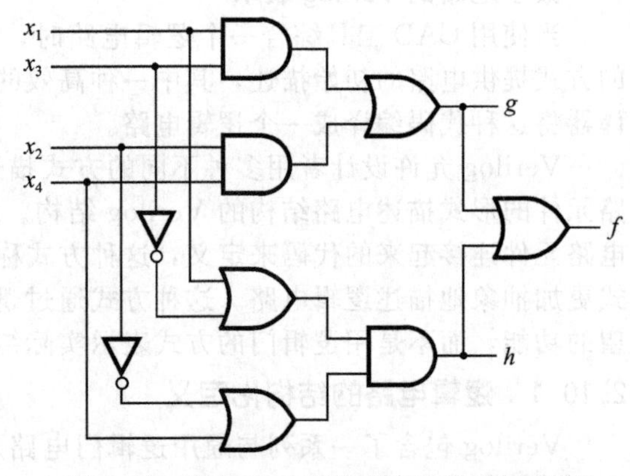

图 2.39　图 2.38 中代码所对应的逻辑电路

Verilog 语法

Verilog 中模块和信号的命名遵守两条简单的规则：名字必须以字母开头，且可以包含任何字母和数字以及下划线“ _ ”和字符“＄”。Verilog 区分大小写，因此 k 和 K 是不同的，Example 和 example 也不同。Verilog 语法不强制使用某种特定的编程风格，例如，多条语句可以出现在同一行中；而空白字符(如 SPACE、TAB 以及空行等)在编译时都会被忽略。一个好的编程方式应该采用易读的方式。缩进和空白行可以使分开的编码易于辨认，如图 2.37 和图 2.38 所示。代码中可以包含注释以增加可读性。注释从双斜线“//”开始，到行尾结束。

2.10.2　逻辑电路的行为定义

在设计大规模电路时，使用门级原始结构会很繁琐。可行的选择是采用更为抽象的表达式和编程结构描述逻辑电路的行为。可以用逻辑表达式定义电路。图 2.36 所示的电路可以用如图 2.40 所示的逻辑表示：

$$f = \bar{s}x_1 + sx_2$$

“与”运算和“或”运算可分别用 Verilog 运算符“&”和“|”表示。关键词 assign 对 f 进行连续赋值。“连续”这个词来源于用 Verilog 进行仿真的过程；无论何时改变右侧信号的状态，f 的值都需重新计算，这和图 2.37 中使用的门级原始结构效果是相同的。按照这种方式，图 2.39 所示的电路可以表示为图 2.41 所示的描述。

```
module example3 (x1, x2, s, f);
   input x1, x2, s;
   output f;

   assign f = (~s & x1) | (s & x2);

endmodule
```

图 2.40　采用连续赋值描述图 2.36 中的电路

```
if (s == 0)
   f = x1;
else
   f = x2;
```

```
module example4 (x1, x2, x3, x4, f, g, h);
   input x1, x2, x3, x4;
   output f, g, h;

   assign g = (x1 & x3) | (x2 & x4);
   assign h = (x1 | ~x3) & (~x2 | x4);
   assign f = g | h;

endmodule
```

图 2.41　采用连续赋值描述图 2.39 所示电路

采用逻辑表达式使得 Verilog 代码的编写更容易，但是还可以采用更高层次的抽象。再次考虑图 2.36 所示的多路选择器电路，电路可以用语句表述成：如果 $s=0$，则 $f=x_1$；如果 $s=1$，则 $f=x_2$。在 Verilog 中，这种功能可以用 **if-else** 语句定义。图 2.42 中给出了完整的代码，第一行展示了在程序中如何插入注释。**if-else** 语句是 Verilog 过程语句的一个例子，我们还将介绍其他过程语句，如第 3 章和第 4 章中的循环语句。

Verilog 语法要求过程语句必须包含在称为 **always** 块的结构中，如图 2.42 所示。一个 **always** 块可以只包含一条语句，如本例所示，也可以包含多条语句。一个典型的 Verilog 设计模块中可以包含多个 **always** 块，每个块代表设计电路的一部分。**always** 块的一个重要特征是所包含的语句按给出的顺序依次计算，这与连续赋值语句不同，连续赋值是同时运算的，因此不包含顺序的概念。

```
// Behavioral specification
module example5 (x1, x2, s, f);
   input x1, x2, s;
   output f;
   reg f;

   always @(x1 or x2 or s)
      if (s == 0)
         f = x1;
      else
         f = x2;

endmodule
```

图 2.42　图 2.36 所示电路的行为级描述

在 **always** 块中“@”符号后面括号中的部分，称为*敏感事件列表*。这个列表对于使用 Verilog 进行仿真是很重要的。当敏感事件列表中的一个或多个信号改变值时仿真器执行 **always** 块中的语句。通过这种方式，简化了仿真过程的复杂度，因为没有必要每次都执行各条语句。当用 Verilog 进行电路综合时，敏感事件列表直观告诉 Verilog 编译器哪些信号会直接影响 **always** 块产生的输出。

如果用过程语句给信号赋值，则 Verilog 语法要求先将其标记为一个变量，在图 2.42 中是通过关键词 **reg** 完成的。该词也演变于仿真的术语，它意味着一旦用过程语句给变量赋值后，仿真器就“寄存”该值，并在再次执行 **always** 块之前保持不变。第 3 章将详细讨论这个问题。

除了像图 2.42 中那样采用单独的语句声明变量 f 是 **reg** 型之外，还可以采用以下语法：

```
output reg f;
```

该语法将两条语句结合在一起。另外 Verilog 2001 中增加了直接在模块的端口列表中声明信号方向和类型的功能，图 2.43 所示的编码即为这种风格。在 **always** 语句的敏感事件列表中可以用逗号代替 **or**，如图 2.43 所示。另外，除了在敏感事件列表中列出相关信号之外，还可以简单地写为：

```
always @(*)
```

或者更简单地表示为：

```
always @*
```

以上表述假定编译器能识别出需要考虑哪些信号。

```
// Behavioral specification
module example5 (input x1, x2, s, output reg f);

    always @(x1, x2, s)
        if (s == 0)
            f = x1;
        else
            f = x2;

endmodule
```

图 2.43　图 2.42 所示代码的更简洁版本

逻辑电路的行为描述只说明了其功能，CAD 综合工具采用这些描述构建实际的电路。综合形成的电路的详细结构与所采用的工艺相关。

2.10.3　层次化 Verilog 编码

到目前为止给出的 Verilog 代码的例子都只包含一个模块。对于较大规模的设计而言，采用层次化 Verilog 编码是很方便的，在这种层次化结构中，顶层模块包含多个低层次模块。要了解如何编写层次化 Verilog 代码，先观察图 2.44 中的电路，该电路包括了两个低层次的模块：图 2.12 中所示的加法器模块以及图 2.34 所示的驱动 7 段数码管的模块。该电路的目的是利用加法器模块求出 x 和 y 这两个输入量之和，然后用 7 段数码管显示出十进制值表示的结果。

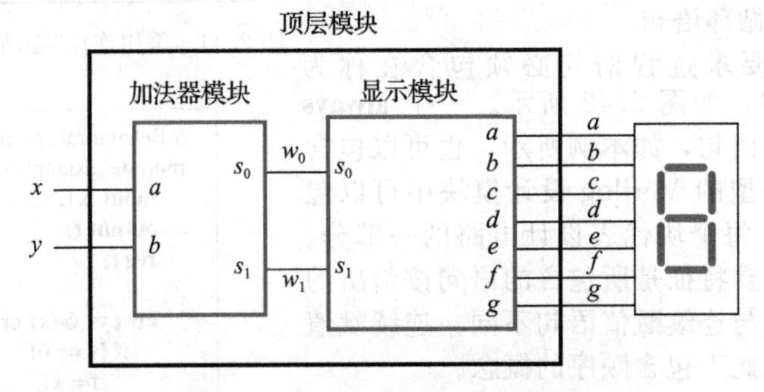

图 2.44　带有两个模块的逻辑电路

图 2.12 中的加法器模块和图 2.34 中的数码管显示模块的 Verilog 编码分别如图 2.45 和图 2.46 所示。在加法器模块中，利用连续赋值语句给两位和 s_1s_0 赋值，s_0 的赋值语句利用了 Verilog 中的 XOR 运算符，即 $s_0 = a\hat{}b$；数码管显示模块的代码中包含了与 2.8.3 节中给出的 7 个输出的显示电路逻辑表达式分别对应的赋值语句。语句：

```
assign b = 1;
```

意味着显示模块中的输出 b 赋常数值 1。第 3 章将讨论 Verilog 中数字的定义。

```
// An adder module
module adder (a, b, s1, s0);
  input a, b;
  output s1, s0;

  assign s1 = a & b;
  assign s0 = a ^ b;

endmodule
```

图 2.45　图 2.12 所示电路的 Verilog 编码

图 2.47 中给出了顶层 Verilog 模块，称为 adder _ display。该模块的输入为 x 和 y，输出为 a，…，g。语句：

```
wire w1, w0;
```

是必需的，因为信号 w_1 和 w_0 在图 2.44 中的电路中既不是输入也不是输出。这些信号在 Verilog 代码中不能标为输入或输出端口，它们只能标为(内部)连线。语句：

```
adder U1 (x, y, w1, w0);
```

作为一个子模块实例化了图 2.45 中的加法器模块。该子模块名为 U1，子模块的名字只要是 Verilog 的有效命名即可。在实例化语句中，接到加法器子模块端口的信号按照与图 2.45 中相同的顺序列出。因此，图 2.47 中的顶层模块的输入端口 x 和 y 分别连接到加法器的前两个端口 a 和 b。实例化语句中列出的信号顺序决定了子模块的每个端口和哪个信号相连接。实例化语句还将子模块的后两个端口(即其输出)连接到顶层模块 wire(连线)型变量 w1 和 w0 上。语句：

```
display U2 (w1, w0, a, b, c, d, e, f, g);
```

实例化了电路中的另一个子模块，其中已经连接到加法器子模块输出的 wire 型变量 w1 和 w0 又被连接到了显示模块相应的输入端口，显示模块的输出端口连接到了顶层模块的输出端口 a，…，g。

```
// A module for driving a 7-segment display
module display (s1, s0, a, b, c, d, e, f, g);
   input s1, s0;
   output a, b, c, d, e, f, g;

   assign a = ~s0;
   assign b = 1;
   assign c = ~s1;
   assign d = ~s0;
   assign e = ~s0;
   assign f = ~s1 & ~s0;
   assign g = s1 & ~s0;

endmodule
```

图 2.46　图 2.34 所示电路的 Verilog 编码

```
module adder_display (x, y, a, b, c, d, e, f, g);
   input x, y;
   output a, b, c, d, e, f, g;
   wire w1, w0;

   adder U1 (x, y, w1, w0);
   display U2 (w1, w0, a, b, c, d, e, f, g);

endmodule
```

图 2.47　图 2.44 所示电路的层次化 Verilog 编码

2.10.4　如何不写“坏代码”

当学习使用 Verilog 或其他硬件描述语言时，新手很容易将其写成与计算机程序相似的代码，即包含了很多变量和循环。当综合这种代码时，很难确定 CAD 工具会生成怎样的逻辑电路。本书中包含了超过 100 个完整的 Verilog 代码，它们描述了多种逻辑电路，在这些例子中，很容易将代码和所描述的逻辑电路相联系，建议读者采用这种编码风格。一个好的设计指南认为，如果设计者不能直观确定 Veriolg 代码描述的是怎样的逻辑电路，那么 CAD 工具很有可能不会综合出设计者试图构建的电路。

编好某个设计的完整 Verilog 代码后，建议读者分析 CAD 系统将要生成的电路。典型的 CAD 系统的图形查看工具可以显示与 Verilog 编译器输出的电路相对应的逻辑电路。通过这个过程，可以学到关于 Verilog 的逻辑电路和逻辑综合的更多知识。附录 A 还提供了编写 Verilog 代码的其他准则。

2.11　最简化和卡诺图

在前面所举的众多例子中，我们通过算术运算找出了函数的较低成本实现方式，这些实现方式为积之和形式或者和之积形式。在这些例子中，利用了 2.5 节中介绍的布尔运算的规则、定理和性质，例如，我们常常使用的分配律、德摩根定理和结合律。通常，应用这些定理和性质找出最低成本的实现方式是不太直观的，甚至繁杂和不切实际。本节将介绍一种更为可行的方式，称为卡诺图，它提供了找出最低成本逻辑表达式的系统方法。

行号	x_1	x_2	x_3	f
0	0	0	0	1
1	0	0	1	0
2	0	1	0	1
3	0	1	1	0
4	1	0	0	1
5	1	0	1	1
6	1	1	0	1
7	1	1	1	0

图 2.48　函数 $f(x_1, x_2, x_3)=\sum m(0, 2, 4, 5, 6)$

卡诺图方法的关键是它尽可能地利用了结合律 14a 和 14b。为了理解它的原理让我们来考虑图 2.48 中的函数 f。f 的正则积之和表达式

包含了最小项 m_0、m_2、m_4、m_5 和 m_6，因此有：

$$f = \overline{x}_1\overline{x}_2\overline{x}_3 + \overline{x}_1 x_2\overline{x}_3 + x_1\overline{x}_2\overline{x}_3 + x_1\overline{x}_2 x_3 + x_1 x_2\overline{x}_3$$

结合律 14a 允许我们将只有一个变量值不同的最小项替换成不包含该变量的乘积项。例如，m_0 和 m_2 都包含 $\overline{x}_1$ 和 $\overline{x}_3$，但变量 x_2 的值不同，因为 m_0 包含 $\overline{x}_2$，而 m_2 包含 x_2。因此：

$$\begin{aligned}\overline{x}_1\overline{x}_2\overline{x}_3 + \overline{x}_1 x_2\overline{x}_3 &= \overline{x}_1(\overline{x}_2 + x_2)\overline{x}_3\\ &= \overline{x}_1 \cdot 1 \cdot \overline{x}_3\\ &= \overline{x}_1\overline{x}_3\end{aligned}$$

所以 m_0 和 m_2 可以替换成一个乘积项 $\overline{x}_1\overline{x}_3$。类似地，$m_4$ 和 m_6 只有 x_2 的值不同，可以结合为：

$$\begin{aligned}x_1\overline{x}_2\overline{x}_3 + x_1 x_2\overline{x}_3 &= x_1(\overline{x}_2 + x_2)\overline{x}_3\\ &= x_1 \cdot 1 \cdot \overline{x}_3\\ &= x_1\overline{x}_3\end{aligned}$$

新产生的两项 $\overline{x}_1\overline{x}_3$ 和 $x_1\overline{x}_3$，可以组合成：

$$\begin{aligned}\overline{x}_1\overline{x}_3 + x_1\overline{x}_3 &= (\overline{x}_1 + x_1)\overline{x}_3\\ &= 1 \cdot \overline{x}_3\\ &= \overline{x}_3\end{aligned}$$

这些简化步骤表明我们可以用一个乘积项 $\overline{x}_3$ 代替 4 个最小项 m_0、m_2、m_4 和 m_6。换句话说，最小项 m_0、m_2、m_4 和 m_6 的影响包含在 $\overline{x}_3$ 这一项中。f 中剩下的一个最小项是 m_5，它可以和 m_4 组合，得到：

$$x_1\overline{x}_2\overline{x}_3 + x_1\overline{x}_2 x_3 = x_1\overline{x}_2$$

2.5 节中的定理 7b 表明：

$$m_4 = m_4 + m_4$$

这意味着我们可以两次使用最小项 m_4，如上所述，它和 m_0、m_2、m_6 结合得到 $\overline{x}_3$，而与 m_5 结合得到 $x_1\overline{x}_2$。

我们已经对 f 中所有的最小项做了处理，因此使 $f=1$ 的所有输入逻辑值组合都包括在最低成本表达式中，即：

$$f = \overline{x}_3 + x_1\overline{x}_2$$

该表达式中存在乘积项 $\overline{x}_3$，因为当 $x_3=0$ 时，不论 x_1 和 x_2 的值是什么，$f=1$ 都成立。4 个最小项 m_0、m_2、m_4 和 m_6 表示了 $x_3=0$ 的所有可能最小项；它们包括 x_1 和 x_2 的 4 种逻辑值组合 00、01、10、11。因此，如果 $x_3=0$，则保证了 $f=1$。这可能很难直接从图 2.48中观察到，但如果我们把相应的逻辑值组合列在一起，就很明显了。

	x_1	x_2	x_3
m_0	0	0	0
m_2	0	1	0
m_4	1	0	0
m_6	1	1	0

以相同的方式，我们将 m_4 和 m_5 看成一个包含以下两行的表格。

	x_1	x_2	x_3
m_4	1	0	0
m_5	1	0	1

很明显，当 $x_1=1$，$x_2=0$ 时，不管 x_3 的值是什么，$f=1$ 都成立。

前面的讨论提示我们找到一个可以方便地将 $f=1$ 的最小项分别结合的方法是很有意

义的，卡诺图就是达到该目的的一个有效方法。

卡诺图是除真值表外另一种描述函数的方式，卡诺图中的单元对应于真值表的行。考虑图 2.49 中的 2 变量例子。图 2.49a 为真值表形式，每一行用一个最小项表示；图 2.49b 则为卡诺图形式，包括了 4 个单元。卡诺图的行标记为 x_1 的值，列标记为 x_2 的值。这种标记确定了最小项的位置，如图 2.49b 所示。相比于真值表，卡诺图的优势在于可以很容易地找出按 2.5 节中的结合律 14b 结合的最小项。任意相邻单元中的最小项(同一行或同一列)可以结合。例如，最小项 m_2 和 m_3 可以组合成：

x_1	x_2	
0	0	m_0
0	1	m_1
1	0	m_2
1	1	m_3

a）真值表

x_2 \ x_1	0	1
0	m_0	m_2
1	m_1	m_3

b）卡诺图

图　2.49

$$\begin{aligned} m_2 + m_3 &= x_1\overline{x}_2 + x_1x_2 \\ &= x_1(\overline{x}_2 + x_2) \\ &= x_1 \cdot 1 \\ &= x_1 \end{aligned}$$

通过几个大型例子可以看出，卡诺图不仅在结合最小项对时有用，还可以用来直接推导出逻辑函数的最低成本的电路。

2 变量卡诺图

对应于图 2.19 中的 2 变量函数的卡诺图如图 2.50 所示，变量 x_1 和 x_2 的每一个逻辑值运算得到的 f 值都标示在卡诺图的相应单元中。由于第二行的两个单元中的值都是 1，并且这两个单元是相邻的，因此与这两个单元相对应的输入变量的值可以产生一个使得 f 等于 1 的乘积项。为了清楚地说明，我们将图中相关的单元圈了起来，可以很自然地得到该乘积项，而不用直接使用结合律。两个单元中的 $x_2=1$，并且左侧单元的 $x_1=0$，右侧单元的 $x_1=1$；因此如果 $x_2=1$，则无论 x_1 等于 1 或 0，$f=1$ 都成立，表示这两个单元的乘积项就是 x_2。

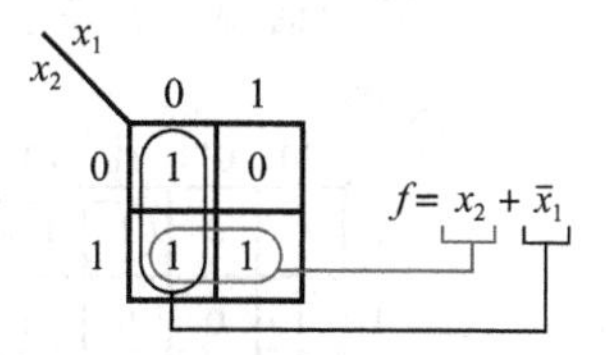

图 2.50　图 2.19 的函数

类似地，第一列的两个单元 $f=1$，这两个单元标记为 $x_1=0$，因此，它们产生的乘积项为 $\overline{x}_1$。由于对于所有使 $f=1$ 的单元都进行了处理，所以可以得出该函数的最低成本实现方式为：

$$f = x_2 + \overline{x}_1$$

很显然，为了找出给定函数的最低成本实现方式，有必要找出涵盖所有 $f=1$ 的逻辑值组合中数目最少的乘积项。另外，这些乘积项的成本要尽可能低。注意，包含两个相邻单元的乘积项实现起来比只包括一个单元的乘积项更便宜。在上面的例子中，一旦第二行的两个单元由 x_2 这一个乘积项涵盖，则只剩一个单元(左上单元)。虽然它可以用乘积项 $\overline{x}_1\overline{x}_2$ 表示，但是最好将第一列的两个单元组合形成 $\overline{x}_1$，因为这样实现成本更低。

3 变量卡诺图

3 变量卡诺图可以由并排放置的 2 变量卡诺图构成。图 2.51a 中列出了所有的 3 变量最小项，图 2.51b 标示了这些最小项在卡诺图中的位置。在这个例子里，每一个 x_1 和 x_2 的逻辑值组合都标记了一列，而 x_3 的值区分了不同的行。为了保证将邻近单元中的最小项组合成一个乘积项，邻近单元只能有一个变量的值不同，因此各列的排列顺序为(x_1, x_2)的序列 00、01、11、10，而不是更常见的 00、01、10、11。这样使得第二列和第三列只有变量 x_1 的值不同，也使得第一列和第四列只有 x_1 的值不同。这样就可以把这些列都看作相邻的。读者会发现将矩形的卡诺图围

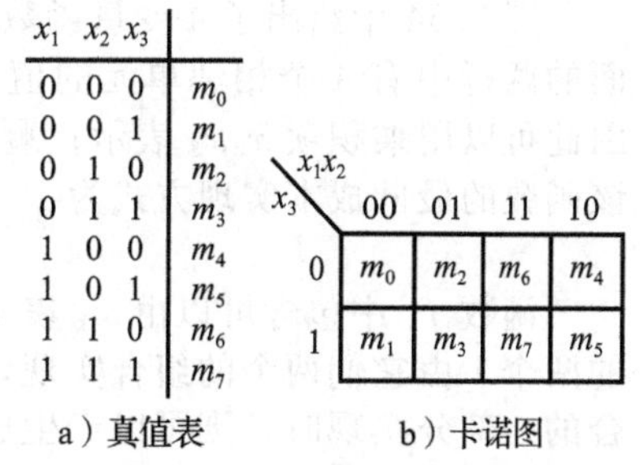

x_1	x_2	x_3	
0	0	0	m_0
0	0	1	m_1
0	1	0	m_2
0	1	1	m_3
1	0	0	m_4
1	0	1	m_5
1	1	0	m_6
1	1	1	m_7

a）真值表

x_3 \ x_1x_2	00	01	11	10
0	m_0	m_2	m_6	m_4
1	m_1	m_3	m_7	m_5

b）卡诺图

图 2.51　3 变量卡诺图的布局

成一个圆柱(即将图 2.51 中的最左侧列与最右侧列相连)是有用的(相邻码中只有一个变量值不同的编码序列称为格雷码，这种编码有多种用途，在本书后面的章节中将有介绍)。

图 2.52a 以卡诺图的形式描述了图 2.23 中的函数。要综合该函数，必须以最低的成本涵盖图中的 4 个 1。不难看出，两个乘积项就足够了。第一项包含了第一行中的 1，它表示成 $x_1\overline{x}_3$，第二项是 $\overline{x}_2x_3$，它包含了第二行中的 1。因此函数可以表示成：

$$f = x_1\overline{x}_3 + \overline{x}_2x_3$$

这描述了图 2.24a 中的电路。

在 3 变量卡诺图中，可以将单元组合从而产生对应于 1 个单元、两个相邻单元或者 4 个相邻单元的乘积项。基于图 2.48 中的函数，图 2.52b 说明了如何用一个乘积项表示 4 个相邻的单元。第一行的 4 个单元对应的(x_1，x_2，x_3)的逻辑值组合是 000、010、110 和 100。正如我们前面讨论的，这表明如果 $x_3=0$，则对于 x_1 和 x_2 的 4 种逻辑值组合，都有 $f=1$。这意味着唯一的要求就是 $x_3=0$。因此乘积项 $\overline{x}_3$ 可以表示这 4 个单元。余下的 1，对应于最小项 m_5，可以通过将最右边一列的两个单元组合，将其包含在乘积项 $x_1\overline{x}_2$ 中，f 的完整表达式为：

$$f = \overline{x}_3 + x_1\overline{x}_2$$

在 3 变量卡诺图中有可能存在 8 个 1，在这种情况下对于所有的输入变量逻辑值组合都有 $f=1$，换句话说，f 等于常数 1。

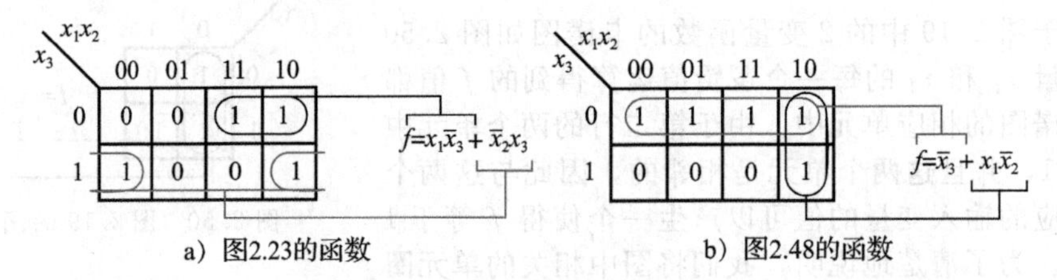

图 2.52　3 变量卡诺图示例

卡诺图提供了一种简便的机制以产生用于实现给定函数所需的乘积项。一个乘积项中只能包含由该项表示的单元组合中逻辑值都相等的变量。如果在该组合中，某个逻辑变量的值等于 1，则以原量的形式出现在乘积项中；如果等于 0，则以非量的形式出现。有时为 1 有时为 0 的变量不能出现在乘积项中。

4 变量卡诺图

4 变量卡诺图可以通过将两个 3 变量卡诺图展开成 4 行来构建。这与用两个 2 变量的卡诺图构建一个 4 列的 3 变量卡诺图类似。4 变量卡诺图的结构和最小项的位置如图 2.53 所示。我们在图中采用了一种分配行和列的常见方式，如浅灰色部分显示了等于 1 的给定变量所对应的行和列。因此，最右边两列对应于 $x_1=1$，中间两列对应于 $x_2=1$，下面两行对应于 $x_3=1$，中间两行对应于 $x_4=1$。

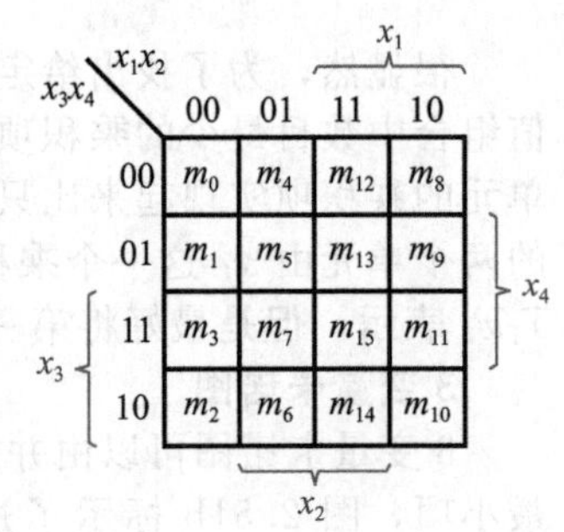

图 2.53　4 变量卡诺图

图 2.54 中给出了 4 变量函数的 4 个例子。函数 f_1 在最下面的两行中有 4 个相邻单元的值为 1，它们的 $x_2=0$，$x_3=1$，因此可以用乘积项 $\overline{x}_2x_3$ 表示；剩下第二行中的两个 1，可以用乘积项 $x_1\overline{x}_3x_4$ 表示。因此该函数的最低成本实现方式为：

$$f_1 = \overline{x}_2x_3 + x_1\overline{x}_3x_4$$

函数 f_2 中包含可以由 x_3 表示的一组 8 个 1 的数值。另外，读者需要注意到如果剩下的两个 1 由它们两个的组合实现，产生的乘积项将是 $x_1\overline{x}_3x_4$；而如果将它们作为 4 个 1 组合的一部分实现时，则可以产生成本更低的乘积项 x_1x_4。

正如卡诺图的最左边和最右边是相邻的，按照这种方式图中顶部和底部也是相邻的。

实际上，卡诺图的 4 个角也是分别相邻的，因此可以组成 4 个 1 的组合，由乘积项 $\overline{x}_2\overline{x}_4$ 实现。函数 f_3 中涉及了这种情况。除了这组 1 之外，实现 f_3 还必须包括另外 4 个 1，可以按图中所示方式实现。

在考虑过的所有例子中，获得最低成本实现电路的途径只有一种。而函数 f_4 则存在多种化简途径。左上角的 4 个 1 和右下角的 4 个 1 分别由乘积项 $\overline{x}_1\overline{x}_3$ 和 x_1x_3 实现。剩下的两个 1 对应于 $x_1x_2\overline{x}_3$，但是可以将这两个 1 看成 4 个 1 的组合的一部分则更经济。如图 2.54 所示，它们可以包含在两个不同的 4 个 1 的组合中：一种选择产生的乘积项是 x_1x_2，另一种产生的是 $x_2\overline{x}_3$。这两个乘积项的成本相同，因此在实际电路中可以选择任意一种。注意，与 x_1x_2 相比，乘积项 $x_2\overline{x}_3$ 中 x_3 的非量并不意味着要增加成本，这是因为在实现 $\overline{x}_1\overline{x}_3$ 时已经产生了这个非量。

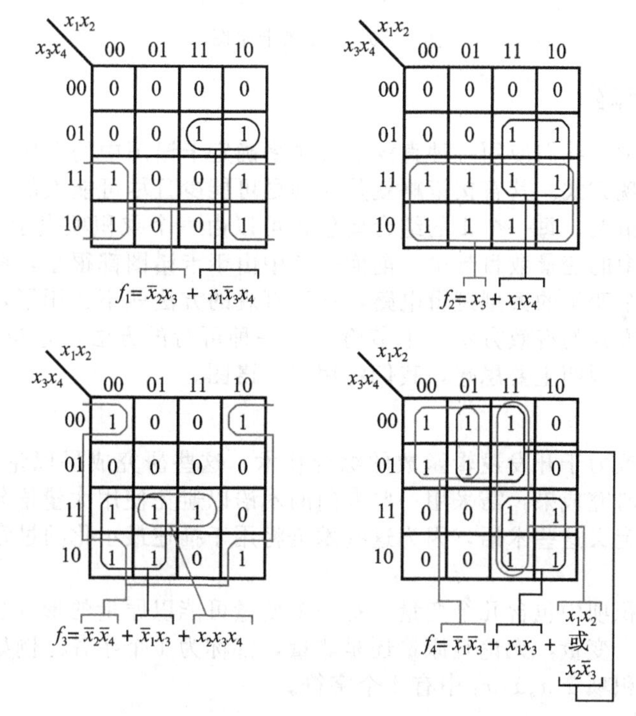

图 2.54　4 变量卡诺图示例

5 变量卡诺图

可以用两个 4 变量的卡诺图实现 5 变量的卡诺图。比较容易想到的一种结构是将一幅卡诺图直接放置在另一幅的后面，它们由 $x_5=0$ 和 $x_5=1$ 区分。因为这样的结构很难画出来，我们可以简单地将一幅卡诺图放在另一幅的旁边，如图 2.55 所示。对于本例中给出的逻辑函数，两组 4 个 1 出现在两幅 4 变量卡诺图的相同位置，因此它们的实现和变量 x_5 的值无关。第二行的两组 2 个 1 与之类似。右上角的 1 只在右边的卡诺图中出现，即 $x_5=1$，它是一组两个 1 的一部分，可以由乘积项 $x_1\overline{x}_2\overline{x}_3x_5$ 实现。注意，在这幅图中我们将 $f=0$ 的单元保持空白，以使图表更加清晰，在接下来的一系列图中我们都将这么做。

使用 5 变量卡诺图明显没有使用变量较少的卡诺图方便。从实际角度看，将卡诺图的概念扩展到更多的变量并不是很有用，这并不令人沮丧，因为实际的逻辑电路综合是由 CAD 工具完成的，它们可以自动完成必要的最小化。尽管在设计小型逻辑电路时，卡诺图很有用，但我们介绍它的主要目的还是将其作为一种说明最小化过程的理念工具。

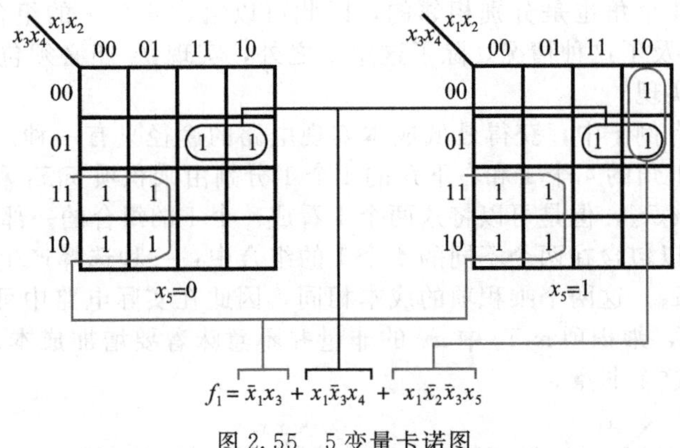

图 2.55　5 变量卡诺图

2.12　最小化策略

在前面的例子中，我们使用一种直观的方法来确定卡诺图中的 1 应该如何组合以获得函数的最低成本实现方式。其直接策略就是找到尽可能少且尽可能大的 1 的组合以涵盖所有令函数值为 1 的情况。每一个 1 的组合要包含可以由一个乘积项表示的单元。1 的组合越大，相应乘积项中的变量数目越少。前面例子中由于卡诺图都很小，所以这种方法很好用。而对于具有多个变量的大型逻辑电路，这种直观的方法就不适用了，我们必须有一套推导最低成本实现方式的有效方法。本节将介绍一种可行的方法，它与 CAD 工具自动完成的技术相似。为了说明主要思想，我们将用到卡诺图。

2.12.1　术语

许多研究工作致力于开发逻辑函数的综合技术，这些研究成果以论文形式大量发表。为了便于展示这些研究成果，需采用一些专门的术语以避免使用大量语句进行描述。在下面的小节中我们将定义这些术语，因为这些术语将用于描述最小化的过程。

字符

某个给定的乘积项中包含几个变量，每一个变量可能以原量的形式也可能以非量的形式出现。每出现一个变量，无论是原量还是非量，都称为 1 个字符。例如，乘积项 $x_1\overline{x}_2x_3$ 中有 3 个字符，乘积项 $\overline{x}_1x_3\overline{x}_4x_6$ 中有 4 个字符。

蕴涵项(隐含项)

输入变量的逻辑值组合满足给定函数值为 1 的乘积项称为函数的*蕴含项*。最基本的蕴涵项为最小项，如同 2.6.1 节所述。对于一个 n 个变量的函数，最小项是一个包括 n 个字符的蕴涵项。

考虑图 2.56 中的 3 变量函数。该函数共有 11 个蕴涵项，包括 5 个最小项：$\overline{x}_1\overline{x}_2\overline{x}_3$，$\overline{x}_1\overline{x}_2x_3$，$\overline{x}_1x_2\overline{x}_3$，$\overline{x}_1x_2x_3$，$x_1x_2x_3$。对应于所有最小项组合的蕴涵项有：$\overline{x}_1\overline{x}_2$（$m_0$ 和 m_1），$\overline{x}_1\overline{x}_3$（$m_0$ 和 m_2），$\overline{x}_1x_3$（m_1 和 m_3），$\overline{x}_1x_2$(m_2 和 m_3)，以及 x_2x_3(m_3 和 m_7)。还有一个包含 4 个最小项的蕴涵项，它只包含一个字符 $\overline{x}_1$。

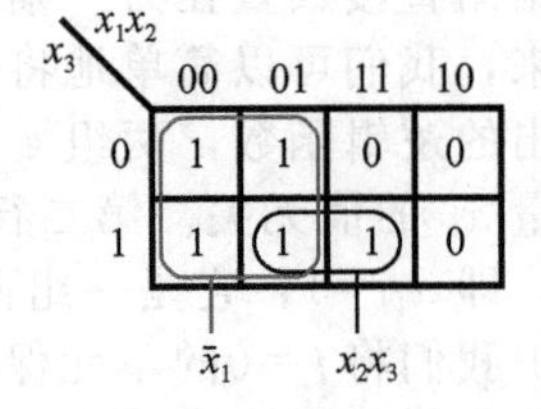

图 2.56　3 变量函数 $f(x_1, x_2, x_3) = \sum m(0, 1, 2, 3, 7)$

质蕴涵项(素项)

如果一个蕴涵项不能组合到字符数比它少的其他蕴涵项中，则称之为*质蕴涵项*。另一种定义是，质蕴涵项中删去任意一个字符都不再是一个有效的蕴涵项。

在图 2.56 中存在两个蕴含项：$\overline{x}_1$ 和 x_2x_3，它们都不能再删去任何字符。删去 $\overline{x}_1$ 中的字符，这一项就消失了；若删去 x_2x_3 中的字符，则剩下 x_2 或者 x_3，但是 x_2 并不是函数的蕴涵项，因为它包括逻辑值组合$(x_1, x_2, x_3)=110$，而该组合对应于$f=0$；而x_3也不是蕴涵项，因为它包括逻辑值组合$(x_1, x_2, x_3)=101$，其对应的f也等于0。另一种考虑质蕴涵项的方法是，它们代表了卡诺图中可以圈起来的最大的1的组合。

覆盖

包涵了给定函数等于1的所有逻辑值组合的蕴涵项的集合称为函数的一个*覆盖*。大多数函数都存在多个覆盖。很明显，所有使$f=1$的最小项的集合是一个覆盖。同样，也很容易看出所有质蕴涵项的集合是一个覆盖。

一个覆盖定义了函数的一种实现方式。在图 2.56 中，由最小项构成的覆盖所产生的表达式为：

$$f=\overline{x}_1\overline{x}_2\overline{x}_3+\overline{x}_1\overline{x}_2x_3+\overline{x}_1x_2\overline{x}_3+\overline{x}_1x_2x_3+x_1x_2x_3$$

另一个覆盖可以由下式给出：

$$f=\overline{x}_1\overline{x}_2+\overline{x}_1x_2+x_2x_3$$

由质蕴涵项构成的覆盖的表达式为：

$$f=\overline{x}_1+x_2x_3$$

虽然这些表达式都正确地表示了函数f，但是由质蕴涵项构成的表达式产生的实现方式成本最低。

成本

在 2.6.1 节中，我们指出逻辑电路的成本可以由总的逻辑门数量加上电路中所有逻辑门的输入数来表示。我们在全书中都将使用这种成本的定义。但我们假定原始输入，也就是输入变量的原量和非量都可以零成本获得。因此表达式：$f=x_1\overline{x}_2+x_3\overline{x}_4$的成本是9，因为它可以由两个“与”门和1个“或”门实现，“与”门和“或”门共有6个输入。

$$f=x_1\overline{x}_2+x_3\overline{x}_4$$

如果在电路中需要反相，那么相应的“非”门和它的输入是算在成本内的，例如，表达式：

$$g=\overline{(x_1\overline{x}_2+x_3)}(\overline{x}_4+x_5)$$

由两个“与”门、两个“或”门和一个“非”门实现，“非”门用来获得$x_1\overline{x}_2+x_3$的非量，具有9个输入。因此其成本是14。

2.12.2　最小化过程

我们已经看到了一个给定的函数可以有多种不同的电路实现方式，这些电路可能有不同的结构和成本。在设计一个逻辑电路时，通常都有一些必须满足的标准，其中一个标准就是电路的成本，即我们在前面的章节中讨论的。通常来说，电路规模越大，成本问题就越重要。在本节中，我们假定主要目标为获得最低成本的实现方式。

在前面一节中我们已经得出结论：由质蕴涵项构成的覆盖将产生最低成本实现方式。问题是如何确定可以覆盖函数的成本最低的质蕴涵项的子集。有些质蕴涵项必须包括在覆盖中，有些则不是。如果一个质蕴涵项中包含了一个使$f=1$的最小项，而且该最小项不包括在任何其他质蕴涵项中，那它就必须包括在覆盖函数内，这种质蕴涵项被称为*基本质蕴涵项*。在例 2.56 中，两个质蕴涵项都是基本的。乘积项x_2x_3是唯一包含最小项m_7的质蕴涵项，而$\overline{x}_1$是唯一包含m_0、m_1和m_2的质蕴涵项。注意两个质蕴涵项都包含了最小项m_3，函数的最低成本实现方式是：

$$f=\overline{x}_1+x_2x_3$$

我们现在给出几个例子，在例子中最终的覆盖可以选择几种不同的质蕴涵项的组合。考虑图 2.57 中的4变量函数，存在5个质蕴涵项：$\overline{x}_1x_3$，$\overline{x}_2x_3$，$x_3\overline{x}_4$，$\overline{x}_1x_2x_4$以及$x_2\overline{x}_3x_4$。其中基本质蕴涵项(以浅灰色显示)是$\overline{x}_2x_3$(因为m_{11})、$x_3\overline{x}_4$(因为m_{14})以及$x_2\overline{x}_3x_4$(因为m_{13})。它们必须包含在覆盖中。这三个质蕴涵项包含了除m_7外所有使$f=1$的最小项。很明显m_7可以包含在$\overline{x}_1x_3$或者$\overline{x}_1x_2x_4$中，因为$\overline{x}_1x_3$的成本更低，所以在覆

盖中选择该项。因此，最低成本实现方式为：

$$f=\overline{x}_2x_3+x_3\overline{x}_4+x_2\overline{x}_3x_4+\overline{x}_1x_3$$

根据先前的讨论，找出电路最低成本实现方式的过程包括下列步骤：

1）产生给定函数的所有质蕴涵项。

2）找出基本质蕴涵项的集合。

3）如果基本质蕴涵项的集合包含了所有使 $f=1$ 的输入变量逻辑值的组合，那么该集合即为所需的 f 的覆盖。否则，应找出构成完整的最低成本覆盖所需的非基本质蕴涵项。

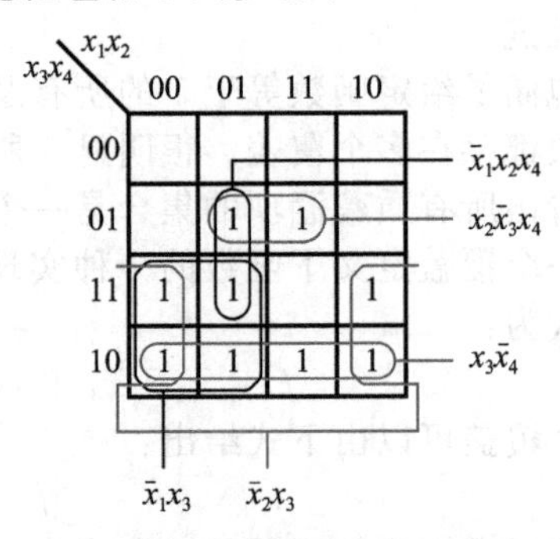

图 2.57　4 变量函数 $f(x_1, x_2, x_3, x_4)=\sum m(2, 3, 5, 6, 7, 10, 11, 13, 14)$

覆盖中包括的非基本质蕴涵项的选择依据主要基于成本方面。这种选择通常不是很直观。对于大型函数可能存在多种选择，这就需要使用某些试探方法(例如某种方式只考虑所有可能的一部分，但大多数时候都能获得较好的结果)。一种方法就是先任意选择一个非基本质蕴涵项，将其包含在覆盖中，然后再确定构成该覆盖的其他项；接着，再确定另一种不包含该非基本质蕴涵项的覆盖；比较两个覆盖的成本，选择成本较低的覆盖作为实现方式。

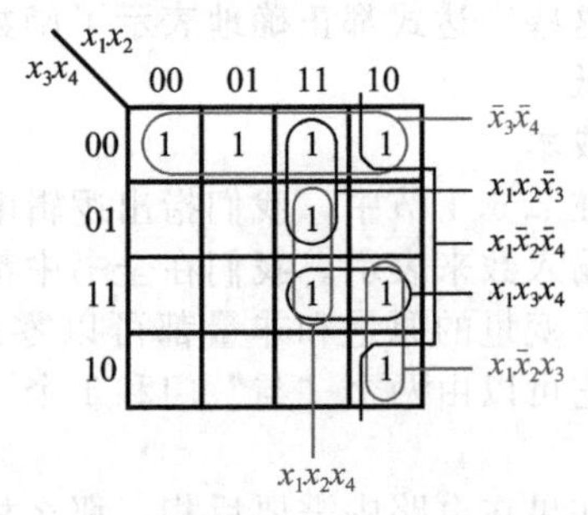

图 2.58　函数 $f(x_1, x_2, x_3, x_4)=\sum m(0, 4, 8, 10, 12, 13, 15)$

我们可以通过图 2.58 中的函数说明该过程。在 6 个质蕴涵项中，只有 $\overline{x}_3\overline{x}_4$ 是基本的。考虑 $x_1x_2\overline{x}_3$，假定它被包括在覆盖中。而最小项 m_{10}、m_{11} 和 m_{15} 需要通过另外两个质蕴涵项将其包含在覆盖中。一种可能的实现方式是：

$$f=\overline{x}_3\overline{x}_4+x_1x_2\overline{x}_3+x_1x_3x_4+x_1\overline{x}_2x_3$$

另一种可能是 $x_1x_2\overline{x}_3$ 不包含在覆盖中。则覆盖中必须包含 $x_1x_2x_4$，否则就不能包括 m_{13} 这一项。因为 $x_1x_2x_4$ 还包含了 m_{13}，所以只剩 m_{10}、m_{11} 没有包含在覆盖内，可以加入 $x_1\overline{x}_2x_3$ 项。因此，另一种可能的实现方式为：

$$f=\overline{x}_3\overline{x}_4+x_1x_2x_4+x_1\overline{x}_2x_3$$

很明显，这种实现方式是更佳的选择。

有时可能一个基本质蕴涵项都没有，图 2.59给出了这样一个示例。选择任何一个质蕴涵项，将其包含在覆盖中，再找出一种不包含该质蕴涵项的覆盖，两者的成本是相同的。一种包含质蕴涵项的覆盖在图中用黑色实线标出，产生的实现方式为：

$$f=\overline{x}_1\overline{x}_3\overline{x}_4+x_2\overline{x}_3x_4+x_1x_3x_4+\overline{x}_2x_3\overline{x}_4$$

另一种包含质蕴涵项的覆盖在图中用浅灰色标出，其实现方式为：

$$f=\overline{x}_1\overline{x}_2\overline{x}_4+\overline{x}_1x_2\overline{x}_3+x_1x_2x_4+x_1\overline{x}_2x_3$$

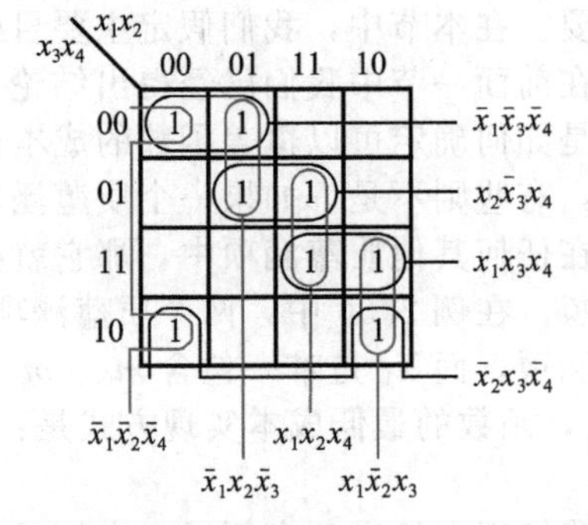

图 2.59　函数 $f(x_1, x_2, x_3, x_4)=\sum m(0, 2, 4, 5, 10, 11, 13, 15)$

这种方法可以用来找出大型或者小型逻辑函数的最低成本实现方式。对于较小规模的例子而言，用卡诺图确定函数的质蕴涵项然后选择形成最终的覆盖是很方便的。另一种基于同一原理的技术更适合在 CAD 工具中使用，我们将在第 8 章中进行介绍。

前面的例子都是基于积之和形式的，下面介绍应用于和之积形式的相同概念。

2.13　和之积形式的最简式

现在已经了解了找出函数的最低成本积之和形式的实现方法，我们可以利用相同的技术和原则找出最低成本的和之积实现形式。在这种情况下，使 $f=0$ 的最大项必须组成尽可能大的和项。另外，一个和项包含越多的最大项就认为该和项越大；而和项越大，实现成本就越低。

图 2.60 显示了与图 2.56 相同的函数，存在着 3 个必须包含的最大项：M_4、M_5 和 M_6，它们可以包含在两个和项中，如图 2.60 所示。其实现方式为：

$$f=(\overline{x}_1+x_2)(\overline{x}_1+x_3)$$

对应于该表达式的电路有两个“或”门和 1 个“与”门，每个门有两个输入，所以它的成本比图 2.56中推导出的等价积之和表达式高，图 2.56 中的积之和表达式只需要 1 个“或”门和 1 个“与”门。

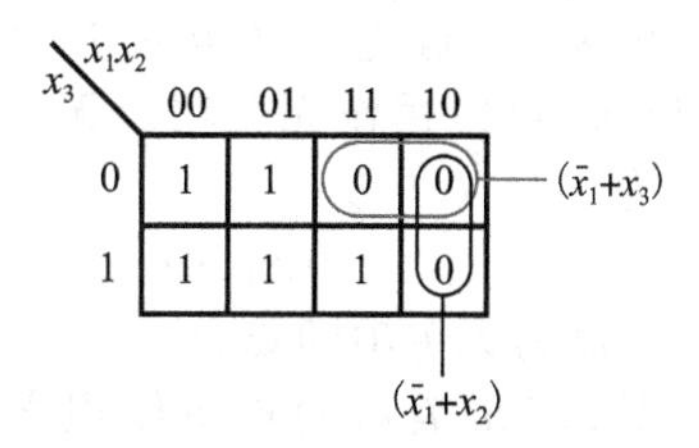

图 2.60　函数 $f(x_1, x_2, x_3)=\Pi M(4, 5, 6)$的 POS 最简式

图 2.61 中的函数与图 2.57 相同，可以按图 2.61 所示的方式包含 $f=0$ 的最大项，其表达式为：

$$f=(x_2+x_3)(x_3+x_4)(\overline{x}_1+\overline{x}_2+\overline{x}_3+\overline{x}_4)$$

上式表明该电路由 3 个“或”门和 1 个“与”门组成。其中两个“或”门具有两个输入端口，另一个“或”门有 4 个输入端口，而“与”门则有 3 个输入端口。假定所有的输入变量 $x_1\sim x_4$ 的非量和原量都可以零成本实现，则该电路的成本为 15。这比图 2.57 中推导得到的 SOP 实现形式有成本优势，SOP 实现形式需要 5 个逻辑门和 13 个输入，总的成本是 18。

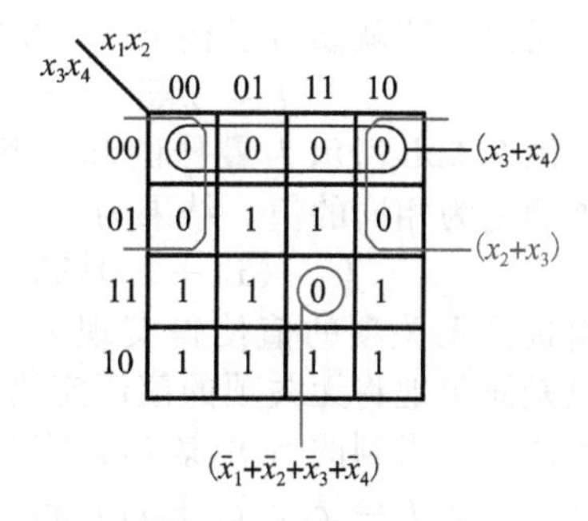

图 2.61　函数 $f(x_1, \cdots, x_4)=\Pi M(0, 1, 4, 8, 9, 12, 15)$的 POS 最简式

总而言之，如同 2.6.1 节所介绍的，一个给定函数的 SOP 和 POS 实现方式，成本可能相同也可能不同。读者可以找出图 2.58 和图 2.59 中函数的 POS 实现方式与 SOP 形式比较一下。

我们已经介绍了通过找出覆盖所有 $f=0$ 的最大项的和项以找出最低成本 POS 的实现方式。获得同样结果的另一种方法是找出 f 的非量的最小成本 SOP 实现方式。由于 $f=\overline{\overline{f}}$，因此利用德摩根(反演)定理可以获得最简的 POS 实现形式。例如，图 2.60 中 $\overline{f}$ 的最简 SOP 实现形式为：

$$\overline{f}=x_1\overline{x}_2+x_1\overline{x}_3$$

利用反演定理求该表达式的非量：

$$\begin{aligned}f=\overline{\overline{f}}&=\overline{x_1\overline{x}_2+x_1\overline{x}_3}=\overline{x_1\overline{x}_2}\cdot\overline{x_1\overline{x}_3}\\&=(\overline{x}_1+x_2)(\overline{x}_1+x_3)\end{aligned}$$

这和前面得到的结果一样。

采用相同的方法可以得到图 2.61 中的函数为：

$$\overline{f}=\overline{x}_2\overline{x}_3+\overline{x}_3\overline{x}_4+x_1x_2x_3x_4$$

对该表达式取反得：

$$\begin{aligned}f=\overline{\overline{f}}&=\overline{\overline{x}_2\overline{x}_3+\overline{x}_3\overline{x}_4+x_1x_2x_3x_4}=\overline{\overline{x}_2\overline{x}_3}\cdot\overline{\overline{x}_3\overline{x}_4}\cdot\overline{x_1x_2x_3x_4}\\&=(x_2+x_3)(x_3+x_4)(\overline{x}_1+\overline{x}_2+\overline{x}_3+\overline{x}_4)\end{aligned}$$

这和前面推导得到的实现形式相同。

2.14　非完整定义函数(无关项)

在数字系统中，有些输入情况永远都不会发生。例如，假设 x_1 和 x_2 控制着两个互锁开关，这两个开关不会同时闭合，因此开关只会出现 3 种状态，2 个开关都断开或者 1 个开关断开 1 个开关闭合。也就是说，输入逻辑组合(x_1，x_2)=00、01、10 可能出现，而 11 不可能出现。我们称(x_1，x_2)=11 为无关条件，意味着以 x_1 和 x_2 为输入变量的逻辑电路在设计时可以不考虑该状态。包含无关条件(无关项)的函数被称为**非完全定义函数**。

在设计电路时可以适当利用无关条件。既然这些状态永远都不会发生，为了方便找出最低成本实现方式，设计者可以任意假定这种逻辑值组合对应的函数值为 0 或 1。图 2.62展示了此想法的应用。在图中所求函数对应于最小项 m_2、m_4、m_5、m_6、m_{10} 的逻辑值为 1，假定上述互锁开关中 x_1 和 x_2 永远不会同时等于 1，则最小项 m_{12}、m_{13}、m_{14} 和 m_{15} 可以用作无关项。无关项在卡诺图中用字母 d 表示。函数 f 的简化符号方式可表示为：

$$f(x_1,\cdots,x_4)=\sum m(2,4,5,6,10)+D(12,13,14,15)$$

式中，D 为无关项的集合。

图 2.62a 表示的是最佳积之和实现形式。为了形成最大的 1 的组合，进而产生最低成本的质蕴涵项，需要假定无关项 D_{12}、D_{13}、D_{14}（对应于最小项 m_{12}、m_{13}、m_{14})的值为 1。而 D_{15} 的值为 0，因此结果中只用两个质蕴涵项就涵盖了整个 f，其实现形式为：

$$f=x_2\overline{x}_3+x_3\overline{x}_4$$

图 2.62b 所示为最佳的和之积实现方式。图中无关项假定为相同的值，结果为：

$$f=(x_2+x_3)(\overline{x}_3+\overline{x}_4)$$

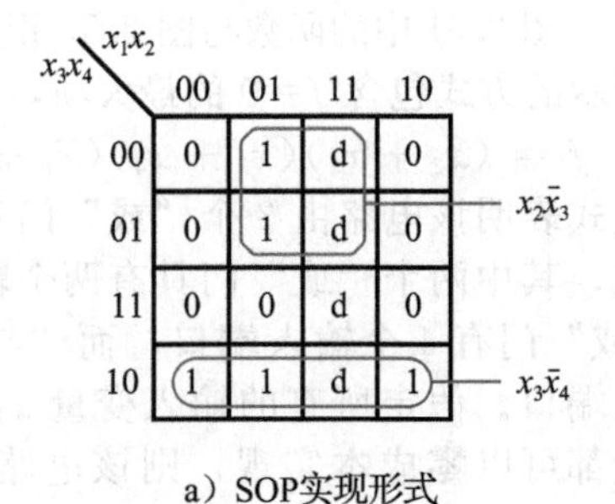

a）SOP实现形式

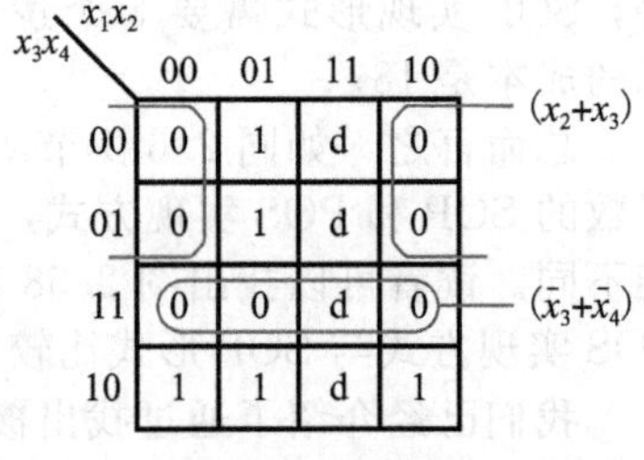

b）POS实现形式

图 2.62　函数 $f(x_1,\cdots,x_4)=\sum m(2,4,5,6,10)+D(12,13,14,15)$的两种实现形式

自由选择无关项的值使得实现方式更加简化。如果我们只是简单地将无关项的值假定为 0，将其排除在综合过程之外，得到的 SOP 表达式将为：

$$f=\overline{x}_1x_2\overline{x}_3+\overline{x}_1x_3\overline{x}_4+\overline{x}_2x_3\overline{x}_4$$

而 POS 表达式为：

$$f=(x_2+x_3)(\overline{x}_3+\overline{x}_4)(\overline{x}_1+\overline{x}_2)$$

这两个表达式都比对无关项合理赋值后得到的表达式成本高。

虽然可以对无关项任意赋值，但随意的赋值可能不会获得给定函数的最低成本实现方式。如果存在 k 个无关项状态，那么就存在 2^k 种赋 0 或 1 的方法。在卡诺图中，我们一般可以直接看出如何赋值可以获得最简实现形式。

上述例子中，SOP 和 POS 实现方式都选择将无关项 D_{12}、D_{13}、D_{14} 的值赋为 1，将 D_{15} 的值赋为 0。因此两者推导得到的表达式代表了相同的函数，该函数也可以定义为：$\sum m$(2，4，5，6，10，12，13，14)。在 SOP 和 POS 实现方式中对无关项赋相同的值不总是最佳的选择。有时在 SOP 实现方式中给某个无关项赋 1，而在 POS 实现方式中对其赋 0 更好，反之亦然。在这种情况下，最佳 SOP 和 POS 表达式表述为不同的函数，但这些函数只对应于无关项特定的逻辑值，2.17 节中的例 2.26 对此进行了说明。

在实际系统中使用互锁开关说明无关项不太合适。下面将介绍另一个更实际的例子。在后面的章节中有很多实际数字电路设计的例子中都会遇到无关项的情况。

例 2.15 在 2.8.3 节中我们设计了用七段数码管显示两位数的十进制值逻辑电路，在本例中我们将设计一个类似的电路，只是输入变为一个代表十进制值 0，1，…，9 的四位数 $X=x_3x_2x_1x_0$。这种用 4 位二进制数表示十进制数字的方法称为**二进制编码的十进制数**(BCD)。第 3 章将详细讨论 BCD 数。图 2.63a 中给出了逻辑电路；图 2.63b 给出了 7 个输出 a，b，…，g 的真值表，作为每个显示段的控制信号。图 2.63b 中还标示了每个 X 值对应的显示图样。因为 X 被限制为十进制数，所以 X 从 1010 到 1111 的值是不使用的，这些值在图 2.63b 的真值表中已忽略，可以视它们为电路的无关项。

我们可以利用卡诺图推导输出 a～g 的逻辑表达式，图 2.63c 中给出了函数 a 和 e 对应的卡诺图。对于函数 a，将所有 6 个无关项的值赋为 1 可以获得最佳结果，得到 $a=\overline{x}_2\overline{x}_0+x_1+x_2x_0+x_3$。但是，对于函数 e，最佳选择是将对应于 $x_3x_2x_1x_0=1010$ 和 $x_3x_2x_1x_0=1110$ 的无关项赋为 1，而其余的无关项赋为 0，从而可以获得最低成本的表达式 $e=\overline{x}_2\overline{x}_0+x_1\overline{x}_0$。

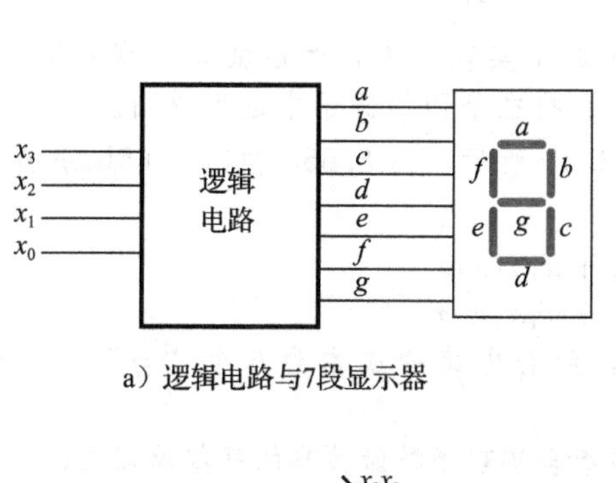

a）逻辑电路与7段显示器

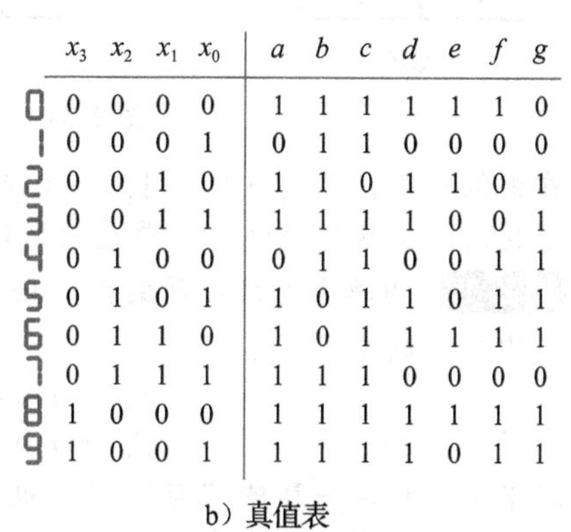

x_3	x_2	x_1	x_0	a	b	c	d	e	f	g
0	0	0	0	1	1	1	1	1	1	0
0	0	0	1	0	1	1	0	0	0	0
0	0	1	0	1	1	0	1	1	0	1
0	0	1	1	1	1	1	1	0	0	1
0	1	0	0	0	1	1	0	0	1	1
0	1	0	1	1	0	1	1	0	1	1
0	1	1	0	1	0	1	1	1	1	1
0	1	1	1	1	1	1	0	0	0	0
1	0	0	0	1	1	1	1	1	1	1
1	0	0	1	1	1	1	1	0	1	1

b）真值表

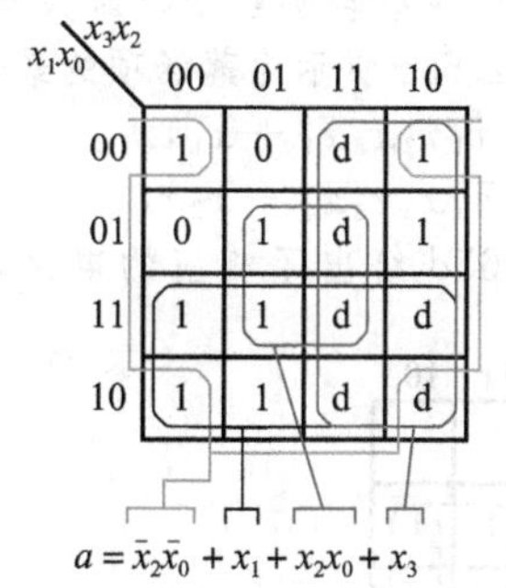

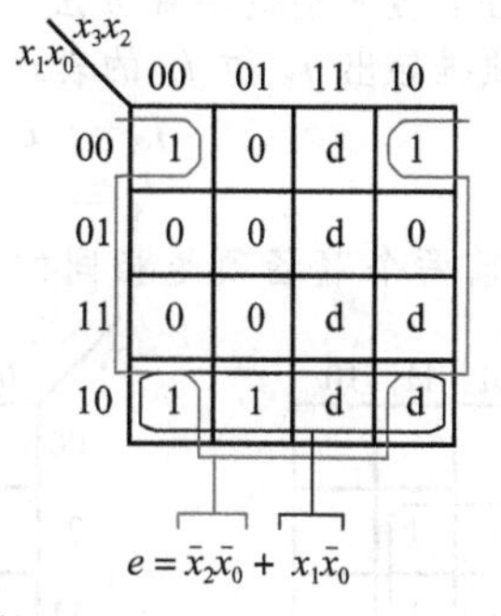

c）输出a和e的卡诺图

图 2.63　在显示 BCD 数中采用无关项的最小项函数　◀

2.15　多输出电路

如例 2.15 所示，在实际的数字系统中常常要实现多个函数，作为大型逻辑电路的一部分。我们可以共享一些实现单个函数所用到的逻辑门，而不是分别独立地实现它们。例如，图 2.63 中产生 $\overline{x}_2\overline{x}_0$ 的与门可以给函数 a 和 e 共享。

例 2.16 图 2.64 中给出了逻辑门共享的例子。需要实现两个具有相同输入变量的函数 f_1 和 f_2，两个函数的最低成本的实现方式可以分别从图 2.64a 和图 2.64b 得到，其表达式为：

$$f_1=x_1\overline{x}_3+\overline{x}_1x_3+x_2\overline{x}_3x_4$$
$$f_2=x_1\overline{x}_3+\overline{x}_1x_3+x_2x_3x_4$$

函数 f_1 的成本为 4 个逻辑门和 10 个输入，总计为 14。函数 f_2 的成本与之相同，因此两个函数以独立电路实现的总成本为 28。但如果将两个电路组合成一个具有 2 输出的单个电路可以获得较低成本的实现。因为在两个表达式中前两项是相同的，实现它们的与门没必要重复。组合电路如图 2.64c 所示，它的成本为 6 个逻辑门和 16 个输入，共计 22。

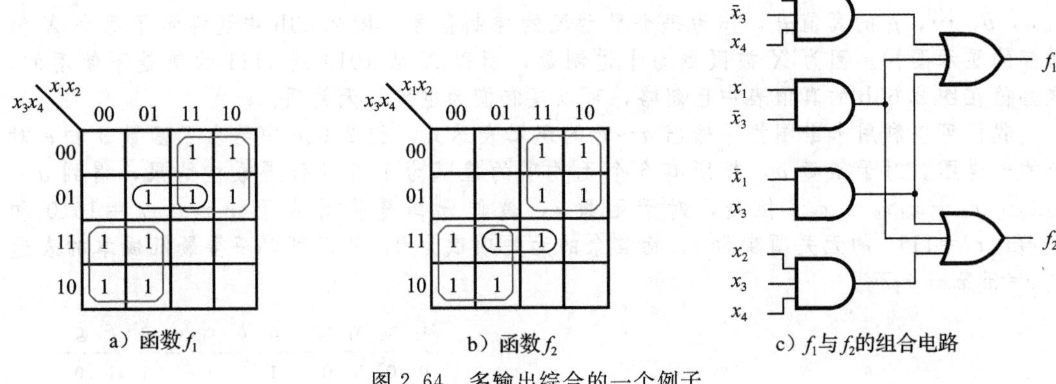

a）函数 f_1 b）函数 f_2 c）f_1 与 f_2 的组合电路

图 2.64 多输出综合的一个例子

在该例子中，我们首先找出 f_1 和 f_2 的最小成本实现方式，然后共享实现相同“与”项的逻辑门。但这种策略并不总是最好的选择，这将在下面的例子中进行说明。◀

例 2.17 由单个电路实现的两个函数如图 2.65 所示，图 2.65a 和图 2.65b 分别为它们各自的最低成本实现方式。

$$f_3 = \overline{x}_1 x_4 + x_2 x_4 + \overline{x}_1 x_2 x_3$$
$$f_4 = x_1 x_4 + \overline{x}_2 x_4 + \overline{x}_1 x_2 x_3 \overline{x}_4$$

两电路中没有可以共享的“与”门，也就是说，组合电路的成本为 6 个“与”门，两个“或”门和 21 个输入，总计 29。

但是还存在其他可能的实现方法。可以找出在组合实现函数时共享的那些蕴涵项，而不只是采用质蕴涵项推导出 f_3 和 f_4 的表达式。图 2.65c 所示为蕴涵项的最佳选择，其实现方式为：

$$f_3 = x_1 x_2 x_4 + \overline{x}_1 x_2 x_3 \overline{x}_4 + \overline{x}_1 x_4$$
$$f_4 = x_1 x_2 x_4 + \overline{x}_1 x_2 x_3 \overline{x}_4 + \overline{x}_2 x_4$$

两个表达式中前两个蕴涵项是相同的。图 2.65d 给出了相应的电路，它的成本为 6 个逻辑

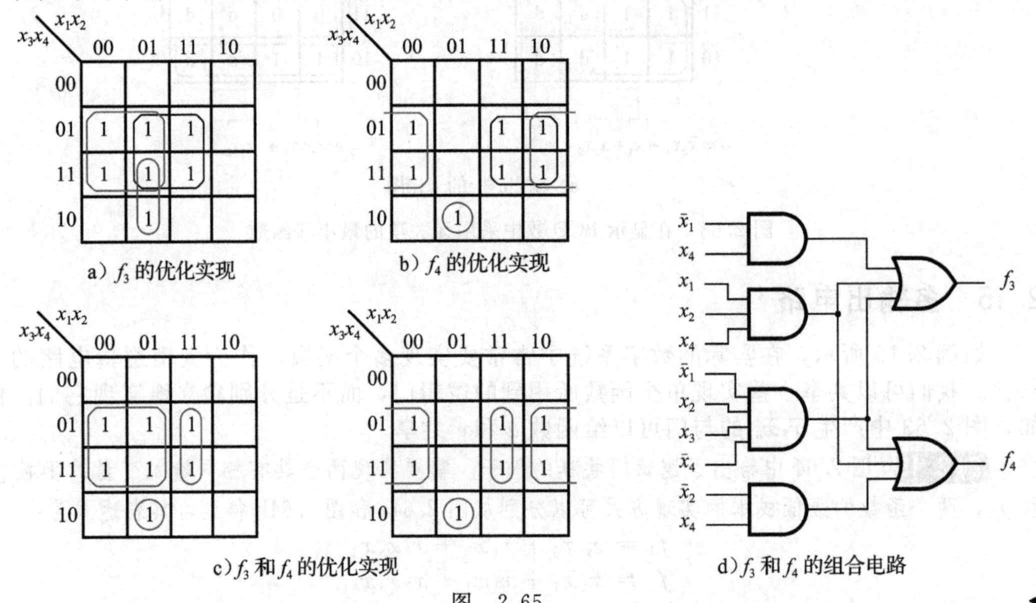

a）f_3 的优化实现 b）f_4 的优化实现

c）f_3 和 f_4 的优化实现 d）f_3 和 f_4 的组合电路

图 2.65 ◀

门和 17 个输入，总计 23。

例 2.18 在例 2.16 中，我们从图 2.64 找出了函数 f_1 和 f_2 的最佳 SOP 实现形式。现在考虑同一个函数的 POS 实现形式。f_1 和 f_2 的最低成本 POS 表达式是：

$$f_1 = (\overline{x}_1 + \overline{x}_3)(x_1 + x_2 + x_3)(x_1 + x_3 + x_4)$$
$$f_2 = (x_1 + x_3)(\overline{x}_1 + x_2 + \overline{x}_3)(\overline{x}_1 + \overline{x}_3 + x_4)$$

这两个表达式没有实现时可以共享的和项，而且从图 2.64 所示的卡诺图中也可以很明显地看出没有可以同时实现 f_1 和 f_2 的和项，因此最佳选择是根据前述的表达式分开实现。每个函数需要 3 个“或”门、1 个“与”门和 11 个输入。因此，实现两个函数的总成本是 30。这比在例 2.16 推导得到的 SOP 实现形式成本要高。◀

例 2.19 考虑图 2.65 中函数 f_3 和 f_4 的 POS 实现形式。它们的最小成本 POS 表达式为：

$$f_3 = (x_3 + x_4)(x_2 + x_4)(\overline{x}_1 + x_4)(\overline{x}_1 + x_2)$$
$$f_4 = (x_3 + x_4)(x_2 + x_4)(\overline{x}_1 + x_4)(x_1 + \overline{x}_2 + \overline{x}_4)$$

f_3 和 f_4 中前三项都相同，在一个组合电路中它们可以共享，这些项需要 3 个“或”门和 6 个输入。另外，函数 f_3 还需要 1 个 2 输入“或”门和 1 个 4 输入“与”门，而 f_4 还需要 1 个 3 输入“或”门和 1 个 4 输入“与”门。因此该组合电路由 5 个“或”门、两个“与”门以及 19 个输入构成，成本总计为 26。这比例 2.17 中推导得到的电路成本要稍微高一些。◀

这些例子都说明了给定函数的最佳 SOP 和 POS 实现形式的复杂度很不一样。对于图 2.64和图 2.65 中的函数，SOP 形式是更好的选择。但是，如果我们想要实现这 4 个函数的非量，那 POS 形式的成本更低。

用于综合逻辑函数的 CAD 工具会自动实现上面例子中提到的优化形式。

2.16 小结

本章介绍了逻辑电路的概念，说明了这种电路可以由逻辑门实现，也可以用布尔代数的数学模型描述。因为实际的逻辑电路往往很大，所以需要有很好的 CAD 工具帮助设计者。我们介绍了可以用于 CAD 工具的 Verilog 硬件描述语言，鼓励读者尽快使用 CAD 软件设计逻辑电路。

在本章中，我们试图让读者理解一些逻辑函数综合及优化的概念。现在读者对于基本概念已经很熟悉了，因此我们可以从一个更本质的角度去理解逻辑电路。下一章将要描述实现算术运算的逻辑电路，这是计算机中十分关键的一部分。

2.17 解决问题的实例

这一节将介绍一些读者可能会遇到的典型问题，并且说明怎样解决这些问题。

例 2.20 判断下列等式是否成立

$$\overline{x}_1\overline{x}_3 + x_2x_3 + x_1\overline{x}_2 = \overline{x}_1x_2 + x_1x_3 + \overline{x}_2\overline{x}_3$$

解： 如果等式左边和右边描述的是同一个函数则等式成立。为了方便比较，我们可以为每一边建立一个真值表，观察两个真值表是否相同。代数的方法则是推导两个表达式的正则积之和表达式。

利用 $x+\overline{x}=1$(定理 8b)，我们可以对左边的表达式进行以下运算：

$$\begin{aligned}\text{LHS} &= \overline{x}_1\overline{x}_3 + x_2x_3 + x_1\overline{x}_2 \\ &= \overline{x}_1(x_2 + \overline{x}_2)\overline{x}_3 + (x_1 + \overline{x}_1)x_2x_3 + x_1\overline{x}_2(x_3 + \overline{x}_3) \\ &= \overline{x}_1x_2\overline{x}_3 + \overline{x}_1\overline{x}_2\overline{x}_3 + x_1x_2x_3 + \overline{x}_1x_2x_3 + x_1\overline{x}_2x_3 + x_1\overline{x}_2\overline{x}_3\end{aligned}$$

这些乘积项描述了最小项 2，0，7，3，5 和 4。

同理，右边的表达式为：

$$\begin{aligned}\text{RHS} &= \overline{x}_1x_2+x_1x_3+\overline{x}_2\overline{x}_3\\ &= \overline{x}_1x_2(x_3+\overline{x}_3)+x_1(x_2+\overline{x}_2)x_3+(x_1+\overline{x}_1)\overline{x}_2\overline{x}_3\\ &= \overline{x}_1x_2x_3+\overline{x}_1x_2\overline{x}_3+x_1x_2x_3+x_1\overline{x}_2x_3+x_1\overline{x}_2\overline{x}_3+\overline{x}_1\overline{x}_2\overline{x}_3\end{aligned}$$

这些乘积项表示最小项 3，2，7，5，4 和 0。因为两个表达式具有完全相同的最小项，即它们代表了相同的函数，所以等式成立。另一种描述该函数的方法是$\sum m(0, 2, 3, 4, 5, 7)$。◀

例 2.21 设计函数 $f(x_1, x_2, x_3, x_4)=\sum m(0, 2, 4, 5, 6, 7, 8, 10, 12, 14, 15)$的最低成本和之积表达式。

解： 该函数是以最小项的形式定义的。为了找出 POS 表达式，我们要将其定义成最大项的形式，即 $f=\prod M(1, 3, 9, 11, 13)$，因此有

$$\begin{aligned}f &= M_1\cdot M_3\cdot M_9\cdot M_{11}\cdot M_{13}\\ &= (x_1+x_2+x_3+\overline{x}_4)(x_1+x_2+\overline{x}_3+\overline{x}_4)(\overline{x}_1+x_2+x_3+\overline{x}_4)(\overline{x}_1+x_2+\overline{x}_3+\overline{x}_4)\\ &\quad(\overline{x}_1+\overline{x}_2+x_3+\overline{x}_4)\end{aligned}$$

我们可以将前两个最大项的乘积重写为：

$$\begin{aligned}M_1\cdot M_3 &= (x_1+x_2+\overline{x}_4+x_3)(x_1+x_2+\overline{x}_4+\overline{x}_3) &&\text{（利用交换律 10b）}\\ &= x_1+x_2+\overline{x}_4+x_3\overline{x}_3 &&\text{（利用分配律 12b）}\\ &= x_1+x_2+\overline{x}_4+0 &&\text{（利用定理 8a）}\\ &= x_1+x_2+\overline{x}_4 &&\text{（利用定理 6b）}\end{aligned}$$

类似地，有 $M_9\cdot M_{11}=\overline{x}_1+x_2+\overline{x}_4$。现在，我们可以再次利用 M_9，根据性质 7a，推导得到 $M_9\cdot M_{13}=\overline{x}_1+x_3+\overline{x}_4$。因此有：

$$f=(x_1+x_2+\overline{x}_4)(\overline{x}_1+x_2+\overline{x}_4)(\overline{x}_1+x_3+\overline{x}_4)$$

再次利用性质 12b，可以得到最终的结果：

$$f=(x_2+\overline{x}_4)(\overline{x}_1+x_3+\overline{x}_4)$$

◀

例 2.22 一个数字系统的控制电路具有 3 个输入：x_1、x_2、x_3，需要辨别 3 种不同的情况：

- 如果 x_3 为真，且 x_1 为真或 x_2 为假，则状态 A 为真；
- 如果 x_1 为真且 x_2 或 x_3 为假，则状态 B 为真；
- 如果 x_2 为真且 x_1 为真或 x_3 为假，则状态 C 为真。

如果状态 A、B 和 C 中至少有两个为真，则控制电路输出 1。设计可以实现该目标的最简单的电路。

解： 用 1 代表真，0 代表假，我们可以用如下方式表示这 3 种情况：

$$\begin{aligned}A &= x_3(x_1+\overline{x}_2)=x_3x_1+x_3\overline{x}_2\\ B &= x_1(\overline{x}_2+\overline{x}_3)=x_1\overline{x}_2+x_1\overline{x}_3\\ C &= x_2(x_1+\overline{x}_3)=x_2x_1+x_2\overline{x}_3\end{aligned}$$

则需要的输出可以表示为：$f=AB+AC+BC$。这些乘积项可以展开为：

$$\begin{aligned}AB &= (x_3x_1+x_3\overline{x}_2)(x_1\overline{x}_2+x_1\overline{x}_3)\\ &= x_3x_1x_1\overline{x}_2+x_3x_1x_1\overline{x}_3+x_3\overline{x}_2x_1\overline{x}_2+x_3\overline{x}_2x_1\overline{x}_3\\ &= x_3x_1\overline{x}_2+0+x_3\overline{x}_2x_1+0\\ &= x_1\overline{x}_2x_3\\ AC &= (x_3x_1+x_3\overline{x}_2)(x_2x_1+x_2\overline{x}_3)\\ &= x_3x_1x_2x_1+x_3x_1x_2\overline{x}_3+x_3\overline{x}_2x_2x_1+x_3\overline{x}_2x_2\overline{x}_3\\ &= x_3x_1x_2+0+0+0\\ &= x_1x_2x_3\\ BC &= (x_1\overline{x}_2+x_1\overline{x}_3)(x_2x_1+x_2\overline{x}_3)\\ &= x_1\overline{x}_2x_2x_1+x_1\overline{x}_2x_2\overline{x}_3+x_1\overline{x}_3x_2x_1+x_1\overline{x}_3x_2\overline{x}_3\end{aligned}$$

$$= 0 + 0 + x_1\overline{x}_3x_2 + x_1\overline{x}_3x_2$$
$$= x_1x_2\overline{x}_3$$

所以 f 可以写为：

$$\begin{aligned} f &= x_1\overline{x}_2x_3 + x_1x_2x_3 + x_1x_2\overline{x}_3 \\ &= x_1(\overline{x}_2 + x_2)x_3 + x_1x_2(x_3 + \overline{x}_3) \\ &= x_1x_3 + x_1x_2 \\ &= x_1(x_3 + x_2) \end{aligned}$$ ◀

例 2.23 利用维恩图解决例 2.22 中的问题。

解：例 2.21 中函数 A、B 和 C 的维恩图如图 2.66a～c 所示。因为当 A、B 和 C 中有 2 个或者更多为真时函数 f 为真，因此函数 f 的维恩图定义为 A、B 和 C 维恩图中的公共部分。任何由 2 个或者更多维恩图共享的面积包含在 f 中，如图 2.66d 所示，此图对应的函数为：

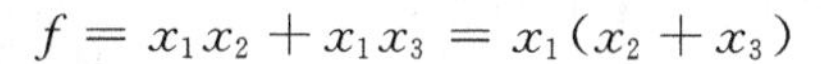

$$f = x_1x_2 + x_1x_3 = x_1(x_2 + x_3)$$

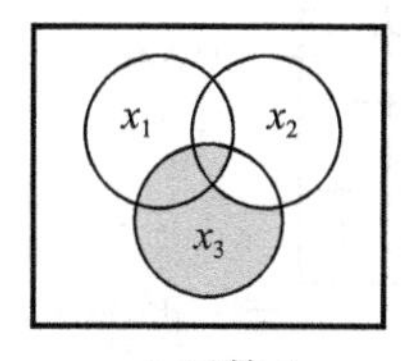

a）函数 A

b）函数 B

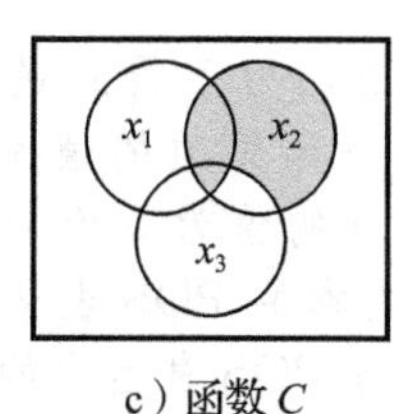

c）函数 C

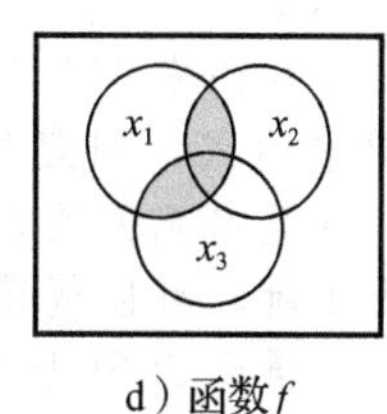

d）函数 f

图 2.66　例 2.23 的维恩图 ◀

例 2.24 利用代数运算推导函数 f 的最简积之和表达式：

$$f = x_2\overline{x}_3x_4 + x_1x_3x_4 + x_1\overline{x}_2x_4$$

解：对前两项利用性质 17a 得：

$$f = x_2\overline{x}_3x_4 + x_1x_3x_4 + x_2x_4x_1x_4 + x_1\overline{x}_2x_4 = x_2\overline{x}_3x_4 + x_1x_3x_4 + x_1x_2x_4 + x_1\overline{x}_2x_4$$

再对后两项利用结合律 14a 得：

$$f = x_2\overline{x}_3x_4 + x_1x_3x_4 + x_1x_4$$

最后利用吸收律 13a 可得：

$$f = x_2\overline{x}_3x_4 + x_1x_4$$ ◀

例 2.25 利用代数运算推导函数表达式的最简和之积形式：

$$f = (\overline{x}_1 + x_2 + x_3)(\overline{x}_1 + \overline{x}_2 + \overline{x}_4)(\overline{x}_1 + x_3 + x_4)$$

解：对前两项利用性质 17a 得：

$$\begin{aligned} f &= (\overline{x}_1 + x_2 + x_3)(\overline{x}_1 + \overline{x}_2 + \overline{x}_4)(\overline{x}_1 + x_3 + \overline{x}_1 + \overline{x}_4)(\overline{x}_1 + x_3 + x_4) \\ &= (\overline{x}_1 + x_2 + x_3)(\overline{x}_1 + \overline{x}_2 + \overline{x}_4)(\overline{x}_1 + x_3 + \overline{x}_4)(\overline{x}_1 + x_3 + x_4) \end{aligned}$$

现在，对后两项利用组合律 14a 得：

$$f = (\overline{x}_1 + x_2 + x_3)(\overline{x}_1 + \overline{x}_2 + \overline{x}_4)(\overline{x}_1 + x_3)$$

最后对前两项利用吸收律 13a 可得：

$$f = (\overline{x}_1 + \overline{x}_2 + \overline{x}_4)(\overline{x}_1 + x_3)$$ ◀

例 2.26 确定函数 $f(x_1, x_2, x_3, x_4) = \sum m(4, 6, 8, 10, 11, 12, 15) + D(3, 5, 7, 9)$ 的最低成本 SOP 和 POS 表达式。

解：如图 2.67a 所示，该函数可以用卡诺图的形式表示。注意，图 2.53 标出了最小项在图中的位置。为了求出最低成本 SOP 表达式，必须找出包含所有 1 的质蕴含项，无关项也可以加以利用。最小项 m_6 只包含在质蕴含项 $\overline{x}_1x_2$ 中，因此该蕴含项是基本的，它必须包含在最终的表达式中。类似地，质蕴含项 $x_1\overline{x}_2$ 和 x_3x_4 也是基本的，因为它们分别是包含 m_{10} 和 m_{15} 的质蕴含项。这三个质蕴含项包含了除 m_{12} 之外所有使 $f=1$ 的最小项。

最小项 m_{12} 可以由 $x_1\overline{x}_3\overline{x}_4$ 或者 $x_2\overline{x}_3\overline{x}_4$ 两种方式被覆盖。因为这两个质蕴含项的成本相同，所以可以选择任意一个，我们选择前面那个，得到的 SOP 表达式为：

$$f = \overline{x}_1x_2 + x_1\overline{x}_2 + x_3x_4 + x_1\overline{x}_3\overline{x}_4$$

图中圈出了这些质蕴含项。

通过 2.67b 可以找出最低成本 POS 表达式。在这里，必须找出覆盖所有 0 的和项。我们在图中清楚地标出了 0 以表示强调。和项 (x_1+x_2) 是基本的，覆盖了方块 0 和 2 中的 0，对应于最大项 M_0 和 M_{12}；和项 $(x_3+\overline{x}_4)$ 和 $(\overline{x}_1+\overline{x}_2+\overline{x}_3+x_4)$ 也是基本的，分别覆盖了方块 13 和 14 中的 0。这三项包含了图中所有的 0，其 POS 表达式为：

$$f = (x_1+x_2)(x_3+\overline{x}_4)(\overline{x}_1+\overline{x}_2+\overline{x}_3+x_4)$$

图中标出了选中的和项。

观察图中无关项的使用，为了得到最低成本的 SOP 表达式，假定所有 4 个无关项的值都为 1。但是，在假定无关项 3、5 和 9 的值为 0 而无关项 7 的值为 1 时，可以获得最低成本的 POS 表达式。这意味着所得到的 SOP 表达式与 POS 表达式的函数是不同的，它们覆盖了所有 f 为 1 或者 0 的逻辑值组合，但是对于逻辑值组合 3、5、9 的值是不同的。当然，这种差异没有关系，因为无关条件永远不是所实现电路的输入。

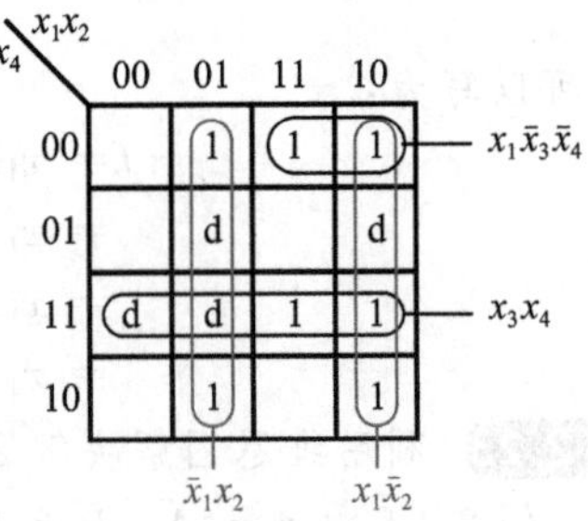

a）SOP表达式的确定

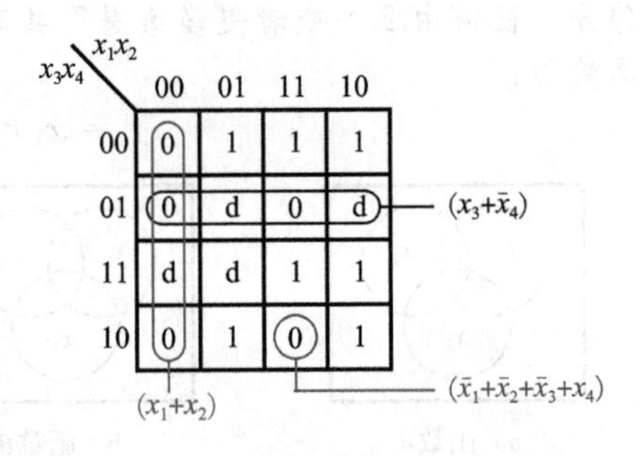

b）POS表达式的确定

图 2.67　例 2.26 的卡诺图

例 2.27　利用卡诺图求函数的最低成本 SOP 和 POS 表达式：

$$f(x_1,\cdots,x_4) = \overline{x}_1\overline{x}_3\overline{x}_4 + x_3x_4 + \overline{x}_1\overline{x}_2x_4 + x_1x_2\overline{x}_3x_4$$

假定无关项为 $D=\sum(9, 12, 14)$。

解：图 2.68a 表示该函数的卡诺图。图中对应于表达式乘积项的位置标记为 1，$\overline{x}_1\overline{x}_3\overline{x}_4$ 项对应于最小项 0 和 4，x_3x_4 项对应图中的第三行，由最小项 3、7、11 和 15 构成。$\overline{x}_1\overline{x}_2x_4$ 项定义了最小项 1 和 3，第四项对应于最小项 13，图中还包括了 3 个无关项。

为了求出想要的 SOP 表达式，我们必须找出覆盖图中所有 1 的最低成本质蕴含项。x_3x_4 项是必须包含的质蕴含项，因为它是唯一包含最小项 7 的质蕴含项，同时还包含了最小项 3、11 和 15；最小项 4 可以由 $\overline{x}_1\overline{x}_3\overline{x}_4$ 或者 $x_2\overline{x}_3\overline{x}_4$ 包含，这两项成本相同，我们选择 $\overline{x}_1\overline{x}_3\overline{x}_4$，因为它还包含了最小项 0；最小项 1 可以由 $\overline{x}_1\overline{x}_2\overline{x}_3$ 或者 $\overline{x}_2x_4$ 包含，我们选择后者因为其成本低；还剩下最小项 13 没有被覆盖，这可以由 x_1x_4 或者 x_1x_2 包含，它们的成本相同。选择 x_1x_4 得到的最低成本 SOP 表达式为：

$$f = x_3x_4 + \overline{x}_1\overline{x}_3\overline{x}_4 + \overline{x}_2x_4 + x_1x_4$$

图 2.68b 解释了如何求出 POS 表达式。和项 $(\overline{x}_3+x_4)$ 覆盖了最下面一行的 0，为了包含方块 8 中的 0，我们必须包含 $(\overline{x}_1+x_4)$；剩下的 0，即方块 5 中

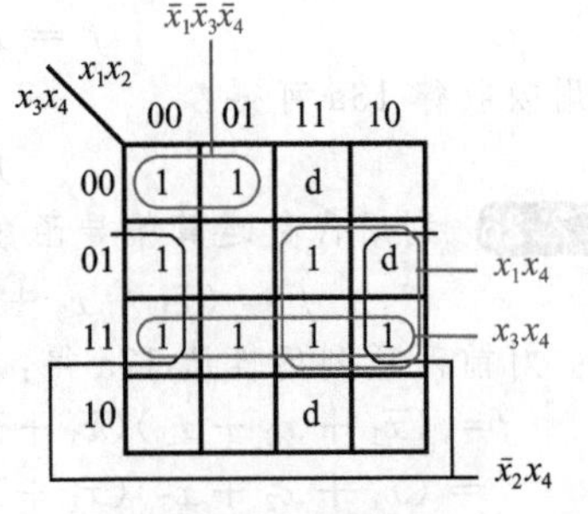

a）SOP表达式的确定

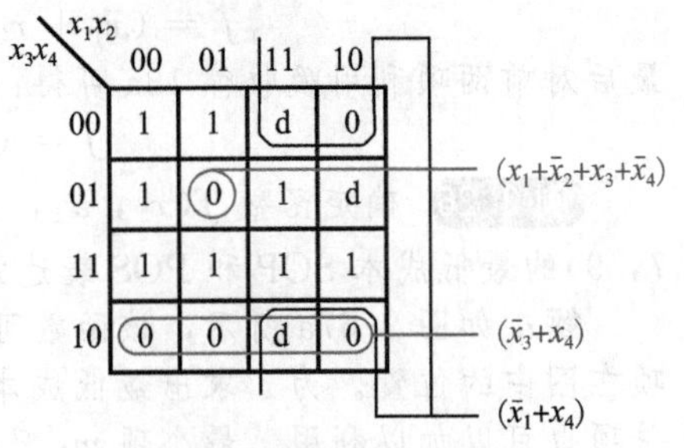

b）POS表达式的确定

图 2.68　例 2.27 的卡诺图

的 0，必须由$(x_1+\overline{x}_2+x_3+\overline{x}_4)$覆盖。因此最低成本 POS 表达式为：

$$f=(\overline{x}_3+x_4)(\overline{x}_1+x_4)(x_1+\overline{x}_2+x_3+\overline{x}_4)$$ ◀

例 2.28 考虑表达式 $f=s_3(\overline{s}_1+\overline{s}_2)+s_1s_2$，求出 f 的最低成本 SOP 表达式。

解： 应用分配律 12a，得到 $f=\overline{s}_1s_3+\overline{s}_2s_3+s_1s_2$。现在很容易看出如何以卡诺图的形式表示函数 f。如图 2.69所示，图中显示这 3 个乘积项对应的最小项覆盖了卡诺图最下面的一行，得出的最低成本表达式为：

$$f=s_3+s_1s_2$$ ◀

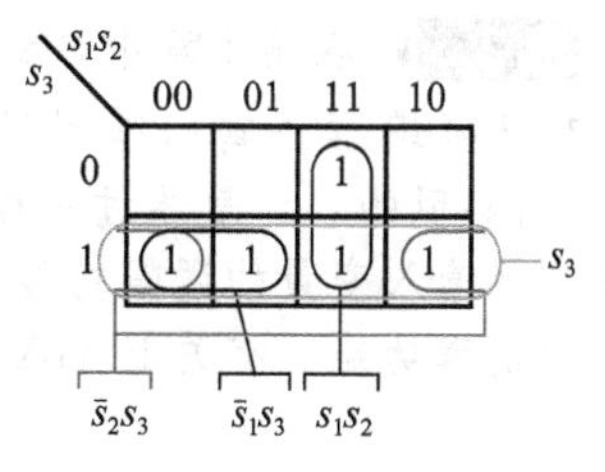

图 2.69　例 2.28 中函数的卡诺图

例 2.29 写出描述图 2.70 中逻辑函数的 Verilog 代码，只使用连续赋值语句定义所要求的函数。

解： 图 2.71 所示即为要求的 Verilog 代码的一个范例。

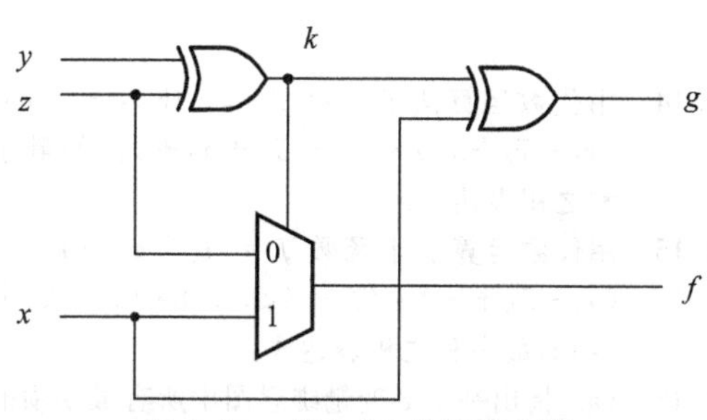

图 2.70　例 2.29 的逻辑电路

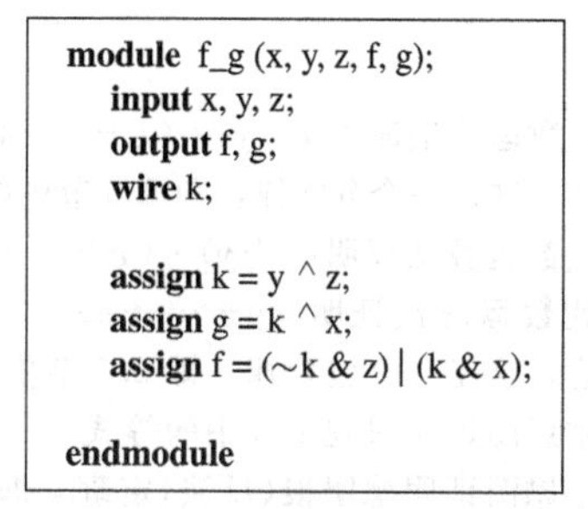

```
module f_g (x, y, z, f, g);
    input x, y, z;
    output f, g;
    wire k;

    assign k = y ^ z;
    assign g = k ^ x;
    assign f = (~k & z) | (k & x);

endmodule
```

图 2.71　例 2.29 的 Verilog 代码 ◀

例 2.30 考虑图 2.72 所示电路，该电路包含图 2.33 中的 2—1 多路选择器以及图 2.12 中的加法器。如果多路选择器的选择输入信号 $m=0$，则电路实现和 $S=a+b$；如果 $m=1$，则电路实现 $S=c+d$。通过多路选择器，我们可以共享一个加法器实现两个不同的和 $a+b$ 与 $c+d$。在实际电路中经常采用共享子电路实现多种目的，虽然此类电路经常是比 1 位加法器大得多的子电路。编写图 2.72 所示电路的 Verilog 代码。使用如图 2.47 所示的层次化编码风格，该代码中包含 2-1 多路选择器子电路模块的两个实例和加法器子电路的一个实例。

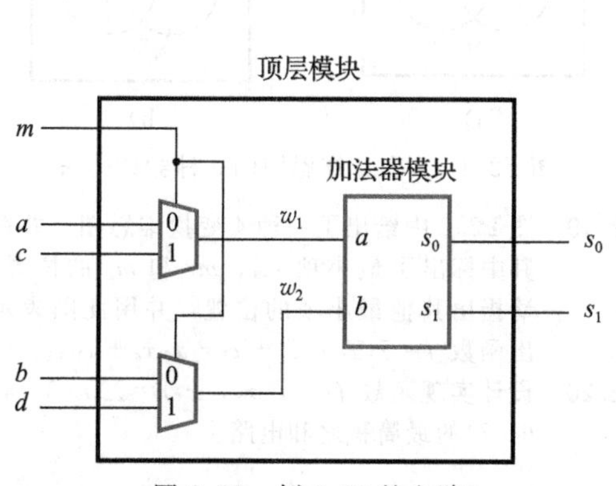

图 2.72　例 2.30 的电路

```
module shared (a, b, c, d, m, s1, s0);
    input a, b, c, d, m;
    output s1, s0;
    wire w1, w2;
    mux2to1 U1 (a, c, m, w1);
    mux2to1 U2 (b, d, m, w2);
    adder U3 (w1, w2, s1, s0);
endmodule

module mux2to1 (x1, x2, s, f);
    input x1, x2, s;
    output f;
    assign f = (~s & x1) | (s & x2);
endmodule

module adder (a, b, s1, s0);
    input a, b;
    output s1, s0;
    assign s1 = a & b;
    assign s0 = a ^ b;
endmodule
```

图 2.73　例 2.30 的 Verilog 代码

解： 满足要求的 Verilog 代码的范例如图 2.73 所示。注意，共享模块和加法器模块的

输入端口名都是 a 和 b，但这并不会引起冲突，因为 Verilog 模块中声明的信号名只在模块内有效。◀

例 2.31 在第 1 章中，我们提到有多种集成电路芯片可以用于实现逻辑电路。其中常用的有现场可编程逻辑门阵列(FPGA)。在 FPGA 中，逻辑电路不是直接采用“与”、“或”、“非”门实现的，而是通过一种称为查找表(LUT)的电路元件构成。一个 LUT 可以通过用户编程实现输入变量的逻辑功能。因此，如果一个 LUT 有 3 个输入，则可以实现这 3 个输入的任意逻辑功能。有关 FPGA 和查找表的详细介绍参考附录 B。考虑 4 输入函数：

$$f = x_1 x_2 x_4 + x_2 x_3 \overline{x}_4 + \overline{x}_1 \overline{x}_2 \overline{x}_3$$

说明如何在一个包含 3 输入 LUT 的 FPGA 中实现该函数。

解：一种直接的实现方式需要 4 个 3 输入 LUT，其中 3 个实现 3 输入“与”运算，1 个实现 3 输入“或”运算。也可以应用逻辑综合技巧使函数使用更少的 LUT。第 8 章将讨论这些技术(见例 8.19)。◀

习题㊀

2.1 用代数运算法证明 $x+yz=(x+y)\cdot(x+z)$。注意，这是一个分配律，即 2.5 节中的 12b。

2.2 用代数运算法证明 $(x+y)\cdot(x+\overline{y})=x$。

2.3 用代数运算法证明 $xy+yz+\overline{x}z=xy+\overline{x}z$。注意，这是一个包含律，即 2.5 节中的 17a

2.4 用维恩图证明习题 2.3 中的等式。

2.5 用维恩图证明德摩根(反演)定理，即 2.5 节中的表达式 15b。

2.6 用维恩图证明：$(x_1+x_2+x_3)\cdot(x_1+x_2+\overline{x}_3)=x_1+x_2$

*2.7 判断下列表达式是否成立，即其左边和右边的表达式是否表示相同的函数。

(a) $\overline{x}_1 x_3 + x_1 x_2 \overline{x}_3 + \overline{x}_1 x_2 + x_1 \overline{x}_2 = \overline{x}_2 x_3 + x_1 \overline{x}_3 + x_2 \overline{x}_3 + \overline{x}_1 x_2 x_3$

(b) $x_1 \overline{x}_3 + x_2 x_3 + \overline{x}_2 \overline{x}_3 = (x_1+\overline{x}_2+x_3)(x_1+x_2+\overline{x}_3)(\overline{x}_1+x_2+\overline{x}_3)$

(c) $(x_1+x_3)(\overline{x}_1+\overline{x}_2+\overline{x}_3)(\overline{x}_1+x_2)=(x_1+x_2)(x_2+x_3)(\overline{x}_1+\overline{x}_3)$

2.8 画出图 2.24a 所示电路的时序图，并图示电路中所有可能观察到的连线上的波形。

2.9 对图 2.24b 中的电路重复习题 2.8。

2.10 用代数运算法证明对于 3 输入变量 x_1、x_2 和 x_3 的情况下，有：

$$\sum m(1,2,3,4,5,6,7) = x_1 + x_2 + x_3$$

2.11 用代数运算法证明对于 3 输入变量 x_1、x_2 和 x_3 的情况下，有：

$$\prod M(0,1,2,3,4,5,6) = x_1 x_2 x_3$$

*2.12 用代数运算法求函数 $f=x_1x_3+x_1\overline{x}_2+\overline{x}_1x_2x_3+\overline{x}_1\overline{x}_2\overline{x}_3$ 的最小积之和表达式。

2.13 用代数运算法求函数 $f=x_1\overline{x}_2\overline{x}_3+x_1x_2x_4+x_1\overline{x}_2x_3\overline{x}_4$ 的最小积之和表达式。

2.14 用代数运算法求函数 $f=(x_1+x_3+x_4)\cdot(x_1+\overline{x}_2+x_3)\cdot(x_1+\overline{x}_2+\overline{x}_3+x_4)$ 的最小和之积表达式。

*2.15 用代数运算法求函数 $f=(x_1+x_2+x_3)\cdot(x_1+\overline{x}_2+x_3)\cdot(\overline{x}_1+\overline{x}_2+x_3)\cdot(x_1+x_2+\overline{x}_3)$ 的最小和之积表达式。

2.16 (a) 指出一个 3 变量维恩图中所有最小项的位置。

(b) 画出函数 $f=x_1\overline{x}_2x_3+x_1x_2+\overline{x}_1x_3$ 中每一个乘积项的维恩图，并利用维恩图求出函数的最小积之和表达式

2.17 用维恩图形式表示图 2.23 中的函数，并且求出其最小积之和形式。

2.18 图 P2.1 所示为 4 变量维恩图的两种尝试画法。说明图 P2.1a 和 P2.1b 中的维恩图为什么都不正确。(提示：维恩图必须能够表示 4 变量函数的每一个最小项)

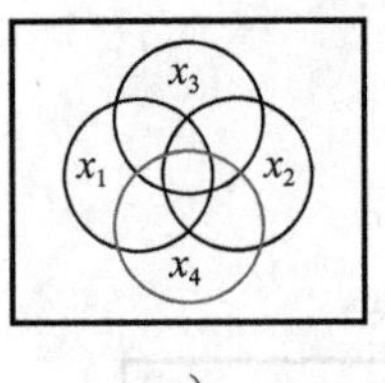

a)

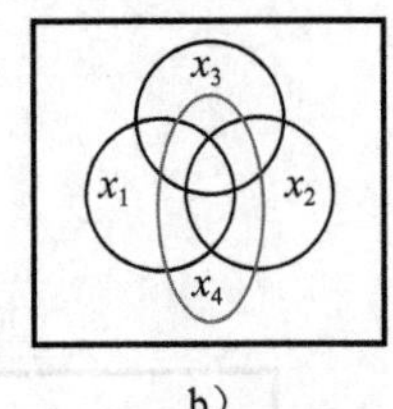

b)

图 P2.1 4 变量维恩图的 2 种尝试画法

2.19 图 P2.2 中给出了一种 4 变量维恩图，并在其中标出了最小项 m_0，m_1 和 m_2 的位置，请指出其他最小项的位置，并用此图表示出函数 $f=\overline{x}_1\overline{x}_2x_3\overline{x}_4+x_1x_2x_3x_4+\overline{x}_1x_2$。

*2.20 设计实现函数 $f(x_1, x_2, x_3)=\sum m(3, 4, 6, 7)$ 的最简积之和电路。

㊀ 本书最后给出了带星号习题的答案。

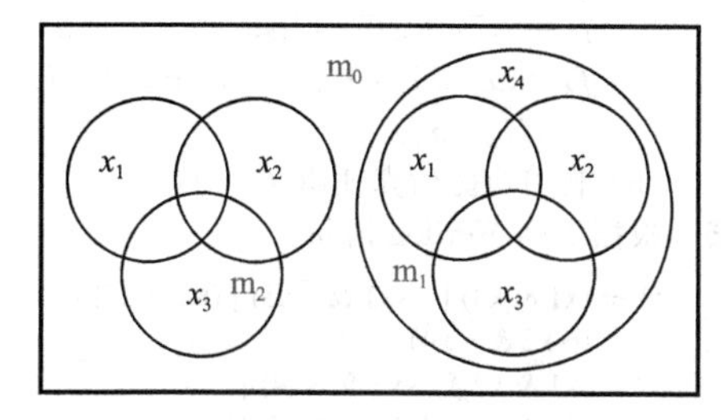

图 P2.2 4变量维恩图

2.21 设计实现函数 $f(x_1, x_2, x_3)=\sum m(1, 3, 4, 6, 7)$ 的最简积之和电路。

2.22 设计实现函数 $f(x_1, x_2, x_3)=\prod M(0, 2, 5)$ 的最简和之积电路。

*2.23 设计实现函数 $f(x_1, x_2, x_3)=\prod M(0, 1, 5, 7)$ 的最简和之积电路。

2.24 推导出函数 $f(x_1, x_2, x_3, x_4)=x_1\overline{x}_3\overline{x}_4+x_2\overline{x}_3x_4+x_1\overline{x}_2\overline{x}_3$ 的最简积之和表达式。

2.25 用代数运算法推导函数 $f(x_1, x_2, x_3, x_4, x_5)=\overline{x}_1\overline{x}_3\overline{x}_5+\overline{x}_1\overline{x}_3\overline{x}_4+\overline{x}_1x_4x_5+x_1\overline{x}_2\overline{x}_3x_5$ 的最简积之和表达式(提示：利用性质17a)。

2.26 用代数运算法推导函数 $f(x_1, x_2, x_3, x_4)=(\overline{x}_1+\overline{x}_3+\overline{x}_4)(\overline{x}_2+\overline{x}_3+x_4)(x_1+\overline{x}_2+\overline{x}_3)$ 的最简积之和表达式(提示：利用性质17b)。

2.27 用代数运算法推导函数 $f(x_1, x_2, x_3, x_4, x_5)=(\overline{x}_2+x_3+x_5)(x_1+\overline{x}_3+x_5)(x_1+x_2+x_5)(x_1+\overline{x}_4+\overline{x}_5)$ 的最简积之和表达式(提示：利用性质17b)。

*2.28 设计一个最简单的3输入 x_1、x_2 和 x_3 的电路，要求当有两个或多个输入变量值为1时其输出为1，否则输出为0。

2.29 设计一个最简单的3输入 x_1、x_2 和 x_3 的电路，要求当有一个或两个输入变量值为1时其输出为1，否则输出为0。

2.30 设计一个最简单的4输入 x_1、x_2、x_3、x_4 的电路，要求当有3个或者多个输入变量为1时其输出为1，否则输出为0。

2.31 对图P2.3中的时序图，综合函数 $f(x_1, x_2, x_3)$，得到最简积之和形式。

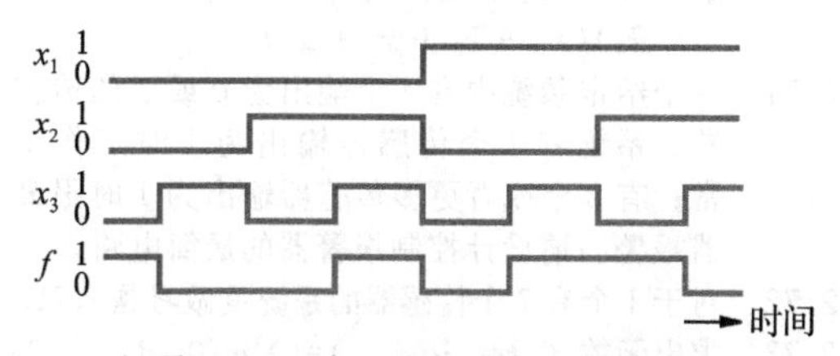

图 P2.3 表示逻辑功能的时序图

*2.32 对图P2.3中的时序图，综合函数 $f(x_1, x_2, x_3)$，得到最简和之积形式。

*2.33 对图P2.4中的时序图，综合函数 $f(x_1, x_2, x_3)$，得到最简积之和形式。

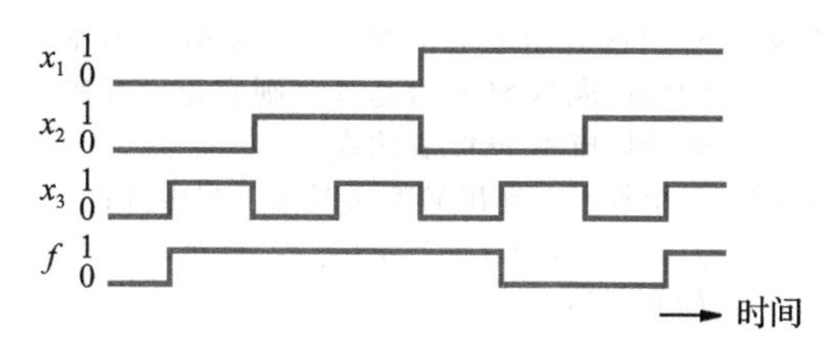

图 P2.4 表示逻辑功能的时序图

2.34 对图P2.4中的时序图，综合函数 $f(x_1, x_2, x_3)$，得到最简和之积形式。

2.35 设计一个逻辑电路，输出为 f，输入为 x_1、x_0、y_1、y_0。令 $X=x_1x_0$ 和 $Y=y_1y_0$ 代表2个两位二进制数。如果 X 和 Y 表示的数相等则输出 f 为1，否则输出 f 为0。

(a) 写出 f 的真值表。

(b) 综合出 f 的最简和之积表达式。

2.36 同习题2.35，但只有在 $X\geqslant Y$ 时函数的值为1。

(a) 写出 f 的真值表。

(b) 写出 f 的正则积之和表达式。

(c) 写出 f 的最简积之和表达式。

*2.37 推导出函数 $f(x_1, x_2, x_3)=\sum m(1, 2, 3, 5)$ 的最低成本SOP和POS形式。

*2.38 对函数 $f(x_1, x_2, x_3)=\sum m(1, 4, 7)+D(2, 5)$ 重做习题2.37。

2.39 对函数 $f(x_1, \cdots, x_4)=\prod M(0, 1, 2, 4, 5, 7, 8, 9, 10, 12, 14, 15)$ 重做习题2.37。

2.40 对函数 $f(x_1, \cdots, x_4)=\sum m(0, 2, 8, 9, 10, 15)+D(1, 3, 6, 7)$ 重做习题2.37。

*2.41 对函数 $f(x_1, \cdots, x_5)=\prod M(1, 4, 6, 7, 9, 12, 15, 17, 20, 21, 22, 23, 28, 31)$ 重做习题2.37。

2.42 对函数

$f(x_1, \cdots, x_5)=\sum m(0, 1, 3, 4, 6, 8, 9, 11, 13, 14, 16, 19, 20, 21, 22, 24, 25)+D(5, 7, 12, 15, 17, 23)$

重做习题2.37。

2.43 对函数：

$f(x_1, \cdots, x_5)=\sum m(1, 4, 6, 7, 9, 10, 12, 15, 17, 19, 20, 23, 25, 26, 27, 28, 30, 31)+D(8, 16, 21, 22)$

重做习题2.37。

2.44 找出5个和之积形式比积之和形式成本低的3变量函数。

*2.45 对于4输入变量的函数，仅在3个或者全部4个输入变量为1时，其值才能为1，该4变量逻辑函数称为择多函数。设计一个实现该函数的最低成本SOP电路。

2.46 推导一个4变量函数的最低成本实现形式，要求当1个或3个输入变量为1时该函数等于1，否则该函数值为0。

*2.47 证明或者给一个反例：如果函数 f 有唯一的最低成本 SOP 表达式，则它也存在唯一的最低成本 POS 表达式。

*2.48 一个具有 2 输出的电路实现下列函数：

$f(x_1, \cdots, x_4)=\sum m(0, 2, 4, 6, 7, 9)+D(10, 11)$

$g(x_1, \cdots, x_4)=\sum m(2, 4, 9, 10, 15)+D(0, 13, 14)$

设计一个最低成本电路，并将其成本与分别实现函数 f 和 g 的总成本相比较。假设输入变量的原量和非量都可以零成本获得。

2.49 对于下列函数重做习题 2.48。

$f(x_1, \cdots, x_5)=\sum m(1, 4, 5, 11, 27, 28)+D(10, 12, 14, 15, 20, 31)$

$g(x_1, \cdots, x_5)=\sum m(0, 1, 2, 4, 5, 8, 14, 15, 16, 18, 20, 24, 26, 28, 31)+D(10, 11, 12, 27)$

*2.50 推导函数 $f=x_3x_5+\overline{x}_1x_2x_4+x_1\overline{x}_2\overline{x}_4+x_1x_3\overline{x}_4+\overline{x}_1x_3x_4+\overline{x}_1x_2x_5+x_1\overline{x}_2x_5$ 的最低成本 POS 表达式。

2.51 仅用“与非”门实现图 2.31 中的函数。

2.52 仅用“或非”门实现图 2.31 中的函数。

2.53 用“与非”门和“或非”门实现图 2.31 中的函数。

*2.54 仅用“与非”门设计实现函数 $f(x_1, x_2, x_3)=\sum m(3, 4, 6, 7)$ 的最简单电路。

2.55 仅用“与非”门设计实现函数 $f(x_1, x_2, x_3)=\sum m(1, 3, 4, 6, 7)$ 的最简单电路。

*2.56 仅用“或非”门重做习题 2.54。

2.57 仅用“或非”门重做习题 2.55。

2.58 (a) 使用图形输入工具(可以从网上下载，例如从 www.altera.com 上下载)，画出下列函数的原理图。

$f_1=x_2\overline{x}_3\overline{x}_4+\overline{x}_1x_2x_4+\overline{x}_1x_2x_3+x_1x_2x_3$

$f_2=x_2\overline{x}_4+\overline{x}_1x_2+x_2x_3$

(b) 利用功能仿真验证：$f_1=f_2$

2.59 (a) 使用图形输入工具，画出下列函数的原理图：

$f_1=(x_1+x_2+\overline{x}_4)\cdot(\overline{x}_2+x_3+\overline{x}_4)\cdot(\overline{x}_1+x_3+\overline{x}_4)\cdot(\overline{x}_1+\overline{x}_3+\overline{x}_4)$

$f_2=(x_2+\overline{x}_4)\cdot(x_3+\overline{x}_4)\cdot(\overline{x}_1+\overline{x}_4)$

(b) 利用功能仿真验证：$f_1=f_2$

2.60 使用门级原语编写实现图 2.32a 中函数的 Verilog 代码。

2.61 对图 2.32b 中的电路图重做习题 2.60。

2.62 使用门级原语编写 Verilog 代码以实现函数 $f(x_1, x_2, x_3)=\sum m(1, 2, 3, 4, 5, 6)$，确保所得到的电路尽可能简单。

2.63 采用连续赋值语句编写 Verilog 代码以实现函数 $f(x_1, x_2, x_3)=\sum m(0, 1, 3, 4, 5, 6)$。

2.64 (a) 编写代码以描述以下函数：

$f_1=x_1\overline{x}_3+x_2\overline{x}_3+\overline{x}_3\overline{x}_4+x_1x_2+x_1\overline{x}_4$

$f_2=(x_1+\overline{x}_3)\cdot(x_1+x_2+\overline{x}_4)\cdot(x_2+\overline{x}_3+\overline{x}_4)$

(b) 利用功能仿真证明 $f_1=f_2$。

2.65 根据下列 Verilog 语句：

```
f1 = (x1 & x3) | (~x1 & ~x3) | (x2 & x4) |
     (~x2 & ~x4);
f2 = (x1 & x2 & ~x3 & ~x4) |
     (~x1 & ~x2 & x3 & x4) |
     (x1 & ~x2 & ~x3 & x4) |
     (~x1 & x2 & x3 & ~x4);
```

(a) 写出实现 $f1$ 和 $f2$ 的完整 Verilog 代码。

(b) 利用功能仿真证明 $f_1=\overline{f_2}$。

*2.66 根据以下逻辑表达式：

$$f=x_1\overline{x}_2\overline{x}_5+\overline{x}_1\overline{x}_2\overline{x}_4\overline{x}_5+x_1x_2x_4x_5+\overline{x}_1\overline{x}_2x_3\overline{x}_4+x_1\overline{x}_2x_3x_5+\overline{x}_2\overline{x}_3x_4\overline{x}_5+x_1x_2x_3x_4\overline{x}_5$$

$$g=\overline{x}_2x_3\overline{x}_4+\overline{x}_2\overline{x}_3\overline{x}_4\overline{x}_5+x_1x_3x_4\overline{x}_5+x_1\overline{x}_2x_4\overline{x}_5+x_1x_3x_4x_5+\overline{x}_1\overline{x}_2\overline{x}_3\overline{x}_5+x_1x_2\overline{x}_3x_4x_5$$

证明 $f=g$。

2.67 对以下表达式重做习题 2.66。

$$f=x_1\overline{x}_2\overline{x}_3+x_2x_4+x_1\overline{x}_2\overline{x}_4+\overline{x}_2\overline{x}_3\overline{x}_4+\overline{x}_1x_2x_3$$

$$g=(\overline{x}_2+x_3+x_4)(\overline{x}_1+\overline{x}_2+x_4)(x_2+\overline{x}_3+\overline{x}_4)(x_1+x_2+\overline{x}_3)(x_1+x_2+\overline{x}_4)$$

2.68 对以下表达式重做习题 2.66。

$$f=x_2\overline{x}_3\overline{x}_4+\overline{x}_2x_3+\overline{x}_2x_4+x_1x_2\overline{x}_4+x_1x_2\overline{x}_3\overline{x}_5$$

$$g=(x_2+x_3+x_4)(\overline{x}_2+\overline{x}_4+x_5)(x_1+\overline{x}_2+\overline{x}_3)(\overline{x}_2+x_3+\overline{x}_4+\overline{x}_5)$$

2.69 一个定义为以下逻辑函数的 2 输出的电路：

$$f=x_1\overline{x}_2\overline{x}_3+\overline{x}_2\overline{x}_4+\overline{x}_2\overline{x}_3x_4+x_1x_2x_3x_4$$

$$g=x_1\overline{x}_3x_4+x_1x_2x_4+\overline{x}_1x_3x_4+\overline{x}_2x_3\overline{x}_4$$

推导该电路的最低成本实现方式，并计算电路成本。

2.70 对以下函数重做习题 2.69。

$$f=(\overline{x}_1+x_2+\overline{x}_3)(x_1+x_3+\overline{x}_4)(x_1+\overline{x}_2+x_3)(\overline{x}_1+x_2+x_4)(x_1+\overline{x}_2+\overline{x}_4)$$

$$g=(\overline{x}_1+x_2+\overline{x}_3)(\overline{x}_1+\overline{x}_2+\overline{x}_4)(\overline{x}_2+\overline{x}_3+\overline{x}_4)(x_1+\overline{x}_2+x_3+x_4)$$

2.71 一个给定系统中有 4 个输出为 0 或 1 的传感器。系统有 1 个传感器输出为 1 时工作正常；有 2 个或者更多传感器输出为 1 时报警器报警。请设计控制报警器的最简电路。

2.72 对于 1 个有 7 个传感器的系统重做习题 2.71。

2.73 求出函数 $f(x_1, \cdots, x_4)=\sum m(0, 1, 2, 3, 4, 6, 8, 9, 12)$ 的最低成本实现电路。要求电路中只包含 2 输入与非门。假设输入变量的原量和非量都可以零成本获得(提示：考虑函数的非量)。

2.74 对于函数 $f(x_1, \cdots, x_4)=\sum m(2, 3, 6,$

8，9，12)重做习题 2.73。

2.75 求出函数 $f(x_1, \cdots, x_4)=\sum m(6, 7, 8, 10, 12, 14, 15)$的最低成本实现电路。要求电路中只包含 2 输入或非门。假设输入变量的原量和非量都可以零成本获得(提示：考虑函数的非量)。

2.76 对于函数 $f(x_1, \cdots, x_4)=\sum m(2, 3, 4, 5, 9, 10, 11, 12, 13, 15)$重做习题 2.75。

2.77 图 P2.5 中的电路实现了函数 f 和 g。假定输入变量的原量和非量都可以零成本获得，该电路的成本是多少？重新设计电路，要求其成本尽可能低，你的电路成本是多少？

2.78 对于图 P2.6 中的电路重做习题 2.77，要求在所设计的电路中只使用“与非”门。

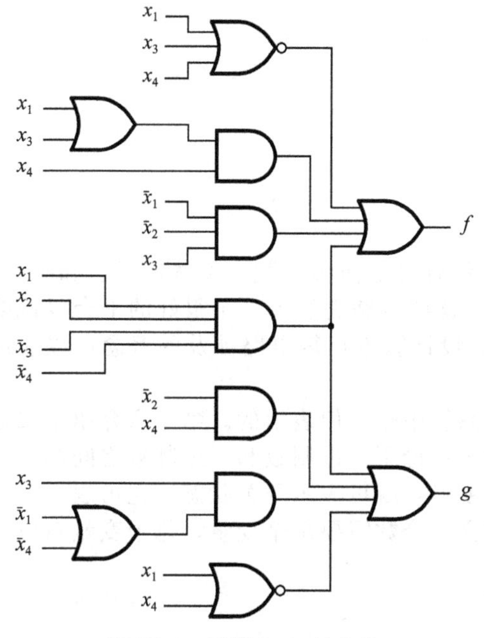

图 P2.5 习题 2.77 的电路

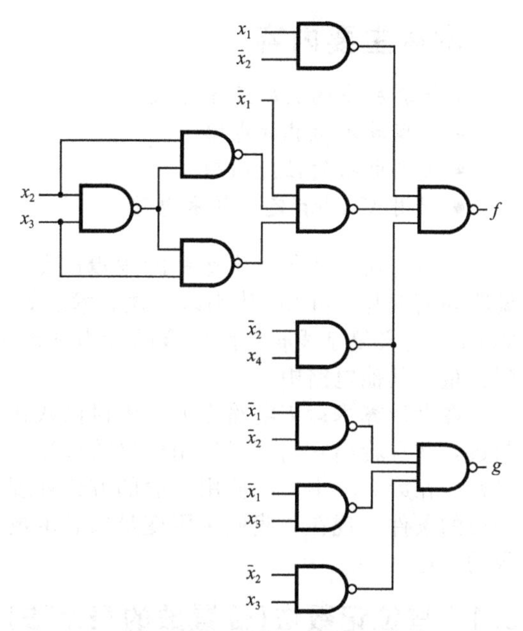

图 P2.6 习题 2.78 的电路

参考文献

1. G. Boole, *An Investigation of the Laws of Thought*, 1854, reprinted by Dover Publications, New York, 1954.
2. C. E. Shannon, “A Symbolic Analysis of Relay and Switching Circuits,” *Transactions of AIEE* 57 (1938), pp. 713–723.
3. E. V. Huntington, “Sets of Independent Postulates for the Algebra of Logic,” *Transactions of the American Mathematical Society* 5 (1904), pp. 288–309.
4. S. Brown and Z. Vranesic, *Fundamentals of Digital Logic with VHDL Design*, 3rd ed. (McGraw-Hill: New York, 2009).
5. D. A. Thomas and P. R. Moorby, *The Verilog Hardware Description Language*, 5th ed., (Kluwer: Norwell, MA, 2002).
6. Z. Navabi, *Verilog Digital System Design*, 2nd ed., (McGraw-Hill: New York, 2006).
7. S. Palnitkar, *Verilog HDL—A Guide to Digital Design and Synthesis*, 2nd ed., (Prentice-Hall: Upper Saddle River, NJ, 2003).
8. D. R. Smith and P. D. Franzon, *Verilog Styles for Synthesis of Digital Systems*, (Prentice Hall: Upper Saddle River, NJ, 2000).
9. J. Bhasker, *Verilog HDL Synthesis—A Practical Primer*, (Star Galaxy Publishing: Allentown, PA, 1998).
10. D. J. Smith, *HDL Chip Design*, (Doone Publications: Madison, AL, 1996).
11. S. Sutherland, *Verilog 2001—A Guide to the New Features of the Verilog Hardware Description Language*, (Kluwer: Hingham, MA, 2001).

第3章 数的表示方法和算术运算电路

本章主要内容

- 计算机中的数的表示方法
- 实现算术运算的电路
- 大型电路的性能问题
- 利用 Verilog 定义算术电路

本章将讨论执行算术运算的逻辑电路。我们将解释如何实现数字加法、减法和乘法；说明如何编写 Verilog 代码以描述算术运算电路，这些电路提供了一个很好的平台以说明 Verilog 定义复杂逻辑电路集合的能力和通用性。设计算术运算电路涉及的概念可以应用到大量的其他电路中。

在设计算术运算电路之前，先讨论数在数字系统中是如何表示的。第 1 章介绍了二进制数，并且看出它们可以使用位置数表征。我们还讨论了十进制数和二进制数之间的转换过程。在第 2 章中，我们用一般的方式处理逻辑变量，既可表示开关状态，也可表示一些一般的条件。现在，我们将用变量来表示数。定义 1 个数需要多个变量，每个变量对应于数的一位。

3.1 按位记数法(位置数的表示法)

当处理数和算术运算时，使用标准符号是很方便的。因此，我们用加号(+)表示相加，用减号(−)表示相减。在第 2 章中，大多数时候用符号“+”表示逻辑或运算。虽然我们现在使用相同的符号表示两种不同的运算，但根据上下文的讨论，每个符号的意义一般都是很明确的，如果存在可能混淆的情况下，将清楚地说明符号的意义。

3.1.1 无符号整数

最简单的数是整数。我们首先考虑正整数，然后将讨论范围扩大到负整数。只可能是正数的数称为*无符号数*，既可能为正数又可能为负数的数为*有符号数*。带有小数点的数(实数)的表示方式将在本章稍后讨论。

正如 1.5.1 节所介绍的，一个 n 位的无符号数为：

$$B = b_{n-1}b_{n-2}\cdots b_1 b_0$$

表示的整数值为：

$$V(B) = b_{n-1}\times 2^{n-1} + b_{n-2}\times 2^{n-2} + \cdots + b_1\times 2^1 + b_0\times 2^0 = \sum_{i=0}^{n-1} b_i \times 2^i \qquad (3.1)$$

3.1.2 八进制和十六进制表示

按位计数法适用于任何基数。假设基数为 r，则数 K 可以表示为：

$$K = k_{n-1}k_{n-2}\cdots k_1 k_0$$

其值为：

$$V(K) = \sum_{i=0}^{n-1} k_i \times r^i$$

我们只关心那些更具有实际意义的基数。我们愿意使用十进制数是因为人们常使用它，我们使用二进制数是因为计算机使用它。另外，还有两种基数很有用——8和16。用基数为8表示的数称为八进制数，而用基数为16表示的数称为十六进制数。在八进制表示中，数字范围为0～7。在十六进制表示中(常常缩写为hex)，每个数字代表16个值中的一个，前十个的表示方法和十进制中相同，即0～9，而对应于十进制数10、11、12、13、14和15的十六进制数分别表示为字母A、B、C、D、E和F。表3.1中给出了这些数制系统中的前18个整数。

表3.1　不同数制系统中的数

十进制	二进制	八进制	十六进制	十进制	二进制	八进制	十六进制
00	00000	00	00	10	01010	12	0A
01	00001	01	01	11	01011	13	0B
02	00010	02	02	12	01100	14	0C
03	00011	03	03	13	01101	15	0D
04	00100	04	04	14	01110	16	0E
05	00101	05	05	15	01111	17	0F
06	00110	06	06	16	10000	20	10
07	00111	07	07	17	10001	21	11
08	01000	10	08	18	10010	22	12
09	01001	11	09				

在计算机中，主要采用二进制的数字系统。采用八进制数和十六进制数的原因在于把它们作为二进制数的速记符。八进制数中的1位代表了二进制数中的3位，因此二进制数可以从最低位按3位一组，用相应的八进制数表示，从而转换成八进制数。例如，101011010111可以转换成：

$$\underbrace{101}_{5}\quad\underbrace{011}_{3}\quad\underbrace{010}_{2}\quad\underbrace{111}_{7}$$

即：$(101011010111)_2=(5327)_8$。如果数字的位数不是3的整数倍，则可在最高位的左边加0。例如，$(10111011)_2=(273)_8$，因为：

$$\underbrace{010}_{2}\quad\underbrace{111}_{7}\quad\underbrace{011}_{3}$$

八进制数转换成二进制数很方便：只需将每一位八进制数替换成等值的3位二进制数即可。

类似地，1位十六进制数可用4位二进制数表示，例如1个16位二进制数可以用1个4位十六进制数表示：

$$(1010111100100101)_2=(\text{AF25})_{16}$$

分组方式如下：

$$\underbrace{1010}_{\text{A}}\quad\underbrace{1111}_{\text{F}}\quad\underbrace{0010}_{2}\quad\underbrace{0101}_{5}$$

如果二进制数的位数不是4的整数倍，则在最高位的左边加零。例如，$(1101101000)_2=(368)_{16}$，因为其数字分组方式为：

$$\underbrace{0011}_{3}\quad\underbrace{0110}_{6}\quad\underbrace{1000}_{8}$$

十六进制数转换成二进制数，只要直观地将每位十六进制数替换为等值的4位二进制数即可。

现代计算机中的二进制数通常为32位或64位，一般写为n元组二进制的形式(有时称为位向量)，处理起来很不方便。更简单的方式是采用8位或16位的十六进制数。由于数字系统中的算术运算一般都涉及二进制数，所以我们聚焦于采用二进制数的电路。有时我们将使用十六进制数，以方便速写。

我们已经介绍了最简单的数——无符号数，还需要能够处理一些其他类型的数。我们将在本章稍后讨论有符号数、定点数及浮点数的表示方式。但是首先还需要介绍一些实现数运算的简单电路，以使读者对完成算术运算的数字电路有一些直观的认识，引起大家进一步讨论的动力。

3.2 无符号数的加法运算

二进制数的加法运算与十进制数相同，只是每个单独数位的值只能是 0 或 1。作为一个简单逻辑电路的例子，我们已经介绍了两个 1 位二进制数的加法运算。现在，我们将考虑通用的加法器电路。一位数的相加包含 4 种可能，如图 3.1a 所示。相加的结果需要用一个两位数表示，右边的一位称为*和* s，左边的一位是在两个加数都为 1 时产生的*进位* c。加法运算由图 3.1b 中的真值表定义，和位 s 是一个异或(XOR)函数，进位 c 是输入 x 和 y 的与函数。实现这些函数的电路如图 3.1c 所示，该电路实现了两个一位数的相加，称为*半加器*。

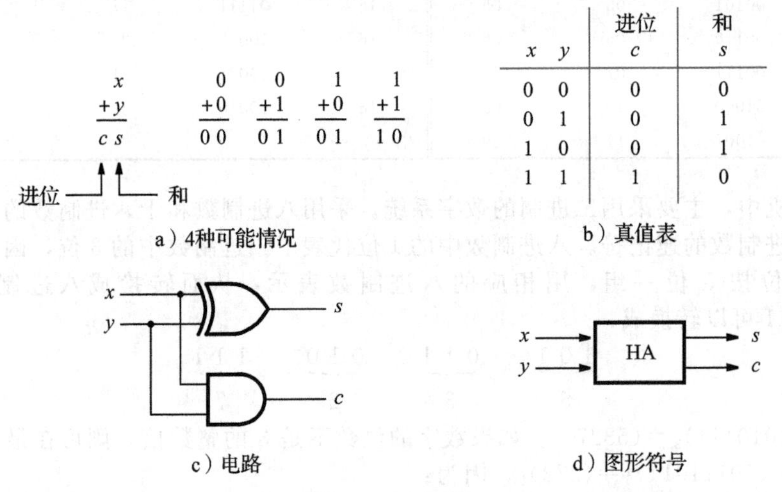

图 3.1 半加器

我们更感兴趣的是涉及具有多位数的较大数相加的情况。对于每一位而言，除了对应位(第 i 位)的两个数相加外，还需要考虑来自低位(第 $i-1$ 位)的进位。

图 3.2a 是一个加法运算的例子，两个需相加的数为 $X=(01111)_2=(15)_{10}$、$Y=(01010)_2=(10)_{10}$，其中采用了 5 位数表示 X 和 Y，其数值范围为 0～31；因此和 $S=X+Y=(25)_{10}$ 也可以用 5 位数表示。注意如同 $X=x_4x_3x_2x_1x_0$、$Y=y_4y_3y_2y_1y_0$，用下标标记整数中的每一位。相加过程中产生的进位用浅灰色标示。例如，当 x_0 和 y_0 相加时，产生的进位为 0，当 x_1 和 y_1 相加时，产生的进位为 1，依此类推。

在第 2 章中，我们设计逻辑电路时，首先用真值表定义其行为。这种方法在设计图 3.2 中的 5 位加法器时却不太实用。因为该真值表需要有 10 个输入变量，X 和 Y 各 5 个；真值表需要有 $2^{10}=1024$ 行！更好的方法是分别考虑两个操作数中的对应数位(x_i 和 y_i)的相加。

生成进位 ——→	1110	
$X=x_4x_3x_2x_1x_0$	01111	$(15)_{10}$
$+Y=y_4y_3y_2y_1y_0$	+01010	$+(10)_{10}$
$S=s_4s_3s_2s_1s_0$	11001	$(25)_{10}$

a）加法的一个实例

…	c_{i+1}	c_i	…
…	…	x_i	…
…	…	y_i	…
……		s_i	…

b）第i位

图 3.2 多位数加法

对于第 0 位，没有低位的进位，因此该位的相加和图 3.1 所示的相同。对于其他各位（第 i 位），加法涉及的数包括 x_i、y_i 和进位 c_i，如图 3.2b 所示。也就说明需设计的逻辑电路有 3 个输入 x_i、y_i 和 c_i，两个输出 s_i 和 c_{i+1}。对应的真值表如图 3.3a 所示。和 s_i 是 x_i、y_i 和 c_i 的模 2 和，进位 c_{i+1} 在 x_i、y_i 和 c 的和为 2 或者 3 时等于 1。图 3.3b 所示为这两个函数的卡诺图。进位函数的最佳积之和表达式为：

$$c_{i+1} = x_i y_i + x_i c_i + y_i c_i$$

和项 s_i 的积之和实现形式为：

$$s_i = \overline{x}_i y_i \overline{c}_i + x_i \overline{y}_i \overline{c}_i + \overline{x}_i \overline{y}_i c_i + x_i y_i c_i$$

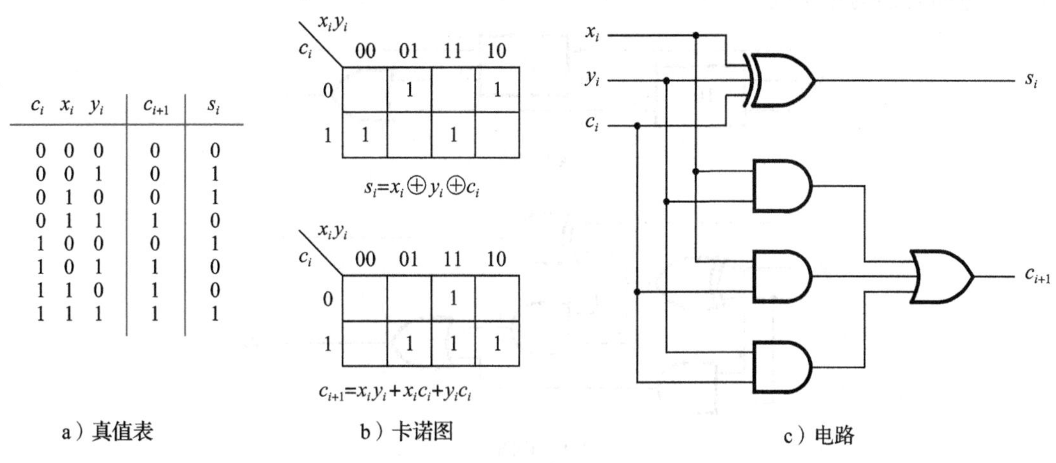

c_i	x_i	y_i	c_{i+1}	s_i
0	0	0	0	0
0	0	1	0	1
0	1	0	0	1
0	1	1	1	0
1	0	0	0	1
1	0	1	1	0
1	1	0	1	0
1	1	1	1	1

a）真值表　　b）卡诺图　　c）电路

图 3.3　全加器

实现该函数更好的方法是使用“异或”门，如下所述。

使用“异或”门

如第 2 章介绍的，两输入的“异或”函数定义为：$x_1 \oplus x_2 = \overline{x}_1 x_2 + x_1 \overline{x}_2$。前述和位 s_i 的函数可以通过如下运算转换成只使用异或运算的形式：

$$\begin{aligned} s_i &= (\overline{x}_i y_i + x_i \overline{y}_i)\overline{c}_i + (\overline{x}_i \overline{y}_i + x_i y_i) c_i \\ &= (x_i \oplus y_i)\overline{c}_i + \overline{(x_i \oplus y_i)} c_i \\ &= (x_i \oplus y_i) \oplus c_i \end{aligned}$$

“异或”运算是可以结合的，因此上式可以变换为：

$$s_i = x_i \oplus y_i \oplus c_i$$

所以 3 输入的“异或”运算可以实现 s_i。

“异或”运算实现了输入变量的模 2 和，因此输入值为奇数个 1 时其输出为 1，否则输出为 0。由于这个原因异或函数也被称为奇函数。从图 3.3b 中函数 s_i 的卡诺图可以发现，其图形格式如同棋盘状图案，没有任何一个最小项可以合并为更大的乘积项。图 3.3a 中真值表函数所对应的电路如图 3.3c 所示，这个电路就是众所周知的全加器。

“异或”门另一个令人感兴趣的特性是：可以将 2 输入“异或”门的一个输入作为控制信号，以确定“异或”门的输出是另一个输入的原量或者非量。这从“异或”门的定义 $x_i \oplus y_i = \overline{x}y + x\overline{y}$ 中可以很明确地看到。假设 x 为控制信号，则如果 $x=0$，输出等于 y；而如果 $x=1$，输出等于 y 的非量。以上我们通过代数运算推导出 $s_i = (x_i \oplus y_i) \oplus c_i$，也可以通过观察方法立刻得到同样的结果。图 3.3a 所示真值表的上半部分，c_i 等于 0，和函数 s_i 为 x_i 和 y_i 的异或；而真值表的下半部分，c_i 等于 1，和函数 s_i 是其上半部分取值的非量。在 3.3.3 节中我们将遇到一个用“异或”门的一个输入信号控制输出为另一个输入信号的原量或非量的重要例子。

在之前的讨论中，我们遇到了“异或”运算的非量，表示为 $\overline{x \oplus y}$。这个运算很常用，因此用一个特定的名字 XNOR(同或)命名，用一特殊运算符号⊙表示，因此有：

$$x \odot y = \overline{x \oplus y}$$

同或函数有时又称为一致性运算，因为当它的输入一致时，即当输入同时等于 0 或 1 时，其输出才为 1。

3.2.1　分解全加器

根据全加器的名字，我们可以推测出全加器可以由半加器构成，它可以通过构造一个如图 3.4 所示的层次化电路实现。电路中使用了两个半加器构成 1 个全加器。读者请自己验证该电路功能的正确性。

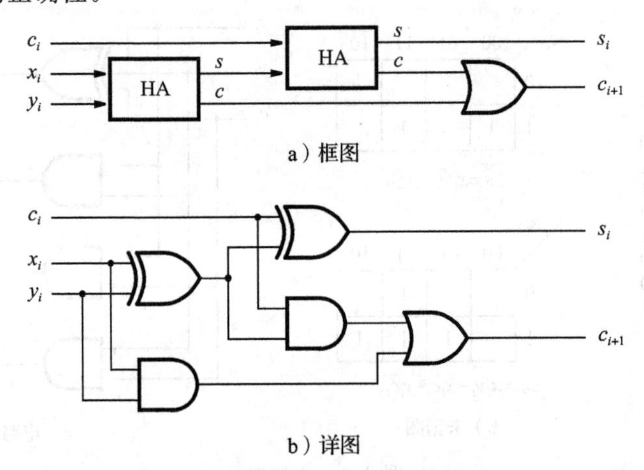

图 3.4　全加器的分解实现

3.2.2　行波进位加法器

手工进行加法计算时，我们先从最低位的数字相加开始，直到最高位。如果第 i 位产生了进位，就将该进位作为第 $i+1$ 位的操作数。同样的方法也可以用于实现加法的逻辑电路中。对于每一位，我们可以使用一个全加器，连接方法如图 3.5 所示。注意，为了和通常的手算方法一致，最低位在最右边，全加器产生的进位向左传播。

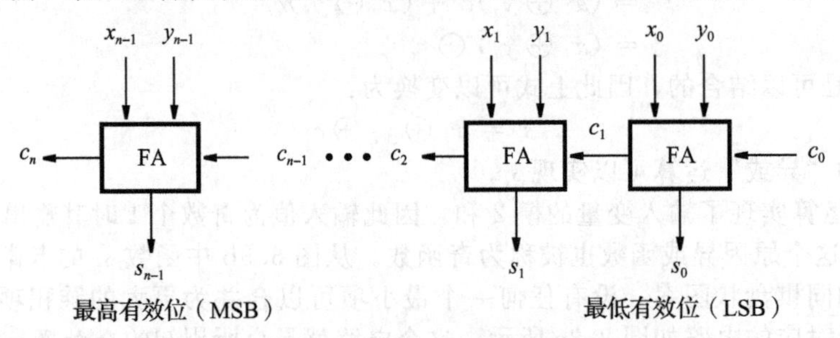

图 3.5　一个 n 位的行波进位加法器

当操作数 X 和 Y 作为加法器的输入时，其输出值(和 S)需要经过一段时间之后才能有效。每一个全加器在输出 s_i 和 c_{i+1} 有效之前都会引入一定的延时，将此延时记为 Δt。所以第一级的进位 c_1 在输入 x_0 和 y_0 加入后延时 Δt 到达第二级；第二级的进位 c_2 在延时 $2\Delta t$ 后到达第三级；依此类推，信号 c_{n-1} 在延时$(n-1)\Delta t$ 后有效；这意味着总的和在延时 $n\Delta t$ 之后有效。因为进位信号在全加器之间“行进”，因此图 3.5 所示的电路称为行波进位加法器。

产生最终的和以及进位 c_i 的行波进位加法器的延时和数字的位数有关。当操作字长为 32 位数或 64 位数时，这个延时时间就令人不能接受了。因为全加器中的电路没有多少减少延时的空间，因此需要寻找实现 n 位加法器的不同结构。我们将在 3.4 节中讨论设计高速加法器的技巧。

到目前为止，我们只涉及了无符号数。这种数的加法运算在第 0 级不需要进位。图 3.5所示的加法器中包含了进位 c_0，因此该行波进位加法器还能用来进行减法运算，我们将在 3.3 节中进行介绍。

3.2.3　设计实例

假设我们设计一个电路将一个 8 位无符号数乘以 3。用 $A=a_7a_6\cdots a_1a_0$ 表示该数，用 $P=p_7p_6\cdots p_1p_0$ 表示积 $P=3A$，注意需要一个 10 位数来表示乘积。

设计所需电路的一种简单方法是采用 2 个行波进位加法器将 3 个 A 相加，每一个加法器的符号是常用的加法器图形符号，如图 3.6a 所示。字母 x_i、y_i、s_i、c_i 表示与图 3.5 对应的输入输出量。第 1 个加法器产生 $A+A=2A$，其结果表示成一个八位的和与最高位的进位；第 2 个加法器产生 $A+2A=3A$，它必须是一个 9 位加法器，因为由第 1 个加法器产生的 $2A$ 是 9 位的。因为输入 y_i 是由 8 位的 A 驱动，所以第 9 位输入 y_8 必须接为 0。

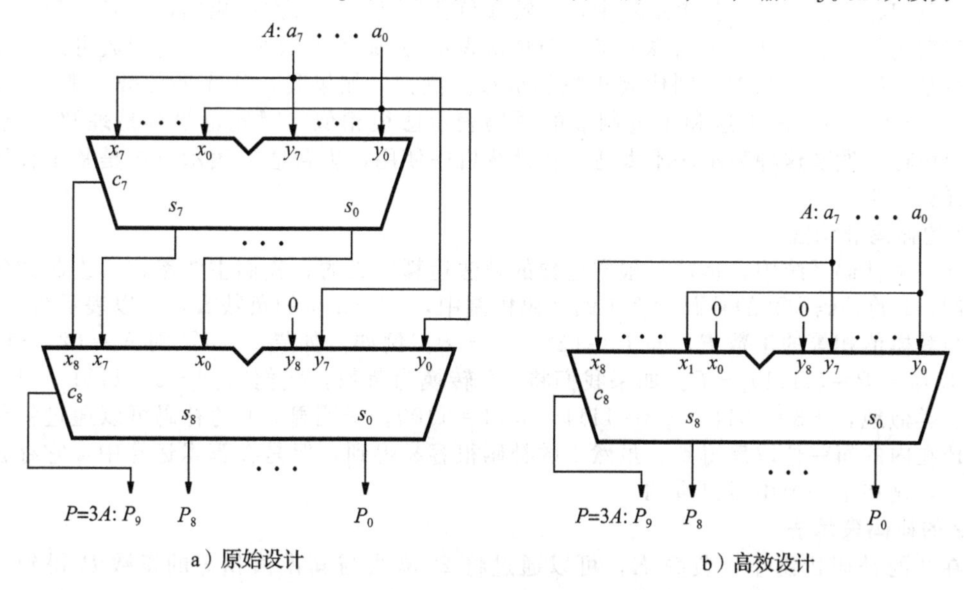

图 3.6　8 位无符号数乘 3 电路

这种方法很直观，但效率不高。因为 $3A=2A+A$，我们可以观察到，将 A 左移一位可以得到 $2A$，产生的结果是 $a_7a_6a_5a_4a_3a_2a_1a_0 0$。根据式(3.1)，该结果等于 $2A$。因此只用一个行波进位加法器就可以实现 $3A$，如图 3.6b 所示。这其实和图 3.6a 中的第 2 个加法器相同，要注意的是输入 x_0 接到了常数 0。同时我们注意到图 3.6a 中第 2 个加法器的 x_0 虽然是由第 1 个加法器的和 s_0 驱动的，但它的值也一直为 0，因为在第 1 个加法器中 $x_0=y_0=a_0$，不管 a_0 等于 1 还是 0，和 s_0 都是 0。

3.3　有符号数

在十进制系统中，数字的符号是用最高有效位的左边的＋或－表示的。而二进制系统中，符号则是由最左边的一位表示的：“0”表示正数，“1”表示负数。因此，在有符号数中最左边一位代表了符号，剩下的 $n-1$ 位代表了数值，如图 3.7 所示。注意确定哪一位为最高位(MSB)是很重要的。在无符号数中，所有的数位都表示数字的数值，因此所有数位在定义数值时都是有效的，因此 MSB 是最左边的一位，即 b_{n-1}；在有符号数中，只有 $n-1$ 个有效位，MSB 的位置是 b_{n-2}。

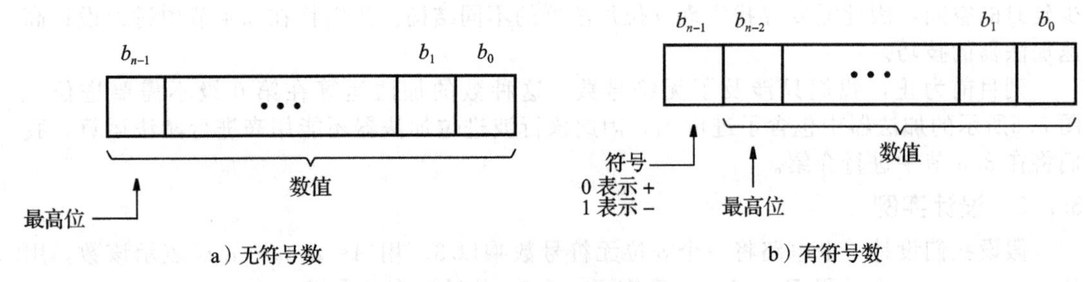

图 3.7　整数的表示格式

3.3.1　负数

正数的表示可以采用前面一节介绍的按位记数法。而负数的表示可以有三种不同的方法：原码(符号和模值)、1 的补码和 2 的补码。

原码表示法

在我们熟悉的十进制数表示法中，正数和负数的模值表示方法相同，符号区分了一个数是正数还是负数。这种机制称为符号和模值表示法(原码表示法)。二进制数可以使用相同的机制，符号位 0 和 1 分别代表正数和负数。例如，如果我们使用四位数，那么 +5=0101，−5=1101。因为这和十进制数的原码表示法很相似，因此也很容易理解。但是，我们很快将会发现这种表示法不太适合在计算机中使用，更合适的表示方法是基于补码系统，详见下文。

1 的补码表示法

在一个补码系统中，负数是根据正数的减法运算定义的。我们主要考虑二进制数的两种机制：1 的补码和 2 的补码。在 1 的补码机制中，一个 n 位的负数 K，可以表示为 2^n-1 减去与其模值相等的正数 P，即 $K=(2^n-1)-P$。例如，如果 $n=4$，则 $K=(2^4-1)-P=(15)_{10}-P=(1111)_2-P$。如果我们将 +5 转换为负数，我们得到 −5=1111−0101=1010。类似地，+3=0011，−3=1111−0011=1100。很明显，1 的补码可以通过将包括符号位在内的每一位取反得到。虽然 1 的补码很容易得到，但是在算术运算中，它存在一些缺点，这在下一节中可以看到。

2 的补码表示法

在 2 的补码机制中，负数 K，可以通过将 2^n 减去与其模值相等的正数 P 得到：即 $K=(2^n)-P$。使用四位数的例子：−5=10000−0101=1011，−3=10000−0011=1101。通过这种方法找出 2 的补码需要实现带有借位的减法运算。但是，我们可以观察到如果 K_1 是 P 的 1 的补码，K_2 是 P 的 2 的补码，则有：

$$K_1=(2^n-1)-P$$

$$K_2=2^n-P$$

可以得到 $K_2=K_1+1$。因此求一个数的 2 的补码的简单方法就是其 1 的补码加 1(而求出 1 的补码则很简单)，这是在实现算术运算的逻辑电路中获得 2 的补码的方法。

读者必须建立快速求出数字 2 的补码的能力，下面介绍一个简单的规则。

求 2 的补码的规则

给定一个数 $B=b_{n-1}b_{n-2}\cdots b_1b_0$，它的 2 的补码为 $K=k_{n-1}k_{n-2}\cdots k_1k_0$，可以通过以下过程得到：观察 B 的每一位数，保留从右往左的第 1 个“1”及其右边的“0”不变，其余位全取反。

例如，假设 $B=0110$，则保持 $k_0=b_0=0$，$k_1=b_1=1$，其余位取反得到 $k_2=\overline{b}_2=0$，$k_3=\overline{b}_3=1$。因此 $K=1010$。再举个例子，如果 $B=10110100$，则 $K=01001100$。该规则的证明留给读者作为练习。

表 3.2 所示为所有 16 个四位数的 3 种有符号表示方法。注意对于原码表示法和 1 的

补码表示法，都有两种形式表示 0。而 2 的补码中，只有 1 种形式表示 0。以 2 的补码形式表示的 4 位数的范围为−8～+7，而另两种表示方法的范围为−7～+7。

表 3.2　4 位有符号号数的解释

$b_3b_2b_1b_0$	有符号数	1 的补码	2 的补码	$b_3b_2b_1b_0$	有符号数	1 的补码	2 的补码
0111	+7	+7	+7	1000	−0	−7	−8
0110	+6	+6	+6	1001	−1	−6	−7
0101	+5	+5	+5	1010	−2	−5	−6
0100	+4	+4	+4	1011	−3	−4	−5
0011	+3	+3	+3	1100	−4	−3	−4
0010	+2	+2	+2	1101	−5	−2	−3
0001	+1	+1	+1	1110	−6	−1	−2
0000	+0	+0	+0	1111	−7	−0	−1

利用 2 的补码表示法，n 位数字 $B=b_{n-1}b_{n-2}\cdots b_1b_0$ 表示的值为：

$$V(B)=(-b_{n-1}\times 2^{n-1})+b_{n-2}\times 2^{n-2}+\cdots+b_1\times 2^1+b_0\times 2^0 \quad (3.2)$$

因此最大的负数 100…00，值为-2^{n-1}。最大的正数，011…11，值为 $2^{n-1}-1$。

3.3.2　加法和减法

为了评价不同数字表示法的适用性，必须考察它们在算术运算中的使用情况——尤其是在加法和减法中。我们可以通过考虑很小的数来说明每种表示法的优缺点，例如采用带有 1 位符号位和 3 位有效数位的四位数。因为只有 3 位表示数值，因此数字的模值(绝对值)必须足够小，即模值不能超过 7。

对于 3 种表示方法，正数的相加都是相同的，实际上和 3.2 节中讨论的无符号数的相加完全相同。但是当涉及负数的相加时存在明显的不同，当运算数的符号不同时产生的困难更加明显。

用符号-模值表示法作加法

如果两个操作数符号相同，则符号和模值数的相加很简单。即，将模值相加，产生的和(运算结果)的符号与运算数相同。但是，如果操作数的符号相反，则它们的加法运算就变得比较复杂了。必须以较大的数减去较小的数，这意味着需要能够实现比较和相减两种操作的逻辑电路。后面很快就会看到实现减法并不需要这种电路，基于这个原因，在计算机中不使用符号-模值表示法。

1 的补码的加法运算

1 的补码表示法的显著优点是：负数可以简单地通过将相对应的正数各位取反得到。图 3.8 例示了两个数相加时的各种情况，对于不同的符号存在四种组合。从图中上半部分可以看出，5+2=7，(−5)+2=(−3)是很直观的，简单地将操作数相加即可得到正确结果。但是另外两种情况就不是这样了。计算5+(−2)=3 产生的位向量为 10010，由于我们处理的是四位数，符号位产生了进位，并且四位数的模值表示为 2 而不是 3，这是一个错误的结果。有趣的是，如果我们将符号位的进位加到计算结果的最低位，则新的结果为 3，即为正确的结果，在图中用浅灰色标示了这种修正。当计算(−5)+(−2)=(−7)时产生了类似的情形：在初始的相加后结果是错的，因为四位和是 0111，表示的是+7，而不是−7。但是可以将符号位产生的进位加到最低位进行修正，如图 3.8 所示。

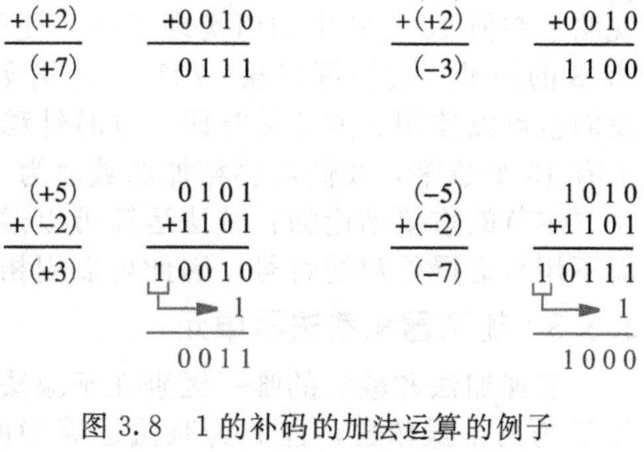

```
  (+5)       0101          (−5)       1010
+ (+2)     + 0010        + (+2)     + 0010
------     ------        ------     ------
  (+7)       0111          (−3)       1100

  (+5)       0101          (−5)       1010
+ (−2)     + 1101        + (−2)     + 1101
------     ------        ------     ------
  (+3)      10010          (−7)      10111
            └──► 1                  └──► 1
           ------                  ------
             0011                    1000
```

图 3.8　1 的补码的加法运算的例子

从上述例子可以看出：1 的补码的加法运算有时较为简单，而有时可能较为复杂。在某些情况中需要修正，即需要进行另一次相加。因此两个 1 的补码数相加所需的时间可能是两个无符号数相加的两倍。

2 的补码的加法运算

考虑与 1 的补码加法运算例子中相同的数字组合形式，进行 2 的补码的加法的实现，如图 3.9 所示。5+2=7 和(−5)+2=(−3)的运算是很直观的，5+(−2)=3 产生了正确的运算结果 0011，而符号位产生了进位，我们可以直接忽略。第四种情况是(−5)+(−2)=(−7)，忽略符号位产生的进位，四位的结果为 1001，其值为(−7)，这也是正确的和。

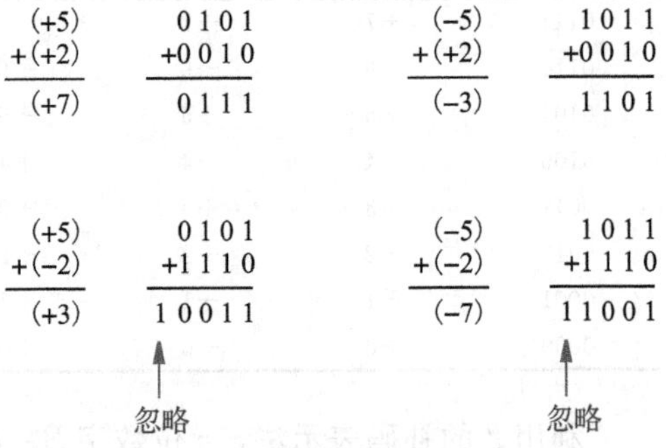

```
  (+5)      0101          (−5)      1011
+ (+2)    + 0010        + (+2)    + 0010
------    ------        ------    ------
  (+7)      0111          (−3)      1101

  (+5)      0101          (−5)      1011
+ (−2)    + 1110        + (−2)    + 1110
------    ------        ------    ------
  (+3)     10011          (−7)     11001
           ↑                       ↑
          忽略                    忽略
```

图 3.9　2 的补码的加法运算的例子

由以上的例子可以看出，2 的补码的加法运算很简单。当两数相加时，结果总是正确的，如果符号位有进位，可以简单地将其忽略。因此，不管操作数的符号，相加的过程是一样的。2 的补码的加法运算可以通过一个加法器电路实现，如图 3.5 所示。因此 2 的补码的表示法十分适合加法运算。下面考虑 2 的补码的减法运算。

2 的补码的减法运算

实现减法的最简单方法是将其减数取反，并与被减数相加，这可以通过找出减数的二进制补码再进行加法得到。图 3.10 展示了这个过程。计算 5−(+2)=3 时，首先求+2 的 2 的补码 1110，当它和 0101 相加时，结果为 0011=(+3)，这里已经忽略了符号位产生的进位。对于(−5)−(+2)=(−7)的计算过程相同。

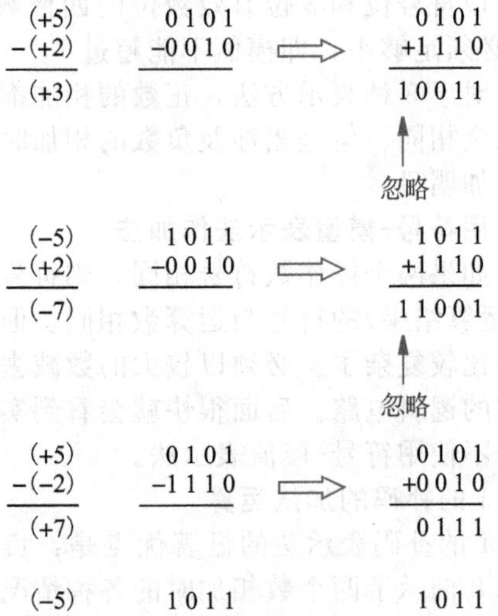

```
  (+5)      0101            0101
− (+2)    − 0010    ⇒     + 1110
------    ------          ------
  (+3)                     10011
                           ↑
                          忽略

  (−5)      1011            1011
− (+2)    − 0010    ⇒     + 1110
------    ------          ------
  (−7)                     11001
                           ↑
                          忽略

  (+5)      0101            0101
− (−2)    − 1110    ⇒     + 0010
------    ------          ------
  (+7)                      0111

  (−5)      1011            1011
− (−2)    − 1110    ⇒     + 0010
------    ------          ------
  (−3)                      1101
```

图 3.10　2 的补码的减法运算的例子

为了从图形上直观地理解图 3.9 和图 3.10 所示的加法和减法运算，我们可以将所有可能的 4 位数字组合放置在一个模为 16 的圆中，如图 3.11a 所示。如果这些数字代表无符号数，则其范围为 0～15；如果它们表示的是 2 的补码的整数，其数字范围为−8～7。加法运算可以视为从被加数按顺时针前进加数的步数。例如−5+2 是从 1011(−5)开始，顺时针移动 2 格，得到结果为 1101(−3)。图 3.11b 说明了在模 16 的圆中如何实现减法，使用 5−2=3 的例子。我们可以从 0101(+5)开始，逆时针移动两格，产生 0011(=+3)。但是，我们也可以使用 2 的 2 的补码，顺时针移动该模值的步数即可，如图 3.11b 所示。因为圆上有 16 个数字，我们需要相加的数值为 16−2=$(14)_{10}$=$(1110)_2$。

本节的重要结论为：减法运算可以通过加法运算实现，即使用减数的 2 的补码方式，而不用考虑操作数的符号。因此可以用相同的加法器电路实现加法和减法运算。

3.3.3　加法器和减法器单元

实现加法和减法的唯一区别在于减法运算必须使用其中一个操作数的 2 的补码。令 X 和 Y 为两个操作数，且 Y 为减法运算中的减数。由 3.3.1 节可以知道，对 Y 的 1 的补码加1就可以获得其2的补码。可以简单地将进位 c_0 设置为1以实现最低位加1。要获得一个数的1的补码只需将其每一位取反，这可以用非门实现。但是我们需要一个更加灵活的电路，使我们在加法运算时使用 Y 的真值，在减法运算时使用其补码。

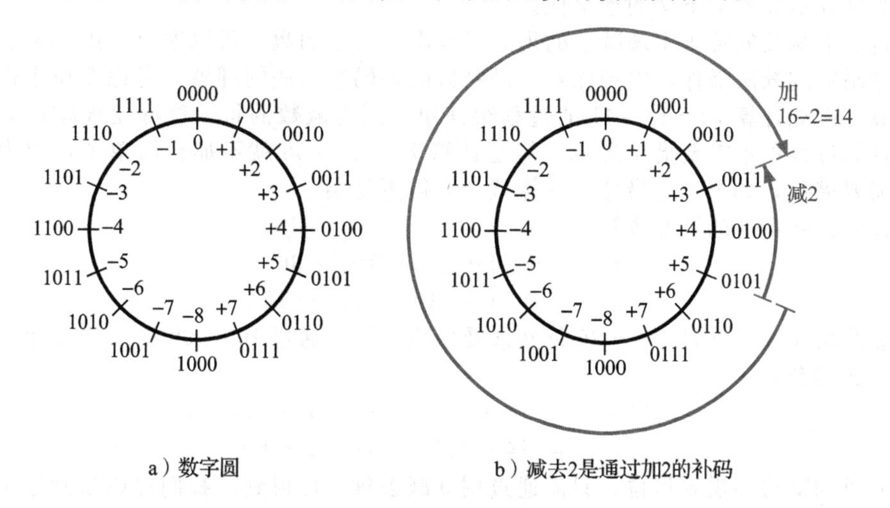

a）数字圆　　b）减去2是通过加2的补码

图3.11 4位2的补码数的图形解释

在3.2节中，我们介绍了异或门可以实现一个输入信号控制另一个输入的原量或非量作为异或门的输出，这个概念可以用在加法器/减法器设计中。假定存在一个选择实现加法和减法的控制信号，称为 $\overline{\text{Add}}$/Sub。当该值为0时进行加法，为1时进行减法。为了明确这种规定，我们在Add上方加一条短线，这是一个通用的约定，在名称上方的短线意味着由该名称定义的行为在控制信号为0时有效。现在将 Y 的某一位与“异或”门的一个输入相接，另外的输入接到 $\overline{\text{Add}}$/Sub。如果 $\overline{\text{Add}}$/Sub = 0，异或门的输出为 Y；如果 $\overline{\text{Add}}$/Sub=1，异或门的输出为 Y 的1的补码，形成的电路如图3.12所示。该图的主要部分是一个 n 位加法器，可以用图3.5中的行波进位加法器实现。注意控制信号 $\overline{\text{Add}}$/Sub 还与进位信号 c_0 相连，这使得在进行减法运算时 $c_0=1$，从而加上了形成 Y 的2的补码所需要的1。而当进行加法运算时，$c_0=0$。

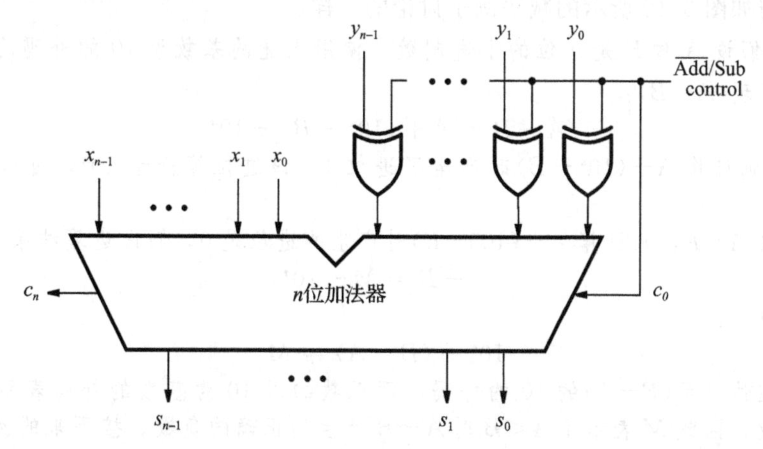

图3.12 加法器/减法器单元

这种组合式的加法器/减法器单元可以作为反映逻辑电路设计重要概念的优秀实例。即一个好的设计应该具有尽可能大的灵活性和实现尽可能多的功能的公共部分。这种方法最大限度减小了实现电路所需的逻辑门数和连线的复杂度。

3.3.4　基数补码方案*

2 的补码是本节讨论的基数补码的一个特例。有关基数补码的一般性讨论可以跳过而不会影响计算机技术上下文的连贯性。

通过加上减数的补码实现减法的理念不局限于二进制数。可以通过考虑二进制数所对应的十进制数的减法操作，以加深对二进制数的补码表示法的理解。考虑 2 位十进制数的减法运算，例如计算 74－33＝41 的过程很简单，因为减数的每一位都比被减数的对应位小，在计算过程中不需要借位运算。但是计算 74－36＝38 就不那么简单了，因为最低位相减时需要借位，如果产生借位，计算就会变得更复杂。

假设我们将所需的计算改写为：

$$\begin{aligned}74-36 &= 74+100-100-36\\ &= 74+(100-36)-100\end{aligned}$$

上式需要两次减法，并且 100－36 仍然涉及借位，但是通过 100＝99＋1，这个借位可以使用如下方式避免：

$$\begin{aligned}74-36 &= 74+(99+1-36)-100\\ &= 74+(99-36)+1-100\end{aligned}$$

式中括号里的减法不需要借位，只需通过用 9 减去每一位得到。我们可以看到这个表达式和图 3.12 所示的 2 的补码运算的直接相关性。(99－36)的操作与将减数 Y 的每一位取反求出其 1 的补码的运算很相似，实际上将 Y 的每一位取反和用 1 减去 Y 的每一位是一样的。使用十进制数，我们用 9 减去减数的每一位找出了其基数为 9 的补码，如图 3.12 所示，加上进位 1 形成了减数 Y 的 2 的补码。在十进制的例子中，我们计算(99－36)＋1＝64，这里 64 就是 36 的基数为 10 的补码。对于一个 n 位十进制数 N，它的 10 的补码 K_{10}，定义为 $K_{10}=10^n-N$，而它的 9 的补码为 $K_9=(10^n-1)-N$。

因此所需的减法(74－36)可以通过加上减数的 10 的补码实现，如下所示：

$$\begin{aligned}74-36 &= 74+64-100\\ &= 138-100\\ &= 38\end{aligned}$$

减法 138－100 很简单，因为这意味着将 138 的最高位删除即可，这和图 3.12 中忽略进位非常相似，与如图 3.10 所示的减法例子讨论的一样。

例 3.1 假设 A 和 B 是 n 位的十进制数。使用上述的基数为 10 的补码的方法，可以按如下方式实现$(A-B)$：

$$A-B=A+(10^n-B)-10^n$$

如果 $A\geqslant B$，则计算 $A+(10^n-B)$ 时产生了进位 1，该进位等价于 10^n，可以简单地忽略不计。

但是如果 $A<B$，则计算 $A+(10^n-B)$ 时产生的进位是 0，假设运算结果为 M，则有：

$$A-B=M-10^n$$

可以将其改写为：

$$10^n-(B-A)=M$$

等式的左边表示$(B-A)$的 10 的补码，而正数的以 10 为基数的补码表示的是具有相同模值的负数，因此 M 表示了 $A<B$ 时 $A-B$ 产生的正确的负数。接下来的例子将进一步说明这个概念。◀

例 3.2 当处理二进制有符号数时，最左边一位为 0 表示正数，为 1 则表示负数。如果我们希望用硬件实现十进制有符号的运算时，可以采用相似的方法，即令最高位为 0 表示正数，最高位为 9 表示负数。注意 9 在十进制系统中是 0 的以 9 为基的补码，如同 1 在二进制系统中是 0 的 1 的补码。

因此，三位有符号数 $A=045$ 和 $B=027$ 分别表示模值为45和27的正数，$A-B$ 的运算如下所示：

$$\begin{aligned} A-B &= 045-027 \\ &= 045+1000-1000-027 \\ &= 045+(999-027)+1-1000 \\ &= 045+972+1-1000 \\ &= 1018-1000 \\ &= 018 \end{aligned}$$

运算产生了正确的结果+18。

接下来考虑被减数比减数小的情况。B−A的运算如下所示：

$$\begin{aligned} B-A &= 027-045 \\ &= 027+1000-1000-045 \\ &= 027+(999-045)+1-1000 \\ &= 027+954+1-1000 \\ &= 982-1000 \end{aligned}$$

从上述表达式中可以看出仍需要计算982−1000。但是，正如我们在例3.1中看到的，上式可以改写为：

$$\begin{aligned} 982 &= 1000+B-A \\ &= 1000-(A-B) \end{aligned}$$

因此982正是$(A-B)$的以10为基的负数的补码。根据先前的计算，我们知道 $A-B=018$，即+18，因此有符号数982是−18的以10为基的补码，正是所要求的结果。◀

这些例子说明有符号数的减法可以不采用带有借位的减运算，唯一需要使用减法的步骤是求减数的以9为基的补码，在这一步中需要求出9减去每一位的值。因此一个产生以9为基数的补码电路与一个常规的加法器进行结合，就可以实现十进制有符号数的加法和减法运算。其特点是当使用 n 位数字时硬件电路只需要处理 n 位，而最左边一位产生的进位可以忽略不计。

减去一个数相当于加上其基数的补码这个概念是很通用的。如果基数是 r，则一个 n 位数 N 的 r 的补码 K_r 由 $K_r=r^n-N$ 确定；而 $r-1$ 的补码 K_{r-1} 由 $K_{r-1}=(r^n-1)-N$ 定义。计算时只需简单地用$(r-1)$减去 N 的每一位即可，$r-1$ 的补码称为*缩减基补码*。产生 $r-1$ 的补码的电路比通常实现带有借位的减法电路简单。在二进制中这种电路尤为简单，1的补码只需要将每一位取反。

例3.3 在图3.10中，我们说明了以2的补码形式给出的二进制数减法运算。考虑运算$(+5)-(+2)=(+3)$，使用前面讨论的方法，每个数用四位表示，2^4 表示10000，则有：

$$\begin{aligned} 0101-0010 &= 0101+(10000-0010)-10000 \\ &= 0101+(1111-0010)+1-10000 \\ &= 0101+1101+1-10000 \\ &= 10011-10000 \\ &= 0011 \end{aligned}$$

因为$5>2$，而第四位有进位，它表示的值为 2^4，即10000。◀

例3.4 考虑运算$(+2)-(+5)=(-3)$，有：

$$\begin{aligned} 0010-0101 &= 0010+(10000-0101)-10000 \\ &= 0010+(1111-0101)+1-10000 \\ &= 0010+1010+1-10000 \\ &= 1101-10000 \end{aligned}$$

因为 2<5，第四位没有进位。答案为 1101，是−3 的 2 的补码表示形式。注意：

$$
\begin{aligned}
1101 &= 10000 + 0010 - 0101 \\
&= 10000 - (0101 - 0010) \\
&= 10000 - 0011
\end{aligned}
$$

表明 1101 是 0011(+3)的 2 的补码。 ◀

例 3.5 考虑减数是负数情况。计算(+5)−(−2)=(+7)的过程如下：

$$
\begin{aligned}
0101 - 1110 &= 0101 + (10000 - 1110) - 10000 \\
&= 0101 + (1111 - 1110) + 1 - 10000 \\
&= 0101 + 0001 + 1 - 10000 \\
&= 0111 - 10000
\end{aligned}
$$

而 5>(−2)，若看作无符号数，1110 表示的值比 0101 大，因此第四位没有进位。结果 0111 是+7 的 2 的补码表示方式，注意：

$$
\begin{aligned}
0111 &= 10000 + 0101 - 1110 \\
&= 10000 - (1110 - 0101) \\
&= 10000 - 1001
\end{aligned}
$$

而 1001 表示−7。 ◀

3.3.5 算术溢出

假设加法和减法的运算结果与表示该数字的有效位数匹配，如果用 n 位表示有符号数，则运算结果必须在 $-2^{n-1} \sim 2^{n-1}-1$ 的范围内；如果结果不在该范围内，就称出现了算术溢出。为了保证算术电路的正常工作，检测是否发生溢出是很重要的。

图 3.13 所示的是绝对值为 2 和 7 的 2 的补码加法运算的四种情况。因为我们使用 4 位数，存在 3 位有效位 b_{2-0}。当数字符号相反时，不会产生溢出，但是当两个数字符号相同时，结果的绝对值为 9，超出 3 位有效位能表示的数的范围，因此产生了溢出。确定是否产生溢出的关键在于最高位的进位和符号位的进位，图 3.13 中分别标为 c_3 与 c_4。该图说明了当这两个进位的值不同时会产生溢出。而相同时则为正确的结果。实际上，这个规则适用于 2 的补码的加法和减法运算。

(+7)	0111	(−7)	1001
+(+2)	+0010	+(+2)	+0010
(+9)	1001	(−5)	1011
	$c_4=0$ $c_3=1$		$c_4=0$ $c_3=0$
(+7)	0111	(−7)	1001
+(−2)	+1110	+(−2)	+1110
(+5)	10101	(−9)	10111
	$c_4=1$ $c_3=1$		$c_4=1$ $c_3=0$

图 3.13 确定溢出的例子

可以用图 3.9 中的例子快速地验证该规则，图中的数字都足够小，任何一种情况都不会产生溢出。图中上方的两个例子，符号位和 MSB 产生的进位都是 0；下方的两个例子都产生了进位 1。因此，对于图 3.9 和图 3.13 中的例子，可以通过以下表达式检测是否有溢出：

$$\text{Overflow} = c_3\overline{c}_4 + \overline{c}_3 c_4 = c_3 \oplus c_4$$

对于 n 位的数字，有：

$$\text{Overflow} = c_{n-1} \oplus c_n$$

因此在图 3.12 所示的电路中加入一个“异或”门就可以检测出电路是否产生溢出。

另一种更直观的检测溢出的方法是：如果两个加数有相同的符号，而和的符号与它们不同则产生了溢出。令 $X=x_3x_2x_1x_0$，$Y=y_3y_2y_1y_0$ 表示 4 位的 2 的补码。用 $S=s_3s_2s_1s_0$ 表示和 $S=X+Y$。则有：

$$\text{Overflow} = x_3y_3\overline{s}_3 + \overline{x}_3\overline{y}_3s_3$$

进位和溢出符号表明了一个给定的加法运算的结果是否太大以至于可用的位数不足以表示它。进位只在涉及无符号数时有意义，而溢出符号只在使用有符号数时有意义。在一个典型的计算机中，使用同样的加法器电路处理有符号数和无符号数是一种节俭的选择，可以减少所需的电路数目。这意味着，进位和溢出符号都需要电路产生，如同前面我们讨论的。所以涉及无符号操作数的指令可以使用进位信号，涉及有符号数的操作数可以使用溢出信号。

3.3.6　性能问题

在购买一个数字系统时，比如一台电脑，买家特别关心的是系统的性能和所需的成本。好的性能往往伴随着高成本，但是性能的大幅度提升不一定会大幅提高成本。一种常用于衡量系统价值的指标就是性价比。

数字的加法和减法是运算过程中常用的基本运算，加减法的运算速度对系统的整体性能有重大影响。鉴于此，我们仔细分析图3.12中加法器/减法器单元的运算速度。我们感兴趣的是从操作数 X 和 Y 输入到产生和 S 及最终进位 c_n 的所有位都有效时，两者之间的最大延迟，其中大部分延迟是由 n 位加法器造成的。假设加法器由图3.5所示的行波进位加法器实现，而其中的全加器如图3.3c所示，在该电路中进位信号的延时 Δt 是门延时的两倍。从3.2.2节我们知道，加法的最终结果将在延时 $n\Delta t$ 之后有效，即为 $2n$ 倍的门延时。除了行波进位路径中的延时之外，向加法器传输 Y 的原值或非量的异或门也存在延时。如果该延时等于1倍的门延时，则图3.12所示电路的总延时为 $2n+1$ 倍的门延时。对于较大的 n，如 $n=32$ 或 $n=64$，该延时会导致极差的性能。因此，需要找出执行速度快的加法电路。

任何电路的速度都受到整个电路中的最长路径延迟的限制。如图3.12所示的电路中，最长延迟路径为：从 y_i 输入，经过异或门，再经过每一级加法器的进位。最长的延迟常被称为*关键路径延迟*，引起该延迟的路径称为*关键路径*。

3.4　快速加法器

大型数字系统的性能取决于构成各个功能单元的电路速度。很显然，采用快速电路可以获得更好的性能，这可以通过使用高级(通常是更新的)的技术以减小基本的门延迟获得。但性能的提高也可以通过改进功能单元的整体结构达到，这可能会产生更好的效果。在本节中，我们将讨论实现 n 位加法器的另一种方法，它显著减少了数字相加所需的时间。

超前(先行)进位加法器

为了减小行波进位加法器中进位传播延迟的影响，我们可以尝试在每一级中快速计算而不管来自前一级的进位信号是0还是1。如果在较短时间内能完成正确计算，那么整个加法器的性能就能显著提高。

根据图3.3b，第 i 级的进位函数可以表示为：

$$c_{i+1}=x_iy_i+x_ic_i+y_ic_i$$

如果提取公因子，则有：

$$c_{i+1}=x_iy_i+(x_i+y_i)c_i$$

于是可以将上式改写为：

$$c_{i+1}=g_i+p_ic_i \tag{3.3}$$

其中：

$$g_i=x_iy_i$$
$$p_i=x_i+y_i$$

当输入 x_i 和 y_i 都等于1时，不管输入该级的进位信号 c_i 的值为多少，函数 g_i 为1。由于在这种情况中，第 i 级一定会产生输出进位，因此称 g 为*生成函数*。当输入 x_i 和 y_i 中至少有一个等于1时，函数 p_i 为1，在这种情况下，如果 $c_i=1$，则产生了输出进位，也就

是说第 i 级将进位信号 c_i 传播到下一级，因此称 p_i 为传播函数。

对于第 $i-1$ 级，式(3.3)可以表示为：

$$c_{i+1}=g_i+p_i(g_{i-1}+p_{i-1}c_{i-1})=g_i+p_ig_{i-1}+p_ip_{i-1}c_{i-1}$$

以此类推，直到第 0 级，有：

$$c_{i+1}=g_i+p_ig_{i-1}+p_ip_{i-1}g_{i-2}+\cdots+p_ip_{i-1}\cdots p_2p_1g_0+p_ip_{i-1}\cdots p_1p_0c_0 \tag{3.4}$$

式(3.4)可以用二级“与-或”电路实现，其中 c_{i+1} 可以快速计算得到。基于该表达式的加法器称为**超前进位加法器**。

理解式(3.4)的物理意义，考虑它对建立快速加法器的影响，并与行波进位加法器的细节进行比较是很有意义的。我们以观察实现最低两位相加的两级，即第 0 级和第 1 级的具体电路为例。如图 3.14 所示的电路即为行波进位加法器的前两级，而进位函数的实现方式如式(3.3)所示。每一级实际上就是图 3.3c 所示的电路，但由于提取了 c_{i+1} 积之和表达式的公因子，因此采用了一个额外的或门(而不是“与”门)产生信号 p_i。

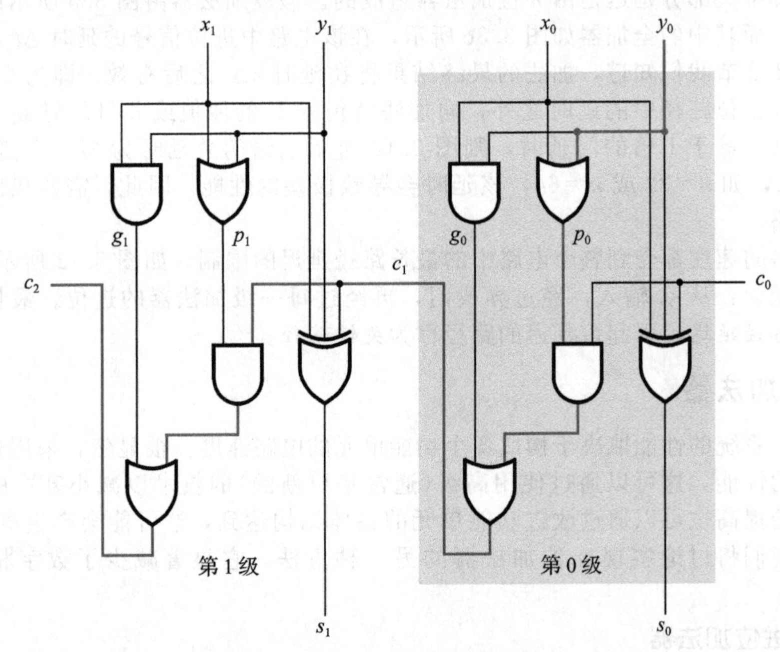

图 3.14　基于式(3.3)的一个行波加法器

行波进位加法器速度慢的原因是进位信号传播的路径很长。在图 3.14 中，关键路径是从输入信号 x_0 和 y_0 开始一直到 c_2 输出，这其中经过了 5 个逻辑门，即图中加粗的浅灰色标出的路径。n 位加法器中其他级的延时路径也和第一级相同，因此关键路径的总延时是门延时的 $2n+1$ 倍。

图 3.15 中给出了超前进位加法器的前两级，根据式(3.4)实现其进位输出函数。因此有：

$$c_1=g_0+p_0c_0$$
$$c_2=g_1+p_1g_0+p_1p_0c_0$$

该电路中没有图 3.14 所示电路中的行波进位长延时路径。相反所有的进位信号在 3 个门延时之后产生：产生生成和传递信号 g_0、g_1、p_0 和 p_1 需要 1 个门延时，产生 c_1 和 c_2 需要两个门延时。扩展该电路至 n 位，最终的进位信号 c_n 也是在 3 级门延时后产生的，因为式(3.4)对应的只是一个大型的二级“与-或”电路。

n 位超前进位加法器的延时为 4 倍门延迟。所有 g_i 和 p_i 的值在 1 个门延迟之后确定，再经过另外 2 个门延迟确定所有的进位信号，最后经过 1 个门(异或门)延时产生和信号的所有位。加法器性能是否优越的关键在于进位信号是否能够快速产生。

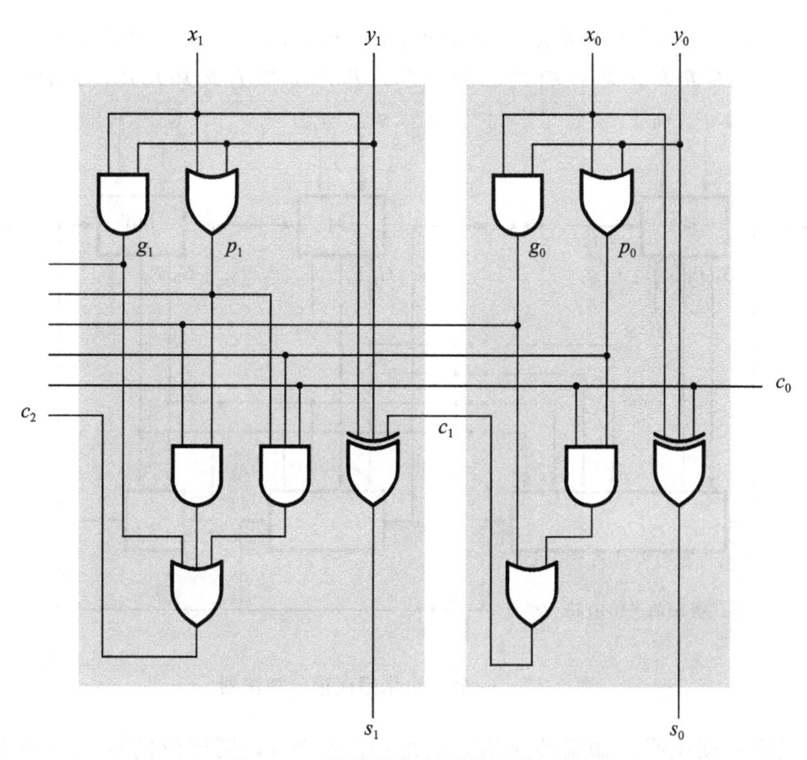

图 3.15　超前进位加法器的前两级

n 位超前进位加法器的复杂度随着 n 的增加迅速增大。为了降低复杂度，我们采用层次化方法设计大规模的加法器。假设要设计一个 32 位的加法器，我们可以将此加法器分成 4 个 8 位加法器模块，模块 0 实现 0～7 位的相加，模块 1 实现 8～15 位的相加，模块 2 实现 16～23 位的相加，模块 3 实现 24～31 位的相加。接着我们可以用一个 8 位超前进位加法器实现每一个模块。来自四个模块的进位信号分别为 c_8，c_{16}，c_{24} 和 c_{32}。现在我们有两种可能的实现方式，一种是将 4 个加法器连接成一个行波进位加法器，即每一个模块内采用的是超前进位，而模块之间采用的是行波进位，如图 3.16 所示。

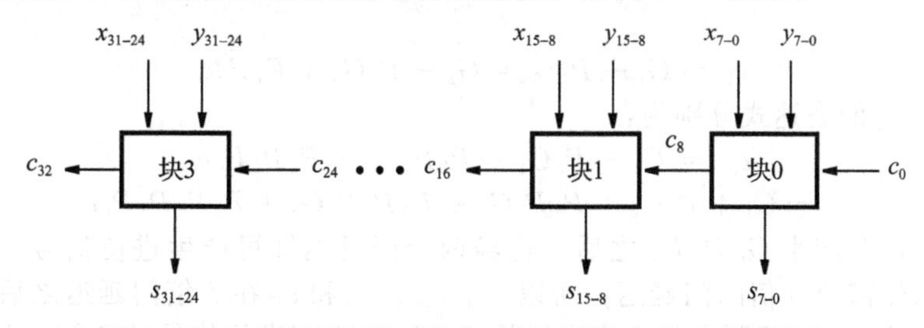

图 3.16　块之间用行波进位方式的层次化超前进位加法器

替代模块间的行波进位法的另一种方法是模块间采用第 2 级超前进位技术，以使得块间的进位信号也能快速传递。这种层次化超前进位加法器如图 3.17 所示。在图 3.17 最上面一行的每一个模块中包含一个加法器，正如前面讨论的，该加法器为基于每一级产生和传递进位信号的 8 位超前进位加法器。但是，对于每一个模块而言，它并不给出代表该模块最高位的进位输出信号，而给出代表整个块的产生信号和传递信号。用 G_j 和 P_j 表示每个模块的产生信号和传递信号。第 2 级超前进位电路如图 3.17 的底部所示，G_j 和 P_j 是它的输入，输出则为所有模块间的进位信号。我们可以通过 c_8 的表达式推导出模块 0 的产生信号和传递信号：

$$c_8 = g_7 + p_7 g_6 + p_7 p_6 g_5 + p_7 p_6 p_5 g_4 + p_7 p_6 p_5 p_4 g_3 + p_7 p_6 p_5 p_4 p_3 g_2 + p_7 p_6 p_5 p_4 p_3 p_2 g_1 + p_7 p_6 p_5 p_4 p_3 p_2 p_1 g_0 + p_7 p_6 p_5 p_4 p_3 p_2 p_1 p_0 c_0$$

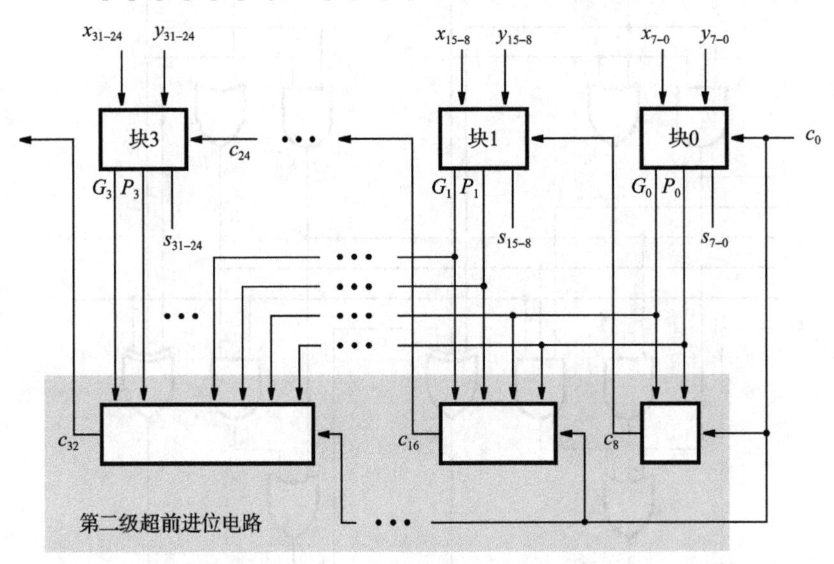

图 3.17 一个层次化超前进位加法器

上式的最后一项说明，如果传递函数的每一位都为 1，则进位信号 c_0 将在整个电路中传播。因此有：

$$P_0 = p_7 p_6 p_5 p_4 p_3 p_2 p_1 p_0$$

c_8 表达式中的其余项表示了产生的所有进位的情况。因此：

$$G_0 = g_7 + p_7 g_6 + p_7 p_6 g_5 + \cdots + p_7 p_6 p_5 p_4 p_3 p_2 p_1 g_0$$

在层次化加法器中 c_8 的表达式为：

$$c_8 = G_0 + P_0 c_0$$

对于模块 1，G_1 和 P_1 的表达式和 G_0 和 P_0 的相似，只是每个下标中的 i 替换成了 $i+8$。G_2、P_2、G_3 和 P_3 的表达式可以用相似的方式推导得到。模块 1 的进位信号 c_{16} 的表达式为：

$$c_{16} = G_1 + P_1 c_8 = G_1 + P_1 G_0 + P_1 P_0 c_0$$

类似地，c_{24} 和 c_{32} 的表达式分别为：

$$c_{24} = G_2 + P_2 G_1 + P_2 P_1 G_0 + P_2 P_1 P_0 c_0$$

$$c_{32} = G_3 + P_3 G_2 + P_3 P_2 G_1 + P_3 P_2 P_1 G_0 + P_3 P_2 P_1 P_0 c_0$$

采用这种方案，在产生 G_j 和 P_j 之后，再经两个门延迟即可产生进位信号 c_8、c_{16}、c_{24} 和 c_{32}，而 G_j 和 P_j 需要 3 倍的门延迟，所以 c_8、c_{16}、c_{24} 和 c_{32} 在 5 倍门延迟之后有效。32 位数字相加的延迟为 5 倍门延迟加上产生模块 1、2、3 内部进位信号的 2 倍门延迟以及产生最终和值的 1 倍门延迟（“异或”门），总共需要 8 倍的门延迟。

在 3.3.6 节中我们已经了解到采用行波进位加法器实现两个数相加需要 $2n+1$ 倍的门延迟。对于 32 位数意味着需要 65 倍的门延迟。很明显超前进位加法器显著提高了性能，而代价是电路的复杂性增加。

技术上的考虑

前面有关延迟的讨论假定了可以采用任意输入数的逻辑门，但是逻辑门输入的数量，即逻辑门的扇入实际上是有限制的，正如附录 B 中的讨论。因此必须考虑扇入的限制。为了说明这个问题，考虑前 8 个进位的表达式：

$$c_1 = g_0 + p_0 c_0$$

$$c_2 = g_1 + p_1 g_0 + p_1 p_0 c_0$$

$$\vdots$$

$$c_8 = g_7 + p_7 g_6 + p_7 p_6 g_5 + p_7 p_6 p_5 g_4 + p_7 p_6 p_5 p_4 g_3 + p_7 p_6 p_5 p_4 p_3 g_2 + p_7 p_6 p_5 p_4 p_3 p_2 g_1 + p_7 p_6 p_5 p_4 p_3 p_2 p_1 g_0 + p_7 p_6 p_5 p_4 p_3 p_2 p_1 p_0 c_0$$

假设逻辑门的最大扇入是 4 个输入，则用两级的与一或电路来实现这些表达式是不可能的。最大的问题是 c_8，其中一个“与”门需要 9 个输入，而或门也需要 9 个输入。为了满足扇入的限制，我们可以将 c_8 的表达式改写为：

$$c_8 = (g_7 + p_7 g_6 + p_7 p_6 g_5 + p_7 p_6 p_5 g_4) + [(p_7 p_6 p_5 p_4)(g_3 + p_3 g_2 + p_3 p_2 g_1 + p_3 p_2 p_1 g_0)] + (p_7 p_6 p_5 p_4)(p_3 p_2 p_1 p_0) c_0$$

为了实现上式，需要 10 个“与”门和 3 个“或”门。生成 c_8 所需的传播延时包含产生所有 p_i 和 g_i 的 1 倍门延迟；产生小括号中积之和表达式的 2 倍门延迟；产生中括号中积项的 1 倍门延迟以及最终将所有项相或的延迟。因此 c_8 在 5 倍门延时之后才有效，而不是忽略扇入限制时的 3 倍门延时。

因为扇入限制降低了超前进位加法器的速度，有些低扇入器件中包含了实现快速加法器的专门电路。FPGA 就是这种器件的一个例子，在附录 B 中有所介绍。

3.5 使用 CAD 工具设计算术运算电路

在本节中我们将介绍如何用 CAD 工具设计算术运算电路。

3.5.1 利用图形输入工具设计算术运算电路

使用图形输入工具设计算术运算电路的直观方法是绘制包含所需逻辑门的原理图。例如，为了构建一个 n 位加法器，首先需要绘制一个代表 1 位全加器的原理图，然后再绘制更高层次的原理图。即由 n 个相连的全加器实例构建一个行波进位加法器。采用这种方式构建的层次化原理图和图 3.5 中的电路相似。我们也可以采用这种方法构建一个加法器/减法器电路，如图 3.12 所示。

这种方法的主要问题是比较繁琐，特别是当数字的位数较多时。如果我们想要绘制出一个超前进位加法器的原理图，这个问题就更加突出。正如 3.4.1 节所述，超前进位加法器中每一级的进位电路随着位数增加而变得复杂，因此有必要为每一级建立一个独立的原理图。通过图形输入工具构建算术运算电路的更好选择是采用预先定义好的子电路。

图形输入工具提供了代表基本逻辑门的图形符号库，这些逻辑门用于实现较为简单的逻辑电路。除了基本的逻辑门之外，大部分图形输入工具还提供了常用电路，如加法器等电路的模块符号库，每个模块电路可以调入到大型电路的原理图中，作为其子电路。

不同的 CAD 工具供应商提供了不同的图形输入方式，相比于处理这些图形输入方式，我们关注的是更为方便和灵活的处理方式即用 Verilog 语言设计电路。

3.5.2 使用 Verilog 设计算术运算电路

3.5.1 节介绍过，设计一个 n 位加法器的直观方法是绘制一个包含 n 个全加器的层次化原理图。Verilog 语言设计电路也可以采用这种方式，即可以定义一个全加器模块，再定义一个顶层模块并调用 n 个全加器。作为用 Verilog 设计运算电路的首次尝试，我们将说明如何用层次化编码方式编写行波进位加法器。第 2 章已介绍了层次化 Verilog 代码。

假设我们期望设计如图 3.3c 所示的全加器，其输入为 Cin、x 和 y，产生的输出为 s 和 $Cout$。在 Verilog 中定义该电路的一种方式是采用门级部件，如图 3.18 所示。电路的 3 个“与”门分别用一句单独的语句定义。Verilog 允许将这些语句组合成一个语句，如图 3.19所示。在这种情况下，可以用逗号分隔每一个“与”门的定义。

另一种可能的方法是采用如图 3.20 所示的功能表达式。图中异或运算用符号^表示。同样，可以将两个连续赋值语句组合成一个语句，如图 3.21 所示。

```
module fulladd (Cin, x, y, s, Cout);
    input Cin, x, y;
    output s, Cout;

    xor (s, x, y, Cin);
    and (z1, x, y);
    and (z2, x, Cin);
    and (z3, y, Cin);
    or (Cout, z1, z2, z3);

endmodule
```

图 3.18 采用预定义门级电路的全加器 Verilog 代码

```
module fulladd (Cin, x, y, s, Cout);
    input Cin, x, y;
    output s, Cout;

    xor (s, x, y, Cin);
    and (z1, x, y),
        (z2, x, Cin),
        (z3, y, Cin);
    or (Cout, z1, z2, z3);

endmodule
```

图 3.19 图 3.18 所示 Verilog 的另一种版本

```
module fulladd (Cin, x, y, s, Cout);
    input Cin, x, y;
    output s, Cout;

    assign s = x ^ y ^ Cin;
    assign Cout = (x & y) | (x & Cin) | (y & Cin);

endmodule
```

图 3.20 采用连续赋值语句的全加器的 Verilog 代码

```
module fulladd (Cin, x, y, s, Cout);
    input Cin, x, y;
    output s, Cout;

    assign s = x ^ y ^ Cin,
        Cout = (x & y) | (x & Cin) | (y & Cin);

endmodule
```

图 3.21 图 3.20 所示电路的另一种 Verilog 代码

以上两种方法综合得到的都是相同的全加器。我们现在可以设计一个单独的行波进位加法器模块，其中实例化的全加器作为其子电路。图 3.22 给出了 Verilog 实现的一种方法，该模块中包含了一个 4 位行波进位加法器的代码，名称为 *adder4*。其中 4 个信号 x_3、x_2、x_1、x_0 表示一个 4 位的加数，y_3、y_2、y_1、y_0 表示另一个加数，而和数用 s_3、s_2、s_1、s_0 表示。电路还实现了输入的进位信号 *carryin* 与最低位相加，从最高位产生一个进位输出 *carryout*。

```
module adder4 (carryin, x3, x2, x1, x0, y3, y2, y1, y0, s3, s2, s1, s0, carryout);
    input carryin, x3, x2, x1, x0, y3, y2, y1, y0;
    output s3, s2, s1, s0, carryout;

    fulladd stage0 (carryin, x0, y0, s0, c1);
    fulladd stage1 (c1, x1, y1, s1, c2);
    fulladd stage2 (c2, x2, y2, s2, c3);
    fulladd stage3 (c3, x3, y3, s3, carryout);

endmodule

module fulladd (Cin, x, y, s, Cout);
    input Cin, x, y;
    output s, Cout;

    assign s = x ^ y ^ Cin;
    assign Cout = (x & y) | (x & Cin) | (y & Cin);

endmodule
```

图 3.22 一个 4 位加法器的 Verilog 代码

图 3.22 中的 4 位加法器是用 4 句实例化语句描述的，每一个语句以模块名 *fulladd* 开始，接着是实例名，实例名必须是唯一的。加法器中实现最低位相加的一级为 *stage*0，最高位相加的一级为 *stage*3。模块名 *adder*4 中列出了所有在 *fulladd* 模块调用时需用到的输入和输出端口的信号名，这些信号按照与全加器中相同的顺序列出，即 *Cin*、*x*、*y*、 s、*Cout* 的顺序。

正如 2.10 节所讨论的，与每一个 *fulladd* 模块实例相关的信号名实际上定义了全加器之间信号的连接方式。例如，实例 *stage*0 中的进位输出信号连接到了实例 *stage*1 中的进位输入信号。综合而成的电路和图 3.5 中所示的电路结构相同。*fulladd* 模块可以和 *adder*4 模块包含在同一个 Verilog 源代码文件中(正如我们在图 3.22 中所描述的)，也可以形成一个单独的文件。后一种情况，*fulladd* 文件必须出现在编译器中。

3.5.3 使用矢量信号

在图 3.22 中，加法器的每一个 4 位输入和 4 位输出代表着使用了单个信号。一种更方便的方法是使用多位信号，即用向量表示这些数字。正如一个数字在逻辑电路中用多条导线上的信号表示一样，在 Verilog 代码中可以用多位向量表示数字。输入向量的例子如下所示：

```
input [3:0] X;
```

该语句将 *X* 定义为一个 4 位向量，它的每一位可以用中括号中的序号值指代。因此，最高位(MSB)称为 *X*[3]，最低位(LSB)称为 *X*[0]。包含 *X* 中间两位的一个 2 位向量可以定义为 *X*[2:1]。符号 *X* 表示整个向量。

可以采用向量定义 4 位加法器，如图 3.23 所示。除了输入 *X* 和 *Y*，输出向量 *S*，我们还将全加器之间的进位信号定义为一个 3 位向量 *C*[3:1]。注意，输入 *stage*0 的进位信号仍称为 *carryin*，*stage*3 产生的进位输出信号仍称为 *carryout*。内部的进位信号定义为：

```
wire [3:1] C;
```

在图 3.23 中，信号 *C*[1]是用来将第 0 级中全加器产生的进位输出连接到第 1 级中加法器的进位输入。类似地，*C*[2]和 *C*[3]用来连接其他级的加法器。

定义向量时在中括号中给出了位数，如 *X*[3:0]。定义位数时先写 MSB 的序号再写 LSB 的序号。因此，*X*[3]表示最高位 MSB，*X*[0]表示最低位 LSB；也可以用相反的顺序，如*Z*[0:3]定义了一个 4 位向量，其中 *Z*[0]表示最高位 MSB，*Z*[3]表示最低位 LSB。当用向量表示数字时，术语 MSB 和 LSB 的意义是很直观的。在其余情况中，位选信号只是用来区分向量中不同位的。

```
module adder4 (carryin, X, Y, S, carryout);
  input carryin;
  input [3:0] X, Y;
  output [3:0] S;
  output carryout;
  wire [3:1] C;

  fulladd stage0 (carryin, X[0], Y[0], S[0], C[1]);
  fulladd stage1 (C[1], X[1], Y[1], S[1], C[2]);
  fulladd stage2 (C[2], X[2], Y[2], S[2], C[3]);
  fulladd stage3 (C[3], X[3], Y[3], S[3], carryout);

endmodule
```

图 3.23　使用矢量表示 4 位加法器

3.5.4 使用类定义

图 3.23 中给出的行波进位加法器的设计方法有很大的局限性，因为它预先确定了电路的位数就是 4 位。类似的如果实现 32 位数相加的加法器需要在 Verilog 代码中分别定义 32 个全加器实例作为子电路。从设计者的角度来说，更好的选择是定义一个可以用来实现任意位数的加法器的模块，而位数只作为一个参数。

Verilog 允许使用通用参数，它们可以赋值为所需的值。例如，一个表示数字的 *n* 位向量可以表示为 *X*[*n*−1:0]。如果 *n* 在 Verilog 语句中定义为：

```
parameter n = 4;
```

那么 *X* 的位数范围就是[3:0]。

图 3.5 中的行波进位加法器可以采用以下逻辑表达式描述：

$$s_k = x_k \oplus y_k \oplus c_k$$

$$c_{k+1} = x_k y_k + x_k c_k + y_k c_k$$

其中 $k=0, 1, \cdots, n-1$。在 Verilog 中可以使用这些表达式定义所需的加法器，而不需要像图 3.23 中那样实例化全加器。

图 3.24 所示为 n 位加法器的 Verilog 代码，输入 X、Y 以及输出 S 定义为 n 位向量。为了简化加法器电路中进位信号的使用，我们将 C 定义为 $n+1$ 位向量，$C[0]$是 LSB 的进位输入，而 $C[n]$是 MSB 的进位输出。因此在 n 位加法器中 $C[0]=carryin$，而 $C[n]=carryout$。

为了定义行波进位加法器中的循环结构，图 3.24 介绍了 Verilog 中的 **for** 语句。与第 2 章中介绍的 **if-else** 语句一样，**for** 语句也是一过程语句，必须包含在 **always** 模块中。正如第 2 章中所解释的，任何在 **always** 模块中的被赋值的信号将一直维持该值，直到 **always** 语句列出的敏感参数发生变化才会重新计算。这样的信号定义为 **reg** 类型；在图 3.24 中 *carryout*、S 和 C 就是这种信号，而 X、Y 和 *carryin* 为敏感参数。

```
module addern (carryin, X, Y, S, carryout);
   parameter n = 32;
   input carryin;
   input [n– 1:0] X, Y;
   output reg [n –1:0] S;
   output reg carryout;
   reg [n:0] C;
   integer k;

   always @(X, Y, carryin)
   begin
      C[0] = carryin;
      for (k = 0; k < n; k = k+1)
      begin
         S[k] = X[k] ^ Y[k] ^ C[k];
         C[k+1] = (X[k] & Y[k]) | (X[k] & C[k]) | (Y[k] & C[k]);
      end
      carryout = C[n];
   end

endmodule
```

图 3.24　行波进位加法器的一般描述

在上面的例子中，**for** 循环中包含了两个语句，处于 **begin** 和 **end** 之间。这两个语句定义了和循环变量 k 的值相对应的加法器的和值以及进位函数，k 的范围从 0 到 $n-1$，每循环一次 k 的值加 1。Verilog 中 **for** 语句的语法和 C 语言中 **for** 语句的语法相似。但是 Verilog 中不存在 C 语言中的运算符++和−−，因此循环变量的增加或减少必须以 $k=k+1$ 或者 $k=k-1$ 的形式给出，而不是 $k++$ 或者 $k--$。注意 k 定义为整数，它确定了 **for** 语句的循环次数；该语句并没有对应于电路中的物理连接。**for** 循环的效果是重复循环中的语句。例如，如果例子中的 k 设置为 2，则 **for** 循环和以下的四句语句等价。

```
S[0]  =  X[0] ^ Y[0] ^ C[0];
C[1]  =  (X[0] & Y[0]) | (X[0] & C[0]) | (Y[0] & C[0]);
S[1]  =  X[1] ^ Y[1] ^ C[1];
C[2]  =  (X[1] & Y[1]) | (X[1] & C[1]) | (Y[1] & C[1]);
```

因为参数 n 定义为 32，所以图 3.24 中的代码实现的是一个 32 位的加法器。

使用生成能力

在图 3.23 中我们实例化了 4 个 fulladd 子电路，定义了一个 4 位行波进位加法器。这种方法可以通过使用循环语句实例化 n 个 fulladd 子电路，以定义一个 n 位的加法器。在 Verilog 中采用生成(**generate**)结构可以实现所需的功能，Verilog 允许 **for** 循环和 **if-else** 语句中包含实例化语句。如果生成模块中包含了 **for** 循环，那么循环变量的类型必须定义为 **genvar** 型。**genvar** 参数和 **integer** 参数类似，但是它可以是任意的正数，并且可以用在生成模块中。

图 3.25 示范了如何编写 *addern* 模块以实例化 n 个 *fulladd* 模块。编译器生成的每一个循环中的实例都有一个独特的名称，该名称是编译器根据循环变量的值生成的，分别是 *addbit*[0].*stage*，…，*addbit*[$n-1$].*stage*。该代码和图 3.24 中的代码产生的结果相同。

3.5.5　Verilog 中的网络数据和变量

Verilog 中的逻辑电路模块是由互联的逻辑部件的集合和描述其行为的过程语句构成的。利用网络(*nets*)数据定义 Verilog 中逻辑部件的连接。过程语句产生的信号称为变量。

网络数据

一个网络数据代表了电路的一个结点，结点可以有很多不同的类型。在综合中，只有 **wire** 型的网络数据是重要的，即我们在 3.5.3 节中使用的类型。**wire** 型数据定义了一个逻辑部件的输出连接到另一个逻辑部件的输入，它可以只表示一个单独连接的标量，也可以表示多个连接的向量。例如，在图 3.22 中，进位信号 c_1、c_2 和 c_3 是建立全加器模块之间连接的标量，这些连接是通过全加器的实例化定义的。在图 3.23中，相同的进位信号定义为一个 3 位的向量 C。通过观察可以发现图 3.22 中的进位信号没有明确声明为 **wire** 类型，原因是在代码中不需要声明为网络数据，因为 Verilog 语法默认所有的信号都是网络数据。当然，如果在图 3.22中加上以下语句依然是正确的：

```
wire c3, c2, c1;
```

在图 3.23 中必须声明向量 C 的存在；否则，编译器就不会将 $C[3]$、$C[2]$和 $C[1]$确定为组成 C 的信号。因为这些信号是网络数据，所以向量 C 声明为 **wire** 类型。

```
module addern (carryin, X, Y, S, carryout);
  parameter n = 32;
  input carryin;
  input [n-1:0] X, Y;
  output [n-1:0] S;
  output carryout;
  wire [n:0] C;

  genvar i;
  assign C[0] = carryin;
  assign carryout = C[n];

  generate
    for (i = 0; i <= n-1; i = i+1)
    begin:addbit
      fulladd stage (C[i], X[i], Y[i], S[i], C[i+1]);
    end
  endgenerate

endmodule

module fulladd (Cin, x, y, s, Cout);
  input Cin, x, y;
  output s, Cout;

  assign s = x ^ y ^ Cin;
  assign Cout = (x & y) | (x & Cin) | (y & Cin);

endmodule
```

图 3.25　用生成语句描述的行波进位加法器

变量

Verilog 提供了“变量”以使电路可以采用行为级描述。一个变量可以在 Verilog 语句中赋值，且其值保持不变直到下一个赋值语句。在 Verilog 中有两种变量类型：**reg** 和 **integer**。正如第 2 章提及的，所有在过程语句中赋值的信号都必须声明为关键词 **reg** 或者 **integer** 的变量。图 3.24 中标量 *carryout* 和向量 S 及 C 是 **reg** 类型。同一图中的循环变量 k 是 **integer** 类型。作为循环的序号，这些变量在描述电路行为时是很有用的，它们一般不直接对应电路中的信号。

关于网络数据和变量的进一步讨论在附录 A 中给出。

3.5.6　算术赋值语句

算术运算是很常用的，因此将它们直接集成在硬件描述语言中比较方便。Verilog 语言用算术赋值语句和向量实现算术运算。如果定义下列向量：

```
input [n-1:0] X, Y;
output [n-1:0] S;
```

则算术赋值语句：

```
S = X + Y;
```

表示一个 n 位加法器。

除了用于实现加法的＋运算符，Verilog 还提供其他运算符。在第 4 章和附录 A 中详细讨论了 Verilog 中的运算符。图 3.26 中给出了包括前面所提到语句的完整代码。因为在 **always** 模块中只有一句语句，所以没有必要使用 **begin** 和 **end**。

图 3.26 中的代码定义了产生 n 位和的电路，但是它不包含进位与溢出信号。正如前面所解释的，当 X、Y 和 S 表示的是无符号数时进位信号是很有用的。当无符号数的和超出 n 位时进位信号为 1。但是当 X、Y 和 S 表示有符号数时，进位信号没有意义，我们需要产生如 3.3.5 节中所讨论的溢出信号。图 3.27 中给出了产生这些信号的一种方式。

```
module addern (carryin, X, Y, S);
   parameter n = 32;
   input carryin;
   input [n-1:0] X, Y;
   output reg [n-1:0] S;

   always @(X, Y, carryin)
      S = X + Y + carryin;

endmodule
```

图 3.26　采用算术赋值定义的 n 位加法器

```
module addern (carryin, X, Y, S, carryout, overflow);
   parameter n = 32;
   input carryin;
   input [n-1:0] X, Y;
   output reg [n-1:0] S;
   output reg carryout, overflow;

   always @(X, Y, carryin)
   begin
      S = X + Y + carryin;
      carryout = (X[n-1] & Y[n-1]) | (X[n-1] &~ S[n-1]) | (Y[n-1] &~ S[n-1]);
      overflow = (X[n-1] & Y[n-1] &~ S[n-1]) | (~X[n-1] & ~Y[n-1] & S[n-1]);
   end

endmodule
```

图 3.27　带有进位与溢出信号的 n 位加法器

通过观察可以得到 MSB 位即 $n-1$ 位的进位：当 x_{n-1} 和 y_{n-1} 都为 1；或者 x_{n-1} 和 y_{n-1} 中有一个为 1，且 s_{n-1} 为 0 时，进位输出为 1。

因此，有：

$$carryout = x_{n-1}y_{n-1} + x_{n-1}\overline{s}_{n-1} + y_{n-1}\overline{s}_{n-1}$$

(注意这是一个标准的逻辑表达式，其中＋号表示或运算。)在 3.3.5 节中已经定义算术溢出的表达式为 $c_n \oplus c_{n-1}$，其中 c_n 对应于 $carryout$，但是不能直接获得 c_{n-1}，因为它是 $n-2$ 位产生的进位。我们可以用 3.3.5 节中推导得到的更为直观的表达式来替代，即：

$$overflow = x_{n-1}y_{n-1}\overline{s}_{n-1} + \overline{x}_{n-1}\overline{y}_{n-1}s_{n-1}$$

图 3.28 所示的是包含进位信号和溢出信号的另一种方式，采用了名称为 Sum 的$(n+1)$位向量。额外的一位 $Sum[n]$是加法器 $n-1$ 位产生的进位。同时采用了一种不常用的语法和语句将 X、Y 和 $carryin$ 的和赋给 Sum 信号。在大括号中的项，即{1'b0，X}和{1'b0，Y}，意味着将一个 0 插入到 n 位向量 X 和 Y 的左边，形成了 $n+1$ 位向量。在 Verilog 中，运算符{,}称为**连接运算符**。如果 A 是一个 m 位的向量而 B 是一个 k 位的向量，那么{A，B}创建了一个$(m+k)$位的向量，其中 A 组成了其高 m 位，B 组成了其低 k 位。记号 1'b0 表示一个值为 0 的二进制数。在图 3.28 中使用连接运算符的原因是 $Sum[n]$等于 $n-1$ 位产生的进位。令 $x_n = y_n = 0$，则有：

$$Sum[n] = 0 + 0 + c_{n-1}$$

这个例子简单介绍了“连接”这个概念，具有指导意义。但是我们还可以简单地写出：

```
Sum = X + Y + carryin;
```

```
module addern (carryin, X, Y, S, carryout, overflow);
   parameter n = 32;
   input carryin;
   input [n-1:0] X, Y;
   output reg [n-1:0] S;
   output reg carryout, overflow;
   reg [n:0] Sum;

   always @(X, Y, carryin)
   begin
      Sum = {1'b0, X} + {1'b0, Y} + carryin;
      S = Sum[n-1:0];
      carryout = Sum[n];
      overflow = (X[n-1] & Y[n-1] & ~S[n-1]) | (~X[n-1] & ~Y[n-1] & S[n-1]);
   end

endmodule
```

图 3.28　带进位与溢出符的 n 位加法器的另一种描述

因为 *Sum* 是一个($n+1$)位向量，所以会按照 X 和 Y 左边添 0 形成的($n+1$)位向量进行相加。

从图 3.28 中可以观察到的另一个细节是语句：

```
S = Sum[n-1:0];
```

该语句将 *Sum* 的低 n 位赋给输出和值 S。下一个语句将相加产生的进位 *Sum*[n]赋给输出进位信号 *carryout*。

通过图 3.27 和图 3.28 中的代码说明了加法器设计过程中涉及的一些 Verilog 的特点。一般而言，正如我们在书中看到的，可以用不同的方式实现一个给定的设计任务。现在我们尝试另一种 n 位加法器的定义方式。在图 3.28 中，我们使用($n+1$)位向量 *Sum* 表示一个产生 n 位和值 S 以及加法器 $n-1$ 级进位信号的中间信号。这样需要两个语句以提取 *Sum* 中所需要的位。我们说明了如何使用连接运算在向量 X 和 Y 的左边添 0，但这是不必要的，因为如果向量包含在一个需要产生更多位结果的算术运算中，会自动添 0。我们可以在加法语句的左边使用连接运算将 *carryout* 和 S 向量串联，这样效率更高。

```
{carryout, S} = X + Y + carryin;
```

因此不需要使用 *Sum* 信号，Verilog 代码得到了简化，如图 3.29 中所示。因为图 3.28 和 3.29 都描述了行为相同的加法器，所以 Verilog 编译器很有可能会产生同样的电路。图 3.29中的代码更为简洁。

```
module addern (carryin, X, Y, S, carryout, overflow);
   parameter n = 32;
   input carryin;
   input [n-1:0] X, Y;
   output reg [n-1:0] S;
   output reg carryout, overflow;

   always @(X, Y, carryin)
   begin
      {carryout, S} = X + Y + carryin;
      overflow = (X[n-1] & Y[n-1] & ~S[n-1]) | (~X[n-1] & ~Y[n-1] & S[n-1]);
   end

endmodule
```

图 3.29　n 位加法器的简化实现

注意，可以用同样的方法定义一个全加器，如图 3.30 所示。与图 3.18 和图 3.21 中采用基本逻辑运算定义全加器的结构不同，在这里用代码描述了电路的行为，再由 Verilog 编译器基于目标工艺实现合适的细节。

3.5.7 Verilog 编码中的模块层次化

```
module fulladd (Cin, x, y, s, Cout);
  input Cin, x, y;
  output reg s, Cout;

  always @(x, y, Cin)
    {Cout, s} = x + y + Cin;

endmodule
```

图 3.30 一个全加器的行为级描述

2.10.3 节介绍了层次化 Verilog 代码，其中一个 Verilog 模块实例化了其他 Verilog 模块作为子电路。如果一个实例化模块中包含参数，那么参数的默认值可以用于每个实例中，也可定义新值。

假如我们想要设计一个包含以下 2 个加法器的电路：一个加法器实现 16 位数相加 $S=A+B$，另一个实现 8 位数相加 $T=C+D$；当其中任意一个加法器产生算术溢出时，就将溢出信号设置为 1。该电路的一种实现方式如图 3.31 所示，其顶层模块 *adder_hier* 实例化了图 3.29 中 *addern* 模块的两个实例。因为 *addern* 中 n 的默认值为 32，顶层模块中要将其定义为所需的值，即 16 和 8。语句：

```
defparam    U1.n = 16
```

将 *addern* 实例 *U1* 中 n 的值设置为 16。类似地，语句：

```
defparam    U2.n = 8
```

将实例 *U2* 中 n 的值设置为 8。

注意在图 3.31 中我们给 S 和 T 增加了一位以存放加法器产生的进位输出信号，如果输出结果看作无符号数，则这两个信号就有意义了。

另一种定义 n 的方式是在实例化模块中定义，如图 3.32 所示。图中使用了 Verilog 运算符 # 定义 n 的值，而不是 **defparam** 语句。图 3.31 和图 3.32 中的代码产生相同的结果。

```
module adder_hier (A, B, C, D, S, T, overflow);
  input [15:0] A, B;
  input [7:0] C, D;
  output [16:0] S;
  output [8:0] T;
  output overflow;

  wire o1, o2; // 用于溢出信号

  addern U1 (1'b0, A, B, S[15:0], S[16], o1);
  defparam U1.n = 16;
  addern U2 (1'b0, C, D, T[7:0], T[8], o2);
  defparam U2.n = 8;

  assign overflow = o1 | o2;

endmodule
```

图 3.31 Verilog 编码中设置参数的一个例子

```
module adder_hier (A, B, C, D, S, T, overflow);
  input [15:0] A, B;
  input [7:0] C, D;
  output [16:0] S;
  output [8:0] T;
  output overflow;

  wire o1, o2; // 用于溢出信号

  addern #(16) U1 (1'b0, A, B, S[15:0], S[16], o1);
  addern #(8) U2 (1'b0, C, D, T[7:0], T[8], o2);

  assign overflow = o1 | o2;
endmodule
```

图 3.32 采用 Verilog 运算符 # 定义参数值

图 3.33 给出了图 3.32 中代码的另一种版本。这里，我们还是使用 # 运算符，但是我们通过 #(.n(16)) 和 #(.n(8)) 明确地包含了 n 的名称。和明确说明参数名的方式相同，图 3.33 中的代码说明了怎样明确给出子电路的端口名。在 Verilog 术语中，这种代码形式称为实名端口连接。在这种情况中，信号可以以任何顺序列出。如果实例化模块的端口信号名没有明确给出，如图 3.31 和图 3.32 所示，则实例化语句中列出的信号顺序决定了信号间的连接，称之为端口连接的顺序关联。在这种情况中，实例化语句必须按照端口在实

例化模块中出现的顺序列出端口。虽然图 3.33 中代码较为冗长，但是表述较为清楚，不容易犯粗心的错误。

3.5.8 Verilog 编码中数的表示方法

在 Verilog 代码中数可以用常数的形式给出，可以是二进制数(b)、八制数(o)、十六进制数(h)或者十进制数(d)。其宽度可以是固定的也可以是未定义的。定义数的宽度的形式为：

<位宽>'<基数标识符><有效数>

位宽是一个给出所需数字位数的十进制数，基数用字母 b、o、h 或者 d 表示，根据使用的基数确定了每位数的范围。例如，十进制数 2217 可以用 12 位表示成：

```
12'b100010101001
12'o4251
12'h8A9
12'd2217
```

未定义位宽的数在定义时没有给出位宽。例如，十进制数 278 可以有如下形式：

```
'b100010110
'o426
'h116
278
```

十进制数的基数标识 d 可以省略。当表达式中使用未定义位宽的数时，Verilog 编译器会给它一个固定的位宽，一般是和表达式中其他的运算数相同的位宽。为了增强可读性，可以使用下划线，如 12'b1000_1010_1001，比写成 12'b100010101001 更直观。

```
module adder_hier (A, B, C, D, S, T, overflow);
  input [15:0] A, B;
  input [7:0] C, D;
  output [16:0] S;
  output [8:0] T;
  output overflow;

  wire o1, o2; // 用于溢出信号

  addern #(.n(16)) U1
  (
    .carryin (1'b0),
    .X (A),
    .Y (B),
    .S (S[15:0]),
    .carryout (S[16]),
    .overflow (o1)
  );
  addern #(.n(8)) U2
  (
    .carryin (1'b0),
    .X (C),
    .Y (D),
    .S (T[7:0]),
    .carryout (T[8]),
    .overflow (o2)
  );

  assign overflow = o1 | o2;

endmodule
```

图 3.33　图 3.32 中代码的另一版本

负数可以在数字前加负号来表示，因此－5 定义成－4'b101，就会被当成 5 的 4 位以 2 为基的补码，即 1011。

定义的位宽可能会比实际所表示的数字需要的位数多，在这种情况中，可以在左边添 0 以填满整个位宽。但是，如果定义的位宽比实际所表示数字需要的位数小，则多出来的位数就会被忽略。

用不同位数的向量表示的数可以在同一个算术运算中使用，假设 A 是一个 8 位的向量，而 B 是一个 4 位的向量，则语句：

```
S = A + B;
```

将产生 8 位的和向量 S。如果 B 是正数，则结果将是正确的；如果 B 是以 2 为基的补码表示的负数，则结果将会出现错误。因为为了实现加法运算，需要在 B 的左边添 0 使其成为一个 8 位的向量。如果高位添 0，则正数的值维持不变；而如果高位添 1，则负数的值维持不变，这样复制符号位的过程称为**符号位扩展**。因此，为了实现正确的运算必须采用符号位扩展后的 B，这可以通过在语句中使用连接运算符实现：

```
S = A + {4{B[3]}, B};
```

符号 4{B[3]}表示 B[3]被复制了 4 次，等价于{B[3]，B[3]，B[3]，B[3]}，称为**复制运算**，将在第 4 章中讨论。

3.6 乘法

在讨论关于乘法的一般性问题之前，我们需要注意，一个二进制数 B，可以通过在最低位的右边添一个 0 以实现乘 2 的运算。这个操作相当于将 B 的每一位向左移动，我们称之为 B 左移了 1 位。因此如果 $B=b_{n-1}b_{n-2}\cdots b_1b_0$，则 $2\times B=b_{n-1}b_{n-2}\cdots b_1b_00$（在 3.2.3 节中我们已经运用了这个概念）。类似地，一个数左移 k 位相当于该数乘以 2^k，这对有符号数和无符号数都是成立的。

我们还需要考虑如果一个二进制数右移 k 位会发生什么。根据按位记数法规则，这样做相当于将该数除以 2^k。对于无符号数这意味着在最高位的左边加了 k 个 0。例如，如果 B 是一个无符号数，那么 $B\div 2=0b_{n-1}b_{n-2}\cdots b_2b_1$，注意在右移时 b_0 位丢失了。对于有符号数，则需要保留符号位，这是通过将各位右移且在左边填充符号位实现的。因此，如果 B 是一个有符号数，则 $B\div 2=b_{n-1}b_{n-1}b_{n-2}\cdots b_1$。例如，如果 $B=011000=(24)_{10}$，则 $B\div 2=001100=(12)_{10}$，$B\div 4=111010=(6)_{10}$。类似地，如果 $B=101000=-(24)_{10}$，那么 $B\div 2=110100=-(12)_{10}$，$B\div 4=000110=-(6)_{10}$。读者可以观察到，正数的值越小，则第一个 1 的左边 0 越多，对于负数而言，第一个 0 的左边 1 越多。

现在我们将注意力转移到一般性的乘法上来。两个二进制数相乘可以按照十进制数相乘的方法进行，我们主要讨论无符号数相乘。图 3.34a 通过 4 位数相乘说明了手工计算乘法是如何实现的。按从左向右的顺序检查乘数的每一位，如果某一位等于 1，就加上经适当移动后的被乘数以形成*部分积*；如果乘数的某一位是 0，则不需加上任何数。所有移动后的被乘数相加产生的和就是所需要的积。注意，图 3.34a 中的积占了 8 位。

3.6.1 无符号数的阵列乘法器

图 3.34b 说明了如何采用多个加法器实现乘法的过程。在过程的每一步中都需要一个 4 位加法器以计算新的部分积。注意，在计算过程中，最低位不受随后的加法的影响，因此它们可以直接传递到最后的积中，如浅灰色的箭头所示。当然这些位也是部分积的一部分。

```
被乘数 M (14)        1110
乘数 Q   (11)      × 1011
                 ---------
                     1110
                    1110
                   0000
                  1110
                 ---------
积 P     (154)   10011010
```

a）手工乘法计算

```
被乘数 M (14)        1110
乘数 Q   (11)      × 1011
                 ---------
部分积 0             1110
                   +1110
                 ---------
部分积 1            10101
                  +0000
                 ---------
部分积 2           01010
                 +1110
                 ---------
积 P     (154)   10011010
```

b）采用多个加法器

```
                              m3     m2     m1     m0
                          ×   q3     q2     q1     q0
                       ---------------------------------
部分积 0                     m3q0   m2q0   m1q0   m0q0
                     +m3q1   m2q1   m1q1   m0q1
                     ----------------------------
部分积 1             PP15    PP14   PP13   PP12   PP11
              +m3q2  m2q2    m1q2   m0q2
              ----------------------------
部分积 2      PP26   PP25    PP24   PP23   PP22
       +m3q3  m2q3   m1q3    m0q3
       -----------------------------
积 P   p7     p6     p5      p4     p3     p2     p1     p0
```

c）硬件实现

图 3.34 无符号数乘法

可以利用相同的机制设计一个乘法器电路。为了简单起见，仍以 4 位数为例，将被乘数、乘数和积分别表示为 $M=m_3m_2m_1m_0$，$Q=q_3q_2q_1q_0$ 和 $P=p_7p_6p_5p_4p_3p_2p_1p_0$。图 3.34c为所需的运算过程，将 q_0 和 M 的每一位相与得到部分积0，当 $q_0=0$ 时它等于 0，当 $q_0=1$ 时它等于 M。即：

$$PP0 = m_3q_0 \quad m_2q_0 \quad m_1q_0 \quad m_0q_0$$

M 与 q_1 相与后左移 1 位并与 $PP0$ 相加得到部分积 1，即 $PP1$。类似地，M 与 q_2 相与后再左移 1 位并与 $PP1$ 相加得到部分积 $PP2$，依此类推。

实现上述运算的电路可以排列成如图 3.35 所示的一个阵列。与图 3.34c 中用浅灰色表示的行一样，图 3.35 中产生部分积的与门和全加器也用浅灰色显示，这些全加器连接成行波进位加法器。也可以使用其他类型的加法器以获得更快的乘法器。[1]

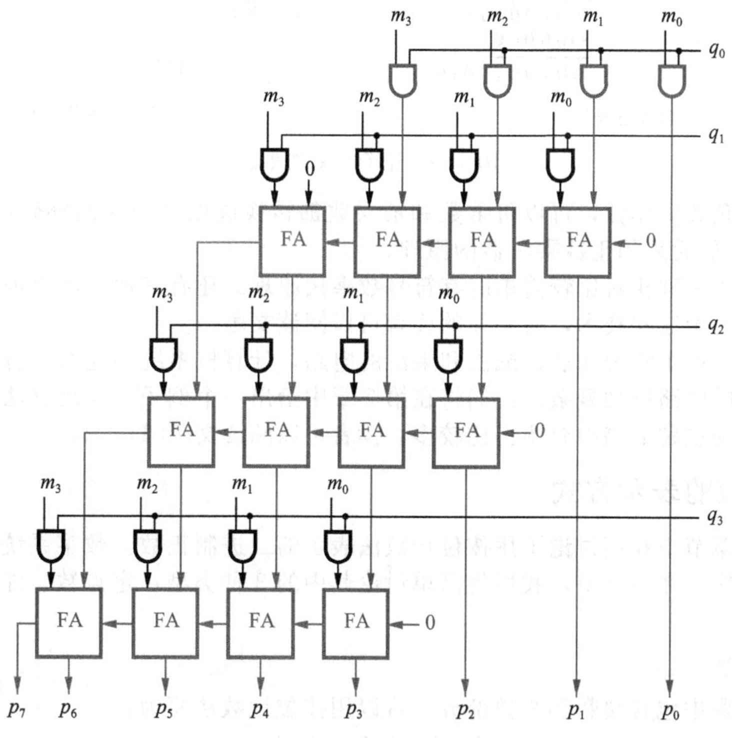

图 3.35　4×4 的乘法器电路

3.6.2　有符号数乘法

无符号数相乘展示了乘法器设计过程中涉及的主要问题，而有符号数的乘法则更复杂一些。

如果乘数是正数，可以使用和无符号数基本一致的方法。对于乘数中等于 1 的每一位，移位之后的被乘数需要加到部分积中，被乘数可以为正也可以为负。

由于移位后的被乘数要加到部分积中，所以保证涉及数字的正确表示是很重要的。例如，如果乘数的最右边两位都是 1，则第一次相加必然产生部分积 $PP1=M+2M$，其中 M 是被乘数。如果 $M=m_{n-1}m_{n-2}\cdots m_1m_0$，则 $PP1=m_{n-1}m_{n-2}\cdots m_1m_0+m_{n-1}m_{n-2}\cdots m_1m_00$。实现该加法的电路可以实现两个相同长度的操作数相加。因为左移被乘数产生的 $2M$ 的长度为 $n+1$ 位，所以要实现所需的加法则要求另一个操作数 M 也用 $n+1$ 位表示。一个 n 位的有符号数可以通过符号位扩展表示成一个 $n+1$ 位数字，即复制其符号位作为新的最左边一位。因此 $M=m_{n-1}m_{n-2}\cdots m_1m_0$ 采用 $n+1$ 位表示就是 $M=m_{n-1}m_{n-1}m_{n-2}\cdots m_1m_0$。

当移位之后的被乘数加到部分积中时，必须避免溢出，所以新的部分积必须比原来的位宽多 1 位。图 3.36a 展示了两个正数相乘的过程，扩展的符号位用浅灰色表示；图 3.36b 中涉及了被乘数为一个负数的情况，注意这两种情况产生的结果都有 $2n$ 位。

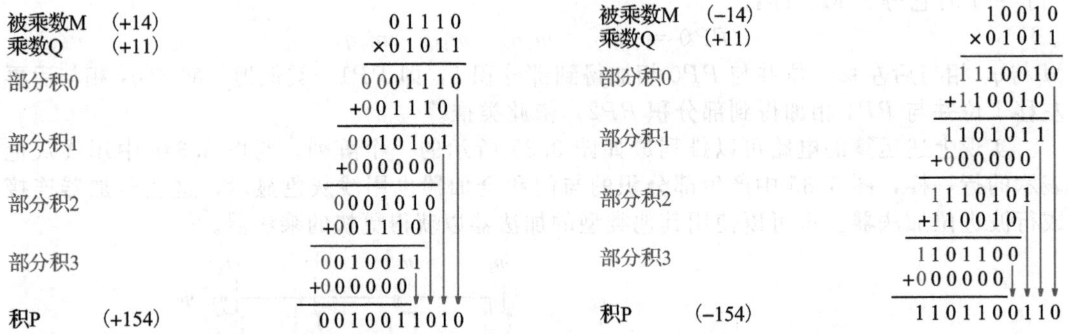

```
被乘数M   (+14)        01110
乘数Q     (+11)      ×01011
部分积0              0001110
                    +001110
部分积1              0010101
                   +000000
部分积2              0001010
                  +001110
部分积3              0010011
                 +000000
积P       (+154)  0010011010
```

a）被乘数为正数

```
被乘数M   (−14)        10010
乘数Q     (+11)      ×01011
部分积0              1110010
                    +110010
部分积1              1101011
                   +000000
部分积2              1110101
                  +110010
部分积3              1101100
                 +000000
积P       (−154)  1101100110
```

b）被乘数为负数

图 3.36　有符号数的乘法

对于一个负数操作数，可以将乘数和被乘数都转换成以 2 为基的补码(因为这不会改变结果的值)，然后采用正数乘法器的原理。

我们给出了一种相对比较简单的有符号数乘法原理。还有其他更高效但是更复杂的技术，我们不再讨论这些技术，有兴趣的读者可以阅读文献[1]。

我们已经讨论了实现加法、减法和乘法的电路，计算机系统中还有一种算术运算是除法。实现除法的电路更加复杂，我们将在第 7 章中给出一个例子。实现除法的技术一般在以计算机架构为主题的书中介绍得比较多，读者可以阅读文献[1, 2]。

3.7 其他数的表示方式

在前面的章节中我们讨论了用按位记数法表示的二进制正数。数字系统中还采用一些其他类型的数字。在本节中，我们将简单讨论其中的 3 种类型：定点数、浮点数和二进制编码十进制数。

3.7.1 定点数

一个定点数中包含整数和小数部分。可以用按位记数法写为：

$$B = b_{n-1}b_{n-2}\cdots b_1 b_0 . b_{-1}b_{-2}\cdots b_{-k}$$

数字的值为：

$$V(B) = \sum_{i=-k}^{n-1} b_i \times 2^i$$

小数点的位置是固定的，因此叫定点数。如果小数点没有给出，就认为它在最低位的右边，这意味着该数字是整数。

处理定点数的逻辑电路基本上和处理整数的相同。我们不再单独讨论。

3.7.2 浮点数

定点数的范围受表示该数字的有效数的位宽限制。例如，如果我们采用 8 位数和一个符号表示十进制数，则可以表示的值的范围是 0 到±99999999。如果用 8 位数表示一个小数，则可以表示的范围是 0.00000001 和±0.99999999。在科学应用中常常要处理很大或者很小的数字，相比于要采用很多有效数字位数的定点数，更好的选择是使用浮点数。在浮点数中，由包含有效数尾数和基数 R 的指数共同表示一个数字(科学计数法)，即：

$$Mantissa \times R^{Exponent}$$

数经常是归一化的，这样小数点就在第一个非零数的右边，例如 5.234×10^{43} 或者

6.31×10^{-28}。

二进制浮点数表示法已经成为 IEEE 标准[3]，在标准中定义了两种位宽的格式——单精度 32 位格式和双精度 64 位格式。图 3.37 展示了这两种格式。

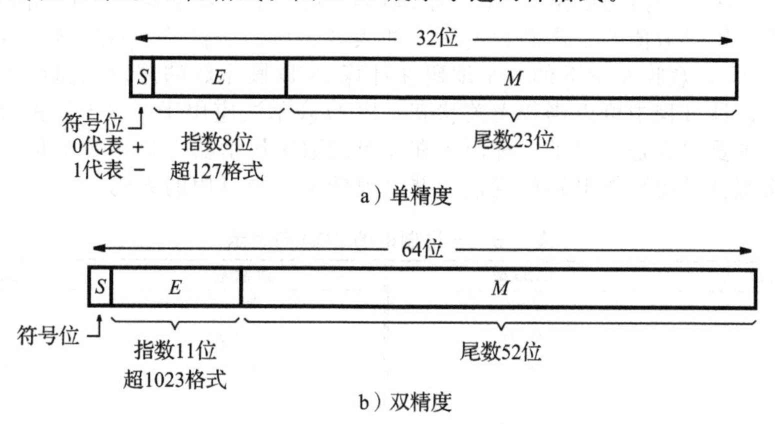

图 3.37　IEEE 标准的浮点数格式

单精度浮点数格式

图 3.37a 绘出了单精度浮点数格式。最左边一位是符号位——0 代表正数、1 代表负数；8 位的指数域 E，和 23 位的尾数域 M。指数的基数是 2，因为需要表示特别大和特别小的数字，所以指数可以为正数也可以为负数。IEEE 定义了*超额量－127* 的指数形式来定义指数，而不是简单地使用范围在－128 到 127 的 8 位有符号数来表示指数。在这种格式中，实际的指数值加上了 127，即：

$$Exponent = E - 127$$

通过这种方式，E 变成了一个正整数。这种格式在浮点数进行加、减运算时很方便，因为在这些运算中，第一个步骤就是比较指数以确定尾数是否要进行适当的移位以完成有效数字的加减。E 的范围从 0 到 255。极值 $E=0$ 和 $E=255$ 分别用来表示 0 和无穷。因此，正常的指数范围是－126～127，即 E 的值为 1～254。

尾数用 23 位表示。IEEE 标准要求对尾数进行归一化，这意味着最高位始终为 1。因此没有必要将其包含在尾数场中。如果 M 是尾数场中的位向量，则尾数的实际值是 $1.M$，即给出了 24 位的尾数。因此图 3.37a 中的浮点格式表示的数字为：

$$\text{Value} = \pm 1.M \times 2^{E-127}$$

尾数的大小使得它表示的数字大概有 7 位十进制数的精度。指数的范围是 2^{-126} 到 2^{127}，大致对应于 $10^{\pm 38}$。

双精度浮点数格式

图 3.37b 所示为双精度格式，它使用了 64 位。指数和尾数域都很大，这种格式可以表示范围更大、精度更高的数字。指数域有 11 位，它按照超额量－1023 的格式定义：

$$Exponent = E - 1023$$

E 的范围是 0 到 2047，但是同样值 $E=0$ 和 $E=2047$ 分别用来表示 0 和无穷。因此指数的正常范围是－1022 到 1023，用 1 到 2046 的 E 表示。

尾数有 52 位。因为尾数是归一化的，它的实际值是 $1.M$。因此该浮点数的值是：

$$\text{Value} = \pm 1.M \times 2^{E-1023}$$

这种格式允许表示的数字精度大概为 16 位十进制数，范围大约是 $10^{\pm 308}$。

使用浮点数的算术运算比有符号整数的运算复杂得多，因为这是一个相当专业的领域，我们不会详细介绍如何设计实现这些运算的逻辑电路。关于浮点数运算的更全面的讨论，读者可以查看文献[1，2]。

3.7.3 二进制编码十进制数表示

在十进制系统中，可以简单地将每一位数字编码成二进制形式，称为二进制编码十进制数(BCD)表示法。因为需要给 10 个数字编码，因此每个数字要用 4 位编码表示。每个数字用代表其无符号数值的二进制数编码，如表 3.3 所示。注意，BCD 码只使用 16 个可用编码中的 10 个，意味着剩下的 6 个编码在计算 BCD 操作数的逻辑电路中不会出现，因此这些编码在设计过程中可以当作无关状态。BCD 表示法应用于一些早期的计算机和手持计算器中，其主要优点是提供了一种便于在简单的数字显示器上显示数值信息的格式，而其缺点在于实现算术运算的电路很复杂，并且浪费了 6 个可用的编码。

表 3.3 十进制数的 BCD 码表示

十进制数	BCD 码	十进制数	BCD 码
0	0000	5	0101
1	0001	6	0110
2	0010	7	0111
3	0011	8	1000
4	0100	9	1001

虽然 BCD 表示法的重要性越来越低，但我们还是会用到。为了让读者对其所需电路的复杂性有一个了解，我们将详细讨论 BCD 码的加法。

BCD 码的加法

两个 BCD 数相加的复杂性在于它们的和值会超过 9，在这种情况下，必须进行校正。用 $X=x_3x_2x_1x_0$，$Y=y_3y_2y_1y_0$ 表示两个 BCD 数；用 $S=s_3s_2s_1s_0$ 表示所需的和值，$S=X+Y$；很明显如果 $X+Y\leqslant 9$，则该加法和两个 4 位二进制数的加法相同。但是，如果 $X+Y>9$，则结果需要两组 BCD 码表示。另外，由 4 位加法器产生的 4 位和值也不正确。

有两种情况需要进行校正：使用 4 位时和值大于 9 但是没有产生进位信号，以及使用 4 位时和值大于 15 并且产生进位信号。图 3.38 所示即为这两种情况。在第一种情况中 4 位的加法产生 $Z=7+5=12$。为了得到正确的 BCD 结果，我们必须得到 $S=2$ 和进位输出 1。很明显需要校正的原因是 4 位的加法实际上是模 16 的进制，而十进制数是模 10 的进制。因此，当结果超过 9 时，对结果加 6 可以得到正确的十进制数。我们按如下方式进行运算：

$$Z=X+Y$$

如果 $Z\leqslant 9$，则 $S=Z$，并且进位输出为 0；

如果 $Z>9$，那么 $S=Z+6$，并且进位输出为 1。

图 3.38 中的第二个例子中展示了当 $X+Y>15$ 时的情况。在这里 $Z=17$，是一个 5 位的二进制数。注意其中的低 4 位 Z_{3-0}，表示值 1。而 Z_4 表示值 16，为了产生正确的 BCD 结果，必须给中间和值 Z_{3-0} 加 6 以产生正确的结果 7。Z_4 则表示向下一位的进位。

图 3.39 中给出了基于上述原理构建的加法器框图。判断 Z 是否大于 9 的模块产生了输出信号 Adjust，该信号控制多路选择器在需要时进行校正。第二个 4 位加位器产生校正和位。因为需要进行加 6 的校正时，都存在向下一位的进位，所以 c_{out} 和 Adjust 信号相等。

可以通过 Verilog 代码描述 1 位 BCD 加法器，如图 3.40 所示。输入 X、Y 和输出 S 定义为 4 位数。中间和值 Z 定义为 5 位数，**if-else** 语句提供了上面所述的判断，因此没有必要采用一个明确定义的 Adjust 信号。

```
  X        0111      7
+ Y      + 0101    + 5
  Z        1100     12
         + 0110
进位 →    10010
           S=2

  X        1000      8
+ Y      + 1001    + 9
  Z       10001     17
         + 0110
进位 →    10111
           S=7
```

图 3.38 BCD 码的加法

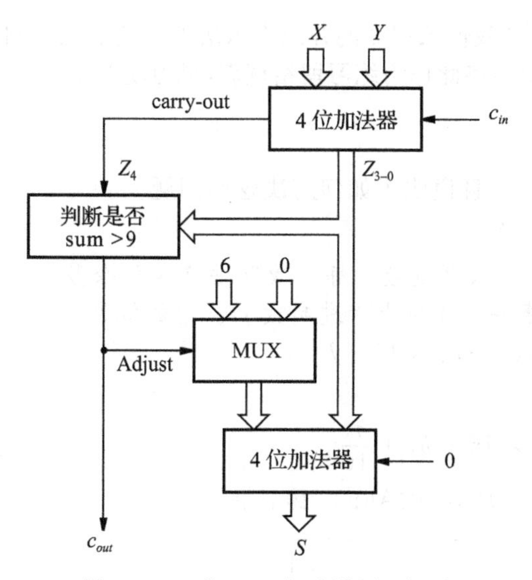

图 3.39　1 位 BCD 加法器原理框图

```
module bcdadd (Cin, X, Y, S, Cout);
  input Cin;
  input [3:0] X, Y;
  output reg [3:0] S;
  output reg Cout;
  reg [4:0] Z;

  always @(X, Y, Cin)
  begin
    Z = X + Y + Cin;
    if (Z < 10)
      {Cout, S} = Z;
    else
      {Cout, S} = Z + 6;
  end

endmodule
```

图 3.40　1 位 BCD 加法器的 Verilog 代码

如果我们想要手工而不是使用 Verilog 推导一个实现图 3.39 所示框图的电路图，则可以使用以下的方法。定义 Adjust 函数，我们可以观察到如果 4 位加法器的进位输出等于 1，或者 $Z_3=1$ 且 Z_2 和 Z_1 中有 1 个为 1 或两个都为 1 时，中间和值会大于 9。因此该函数的逻辑表达式为：

$$\text{Adjust} = \text{carry-out} + z_3(z_2 + z_1)$$

我们可以采用一个简单的电路实现校正，而不需要使用另一个完整的 4 位加法器，因为加上常数 6 不需要一个 4 位加法器的全部功能。注意和值的最低位 s_0 完全不受加 6 的影响，因此 $s_0=z_0$。可以用一个两位的加法器产生 s_2 和 s_1，如果 2 位加法器的进位输出是 0，则 s_3 等于 z_3，如果输出进位为 1，则 s_3 等于 $\overline{z}_3$。实现该机理的完整电路图如图 3.41 所示。就像采用二进制全加器实现更大的行波进位加法器一样，可以采用 1 位 BCD 码加法器作为一个基本的模块，实现更大的 BCD 码加法器。

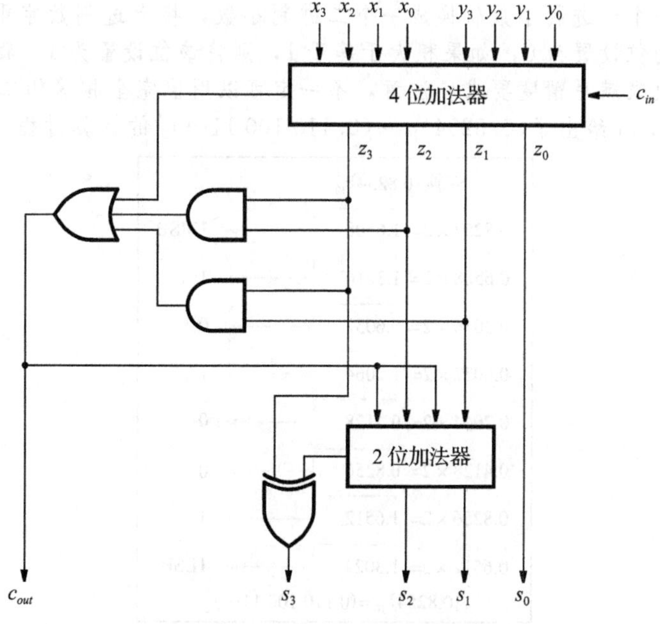

图 3.41　1 位 BCD 加法器电路

BCD 数的减法可以利用基数的补码实现。正如我们采用 2 的补码表示法处理负的二进制数一样，我们可以用 10 的补码处理十进制数。我们将此作为练习留给读者(见习题 3.19)。

3.8 解决问题的实例

本节提供了读者将会遇到的一些典型问题，并且说明了如何解决这些问题。

例 3.6 将十进制数 14 959 转换为十六进制数。

解： 一个整数可以通过连续除以 16 转换成十六进制数。每一次除法产生的余数即十六进制数位。为了理解这种方法的正确性，考虑一个 4 位十六进制数 H。它的值为：

$$V = h_3 \times 16^3 + h_2 \times 16^2 + h_1 \times 16 + h_0$$

如果我们将其除以 16，可以得到：

$$\frac{V}{16} = h_3 \times 16^2 + h_2 \times 16 + h_1 + \frac{h_0}{16}$$

因此，余数为 h_0。图 3.42 所示为实现转换 $(14\ 959)_{10} = (3A6F)_{16}$ 的过程。

转换 $(14\ 959)_{10}$

			余数	十六进制数	
14 959 ÷ 16	=	934	15	F	LSB
934 ÷ 16	=	58	6	6	
58 ÷ 16	=	3	10	A	
3 ÷ 16	=	0	3	3	MSB

结果是 $(3A6F)_{16}$

图 3.42 十进制数转换成十六进制数 ◀

例 3.7 将十进制小数转换成二进制数。

解： 正如 3.7.1 节介绍的，二进制小数以 $B = 0.b_{-1}b_{-2}\cdots b_{-m}$ 形式表示，它的值为：

$$V = b_{-1} \times 2^{-1} + b_{-2} \times 2^{-2} + \cdots + b_{-m} \times 2^{-m}$$

将上式乘以 2 得到：

$$b_{-1} + b_{-2} \times 2^{-1} + \cdots + b_{-m} \times 2^{-(m-1)}$$

式中最左边的一项是小数点右边的第一位，剩下的包含其他二进制位的项可以相同的方式操作。因此，将一个十进制小数转换成一个二进制小数，将十进制数字乘以 2，如果积小于 1 则将所计算的位设置为 0，如果积大于等于 1，则将该位设置为 1。我们重复该计算直到获得足够的位数来满足精度要求。注意，不一定可以用值完全相等的二进制小数来表示十进制小数。图 3.43 给出了 $(0.8254)_{10} = (0.110\ 100\ 11\cdots)_2$ 的计算过程。

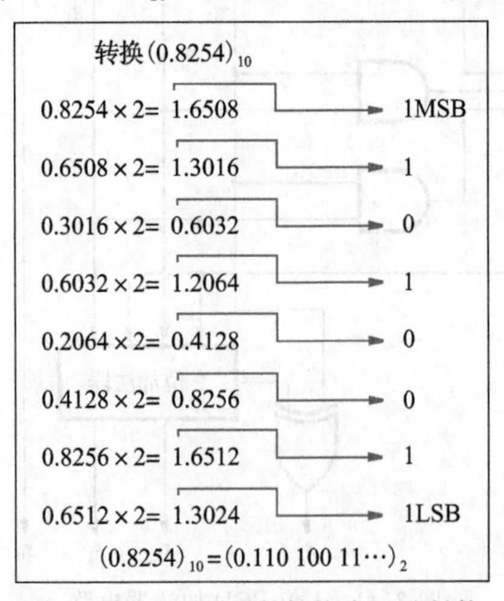

图 3.43 十进制小数转换为二进制数 ◀

例3.8 将十进制定点数214.45转换成二进制定点数

解：对于整数部分，采用如图1.6所示的连续除以2。对于小数部分采用如例3.7中所示的连续乘2。图3.44中给出了完整的计算过程，得到$(214.45)_{10}=(11\ 010\ 110.011\ 100\ 1\cdots)_2$。

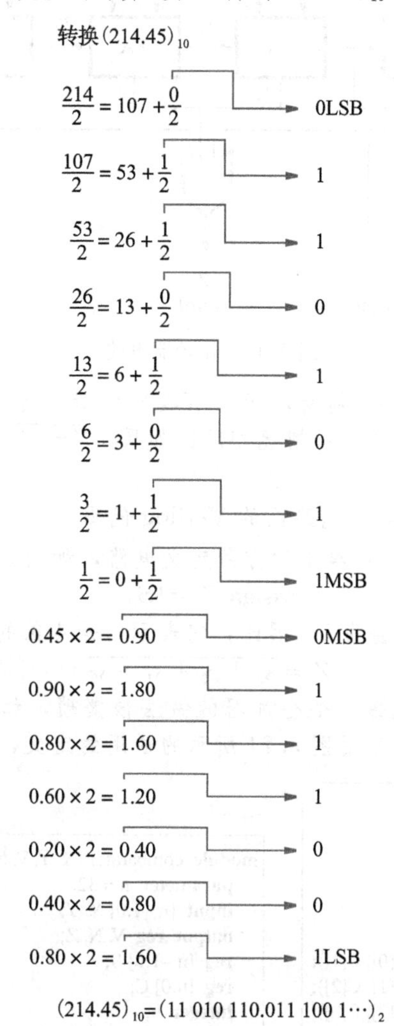

图3.44　十进制定点数转换为二进制定点数

◀

例3.9 在计算机运算中常常要比较数字的大小。两个4位有符号数$X=x_3x_2x_1x_0$，$Y=y_3y_2y_1y_0$，可以用图3.45所示的减法器实现$X-Y$。3种输出结果意义如下：

- 如果结果是0，$Z=1$，否则$Z=0$；
- 如果结果是负数，$N=1$，否则$N=0$；
- 如果发生算术溢出$V=1$，否则$V=0$；

说明如何利用Z、N和V判断$X=Y$，$X<Y$，$X\leqslant Y$，$X>Y$和$X\geqslant Y$。

解：考虑第一种情况$X<Y$，存在以下几种可能：

- 如果X和Y符号相同，则不会产生溢出，因此$V=0$。无论X和Y是正数还是负数，差都是负数($N=1$)。
- 如果X是负数，Y是正数，当不产生溢出($V=0$)时，差将是负数($N=1$)；但当产生溢出($V=1$)时，差将是正数($N=0$)。

因此，如果$X<Y$，则$N\oplus V=1$。

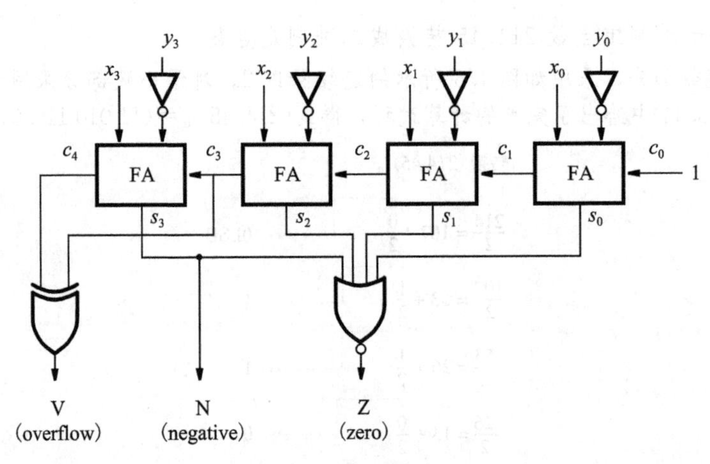

图 3.45 比较器电路

$X=Y$ 的情况可以通过 $Z=1$ 判断，所以 $X\leqslant Y$ 的情况可以通过 $Z+N\oplus V=1$ 来判断。后两种情况较为简单，与前一种情况相反：如果，$\overline{Z+(N\oplus V)}=1$ 那么 $X>Y$，如果 $\overline{N\oplus V}=1$ 那么 $X\geqslant Y$。◀

例 3.10 编写描述图 3.45 中电路图的 Verilog 代码。

解：我们可以采用图 3.23 中给出的方法定义电路，如图 3.46 所示。注意语句：

$$\textbf{assign}\ Z = !S;$$

如果 $S=s_3s_2s_1s_0=0000$，Z 将会为 1。因此，它表示的是 4 位的或非函数：

$$Z=\overline{s_3+s_2+s_1+s_0}$$

当涉及大型电路时分别实例化每一个全加器的做法很繁琐，如同比较器的操作数为 32 位时的情况一样。更好的选择是采用图 3.24 所示的通用的定义，如图 3.47 所示。

```
module comparator (X, Y, V, N, Z);
   input [3:0] X, Y;
   output V, N, Z;
   wire [3:0] S;
   wire [4:1] C;

   fulladd stage0 (1'b1, X[0], ~Y[0], S[0], C[1]);
   fulladd stage1 (C[1], X[1], ~Y[1], S[1], C[2]);
   fulladd stage2 (C[2], X[2], ~Y[2], S[2], C[3]);
   fulladd stage3 (C[3], X[3], ~Y[3], S[3], C[4]);
   assign V = C[4] ^ C[3];
   assign N = S[3];
   assign Z = !S;

endmodule

module fulladd (Cin, x, y, s, Cout);
   input Cin, x, y;
   output s, Cout;

   assign s = x ^ y ^ Cin;
   assign Cout = (x & y) | (x & Cin) | (y & Cin);

endmodule
```

图 3.46 比较器的结构性 Verilog 代码

```
module comparator (X, Y, V, N, Z);
   parameter n = 32;
   input [n-1:0] X, Y;
   output reg V, N, Z;
   reg [n-1:0] S;
   reg [n:0] C;
   integer k;

   always @(X, Y)
   begin
      C[0] = 1'b1;
      for (k = 0; k < n; k = k+1)
      begin
         S[k] = X[k] ^ ~Y[k] ^ C[k];
         C[k+1] = (X[k] & ~Y[k]) | (X[k] & C[k]) | (~Y[k] & C[k]);
      end
      V = C[n] ^ C[n-1];
      N = S[n-1];
      Z = !S;
   end

endmodule
```

图 3.47 比较器的通用的 Verilog 代码 ◀

例 3.11 图 3.35 设计了一个 4 位乘法器电路。电路中的每一行包含 4 个全加器模块，这些全加器模块连接成了行波进位加法器。在一行中进位信号传递造成的延迟对产生输出积所需的时间有重要影响。为了提高电路的速度，可以采用如图 3.48 所示的布局。图中给定行的进位信号被“保存”下来，加到下一行的正确位置，在第一行中的全加器就可以将由乘数位选择出的被乘数经适当移 3 位后相加。例如，第 2 位的 3 个输入是 m_2q_0，m_1q_1 和 m_0q_2。在最后一行，仍然要使用行波进位加法器。一个包含按这种方式连接的全加器的电路称为**进位保留**加法器阵列。与图 3.35 中的电路相比，图 3.48 中的电路总延迟是多少？

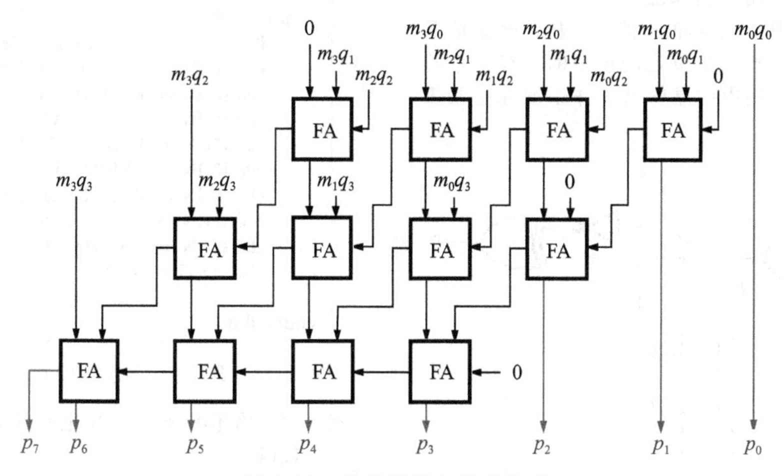

图 3.48　进位保留加法器阵列

解：在图 3.35 的电路中，最长的路径是从最上面一行最右边的 2 个全加器开始，经过第二行最右边的 2 个加法器，之后经过最下面一行的全部 4 个全加器。因此，总延迟是一个全加器延时的 8 倍。另外，还需要一个与门延迟来产生最上面一行中第 1 个全加器的输入。这些延迟组合起来就是关键延迟，决定了乘法器电路的速度。

在图 3.48 的电路中，最长的路径是从第一行和第二行的最右边的全加器开始，再经过最下面一行的全部 4 个全加器。因此，该电路的关键延时为一个全加器模块延时和一个构成第一个加法器(FA)输入的“与”门延时之和的 6 倍。◀

习题[⊖]

*3.1　求出下列无符号数的十进制值。

(a) $(0111011110)_2$

(b) $(1011100111)_2$

(c) $(3751)_8$

(d) $(A25F)_{16}$

(e) $(F0F0)_{16}$

*3.2　求出下列 1 的补码的十进制值。

(a) 0111011110

(b) 1011100111

(c) 1111111110

*3.3　求出下列 2 的补码的十进制值。

(a) 0111011110

(b) 1011100111

(c) 1111111110

*3.4　将十进制数 73，1906，－95 和－1630 分别转化为以下形式的有符号 12 位数。

(a) 符号和数值

(b) 1 的补码

(c) 2 的补码

3.5　对以下所示的 8 位 2 的补码数作算术运算，并且指出是否发生溢出？通过转化为十进制符号数值表示法检查你的答案。

00110110	01110101	11011111
+01000101	+11011110	+10111000

00110110	01110101	11010011
−00101011	−11010110	−11101100

3.6　证明异或运算满足结合律，即 $x_i \oplus (y_i \oplus z_i) = (x_i \oplus y_i) \oplus z_i$。

3.7　说明图 3.4 中的电路实现了图 3.3a 中定义的全加器。

3.8　3.3 节中给出求一个二进制数的 2 的补码的简单规则，即从右到左扫描一个数的每一位，将所遇到的 0 和第一个 1 保持不变，剩下的

⊖　本书最后给出了带星号习题的答案。

各位一律求反。试证明该规则的正确性。

3.9 对于 n 位有符号数的加法，请证明溢出的表达式 Overflow $= c_n \oplus c_{n-1}$ 成立。

3.10 证明全加器电路 $k-1$ 位产生的进位信号 c_k 可以表示成 $c_k = x_k \oplus y_k \oplus s_k$，其中 x_k，y_k 为输入，而 s_k 为和位。

*3.11 根据图 P3.1 所示的电路，分析该电路是否可以作为行波进位加法器中的一级？并说明理由。图中的晶体管工作情况如附录 B 中所述。

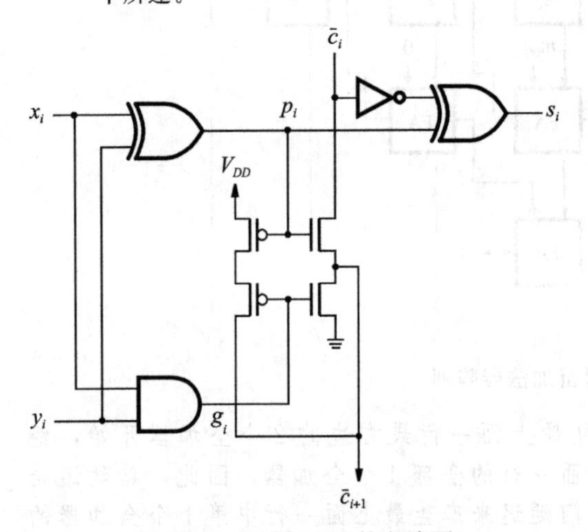

图 P3.1 习题 3.11 的电路图

*3.12 确定采用“与”门、“或”门以及“异或”门实现一个 n 位的超前进位加法器所需的逻辑门数量。假设没有扇入约束，即所使用的门电路的输入端口数没有限制。

*3.13 确定采用“与”门、“或”门以及“异或”门实现一个 8 位超前进位加法器所需的逻辑门数量。假设逻辑门最大扇入数为 4。

3.14 在图 3.17 中我们给出了层次化超前进位加法器的结构，请以 2 位加法器作为基本块，实现一个该结构的 4 位加法器电路。

3.15 请找出图 3.35 所示电路的关键延时路径，该路径中的延迟是逻辑门延时的多少倍？

3.16 编写描述图 3.35 中 4×4 乘法器的 Verilog 代码，并用该代码综合出电路，验证其功能的正确性。

*3.17 根据图 P3.2 中的 Verilog 代码，给出信号 IN 和 OUT 之间的关系，该代码描述的电路具有什么功能？评价该代码是否为其描述的功能提供了一种好的实现风格。

3.18 设计一个产生 BCD 数的 9 的补码电路。提示：d 的 9 的补码等于 $9-d$。

3.19 推导一个实现 BCD 码相减的方案，画出该减法器的模块框图。提示：如果 BCD 操作数是 10 的补码(基数补码)，则有利于减法的实现。在这种表示法中，符号位 0 表示正数，符号位 9 表示负数。

```
module problem3_17 (IN, OUT);
  input [3:0] IN;
  output reg [3:0] OUT;

  always @(IN)
    if (IN == 4'b0101)  OUT = 4'b0001;
    else if (IN == 4'b0110)  OUT = 4'b0010;
    else if (IN == 4'b0111)  OUT = 4'b0011;
    else if (IN == 4'b1001)  OUT = 4'b0010;
    else if (IN == 4'b1010)  OUT = 4'b0100;
    else if (IN == 4'b1011)  OUT = 4'b0110;
    else if (IN == 4'b1101)  OUT = 4'b0011;
    else if (IN == 4'b1110)  OUT = 4'b0110;
    else if (IN == 4'b1111)  OUT = 4'b1001;
    else  OUT = 4'b0000;

endmodule
```

图 P3.2 习题 3.17 的代码

3.20 写出描述习题 3.19 中电路的完整的 Verilog 代码。

*3.21 假设我们想要确定一个 3 位无符号数中 1 的个数，请设计可以完成该任务的最简单电路。

3.22 对于一个 6 位无符号数重做习题 3.21。

3.23 对于一个 8 位无符号数重做习题 3.21。

3.24 对于一个 3 位十进制数，画出一个类似于图 3.11 的图形解释。最左边一位是 0 代表是正数，而最左边一位是 9 代表是负数。用几个加法和减法的例子，验证你的答案的正确性。

3.25 在三进制数字系统中，存在 3 个数码：0、1 和 2。图 P3.3 定义了一个 3 进制数的半加器，请设计一个实现此半加器的电路。要求：用二进制编码表示三进制数，即每一个三进制数用 2 位表示。令 $A = a_1a_0$，$B = b_1b_0$ 和 $Sum = s_1s_0$，进位信号 $Carry$ 为一个二进制信号。使用下列编码方式：$00 = (0)_3$，$01 = (1)_3$，和 $10 = (2)_3$。并要求电路的成本最低。

AB	进位	和值
00	0	0
01	0	1
02	0	2
10	0	1
11	0	2
12	1	0
20	0	2
21	1	0
22	1	1

图 P3.3 三进制半加器

3.26　基于习题 3.25 所描述的方法，设计一个三进制加法器。

3.27　考虑减法 26－27＝99 和 18－34＝84。用 3.3.4 中给出的概念，解释这些答案(99 和 84)为什么可以解读成是有符号数减法的正确结果。

参考文献

1. C. Hamacher, Z. Vranesic, S. Zaky and N. Manjikian, *Computer Organization and Embedded Systems*, 6th ed. (McGraw-Hill: New York, 2011).
2. D. A. Patterson and J. L. Hennessy, *Computer Organization and Design—The Hardware/Software Interface*, 3rd ed. (Morgan Kaufmann: San Francisco, CA, 2004).
3. Institute of Electrical and Electronic Engineers (IEEE), "A Proposed Standard for Floating-Point Arithmetic," *Computer* 14, no. 3 (March 1981), pp. 51–62.

第4章

组合电路模块

本章主要内容

- 常用的组合子电路
- 用来选择信号和实现一般逻辑函数的数据选择器
- 用于编码、解码以及代码转换目的的电路
- 用于定义组合电路的关键 Verilog 结构

前面几章介绍了有关逻辑电路设计的基本技术。实际上，某些类型的逻辑电路在大型电路设计中常被用作模块单元。本章将介绍这些模块，并给出一些应用实例。本章还介绍了大量的 Verilog 语言内容，重点分析 Verilog 的几个关键特性。

4.1 多路选择器

第 2 章已经简要介绍了多路选择器，一个多路选择器有多个数据输入端、一个或多个选择输入端以及一个输出端，它根据选择输入信号将多个数据输入端中的一个数据输入信号值传送到输出端。图 4.1 所示的即为一个 2 选 1 的数据选择器。图 4.1a 给出了常用的图形符号，选择输入端 s 用来确定选择信号 w_0 或信号 w_1 传送到输出端；转换器的功能可以用图 4.1b 所示的真值表形式描述；图 4.1c 给出了这个 2 选 1 多路选择器的积之和(也称最小项)实现电路；图 4.1d 阐述了如何用附录 B 中所讨论的传输门实现的电路。

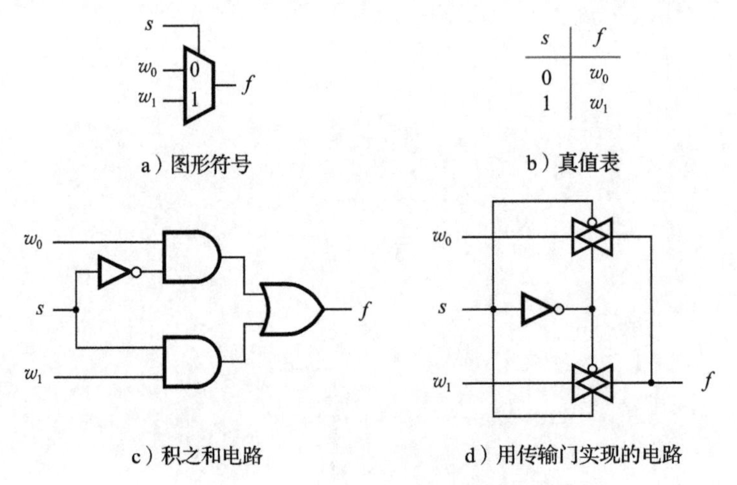

图 4.1 一个 2 选 1 多路选择器

图 4.2a 展示了一个更大型的多路选择器，它有 4 个数据输入端 w_0，…，w_3，2 个选择输入端 s_1、s_0。由图 4.2b 的真值表可以看出，由 s_1s_0 表示的 2 位数选择其中的一个数据输入端口的数据传送到多路选择器的输出。4 选 1 多路选择器的最小项实现形式如图 4.2c 所示，所实现的多路转换器的功能为：

$$f = \bar{s}_1\bar{s}_0w_0 + \bar{s}_1s_0w_1 + s_1\bar{s}_0w_2 + s_1s_0w_3$$

用同样的方法可以构建更大型的多路选择器。通常输入数据的端口数 n 是 2 的整数

幂。一个多路选择器有 n 个数据输入 w_0，…，w_{n-1}，需要有$\lceil \log_2 n \rceil$个选择输入端。大型的多路选择器可以由小型的多路选择器构建。例如 4 选 1 的数据选择器可以用如图 4.3 所示的 3 个 2 选 1 的多路选择器实现。图 4.4 展示了如何用 5 个 4 选 1 多路选择器实现一个 16 选 1 的多路选择器。

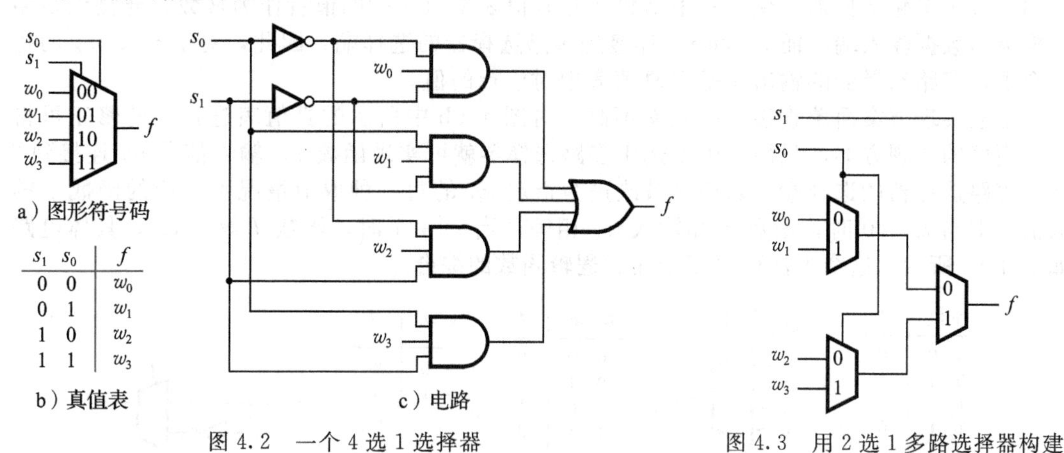

图 4.2　一个 4 选 1 选择器

图 4.3　用 2 选 1 多路选择器构建的 4 选 1 多路选择器

例 4.1　图 4.5 是一个具有 2 输入 x_1、x_2 以及 2 输出 y_1、y_2 的电路。该电路在控制输入信号 s 的控制下可以将任意一个输入信号传输到任意一个输出（如图中浅灰色线所标示）。一个具有 n 个输入、k 个输出的电路，如它的功能只是使任何一个输入可以连接到任一个输出，这种电路通常称为 $n\times k$ 纵横开关。用不同数目的输入和输出可以形成多种大小的纵横开关，当有 2 个输入和 2 个输出时，称为 2×2 纵横开关。

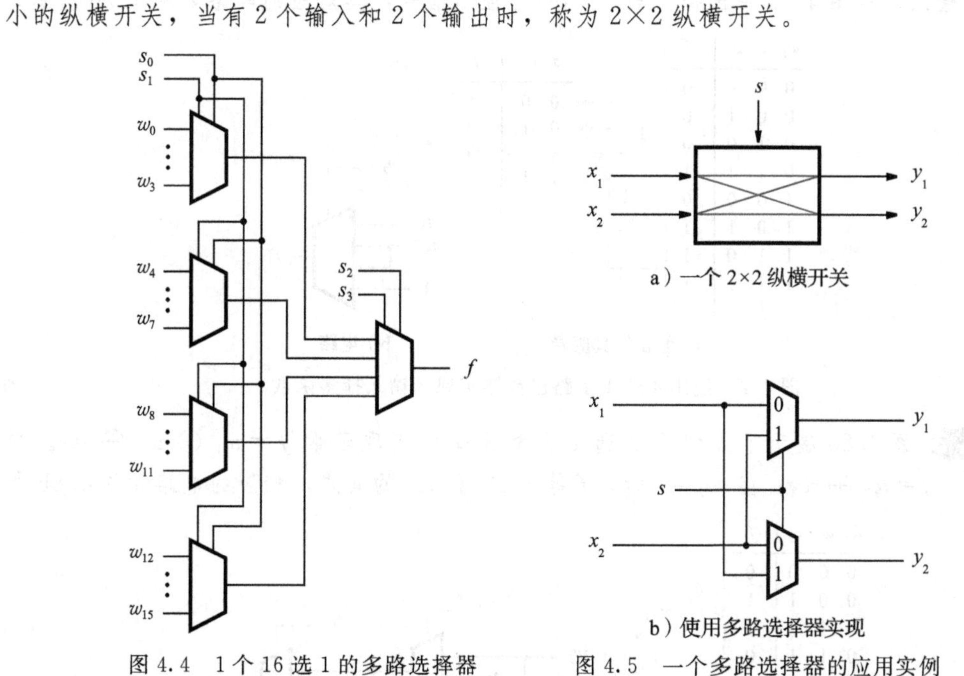

图 4.4　1 个 16 选 1 的多路选择器

图 4.5　一个多路选择器的应用实例

用 2 选 1 多路选择器实现的 2×2 纵横开关如图 4.5b 所示。这个多路选择器由控制信号 s 选择输入端：如果 $s=0$，纵横开关实现 x_1 传输到 y_1 以及 x_2 传输到 y_2；如果 $s=1$，纵横开关实现 x_1 传输到 y_2 以及 x_2 传输到 y_1。纵横开关得到广泛应用，每次应用时需要实现信号线与信号线之间不同方式的连接。◀

4.1.1　以多路选择器为元件的逻辑综合

如同前一节所述，多路选择器在实际中得到了广泛应用，它们还可以更通用的方式用于逻辑综合。图 4.6a 即为一个例子。其真值表定义了一个函数 $f=w_1 \oplus w_2$，这个函数可以用 4 选 1 多路选择器实现。其中函数 f 在真值表中每一行的值看作为常数，连接到多路转换器的数据输入端，而 w_1 和 w_2 连接到多路选择器的选择端，因此，对于 w_1、w_2 的每一个值，多路选择器的输出 f 等于真值表中对应行的值。

上述实现方案简单直接，但效率不高。对图 4.6b 中所示的真值表进行一些修正可得一个更好的实现方案，只用一个 2 选 1 多路选择器就可实现函数 f。输入信号 w_1 连接到 2 选 1 多路选择器的选择端，真值表被改进为指定 w_1 的每一种取值情况下对应的函数 f 的取值。即当 $w_1=0$ 时，函数 f 和输入 w_2 相等；当 $w_1=1$ 时，函数 f 等于 w_2。具体电路如图 4.6c 所示。这个方法可以用于任意逻辑函数的综合。

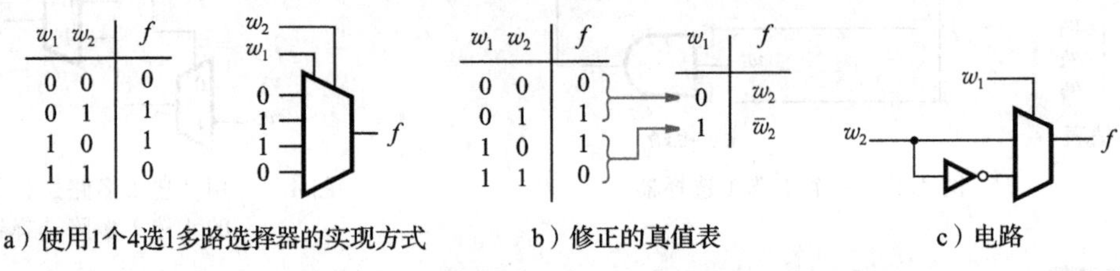

图 4.6　用多路选择器综合出的逻辑功能

例 4.2　图 4.7a 给出了一个 3 输入择多函数的真值表，并且展示了如何修正该真值表以便用一个 4 选 1 多路选择器实现该函数。3 输入中的任意 2 个均可以选为多路选择器的选择控制输入。在图 4.7a 中选择了 w_1 和 w_2 为控制信号，其对应的电路如图 4.7b 所示。

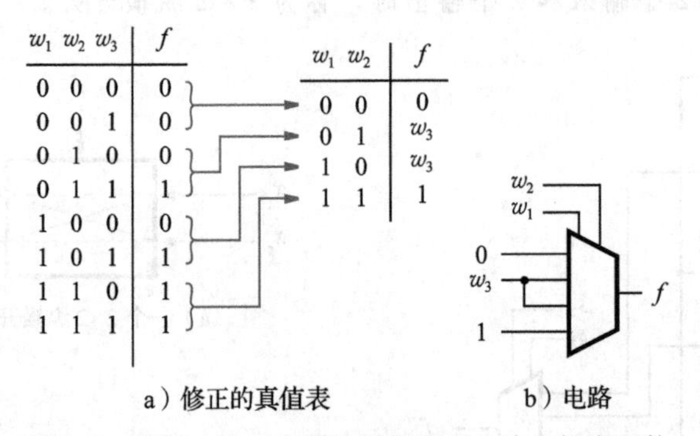

图 4.7　使用 4 选 1 多路选择器实现 3 输入择多函数　◀

例 4.3　图 4.8a 展示了如何用 2 选 1 多路选择器实现函数 $f=w_1 \oplus w_2 \oplus w_3$。当 $w_1=0$ 时，$f=w_2 \oplus w_3$；当 $w_1=1$ 时，f 等于 w_2 和 w_3 的同或；相应的电路如图 4.8b 所

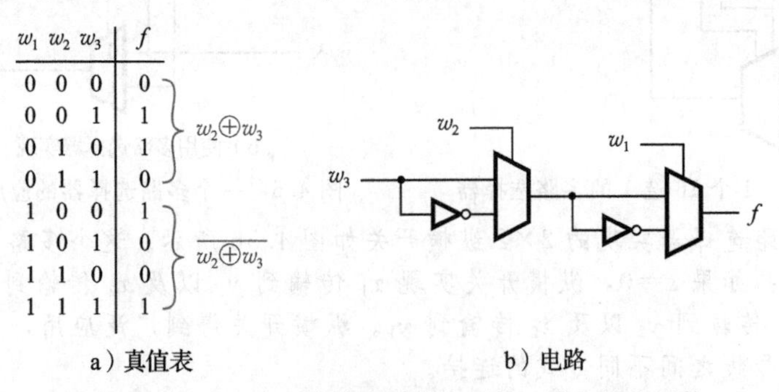

图 4.8　基于 2 选 1 多路选择器实现的 3 输入异或函数

示。电路中左边的多路选择器实现了 $w_2 \oplus w_3$（基于图 4.6 的结果）；右边的多路选择器根据 w_1 的值确定输出为 $w_2 \oplus w_3$ 或者它的非量。注意：我们可以通过将函数改写为 $f=(w_2 \oplus w_3) \oplus w_1$ 以直接推导出这个电路。

图 4.9 给出了用一个 4 选 1 多路选择器实现 3 输入的异或函数的方案。图中选择 w_1 和 w_2 作为多路选择器的选择输入。

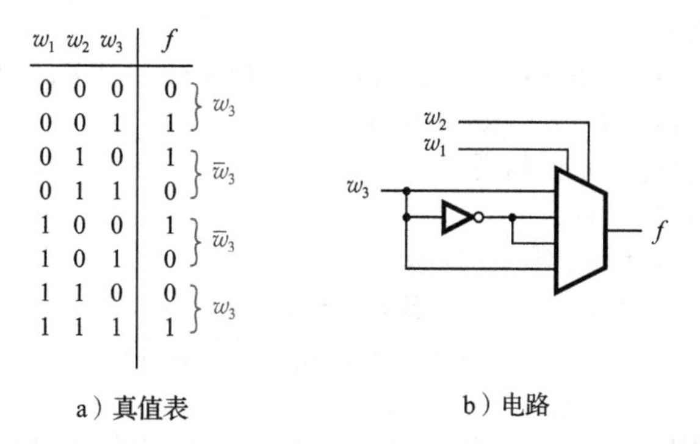

w_1	w_2	w_3	f	
0	0	0	0	w_3
0	0	1	1	
0	1	0	1	$\overline{w}_3$
0	1	1	0	
1	0	0	1	$\overline{w}_3$
1	0	1	0	
1	1	0	0	w_3
1	1	1	1	

a）真值表　　b）电路

图 4.9　基于 4 选 1 多路选择器实现的 3 输入异或函数

4.1.2　采用香农展开的多路选择器综合

图 4.6～图 4.9 阐述了如何通过改写真值表方式达到采用多路选择器实现逻辑函数的目的。每个例子中，多路选择器的输入可以为常数 0 和 1、一些变量或者它们的非量。除了采用这些简单的输入外，还可以将更复杂的电路作为一个多路选择器的输入，即允许函数可以综合多路选择器和一些逻辑门的组合。假设我们期望通过这种方式用 2 选 1 多路选择器实现如图 4.7 所示的 3 输入的择多函数，一种比较直观的方法如图 4.10 所示。真值表可以改写成如右边所示的方式，如果 $w_1=0$，则 $f=w_2w_3$；如果 $w_1=1$，则 $f=w_2+w_3$。用 w_1 作为 2 选 1 多路选择器的选择输入信号，可以得到如图 4.10b 所示的电路。

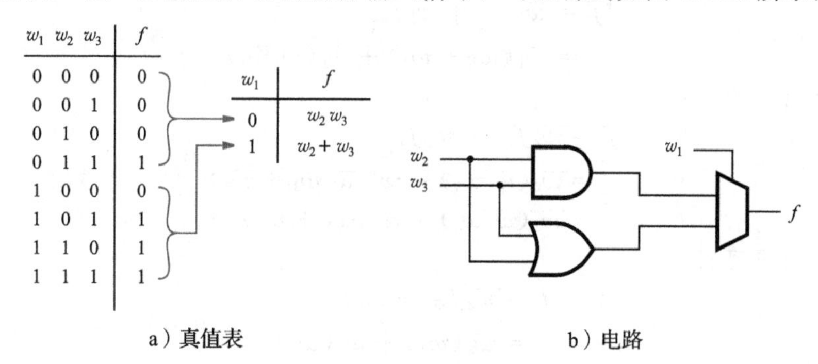

w_1	w_2	w_3	f
0	0	0	0
0	0	1	0
0	1	0	0
0	1	1	1
1	0	0	0
1	0	1	1
1	1	0	1
1	1	1	1

w_1	f
0	w_2w_3
1	w_2+w_3

a）真值表　　b）电路

图 4.10　采用 1 个 2 选 1 多路选择器实现的 3 输入择多函数

上述实现方式可以通过以下的代数运算推导而得。图 4.10a 中的函数的积之和的形式为：

$$f=\overline{w}_1 w_2 w_3+w_1 \overline{w}_2 w_3+w_1 w_2 \overline{w}_3+w_1 w_2 w_3$$

对上式进行变换，可得：

$$\begin{aligned} f &= \overline{w}_1(w_2 w_3)+w_1(\overline{w}_2 w_3+w_2 \overline{w}_3+w_2 w_3) \\ &= \overline{w}_1(w_2 w_3)+w_1(w_2+w_3) \end{aligned}$$

该式与图 4.10b 所示的电路相对应。

函数的多路选择器的实现需要对给定的函数进行分解，使得可以把变量作为多路选择器的选择输入。香农(Claude Shannon)提出的定理可以实现这种分解[1]。

香农展开定理： 任何一个布尔函数 $f(w_1, \cdots, w_n)$ 可以表示为：

$$f(w_1,w_2,\cdots,w_n)=\overline{w}_1\cdot f(0,w_2,\cdots,w_n)+w_1\cdot f(1,w_2,\cdots,w_n)$$

上式对于 n 个变量中的任一个变量都有效。关于这个定理的证明留给读者自己练习(见问题 4.9)。

为了说明这个定理的应用，将它应用于 3 输入的择多函数中，则该择多函数可以写为：

$$f(w_1,w_2,w_3)=w_1w_2+w_1w_3+w_2w_3$$

关于 w_1 进行香农展开：

$$\begin{aligned}f&=\overline{w}_1(0\cdot w_2+0\cdot w_3+w_2w_3)+w_1(1\cdot w_2+1\cdot w_3+w_2w_3)\\&=\overline{w}_1(w_2w_3)+w_1(w_2+w_3)\end{aligned}$$

这与前面推导出来的表达式完全相同。

对于 3 输入异或函数，有：

$$\begin{aligned}f&=w_1\oplus w_2\oplus w_3\\&=\overline{w}_1(0\oplus w_2\oplus w_3)+w_1(1\oplus w_2\oplus w_3)\\&=\overline{w}_1\cdot(w_2\oplus w_3)+w_1\cdot(\overline{w_2\oplus w_3})\end{aligned}$$

由此可得到如图 4.8b 所示的电路。

在香农扩展定理中，$f(0, w_2, \cdots, w_n)$被称为 f 相对于 $\overline{w}_1$ 的代数余子式，简写为 $f_{\overline{w}_1}$。同样地，因子 $f(1, w_2, \cdots, w_n)$被称为 f 关于 w_1 的代数余子式，写作 f_{w1}。因此，香农表达式可以表示为：

$$f=\overline{w}_1f_{\overline{w}_1}+w_1f_{w_1}$$

一般地如果对变量 w_i 展开，则 $f_{\overline{w}_i}$ 表示 $f(w_1, \cdots, w_{i-1}, 0, w_{i+1}, \cdots, w_n)$，$f_{w_i}$ 表示 $f(w_1, \cdots, w_{i-1}, 1, w_{i+1}, \cdots, w_n)$，并且有：

$$f(w_1,\cdots,w_n)=\overline{w}_if_{\overline{w}_i}+w_if_{w_i}$$

香农表达式的复杂性随变量 w_i 的变化而变化，正如例 4.4 所述。

例 4.4 对于函数 $f=\overline{w}_1w_3+w_2\overline{w}_3$，相对于 w_1 进行分解可得：

$$\begin{aligned}f&=\overline{w}_1f_{\overline{w}_1}+w_1f_{w_1}\\&=\overline{w}_1(w_3+w_2)+w_1(w_2\overline{w}_3)\end{aligned}$$

如果对 w_2 展开，则有：

$$\begin{aligned}f&=\overline{w}_2f_{\overline{w}_2}+w_2f_{w_2}\\&=\overline{w}_2(\overline{w}_1w_3)+w_2(\overline{w}_1w_3+\overline{w}_3)\\&=\overline{w}_2(\overline{w}_1w_3)+w_2(\overline{w}_1+w_3)\end{aligned}$$

最后，对 w_3 展开可得：

$$\begin{aligned}f&=\overline{w}_3f_{\overline{w}_3}+w_3f_{w_3}\\&=\overline{w}_3(w_2)+w_3(\overline{w}_1)\end{aligned}$$

对 w_1 和 w_2 展开所得到的结果的成本相同，而对 w_3 展开所得到的结果成本更低。实际中，要完成香农展开时，进行不同的尝试是非常有意义的，并从中选择产生最好结果的那个变量进行香农展开。

香农展开定理可以写成关于多个变量展开的形式。例如，一个函数相对 w_1 和 w_2 展开可得：

$$\begin{aligned}f(w_1,\cdots,w_n)=&\overline{w}_1\overline{w}_2\cdot f(0,0,w_3,\cdots,w_n)+\overline{w}_1w_2\cdot f(0,1,w_3,\cdots,w_n)\\&+w_1\overline{w}_2\cdot f(1,0,w_3,\cdots,w_n)+w_1w_2\cdot f(1,1,w_3,\cdots,w_n)\end{aligned}$$

上述展开式可以用 4 选 1 多路选择器实现。如果相对于全部 n 个变量进行香农展开，则结果就如同 2.6.1 节所定义的正则积之和形式。◀

例 4.5 假设我们期望用一个 2 选 1 多路选择器和一些其他必要的门电路实现函数 $f=\overline{w}_1\overline{w}_3+w_1w_2+w_1w_3$。相对于 w_1 的香农扩展定理可以得到：

$$f = \overline{w}_1 f_{\overline{w}_1} + w_1 f_{w_1}$$
$$= \overline{w}_1(\overline{w}_3) + w_1(w_2 + w_3)$$

相应的电路如图 4.11a 所示。假设我们用 4 选 1 多路转换器实现，用 w_2 进一步分解可得

$$f = \overline{w}_1\overline{w}_2 f_{\overline{w}_1\overline{w}_2} + \overline{w}_1 w_2 f_{\overline{w}_1 w_2} + w_1\overline{w}_2 f_{w_1\overline{w}_2} + w_1 w_2 f_{w_1 w_2}$$
$$= \overline{w}_1\overline{w}_2(\overline{w}_3) + \overline{w}_1 w_2(\overline{w}_3) + w_1\overline{w}_2(w_3) + w_1 w_2(1)$$

所得电路如图 4.11b 所示。

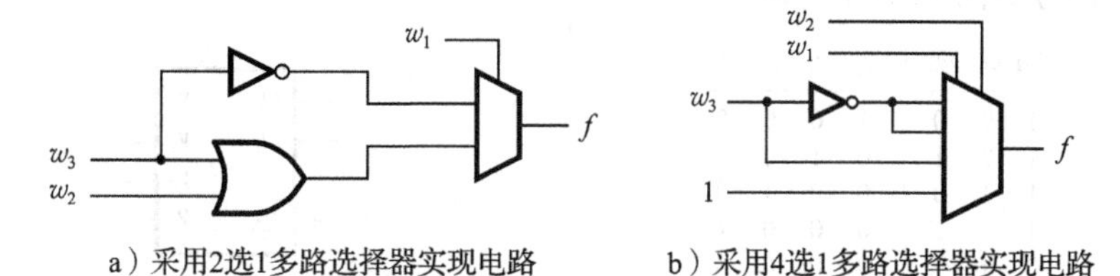

图 4.11　例 4.5 的综合电路

例 4.6　考虑 3 输入择多函数

$$f = w_1 w_2 + w_1 w_3 + w_2 w_3$$

我们希望只用 2 选 1 多路转换器来实现这个函数。针对 w_1 的香农展开为：

$$f = \overline{w}_1(w_2 w_3) + w_1(w_2 + w_3 + w_2 w_3)$$
$$= \overline{w}_1(w_2 w_3) + w_1(w_2 + w_3)$$

令 $g = w_2 w_3$ 以及 $h = w_2 + w_3$。g 和 h 相对于 w_2 的香农展开分别为：

$$g = \overline{w}_2(0) + w_2(w_3)$$
$$h = \overline{w}_2(w_3) + w_2(1)$$

对应的电路如图 4.12 所示，与通过图 4.7 中的真值表推导出的 4 选 1 多路选择器电路是等价的。

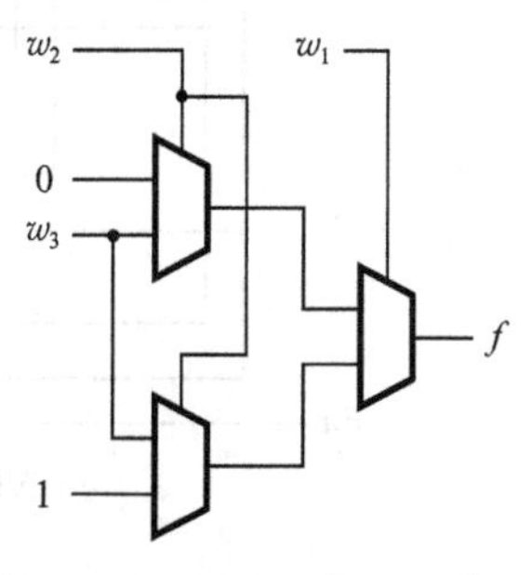

图 4.12　例 4.6 的综合电路

4.2 译码器

如图 4.13 所示的逻辑电路中包括两个输入端口 w_1 和 w_2 和 4 个输出端口 y_0、y_1、y_2 和 y_3。正如真值表所示，每一输出对应于某一输入的值，任意时刻只有一个输出为真。如输入 w_1w_0 为 00、01、10 或 11 时分别对应着输出 y_0、y_1、y_2 或 y_3 等于 1。这种类型的电路称为二进制译码器。译码器的输入表示一个二进制数，通过译码产生对应的输出。该译码器的图形符号和逻辑电路如图 4.13b 和 4.13c 所示，每个由与门驱动的输出对应着对 w_1w_0 的译码结果。

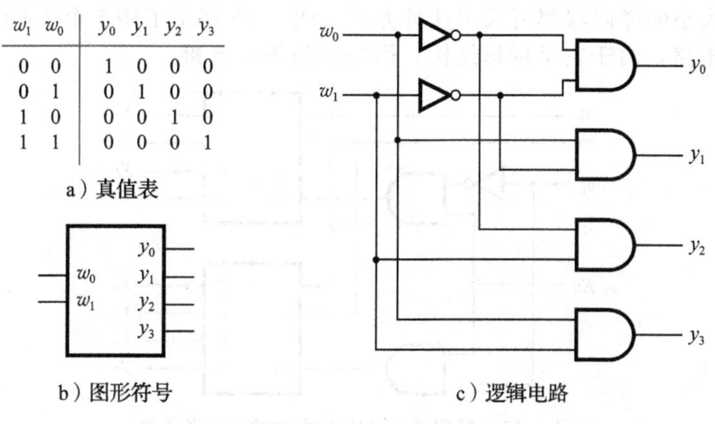

w_1	w_0	y_0	y_1	y_2	y_3
0	0	1	0	0	0
0	1	0	1	0	0
1	0	0	0	1	0
1	1	0	0	0	1

a）真值表

b）图形符号

c）逻辑电路

图 4.13　一个 2-4 译码器

译码器电路中的使能端 En 是非常有用的，如图 4.14 所示。当 $En=1$ 时，译码器正常工作，如图 4.13 所示；但是如果设置 $En=0$，译码器不能正常译码，即它的输出没有一个为真。注意真值表中只显示了 5 行，因为如果 $En=0$，则不论 w_1 和 w_0 为何值，其所有的输出都为 0。如图 4.14a 所示的真值表中反映了这点，真值表中的 x 代表其值可以为 0 也可以为 1。这种译码器的图形符号如图 4.14b 所示。图 4.14c 展示了如图 4.13c 所示的译码器电路中如何实现使能功能的。一个 n 输入的二进制译码器具有 2^n 个输出，n 到 2^n 译码器的图形符号如图 4.14d 所示。

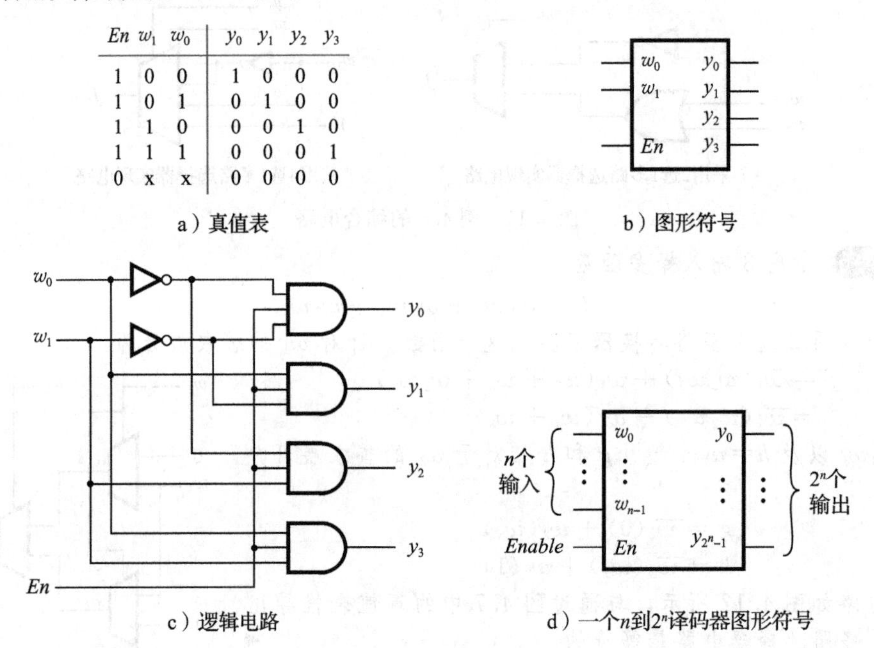

En	w_1	w_0	y_0	y_1	y_2	y_3
1	0	0	1	0	0	0
1	0	1	0	1	0	0
1	1	0	0	0	1	0
1	1	1	0	0	0	1
0	x	x	0	0	0	0

a）真值表　b）图形符号　c）逻辑电路　d）一个 n 到 2^n 译码器图形符号

图 4.14　二进制译码器

一个 k 位二进制码中有且只有 1 位取值为 1，则称为*独热码*，因为取值为 1 的称为“热”，二进制译码的输出就属于独热编码。

应该注意的是译码器的输出可以设计成高电平有效或者低电平有效。在我们的讨论中已经假设了输出高电平有效。

规模较大的译码器可以采用如图 4.14c 所示的积之和结构构建，也可以用规模较小的译码器构建。图 4.15 是用两个 2-4 译码器构建出 1 个 3-8 译码器的例子，输入信号 w_2 连接到 2 个译码器的使能端，如果 $w_2=0$，则上面的译码器工作；若 $w_2=1$，则下面的译码器工作，任意大小的译码器都可采用这种方式。图 4.16 展示了用 5 个 2-4 译码器构建 1 个 4-16 译码器的电路，由于它呈树形结构，因此称为*译码器树*。

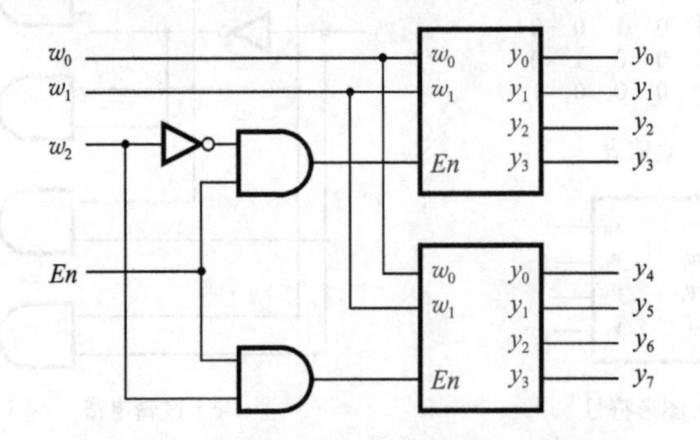

图 4.15　采用 2-4 译码器构建的 3-8 译码器

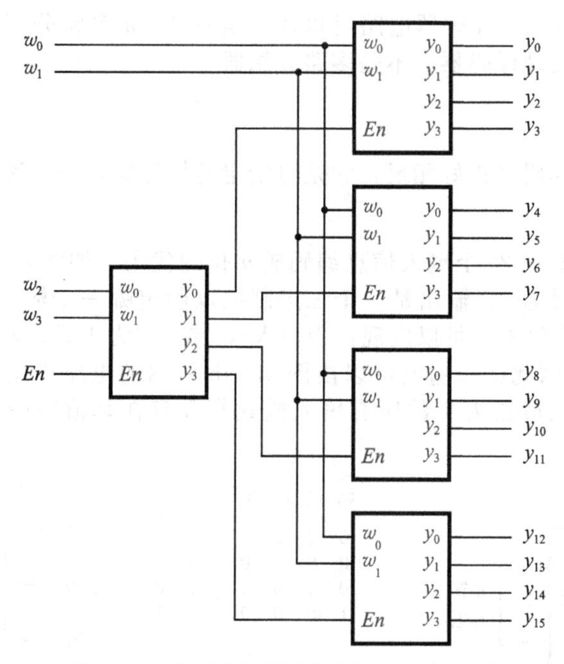

图 4.16　采用译码器树构建的 4-16 译码器

例 4.7 译码器在实际电路中得到了广泛应用。图 4.2c 中我们展示了用积之和形式实现 4-1 多路选择器，该方案需要用与门区分选择输入 s_1s_0 的四个不同的值。由于译码器的作用是判断其输入值，所以可以用于构建一个多路选择器，如图 4.17 所示。在这个例子中译码器的使能端没有用处，因而需设置为 1。译码器的 4 个输出分别代表了选择输入的 4 个值。

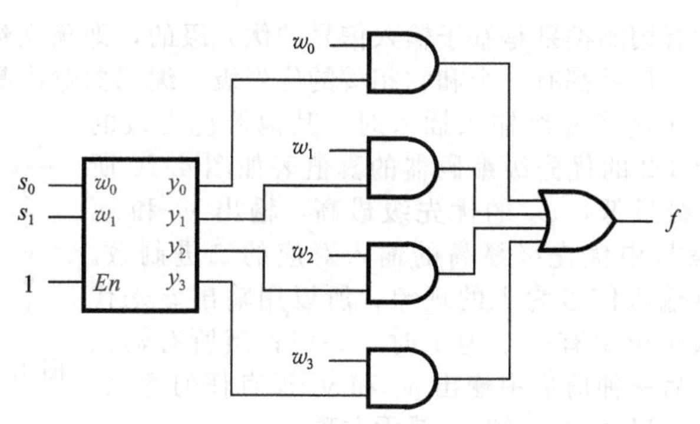

图 4.17　采用译码器构建的 4 选 1 多路选择器　◀

多路分配器

4.1 节介绍了多路选择器，它有 1 个输出、n 个数据输入以及$\lceil \log_2 n \rceil$个选择输入。多路选择器电路的功能是：在选择输入的控制下，将 n 个数据输入中的一个转接到单一的数据输出端。多路分配器的功能与此相反，它将单一的数据输入加载到多个数据输出。多路分配器可以用一个译码器电路实现。例如，如图 4.14 所示的 2-4 译码器可以用来实现 1-4 多路分配器。在这个例子中，输入端 En 作为多路分配器的数据输入，输出端 y_0 到 y_3 作为数据输出，输入 w_1w_0 的值决定将 En 的值连接到哪一个输出端。为了理解这个电路是如何工作的，观察图 4.14a 中的真值表，当 $En=0$ 时，所有的输出被置为 0，包括由 w_1w_0 选定的那个输出；当 $En=1$ 时，w_1w_0 的值设定相应的输出为 1。

一般而言，一个 $n-2^n$ 译码器电路可以用于实现 $1-n$ 多路分配器。但是，实际的译码器电路更多地用于实现译码器而不是多路分配器。

4.3　编码

编码器的功能与译码器正好相反，它是将给定的信息编码为一种更紧凑的形式。

4.3.1　二进制编码

一个二进制编码器把 2^n 个输入信息编码成 n 位的代码，如图 4.18 所示。输入信号中有且仅有一个输入信号为 1，输出是一个二进制数以确定哪一个输入等于 1。图 4.19a 中是一个 4-2 编码器的真值表，可以发现：当输入 w_1 或 w_3 为 1 时，输出 y_0 为 1；当 w_2 或 w_3 为 1 时，y_1 为 1。因此这些输出可以由图 4.19b 所示的电路产生。注意我们假设了输入是独热码，多个输入被置为 1 的所有输入模式都没有在真值表中出现，并被认为是无关项。

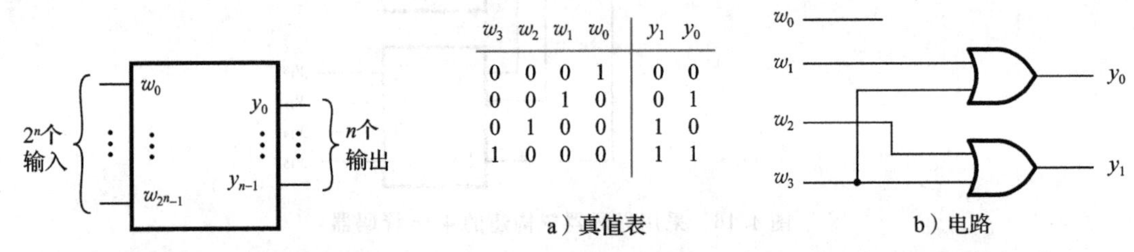

w_3	w_2	w_1	w_0	y_1	y_0
0	0	0	1	0	0
0	0	1	0	0	1
0	1	0	0	1	0
1	0	0	0	1	1

图 4.18　一个 2^n 到 n 的二进制编码器

图 4.19　一个 4-2 的二进制编码器

编码器用于减少表示给定信息的代码长度。编码器的一个实际用处是在数字系统中传输信息，信息编码后可以用较少的连线实现信息的连接。如果信息需要存储以备后续使用，则可以采用编码器，因为这样可以减少存储代码的长度。

4.3.2　优先级编码器

编码器的另一种有用的类别是基于输入信号的优先级的，即*优先级编码器*。在优先级编码器中，每一个输入信号都有一个和它相关的优先级。编码器输出具有最高优先级的有效输入信号，当有一个高优先级输入插入时，其他低优先级的输入都被忽略。一个 4-2 的优先级编码器的真值表如图 4.20 所示。假设 w_0 的优先级最低，w_3 的优先级最高，输出 y_1 和 y_0 代表输入置为 1 的信号中优先级最高的输入对应的二进制数。由于有可能存在没有输入信号为 1 的现象，所以用输出 z 来代表这种情况。当输入中至少有一个为 1 时，$z=1$；当所有输入等于 0 时，$z=0$。在后一种情形中输出 y_1 和 y_0 没有任何意义，因而真值表的第一行可以认为 y_1 和 y_0 是无关项。

w_3	w_2	w_1	w_0	y_1	y_0	z
0	0	0	0	d	d	0
0	0	0	1	0	0	1
0	0	1	x	0	1	1
0	1	x	x	1	0	1
1	x	x	x	1	1	1

图 4.20　4-2 优先级编码器的真值表

通过观察真值表的最后一行可以很容易理解优先级编码器的行为。如果输入 w_3 为 1，则输出为 $y_1y_0=11$，因为 w_3 有最高优先级，所以不用考虑输入 w_2、w_1 以及 w_0 的值。为了反映这一事实，在真值表中 w_2、w_1 以及 w_0 都用符号 x 标记。真值表中的倒数第 2 行表明如果 $w_2=1$，则输出为 $y_1y_0=10$，但是只有当 $w_3=0$ 时才成立。类似地，只有当 w_3 和 w_2 均为 0 时，输入 w_1 使输出为 $y_1y_0=01$。只有当输入 w_0 是唯一置为 1 的输入时，w_0 才使输出 $y_1y_0=00$。

可以采用第 2 章中介绍的技术将这个真值表进行综合得到相应的逻辑电路。但是存在着一个更为简便的方法：通过仔细观察上面的真值表，可以定义一系列中间信号 i_0，…，i_3，只有下标为 k 的输入信号 w_k 是所有取值为 1 的输入信号中优先级最高时，具有相同下标的信号 i_k 取值为 1，由此可得到中间信号 i_0，…，i_3 的逻辑表达式为：

$$i_0=\overline{w_3}\,\overline{w_2}\,\overline{w_1}\,w_0$$

$$i_1 = \overline{w}_3\overline{w}_2 w_1$$
$$i_2 = \overline{w}_3 w_2$$
$$i_3 = w_3$$

采用中间信号，优先编码器的其他电路结构与图 4.19 中的二进制编码器一样，即有：

$$y_0 = i_1 + i_3$$
$$y_1 = i_2 + i_3$$

输出 z 的表达式可表示为：

$$z = i_0 + i_1 + i_2 + i_3$$

4.4 代码转换器

译码器和编码器电路的目的是将一种类型的输入编码转换成另一种不同的输出编码。例如，3-8 二进制译码器将输入的二进制数字转换成独热码输出。8-3 二进制编码器进行相反的操作。还有很多其他可能的编码转换器类型，常见的例子是 BCD 码到 7 段数码管的译码器，这在 2.14 节中介绍过。一个类似的译码器通常用来显示 7 段显示器的十六进制信息，正如在 3.1.2 节中介绍的，如果长二进制数用十六进制形式表示，更易于直观处理。十六进制到 7 段数码管的译码器可以用如图 4.21所示的电路实现，数字 0 到 9 和 BCD-7 段译码器例子中的显示方式一样，数字 10 到 15 显示为 A、b、C、d、E 和 F。

我们应该注意虽然习惯上将此类电路称为译码器，但是更为适合的名字应为*代码转换器*。译码器这种叫法更多应用于产生独热码输出的电路。

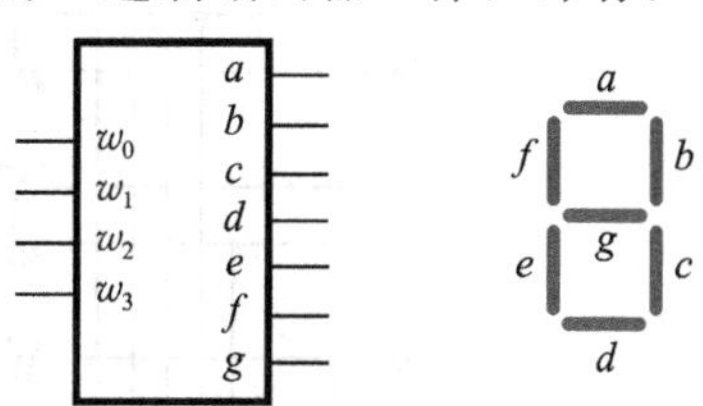

a）代码转换器　　b）7段显示器

w_3	w_2	w_1	w_0	a	b	c	d	e	f	g
0	0	0	0	1	1	1	1	1	1	0
0	0	0	1	0	1	1	0	0	0	0
0	0	1	0	1	1	0	1	1	0	1
0	0	1	1	1	1	1	1	0	0	1
0	1	0	0	0	1	1	0	0	1	1
0	1	0	1	1	0	1	1	0	1	1
0	1	1	0	1	0	1	1	1	1	1
0	1	1	1	1	1	1	0	0	0	0
1	0	0	0	1	1	1	1	1	1	1
1	0	0	1	1	1	1	1	0	1	1
1	0	1	0	1	1	1	0	1	1	1
1	0	1	1	0	0	1	1	1	1	1
1	1	0	0	1	0	0	1	1	1	0
1	1	0	1	0	1	1	1	1	0	1
1	1	1	0	1	0	0	1	1	1	1
1	1	1	1	1	0	0	0	1	1	1

c）真值表

图 4.21　一个 16 进制到 7 段显示代码转换器

4.5 算术比较电路

第 3 章中介绍了实现二进制数加法、减法以及乘法运算的算术电路。另一种有用的算术电路是比较两个二进制数字的相对大小，这样的电路称为比较器。本节将设计一个比较器，其输入为具有 n 位无符号二进制 A 和 B，而输出为 3 个信号：$AeqB$、$AgtB$ 以及 $AltB$。如果 A 和 B 相等，则 $AeqB$ 置为 1；如果 A 大于 B，则 $AgtB$ 置为 1；如果 A 小于 B，则 $AltB$ 置为 1。

可以通过构建一个真值表设计期望的比较器，该真值表定义了关于 A 和 B 的 3 种输出功能。但是，即使对于中等大小的 n，该真值表的规模也很大。更好的方法是按位成对地比较 A 和 B，我们通过一个简单的例子来说明，假设 $n=4$。

令 $A=a_3a_2a_1a_0$，$B=b_3b_2b_1b_0$。定义一系列中间变量 i_3、i_2、i_1 以及 i_0。如果具有相同下标的 A 和 B 对应位相等，则 $i_k=1$，即 $i_k=\overline{a_k \oplus b_k}$。比较器的输出 $AeqB$ 为：

$$AeqB = i_3 i_2 i_1 i_0$$

为了得到 $AgtB$ 的表达式，可以对 A 和 B 从高到低逐位比较。如果第 k 位首次出现 a_k 和 b_k 不相等，则可根据 a_k 和 b_k 的大小判定 A 大于 B 或 A 小于 B。如果 $a_k=0$、$b_k=1$，则 $A<B$；而如果 $a_k=1$、$b_k=0$，则 $A>B$。输出 $AgtB$ 可表示为：

$$AgtB = a_3\overline{b}_3 + i_3 a_2\overline{b}_2 + i_3 i_2 a_1\overline{b}_1 + i_3 i_2 i_1 a_0\overline{b}_0$$

i_k 信号确保是从左到右 A 与 B 不相等的第 1 位，并且决定了 $AgtB$ 的值。

$AltB$ 输出可以通过其他两个输出推导得到：

$$AltB = \overline{AeqB + AgtB}$$

实现 4 位比较器的逻辑电路如图 4.22 所示，这种方法可以用于设计 n 为任意值的比较器。

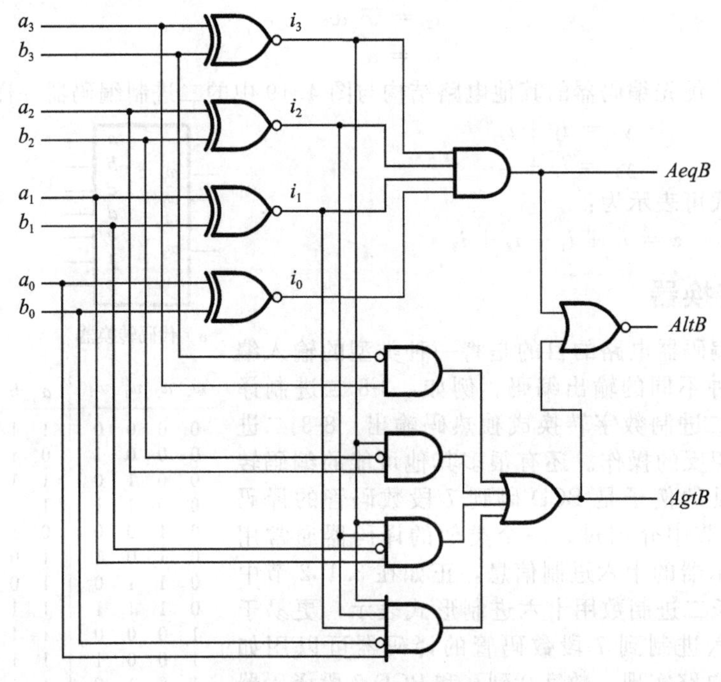

图 4.22　一个 4 位比较器电路

像大多数逻辑电路一样，比较器可以用不同的方法设计。另一种设计比较器的方法已在第 3 章例 3.9 进行了介绍。

4.6 用 Verilog 设计组合逻辑电路

在介绍了一些有用的电路单元之后，我们考虑如何用 Verilog 描述这些电路。我们将通过行为级描述而不用门级或逻辑表达式定义这些电路；同时也将对前面用到的行为级 Verilog 结构给出一个更为严格的描述，并介绍一些新的 Verilog 结构。

4.6.1 条件运算符

在逻辑电路中，常常需要根据某些条件或状态在几个可能的信号或者数值中进行选择，一个典型的例子就是多路选择器，其输出为选择输入端所选择的输入信号值。Verilog 提供了一个条件运算符(?:)可以简单地实现这种选择性电路，它根据条件表达式确定选取两个值中的一个值进行赋值。在该语法中，涉及 3 个运算数：

```
条件_表达式？真值_表达式：假值_表达式
```

如果条件_表达式等于 1(真)，则选择真值_表达式的值；否则，选择假值_表达式的值。例如，语句：

```
A = (B < C) ? (D + 5) : (D + 2);
```

意味着如果 B 小于 C，A 的值等于 $D+5$；否则 A 的值等于 $D+2$。表达式中的圆括号不是必须的，但可以提高可读性。条件运算符既可以用于 **always** 块中的连续赋值语句又可以用于过程语句中。

例 4.8 一个 2 选 1 多路选择器可以通过如图 4.23 所示的 **assign** 语句中的条件运算定义。*mux2to1* 模块具有输入信号 w_0、w_1 和 s，以及输出信号 f，信号 s 作为选择依据。如果选择输入 s 的值为 1，输出 f 等于 w_1；否则 f 等于 w_0。图 4.24 说明了如何在一个 **always** 模块里采用条件运算符定义同样的多路选择器。

```
module mux2to1 (w0, w1, s, f);
   input w0, w1, s;
   output f;

   assign f = s ? w1 : w0;

endmodule
```

图 4.23　一个采用条件运算符的 2 选 1 多路选择器

```
module mux2to1 (w0, w1, s, f);
   input w0, w1, s;
   output reg f;

   always @(w0, w1, s)
      f = s ? w1 : w0;

endmodule
```

图 4.24　一个采用条件运算符的 2 选 1 多路选择器的另一种描述

同样的方法可以用于定义图 4.2 中的 4 选 1 多路选择器。正如图 4.2b 的真值表所示，如果选择输入信号 $s_1=1$，则 f 的值由 s_0 确定为 w_2 或 w_3；同理，如果 $s_1=0$，则 f 的值为 w_0 或 w_1。图 4.25 展示了如何用嵌套的条件运算符定义该函数。模块名为 *mux4to1*，其中选择输入为两位向量 S。第一个条件表达式用于检测 s_1 的值。如果 $s_1=1$，则检测 s_0 的值：当 $s_0=1$ 时，则 $f=w_3$；当 $s_0=0$ 时，则 $f=w_2$，这对应于图 4.2b 中的真值表中的第 3 行和第 4 行。同理，如果 $s_1=0$，则 f 由右边的条件运算符决定：当 $s_0=1$ 时，$f=w_1$；当 $s_0=0$ 时，$f=w_0$，这实现了真值表中的前两行。

```
module mux4to1 (w0, w1, w2, w3, S, f);
   input w0, w1, w2, w3;
   input [1:0] S;
   output f;

   assign f = S[1] ? (S[0] ? w3 : w2) : (S[0] ? w1 : w0);

endmodule
```

图 4.25　采用条件运算符描述 4 选 1 多路选择器　◀

4.6.2　IF-ELSE 语句

在前面的章节中已经使用过 **if-else** 语句，其语法为：

if (条件表达式)语句;
else 语句;

条件表达式可以采用表 A.1 中给出的运算符，如果表达式的值为真，则执行第一个语句(或者用 begin 和 end 关键字描述的一个语句模块)，否则就执行第二个语句(或为一个语句模块)。

例 4.9　图 4.26 展示了如何用 **if-else** 语句描述一个 2 选 1 多路选择器。**if** 语句表明当 $s=0$ 时，$f=w_0$，否则 $f=w_1$。

```
module mux2to1 (w0, w1, s, f);
   input w0, w1, s;
   output reg f;

   always @(w0, w1, s)
      if (s == 0)
         f = w0;
      else
         f = w1;

endmodule
```

图 4.26　采用 if-else 语句描述 2 选 1 多路选择器代码

if-else 语句可以用来实现大型的多路选择器。如图 4.27 所示即为用该语句描述的 4 选 1 多路选择器。**if-else** 语句根据 S 的值确定 f 的值为输入 w_0、w_1、w_2 和 $w3$ 中的某一个值。

另一种定义同一个电路的方法如图 4.28 所示。在这个例子中，定义了一个 4 位向量 W 而不是单一信号 w_0、w_1、w_2 以及 w_3；并且 S 的 4 个不同的值定义为十进制数而不是二进制数。

```
module mux4to1 (w0, w1, w2, w3, S, f);
   input w0, w1, w2, w3;
   input [1:0] S;
   output reg f;

   always @(*)
      if (S == 2'b00)
         f = w0;
      else if (S == 2'b01)
         f = w1;
      else if (S == 2'b10)
         f = w2;
      else
         f = w3;

endmodule
```

图 4.27 采用 if-else 语句描述 4 选 1 多路选择器代码

```
module mux4to1 (W, S, f);
   input [0:3] W;
   input [1:0] S;
   output reg f;

   always @(W, S)
      if (S == 0)
         f = W[0];
      else if (S == 1)
         f = W[1];
      else if (S == 2)
         f = W[2];
      else
         f = W[3];

endmodule
```

图 4.28 4 选 1 多路选择器的另一种描述 ◀

例 4.10 图 4.4 展示了如何通过采用 5 个 4 选 1 多路选择器构建 1 个 16 选 1 多路选择器，图 4.29 为相应的 Verilog 代码。模块 *mux16to1* 的数据输入是一个 16 位向量 W，选择输入是 4 位向量 S。在 Verilog 代码中，4 个 4 选 1 多路选择器的输出信号的名称如图 4.4左边所示，采用 4 位向量 M 表示。第一个多路选择器的实例 *Mux*1 对应于图 4.4 左上角的多路选择器，它的前 4 个端口由信号 $W[0]$，…，$W[3]$ 驱动；语句中 $S[1:0]$用于连接信号 $S[1]$和 $S[0]$到 *mux4to*1 模块的两位 S 的端口；信号 $M[0]$与多路选择器的输出端口相连。同理 *Mux*2、*Mux*3 以及 *Mux*4 是图 4.4 左边接下来的 3 个多路选择器实例。图 4.4 右边的多路选择器用 *Mux*5 实例化，信号 $M[0]$，…，$M[3]$连接到它的数据输入端，$S[3]$、$S[2]$连接到选择输入端。输出端口即为 *mux16to*1 的输出 f。编译这些代码可以得到多路选择器函数：

```
module mux16to1 (W, S, f);
   input [0:15] W;
   input [3:0] S;
   output f;
   wire [0:3] M;

   mux4to1 Mux1 (W[0:3], S[1:0], M[0]);
   mux4to1 Mux2 (W[4:7], S[1:0], M[1]);
   mux4to1 Mux3 (W[8:11], S[1:0], M[2]);
   mux4to1 Mux4 (W[12:15], S[1:0], M[3]);
   mux4to1 Mux5 (M[0:3], S[3:2], f);

endmodule
```

图 4.29 16 选 1 多路选择器层次化代码

$$f = \bar{s}_3\bar{s}_2\bar{s}_1\bar{s}_0 w_0 + \bar{s}_3\bar{s}_2\bar{s}_1 s_0 w_1 + \bar{s}_3\bar{s}_2 s_1\bar{s}_0 w_2 + \cdots + s_3 s_2 s_1\bar{s}_0 w_{14} + s_3 s_2 s_1 s_0 w_{15}$$

由于在图 4.29 所示的描述中实例化了 *mux4to*1 模块，所以必须在 *mux16to*1 文件中包括如图 4.28 所示的代码或者将 *mux4to*1 模块放置于同一个目录或者一个指定路径目录下的不同文件中，以便 Verilog 编译器可以找到它。观察到如果将图 4.27 所示代码用作所需的 *mux4to*1 模块，则不得不分别列出所有端口，即 $W[0]$、$W[1]$、$W[2]$、$W[3]$，而不是向量 $W[0:3]$。 ◀

4.6.3 CASE 语句

if-else 语句提供了一种根据表达式的值选择两者之一的方法。当存在很多种可能的选择时，基于这种语句的代码读起来可能会变得很繁杂。相反，这种情况常常可以使用 Verilog 中的 **case** 语句，该语句定义为：

```
case (表达式)
   选择1: 语句;
   选择2: 语句;
   .
   .
   .
   选择j: 语句;
   [default: 语句;]
endcase
```

将控制表达式的值和每个选择语句的值按位进行比较，当有一个或多个选择匹配时，只执行第一个匹配的语句。当指定的选择不能包含控制表达式的所有可能值时，就必须包含 **default** 语句，否则 Verilog 编译器会综合存储器单元以处理未定义情况。我们将会在第 5 章讨论这个问题。

例 4.11 **case** 语句可以用来定义如图 4.30 所示的 4 选 1 多路选择器。选择向量 S 的四个值以十进制数的形式给出，但是它们也可以以二进制数的形式给出。◀

例 4.12 图 4.31 展示了如何用 **case** 语句描述一个 2-4 译码器的真值表，这个模块叫做 *dec2to4*。数据输入是一个 2 位向量 W，使能输入是 En，4 位的向量 Y 代表 4 个输出。

```
module mux4to1 (W, S, f);
   input [0:3] W;
   input [1:0] S;
   output reg f;

   always @(W, S)
      case (S)
         0: f = W[0];
         1: f = W[1];
         2: f = W[2];
         3: f = W[3];
      endcase

endmodule
```

图 4.30 采用 **case** 语句定义的 4 选 1 多路选择器

```
module dec2to4 (W, En, Y);
   input [1:0] W;
   input En;
   output reg [0:3] Y;

   always @(W, En)
      case ({En, W})
         3'b100: Y = 4'b1000;
         3'b101: Y = 4'b0100;
         3'b110: Y = 4'b0010;
         3'b111: Y = 4'b0001;
         default: Y = 4'b0000;
      endcase

endmodule
```

图 4.31 2-4 译码器的 Verilog 代码

在图 4.14a 所示译码器的真值表中，输入信号以 En、w_1、w_0 的顺序列出。为了在控制表达式中表示这 3 个信号，Verilog 代码用连接运算符将 En 和 W 信号组合成 3 位的向量。**case** 语句中的 4 个选项对应于图 4.14a 中 $En=1$ 的真值表，译码器的输出具有和真值表的前 4 排一样的模式。最后一个语句采用了 **default** 关键字，并且将译码器的输出置为 0000，因为它代表了其他所有的情况，也即 $En=0$ 的那些情况。◀

例 4.13 2-4 译码器可以结合图 4.32 中给出的 **if-else** 以及 **case** 语句进行定义。如果 $En=0$，则输出 Y 的所有 4 位都置为 0；如果 $En=1$，则运行 **case** 条件语句。

```
module dec2to4 (W, En, Y);
   input [1:0] W;
   input En;
   output reg [0:3] Y;

   always @(W, En)
   begin
      if (En == 0)
         Y = 4'b0000;
      else
         case (W)
            0: Y = 4'b1000;
            1: Y = 4'b0100;
            2: Y = 4'b0010;
            3: Y = 4'b0001;
         endcase
   end

endmodule
```

图 4.32 2-4 译码器的另一种 Verilog 代码 ◀

例 4.14 可以用图 4.33 的代码定义图 4.16 所示的 4-16 译码器的树结构。输入信号是 4 位的矢量 W 以及 1 个使能信号 En，输出用 16 位的矢量 Y 表示。采用 5 个实例化图 4.31或图 4.32 中所定义的 2-4 译码器构建电路。图 4.16 最左边译码器的输出用图 4.33 中的 4 位矢量 M 表示。

```
module dec4to16 (W, En, Y);
  input [3:0] W;
  input En;
  output [0:15] Y;
  wire [0:3] M;

  dec2to4 Dec1 (W[3:2], M[0:3], En);
  dec2to4 Dec2 (W[1:0], Y[0:3], M[0]);
  dec2to4 Dec3 (W[1:0], Y[4:7], M[1]);
  dec2to4 Dec4 (W[1:0], Y[8:11], M[2]);
  dec2to4 Dec5 (W[1:0], Y[12:15], M[3]);

endmodule
```

图 4.33　4-16 译码器的 Verilog 代码

◀

例 4.15 图 4.34 中给出采用 **case** 语句的另一个例子，模块 *seg7* 表示图 4.21 中的十六进制 7 段译码器。用 4 位的矢量表示十六进制输入，也即 *hex*；7 位的矢量代表 7 个输出，也即 *leds*。根据图 4.21c 中的真值表列出了 **case** 选择语句，注意 **case** 语句的右边有一个注释，该注释用字母 a 到 g 标记 7 个输出。这些标记给读者提示了 Verilog 中 *leds* 矢量与图 4.21b 中的 7 段码间的关系。

```
module seg7 (hex, leds);
  input [3:0] hex;
  output reg [1:7] leds;

  always @(hex)
    case (hex)   //abcdefg
       0: leds = 7'b1111110;
       1: leds = 7'b0110000;
       2: leds = 7'b1101101;
       3: leds = 7'b1111001;
       4: leds = 7'b0110011;
       5: leds = 7'b1011011;
       6: leds = 7'b1011111;
       7: leds = 7'b1110000;
       8: leds = 7'b1111111;
       9: leds = 7'b1111011;
      10: leds = 7'b1110111;
      11: leds = 7'b0011111;
      12: leds = 7'b1001110;
      13: leds = 7'b0111101;
      14: leds = 7'b1001111;
      15: leds = 7'b1000111;
    endcase

endmodule
```

图 4.34　16 进制 7 段译码器的代码

◀

例 4.16 算术逻辑单元(ALU)是一个对 n 位操作数进行布尔和算术操作的逻辑电路。表 4.1 展示了一个大家所熟知的具有简单 ALU 的功能的芯片 74381，该芯片是 7400 系列中的一种标准芯片。这个 ALU 有 2 个 4 位数据输入 A 和 B、1 个 3 位选择输出 S 以及 1 个 4 位输出 F。由该表可以看出，F 的值由输入 A 和 B 的多种算术和布尔运算确定。在这个表中，“+”表示加法运算，“−”表示减法运算。为了避免混淆，表中利用字符 XOR、OR 和 AND 表示布尔操作，每个布尔操作按位运算。例如，$F=A$ AND B 产生了 4 位结果 $f_0=a_0b_0$、$f_1=a_1b_1$、$f_2=a_2b_2$ 以及 $f_3=a_3b_3$。

图 4.35 展示了 74381 ALU 的功能的 Verilog 代码描述，其中的 **case** 语句直接对应于表 4.1。

表 4.1　74381 ALU 的功能表

操作类型	输入 $s_2\ s_1\ s_0$	输出 F
清零	0 0 0	0 0 0 0
$B-A$	0 0 1	$B-A$
$A-B$	0 1 0	$A-B$
ADD	0 1 1	$A+B$
XOR	1 0 0	A XOR B
OR	1 0 1	A OR B
AND	1 1 0	A AND B
复位	1 1 1	1 1 1 1

```
// 74381 ALU
module alu (S, A, B, F);
  input [2:0] S;
  input [3:0] A, B;
  output reg [3:0] F;

  always @(S, A, B)
    case (S)
      0: F = 4'b0000;
      1: F = B - A;
      2: F = A - B;
      3: F = A + B;
      4: F = A ^ B;
      5: F = A | B;
      6: F = A & B;
      7: F = 4'b1111;
    endcase

endmodule
```

图 4.35　芯片 74381 ALU 功能的 Verilog 描述

casex 和 casez 语句

到目前为止，我们考虑的逻辑电路均采用逻辑 0 和 1 进行运算。当以真值表形式表示这些电路的功能时，有时会遇到这样的情况：不管给定逻辑变量值是 0 还是 1，均不会影响电路的功能，正如我们在图 4.14a 和图 4.20 中所看到的。习惯上用字母 x 代表这种情况，其中 x 表示一个不定值。

实现一个产生 3 种不同类型的输出信号的电路也是可能的。除了通常的 0 和 1 之外，还存在第三种数值，这表明输出没有连接到任何确定的电平。在这种情况下，输出类似于开路，如同在附录 B 中的解释，我们称输出处于高阻状态，通常用字母 z 表示。

因此，在 Verilog 中，一个信号可以有 4 种可能的逻辑值：0、1、z 及 x。z 和 x 也可以用大写字母 Z 和 X 表示。在 **case** 语句中，**case** 选择语句可以采用逻辑值 0、1、z 以及 x。逐位比较以确定表达式和选择之间的匹配。

Verilog 提供了 **case** 语句的其他两种形式(用不同的方式对待 z 和 x 的值)，**casez** 语句将 **case** 选择和控制表达式中的所有 z 作为无关项对待，而 **casex** 语句将所有的 z 和 x 值作为无关项。

例 4.17　图 4.36 给出了图 4.20 中所定义的优先级编码器的 Verilog 代码。所需的优先级方案可以通过采用 **casex** 语句实现。第一个选项表明当输入 $w_3=1$ 时，输出置为 $y_1y_0=3$，该值与输入 w_2、w_1 或 w_0 无关，因此不用关心 w_2、w_1 或 w_0 的值。只有当 $w_3=0$ 时，**casex** 语句中的其他选项才会被执行。第二个选择状态为当 $w_2=1$ 时，$y_1y_0=2$；如果 $w_2=0$，则接下来的选项将会是当 $w_1=1$ 时，$y_1y_0=1$。如果 $w_3=$

```
module priority (W, Y, z);
  input [3:0] W;
  output reg [1:0] Y;
  output reg z;

  always @(W)
  begin
    z = 1;
    casex (W)
      4'b1xxx: Y = 3;
      4'b01xx: Y = 2;
      4'b001x: Y = 1;
      4'b0001: Y = 0;
      default: begin
                 z = 0;
                 Y = 2'bx;
               end
    endcase
  end

endmodule
```

图 4.36　优先级编码器的 Verilog 代码

$w_2=w_1=0$ 并且 $w_0=1$ 时，第四个选项有效，其输出为 $y_1y_0=0$。

不论何时，在至少有一个数据输入为 1 时，优先编码器的输出 z 必须置为 1。**always** 块里，在 **casex** 语句之外，这个输出被置为 1。如果 4 个选项中没有和 W 的值相匹配的，那么 **default** 语句将会改变 z 值，并将它置为 0。**default** 语句表明输出 Y 可以设置为任意模式(因为这种状况会被忽略)。◀

4.6.4 for 循环

如果一个电路结构表现出某种规律性，则可以方便地用 for 循环定义这个电路。我们在 3.5.4 节介绍了 **for** 循环语句。**for** 循环对于行波进位加法器的通用规范是很有用的。**for** 循环的语法是：

for(初始值; 结束条件; 变量增值)执行语句;

将一个循环控制变量(变量类型必须是整数型)设置为初始值，并用于执行语句中或关键词 **begin** 和 **end** 间的语句块中。每次迭代后，控制变量根据变量增值要求发生改变，在控制变量达到终点指标后，迭代结束。

与高级汇编语言中的 **for** 循环不同，Verilog 中的 **for** 循环不会指定逐次循环迭代中发生的改变；相反地，在每次迭代中它都指定一个不同的子电路。图 3.25 中，**for** 循环用来定义级联全加器子电路构成一个 n 位行波进位加法器。如同接下来阐述的两个例子，**for** 循环可以用于定义多种其他结构。

例 4.18 图 4.37 展示了如何用 **for** 循环详细定义一个 2-4 的译码器电路。循环的作用就是对于 $k=0, \cdots, 3$ 重复执行 **if-else** 语句 4 次。如果 $W=0$ 及 $En=1$，第一次循环迭代令 $y_0=1$。类似地，其他 3 个迭代根据 W 和 En 的值确定 y_1、y_2 及 y_3 的值。

根据需要增加矢量 W 和 Y 的大小，并且令 k 的终值为 $n-1$(即 $k=n-1$)，就可定义一个大型的 n 到 2^n 的译码器。◀

例 4.19 可以用如图 4.38 所示的 Verilog 代码描述图 4.20 中的优先级编码器。在 **always** 块中，输出位 y_1 和 y_0 首先被置为无关状态，并且 z 清零；如果 4 个输入 $w_3, \cdots, w_0$ 中有一个或多个信号等于 1，**for** 循环将会把 y_1y_0 的值置为等于 1 的最高优先级输入值。注意每个通过循环的逐次迭代都和更高优先级相对应。Verilog 语法定义 **always** 块中被多重赋值的信号保持为最后一次的赋值，因此，和等于 1 的最高优先级输入对应的迭代将会推翻任何一个在先前迭代中的 Y 值。

```
module dec2to4 (W, En, Y);
  input [1:0] W;
  input En;
  output reg [0:3] Y;
  integer k;

  always @(W, En)
    for (k = 0; k <= 3; k = k+1)
      if ((W == k) && (En == 1))
        Y[k] = 1;
      else
        Y[k] = 0;

endmodule
```

图 4.37 采用 for 循环定义的 2-4 二进制译码器

```
module priority (W, Y, z);
  input [3:0] W;
  output reg [1:0] Y;
  output reg z;
  integer k;

  always @(W)
  begin
    Y = 2'bx;
    z = 0;
    for (k = 0; k < 4; k = k+1)
      if (W[k])
      begin
        Y = k;
        z = 1;
      end
  end

endmodule
```

图 4.38 采用 for 循环定义的优先级编码器 ◀

4.6.5 Verilog 运算符

本节将要讨论对于分析逻辑电路很有用的 Verilog 运算符。表 4.2 成组地列出了反映了执行操作运算类型的这些运算符。更完整的运算符列表如表 A.1 所示。

表 4.2 Verilog 运算符

<table>
<tr><th>运算符类型</th><th>运算符符号</th><th>运算执行效果</th><th>操作数数量</th></tr>
<tr><td rowspan="5">按位运算</td><td>~</td><td>取反</td><td>1</td></tr>
<tr><td>&</td><td>按位与</td><td>2</td></tr>
<tr><td>|</td><td>按位或</td><td>2</td></tr>
<tr><td>^</td><td>按位异或</td><td>2</td></tr>
<tr><td>~^或^~</td><td>按位同或</td><td>2</td></tr>
<tr><td rowspan="3">逻辑运算</td><td>!</td><td>取反</td><td>1</td></tr>
<tr><td>&&</td><td>与</td><td>2</td></tr>
<tr><td>||</td><td>或</td><td>2</td></tr>
<tr><td rowspan="6">缩减运算</td><td>&</td><td>缩减与</td><td>1</td></tr>
<tr><td>~&</td><td>缩减与非</td><td>1</td></tr>
<tr><td>|</td><td>缩减或</td><td>1</td></tr>
<tr><td>~|</td><td>缩减或非</td><td>1</td></tr>
<tr><td>^</td><td>缩减异或</td><td>1</td></tr>
<tr><td>~^或^~</td><td>缩减同或</td><td>1</td></tr>
<tr><td rowspan="5">算术运算</td><td>+</td><td>加法</td><td>2</td></tr>
<tr><td>−</td><td>减法</td><td>2</td></tr>
<tr><td>−</td><td>补码</td><td>1</td></tr>
<tr><td>*</td><td>乘法</td><td>2</td></tr>
<tr><td>/</td><td>除法</td><td>2</td></tr>
<tr><td rowspan="4">关系运算</td><td>></td><td>大于</td><td>2</td></tr>
<tr><td><</td><td>小于</td><td>2</td></tr>
<tr><td>>=</td><td>大于等于</td><td>2</td></tr>
<tr><td><=</td><td>小于等于</td><td>2</td></tr>
<tr><td rowspan="2">等式运算</td><td>==</td><td>逻辑等于</td><td>2</td></tr>
<tr><td>!=</td><td>逻辑不等于</td><td>2</td></tr>
<tr><td rowspan="2">移位运算</td><td>>></td><td>右移</td><td>2</td></tr>
<tr><td><<</td><td>左移</td><td>2</td></tr>
<tr><td>位连接运算</td><td>{,}</td><td>连接</td><td>任意数量</td></tr>
<tr><td>复制运算</td><td>{{}}</td><td>复制</td><td>任意数量</td></tr>
<tr><td>条件运算</td><td>?:</td><td>条件</td><td>3</td></tr>
</table>

为了解释由多种运算产生的结果，我们将会用到 3 位矢量 $A[2:0]$、$B[2:0]$及 $C[2:0]$，以及标量 f 和 w。

按位运算

按位运算是对操作数的每一位进行运算。“~”运算指对操作数的每位取反，因此语句：

```
C = ~A;
```

产生的结果为：$c_2=\overline{a}_2$、$c_1=\overline{a}_1$ 以及 $c_0=\overline{a}_0$，其中 a_i 和 c_i 分别是矢量 A 和 C 的第 i 位。

大部分的按位运算指的是对应位间的运算。语句：

```
C = A & B;
```

产生的结果为：$c_2=a_2 \cdot b_2$，$c_1=a_1 \cdot b_1$ 以及 $c_0=a_0 \cdot b_0$。类似地，“|”和“^”运算

符是逐位的或和异或运算。“^~” 运算符(也可以被写为 “~^”)则为逐位同或运算。因此，语句：

```
C = A ~^ B;
```

产生的结果为：$c_2=\overline{a_2 \oplus b_2}$、$c_1=\overline{a_1 \oplus b_1}$ 以及 $c_0=\overline{a_0 \oplus b_0}$。如果操作数具有不同的位宽，则通过给小位宽操作数的左边填充 0 进行扩展。

一个标量函数的值可以赋值为两个矢量操作数的按位运算结果。在这种情况下，运算中只涉及操作数的最低有效位。因此，语句：

```
f = A ^ B;
```

产生的结果为：$f=a_0 \oplus b_0$。

按位运算可能涉及包含未知逻辑值 x 的操作数。这种运算可以根据图 4.39 所示的真值表进行操作。例如，如果 P＝4'b101x 以及 Q＝4'b1001，那么 P&Q＝4'b100x 以及 P | Q＝4'b1011。

&	0	1	x
0	0	0	0
1	0	1	x
x	0	x	x

|	0	1	x
0	0	1	x
1	1	1	1
x	x	1	x

^	0	1	x
0	0	1	x
1	1	0	x
x	x	x	x

~^	0	1	x
0	1	0	x
1	0	1	x
x	x	x	x

图 4.39　按位运算真值表

逻辑运算符

当操作数为标量时，运算符 “!” 和 “~” 等效，因此 f＝! w＝~w。但是，当操作数为矢量时，这两个运算符的运算结果却不一样。如果：

```
f = !A;
```

则当且仅当 A 的所有位都等于 0(假)时，f 才会等于 1(真)。所以，$f=\overline{a_2+a_1+a_0}$。

运算符 “&&” 实现了逻辑与运算，因此：

```
f = A && B;
```

产生的结果是 $f=(a_2+a_1+a_0)\cdot(b_2+b_1+b_0)$。类似地，在下面的语句中采用了 “||” 运算符：

```
f = A || B;
```

得到的结果为 $f=(a_2+a_1+a_0)+(b_2+b_1+b_0)$。

缩减运算符

缩减运算符对单个矢量操作数的位之间进行运算，其结果缩减为一位二进制数。对 A 进行 & 运算，有：

```
f = &A;
```

产生的结果为 $f=a_2 \cdot a_1 \cdot a_0$。类似地，有：

```
f = ^A;
```

产生的结果为 $f=a_2 \oplus a_1 \oplus a_0$，以此类推。

算术运算符

我们在第 3 章已经遇到过算术运算符，它们实现的是标准算术操作，因此：

```
C = A + B;
```

表示将 A 加 B 的 3 位和赋给 C。而：

```
C = A - B;
```

表示将 A 和 B 的差赋给 C。运算：

```
C = -A;
```

表示将 A 的所有位取反后赋给 C。

大多数 CAD 综合工具都支持加法、减法以及乘法运算，但是，通常不支持除法运算。当 Verilog 编译器遇到一个算术符时，通常是从库中调用一个适当的模型进行综合。

关系运算符

关系运算符通常作为条件表达式用在 **if-else** 和 **for** 语句中，这些运算符和 C 语言中相应的运算符具有相同的意思。当进行关系运算时，表达式的值为真则返回 1；如果表达式的值为假则返回 0。如果运算数中有任何 x(未知量)或者 z 时，则表达式的值为 x。

例 4.20 图 4.40 展示了在 **if-else** 语句中如何使用关系运算符。所定义的电路是在 4.5 节中描述的 4 位比较器。◀

```
module compare (A, B, AeqB, AgtB, AltB);
   input [3:0] A, B;
   output reg AeqB, AgtB, AltB;

   always @(A, B)
   begin
      AeqB = 0;
      AgtB = 0;
      AltB = 0;
      if (A == B)
         AeqB = 1;
      else if (A > B)
         AgtB = 1;
      else
         AltB = 1;
   end

endmodule
```

图 4.40　4 位比较器的 Verilog 代码

等式运算符

如果 A 和 B 相等，表达式(A==B)为真，反之为假。“!=”运算符具有相反的作用，如果任何一个操作数中包含有 x 或 z 值，则结果可能为不定值(x)。

移位运算符

一个矢量操作数可以向右或者左移动一个常量的位数，当进行移位时，空位用 0 填补。例如：

```
B = A << 1;
```

其结果为 $b_2=a_1$、$b_1=a_0$ 及 $b_0=0$。类似地有：

```
B = A >> 2;
```

其结果为 $b_2=b_1=0$ 以及 $b_0=a_2$。

位连接运算符

位连接运算符把两个或更多矢量连接在一起形成一个更大的矢量。如：

```
D = {A, B};
```

定义了一个 6 位的矢量 $D=a_2a_1a_0b_2b_1b_0$。类似地，位连接操作：

```
E = {3'b111, A, 2'b00};
```

产生了一个 8 位矢量 $E=111a_2a_1a_000$。

复制运算符

该运算符允许对于同一个矢量进行重复连接，重复的次数在重复常量中进行说明。例如，{3{A}}等价于{A, A, A}。规范{4{2'b10}}产生了 8 位矢量 10101010。

复制运算符可以和连接操作一起使用。例如，{2{A}, 3{B}}等价于{A, A, B, B, B}。我们分别在 3.5.6 节和 3.5.8 节介绍了连接与复制运算，并且介绍了它们在加法器电路中的应用。

条件运算符

条件运算符在 4.6.1 节已经详细讨论过了。

运算符优先级

假设 Verilog 运算符的优先级如表 4.3 中所示。优先级的顺序从上到下：最上排的运算符具有最高的优先级，最下排的运算符具有最低优先级，在同一排中列出的运算符具有相同的优先级。

设计者可以用圆括号改变 Verilog 代码中运算符的优先级顺序或者消除任何可能的误解。采用圆括号是一个不错的选择，可以使代码清晰易懂并且易读。

表 4.3　*Verilog* 运算符的优先级

运算符类型	运算符符号	优先级
补集	! ~ −	最高优先级
算术	* / + −	
移位	<< >>	
关系	< <= > >=	
等式	== !=	
缩减	& ~& ^ ~^ | ~|	
逻辑	&& ||	
条件	?:	最低优先级

4.6.6 生成块结构

3.5.4 节我们介绍了生成块循环可以用来形成多个子电路实例的能力，子电路可以由

generate 和 **endgenerate** 关键词组成的块语句定义。采用生成块索引变量，子电路可以多次实例化。这个变量用关键字 **genvar** 定义，并且只能是正整数，不能使用定义为一般整数的变量。

例 4.21 图 4.41 展示了如何用生成块结构定义一个 *n* 位加法器。子电路是一个在图 3.18介绍的原始门结构全加器，**for** 循环使全加器模块实例化 *n* 次。

在这个例子中，生成块中的 **for** 循环用于控制产生目标的选择。生成块还可以包含 **if-else** 和 **case** 语句以确定产生的目标。 ◀

4.6.7 任务与函数

在高级汇编语言中，采用子程序和函数避免给定程序中重复用到的特定程序的定义。Verilog 语言提供了类似的功能，即给出众所周知的任务与函数，使大型的设计模块化，并且使 Verilog 代码更加容易理解。

Verilog 任务

一个任务由关键词 **task** 开始，由一系列以关键词 endtask 结束的块语句组成。任务必须包含在调用它的模块里，需要有输入输出端口。这些端口不是包含任务的模块的端口，而是用于将外部连接到模块。任务端口只用于实现模块和任务之间值的传输。

例 4.22 图 4.29 展示了一个 16 选 1 多路选择器的 Verilog 代码，它将 5 个 4 选 1 多路选择器电路进行实例化，这些 4 选 1 多路选择器的模块名为 *mux4to1*。同样的电路可以通过采用图 4.42 所示的任务方法描述，可以看出两者间的主要差别。任务 *mux4to1* 包含在模块 *mux16to1* 内，通过一个适当的 **case** 语句方式从 **always** 块中调用。任务的输出必须是一个变量，因此 *g* 是一个寄存器类型。

```
module addern (carryin, X, Y, S, carryout);
   parameter n = 32;
   input carryin;
   input [n-1:0] X, Y;
   output [n-1:0] S;
   output carryout;
   wire [n:0] C;

   genvar k;
   assign C[0] = carryin;
   assign carryout = C[n];
   generate
      for (k = 0; k < n; k = k+1)
      begin: fulladd_stage
         wire z1, z2, z3; //全加器内部连线
         xor (S[k], X[k], Y[k], C[k]);
         and (z1, X[k], Y[k]);
         and (z2, X[k], C[k]);
         and (z3, Y[k], C[k]);
         or (C[k+1], z1, z2, z3);
      end
   endgenerate

endmodule
```

图 4.41 采用 generate 环定义一个 *n* 位的行波加法器

```
module mux16to1 (W, S16, f);
   input [0:15] W;
   input [3:0] S16;
   output reg f;

   always @(W, S16)
      case (S16[3:2])
         0: mux4to1 (W[0:3], S16[1:0], f);
         1: mux4to1 (W[4:7], S16[1:0], f);
         2: mux4to1 (W[8:11], S16[1:0], f);
         3: mux4to1 (W[12:15], S16[1:0], f);
      endcase

   // 定义4选1多路选择器的任务
   task mux4to1;
      input [0:3] X;
      input [1:0] S4;
      output reg g;

      case (S4)
         0: g = X[0];
         1: g = X[1];
         2: g = X[2];
         3: g = X[3];
      endcase
   endtask

endmodule
```

图 4.42 采用任务的 Verilog 代码 ◀

Verilog 函数

一个函数由关键字 **function** 开始，由一系列以关键字 **endfunction** 结束的块语句组成。

函数必须至少具有一个输入并且返回单个值，该单个值置于函数调用的位置。

例 4.23 图 4.43 展示了如何用函数编写如图 4.42 所示代码对应的电路的 Verilog 代码。Verilog 编译器必须将函数体插入到每一个调用的位置。因此语句：

```
0: f = mux4to1 (W[0:3], S16[1:0]);
```

变化为：

```
0: case (S16[1:0])
      0: f = W[0];
      1: f = W[1];
      2: f = W[2];
      3: f = W[3];
   endcase
```

函数使用起来很方便，可以使 16 选 1 模块变得更加紧凑。◀

```
module mux16to1 (W, S16, f);
  input [0:15] W;
  input [3:0] S16;
  output reg f;

  //用函数定义4选1多路选择器
  function mux4to1;
    input [0:3] X;
    input [1:0] S4;

    case (S4)
      0: mux4to1 = X[0];
      1: mux4to1 = X[1];
      2: mux4to1 = X[2];
      3: mux4to1 = X[3];
    endcase
  endfunction

  always @(W, S16)
    case (S16[3:2])
      0: f = mux4to1 (W[0:3], S16[1:0]);
      1: f = mux4to1 (W[4:7], S16[1:0]);
      2: f = mux4to1 (W[8:11], S16[1:0]);
      3: f = mux4to1 (W[12:15], S16[1:0]);
    endcase

endmodule
```

图 4.43 采用函数实现图 4.42 对应电路功能的 Verilog 代码

一个 Verilog 函数可以调用另一个函数，但是不能调用 Verilog 任务；而一个任务可以调用另一个任务并且可以调用一个函数。图 4.42 中，我们在引用任务的 **always** 块之后定义了任务；相反地，在图 4.43 中，我们在调用函数的 **always** 块之前定义了函数。在 Verilog 标准中任务和函数都允许采用这两种可能的方法，但是一些工具要求函数应该在调用它们的语句之前定义。

4.7 小结

本章介绍了一些模块电路，在以后的章节中将会介绍采用这些模块构建更大规模的电路的例子。为了高效地描述这些模块电路，我们介绍了一些 Verilog 结构。在大多情况下，对于一个给定的电路可以采用不同的方法和结构，例如一个用 **if-else** 语句描述的电路用 **case** 语句描述或者用 **for** 循环语句描述。一般而言，没有严格的规则能指出何时一种类型优于另一种类型。设计者根据自己的经验可以直观地感知在特定的设计中哪一种描述更好。个人喜好也会影响代码的写作(方式)。

Verilog 不是一种程序设计语言，编写 Verilog 代码不应该和编写计算机程序一样。本章中介绍的语句可以用来产生大规模的复杂电路，设计这些电路的一个好的方法就是采用已经定义好的模块进行构建，就像我们讨论过的多路选择器、译码器、编码器所作的那样。采用本章中介绍的 Verilog 语句的另外一些例子见第 5 章和第 6 章。第 7 章中将提供一些采用 Verilog 代码描述的大型数字电路的例子。关于 Verilog 的更多信息，读者可以参阅专业书籍[2-8]。

下一章我们将介绍可以将信号值保存于存储元件的逻辑电路。

4.8 解决问题的实例

本节中将介绍一些读者可能遇到的典型问题，并且说明如何解决这些问题。

例 4.24 用 3 到 8 二进制译码器和或门实现函数 $f(w_1, w_2, w_3)=\sum m(0, 1, 3, 4, 6, 7)$。

解： 译码器产生了对应于所需函数的每一个最小项的离散输出信号，然后将这些输出信号连接在或门的输入端即可，如图 4.44 所示。◀

例 4.25 推导一个电路以实现 8 到 3 二进制编码。

解： 编码器的真值表如图 4.45 所示。我们只将对应于单个输入变量等于 1 的那些行显示出来，其他行当做无关项对待。从这个真值表中可以看到所设计的电路由下列等式定义：

$$y_2 = w_4 + w_5 + w_6 + w_7$$
$$y_1 = w_2 + w_3 + w_6 + w_7$$
$$y_0 = w_1 + w_3 + w_5 + w_7$$

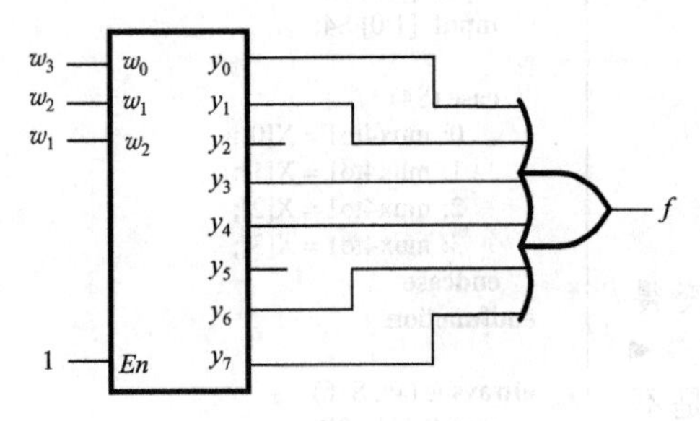

图 4.44 例 4.24 的电路

w_7	w_6	w_5	w_4	w_3	w_2	w_1	w_0	y_2	y_1	y_0
0	0	0	0	0	0	0	1	0	0	0
0	0	0	0	0	0	1	0	0	0	1
0	0	0	0	0	1	0	0	0	1	0
0	0	0	0	1	0	0	0	0	1	1
0	0	0	1	0	0	0	0	1	0	0
0	0	1	0	0	0	0	0	1	0	1
0	1	0	0	0	0	0	0	1	1	0
1	0	0	0	0	0	0	0	1	1	1

图 4.45 8 到 3 二进制编码真值表 ◀

例 4.26 用一个 4 选 1 多路选择器和尽可能少的门电路实现函数：

$$f(w_1,w_2,w_3,w_4,w_5) = \overline{w}_1\overline{w}_2\overline{w}_4\overline{w}_5 + w_1w_2 + w_1w_3 + w_1w_4 + w_3w_4w_5$$

假设只能获得输入信号 w_1、w_2、w_3、w_4 以及 w_5 的原量。

解： 由函数表达式可以看出：变量 w_1、w_4 比其他 3 个变量出现在更多个积项中，所以我们可以对于这两个变量进行香农展开：

$$\begin{aligned} f &= \overline{w}_1\overline{w}_4 f_{\overline{w}_1\overline{w}_4} + \overline{w}_1 w_4 f_{\overline{w}_1 w_4} + w_1\overline{w}_4 f_{w_1\overline{w}_4} + w_1 w_4 f_{w_1 w_4} \\ &= \overline{w}_1\overline{w}_4(\overline{w}_2\overline{w}_5) + \overline{w}_1 w_4(w_3 w_5) + w_1\overline{w}_4(w_2 + w_3) + w_1 w_4(1) \end{aligned}$$

可以采用“或非”门实现$\overline{w_2 w_5} = \overline{w_2 + w_5}$，同时还需要一个“与”门和一个“或”门。完整的电路在图 4.46 中给出。 ◀

例 4.27 第 2 章介绍了卡诺图的行和列用格雷码标记的方式，这是一种连续的且只有一位不同的码。图 4.47 描述了 3 位二进制码和格雷码之间的转换。设计一个电路，根据图 4.47 所示的方式将二进制码转换为格雷码。

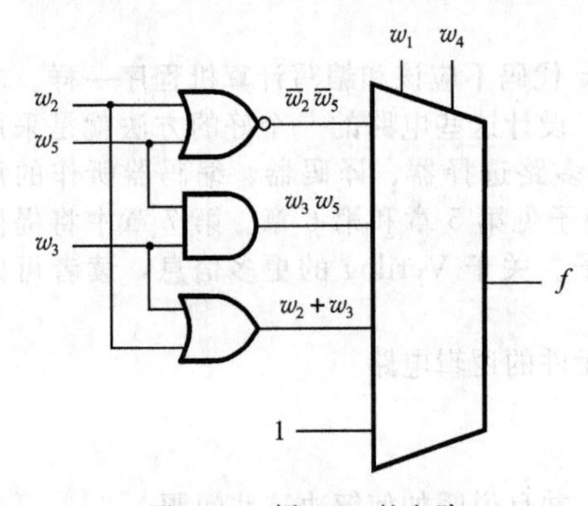

图 4.46 例 4.26 的电路

b_2	b_1	b_0	g_2	g_1	g_0
0	0	0	0	0	0
0	0	1	0	0	1
0	1	0	0	1	1
0	1	1	0	1	0
1	0	0	1	1	0
1	0	1	1	1	1
1	1	0	1	0	1
1	1	1	1	0	0

图 4.47 二进制码转换成格雷码

解： 从图中可以得到：

$$g_2 = b_2$$
$$g_1 = b_1\overline{b}_2 + \overline{b}_1 b_2 = b_1 \oplus b_2$$
$$g_0 = b_0\overline{b}_1 + \overline{b}_0 b_1 = b_0 \oplus b_1$$

◀

例 4.28 4.1.2 节中我们说明了任何一个逻辑函数都可以用香农展开定理进行分解。对于一个四变量函数 $f(w_1, \cdots, w_4)$，关于 w_1 的香农展开为：

$$f(w_1, \cdots, w_4) = \overline{w}_1 f_{\overline{w}_1} + w_1 f_{w_1}$$

实现这个表达式的电路如图 4.48a 所示。

(a) 如果分解产生了 $f_{\overline{w}_1}$，那么图中的多路选择器可以用一个单独的逻辑门代替。展示这个电路。

(b) 如果 $f_{w_1}=1$，按(a)重新求解。

解： 所求的电路如图 4.48b 和 c 所示。

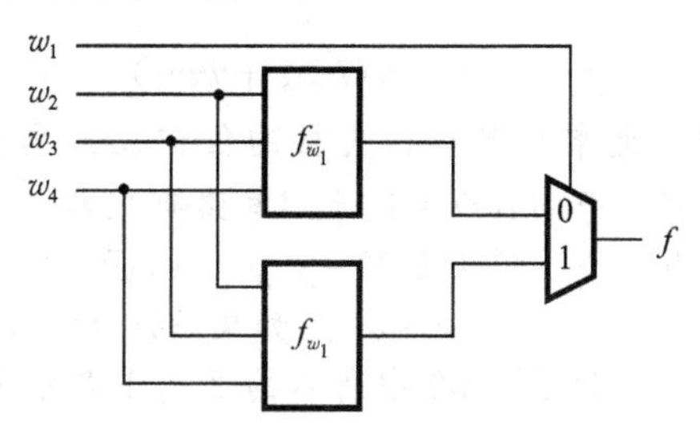

a）函数 f 的香农展开

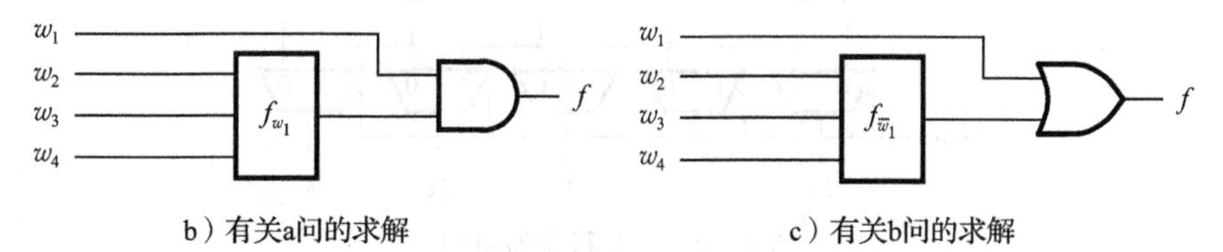

b）有关a问的求解　　c）有关b问的求解

图 4.48　例 4.28 的电路 ◄

例 4.29 2.17 节中我们介绍了现场可编程门阵列(FPGA)。其中包含了用于实现逻辑函数的查找表(LUT)。每个 LUT 可以通过编程实现任何输入的逻辑函数。在附录 B 中详细讨论 FPGA。很多商用 FPGA 包含 4 输入的查找表(4 个 LUT)。构建一个选择输入信号为 s_1、s_0 和数据输入信号 w_3、w_2、w_1 及 w_0 的 4 选 1 多路选择器，请问最少需要多少个 4-LUTs?

解： 一种直观的方法是直接利用定义 4 选 1 多路选择器的表达式

$$f = \overline{s}_1 \overline{s}_0 w_0 + \overline{s}_1 s_0 w_1 + s_1 \overline{s}_0 w_2 + s_1 s_0 w_3$$

令 $g=\overline{s}_1 \overline{s}_0 w_0 + \overline{s}_1 s_0 w_1$ 以及 $h=s_1 \overline{s}_0 w_2 + s_1 s_0 w_3$，所以 $f=g+h$。由该分解式得到如图 4.49a 所示的电路，它需要 3 个 LUT。

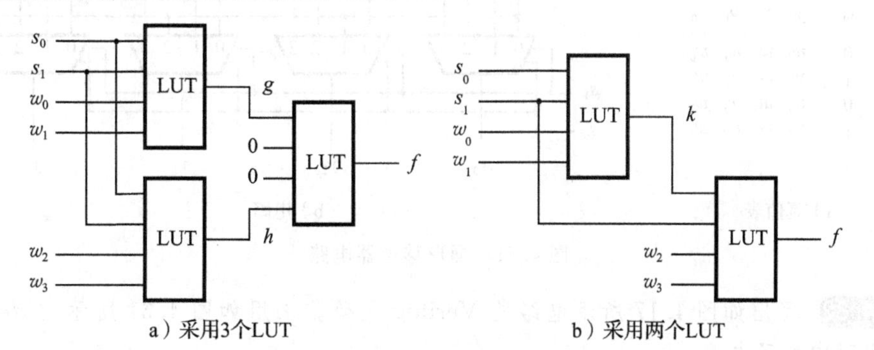

a）采用3个LUT　　b）采用两个LUT

图 4.49　例 4.29 的电路

在设计逻辑电路时，有人会用更聪明的方法形成更好的实现方案。根据观察，图 4.49b

展示了如何只用两个 LUT 实现多路选择器。图 4.2b 中的真值表说明当 $s_1=0$ 时，根据 s_0 的值选择 w_0 或 w_1 连接到输出，这个功能可以由第 1 个 LUT 产生，其输出为 k；当 $s_1=1$ 时，第 2 个 LUT 选择 w_2 和 w_3 连接到输出，但是，只有已知 s_0 的值时，才能有这个选项。由于 LUT 中不可能有 5 个输入，所以必须有更多的信息从第 1 个 LUT 传送到第 2 个 LUT 中。通过观察可以得到当 $s_1=1$ 时，f 的输出为 w_2 或 w_3，在这种情况下，没有必要知道 w_0 和 w_1 的值。因此，第 1 个 LUT 传输 s_0 的值，而不是 w_0 和 w_1 的值。通过求出这个 LUT 的函数可以实现：

$$k=\bar{s}_1(\bar{s}_0 w_0+s_0 w_1)+s_1 s_0$$

则第 2 个 LUT 实现的函数为：

$$f=\bar{s}_1 k+s_1(\bar{k} w_3+k w_4)$$

◀

例 4.30 在数字系统中，通常需要能将矢量的位向左或向右移动 1 位或者多位的电路。请设计一个电路：当控制信号 $Shift=1$ 时，电路可以将 4 位矢量 $W=w_3w_2w_1w_0$ 向右移动 1 位。令电路的输出为一个 4 位矢量 $Y=y_3y_2y_1y_0$ 及信号 k，因此，如果 $Shift=1$，则 $y_3=0$，$y_2=w_3$，$y_1=w_2$，$y_0=w_1$ 及 $k=w_0$。如果 $Shift=0$，则 $Y=W$ 及 $k=0$。

解： 所求的电路可以用 5 个如图 4.50 中所示的 2 选 1 多路选择器实现。*Shift* 信号可以用以作为每个多路选择器的选择输入。

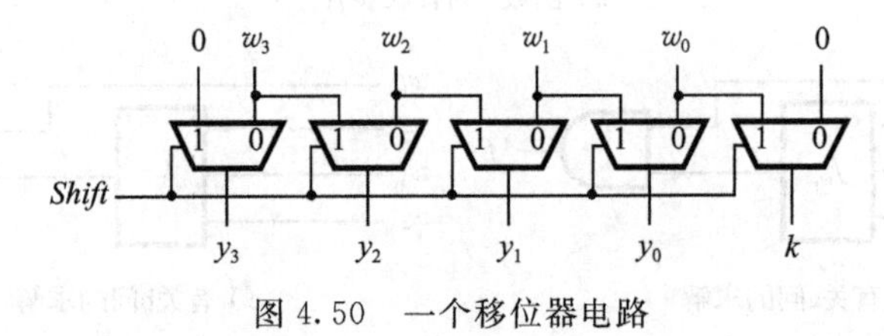

图 4.50 一个移位器电路

◀

例 4.31 图 4.30 中的移位电路将输入矢量向右移动 1 位，并在左边的空位填充 0。一个更通用的移位电路一次可以移动多位。如果移出位被放置在左边空位，则电路有效地实现按照指定数目的位数及位置对输入矢量进行循环移位，这样的电路通常称之为桶形移位器。设计一个 4 位的桶形移位器，可以根据控制信号 s_1 和 s_0 决定循环移动 0、1、2 或 3 位。

解： 期望设计的电路的功能如图 4.51a 所示。桶形移位器可以通过如图 4.51b 所示的 4 个 4 选 1 多路选择器实现。控制信号 s_1 和 s_0 作为多路选择器的选择输入。

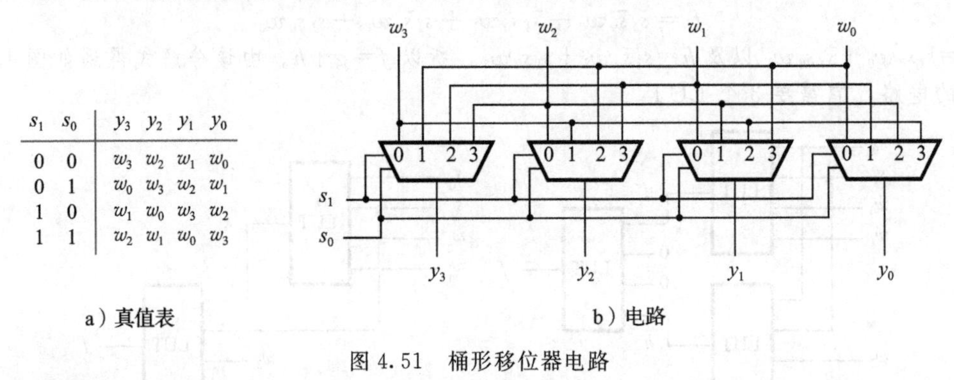

s_1	s_0	y_3	y_2	y_1	y_0
0	0	w_3	w_2	w_1	w_0
0	1	w_0	w_3	w_2	w_1
1	0	w_1	w_0	w_3	w_2
1	1	w_2	w_1	w_0	w_3

a）真值表　　b）电路

图 4.51 桶形移位器电路

◀

例 4.32 写出如图 4.17 所示电路的 Verilog 代码。采用如图 4.31 所示的 *dec2to4* 模块作为代码中的子电路。

解： 代码如图 4.52 所示。注意，*dec2to4* 模块可以包含在同一个文件中，如图 4.52 中所完成的代码，也可以位于项目目录的不同文件中。

```
module mux4to1 (W, S, f);
   input [0:3] W;
   input [1:0] S;
   output f;
   wire [0:3] Y;

   dec2to4 decoder (S, 1, Y);
   assign f = |(W & Y);

endmodule

module dec2to4 (W, En, Y);
   input [1:0] W;
   input En;
   output reg [0:3] Y;

   always @(W, En)
      case ({En, W})
         3'b100: Y = 4'b1000;
         3'b101: Y = 4'b0100;
         3'b110: Y = 4'b0010;
         3'b111: Y = 4'b0001;
         default: Y = 4'b0000;
      endcase

endmodule
```

图 4.52　例 4.32 的 Verilog 代码 ◀

例 4.33 写出图 4.50 中移位电路的 Verilog 代码。

解： 这个电路的一种可能的描述如图 4.53 所示。**if-else** 构建块用以定义每一位所期望的移位。一个典型的 Verilog 编译器将会用如图 4.50 所描述的 2 选 1 多路选择器实现这段代码。

充分利用 4.6.5 节定义的移位操作可以得到另一种描述的代码，如图 4.54 所示。

```
module shifter (W, Shift, Y, k);
   input [3:0] W;
   input Shift;
   output reg [3:0] Y;
   output reg k;

   always @(W, Shift)
   begin
      if (Shift)
      begin
         Y[3] = 0;
         Y[2:0] = W[3:1];
         k = W[0];
      end
      else
      begin
         Y = W;
         k = 0;
      end
   end

endmodule
```

图 4.53　图 4.50 所示电路的 Verilog 代码

```
module shifter (W, Shift, Y, k);
   input [3:0] W;
   input Shift;
   output reg [3:0] Y;
   output reg k;

   always @(W, Shift)
   begin
      if (Shift)
      begin
         Y = W >> 1;
         k = W[0];
      end
      else
      begin
         Y = W;
         k = 0;
      end
   end

endmodule
```

图 4.54　图 4.50 所示电路的另一种 Verilog 代码 ◀

例 4.34 写出定义图 4.51 中桶形移位器的 Verilog 代码。

解： 一种可行的解决方案为如图 4.55 所示的代码。循环功能是通过两个输入矢量 W 的连接复制以及对获得的 8 位矢量向右移动 S 规定的位数实现的。得到的 8 位矢量的最低权重的 4 位就是所期望的输出 Y。◀

例 4.35 校验的概念广泛应用于以错误校验为目的的数字系统中。当数字信息从一个点经过很长距离传输到另一个点时，某些位可能被损坏。例如，发送者传输值等于 1 的位，但是接收者观察到的值可能为 0。假设一个数据项由 n 位组成，一个简单的错误校验机制可以通过包含一个额外的位 p 来实现，位 p 表明了 n 位的校验。有奇、偶两种可用的校验方式：对于偶校验，给出的 p 位的值要使被传输的 $n+1$ 位中(由 n 位数据和校验位 p 组成)“1”的总数为偶数；对于奇校验，给出的 p 位的值要使“1”的总数为奇数。发送者根据传输的 n 位数据项产生 p 位的值，接收者将检查接收到的项是否正确。

校验产生和检查电路可以用异或门实现。例如，对于由 $x_3x_2x_1x_0$ 组成的 4 位数据项，偶校验位可以通过下式产生：

$$p = x_3 \oplus x_2 \oplus x_1 \oplus x_0$$

在接收端通过下式完成检查：

$$c = p \oplus x_3 \oplus x_2 \oplus x_1 \oplus x_0$$

如果 $c=0$，则表明接收项的校验正确；如果 $c=1$，则出现了一个错误。通过观察可知 $c=0$ 也不能完全确保接收项是正确的。因为如果有两个或者偶数个数据位在传输过程中其值都发生了反向变化，则数据项的校验不会发生改变，因此也不会检查出错误。但是如果有奇数个数据位被损坏，则将会检查出错误。

问题： ASCII 码是采用 7 位模式表示字符的编码方式，如 1.5.3 节中所讨论。在计算机应用中，通常每个字符用一个字节来表示。在数字处理中，第 8 位 b_7 通常被设置为 0；但是，如果这个字符数据要从一个数字系统传输到另一个系统，则采用位 b_7 作为校验位就需要谨慎对待。有一个电路接收一个输入位(其中 $b_7=0$)，并且产生一个输出位，其中 b_7 是偶校验位，写出表示这个电路的 Verilog 代码。

解： 令 X 和 Y 分别作为输入和输出的字节，则其解决方案如图 4.56 所示。

```
module barrel (W, S, Y);
   input  [3:0] W;
   input  [1:0] S;
   output [3:0] Y;
   wire   [3:0] T;

   assign {T, Y} = {W, W} >> S;

endmodule
```

图 4.55　桶形移位器的 Verilog 代码

```
module parity (X, Y);
   input    [7:0] X;
   output   [7:0] Y;

   assign Y = {^X[6:0], X[6:0]};

endmodule
```

图 4.56　例 4.35 的 Verilog 代码 ◀

习题㊀

4.1　说明如何用 3 到 8 二进制译码器和一个或门实现函数 $f(w_1, w_2, w_3)=\sum m(0, 2, 3, 4, 5, 7)$。

4.2　说明如何用 3 到 8 二进制译码器和一个或门实现函数 $f(w_1, w_2, w_3)=\sum m(1, 2, 3, 5, 6)$。

*4.3　用一个 2 选 1 多路选择器实现函数 $f=\overline{w}_1\overline{w}_3+w_2\overline{w}_3+\overline{w}_1w_2$，要求用真值表推导出此电路。

4.4　按照习题 4.3 的要求实现函数 $f=\overline{w}_2\overline{w}_3+w_1w_2$。

㊀ 本书最后给出了带星号问题的答案。

*4.5　对函数 $f(w_1, w_2, w_3)=\sum m(0, 2, 3, 6)$ 采用香农展开，用一个 2 选 1 多路选择器和其他必要的门电路实现此函数。

4.6　按照习题 4.5 的要求实现函数 $f(w_1, w_2, w_3)=\sum m(0, 4, 6, 7)$。

4.7　对函数 $f=\overline{w}_2+\overline{w}_1\overline{w}_3+w_1w_3$，重复应用香农展开，导出函数 f 的最小项表达式。

4.8　按照习题 4.7 的要求实现函数 $f=w_2+\overline{w}_1\overline{w}_3$。

4.9　证明 4.1.2 节中介绍的香农展开定理。

*4.10　4.1.2 节中以积之和的形式说明了香农展开定理，请使用对偶性原理导出和之积形式的等效表达式。

*4.11　函数 $f=\overline{w}_1\overline{w}_2+\overline{w}_2\overline{w}_3+w_1w_2w_3$，其积之和表达式的电路最低造价为 4 个门级 10 个输入端，总成本共是 14。请对函数 f 用香农展开以获得更低成本的多级电路，并给出此多级电路的成本。

4.12　用多路转换器实现图 3.15 的先行进位加法器的第 0 级电路(包含最右边阴影面积)。

*4.13　推导出图 4.21 所示的 7 段数码管中 a、b 和 c 的最小积之和表达式。

4.14　推导出图 4.21 所示的 7 段数码管中 d、e、f 和 g 的最小积之和表达式。

4.15　对于例 4.26 中的函数 f，实现了关于变量 w_1 和 w_2，而不是 w_1 和 w_4 的香农展开式。所得的电路和例 4.46 中电路相比如何？

4.16　图 P4.1 所示逻辑块是以多路器为基础的结构。请说明怎样仅用 1 个这种逻辑块实现函数 $f=w_2\overline{w}_3+w_1w_3+\overline{w}_2w_3$。

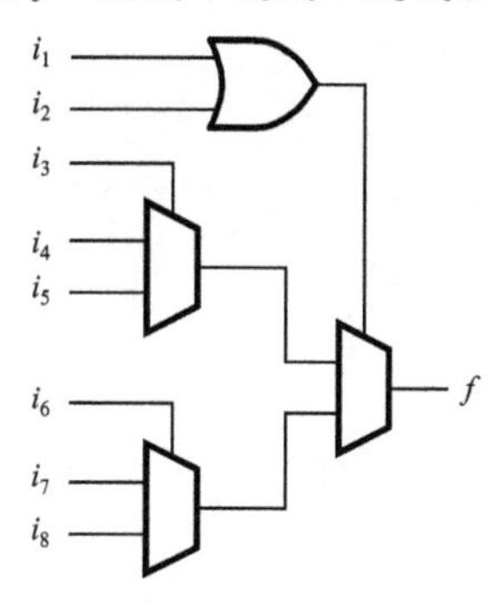

图 P4.1　多路器电路

4.17　怎样用图 P4.1 中所示的多路器的一个或多个实例实现函数 $f=w_1\overline{w}_3+\overline{w}_1w_3+w_2\overline{w}_3+w_1\overline{w}_2$？请注意这个电路里没有反相器，信号的取反只能通过逻辑块中的多路转换器实现。

*4.18　图 P4.2 所示 Verilog 代码代表什么类型的电路？用这种类型的代码描述该电路是否是一种好的选择。

```
module problem4_18 (W, En, y0, y1, y2, y3);
  input [1:0] W;
  input En;
  output reg y0, y1, y2, y3;

  always @(W, En)
  begin
    y0 = 0;
    y1 = 0;
    y2 = 0;
    y3 = 0;
    if (En)
      if (W == 0)  y0 = 1;
      else if (W == 1)  y1 = 1;
      else if (W == 2)  y2 = 1;
      else  y3 = 1;
  end

endmodule
```

图 P4.2　习题 4.18 代码

4.19　用 **case** 语句，写出习题 4.2 中函数的 Verilog 代码。

4.20　写出 4 到 2 二进制编码器的 Verilog 代码。

4.21　写出 8 到 3 二进制编码器的 Verilog 代码。

4.22　图 P4.3 表示的是图 4.37 中 2 到 4 译码器代码的一个改进版本。这段代码近乎正确，但是包含有一个错误，请问这个错误是什么？

```
module dec2to4 (W, En, Y);
  input [1:0] W;
  input En;
  output reg [0:3] Y;
  integer k;

  always @(W, En)
    for (k = 0; k < = 3; k = k+1)
      if (W == k)
        Y[k] = En;

endmodule
```

图 P4.3　习题 4.22 代码

4.23　推导 8 到 3 优先编码器的电路。

4.24　用 **casex** 语句，写出 8 到 3 优先编码器的 Verilog 代码。

4.25　用 **for** 循环语句重复习题 4.24。

4.26　用 **if-else** 语句创建一个名为 *if2to4* 的 Verilog 模块，用来表示一个 2 到 4 二进制译码器。用两个 *if2to4* 实例模块组创建一个名为 *h3to8* 的模块，表示图 4.15 中的 3 到 8 二进制译码器。

4.27　创建一个名为 *h6to64* 的 Verilog 模块，用来表示一个 6 到 64 二进制译码器。使用图 4.16 中的树形结构，其中习题 4.26 中

创建的 *h3to8* 译码器是由 6 到 64 译码器通实例来构建的。

4.28　写出图 4.17 中电路的 Verilog 代码，要求代码中使用图 4.31 中的 *dec2to4* 模块作为子电路。

4.29　设计一个类似于图 4.50 中的移位电路，当控制信号 *Right* 等于 1 时，它可以使一个 4 位的输入矢量 $W=w_3w_2w_1w_0$ 向右移动一位；当控制信号 *Left* 等于 1 时，向左移动一位；当 *Right*=*Left*=0 时，电路的输出和输入矢量一样。假设条件 *Right*=*Left*=1 的情况永远不会发生。

4.30　设计一个电路，它可以用 1、2、3、4 乘以一个 8 位的数字 $A=a_7$，…，a_0 分别产生结果 A、$2A$、$3A$ 或者 $4A$。

4.31　写出实现习题 4.30 中任务的 Verilog 代码。

4.32　图 4.47 描述了二进制码和格雷码之间的关系。设计一个可以将格雷码转换为二进制码的电路。

4.33　例 4.35 和图 4.56 表明了如何定义一个能产生适合于在通信链上发送的 ASCII 字节的电路。写出相应接收端的 Verilog 代码，其中字节 Y(包括校验位)必须被转换成位 x_7 为 0 的字节 X。必须产生一个错误信号，它根据奇偶校验显示是否正确或者错误传输分别设置为 0 或者 1。

参考文献

1. C. E. Shannon, “Symbolic Analysis of Relay and Switching Circuits,” *Transactions AIEE* 57 (1938), pp. 713–723.
2. D. A. Thomas and P. R. Moorby, *The Verilog Hardware Description Language*, 5th ed., (Kluwer: Norwell, MA, 2002).
3. Z. Navabi, *Verilog Digital System Design*, 2nd ed., (McGraw-Hill: New York, 2006).
4. S. Palnitkar, *Verilog HDL—A Guide to Digital Design and Synthesis*, 2nd ed., (Prentice-Hall: Upper Saddle River, NJ, 2003).
5. D. R. Smith and P. D. Franzon, *Verilog Styles for Synthesis of Digital Systems*, (Prentice-Hall: Upper Saddle River, NJ, 2000).
6. J. Bhasker, *Verilog HDL Synthesis—A Practical Primer*, (Star Galaxy Publishing: Allentown, PA, 1998).
7. D. J. Smith, *HDL Chip Design*, (Doone Publications: Madison, AL, 1996).
8. S. Sutherland, *Verilog 2001—A Guide to the New Features of the Verilog Hardware Description Language*, (Kluwer: Hingham, MA, 2001).

第5章

触发器、寄存器和计数器

本章主要内容

- 可存储信息的逻辑电路
- 存储单位的触发器
- 存储多位的寄存器
- 实现寄存器内容移位的移位寄存器
- 多种类型的计数器
- 用于实现存储单元的 Verilog 结构

在前几章中，我们介绍了组合逻辑电路，这类组合电路的输出信号值仅取决于输入端的信号值。还存在另一类逻辑电路，此类电路的输出值不仅取决于当前的输入值，还取决于电路的历史状态。这类电路包括可以保存逻辑信号值的存储元件，存储元件的内容代表了该电路的状态。当电路的输入信号发生改变时，新输入的信号值可能使电路保持同样的状态，也可能使电路进入另一种新的状态。随着时间的推移，输入信号的变化导致电路状态发生一系列的变化，这种电路就称为时序电路。

本章我们将介绍可以用作存储元件的电路，首先我们将借助于一个简单例子说明为什么需要这种电路。假设需要对报警器进行控制，如图 5.1 所示，报警器受控于控制输入信号 $On/\overline{Off}$，当 $On/\overline{Off}=1$ 时，启动报警器；当 $On/\overline{Off}=0$ 时，关闭报警器。期望报警器具有以下操作能力：当发生意外事件时，传感器立即产生一个正电压信号(即 *Set*)，并接通启动报警器；报警器一旦触发后，就必须保持一直有效，即使传感器的输出已经返回为 0，报警器仍保持发出警报；只有通过手工发出 *Reset* 信号以关闭警报器。此类电路需要一个存储元件使得在复位(*Reset*)信号到达之前警报器必须一直保持有效。

图 5.2 所示的为基本的存储元件，它由两个接成环状的倒相器组成。假设 $A=0$，则 $B=1$，由于反馈环的存在，该电路将会无限期保持这个值不变，我们称该电路处于由该值所定义的状态；若假设 $A=1$，则 $B=0$，于是该电路就会无限期处于第二种状态。因此这个电路有两种可能的状态。但是该电路没有实际用途，原因是缺少改变电路状态的具体方法。具有这种记忆行为的有用电路可以用逻辑门构造。

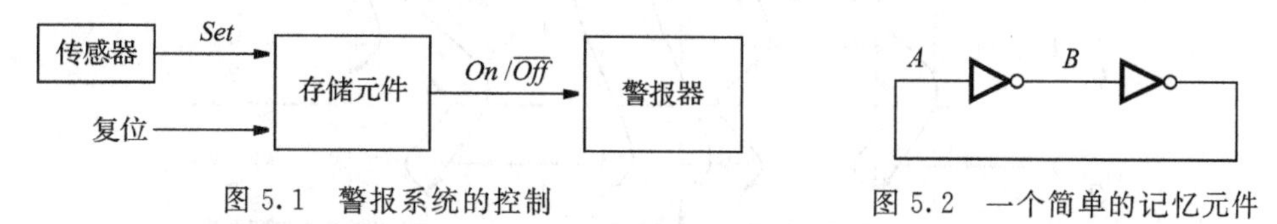

图 5.1　警报系统的控制

图 5.2　一个简单的记忆元件

5.1　基本锁存器

图 5.3 所示的是由或非门构成的存储元件，其输入信号置位(*Set*)与复位(*Reset*)可以用于改变构成存储元件的电路状态 Q。图 5.4a 是该存储元件的另一种更常用的画法，电路中的两个"或非"门用交叉耦合的方式相连，组成基本的锁存器。图 5.4b 中的真值表描述了它的行为特性：当复位端 R、置位端 S 同时为 0 时，锁存器保持原状态，这个状态可

能是 $Q_a=0$、$Q_b=1$，也可能是 $Q_a=1$、$Q_b=0$，在真值表中输出端 Q_a、Q_b 的值分别用 0/1、1/0 表示。注意，本例中 Q_a 和 Q_b 的值互为反相：当 $R=0$、$S=1$ 时，锁存器置位，即 $Q_a=1$、$Q_b=0$；当 $R=1$、$S=0$ 时，锁存器复位，即 $Q_a=0$、$Q_b=1$。输入的第 4 种情况是 $R=S=1$，此时 Q_a、Q_b 均为 0。图 5.4b 中的表与真值表类似，然而由于该表不同于组合电路的真值表。组合电路中的每个输出信号值仅取决于当前输入端的信号值，因此我们称该表为特性表而非真值表。

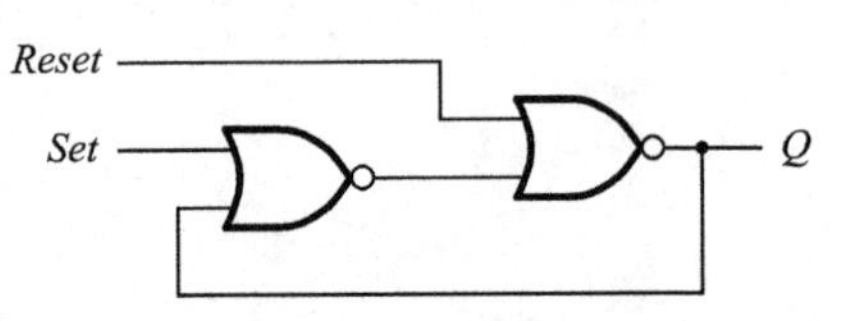

图 5.3　用"或非"门组成的记忆元件

图 5.4c 所示的为锁存器的时序图，图中假设了或非门的传输延迟可以忽略不计。当然，在实际电路中，其波形将根据门的传输延迟发生改变。假设电路的初始值为 $Q_a=0$、$Q_b=1$，该状态在时刻 t_2 之前保持不变；在 t_2 时刻 S 变为 1，从而 Q_b 变为 0，因为$\overline{R+Q_b}=1$，于是使 Q_a 变为 1，这种因果关系在图中用箭头表示；在 t_3 时刻 S 变为 0，锁存器的状态并不改变，这是由于 S 和 R 都为 0；在 t_4 时刻，R 变为 1，使 Q_a 变为 0，而由于$\overline{S+Q_a}=1$，因而 Q_b 变为 1；在 t_5 时刻，S 和 R 都为 1，强制 Q_a 和 Q_b 都为 0；在 t_6 时刻，只要 S 变回 0，Q_b 就又会为 1；在 t_8 时刻，$S=1$，$R=0$，则 $Q_b=0$，$Q_a=1$；在 t_{10} 时刻，有趣的事情发生了：从 t_9 到 t_{10}，由于 $R=S=1$，则 $Q_a=Q_b=0$，如果 R 和 S 在 t_{10} 时刻变为 0，则 Q_a 和 Q_b 都会变为 1，但是如果 Q_a 和 Q_b 都为 1，则又会立刻强制 $Q_a=Q_b=0$，因此电路在 $Q_a=Q_b=0$ 和 $Q_a=Q_b=1$ 之间反复振荡；若通过两个"或非"门的延迟严格相等，振荡会无限地持续下去。在实际电路中，这些门的延迟总会是有所差别，锁存器最终会停留在两个稳定状态中的某个状态，但是我们无法知道将会稳定在哪一个状态，这种不确定性在波形图中已用虚线标出。

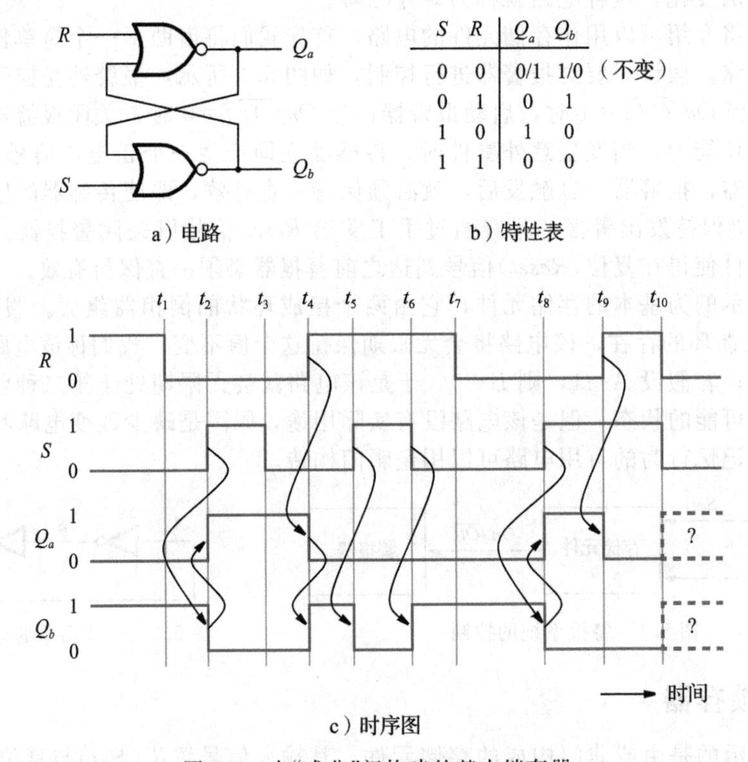

S	R	Q_a	Q_b	
0	0	0/1	1/0	（不变）
0	1	0	1	
1	0	1	0	
1	1	0	0	

图 5.4　由"或非"门构建的基本锁存器

上述关于振荡的讨论表明：虽然基本锁存器是一种非常简单的电路，但必须进行仔细分析以完全掌握该电路的行为特征。一般而言，任何电路只要包含一条或者多条反馈回路，其状态便与逻辑门的传输延迟有关，设计这类电路必须十分小心。我们将在 5.15 节与第 9 章详细讨论有关时序的问题。

图 5.4a 所示的锁存器能够实现图 5.1 中存储元件所需的功能，只需将置位信号 *Set* 连接到输入端 *S*，复位信号 *Reset* 连接到输入端 *R* 即可，输出端 Q_a 产生所需要的 $On/\overline{Off}$ 信号。为了初始化警报器系统，锁存器必须复位，因此警报器处于关断状态。当传感器产生逻辑 1 时，锁存器被置位，则 $Q_a=1$，启动了警报器机制；若传感器输出又变回 0，此时锁存器保持 $Q_a=1$ 的状态，警报器仍保持报警状态。关闭警报的唯一途径是复位锁存器，即使 $Reset=1$。

5.2　门控 SR 锁存器

在 5.1 节中，我们看到基本 SR 锁存器可以用作存储元件，它能记住当 *S* 和 *R* 都为 0 时的锁存器状态。SR 锁存器的状态随输入信号 *S*、*R* 的改变而改变，其状态的改变总是发生在输入信号改变时。假如我们不能控制其输入信号的改变时间，则无法知道锁存器什么时候会改变其输出状态。

在图 5.1 所示的报警系统中，我们期望用一个输入控制信号 *Enable* 启动或者停止报警器的工作，因此当处于使能模式时，警报系统就能够实现前面描述的功能；而在禁止模式，即使将置位输入信号 *Set* 从 0 变为 1，也不能启动警报器。图 5.4a 所示的锁存器不能实现期望的操作，但对锁存器电路做一些修改，就能使它仅当 $Enable=1$ 时，才会对输入信号 *S* 和 *R* 的变化作出响应，而当 $Enable=0$ 时，则其输出状态保持不变。

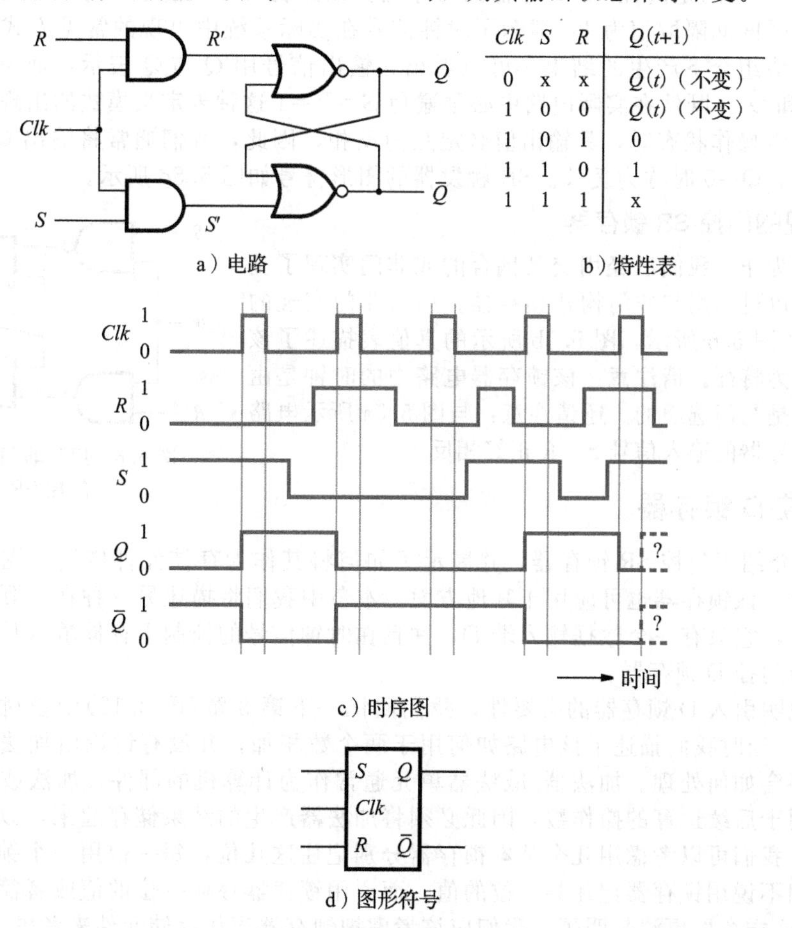

Clk	S	R	Q(t+1)
0	x	x	Q(t)（不变）
1	0	0	Q(t)（不变）
1	0	1	0
1	1	0	1
1	1	1	x

图 5.5　门控 SR 锁存器

图 5.5a 所示的为改进后的电路，图中添加了两个与门以提供所期望的控制：当控制信号 Clk 等于 0 时，无论信号 S 和 R 的值是多少，锁存器的两个输入端 R'、S' 的值都为 0。所以只要 $Clk=0$，锁存器就会保持其当前状态。当时钟 Clk 变为 1 时，$R'=R$、$S'=S$，因此在这个模式中，锁存器的行为特性与 5.1 节中描述的一样。请注意，我们用 Clk 而不用 $Enable$ 代表锁存器是置位或复位的控制信号，其原因在于数字系统中经常用这类电路作为存储元件。人们期望存储元件的状态变化只发生在精确定义的时间间隔内，如同受到时钟控制一般。控制时间间隔的信号通常称为*时钟信号*，Clk 这个名字反映了该控制信号的本质。

这类使用控制信号的锁存器电路，称为*门控锁存器*。同时由于电路中有置位、复位的功能，所以称它为*门控 SR 锁存器*。图 5.5b 所示的特性表描述了它的行为，定义了在 $t+1$ 时刻输出信号 Q 的状态 $Q(t+1)$，该状态为输入信号 S、R、Clk 的函数。当 $Clk=0$ 时，无论 R、S 输入端的值是什么，锁存器将保持 t 时刻的状态 $Q(t)$。特性表中用 $S=x$，$R=x$ 表示，x 表示信号为 0 或为 1。当 $Clk=1$ 时，电路的功能与图 5.4 所示的基本锁存器相同，即，若 $S=1$ 则置位，若 $R=1$，则复位。特性表的最后一行，$S=R=1$ 时，状态 $Q(t+1)$ 没有定义，因为我们不知道它究竟是 0 还是 1。这与 5.1 节中图 5.4 所示的 t_{10} 时刻的时序图描述的情况一致，此时，输入信号 S 和 R 均从 1 变为 0 时，将引起振荡，若 $S=R=1$，只要 Clk 从 1 变为 0，就会发生同样情况。为确保门控 SR 锁存器正常工作，当时钟从 1 变为 0 时，必须避免出现 S 和 R 都等于 1 的情况，这一点至关重要。

图 5.5c 所示的是门控 SR 锁存器的时序图。该图表明 Clk 信号作为一个周期信号，在某一固定的时间间隔取值为 1，显示了时钟信号在实际系统中出现的常见方式。该图展示了各种信号值组合下产生的结果。可以看出，输出信号用 Q 与 $\overline{Q}$ 表示，而不是用图 5.4 所示的 Q_a 和 Q_b。既然在实际电路中必须避免 $S=R=1$ 这种未定义模式的出现，所以当锁存器处于正常操作状态时，其输出值必定互为反相，因此，我们通常将输出 $Q=1$ 时称为锁存器*置位*，$Q=0$ 时称为*复位*。SR 触发器的图形符号如图 5.5d 所示。

用与非实现的门控 SR 锁存器

到目前为止，我们已经用交叉耦合的或非门实现了基本锁存器。也可以用与非门构建锁存器。用与非门实现的 SR 锁存器如图 5.6 所示，图 5.5b 所示的真值表描述了该锁存器的行为特征。请注意：该锁存器电路中的时钟是由与非门而不是与门选通的。还请注意：与图 5.5a 所示电路相比，该锁存器的输入信号 S、R 正好相反。

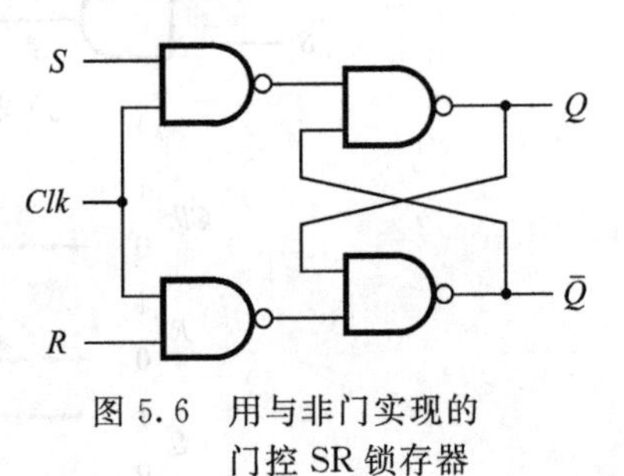

图 5.6 用与非门实现的门控 SR 锁存器

5.3 门控 D 锁存器

5.2 节介绍了门控 SR 锁存器，并展示了如何将其作为存储元件应用于图 5.1 所示的警报系统中。该锁存器也可应用于其他方面。本节中我们将描述另一种在实际中更有用的门控锁存器，它只有一个数据输入端 D，并且在时钟信号的控制下存储输入信号值，这种锁存器称为门控 D 锁存器。

为了说明引入 D 锁存器的必要性，我们回忆一下第 3 章(图 3.12)中曾讨论过的加法器/减法器。当时我们描述了该电路如何用于两个数相加，并没有讨论由加法器求得的结果(和位)将会如何处理。加法器/减法器单元通常作为计算机的部件，加法或减法的运算结果通常用于后续运算的操作数，因此必须将加法器产生的结果储存起来，以便在需要时可以取用。我们可以考虑用几个基本锁存器分别记住这几位，每一位用一个锁存器。在本章中，我们不说用锁存器记住某一位的值，而说用锁存器*存储*一位的值或者简单地说“*存储一位*”，这样意思更清楚明了。我们应该考虑把锁存器当作存储元件来考虑。

但是用基本锁存器能否完成预期的操作呢？当然可以在加法运算开始前，将所有的锁存器复位。我们期望通过把和值(Sum)的每一位连接到锁存器的输入端 S，则如果和值为 1 时锁存器置为 1，否则锁存器保持为 0 状态。如果在加法运算开始时，和的每一位均为 0，经过加法器的传输延时，和的某些位变成了 1，从而求得所期望的和值，这种情况下加法器当然能很好地工作。但是存在于加法器中的传输延迟给上述运算带来了极大的麻烦。以行波进位加法器为例，加法器的数据输入信号为 X、Y，当进位信号在电路中传播时，加法器的输出和值在 0 和 1 之间发生多次变化，这造成的问题是：试想和值的某一位连接到锁存器的输入端 S，则该位在 0 与 1 之间波动，最后稳定在 0 状态，可是锁存器一旦被置为 1，就会保持下去，因此很有可能出现把错误的和值保存起来的情况。

假如不用基本锁存器，而改用门控 SR 锁存器，则可以解决由加法器和位变化所带来的存储问题。可以在加法器产生正确的求和结果期间使时钟信号值为 0；在加法器电路允许最大传递延迟之后，时钟电平变成 1，以把求得的和存储在门控锁存器中。一旦存储完毕，时钟信号值就变为 0，以确保时钟信号再次变为 1 之前存储的值可以保持不变。为了达到所期望的操作，在将和位的值加载到这些锁存器之前必须复位所有的锁存器。用这种方法处理该问题不免有些笨拙，我们更倾向于使用门控 D 锁存器。

图 5.7a 展示了门控 D 锁存器电路，它是在门控 SR 锁存器的基础上进行一定的改动而得到的。与在门控 SR 锁存器分别有两个输入端 S 和 R 不同，门控 D 锁存器只有一个数据输入端 D。为了便于理解，图中标出了相对应的输入端 S 和 R。若 $D=1$，则 $S=1$、$R=0$，锁存器处于 $Q=1$ 状态；若 $D=0$，则 $S=0$、$R=1$，所以 $Q=0$。当然，只有 $Clk=1$ 时，锁存器的状态才可能改变。

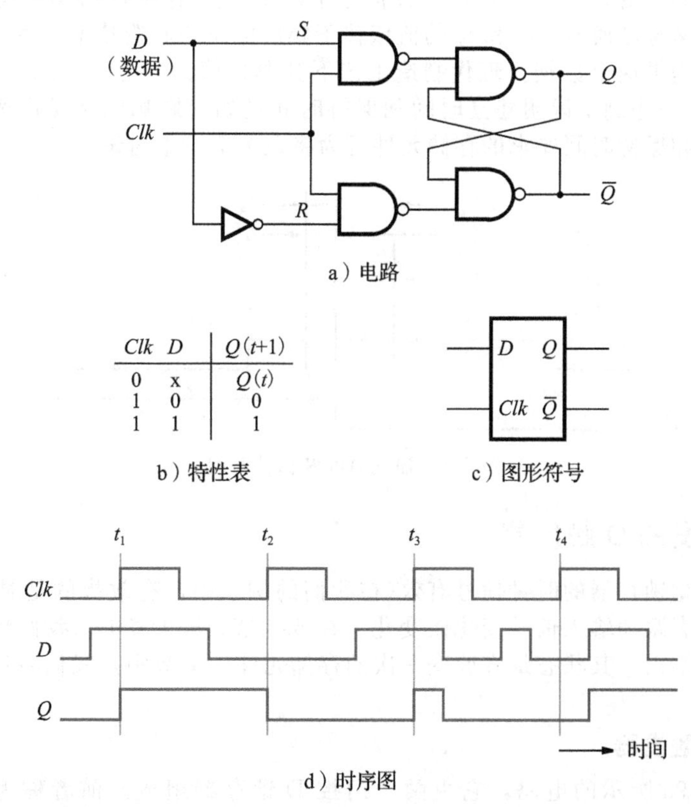

Clk	D	$Q(t+1)$
0	x	$Q(t)$
1	0	0
1	1	1

图 5.7　门控 D 锁存器

门控 D 锁存器不可能出现 $S=R=1$ 这个麻烦状态。门控 D 锁存器只在 $Clk=1$ 时输出 Q 才会跟随着输入 D 值的变化而变化，一旦 Clk 变为 0，锁存器的状态便被冻结，直到时钟信号再次变为 1，输出 Q 才会变化。因此，在时钟从 1 变为 0 时，门控D 锁存器把输入信号 D 储存起来。图 5.7 给出了门控 D 锁存器的特性表、图形符号和时序图。

时序图说明当 $Clk=1$ 时，如果信号 D 变化，输出 Q 会发生的变化。在 t_3 时刻，第 3 个时钟脉冲到达，由于 $D=1$，所以输出 Q 也随之变成 1，但是在时钟仍处于高电平时 D 变为 0，使得 Q 值也变为 0；当 Clk 变为 0 时，Q 的值被存储起来；在 t_4 时刻到来之前，时钟信号保持为 0，锁存器的状态不会发生进一步的变化。可观察到其关键点为：只要 $Clk=1$，锁存器输出 Q 的值跟随输入的 D 值；但是当时钟信号为 0 时，输出 Q 就不能发生任何变化。正如在附录 B 中详细说明的那样，逻辑值有高电平和低电平之分，由于门控 D 锁存器的输出受到时钟输入电平高低的控制，因此这种锁存器称为**电平敏感型锁存器**。图 5.5～图 5.7 所示的电路全都属于电平敏感型电路。我们将在 5.4 节介绍另一种存储元件，其输出仅在时钟信号电平发生变化的那一时刻才可能发生改变，这种元件称为**边沿触发的存储元件**。

传输延迟的影响

在前面的讨论中，我们忽略了传输延迟的影响。而在实际电路中必须考虑这些延迟。以图 5.7a 所示的门控 D 锁存器为例，在时钟信号从 1 变为 0 的时刻，它将当前输入 D 的值存储在锁存器中。若此刻 D 信号是稳定的(不变化)，则电路可稳定工作；但是如果此时信号 D 也发生改变，则电路会产生不可预知的结果。因此，逻辑电路设计者必须保证在时钟信号发生变化的关键时刻所产生的信号 D 是稳定的。

图 5.8 所示的为关键时间区间。在 Clk 信号下降沿到来之前信号 D 必须保持稳定的最短时间称为锁存器的**建立时间** t_{su}；在时钟信号下降沿之后信号 D 必须保持稳定的最短时间称为锁存器的**保持时间** t_h。t_{su} 和 t_h 的值依赖于集成电路的制造技术，集成电路制造厂家会在数据手册上提供这个数据。现代制造工艺下其典型值为：$t_{su}=0.3\text{ns}$，$t_h=0.2\text{ns}$。我们将在 5.15 节举一些例子说明建立时间和保持时间是如何影响电路操作速度的，而对于不满足建立时间和保持时间要求的存储元件行为将在第 7 章中讨论。

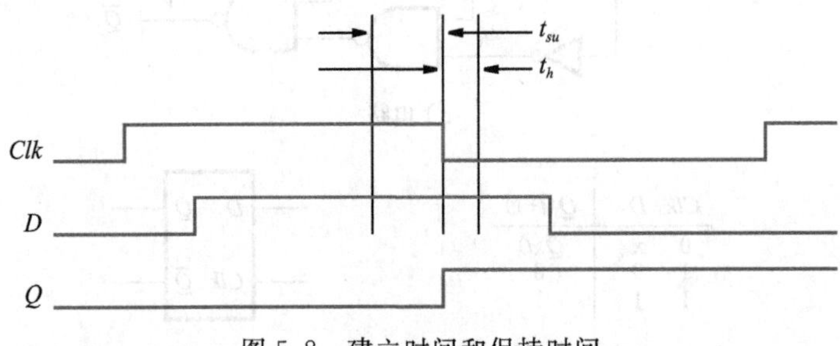

图 5.8 建立时间和保持时间

5.4 边沿触发的 D 触发器

在电平敏感型锁存器的时钟信号有效(在我们的例子中，有效指的是时钟电平为 1)期间，锁存器的状态跟随输入信号变化而变化。在 5.8 节、5.9 节中，我们将会看到需要一种在一个时钟周期内，其状态最多改变一次的存储元件。本节中，我们将讨论具有这种行为特性的电路。

5.4.1 主从 D 触发器

考虑如图 5.9a 所示的电路，它由两个门控 D 锁存器组成。前者称为主锁存器，当 $Clock=1$ 时状态改变。后者称为从锁存器，当 $Clock=0$ 时状态改变。此电路的运行情况描述如下：当时钟信号为高电平时，主锁存器的状态跟随输入信号 D 的值，从锁存器的状态保持不变；也就是说，$Clock=1$ 期间，Qm 的值随 D 的变化而变化，而 Qs 的值保持不变。当时钟信号变为 0 后，主锁存器的状态不再随着输入信号 D 的变化而变化，而同时从锁存器的输出跟随信号 Qm 的变化而变化。因为 Qm 在 $Clock=0$ 时不发生变化，因此从锁存器在一个周期内最多改变一次状态。从外部观察者的角度看，电路连接到从锁存器的输出端，主从电路在时钟的负边沿(时钟由 1 变为 0 的时刻)改变其状态。在一个周期内，连接到主锁存器的输入信号 D 可能发生多次变化，但在信号 Qs 处观察到的只能是时钟负边沿时刻的 Qm。换言之，输出信号 Qs 是在时钟负边沿时刻采集到的输入信号 D 的瞬时值。

图 5.9 所示的电路称为**主从 D 触发器**，触发器这个术语表示在时钟的边沿时刻改变状态的存储元件。图 5.9b 所示的为触发器的时序图，5.9c 则为其图形符号。在触发器的图形符号中，我们用>表示该触发器是由时钟沿触发的，时钟输入端的小圆圈表示该触发器是负边沿触发。

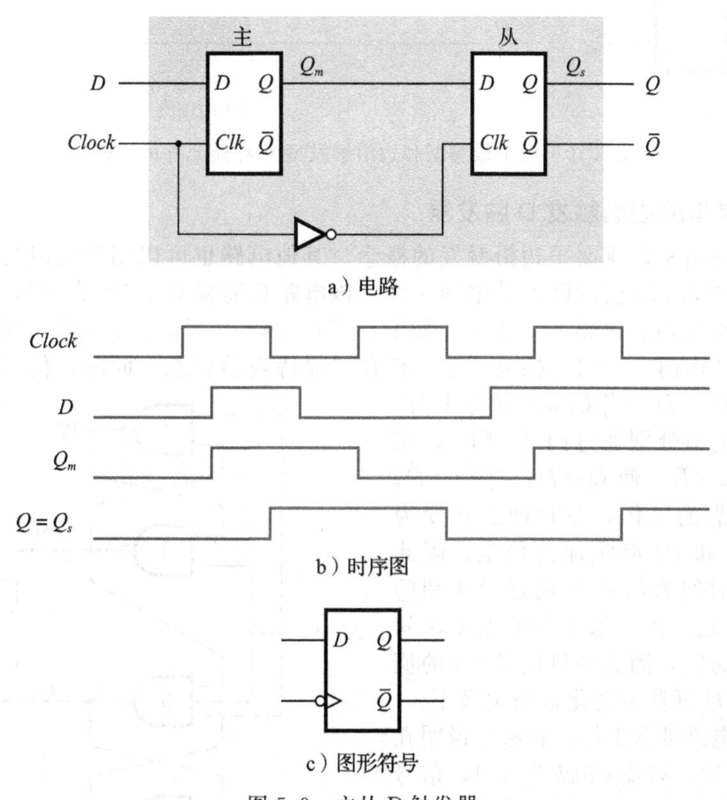

a）电路

b）时序图

c）图形符号

图 5.9 主从 D 触发器

我们可以将图 5.9a 中的电路进行改变：将连接到主、从锁存器的时钟信号反过来，即时钟信号在接入主锁存器前加一个倒相器，同时时钟信号直接接入到从锁存器，则当时钟信号由 0 变为 1 的时刻主锁存器的状态传输给从锁存器。该电路为正边沿触发的主从 D 触发器，其图形符号图如图 5.9c 所示，图中时钟信号端没有了小圆圈。

电平敏感存储元件与边沿触发的存储元件

现在比较一下我们已讨论过的各种存储元件的时序就非常有意义。图 5.10 展示了相同数据和时钟信号输入的前提下 3 种不同类型的存储元件。第 1 个元件是门控 D 锁存器，是电平敏感型的；第 2 个是正边沿触发的 D 触发器；第 3 个是负边沿触发的 D 触发器。为了突出这些存储元件的不同之处，在时钟的每半个周期内将信号 D 改变多次，可以观察到：在时钟信号为高电平期间，门控 D 锁存器的输出跟随着输入信号 D 的变化而变化；而正边沿触发器的输出只在时钟信号从 0 变为 1 时刻才对 D 的值作出响应；而负边沿触发器的输出只在时钟信号从 1 变为 0 的时刻才对 D 的值作出响应。

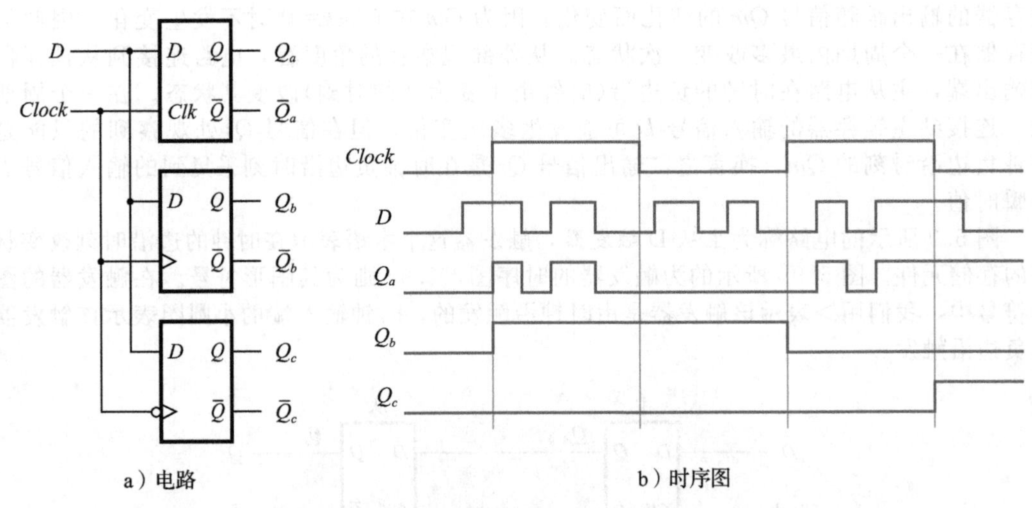

图 5.10　电平敏感型和边沿触发型 D 存储元件的比较

5.4.2　其他类型的边沿触发 D 触发器

主从触发器清楚地阐明了边沿触发的概念。其他电路也可以用于完成与主从触发器相同的任务，如图 5.11a 所示即为其中的一种。该电路只需要 6 个“与非”门，因此所用的晶体管数少于主从电路。电路的工作情况如下：当 $Clock=0$ 时，门 2 和门 3 输出高电平，即 $P1=P2=1$，使由门 5 和门 6 构成的输出锁存器保持当前状态；同时，信号 $P4$ 等于 D 的非，信号 $P3$ 等于 D。当 $Clock$ 变为 1 时，信号 $P3$、$P4$ 的值分别通过门 2、门 3，使得 $P1=\overline{D}$、$P2=D$。使 $Q=D$，有 $\overline{Q}=\overline{D}$。为了使电路可靠的工作，在时钟由 0 变为 1 时，信号 $P3$ 和 $P4$ 必须保持稳定。因此触发器的建立时间为信号 D 通过门 4 和门 1 到 $P3$ 点的延迟时间。触发器的保持时间为门 3 的延迟时间，因为一旦信号 $P2$ 的值稳定后，信号 D 再发生变化也没关系了。

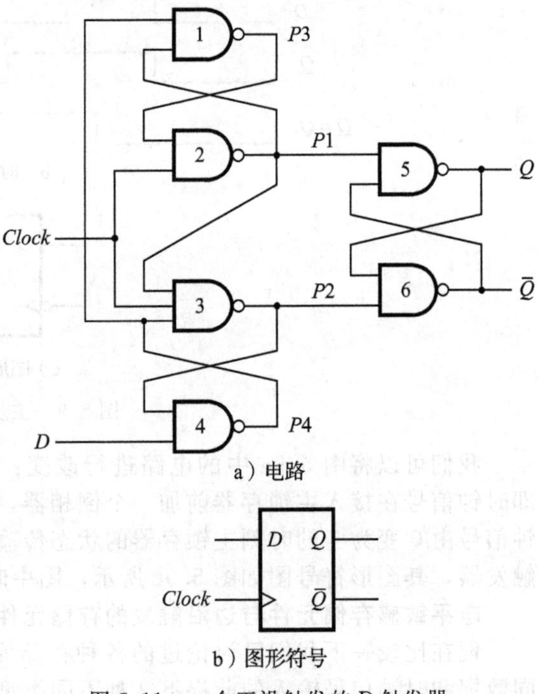

图 5.11　一个正沿触发的 D 触发器

为了保证电路可靠工作，有必要说明在 $Clock$ 变为 1 之后，只要 $Clock$ 等于 1，信号 D 的任何后续变化都不会对锁存器的输出产生影响。我们必须考虑两种情况：第一种情况，假设在时钟正跳变时信号 $D=0$，则 $P2=0$，因而在 $Clock=1$ 期间，门 4 的输出保持为 1(不管输入信号 D 后续如何变化)；第二种情况，如果时钟正跳变时信号 $D=1$，则 $P1=0$，使门 1 和门 3 的输出都等于 1，而与输入信号 D 无关。所以在 $Clock=1$ 期间，触发器不理会输入 D 的变化。

该电路表现为一个正边沿触发的 D 触发器，如用或非门构成类似的电路，就可以用作负边沿触发的 D 触发器。

5.4.3　有清零端和预置信号的 D 触发器

触发器经常用于有许多可能状态的电路中，此类电路的响应不仅取决于当前的输入信号，也取决于当前电路的状态，我们将在第 6 章中讨论触发器电路的一般形式。计数器电路就是触发器应用的一个简单例子。计数器用来记录某事件发生的次数（也许是通过的次数），我们将在 5.9 节详细讨论计数器。一个计数器有几个触发器组成，它的输出为一个数。计数器电路可以递增计数，也可以递减计数。迫使计数器进入已知的初始状态（初始计数）也是一个很重要的功能。显然，必须有可能使计数器清零，这意味着所有的触发器的输出必须为 0，即 $Q=0$；而且必须有可能预先将每个触发器设置为 1（即 $Q=1$），以便为计数器设置一个初始值。上述这些特性可以合并入图 5.9 和图 5.11 所示的电路中，具体分析如下。

图 5.12a 为用与非门实现图 5.9a 所示电路功能的电路，主级（锁存器）就是如图 5.7a 所示的门控 D 锁存器，从级（锁存器）没有采用同类型的 D 锁存器，而使用了如图 5.6 所示的较为简单的门控 SR 锁存器，以减少一个非门。

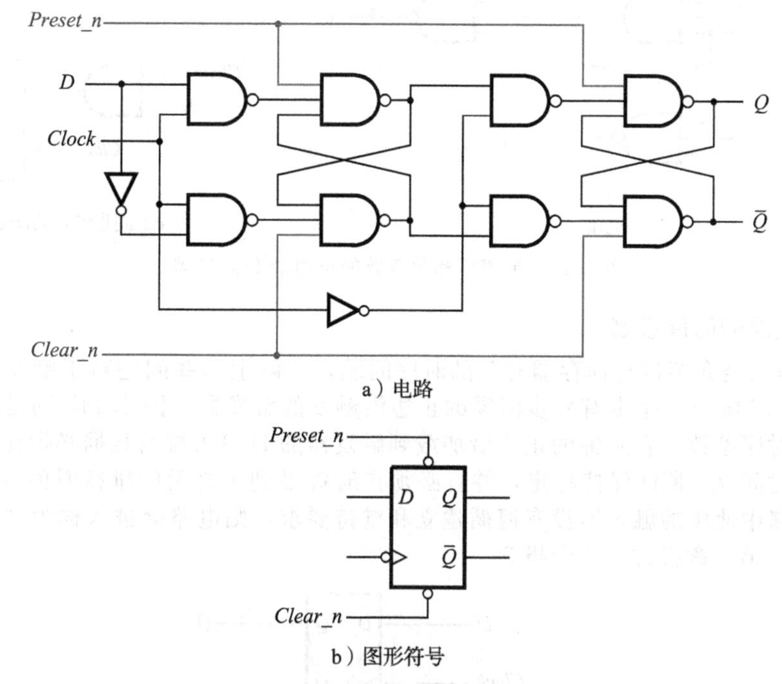

图 5.12　带清零和预置数的主从 D 触发器

提供清零和预置数（preset）功能的简单方法是在交叉耦合锁存器的每个与非门的输入端添加一个输入信号，如图 5.12 中的浅灰色线条所示。输入信号 *Clear_n*=0 迫使触发器进入$Q=0$ 的状态；如果 *Clear_n*=1，则该输入对于与非门的输出没有任何影响。同理，信号 *Preset_n*=0 迫使触发器进入 $Q=1$ 的状态，而如果 *Preset_n*=1，则对触发器没有任何影响。为了表明输入信号 *Clear_n* 和 *Preset_n* 是低电平有效的，我们在图中对应名字后添加了字母 *n*（表示负的意思）。应当注意，在应用这种触发器的电路时不能使 *Clear_n* 和 *Preset_n* 同时为 0。这种触发器的图形符号如图 5.12b 所示。

对图 5.11a 所示的边沿触发器进行类似的修改，如图 5.13a 所示。同样，输入信号 *Clear_n* 和 *Preset_n* 都是低电平有效，当它们等于 1 时对触发器不产生任何影响。

在图 5.12a 和 5.13a 所示的电路中，输入信号 *Clear_n* 和 *Preset_n* 为低电平时都能直接起作用。例如，如果信号 *Clear_n*=0，则触发器立刻进入 $Q=0$ 的状态，而与此刻时钟信号值无关。在这样的电路中，只需令信号 *Clear_n*=0，而不必考虑时钟信号值，就能将触发器清零，人们称这种清零方式为异步清零。实际上，我们更愿意采用时钟有效沿实现触发器清零，这称为同步清零，其实现电路如图 5.13c 所示。如果输入信号 *clear_n*=1，则触发器正常操作，但是如果 *clear_n* 变为 0，则在时钟的下一个正跳变时，触发器被清零。我们将在 5.10 节中对触发器的清零问题进行更详细的讨论。

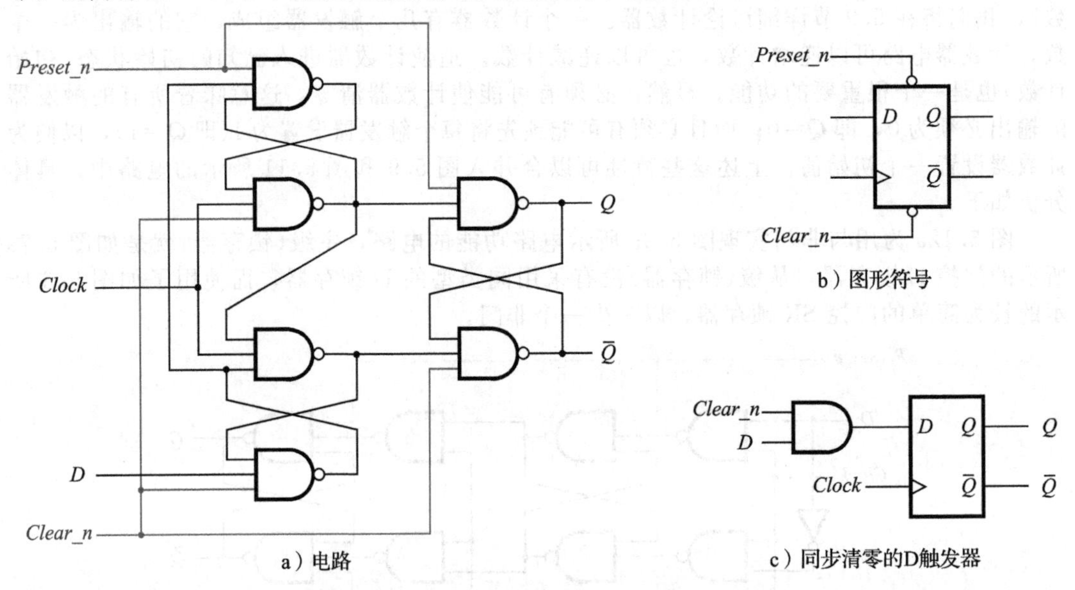

a）电路

b）图形符号

c）同步清零的D触发器

图 5.13　带清零和预置数的正边沿 D 触发器

5.4.4　触发器的时序参数

5.3.1 节已经介绍过与锁存器有关的时序问题，实际上这些问题对于触发器来说也同样重要。图 5.14a 是一个带有异步清零的正边沿触发的触发器，图 5.14b 则是这个触发器一些重要的时序参数。在时钟的正边沿加载到触发器的 D 输入端的数据必须在时钟沿到来之前的建立时间(t_{su})期间保持稳定，并且必须在时钟沿到来之后的维持时间(t_h)内保持稳定。如果电路中使用的触发器没有遵循建立和维持要求，则电路会进入称为“亚稳态”的不稳定状态。第 7 章将讨论这个概念。

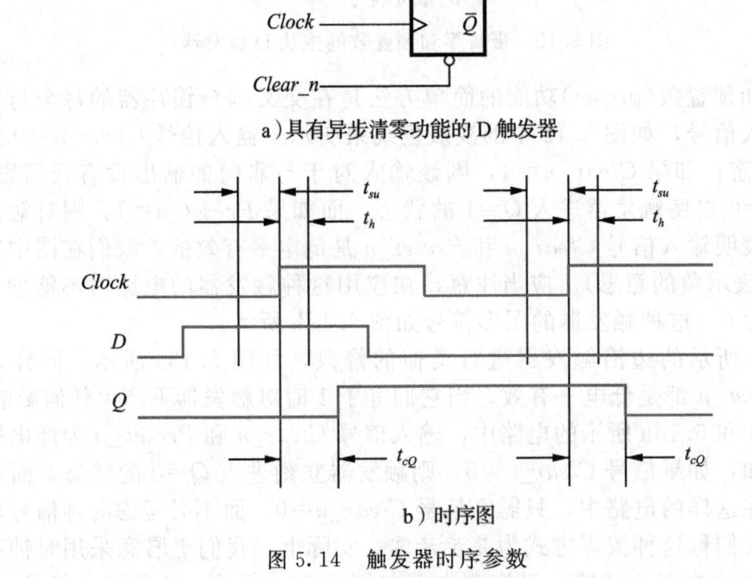

a）具有异步清零功能的 D 触发器

b）时序图

图 5.14　触发器时序参数

如图5.14所示，时钟信号到Q的传播延迟t_{cQ}发生在Q值改变之前，而Q值的改变发生在正边沿之后。一般地，Q值从1到0和从0到1的延迟并不完全一样，但为了简化，假定这些延迟是相等的。对于商用触发器芯片，通常会给出两个t_{cQ}的值，分别代表实际上可能产生的最大延迟和最小延迟。指定一个取值范围是评估一个芯片延迟的常见做法，因为芯片制造过程中存在许多延迟变化的来源。在5.15节中，我们将举一些例子说明触发器时序参数对电路工作的影响。

5.5　T触发器

D触发器是一个通用的存储元件，有许多用途。在D触发器输入端添加一些简单逻辑电路，它就可以变成另一种类型的存储元件。图5.15a所示的电路做了很有意思的修改。该电路用一个正沿触发的D触发器实现。在信号T的控制下，使D触发器的数据输入等于Q或者等于$\overline{Q}$。在时钟的每一个正边沿，触发器都有可能改变其状态$Q(t)$。若$T=0$，则$D=Q$，状态保持不变，也就是说$Q(t+1)=Q(t)$。但是若$T=1$，则$D=\overline{Q}$，则新的状态$Q(t+1)=\overline{Q}(t)$。因此，当正边沿到来时，该电路的操作是若$T=0$，则该电路保持它的当前状态，而若$T=1$，则该电路状态翻转。

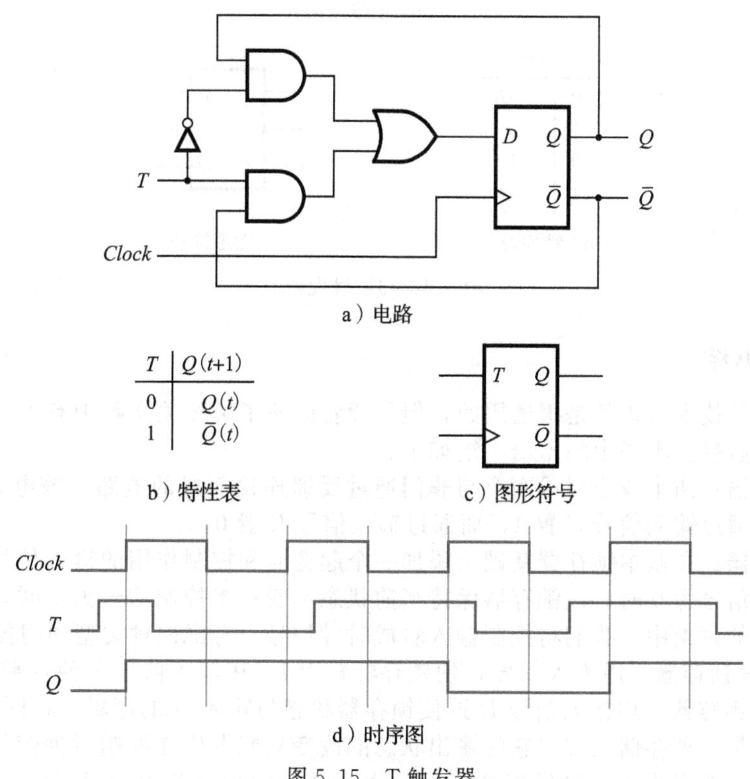

a）电路

T	$Q(t+1)$
0	$Q(t)$
1	$\overline{Q}(t)$

b）特性表

c）图形符号

d）时序图

图5.15　T触发器

图5.15b以特性表的形式说明了电路的工作原理。任何可以实现该特性表的电路都可称为T触发器。T(英文单词“toggle”的首字母)触发器这个名字源自于电路的行为：$T=1$时触发器的状态“翻转”(来回改变状态)。这个翻转的特点使得T触发器成为构建计数器电路的一个有用元件，这将在5.9节中介绍。

5.6　JK触发器

根据图5.15a所示的电路，我们可以推导出另一种有趣的电路。与T触发器只有一个T输入端不同，该电路有两个输入端J、K，如图5.16a所示，该电路的D可定义为：

$$D = J\overline{Q} + \overline{K}Q$$

图 5.16b 给出了对应的特性表，该电路被称为 JK 触发器，它结合了 SR 触发器和 T 触发器的特性。除了 $J=K=1$ 以外，对于其他所有输入，如果令 $J=S$，$K=R$，其行为同 SR 触发器一样；而对于 $J=K=1$ 的情况(SR 触发器必须避免)，此时 JK 触发器的功能如同 T 触发器，每来一个时钟脉冲状态翻转一次。JK 触发器是一种很灵活的电路，可以像 D 触发器和 SR 触发器一样直接用于存储的目的，也可以将 J 和 K 输入端连接在一起用作 T 触发器。

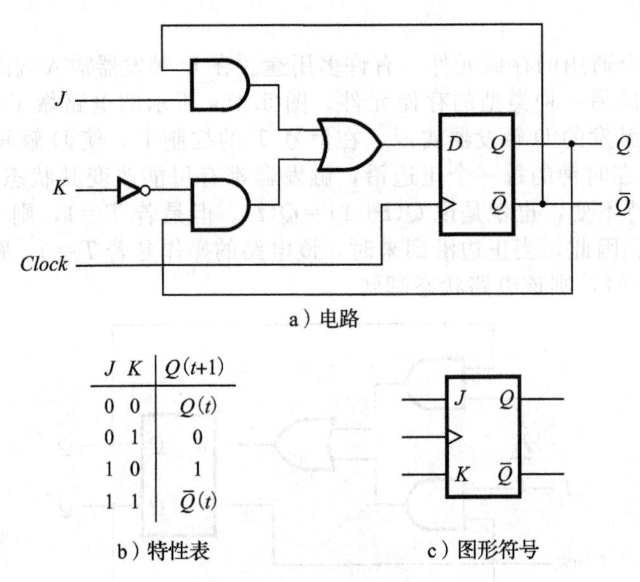

J	K	$Q(t+1)$
0	0	$Q(t)$
0	1	0
1	0	1
1	1	$\overline{Q}(t)$

b）特性表

图 5.16　JK 触发器

5.7　术语小结

本书所用的技术术语都是很通用的，但是读者应该了解相关文献中有关锁存器和触发器术语的不同解释。本书中的术语小结如下：

基本锁存器：两个或非门或两个与非门通过反馈连接而成的电路，该电路可以存储 1 位信息。可以通过输入信号 S 置 1，而通过输入信号 R 置 0。

门控锁存器：在基本锁存器基础上添加一个起选通和控制作用的输入信号而构成的锁存器。当控制信号为 0 时，该锁存器保持当前状态不变；当控制信号为 1 时，其状态可以改变。在本书的讨论中，我们将控制输入看成时钟信号，考虑两种类型的门控锁存器：

- **门控 SR 锁存器**　用输入信号 S 使锁存器置为 1，用输入信号 R 使锁存器置为 0。
- **门控 D 锁存器**　用输入信号 D 迫使锁存器状态与输入 D 的逻辑值相同。

触发器：是一种存储元件，它的输出状态的改变只能发生在控制时钟信号的边沿。如果当时钟信号从 0 变为 1 时触发器的状态发生改变，则称之为上升沿(正沿)触发的触发器，如果在时钟信号从 1 变为 0 时触发器的状态发生改变，则称为下降沿(负沿)触发的触发器。

5.8　寄存器

1 个触发器可以储存 1 位信息。由 n 个触发器组成的电路可以用来存储 n 位信息(如 1 个 n 位的数)，我们把这一组触发器称为一个寄存器。寄存器中每个触发器共用同一个时钟，每个触发器都按前面章节中所描述的那样工作。寄存器这个术语仅仅是指由 n 个触发器组成的电路结构。

5.8.1 移位寄存器

在 3.6 节中我们解释了对于一个给定的数乘 2 的运算相当于左移一位且在末位补零；同样，右移一位可以实现除 2 运算。有移位功能的寄存器称作*移位寄存器*。

图 5.17a 展示了一个可以将自身的内容右移一位的 4 位移位寄存器。数据以串行的方式从输入端 *In* 移入移位寄存器。在时钟的每一个正沿时刻每个触发器的内容传递到邻近的下一个触发器。图 5.17b 说明了移位的过程。假设所有触发器的初始状态为 0，在 8 个连续的时钟周期里输入信号 *In* 的值分别为 1、0、1、1、1、0、0、0，图中给出了各触发器状态的变化过程。

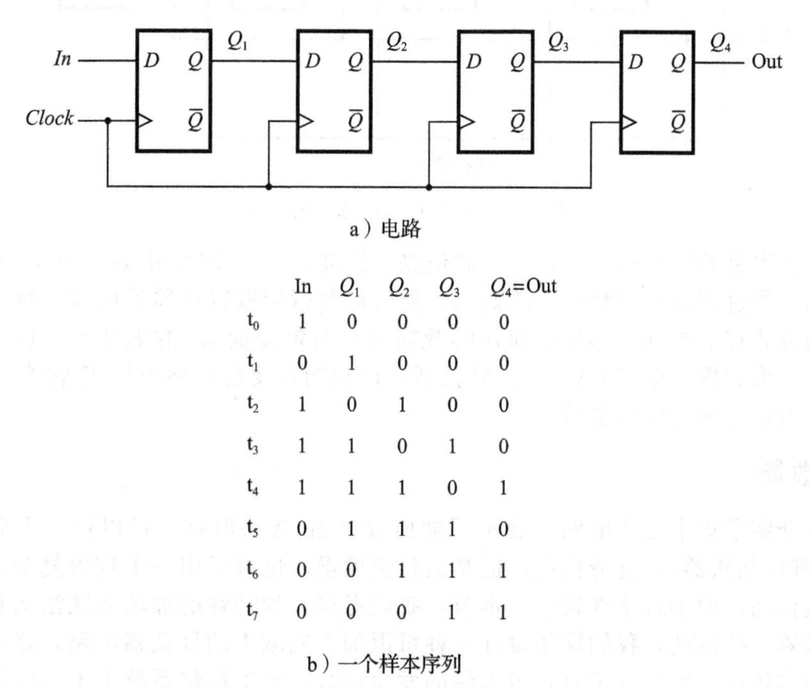

a）电路

	In	Q_1	Q_2	Q_3	Q_4=Out
t_0	1	0	0	0	0
t_1	0	1	0	0	0
t_2	1	0	1	0	0
t_3	1	1	0	1	0
t_4	1	1	1	0	1
t_5	0	1	1	1	0
t_6	0	0	1	1	1
t_7	0	0	0	1	1

b）一个样本序列

图 5.17　一个简单的移位寄存器

实现移位寄存器必须使用触发器，电平敏感型的门控锁存器并不适用，因为在时钟信号等于 1 的期间内，输入信号 *In* 值的变化可能会传送到多个锁存器。

5.8.2 并行存取移位寄存器

在计算机系统中，经常有必要传输 *n* 位数据，可以用 *n* 条独立的电线一次性实现所有位的传输，这种形式的传输称为*并行传输*。也可以只用一条线，一次传一位，经过 *n* 个连续的时钟周期完成整个数据所有位的传输，这种形式称为*串行传输*。为了实现 *n* 位数据的串行传输，可以使用移位寄存器，在一个时钟周期里将全部 *n* 位的数据并行加载到一个 *n* 位的移位寄存器中，在后续的 *n* 个时钟周期内将寄存器的内容逐次移位，实现串行传输。相反的操作经常也是需要的，即以串行的方式接收数据，经 *n* 个时钟周期后，移位寄存器的内容便可以作为一个 *n* 位的数据并行存取。

图 5.18 展示了一个提供并行存取的 4 位移位寄存器。每一个触发器的输入端 *D* 连接到一个 2 选 1 数据选择器的输出，使得每个触发器可以连接 2 个不同的源。一个信号源是前级触发器，用于实现移位寄存器的操作；另一个信号源是与并行加载到每一个触发器逐位对应的外部输入信号。控制信号$\overline{Shift}/Load$用以选择操作模式：若$\overline{Shift}/Load=0$，则电路工作于移位寄存器工作模式；若$\overline{Shift}/Load=1$，则工作于并行接收模式(即并行输入数据加载到寄存器中)，这两种操作模式都发生在时钟的正沿时刻。

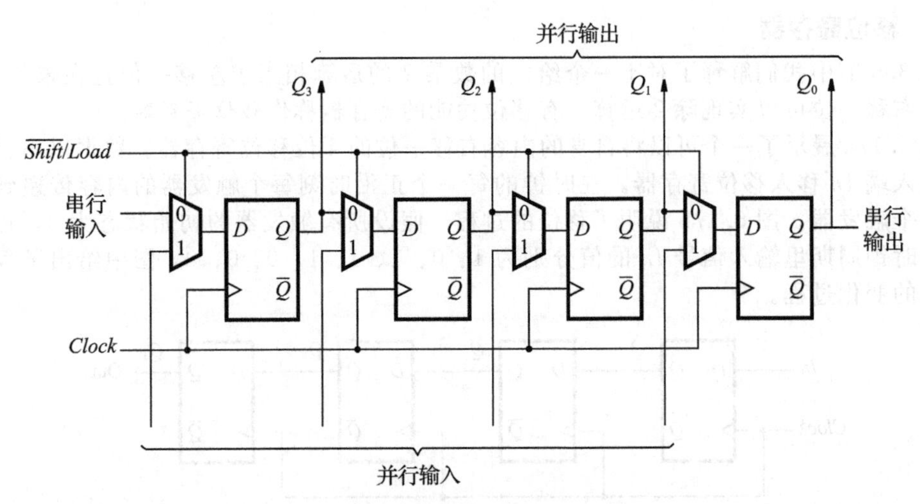

图 5.18　并行存取的移位寄存器

由于移位寄存器经常用于存储二进制信息，因此在图 5.18 中用 Q_3，…，Q_0 标记触发器的输出端。通过观察所有触发器的输出，便可以并行读取寄存器的内容。触发器也可以通过串行的方式存取数据，移位期间连续观察每个时钟周期 Q_0 的值即可。这种可以串行加载和并行读取数据的电路叫做串-并转换器，而功能相反的电路为并-串转换器。图 5.18 所示的电路可以实现这两种功能。

5.9　计数器

第 3 章介绍了算术运算电路，展示了如何设计加/减法电路。可以用一个简单的级联结构(行波进位加法器)，它造价低，但是运行速度慢；也可以用一个较为复杂的超前进位结构，它造价高，但运行速度较快。本节，我们考察一种特殊的加法和减法运算，即应用于计数的运算。特别地，我们期望设计一种可以加 1 或减 1 的计数器电路，该电路在数字系统中有很多用途。它可以记录特定事件的发生次数、产生控制系统中不同任务的时间间隔以及记录特定事件之间的时间间隔等。

计数器可以用第 3 章中介绍的加法/减法电路来实现，也可以用 5.8 节讨论过的寄存器实现。但是，由于计数器仅仅发生加 1、减 1 的变化，没有必要采用如此复杂的电路，可以用更简单廉价的电路实现。我们将说明如何用 T 触发器和 D 触发器设计计数器电路。

5.9.1　异步计数器

由于 T 触发器的翻转特性特别适用于计数操作的实现，用它可以构建最简单的计数器电路。

用 T 触发器构建的递增计数器

图 5.19a 给出了一个 3 位的计数器电路，计数范围为 0～7。3 个触发器的时钟输入用级联的方式连接，每个触发器的输入端 T 连接到逻辑电平 1，触发器的状态在每个时钟的正沿发生翻转。我们假设本电路的目的是对称为 *Clock* 的原始输入脉冲个数进行计数，因此第 1 个触发器的时钟输入端与 *Clock* 相连，另 2 个触发器的时钟输入由前一级的输出 $\overline{Q}$ 驱动。因此，随着前级触发器从 $Q=1$ 变为 $Q=0$ 时，后面触发器的状态便发生翻转(其 $\overline{Q}$ 同时产生正跳变)。

图 5.19b 展示了计数器的时序图。每个时钟周期 Q_0 的状态变化一次，该变化发生在时钟正沿稍后一点的时刻。延迟是由触发器的传输引起的，因为第 2 个触发器时钟信号为 $\overline{Q}_0$，所以 Q_1 在 Q_0 的负沿稍后一点发生变化。同理，Q_2 的值在 Q_1 信号的负沿稍后一点发

生变化。如果我们注意观察计数器的值 $Q_2Q_1Q_0$，则时序图展示其计数顺序为 0、1、2、3、4、5、6、7、0、1 等等。此电路是一个模 8 计数器，由于其计数方式为每次加 1，所以称为递增计数器。

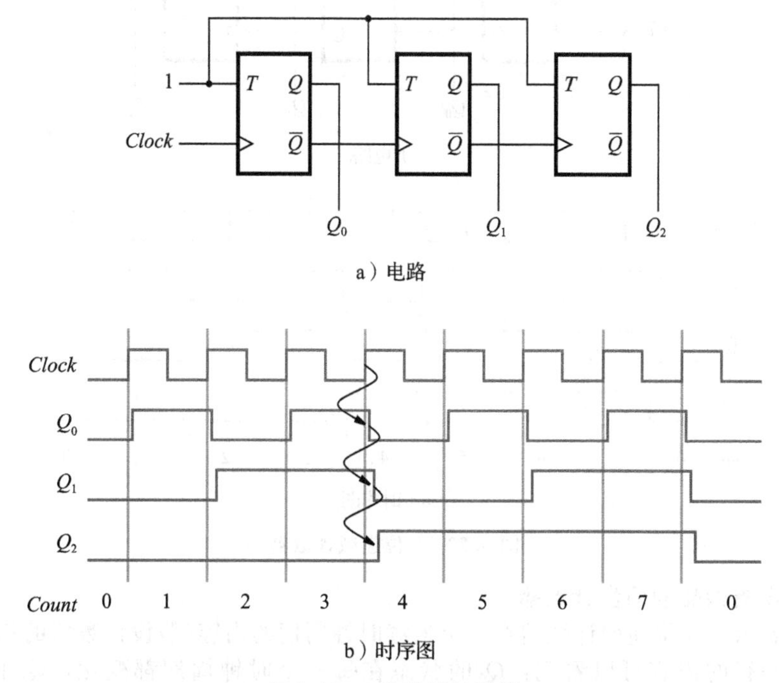

a）电路

b）时序图

图 5.19　3 位递增计数器

图 5.19a 中的计数器有 3 个部分，每部分包含一个触发器，只有第一部分中的触发器的时钟信号直接连接到外部 *Clock* 信号，我们称这部分与时钟同步；另外两部分在延迟之后对时钟信号作出响应。例如，当 *Count*＝3，下一个时钟脉冲会使 *Count* 变成 4。如图 5.19b 时序图中的箭头所示，这个变化需要 3 个触发器的所有状态都翻转。可以观察到 Q_0 在 *Clock* 的正沿时刻经过一小段延迟之后变为 0，而此时 Q_1 和 Q_2 触发器的输出还没有发生变化，因此有一小段时间内 $Q_2Q_1Q_0=010$；经第 2 个触发器传速延迟之后 Q_1 变为 0，此时 $Q_2Q_1Q_0=000$；最后，Q_2 在第 3 个触发器传输延迟之后变为 1，此时电路达到稳定状态，即 $Q_2Q_1Q_0=100$。这个行为与图 3.5 所示的行波进位加法器的逐位进位很相似，图 5.19a 所示的电路就是一个异步计数器，或者称为行波计数器。

用 T 触发器构建的递减计数器

把图 5.19a 中的电路稍加修改就可得到如图 5.20a 所示的电路。这两个电路的不同之处在于图 5.20a 中的第 2 个和第 3 个触发器的时钟输入是由其前级触发器的输出端 Q(而不是输出端 $\overline{Q}$)驱动，其时序图如图 5.20b 所示。由该图可以看出此电路的计数顺序为 0、7、6、5、4、3、2、1、0、7 等等，即它的计数方式是递减的，所以称为递减计数器。将图 5.19a 和图 5.20a 所示的电路结合在一起，便可以构成一个既可以递增计数又可以递减计数的计数器。我们把这个设计作为家庭作业(习题 5.15)留给读者。

5.9.2　同步计数器

如图 5.19a 和图 5.20a 所示的异步计数器非常简单，但是运行速度不快。如果用这种方式构建多位数的计数器，则由时钟级联引起的延迟可能会很长以至于不能满足所期望的性能要求。用下面方法，将所有的触发器用同一时钟触发，可以构建一个速度更快的计数器。

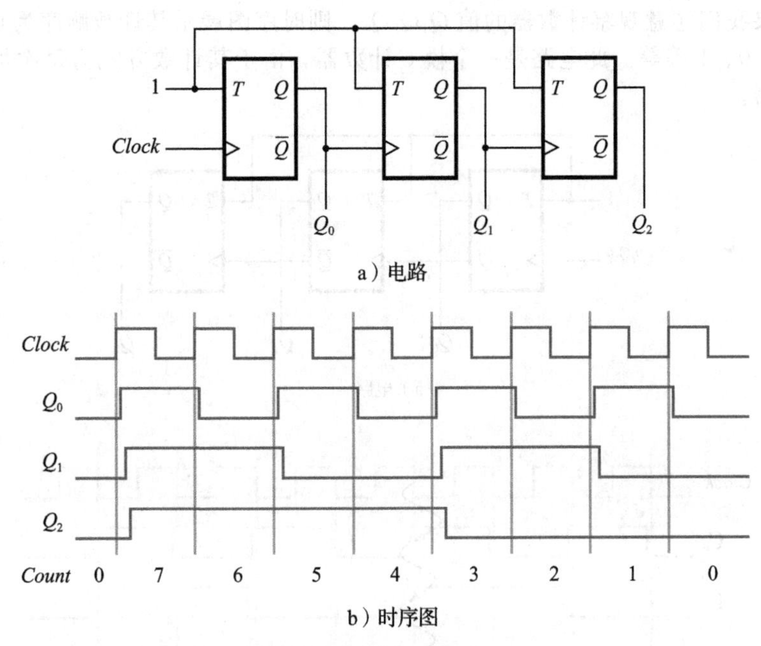

a）电路

b）时序图

图 5.20　3 位递减计数器

用 T 触发器构建的同步计数器

表 5.1 展示了 3 位递增计数器在 8 个连续时钟周期的内容(假设计数器的初始值为 0)，观察表中每一行的内容可以看到：Q_0 的状态在每一个时钟周期都变化，Q_1 的状态仅在 $Q_0=1$ 时发生变化，Q_2 的状态仅在 Q_1 和 Q_0 同时为 1 时发生变化。一般情况下，对于一个 n 位的递增计数器，特定的触发器的状态仅在其前级所有触发器的输出都为 1 时才会发生改变。因此，如果我们用 T 触发器构建递增计数器，则输入端 T 应定义为：

表 5.1　同步递增计数器的推导

时钟周期	Q_2 Q_1 Q_0
0	0 0 0
1	0 0 1
2	0 1 0
3	0 1 1
4	1 0 0
5	1 0 1
6	1 1 0
7	1 1 1
8	0 0 0

Q_1 改变　Q_2 改变

$$T_0=1$$
$$T_1=Q_0$$
$$T_2=Q_0Q_1$$
$$T_3=Q_0Q_1Q_2$$
$$\vdots$$
$$T_n=Q_0Q_1\cdots Q_{n-1}$$

基于以上表达式构建的 4 位计数器的一个例子如图 5.21a 所示，为了避免采用与门而引起的门尺寸随着级数逐级增加的现象，在图中采用了因子分解的方法。由于所有的触发器都在时钟正沿稍后一点改变其状态，因此这样的电路结构不会降低计数器的响应速度。请注意，Q_0 状态变化之后需要通过几个与门的延迟才能传送到计数器的高位触发器的 T 端，这需要一定的时间，并且必须小于时钟周期。实际上，这一段时间必须小于的时间值为时钟周期减去触发器建立的时间。

模 16 递增计数器电路的工作时序图如图 5.21b 所示。由于所有状态在 *Clock* 信号有效沿之后经相同延迟后才发生变化，所以称该电路为同步计数器。

使能和清零能力

图 5.19～图 5.21 所示的计数器都是在每个时钟脉冲到来时改变自身的内容，但我们有时期望能够禁止计数器计数以保持当前状态，这可以通过添加一个使能控制信号实现，如图 5.22 所示。该电路是在图 5.21 的计数器的基础上增加了 1 个与门，使能信号直接输入

第 1 个触发器的 T 输入端。使能端也连接到各级的与门链路中，这意味着如果 $Enable=0$，则所有触发器的输入 T 都等于 0；若 $Enable=1$，则该电路为如前所述的计数器。

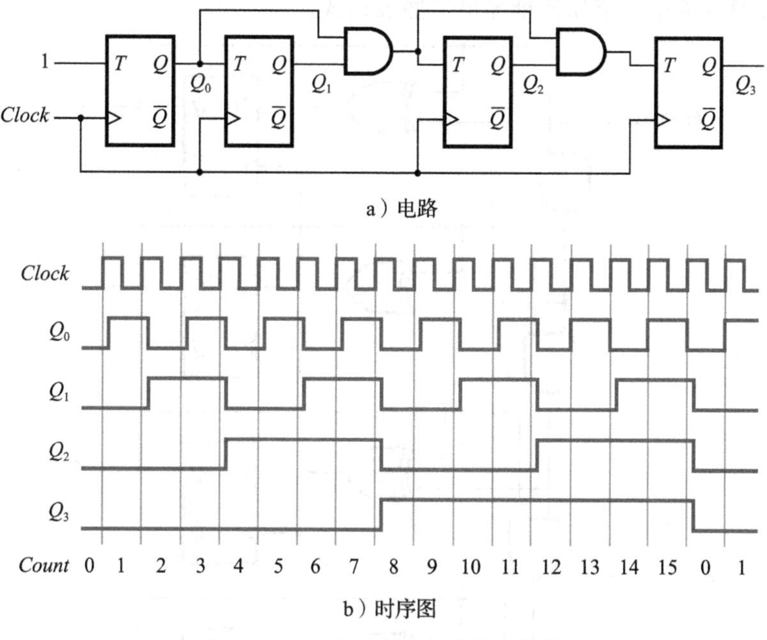

a）电路

b）时序图

图 5.21 一个 4 位同步递增计数器

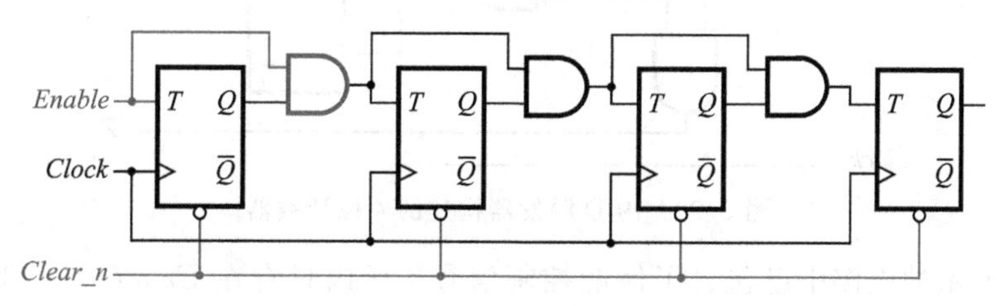

图 5.22 包含使能和清零功能的递增计数器

在很多实际应用中计数器的初始值必须为 0，如果触发器可以清零，就能很容易实现(如 5.4.3 节中所解释的)该要求。将所有触发器的清零输入端连在一起，用一个清零控制输入信号 $Clear\_n$ 驱动即可。

用 D 触发器构建的同步计数器

虽然 T 触发器的翻转特性使它成为实现计数器的自然选择，但我们也可以用其他类型的触发器来构建计数器。JK 触发器也可以用来构建计数器，其方法与用 T 触发器构建计数器方法相同，只需把 J 端和 K 端连接在一起，JK 触发器就变成了 T 触发器。下面我们考虑用 D 触发器构建同步计数器。

用 D 触发器构建计数器不是很直观，我们将在第 6 章介绍推导出该电路的正规方法，在这里我们将直接给出一种能够满足需求的电路结构(其推导过程留在第 6 章介绍)。图 5.23 给出了一个 4 位递增计数器，计数顺序为 0、1、2、…、14、15、0、1 等，计数值由触发器的输出端 $Q_3Q_2Q_1Q_0$ 给出。假设使能端 $Enable=1$，则触发器的输入端 D 可以用以下表达式定义：

$$D_0 = Q_0 \oplus 1 = \overline{Q}_0$$
$$D_1 = Q_1 \oplus Q_0$$
$$D_2 = Q_2 \oplus Q_1Q_0$$
$$D_3 = Q_3 \oplus Q_2Q_1Q_0$$

对于一个较大规模的计数器，其第 i 级的输入端 D 可定义为：

$$Di = Q_i \oplus Q_{i-1} Q_{i-2} \cdots\cdots Q_1 Q_0$$

我们将在第 6 章中介绍如何推导出这些表达式。

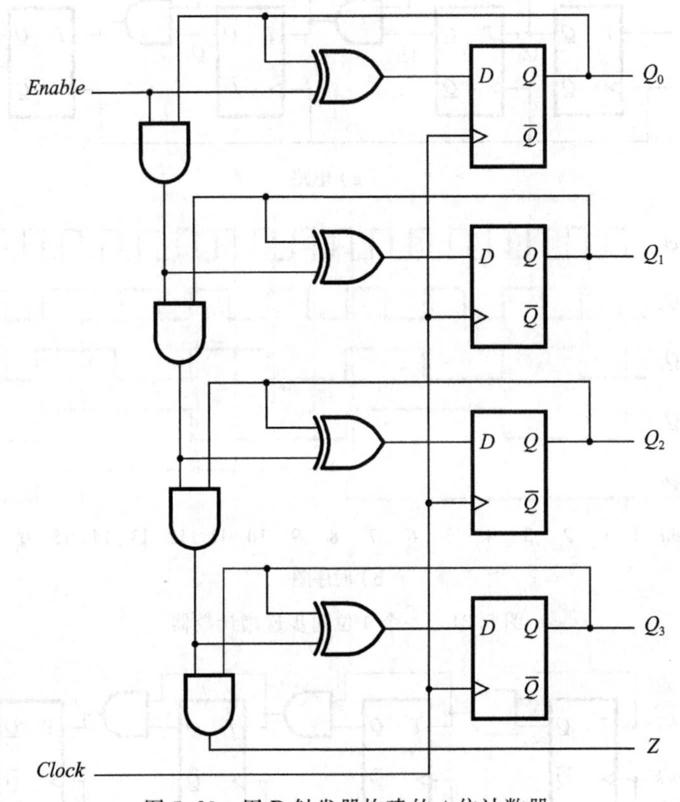

图 5.23　用 D 触发器构建的 4 位计数器

图 5.23 所示的电路中已包含了使能控制信号，所以只有在 $Enable=1$ 时，计数器才可对时钟脉冲进行计数。实际上，上面的表达式必须经过修改后才能实现图 5.23 所示的电路，修改后的表达式如下：

$$D_0 = Q_0 \oplus Enable$$

$$D_1 = Q_1 \oplus Q_0 \cdot Enable$$

$$D_2 = Q_2 \oplus Q_1 \cdot Q_0 \cdot Enable$$

$$D_3 = Q_3 \oplus Q_2 \cdot Q_1 \cdot Q_0 \cdot Enable$$

计数器的运行情况可以基于对表 5.1 的观察，第 i 级触发器的状态只有在它前面所有触发器都处于 $Q=1$ 的状态时才发生改变。在此情况下，与第 i 级异或门相连的与门输出都为 1，与 Di 连接的或非门的输出等于$\overline{Q_i}$。否则，或非门的输出将使 $D_i=Q_i$，从而使该触发器保持原状态。

我们增加了一个额外的与门以产生输出 Z，由于这个输出的存在，可以很容易将两个这样的 4 位计数器拼接成一个更大的计数器；同时这个输出还可用于检测计数是否达到了最大值(全部为 1)，如果达到了则在下一个时钟周期进行清零，这在实际应用中也是十分有用的。

图 5.23 所示的计数器本质上与图 5.22 所示的电路相同。我们曾经在图 5.15a 中指出，增加一些门电路可以将 D 触发器改造为 T 触发器，附加电路需完成的逻辑功能如下：

$$D = Q\overline{T} + \overline{Q}T = Q \oplus T$$

因此在图 5.23 所示电路的每一级，D 触发器和相连的或非门实现了 T 触发器的功能。

5.9.3 具有并行加载功能的计数器

计数器通常必须从零开始计数，这个状态可以用触发器的清零功能实现，如图 5.22 所示。但是有时也希望从不同的初始值开始计数。为实现这种操作模式，计数器电路必须具有可加载初始值的输入端。虽然用清零输入和预置数两个输入端可以实现这一目标，但下面我们将讨论一个更好的方法。

可以将如图 5.23 所示的电路修改为可以提供具有并行加载的能力，其电路如图 5.24 所示。在每个触发器的输入端 D 前插入一个 2 选 1 多路选择器，多路器的一个输入用于提供正常的计数操作，另一个输入则提供可直接加载到触发器输入端的数据。当 $Load=0$ 时，电路处于计数模式；当 $Load=1$ 时，电路处于加载模式，一个新的初始值 $D_3D_2D_1D_0$ 加载到计数器中。

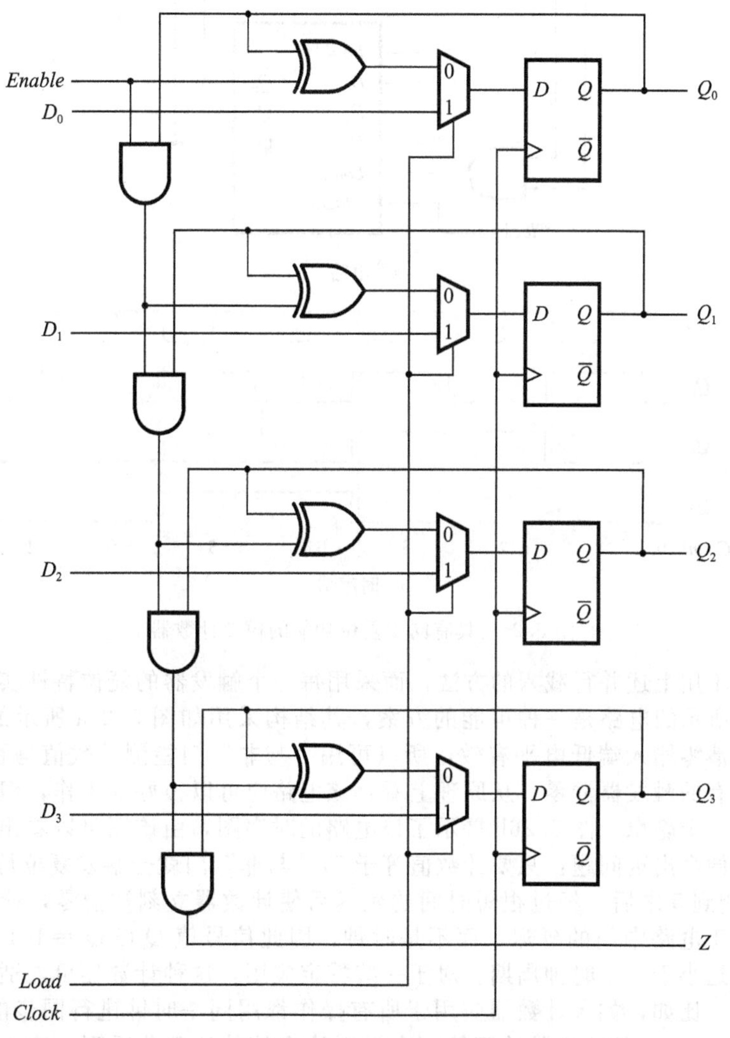

图 5.24 具有并行加载能力的计数器

5.10 同步复位

前文已经提到，计数器必须具有清零的功能，在开始计数前其内容必须置为 0 或复位，这很重要。通过添加单个触发器的清零功能便可达到此目的。但是对于在正常的计数过程中如何使计数器的内容清 0 呢？n 位的递增计数器自然是模为 2^n 的计数器，假设我们希望有一个模不是 2 的幂的计数器该如何做呢？例如我们可能想要设计一个模为 6 的计数器，该计数器的计数序列为：0、1、2、3、4、5、0、1 等等。

最直接的方法是当计数器计数到 5 时复位。可以用一个与门检测计数器的值是否达到 5。实际上，只要探知 $Q_2=Q_0=1$ 就足够了，因为在我们所期望的计数序列中只有计数值为 5 时才会满足 $Q_2=Q_0=1$。基于这种方法的电路如图 5.25a 所示，其中 3 位同步计数器的类型与图 5.24 所示电路相同。计数器的并行加载功能用于在计数达到 5 时使计数器复位。从图 5.25b 所示的时序图可以看出：复位的操作发生在计数计到 5 后的时钟正沿，它把 $D_2D_1D_0=000$ 加载到触发器中；同时计数器的值在一个完整的时钟周期里建立起来获得了所期望的计数序列。由于计数器在时钟有效沿时复位，所以我们称之为同步复位计数器。

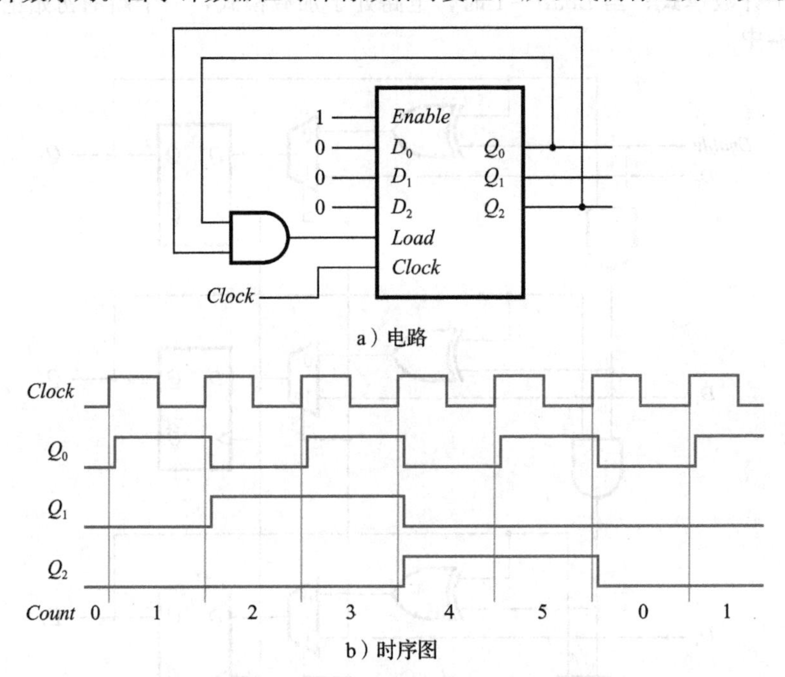

图 5.25 具有同步复位功能的模 6 计数器

现在考虑不用上述并行载入的方法，而采用每一个触发器的复位特性实现清零的可行性。图 5.26a 所示的电路是一种可能的方案，其结构采用如图 5.21a 所示的计数器结构。因为触发器的清零输入端低电平有效，所以可用“与非”门检测计数值是否为 5，如为 5 则同时复位所有的触发器清零。从原理上看，该电路应可以很好地工作，但仔细分析后发现该电路存在一个隐患。图 5.26b 展示了该电路的时序图，由该图可以看出，当计数值等于 5 时，电路便会出现问题：只要计数值等于 5，“与非”门就会触发复位行为，触发器在“与非”门检测到 5 之后，经过很短时间的延迟后使计数器立刻被清零，计数值等于 5 的维持时间依赖于电路中门的延迟，而不是时钟，因此信号值 $Q_2Q_1Q_0=101$ 只保持了很短一段时间，远远小于一个时钟周期。对于一些特定应用，这种计数器可能适用也可能完全不能满足要求。比如，如果计数器应用于所有操作都用同一时钟进行同步的数字系统中，则表示数值 Count=5 的狭窄脉冲可能不会被系统中的其他部分看到。这不是设计电路的好方法，因为实际电路中的窄脉冲经常会造成不可预知的麻烦。图 5.26a 所示电路的复位方法称为异步复位。

比较图 5.25b 与 5.26b 所示的时序图，可以看出同步复位方案比异步复位方案好。同样可以观察到：在正常的计数顺序不得不被某些非零值的加载所中断的情况下，新的计数值可以通过并行加载的方法送到计数器中。如果想通过对单个触发器清零和预置达到此目的，也存在同样的问题(即异步复位出现的问题)。

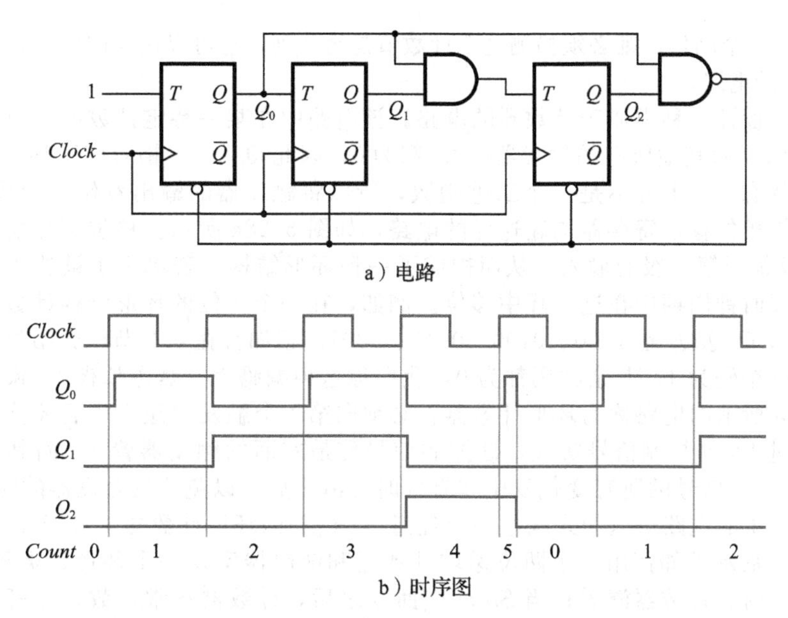

a）电路

b）时序图

图 5.26 异步复位的模 6 计数器

5.11 其他类型的计数器

本节讨论在实际应用中经常用到的其他 3 种计数器，第 1 种使用十进制计数序列，另外两种产生非二进制数的代码序列。

5.11.1 BCD(二-十进制)计数器

可以用 5.10 节中介绍过的方法设计二-十进制(BCD)计数器。图 5.27 展示了一个 2 位的 BCD 计数器，由两个模 10 的计数器组成，每个 BCD 数字用一个模 10 计数器。该计数器可以用图 5.24 中所示的并行加载 4 位计数器实现。注意，在模 10 计数器中，当计数值达到 9 以后必须将 4 个触发器复位，因此，当 $Q_3=Q_0=1$ 时，每一级的 *Load* 输入为 1，于是在下一时钟的正沿到达时将 0000 分别加载到 4 个触发器中。第 1 级 BCD_0 计数器的输入 *Enable* 一直为 1，第 2 级 BCD 计数器 BCD_1 的输入 *Enable* 只有在 $BCD_0=9$ 才为 1(其他时间都为 0)，使下一个时钟脉冲来到时 BCD_1 加 1。

在实际电路中，计数器的内容必须能在某个控制信号的控制下清零。可以通过在电路中添加两个或门达到这个目的，控制输入端 *Clear* 可以用来把 0 加载到计数器中。可以观察到，在这种情况下 *Clear* 为高电平时有效。

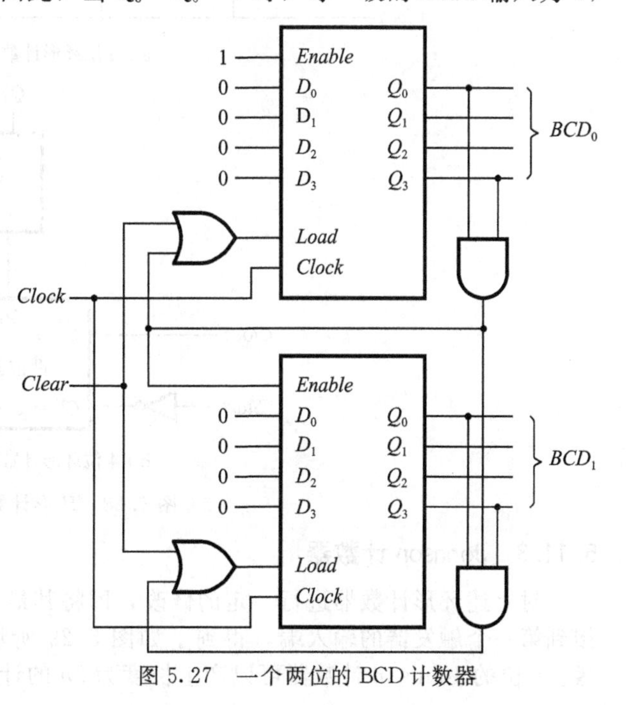

图 5.27 一个两位的 BCD 计数器

5.11.2 环形计数器

在前面叙述的计数器中，计数值由其中的触发器状态表示。所有情况下，计数值都是一个二进制数。使用这种计数器时，如果期望计数达到某特定值时产生一个动作，则必须检测这个计数值是否达到，这可以用与门实现，如图 5.25～图 5.27 所示的电路。

我们可以设计一种类似于计数器的电路，该电路中在某一特定计数值时只有某一个触发器的 Q_i 为 1，而其他所有的触发器的 Q_i 都为 0，因此 $Q_i=1$ 严格对应于某一计数值。因为触发器的状态实际上并不是一个二进制数，所以将触发器的输出看作一种代码更合适。可以用一个简单的移位寄存器构建这样的电路，如图 5.28a 所示。移位寄存器的最后一级的输出(Q)反馈至第一级的输入，从而构成了一种环形结构。若单个 1 被注入该环，则这个 1 会在后续时钟周期中在这个环中移位。例如，在一个 4 位的环形结构计数器中，可能产生的代码 $Q_0Q_1Q_2Q_3$ 是 1000、0100、0010、0001。正如曾在 4.2 节中介绍过的那样，这种编码只有一个码为 1，其余的码都为 0，我们称这种编码为一热态位代码(独热码)。

图 5.28a 所示的电路称为环形计数器。必须向第 1 个触发器注入 1 后才能启动环形计数器，这通过 *Start* 控制信号实现，该控制信号使最左面的触发器置 1，而其他触发器则清 0。假设 *Start* 信号的所有变化发生在有效时钟沿之后，以免违反触发器的时序参数。

图 5.28a 中的电路可以用来构建一个任意位(n 位)的环形计数器。对于 $n=4$ 的特定情况，图 5.28b 展示了如何用一个两位递增计数器和解码器实现一个环形计数器。当 *Start* 信号置位为 1 时，计数器清零；当 *Start* 变回 0 之后，计数器正常计数。二-四译码器(曾在 4.2 节介绍过)把计数器的输出转变为一热态位代码。对于计数值 00、01、10、11 等，译码器的输出分别为 $Q_0Q_1Q_2Q_3=1000$、0100、0010、0001 等。只要位数是 2 的幂，此电路可用于构建更大规模的环形计数器。

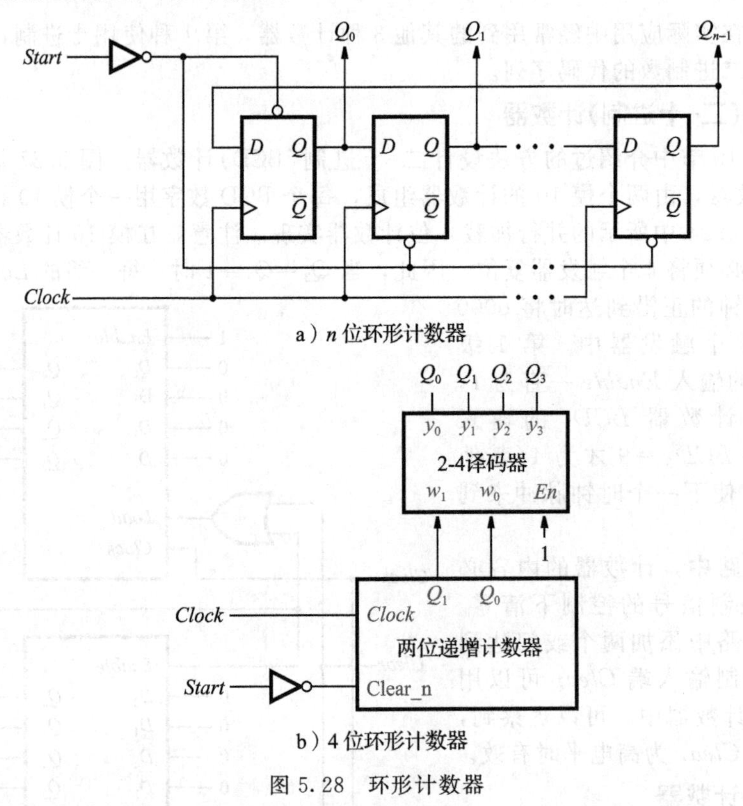

a) n 位环形计数器

b) 4 位环形计数器

图 5.28　环形计数器

5.11.3　Johnson 计数器

对上述环形计数器进行一定的修改，即将其最后一个触发器的 $\overline{Q}$(而不是 Q)作为反馈接到第一个触发器的输入端，得到了如图 5.29 所示的电路。这就是著名的 Johnson 计数器。n 位的 Johnson 计数器可以产生长度为 $2n$ 的计数序列。例如，一个 4 位的计数器可以产生的计数序列为 0000、1000、1100、1110、1111、0111、0011、0001、0000 等等。请注意在这个序列中，相邻的两个码之间只有 1 位不同。

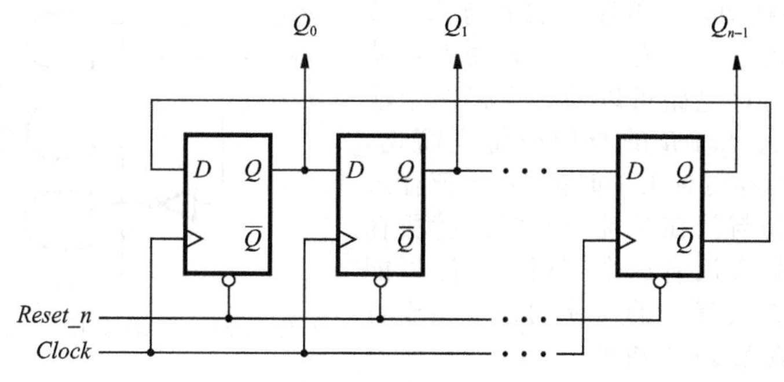

图 5.29 Johnson 计数器

为了对 Johnson 计数器进行初始化，必须使所有的触发器复位，如图 5.29 所示。注意，不管是 Johnson 计数器还是环形计数器，如果初始化有错，都不能产生所期望的计数序列。

5.11.4 关于计数器设计的评述

本章所介绍的时序电路，即寄存器、计数器等，都具有规则的结构，可以用直观的方法进行设计。第 6 章将介绍设计时序电路更正规的方法，并说明如何用这种方法推导出本章所介绍的电路。

5.12 用 CAD 工具设计含存储元件的电路

本节将要说明如何用原理图输入的方法或者编写 Verilog 代码的方法设计包含有存储元件的电路。

5.12.1 电路原理图中存储元件的添加

创建电路的一种方法是绘制电路原理图。电路原理图以逻辑门为基本元件构造出锁存器和触发器，因为这些存储元件可以有许多用途，大多数 CAD 系统库中包含这些模块供设计者选用。图 5.30 展示了由图形编辑器绘制的电路原理图，该电路图中包含从 CAD 系统库中调入的 3 种类型的触发器。图中最上面的元件是门控 D 锁存器，中间是正沿触发的 D 触发器，下面是正沿触发的 T 触发器。D 触发器和 T 触发器都包含低电平有效的异步清零端和置 1 端，若这些输入端在图中悬空（没有连接信号），则 CAD 工具自动给它们赋以默认值 1，使其无效。

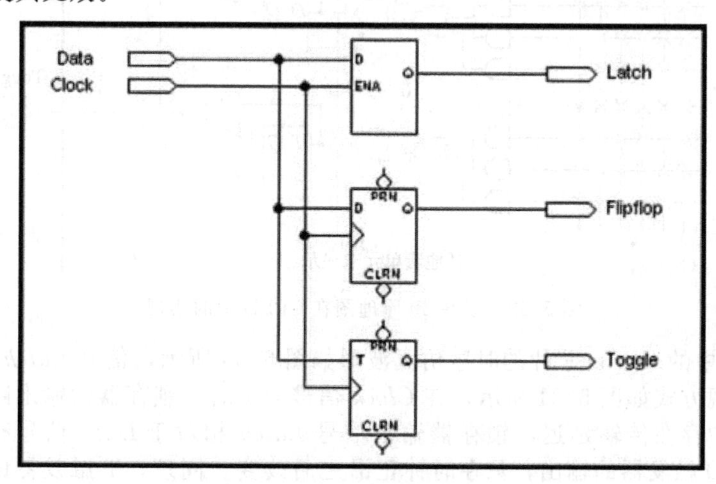

图 5.30 同一图中的三种类型的存储元件

当门控 D 锁存器在一个芯片中综合成电路时，CAD 工具产生的并不是如 5.2 节中所介绍的交叉耦合的或非门或与非门构成的结构。在某些芯片中，更好的实现是如图 5.31 所示的与-或电路结构，该电路的功能与 5.2 节中的交叉耦合电路相同。有一点应该说明：从功能的角度来看，该电路可以通过去掉两个输入端分别为 *Data*、*Latch* 的与门而得到简化，此时最上面的与门在时钟为 1 时把 *Data* 值存入锁存器，最下面的与门在时钟为 0 时保持所存储的值。但是，如果没有这个与门，电路可能会产生一种称为静态冒险的时序问题。关于冒险的详细解释将在第 11 章讲解。

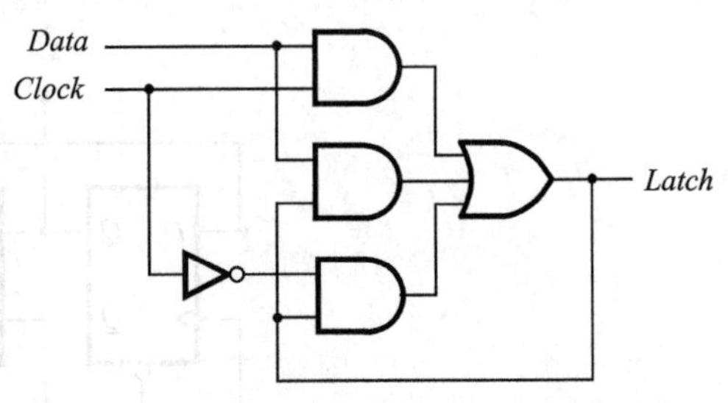

图 5.31　CAD 工具产生的门控 D 锁存器

图 5.30 中的电路可以用于 CPLD，如图 5.32 所示。D 触发器和 T 触发器都可以用芯片中的触发器实现，即将芯片中的触发器配置为 D 触发器或者 T 触发器。实现图 5.30 所示电路所需要的门和连接线在图 5.32 中已用浅灰色标示出来。

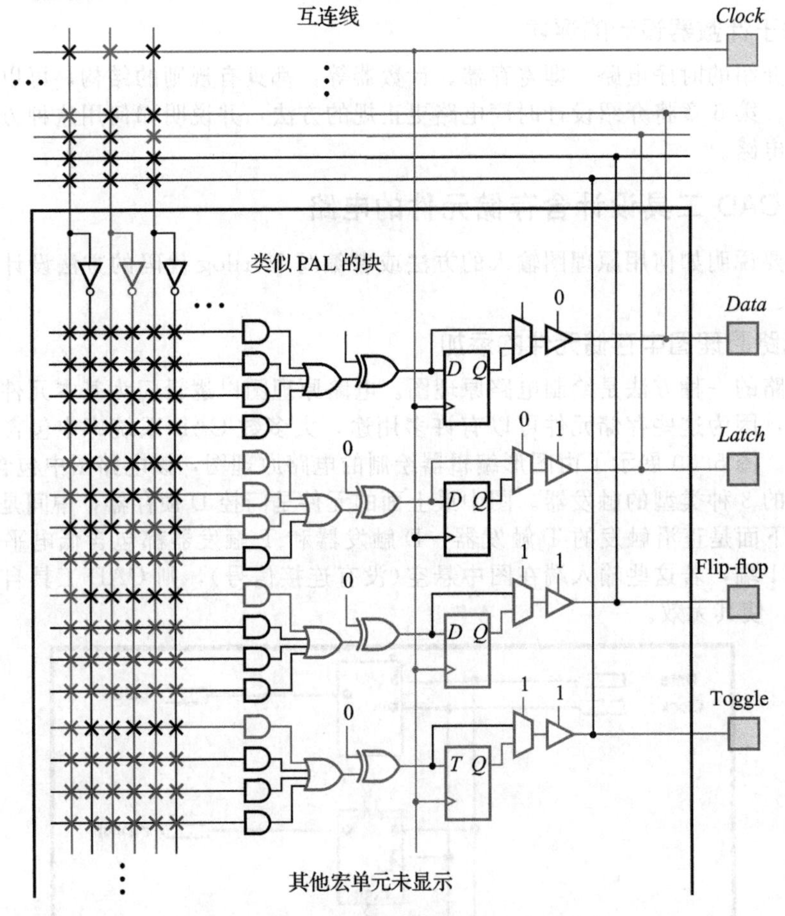

图 5.32　图 5.30 原理图在 CPLD 中的实现

如图 5.32 中的 CPLD 芯片的时序仿真波形如图 5.33 所示，信号 *Latch*，即门控 D 锁存器的输出实现方式如图 5.31 所示，在 *Clock* 信号为 1 时，锁存器的输出跟随 *Data* 输入值。由于芯片中存在传输延迟，锁存器输出信号 *Latch* 相对于 *Data* 信号有一定的时延。触发器信号是 D 触发器的输出，只在时钟正沿之后改变。同理，T 触发器的输出(图中用 Toggle 表示)在时钟正沿且 *Data*=1 时翻转。时序图表明了该延迟行为从时钟信号的正沿到达芯片输入端开始，直到触发器的输出发生的改变出现在芯片的输出端之间的时间，这段时间称为时钟到输出的时延 t_{co}。

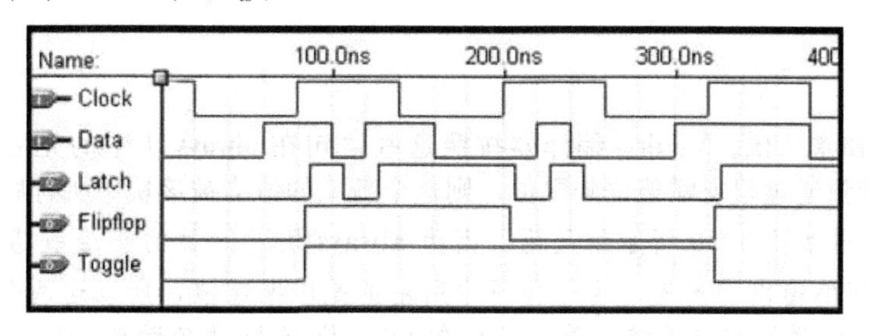

图 5.33　图 5.30 所示存储元件的时序图

5.12.2　用 Verilog 代码描述存储元件

4.6 节曾描述过许多种 Verilog 结构，本节将展示如何用这些语句描述存储元件。

定义存储元件的一种简单方法是用 **if-else** 语句描述由数据电平和输入时钟变化而产生的所期望的响应。考虑以下 **always** 块：

```
always @(Control, B)
  if (Control)
    A = B;
```

其中 A 是一个 **reg** 型变量。这段代码说明了若变量 $Control=1$，则将 B 的值赋给 A。但是在这段语句中没有说明如果 $Control=0$ 时会执行什么操作，这种情况 Verilog 编译器会假定在 $Control \neq 1$ 时由 **if** 顺序语句引起的 A 值保持为已有的值。具有这种蕴涵记忆功能的电路可以用锁存器实例化实现。

例 5.1　门控 D 锁存器的代码　图 5.34 所示的代码定义了一个称为 *D_latch*(D-锁存器)的模块，该模块的输入为 D 和 Clk，输出为 Q。**if** 语句定义了当 $Clk=1$ 时，信号 D 的值赋给输出 Q，由于没有给出 **else** 语句，所以综合后产生的电路将是一个锁存器，在 $Clk=0$ 时，Q 值保持原来的值。因此，该代码描述了一个门控 D 锁存器。**always** 块中敏感列表包括 Clk 和 D，因为这两个信号都会引起输出 Q 值的变化。◀

```
module D_latch (D, Clk, Q);
  input D, Clk;
  output reg Q;

  always @(D, Clk)
    if (Clk)
      Q = D;

endmodule
```

图 5.34　门控 D 锁存器的代码

always 结构可以用于定义对敏感列表内的信号变化作出响应的电路，虽然到目前为止我们所举的例子中，**always** 块都是对信号电平敏感的，但它也可以用来说明由信号特定沿引起的响应。在 Verilog 语言中可以用关键字 **posedge**、**negedge** 说明所期望的边沿，这些关键字可以用于实现边沿触发的电路。

例 5.2　D 触发器的代码　图 5.35 描述了一个名为触发器(*flipflop*)的电路，这是一个正沿触发的 D 触发器。由于时钟信号是唯一引起输出 Q 发生变化的信号，所以敏感列表中只包含时钟信号。关键字 **posedge** 说明在 $Clock$ 的正沿时输出 Q 发生变化，且将输入 D 的值赋给输出 Q(两者相等)。因为 **posedge** 出现在敏感列表里，Q 成为一个触发器的输出。◀

```
module flipflop (D, Clock, Q);
  input D, Clock;
  output reg Q;

  always @(posedge Clock)
    Q = D;

endmodule
```

图 5.35　D 触发器的代码

5.12.3　阻塞赋值和非阻塞赋值

到目前为止，所有 Verilog 例子中都是用“＝”进行赋值，例如：

```
f = x1 & x2;
```

或者：

```
C = A + B;
```

或者：

```
Q = D;
```

“=”称为阻塞赋值。Verilog 编译器按照这些语句在 **always** 块中的先后次序顺序地执行。如果一个变量通过阻塞赋值语句赋值，则这个新赋的值会被该块中所有后续语句使用。

例 5.3 考虑如图 5.36 所示的代码。因为 **always** 块对时钟的正沿敏感，$Q1$ 和 $Q2$ 都将作为 D 触发器的输出。然而，由于代码中所用的是阻塞赋值，所以这两个触发器不会像读者所期望的以级联的方式连接。第一条语句 $Q1=D$ 将 D 的值赋给 $Q1$，而语句 $Q2=Q1$ 则将新的 $Q1$ 值（“D”）赋给 $Q2$，即其结果为 $Q2=Q1=D$，所以综合得到的电路为两个平行的触发器，如图 5.37 所示。综合工具一般会删除其中一个触发器以进行优化。

```
module example5_3 (D, Clock, Q1, Q2);
  input D, Clock;
  output reg Q1, Q2;

  always @(posedge Clock)
  begin
     Q1 = D;
     Q2 = Q1;
  end

endmodule
```

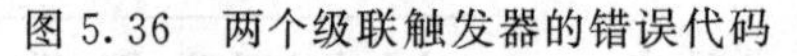

图 5.36　两个级联触发器的错误代码

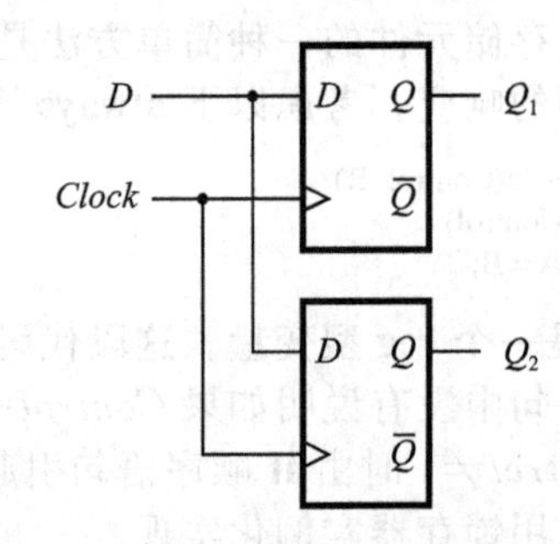

图 5.37　例 5.3 的电路 ◀

Verilog 也提供非阻塞赋值方式，用符号“<=”表示。**always** 块中所有非阻塞赋值语句在求值时所用的值全都是进入 **always** 时各个变量已具有的值。因此，某给定变量在块的所有语句中的值是相同的。非阻塞的意思是每条赋值语句的结果直到 **always** 块的结尾才能确定。

例 5.4 图 5.38 给出了与图 5.36 中一样的代码，但是所用的是非阻塞赋值语句。对于以下两条语句：

```
Q1 <= D;
Q2 <= Q1;
```

在 **always** 块中的语句赋值开始时，两条语句中的变量 $Q1$ 和 $Q2$ 都有各自的值，在 **always** 块结束时，这两个变量同时变成各自的新值，$Q1$ 变成 D，而 $Q2$ 变成刚进入 **always** 块时的 $Q1$ 值。因此这段代码生成了触发器级联连接的电路，具体实现了如图 5.39 所示的移位寄存器。

```
module example5_4 (D, Clock, Q1, Q2);
  input D, Clock;
  output reg Q1, Q2;

  always @(posedge Clock)
  begin
     Q1 <= D;
     Q2 <= Q1;
  end

endmodule
```

图 5.38　两级联触发器代码

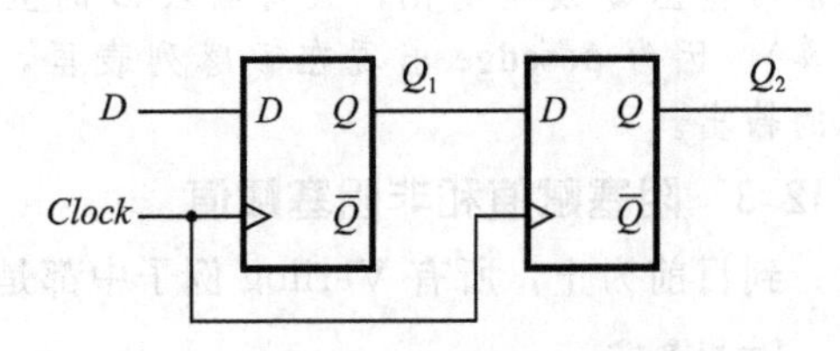

图 5.39　图 5.38 描述的电路

阻塞赋值和非阻塞赋值之间的区别通过下面两个例子进一步加以说明。◀

例 5.5 图 5.40 中展示了用阻塞赋值定义的一段代码，该段代码除了触发器外还涉及一些逻辑门，其具体的实现电路如图 5.41 所示。图中 f 和 g 都是 D 触发器的输出，这是因为 **always** 块中的敏感列表是用事件的正沿指定的。由于用的是阻塞赋值，所以由声明语句 $f=x1\&x2$ 产生的新的 f 值马上可以用在接下来的语句 $g=f \mid x3$ 中。因此，产生 $x1\&x2$ 的与门连接到或门输入端，或门的输出连接到触发器 g 的数据端，如图 5.41 所示。

```
module example5_5 (x1, x2, x3, Clock, f, g);
   input x1, x2, x3, Clock;
   output reg f, g;

   always @(posedge Clock)
   begin
      f = x1 & x2;
      g = f | x3;
   end

endmodule
```

图 5.40 例 5.5 的代码

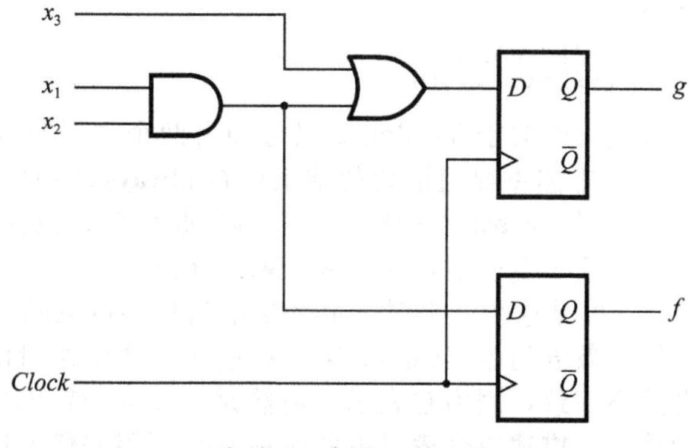

图 5.41 例 5.5 的电路 ◀

例 5.6 如果用非阻塞赋值编写的 Verilog 代码如图 5.42 所示。f 和 g 的值在 **always** 块结束时同时更新。因此，前一个 f 值用来更新 g 的值，这意味着产生 f 的触发器的输出端连接到或门的输入，该或门的输出再连接到触发器 g 的数据输入端，具体电路如图 5.43 所示。

```
module example5_6 (x1, x2, x3, Clock, f, g);
   input x1, x2, x3, Clock;
   output reg f, g;

   always @(posedge Clock)
   begin
      f <= x1 & x2;
      g <= f | x3;
   end

endmodule
```

图 5.42 例 5.6 的代码

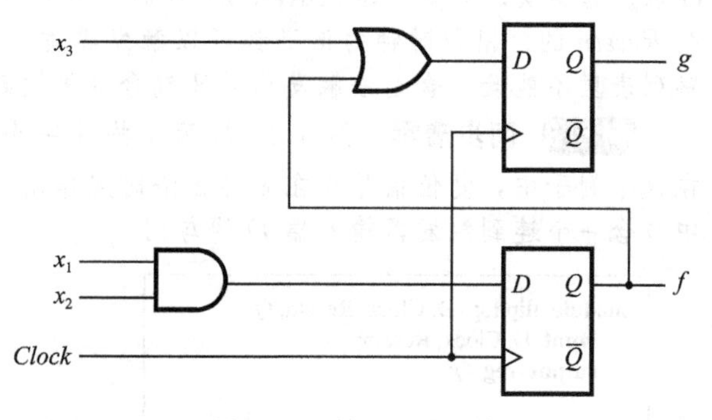

图 5.43 例 5.6 的电路 ◀

考虑一个很有趣的问题：如果把给 f 和 g 赋值的两条语句次序颠倒一下，会综合成什么样的电路呢？对于图 5.40 中的代码，影响会比较大。如果先求 g 值，因为 f 不依赖于 g，即第 2 个语句不依赖于第 1 个语句，综合后生成的电路与图 5.43 所示的电路相同。相比较而言，语句顺序颠倒对图 5.42 所示的非阻塞赋值的代码没有任何影响。

图 5.37 所示的电路展示了用阻塞赋值描述时序电路很容易产生错误。阻塞赋值语句对语句顺序的依赖可能综合出错误的电路，因而是有风险的，如前面的例子所示，所以只能用非阻塞赋值描述时序电路。

5.12.4 组合逻辑电路的非阻塞赋值

到目前为止，我们会自然想到这样的问题：非阻塞赋值是否可以用于描述组合逻辑电路？答案是在大多数情况下可以采用，但是当 **always** 块中后面的赋值语句依赖于前面赋值语句的结果时，非阻塞赋值会产生无意义的电路。例如，假设我们有一个 3 位的变量 $A=$

$a_2a_1a_0$，我们期望形成一个组合逻辑函数 f：当 A 中相邻两位为 1 时，$f=1$。用阻塞赋值描述这个函数的一种方法如下：

```
always @(A)
begin
    f = A[1] & A[0];
    f = f || (A[2] & A[1]);
end
```

这些语句实现了所期望的逻辑函数，即 $f=a_1a_0+a_2a_1$。现在考虑用非阻塞赋值将代码改为：

```
f <= A[1] & A[0];
f <= f || (A[2] & A[1]);
```

这段代码中关于 Verilog 语义方面有两个主要的概念：

1. 非阻塞赋值语句的结果仅在 **always** 块中所有语句求值结束后才可以看到。
2. 当 **always** 块中同一变量多次赋值后，只保留最后一次赋值的结果。

在这个例子中，在进入 **always** 块时 f 有一个未说明的初始值。第 1 条语句赋值 $f=a_1a_0$，但是这个结果对于第 2 条语句是不可见的，它只能看到原始的还未赋值的 f 值，所以第 2 条语句越过(删除)第 1 条语句，产生逻辑函数 $f=f+a_2a_1$。这个表达式同组合逻辑电路不一致，因为它表示的虽然是一个与-或逻辑电路，但或门的输出却反馈回到它自身的输入。描述组合逻辑电路时最好采用阻塞赋值以避免无意中创建出一个时序电路。

5.12.5　具有复位端的触发器

用一个特殊的敏感列表和 **if-else** 描述语句的特殊形式，可以产生具有清零(或置位)信号的触发器。

例 5.7　异步清零　图 5.44 所示的是一个具有低电平有效的异步复位(清零)输入端的 D 触发器模块。当复位输入 $Resetn=0$ 时，触发器的输出 Q 复位为 0。注意敏感列表里说明 $Resetn$ 的负沿与时钟的正沿都可以触发事件。另外，不能忽略关键字 **negedge**，因为敏感列表里不能既包含边沿触发信号又包含电平敏感信号。◀

例 5.8　同步清零　图 5.45 展示了描述一个具有同步复位输入的 D 触发器的代码。在这个例子中，复位信号只在时钟正沿时起作用。该代码生成的电路如图 5.13c 所示，其中包含一个连到触发器输入端 D 的与门。

```
module flipflop (D, Clock, Resetn, Q);
    input D, Clock, Resetn;
    output reg Q;

    always @(negedge Resetn, posedge Clock)
        if (!Resetn)
            Q <= 0;
        else
            Q <= D;

endmodule
```

图 5.44　含异步复位端的 D 触发器

```
module flipflop (D, Clock, Resetn, Q);
    input D, Clock, Resetn;
    output reg Q;

    always @(posedge Clock)
        if (!Resetn)
            Q <= 0;
        else
            Q <= D;

endmodule
```

图 5.45　含同步复位端的 D 触发器　◀

5.13　用 Verilog 构建寄存器和计数器

本章我们将介绍如何用 Verilog 代码描述寄存器和计数器。图 5.44 所示的是 D 触发器的代码。描述 n 位寄存器的一种方法是将一个包含 n 个实例化的 D 触发器子电路构成层次化的代码；更为简单的一种途径是用与图 5.45 中同样的代码实现，只需把信号 D 和 Q 的输入定义为多位信号即可。

例5.9 ***n*位寄存器** 因为逻辑电路中通常需要各种位宽的寄存器，定义寄存器模块可以使触发器数目发生改变，这是非常有用的。图5.46中给出了n位寄存器的代码，参数n说明了寄存器中触发器的数目，通过修改参数，该代码可以表示任意位宽的寄存器。◀

例5.10 **一个4位移位寄存器** 假设期望编写Verilog代码表示如图5.18所示的4位并行存取的移位寄存器。一种方法是编写层次化代码，该代码引用4个实例化子电路，每个实例引用的子电路由一个2选1多路选择器和D触发器构成。多路选择器的输出与触发器的输入D相连接。图5.47定义了一个名为$muxdff$的模块，该模块表示的就是这个子电路。两个数据输入端分别命名为D_0和D_1，由控制信号Sel选择哪个信号存入触发器。**if-else**语句说明在时钟正沿时，如果$Sel=0$，则将D_0值赋给Q，否则，将D_1值赋给Q。图5.48给出了描述与图5.47相同电路的另一种方法，在这段代码中，条件赋值语句在输出D处指定了一个2选1多路选择器，它在**always**模块中连接到触发器。

```
module regn (D, Clock, Resetn, Q);
   parameter n = 16;
   input [n-1:0] D;
   input Clock, Resetn;
   output reg [n-1:0] Q;

   always @(negedge Resetn, posedge Clock)
      if (!Resetn)
         Q <= 0;
      else
         Q <= D;

endmodule
```

图5.46 有异步清零端的n位寄存器的代码

```
module muxdff (D0, D1, Sel, Clock, Q);
   input D0, D1, Sel, Clock;
   output reg Q;

   always @(posedge Clock)
      if (!Sel)
         Q <= D0;
      else
         Q <= D1;

endmodule
```

图5.47 D输入端接有一个2选1多路选择器的D触发器代码

图5.49定义了4位移位寄存器。$Stage3$是$muxdff$模块的实例化，是最高位触发器（输出端$Q3$）。同样地$Stage0$也是$muxdff$模块的实例化，是最低位的触发器（输出端$Q0$）。当$L=1$时，4位数据R并行加载到寄存器；当$L=0$时，寄存器从左往右移位，串行数据从w输入端移入到最高位$Q3$。

```
module muxdff (D0, D1, Sel, Clock, Q);
   input D0, D1, Sel, Clock;
   output reg Q;

   wire D;
   assign D = Sel ? D1 : D0;

   always @(posedge Clock)
      Q <= D;

endmodule
```

图5.48 D输入端接有一个2选1多路器的D触发器的另一种代码

```
module shift4 (R, L, w, Clock, Q);
   input [3:0] R;
   input L, w, Clock;
   output wire [3:0] Q;

   muxdff Stage3 (w, R[3], L, Clock, Q[3]);
   muxdff Stage2 (Q[3], R[2], L, Clock, Q[2]);
   muxdff Stage1 (Q[2], R[1], L, Clock, Q[1]);
   muxdff Stage0 (Q[1], R[0], L, Clock, Q[0]);

endmodule
```

图5.49 层次化的4位移位寄存器代码 ◀

例5.11 **4位移位寄存器的另一种代码** 图5.50中所给出的是4位移位寄存器的另一种风格的代码。移位寄存器用例5.4中给出的方法定义，而不是用子电路的方法。所有的操作都发生在时钟上升沿。如果$L=1$，4位数据R并行加载到寄存器；如果$L=0$，寄存器的内容向右移位，并且w输入端的值加载到最高位$Q3$。◀

例5.12 **一个*n*位移位寄存器** 图5.51展示了可用于表示任意位宽的移位寄存器的

代码，图中参数 n 设为缺省值 16，以定义触发器的个数。这段代码与图 5.50 所示的代码除了两点不同之外基本相同。这两点不同之处在于：第一，R 和 Q 的位宽用 n 定义；第二，描述移位操作的 **else** 分支语句用 **for** 循环语句实现，可适用于由任意多个触发器组成的移位操作。

```
module shift4 (R, L, w, Clock, Q);
   input [3:0] R;
   input L, w, Clock;
   output reg [3:0] Q;

   always @(posedge Clock)
      if (L)
         Q <= R;
      else
      begin
         Q[0] <= Q[1];
         Q[1] <= Q[2];
         Q[2] <= Q[3];
         Q[3] <= w;
      end

endmodule
```

图 5.50　4 位移位寄存器的另一种代码

```
module shiftn (R, L, w, Clock, Q);
   parameter n = 16;
   input [n-1:0] R;
   input L, w, Clock;
   output reg [n-1:0] Q;
   integer k;

   always @(posedge Clock)
      if (L)
         Q <= R;
      else
      begin
         for (k = 0; k < n-1; k = k+1)
            Q[k] <= Q[k+1];
         Q[n-1] <= w;
      end

endmodule
```

图 5.51　一个 n 位移位寄存器的代码　◀

例 5.13　递增计数器　图 5.52 展示了具有复位输入 *Resetn* 和使能输入 E 的 4 位递增计数器。计数器中触发器的输出用名为 Q 的向量表示；**if** 语句(if *Reset*=0)指定如果 *Reset*=0，则计数器异步复位；**else if** 分支语句说明如果 $E=1$，则在时钟正沿时刻计数器递增计数。◀

例 5.14　带并行载入端的递增计数器　图 5.53 中的代码描述了一个递增计数器。该计数器除了复位输入端之外，还有一个并行加载输入端，并行数据由输入向量 R 提供。第一个 **if** 语句与图 5.52 所示的代码一样实现异步复位；**else if** 分支语句说明，如果 $L=1$，则计数器中的触发器在时钟正沿时从输入 R 并行加载数据；如果 $L=0$，则在使能输入 E 的控制下计数器递增计数。

```
module upcount (Resetn, Clock, E, Q);
   input Resetn, Clock, E;
   output reg [3:0] Q;

   always @(negedge Resetn, posedge Clock)
      if (!Resetn)
         Q <= 0;
      else if (E)
         Q <= Q + 1;

endmodule
```

图 5.52　4 位递增计数器的代码

```
module upcount (R, Resetn, Clock, E, L, Q);
   input [3:0] R;
   input Resetn, Clock, E, L;
   output reg [3:0] Q;

   always @(negedge Resetn, posedge Clock)
      if (!Resetn)
         Q <= 0;
      else if (L)
         Q <= R;
      else if (E)
         Q <= Q + 1;

endmodule
```

图 5.53　有并行载入端的 4 位递增计数器　◀

例 5.15　有并行载入端的递减计数器　图 5.54 所给出的是名为 *downcount* 的递减计数器代码。使用递减计数器时通常先给其加载某个初始值，然后再递减。代码中初始值用向量 R 表示，在时钟正沿时，如果 $L=1$，则计数器加载来自于输入 R 的值；如果 $L=0$，则计数器递减。计数器也有一个使能输入端 E，如果 $E=0$ 时，即使有效时沿到来，触发器的内容也不会发生变化。◀

例 5.16 **递增/递减计数器** 图 5.55 给出了递增/递减计数器的 Verilog 代码。该代码结合了图 5.53 和图 5.54 中所定义的计数器功能，该计数器有一个控制信号 *up_down*，该信号可以用来控制计数的模式（递增或递减）。

```
module downcount (R, Clock, E, L, Q);
   parameter n = 8;
   input [n-1:0] R;
   input Clock, L, E;
   output reg [n-1:0] Q;

   always @(posedge Clock)
      if (L)
         Q <= R;
      else if (E)
         Q <= Q - 1;

endmodule
```

图 5.54 有并行加载端的递减计数器

```
module updowncount (R, Clock, L, E, up_down, Q);
   parameter n = 8;
   input [n-1:0] R;
   input Clock, L, E, up_down;
   output reg [n-1:0] Q;

   always @(posedge Clock)
      if (L)
         Q <= R;
      else if (E)
         Q <= Q + (up_down ? 1 : -1);

endmodule
```

图 5.55 递增/递减计数器代码 ◀

5.13.1 带使能输入的触发器和寄存器

图 5.22 和图 5.23 展示了有效时钟沿到来的时刻，如何使用计数器的使能输入阻止触发器的状态切换。在许多其他类型的电路中，当有效时钟沿到来时，用它阻止已经存储在触发器中的数据发生变化是很有用的。如图 5.56a 所示的电路，对于 D 触发器，可以通过在触发器前添加一个多路选择器提供这样的功能。当 $E=0$ 时，触发器的输出不能改变，因为多路选择器将触发器输出 Q 与输入连接了起来；但当 $E=1$ 时，多路器允许数据从输入端 D 加载到触发器。还有一种方法可以不使用图中的多路器，使用一个两输入的与门也能实现触发器的使能特性，如图 5.56b 所示。设置 $E=0$ 可以阻止时钟信号到达触发器的时钟输入，这种方法看起来比用多路选择器的方法简单，但是在实际操作中存在一些问题，我们将在 5.15 节中讨论这种方法。

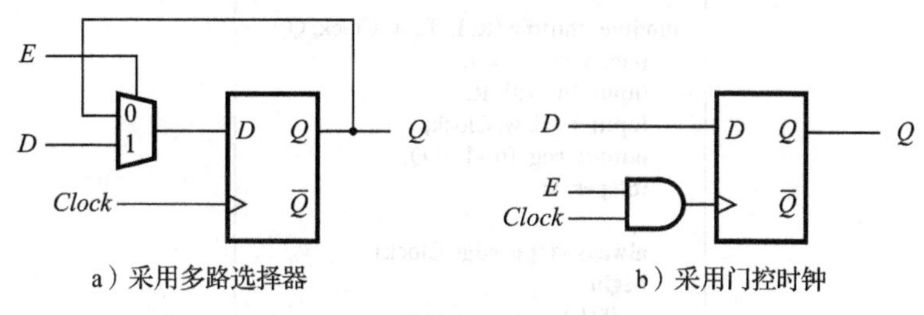

a）采用多路选择器　　b）采用门控时钟

图 5.56 带使能端的 D 触发器

带异步复位输入和使能输入的 D 触发器的 Verilog 代码如图 5.57 所示，在首次定义复位状态后，**always** 模块使用一个 **else if** 语句以确保已经存储在触发器中的数据只有当 $E=1$ 时才能改变。我们可以通过由信号 E 控制的 n 个 2 选 1 多路选择器把使能 E 扩展到 n 位。每个触发器的多路选择器 i 可以选择外部信号 R_i 或者触发器的输出 Q_i，如图 5.58 所示。

5.13.2 带使能输入的移位寄存器

通过采用使能输入信号 E 可以禁止移位寄存器的移位操作，这是很有用的。我们在图 5.18 中展示了通过多路选择器实现的具有并行加载功能的移位寄存器，图 5.59 中展示了如何用附加的多路选择器实现移位寄存器的使能功能。如果并行加载控制信号 $L=1$，该寄存器就被并行加载；但是如果 $L=0$，则附加的多路选择器只有在 $E=1$ 时，才选择将新的数据加载到触发器中。

```
module rege (D, Clock, Resetn, E, Q);
   input D, Clock, Resetn, E;
   output reg Q;

   always @(posedge Clock, negedge Resetn)
      if (Resetn == 0)
         Q <= 0;
      else if (E)
         Q <= D;

endmodule
```

图 5.57 带使能 D 触发器的代码

```
module regne (R, Clock, Resetn, E, Q);
   parameter n = 8;
   input [n–1:0] R;
   input Clock, Resetn, E;
   output reg [n–1:0] Q;

   always @(posedge Clock, negedge Resetn)
      if (Resetn == 0)
         Q <= 0;
      else if (E)
         Q <= R;

endmodule
```

图 5.58 带使能的 n 位寄存器

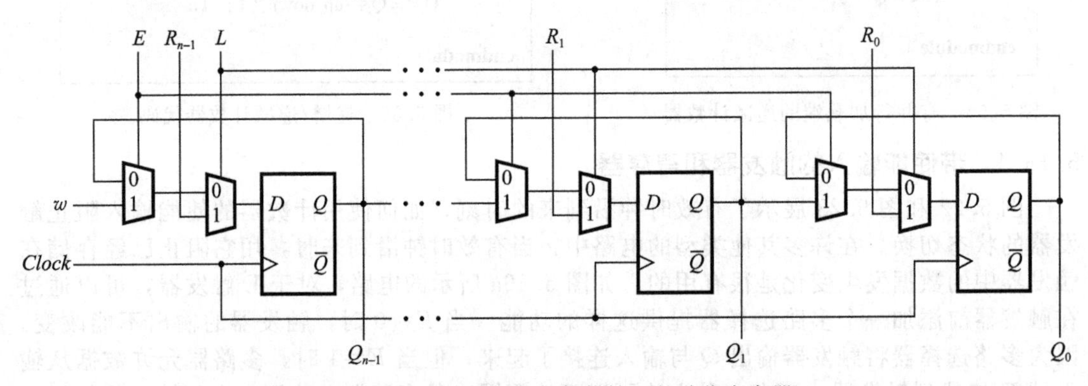

图 5.59 带有并行加载与使能输入的移位寄存器

图 5.60 给出的是图 5.59 所示电路的 Verilog 代码，当 $L=1$ 时，输入端 R 的数据并行地加载到寄存器中；当 $L=0$ 且 $E=1$ 时，移位寄存器中的数据自左向右移位(先移低位)。

```
module shiftrne (R, L, E, w, Clock, Q);
   parameter n = 4;
   input [n–1:0] R;
   input L, E, w, Clock;
   output reg [n–1:0] Q;
   integer k;

   always @(posedge Clock)
   begin
      if (L)
         Q <= R;
      else if (E)
      begin
         Q[n–1] <= w;
         for (k = n–2; k >= 0; k = k–1)
            Q[k] <= Q[k+ 1];
      end
   end

endmodule
```

图 5.60 带有使能输入的自左向右的移位寄存器

5.14 设计举例

本节列举了几个数字系统的范例，这些例子使用了本章和第 4 章描述的一些模块。

5.14.1　反应计时器

逻辑门的延迟一般小于 1ns，使用这种逻辑门的电子设备，其运行速度相当快。在本例中，我们用逻辑电路测量一个运行速度特别缓慢的器件，如人的反应速度。

现在我们设计一个测量人对特定事件作出反应所需时间的电路。该电路点亮一个发光二极管(LED)的小灯泡，参与测试的人看到发光二极管点亮后，尽可能快地按下开关，该电路可以测量从发光二极管点亮起至开关被按下之间的时间。

为了测量人对事件的反应时间，需要有一个合适频率的时钟信号。在本例中，采用了 100Hz 的时钟信号，即测量时间的分辨率为 1/100 秒。人对 LED 发光的反应时间用两个数字来显示，表示的范围为：从 00/100 秒到 99/100 秒。

数字系统通常有一些频率很高的时钟信号用于控制各种子系统。假设某数字系统的输入时钟信号频率为 102.4kHz，利用该时钟信号，可以用计数器构成分频电路得到所需要的 100Hz 信号。图 5.21 所示的为 4 位计数器的时序图，表明该计数器最低位的输出 Q_0 是一个周期信号，其频率是输入时钟信号的一半。因此，我们把输出 Q_0 看成是时钟信号的 2 分频；同理，输出 Q_1 是时钟信号的 4 分频。就一般情况而言，n 位计数器的输出 Q_i 的频率为输入时钟频率的 2^{i+1} 分频。在时钟频率为 102.4kHz 的情况下，需要用 10 位的计数器，如图 5.61b 所示。因为 102 400Hz/1024＝100Hz，所以计数器的输出 c_9 的时钟频率就是所需要的 100Hz。

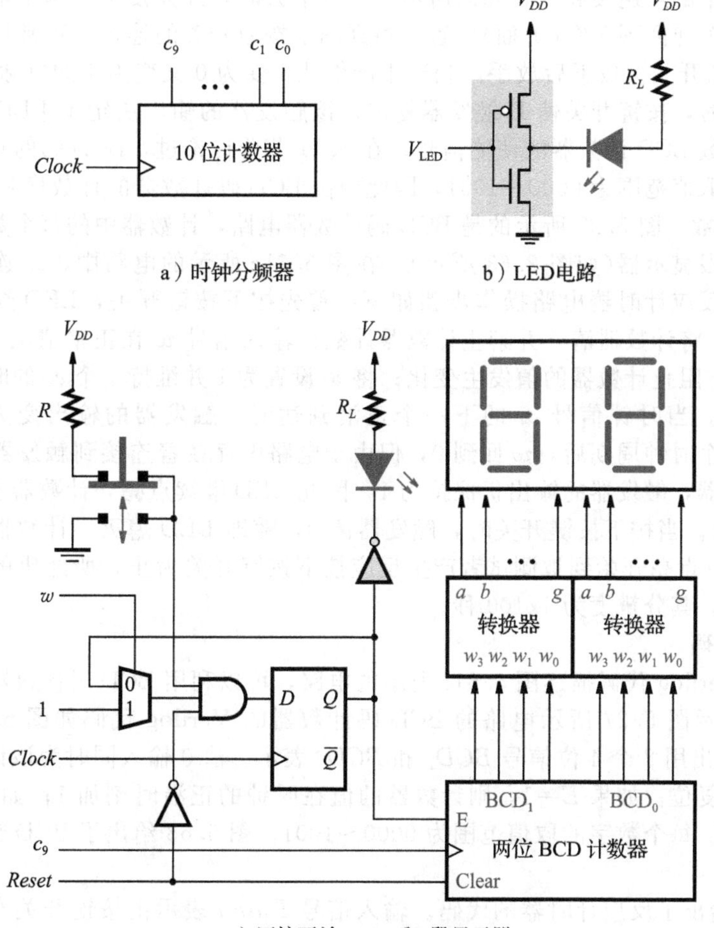

图 5.61　反应计数器电路

反应计时器电路必须能够开启和关闭 LED。在图 5.61b 中，用浅灰色图形符号表示的是 LED，该图形符号边上的两个浅灰色的小箭头表示 LED 开启时发出的光。LED 有两个电极，左边的是负极，右边的是正极。为了点亮 LED，负极的电平必须低于正极，这样就有电流流经 LED。若 LED 两端的电压相等，则 LED 关闭。

图 5.61b 展示了用反相器控制 LED 的方法。如果输入电压 $V_{LED}=0$，则负极电压等于 V_{DD}，因此 LED 关闭；但是如果输入电压 $V_{LED}=V_{DD}$，则负极电压等于 0V，因此 LED 开启。流经 LED 的电流大小受电阻 R_L 的限制，该电流流经 LED 和反相器的 NMOS 管。因为电流流入反相器，所以我们称反相器吸收(sink)电流。在不造成永久性破坏的前提下，逻辑门所能吸收的最大电流通常称为 I_{OL}，该符号表示“当输出为低电平时的最大电流”，选择电阻 R_L 值时要注意确保电流小于 I_{OL}。假设反相器位于 PLD 器件内部，PLD 器件的技术说明书表明典型的 I_{OL} 值为 12mA 左右，若 $V_{DD}=5V$，则 $R_L\approx 450\Omega$，这是因为 5V/450Ω=11mA(导通时 LED 两端实际上存在一个小的电压降，但为了简单起见，忽略了该压降)。由 LED 所发出的光亮度与电流是成正比例的，如果 11mA 的电流不够大，则我们应该如附录 B 中所介绍的那样，采用驱动器芯片中的反相器，因为驱动器可以提供较大的 LED 驱动电流 I_{OL}。

完整的反应计时器电路如图 5.61c 所示，采用了一个来自于图 5.61b 所示的反相器，图中反相器被涂成了灰色。图 5.61c 中左上方有一个按钮开关的图形符号，该开关正常情况下将上面两个触点连接起来，如图所示。当按下去时，开关使下面两个触点连接，一旦放手，按钮开关弹回到正常(上面)位置。根据图上按钮开关的连接，正常情况下开关输出逻辑 1，当按钮开关被按下后放手，相当于产生从 1 变为 0 又变为 1 的负脉冲。

当按下去时，按键开关使 D 触发器复位，该触发器的输出决定了 LED 是点亮还是熄灭，也是两位数 BCD 计数器的使能信号。在 5.11 节曾讨论过，BCD 码的每位数字为 4 位二进制数，其取值范围为 0000～1001，因此两位 BCD 码计数器的计数序列可以看成是 00～99 的十进制数。图 5.27 所示的是 BCD 码计数器电路，计数器中的每个数字连接到一个曾介绍过的 7 段显示器(如图 2.63 所示)。在图 5.61c 所示的电路中，c_9 连接到计数器的时钟输入端。反应计时器电路操作步骤如下：首先按下按键开关，LED 灯熄灭，复位信号 *Reset* 有效，将计数器清 0 并禁止计数器计数；输入信号 w 在正常情况下为 0，使触发器保持为 0，并阻止计数器的值发生变化；将 w 设置为 1 并维持一个 c_9 的时钟周期，反应测试随即开始。当时钟信号 c_9 的下一个正沿到达时，触发器的输出变为 1，随即点亮 LED。假定一个时钟周期后，w 回到 0，但由于电路中存在着连接到触发器输入端 D 的 2 选 1 多路选择器，触发器的输出仍保持为 1，因此 LED 继续点亮，计数器上显示的数字每 1/100 秒递增 1。当按下按键开关时，触发器清 0，随即 LED 熄灭，计数器停止计数。从 $w=1$，即 LED 点亮开始到被测试者产生反应按下按键开关为止，所经历的时间在两位数的显示器显示，其分辨度为 1/100 秒。

Verilog 代码

为了用 Verilog 代码描述图 5.61c 所示的电路，可以利用 BCD 码计数器和 7 段码转换器子电路。表示图 5.27 所示电路的 BCD 码计数器的 Verilog 代码如图 5.62 所示。2 个 BCD 数码的输出用 2 个 4 位信号 BCD_1 和 BCD_0 表示。清 0 输入同时为该计数器的两个数字提供了同步复位。如果 $E=1$，则计数器的值在时钟的正沿时刻加 1；如果 $E=0$，则计数器的值不变。每个数字的取值范围为 0000～1001。图 5.63 给出了 BCD 转换为 7 段的译码器代码。

图 5.64 给出了反应计时器的代码。输入信号 *Pushn* 表示由按键开关产生的值。输出信号 LED_n 表示用于控制 LED 的反向器的输出，两个 7 段显示器由 7 位信号 *Digit*1 和 *Digit*0 的控制。

```
module BCDcount (Clock, Clear, E, BCD1, BCD0);
   input Clock, Clear, E;
   output reg [3:0] BCD1, BCD0;

   always @(posedge Clock)
   begin
      if (Clear)
      begin
         BCD1 <= 0;
         BCD0 <= 0;
      end
      else if (E)
         if (BCD0 == 4'b1001)
         begin
            BCD0 <= 0;
            if (BCD1 == 4'b1001)
               BCD1 <= 0;
            else
               BCD1 <= BCD1 + 1;
         end
         else
            BCD0 <= BCD0 + 1;
   end

endmodule
```

图 5.62　图 5.27 所示的两位 BCD 计数器的 Verilog 代码

```
module seg7 (bcd, leds);
   input [3:0] bcd;
   output reg [1:7] leds;

   always @(bcd)
      case (bcd)    //abcdefg
         0: leds = 7'b1111110;
         1: leds = 7'b0110000;
         2: leds = 7'b1101101;
         3: leds = 7'b1111001;
         4: leds = 7'b0110011;
         5: leds = 7'b1011011;
         6: leds = 7'b1011111;
         7: leds = 7'b1110000;
         8: leds = 7'b1111111;
         9: leds = 7'b1111011;
         default: leds = 7'bx;
      endcase

endmodule
```

图 5.63　BDC 转换为 7 段的译码器代码

```
module reaction (Clock, Reset, c9, w, Pushn, LEDn, Digit1, Digit0);
   input Clock, Reset, c9, w, Pushn;
   output wire LEDn;
   output wire [1:7] Digit1, Digit0;
   reg LED;
   wire [3:0] BCD1, BCD0;

   always @(posedge Clock)
   begin
      if (!Pushn || Reset)
         LED <= 0;
      else if (w)
         LED <= 1;
   end

   assign LEDn = ~LED;
   BCDcount counter (c9, Reset, LED, BCD1, BCD0);
   seg7 seg1 (BCD1, Digit1);
   seg7 seg0 (BCD0, Digit0);

endmodule
```

图 5.64　反应计时器的 Verilog 代码

在图 5.61c 所示的电路中，如果 $w=1$，则“1”被加载到触发器中；如果 $w=0$，则触发器中存储的值维持不变。这部分电路用图 5.64 所示的 **always** 块描述，该电路中还包括一个同步复位输入信号，当 $pushn=0$ 或 $reset=1$ 时，电路被复位。由于触发器的输出连接到 BCD 计数器的使能输入端 E，所以在电路中选择了同步复位。由 5.3 节的讨论可以知道，连接到触发器的所有信号必须满足建立时间和保持时间的约束条件才能可靠地加载到寄存器。按键开关可以在任何时刻按下，与时钟信号 c_9 并没有同步关系。对图 5.61c 所示的触发器使用同步复位，可以避免计数器中可能出现的时序问题。当然，由于按键开关的异步操作，触发器自身的建立时间可能会违反时序。在第 7 章中，我们将介绍如何通过添加额外的触发器来同步信号以减少这类问题的发生。

图 5.65 所示的是在芯片上实现的反应计时器电路的仿真波形，刚开始 *Reset* 有效，触发器和计数器清 0。当 w 变为 1 时，该电路将 *LEDn* 设置为 0，随即 LED 点亮。经过一段时间后，按键开关被按下。在仿真中，我们假设经过 18 个 c_9 时钟周期后将 *Pushn* 置为 0，这表示被测试者对 LED 点亮的反应时间大约为 0.18 秒。从人的角度看，这段时间是非常短的，而对电子电路而言，则是非常长的一段时间。价格低廉的个人计算机在 0.18 秒的时间范围内就可以完成几千万次操作。

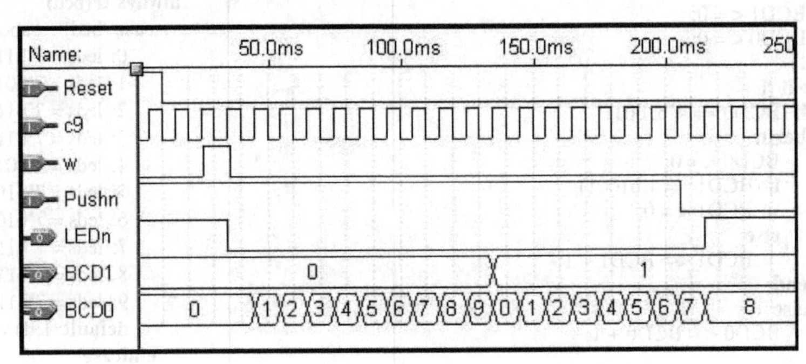

图 5.65　反应计时器电路的仿真波形

5.14.2　寄存器传输级(RTL)代码

到现在为止，我们已经介绍了大部分需要进行综合的 Verilog 结构。我们所举的例子大部分都是利用 **if-else** 语句、**case** 语句、**for** 循环语句和其他过程性语句编写的行为级代码。采用类似于计算机编程语言的风格编写行为级代码是可能的，但这样编写的代码中往往带有许多循环和条件分支的复杂控制流，而且很难预测由高层次综合工具生成的究竟是什么样的具体电路。本书中，我们不采用高层次风格的代码，与此相反，我们编写的 Verilog 代码能很容易与被描述的电路联系起来。绝大部分设计的模块都相当小，描述也非常简单。规模大的设计由许多较小的模块互相连接而成，这种设计方法通常称为寄存器传输级(RTL)风格的代码。实际上，编写 RTL 风格的代码是最广泛的设计方法。RTL 代码的特点在于直接用代码表示控制流，这种风格的代码也包含很容易理解的用简单的方法互相连接在一起的子电路。

5.15　触发器电路的时序分析

图 5.14 展示了 D 触发器电路的时序参数，而图 5.66 中给出了使用这种触发器的一个简单电路。我们希望计算出电路正常工作时的最大时钟频率，F_{max} 并确保此时电路的保持时间没有偏差，电路的这种分析用术语称为时序分析。假设触发器的时间参数 $t_{su}=0.6\text{ns}$、$t_h=0.4\text{ns}$ 及 $0.8\text{ns}\leqslant t_{cQ}\leqslant 1.0\text{ns}$，给出 t_{cQ} 的最大值和最小值的原因是由于这是处理集成电路中延迟偏差问题的常用方法，如 5.4.4 节所述。

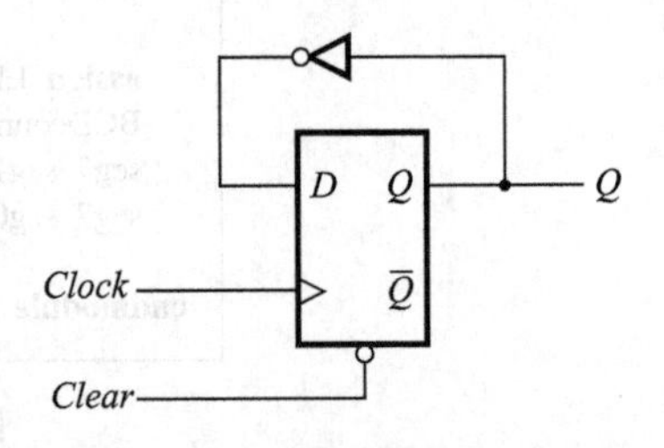

图 5.66　1 个简单的触发器电路

为了计算时钟信号的最小周期 $T_{min}=1/F_{max}$，需要考虑电路中触发器开启和结束的所有路径。图 5.66 所示的电路中只有一条这样的路径：在正沿时刻，数据加载到触发器时，触发器开启，延迟 t_{cQ} 后传到输出 Q，然后信号再通过反相器，最终必须满足 D 触发器的建立要求。因此有：

$$T_{min}=t_{cQ}+t_{NOT}+t_{su}$$

因为我们只关心最长延迟，所以 t_{cQ} 必须取最大值。为了计算 t_{NOT}，需先假设通过任何逻辑门的延迟为 $1+0.1k$，其中 k 表示逻辑门输入端的个数。对于一个非门而言其延迟为 1.1ns，因此可以推导出：

$$T_{min} = 1.0 + 1.1 + 0.6 = 2.7\text{ns}$$
$$F_{max} = 1/2.7\text{ns} = 370.37\text{MHz}$$

检查电路中是否存在任何维持时间违背是非常必要的。这种情况下，我们需要检查从时钟正沿到 D 输入值发生变化的最短可能延迟，该延迟为 $t_{cQ} + t_{NOT} = 0.8 + 1.1 = 1.9\text{ns}$。因为 $1.9\text{ns} > t_h = 0.4\text{ns}$，即该电路不存在维持时间违背。

触发器电路时序分析的另一个例子：对于图 5.67 所示的计数器电路，我们希望计算出电路正常工作时的最大时钟频率，并假设具有与图 5.66 所示电路相同的触发器时序参数，且每个逻辑门的传播延迟为 $1 + 0.1k$。

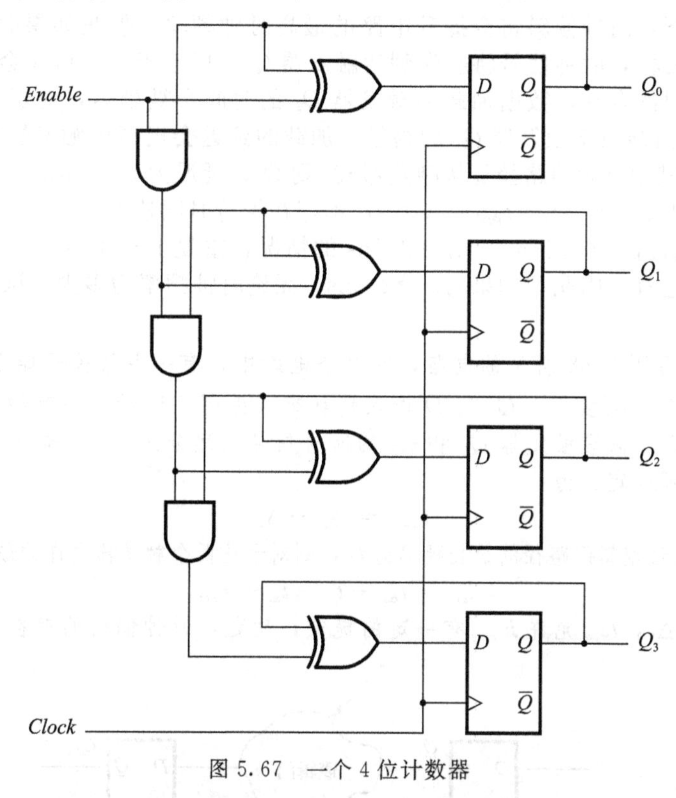

图 5.67 一个 4 位计数器

图 5.67 所示的电路中有许多路径可以使触发器开始或结束，其中最长的路径开始于触发器 Q_0 结束于 Q_3。电路中这种最长的路径称为关键路径。本电路中关键路径的延迟包括触发器 Q_0 的时钟信号至输出 Q 的延迟、通过 3 个与门和 1 个异或门的传播延迟。必须计算出触发器 Q_3 的建立时间，有：

$$T_{min} = t_{cQ} + 3t_{AND} + t_{XOR} + t_{su}$$

将 t_{cQ} 的最大值代入上式，有：

$$T_{min} = 1.0 + 3 \times 1.2 + 1.2 + 0.6\text{ns} = 6.4\text{ns}$$
$$F_{max} = 1/6.4\text{ns} = 156.25\text{MHz}$$

电路的最短路径是从每个触发器经过一个异或门到它自身，每条这样的路径的最小延迟为 $t_{cQ} + t_{XOR} = 0.8 + 1.2 = 2.0\text{ns}$。因为 $2.0\text{ns} > t_h = 0.4\text{ns}$，电路中不存在维持时间违背。

时钟偏斜的时序分析

在以上分析中，我们假设 4 个触发器的时钟信号是在同一时刻到达的。在本节我们仍然假设时钟信号同一时刻到达触发器 Q_0、Q_1 和 Q_2，同时假设时钟信号到达 Q_3 存在一个延迟。这种时钟信号到达触发器的时间偏离称为时钟偏斜，时钟偏斜可能由多种因素引起。

图 5.67 所示的电路中，其关键路径是从触发器 Q_0 到 Q_3，然而，Q_3 的时钟偏斜具有减小延迟的作用，其原因在于数据加载到触发器之前提供了额外的时间。将时钟偏斜 1.5ns 计算在内，从 Q_0 到 Q_3 的路径延迟为 $t_{cQ}+3t_{AND}+t_{XOR}+t_{su}-t_{skew}=6.4-1.5\text{ns}=4.9\text{ns}$。电路中存在另一条不同的关键路径：从触发器 Q_0 开始到 Q_2 结束，这条路径的延迟为：

$$\begin{aligned} T_{min} &= t_{cQ}+2t_{AND}+t_{XOR}+t_{su} \\ &= 1.0+2\times 1.2+1.2+0.6\text{ns} \\ &= 5.2\text{ns} \\ F_{max} &= 1/5.2\text{ns} = 192.31\text{MHz} \end{aligned}$$

在这种情况下，时钟偏斜将会提升电路的最高时钟频率。但是如果时钟偏斜是负的，即相比于其他触发器，时钟信号将会先到达触发器 Q_3，以至于 F_{max} 可能会减小。

由于时钟偏斜的存在，数据加载到触发器 Q_3 的时间会被延迟，对于所有开始于触发器 Q_0、Q_1 或 Q_2 而结束于触发器 Q_3 的路径，加载的延迟会提高该触发器维持时间的要求(达到 t_h+t_{skew})。其中最短的路径是从触发器 Q_2 到 Q_3，延迟为 $t_{cQ}+t_{AND}+t_{XOR}=0.8+1.2+1.2=3.2\text{ns}$，由于 $3.2\text{ns}>t_h+t_{skew}=1.9\text{ns}$，不存在维持时间违背。

对于时钟偏斜值为 $t_{skew}\geqslant 3.2-t_h=2.8\text{ns}$ 的情况，重复上述维持时间分析，可以看出存在着维持时间违背。因此，如果 $t_{skew}\geqslant 2.8\text{ns}$，无论时钟频率为多少，该电路都不能可靠地工作。

例 5.17　考虑图 5.68 所示的电路，在这个电路中，有一条路径开始于触发器 Q_1，经过一些逻辑门网络，在触发器 Q_2 的 D 输入端结束。由图可以看出，时钟信号到达触发器前存在不同的延迟。假设触发器 Q_1 和 Q_2 的时钟信号延迟分别为 Δ_1 和 Δ_2，这两个触发器之间的时间偏斜可以定义为：

$$t_{skew} = \Delta_2 - \Delta_1$$

假设电路中通过逻辑门路径的最长延迟为 t_L，则对于这两个触发器允许的最小时钟周期为：

$$T_{min} = t_{cQ} + t_L + t_{su} - t_{skew}$$

因此，如果 $\Delta_2>\Delta_1$，t_{skew} 允许 F_{max} 有一定的提升，反之，时钟偏斜的存在会降低 F_{max} 值。

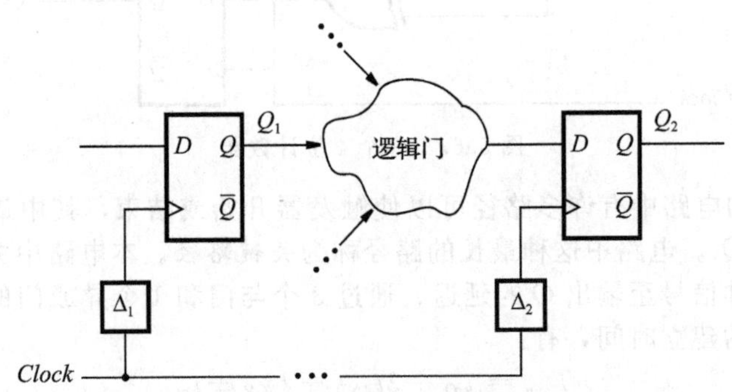

图 5.68　一个时钟偏斜的例子

为了计算触发器 Q_2 是否存在维持时间违背，需要确定触发器间的最短路径延迟。如果电路中通过逻辑门的最小延迟为 t_l，且 $t_{cQ}+t_l<t_h+t_{skew}$，将会产生维持时间违背。如果 $\Delta_2-\Delta_1>0$，维持时间的限制将更难满足，而如果 $\Delta_2-\Delta_1<0$，则较易满足。◀

上述对 F_{max} 和维持时间分析的技术可以应用到任何相同或相似的电路中(只要电路中的时钟信号连接到所有的触发器)。重新考虑图 5.61 中的反应计时器，图 5.61a 的时钟分频器产生 c_9 信号，将触发器的时钟输入接入 BCD 计数器。由于这些路径开始于由信号 c_9 触发的触发器 Q 输出端，结束于其他触发器的时钟输入端而非 D 输入端，所以不能采用上述的时序分析方法进行分析。然而，可以如图 5.69 所示重新构建反应计时器，使用一个 10 输入与门产生 1 个信号代替直接使用 c_9 作为 BCD 计数器的时钟，而这个信号只有在从时钟分频器得到 1024 个数值中的某一个时，其输出值为 1。该信号和控制触发器的输出相与从而使 BCD 计数器以每秒 100 次的速度计数。

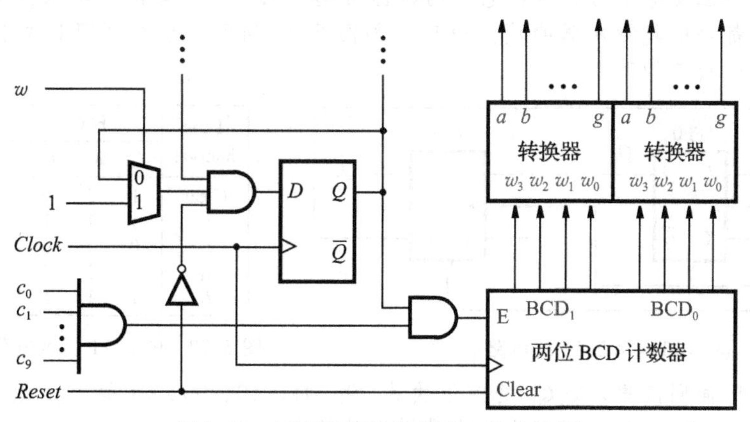

图 5.69　反应时间计数器的一种改进版

在图 5.69 所示的电路中，所有触发器都直接以时钟信号 *Clock* 作为时钟，因此，F_{max} 和维持时间的分析技术可以应用于该电路。总之，将所有触发器的时钟输入连接到一个公用的时钟信号是一种较好的时序电路设计方法，第 7 章将详细讨论这些问题。

5.16　小结

本章介绍了数字系统中构成基本存储元件的电路。这些存储元件用以构建更大规模单元，例如寄存器、移位寄存器和计数器等，其他的内容可参考文献[3-10]。我们也介绍了如何用 Verilog 代码描述触发器电路，关于 Verilog 的更多信息，可以参考文献[11-18]。我们将在下一章中介绍有关设计带触发器电路的更规范的方法。

5.17　解决问题的实例

本节给出了读者可能会遇到的一些典型问题，并给出了相应的解决方法。

例 5.18　考虑图 5.70a 所示的电路，假设输入 C 由一个 50% 占空比的方波驱动，画出时序图显示结点 A、B 的波形。假设通过每个门的传播延迟为 Δ 秒。

解：时序图如图 5.70b 所示。

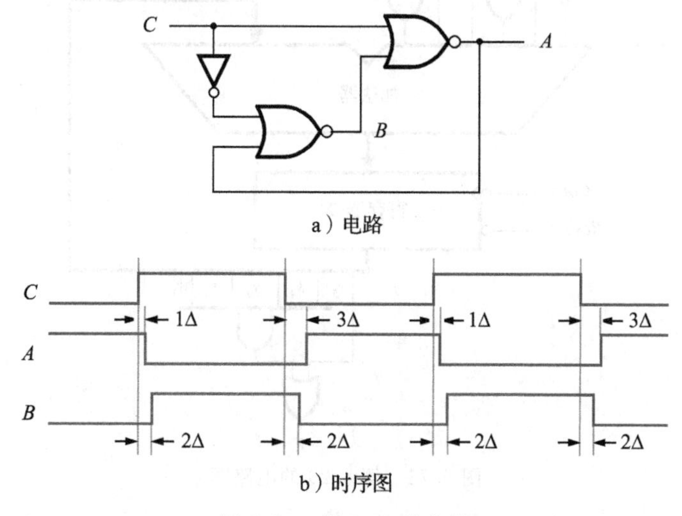

图 5.70　例 5.18 的电路

例 5.19　确定如图 5.71 所示电路的功能，假设输入 w 由一个方波信号驱动。

解： 当两个触发器都清零时，它们的输出为 $Q_0=Q_1=0$。当清零输入置高时，w 输入端的每个脉冲都会引起触发器的状态改变，如图 5.72 所示。由该图可以看出：脉冲的上升沿引起了信号状态的改变。

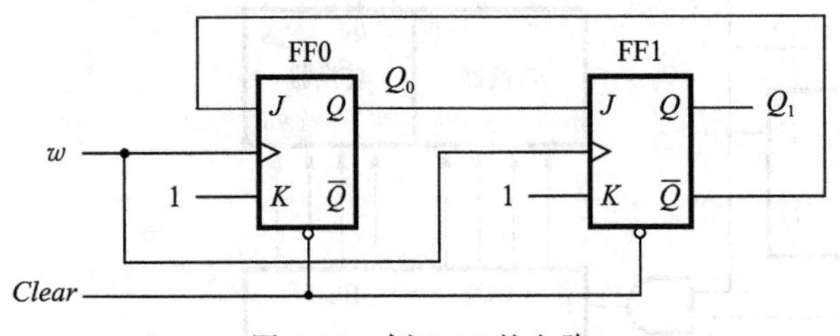

图 5.71　例 5.19 的电路

Time interval	FF0			FF1		
	J_0	K_0	Q_0	J_1	K_1	Q_1
Clear	1	1	0	0	1	0
t_1	1	1	1	1	1	0
t_2	0	1	0	0	1	1
t_3	1	1	0	0	1	0
t_4	1	1	1	1	1	0

图 5.72　图 5.71 所示电路的行为级汇总

在连续的时间间隔里，Q_1Q_0 的值依次为 00、01、10、00、01 等。因此，电路产生计数序列 0、1、2、0、1 等。所以此电路是模 3 计数器。◀

例 5.20　设计一个控制售货机的电路，包括 5 个输入：Q(quarter，25 分)，D(dime，10 分)，N(nickel，5 分)，*Coin*，*Resetn*。当硬币放入售货机时，一个硬币感应装置在相应的输入(Q，D，N)产生一个脉冲。为了说明一个事件的发生，装置在 *Coin* 信号线上也产生一个脉冲，电路使用 *Resetn* 信号复位(低电平有效)。在至少投入 30 分硬币后，电路的输出 Z 被激活，超过 30 分不会发生任何相应的变化。

请使用以下元件设计电路：1 个 6 位加法器，1 个 6 位寄存器，任意数量的与门、或门和非门。

解： 图 5.73 给出了一个可行的电路。硬币的值用相应的 5 位数表示，用其与当前的总数额相加后存放在寄存器 S 中，则所期望的输出为：

$$Z = s_5 + s_4 s_3 s_2 s_1$$

使用 *Coin* 信号的负沿作为寄存器的时钟信号，允许通过加法器的传播延迟，并确保被放入到寄存器的是一个正确的硬币值总和。

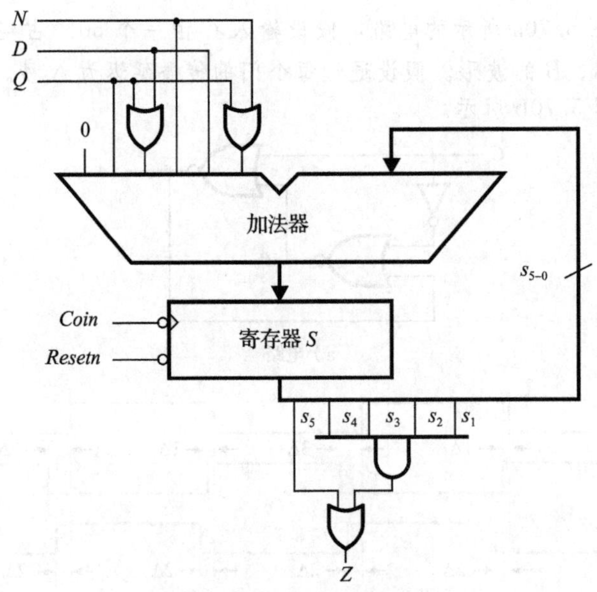

图 5.73　例 5.20 的电路图

在第 9 章中，我们将展示如何使用更有组织的方法来设计这种类型的控制电路。◀

例 5.21 写出实现图 5.73 的电路的 verilog 代码。

解：图 5.74 给出了所需的代码。

```
module vend (N, D, Q, Resetn, Coin, Z);
  input N, D, Q, Resetn, Coin;
  output Z;
  wire [4:0] X;
  reg [5:0] S;

  assign X[0] = N | Q;
  assign X[1] = D;
  assign X[2] = N;
  assign X[3] = D | Q;
  assign X[4] = Q;
  assign Z = S[5] | (S[4] & S[3] & S[2] & S[1]);

  always @(negedge Coin, negedge Resetn)
    if (Resetn == 1'b0)
      S < = 5'b00000;
    else
      S < = {1'b0, X} + S;

endmodule
```

图 5.74　例 5.21 的代码 ◀

例 5.22 在 5.15 节中，我们给出了图 5.67 中计数器电路的时序分析。重新设计这个电路以减少触发器间的逻辑延迟从而提高电路的最高时钟频率。

解：如 5.15 节所示，计数器的性能受限于级联与门的延迟。为了提高电路的性能，如图 5.75 所示，通过重构这些与门实现该计数器。该电路的最长延迟路径开始于触发器 Q_0 结束于 Q_3，得到最小的时钟周期：

$$T_{min} = t_{cQ} + t_{AND} + t_{XOR} + t_{su} = (1.0 + 1.4 + 1.2 + 0.6)\text{ns} = 4.2(\text{ns})$$

原计数器的最高工作频率为 156.25MHz，而重新设计后的计数器的最高时钟频率为 F_{max}=1/4.2ns=238.1MHz。

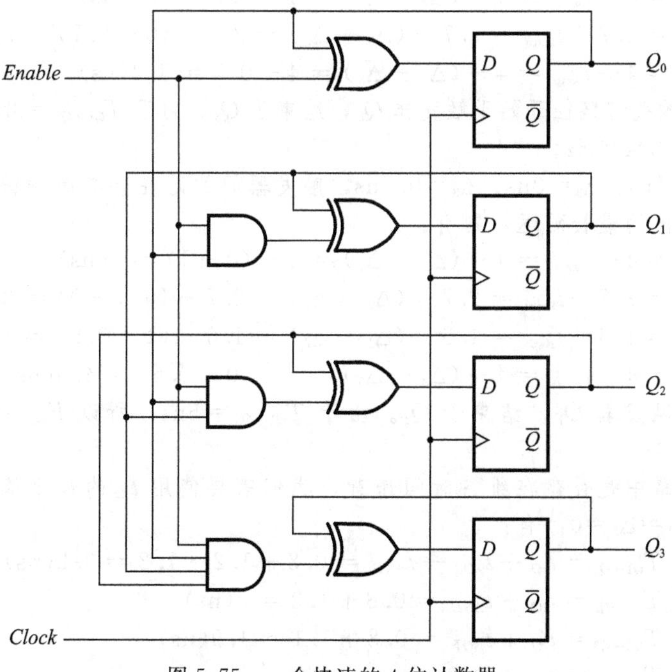

图 5.75　一个快速的 4 位计数器 ◀

例 5.23 例 5.17 中给出了一类电路的时序分析方法，这类电路与每个触发器的时钟信号相关的延迟可能会有所不同。图 5.76 中包含了 3 个触发器：Q_1、Q_2、Q_3，相应的响应的时钟延迟 Δ_1、Δ_2、Δ_3。触发器的时序参数为 $t_{su}=0.6$ns，$t_h=0.4$ns，$0.8\leqslant t_{cQ}\leqslant 1$ns，并且通过每个逻辑门的延迟为 $1+0.1k$，k 代表逻辑门的输入端口数。

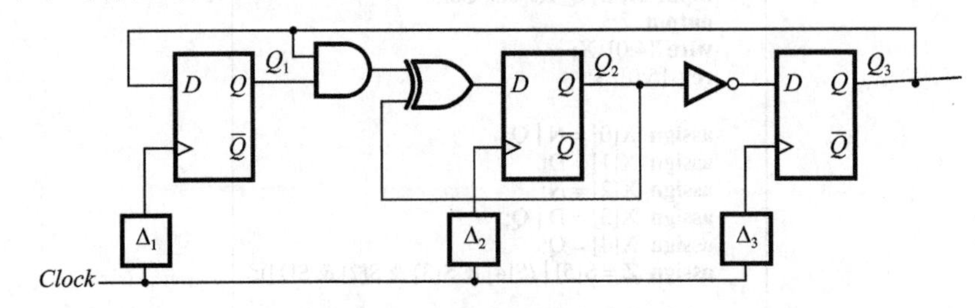

图 5.76 带有时钟偏差的电路

计算电路的 F_{max}，假设具体的延迟参数值为以下 3 种情况：$\Delta_1=\Delta_2=\Delta_3=0$ns；$\Delta_1=\Delta_3=0$ns 且 $\Delta_2=0.7$ns；$\Delta_1=1$ns，$\Delta_2=0$ns 且 $\Delta_3=0.5$ns。并根据以下两种时钟延迟电路的参数确定电路中是否存在维持时间违背：$\Delta_1=\Delta_2=\Delta_3=0$ns 和 $\Delta_1=1$ns，$\Delta_2=0$ns，$\Delta_3=0.5$ns。

解： 对于 $\Delta_1=\Delta_2=\Delta_3=0$，电路中不存在时钟偏斜，令两个触发器 Q_i 和 Q_j 之间的路径延迟为 $T_{Q_i\to Q_j}$。最长路径延迟包括触发器 Q_i 的 t_{cQ} 的最大值和 Q_j 的建立时间，具体如下：

$$T_{Q1\to Q2}=t_{cQ}+t_{XOR}+t_{AND}+t_{su}=1+1.2+1.2+0.6=4(\text{ns})$$
$$T_{Q2\to Q2}=t_{cQ}+t_{XOR}+t_{su}=1+1.2+0.6=2.8(\text{ns})$$
$$T_{Q2\to Q3}=t_{cQ}+t_{NOT}+t_{su}=1+1.1+0.6=2.7(\text{ns})$$
$$T_{Q3\to Q1}=t_{cQ}+t_{su}=1+0.6=1.6(\text{ns})$$
$$T_{Q3\to Q2}=t_{cQ}+t_{XOR}+t_{AND}+t_{su}=1+1.2+1.2+0.6=4(\text{ns})$$

由于关键路径的延迟为 $T_{Q1\to Q2}=T_{Q3\to Q2}$，所以 $F_{max}=1/(4\times10^{-9})=250(\text{MHz})$

对于 $\Delta_1=\Delta_3=0$ 和 $\Delta_2=0.7$ns，触发器 Q_1 和 Q_2 之间的路径会有时钟偏斜，Q_3 和 Q_2 之间也是。考虑时钟偏斜调整上面计算出的最长延迟，则有：

$$T_{Q1\to Q2}=4-t_{skew}=4-(\Delta_2-\Delta_1)=4-0.7=3.3(\text{ns})$$
$$T_{Q2\to Q3}=2.7-t_{skew}=2.7-(\Delta_3-\Delta_2)=2.7-(0-0.7)=3.4(\text{ns})$$
$$T_{Q3\to Q2}=4-t_{skew}=4-(\Delta_2-\Delta_3)=4-0.7=3.3(\text{ns})$$

由此可见，此时的关键路径开始于触发器 Q_2，结束于 Q_3。由于 $T_{Q2\to Q3}=3.4$ns，所以 $F_{max}=1/(3.4\times10^{-9})=294$MHz。

对于值 $\Delta_1=1$ns、$\Delta_2=0$ns、$\Delta_3=0.5$ns，触发器间的路径会有时钟偏斜。考虑时钟偏斜调整上述计算出的最长延迟，则有：

$$T_{Q1\to Q2}=4-t_{skew}=4-(\Delta_2-\Delta_1)=4-(0-1)=5(\text{ns})$$
$$T_{Q2\to Q3}=2.7-t_{skew}=2.7-(\Delta_3-\Delta_2)=2.7-(0.5-0)=2.2(\text{ns})$$
$$T_{Q3\to Q1}=1.6-t_{skew}=1.6-(\Delta_1-\Delta_3)=1.6-(1-0.5)=1.1(\text{ns})$$
$$T_{Q3\to Q2}=4-t_{skew}=4-(\Delta_2-\Delta_3)=4-(0-0.5)=4.5(\text{ns})$$

关键路径开始于触发器 Q_1，结束于 Q_2。由于 $T_{Q1\to Q2}=5$ns，所以 $F_{max}=1/(5\times10^{-9})=200(\text{MHz})$。

为了计算电路中是否存在维持时间违背，我们需要使用 t_{cQ} 的最小值计算最短路径延迟。对于 $\Delta_1=\Delta_2=\Delta_3=0$，有：

$$T_{Q1\to Q2}=t_{cQ}+t_{XOR}+t_{AND}=0.8+1.2+1.2=3.2(\text{ns})$$
$$T_{Q2\to Q2}=t_{cQ}+t_{AND}=0.8+1.2=2(\text{ns})$$
$$T_{Q2\to Q3}=t_{cQ}+t_{NOT}=0.8+1.1=1.9(\text{ns})$$
$$T_{Q3\to Q1}=t_{cQ}=0.8\text{ns}$$

$$T_{Q3\to Q2}=t_{cQ}+t_{XOR}+t_{AND}=0.8+1.2+1.2=3.2(\text{ns})$$

由于最短路径延迟为 $T_{Q3\to Q1}=0.8\text{ns}>t_h$，电路中不存在维持时间违背。

在5.15节中我们介绍过，如果通过一个电路的最短路径延迟为 T_l，且 $T_l-t_{skew}<t_h$，则会发生维持时间违背现象。对于值 $\Delta_1=1\text{ns}$、$\Delta_2=0\text{ns}$、$\Delta_3=0.5\text{ns}$，重新计算上述的最短路径延迟，有：

$$T_{Q1\to Q2}=3.2-t_{skew}=3.2-(\Delta_2-\Delta_1)=3.2-(0-1)=4.2(\text{ns})$$
$$T_{Q2\to Q3}=1.9-t_{skew}=1.9-(\Delta_3-\Delta_2)=1.9-0.5=1.4(\text{ns})$$
$$T_{Q3\to Q1}=0.8-t_{skew}=0.8-(\Delta_1-\Delta_3)=0.8-(1-0.5)=0.3(\text{ns})$$
$$T_{Q3\to Q2}=3.2-t_{skew}=3.2-(\Delta_2-\Delta_3)=3.2-(0-0.5)=3.7(\text{ns})$$

最短路径延迟为 $T_{Q3\to Q1}=0.3\text{ns}<t_h$，表明电路中存在维持时间违背。因此，无论任何频率的时钟信号，电路都不能可靠地工作。◀

习题㊀

5.1 假设将图P5.1所示的信号 D 和 $Clock$ 加载到如图5.10所示的电路，请画出信号 Qa、Qb 和 Qc 的波形图。

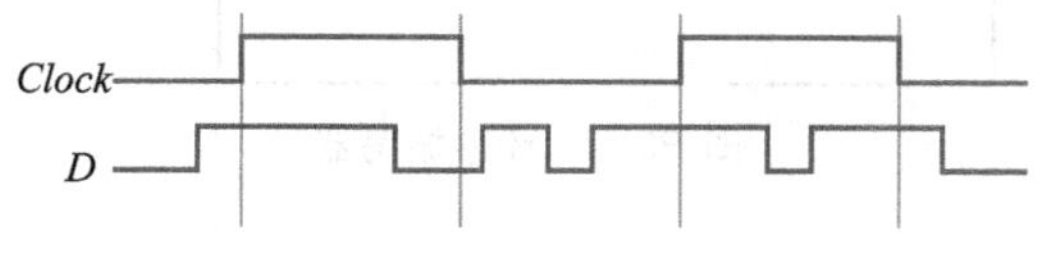

图P5.1 习题5.1的时序图

5.2 图5.4所示的是一个用或非门构成的锁存器，请画出用与非门构成的功能相同的锁存器，给出其真值表，并画出时序图。

*5.3 画出仅用与非门实现的门控SR锁存器的电路图。

5.4 假设有一个频率为100MHz的时钟，设计出用D触发器产生50MHz和25MHz时钟信号的电路；假定一个合理的延迟时间，画出这3个时钟信号的时序图。

*5.5 SR触发器是一个有置1和清0输入端的类似于门控SR锁存器的触发器，请设计一个用D触发器和其他逻辑门构成的SR触发器的电路图。

5.6 当时钟信号由1变为0时，如果输入信号 S 和 R 均为1，则如图7.6所示的门控SR锁存器的行为将不能预测。解决这个问题的一个方法是创建一个置位优先的门控SR锁存器，该锁存器在 $S=R=1$ 的条件下，使得锁存器的输出为1。请设计一个置位优先的门控SR锁存器，并画出电路图。

5.7 请用T触发器和其他逻辑门构建一个JK触发器。

*5.8 观察图P5.2所示的电路。假设2个与非门比图中其他逻辑门的延迟长得多(大约为4倍)，则这个电路与本章中曾经讨论过的电路有什么不同？

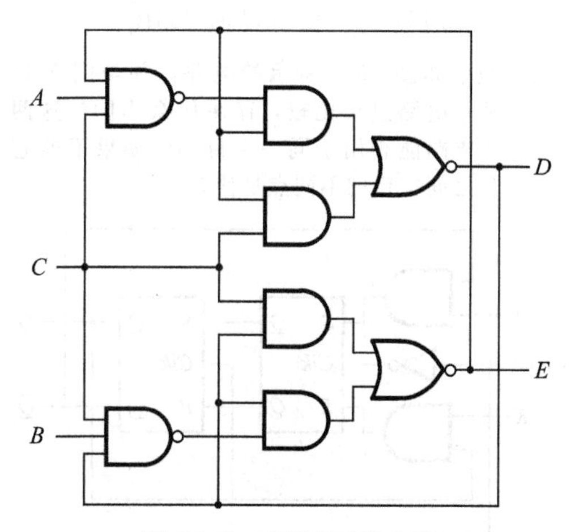

图P5.2 习题5.8的电路

5.9 请用行为描述、而不是结构描述编写出带异步清0输入的T触发器的Verilog代码。

5.10 请用行为描述、而不是结构描述编写出表示JK触发器的Verilog代码。

5.11 用CAD工具综合习题5.10编写的Verilog代码。对综合后产生的电路进行仿真，给出验证其预期功能的时序图。

5.12 一个通用的移位寄存器可以实现从左往右及从右往左双向移位，并且具有并行加载的能力，请设计一个具有此功能的移位寄存器电路。

5.13 编写习题5.12所描述的 n 位通用移位寄存器的Verilog代码。

5.14 设计一个4位的具有并行加载功能的同步计数器。不要使用5.9.3节中用过的D触发器方案，而采用T触发器实现该计数器。

*5.15 设计一个用T触发器实现的3位递增/递减

㊀ 本书最后给出了带星号习题的答案。

计数器。该计数器应该包含有一个控制输入信号 $\overline{UP}/Down$，若 $\overline{UP}/Down=0$，则该电路表现为递增模式；如果 $\overline{UP}/Down=1$，则该电路为递减模式。

5.16　请用 D 触发器实现一个满足习题 5.15 要求的计数器。

*5.17　图 P5.3 所示的电路看上去是一个计数器，该电路的计数顺序是什么？

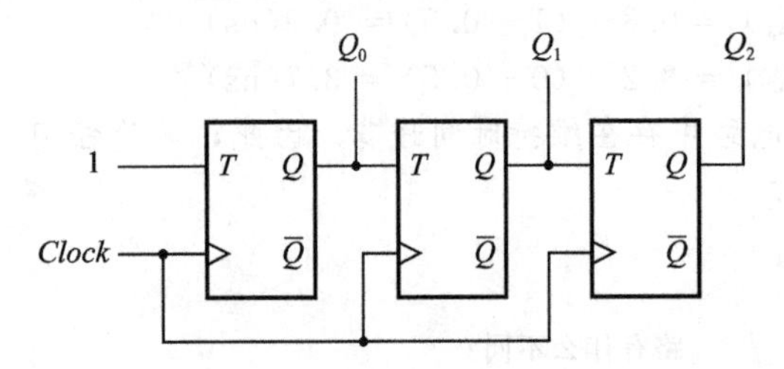

图 P5.3　习题 5.17 的电路图

5.18　观察如图 P5.4 所示的电路，并与图 5.16 所示电路进行比较，存在什么不同？这两个电路能否用于同一个目的？如果不能它们之间关键的不同点是什么？

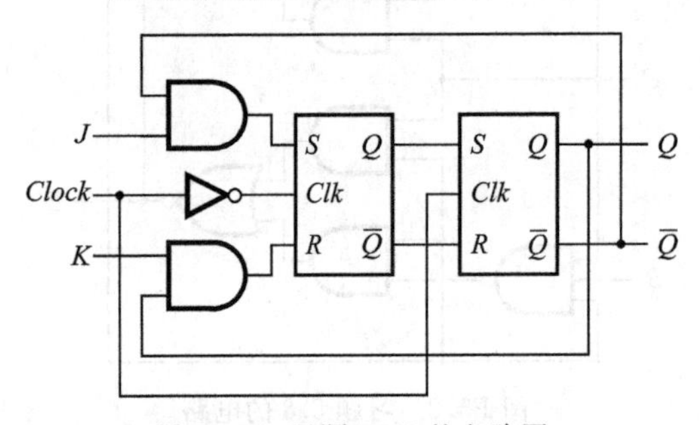

图 P5.4　习题 5.18 的电路图

5.19　用或非门构建一个类似于图 5.11a 所示的电路，使其功能等价于负沿触发的 D 触发器。

5.20　编写描述带同步清 0 的模 12 递增计数器的 Verilog 代码。

*5.21　对于图 5.24 所示的计数器中的触发器，假设其建立时间 $t_{su}=3\text{ns}$，保持时间 $t_h=1\text{ns}$，并且经过触发器的传播延迟为 1ns。假定每个"与"门、"异或"门和 2 选 1 多路选择器的传播延迟都为 1ns，该电路能正常运行的最高时钟频率是多少？

5.22　编写代表 8 位 Johnson 计数器的 Verilog 代码，用 CAD 工具综合该代码，并进行时序仿真，给出其计数时序。

5.23　用图 5.51 所示代码的风格编写表示环型计数器的 Verilog 代码。在代码中应该包括用于设置计数器中触发器的个数的参数 n。

5.24　环形振荡器是一个由奇数(n)个反相器连接成环状的电路，如图 P5.5 所示，每个反相器的输出都是具有确定频率的周期信号。

(a) 假设所有反相器完全一致，则它们的延迟 t_p 也都相等。令某个反相器的输出信号为 f，推导出用 n 和 t_p 表示信号 f 周期的表达式。

(b) 请设计一个电路用于通过实验手段测量环形振荡器中某个反相器的延迟 t_p。假设电路中存在复位 *Reset* 和另一个信号 *Interval*，这两个信号的时序如图 P5.6 所示。已知信号 *Interval* 维持为 1 值的时间，假设该时间长度为 100ns。请用 *Reset* 和 *Interval* 信号以及来自于(a)题的信号 f 设计一个电路，以实现用实验手段测量反相器的延迟 t_p。在设计中，可以用逻辑门和诸如加法器、触发器、计数器和寄存器等子电路。

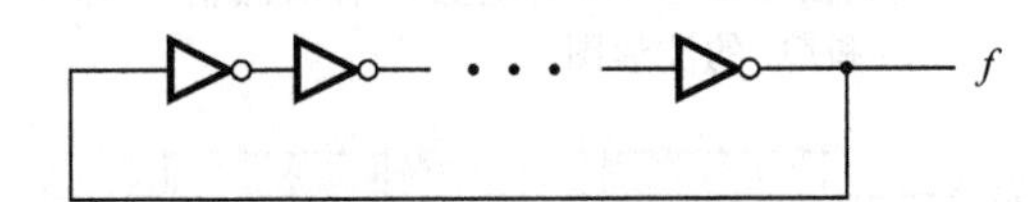

图 P5.5　环形振荡器

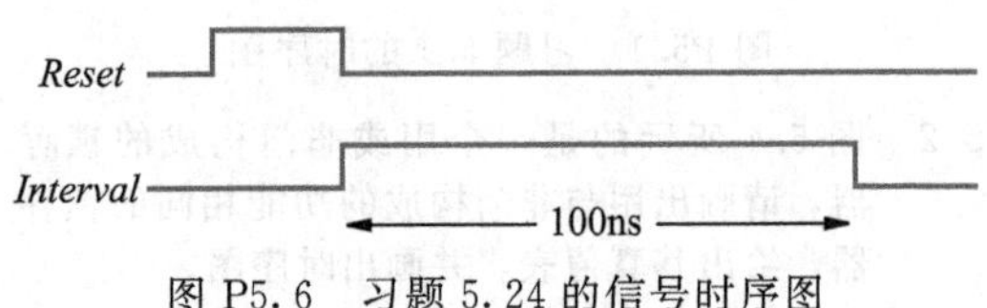

图 P5.6　习题 5.24 的信号时序图

5.25　门控 D 锁存器的电路如图 P5.7 所示。假设通过与非门或反相器的延迟为 1ns。请完成图 P5.7 中尚未画出的信号时序，图中的时间分辨度为 1ns。

*5.26　某逻辑电路有 2 个输入信号 *Clock* 和 *Start*，两个输出信号 f 和 g。图 P5.8 所示时序图描述了该电路的行为特性，当 *Start* 输入端收到一个脉冲时，该电路随即在输出端 f 和 g 产生脉冲信号(具体波形如图 P5.8 所示)。请设计一个满足以上要求的电路，并且只能采用以下元件：3 位可清 0 的正沿触发的同步计数器和基本逻辑门，并假定所有逻辑门和计数器的延迟都可忽略不计。

5.27　下列代码可以检查 n 位向量中相邻的 1。

```
always @(A)
begin
    f = A[1] & A[0];
    for (k = 2; k < n; k = k+1)
        f = f | (A[k] & A[k-1]);
end
```

这段代码使用的是阻塞赋值，产生的逻辑函数为 $f=a_1a_0+\cdots+a_{n-1}a_{n-2}$。如果把这段代码中的阻塞赋值改成非阻塞赋值，则该电路产生的逻辑函数是什么？

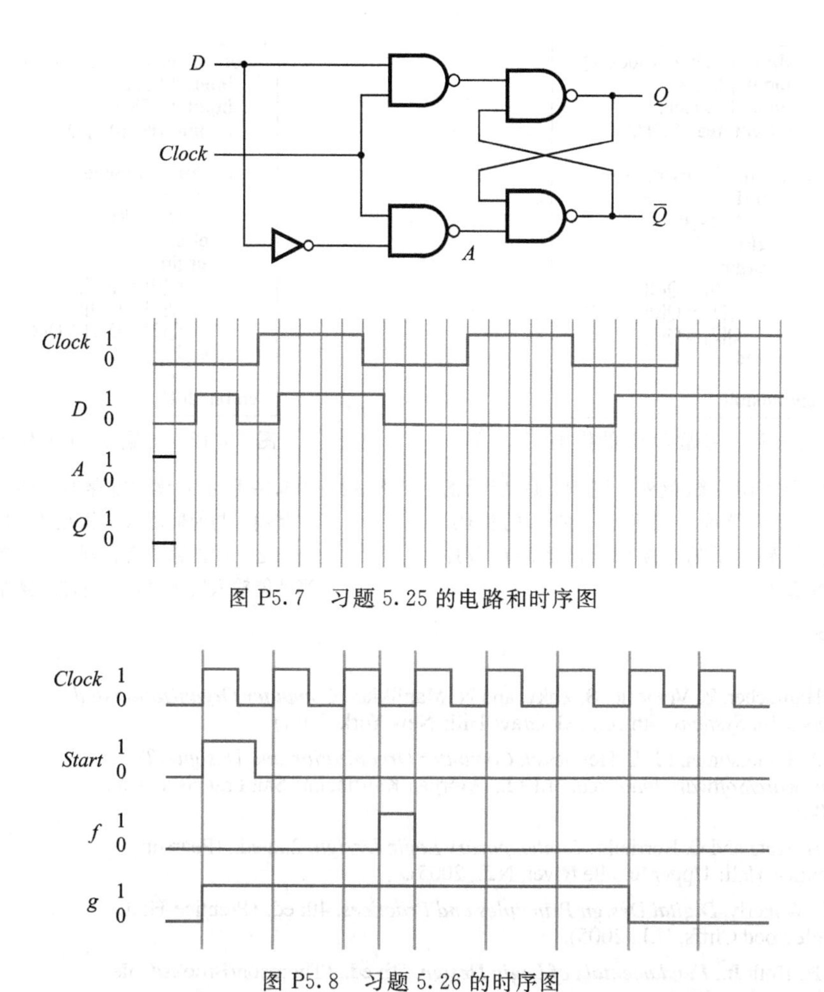

图 P5.7 习题 5.25 的电路和时序图

图 P5.8 习题 5.26 的时序图

5.28 图 P5.9 所示的 Verilog 代码表示了一个 3 位线性反馈移位寄存器(LFSR)。这种类型的电路生成的伪随机数序列每 $2n-1$ 个时钟周期后重复出现，n 表示反馈移位寄存器(LFSR)中触发器的个数。把代码综合成电路并在芯片中实现该 LFSR，画出其电路原理图。在该 LFSR 中加载 001，接着启动该寄存器计数，产生的计数序列是什么？

```
module lfsr (R, L, Clock, Q);
   input [0:2] R;
   input L, Clock;
   output reg [0:2] Q;

   always @(posedge Clock)
     if (L)
        Q <= R;
     else
        Q <= {Q[2], Q[0] ^ Q[2], Q[1]};

endmodule
```

图 P5.9 线性反馈移位寄存器代码

5.29 对于如图 P5.10 所示 Verilog 代码完成习题 5.28 的要求。

```
module lfsr (R, L, Clock, Q);
   input [0:2] R;
   input L, Clock;
   output reg [0:2] Q;

   always @(posedge Clock)
     if (L)
        Q <= R;
     else
        Q <= {Q[2], Q[0], Q[1] ^ Q[2]};

endmodule
```

图 P5.10 线性反馈移位寄存器的代码

5.30 除了使用了阻塞赋值外，图 P5.11 所示的 Verilog 代码等价于图 P5.9 所示的代码。画出该代码表示的电路图，产生的计数序列是什么？

```
module lfsr (R, L, Clock, Q);
    input [0:2] R;
    input L, Clock;
    output reg [0:2] Q;

    always @(posedge Clock)
        if (L)
            Q <= R;
        else
        begin
            Q[0] = Q[2];
            Q[1] = Q[0] ^ Q[2];
            Q[2] = Q[1];
        end

endmodule
```

图 P5.11 习题 5.30 的代码

```
module lfsr (R, L, Clock, Q);
    input [0:2] R;
    input L, Clock;
    output reg [0:2] Q;

    always @(posedge Clock)
        if (L)
            Q <= R;
        else
        begin
            Q[0] = Q[2];
            Q[1] = Q[0];
            Q[2] = Q[1] ^ Q[2];
        end

endmodule
```

图 P5.12 习题 5.31 的代码

5.31 除了使用了阻塞赋值外，图 P5.12 所示的 Verilog 代码等价于图 P5.10 所示的代码。画出该代码表示的电路图，产生的计数序列是什么？

5.32 图 5.59 所示的移位寄存器电路中，并行加载控制输入与使能输入是相互独立的，请给出一个与之不同的移位寄存器电路，要求满足只有当使能输入置 1 时，并行加载操作才能执行。

参考文献

1. C. Hamacher, Z. Vranesic, S. Zaky, and N. Manjikian, *Computer Organization and Embedded Systems*, 6th ed., (McGraw-Hill: New York, 2011).
2. D. A. Patterson and J. L. Hennessy, *Computer Organization and Design—The Hardware/Software Interface*, 3rd ed., (Morgan Kaufmann: San Francisco, Ca., 2004).
3. R. H. Katz and G. Borriello, *Contemporary Logic Design*, 2nd ed., (Pearson Prentice-Hall: Upper Saddle River, N.J., 2005).
4. J. F. Wakerly, *Digital Design Principles and Practices*, 4th ed. (Prentice-Hall: Englewood Cliffs, N.J., 2005).
5. C. H. Roth Jr., *Fundamentals of Logic Design*, 5th ed., (Thomson/Brooks/Cole: Belmont, Ca., 2004).
6. M. M. Mano, *Digital Design*, 3rd ed. (Prentice-Hall: Upper Saddle River, N.J., 2002).
7. D. D. Gajski, *Principles of Digital Design*, (Prentice-Hall: Upper Saddle River, N.J., 1997).
8. J. P. Daniels, *Digital Design from Zero to One*, (Wiley: New York, 1996).
9. V. P. Nelson, H. T. Nagle, B. D. Carroll, and J. D. Irwin, *Digital Logic Circuit Analysis and Design*, (Prentice-Hall: Englewood Cliffs, N.J., 1995).
10. J. P. Hayes, *Introduction to Logic Design*, (Addison-Wesley: Reading, Ma., 1993).
11. Institute of Electrical and Electronics Engineers, *IEEE Standard Verilog Hardware Description Language Reference Manual*, (IEEE: Piscataway, NJ, 2001).
12. D. A. Thomas and P. R. Moorby, *The Verilog Hardware Description Language*, 5th ed., (Kluwer: Norwell, MA, 2002).
13. Z. Navabi, *Verilog Digital System Design*, 2nd ed., (McGraw-Hill: New York, 2006).
14. S. Palnitkar, *Verilog HDL—A Guide to Digital Design and Synthesis*, 2nd ed., (Prentice-Hall: Upper Saddle River, NJ, 2003).
15. D. R. Smith and P. D. Franzon, *Verilog Styles for Synthesis of Digital Systems*, (Prentice-Hall: Upper Saddle River, NJ, 2000).
16. J. Bhasker, *Verilog HDL Synthesis—A Practical Primer*, (Star Galaxy Publishing: Allentown, PA, 1998).
17. D. J. Smith, *HDL Chip Design*, (Doone Publications: Madison, AL, 1996).
18. S. Sutherland, *Verilog 2001—A Guide to the New Features of the Verilog Hardware Description Language*, (Kluwer: Hingham, MA, 2001).

第6章
同步时序电路

本章主要内容

- 触发器相关电路设计技术
- 状态的概念及触发器电路的实现
- 采用时钟信号的异步控制
- 数字电路的时序特性
- 同步时序电路的完整设计过程
- 时序电路的 Verilog 规范
- 有限状态机的概念

在前面的章节中我们学习了输出完全由输入值决定的组合逻辑电路，也讨论了简单存储元件的触发器实现方法。触发器的输出取决于触发器的状态，而不是任意时刻的输入值，触发器的输入将引起状态的改变。

本章我们将详细讨论电路的输出同时依赖于电路之前的状态和当前输入值的一类常用电路，这种电路称为*时序电路*(sequential circuit)。在大部分情况下，由一个时钟信号控制的时序电路称为*同步时序电路*(synchronous sequential circuit)，而多个时钟控制信号的时序电路称为*异步时序电路*(asynchronous sequential circuit)同步电路易于设计，并且得到广泛的实际应用。本章将重点讨论同步时序电路，将在第 9 章中讨论异步时序电路。

同步时序电路由组合逻辑以及一个或多个触发器实现，一般架构如图 6.1 所示。该电路有一组原始输入 W，并产生一组输出 Z。触发器中存储的状态为 Q。在时钟信号的控制下，触发器通过加在其输入端的组合逻辑输入，使得电路从一个状态变化为另一个状态。采用边沿触发的触发器可以确保一个时钟周期中仅发生一次状态变化。它们可以由时钟信号的上升沿或者下降沿触发。这种产生状态变化的时钟边沿称为*有效时钟边沿*(Active Clock Edge)。

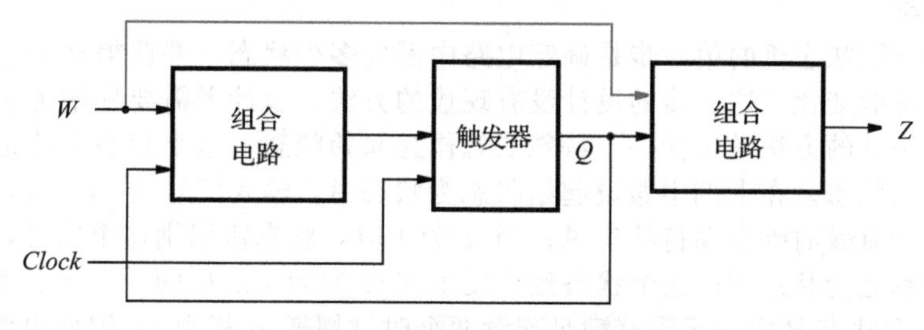

图 6.1　时序电路的一般形式

组合逻辑提供 2 路输入信号到触发器，分别为原始输入 W 和触发器的当前输出 Q。因此电路状态的改变不仅取决于触发器的当前状态，还取决于电路的原始输入。

图 6.1 显示整个时序电路的输出是由另一个组合电路产生，该组合电路的输出显然是触发器当前状态和原始输入的函数。时序电路的输出总取决于触发器的当前状态，但却不一定直接依赖于原始输入。因此图中的细虚线表示的连线可能存在，也可能不存在。为了区分这两种可能性，通常将输出仅由电路状态决定的时序电路称为 *Moore* 型，而输出由电

路状态和原始输入同时决定的称为 *Mealy* 型。这样命名是为了纪念 20 世纪 50 年代上述电路行为的提出者 Edward Moore 和 George Mealy。

在很多技术书籍中，时序电路还有一个更形式化的名字，称为有限状态机(Finite State Machines，FSM)。这种命名是由于这些电路的功能行为可以用有限个状态来表示。因此本章涉及的时序电路常用有限状态机这个术语来代替，或简称为状态机。

6.1 基本设计步骤

时序电路经常用于物理系统的运行控制。我们将通过一个简单的例子来介绍时序电路的设计技术。

考虑自动控制汽车的速度调节：车辆设计为按某一特定的速度行驶，但在一些运行条件下行驶速度可能超过设定的极限，因此车辆必须减速。等时间间隔测速可以用来判定是否需要执行减速。假设用二进制信号 w 表示速度是否超过了设定极限，如 $w=0$ 表示速度在可接受范围内，$w=1$ 则表示已经超速。因此速度的控制策略为：当两次或者多次连续等间隔测速都得到 $w=1$，则产生一个控制信号 z 进行减速。可以设定当 $z=0$ 时，车辆保持当前速度；当 $z=1$ 时，车辆减速。利用一个时钟信号来定义时间间隔，车辆速度在每个时钟周期进行一次测量。为了达到上述要求，我们希望设计的电路具有如下特性：

1) 电路具有一个输入 w 和一个输出 z；
2) 电路的所有变化发生在时钟上升沿；
3) 两个相邻时钟周期输入信号 w 都为 1 时，输出 z 等于 1，否则 z 等于 0

基于上述设计要求可以看出，输出 z 显然取决于信号 w 的当前值和过去的值。考虑图 6.2 中 w 和 z 时序值，假设 w 由被控车辆产生，而输出 z 符合我们的设计要求。在时钟周期 t_3 时 $w=1$，且在 t_4 时仍然保持为 1，因此在 t_5 中 z 被设置为 1。类似的，由于在时钟周期 t_6 和 t_7 中 $w=1$，因此在 t_8 中 z 将被赋值为 1。另外从图中可以看到，给定的输入 w，输出 z 可能为 0，也可能为 1。例如在时钟周期 t_2 和 t_5 时 $w=0$，但输出 z 却分别为 0 和 1。这意味着 z 不是仅取决于 w 的当前值，还取决于电路的状态。

时钟周期：	t_0	t_1	t_2	t_3	t_4	t_5	t_6	t_7	t_8	t_9	t_{10}
w:	0	1	0	1	1	0	1	1	1	0	1
z:	0	0	0	0	0	1	0	0	1	1	0

图 6.2 输入输出信号时序

6.1.1 状态图

设计一个有限状态机的第一步是确定电路中需要多少状态，并获得从一个状态到另一个状态的所有可能变化。这一步的设计没有现成的方法。设计者需要仔细考虑实现什么样的状态机。一个好的方法是选择一个特殊状态作为起始状态，这个状态应该是电路加电或者复位后进入的状态。在上例中假设起始状态为状态 A。输入信号 w 为 0 时，电路不做任何处理，在每个有效时钟沿保持状态 A；当 w 为 1 时，状态机识别这个信号，并转为另一个状态，我们称之为状态 B；这个状态变化发生在 w 变为 1 之后的下一个有效时钟沿。与状态 A 一样，在状态 B 中由于没有满足连续两个时钟周期 w 都为 1，因此电路的输出 z 为 0。在状态 B 中，如果下一个有效时钟沿中 $w=0$，电路将回到状态 A。而在状态 B 时 $w=1$，电路将在下一个有效时钟沿变成第三种状态，称为状态 C，且此时电路输出值 $z=1$。在状态 C 中，只要 w 一直保持为 1，电路继续保持此状态，且电路保持输出值 $z=1$。而当 $w=0$，状态机将回到状态 A。由于之前的描述涵盖了状态机在不同输入 w 情况下的所有可能性，因此我们确定只要 3 个状态来实现所期望的状态机。

现在，我们已经通过非正式的方式确定了不同状态之间的转换条件，下面将详细讨论用于时序电路设计的更形式化方法。时序电路的行为可以用几种不同的方式表示。概念上来说，最简单的方法是状态图的图形化描述方法，它用结点(圆圈)表示电路状态，而用有向弧线表示状态的变化。图 6.3 中的状态图定义了满足上述设计要求的行为状态。状态 A、B 和 C 对应图中的三个结点。A 表示起始状态，也就是输入 $w=0$ 后到达的状态。在该状态中，输出 z 为 0，图中表示为结点中的 $A/z=0$。只要满足 $w=0$，电路将始终保持在状态 A，在图中可以用起始和终止都是该结点且标有 $w=0$ 的弧线表示。第一次出现 $w=1$(在 $w=0$ 条件下)实现了从状态 A 到状态 B 的转变。该转变在状态图中用起始为 A、终止为 B 的弧线表示。弧线上方标注的 $w=1$ 表示引起状态转变的输入值。在状态 B 中输出保持为 0，用结点中的 $B/z=0$ 表示。

当电路处于状态 B 时，如果在下一个有效时钟沿 w 仍为 1，则电路将转变到状态 C。在状态 C 中，输出将变为 1。如果在后续的时钟周期中 w 保持为 1，电路将保持在状态 C 且输出 $z=1$。但无论是在状态 B 还是在状态 C 中，只要 w 变为 0，那么在下一个有效时钟沿，状态将转变为状态 A。

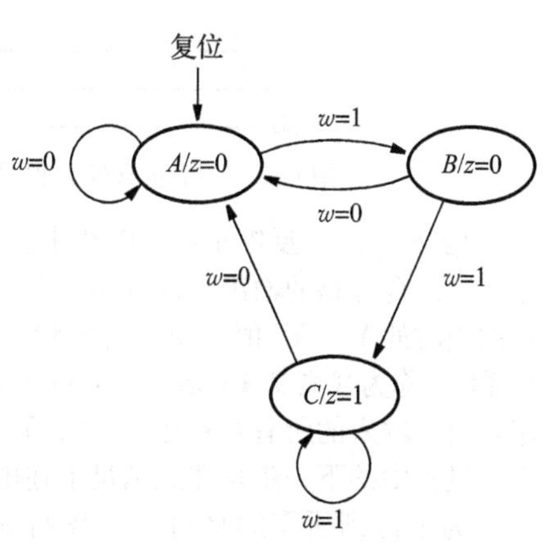

图 6.3　简单时序电路的状态机

从图 6.3 中可以发现，复位信号用来强制电路进入状态 A，因此它可视为电路的另一个输入，且在任何状态下如果复位条件成立，电路都将转变为状态 A。如果按照上述描述在状态图上标明所有的复位转换，将导致状态图复杂化。因此可以用带有 *Reset* 标签的单箭头表示上述过程，如图 6.3 所示。这种标识意味着不管电路在什么状态，复位信号都将使得电路进入起始状态。

6.1.2　状态表

虽然状态图提供了一种时序电路特性的简单描述方式，但为了电路的具体实现，需要将状态图中的信息翻译成**状态表**(state table)。图 6.4 是所需设计的时序电路的状态表。表中列出了在不同输入条件下，每一个当前状态至下一个状态的转变。值得注意的是，状态表中的输出 z 是当前状态下的结果，即电路在当前时间下的输出值。另外在状态表中没有包含复位输入，因此假设状态表中的第一个状态就是起始状态。

现态	次态		输出
	$w=0$	$w=1$	z
A	A	B	0
B	A	C	0
C	A	C	1

图 6.4　图 6.3 对应状态表

接下来我们将介绍电路的设计步骤。为了阐述基本设计概念，我们首先用手工方法说明传统过程的步骤，接着我们将讨论采用现代 CAD 工具的自动设计技术。

6.1.3　状态分配

图 6.4 中的状态表定义了 3 个状态，分别用字母 A、B 和 C 表示。在逻辑电路的实现过程中，每个状态用**状态变量**(state variable)的特定取值(值的组合)来表示。每个状态变量可用触发器来实现，由于需要实现 3 种状态，因此采用 2 个状态变量就可以满足要求。令 2 个变量分别为 y_1 和 y_2。

为了表示所需有限状态机的电路结构，我们采用类似图 6.1 中的一般模块框图来表示此次的设计实例，如图 6.5 所示。状态变量用 2 个触发器实现。在图中没有指明所采用的触发器类型，这个将在下一节讨论。由图 6.3、6.4 中的定义，输出 z 只由电路的当前状态所决定。图 6.5 中的模块框图表明 z 仅仅是 y_1 和 y_2 的函数，因而这个设计为 Moore 型时序电路。接下来需要设计一个以 y_1 和 y_2 作为输入信号的组合电路，根据所有输入值得到输出信号 z。

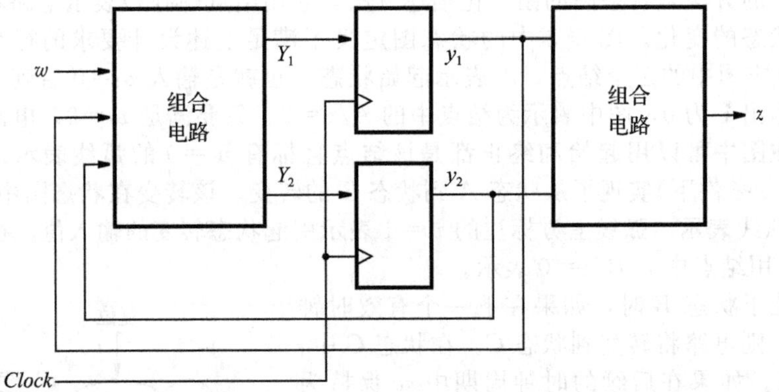

图 6.5　一个包含输入信号 w，输出信号 z 和两个触发器的一般时序电路

信号 y_1、y_2 反馈至组合电路来决定 FSM 的下一个状态。此部分组合电路也会用到输入信号 w。组合电路的输出是设置触发器状态的 Y_1 和 Y_2 信号。每个有效的时钟沿将会导致触发器根据当时的 Y_1、Y_2 值改变他们的状态。因此 Y_1、Y_2 被称为*次态变量*(next-state variable)，而 y_1 和 y_2 称为*现态变量*(present-state variable)。我们需要设计一个输入为 w、y_1 和 y_2 的组合电路，对于输入的所有可能值，输出 Y_1、Y_2 都能使状态机转换为下一个满足设计要求的状态。设计过程中的下一步是建立满足上述电路定义及产生相应输出 z 的真值表。

为了得到所需的真值表，我们对每个状态中的变量 y_1 和 y_2 分配特定的取值。图 6.6 是一种可能的分配方案，状态 A、B、C 分别用 y_2y_1＝00、01 和 10 表示。第四个值 y_2y_1＝11 在这个例子中不用。

图 6.6 中的表格通常称为*状态分配表*(state-assigned table)。该表可以用作输入 y_1、y_2 和输出 z 的真值表。尽管这个表中存在次态函数 Y_1 和 Y_2 而看起来不像一个真值表，但由于表中针对不同的 w 有两列结果，因此这显然是一个关于输入信号 w、y_1、y_2 所有可能情况下定义了输出 Y_1、Y_2 全部信息的信息表。

	现态	次态		输出
		w=0	w=1	
	y_2y_1	Y_2Y_1	Y_2Y_1	z
A	00	00	01	0
B	01	00	10	0
C	10	00	10	1
	11	dd	dd	d

图 6.6　对应于图 6.4 的状态赋值表

6.1.4　选择触发器得到次态和输出表达式

从图 6.6 的状态分配表中，可以得到次态和输出函数的逻辑表达式。但首先需要确定电路中的触发器类型。最直接的选择是采用 D 触发器，因为在这个例子中，Y_1、Y_2 可以简单的通过时钟锁存到触发器内直接变为 y_1、y_2。换句话说，触发器的输入信号 D_1 和 D_2，直接对应 Y_1 和 Y_2。注意到图 6.5 中的框图恰好对应于采用 D 触发器的情况。对于其他类型的触发器，如 JK 触发器，次态变量和触发器输入之间不是这样简单的对应关系，我们将在 6.7 节中考虑这种情况。

所需要的逻辑表达式可以参考图 6.7 中的推导获得。我们采用卡诺图来简化表达式的验证。回顾图 6.6 中情况，只需要从所有 4 种取值中选择 3 个来表示所需状态。因为电路只在 3 个状态 A、B、C 之间转换，第 4 个取值 y_2y_1＝11 不会在电路中发生，因此我们把这个不用的取值称为*无关项条件*(don't care condition)。在卡诺图中无关项用 d 表示。采用无关项简化表达式，可以得到：

$$Y_1 = w\bar{y}_1\bar{y}_2$$

$$Y_2 = w(y_1 + y_2)$$

$$z = y_2$$

如果我们不使用无关项条件，那么得到的表达式稍微复杂一些，如图 6.7 中的深灰色阴影区域所示。

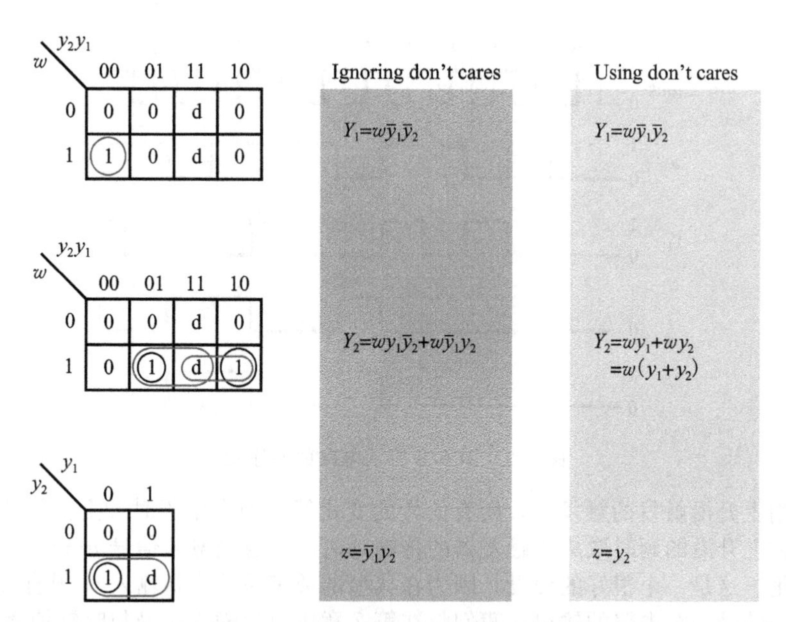

图 6.7　图 6.6 中逻辑表达式的推导

由于 $D_1=Y_1$，$D_2=Y_2$，实现相关表达式的逻辑电路如图 6.8 所示。图中还加入了时钟信号，且电路为低电平复位有效。

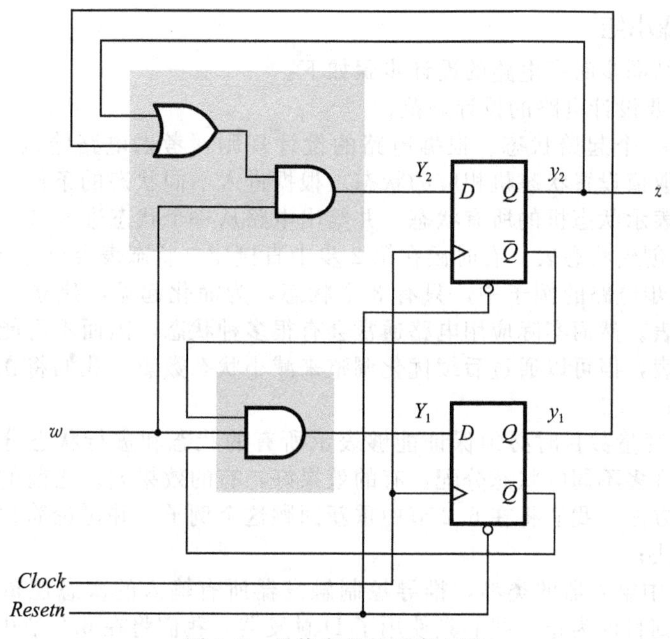

图 6.8　最终实现的时序电路

如图 6.8 所示将触发器的清零输入端连接到外部的 *Resetn* 信号，该信号提供了一种强制回到初始状态的简单电路方法。如果电路中施加 *Resetn*＝0，两个触发器都将被复位清零，使得 FSM 进入复位状态 $y_2y_1=00$。

6.1.5　时序图

要充分理解图 6.8 电路的工作过程，需要仔细分析图 6.9 所示的时序图。该图描述了图 6.2 对应序列的时域信号波形。

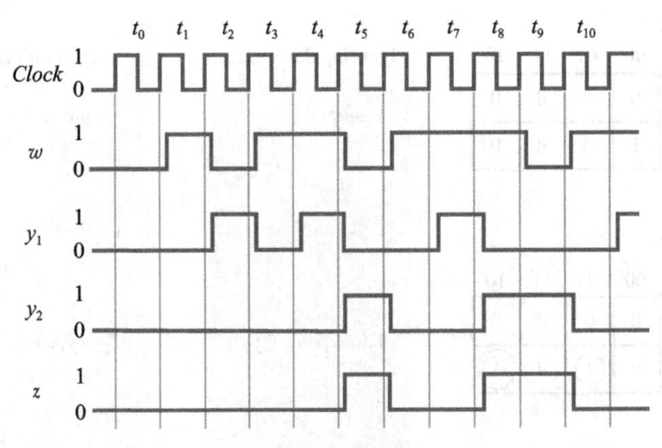

图 6.9 图 6.8 所示电路的时序图

由于采用上升沿触发的触发器，所有信号的变化都立即发生于时钟上升沿之后。信号变化相对于时钟上升沿的延时取决于触发器的传输延时。注意到输入信号 w 也在有效时钟沿后立即发生变化。这是一个很好的假设，因为在典型的数字系统中，输入 w 很有可能是来自于相同同步时钟的另一个电路的输出。我们将在第 7 章中讨论输入信号与时钟信号同步问题。

另外一点值得注意的是：尽管 w 在有效时钟沿之后发生变化，而且在整个时钟周期内 w 几乎一直是 1(或是 0)，但在下一个使得状态机发生状态改变的时钟上升沿之前，输出都没有变化。因此如果电路要进入状态 C 且输出 $z=1$，w 必须在连续 2 个时钟周期中都为 1。

6.1.6 设计步骤小结

我们可以总结同步时序电路的设计步骤如下。

1）获取所需要设计电路的设计规范；

2）首先选择一个起始状态。根据电路的设计规则，考虑电路输入的所有可能取值，并根据这些输入取值设置状态机相应的状态。根据进入不同状态的条件，得到状态图。完成后的状态图会表示状态机的所有状态，并给出电路从一个状态进入另一个状态的条件；

3）由状态图创建状态表。有时候在第 2 步中直接建立状态表会更方便；

4）在上述同步电路的例子中，只有 3 个状态，为简化起见，建立一个不包含其他不需要状态的状态表。然而实际应用电路通常会有很多种状态，因而不可能在一开始就得到一个优化的状态表，但可以通过后续优化调整来减小状态数量。我们将在 6.6 节中讨论状态最小化的方法；

5）确定状态变量数目时必须保证能够表示所有的状态和进行状态分配。对于一个给定时序电路会有许多不同的状态分配，有的效果好，有的效果差。之前的例子采用了一种自然状态分配的方法。我们将在 6.2 节中重新回顾这个例子，并讨论简化电路设计的另外一种状态分配方法；

6）选择电路中触发器的类型，推导控制触发器所有输入的次态逻辑表达式和电路输出逻辑表达式。到目前为止，我们只使用了 D 触发器。我们将在 6.7 节中考虑其他类型的触发器；

7）实现逻辑表达式指定的逻辑电路。

我们前面通过一个简单的车辆控制器例子介绍了时序电路的设计步骤。在该例子中，w 反映了车辆的速度。我们还可以考虑该例子更一般的应用情况，即 w 信号会在一段时间内的每个时钟周期产生一个值为 0 或 1 的符号序列。我们设计的这个电路可以检测序列中包含连续 1 的情况，如果存在两个连续的 1 信号，那么电路输出将产生 $z=1$。由于这个电路可以检测特定的符号序列，我们可以称它为序列检测器(sequence detector)。类似的电路可以用来检测许多不同的序列。

例 6.1 我们通过设计一个非常简单的时序电路介绍了时序电路的设计步骤。现在我们考虑一个应用于计算机系统的稍微复杂的例子。

计算机系统通常具有大量寄存器，用于保存运行过程中的数据。有时候计算机需要交换2个寄存器的内容。通常这会通过使用第3个寄存器作为临时位置的方式来实现。比如，假设需要交换寄存器 $R1$ 和 $R2$ 的内容，可以首先将 $R2$ 的内容传递到第3个寄存器，如 $R3$，然后将 $R1$ 的内容传递到 $R2$，最后将 $R3$ 的内容传递到 $R1$。

计算机系统的存储器是通过一个如图6.10所示的内部互连网络相连接的。除了与网络相连的信号线，每个寄存器还有两个控制信号。Rk_{out} 信号使得寄存器 Rk 的内容传输至互联网络。Rk_{in} 信号使得互联网络上的数据传输至寄存器 Rk。Rk_{out} 和 Rk_{in} 信号通过有限状态机控制电路产生。在例子中，我们将设计一个当输入 $w=1$ 时，交换 $R1$ 和 $R2$ 内容的控制电路。因此控制电路的输入为 w 和 $Clock$ 信号，输出为 $R1_{out}$，$R1_{in}$，$R2_{out}$，$R2_{in}$，$R3_{out}$，$R3_{in}$ 和用来表示数据交换完成的 $Done$ 信号。

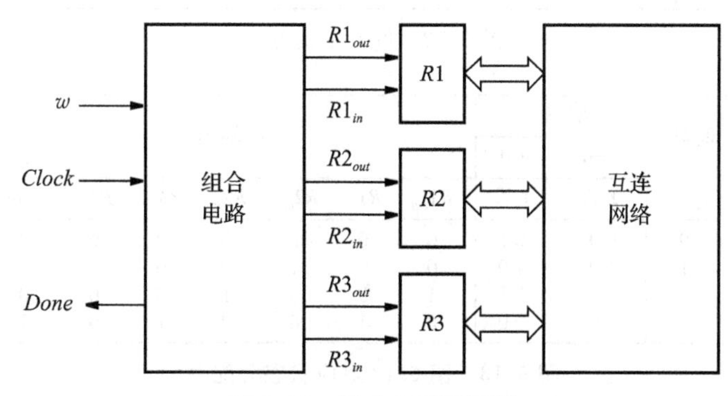

图6.10 例6.1系统框图

所需的数据转换过程将按如下操作实现：在控制信号 $R2_{out}=1$，$R3_{in}=1$ 条件下，$R2$ 的内容将首先载入到 $R3$。然后在 $R1_{out}=1$，$R2_{in}=1$ 条件下，$R1$ 的内容转移到 $R2$。最后在 $R3_{out}=1$，$R1_{in}=1$ 的条件下，$R3$ 的内容(为之前 $R2$ 的内容)转移到 $R1$。当交换完成后，我们将信号 $Done$ 设置为1。假设交换的开始条件是输入信号 w 产生超过一个时钟周期的脉冲信号。图6.11给出了一个所需输出控制信号的时序电路状态图。为了简化状态图，我们只表示了输出信号为1的情况，其他情况输出全部为0。

在初始状态 A 中，没有信号传送，所有的输出信号为0。电路一直保持该状态，直到 w 变为1产生交换请求。在状态 B 中，执行 $R2$ 中的数据传送至 $R3$ 的请求信号生效。数据在下一个有效时钟沿传送至 $R3$。不管 w 是0或1，这个时钟沿同时使得状态机进入状态 C。在此状态中，执行 $R1$ 中的数据传送至 $R2$ 的请求信号生效。转换在下一个有效时钟沿执行，同样不管 w 为何值，电路都将进入状态 D。最后数据从 $R3$ 到 $R1$ 的传送，在离开状态 D 进入状态 A 的时钟沿发生。

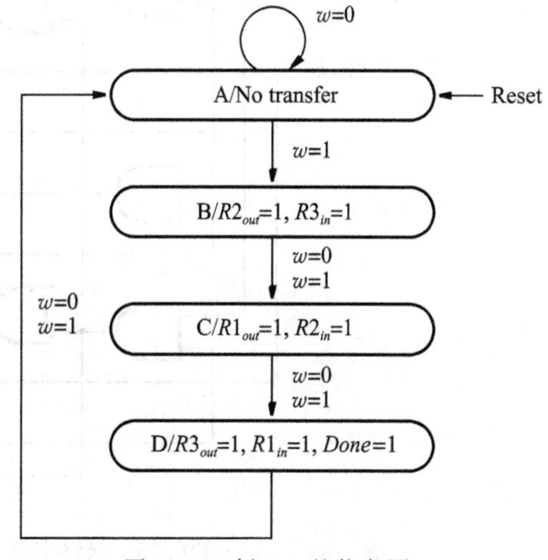

图6.11 例6.1的状态图

图6.12用状态表的方式提供了相同的信息。由于有4个状态，需要使用2个状态变量 $y1$，$y2$。最直接的状态分配是将状态 A、B、C、D 分别分配为 $y_2y_1=00$，01，10，11，如图6.13所示。利用上述分配和选用D触发器，可以推导并得到次态表达式，如图6.14所示。它们可以表示为：

$$Y_1 = w\overline{y}_1 + \overline{y}_1 y_2$$
$$Y_2 = y_1\overline{y}_2 + \overline{y}_1 y_2$$

并得到输出控制信号为：

$$R1_{out} = R2_{in} = \overline{y}_1 y_2$$
$$R1_{in} = R3_{out} = Done = y_1 y_2$$
$$R2_{out} = R3_{in} = y_1\overline{y}_2$$

根据这些表达式可以得到图 6.15 所示的电路。

现态	次态		输出						
	w=0	w=1	$R1_{out}$	$R1_{in}$	$R2_{out}$	$R2_{in}$	$R3_{out}$	$R3_{in}$	$Done$
A	A	B	0	0	0	0	0	0	0
B	C	C	0	0	1	0	0	1	0
C	D	D	1	0	0	1	0	0	0
D	A	A	0	1	0	0	1	0	1

图 6.12　例 6.1 状态表

	现态	次态		输出						
		w=0	w=1							
	y_2y_1	Y_2Y_1	Y_2Y_1	$R1_{out}$	$R1_{in}$	$R2_{out}$	$R2_{in}$	$R3_{out}$	$R3_{in}$	$Done$
A	00	00	01	0	0	0	0	0	0	0
B	01	10	10	0	0	1	0	0	1	0
C	10	11	11	1	0	0	1	0	0	0
D	11	00	00	0	1	0	0	1	0	1

图 6.13　图 6.12 对应状态分配表

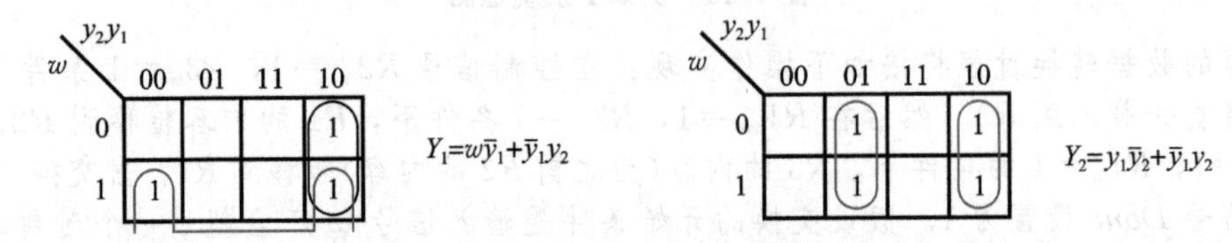

图 6.14　图 6.13 中的次态表达式推导

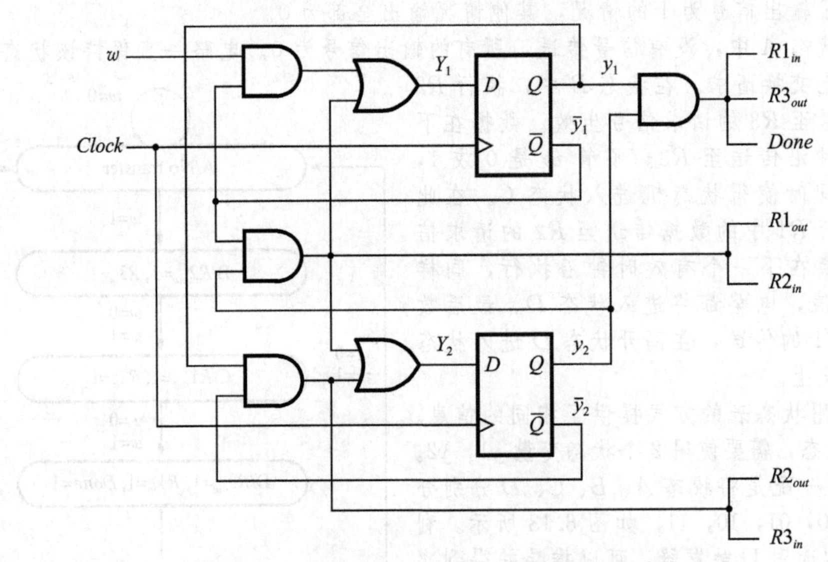

图 6.15　最终实现的例 6.1 时序电路的电路图

6.2　状态分配问题

在介绍了时序电路设计的基本概念之后，我们需要重新讨论一下有几种替代选择的情况。在 6.1.6 中，我们认为存在更优的状态分配方案。这可以通过图 6.4 中的例子来说明。我们已经知道图 6.6 中的状态分配可以得到图 6.8 中看上去较为简单的电路结果。那是否可以采用不同的状态分配方法得到更为简单的实现图 6.4 中 FSM 的电路？

图 6.16 给出了一种可行的替代方案。在该情况下，我们采用 $y_2y_1=00$、01、11 来分别表示状态 A、B、C。剩下的 $y_2y_1=10$ 情况是不需要的，我们把它当作无关项条件。如果仍然采用 D 触发器，由图可以推导得到次态和输出的表达式：

$$Y_1 = D_1 = w$$
$$Y_2 = D_2 = wy_1$$
$$z = y_2$$

根据这些表达式设计的电路如图 6.17 所示。与图 6.8 中得到的电路相比，由于减少了门电路，因此新电路方案成本更低。一般来说，实际电路比我们例子中的电路更为庞大，因此不同的状态分配对于最终实施方案成本的降低有显著影响。但我们很难得到大型电路的最佳状态分配。由于状态分配方案很多，很难采用枚举法尝试所有的分配可能。CAD 工具通常采用启发式技术进行状态分配。这些技术通常受专利保护，因此方法的细节很少公布。

	现态	次态		输出
		$w=0$	$w=1$	z
	y_2y_1	Y_2Y_1	Y_2Y_1	
A	00	00	01	0
B	01	00	11	0
C	11	00	11	1
	10	dd	dd	d

图 6.16　图 6.4 状态表的优化状态分配方案

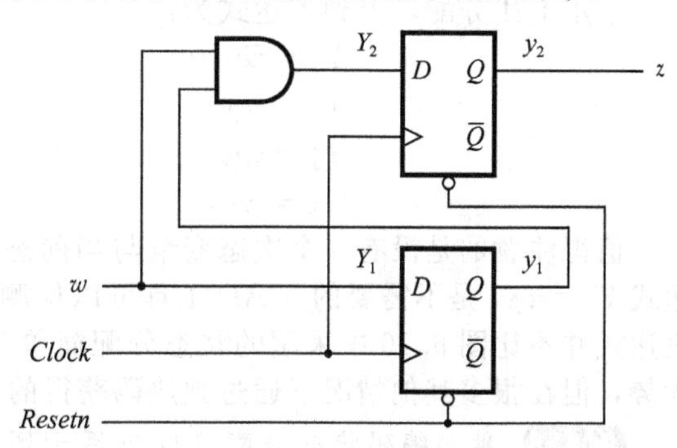

图 6.17　图 6.16 优化状态分配方案的最终电路图

例 6.2　在图 6.13 中我们对图 6.12 中的时序电路采用了一种直接的状态分配。现在考虑交换状态 C 和 D 的取值，如图 6.18 所示。此时次态的表达式参考图 6.19 的推导，可以表示为：

$$Y_1 = w\overline{y}_2 + y_1\overline{y}_2$$
$$Y_2 = y_1$$

输出表达式相应为：

$$R1_{out} = R2_{in} = y_1y_2$$
$$R1_{in} = R3_{out} = Done = \overline{y}_1y_2$$
$$R2_{out} = R3_{in} = y_1\overline{y}_2$$

这些表达式可以得到比图 6.15 所示电路稍微简单一些的电路。

	现态	次态		输出						
		$w=0$	$w=1$							
	y_2y_1	Y_2Y_1	Y_2Y_1	$R1_{out}$	$R1_{in}$	$R2_{out}$	$R2_{in}$	$R3_{out}$	$R3_{in}$	$Done$
A	00	00	01	0	0	0	0	0	0	0
B	01	11	11	0	0	1	0	0	1	0
C	11	10	10	1	0	0	1	0	0	0
D	10	00	00	0	1	0	0	1	0	1

图 6.18　图 6.12 中状态表的优化状态分配

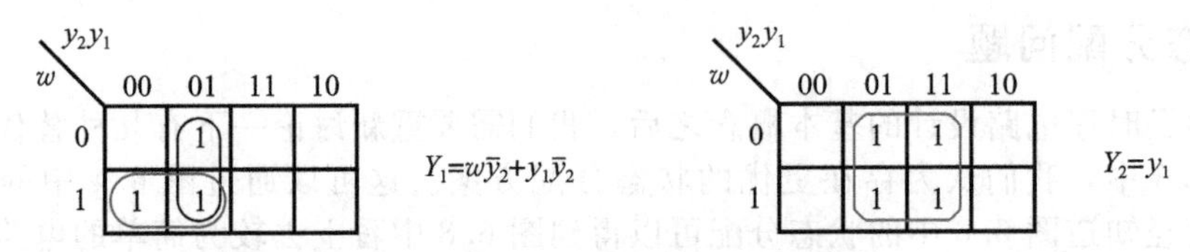

图 6.19　图 6.18 中次态表达式推导

独热编码

在之前的例子中，我们采用最小数目的触发器来表示 FSM 的状态。另一个有趣的尝试是根据状态数，采用尽可能多的状态变量。在这种方法中，每个状态的所有状态变量除了一个 1 以外，其他的都是 0。那个为 1 的状态变量将异常的“热门”。这种方式被称为独热码编码法。

图 6.20 展示了图 6.4 中时序电路如何采用独热码进行状态分配。由于存在 3 个状态，因此需要采用 3 个状态变量。状态 A、B、C 的取值分配分别用 $y_3y_2y_1=001$，010，100 表示。剩下的 5 种状态变量取值方式将不被使用。它们可以在次态和输出表达式的推导中当作无关项处理。

	现态	次态		输出
		$w=0$	$w=1$	
	$y_3y_2y_1$	$Y_3Y_2Y_1$	$Y_3Y_2Y_1$	z
A	001	001	010	0
B	010	001	100	0
C	100	001	100	1

图 6.20　图 6.4 中状态表的独热编码法状态分配

采用上述分配，得到表达式为：

$$Y_1=\overline{w}$$
$$Y_2=wy_1$$
$$Y_3=w\overline{y}_1$$
$$z=y_3$$

值得注意的是没有一个次态变量与当前态变量 y_2 有关。这意味着第 2 个触发器和表达式 $Y_2=wy_1$ 是不需要的(CAD 工具可以检测和消除上述冗余)。即使这样，现在得到的表达式并不比图 6.16 中采用的状态分配简单多少。尽管在这个情况下独热编码没有展现优势，但在很多其他情况下通过独热码获得的结果相当具有吸引力。

例 6.3　独热编码状态分配可以应用于图 6.12 的时序电路设计，如图 6.21 所示。4 个状态需要 4 个状态变量，状态 A、B、C、D 分别编码为 $y_4y_3y_2y_1=0001$、0010、0100、1000。其他 12 个没有用到的状态可以当作无关项，则次态表达式可以表示为：

$$Y_1=\overline{w}y_1+y_4$$
$$Y_2=wy_1$$
$$Y_3=y_2$$
$$Y_4=y_3$$

	现态	次态		输出						
		$w=0$	$w=1$							
	$y_4y_3y_2y_1$	$Y_4Y_3Y_2Y_1$	$Y_4Y_3Y_2Y_1$	$R1_{out}$	$R1_{in}$	$R2_{out}$	$R2_{in}$	$R3_{out}$	$R3_{in}$	$Done$
A	0001	0001	0010	0	0	0	0	0	0	0
B	0010	0100	0100	0	0	1	0	0	1	0
C	0100	1000	1000	1	0	0	1	0	0	0
D	1000	0001	0001	0	1	0	0	1	0	1

图 6.21　图 6.12 中状态表的独热编码分配

我们通过观察图 6.11 中的状态框图来推导这些表达式。状态图中有两个弧线可以进入状态 A(不包括复位信号的弧线)。这些弧线表明，如果 FSM 已经在状态 A 且 $w=0$ 时

触发器 $y1$ 应该被设置为1，或者FSM已经在状态 D，因而 $Y_1=\overline{w}y_1+y_4$。相似地，如果现在的状态是 A 且 $w=1$，触发器 y_2 应该被设为1，从而有 $Y_2=wy_1$。如果当前状态是 B 或 C，触发器 y_3 和 y_4 应该分别被设为1，从而有 $Y_3=y_2$，$Y_4=y_3$。

输出表达式就是触发器的输出，可以表示为：

$$R1_{out}=R2_{in}=y_3$$
$$R1_{in}=R3_{out}=Done=y_4$$
$$R2_{out}=R3_{in}=y_2$$

这些表达式比例6.2中推导的简单，但是触发器的数目从2个增加到了4个。

相比采用最少的状态变量进行状态分配而言，独热码状态分配的一个重要特性是它可以得到更简单的输出表达式。简单的输出表达式可以得到更快的电路。例如，在例子中，时序电路的输出表达式就是触发器的输出，这些信号会随着触发器状态的改变而立即生效。如果采用了复杂的输出表达式，必须考虑实现这些表达式的门电路传播延时。我们将在6.8.2节中考虑这个问题。◀

上述例子表明，给定状态机的时序电路有很多种实现方式。每个实现方式有着不同的成本和时序特性。在下一节中我们将介绍另一种可以获得更多电路实现可能性的FSM建模方法。

6.3 Mealy状态模型

上述例子中介绍的时序电路，每个状态都有与之相关的特定输出。就如我们在本章开始时的解释，这样的有限状态机称为Moore型。现在我们将探讨电路输出基于电路的状态和当前输入值的Mealy型状态机，它为时序电路的设计提供了灵活性。我们将通过简单改变之前的例子来介绍Mealy型状态机。

在6.1节中的第一个时序电路例子的基本功能是：当在连续的时钟周期中第二次检测到输入 $w=1$ 时，产生输出 $z=1$。这个设计规则要求在第二次检测到 $w=1$ 时的后续周期中，输出 z 等于1。假设我们现在取消后一个要求并修改为：在第二次检测到 $w=1$ 时的相同时钟周期内，输出 z 等于1。图6.22表示了一个相应的输入输出序列。为了了解如何实现表中给定的行为，我们首先选择一个起始状态 A。只要 $w=0$，状态机保持在状态 A，并输出 $z=0$。当 $w=1$ 时，状态机将转换到状态 B，用来记录输入产生了一次1。如果在状态 B 中 w 保持为1，即满足了至少在2个连续时钟周期中 $w=1$，此时状态机将保持在状态 B 中，且产生输出 $z=1$。只要 w 变为0，z 就立即变为0，且状态机在下一个有效时钟沿回到状态 A。因此图6.22的行为描述可以用两个状态的状态机实现，状态图如图6.23所示。由于输出值取决于当前输入值和当前状态机的状态，因此状态机只需要2个状态。从状态图可以得到，如果状态机在状态 A 时，只要 $w=0$，状态机将保持在状态 A，且输出为0。这通过标有 $w=0/z=0$ 的弧线表示。当 w 变为1后，输出将保持为0，状态机在下一有效时钟沿变为状态 B。这通过标有 $w=1/z=0$ 的，从 A 到 B 的弧线表示。在状态 B 时如果 $w=1$，那么输出将变为1，状态机将保持在状态 B。这通过标 $w=1/z=1$ 的相应弧线表示。然而如果在状态 B 中 $w=0$，那么在下一有效时钟沿后输出将为0，且将转换为状态 A。理解这个状态图的关键点是当前时钟周期中的弧线上对应的输出标记来自于当前状态结点。

时钟周期:	t_0	t_1	t_2	t_3	t_4	t_5	t_6	t_7	t_8	t_9	t_{10}
w:	0	1	0	1	1	0	1	1	1	0	1
z:	0	0	0	0	1	0	0	1	1	0	0

图6.22　输入输出信号序列

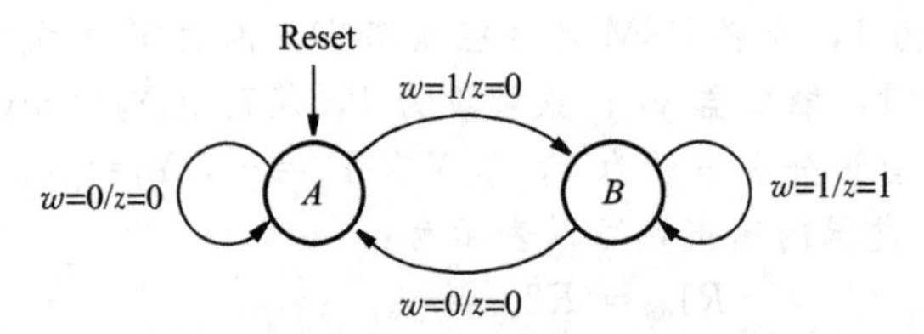

图 6.23　实现图 6.22 中任务的 FSM 的状态图

我们可以采用与 6.1 节相同的设计步骤实现图 6.23 中的 FSM。状态表参考图 6.24。由该表可以看出，输出 z 取决于当前的输入值 w，而不仅仅是当前的状态。图 6.25 给出了状态分配表。由于只有两个状态，采用一个状态变量 y 就足够了。假设 y 是通过一个 D 触发器实现的，次态和输出表达式可以表示为：

$$Y = D = w$$

$$z = wy$$

现态	次态		输出 z	
	$w=0$	$w=1$	$w=0$	$w=1$
A	A	B	0	0
B	A	B	0	1

图 6.24　图 6.23 状态机的状态表

	现态	次态		输出	
		$w=0$	$w=1$	$w=0$	$w=1$
	y	Y	Y	z	z
A	0	0	1	0	0
B	1	0	1	0	1

图 6.25　图 6.24 状态机的状态分配表

图 6.26 给出了最终的电路图和相应的时序图，其中时序图对应于图 6.22 中的输入输出序列。

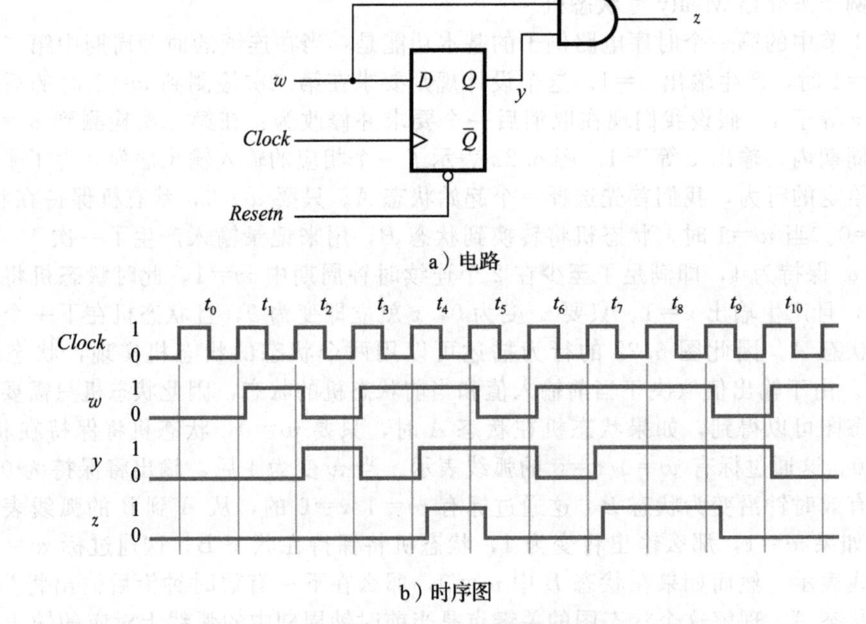

a）电路

b）时序图

图 6.26　图 6.25 状态机的实现

Mealy 型 FSM 由于更为灵活，因此常常可以得到更为简单的电路实现。假设只需要检测 2 个连续的输入 w 为 1 事件，我们通过观察同一例子在图 6.8，图 6.17 和图 6.26 的实现电路后就可以得到上述结论。但我们应该注意到，图 6.26 中电路的输出特性不同于图 6.8 和图 6.17 的结果，这种差异是图 6.26b 中输出信号移动了一个时钟周期。如果我们想采用 Mealy 状态法产生一个完全一致的输出信号，可以在图 6.26a 的电路上增加一个触发器，如图6.27所示。通过时序图可以看到，该触发器延迟输出信号Z一个时钟周期，得到相应的z信号。通过上述改变，我们可以将Mealy型电路转换成Moore型电路。注意到，图6.27的电路与图6.17的电路基本相同。

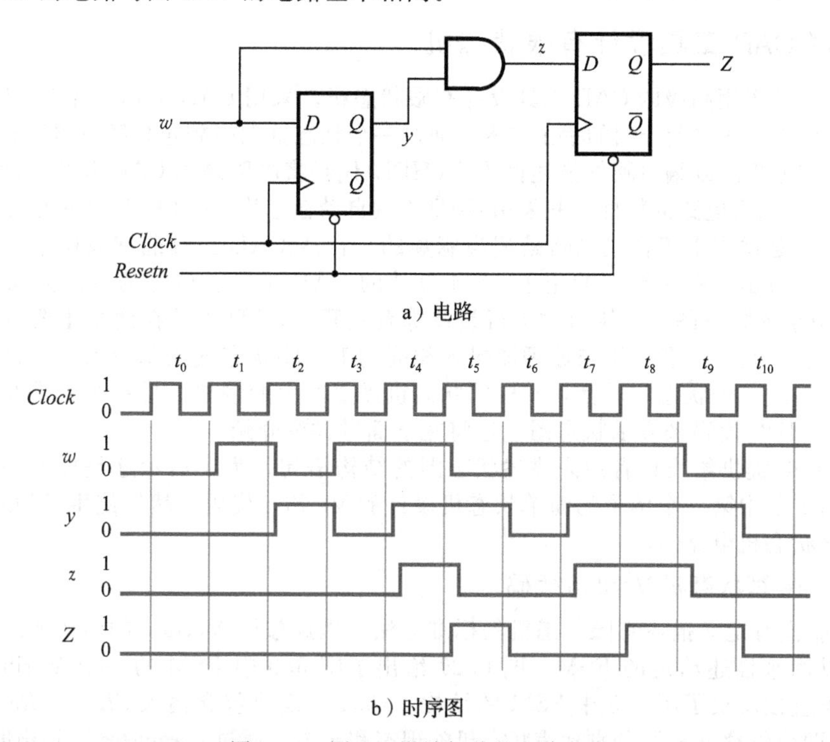

图6.27　图6.2设计规范的电路实现

例6.4　在例6.1中我们考虑了用Moore型有限状态机实现交换两个寄存器内容的控制电路。同样我们可以通过一个Mealy型的FSM来实现，如图6.28所示。状态A仍为复位状态。但是只要w从0变为1，输出控制信号$R2_{out}$和$R3_{in}$就被置位。它们将保持置位状态直到下一个时钟周期电路离开状态A进入状态B为止。在状态B中，不管$w=0$或1，输出$R1_{out}$和$R2_{in}$将被置位。最后，在状态C中通过$R3_{out}$和$R1_{in}$置位完成数据交换。

Mealy型控制电路的实现需要3个状态。由于仍然需要2个触发器来实现状态变量，因此这并不意味最终实现的电路会更简单。与Moore型实现相比，最重要的区别是输出信号的时序。图6.28中实现的FSM输出控制信号比例6.1、例6.2中的电路早一个时钟周期。

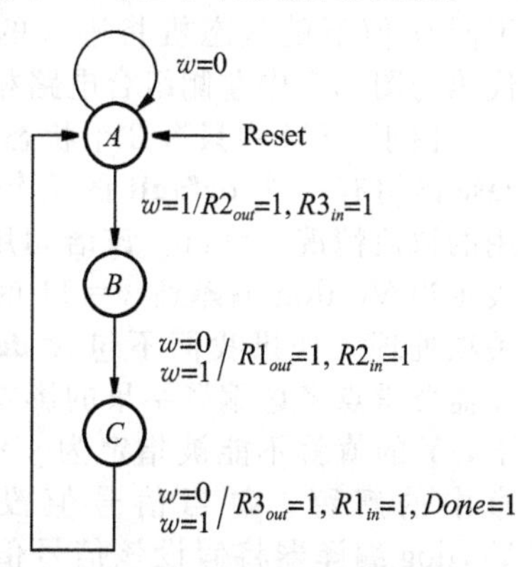

图6.28　例6.4的状态图

我们也可以注意到采用图6.28的FSM，从状态A开始到再次回到状态A，整个$R1$和$R2$数据交换过程需要3个时钟周期。采用例6.1中的Moore型FSM，在电路回到状态A之前，数据交换过程需要4个时钟周期。

假设采用独热码编码来实现这个FSM，那么我们需要3个触发器，且状态A、B、C分别取值为$y_3y_2y_1=001$，010，100。通过观察图6.28中的状态框图，我们可以得到次态表达式。FSM在状态A时$w=0$或在状态C时，触发器y_1的输入应该为1，因此可以得到$Y_1=\overline{w}y_1+y_3$。如果FSM在状态A且$w=1$，触发器y_2应被置为1，则可以得到$Y_2=wy_1$。如果当前状态是B，触发器y_3应该被置为1，则$Y_3=y_2$。输出表达式的推导也可以通过观察状态图得到，这个作为练习留给读者。◀

之前我们讨论了时序电路设计的基本原理。虽然理解这些原理是必不可少的，但当涉及大型电路设计时，这些例子中采用的手工方式将变得困难而乏味。现在我们将介绍如何利用 CAD 工具来大大简化设计任务。

6.4 采用 CAD 工具设计有限状态机

本节将介绍采用高级的 CAD 工具设计有限状态机。采用 CAD 工具设计 FSM 的简单步骤如下：设计者采用之前介绍的手工技术，通过一个状态框图得到包含触发器和逻辑门的电路；通过绘制原理图或编写硬件描述性语言(HDL)代码将电路录入 CAD 系统；然后设计者采用 CAD 系统仿真电路的特性，并采用 CAD 工具自动在芯片上(如 PLD)生成电路。

从一个状态框图手工合成电路是相当麻烦的。自从 CAD 工具能够被用来简化这类任务之后，已开发出了越来越多的用于 FSM 设计的 CAD 工具。更好的解决办法是直接在 CAD 系统中录入状态图，系统自动进行整体综合过程。CAD 工具在两个主要方面进行上述设计协助。一是设计者采用与原理图录入相同的工具将状态图绘制录入。设计者用圈代表状态，用弧线代表状态间转换，并标明状态机需要产生的输出。另一个更受欢迎的方式是通过编写 HDL 代码来表示状态图，这将在下面做详细介绍。

很多 HDL 提供给设计者用来描述状态图的结构语句。为了展示这是如何完成的，我们将提供 6.1 节中第一个例子的简单状态机设计的 Verilog 代码，然后使用 CAD 工具在芯片上综合该状态机电路。

6.4.1 Moore 型状态机 Verilog 代码

Verilog 没有定义描述有限状态机的标准方法。因此按照 Verilog 的语法要求，不止一种方式可以用来描述给定的 FSM。图 6.29 给出了图 6.3 中 FSM 的一个 Verilog 代码实例。该代码直接反映了图 6.5 中 FSM 的结构。*simple* 模块包含输入 *Clock*、*Resetn* 和 w，输出为 z。两位矢量 y 和 Y 分别代表状态机的现态和次态。通过 **parameter** 语句声明了图 6.6 中符号 A、B 和 C 的当前状态取值。

状态转换通过两个独立的 **always** 模块来指定。第一个模块描述了所需的组合电路。模块中使用 **case** 语句声明每个当前状态 y 情况下的次态 Y 取值。每个 **case** 分支语句和状态机的当前状态相对应，再结合 **if-else** 语句明确了不同 w 值下的状态机将进入的次态。这部分代码与图 6.5 中左侧组合电路相关。

由于 FSM 中只有 3 个状态，图 6.29 中的 **case** 语句有一个 **default** 的语句，包含了不使用的取值情况 $y=11$。该语句用 $Y=2$'bxx 来表示当 Verilog 编译到 $y=11$ 时，可以当作无关项处理。如果我们不包含 **default** 子句，那么需要重点考虑编译结果的影响。在这种情况下，Y 的值就不能被指定为 $y=11$。根据第 5 章中的解释，每当信号值没有被指定时，Verilog 编译器将假设该信号值保持不变，此时会综合出一个存储单元。图 6.29 的代码中如果不包括 **default** 语句，那么为 Y 综合出的组合电路中将产生一个锁存器。一般来说，使用 **case** 语句且不能涵盖所有的可能性时，总是需要包括一个 **default** 语句。

```
module simple (Clock, Resetn, w, z);
  input Clock, Resetn, w;
  output z;
  reg [2:1] y, Y;
  parameter [2:1] A = 2'b00, B = 2'b01, C = 2'b10;

  // Define the next state combinational circuit
  always @(w, y)
    case (y)
      A: if (w)   Y = B;
         else     Y = A;
      B: if (w)   Y = C;
         else     Y = A;
      C: if (w)   Y = C;
         else     Y = A;
      default:    Y = 2'bxx;
    endcase

  // Define the sequential block
  always @(negedge Resetn, posedge Clock)
    if (Resetn == 0) y <= A;
    else y <= Y;

  // Define output
  assign z = (y == C);

endmodule
```

图 6.29 图 6.3 中 FSM 的 Verilog 代码

第二个 **always** 模块是将触发器引入到电路中。其敏感列表包括复位和时钟信号。当输入 *Resetn* 变为 0 时将发生异步复位，这使得 FSM 进入状态 *A*。**else** 语言规定在每个有效时钟沿之后 *Y* 信号将取值分配给 *y*，并实现相应的状态改变。

这个 Moore 型 FSM，其输出 *z* 只在状态 *C* 中等于 1。因此输出可以简便地用一条件赋值语句：如果 $y=C$，那么 $z=1$。这实现了图 6.5 中右边的组合电路。

6.4.2 Verilog 代码综合

为了举一个综合工具生成电路的例子，我们将图 6.29 中的代码综合至 CPLD 中，综合方法在附录 B 中详细介绍。合成结果得到两个输入分别为 Y_1 和 Y_2，输出分别为 y_1 和 y_2 的触发器。通过综合工具得到的次态表达式为：

$$Y_1 = w\bar{y}_1\bar{y}_2$$
$$Y_2 = wy_1 + wy_2$$

输出表达式为：

$$z = y_2$$

当没有用到的状态 $y_2y_1=11$ 在 Y_1、Y_2 和 z 的卡诺图中被当作无关项处理时，这些得到的表达式与图 6.7 中结果相对应。

图 6.30 展示了一个在 CPLD 中实现的部分 FSM 电路。为了简化电路图，只显示了用于实现 y_1、y_2 和 z 的两个宏单元的逻辑资源。电路中部分宏单元采用浅灰色显示。

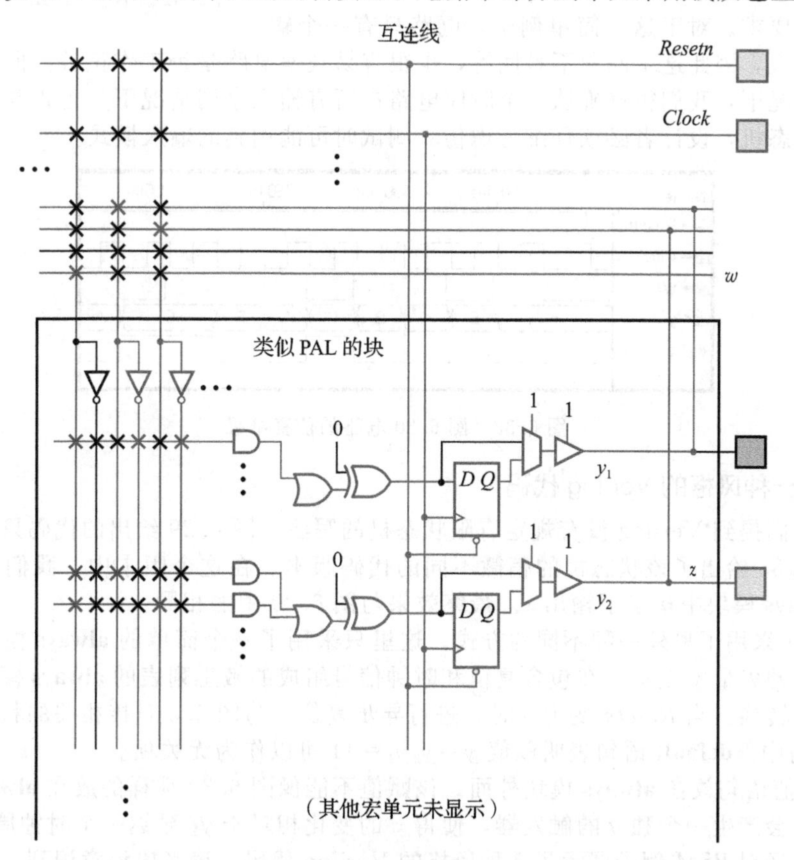

图 6.30 图 6.3 中 FSM 的 CPLD 实现

图中电路的输入 *w* 与 CPLD 中的一根互连线相连接。芯片上的产生 *w* 的源结点没有显示。这可能来自于一个输入管脚，或来自于 CPLD 包含的与 FSM 相连接的其他电路的输出。时钟信号被分配为芯片上专门用作时钟的管脚。该管脚通过全局线(global wire)将时钟信号分配给芯片里所有的触发器。全局线分配的时钟信号到达每个触发器时间不同，这种到每个触发器的时钟偏斜(clock skew)应该最小化。时钟偏斜的概念已经在第 5 章中介绍了。复位信号也使用了全局线。

图 6.31 展示了电路是如何分配到小型 CPLD 的管脚上的。该图去除了部分芯片顶层的封装，并用浅灰色示意了图 6.30 中的 2 个宏单元电路。我们的简单电路只用了器件很小一部分资源。

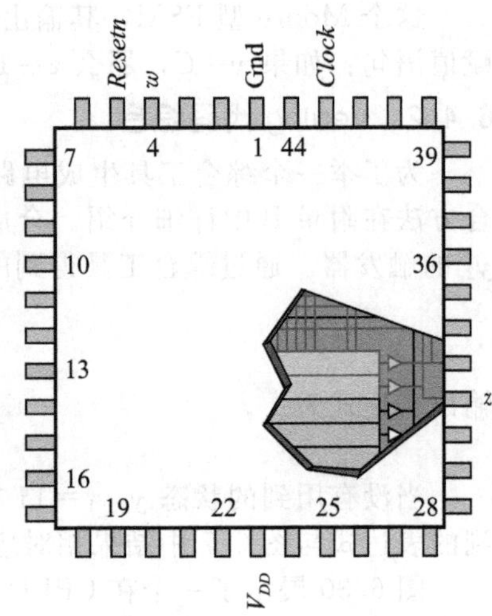

图 6.31 小型 CPLD 中图 6.30 电路

6.4.3 电路的仿真和测试

在 CPLD 上实现的电路的特性可以通过时序分析进行测试，如图 6.32 所示。假设时钟周期为 100ns，图 6.32 给出了图 6.9 中相应时序的波形图。在仿真开始时，*Resetn* 信号为 0，然后再被置为 1。当 w 在 2 个连续的时钟周期中等于 1 后，在下个时钟周期电路将产生输出 $z=1$。当 w 在 3 个时钟周期保持为 1 时，输出 z 应该有 2 个时钟周期为 1。为了增加可读性，我们用字母 *A*、*B*、*C* 表示状态的改变。

通过检查仿真输出，考虑电路的功能是否正确，且满足所有的要求。对于这个简单例子，电路只有一个输入且特性直观，因此这个问题不难回答，也很容易观察电路是否工作正常。但在有很多输入模式的情况下，我们很难确认一个时序电路在所有输入序列情况下是否正常工作。对于大型有限状态机，设计者必须仔细考虑仿真测试时可能用到的输入模式。

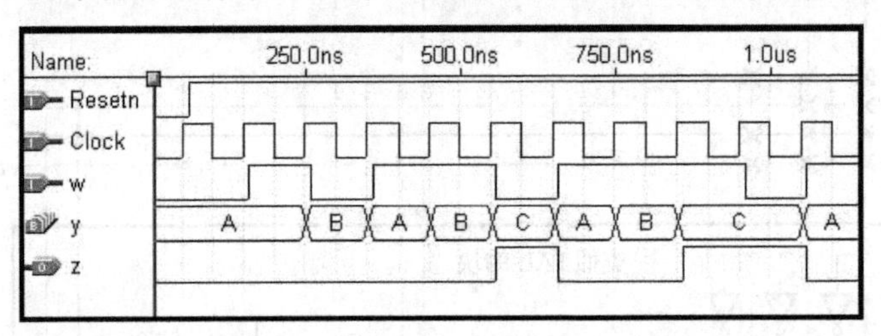

图 6.32 图 6.30 电路的仿真结果

6.4.4 另一种风格的 Verilog 代码

前面我们提到 Verilog 没有规定有限状态机的写法。图 6.29 给出的代码只是一种可能描述。图 6.33 给出了该状态机的稍微不同的代码版本。在这个版本中，我们在定义组合逻辑的 **always** 模块中指定了输出 z。最终效果与图 6.29 中的相同。

图 6.34 采用了另外一种不同的方式。这里只采用了一个简单的 **always** 模块。状态通过一个 2 位的矢量 y 表示。在包含复位和时钟信号组成的敏感列表的 **always** 模块中，描述需要的状态转换。当 *Resetn* 变为 0 时，进行异步复位。与图 6.3 直接相关的状态转换定义在 **case** 语句中。**default** 语句表明取值 $y=y_2y_1=11$ 可以作为无关项。

z 的赋值语句放在 **always** 模块外面。该赋值不能像图 6.33 那样的放在 **always** 语句中，否则输出 z 会产生一个独立的触发器，使得 z 的变化相对于 y_2 延迟一个时钟周期。

我们已经对 FSM 例子展示了 3 种风格的 Verilog 代码。读者应该意识到，给定的逻辑函数有多种实现方式，每个版本的代码通过 Verilog 编译器产生的电路略有不同。然而这 3 个版本的代码产生的电路具有相同的功能。

例 6.5 图 6.35 展示了如何采用图 6.29 介绍的 Verilog 风格实现图 6.11 中的 FSM。该 FSM 的 4 个状态使用了所有 4 种状态变量取值，因此不需要在 **case** 声明中使用 **default** 语句。◀

```
module simple (Clock, Resetn, w, z);
  input Clock, Resetn, w;
  output reg z;
  reg [2:1] y, Y;
  parameter [2:1] A = 2'b00, B = 2'b01, C = 2'b10;

  // Define the next state and output combinational circuits
  always @(w, y)
  begin
    case (y)
      A: if (w)   Y = B;
         else     Y = A;
      B: if (w)   Y = C;
         else     Y = A;
      C: if (w)   Y = C;
         else     Y = A;
      default:    Y = 2'bxx;
    endcase
    z = (y == C);   // Define output
  end

  // Define the sequential block
  always @(negedge Resetn, posedge Clock)
    if (Resetn == 0)  y <= A;
    else  y <= Y;

endmodule
```

图 6.33　图 6.3 中状态机的第 2 种代码版本

```
module simple (Clock, Resetn, w, z);
  input Clock, Resetn, w;
  output z;
  reg [2:1] y;
  parameter [2:1] A = 2'b00, B = 2'b01, C = 2'b10;

  // Define the sequential block
  always @(negedge Resetn, posedge Clock)
    if (Resetn == 0)  y <= A;
    else
      case (y)
        A:  if (w)    y <= B;
            else      y <= A;
        B:  if (w)    y <= C;
            else      y <= A;
        C:  if (w)    y <= C;
            else      y <= A;
        default:      y <= 2'bxx;
      endcase

  // Define output
  assign z = (y == C);

endmodule
```

图 6.34　图 6.3 中状态机的第 3 种代码版本

```
module control (Clock, Resetn, w, R1in, R1out, R2in, R2out, R3in, R3out, Done);
  input Clock, Resetn, w;
  output R1in, R1out, R2in, R2out, R3in, R3out, Done;
  reg [2:1] y, Y;
  parameter [2:1] A = 2'b00, B = 2'b01, C = 2'b10, D = 2'b11;

  // Define the next state combinational circuit
  always @(w, y)
    case (y)
      A: if (w)   Y = B;
         else     Y = A;
      B:          Y = C;
      C:          Y = D;
      D:          Y = A;
    endcase

  // Define the sequential block
  always @(negedge Resetn, posedge Clock)
    if (Resetn == 0)  y <= A;
    else  y <= Y;

  // Define outputs
  assign R2out = (y == B);
  assign R3in = (y == B);
  assign R1out = (y == C);
  assign R2in = (y == C);
  assign R3out = (y == D);
  assign R1in = (y == D);
  assign Done = (y == D);

endmodule
```

图 6.35　图 6.11 中的 FSM 的 Verilog 代码

6.4.5　基于 CAD 工具的设计步骤总结

在 6.1.6 节中我们总结了手工设计时序电路的设计步骤。现在我们发现 CAD 工具可以自动完成很多工作，但是不能代替所有的人工步骤。参考 6.1.6 节的设计步骤列表，前两步用于得到状态机的规则和推导状态图，仍然需要人工设计。在给定的状态图信息作为输入情况下，CAD 工具将自动完成生成带有逻辑门和触发器的电路的任务。除了 6.1.6 节中给出的设计步骤之外，我们还应该添加测试和仿真步骤。我们将在第 11 章详细讨论这个问题。

6.4.6　用 Verilog 代码指定状态分配

在 6.2 节中我们发现状态分配对设计电路的复杂性有很大的影响。状态分配的一个重要目标是最小化电路实现的成本。成本函数应该朝着减小逻辑门和触发器的数目去优化。但用不同类型的芯片实现时，还需基于一些其他的考虑。

从图 6.29 至图 6.35 中，通过一个 **parameter** 语句在 Verilog 代码进行特定的状态分配。但 Verilog 编译器通常具有搜索不同状态分配的能力，从而获得更佳结果的赋值方式。大部分编译器在遇到符合典型风格的编码规范时，如本章中例子，能够识别这种类型的状态机。当编译器检测到一个特定的 FSM 时，它们会采用一些特定的策略来进行优化，例如寻找更好的状态分配、试图采用独热编码、利用目标器件的特点等。一方面使用者可以允许编译器使用 FSM 处理的功能，另一方面也可以抑制这些功能，让编译器采用普通方式处理 Verilog 状态。

6.4.7　采用 Verilog 描述 Mealy 型有限状态机的规范

Mealy 型 FSM 的描述与 Moore 型类似。图 6.36 给出了图 6.23 中 FSM 的 Verilog 代码。状态转换和图 6.29 中第一个 Verilog 例子介绍的方式相同。变量 y 和 Y 代表现态和次态，取值可以为 A 和 B。与图 6.29 中的代码相比，主要的不同是输出部分代码的编写。图 6.36 的输出 z 在定义状态的转换 **case** 语句中赋值。当 FSM 在状态 A 时，z 为 0；当在状态 B，z 将与 w 的取值相同。由于在 **always** 模块中的敏感列表包括 w，因此如果状态机在状态 B 时，w 的变化立马会引起 z 值的变化，满足了 Mealy 型 FSM 的要求。

在 CPLD 芯片上实现图 6.36 中的 FSM，可以产生与 6.3 节中手工推导的相同表达式。图 6.37 是整体电路的仿真结果。w 的输入波形与图 6.32 中 Moore 型状态机所使用的相同。当 w 为 1 的第 2 个连续时钟周期开始之后 z 就变为 1，因此 Mealy 型状态机工作正确。

```
module mealy (Clock, Resetn, w, z);
  input Clock, Resetn, w;
  output reg z;
  reg y, Y;
  parameter A = 1'b0, B = 1'b1;

  // Define the next state and output combinational circuits
  always @(w, y)
    case (y)
      A: if (w)
           begin
             z = 0;
             Y = B;
           end
         else
           begin
             z = 0;
             Y = A;
           end
      B: if (w)
           begin
             z = 1;
             Y = B;
           end
         else
           begin
             z = 0;
             Y = A;
           end
    endcase

  // Define the sequential block
  always @(negedge Resetn, posedge Clock)
    if (Resetn == 0) y <= A;
    else y <= Y;

endmodule
```

图 6.36　图 6.23 中 Mealy 状态机的 Verilog 代码

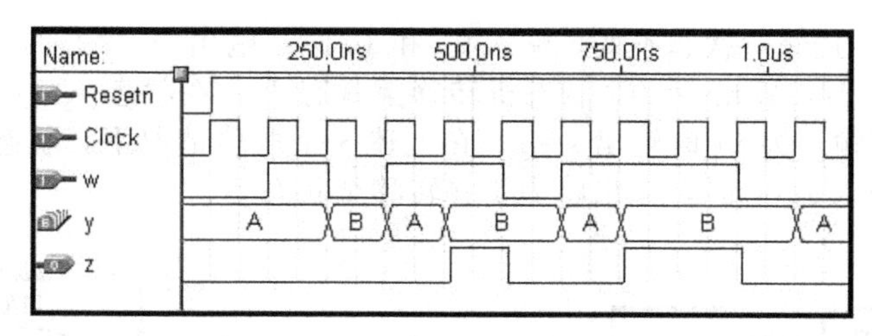

图 6.37 Mealy 状态机仿真结果

在本节给出的仿真结果中，输入 w 的所有变化都立即发生在有效时钟上升沿之后。这是基于 6.1.5 节中的假设，即实际电路中 w 应该与控制 FSM 的时钟同步。图 6.38 中我们展示了如果 w 与规则不符可能产生的问题。在这个情况下，我们假设 w 的变化发生在时钟的下降沿，而不是 FSM 改变其状态的上升沿。输入 w 的第一个脉冲持续 100ns，这不会导致输出 z 变为 1。但电路没有按照这种方式工作。在信号 w 变为 1 后，第一个时钟上升沿使得 FSM 从状态 A 变为状态 B。一旦电路达到状态 B，输入 $w=1$ 又持续了 50ns，就将导致输出 z 变 1。当 w 变回 0，z 信号发生同样变化。因此输出 z 上产生了一个错误的 50ns 脉冲。

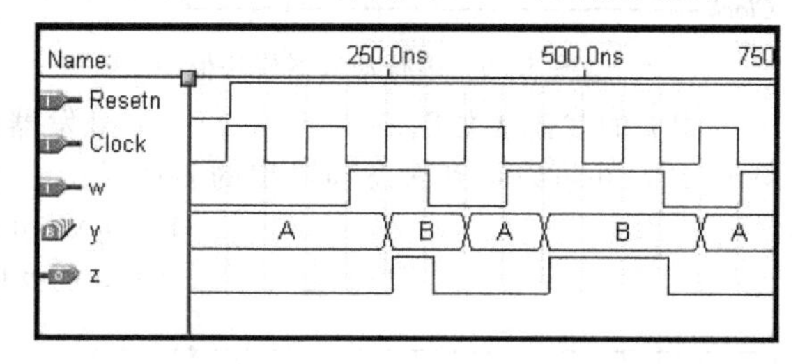

图 6.38 Mealy FSM 异步输入时的潜在问题

我们应该进一步讨论这个问题的重要性。如果 z 被用来驱动另一个由不同时钟控制的电路，那么这个额外的脉冲可能引起大问题。但是如果 z 被当作另一个由相同时钟控制的电路的输入(可能是另外的 FSM)，则在下一个时钟上升沿前 $z=0$，那么该 50ns 脉冲是可以忽略的(考虑到建立时间)。

6.5 串行加法器实例

现在我们将介绍另一个简单的例子来说明完整的设计过程。在第 3 章中我们详细讨论了二进制数据。我们从递进加法器到超前进位加法器，介绍了一些 n 位数并行相加的方案。在这些方案中，加法单元的运算速度是一个很重要的设计参数。通常快的加法器设计复杂，因此成本较高。如果速度不是非常重要，采用串行加法器(serial adder)是一个不错的低成本选择。

6.5.1 串行加法器的 Mealy 型有限状态机

设 $A=a_{n-1}a_{n-2}\cdots a_0$，$B=b_{n-1}b_{n-2}\cdots b_0$ 是两个要相加的无符号数，相加结果为 $Sum=s_{n-1}s_{n-2}\cdots s_0$。我们的任务是设计一个电路，在时钟周期内处理位相加的串行加法。加法过程一开始进行 a_0 和 b_0 位的相加。在下一个时钟周期，完成 a_1，b_1 和第 0 位进位的加法，并依次类推完成所有加法。图 6.39 介绍了一种可实行的模块框图，该方案包括 3 个移位寄存器用以保存计算过程中 A、B 和 Sum 的数据。假设输入寄存器有如图 5.18 所示的并行加载功能，要执行加法器操作首先要将 A、B 的值载入这些寄存器。在每个时钟周期中，通过加法器 FSM 控制对每位相加，在周期最后把输出的结果移入 Sum 寄存器。我们使用上升沿工作的触发器，这使得所有的数据在时钟的上升沿及各个触发器的传播延迟后发生变化。此时所有 3 个移位寄存器的内容右移，将加法结果位移至 Sum，并将下一对输入 a_i 和 b_i 加载至加法器 FSM。

现在我们开始设计所需的 FSM。由于将根据前一位的进位产生不同的动作，因此不可能只用组合电路来实现。需要两个状态：分别用 G 和 H 表示进位为 0 和 1 的状态。图 6.40 给出了一个用 Mealy 模型定义的状态图。输出 s 的值取决于当前状态和当前输入 a 和 b 的值。每个转换通过标上 ab/s 来表示一个给定取值 ab 情况下对应的 s 值。在状态 G

中输入 00 时 $s=0$，且保持状态不变。输入 01 和 10 时，输出为 $s=1$，FSM 仍然保持在状态 G。但输入为 11 时，输出 $s=0$，状态机转移至状态 H。在状态 H 中，输入为 01 和 10 时，输出 $s=0$，而输入为 11 时输出 $s=1$。在上述 3 个取值情况下，状态机都保持在状态 H 中。但是，当输入是 00 时，输出将为 1 并转移至状态 G。

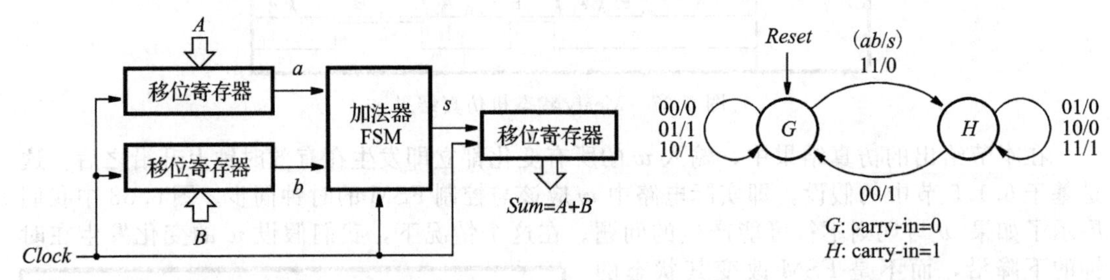

图 6.39 串行加法器模块框图

图 6.40 串行加法器状态图

相关的状态表如图 6.41 所示。一个触发器用来表示这两个状态。状态分配可以参考图 6.42，并可以得到次态和输出的表达式：

$$Y = ab + ay + by$$

$$s = a \oplus b \oplus y$$

现态	次态				输出 s			
	ab=00	01	10	11	00	01	10	11
G	G	G	G	H	0	1	1	0
H	G	H	H	H	1	0	0	1

图 6.41 串行加法器 FSM 的状态表

现态	次态				输出			
	ab=00	01	10	11	00	01	10	11
y	Y				s			
0	0	0	0	1	0	1	1	0
1	0	1	1	1	1	0	0	1

图 6.42 图 6.41 中的状态分派表

与 3.2 节中的全加器表达式相比较，很明显 y 是进位输入，Y 是进位输出，而 s 是全加器的和。因此图 6.39 中 FSM 模块框图可用图 6.43 中的电路表示。在加法操作开始时，可以通过 *Reset* 信号将触发器清零。

串行加法器是一个可以用于任何长度数据相加的简单电路。图 6.39 中的结构只受限于移位寄存器的大小。

6.5.2 串行加法器的 Moore 型 FSM

在之前的例子中我们看到 Mealy 型 FSM 很好地满足了串行加法器的要求。现在我们尝试用 Moore 型 FSM 实现相同的设计目标。我们从图 6.40 中的状态图开始设计。在 Moore 型 FSM 中，输出只与状态机的状态有关，由于在两个状态 G 和 H 中，可以根据输入 a 和 b 的值产生两个不同的输出，因此 Moore 型 FSM 还需要增加两个状态。我们可以通过将状态 G 和 H 分别拆分成两个状态来得到合适的状态图。使用 G_0 和 G_1 替代 G 来分别表示进位为 0、和(sum)为 0 或 1 的两种情况。类似地，我们使用 H_0 和 H_1 替代 H。因此通过这样一个直接的方式，将图 6.40 的信息映射到图 6.44 中的 Moore 型状态图中。

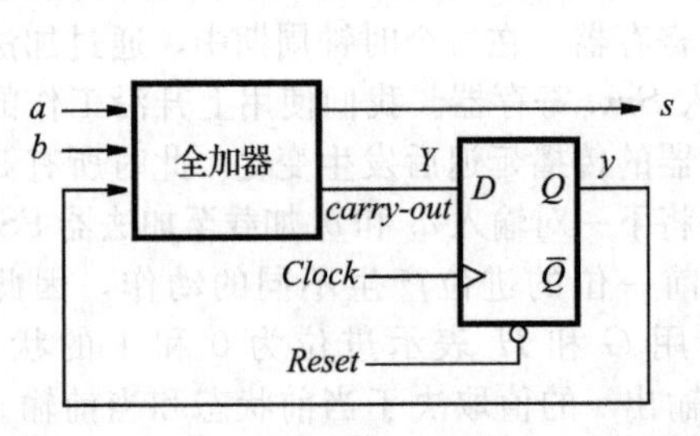

图 6.43 图 6.39 中的加法器的 FSM 的电路

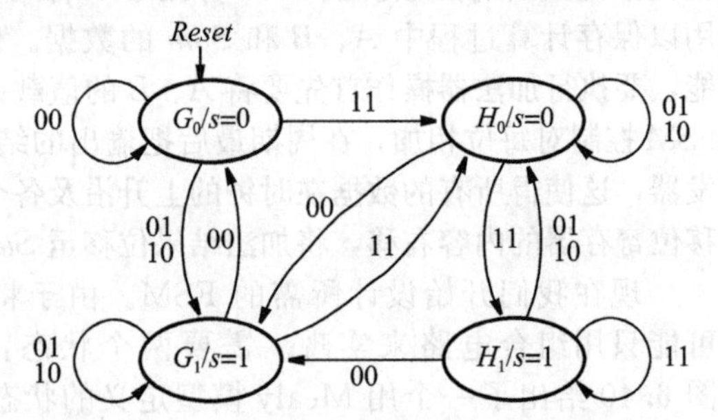

图 6.44 Moore 型串行加法器 FSM 的状态图

图 6.45 和图 6.46 分别给出了相应的状态表和状态分配表。次态和输出的表达式可以表示为：

$$Y_1 = a \oplus b \oplus y_2$$
$$Y_2 = ab + ay_2 + by_2$$
$$s = y_1$$

现态	次态				输出
	ab=00	01	10	11	s
G_0	G_0	G_1	G_1	H_0	0
G_1	G_0	G_1	G_1	H_0	1
H_0	G_1	H_0	H_0	H_1	0
H_1	G_1	H_0	H_0	H_1	1

图 6.45　Moore 型串行加法器 FSM 的状态表

现态	次态				输出
	ab=00	01	10	11	
y_2y_1	Y_2Y_1				s
00	00	01	01	10	0
01	00	01	01	10	1
10	01	10	10	11	0
11	01	10	10	11	1

图 6.46　图 6.45 的状态分配表

Y_1 和 Y_2 的表达式与全加器电路中的和与进位输出表达式相对应。FSM 按图 6.47 所示的方法实现。有趣的是，该电路与图 6.43 中的电路相似。唯一的区别是在 Moore 型电路中，输出信号 s 通过一个额外的触发器，因此比 Mealy 型时序电路多一个时钟周期的延迟。回顾一下，我们在之前图 6.26 和图 6.27 中描述的例子中曾观察到相同的区别。

Mealy 型和 Moore 型 FSM 的主要的不同是，前者输入的变化会立即反映到输出，而后者则在输入改变后的下一个时钟周期，即状态机状态改变后输出才会变化。读者最好自己画出图 6.43 和图 6.47 中电路的时序图，可以进一步验证这两类 FSM 的关键区别。

6.5.3　串行加法器的 Verilog 代码

串行加法器可以通过用 Verilog 代码描述移位寄存器和加法器的 FSM 来实现。首先设计一个移位寄存器，并将它用作串行加法器的子电路。

移位寄存器子电路

在一个串行加法器中，要防止移位寄存器的内容在有效时钟动作之后发生改变。图 6.48 给出了一个名为 *shiftrne* 的，采用使能输入 E 的移位寄存器的代码。当 $E=1$ 时，寄存器的内容将在时钟的上升沿后开始从左移到右。设置 $E=0$ 可以阻止移位寄存器的内容发生改变。

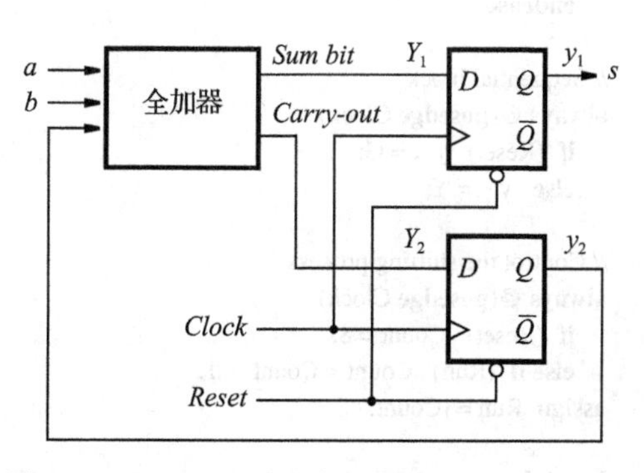

图 6.47　Moore 型串行加法器 FSM 的实现电路

```
module shiftrne (R, L, E, w, Clock, Q);
    parameter n = 8;
    input [n-1:0] R;
    input L, E, w, Clock;
    output reg [n-1:0] Q;
    integer k;

    always @(posedge Clock)
        if (L)
            Q <= R;
        else if (E)
        begin
            for (k = n-1; k > 0; k = k-1)
                Q[k-1] <= Q[k];
            Q[n-1] <= w;
        end

endmodule
```

图 6.48　带使能输入的右移移位寄存器代码

完整代码

图 6.49 给出了串行加法器的代码。它实例化了 3 个移位寄存器输入 A、B 和输出 Sum。电路复位后，并行数据加载至移位寄存器。加法器 FSM 的状态图通过两个 **always** 模块描述，代码风格参考图 6.36 中所示。除了图 6.39 中显示的串行加法器部分之外，Verilog 代码还包含一个递减计数器，用来在 n 位加法完成并输出至输出移位寄存器之后停止加法器。当电路复位时，计数器载入串行加法器中加法数据的位数 n。计数器递减计数到 0 时，停止并禁止输出移位寄存器的输出发生变化。

图 6.49 中的代码实现了一个 8 位的串行加法器。线 QA 和 QB 与图 6.39 中输入为 A 和 B 的并行移位寄存器的输出相对应。变量 s 表示加法器 FSM 的输出。

在图 6.39 中输入 A 和 B 的移位寄存器没有采用串行输入或使能输入。然而用到 *shiftrne* 模块的所有 3 个寄存器却使用了上述输入信号，因此必须用信号与它们的端口相连接。2 个寄存器的使能输入可以与逻辑 1 相连接。串行输入中输入值不会对模块产生影响，因此它们可以连接到 1 或 0，我们将其连接至 0。寄存器通过 *Reset* 信号将数据并行载入。我们选择一个高有效的复位信号。输出的移位寄存器不需要并行数据输入，所以输入都连接到 0。

在图 6.49 中，第一个 **always** 模块描述了状态转换和加法器 FSM 的输出。观察图 6.40得到当 FSM 在状态 G 时，加法和 $s=a \oplus b$；当在状态 H 时，加法和 $s=\overline{a \oplus b}$。第二个 **always** 模块实现了触发器 y，并提供了 $Reset=1$ 时的同步复位。

输出移位寄存器的使能端称为 *Run*，它由第 3 个 **always** 模块的递减计数器的输出提供。当 $Reset=1$，*Count* 初始化为 8。只要 $Run=1$，在每个时钟周期中 *Count* 进行递减。通过或运算符来检测 *Count* 是否等于 0，然后设置 *Run* 为 0。

Verilog 代码的综合和仿真

图 6.49 中代码对应的同步电路的综合结果如图 6.50a 所示。计数器的输出通过或运算提供 *Run* 信号，该信号使能输出移位寄存器和计数器的时钟。图 6.50b 是该电路的部分时序仿真结果。首先对电路复位，使得 A、B 值载入到输入移位寄存器中，值 8 载入递减计数器中。在每个时钟周期中输入数据通过加法器 FSM 按位相加，和位移入到输出移位寄存器中。8 个时钟周期之后，输出移位寄存器包含了正确的和结果，并通过置 *Run* 信号为 0 以停止移位。

```
module serial_adder(A, B, Reset, Clock, Sum);
  input [7:0] A, B;
  input Reset, Clock;
  output wire [7:0] Sum;
  reg [3:0] Count;
  reg s, y, Y;
  wire [7:0] QA, QB;
  wire Run;
  parameter G = 1'b0, H = 1'b1;

  shiftrne shift_A (A, Reset, 1'b1, 1'b0, Clock, QA);
  shiftrne shift_B (B, Reset, 1'b1, 1'b0, Clock, QB);
  shiftrne shift_Sum (8'b0, Reset, Run, s, Clock, Sum);

  // Adder FSM
  // Output and next state combinational circuit
  always @(QA, QB, y)
    case (y)
      G: begin
           s = QA[0] ^ QB[0];
           if (QA[0] & QB[0]) Y = H;
           else Y = G;
         end
      H: begin
           s = QA[0] ~^ QB[0];
           if (~QA[0] & ~QB[0]) Y = G;
           else Y = H;
         end
      default: Y = G;
    endcase

  // Sequential block
  always @(posedge Clock)
    if (Reset) y <= G;
    else y <= Y;

  // Control the shifting process
  always @(posedge Clock)
    if (Reset) Count = 8;
    else if (Run) Count = Count - 1;
  assign Run = |Count;

endmodule
```

图 6.49　串行加法器 Verilog 代码

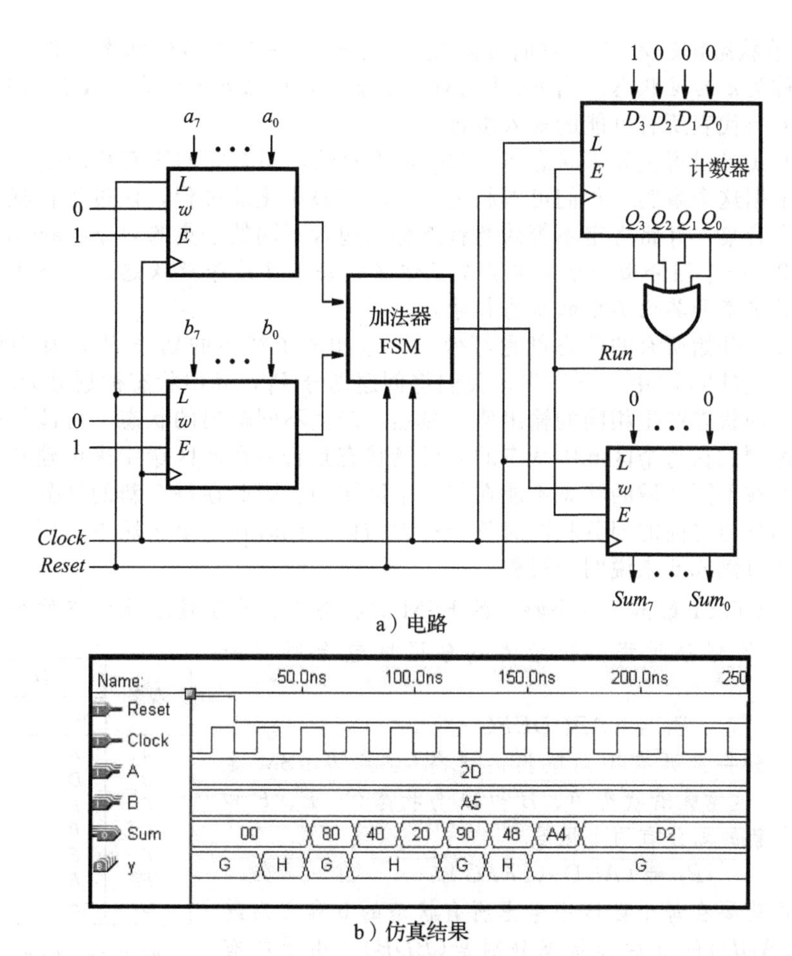

a）电路

b）仿真结果

图 6.50　串行加法器综合

6.6　状态最小化

我们介绍的有限状态机的例子非常简单，因而很容易判断实现所需功能的状态数目是否最少。但当设计者需要设计一个复杂的 FSM 时，最初的尝试可能会使用较多的状态机状态。减少状态的数目非常重要，这是因为减少状态意味着减少表示状态的触发器数目从而降低 FSM 中组合电路的复杂性。

如果 FSM 中状态的数目减少了，原始设计中的一些状态必须等效为其他状态，并为 FSM 的整体特性作出贡献。我们将在下面的定义中更正式地进行介绍。

定义 6.1　*当且仅当任意可能的输入序列，无论哪个状态作为起始状态，只要两个状态 S_i 和 S_j 产生的输出序列相同，则认为两个状态 S_i 和 S_j 是等效的。*

定义一个最小化的程序来搜索任何等效的状态是可行的。手动搜索这样的过程非常枯燥，可以利用 CAD 工具自动完成。由于过程非常乏味，就不在这里推导了。但为了展示状态最小化的影响，我们将介绍一种高效的方法。

显示一个给定的 FSM 中存在的一些等效状态，远不如显示肯定不等效的状态容易。我们用这个想法来定义一个简单的最小化过程。

6.6.1　划分最小化过程

假设一个状态机有一个单端输入 w。如果该状态机在状态 S_i 中输入信号 $w=0$，使得状态机进入状态 S_u，我们可以说 S_u 是 S_i 的一个 0 后继状态。类似的，如果在状态 S_i 中

$w=1$，并导致状态机进入 S_v，我们可以说 S_v 是 S_i 的一个 1 后继状态。总之，我们将 S_i 的后继状态称为 *k* 后继状态。当 FSM 只有一个输入，那么 *k* 可以为 0 或 1。但如果有多个输入，那么 *k* 将代表所有可能的输入组合。

从定义 6.1 可以得到如果状态 S_i 和 S_j 是等效的，那么它们所有相应的 *k* 后继状态也是等效的。根据这个事实，我们可以制定一个状态最小化的过程，该过程将状态机的所有状态当作一个合集，并将肯定不等效的状态分为包含不同的子集的划分(partition)。

定义 6.2　一个划分由一个或者多个类组成，每个类是等效状态的一个子集，但每个类中的状态肯定不和其他类中的状态相等效。

我们假设一开始所有的状态都是等效的，这构成了初始的划分 P_1，其中所有的状态都在同一个区域(block)中。下一步，我们将创建划分 P_2，其中状态被划分为不同的区域，而每个区域中的状态产生相同的输出值。显然，产生不同输出的状态不可能等效。然后我们将继续通过测试在每个区域中状态的 *k* 后继状态是否还在此区域中来创建新的划分。那些 *k* 后继状态在不同区域的状态不能在同一个区域中。因此在每个新的划分中形成新的区域。当新的划分与之前的划分相同时整个过程结束。此时在一个区域中的所有状态都是等效的。我们通过例 6.6 来说明该过程。

例 6.6　图 6.51 给出了一个特定的 FSM 的状态表。为了最小化状态的数目，让我们应用刚刚介绍的划分过程。初始的划分区域包含所有的状态：

$$P_1 = (ABCDEFG)$$

下一步划分将分开有不同输出的状态(注意该 FSM 是 Moore 型的)，这意味着状态 *A*、*B* 和 *D* 与状态 *C*、*E*、*F* 和 *G* 将被分开。新的划分有两个区域

$$P_2 = (ABD)(CEFG)$$

现态	次态		输出
	$w=0$	$w=1$	z
A	*B*	*C*	1
B	*D*	*F*	1
C	*F*	*E*	0
D	*B*	*G*	1
E	*F*	*C*	0
F	*E*	*D*	0
G	*F*	*G*	0

图 6.51　例 6.6 的状态表

现在我们需要在每个区域中考虑所有状态的 0 和 1 后继状态。区域(*ABD*)的 0 后继状态分别是(*BDB*)。由于所有的后继状态仍然在 P_2 的一个区域中，我们仍可以假设状态 *A*、*B* 和 *D* 是等效的。上述状态的 1 后继状态是(*CFG*)。由于这些后继状态还都在 P_2 的同一个划分中，我们得到结论：(*ABD*)应该保留在 P_3 中。接下来我们考虑区域(*CEFG*)。他们的 0 后继状态分别是(*FFFF*)，且他们都在 P_2 的同一个区域中。而 1 后继状态是(*ECDG*)，由于这些状态不在 P_2 的同一个区域中，这意味着在区域(*CEFG*)中至少有一个状态与其他的不等效。特别的，状态 *F* 肯定与状态 *C*、*E* 和 *G* 不同，因为它的 1 后继状态是 *D*，这与 *C*、*E* 和 *G* 的在不同的区域中。因此我们创建新的划分：

$$P_3 = (ABD)(CEG)(F)$$

重复上述过程产生如下结果：(*ABD*)的 0 后继状态在 P_3 的同一个区域(*BDB*)中；1 后继状态是(*CFG*)，不在同一个区域中。由于 *F* 已经不和 *C*、*D* 在同一个的区域中，这表明状态 *B* 与状态 *A*、*D* 不等效。(*CEG*)的 0 后续状态和 1 后继状态分别是(*FFF*)和(*ECG*)。它们都是 P_3 的一个子区域，因此可以得到：

$$P_4 = (AD)(B)(CEG)(F)$$

如果我们采用相同的方式来检查区域(*AD*)和(*CEG*)的 0 和 1 后继状态，我们可以得到

$$P_5 = (AD)(B)(CEG)(F)$$

由于 $P_5=P_4$，即没有产生新的区域，这表明在每个区域中的状态都是等效的。如果在一个区域中的状态不等效，那么它们的 *k* 后继状态肯定在不同的区域中。因此状态 *A* 和 *D* 是等效的，*C*、*E* 和 *G* 是等效的。由于每个区域可以用单个状态表示，图 6.51 中状态表定义的 FSM 只需要四个状态就可以实现了。如果我们让符号 *A* 代表状态 *A* 和 *D*，符号 *C* 代表状态

C、E 和 G，状态表将简化为图 6.52 所示的状态表。

最小化的效果使我们发现只需要 2 个触发器实现 4 个状态的最小化状态表，而不是初始设计时的 3 个触发器。我们期望具有更少状态的 FSM 更容易实现，但情况并不总是如此。

现态	次态		输出
	w=0	w=1	z
A	B	C	1
B	A	F	1
C	F	C	0
F	C	A	0

图 6.52 例 6.6 的最小化状态表

状态最小化的概念是基于两个不同的 FSM 在所有可能输入情况下对应的输出特性可能相同。尽管这些状态机实现的电路千差万别，但是在功能上是等效的。总之，我们不容易确定两个任意的 FSM 是否等效，但我们的最小化过程确保了一个简化的 FSM 在功能上与化简之前的等效。我们鼓励读者通过实现图 6.51 和图 6.52 的两个 FSM 并通过 CAD 工具仿真它们的特性，以确信它们在功能上确实是等效的。◀

例 6.7 作为最小化的另一个例子，我们将考虑自动贩货机控制的时序电路设计。假设一个投币自动贩货机在下列情况下分发糖果：

- 贩货机接收 5 分和 10 分硬币
- 贩货机的一个糖果需要 15 分
- 如果得到了 20 分，贩货机不会找零，它将为购买者存入 5 分等待第二次购买。

自动贩货机所有的信号是通过 *Clock* 时钟信号的上升沿同步的。在该例中，不需要确切的频率，因此我们假设时钟周期为 100ns。当检测到一个 5 分或 10 分硬币时，自动贩货机的硬币接收器状态机将产生两个信号，$sense_D$ 和 $sense_N$。由于硬币接收器是一个机械器件，与电学电路相比工作速度非常慢，因此投入一个硬币需要在许多时钟周期后，$sense_D$ 或 $sense_N$ 才会被置为 1。假设硬币接收器还会产生 2 个信号：D 和 N。当 $sense_D$ 变为 1 的一个时钟周期之后，D 信号被置为 1，当 $sense_N$ 变为 1 的一个时钟周期之后，N 信号被置为 1。图 6.53a 显示了 *Clock*、$sense_D$、$sense_N$、D 和 N 的时序关系。波形图中分段标记表示 $sense_D$ 或 $sense_N$ 可能在很多个时钟周期中都为 1。还有，两个连续投币之间可能存在一个任意长的时间间隔。注意到由于硬币接收器一次只能接收一个硬币，因此 D 和 N 不可能同时都被置为 1。图 6.53b 介绍了如何利用 $sense_N$ 信号产生 N 信号。

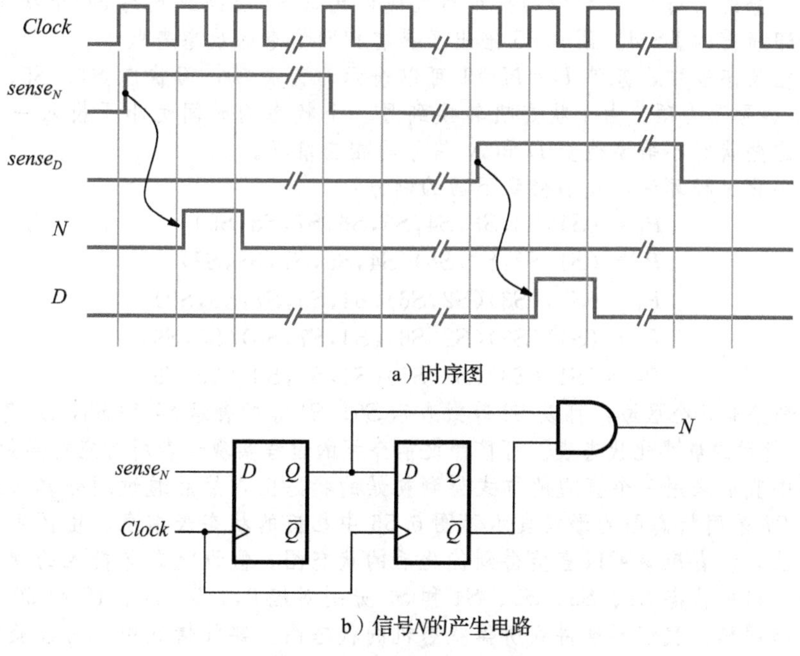

图 6.53 贩货机工作信号

基于上述假设，我们可以通过一个相当直观的方式得到初始的状态图，如图 6.54 所示。FSM 的输入是 D 和 N，开始状态是 $S1$。只要 $D=N=0$，状态机保持在状态 $S1$，在状态机上通过弧线标记 $\overline{D}\cdot\overline{N}=1$ 表示。投入一个 10 分硬币将进入状态 $S2$，而投入一个 5 分硬币将进入状态 $S3$。上述两种情况下得到硬币都少于 15 分，贩货机不释放糖果，用输出 z 等于 0 表示的状态，且分别表示为 $S2/0$ 和 $S3/0$。由于 $D=N=0$，状态机将保持在 $S2$ 或 $S3$ 状态，直到得到另一个硬币。在状态 $S2$ 中，一个 5 分硬币就可以转换到 $S4$，一个 10 分硬币转换为 $S5$。在上述两种状态中，都表示已经得到了足够的钱来使能输出部分发出糖果；因此状态结点的标记为 $S4/1$ 和 $S5/1$。在状态 $S4$ 得到的数量是 15 分，这意味着在下一个有效时钟沿，状态机将回到复位状态 $S1$。由于状态机在 $S4$ 状态将持续 100ns，这远小于投入一个新硬币的时间，保证了离开 $S4$ 的弧线上的条件 $\overline{D}\cdot\overline{N}=1$ 为真。

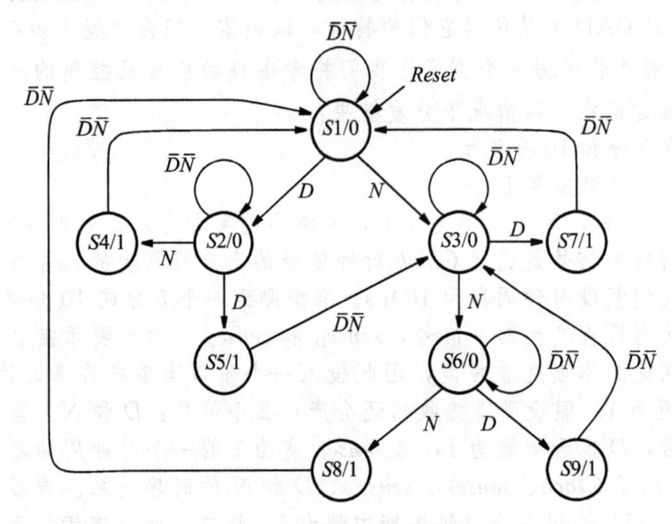

图 6.54　例 6.7 的状态图

状态 $S5$ 表示投入的金额为 20 分，这将发放糖果，并在下一个有效时钟沿后 FSM 转换至还存有 5 分的状态 $S3$。相似的投币过程使得状态 $S3$ 转换到状态 $S6$ 至状态 $S9$。完成后的状态图即所需的 FSM。图 6.55 给出了具有相同信息的状态表版本。

注意到在状态表中，条件 $D=N=1$ 可以表示为无关项，而状态 $S4$、$S5$、$S7$、$S8$ 和 $S9$ 也可以表示为无关项。由于状态机转换到另一个状态的时间远小于投入一个新硬币的时间，因此这些状态不需要检查 D 和 N 信号的相应情况。

采用最小化过程算法，我们得到下面的划分：

$$P_1=(S1,S2,S3,S4,S5,S6,S7,S8,S9)$$
$$P_2=(S1,S2,S3,S6)(S4,S5,S7,S8,S9)$$
$$P_3=(S1)(S3)(S2,S6)(S4,S5,S7,S8,S9)$$
$$P_4=(S1)(S3)(S2,S6)(S4,S7,S8)(S5,S9)$$
$$P_5=(S1)(S3)(S2,S6)(S4,S7,S8)(S5,S9)$$

最后的划分有 5 个区域，可以 $S2$ 等效表示 $S6$，$S4$ 等效表示 $S7$ 和 $S8$，$S5$ 等效表示 $S9$，得到图 6.56 所示的最小化状态表。可按照之前介绍的过程实现该表所对应的实际电路。

在本例中我们采用一个直观的方式得到初始的状态图，然后通过划分算法进行状态最小化。图 6.57 采用状态图的形式表示了图 6.56 中相应的状态表信息。由图可知，如果采用如下的方法，读者应该可以直接得到优化后的状态图。假设状态与投入的硬币的数目相对应，特别可以用状态 $S1$、$S3$、$S2$、$S4$ 和 $S5$ 分别对应 0、、5、10、15 和 20 分。按照这种对应的状态解释，我们不难得到所需状态机的状态图。实际情况中，有经验的设计者在初始设计中往往不会包含大量多余状态。

现态	次态				输出
	DN=00	01	10	11	*z*
*S*1	*S*1	*S*3	*S*2	–	0
*S*2	*S*2	*S*4	*S*5	–	0
*S*3	*S*3	*S*6	*S*7	–	0
*S*4	*S*1	–	–	–	1
*S*5	*S*3	–	–	–	1
*S*6	*S*6	*S*8	*S*9	–	0
*S*7	*S*1	–	–	–	1
*S*8	*S*1	–	–	–	1
*S*9	*S*3	–	–	–	1

图 6.55　例 6.7 的状态表

现态	次态				输出
	DN=00	01	10	11	*z*
*S*1	*S*1	*S*3	*S*2	–	0
*S*2	*S*2	*S*4	*S*5	–	0
*S*3	*S*3	*S*2	*S*4	–	0
*S*4	*S*1	–	–	–	1
*S*5	*S*3	–	–	–	1

图 6.56　例 6.7 中最小化后的状态表

采用 Moore 型 FSM 实现所需的售货控制任务时，我们确认最少需要 5 个状态。从 6.3 节我们知道尽管 Mealy 型 FSM 电路整体实现不简单，但却比 Moore 型状态机需要的状态少。如果我们采用 Mealy 模型，可以消除图 6.57 中的 *S*4 和 *S*5，结果如图 6.58 所示。这个设计版本只要 3 个状态，但是输出函数更为复杂。我们鼓励读者通过完成图 6.57 和 6.58 中的 FSM 的设计步骤，来比较电路实现的复杂性。

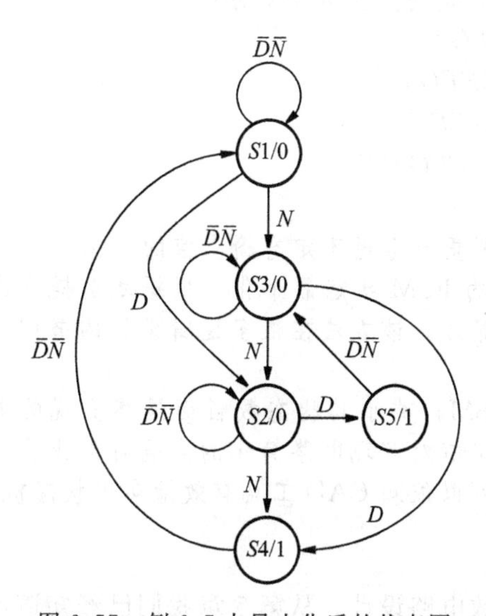

图 6.57　例 6.7 中最小化后的状态图

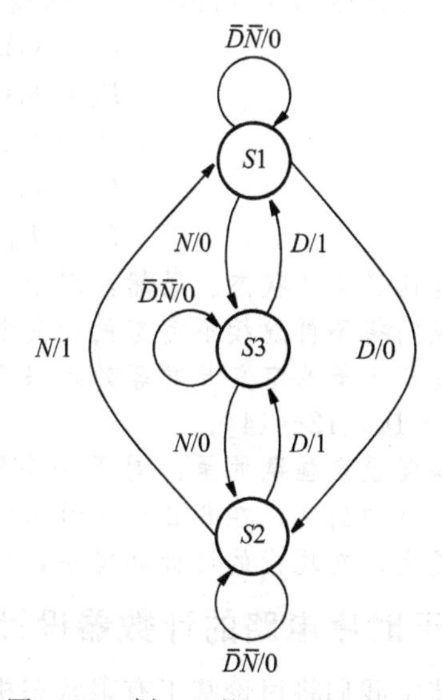

图 6.58　例 6.7 的 Measly 型 FSM

6.6.2　不完全确定 FSM

在状态表中所有状态的输入都指定的情况下，状态的最小化划分算法才能实施，如图 6.51 中 FSM 的例子所示，这称为*完全确定*(completey specified)的 FSM。如果状态表中的一个或多个输入没有指定，则称为*不完全确定*(incompletety specified)的 FSM。图 6.55 中给出了一个相关的例子。然而从例 6.7 中我们看到，划分算法对这类 FSM 分区方案也能工作。但通过例 6.8 可以发现，对于不完全规定的 FSM，划分算法可能没有那么实用。

例 6.8　因为我们假设当状态机在状态 *B* 或 *G* 时输入 *w* 等于 1 不会发生，因此图 6.59 中的 FSM 存在 4 个不定的输入。相应的，这两个状态下都没有指定状态转换或输出。该 FSM 与图 6.55 中的重要的不同在于该 FSM 中的一些输出不确定，而图 6.55 中 FSM 中所有的

现态	次态		输出*z*	
	w=0	*w*=1	*w*=0	*w*=1
A	*B*	*C*	0	0
B	*D*	–	0	–
C	*F*	*E*	0	1
D	*B*	*G*	0	0
E	*F*	*C*	0	1
F	*E*	*D*	0	1
G	*F*	–	0	–

图 6.59　例 6.8 非完全定义状态表

输出都是指定的。

参考例子 6.6 和 6.7，最小化划分过程可以采用和 Moore 型 FSM 一样的方式应用于 Mealy 型 FSM。如果对应所有的输入值，输出是相等的，那么这两个状态可以认为是等效的，因此这两个状态在划分的同一个区域中。为了实现划分算法，我们假设给输出不确定的赋一个特定值。如果不知道赋 0 还是 1，那我们首先假设两个不定的输出值都为 0。那么首先的两个划分是：

$$P_1=(ABCDEFG)$$
$$P_2=(ABDG)(CEF)$$

注意到当 $w=0$ 和 $w=1$ 时输出都等于 0，所以状态 A、B、D 和 G 在同一个区域中。同样，如果 $w=0$，z 都为 0；$w=1$，z 都为 1，那么状态 C、E 和 F 由于有相同的输出特性而划分在一个区域中。继续划分算法，我们可以得到剩下的划分：

$$P_3=(AB)(D)(G)(CE)(F)$$
$$P_4=(A)(B)(D)(G)(CE)(F)$$
$$P_5=P_4$$

因此，该 FSM 可以通过 6 个状态表示。

接下来假设图 6.59 的两个不定的输出为 1，这将产生如下划分：

$$P_1=(ABCDEFG)$$
$$P_2=(AD)(BCEFG)$$
$$P_3=(AD)(B)(CEFG)$$
$$P_4=(AD)(B)(CEG)(F)$$
$$P_5=P_4$$

结果最终包括了 4 个状态。显然，划分算法需要重点考虑不定态输出值的选择。

后面我们将不再继续不定态的指定情况下的 FSM 状态最小化。根据之前提到的，可以直接根据 6.1 节的定义开发等效状态搜索的算法。该方法在很多逻辑设计的书中有详细描述[2，8—10，12—14]。

最后需要重点强调的是：对于一个给定 FSM，减小其状态数目而最终实现的电路不一定简单。有趣的是，在 6.2 节中讨论的状态赋值对实现电路简化的影响可能比状态最小化的影响更大。在现代的设计环境中，设计者可以依赖 CAD 工具有效地实现状态机。◀

6.7　基于时序电路的计数器设计

在本节中我们将讨论基于有限状态机的计数电路设计。从第 5 章我们已经知道计数器可以采用触发器的级联和一些逻辑门来实现，其中每级将输入信号除 2。为了简化例子，我们选一个小型计数器，后面会介绍如何扩展成大型计数器。计数器具体设计规则是：

- 计数序列是 0，1，2，…，6，7，0，1，…
- 存在一个输入信号 w，该信号在每个时钟周期都需要处理。如果 $w=0$，当前计数保持不变；如果 $w=1$，当前计数加 1。

我们可以采用前面介绍的技术将计数器设计为同步时序电路。

6.7.1　模 8 计数器的状态图和状态表

图 6.60 给出了一个所需计数器的状态图，每个计数对应一个状态。在图中状态 A 对应计数 0，状态 B 对应计数 1，以此类推。我们显示了执行计数序列所需的状态

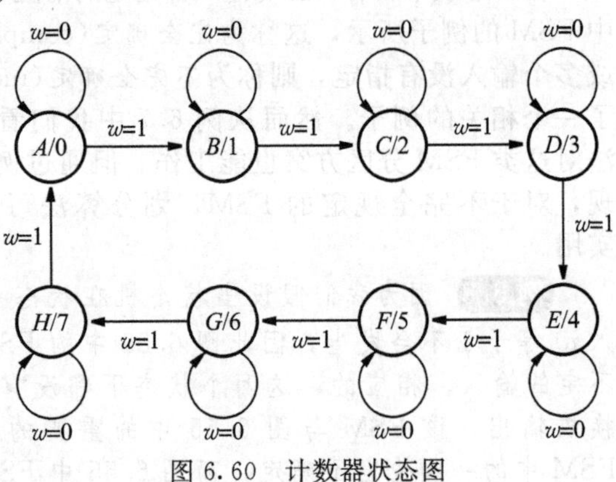

图 6.60　计数器状态图

转换。注意由于是 Moore 型时序电路，输出信号只取决于给定时间的计数器的状态。

状态图可以按图 6.61 所示的状态表形式表示。

6.7.2 状态分配

由于需要 3 个状态变量来表示 8 个状态，我们用 y_2、y_1 和 y_0 表示当前状态变量，用 Y_2、Y_1 和 Y_0 表示相应的次态变量。最方便(简单)的状态分配是采用计数器在该状态中输出对应的二进制数进行状态编码，则所需的输出信号将与状态变量的值相同，这将得到图 6.62的状态分配表。

现态	次态		输出
	$w=0$	$w=1$	
A	A	B	0
B	B	C	1
C	C	D	2
D	D	E	3
E	E	F	4
F	F	G	5
G	G	H	6
H	H	A	7

图 6.61　计数器状态表

	现态	次态		计算输出
		$w=0$	$w=1$	
	$y_2y_1y_0$	$Y_2Y_1Y_0$	$Y_2Y_1Y_0$	$z_2z_1z_0$
A	000	000	001	000
B	001	001	010	001
C	010	010	011	010
D	011	011	100	011
E	100	100	101	100
F	101	101	110	101
G	110	110	111	110
H	111	111	000	111

图 6.62　计数器的状态分配表

设计的最后一步是选择触发器的类型和推导控制触发器输入的表达式。我们首先采用最直观的 D 触发器进行设计，然后介绍基于 J-K 触发器的设计。

6.7.3 采用 D 触发器实现

当使用 D 触发器实现有限状态机时，每个次态函数 Y_i 通过 D 触发器的输入端与状态变量 y_i 相连。根据图 6.62 的信息可以推导得到次态函数。采用图 6.63 中的卡诺图，我们得到下面的公式：

$$D_0 = Y_0 = \overline{w}y_0 + w\overline{y}_0$$
$$D_1 = Y_1 = \overline{w}y_1 + y_1\overline{y}_0 + wy_0\overline{y}_1$$
$$D_2 = Y_2 = \overline{w}y_2 + \overline{y}_0y_2 + \overline{y}_1y_2 + wy_0y_1\overline{y}_2$$

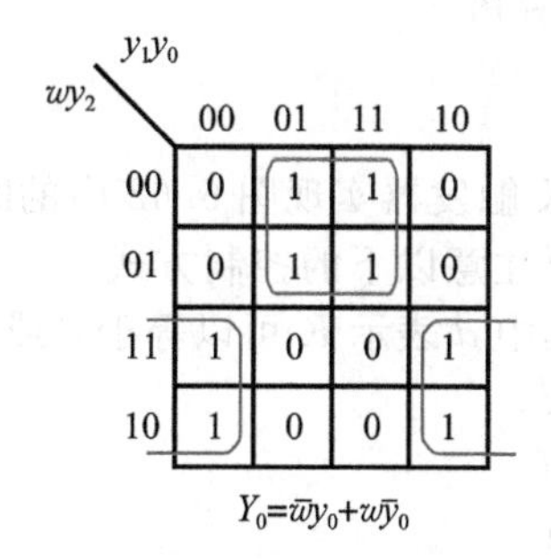

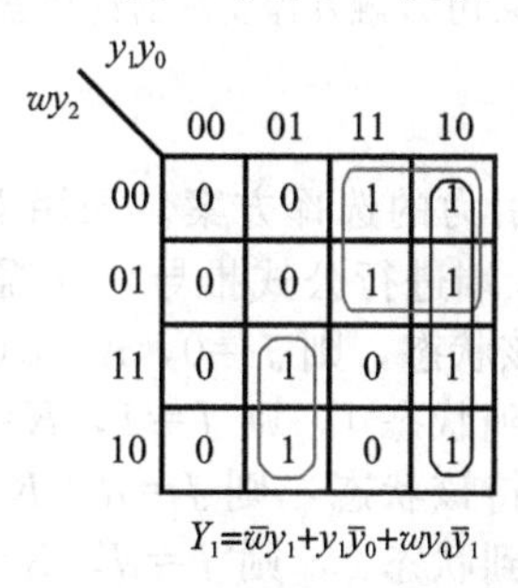

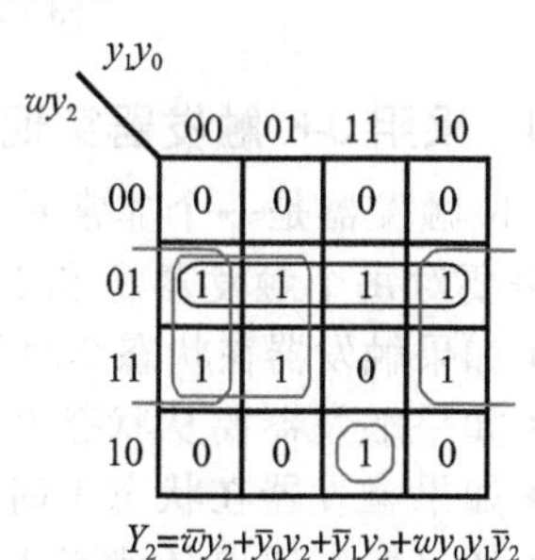

图 6.63　用于计数器的 D 触发器的卡诺图

图 6.64 给出了最终实现的电路结果。由于 D_0、D_1 和 D_2 的表达式中不能一眼看出规律，因此在设计大型计数器时，电路如何扩展不是特别的明显。但是，如果我们将表达式写成如下表示方式：

$$D_0 = \overline{w}y_0 + w\overline{y}_0 = w \oplus y_0$$
$$D_1 = \overline{w}y_1 + y_1\overline{y}_0 + wy_0\overline{y}_1 = (\overline{w} + \overline{y}_0)y_1 + wy_0\overline{y}_1$$
$$= \overline{wy_0}y_1 + wy_0\overline{y}_1 = wy_0 \oplus y_1$$
$$D_2 = \overline{w}y_2 + \overline{y}_0y_2 + \overline{y}_1y_2 + wy_0y_1\overline{y}_2 = (\overline{w} + \overline{y}_0 + \overline{y}_1)y_2 + wy_0y_1\overline{y}_2$$
$$= \overline{wy_0y_1}y_2 + wy_0y_1\overline{y}_2 = wy_0y_1 \oplus y_2$$

这样的输出就相当有规律了，可直接得到图 5.23 中的电路。

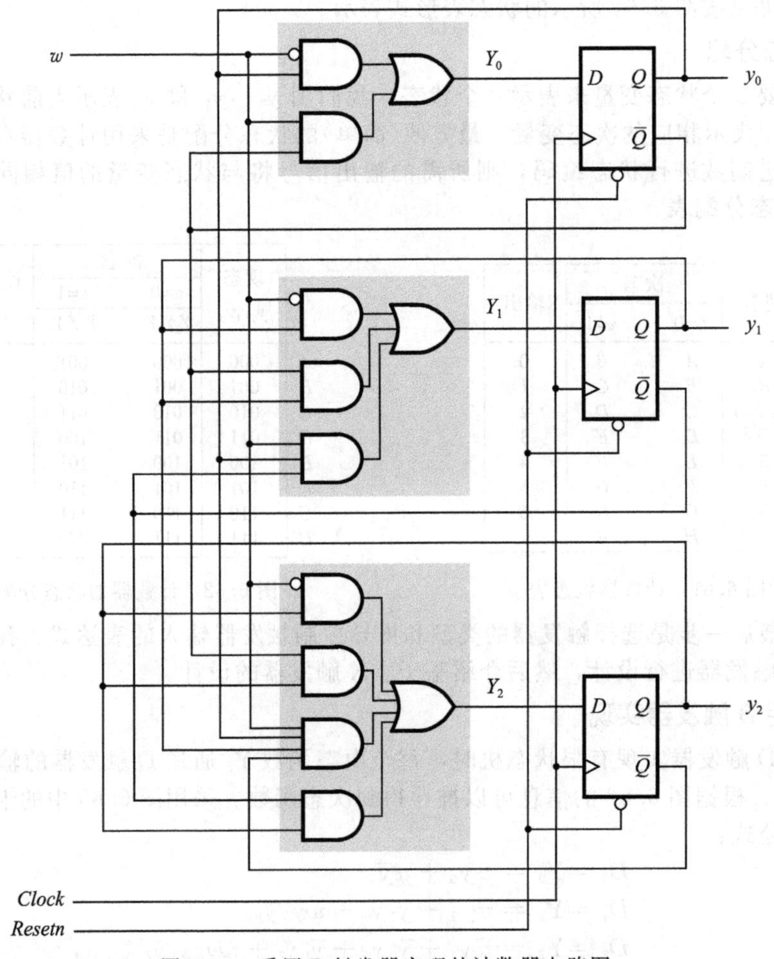

图 6.64　采用 D 触发器实现的计数器电路图

6.7.4　采用 J-K 触发器实现

J-K 触发器是一个非常具有吸引力的选择方案。采用 J-K 触发器实现图 6.62 中的时序电路需要对每个触发器 J 和 K 输入端进行公式推导，并需要注意以下的控制方式：

- 如果触发器在状态 0 时保持该状态，则 $J=0$，$K=d$(其中 d 表示 K 可以等于 0 或 1)。
- 如果触发器要从状态 0 转换到状态 1，则 $J=1$，$K=d$。
- 如果触发器在状态 1 时要保持该状态，则 $J=d$，$K=0$。
- 如果触发器要从状态 1 转换到状态 0，则 $J=d$，$K=1$。

根据上述工作原理，我们对设计方案中 3 个触发器的 J、K 输入端的规定值创建一张真值表。图 6.65 是图 6.62 中状态分配表的一个调整版本，其中包括了 J、K 的输入函数。通过考虑表第一行当前状态 $y_2y_1y_0=000$，我们来解释一下这张表是如何推导的。如果 $w=0$，那么次态还是 $Y_2Y_1Y_0=000$，因此每个触发器的当前值是 0，且它将保持为 0。这表明所有 3 个触发器的控制端 $J=0$，$K=d$。继续观察第一行：如果 $w=1$，次态将是 $Y_2Y_1Y_0=001$。因此触发器 y_2 和 y_1 将保持在状态 0，控制端 $J=0$，$K=d$。但是触发器 y_0 必须从状态 0 转换为 1，这需要通过设置 $J=1$，$K=d$ 完成。表中的其余部分可以通过同样的方式推导，即考虑每个当前状态 $y_2y_1y_0$ 到新状态 $Y_2Y_1Y_0$ 所需要提供的控制信号。

	现态	触发器输入								计数
		w=0				w=1				
	$y_2y_1y_0$	$Y_2Y_1Y_0$	J_2K_2	J_1K_1	J_0K_0	$Y_2Y_1Y_0$	J_2K_2	J_1K_1	J_0K_0	$z_2z_1z_0$
A	000	000	0d	0d	0d	001	0d	0d	1d	000
B	001	001	0d	0d	d0	010	0d	1d	d1	001
C	010	010	0d	d0	0d	011	0d	d0	1d	010
D	011	011	0d	d0	d0	100	1d	d1	d1	011
E	100	100	d0	0d	0d	101	d0	0d	1d	100
F	101	101	d0	0d	d0	110	d0	1d	d1	101
G	110	110	d0	d0	0d	111	d0	d0	1d	110
H	111	111	d0	d0	d0	000	d1	d1	d1	111

图 6.65　采用 JK 触发器的计数器激励表

状态分配表本质上是每个状态用状态变量编码的状态表。当采用 D 触发器实现一个 FSM 时，状态分配表中对应的次态就是 D 触发器的输入。如果采用其他类型的触发器则不同。通常我们会提供触发器状态转换所对应的输入激励状态信息表，这个表称为*激励表*（excitation table）。图 6.65 的激励表展示了 JK 触发器是如何使用的。在很多书中，即使是 D 触发器时也采用激励表的形式，这其实与状态分配表是一个意思。

一旦得到了图 6.65 中的激励表，就可得到输入 y_2、y_1、y_0、w 和输出 J_2、K_2、J_1、K_1、J_0、K_0 的真值表，并且可以推导出输出的表达式，其过程如图 6.66 所示，结果为：

$$J_0 = K_0 = w$$
$$J_1 = K_1 = wy_0$$
$$J_2 = K_2 = wy_0y_1$$

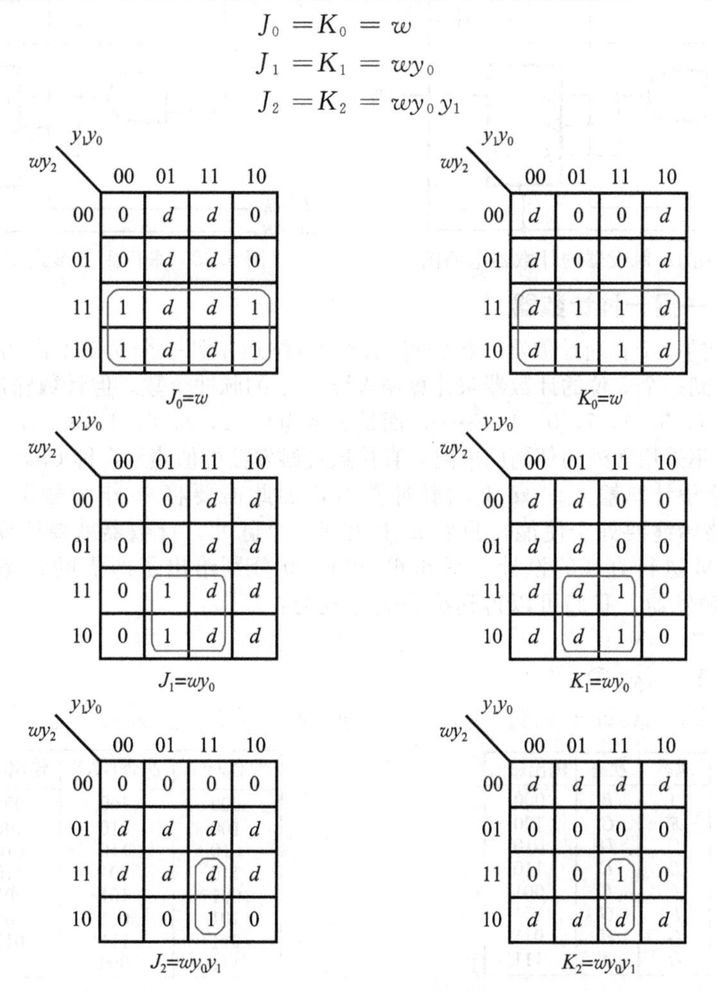

图 6.66　计数器中 JK 触发器的卡诺图

通过上述表达式可以得到图 6.67 所示电路。显然该设计可以很容易地扩展为大型计数器。$J_n = K_n = wy_0y_1 \cdots y_{n-1}$ 定义了计数器的每级电路。注意与门的规模随电路的 $y_0y_1 \cdots y_{n-1}$ 项成比例增长。当进行计数器各级设计时，我们可以通过分解得到与前级表达式的关系，实现更有规律的电路结构。这可以用如下表达式表示：

$$J_2 = K_2 = (wy_0)y_1 \qquad = J_1y_1$$
$$J_n = K_n = (wy_0 \cdots y_{n-1})y_{n-1} = J_{n-1}y_{n-1}$$

采用因子分解形式，我们可以得到图 6.68 所示的计数器电路。在该电路中，所有级(除了第一级)看上去都很类似。注意到由于将触发器的 J 和 K 输入端连在一起使之变为了 T 触发器，因此该电路与图 5.22 的电路结构相同。

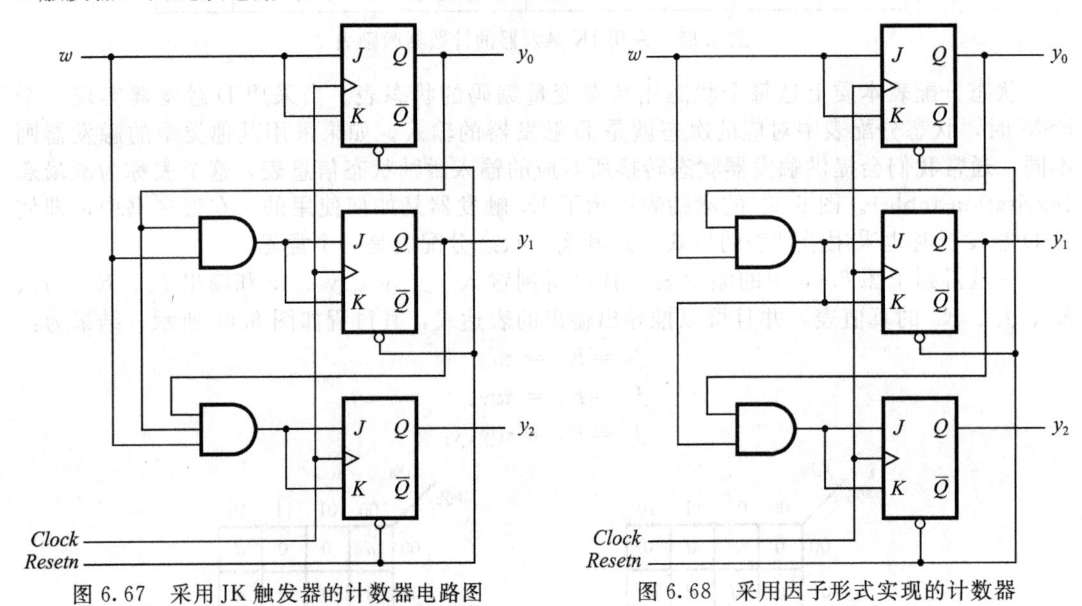

图 6.67　采用 JK 触发器的计数器电路图　　　图 6.68　采用因子形式实现的计数器

6.7.5　实例——另一种计数器

基于已设计的一个普通计数器，我们将该设计方法运用到一个稍微不同的类计数器电路。假设我们希望得到一个 3 位的计数器来计算输入线 w 上的脉冲个数。但计数输出序列不能表示为 0，1，2，3，4，5，6，7，0，1，……，而是表示为 0，4，2，6，1，5，3，7，0，4，……。计数器的计数值不采用额外的任何门电路，直接通过触发器的值表示，即 $Count = Q_2Q_1Q_0$。

由于我们希望计算输入线 w 上的脉冲数目，因此需要将 w 作为触发器的时钟输入，这个计数器电路始终要处于使能，只要 w 上出现一个脉冲，计数器就要改变状态。所需的计数器基于 FSM 进行直观的设计。图 6.69 和 6.70 分别给出了所需的状态表和一种状态分配。基于 D 触发器，我们可以得到次态表达式为：

$$D_2 = Y_2 = \overline{y}_2$$
$$D_1 = Y_1 = y_1 \oplus y_2$$
$$D_0 = Y_0 = y_0\overline{y}_1 + y_0\overline{y}_2 + \overline{y}_0y_1y_2 = y_0(\overline{y}_1 + \overline{y}_2) + \overline{y}_0y_1y_2 = y_0 \oplus y_1y_2$$

现态	次态	输出 $z_2z_1z_0$
A	B	000
B	C	100
C	D	010
D	E	110
E	F	001
F	G	101
G	H	011
H	A	111

图 6.69　类计数器电路的状态表

现态 $y_2y_1y_0$	次态 $Y_2Y_1Y_0$	输出 $z_2z_1z_0$
000	100	000
100	010	100
010	110	010
110	001	110
001	101	001
101	011	101
011	111	011
111	000	111

图 6.70　图 6.69 的状态分配表

基于上述表达式，我们可以得到图 6.71 所示电路。

读者可以将该电路与图 5.23 所示的一般递增计数器相比较。考虑计数器的前 3 级，设置 *Enable* 为 1，且 $Clock=w$，此时两个电路除了计数位顺序不同，本质上是一致的。图 5.23 最上面的触发器对应计数器的最低有效位，而图 6.71 中最上面的触发器对应计数器的最高有效位。这不是巧合，因为图 6.70 中所需计数器定义为 $Count=y_2y_1y_0$，而如果将状态定义按二进制取反，即 $Count=y_0y_1y_2$，则状态 *A*，*B*，*C*，…，*H* 分别表示为 0，1，2，…，7，这些值就与一般 3 位递增计数器的表示相同。

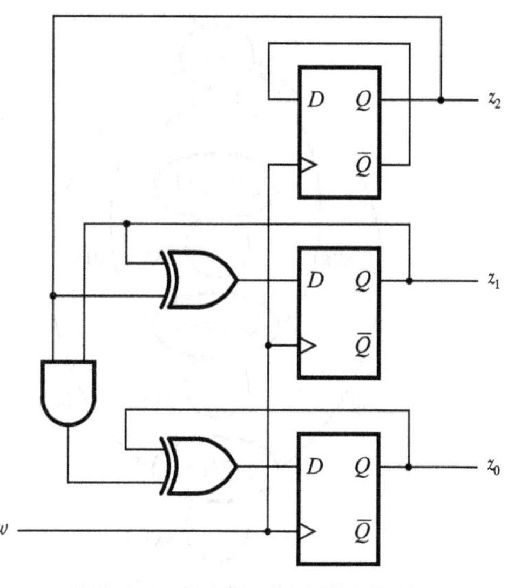

图 6.71 图 6.70 对应的电路图

6.8 仲裁电路的 FSM

在本节中我们将介绍一个比之前例子更为复杂的 FSM 设计。该状态机实现一个给定系统中不同设备与共享资源的接入控制。在同一时刻只能有一个设备使用该资源，假设该系统中所有的信号只在时钟信号的上升沿之后才发生值的改变。每个设备提供一个输入到 FSM，我们称为**请求信号**(request)，FSM 相应地给每个设备产生一个独立的输出，称为**授权信号**(grant)。一个设备如果需要占用共享资源时需要先发送请求信号，只要共享资源不在使用，FSM 会考虑所有有效的请求，然后基于设备的优先级列表，选择一个请求设备并置位授权信号。当设备完成资源的使用，会复位请求信号。

假设一个系统中有 3 个设备，称为设备 1、设备 2、设备 3。我们可以很容易地发现扩展 FSM 可以处理更多的设备。请求信号命名为 r_1、r_2 和 r_3，授权信号命名为 g_1、g_2 和 g_3。设备优先级按照如下方式分配：设备 1 优先级最高，设备 2 其次，设备 3 优先级最低。当有多个请求信号时，FSM 将授权信号分配给最高优先级的设备。

图 6.72 为基于 Moore 型状态机所需 FSM 的状态图。开始时，复位状态机以进入空闲(idle)状态，此时没有授权信号，且共享资源闲置。还有另外 3 个状态，分别为 *gnt*1、*gnt*2 和 *gnt*3，每一个状态会给相应设备赋予授权信号。

只要所有的请求信号为 0，FSM 一直保持在 *Idle* 状态。在状态图中状态 $r_1r_2r_3=000$ 通过标记为 000 的弧线表示。当一个或更多请求信号变为 1 时，状态机根据优先级转到相应的授权状态。如果 r_1 为 1，那么由于设备 1 优先级最高，因此会收到授权信号。并用指向状态 *gnt*1 的标有 1xx 的弧线表示，此时 g_1 设置为 1。1xx 的意思是请求信号 r_1 为 1，根据优先级设定，此时 r_2，r_3 可以为任意值。与之前一样，我们采用符号 x 表示相应的变量可以为 0 或 1。只要 r_1 为 1，状态机保持在状态 *gnt*1 中。当 $r_1=0$，标记为 0xx 的弧线在下一个时钟上升沿使状态机变回 *Idle* 状态，g_1 被清零。如果此时其他的请求生效，FSM 将在下一时钟有效沿转变到一个新的授权状态。

引起迁移到状态 *gnt*2 的弧线标记为 01x。根据优先级要求，应用 $r_2=1$ 表示，但要求 $r_1=0$。类似地，迁移到状态 *gnt*3 的条件是 001，即表示只有请求信号 r_3 被置位。

状态图重复显示于图 6.73 中。与图 6.72 的唯一不同是弧线标记的方式。图 6.73 采用了一个更直观且简化的标记方式。用标有 r_1 而不是 1xx 的弧线表示 *Idle* 状态变为 *gnt*1 状态的条件。该标记表示如果 $r_1=1$，则不管其他任何输入，FSM 将变化至 *gnt*1 状态。弧线 $r_1r_2=01$ 时，*Idle* 状态变到 *gnt*2 状态，此时 r_3 可以取任意值。在状态图中不存在弧线标记的标准方式。一些设计者喜欢采用图 6.72 的方式，而另外一些设计者则更喜欢采用图 6.73 类似的风格。

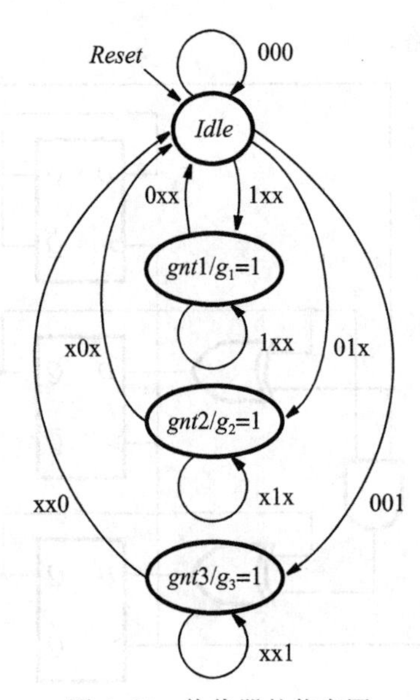

图 6.72　仲裁器的状态图

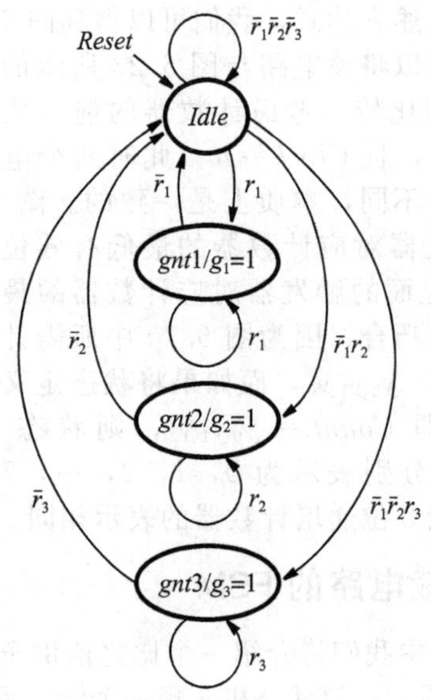

图 6.73　另一种形式的仲裁器状态图

图 6.74 给出了状态机的 Verilog 代码。3 个请求和授权信号通过 3 位长度向量 r 和 g 定义。FSM 的状态转换采用了图 6.29 中风格的 **case** 语句。在状态 *Idle* 中，采用嵌套的 **casex** 语句描述了请求优先级。如果 $r_1=1$，则状态机的次态是 $gnt1$。如果 $gnt1$ 没有被置位，那么将评估下一条件。此时如果 $r_2=1$，则次态将是 $gnt2$。只有高优先级的信号没有

```
module arbiter (r, Resetn, Clock, g);
    input [1:3] r;
    input Resetn, Clock;
    output wire [1:3] g;
    reg [2:1] y, Y;
    parameter Idle = 2'b00, gnt1 = 2'b01, gnt2 = 2'b10, gnt3 = 2'b11;

    // Next state combinational circuit
    always @(r, y)
        case (y)
            Idle:   casex (r)
                        3'b000:   Y = Idle;
                        3'b1xx:   Y = gnt1;
                        3'b01x:   Y = gnt2;
                        3'b001:   Y = gnt3;
                        default:  Y = Idle;
                    endcase
            gnt1:   if (r[1])  Y = gnt1;
                    else       Y = Idle;
            gnt2:   if (r[2])  Y = gnt2;
                    else       Y = Idle;
            gnt3:   if (r[3])  Y = gnt3;
                    else       Y = Idle;
            default:           Y = Idle;
        endcase

    // Sequential block
    always @(posedge Clock)
        if (Resetn == 0) y <= Idle;
        else y <= Y;

    // Define output
    assign g[1] = (y == gnt1);
    assign g[2] = (y == gnt2);
    assign g[3] = (y == gnt3);

endmodule
```

图 6.74　仲裁器的 Verilog 代码

被置位时，才会考虑后续低优先级的请求信号。

每个授权状态的转换都很直观。只要 $r_1=1$，FSM 始终保持 $gnt1$ 状态；当 $r_1=0$，下一个状态将是 $Idle$。其他状态的描述结构相同。

最后定义了授权信号 g_1、g_2、g_3。当状态机在 $gnt1$ 状态时，g_1 设为 1，否则 g_1 为 0。类似地，其他授权信号只有在相应的授权状态中才为 1。

6.9　同步时序电路的分析

设计者除了要知道如何设计一个同步时序电路，还应能够分析已知电路的性能特性。电路分析远比电路综合要简单。在本节我们将介绍如何进行电路分析。

要分析一个电路，我们可以简单地将综合设计步骤反向考虑。触发器的输出代表当前的状态变量。它们的输入决定了电路即将进入的次态。根据这些信息我们可以构建电路的状态分配表，通过该表可以得到状态表和相应的状态图，状态图中每个状态可以自行命名。电路使用的触发器类型是一个待考虑因素，我们通过下面的例子来举例说明。

例 6.9　D 触发器　图 6.75 给出了具有两个 D 触发器的 FSM。假设 y_1、y_2 表示当前状态变量，Y_1 和 Y_2 表示次态变量。那么次态和输出的表达式可以表示为：

$$Y_1=w\overline{y}_1+wy_2$$
$$Y_2=wy_1+wy_2$$
$$z=y_1y_2$$

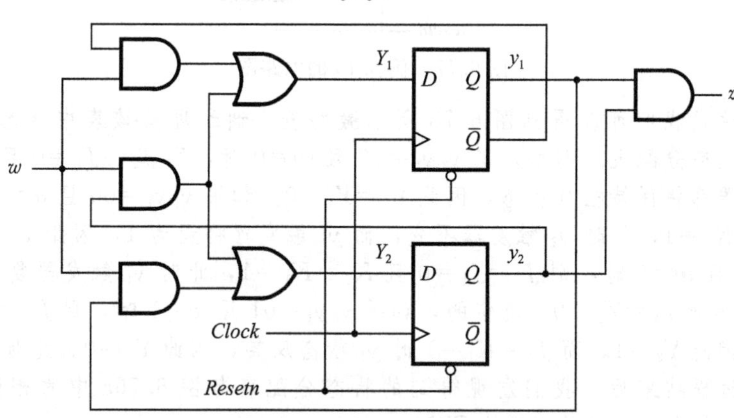

图 6.75　例 6.9 的电路

由于有 2 个触发器，FSM 最多有 4 个状态。开始分析时我们可以假设触发器的初始状态，如 $y_1=y_2=0$。从 Y_1 和 Y_2 的表达式，我们可以推导出图 6.76a 所示的状态分配表。表中第一行 $y_1=y_2=0$，当 $w=0$ 时 $Y_1=Y_2=0$，而 $w=1$ 时 $Y_1=1$ 和 $Y_2=0$。该状态的输出 $z=0$。其他行的推导可以通过相同的方法得到。将状态分别命名为 A、B、C、D，得到图 6.76 所示状态表。通过该表我们可以明显的得到：FSM 复位后，输入 w 有 3 个连续的 1 时将产生输出 $z=1$。因此在此模式下，FSM 是一个时序检测器。

现态	次态		输出
	$w=0$	$w=1$	
y_2y_1	Y_2Y_1	Y_2Y_1	z
00	00	01	0
01	00	10	0
10	00	11	0
11	00	11	1

a）状态分配表

现态	次态		输出
	$w=0$	$w=1$	z
A	A	B	0
B	A	C	0
C	A	D	0
D	A	D	1

b）状态表

图 6.76　图 6.75 电路的状态表　◀

例 6.10 **JK 触发器** 现在考虑图 6.77 的电路由两个 JK 触发器实现。触发器的输入的表达式为：

$$J_1 = w$$
$$K_1 = \overline{w} + \overline{y}_2$$
$$J_2 = wy_1$$
$$K_2 = \overline{w}$$

输出为 $z = y_1y_2$。

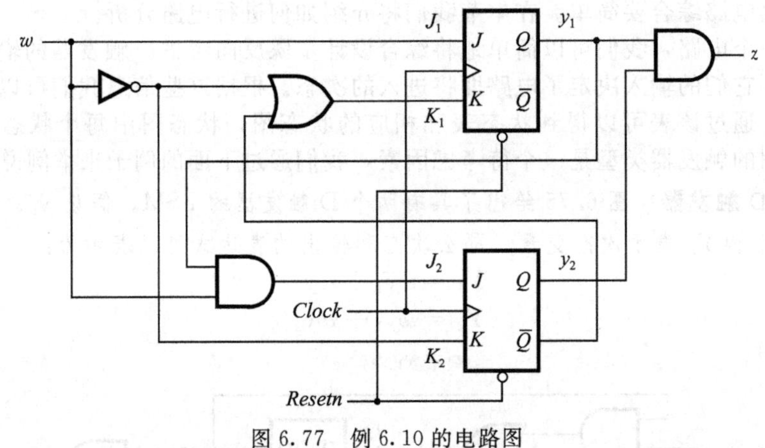

图 6.77 例 6.10 的电路图

从这些表达式我们可以得到图 6.78 所示激励表。通过理解该表中状态的进入条件，我们可以构建状态分配表。例如，当 $y_2y_1=00$ 且 $w=0$ 时，则 $J_2=J_1=0$ 且 $K_2=K_1=1$，那么两个触发器都将保持在 0 状态，因此 $Y_2=Y_1=0$。如果 $y_2y_1=00$ 且 $w=1$ 时，则 $J_2=K_2=0$ 且 $J_1=K_1=1$，此时 y_2 触发器不变，而 y_1 触发器将置为 1，因此 $Y_2=0$ 且 $Y_1=1$。如果 $y_2y_1=01$ 且 $w=0$ 时，则 $J_2=J_1=0$ 且 $K_2=K_1=1$，此时 y_1 触发器复位，并进入状态 $y_2y_1=00$，因此 $Y_2=Y_1=0$。类似的，如果 $y_2y_1=01$ 且 $w=1$ 时，则 $J_2=1$ 且 $K_2=0$ 时 y_2 将置为 1，因此 $Y_2=1$。而 $J_1=K_1=1$ 时 y_1 状态反转，因此 $Y_1=0$。此时可以得到状态 $y_2y_1=10$。该过程结束后，我们发现得到的状态分配表与图 6.76a 中的相同。结论是图 6.75 和图 6.77 中的电路实现相同的 FSM。

现态	次态				输出
	$w=0$		$w=1$		
y_2y_1	J_2K_2	J_1K_1	J_2K_2	J_1K_1	z
00	01	01	00	11	0
01	01	01	10	11	0
10	01	01	00	10	0
11	01	01	10	10	1

图 6.78 图 6.77 电路激励表 ◀

例 6.11 **混合触发器** 电路中还可能采用混合类型的触发器。图 6.79 给出了一个 D 和一个 T 触发器的电路，该电路的表达式为：

$$D_1 = w(\overline{y}_1 + y_2)$$
$$T_2 = \overline{w}y_2 + wy_1\overline{y}_2$$
$$z = y_1y_2$$

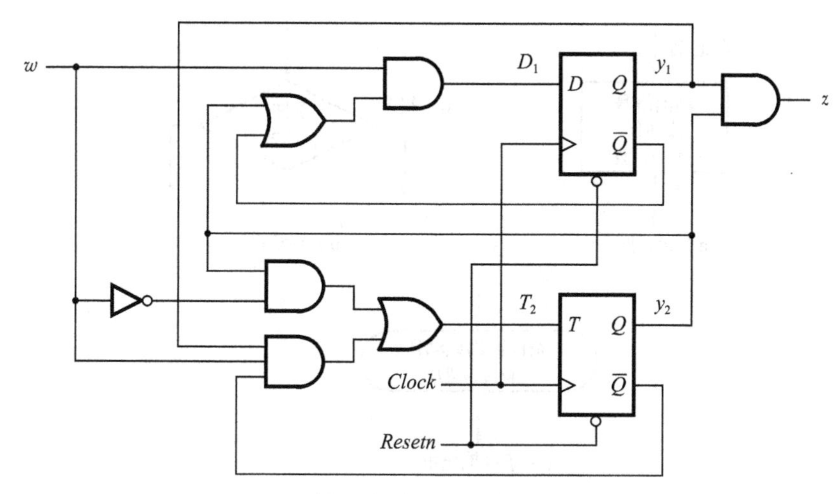

图 6.79 例 6.11 的电路

从这些表达式我们可以得到图 6.80 的激励表。由于是 T 触发器，y_2 只在 $T_2=1$ 时改变其状态。因此如果 $y_2y_1=00$ 且 $w=0$，则由于 $T_2=D_1=0$，电路的状态不会改变。当 $y_2y_1=01$ 且 $w=1$ 时 $T=1$，这将导致 y_2 变为 1；而 $D_1=0$ 使得 $y_1=0$，因此 $Y_2=1$ 且 $Y_1=0$。其他出现 $T_2=1$ 的情况是当 $w=0$ 且 $y_2y_1=10$ 或 11 时。在这两种情况下 $D_1=0$。因此 T 触发器从状态 1 变为状态 0，同时 D 触发器被清零，这意味着次态是 $Y_2Y_1=00$。完成分析后，我们又一次得到图 6.76a 所示的状态分配表。因此这个电路是图 6.76b 状态表表示的 FSM 的另一种实现方式。◀

现态	次态		输出
	$w=0$	$w=1$	
y_2y_1	T_2D_1	T_2D_1	z
00	00	01	0
01	00	10	0
10	10	01	0
11	10	01	1

图 6.80 图 6.79 电路的激励表

6.10 算法状态机流程图

在本章中采用的状态图和状态表可以方便地描述少量输入、输出接口的 FSM 特性。对于大型状态机，设计者通常采用一种称为*算法状态机*(algorithmic state machine，ASM)图的描述方式。

ASM 图是一种用于描述 FSM 状态转换及输出特性的流程图。图 6.81 表示了 ASM 图中的 3 种基本元素。

- **状态框(State Box)**：一个用于表示 FSM 状态的矩形框。它可以等效为状态图中的一个结点或者状态表中的一行。状态的名字标于状态框外的左上角。Moore 型的输出列于状态框内。这些输出只取决于定义状态的状态变量值，我们将它们简称为 Moore 型输出。一般情况下我们只标注被置位信号的名字。因此我们直接用 z 而不是 $z=1$，来表示输出 z 的值为 1。同时也标明一些状态发生的有用信息，如：$Count \leftarrow Count+1$ 标明计数器内容加 1。当然，这只是一种简单的方式表示引起计数器递增的控制信号必须被置位。我们将在第 7 章中采用这种描述行为的方式来详细讨论大型系统。
- **判断框(Decision Box)**：一个用于表示需要判断的状态条件和相应的输出路径的菱形框。判断条件表达式包含一个或多个 FSM 的输入。例如，w 表示判断是基于输入信号 w 的值，而 $w_1 \cdot w_2$ 表示当 $w_1=w_2=1$ 时执行真值路径和其他情况下执行假值路径。
- **条件输出框(Conditional Output Box)**：一个用于表示 Mealy 型状态机输出信号的椭圆框。这些输出基于状态变量的值和 FSM 的输入，我们将这些输出简单地称为 Mealy 输出。这些输出的判断条件通过判断框标明。

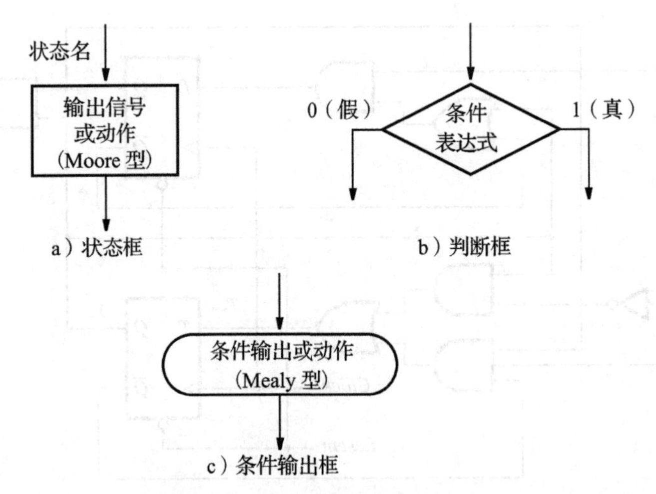

图 6.81　用于 ASM 流程图的元素

图 6.82 给出了图 6.3 中 FSM 的 ASM 图表示方式。状态间的转换取决于输入变量 w 的检测值。在每个 $w=0$ 的情况下，判断框的输出路径都指向状态 A。如果 $w=1$，则可以发生从状态 A 到 B 或从 B 到 C 的转换。如果在状态 C 中 $w=1$，则 FSM 保持在该状态。该图只在状态 C 中标明了 Moore 型输出 z 的置位信息。在状态 A 和 B 中 z 的值为 0(没有被置位)，这可以通过将相应的状态框中不填任何信息来表示。

图 6.83 给出了一个带 Mealy 输出例子，该图表示图 6.23 中的 FSM。采用条件输出框表示当状态机在状态 B 且 $w=1$ 时输出 z 等于 1。在状态 B 中且 $w=0$ 和在状态 A 中 w 等于 0 或 1 的情况下，采用不标出 z 的方式表明输出 $z=0$。

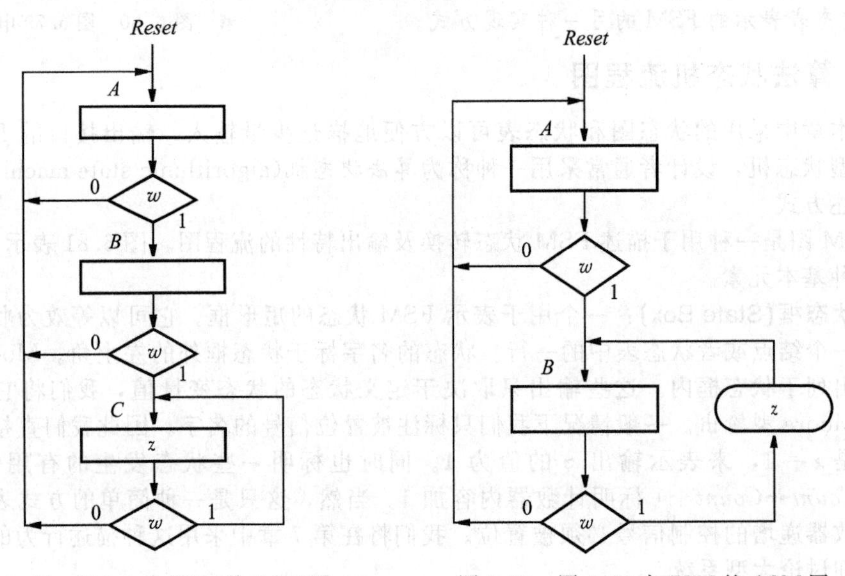

图 6.82　图 6.3 中 FSM 的 ASM 图　　　图 6.83　图 6.23 中 FSM 的 ASM 图

图 6.84 给出了图 6.73 中仲裁 FSM 的 ASM 图。*Idle* 状态框下面的判断框表明如果 $r_1=1$，则 FSM 转换到状态 *gnt*1。在该状态下，FSM 将输出信号 g_1 置位。*gnt*1 状态框的右侧的判断框表明只要 $r_1=1$，状态机保持在状态 *gnt*1，而当 $r_1=0$ 时，将转换到 *Idle* 状态。*Idle* 状态框下面标有 r_2 的判断框表明如果 $r_2=1$，则 FSM 转换到状态 *gnt*2。该状态框首先需要检查 r_1 的值，且当 $r_1=0$ 时才能进入。类似地，标有 r_3 的状态框只能在 r_1 和 r_2 都为 0 时才能进入。因此这个 ASM 图描述了带有优先级的仲裁 FSM。

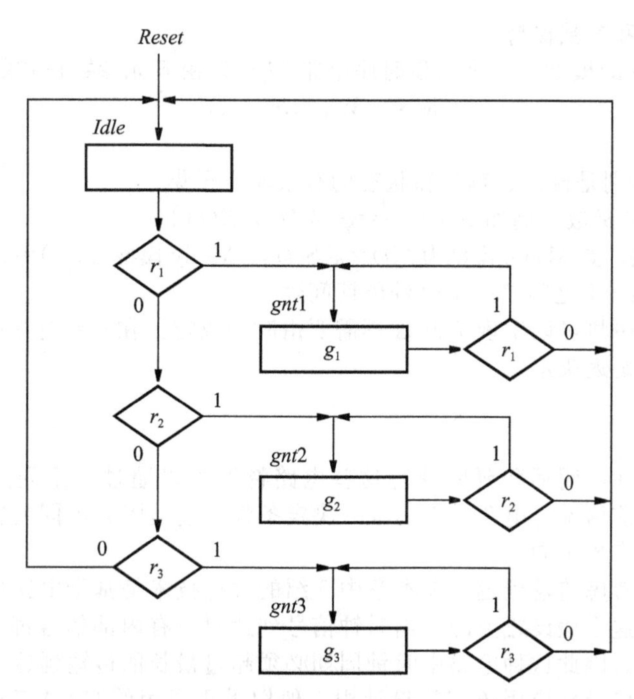

图 6.84　图 6.73 所示的仲裁 FSM 的 ASM 图

ASM 图与传统的流程图相似，不同的是 ASM 包含了每个有效时钟沿之后由一个状态转换为另外一个状态的时序信息。在这里介绍的 ASM 图例子都非常简单。我们通过这些例子介绍了 ASM 图中状态、判断、条件输出框的术语。另外一个 ASM 图中用到的元素是 ASM 模块(ASM block)，它表示可以任意判定和条件输出框连接在一起的一个单状态框。ASM 图可以用来描述包括一个、多个有限状态机和其他复杂电路，如寄存器、移位寄存器、计数器、加法器和乘法器等的复杂的电路。在第 7 章中我们将使用 ASM 图来辅助设计复杂电路。

6.11　时序电路的形式模型

本章中采用了一个相当非正式的方式来介绍同步时序电路，这是因为这种方式是掌握这类电路设计必须的概念的最简单方式。同样方法也可以采用更正式一点的方式，这在很多强调开关理论而不是基于 CAD 工具进行电路设计的书籍中重点介绍。一个正式的模型通常很难给出一个详细描述的简洁的定义。本节将描述一个包括同步类型的常见时序电路的正式模型。

图 6.85 给出了一个常见的时序电路。该电路的输入为 $W=\{w_1, w_2, \cdots, w_n\}$，输出为 $Z=\{z_1, z_2, \cdots, z_m\}$，现态变量 $y=\{y_1, y_2, \cdots, y_k\}$，次态变量 $Y=\{Y_1, Y_2, \cdots, Y_k\}$。它可以有高达 2^k 个状态，$S=\{S_1, S_2, \cdots, S_{2^k}\}$。状态变量的反馈通路中包含延时单元，用来确保 Y 经过延迟时间 Δ 之后变为 y。在同步时序电路中，延迟单元主要是通过时钟有效沿改变状态的触发器。因此延迟 Δ 主要由时钟周期决定。时钟周期需要足够长，以便满足组合电路的传输延迟、

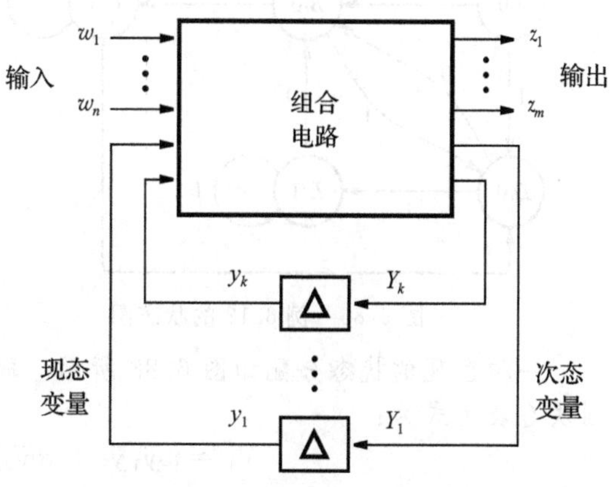

图 6.85　时序电路的一般模型

触发器电路的建立和参数保持。

基于图 6.85 中的模型，一个同步时序电路 M 可以由 5 元参数正式的定义为：

$$M=(W,Z,S,\varphi,\lambda)$$

其中

- W，Z，S 分别是输入、输出和状态的有限非空子集。
- φ 是状态转换函数，例如 $S(t+1)=\varphi[W(t),\ S(t)]$。
- λ 是输出函数，如 Moore 模型为 $\lambda(t)=\lambda[S(t)]$，Mealy 模型为 $\lambda(t)=\lambda[W(t),\ S(t)]$。

上述定义假设 t 和 $t+1$ 之间是一个时钟周期间隔。

我们从第 9 章中将可以发现延迟 Δ 不需要由时钟决定。在异步时序电路中延迟仅仅由各个门之间的传输延迟决定。

6.12　小结

时序电路中存在的闭环和延时使得这些电路特性可以通过一系列的状态和电路来实现。电路输入的当前值不是电路特性的唯一决定条件，这是因为不同的输入值会使得电路进入不同的状态而表现不同。

时序电路必须考虑传输延迟。在本章中介绍的设计技术是基于电路中所有的变化都由时钟的有效沿触发这个假设之上的。当时钟信号到达时所有内部信号都是稳定时，这样的电路才能正常工作。因此这种电路中时钟周期必须超过最长的传输延迟。

同步时序电路广泛地应用于实际设计中。他们采用通用的 CAD 工具进行设计。所有逻辑电路教材都投入大量的篇幅介绍时序电路设计，其中可以参见文献[1～14]中的内容。

在第 9 章中我们将介绍一些不同种类的时序电路，这些时序电路不采用触发器来表示电路的状态，也不采用时钟脉冲来触发状态的改变。

6.13　解决问题的实例

本节将介绍一些读者可能会遇到的典型问题，并且展示如何解决这些问题。

例 6.12　设计一个带有输入 w，输出 z 的 FSM。该状态机是一个序列检测器，当 w 为 00 或 11 时 $z=1$，否则 $z=0$。

解：6.1 节介绍了检测连续逻辑 1 的 FSM 设计。采用相同的方法，所需的 FSM 可以采用图 6.86 中的状态图描述，其中状态 C 表示检测到两个或多个逻辑 0，状态 E 表示检测到 2 个或多个逻辑 1。图 6.87 是对应的状态表。

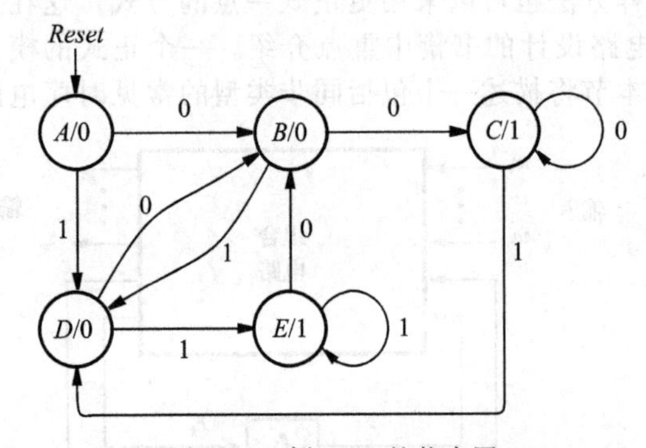

图 6.86　例 6.12 的状态图

现态	次态 $w=0$	次态 $w=1$	输出 z
A	B	D	0
B	C	D	0
C	C	D	1
D	B	E	0
E	B	E	1

图 6.87　图 6.86 所示 FSM 的状态表

一种直观的状态分配如图 6.88 所示。取值 $y_3y_2y_1=101$，110，111 可以当做无关项，则次态表达式为：

$$Y_1=w\bar{y}_1\bar{y}_3+w\bar{y}_2\bar{y}_3+\bar{w}y_1y_2+\overline{wy_1}\,\bar{y}_2$$

$$Y_2=y_1\bar{y}_2+\bar{y}_1y_2+w\bar{y}_2\bar{y}_3$$

$$Y_3 = wy_3 + wy_1y_2$$

输出表达式为：

$$z = y_3 + \overline{y}_1y_2$$

这些表达式看上去过于复杂，也许还有更好的状态赋值。注意到状态 A 只有在状态机通过 *Reset* 信号复位后才能到达。因此我们可以假设 $y_3=1$ 时，4 个状态编码分别为 B，C，D 和 E。这样我们得到图 6.89 中显示的状态分配表。从该图可以得到次态和输出表达式分别为：

$$Y_1 = wy_2 + \overline{w}y_3\overline{y}_2$$
$$Y_2 = w$$
$$Y_3 = 1$$
$$z = y_1$$

	现态	次态		输出
		$w=0$	$w=1$	
	$y_3y_2y_1$	$Y_3Y_2Y_1$	$Y_3Y_2Y_1$	z
A	000	001	011	0
B	001	010	011	0
C	010	010	011	1
D	011	001	100	0
E	100	001	100	1

图 6.88　图 6.87 中 FSM 的状态分配表

	现态	次态		输出
		$w=0$	$w=1$	
	$y_3y_2y_1$	$Y_3Y_2Y_1$	$Y_3Y_2Y_1$	z
A	000	100	110	0
B	100	101	110	0
C	101	101	110	1
D	110	100	111	0
E	111	100	111	1

图 6.89　图 6.87 中 FSM 改进的状态分配表

由于 $Y_3=1$，因此我们不需要触发器 y_3，Y_1 也可以简化为 $\overline{w \oplus y_2}$，这应该是一个更好的解决方案。◀

例 6.13　通过采用两个 FSM 实现例 6.12 中的序列检测器。一个 FSM 检测连续的逻辑 1，另一个检测连续的逻辑 0。

解：检测连续逻辑 1 的 FSM 实现方案如图 6.17 所示。相应的次态和输出表达式为：

$$Y_1 = w$$
$$Y_2 = wy_1$$
$$z_{ones} = y_2$$

检测连续逻辑 0 的 FSM 实现方案如图 6.90 所示，其表达式为：

$$Y_3 = \overline{w}$$
$$Y_4 = \overline{w}y_3$$
$$z_{zeros} = y_4$$

输出表达式为：

$$z = z_{ones} + z_{zeros}$$

现态	次态		输出
	$w=0$	$w=1$	z_{zeros}
D	E	D	0
E	F	D	0
F	F	D	1

a）状态表

	现态	次态		输出
		$w=0$	$w=1$	
	y_4y_3	Y_4Y_3	Y_4Y_3	z_{zeros}
D	00	01	00	0
E	01	11	00	0
F	11	11	00	1
	10	dd	dd	d

b）状态分配表

图 6.90　检测两个零序列的 FSM ◀

例 6.14 设计一个解决例 6.12 中时序检测问题的 Mealy 型 FSM。

解：所需 FSM 的状态图如图 6.91 所示，对应的状态表参考图 6.92 中结果。实现该 FSM 需要 2 个触发器。图 6.93 给出了状态分配表，并得到次态和输出表达式为：

$$Y_1 = 1$$
$$Y_2 = w$$
$$z = \overline{w}y_1\overline{y}_2 + wy_2$$

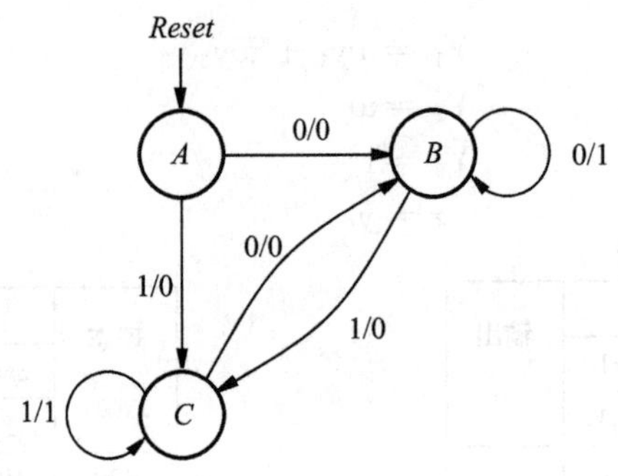

图 6.91　例 6.14 中的状态图

现态	次态		输出 z	
	w=0	w=1	w=0	w=1
A	B	C	0	0
B	B	C	1	0
C	B	C	0	1

图 6.92　图 6.91 中 FSM 的状态表

	现态	次态		输出	
		w=0	w=1	w=0	w=1
	y_2y_1	Y_2Y_1	Y_2Y_1	z	z
A	00	01	11	0	0
B	01	01	11	1	0
C	11	01	11	0	1

图 6.93　图 6.92 中 FSM 的状态分配表 ◀

例 6.15 采用 JK 触发器实现图 6.89 的状态赋值表。

解：基于图 6.94 给出了激励表，得到次态和输出表达式可以表示为：

$$J_1 = wy_2 + \overline{w}y_3\overline{y}_2$$
$$K_1 = \overline{w}y_2 + wy_1\overline{y}_2$$
$$J_2 = w$$
$$K_2 = \overline{w}$$
$$J_3 = 1$$
$$K_3 = 0$$
$$z = y_1$$

	现态	触发器输入								输出
		w=0				w=1				
	$y_3y_2y_1$	$Y_3Y_2Y_1$	J_3K_3	J_2K_2	J_1K_1	$Y_3Y_2Y_1$	J_3K_3	J_2K_2	J_1K_1	z
A	000	100	1d	0d	0d	110	1d	1d	0d	0
B	100	101	d0	0d	1d	110	d0	1d	0d	0
C	101	101	d0	0d	d0	110	d0	1d	d1	1
D	110	100	d0	d1	0d	111	d0	d0	1d	0
E	111	100	d0	d1	d1	111	d0	d0	d0	1

图 6.94　图 6.89 中基于 JK 触发器的 FSM 激励表 ◀

例 6.16 用 Verilog 代码实现图 6.86 中的 FSM。

解：采用图 6.29 中的代码风格，所需的 FSM 如图 6.95 中所示。

```
module sequence (Clock, Resetn, w, z);
   input Clock, Resetn, w;
   output z;
   reg [3:1] y, Y;
   parameter [3:1] A = 3'b000, B = 3'b001, C = 3'b010, D = 3'b011, E = 3'b100;

   // Define the next state combinational circuit
   always @(w, y)
      case (y)
         A: if (w)   Y = D;
            else     Y = B;
         B: if (w)   Y = D;
            else     Y = C;
         C: if (w)   Y = D;
            else     Y = C;
         D: if (w)   Y = E;
            else     Y = B;
         E: if (w)   Y = E;
            else     Y = B;
         default:    Y = 3'bxxx;
      endcase

   // Define the sequential block
   always @(negedge Resetn, posedge Clock)
      if (Resetn == 0)  y <= A;
      else  y <= Y;

   // Define output
   assign z = (y == C) | (y == E);

endmodule
```

图 6.95 图 6.86 中 FSM 的 Verilog 代码

◀

例 6.17 用 Verilog 代码实现图 6.91 的 FSM。

解：采用图 6.36 中的代码风格，所需 Mealy 型 FSM 如图 6.96 所示。

```
module seqmealy (Clock, Resetn, w, z);
   input Clock, Resetn, w;
   output reg z;
   reg [2:1] y, Y;
   parameter [2:1] A = 2'b00, B = 2'b01, C = 2'b11;
   // Define the next state and output combinational circuits
   always @(w, y)
      case (y)
         A: if (w)
            begin
               z = 0; Y = C;
            end
            else
            begin
               z = 0; Y = B;
            end
         B: if (w)
            begin
               z = 0; Y = C;
            end
            else
            begin
               z = 1; Y = B;
            end
```

图 6.96 图 6.91 中 FSM 的 Veilog 代码

```
        C:  if (w)
                begin
                    z = 1; Y = C;
                end
            else
                begin
                    z = 0; Y = B;
                end
        default:
                begin
                    z = 0; Y = 2'bxx;
                end
    endcase
// Define the sequential block
always @(negedge Resetn, posedge Clock)
    if (Resetn == 0)  y <= A;
    else  y <= Y;
endmodule
```

图 6.96 （续）

例 6.18 在计算机系统中通常需要串行传输数据，即一次只传一位，以节约并行互连线的成本。这意味着一端的并行数据必须串行传输，另一端接收到的串行数据再转换回并行模式。假设我们希望按这种方式传输 ASCII 字符。根据第 1 章的介绍，标准 ASCII 码采用 7 个位来定义每个字符。通常，一个字符占用一个字节长度，其中第 8 位可以设为 0 或奇偶位来提高传输的可靠性。

并串转换可以通过一个移位寄存器来实现。假设电路采用并行数据 $B=b_7, b_6, \cdots, b_0$ 表示 ASCII 字符，且 b_7 位为 0。电路需要产生一个奇偶校验位 p，并替代 b_7 串行发送。图 6.97 给出了一种电路实现结构。奇偶校验位通过 FSM 产生，并通过数据选择器连同其他数据一起发送。采用一个 3 位计数器来决定什么时候开始传输 p，即计数器计数到 7 时开始传输。设计满足上述条件的 FSM。

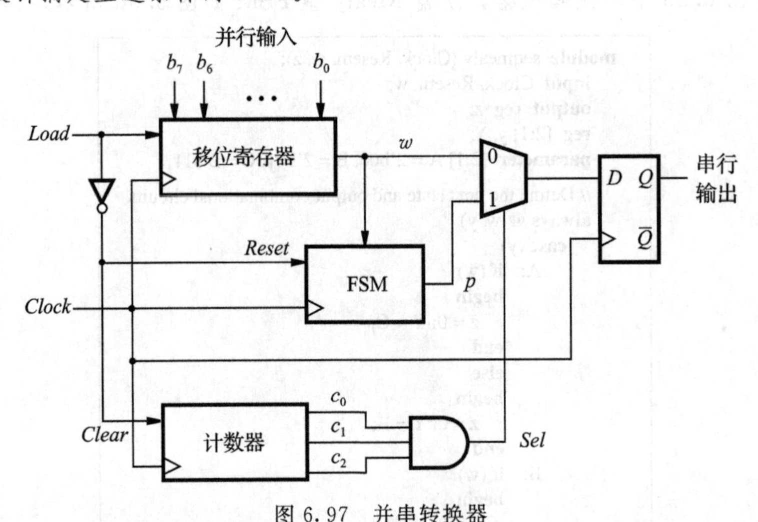

图 6.97 并串转换器

解：由于数据会通过移位寄存器串行移出，FSM 可以检测并跟踪是偶数还是奇数个位 1。如果是奇数个位 1，那么 p 为 1。因此，FSM 有两个状态。图 6.98 给出了状态表、状态分配表和结果电路。次态表达式为：

$$Y=\overline{w}y+w\overline{y}$$

输出 p 就等于 y。

现态	次态		输出
	w=0	w=1	p
S_{even}	S_{even}	S_{odd}	0
S_{odd}	S_{odd}	S_{even}	1

a）状态表

现态	次态		输出
	w=0	w=1	
y	Y	Y	p
0	0	1	0
1	1	0	1

b）状态分配表

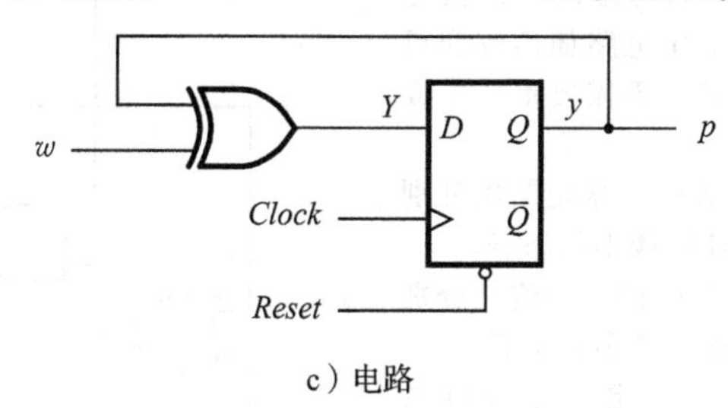

c）电路

图 6.98　奇偶校验位产生 FSM ◀

习题[⊖]

*6.1　根据图 P6.1 定义的 FSM 状态分配表，基于 D 触发器设计并用电路实现该 FSM。

*6.2　根据图 P6.1 定义的 FSM 状态分配表，基于 JK 触发器设计并用电路实现该 FSM。

现态	次态		输出
	w=0	w=1	
y_2y_1	Y_2Y_1	Y_2Y_1	z
00	10	11	0
01	01	00	0
10	11	00	0
11	10	01	1

图 P6.1　习题 6.1 和 6.2 的状态分配表

6.3　推导输入为 w 输出为 z 的 FSM 状态图。该状态机在 w 的值为 1001 或 1111 时产生输出 z=1，否则 z=0。允许重叠输入码。下面是一个输入输出的例子：

w：010111100110011111

z：000000100100010011

6.4　用 Verilog 描述习题 6.3 中的 FSM

*6.5　推导一个单输入单输出的 Moore 型 FSM 的最小状态表，该 FSM 在输入检测到 110 或 101 时产生输出 1。需要检测重叠序列。

*6.6　采用 Mealy 型 FSM 重新推导习题 6.5。

6.7　设计并实现图 6.51 和图 6.52 中状态表对应电路，并讨论状态最小化对电路实现成本的影响。

6.8　设计并实现图 6.55 和图 6.56 中状态表对应电路，并比较这两个电路的成本。

6.9　一个时序电路有两个输入 w_1，w_2 和一个输出 z，并实现对两个输入的输入序列进行比较。如果在任意 4 个连续时钟周期中 $w_1=w_2$，电路产生输出 z=1，否则 z=0。输入输出特性如下：

w_1：0110111000110

w_2：1110101000111

z：0000100001110

设计并实现上述功能电路。

6.10　编写习题 6.9 中 FSM 的 Verilog 代码。

6.11　一个给定的 FSM 输入为 w，输出为 z。经过 4 个连续的时钟脉冲，输入 w 产生 4 个位长度的序列。当检测到序列为 w：0010 或 w：1110 时产生 z=1，其他情况 z=0。在 4 个时钟脉冲后，状态机再次进入复位状态，等待下一个检测序列。推导满足上述功能 FSM 的状态表，并最小化所需的状态数。

*6.12　设计一个 3 位奇偶校验位产生器 FSM 的最小状态表。对输入 w 在 3 个连续的时钟周期内的每 3 位数据进行奇偶校验，当且仅当 3 位长度序列中 1 的个数为奇数时 p=1.

6.13　编写习题 6.12 的 Verilog 代码。

6.14　假设电路 a 和 b 信号变化相同，考虑传输延时的情况下，画出图 6.43 和 6.47 电路中的时序图。

⊖　本书最后给出了带星号习题的答案。

*6.15　采用 A，B，C 和 D 表示图 P6.1 中的状态分配表的 4 行，给出相应的状态表。然后采用独热编码给出一个新的状态分配表。对 A 采用编码 $y_4y_3y_2y_1=0001$，状态 B，C，D 分别采用编码 0010，0100，1000，并基于 D 触发器实现所需电路。

6.16　如果用编码 $y_4y_3y_2y_1=0000$ 表示复位状态，而 A、B、C、D 的状态编码可以按需要改变，试描述例 6.15 中电路如何改变可以实现上述要求。（提示：不需要重新生成电路）

*6.17　假设图 6.59 中状态 B 和 G 的未定输出分别是 0 和 1，推导该 FSM 的最小状态表。

6.18　假设图 6.59 中状态 B 和 G 的未定输出分别是 1 和 0，推导该 FSM 的最小状态表。

6.19　设计并实现图 6.57 和 6.58 定义的 FSM 电路。是否得到 Moore 型和 Mealy 型状态机电路实现复杂性的相关结论？

6.20　采用 D 触发器设计并实现一个计数器，使之能够对输入 w 的脉冲进行计数，计数序列表示为 0，2，1，3，0，2，……

*6.21　采用 JK 触发器设计习题 6.20。

*6.22　采用 T 触发器设计习题 6.20。

6.23　采用 D 触发器设计一个模为 6 的计数器，计数序列为 0，1，2，3，4，5，0，1，……如果输入 w 为 1 时计数器对时钟脉冲个数进行计数。

6.24　采用 JK 触发器设计习题 6.23。

6.25　采用 T 触发器设计习题 6.23。

6.26　采用 D 触发器设计一个由输入 w 控制的 3 位计数类似电路。如果 $w=1$，则计数器每次计数都加 2，当计数达到 8 或 9 时循环计数，即如果当前状态为 8 或 9，则次态变为 0 或 1。如果 $w=0$，为每次都减 1 的普通递减计数器。

6.27　采用 JK 触发器设计习题 6.26。

6.28　采用 T 触发器设计习题 6.26。

*6.29　推导图 P6.2 电路的状态表。该电路可以检测线 w 上的何种输入序列？

6.30　基于图 6.29 中的代码风格，编写图 6.57 中所示电路 FSM 的 Verilog 代码。

6.31　基于图 6.34 中的代码风格，重复习题 6.30。

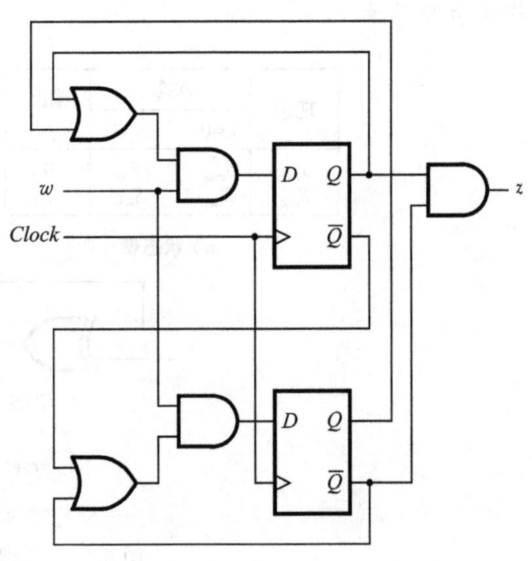

图 P6.2　习题 6.29 电路图

6.32　基于图 6.29 中的代码风格，编写图 6.58 中所示电路 FSM 的 Verilog 代码。

6.33　基于图 6.34 中的代码风格，重复习题 6.32。

6.34　编写图 P6.1 中 FSM 的 Verilog 代码。

6.35　采用 ASM 图描述图 6.57 中的 FSM。

6.36　采用 ASM 图描述图 6.58 中的 FSM。

6.37　当设备 1 和 2 连续提出请求时，6.8 节中介绍的仲裁 FSM(图 6.72 所示)可能会使设备 3 永远得不到服务，而在 Idle 状态时设备 1 或设备 2 总有可能提出请求。对 FSM 进行调整，以保证设备 3 能够得到服务，即如果它给出一个请求，那么设备 1 和设备 2 在设备 3 被授权之前只能得到服务一次。

6.38　编写图习题 6.37 中 FSM 的 Verilog 代码。

6.39　用 Verilog 代码来实现图 6.97 中的电路。

6.40　6.5 节给出了一个串行加法器的设计。推导一个类似串行减法器电路，实现 A 和 B 的减法运算。（提示：可以基于 3.3.1 节 2 的补码运算规则，产生 B 的 2 的补码。）

6.41　用 Verilog 代码实现习题 6.40 的串行减法器。

6.42　在 6.2 节中我们尝试所有可能的状态分配来实现最优化是不实际的。计算一个有 n 个状态和 $k=\log_2 n$ 个状态变量情况下 FSM 可能的状态分配数。

参考文献

1. J. F. Wakerly, *Digital Design Principles and Practices*, 4th ed. (Prentice-Hall: Englewood Cliffs, N.J., 2005).
2. R. H. Katz and G. Borriello, *Contemporary Logic Design*, 2nd ed., (Pearson Prentice-Hall: Upper Saddle River, N.J., 2005).
3. C. H. Roth Jr., *Fundamentals of Logic Design*, 5th ed., (Thomson/Brooks/Cole:

Belmont, Ca., 2004).

4. M. M. Mano, *Digital Design*, 3rd ed. (Prentice-Hall: Upper Saddle River, NJ, 2002).
5. A. Dewey, *Analysis and Design of Digital Systems with VHDL*, (PWS Publishing Co.: 1997).
6. D. D. Gajski, *Principles of Digital Design*, (Prentice-Hall: Upper Saddle River, NJ, 1997).
7. J. P. Daniels, *Digital Design from Zero to One*, (Wiley: New York, 1996).
8. V. P. Nelson, H. T. Nagle, B. D. Carroll, and J. D. Irwin, *Digital Logic Circuit Analysis and Design*, (Prentice-Hall: Englewood Cliffs, NJ, 1995).
9. F. J. Hill and G. R. Peterson, *Computer Aided Logical Design with Emphasis on VLSI*, 4th ed., (Wiley: New York, 1993).
10. J. P. Hayes, *Introduction to Logic Design*, (Addison-Wesley: Reading, MA, 1993).
11. E. J. McCluskey, *Logic Design Principles*, (Prentice-Hall: Englewood Cliffs, NJ, 1986).
12. T. L. Booth, *Digital Networks and Computer Systems*, (Wiley: New York, 1971).
13. Z. Kohavi, *Switching and Finite Automata Theory*, (McGraw-Hill: New York, 1970).
14. J. Hartmanis and R. E. Stearns, *Algebraic Structure Theory of Sequential Machines*, (Prentice-Hall: Englewood Cliffs, NJ, 1966).

第7章

数字系统设计

本章主要内容

- 总线结构
- 一个简单的处理器
- ASM图的使用
- 时钟同步和时序问题
- 芯片级触发器时序

在之前的章节中，我们介绍了许多可以用作模块的简单电路，例如数据选择器、解码器、触发器、寄存器和计数器等。在本章中我们将介绍几个复杂一点的电路，这些电路是由前面电路模块作为子电路构建而成。这些大型电路构成了一个**数字系统**(Digital System)。考虑到实际情况，作为示例的数字系统不是特别大，但是介绍的设计技术可以应用于任何规模的系统。

一个数字系统包括两个主要部分，即数据通路电路和控制电路。**数据通路电路**(Datapath Circuit)用来存储和处理数据，并将数据从系统的一个部分传输至另外一个部分。数据通路电路主要由寄存器、移位寄存器、计数器、数据选择器、解码器、加法器等模块构成。而**控制电路**(Control Circuit)主要用来控制数据通路电路的运行，在第6章中我们介绍了基于有限状态机的控制电路。本章将给出数字系统的几个例子，并介绍如何设计相应数据通路和控制电路。

7.1 总线结构

数字系统通常包括一系列用来存储数据的寄存器。根据第6章的介绍，这类寄存器可以按图6.10所示的方式通过互联网络相互连接。互联网络的实现方式有很多种，在本节中我们将介绍一种常用的方式。

假设一个数字系统有多个 n 位寄存器，那么该系统必须能够将数据从其中的任意一个寄存器传输到另外一个寄存器。一种将寄存器数据有效互连的方法是把每个寄存器都连接到用于数据输入输出的一组 n 位线上，通常我们把这样的一组线称为**总线**(Bus)。如果要将数据从多个数据源通过总线传输到多个数据终端，则要确保在任意时刻只有一个寄存器作为源端，且其他寄存器不会产生干扰。下面我们将介绍两个合理的总线架构实现方式。

7.1.1 采用三态驱动器的总线实现

两个普通逻辑门的输出不能直接相连，这是由于如果一个逻辑门输出为1而另外一个逻辑门输出为0，直接相连时会导致电路短路。因此如果要将两个寄存器的输出端连接到共同的一组线上，则必须要采用特殊的门电路。图7.1a给出了一种实现上述功能的常用电路单元。它包含一个数据输入端 w，一个数据输出端 f 和一个使能输入端 e。其功能如图7.1b中等效电路所示，图中的三角形符号表示一个同向驱动器，该电路没有逻辑操作，只是简单地复制输入信号，其目的是提供额外的驱动能力。与输出开关组合在一起的工作方式如图7.1c所示。当 $e=1$ 时，输出等于输入的逻辑值；但当 $e=0$ 时，输出端在电气上与输入端断开，这被称为**高阻态**(high impedance state)，并通常采用字母 Z(或 z)表示。

由于此电路存在 3 个不同的状态 0、1 和 Z，它也被称为三态(tri-state)缓冲器或缓冲器(buffer)。附录 B 介绍了该电路的晶体管实现方式。

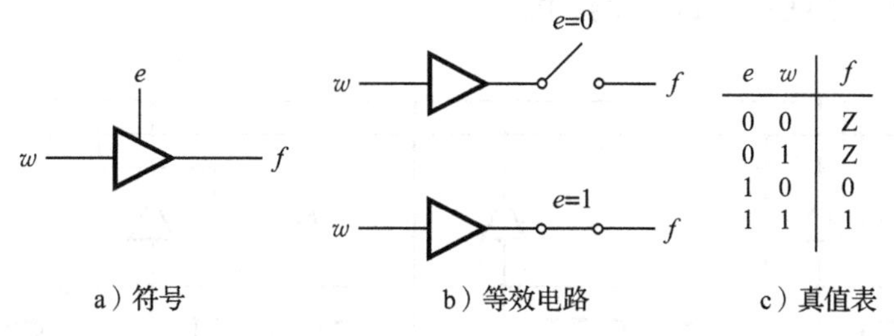

图 7.1　三态缓冲器

假设一个系统包含 k 个 n 位寄存器：$R1$ 至 Rk。图 7.2 介绍了如何通过三态驱动器连接这些寄存器来实现总线结构。每个寄存器的数据输出端连接到三态驱动器。当它们的使能端被选中时，驱动器将对应寄存器的内容放到总线上。我们曾在图 5.56 中介绍如何在寄存器上添加使能信号。如果使能输入为 1，则寄存器的内容将会在下一个有效时钟沿发生改变。在图 7.2 中，每个寄存器的使能输入用表示载入(Load)的 L 表示。控制寄存器 Rj 输入的加载信号用 Rj_{in} 表示，而控制对应三态驱动器使能端的信号称为 Rj_{out}。上述这些信号由控制电路产生。

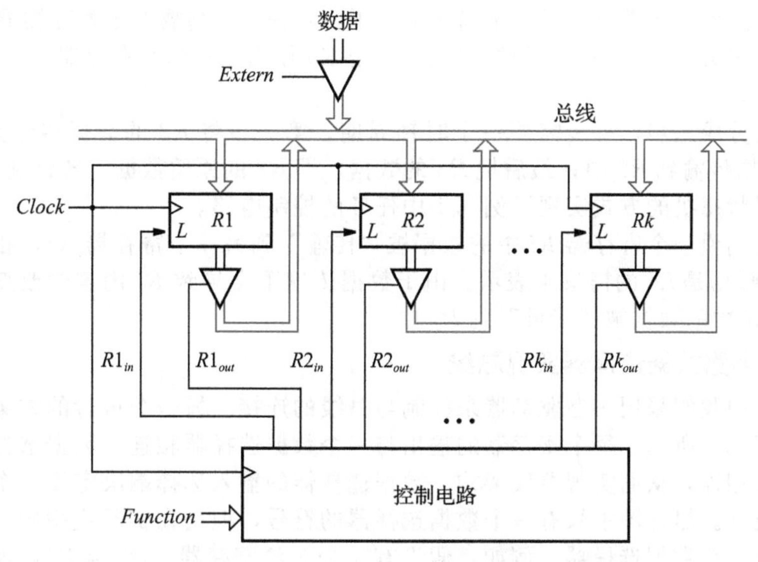

图 7.2　一个包含 k 个寄存器的数字系统

在一个实际的系统中，除了寄存器，其他类型的电路模块也会连接到总线上。图 7.2 还展示了如何通过控制输入信号 $Extern$，将外部 n 位数据放到总线上。

我们必须确保在任意时刻只有一个电路模块能够将数据放到总线上。因此，控制电路必须保证在同一时刻，$R1_{out}$，…，Rk_{out} 中只有一个三态驱动器被置位。控制电路还需要产生信号 $R1_{in}$，…，Rk_{in} 来控制寄存器何时载入数据。通常控制电路具备多种功能，例如将存储在一个寄存器中的数据传输到另一个寄存器以及控制系统中的不同功能模块的数据处理等等。图 7.2 通过一组输入信号 $Function$ 控制电路实现特定的功能。控制电路和 k 个寄存器使用相同的时钟信号进行同步。

图 7.2 中的寄存器究竟是如何连接到总线上的，这在图 7.3 中给出了更详细的说明。为了简化，这里只用 2 位寄存器进行说明，但是相同的方案可以运用到更多位的寄存器中。对于寄存器 $R1$ 而言，通过 $R1_{out}$ 使能的两个三态驱动器将每个触发器的输出连接到总

线上。每个触发器的输入端 D 连接到由 $R1_{in}$ 进行数据选择控制的 2 选 1 数据选择器。如果 $R1_{in}=0$，触发器从自己的输出端 Q 载入数据，因此存储的数据不会发生改变。但如果 $R1_{in}=1$，数据就从总线载入到触发器中。

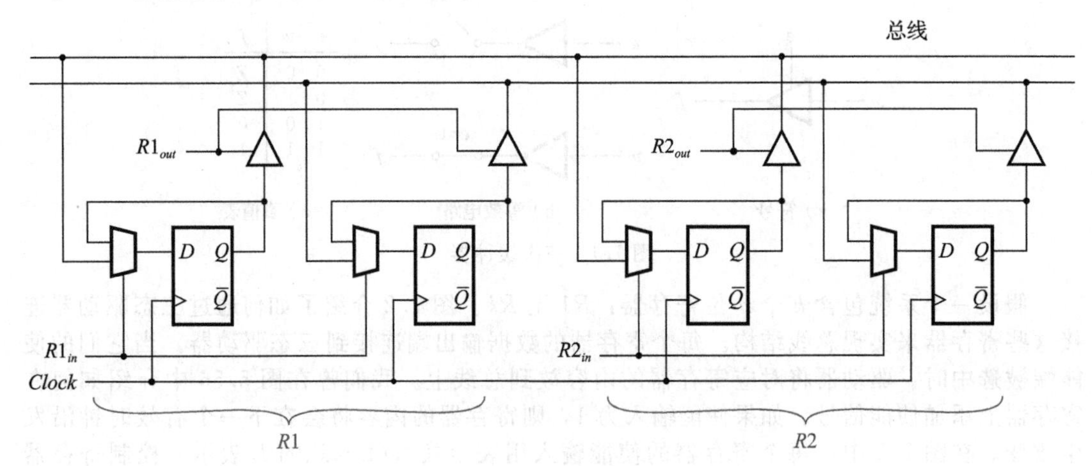

图 7.3　寄存器连接到总线的细节

图 7.2 的系统有多种不同的用法，这取决于控制电路的设计方式和连接到总线上的寄存器和其他电路模块的数量。举一个简单的例子，考虑一个包含 3 个寄存器 $R1$，$R2$ 和 $R3$ 的系统，我们定义一个单一功能的控制电路：用 $R3$ 作为数据临时存储器，交换寄存器 $R1$ 和 $R2$ 的内容。

数据交换分成三步，每步需要一个时钟周期。第一步将 $R2$ 的数据传输到 $R3$ 中；然后将 $R1$ 的数据传输到 $R2$ 中；最后把 $R3$ 的数据，即 $R2$ 的原始数据，转移到 $R1$ 中。我们已经通过有限状态机的方式实现了例 6.1 中任务的控制电路。

注意，我们说一个寄存器 Ri 中的数据被“传输”到另一个寄存器 Rj，相应的术语通常用 Rj 的新数据是 Ri 的拷贝来表示。由于数据传输不会导致 Ri 内容的改变，因此更精确地描述是 Ri 中的数据被“拷贝”到 Rj 中。

7.1.2　采用多路数据选择器实现总线

在图 7.2 中我们采用三态驱动器来控制与总线的连接。另一个可行的方案是利用数据选择器，如图 7.4 所示。每个寄存器的输出与一个数据选择器相连。数据选择器的输出与寄存器的输入相连，从而实现总线架构。数据选择器的输入选择端决定哪一个寄存器的数据出现在总线上。尽管图中只有一个数据选择器的符号，但是在实际应用中，寄存器组中的每位都需要一个数据选择器。例如，假设有 4 个 8 位寄存器：$R1$ 至 $R4$，加上外部输入的 8 位数据。要实现上述数据总线互连，我们需要 8 个 5 选 1 的数据选择器。

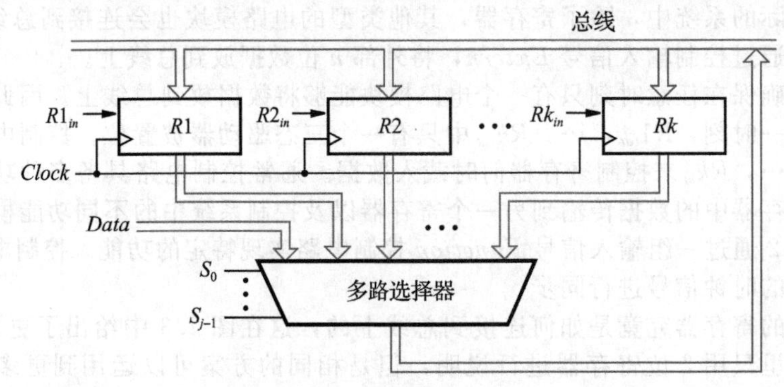

图 7.4　用多路选择器实现总线

控制电路可以用前面章节提到的有限状态机来实现。但是，与通过控制信号 Rj_{out} 将寄存器 Rj 的数据放到总线上的方式不同，我们要生成数据选择器的输入选择信号。

采用三态驱动器和数据选择器都是实现总线的有效方法。但是，在某些类型芯片中，如 FPGA，并没有足够数量的三态驱动器来实现大型总线。因而采用数据选择器是这类芯片中唯一实际可操作的方法。实际上，电路通过 CAD 工具设计实现。如果设计者采用三态驱动器来描述电路，但在目标器件中却没有足够的此类驱动器，则 CAD 工具会自动地用数据选择器产生等效电路。

7.1.3 总线结构规范的 Verilog 代码

本节将介绍交换两个寄存器数据的 Verilog 代码示例。我们首先给出如图 7.2 所示的采用三态驱动器实现总线的代码，然后给出如图 7.4 所示的采用数据选择器实现总线的代码。图 7.5 给出了图 7.3 所示 n 位寄存器的代码。寄存器的位数设置为参数 n，且默认值为 8。寄存器是这样描述的：如果输入 $L=1$，则触发器从 n 位输入端 R 载入数据，否则触发器保持它们当前的存储值。

图 7.6 给出了表示 n 位三态驱动器子电路的代码，每一位均通过输入 E 使能。驱动器输入为 n 位信号 Y，输出为 n 位信号 F。条件赋值语句描述为：当 $E=1$ 时，每个驱动器的输出 $F=Y$；否则输出置为高阻态 z。条件赋值语句采用不定长度字符 z 来定义高阻态。Verilog 编译器将使得该字符的长度与向量 Y 的位数长度相同，即为 n 位。由于一个已经分配位数的数据位宽已不再是一个参数，因此我们不能使用定义 n'bz。

```
module regn (R, L, Clock, Q);
   parameter n = 8;
   input [n-1:0] R;
   input L, Clock;
   output reg [n-1:0] Q;

   always @(posedge Clock)
      if (L)
         Q <= R;

endmodule
```

图 7.5 图 7.3 所示的 n 位寄存器代码

```
module trin (Y, E, F);
   parameter n = 8;
   input [n-1:0] Y;
   input E;
   output wire [n-1:0] F;

   assign F = E ? Y : 'bz;

endmodule
```

图 7.6 n 位的三态门模块代码

图 7.7 中的代码采用了 3 个 8 位寄存器 $R1$、$R2$ 和 $R3$ 来表示图 7.2 中类似的数字系统。图 7.2 所示的电路包括了用于将外部的 8 位数据输入放到总线上的三态驱动器。在图 7.7中，这些三态驱动器通过模块 *tri_ext* 实例化。每个 8 位三态驱动器通过信号 *Extern* 使能，驱动器的数据输入端与 8 位信号线 *Data* 相连。当 *Extern*=1 的时候，*Data* 的值被赋给用 *BusWires* 表示的总线信号。*BusWires* 向量表示电路的输出和相应的内部总线。我们声明该向量是**三态**(tri)型而不是**线**(wire)型。Verilog 编译器将关键字 tri 当作关键字 wire 对待。命名为三态型使得读者能够明显地看出经过综合后的连接具有三态的功能。

我们命名 3 个控制信号：*RinExt*1、*RinExt*2 和 *RinExt*3，控制外部数据能够通过总线分别载入到寄存器 $R1$、$R2$ 和 $R3$ 中。为了让框图简单，这些信号没有在图 7.2 中表示，但是它们与 *Extern* 和 *Data* 一样，都是由同样的外部电路模块产生。当 *RinExt*1=1 时，总线上的数据载入到寄存器 $R1$；当 *RinExt*2=1 时，数据载入到 $R2$；当 *RinExt*3=1 时，数据载入到 $R3$。

在图 7.7 中，还包括了实现数据交换任务示例的控制电路的 FSM。由于控制电路只进行一种操作，因此没有包含图 7.2 中所示的 *Function* 输入。我们设输入信号为 w，并在一个时钟周期内保持为 1，从而开始交换任务。通过置位信号 *Done* 来表示交换任务的结束，并使控制电路回到初始状态。

```
module swap (Resetn, Clock, w, Data, Extern, RinExt1, RinExt2, RinExt3, BusWires, Done);
  parameter n = 8;
  input Resetn, Clock, w, Extern, RinExt1, RinExt2, RinExt3;
  input [n-1:0] Data;
  output tri [n-1:0] BusWires;
  output Done;
  wire [n-1:0] R1, R2, R3;
  wire R1in, R1out, R2in, R2out, R3in, R3out;
  reg [2:1] y, Y;
  parameter [2:1] A = 2'b00, B = 2'b01, C = 2'b10, D = 2'b11;

  // Define the next state combinational circuit for FSM
  always @(w, y)
    case (y)
      A: if (w)  Y = B;
         else    Y = A;
      B:         Y = C;
      C:         Y = D;
      D:         Y = A;
    endcase

  // Define the sequential block for FSM
  always @(negedge Resetn, posedge Clock)
    if (Resetn == 0) y <= A;
    else y <= Y;

  // Define outputs of FSM
  assign R2out = (y == B);
  assign R3in = (y == B);
  assign R1out = (y == C);
  assign R2in = (y == C);
  assign R3out = (y == D);
  assign R1in = (y == D);
  assign Done = (y == D);

  // Instantiate registers
  regn reg_1 (BusWires, RinExt1 | R1in, Clock, R1);
  regn reg_2 (BusWires, RinExt2 | R2in, Clock, R2);
  regn reg_3 (BusWires, RinExt3 | R3in, Clock, R3);
  // Instantiate tri-state drivers
  trin tri_ext (Data, Extern, BusWires);
  trin tri_1 (R1, R1out, BusWires);
  trin tri_2 (R2, R2out, BusWires);
  trin tri_3 (R3, R3out, BusWires);
endmodule
```

图 7.7 与图 7.2 类似的数字系统

采用多路选择器的 Verilog 代码

图 7.8 介绍了如何将图 7.7 的代码调整为数据选择器而不是三态驱动器的实现方法。采用图 7.4 所示的电路结构，该总线采用 8 个 4 选 1 数据选择器实现。每个 4 选 1 数据选择器的 3 位数据输入端分别与寄存器 $R1$、$R2$ 和 $R3$ 的输出相连，第 4 位数据输入端与输入信号 $Data$ 相连，从而使得外部提供的数据能够写入寄存器。

我们采用同样的 FSM 控制电路。但是由于不采用三态驱动器，所以不需要控制信号 $R1_{out}$、$R2_{out}$ 和 $R3_{out}$。相应的，用 **if-else** 语句根据 FSM 状态来定义所需的数据输入源。因此，当 FSM 在状态 A 时，数据选择器选择 $Data$ 输入。而在状态 B 时，寄存器 $R2$ 提供数据选择器的输入，其他状态以此类推。

```
module swapmux (Resetn, Clock, w, Data, RinExt1, RinExt2, RinExt3, BusWires, Done);
   parameter n = 8;
   input Resetn, Clock, w, RinExt1, RinExt2, RinExt3;
   input [n–1:0] Data;
   output reg [n–1:0] BusWires;
   output Done;
   wire [n–1:0] R1, R2, R3;
   wire R1in, R2in, R3in;
   reg [2:1] y, Y;
   parameter [2:1] A = 2'b00, B = 2'b01, C = 2'b10, D = 2'b11;

   // Define the next state combinational circuit for FSM
   always @(w, y)
      case (y)
         A: if (w)    Y = B;
            else      Y = A;
         B:           Y = C;
         C:           Y = D;
         D:           Y = A;
      endcase

   // Define the sequential block for FSM
   always @(negedge Resetn, posedge Clock)
      if (Resetn == 0)  y <= A;
      else  y <= Y;

   // Define control signals
   assign R3in = (y == B);
   assign R2in = (y == C);
   assign R1in = (y == D);
   assign Done = (y == D);

   // Instantiate registers
   regn reg_1 (BusWires, RinExt1 | R1in, Clock, R1);
   regn reg_2 (BusWires, RinExt2 | R2in, Clock, R2);
   regn reg_3 (BusWires, RinExt3 | R3in, Clock, R3);

   // Define the multiplexers
   always @(y, Data, R1, R2, R3)
      if (y == A) BusWires = Data;
      else if (y == B) BusWires = R2;
      else if (y == C) BusWires = R1;
      else BusWires = R3;
endmodule
```

图 7.8　采用多路选择器实现总线架构的 Verilog 代码

7.2　简单的处理器

与图 7.2 类似的第 2 个数字系统示例如图 7.9 所示。该系统包括 4 个通过三态驱动器与总线连接的 n 位寄存器 $R0$、$R1$、$R2$、$R3$。外部数据通过控制信号 $Extern$ 使能的三态驱动器，将 n 位输入 $Data$ 通过总线加载至寄存器。该系统还包括一个加法/减法器模块，其中的一组输入数据由与总线相连的 n 位寄存器 A 提供，而另一组数据输入 B 直接连接到总线上。如果 $AddSub$ 值为 0，该模块实现求和 $A+B$ 功能；如果 $AddSub=1$，该模型实现求差 $A-B$ 功能。根据 3.3 节中的讨论，为了实现减法运算，我们假设加法/减法器模块包含异或门来产生数据 B 的 2 的补码。寄存器 G 存储加法/减法器的运算结果。寄存器 A 和 G 由信号 A_{in}、G_{in} 和 G 控制。

图 7.9 所示系统能够根据控制电路的设计实现不同的操作。例如，我们设计一个表 7.1 中所列 4 种操作的控制电路。表中左侧栏表示操作的名称和操作数；右侧栏表示该

操作相应的函数。*Load* 操作即 $Rx \leftarrow Data$，表示外部输入数据通过总线传输到任意的寄存器 Rx，其中 Rx 可以从 $R0$ 到 $R3$。*Move* 操作将存储在寄存器 Ry 的数据复制到寄存器 Rx 中。表中的方括号，如[Rx]，表示寄存器中的内容。因为仅仅是通过总线的单步传输，所以 *Load* 和 *Move* 操作只需要一步(一个时钟周期)就可以完成。而加、减操作则需要 3 步才能完成，分别为：第一步将 Rx 的内容通过总线传输到寄存器 A；第二步，将 Ry 的内容放到总线上，加法/减法器模块进行相应的函数计算，其结果存储在寄存器 G 中；第三步，把 G 的内容传输到 Rx 中。

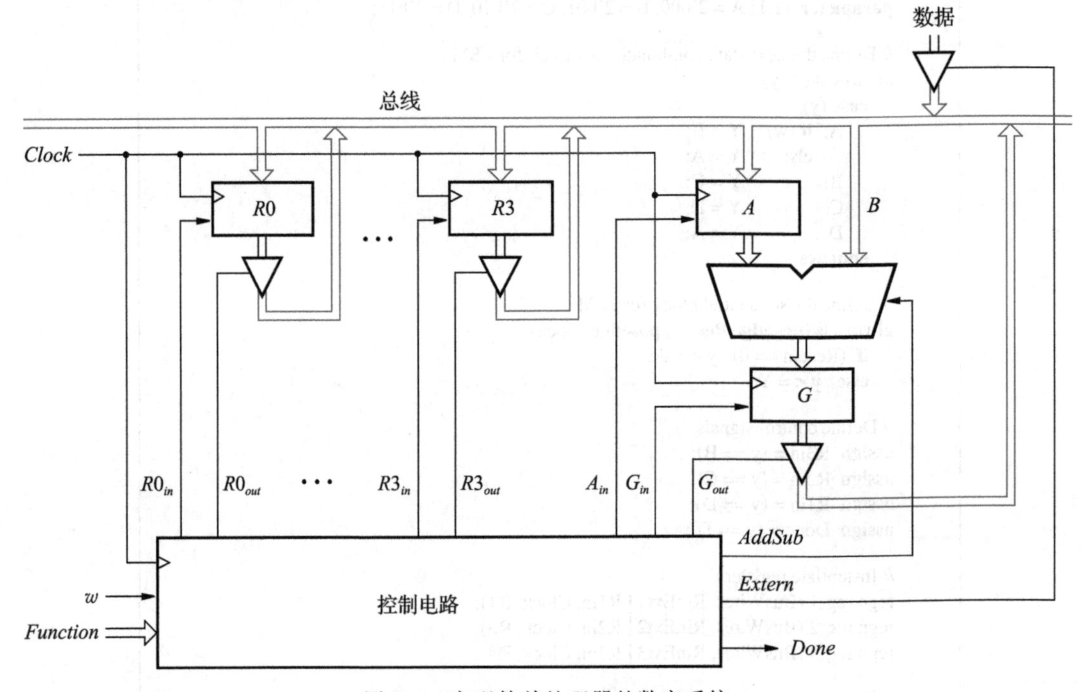

图 7.9 实现简单处理器的数字系统

一个具备表 7.1 所示操作的数字系统，通常被称为处理器(processor)。我们通过设置控制电路的输入信号 *Function*，使处理器在任意给定时刻实现定义的具体操作。通过将输入信号 w 置 1 来实现操作的初始化，而控制电路置位 *Done* 信号来表示操作的完成。

表 7.1 处理器中可执行操作

操作	执行的功能
Load Rx，$Data$	$Rx \leftarrow Data$(数据)
Move Rx，Ry	$Rx \leftarrow [Ry]$
Add Rx，Ry	$Rx \leftarrow [Rx]+[Ry]$
Sub Rx，Ry	$Rx \leftarrow [Rx]-[Ry]$

在图 7.2 中我们采用 FSM 来实现控制电路。在图 7.9 中，我们采用了类似的设计。为了说明另一种实现方式，我们将基于一个计数器设计控制电路。该电路会在每个操作中的每一步都产生所需的控制信号。由于最长的操作(加法和减法)需要三步(时钟周期)，因此可以采用一个 2 位计数器。图 7.10 介绍了一个连接到 2-4 译码器的 2 位加法计数器。译码器我们在第 4 章中已经进行了讨论。该译码器通过保持输入信号(En)恒为 1 来持续使能。译码器的每个输出都代表一个操作的其中一步。若是当前没有进行操作，则计数值为 00，此时译码器的输出 T_0 被置位。在操作的第一步，计数值为 01，T_1 被置位。而在加法和减法操作的第二和第三步，T_2 和 T_3 分别被置位。

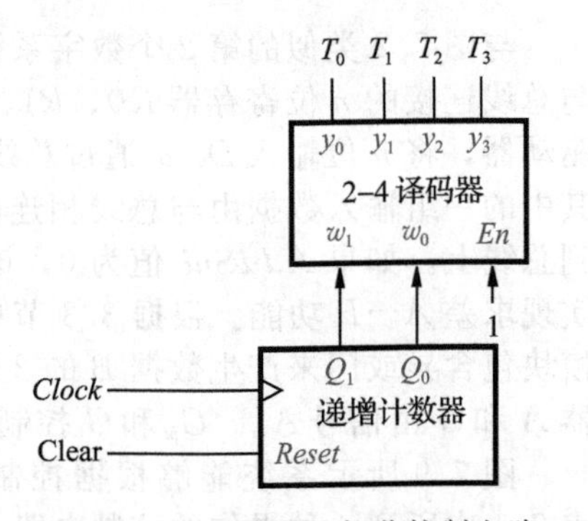

图 7.10 处理器中的部分控制电路

从 T_0 到 T_3 的每一步，根据所进行的不同操作，由控制电路产生各种控制信号值。图 7.11表明了由 6 位输入信号 *Function* 所定义的操作。最左边的两位 $F=f_1f_0$ 被用于定义操作类型。我们用 $f_1f_0=00$，01，10 和 11 分别表示 *Load*、*Move*、*Add* 和 *Sub* 操作。输入二进制数 Rx_1Rx_0 表示操作数 Rx，而 Ry_1Ry_0 表示操作数 Ry。当 FR_{in} 信号被置位时，输入值 *Function* 存储到 6 位的函数寄存器中。

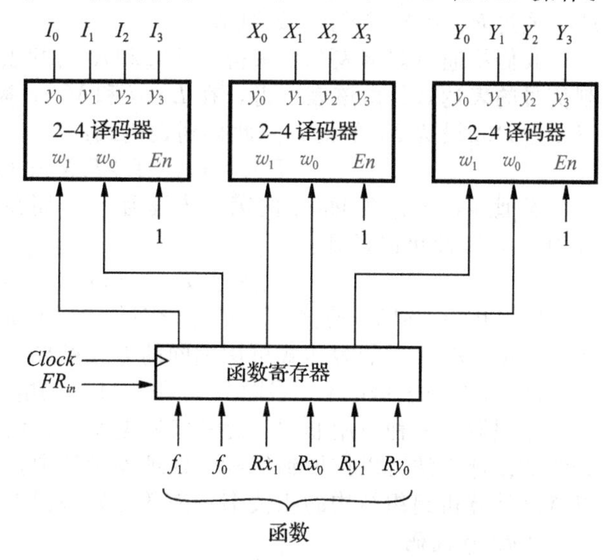

图 7.11　函数寄存器和译码器

图 7.11 中还展示了用于对输入信号 F，Rx 和 Ry 进行译码的 2－4 译码器。由于译码器提供了控制信号简单明了的输出表达式，因此很快我们就能够体会使用译码器的方便之处。

图 7.10 和 7.11 中的电路构成了控制电路的一部分。我们将介绍如何采用输入信号 w 和 T_0，…，T_3，I_0，…，I_3，X_0，…，X_3，和 Y_0，…，Y_3，设计控制电路的其他部分。控制电路不仅需要产生输出信号 *Extern*，*Done*，A_{in}，G_{in}，G_{out}，*AddSub*，$R0_{in}$，…，$R3_{in}$ 和 $R0_{out}$，…，$R3_{out}$，还需要产生图 7.10 和 7.11 中的信号 *Clear* 和 FR_{in}。

Clear 和 FR_{in} 的定义与所有操作一样。*Clear* 用来确保只要 $w=0$ 且没有操作执行时，计数器的值保持为 00。在每个操作的结尾，这个信号还用来将计数器中的值清为 00。因此相应的逻辑表达式为：

$$Clear=\overline{w}T_0+Done$$

FR_{in} 信号的作用是：当 w 变为 1 时将 *Function* 中的输入值装载到函数寄存器中，因此有：

$$FR_{in}=wT_0$$

控制电路的其他输出取决于每个操作中特定的步骤。表 7.2 给出了每个操作中每个信号的赋值关系。表中的每行对应一个特定的操作，而每一列代表具体操作的每个步骤。*Extern* 只在 *Load* 操作的第一步被置位。因此，实现该信号的逻辑表达式为：

$$Extern=I_0T_1$$

表 7.2　每个单位时间运算中的控制信号

	T_1	T_2	T_3
(Load)：I_0	*Extern*，$R_{in}=X$，*Done*		
(Move)：I_1	$R_{in}=X$，$R_{out}=Y$，*Done*		
(Add)：I_2	$R_{out}=X$，A_{in}	$R_{out}=Y$，G_{in}，$AddSub=0$	G_{out}，$R_{in}=X$，*Done*
(Sub)：I_3	$R_{out}=X$，A_{in}	$R_{out}=Y$，G_{in}，$AddSub=1$	G_{out}，$R_{in}=X$，*Done*

Done 分别在 *Load* 和 *Move* 的第一步和 *Add* 和 *Sub* 的第三步被置位，因此可以表示为：

$$Done=(I_0+I_1)T_1+(I_2+I_3)T_3$$

A_{in}、G_{in} 和 G_{out} 信号在 *Add* 和 *Sub* 操作中被置位。A_{in} 在 T_1 中被置位，G_{in} 在 T_2 中被置位，G_{out} 在 T_3 中被置位。*AddSub* 信号要在 *Add* 操作中被设为 0，而在 *Sub* 操作中被设为 1。上述操作可以分别通过下面的逻辑表达式实现：

$$A_{in}=(I_2+I_3)T_1$$

$$G_{in}=(I_2+I_3)T_2$$

$$G_{out}=(I_2+I_3)T_3$$

$$AddSub = I_3$$

$R0_{in}$，…，$R3_{in}$的值取决于X_0，…，X_3信号或Y_0，…，Y_3信号。在表 7.2 中这些操作通过$R_{in}=X$或$R_{in}=Y$表示。$R_{in}=X$的意思是$R0_{in}=X_0$，$R1_{in}=X_1$等。类似地，$R0_{out}$，…，$R3_{out}$通过$R_{out}=X$或$R_{out}=Y$赋值。

我们将通过观察表 7.2 来得到$R0_{in}$和$R0_{out}$的表达式，然后介绍如何推导其他寄存器控制信号的表达式。由该表可得，在 *Load* 和 *Move* 操作中的第一步和 *Add* 和 *Sub* 操作的第三步中$R0_{in}$设为X_0的值，因此得到表达式：

$$R0_{in}=(I_0+I_1)T_1X_0+(I_2+I_3)T_3X_0$$

类似地，$R0_{out}$在 *Move* 的第一步设为Y_0，而在 *Add* 和 *Sub* 的第一步设为X_0，第二步设为Y_0，因此可以得到：

$$R0_{out}=I_1T_1Y_0+(I_2+I_3)(T_1X_0+T_2Y_0)$$

除了用X_1和Y_1替代X_0和Y_0之外，$R1_{in}$和$R1_{out}$的表达式与$R0_{in}$和$R0_{out}$相同。$R2_{in}$、$R2_{out}$、$R3_{in}$和$R3_{out}$的表达式可用相同的方式推导。

图 7.9 中的控制电路通过图 7.10 和 7.11 中的电路以及上述逻辑表达式所对应电路实现。

处理器是一种应用非常广泛的实用电路。我们只介绍了处理器设计最基本的方面。但介绍的设计方法可以扩展到实际的处理器设计中，例如现代的微处理器。感兴趣的读者可以查阅计算机组织结构的相关书籍来学习处理器设计的更多细节[1－2]。

Verilog 代码

在本节中我们给出了两种不同风格的 Verilog 代码来描述图 7.9 中给出的系统。第一种采用三态驱动器来实现总线，并给出了控制电路输出端的逻辑表达式。而第二种采用数据选择器来实现总线，并采用与表 7.2 对应的 **case** 语句来描述控制电路的输出。

图 7.12 展示了一个名为 *upcount* 的 2 位递增计数器的 Verilog 代码。它有一个高电平有效的同步复位输入端。处理器 Verilog 代码的其他子电路采用图 4.31、7.5 节和 7.6 节中的 *dec2to4*，*regn* 和 *trin* 模块。

图 7.13 给出了完整的处理器代码。*counter* 和 *decT* 是图 7.10 中子电路的实例化模块。注意到我们曾假设电路有一个用来将计数器初始化为 00 的高电平有效复位输入 *Reset*。语句 **assign** Func＝{F，Rx，Ry}采用连接操作来产生 6 位信号 *Func*，用于表示图 7.11 中的函数寄存器输入。*functionreg* 模块表示数据输入为 *Func* 和输出为 *FuncReg* 的函数寄存器。实例模块 *decI*，*decX* 和 *decY* 表示图 7.11 中的译码器。在这些语句之后给出了前面推导的控制电路的输出逻辑表达式。采用一个 **for** 循环来产生$R0_{in}$，…，$R3_{in}$和$R0_{out}$，…，$R3_{out}$的表达式。

代码的最后定义加/减法器模块，且实例化了处理器中的三态驱动器和寄存器。

```
module upcount (Clear, Clock, Q);
  input Clear, Clock;
  output reg [1:0] Q;

  always @(posedge Clock)
    if (Clear)
      Q <= 0;
    else
      Q <= Q + 1;

endmodule
```

图 7.12　一个具有同步复位端的 2 位递增计数器

采用数据选择器和 Case 语句

我们在图 7.4 中给出了一个通过数据选择器而不是三态驱动器的总线实现方法。图 7.14 给出了采用数据选择器描述处理器的 Verilog 代码。该代码采用了一种不同的处理器控制电路描述方式。它没有按照图 7.13 那样给出信号 *Extern*、*Done* 等逻辑表达式，而是采用 **case** 语句描述表 7.2 中给出的信息。每个控制信号首先赋为默认值 0，这么做的原因是只有在控制信号应该被置位的时候，**case** 语句才会定义它的值，这和表 7.2 中的处理方式一样。根据第 5 章中的解释，当一个信号没有被赋值时，就保持它的当前值。这就意味着存在反馈连接的存储器效果，即，实际电路综合后可以表示为一个锁存器。我们通过在 **case** 语句中设置每个控制信号的默认值为 0 来避免上述问题。

```
module proc (Data, Reset, w, Clock, F, Rx, Ry, Done, BusWires);
  input [7:0] Data;
  input Reset, w, Clock;
  input [1:0] F, Rx, Ry;
  output wire [7:0] BusWires;
  output Done;
  reg [0:3] Rin, Rout;
  reg [7:0] Sum;
  wire Clear, AddSub, Extern, Ain, Gin, Gout, FRin;
  wire [1:0] Count;
  wire [0:3] T, I, Xreg, Y;
  wire [7:0] R0, R1, R2, R3, A, G;
  wire [1:6] Func, FuncReg;
  integer k;

  upcount counter (Clear, Clock, Count);
  dec2to4 decT (Count, 1'b1, T);

  assign Clear = Reset | Done | (~w & T[0]);
  assign Func = {F, Rx, Ry};
  assign FRin = w & T[0];

  regn functionreg (Func, FRin, Clock, FuncReg);
    defparam functionreg.n = 6;
  dec2to4 decI (FuncReg[1:2], 1'b1, I);
  dec2to4 decX (FuncReg[3:4], 1'b1, Xreg);
  dec2to4 decY (FuncReg[5:6], 1'b1, Y);

  assign Extern = I[0] & T[1];
  assign Done = ((I[0] | I[1]) & T[1]) | ((I[2] | I[3]) & T[3]);
  assign Ain = (I[2] | I[3]) & T[1];
  assign Gin = (I[2] | I[3]) & T[2];
  assign Gout = (I[2] | I[3]) & T[3];
  assign AddSub = I[3];
  // RegCntl
  always @(I, T, Xreg, Y)
    for (k = 0; k < 4; k = k+1)
    begin
      Rin[k] = ((I[0] | I[1]) & T[1] & Xreg[k]) |
        ((I[2] | I[3]) & T[3] & Xreg[k]);
      Rout[k] = (I[1] & T[1] & Y[k]) | ((I[2] | I[3]) &
        ((T[1] & Xreg[k]) | (T[2] & Y[k])));
    end

  trin tri_ext (Data, Extern, BusWires);
  regn reg_0 (BusWires, Rin[0], Clock, R0);
  regn reg_1 (BusWires, Rin[1], Clock, R1);
  regn reg_2 (BusWires, Rin[2], Clock, R2);
  regn reg_3 (BusWires, Rin[3], Clock, R3);

  trin tri_0 (R0, Rout[0], BusWires);
  trin tri_1 (R1, Rout[1], BusWires);
  trin tri_2 (R2, Rout[2], BusWires);
  trin tri_3 (R3, Rout[3], BusWires);
  regn reg_A (BusWires, Ain, Clock, A);

  // alu
  always @(AddSub, A, BusWires)
    if (!AddSub)
      Sum = A + BusWires;
    else
      Sum = A - BusWires;

  regn reg_G (Sum, Gin, Clock, G);
  trin tri_G (G, Gout, BusWires);

endmodule
```

图 7.13　处理器代码

```
module proc (Data, Reset, w, Clock, F, Rx, Ry, Done, BusWires);
  input [7:0] Data;
  input Reset, w, Clock;
  input [1:0] F, Rx, Ry;
  output reg [7:0] BusWires;
  output reg Done;
  reg [7:0] Sum;
  reg [0:3] Rin, Rout;
  reg Extern, Ain, Gin, Gout, AddSub;
  wire [1:0] Count, I;
  wire [0:3] Xreg, Y;
  wire [7:0] R0, R1, R2, R3, A, G;
  wire [1:6] Func, FuncReg, Sel;

  wire Clear = Reset | Done | (~w & ~Count[1] & ~Count[0]);
  upcount counter (Clear, Clock, Count);
  assign Func = {F, Rx, Ry};
  wire FRin = w & ~Count[1] & ~Count[0];
  regn functionreg (Func, FRin, Clock, FuncReg);
    defparam functionreg.n = 6;
  assign I = FuncReg[1:2];
  dec2to4 decX (FuncReg[3:4], 1'b1, Xreg);
  dec2to4 decY (FuncReg[5:6], 1'b1, Y);

  always @(Count, I, Xreg, Y)
  begin
    Extern = 1'b0; Done = 1'b0; Ain = 1'b0; Gin = 1'b0;
    Gout = 1'b0; AddSub = 1'b0; Rin = 4'b0; Rout = 4'b0;
    case (Count)
      2'b00: ; //no signals asserted in time step T0
      2'b01:   //define signals in time step T1
        case (I)
          2'b00: begin //Load
                   Extern = 1'b1; Rin = Xreg; Done = 1'b1;
                 end
          2'b01: begin //Move
                   Rout = Y; Rin = Xreg; Done = 1'b1;
                 end
          default: begin //Add, Sub
                     Rout = Xreg; Ain = 1'b1;
                   end
        endcase
    2'b10: //define signals in time step T2
      case(I)
        2'b10: begin //Add
                 Rout = Y; Gin = 1'b1;
               end
        2'b11: begin //Sub
                 Rout = Y; AddSub = 1'b1; Gin = 1'b1;
               end
        default: ; //Add, Sub
      endcase
    2'b11:
      case (I)
        2'b10, 2'b11: begin
                        Gout = 1'b1; Rin = Xreg; Done = 1'b1;
                      end
        default: ; //Add, Sub
      endcase
   endcase
 end
```

图 7.14 处理器的另一种代码

```
        regn  reg_0 (BusWires, Rin[0], Clock, R0);
        regn  reg_1 (BusWires, Rin[1], Clock, R1);
        regn  reg_2 (BusWires, Rin[2], Clock, R2);
        regn  reg_3 (BusWires, Rin[3], Clock, R3);
        regn  reg_A (BusWires, Ain, Clock, A);

        // alu
        always @(AddSub, A, BusWires)
        begin
            if (!AddSub)
                Sum = A + BusWires;
            else
                Sum = A - BusWires;
        end

        regn reg_G (Sum, Gin, Clock, G);
        assign Sel = {Rout, Gout, Extern};

        always @(Sel, R0, R1, R2, R3, G, Data)
        begin
            if (Sel == 6'b100000)
                BusWires = R0;
            else if (Sel == 6'b010000)
                BusWires = R1;
            else if (Sel == 6'b001000)
                BusWires = R2;
            else if (Sel == 6'b000100)
                BusWires = R3;
            else if (Sel == 6'b000010)
                BusWires = G;
            else BusWires = Data;
        end

endmodule
```

图 7.14 （续）

在图 7.13 中译码器 *decT* 和 *decI* 分别用来译码信号 *Count* 和存储后的输入值 *F*。*decT* 译码器的输出为 T_0，…，T_3，*decI* 则产生输出 I_0，…，I_3。在图 7.14 中这两个译码器由于没有被使用因此没有实际作用。此外，信号 *I* 定义为一个 2 位信号，而 2 位信号 *Count* 替代了 *T*。上述信号都用于 **case** 语句中。代码将函数寄存器中的最左 2 位值赋给 *I*，这与输入 *F* 的存储值相对应。

代码中有两个嵌套的 **case** 语句。第一个枚举了 *Count* 的可能值。对于每一个表示表 7.2 中对应栏的 **case** 语句，还嵌套了枚举 *I* 的 4 个可能值的 **case** 语句。如代码所注释的，嵌套的 **case** 语句完全对应表 7.2 中的信息。

在图 7.14 的最后，总线结构通过一个表示数据选择器的 **if-else** 语句描述，该语句根据 R_{out}、G_{out} 和 *Extern* 的值来选择对应的数据放到总线 *BusWires* 上。

我们将图 7.14 中的代码在芯片中进行电路综合。图 7.15 给出了时序仿真结果的一个例子。在该时序图中，每个 $w=1$ 的时钟周期表示一个操作的开始。在第一个仿真操作的 250ns 处，输入 *F* 和 *Rx* 的值都是 00。因此对应操作“*Load R*0，*Data*”。*Data* 的值为 2A，并在下一有效时钟上升沿载入到 *R*0。下一操作将 55 载入到寄存器 *R*1，然后又将 22 载入到 *R*2。在 850ns 处，输入 *F* 的值为 10，此时 $Rx=01$ 且 $Ry=00$。对于操作“*Add R*1，*R*0”。在接下来的时钟周期中，*R*1(55)的数据被放到总线上，该数据在 950ns 时钟沿处加载到寄存器 *A* 中，同时 *R*0(2A)的数据也放置到总线上。加/减法器产生正确的加法结果(7F)，并在 1050ns 时载入到寄存器 *G*。在该时钟沿之后，*G*(7F)中的新数据被放到总线上，并在 1150ns 时载入到寄存器 $R1$ 中。时序图还展示了另外两个操作。在 1250ns 的时刻(*Move* $R3$，$R1$)将 $R1$(7F)的内容复制到 $R3$ 中。最后，开始于 1450ns 的操作(*Sub* $R3$，$R2$)将 $R3$(7F)的内容减去 $R2$(22)的内容，并得到正确的结果 7F－22＝5D。

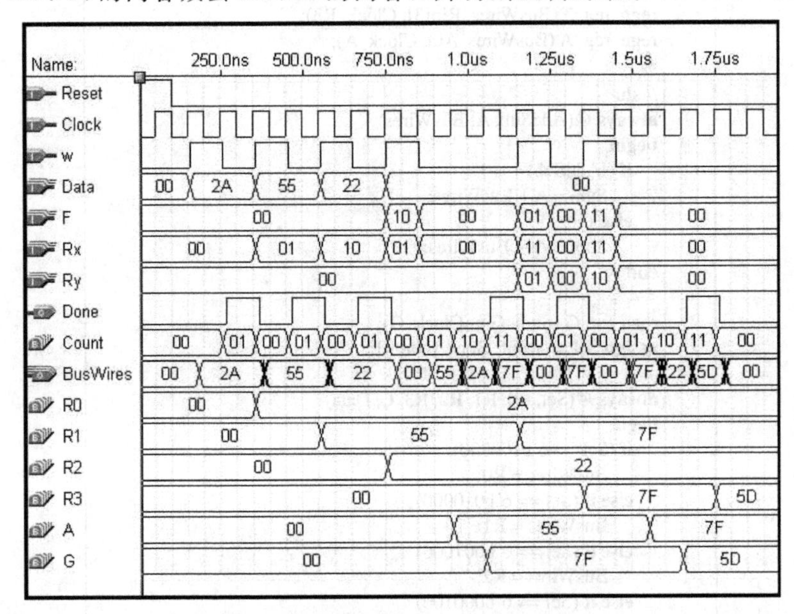

图 7.15　图 7.14 中的 Verilog 代码的时序仿真

7.3　位计数电路

我们在 6.10 节中介绍了算法状态机(ASM)图，并说明了如何用它来描述有限状态机。ASM 图也能用来描述包括数据通路和控制电路的数字系统。我们将在后续的例子中介绍如何将 ASM 图作为辅助工具来设计数字系统。

假设我们要统计寄存器 A 中位数为 1 的个数。图 7.16 表示一个能够按步骤完成上述任务的伪代码，或称为算法(Algorithm)。假设 A 存储在一个寄存器中且可以从左至右移位。算法生成的结果存储在名为 B 的变量中。当 A 中不包含 1，即 A 为 0 时算法终止。在 **while** 循环的每个迭代中，如果 A 的最低有效位(LSB)是 1，则 B 加 1，否则 B 不变。在每个循环迭代的最后 A 都会向右移动一位。

```
B = 0;
while A ≠ 0 do
    if a0 = 1 then
        B = B+1;
    end if;
    Right-shift A;
end while;
```

图 7.16　位计数器的伪代码

图 7.17 给出了图 7.16 中算法的 ASM 图。开始的状态框 $S1$ 中，B 被初始化为 0。我们假设输入信号 s 表示何时处理载入 A 的数据，即表示状态机的开始。标记为 s 的判断框规定只要 $s=0$，状态机就一直保持 $S1$ 的状态。条件输出框 *Load* A 表示在状态 $S1$ 的时候，如果 $s=0$，A 从外部输入载入数据。

当 s 变为 1，状态机切换到状态 $S2$。在状态框 $S2$ 下的判断框检查 A 是否为 0。如果为 0，则位计数操作完成，此时状态机切换到状态 $S3$。如果不是，FSM 保持在状态 $S2$。在图底部的判断框中检查 a_0 的值。如果 $a_0=1$，则图中通过 $B \leftarrow B+1$ 表示 B 加 1。如果 $a_0=0$，则 B 值保持不变。在状态 $S3$，B 包含了 A 中位数为 1 的个数的结果。输出信号 *Done* 设为 1，即表示算法结束，FSM 保持在状态 $S3$ 直到 s 又变为 0。

实现时序信息的 ASM 图

在第 6 章中我们了解到 ASM 图除了包含时序信息外，其他的特性与传统的流程图相似。我们可以继续用上述位计数的例子来说明这个概念。考虑 ASM 中包含状态 $S2$ 的模块，如图7.17中浅灰色阴影部分所示。在传统的流程图中，当进入状态$S2$时，A的值将首先向右移位。然后再检查A的值，如果A的LSB为1，则B加1。但是，由于ASM图表示的是一个时序电路，触发器A和B输出的变化，将发生在有效时钟沿之后。控制状态机状态改变的时钟信号同样控制A和B的改变。当状态机在状态$S1$时，下一个有效时钟沿只执行状态框$S1$中所规定的行为，即B赋值为0。因此在状态$S2$中，检测A是否等于0和检测a_0值的判断框都在数据移位前进行。如果$A=0$，则FSM将在下一时钟沿转换到状态$S3$(在该时钟沿也对A进行移位操作，因为A已经为0，因此该操作无效)。在其他情况下，如果$A \neq 0$，则FSM不会变为$S3$，但保持在$S2$。此时，A被移位，且如果a_0的值为1则B增加。这些时序问题在实现ASM图电路的仿真图7.21中展示。接下来我们讨论如何进行电路设计。

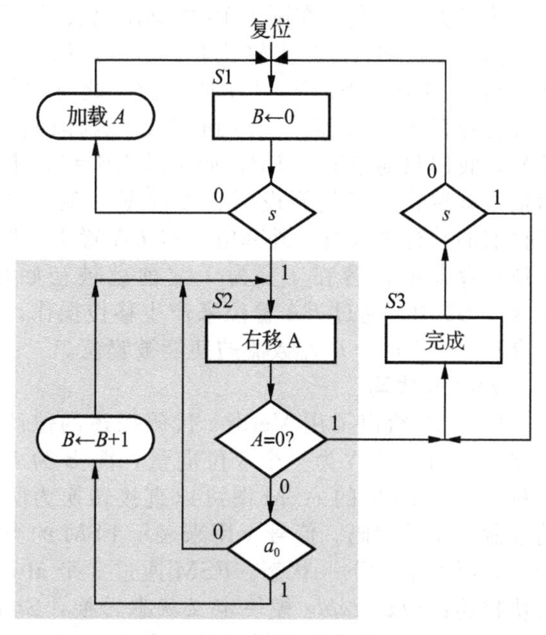

图7.17 图7.16所示的伪代码的ASM图

数据通路电路

通过分析位计数电路的ASM图，我们可以推断用于实现数据通路的电路类型。我们需要一个从左到右移位的移位寄存器来实现A。由于状态$S1$中的条件输出框要将数据载入寄存器，所以移位寄存器还必须具有并行载入能力。由于移位只发生在状态$S2$，所以需要一个使能输入端。实现B需要一个计数器，且同样需要具备并行载入能力，从而能够将计数器在状态$S1$时初始化为0。通过计数器的复位输入在状态$S1$时将B清零是不明智的选择。在实际应用中，数字系统的复位信号只有两个目的：上电时初始化电路或从错误中恢复。$s=0$时状态机从$S3$转换到$S1$，因此我们不应该用复位信号来清除计数器。

数据通路电路如图7.18所示。移位寄存器的串行输入端w不需要使用，因而连接到0。移位寄存器的载入端和使能输入端分别通过信号LA和EA驱动。移位寄存器的并行输入端命名为$Data$，而并行输出为A。一个n输入的或非门用来检测A是否为0。当$A=0$时，或非门输出端z为1。注意到n输入或非门的输入端用标记为n的单端输入表示。计数器有$\log_2(n)$位，并行输入连接到0，并行输出命名为B。计数器也有并行置数输入端LB和使能控制信号EB。

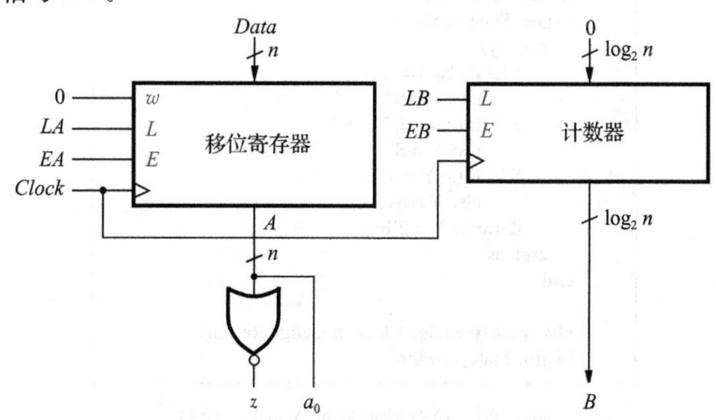

图7.18 图7.17中ASM图的数据通路

控制电路

为了方便，我们在图 7.19 中画出只表示控制电路 FSM 的第二个 ASM 图。该 FSM 的输入为 s，a_0 和 z，产生输出信号 EA，LB，EB 和 $Done$。在状态 $S1$ 中，LB 被置位，此时数值 0 被并行加载入计数器。注意到像 LB 这样的控制信号，我们只简单地用 LB，而不是 $LB=1$，来表示信号被置位。我们假设当有效数据出现在移位寄存器的并行输入时，外部电路将 LA 置 1，因此移位寄存器的内容在 s 变为 1 之前就被初始化。在状态 $S2$ 中，通过 EA 置位来产生移位操作，而只有在 $a_0=1$ 时，B 计数器的使能被置位。

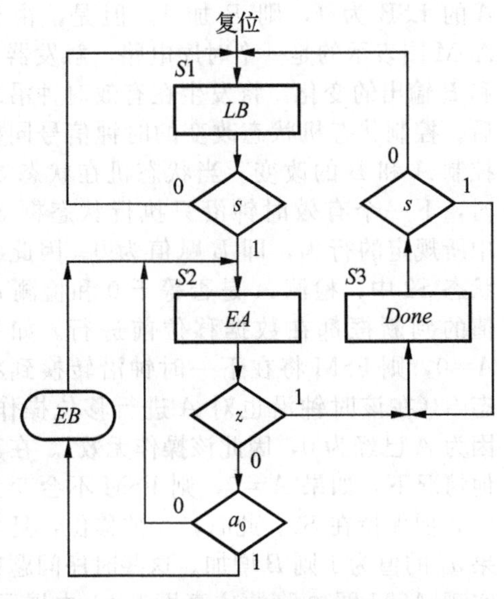

图 7.19　位计数器控制电路的 ASM 图

Verilog 代码

图 7.20 给出了用 Verilog 代码描述的位计数电路。我们定义 A 为一个 8 位向量，而 B 为 4 位向量。图 7.19 中的 ASM 图可以直接转换为所需的控制电路的代码。信号 y 用来表示 FSM 的当前状态，而 Y 表示下一状态。FSM 通过 3 个 **always** 模块描述：*State-table* 模块定义状态转换，*State-flipflops* 模块表示状态触发器，*FSM-outputs* 模块表示每个状态下的输出。在 *FSM-outputs* 模块的开始，每个输出信号都赋有默认值，然后各输出值在 **case** 语句中定义。例如，EA 的默认值为 0，EA 只在状态 $S2$ 设为 1。因此，只有 FSM 在状态 $S2$ 并且在有效时钟沿到来时，A 才会移位。

```
module bitcount (Clock, Resetn, LA, s, Data, B, Done);
  input Clock, Resetn, LA, s;
  input [7:0] Data;
  output reg [3:0] B;
  output reg Done;
  wire [7:0] A;
  wire z;
  reg [1:0] Y, y;
  reg EA, EB, LB;

// control circuit

  parameter S1 = 2'b00, S2 = 2'b01, S3 = 2'b10;

  always @(s, y, z)
  begin: State_table
    case (y)
      S1: if (!s) Y = S1;
          else Y = S2;
      S2: if (z == 0) Y = S2;
          else Y = S3;
      S3: if (s) Y = S3;
          else Y = S1;
      default: Y = 2'bxx;
    endcase
  end

  always @(posedge Clock, negedge Resetn)
  begin: State_flipflops
```

图 7.20　位计数电路的 Verilog 代码

```
        if (Resetn == 0)
            y <= S1;
        else
            y <= Y;
    end

    always @(y, A[0])
    begin: FSM_outputs
        // defaults
        EA = 0; LB = 0; EB = 0; Done = 0;
        case (y)
            S1: LB = 1;
            S2: begin
                    EA = 1;
                    if (A[0]) EB = 1;
                    else EB = 0;
                end
            S3: Done = 1;
        endcase
    end

// datapath circuit

    // counter B
    always @(negedge Resetn, posedge Clock)
        if (!Resetn)
            B <= 0;
        else if (LB)
            B <= 0;
        else if (EB)
            B <= B + 1;

    shiftrne ShiftA (Data, LA, EA, 1'b0, Clock, A);
    assign z = ~| A;

endmodule
```

图 7.20 （续）

第 4 个 always 模块定义了实现 B 的递增计数器。在代码的结尾处 A 的移位寄存器被实例化，其特性如图 5.60 所示，只是参数值 n 被设为 8。最后，信号 z 通过按位的或非操作定义。

我们将图 7.20 所示代码在芯片上实现，并进行了时序仿真。图 7.21 给出了 $A=00111011$ 时的仿真结果。在电路复位之后，输入信号 LA 设为 1，数据$(3B)_{16}$被放到 $Data$ 输入端上。当 s 变为 1，下一个有效时钟沿使得 FSM 切换为状态 $S2$。该状态下，在每个有效时钟沿时，如果 a_0 为 1 则 B 加 1，并且 A 向右移位。当 $A=0$ 时，下一个时钟沿使得 FSM 变为状态 $S3$，此时 $Done$ 设为 1，并得到正确的输出结果，即 $B=5$。我们可以尝试输入不同的数据值来更彻底地检测电路是否设计正确。

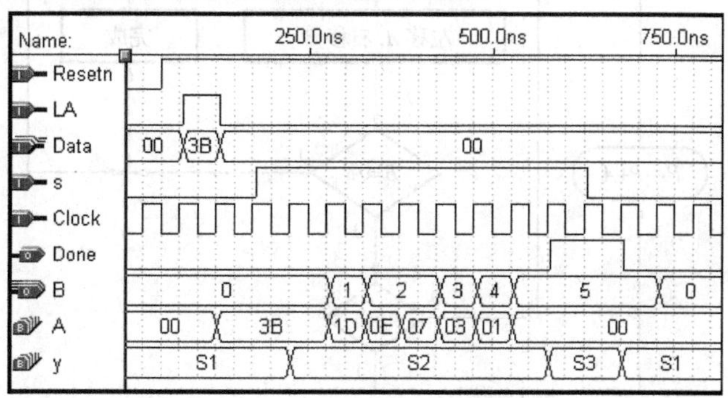

图 7.21 位计数电路仿真结果

7.4 移位加乘法器

在图 3.35 中我们介绍了实现 2 个无符号 n 位二进制数相乘的电路。该电路包含 2 个相同二维阵列子电路，其中每个都包括一个全加器和一个与门。对于 n 值较大的情况，由于需要大量的门电路，这个方案就不合适了。而另一种方案是通过一个移位寄存器和一个加法器相结合，实现传统的“手算”相乘。图 7.22a 介绍了将 2 个二进制数相乘的手算过程。该乘法结果通过一系列的加法运算产生。若乘法器中的第 i 位是 1，我们就将被乘数左移 i 次后再相加。该算法可以用图 7.22b 的伪代码表示，其中 A 是被乘数，B 是乘数，P 是乘积。

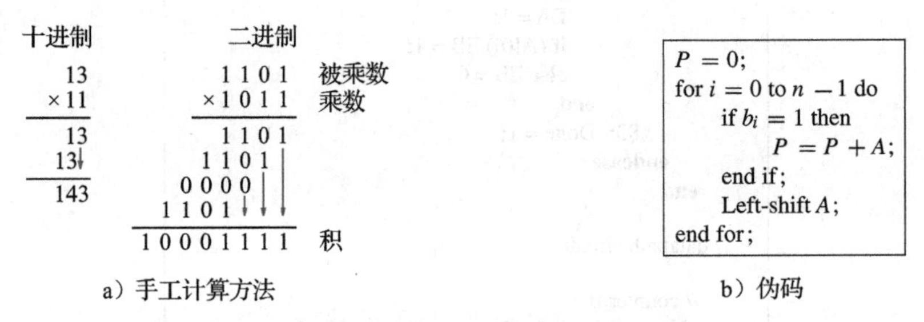

a）手工计算方法　　b）伪码

图 7.22　一种乘法算法

图 7.23 给出了表示图 7.22b 中算法的 ASM 图。我们假设输入 s 控制状态机开始乘法运算的时间。只要 s 为 0，状态机在状态 $S1$ 时，数据从外部载入 A 和 B。在状态 $S2$ 时，检测 B 的最低有效位，如果为 1，则将 P 加上 A；否则，P 保持不变。当 B 为 0 时，状态机转换到状态 $S3$，此时 P 中的数据表示最终的乘积。当状态机处于状态 $S2$ 时，根据图 7.22b中伪代码的描述，每个时钟周期中 A 的值都向左移一位。同时将 B 的内容向右移一位，因此在每个时钟周期中，b_0 可以用来判定 P 是否应该加上移位后的 A。

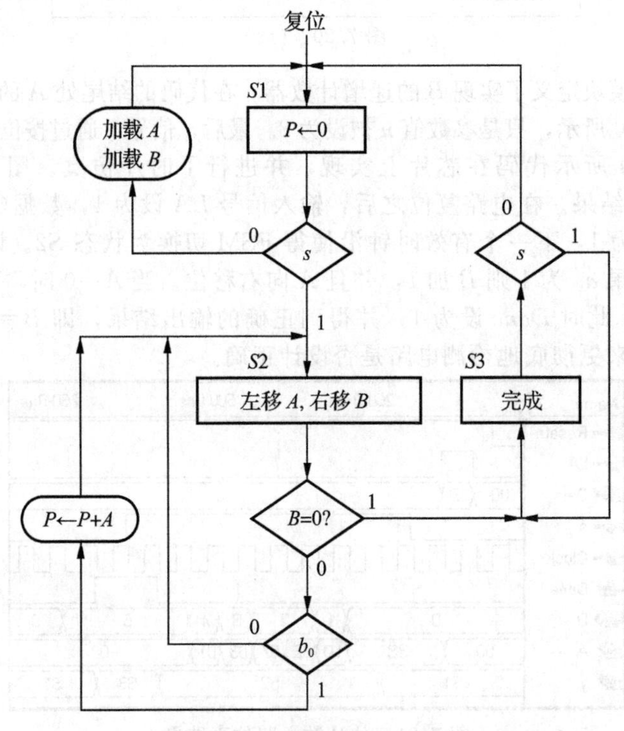

图 7.23　乘法器的 ASM 图

数据通路电路

现在我们开始设计数据通路电路。我们需要一个从右向左的 $2n$ 位移位寄存器来实现 A。P 需要一个 $2n$ 位的寄存器，由于状态 $S2$ 中赋值语句 $P \leftarrow P+A$ 在条件输入框中，因此 P 还需要一个使能输入。$P+A$ 需要一个 $2n$ 位的加法器来实现。注意在状态 $S1$ 中 P 为 0，而在状态 $S2$ 中 P 为加法器的输出。由于状态机是根据输入 s 而不是复位输入来使得状态 $S3$ 变回 $S1$，因此复位输入不能用于清除 P 的值。所以 P 的每个输入端都需要一个 2 选 1 的数据选择器，用来选择存入 P 的究竟是 0 还是加法器的和。B 需要一个从左向右的 n 位移位寄存器，并且需要一个 n 输入的或非门来检测 B 是否为 0。

图 7.24 展示了数据通路电路，并标出了移位寄存器的控制信号。移位寄存器 A 的输入值的移位寄存器被称为 $DataA$。由于移位寄存器有 $2n$ 位，最高的 n 个数据输入端接 0。图中数据选择器和存储 P 值的寄存器相连。该数据选择器为 $2n$ 个 2 选 1 的数据选择器，且都受 $Psel$ 信号控制。

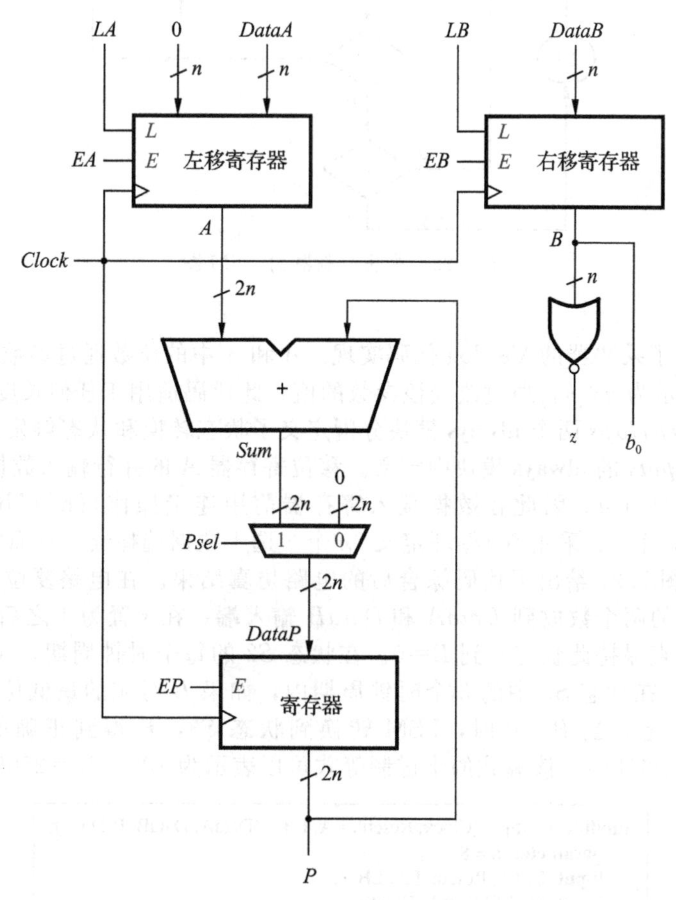

图 7.24　乘法器的数据通路电路

控制电路

图 7.25 只给出了乘法器所需的控制信号的 ASM 图。在状态 $S1$ 中，$Psel$ 设为 0，EP 被置位，因此寄存器 P 中的数据被清除。当 $s=0$ 时，通过控制输入 LA 和 LB，将并行数据载入到移位寄存器 A 和 B 中。当 $s=1$ 时，状态机切换到状态 $S2$，此时 $Psel$ 置 1，且 A 和 B 移位使能。如果 $b_0=1$，则 P 的使能被置位。当 $z=1$ 时状态机切换到状态 $S3$，只要 $s=1$，状态机就保持在状态 $S3$，且 $Done$ 置为 1。

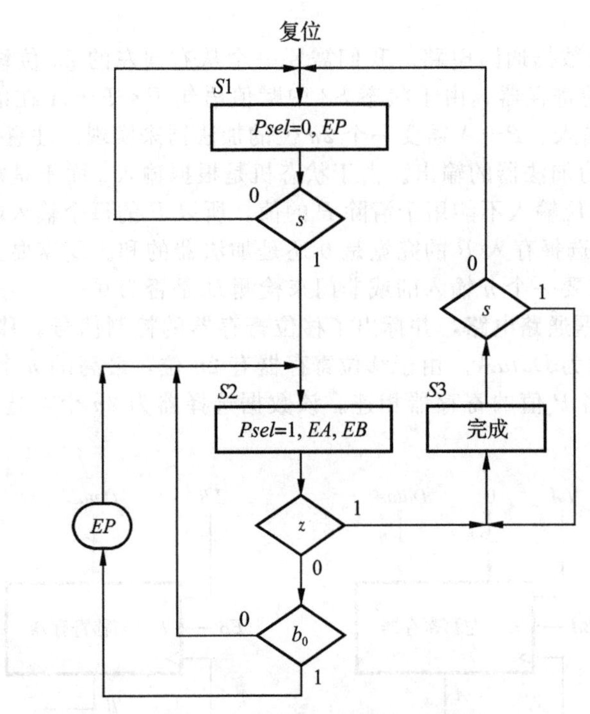

图 7.25　乘法控制器的 ASM 图

Verilog 代码

图 7.26 给出了乘法器的 Verilog 代码实现。A 和 B 中的位数通过参数 n 设置。寄存器的长度为 $2n$，表示为 $n+n$。通过改变该参数的值，此代码适用于任何长度的数据。*State_table* 和 *State_flipflops* 两个 **always** 模块分别定义了状态转换和状态触发器。控制电路的输出在 *FSM_outputs* 的 **always** 模块中定义。移位寄存器 A 的并行输入数据长度为 $2n$，但是 *DataA* 的长度只有 n。因此在数据载入寄存器前用连接操作{{n{1'b0}}, DataA}在 *DateA* 前面加上 n 个 0。采用 **for** 循环定义 $2n$ 个 2 选 1 数据选择器，从而实现 P 寄存器所需的数据选择。图 7.27 给出了代码综合后的电路仿真结果。在电路复位之后，把 LA 和 LB 设为 1，相乘的两个数放到 *DataA* 和 *DataB* 输入端。在 s 置为 1 之后，FSM(y)切换到状态 $S2$，且一直保持此状态直到 $B=0$。在状态 $S2$ 的每个时钟周期，A 向左移动一位，B 向右移动一位。在状态 $S2$ 中的 3 个时钟周期内，如果 B 对应的最低位为 1，那么移位后 A 的值加到 P 上。当 $B=0$ 时，FSM 转换到状态 $S3$，P 得到正确的计算结果，即 $(64)_{16}\times(19)_{16}=(9C4)_{16}$。该算式的十进制等式可以表示为 $100\times25=2500$。

```
module multiply (Clock, Resetn, LA, LB, s, DataA, DataB, P, Done);
    parameter n = 8;
    input Clock, Resetn, LA, LB, s;
    input [n-1:0] DataA, DataB;
    output [n+n-1:0] P;
    output reg Done;
    wire z;
    reg [n+n-1:0] DataP;
    wire [n+n-1:0] A, Sum;
    reg [1:0] y, Y;
    wire [n-1:0] B;
    reg EA, EB, EP, Psel;
    integer k;
```

图 7.26　乘法电路的 Verilog 代码

```
// control circuit

    parameter S1 = 2'b00, S2 = 2'b01, S3 = 2'b10;

    always @(s, y, z)
    begin: State_table
       case (y)
          S1:  if (s == 0) Y = S1;
               else Y = S2;
          S2:  if (z == 0) Y = S2;
               else Y = S3;
          S3:  if (s == 1) Y = S3;
               else Y = S1;
          default: Y = 2'bxx;
       endcase
    end

    always @(posedge Clock, negedge Resetn)
    begin: State_flipflops
       if (Resetn == 0)
          y <= S1;
       else
          y <= Y;
       end

    always @(s, y, B[0])
    begin: FSM_outputs
       // defaults
       EA = 0; EB = 0; EP = 0; Done = 0; Psel = 0;
       case (y)
          S1:  EP = 1;
          S2:  begin
                  EA = 1; EB = 1; Psel = 1;
                  if (B[0]) EP = 1;
                  else EP = 0;
               end
          S3:  Done = 1;
       endcase
    end

//datapath circuit

    shiftrne  ShiftB (DataB, LB, EB, 1'b0, Clock, B);
       defparam  ShiftB.n = 8;
    shiftlne  ShiftA ({{n{1'b0}}, DataA}, LA, EA, 1'b0, Clock, A);
       defparam  ShiftA.n = 16;

    assign  z = (B == 0);
    assign  Sum = A + P;

    // define the 2n 2-to-1 multiplexers
    always @(Psel, Sum)
      for (k = 0; k < n+n; k = k+1)
         DataP[k] = Psel ? Sum[k] : 1'b0;

    regne  RegP (DataP, Clock, Resetn, EP, P);
       defparam RegP.n = 16;

endmodule
```

图 7.26 （续）

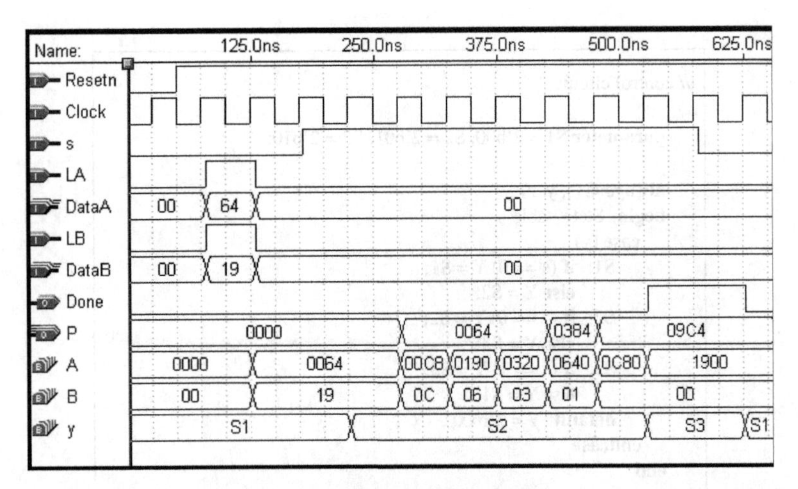

图 7.27 乘法电路的仿真结果

直到产生最终结果时电路所需的时钟周期数由 B 中值为 1 的最高位位决定。可以通过使用更复杂的移位寄存器降低运算时钟周期的个数。如果 B 的最右边的两位为 0，则 A 和 B 可以在一个时钟周期中移动两位。类似地，如果 B 的最右边 3 位为 0，则可以进行 3 位移位，并可以依次类推。一个可以移动乘数位的移位寄存器可以采用桶形移位寄存器(barrel shifter)来实现。通过一个桶形移位器实现乘法器的优化作为一个练习留给读者。

7.5 除法器

前面的例子通过手算的传统方式实现乘法器的设计。在这个例子中我们将设计一个电路来实现传统的长除法。图 7.28a 给出了这样的一个例子。第一步是尝试将除数 9 去除被除数 14，并得到商的第一位为 1，然后进行减法运算 14－9＝5。将被除数的末尾数 0 添加到 5 的后边变为 50，然后得出商的下一个数字是 5。最后得到余数为 50－45＝5，而商为 15。采用二进制数，且每个数字商可以简化只有 0 或 1 时，我们可以得到如图 7.28b 所示的相同计算过程。

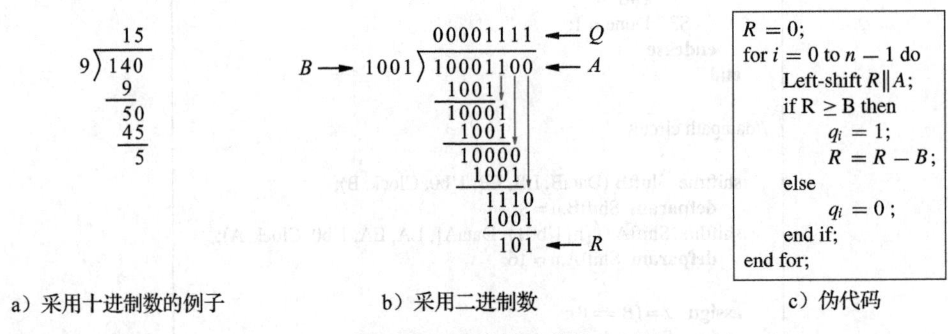

图 7.28 一种除法算法

给定两个无符号 n 位数 A 和 B，我们设计一个电路产生两个 n 位输出 Q 和 R，其中 Q 代表 A/B 的商，而 R 为余数。图 7.28b 中的过程可以通过将 A 中的数字向左一次移一位到移位寄存器 R 中来实现。每次移位操作之后，我们比较 B 和 R。如果 $R \geqslant B$，则商中相应位置 1，且 R 减去 B 值。否则，放入一个 0 在商中。该算法通过图 7.28c 所示的伪代码描述。符号 $R \| A$ 用来表示把 R 作为左边 n 位，A 为右边 n 位而拼接成的 $2n$ 位移位寄存器。

在这段长除法伪代码中，每个循环迭代都会将数字 q_i 设为 1 或 0。实现上述要求最直接的方式是在每个循环迭代中将 1 或 0 移入 Q 的最低有效位。图 7.29 给出了除法器电路的 ASM 图。信号 C 表示在开始状态 $S1$ 时初始化为 $n-1$ 的计数器。在状态 $S2$ 中，R 和 A 向左移一位，然后在状态 $S3$ 中如果 $R \geqslant B$，则从 R 中减去 B。当 $C=0$ 时，状态机切换到状态 $S4$。

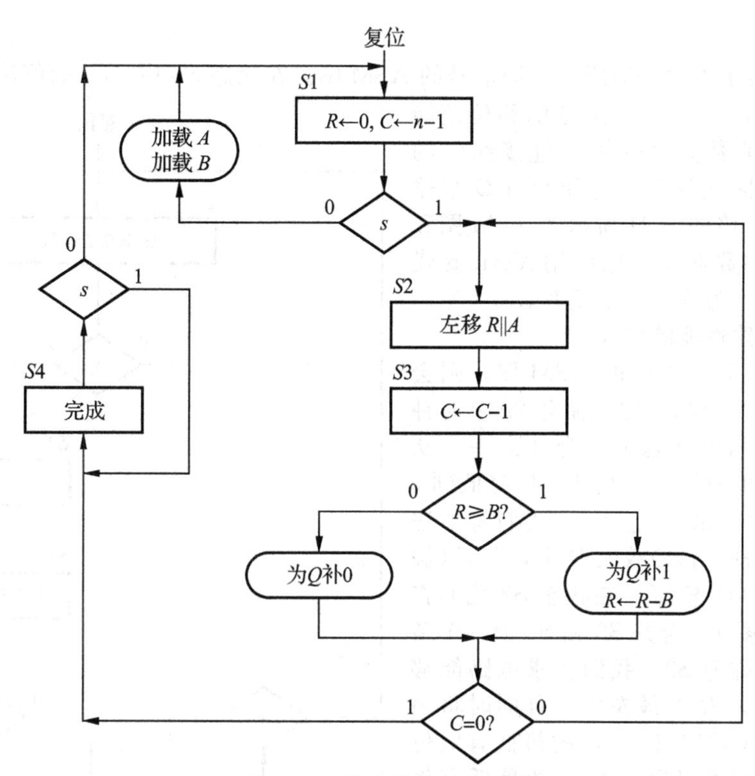

图 7.29 除法器的 ASM 图

数据通路电路

我们需要 n 位的移位寄存器来实现 A、R 和 Q 从左向右移位。存储 B 则需要一个 n 位的寄存器。产生 $R-B$ 则需要一个减法器。我们可以使用一个加法器，并通过进位端置 1、B 取补码的方式实现减法功能。如果满足条件 $R\geqslant B$，则进位输出端 c_{out} 的值为 1。因此进位输出端可以连接到存储 Q 的移位寄存器的串行输入端，在状态 $S3$ 中将进位值移入 Q。由于 R 的数据输入端在状态 $S1$ 时赋值为 0，而在状态 $S3$ 时赋值加法器的输出，所以 R 的并行数据输入端需要接一个数据选择器。图 7.30 描述了数据通路的电路。注意，图中省略了实现 C 所需的递减计数器和判断 C 是否为 0 的或非门。

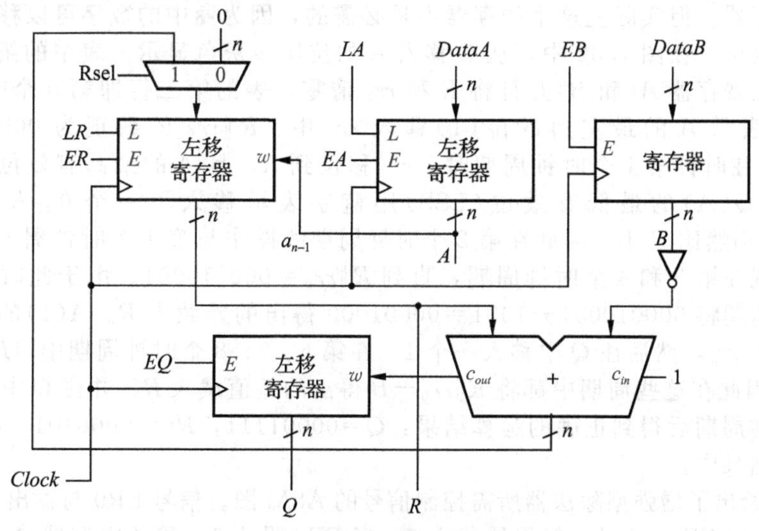

图 7.30 除法器的数据通路电路

控制电路

图 7.31 展示了除法器所需控制信号的 ASM 图。在状态 S3 中，c_{out} 的值决定加法器的输出结果是否载入 R 中，且 Q 的移位使能被置位。因为在数据通路中 c_{out} 连接到 Q 的串行输入端，因此我们不管开始时 Q 被输入了 1 还是 0。将图 7.31 所示的 ASM 图和图 7.30 所示的数据通路电路用 Verilog 代码描述，这个作为练习留给读者。

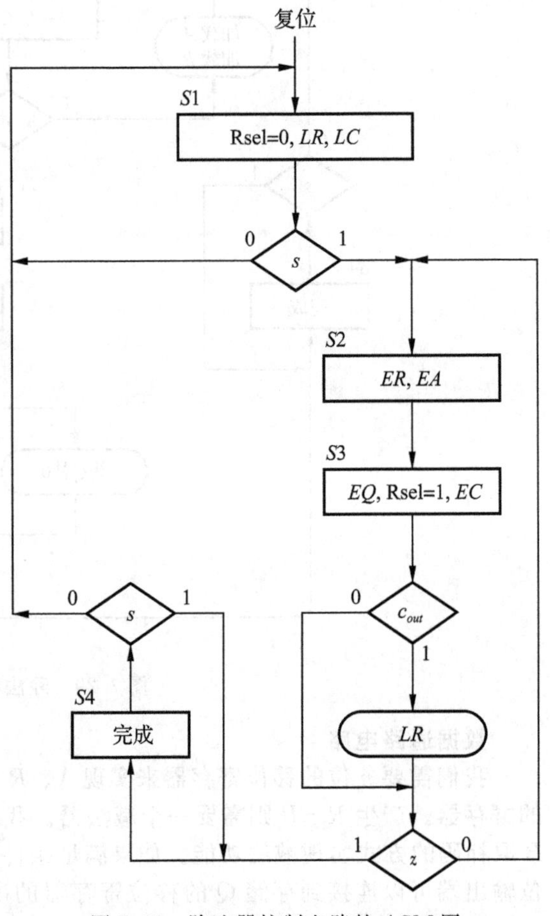

图 7.31　除法器控制电路的 ASM 图

除法器电路性能的提升

如果采用图 7.31 中的 ASM 图，则会使电路在状态 S2 和 S3 之间循环 $2n$ 个时钟周期。如果这两个状态可以合并为一个状态，那么所需的时钟周期数就可以降低到 n 个。在状态 S3，如果 $c_{out}=1$，我们将加法器的输出(减法的结果)载入 R 中，并且(假设 $z=0$)转换到状态 S2。在状态 S2 我们将 R(和 A)向左移位。合并 S2 和 S3 为一个新的状态，仍然称为 S2。我们要求电路能够将加法结果载入 R 的最左位，且同时将 A 的最高有效位(MSB)移入 R 的最低有效位(LSB)。该步骤可以通过给 R 的最低有效位(LSB)使用一个独立的触发器完成。假设触发器的输出为 rr_0，且在状态 S1 中当 $s=0$ 时将其初始化为 0；否则，触发器将载入 A 的最高有效位(MSB)。在状态 S2，如果 $c_{out}=0$，则 R 向左移一位，rr_0 的数据移进 R。但如果 $c_{out}=1$，R 的值则从加法器的输出端并行载入。

图 7.32 阐述如何在 n 个时钟周期中完成图 7.28b 中的除法例子。图中的表格说明了除法操作每步中 R，rr_0，A 和 Q 的值。在图 7.30 的数据通路电路中，Q 采用一个独立的移位寄存器。但实际上这个寄存器不是必需的，因为商中的数字可以移位到 A 寄存器的最低有效位。在图 7.32 中，从 Q 移入 A 的位用浅灰色显示。表中的第一行表示将初始数据载入寄存器 A(和 B)并且将 R 和 rr_0 清零。表的第二行即第 0 个时钟周期时，浅灰色箭头表示 A 的最左边的位(1)移入 rr_0 中。$R\|rr_0$ 的数现为 000000001，比 B(1001)小。在时钟第 1 个时钟周期时，rr_0 移位到 R，且 A 的最高有效位(MSB)移入到 rr_0。同时 $Q(A)$ 的最低有效位(LSB)用蓝字表示移入了一个 0。$R\|rr_0$ 现在为 000000010，仍然比 B 小。因此在第 2 个时钟周期的操作与第 1 个时钟周期一样。同样的操作还出现在第 3 和 4 个时钟周期，直到 $R\|rr_0=000010001$。由于此时比 B 大，在第 5 个时钟周期将 000010001－1001＝00001000 得出的差载入 R。A(1)的最高有效位(MSB)仍移入 rr_0，然后往 Q 中移入一个 1。在第 6、7、8 个时钟周期中，$R\|rr_0$ 中的数都比 B 大，因此在这些周期中都将 $R\|rr_0-B$ 得出的差值载入 R，并往 Q 中移入一个 1。在第 8 个时钟周期后得到正确的运算结果：$Q=00001111$，$R=00000101$。rr_0 中的数值不算在最终结果中。

图 7.33 给出了增强型除法器所需控制信号的 ASM 图。信号 ER0 与输出为 rr_0 的触发器联合使用。当 ER0＝0 时，触发器载入 0。当 ER0 设为 1，移位寄存器 A 的 MSB 载入

触发器。在状态 S1 时，如果 $s=0$，则 LR 被置位，并使得 R 初始化为 0。外部数据载入寄存器 A 和 B。当 s 变为 1，状态机切换到状态 $S2$，同时将 $R\|R0\|A$ 的值向左移位。在状态 $S2$ 时，如果 $c_{out}=1$，则加法器的输出结果并行载入 R。同时，$R0\|A$ 向左移位(在这种情况下不将 rr_0 移位到 R)。如果 $c_{out}=0$，则 $R\|R0\|A$ 的值向左移位。ASM 图阐述了如何控制并行输入和触发器的使能输入端从而完成所要求的操作。

$B \longrightarrow 1001\overline{)10001100} \longleftarrow A$

时钟周期		R	rr_0	A/Q
	Load A, B	0 0 0 0 0 0 0 0	0	1 0 0 0 1 1 0 0
0	Shift left	0 0 0 0 0 0 0 0	1	0 0 0 1 1 0 0 0
1	Shift left, $Q_0 \leftarrow 0$	0 0 0 0 0 0 0 1	0	0 0 1 1 0 0 0 0
2	Shift left, $Q_0 \leftarrow 0$	0 0 0 0 0 0 1 0	0	0 1 1 0 0 0 0 0
3	Shift left, $Q_0 \leftarrow 0$	0 0 0 0 0 1 0 0	0	1 1 0 0 0 0 0 0
4	Shift left, $Q_0 \leftarrow 0$	0 0 0 0 1 0 0 0	1	1 0 0 0 0 0 0 0
5	Subtract, $Q_0 \leftarrow 1$	0 0 0 0 1 0 0 0	1	0 0 0 0 0 0 0 1
6	Subtract, $Q_0 \leftarrow 1$	0 0 0 0 1 0 0 0	0	0 0 0 0 0 0 1 1
7	Subtract, $Q_0 \leftarrow 1$	0 0 0 0 0 1 1 1	0	0 0 0 0 0 1 1 1
8	Subtract, $Q_0 \leftarrow 1$	0 0 0 0 0 1 0 1	0	0 0 0 0 1 1 1 1

图 7.32　采用 $n=8$ 时钟周期的除法器的例子

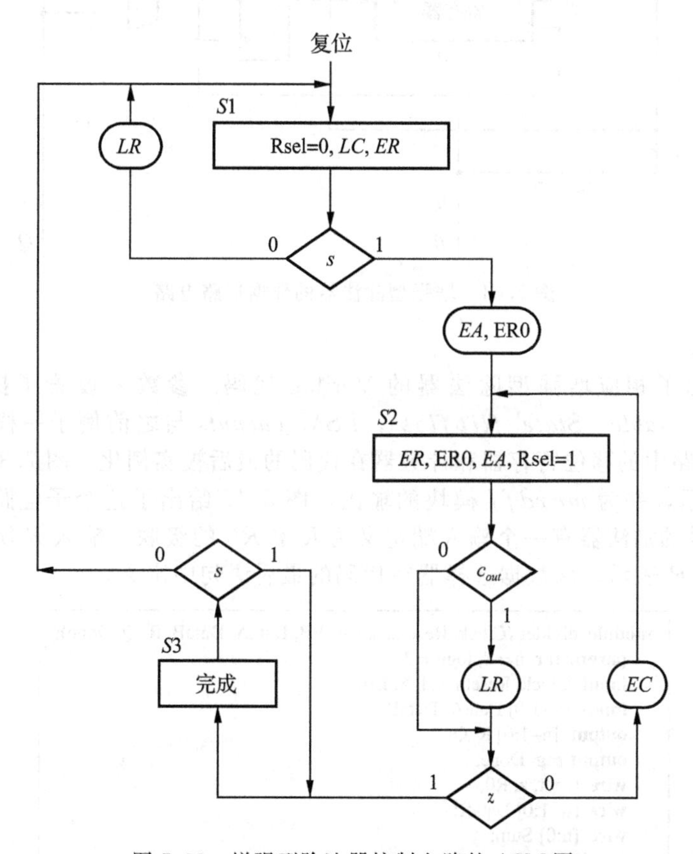

图 7.33　增强型除法器控制电路的 ASM 图

图 7.34 介绍了增强型除法器的数据通路电路。根据如图 7.32 所讨论的，将商 Q 移入到寄存器 A 中。注意到加法器的其中一个 n 位输入是由寄存器 R 的低 $n-1$ 位和 rr_0 位拼接而成。

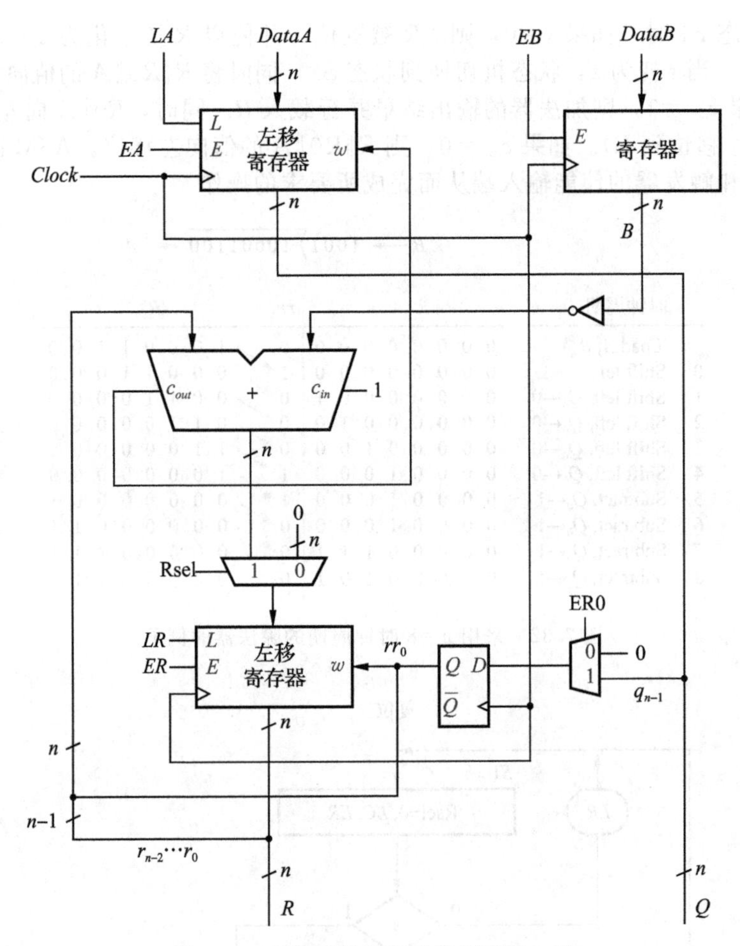

图 7.34 增强型除法器的数据通路电路

Verilog 代码

图 7.35 给出了相应增强型除法器的 Verilog 代码。参数 n 设置了操作数的位数。**always** 模块 *State_table*，*State_flipflops*，*FSM_outputs* 与之前例子一样描述了控制电路。数据通路电路中的移位寄存器和计数器在代码的最后被实例化。图 7.32 的信号 rr_0 在代码中用 $R0$ 表示，并为 *muxdff* 模块的输出，图 5.47 给出了这个子电路的代码。注意到产生 *Sum* 信号的加法器有一个输入端定义为 R 和 $R0$ 的级联。输入 R 所需的数据选择器的信号用 *DataR* 表示。该数据选择器在代码的最后语句中定义。

```
module divider (Clock, Resetn, s, LA, EB, DataA, DataB, R, Q, Done);
  parameter n = 8, logn = 3;
  input Clock, Resetn, s, LA, EB;
  input [n–1:0] DataA, DataB;
  output [n–1:0] R, Q;
  output reg Done;
  wire Cout, z, R0;
  wire [n–1:0] DataR;
  wire [n:0] Sum;
  reg [1:0] y, Y;
  wire [n–1:0] A, B;
  wire [logn–1:0] Count;
  reg EA, Rsel, LR, ER, ER0, LC, EC;
  integer k;
```

图 7.35 除法电路的 Verilog 代码

```
// control circuit

    parameter S1 = 2'b00, S2 = 2'b01, S3 = 2'b10;

    always @(s, y, z)
    begin: State_table
       case (y)
          S1: if (s == 0) Y = S1;
              else Y = S2;
          S2: if (z == 0) Y = S2;
              else Y = S3;
          S3: if (s == 1) Y = S3;
              else Y = S1;
          default: Y = 2'bxx;
       endcase
    end

    always @(posedge Clock, negedge Resetn)
    begin: State_flipflops
       if (Resetn == 0)
          y <= S1;
       else
          y <= Y;
    end

always @(y, s, Cout, z)
begin: FSM_outputs
   // defaults
   LR = 0; ER = 0; ER0 = 0; LC = 0; EC = 0; EA = 0;
   Rsel = 0; Done = 0;
   case (y)
      S1: begin
             LC = 1; ER = 1;
             if (s == 0)
             begin
                LR = 1; ER0 = 0;
             end
             else
             begin
                LR = 0; EA = 1; ER0 = 1;
             end
          end
      S2: begin
             Rsel = 1; ER = 1; ER0 = 1; EA = 1;
             if (Cout) LR = 1;
             else LR = 0;
             if (z == 0) EC = 1;
             else EC = 0;
          end
      S3: Done = 1;
   endcase
end

//datapath circuit

   regne RegB (DataB, Clock, Resetn, EB, B);
      defparam RegB.n = n;
   shiftlne ShiftR (DataR, LR, ER, R0, Clock, R);
      defparam ShiftR.n = n;
   muxdff FF_R0 (1'b0, A[n-1], ER0, Clock, R0);
   shiftlne ShiftA (DataA, LA, EA, Cout, Clock, A);
```

图 7.35 （续）

```
    defparam ShiftA.n = n;
  assign  Q = A;
  downcount  Counter (Clock, EC, LC, Count);
    defparam Counter.n = logn;

  assign  z = (Count == 0);
  assign  Sum = {1'b0, R[n-2:0], R0} + {1'b0, ~B} + 1;
  assign  Cout = Sum[n];

  // define the n 2-to-1 multiplexers
  assign  DataR = Rsel ? Sum : 0;

endmodule
```

图 7.35 （续）

图 7.36 给出了代码综合后电路的仿真结果。数据 $A=A6$ 和 $B=8$ 被载入，然后将 s 设为 1。电路状态切换成 $S2$，同时将 R、$R0$ 和 A 向左移位。在仿真结果中存储 A 的移位寄存器的输出记为 Q，这是因为该移位寄存器包含了除法操作完成时的商。在状态 $S2$ 的前 3 个有效时钟沿，$R\|R0$ 的数值都比 $B(8)$ 中的数小，因此在每个时钟沿 $R\|R0\|A$ 都向左移动一位，并向 Q 中移入 0。FSM 在状态 $S2$ 的第 4 个时钟周期中，R 的内容为 $00000101=(5)_{10}$，而 $R0$ 为 0；因此 $R\|R0=000001010=(10)_{10}$。在下一个有效的时钟沿，加法器的输出值为 $10-8=2$，并载入 R 中，此时往 Q 中移入 1。在状态 $S2$ 的 n 个时钟周期之后，电路状态切换到 $S3$，并得到正确的结果 $Q=14=(20)_{10}$ 和 $R=6$。

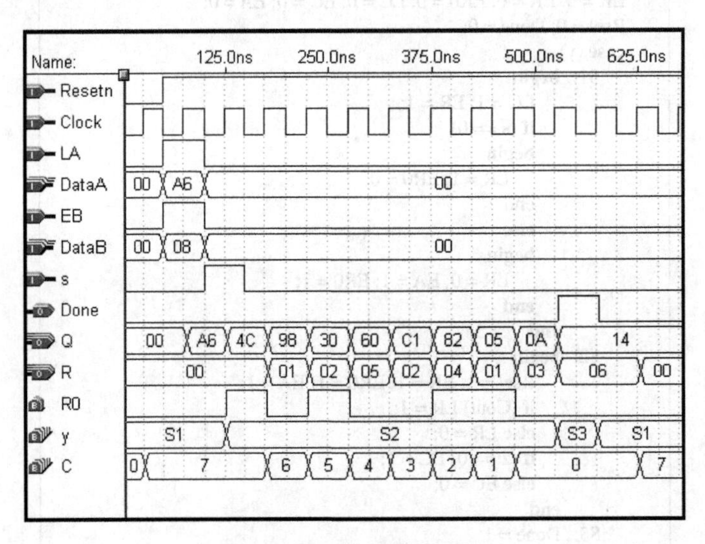

图 7.36 除法电路的仿真结果

7.6 算术平均

设 k 个 n 位的数据存储在一组寄存器 R_0，…，R_{k-1} 中。我们想要设计一个电路，能够计算这些寄存器中数据的平均数 M。图 7.37a 给出了一个合理算法的伪代码。循环中的每次迭代都会在 Sum 变量中增加一个寄存器的内容，寄存器内容表示为 R_i。在全部数据求和完成后，通过 Sum/k 求得 M。我们假设采用整型除法，因此产生的余数 R 没有在代码中表示。

图 7.37b 给出了一个 ASM 图。当输入开始时，s 为 0，寄存器从外部载入数据。当 s

变为 1，状态机变为状态 $S2$，且当 $C\neq0$ 时保持该状态，并一直进行求和计算（C 是一个表示图 7.37a 中的 i 的计数器）。当 $C=0$ 时，状态机切换到 $S3$，并计算 $M=Sum/k$。从前面的例子，我们知道除法操作需要多个时钟周期，但我们没有在 ASM 图中表示。在除法操作完成之后，进入状态 $S4$，*Done* 信号设为 1。

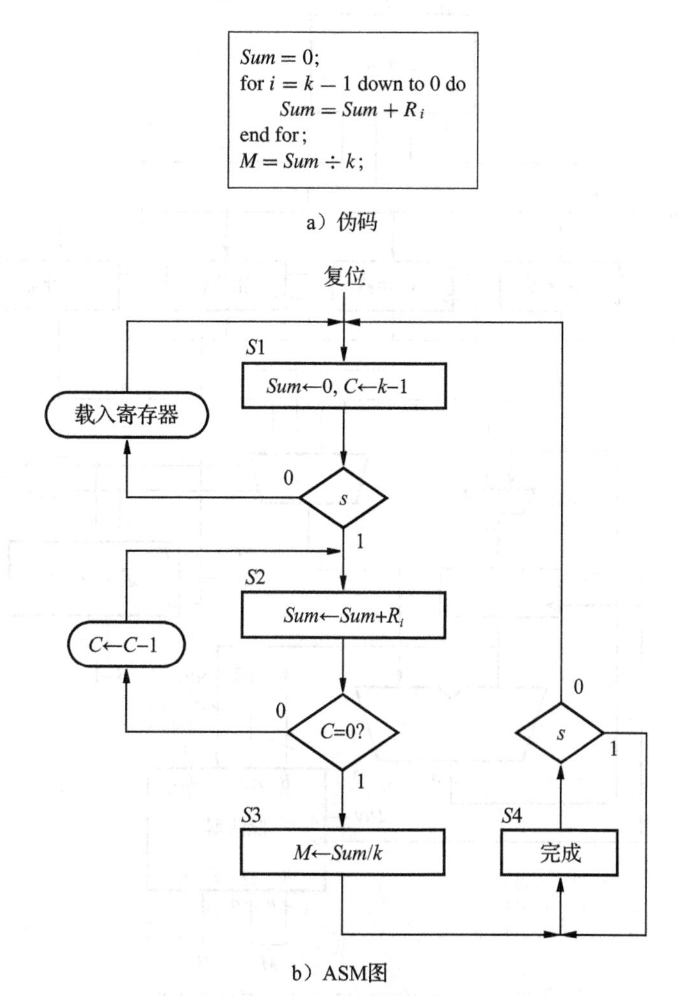

图 7.37　求 k 个数字的平均值的算法

数据通路电路

如图 7.38 所示，这个设计任务的数据通路电路比我们前面的例子更加复杂。我们需要一个带有使能端的寄存器来保存 *Sum*。为了简化，假设 *Sum* 可以用 n 位非溢出数表示。*Sum* 寄存器的数据输入需要一个数据选择器，来选择在状态 $S1$ 中输入 0，或在状态 $S2$ 中输入加法器的输出值。*Sum* 寄存器给加法器提供一路加法数据输入，另外一路由 k 个寄存器中选择一个来提供。一种寄存器数据选择的方式是将它们和加法器通过一个 k 选 1 的数据选择器相连。数据选择器的选择控制线可以通过计数器 C 控制。我们可以采用 7.5 节中设计的除法电路来获得除法操作。

图 7.38 中的电路基于 $k=4$ 的情况，但是相同的电路结构可以拓展用于更大的 k 值。注意到寄存器 R_0 到 R_3 的使能输入端连接到 2－4 译码器的两位输入 *RAdd*(代表 “register address”)。该译码器的使能由 *ER* 信号提供。所有的寄存器共用一组数据输入线 *Data*。由于 $k=4$，我们简单地通过将 *Sum* 右移 2 位来实现除法操作。上述操作可以采用一个时钟周期能够右移 2 位的移位寄存器实现。为了得到任意 k 值的一般有效电路，我们可以采

用 7.5 节中设计的除法器电路。

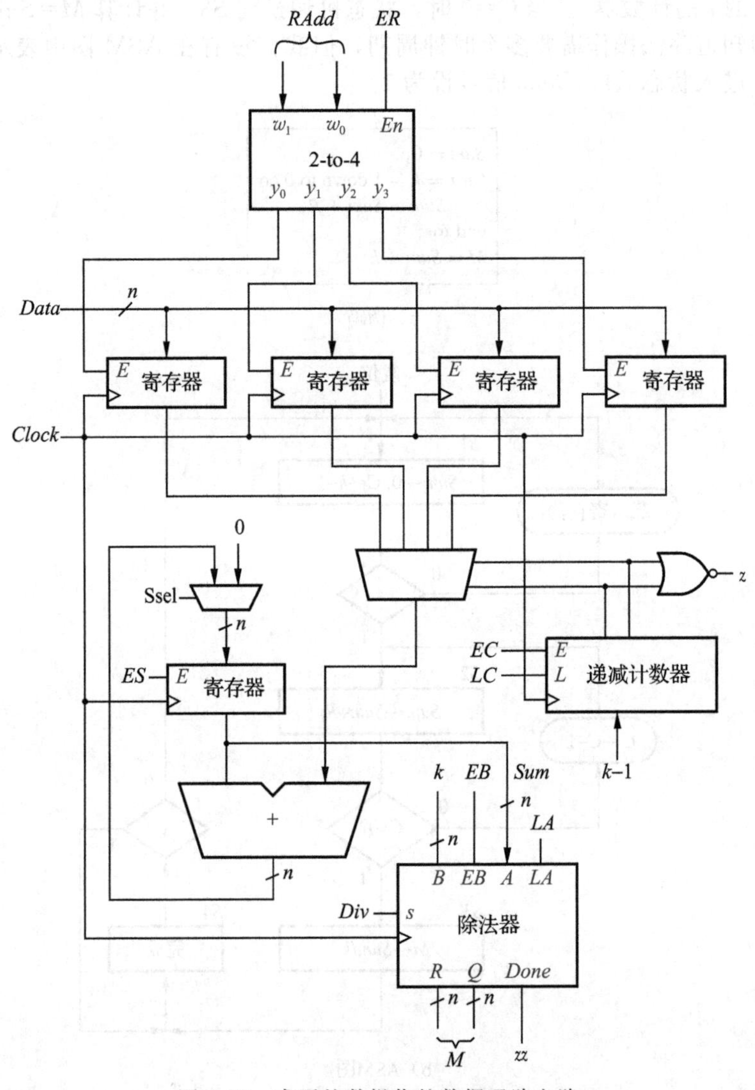

图 7.38　求平均数操作的数据通路电路

控制电路

图 7.39 给出了图 7.38 所需 FSM 控制电路的 ASM 图。在状态 $S1$，数据载入寄存器 R_0，…，R_{k-1}。根据上述讨论，寄存器是在输入 ER 和 $RAdd$ 的控制下载入数据的，因此这个状态中控制信号不需要置位。当 $s=1$ 时，FSM 变为状态 $S2$，使得 Sum 寄存器的使能 ES 信号置位，并使得 C 开始递减计数。当计数器达到 0 时($z=1$)，状态机进入状态 $S3$，并置位 LA 和 EB 信号从而将 Sum 和 k 分别载入到除法器电路的输入端 A 和 B。之后 FSM 进入状态 $S4$，并置位 Div 信号以开始除法操作。当其完成时，除法器电路设置 $zz=1$，FSM 转移到状态 $S5$。平均值 M 在除法器电路的 Q 和 R 端输出。在状态 $S5$ 中，Div 信号必须保持置位状态以防止除法器电路再次初始化寄存器的值。注意到图 7.37b 中的 ASM 图中，只显示了用来运算 $M=Sum/k$ 的状态，但是在图 7.39 中，同样的工作还需要状态 $S3$ 和 $S4$。将状态 $S3$ 和 $S4$ 合并有可能实现这个目标，我们将它作为练习题留给读者(习题 7.10)。

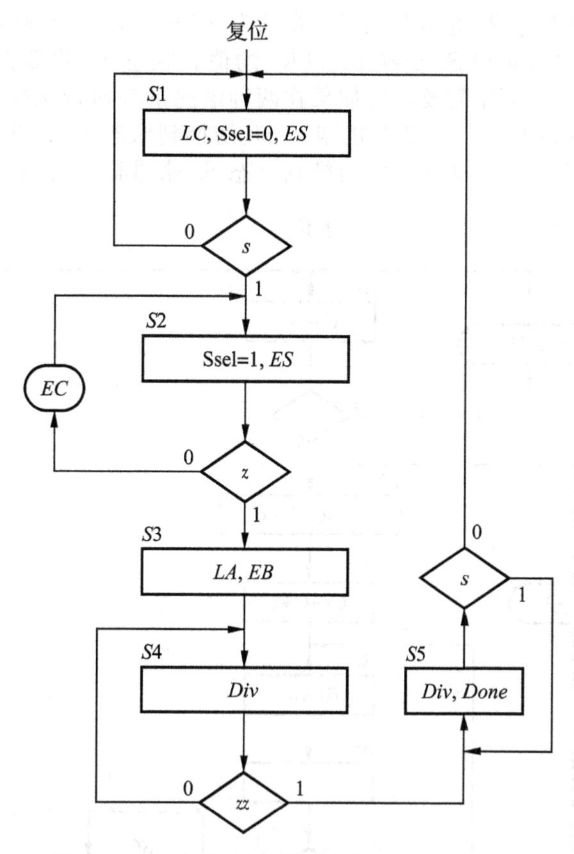

图 7.39 求平均数操作的控制电路的 ASM 图

7.7 排序操作

有一组存储在寄存器组 R_0，…，R_{k-1} 中的 k 个无符号 n 位数据，设计一个可以将上述数据升序排列的电路。图 7.40 给出了一个简单排序算法的伪代码。该算法基于找到子序列 R_i，…，R_{k-1} 中最小的数并将其移入到寄存器 R_i 中，其中 $i=1$，2，…，$k-2$。外层循环的每次迭代都将 R_i 中的数放入 A 中。内层循环的每次迭代将该数与其他寄存器 R_j 内容相比较。如果 R_j 中的数比 A 小，交换 R_i 和 R_j 的内容，A 保存交换后 R_i 的新内容。

```
for i = 0 to k − 2 do
      A = Ri;
      for j = i C 1 to k − 1 do
            B = Rj;
            if B < A then
                  Ri = B;
                  Rj = A;
                  A = Ri;
            end if;
      end for;
end for;
```

图 7.40 排序操作的伪代码

图 7.41 是表示排序算法的一个 ASM 图。在初始状态 $S1$，当 $s=0$ 时外部数据载入寄存器，并且表示第 i 个外层循环的计数器 C_i 被清零。状态机变到状态 $S2$ 时，A 中载入 R_i 中的内容。同时，表示第 j 个内层循环的 C_j 初始化为 i 的值。状态 $S3$ 用以将 j 初始化为

值$i+1$，且状态 $S4$ 用来将 R_j 的值载入 B。在状态 $S5$ 中，比较 A 和 B 的值。如果 $B<A$，状态机转换到 $S6$。状态 $S6$ 和 $S7$ 交换 R_i 和 R_j 的值。状态 $S8$ 将数据从 R_i 载入 A。虽然这一步只在 $B<A$ 的情况下才需要，但如果在两种情况下都执行该操作，那么控制流程将简单很多。如果 C_j 不等于 $k-1$，状态机则从 $S8$ 切换到状态 $S4$，再进行内层循环。如果 $C_j=k-1$ 且 C_i 不等于 $k-2$，则状态机切换到状态 $S2$ 来进行外层循环。

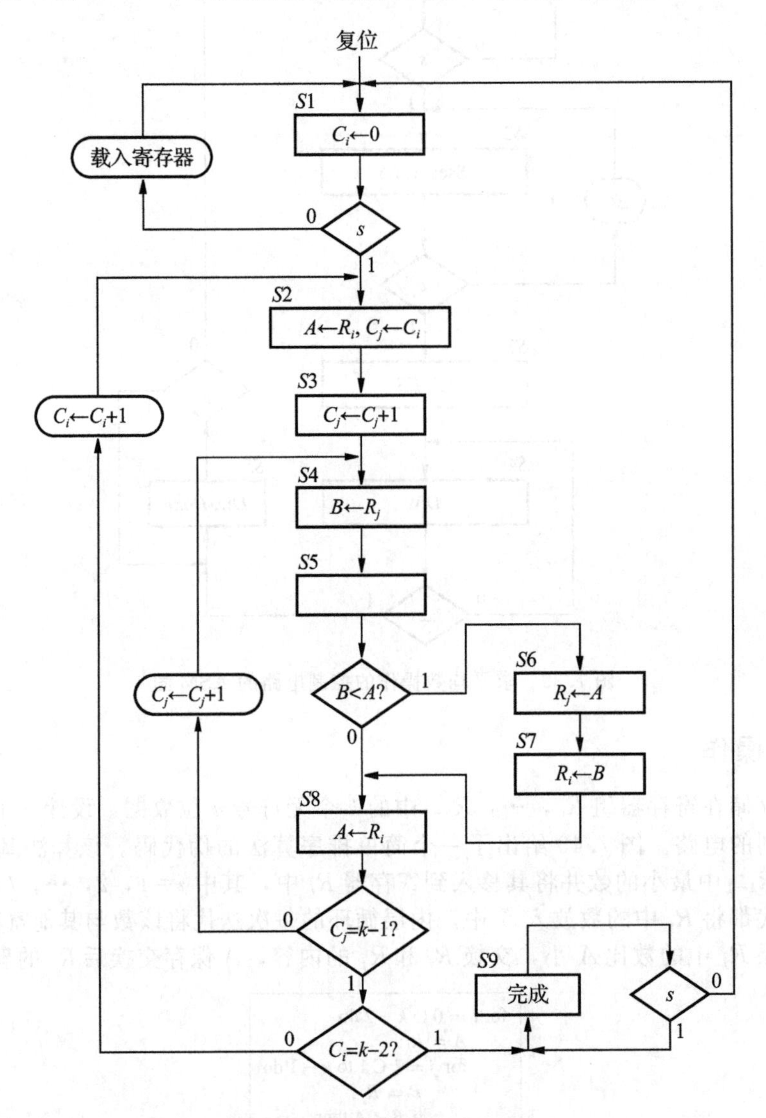

图 7.41　排序操作的 ASM 图

数据通路电路

要实现图 7.41 中的 ASM 图的数据通路电路方式有很多种。图 7.42 和 7.43 介绍了其中的一种方法。图 7.42 阐述了如何将寄存器 R_0，…，R_{k-1} 通过 4 选 1 数据选择器连接到寄存器 A 和 B。为了简化分析，我们假设 $k=4$。寄存器 A 和 B 通过数据选择器连接到比较器子电路，并通过数据选择器返回至寄存器 R_0，…，R_{k-1} 的输入端。寄存器可以使用 *DataIn* 线载入初始(未排序的)数据。通过置位控制信号 *WrInit*，并将寄存器的地址放在 *RAdd* 输入端实现每个寄存器的数据写入。*Rd* 控制的三态驱动器用来把寄存器的内容输出到 *DataOut* 输出端。

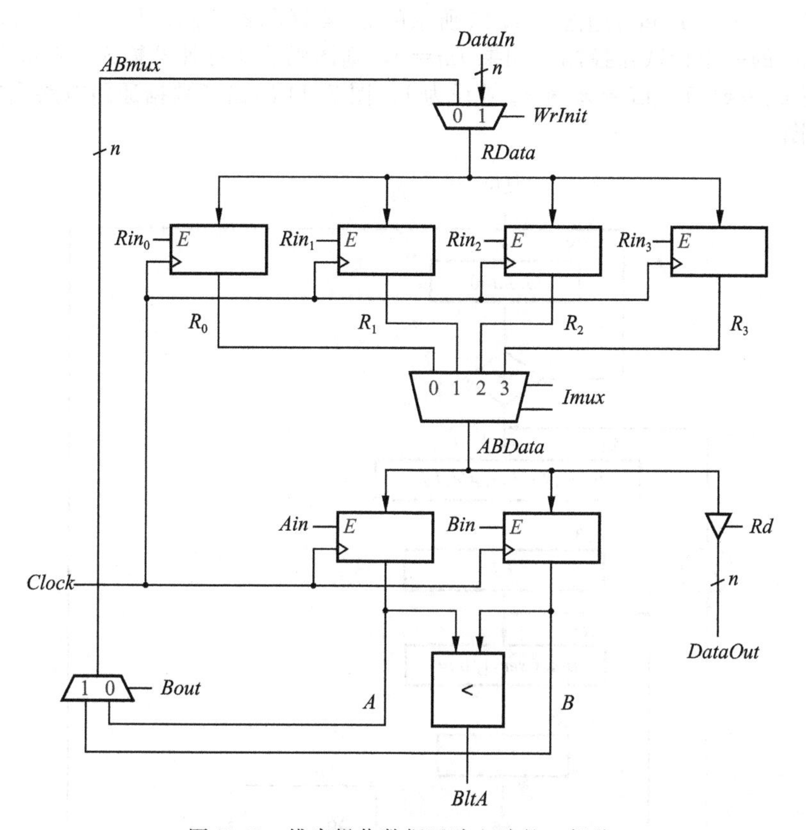

图 7.42　排序操作数据通路电路的一部分

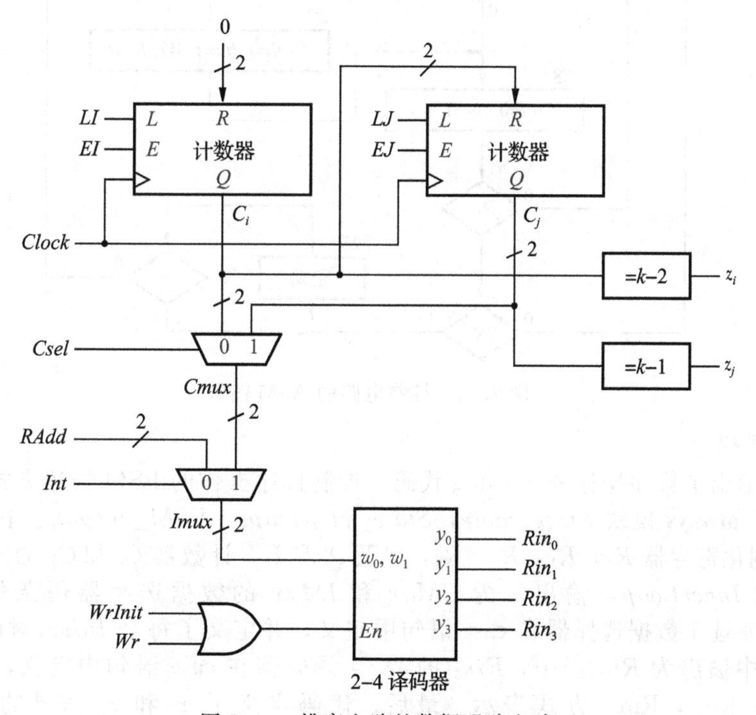

图 7.43　排序电路的数据通路电路

信号 Rin_0，…，Rin_{k-1}通过图 7.43 所示的 2－4 译码器控制。如果 $Int=1$，译码器通过 C_i 或 C_j 中的一个计数器控制。如果 $Int=0$，则译码器通过外部输入 *RAdd* 控制。如果 $C_i=k-2$ 且 $C_j=k-1$，信号 z_i 和 z_j 被设为 1。图 7.44 给出了数据通路电路采用的控制信号的 ASM 图。

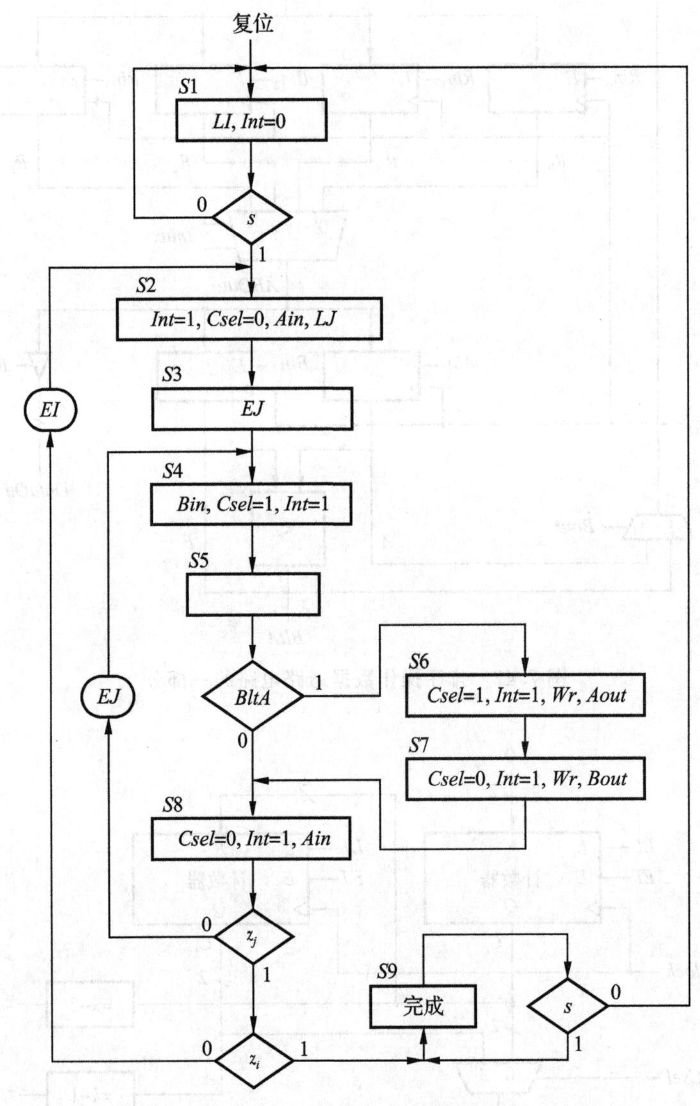

图 7.44　控制电路的 ASM 图

Verilog 代码

图 7.45 给出了排序操作的 Verilog 代码。控制排序操作的 FSM 描述方式与前面例子相似，使用了 **always** 模块 *State_table*，*State_flipflops*，*FSM_outputs*。在这些模块之后，代码实例化寄存器 R_0，R_1，R_2，R_3，以及 A 和 B。计数器 C_i 和 C_j 的实例名分别为 *OuterLoop* 和 *InnerLoop*，输出端为 *CMux* 和 *IMux* 的数据选择器用条件语句定义。图 7.42 中的 4 选 1 数据选择器在 **case** 语句中定义，并定义了每个 *IMux* 对应的 *ABData* 值。图 7.43 中输出为 Rin_0，…，Rin_3 的 2－4 译码器在 **case** 语句中定义，输出用级联 {Rin_3，Rin_2，Rin_1，Rin_0} 方式表示。最后，代码定义了 z_i 和 z_j 信号的值并定义了 *DataOut* 输出使用的三态驱动器。

```
module sort (Clock, Resetn, s, WrInit, Rd, DataIn, RAdd, DataOut, Done);
   parameter n = 4;
   input Clock, Resetn, s, WrInit, Rd;
   input [n-1:0] DataIn;
   input [1:0] RAdd;
   output [n-1:0] DataOut;
   output reg Done;
   wire [1:0] Ci, Cj, CMux, IMux;
   wire [n-1:0] R0, R1, R2, R3, A, B, RData, ABMux;
   wire BltA, zi, zj;
   reg Int, Csel, Wr, Ain, Bin, Bout;
   reg LI, LJ, EI, EJ, Rin0, Rin1, Rin2, Rin3;
   reg [3:0] y, Y;
   reg [n-1:0] ABData;

// control circuit
   parameter S1 = 4'b0000, S2 = 4'b0001, S3 = 4'b0010, S4 = 4'b0011;
   parameter S5 = 4'b0100, S6 = 4'b0101, S7 = 4'b0110, S8 = 4'b0111, S9 = 4'b1000;

   always @(s, BltA, zj, zi, y)
   begin: State_table
      case (y)
         S1: if (s == 0) Y = S1;
             else Y = S2;
         S2: Y = S3;
         S3: Y = S4;
         S4: Y = S5;
         S5: if (BltA) Y = S6;
             else Y = S8;
         S6: Y = S7;
         S7: Y = S8;
         S8: if (!zj) Y = S4;
             else if (!zi) Y = S2;
             else Y = S9;
         S9: if (s) Y = S9;
             else Y = S1;
         default: Y = 4'bx;
      endcase
   end

   always @(posedge Clock, negedge Resetn)
   begin: State_flipflops
        (Resetn == 0)
         y <= S1;
      else
         y <= Y;
   end

   always @(y, zj, zi)
   begin: FSM_outputs
      // defaults
      Int = 1; Done = 0; LI = 0; LJ = 0; EI = 0; EJ = 0; Csel = 0;
      Wr = 0; Ain = 0; Bin = 0; Bout = 0;
      case (y)
         S1: begin LI = 1; Int = 0; end
         S2: begin Ain = 1; LJ = 1; end
         S3: EJ = 1;
         S4: begin Bin = 1; Csel = 1; end
         S5:; // no outputs asserted in this state
         S6: begin Csel = 1; Wr = 1; end
         S7: begin Wr = 1; Bout = 1; end
         S8: begin
```

图 7.45　排序电路的 Verilog 代码

```
                    Ain = 1;
                    if (!zj) EJ = 1;
                    else
                    begin
                        EJ = 0;
                        if (!zi) EI = 1;
                        else EI = 0;
                    end
                end
            S9: Done = 1;
        endcase
    end

//datapath circuit

regne Reg0 (RData, Clock, Resetn, Rin0, R0);
    defparam Reg0.n = n;
regne Reg1 (RData, Clock, Resetn, Rin1, R1);
    defparam Reg1.n = n;
regne Reg2 (RData, Clock, Resetn, Rin2, R2);
    defparam Reg2.n = n;
regne Reg3 (RData, Clock, Resetn, Rin3, R3);
    defparam Reg3.n = n;

regne RegA (ABData, Clock, Resetn, Ain, A);
    defparam RegA.n = n;
regne RegB (ABData, Clock, Resetn, Bin, B);
    defparam RegB.n = n;

assign BltA = (B < A) ? 1 : 0;
assign ABMux = (Bout == 0) ? A : B;
assign RData = (WrInit == 0) ? ABMux : DataIn;

upcount OuterLoop (2'b00, Resetn, Clock, EI, LI, Ci);
upcount InnerLoop (Ci, Resetn, Clock, EJ, LJ, Cj);

assign CMux = (Csel == 0) ? Ci : Cj;
assign IMux = (Int == 1) ? CMux : RAdd;

    always @(WrInit, Wr, IMux, R0, R1, R2, R3)
    begin
        case (IMux)
            0: ABData = R0;
            1: ABData = R1;
            2: ABData = R2;
            3: ABData = R3;
        endcase

        if (WrInit || Wr)
            case (IMux)
                0: {Rin3, Rin2, Rin1, Rin0} = 4'b0001;
                1: {Rin3, Rin2, Rin1, Rin0} = 4'b0010;
                2: {Rin3, Rin2, Rin1, Rin0} = 4'b0100;
                3: {Rin3, Rin2, Rin1, Rin0} = 4'b1000;
            endcase
        else {Rin3, Rin2, Rin1, Rin0} = 4'b0000;
    end

    assign zi = (Ci == 2);
    assign zj = (Cj == 3);
    assign DataOut = (Rd == 0) ? 'bz : ABData;

endmodule
```

图 7.45（续）

我们在 FPGA 芯片上实现图 7.45 中的代码。图 7.46 给出了一个仿真结果。图 7.46a 是仿真的前半部分，即时间从 0 到 1.25μs，图 7.46b 是仿真的后半部分，即时间从 1.25μs 到 2.5s。在电路复位之后连续的 4 个时钟周期内 *WrInit* 置为 1，没有排序的数据通过 *DataIn* 和 *RAdd* 输入到 4 个寄存器。当 s 变为 1 后，FSM 变到状态 *S*2。在状态 *S*2，*S*3，*S*4 中，R_0(3)的数据载入 A，R_1(2)的数据载入 B。状态 *S*5 时比较 B 与 A 的大小，由于 $B<A$，FSM 进入状态 *S*6 和 *S*7，并交换寄存器 R_0 和 R_1 的内容。在状态 *S*8 中，将 R_0 的数据重新载入 A 中，这时的值为 2。由于 z_j 没有被置位，FSM 让计数器 C_j 递增，并将状态转换成 *S*4。寄存器 B 现在载入的是 R_2(4)，FSM 切换到状态 *S*5。由于 $B=4$ 大于 $A=2$，状态机变为 *S*8，然后再回到 *S*4。接着寄存器 B 载入 R_3(1)的内容，在状态 *S*5 中与 $A=2$ 相比较。交换 R_0 和 R_3 的内容后，状态机回到状态 *S*8。这时寄存器的内容为 $R_0=1$，$R_1=3$，$R_2=4$，$R_3=2$。由于 $z_j=1$，$z_i=0$，FSM 切换到状态 *S*2 来执行外层循环的下一个迭代。沿着时间轴往后看，在图 7.46*b* 中，电路满足 $C_i=2$，$C_j=3$ 条件，FSM 进入状态 *S*8，然后 FSM 变到状态 *S*9，并且把 *Done* 设为 1。通过将信号 *Rd* 置为 1，并用输入 *RAdd* 来选择寄存器，从而读出正确排序的数据。

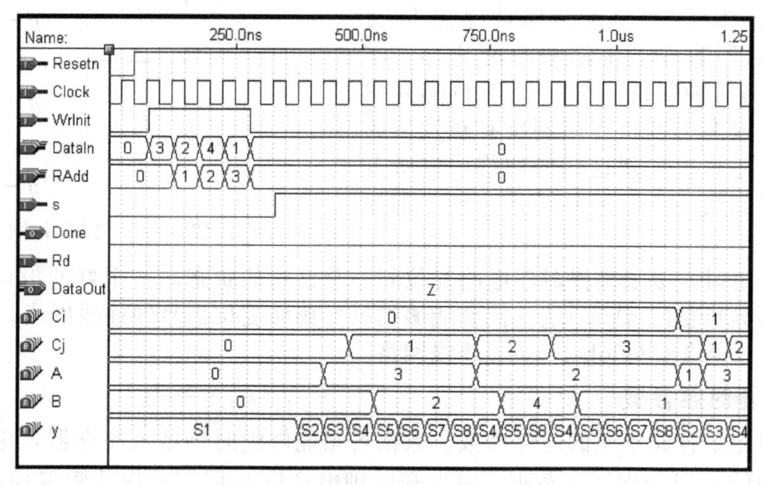

a）调入寄存器并启动排序操作

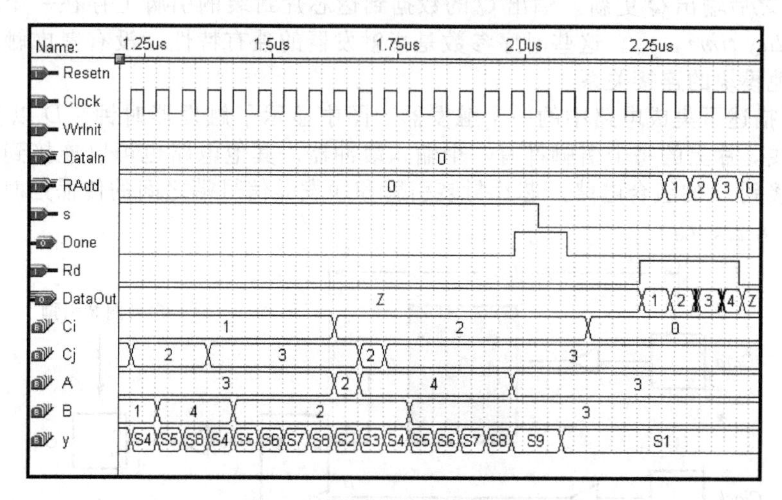

b）完成排序操作并读寄存器

图 7.46　排序电路的仿真结果

7.8 时钟同步和时序问题

前面的章节通过一些逻辑电路的例子来说明如何进行一个大系统的设计。在本节中我们将检查这类系统的时序问题。

7.8.1 时钟分配

第 5 章讨论了时钟偏移问题的重要性。为了同步时序电路能够更好的工作，必须尽可能减小时钟偏移。像 PLD 这样包含很多触发器的芯片，采用精确设计的线网给触发器分配时钟。图 7.47 给出了时钟分配网络的一个例子。每个标记为 *ff* 的结点表示一个触发器的时钟输入。为了图形简洁，触发器没有画出来。图中左边的缓冲器产生时钟信号。该信号从信号源到任意一个触发器的路径长度是一样的。由于连线的外观像字母 H，时钟分配网络被称为 H 树(H Tree)。在 PLD 中，术语全局时钟(global clock)表示参考时钟网络。在一个 PLD 芯片中通常提供一个或多个可以连接到所有触发器的全局时钟。在芯片上实现这样的网络，将所有的触发器连接到同一个全局时钟是一种非常好的设计实践。

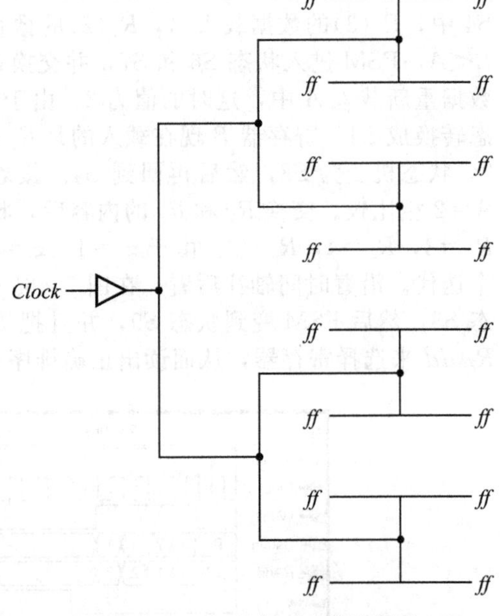

图 7.47　一个 H 树时钟分配网络

当电路上电时，必须确保时序电路复位到一个已知的状态。一个好的设计实践就是将所有触发器的异步复位(清零)端连接到能够提供低偏移复位信号的连线网络。PLD 通常会为此提供一个全局复位(global reset)连线网络。

7.8.2 触发器时序参数

第 5 章讨论了存储单元的时序参数。数据若是能够随时钟载入寄存器，则必须在时钟有效沿到来前的 t_{su} 时间内建立数据，且要在时钟沿之后 t_h 时间内保持数据稳定。在 *clock-to-Q* 延迟 t_{cQ} 之后输出 Q 更新。输出 Q 的数据到达芯片封装的引脚上存在一个输出延迟时间 *output delay time*，t_{od}。这些时序参数是指触发器的独有特性，没有考虑触发器在一个芯片上与其他模块的连接关系。

图 7.48 描述了集成电路中的一个触发器。图中显示了触发器时钟、D 以及 Q 端到封装引脚的连线。片上的每个引脚都有一个输入缓冲器。其他电路也可以连接到触发器，阴影框表示连接到 D 的组合电路。芯片封装引脚和触发器信号端之间的传播延时在图中分别标记为 t_{Data}、t_{Clock}、t_{od}。

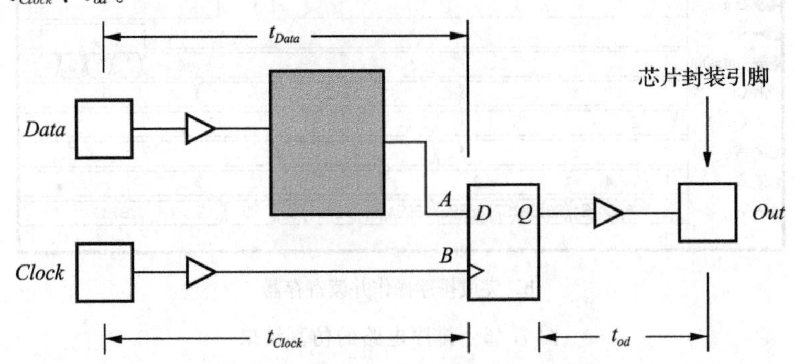

图 7.48　在集成电路芯片中用到的触发器

在数字系统中一个芯片的输出信号常常是另一个芯片的输入信号。通常所有芯片的触发器都是通过同一个低偏移的时钟控制的。该信号必须从一个芯片触发器的 Q 输出连接到另一个芯片触发器的 D 输入。为了确保满足时序约束，必须考虑芯片上的输出和输入延迟。

t_{co} 延迟时间决定了从芯片封装的时钟引脚产生一个有效时钟沿到芯片的输出引脚上产生触发器的输出所需的时间。该延迟主要由三个组成。时钟信号必须首先从芯片的输入引脚传输到触发器的时钟输入端。该延迟在图 7.48 中标记为 t_{Clock}。经过 *clock-to-Q* 延迟 t_{cQ} 之后，触发器产生一个新的输出，并经过 t_{od} 传播到输出引脚。一个商业化 CPLD 芯片的时序参数是 $t_{Clock}=1.5\text{ns}$，$t_{cQ}=1\text{ns}$，$t_{od}=2\text{ns}$。这些参数给出了从有效时钟沿到引脚输出值改变的延迟为 $t_{co}=4.5\text{ns}$。

如果芯片间的距离较大，则必须考虑它们之间的传播延迟。在多数情况下芯片间的距离很小，因此芯片间的信号传播时间可以忽略。一旦信号到达芯片的输入引脚，则必须考虑 t_{Data} 和 t_{Clock} 间的相对值(见图 7.48)。例如，图 7.49 中假设 $t_{Data}=4.5\text{ns}$，$t_{Clock}=1.5\text{ns}$。该芯片中的触发器建立时间被指定为 $t_{su}=3\text{ns}$。为了保证建立时间，在时钟上升沿前 3ns，*Data* 信号的数据从低变到高。*Data* 信号 4.5ns 后到达触发器，而 *Clock* 信号只花了 1.5ns 到达触发器的时钟端。标记为 A 的数据信号和标记为 B 的时钟信号同时到达触发器。由于不满足建立时间要求，触发器可能变得不稳定。为了避免该情况，有必要检查芯片外部的延时并增加芯片的建立时间。

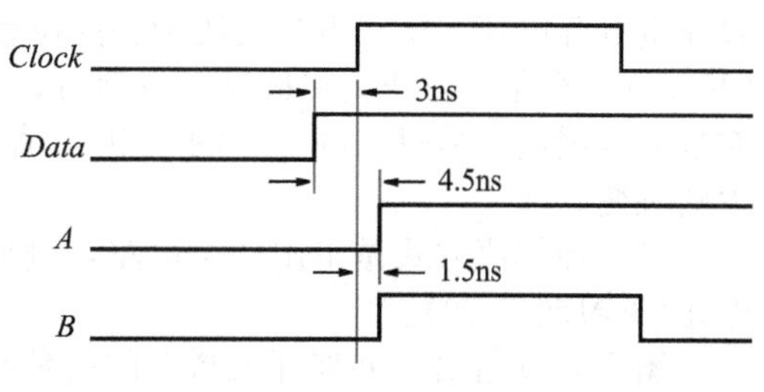

图 7.49　片上的触发器时序图

触发器的保持时间也会受芯片级的延迟影响。这通常会减少(而不是增加)保持时间。例如在图 7.49 中时序参数的条件下，假设保持时间 $t_h=2\text{ns}$。假设芯片上 *Data* 引脚信号与 *Clock* 引脚信号在同一有效时钟沿发生改变。*Clock* 信号的变化到达结点 B 要比 *Data* 信号的变化到达结点 A 早 3ns(4.5－1.5＝3ns)。因此，即使外部 *Data* 和时钟同时发生变化，但并没有违反所需的 2ns 保持时间。

对于大型电路而言，保证触发器的时序参数的确是个挑战，必须考虑触发器本身的时间参数以及时钟和数据信号变化的相对延迟。CAD 系统提供了自动检测所有触发器建立和保持时间的工具。该任务通过时序仿真以及一些特殊目的时序分析工具实现。

7.8.3　触发器的异步输入

在同步时序电路的例子中，我们假设所有输入信号的变化都在同一个有效时钟沿后迅速发生。假设的合理性是建立在一个电路的输入是另一个电路的输出，且两个电路采用相同时钟基础之上的。在实际中，电路的某些输入可能与时钟信号异步。如果这些信号连接到触发器的 D 输入，建立和保持时间就有可能不满足要求。

如果触发器的建立和保持时间不满足要求，那么触发器的输出可能为既不是逻辑值 0 也不是 1 的电平，我们称此时触发器处于亚稳态(*metastable state*)。触发器最终会稳定在 0 或 1 上，但是从亚稳态恢复至稳定的时间是不可预见的。图 7.50 介绍了一种处理异步输入的常用方式。异步数据输入连接到一个两位的移位寄存器。在图中标记为 A 的第一个触发器输出时可能会处于亚稳态。但是如果时钟周期足够长，在下一个时钟前，A 将恢复到一个稳定的逻辑电平。因此第二个触发器的输出不会处于亚稳态，并可以安全地连接到电路的其他部分。信号在被电路的其他部分使用前，同步电路引入了一个时钟周期的延迟。

例如 PLD 这类的商业芯片，一般采用电路允许的最小时钟周期来解决图 7.50 中的亚稳态问题。在实际中，不可能保证结点 A 在时钟沿到来之前总能稳定。数据手册给出了结点 A 在不同时钟周期情况下的稳定条件。我们不再进一步研究该问题，有感兴趣的读者可以参考文献[10，11]来进一步讨论。

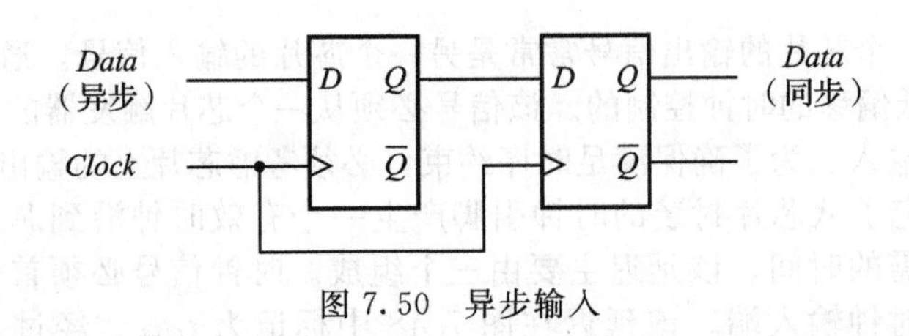

图 7.50 异步输入

7.8.4 开关防抖动

逻辑电路的输入信号有时由机械开关产生。这类开关存在的问题是当它们从一个位置变到其他位置时接触点会反弹。图 7.51a 给出了一个为逻辑电路提供输入信号的单刀单掷开关。开关开时，*Data* 信号值为 1；开关关闭时，*Data* 变为 0。由于开关在一段时间内会发生抖动，这将导致 *Data* 在 1 和 0 之间振荡，且抖动一般会持续 10ms。

解决该问题的一种方式是在 *Data* 结点和地之间加一个电容 *C*。当开关开的时候，电容充电电源电压 V_{DD}。当开关拨到关的位置，电容很快通过阻值接近 0 欧姆的开关放电到 0V(地)。现在，当开关在接触点抖动时，*C* 将开始充电到 V_{DD}。但由于电阻 *R* 的存在使得充电非常缓慢。通过选择合适的 *R* 和 *C* 值，可以防止 *Data* 结点在抖动期间，电压发生较大的跳变。

另一种解决方式是采用一个电路，例如计数器，延迟一定长度的延时时间来等待抖动停止(见习题 7.20)。

图 7.51b 给出了处理开关抖动的一种有效的方式。该方法采用一个单刀双掷开关和一个基本 SR 锁存器构成逻辑电路的输入。当开关在底部时，锁存器的 *R* 输入为 0，因此 *Data*=0。当开关拨到顶部时，锁存器的输入 *S* 变为 0，此时 *Data* 变为 1。如果开关从顶部跳开，锁存器的输入为 *R*=*S*=1，*Data*=1 将被锁存。当开关拨回底部时，*Data* 变为 0。即便开关在底部跳动，该值仍然能够存储在锁存器中。注意，当开关跳动时，它不可能完全在 *S* 和 *R* 端之间抖动，而只是稍微离开一点，并慢慢恢复到端点。

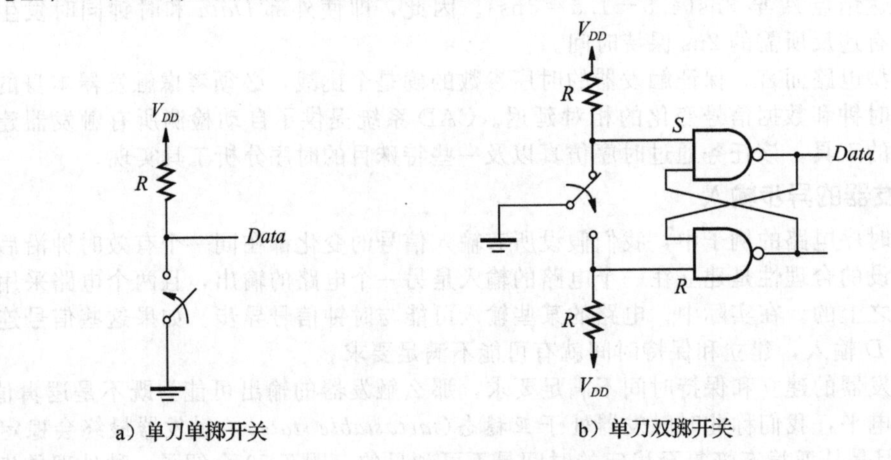

图 7.51 开关防抖动电路

7.9 小结

本章列出了几个数字系统设计的例子。数字系统中包含一个或多个 FSM，以及加法器、寄存器、移位寄存器、计数器等电路模块。我们介绍了如何使用 ASM 图来帮助我们设计一个数字系统，并说明了如何用 Verilog 代码来描述电路。本章还讨论了一些设计中的实际问题，例如时钟分配、异步输入的同步和开关抖动等。和本章相关的一些有名参考书目见[3—10]。

习题

7.1 在 7.1 节我们给出了采用 3 个寄存器 R_1，R_2，R_3 的数字系统，并且设计了用来交换寄存器 R_1 和 R_2 内容的控制电路。请画出表示该数字系统和交换操作的 ASM 图。

7.2 (a) 基于习题 7.1 中得到的 ASM 图，给出数据通路电路所需控制信号的 ASM 图。假设采用如图 7.4 所示的数据选择器实现寄存器到总线的连接。
(b) 写出习题 7.1 系统包括习题 7.2a 中描述的控制电路的完整 Verilog 代码。
(c) 将(b)中 Verilog 代码进行电路综合，并给出能正确描述电路功能的时序分析。

7.3 在 7.2 节我们设计了一个能实现表 7.1 中所列操作的处理器。请修改电路，并增加 R_x、R_y 交换操作。该操作交换 R_x 和 R_y 寄存器中的内容。由于目前系统中存在 5 种操作，因此请采用 3 位数 $f_2f_1f_0$ 代表图 7.11 中的输入 F。在系统中增加一个名为 Tmp 的新寄存器，用作交换操作中临时数据存储。参看 7.2 节，给出输出控制电路的逻辑表达式。

7.4 在 7.2 节中我们给出了处理器的电路设计，请给出描述该处理器功能的 ASM 图。

7.5 (a) 对习题 7.4 得到的 ASM 图，请给出处理器中数据通路所需控制信号的 ASM 图。假设处理器中采用数据选择器来实现寄存器 R_0 至 R_3 到总线的连接。
(b) 编写习题 7.4 中包括(a)部分的完整 Verilog 代码。
(c) 将(b)中 Verilog 代码进行电路综合，并给出能正确描述电路功能的时序分析。

7.6 图 7.17 中的 ASM 图描述了一位计数器，包括状态 $S1$、$S2$ 和 $S3$ 时的 Moore 型输出，和在状态 $S2$ 时的一个 Mealy 型输出。
(a) 请问如何修改 ASM 图，才能在状态 $S2$ 时只有 Moore 型输出。
(b) 给出(a)中对应控制电路的 ASM 图。
(c) 给出修改后控制电路的 Verilog 代码。

7.7 图 7.24 给出了一个通过移位加法实现的乘法器数据通路电路。其对 B 采用一个移位寄存器从而使得 b_0 可以判断 A 是否应该加到 P 上。另一个不同的实现方式是采用一般的寄存器来保存操作数 B，并在乘法操作的每一步中用一个计数器和数据选择器来选择 b_i。
(a) 画出 B 采用一般寄存器存储而不是移位寄存器的 ASM 图。
(b) 给出(a)对应的数据通路电路。
(c) 给出(b)对应控制电路的 ASM 图。
(d) 给出此设计乘法电路的 Verilog 代码。

7.8 写出采用图 7.30 所示数据通路和图 7.31ASM 图所示控制电路的除法器电路的 Verilog 代码。

7.9 7.5 节介绍了如何“手算”实现传统的长除法。实现整数除法的另一个不同方式是采用图 $P7.1$ 中伪代码所示的重复减法。
(a) 给出图 $P7.1$ 中伪代码表示的 ASM 图。
(b) 给出(a)中对应的数据通路电路。
(c) 给出(b)中对应控制电路的 ASM 图。
(d) 给出描述此除法器电路的 Verilog 代码。
(e) 与 7.5 节设计的电路相比，讨论你设计电路的优缺点。

```
Q = 0;
R = A;
while ((R − B) > 0) do
    R = R − B;
    Q = Q + 1;
end while;
```

图 P7.1 整除电路的伪代码

7.10 在图 7.39 所示的 ASM 图中，采用了两个状态 $S3$ 和 $S4$ 来计算平均值 $M=Sum/k$。给出将状态 $S3$ 和 $S4$ 组合成一个状态 $S3$ 后的 ASM 图。

7.11 编写习题 7.10 中 ASM 图的 FSM 的 Verilog 代码。

7.12 在图 7.41 所示的 ASM 图中，我们规定在状态 $S2$ 时，进行操作 $C_j \leftarrow C_i$，然后在状态 $S3$ 时，C_j 加 1。如果 $C_j \leftarrow C_i+1$ 在 $S2$ 中执行，请问是否能够省掉状态 $S3$？解释这样改动对控制和数据通路电路的影响。

7.13 图 7.40 给出了寄存器采用变量 i 和 j 索引的排序操作伪代码。在图 7.41 所示的 ASM 图中，变量 i 和 j 通过计数器 C_i 和 C_j 实现。另外一种不同的方式是采用两个移位寄存器实现 i 和 j。
(a) 请用移位寄存器而非计数器重新设计索引寄存器 R_0，…，R_3 的排序电路。
(b) 给出(a)设计电路的 Verilog 代码。
(c) 与采用计数器 C_i 和 C_j 的电路相比，讨论你设计电路的优缺点。

7.14 设计一个能够对存储在一个 n 位寄存器中的数据进行 $\log_2$ 操作的电路。给出设计过程的所有步骤和假设的状态，并给出描述所设计电路的 Verilog 代码。

7.15 7.6 节中设计的电路采用一个加法器来计算寄存器内容的和。用来计算 $M=Sum/k$ 的除法器子电路同样也包含一个加法器。如何重新设计电路使得求和运算和除法运算能够共同一个加法器？给出只与加法器相连的外部电路并解释其功能。

7.16 给出习题 7.15 中电路，包括数据通路和控制电路的 Verilog 代码。

7.17 图 7.40 所示的排序操作伪代码采用寄存器 A 和 B 来保存待排序寄存器的内容。给出排序操作时只采用寄存器 A 来保存临时数据的排序操作伪代码。给出表示数据通路和控制电路对应的 ASM 图。采用图 7.42 所示的风格，使用数据选择器来互连寄存器。并单独给出代表控制电路的 ASM 图。

7.18 给出习题 7.17 设计的排序电路的 Verilog 代码。

7.19 请设计一个交叉路口的交通灯控制电路。电路产生输出 G_1，Y_1，R_1 和 G_2，Y_2，R_2。这些输出分别表示每条路上绿、黄、红 3 盏灯的状态。当相应的输出信号值为 1 时，该灯打开。这些信号灯需按下面的方式控制：当 G_1 打开时，它需要保持 t_1 时间周期后关掉。G_1 关掉后必须马上开启 Y_1，然后保持 t_2 时间周期后关掉。当 G_1 或 Y_1 打开时，R_2 必须是开的，而 G_2 和 Y_2 必须是关的。Y_1 的关闭马上会导致 G_2 开启 t_1 时间周期。当 G_2 关掉时，Y_2 需要开启 t_2 时间周期。当然，当 G_2 或 Y_2 打开的时候，R_1 必须是打开的，且 G_1 和 Y_1 必须是关的。

(a) 给出描述交通灯控制器的 ASM 图。假设存在 2 个递减计数器，其中一个用来测量 t_1，另一个用来测量 t_2。每个计数器有并行数据载入和输入使能。这些输入用来载入表示 t_1 或 t_2 的合适值，然后通过使能让计数器倒数至 0。

(b) 给出交通灯控制器控制电路的 ASM 图。

(c) 编写交通灯控制器的完整 Verilog 代码，包括(a)中的控制电路和表示 t_1 和 t_2 的计数器。选用合适的时钟频率驱动电路时钟端，并假设 t_1 和 t_2 工作在合适的数值。给出你所设计电路的仿真结果。

7.20 假设需要一个如图 7.51a 所示的一个单刀单掷开关。请展示如何采用一个计数器对开关输入 *Data* 信号进行消抖动。(提示：设计一个输入为 *Data*，输出经过防抖动处理后为 z 的 FSM。假设 *Clock* 输入信号频率为 102.4kHz。)

7.21 可以采用有特殊功能的芯片来产生时钟信号。这类芯片的一个例子是如图 P7.2 所示的 555 可编程定时器。通过选择电阻 R_a，R_b 和电容 C_1 的取值，555 定时器可以用来产生所需的时钟信号。选择这类芯片时钟信号的周期和占空比是可能的。占空比(duty cycle)是指一个时钟周期内高电平信号所占的百分比。下面的公式定义了芯片所能产生的时钟信号：

$$\text{时钟周期} = 0.7(R_a + 2R_b)C_1$$

$$\text{占空比} = \frac{R_a + R_b}{R_a + 2R_b}$$

(a) 确定 R_a，R_b 和 C_1 的值来产生占空比为 50%、频率为 500kHz 的时钟信号

(b) 如果占空比为 75%，重复问题(a)。

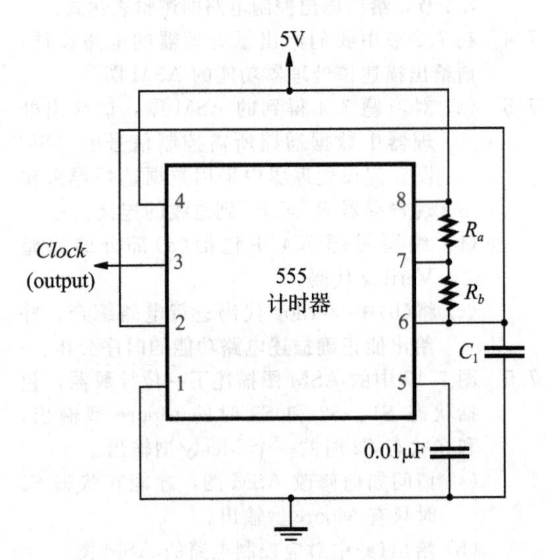

图 P7.2 555 可编程定时器

参考文献

1. V. C. Hamacher, Z. G. Vranesic, and S. G. Zaky, *Computer Organization*, 5th ed. (McGraw-Hill: New York, 2002).
2. D. A. Patterson and J. L. Hennessy, *Computer Organization and Design—The Hardware/Software Interface*, 3rd ed. (Morgan Kaufmann: San Francisco, CA, 2004).
3. D. D. Gajski, *Principles of Digital Design* (Prentice-Hall: Upper Saddle River, NJ, 1997).
4. M. M. Mano and C. R. Kime, *Logic and Computer Design Fundamentals* (Prentice-Hall: Upper Saddle River, NJ, 1997).
5. J. P. Daniels, *Digital Design from Zero to One* (Wiley: New York, 1996).

6. V. P. Nelson, H. T. Nagle, B. D. Carroll, and J. D. Irwin, *Digital Logic Circuit Analysis and Design* (Prentice-Hall: Englewood Cliffs, NJ, 1995).
7. R. H. Katz and G. Borriello, *Contemporary Logic Design*, 2nd ed., (Pearson Prentice-Hall: Upper Saddle River, N.J., 2005).
8. J. P. Hayes, *Introduction to Logic Design* (Addison-Wesley: Reading, MA, 1993).
9. C. H. Roth Jr., *Fundamentals of Logic Design*, 5th ed., (Thomson/Brooks/Cole: Belmont, Ca., 2004).
10. J. F. Wakerly, *Digital Design Principles and Practices*, 4th ed. (Prentice-Hall: Englewood Cliffs, N.J., 2005).
11. C. J. Myers, *Asynchronous Circuit Design*, (Wiley: New York, 2001).

第8章 逻辑函数的优化实现

本章主要内容

- 逻辑函数的综合
- 逻辑电路的分析
- 逻辑函数优化算法技术
- 逻辑函数的立方体表示
- 逻辑函数的二元决策图表示方法

第2章我们了解到如何用代数运算或者卡诺图的方法找寻逻辑函数的最低成本实现方案。读者可能认为并不是所有的逻辑函数都能比较直观地采用布尔代数的方法找到最低成本电路。虽然卡诺图提供了一种手工推导简单逻辑函数的最低成本实现的系统方法，但是这种方法对于有许多变量的函数就变得不切实际了。

如果用CAD工具设计逻辑电路，则实现最低成本电路的任务就不会落到设计者身上。这种工具可以自动完成必要的优化工作。尽管如此，设计者了解这一优化过程还是非常重要的，因为大多数CAD工具具有很多需由用户控制的特性和选项，为了了解何时以及如何应用这些选项，用户必须了解这些工具在做什么。

在本章我们将会介绍一些CAD工具中运用的优化技术，并且说明这些技术是如何实现自动化的。我们首先讨论可以用来产生多级逻辑电路(而不仅仅是我们在第2章学习的两级积之和与和之积形式)的综合技术；然后介绍一种逻辑函数的立方体表示形式及称之为二元决策图(BDD)的图形表示形式；最后还将讨论基于这些表示方法的优化电路的算法。

8.1 多级综合

在前几章中我们通常用积之和或者和之积的形式实现逻辑函数。用这种方式实现的逻辑电路具有两级门级：在积之和形式中，其电路包括由“与”门构成的第1级和由“或”门构成的第2级(“与”门的输出连接到“或”门的输入)；在和之积形式中，其电路则包括由“或”门构成的第1级和“与”门构成的第2级(“或”门的输出连接到“与”门的输入)。我们已经假定这两种方式都是正确的，并且输入变量的非量可以直接获得(不需用非门实现变量取反)。

对于由少量变量构成的函数而言，两级实现方式常常是有效的。但是随着输入变量数目的增加，两级电路将会导致需要有太多输入端的逻辑门(扇入问题)，这是否成为一个问题取决于实现电路的技术。例如，考虑以下函数：

$$f(x_1,\cdots,x_7)=x_1x_3\overline{x}_6+x_1x_4x_5\overline{x}_6+x_2x_3x_7+x_2x_4x_5x_7$$

这是一个最低成本的SOP表达式。现在考虑用两种芯片实现该函数 f：CPLD及FPGA。图8.1所示是一个典型的CPLD逻辑单元，类似于附录B中的相关内容。图中用浅灰色表示的电路就是用于实现函数 f 的，CPLD很适合用来实现SOP形式的函数。

接下来，考虑用FPGA实现函数 f。对于这个例子，我们假设FPGA的逻辑单元有4个输入查找表(LUT)，如附录B中讨论的。一个4输入的LUT可以实现最多有4个输入的逻辑函数。由于 f 的SOP表达式具有3输入的“与”项、4输入的“与”项以及一个4输入的“或”项，所以这些逻辑项可以用单独的LUT来实现。因此该函数中的与操作需要4个LUT，或操作需要1个LUT，即总共需要5个LUT。

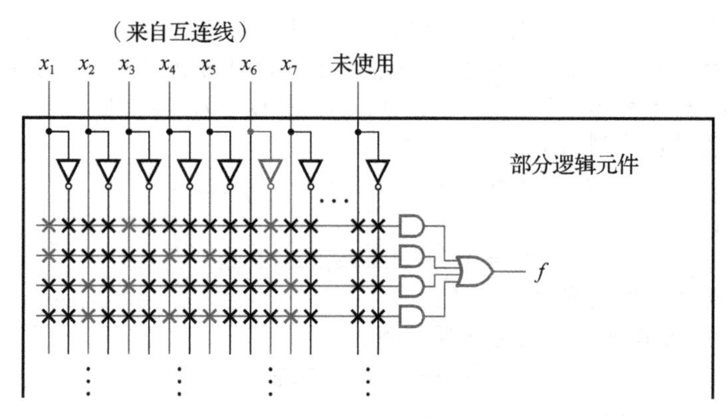

图 8.1 基于 CPLD 的实现方式

如果函数 f 表示为超过两级的逻辑运算形式，则在 FPGA 结构中存在更有效的实现方式，这种函数表示形式称为多级逻辑表达式。对于多级电路的综合有多种不同的方法，我们将会讨论两种重要的技术：因子分解法和功能分解法。

8.1.1 因子分解

布尔代数的分配特性使我们可以对前述函数 f 的表达式进行如下分解：

$$f = x_1\overline{x}_6(x_3 + x_4x_5) + x_2x_7(x_3 + x_4x_5) = (x_1\overline{x}_6 + x_2x_7)(x_3 + x_4x_5)$$

相应的电路可以只用两个 LUT 实现，如图 8.2 所示。第 1 个 LUT 单元用于实现表达式 $g=(x_1\overline{x}_6+x_2x_7)$，第 2 个 LUT 单元用于实现表达式 $f=g\cdot(x_3+x_4x_5)$。

扇入问题

在前面的例子中，每个 LUT 的扇入数(或输入端个数)被 FPGA 结构限制为 4 个。但是，即使采用定制芯片实现电路，仍然有必要限制门级的扇入数，这种限制是由与晶体管技术相关的实际情况引起的，这将在附录 B 中讨论。假设在一个定制芯片中，有效门级的最大扇入数为 4，那么如果一个逻辑表达式中包含 7 输入的乘积项，则必须采用两个 4 输入“与”门结构，如图 8.3 所示。

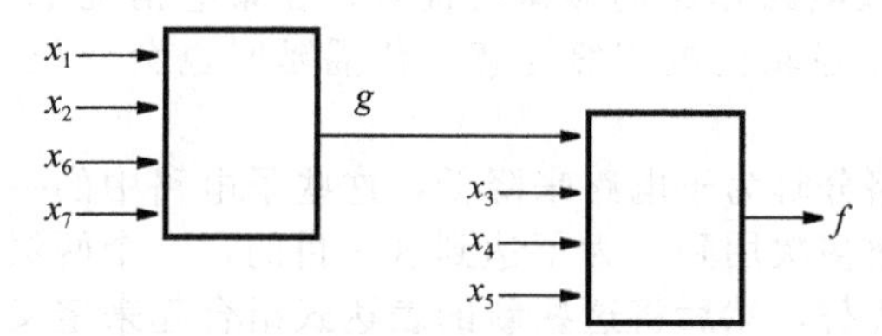

图 8.2 因子分解后采用 3 个 LTU 实现

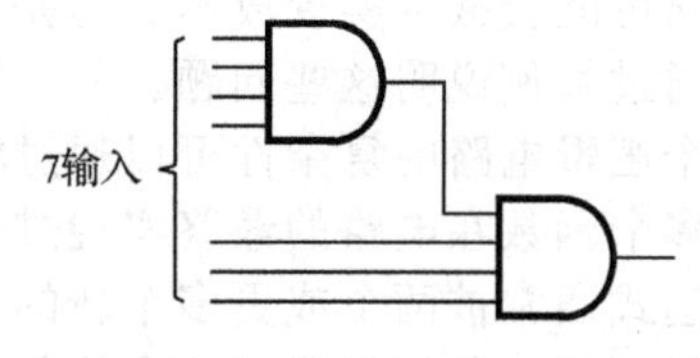

图 8.3 用 4 输入“与”门实现 7 输入乘积项

因子分解可以用于解决扇入问题，作为一个例子，考虑函数：

$$f = x_1\overline{x}_2x_3\overline{x}_4x_5x_6 + x_1x_2\overline{x}_3\overline{x}_4\overline{x}_5x_6$$

这是一个最简的积之和表达式。用图 8.3 所示的方法，实现这个表达式需要 4 个“与”门和 1 个“或”门。更好的解决方法是对此表达式进行因子分解：

$$f = x_1\overline{x}_4x_6(\overline{x}_2x_3x_5 + x_2\overline{x}_3\overline{x}_5)$$

因此只需用 3 个“与”门和 1 个“或”门实现该函数，如图 8.4 所示。

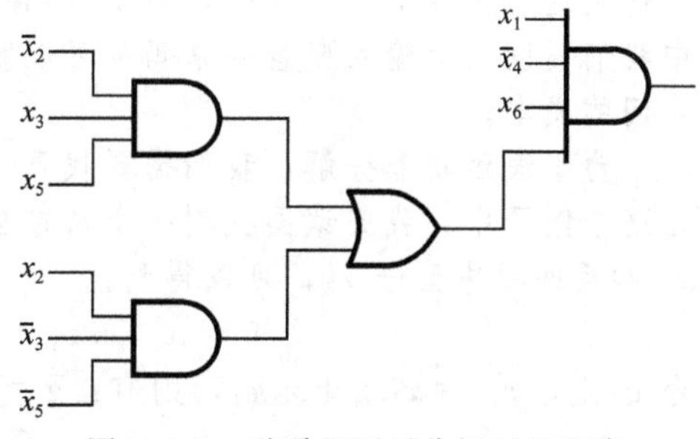

图 8.4 一种采用因子分解后的电路

例 8.1 逻辑电路的设计者在实际设计过程中通常会遇到一些规范，这些规范将使初始设计的逻辑表达式为因子形式。假设需要设计一个电路，该电路有 4 个输入 x_1、x_2、x_3 和 x_4，2 个

输出 f_1 与 f_2。对于输出 f_1：当输入 x_1 和 x_2 中至少有一个为 1 且 x_3、x_4 都为 1 时，则输出 $f_1=1$；当 $x_1=x_2=0$ 且 x_3 或 x_4 中有一个为 1 时，则输出 $f_1=1$；在其他情况下 $f_1=0$。对于输出 f_2：当 $x_1=x_2=0$ 或 $x_3=x_4=0$ 时，则 $f_2=0$；其他情况下 $f_2=1$。

由以上的说明可以得到函数 f_1 的表达式：

$$f_1=(x_1+x_2)x_3x_4+\overline{x}_1\overline{x}_2(x_3+x_4)$$

上式可以简化为：

$$f_1=x_3x_4+\overline{x}_1\overline{x}_2(x_3+x_4)$$

读者可以采用卡诺图证明上式成立。

第 2 个函数 f_2 可以通过写出它的互补项：

$$\overline{f}_2=\overline{x}_1\overline{x}_2+\overline{x}_3\overline{x}_4$$

再运用德·摩根定理，得到：

$$f_2=(x_1+x_2)(x_3+x_4)$$

上式即为 f_2 的最低成本表达式，如果采用 SOP 形式，成本将会显著增加。

我们的目标是设计一个最低成本的既能实现 f_1 又能实现 f_2 的电路，如果两个函数均采用因子分解的形式，则 (x_3+x_4) 可以被两个函数共享，这似乎可以得到一个最好的结果；另外，由于 $\overline{x}_1\overline{x}_2=\overline{x_1+x_2}$，如果我们将 f_1 的表达式改写为：

$$f_1=x_3x_4+\overline{x_1+x_2}(x_3+x_4)$$

则和项 x_1+x_2 也可以为两个函数所共享。

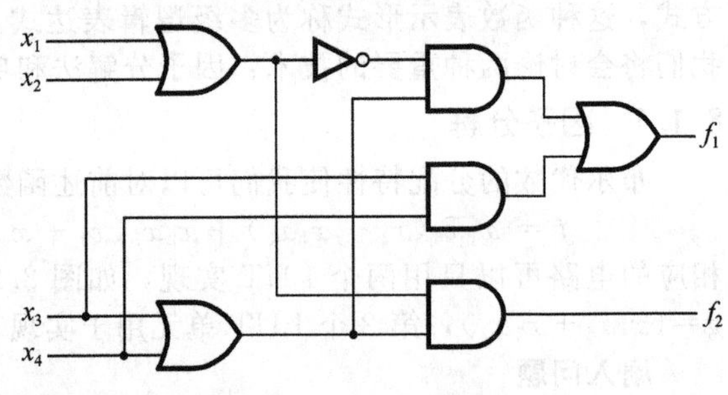

图 8.5　例 8.1 的电路

由此可以得到一个组合电路，如图 8.5 所示。该电路包括 3 个或门、3 个与门和 1 个非门，总共有 13 个输入，总的成本为 20。◀

8.1.2 功能分解

在前面有关因子分解方法的例子中，采用了多级电路以解决扇入限制问题。然而，即使电路不存在扇入问题，这种电路与等价的二级电路相比仍显得有优势；在某些情况下，多级电路可能会减少实现成本。但是由于使用了逻辑门的多级连接，传播延时也会变长，我们将通过举例说明这些问题。

一个逻辑电路的复杂性可以通过将两级电路分解为子电路来降低，这些子电路中的一个或者多个函数在电路的最终实现过程中可能被多次用到。为了达到这一目的，一个两级逻辑表达式通常被两个或更多个新的表达式所代替，然后将这些新的表达式组合起来定义一个多级电路。我们将通过一个简单的例子来阐述这个思想。

例 8.2 考虑图 8.6a 中的用卡诺图形式表示的具有 4 个变量的函数 f，该图说明了如何用最小的 SOP 形式实现函数 f，其表达式为：

$$f=x_1\overline{x}_3x_4+x_1x_3\overline{x}_4+x_2\overline{x}_3\overline{x}_4+x_2x_3x_4$$

上述表达式需要 7 个门电路，共 18 个输入端，总成本为 25。读者可以观察到在这个例子中我们假设只有输入变量的原码是可以获得的，所以总成本中已经包含了 x_3 和 x_4 取反的非门的成本。

为了演示功能分解，我们需要找到一个或多个只和输入变量中的子集有关的子函数。在这个例子中，我们试图找到一个只包含输入变量 x_3 和 x_4 的子函数，提取前两项中因子 x_1 和后两项中因子 x_2，可以得到：

$$f=x_1(\overline{x}_3x_4+x_3\overline{x}_4)+x_2(\overline{x}_3\overline{x}_4+x_3x_4)$$

令 $g(x_3,x_4)=\overline{x}_3x_4+x_3\overline{x}_4$，则有：$\overline{g}=\overline{x}_3\overline{x}_4+x_3x_4$。功能函数 f 可以写为：

$$f=x_1g+x_2\overline{g}$$

观察 g 的表达式可知 $g=x_3 \oplus x_4$，由此得到函数 f 的电路图如图 8.6b 所示，电路中有 5 个逻辑门、9 个逻辑门输入，因此电路的总成本为 14。这个多级电路的成本明显比用 SOP 实现函数 f 要低得多，而代价是由于额外的逻辑级而导致的传播延时的增加。

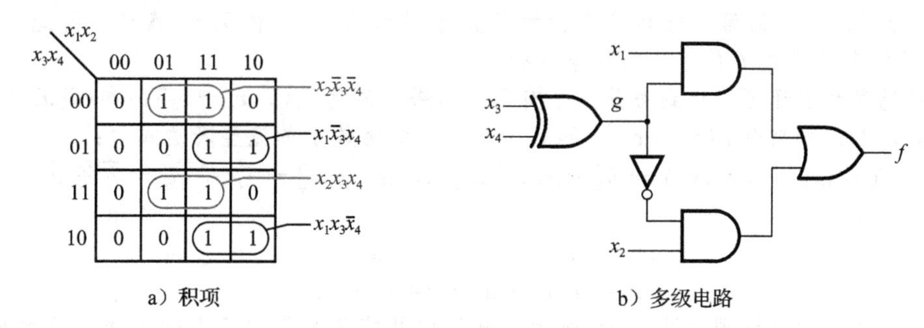

a）积项　　b）多级电路

图 8.6　例 8.2 的功能分解

通过观察卡诺图而不用代数运算可以得到一种更为系统的方法来找到子函数，图 8.7a 用浅灰色标示了子函数 g，该子函数仅仅依赖于定义卡诺图中行的变量，即 x_3 和 x_4，因此有：

$$g = \bar{x}_3x_4 + x_3\bar{x}_4 = x_3 \oplus x_4$$

由于 g 位于卡诺图的最右边，有 $x_1=1$ 且 $x_2=0$，由 g 定义的函数 f 的部分可表示为 $(x_1\bar{x}_2)\cdot g$。现在，我们可以观察到卡诺图的第 2 列代表子函数 $\bar{g}$，第 3 列是一个等于 1 的子函数。因此 f 可以用具有 3 个变量的函数 $h(x_1,x_2,g)$ 实现，即：

$$f(x_1,x_2,x_3,x_4) = h[x_1,x_2,g(x_3,x_4)] = (\bar{x}_1x_2)\cdot\bar{g} + (x_1\bar{x}_2)\cdot g + (x_1x_2)\cdot 1$$

这个分解电路的结构如图 8.7b 所示。我们可以优化表达式中的 h，如图 8.7c 所示。结果为：

$$h = x_1g + x_2\bar{g}$$

这与前面我们通过代数运算得到的分解式相同。

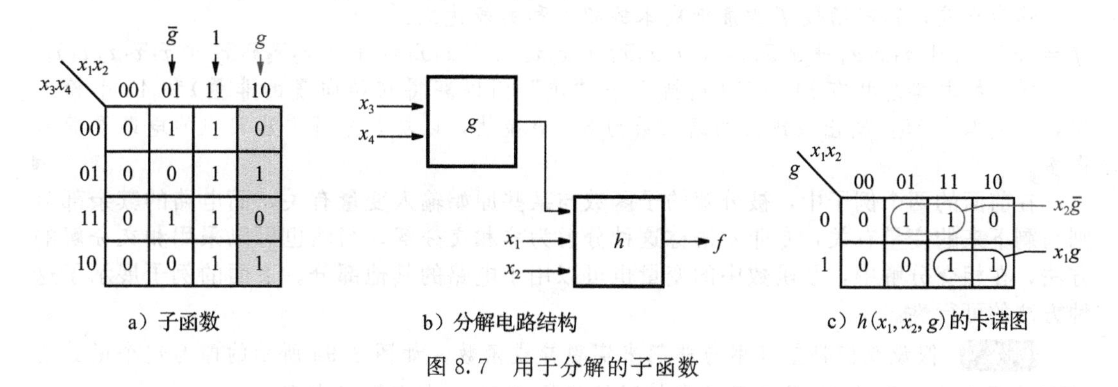

a）子函数　　b）分解电路结构　　c）$h(x_1,x_2,g)$ 的卡诺图

图 8.7　用于分解的子函数

在图 8.7a 中，我们通过先观察卡诺图的列得到了子函数。同样的功能分解也可以通过先观察卡诺图的行得到，这也就是我们将在下面例子中探索的方法。◀

例 8.3　图 8.8a 中用卡诺图的形式定义了一个 5 变量的函数 f。观察图中的行，可以发现只有 2 种不同的图案，这就意味着只需要用两个子函数就可以实现行。第 2 行和第 4 行的图案相同，图中用浅灰色部分标识；第 1 行和第 3 行是另外一种相同的图案。先考虑第 2 行，它只和每行中定义列的变量有关，即 x_1、x_2、x_5。用一个子函数 $g(x_1, x_2, x_5)$ 表示该行图案，则这个子函数可写为：

$$g = x_1 + x_2 + x_5$$

这是由于这 3 个变量中任何一个为 1 时，都会使图案的值为 1。我们用变量 x_3 和 x_4 指定模式 g 产生的行的位置(是第 2 行还是第 4 行?)。$\bar{x}_3x_4$ 项与 $x_3\bar{x}_4$ 项分别标识了第 2 行和第 4 行，因此$(\overline{x}_3x_4+x_3\overline{x}_4)\cdot g$代表了函数$f$的第 2 行和第 4 行。

接下来，我们需要找到第 1 行和第 3 行图案的实现方式。这个图案只有 1 个单元为 1，即在$x_1=x_2=x_5=0$时为 1，对应于$\overline{x}_1\overline{x}_2\overline{x}_5$项，仔细观察该表达式可以得到一个有用的结论，即$\overline{x}_1\overline{x}_2\overline{x}_5=\overline{g}$。而第 1 行和第 3 行的位置分别由项$x_3x_4$和$\overline{x}_3\overline{x}_4$确定。因此$(\overline{x}_3\overline{x}_4+x_3x_4)\cdot\overline{g}$代表了函数$f$的第 1 行和第 3 行。

通过观察我们还可以得到另外一个有用的结果，表达式$(\overline{x}_3x_4+x_3\overline{x}_4)$和$(\overline{x}_3\overline{x}_4+x_3x_4)$互为反量，因此如果令$k(x_3,x_4)=\overline{x}_3x_4+x_3\overline{x}_4$，则函数$f$的完整表达式为：

$$f(x_1,x_2,x_3,x_4,x_5)=h[g(x_1,x_2,x_5),k(x_3,x_4)]=kg+\overline{k}\overline{g}=\overline{k\oplus g}$$

式中

$$g=x_1+x_2+x_5$$
$$k=\overline{x}_3x_4+x_3\overline{x}_4=x_3\oplus x_4$$

上述表达式的电路图如图 8.8b 所示。电路中共需 3 个门和 7 个输入端，总的成本为 10，每个门的最大扇入数是 3。

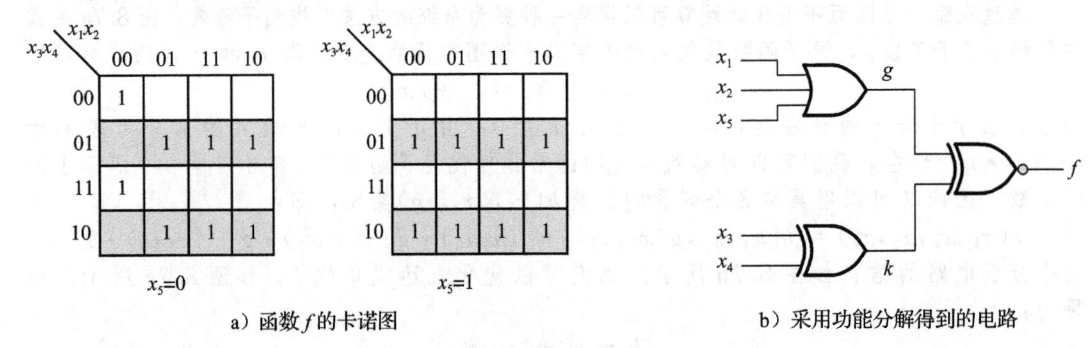

a）函数f的卡诺图　　b）采用功能分解得到的电路

图 8.8　例 8.3 的分解

作为比较，列出函数f的最低成本的积之和的表达式：

$$f=x_1\overline{x}_3x_4+x_1x_3\overline{x}_4+x_2\overline{x}_3x_4+x_2x_3\overline{x}_4+\overline{x}_3x_4x_5+x_3\overline{x}_4x_5+\overline{x}_1\overline{x}_2\overline{x}_3\overline{x}_4\overline{x}_5+\overline{x}_1\overline{x}_2x_3x_4\overline{x}_5$$

对应的电路总共有 14 个门（包括 5 个“非”门以获得初始向量的非量）和 41 个输入端，总成本为 55，输出级或门的扇入数为 8。很显然，以功能分解方法实现的电路要简单得多。◀

在前面的两个例子中，被分解的子函数与某些原始输入变量有关，而电路的其余部分则与剩下来的变量有关，专业术语称这种分解为非相交分解。当然也可以采用相交分解的方法，在相交分解中，子函数中的变量也可以用于电路的其他部分。下面的例子展示了这种方法的可行性。

例 8.4　假设我们期望只用与非门来实现异或函数，如图 8.9a 所示的即为这个函数的 SOP 实现方式，图 8.9b 展示了具有相同结构的“与非-与非”门电路。

现在我们尝试用功能分解的方式找到一个更好的只用“与非”门实现“异或”门的方法。符号“↑”代表“与非”运算，所以有$x_1\uparrow x_2=\overline{x_1\cdot x_2}$。“异或”函数的积之和表达式为：

$$x_1\oplus x_2=x_1\overline{x}_2+\overline{x}_1x_2$$

从 2.7 节的讨论中可以得到这个表达式的“与非”运算方式：

$$x_1\oplus x_2=(x_1\uparrow\overline{x}_2)\uparrow(\overline{x}_1\uparrow x_2)$$

实现此表达式需要 5 个“与非”门，如图 8.9b 所示。可以看出反相器是用一个 2 输入“与非”门实现的（将“与非”门的 2 个输入端连接在一起）。

为了实现功能分解，我们对$(x_1\uparrow\overline{x}_2)$进行如下操作：

$$(x_1\uparrow\overline{x}_2)=\overline{(x_1\overline{x}_2)}=\overline{(x(\overline{x}_1+\overline{x}_2))}=(x_1\uparrow(\overline{x}_1+\overline{x}_2))$$

同理可以对$(\overline{x}_1 \uparrow x_2)$进行同样的操作，得到：

$$x_1 \oplus x_2 = (x_1 \uparrow (\overline{x}_1 + \overline{x}_2)) \uparrow ((\overline{x}_1 + \overline{x}_2) \uparrow x_2)$$

由德·摩根定理可知 $\overline{x}_1 + \overline{x}_2 = x_1 \uparrow x_2$，因此有：

$$x_1 \oplus x_2 = (x_1 \uparrow (x_1 \uparrow x_2)) \uparrow ((x_1 \uparrow x_2) \uparrow x_2)$$

进行功能分解得到：

$$x_1 \oplus x_2 = (x_1 \uparrow g) \uparrow (g \uparrow x_2)$$

$$g = x_1 \uparrow x_2$$

相应的电路如图 8.9c 所示，电路中只需 4 个“与非”门。

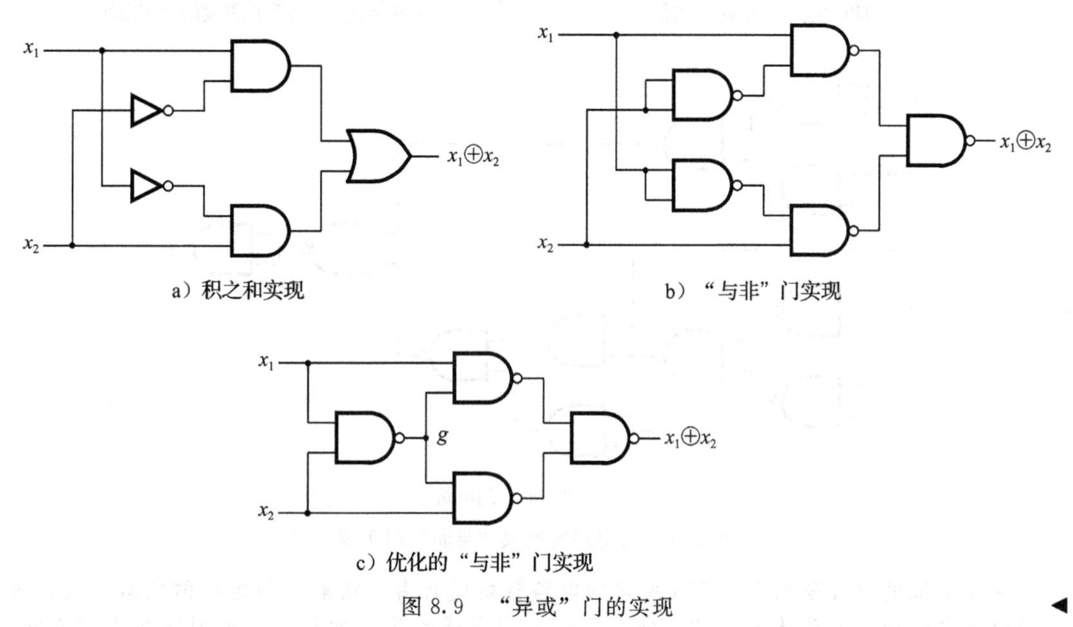

图 8.9 “异或”门的实现

实际问题

功能分解对简化电路的复杂性而言是一种很强大的技术，如何找到合适的子函数是功能分解的一个主要问题。对于具有很多变量的函数来说，可能需要尝试多种可能性，这种情形将会阻碍最优解的求解，取而代之的是用启发式方法求得一个可接受的解。

关于功能分解和因子分解的详细讨论已经超出了本书的范围，有兴趣的读者可以参考文献[1-4]。现代的 CAD 工具广泛使用功能分解的概念。

8.1.3 多级与非和或非电路

在 2.7 节中我们看到了由与门和或门构成的两级电路可以很容易地转换成用与非门和或非门实现的电路，两者之间逻辑门的布局相同。实际上一个“与-或”（积之和）电路可以用“与非-与非”电路实现，而一个“或-与”（和之积）电路可以转换为一个“或非-或非”电路。可以将这种转换方法用于多级电路中，我们将会通过一个例子加以说明。

例 8.5 图 8.10a 给出了一个由“与”门和“或”门构成的 4 级电路。我们首先推导一个只包含“与非”门的功能等效的电路：每个“与”门可以通过对它的输出取反转化为“与非”门，每个或门可以通过对它的输入取反转化为“与非”门，这正是德·摩根定理的一种应用(如图 2.26 所示)。图 8.16b 中用浅灰色标示出了这种必要的求反操作。需要注意的是取反操作需要在对应的导线两端同时进行。这样每个门都变成了“与非”门，导致了电路中绝大多数的反相操作融入到“与非”门中。但是，仍然有 4 个反相器不属于任何门，所以必须单独实现。这些反相器位于输入端 x_1、x_5、x_6、x_7 以及输出端 f，可以采用 2 输入的“与非”门实现(将 2 输入端连接在一起)，得到的电路如图 8.10c 所示。

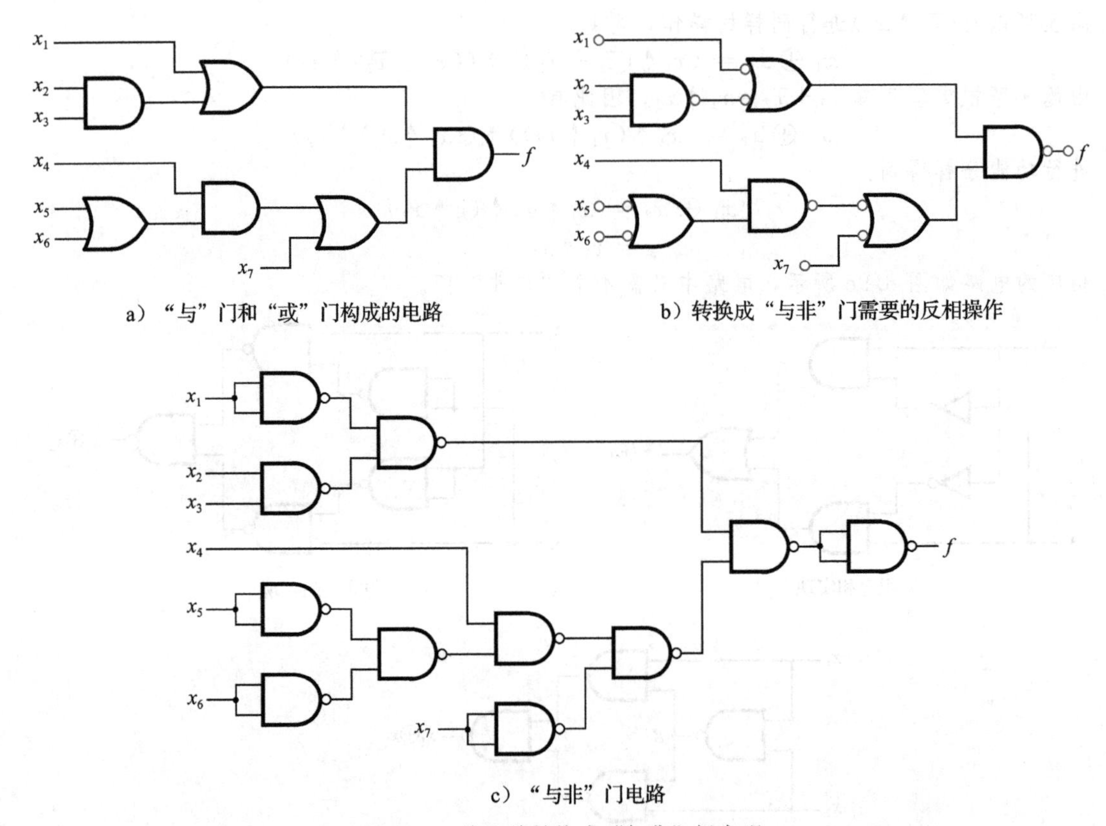

a）“与”门和“或”门构成的电路　　b）转换成“与非”门需要的反相操作

c）“与非”门电路

图 8.10　将电路转换成“与非”门实现

一种类似的方法是把图 8.10a 所示的电路转换成只由“或非”门组成的电路。或门可以通过将它的输出取反转换为“或非”门；与门则通过将它的输入取反而转换成“或非”门(如图 2.26 所示)。采用这种方法，例子中所需的反相器如图 8.11a 中浅灰色标示的部分。此后，将每个门都转换成了“或非”门，而在输入端 x_2、x_3、x_4 所需的反相器可以用 2 输入的“或非”门实现(将两个输入连接在一起)，最终的电路如图 8.11b 所示。

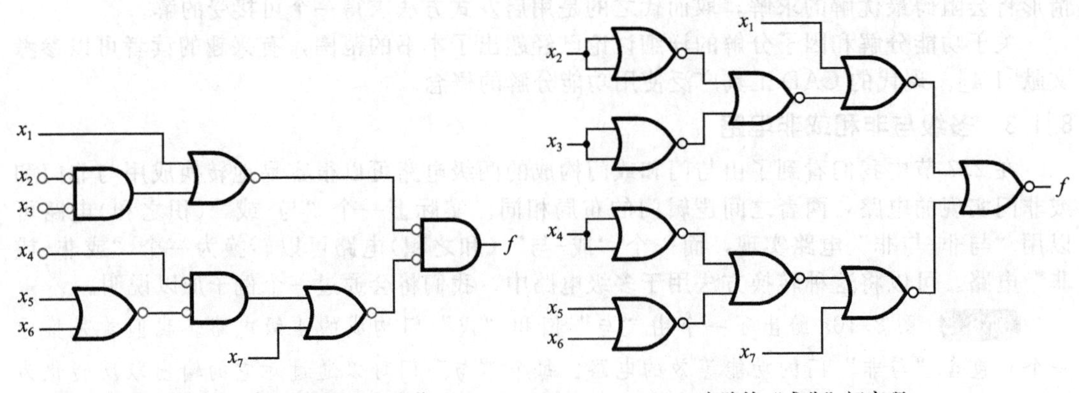

a) 转换成“或非”门实现所需的反相操作　　b) 电路的“或非”门实现

图 8.11　给定电路转换为“或非”门实现

很明显，当把“与”门或“或”门转换成“与非”门或“或非”门时，电路的基本拓扑结构在本质上没有发生变化。只是对于那些电路中的其他门的反相操作，可能需要插入额外的门用作“非”门以实现该操作。◀

8.2 多级电路分析

前一节表明用多级电路实现逻辑函数会带来一定的好处，同时这种方式也是函数综合中最常用的方法。在本节，我们将通过分析一个已经存在的逻辑电路，确定该电路所实现的逻辑函数。

对于一个两级电路，其分析过程很简单。如果一个电路为“与-或”（“与非-与非”）结构，则可以观察并写出其 SOP 形式的输出函数。类似地，很容易推导出“或-与”（“或非-或非”）电路的 POS 表达式。如要分析多级电路则会变得很复杂，因为很难通过观察直接写出一个函数的表达式，我们不得不通过跟踪整个电路并确定它的功能以推导出期望的函数表达式。跟踪过程可以从输入端到输出端或从输出端到输入端。对于电路中间的某些结点，有必要估算出由逻辑门所实现的子函数。

例 8.6 图 8.12 复制了图 8.10a 所示的电路，为了确定由这个电路实现的函数 f，可以先考虑电路中间结点，即电路中各个门的输出。这些结点在电路中已标记为 $P_1 \sim P_5$，对应的的函数为：

$$\begin{aligned} P_1 &= x_2 x_3 \\ P_2 &= x_5 + x_6 \\ P_3 &= x_1 + P_1 = x_1 + x_2 x_3 \\ P_4 &= x_4 P_2 = x_4(x_5 + x_6) \\ P_5 &= P_4 + x_7 = x_4(x_5 + x_6) + x_7 \end{aligned}$$

因此函数 f 为：

$$f = P_3 P_5 = (x_1 + x_2 x_3)(x_4(x_5 + x_6) + x_7)$$

应用分配律，将上式去掉括号，有：

$$f = x_1 x_4 x_5 + x_1 x_4 x_6 + x_1 x_7 + x_2 x_3 x_4 x_5 + x_2 x_3 x_4 x_6 + x_2 x_3 x_7$$

注意由这个表达式所代表的电路是由 6 个“与”门、1 个“或”门及 25 个输入端组成的二级电路，该电路的成本高于图 8.12 所示电路，但是电路的传播延时较小。

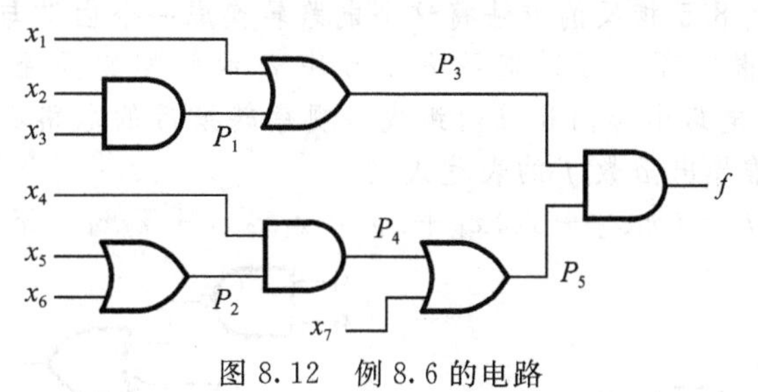

图 8.12 例 8.6 的电路 ◀

例 8.7 在例 8.3 中，我们推导出了如图 8.8b 所示的电路。而图 8.13 复制了这个电路，同时将图 8.8b 中的“异或”门和“同或”门替换成了等效的 SOP 形式。电路中的中间结点已标示于图 8.13 中（$P_1 \sim P_{10}$），则可得这些结点对应的子函数：

$$\begin{aligned} P_1 &= x_1 + x_2 + x_5 \\ P_2 &= \overline{x}_4 \\ P_3 &= \overline{x}_3 \\ P_4 &= x_3 P_2 \\ P_5 &= x_4 P_3 \\ P_6 &= P_4 + P_5 \\ P_7 &= \overline{P}_1 \\ P_8 &= \overline{P}_6 \end{aligned}$$

$$P_9 = P_1 P_6$$
$$P_{10} = P_7 P_8$$

从输出端到输入端跟踪电路，可以得到：

$$\begin{aligned} f &= P_9 + P_{10} \\ &= P_1 P_6 + P_7 P_8 \\ &= (x_1 + x_2 + x_5)(P_4 + P_5) + \overline{P}_1 \overline{P}_6 \\ &= (x_1 + x_2 + x_5)(x_3 P_2 + x_4 P_3) + \overline{x}_1 \overline{x}_2 \overline{x}_5 \overline{P}_4 \overline{P}_5 \\ &= (x_1 + x_2 + x_5)(x_3 \overline{x}_4 + x_4 \overline{x}_3) + \overline{x}_1 \overline{x}_2 \overline{x}_5 (\overline{x}_3 + \overline{P}_2)(\overline{x}_4 + \overline{P}_3) \\ &= (x_1 + x_2 + x_5)(x_3 \overline{x}_4 + \overline{x}_3 x_4) + \overline{x}_1 \overline{x}_2 \overline{x}_5 (\overline{x}_3 + x_4)(\overline{x}_4 + x_3) \\ &= x_1 x_3 \overline{x}_4 + x_1 \overline{x}_3 x_4 + x_2 x_3 \overline{x}_4 + x_2 \overline{x}_3 x_4 + x_5 x_3 \overline{x}_4 + x_5 \overline{x}_3 x_4 + \overline{x}_1 \overline{x}_2 \overline{x}_5 \overline{x}_3 \overline{x}_4 + \overline{x}_1 \overline{x}_2 \overline{x}_5 x_4 x_3 \end{aligned}$$

该表达式与例 8.3 所描述的表达式相同。

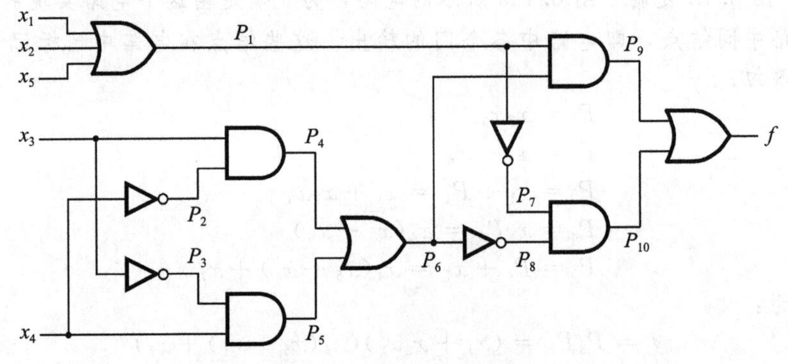

图 8.13　例 8.7 的电路 ◀

例 8.8 分析“与非”门和“或非”门构成的电路较为困难，这是由于这两种门都包含有反相。图 8.14a 给出了一个简单的“与非”门组成的电路，以展示反相对电路的影响。我们可以采用与例 8.5 相反的方法将这个电路转换成一个由“与”门和“或”门组成的电路。根据德·摩根定理，可以把图 8.14b 中表示反相的圆圈移走，进而得到如图 8.14c 所示的电路，该电路由与门和或门组成。观察转换后的电路，其输入 x_3 与 x_5 已被反相。由该电路可以推导出函数 f 的表达式：

$$f = (x_1 x_2 + \overline{x}_3) x_4 + \overline{x}_5 = x_1 x_2 x_4 + \overline{x}_3 x_4 + \overline{x}_5$$

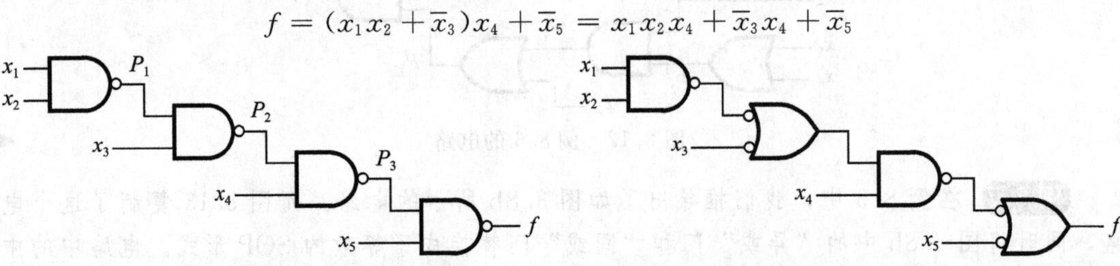

a）由“与非”门组成的电路　　b）用移动小圆圈法将电路转化成“与”门和“或”门组成

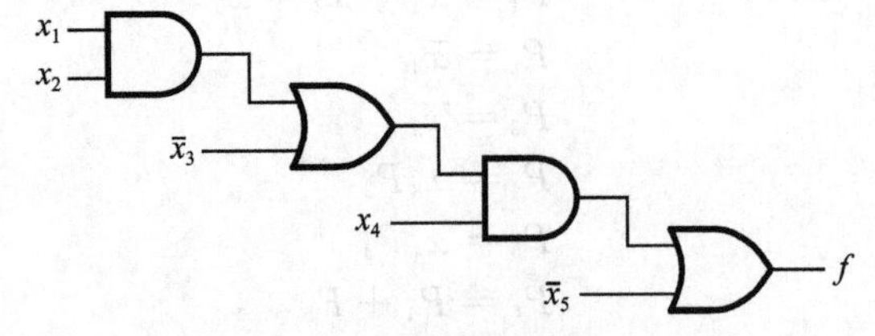

c）由“与”门和“或”门组成的电路

图 8.14　例 8.8 的电路

确定电路的函数时并非一定要把“与非”门电路转换为一个由“与”门和“或”门组成的电路，我们可以采用例8.6和例8.7中的方法按下列步骤推导。在图8.14a中用P_1、P_2、P_3标识了中间结点，则有：

$$
\begin{aligned}
P_1 &= \overline{x_1 x_2} \\
P_2 &= \overline{P_1 x_3} \\
P_3 &= \overline{P_2 x_4} \\
f &= \overline{P_3 x_5} = \overline{P}_3 + \overline{x}_5 \\
&= \overline{\overline{P_2 x_4}} + \overline{x}_5 = P_2 x_4 + \overline{x}_5 \\
&= \overline{P_1 x_3} x_4 + \overline{x}_5 = (\overline{P}_1 + \overline{x}_3) x_4 + \overline{x}_5 \\
&= (\overline{\overline{x_1 x_2}} + \overline{x}_3) x_4 + \overline{x}_5 \\
&= (x_1 x_2 + \overline{x}_3) x_4 + \overline{x}_5 \\
&= x_1 x_2 x_4 + \overline{x}_3 x_4 + \overline{x}_5
\end{aligned}
$$

◀

例8.9 图8.15所示电路由“与非”门和“或非”门组成，对该电路的分析如下：

$$
\begin{aligned}
P_1 &= \overline{x_2 x_3} \\
P_2 &= \overline{x_1 P_1} = \overline{x}_1 + \overline{P}_1 \\
P_3 &= \overline{x_3 x_4} = \overline{x}_3 + \overline{x}_4 \\
P_4 &= \overline{P_2 + P_3} \\
f &= \overline{P_4 + x_5} = \overline{P}_4 \overline{x}_5 = \overline{\overline{P_2 + P_3}} \cdot \overline{x}_5 \\
&= (P_2 + P_3)\overline{x}_5 = (\overline{x}_1 + \overline{P}_1 + \overline{x}_3 + \overline{x}_4)\overline{x}_5 \\
&= (\overline{x}_1 + x_2 x_3 + \overline{x}_3 + \overline{x}_4)\overline{x}_5 \\
&= (\overline{x}_1 + x_2 + \overline{x}_3 + \overline{x}_4)\overline{x}_5 \\
&= \overline{x}_1 \overline{x}_5 + x_2 \overline{x}_5 + \overline{x}_3 \overline{x}_5 + \overline{x}_4 \overline{x}_5
\end{aligned}
$$

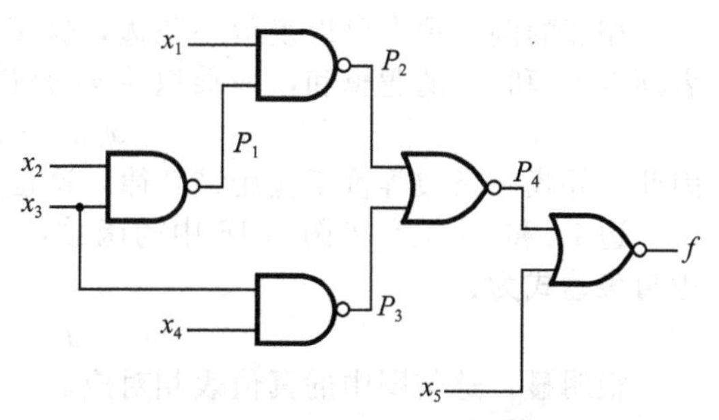

图8.15 例8.9的电路图

注意推导倒数第2行和最后1行时，我们用到了2.5节的性质16a将$x_2 x_3 + \overline{x}_3$简化为$x_2 + \overline{x}_3$。

与电路综合相比，电路分析要简单得多。通过一点练习，每个人都可以很轻松地分析相当复杂的电路。

◀

现在我们已经涉及了相当多的关于逻辑函数的综合和分析的内容。我们曾利用卡诺图作为优化实现逻辑函数的一种工具，还介绍了实现逻辑函数的多种形式，包括两级逻辑和多级逻辑电路。在现代设计环境中，逻辑电路一般不用人工设计，而是采用CAD工具综合。本章讨论的概念都是基本的，它们是在CAD算法中实现的策略的代表。正如我们前面所说，逻辑函数的卡诺图表示方法不适合用于CAD工具。下一节我们将讨论两种适合在CAD算法中采用的逻辑函数的表示方法。

8.3 逻辑函数的其他表示方法

到目前为止，我们已经介绍了逻辑函数的4种不同的表示方法：真值表、代数表达式、维恩图和卡诺图。在本节中，将介绍另外两种表示方式，即立方体表示法和二元决策图。

8.3.1 立方体表示法

立方体表示的是映射为n维立方的n变量的逻辑函数。首先通过一些简单的立方体的例子，说明这种表示法的原理。

2维立方体

图8.16所示的是一个2维立方体，立方体的4个角称为顶点，对应着一个真值表的4

行。每一个顶点用 2 个坐标来定义：假定横坐标对应于变量 x_1，纵坐标对应着 x_2，因此顶点 00 位于左下角，对应着真值表的第 0 行；顶点 01 位于左上角，其中 $x_1=0$，$x_2=1$，对应着真值表的第 1 行；以此类推可得到其他两个顶点的坐标。

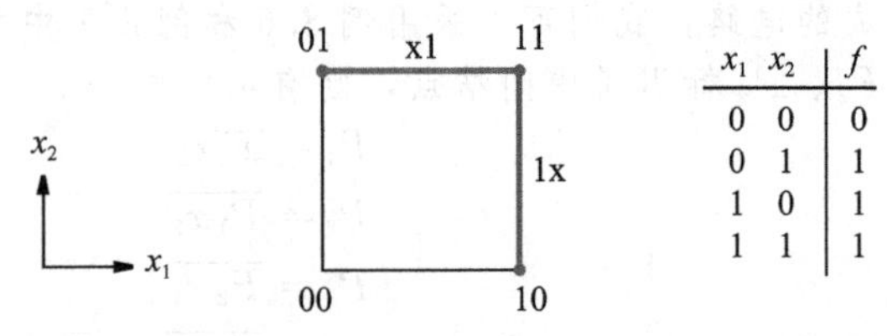

x_1	x_2	f
0	0	0
0	1	1
1	0	1
1	1	1

图 8.16　函数 $f(x_1, x_2)=\sum m(1, 2, 3)$的表示

我们在立方体中用浅灰色小圆圈表示函数 $f=1$ 的顶点，图 8.16 中 $f=1$ 的顶点为 01、10 以及 11。可以将函数表示为顶点的集合，即 $f=\{01, 10, 11\}$。在图中函数 f 也以真值表的形式展示出来。

每一条边连接了 2 个顶点，它的标注方式与只有一个变量的不同。如果有 2 个对应于 $f=1$ 的顶点可以连接成一条边，则该边代表的函数部分与 2 个单独顶点所代表的部分相同。例如，$f=1$ 的 2 个顶点 10 和 11，连接成一条标记为 1x 的边。通常字母 x 表示相应的变量可以为 0 或 1，所以 1x 表示 $x_1=1$，x_2 可以为 0 或 1。类似地，坐标 01 和 11 的顶点连接成标记为 x1 的边，表明 x_1 可以为 0 或 1，而 $x_2=1$。读者不要把字母 x 与带有下标的变量 x_i 相混淆，如 x_1 和 x_2 代表的是变量。

相邻的两个顶点可以表示一条边，这正是 2.5 节中结合律 14a 的具体体现。边 1x 代表顶点 10 和 11 的逻辑和，即乘积项 x_1 是最小项 $x_1\overline{x}_2$ 和 x_1x_2 之和。结合律 14a 表明：

$$x_1\overline{x}_2 + x_1x_2 = x_1$$

因此，寻找一条边等价于应用结合律，这也类似于在卡诺图中寻找 $f=1$ 的相邻单元。

边 1x 和 x1 定义了图 8.16 中的函数，因此可以将函数表示为 $f=\{1x, x1\}$，对应的逻辑表达式为：

$$f = x_1 + x_2$$

很明显，这与图中的真值表相对应。

3 维立方体

图 8.17 表示了一个 3 维立方体。图的左边部分显示了 x_1、x_2 以及 x_3 坐标轴，每个顶点由 3 个变量的取值确定。对应于立方体的函数 f 是由图 2.48 的函数（曾应用于图 2.52b中）映射过来的。图中有 5 个顶点对应于 $f=1$，即 000、010、100、101 和 110，这些顶点可以连接成 5 条边（图中浅灰色表示），即 x00，0x0，x10，1x0 和 10x。因为坐标 000、010、100 和 110 包括了 x_1 和 x_2 的任意值，而 $x_3=0$，它们可以合并表示为 xx0 项。这意味着如果 $x_3=0$，不管 x_1 和 x_2 的取值，都有 $f=1$。注意 xx0 代表了立方体的正前面，图中用阴影表示。

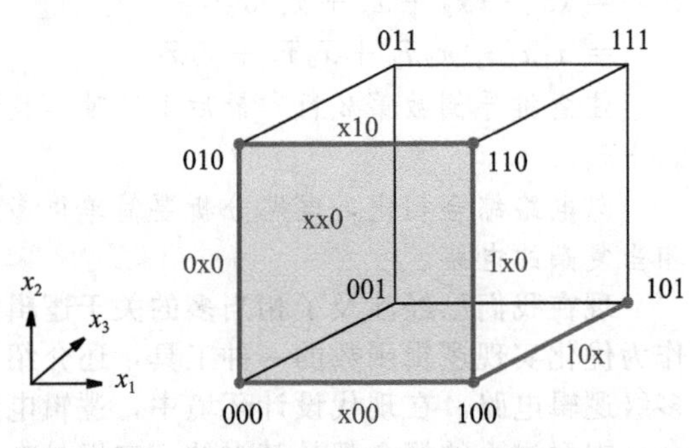

图 8.17　函数 $f(x_1, x_2, x_3)=\sum m(0, 2, 4, 5, 6)$的表示

由上述讨论中可知，函数 f 可以用多种方式表示，其可能的方式有：

$$\begin{aligned} f &= \{000,010,100,101,110\} = \{0x0,1x0,101\} = \{x00,x10,101\} \\ &= \{x00,x10,10x\} = \{xx0,10x\} \end{aligned}$$

在进行物理实现时，上述每一个关系式都是由与门实现的积的关系。很明显，如果选用 $f=\{xx0, 10x\}$，电路的实现成本最小，它等价于逻辑表达式：

$$f = \overline{x}_3 + x_1\overline{x}_2$$

上式即为在图 2.52b 中用卡诺图推导出的表达式。

4 维立方体

2 维和 3 维立方体的图形比较容易画出来，一个 4 维的立方体就比较难绘制了，它由两个角相连的 3 维立方体组成。从直观形象且简单的角度看，一个 4 维立方体即为一个立方体放置到另一个立方体中，如图 8.18 所示。假设坐标 x_1、x_2 和 x_3 与图 8.17 相同，同时令 $x_4=0$ 代表外面的立方体，而 $x_4=1$ 代表内部的立方体。以实例的方式将图 2.54 中的函数 f_3 映射到图 8.18 的 4 维立方体中。为了避免图中有太多的标记，我们只标记了表示 $f_3=1$ 的那些顶点，同时用阴影标示出了所有连接这些顶点的边。

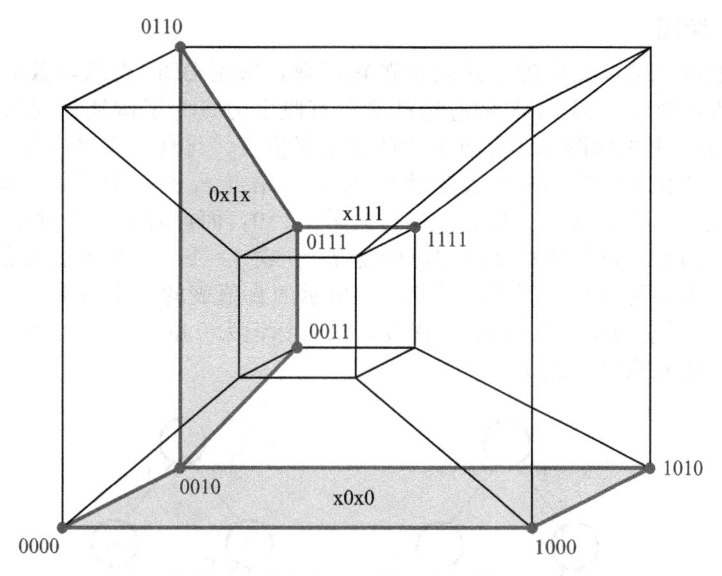

图 8.18　图 2.54 中函数 f_3 的表示方式

使 $f_3=1$ 的两组 4 个相邻的顶点可以表示为一个平面，其中一组由顶点 0000、0010、1000 以及 1010 构成，用 x0x0 表示；另一组由顶点 0010、0011、0110 以及 0111 构成，用 0x1x 表示，这些平面在图中用粗线表示。函数 f_3 可以用多种方式表示，例如：

$$\begin{aligned} f_3 &= \{0000,0010,0011,0110,0111,1000,1010,1111\} \\ &= \{00x0,10x0,0x10,0x11,x111\} \\ &= \{x0x0,0x1x,x111\} \end{aligned}$$

因为 x 可以为 0 或 1，所以每个 x 表示相应的变量可以忽略，如果 $f=\{x0x0，0x1x，x111\}$则得到最简单的电路，此时 f 等价于：

$$f_3 = \overline{x}_2\overline{x}_4 + \overline{x}_1 x_3 + x_2 x_3 x_4$$

我们得到了与图 2.54 所导出的一样的表达式。

n 维立方体

一个含有 n 个变量的函数可以映射到 n 维立方体中，虽然绘制超过 4 个变量的立方体的图形是不切实际的，但是将上述思想扩展到一般的 n 变量的函数不是太难。因为直观的解释是不可能的，且我们通常只是将“立方体”(cube)这个词用于表示 3 维结构，所以很多人用“超立方”(hypercube)表示维数大于 3 的结构。在我们的讨论中，仍将采用“立方体”一词。

用立方体中包含顶点的个数确定立方体的大小是比较方便的。顶点是立方体的最小单元，在一个顶点处每一个变量的取值可以是 0 或 1。一个在某个位置变量为 x 的立方体，由于具有两个顶点，其体积比单个顶点大一些，如：立方体 1x01 由顶点 1001 和 1101 组成。具有两个 x 的立方体由 4 个顶点组成，以此类推，一个有 k 个 x 的立方体则由 2^k 个顶点组成。

一个 n 维立方体有 2^n 个顶点。如果两个顶点只有一个坐标轴取值不同，则称这两个顶点相邻。因为有 n 个坐标(n 维立方体的坐标轴)，每个顶点和其他 n 个顶点相邻。n 维立方体包含了较低维数的立方体，顶点是最低维的立方体，因为维数为 0，也称之为 0 维立方体；边是维数为 1 的立方体，称为 1 维立方体；一个 3 维立方体的面是一个 2 维立方体；一个完整的 3 维的立方体称为 3 维立方体，以此类推。一般而言，由 2^k 个相邻顶点组成的立方体称为 k 维立方体。

由图 8.17 和 8.18 的例子可以明显看出，对于一个给定的函数存在最大可能的 k 维立方体与它的质蕴涵项等效。在 8.4 节中我们将讨论函数的立方体表示中的最小化技术。

8.3.2 二元决策图

二元决策图(BDD)以图形的形式表示逻辑函数，采用 BDD 表示函数时不需要占用很多内存空间，因此对于 CAD 工具的应用就非常有吸引力。为了阐述如何从一个函数 f 推导出相应的 BDD，考虑如图 8.19a 所示的两变量真值表。与真值表对应的决策树的图形如图 8.19b 所示，该树中的圆结点代表变量 x_1 和 x_2，结点 x_1 是树的根部，每个结点有两个与之相连接的边。对于结点 x_i，标有 0 的边表示 $x_i=0$，而标有 1 的边对应着 $x_i=1$。方形结点是树的端口结点，每个端口结点用以确定 $f=0$ 或 $f=1$。每条从根结点到端口结点的路径对应了真值表中的一行。例如，图 8.19a 所示的真值表的最上行有 $x_1=x_2=0$ 和 $f=1$，在决策树中，对应的路径从结点 x_1 出发，沿着标记为 0 的边到下一个结点 x_2，然后再沿着标记为 0 的边到端口结点 1。

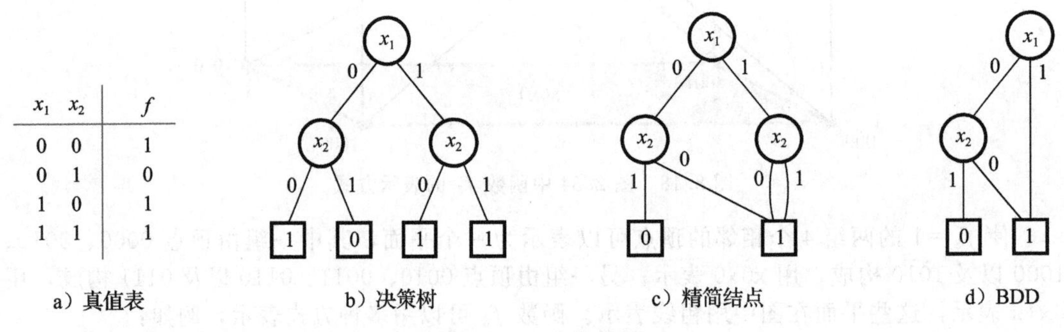

x_1	x_2	f
0	0	1
0	1	0
1	0	1
1	1	1

a）真值表　b）决策树　c）精简结点　d）BDD

图 8.19　BDD 的推导

决策树不是一种表示逻辑函数的高效方式，因为树的尺寸是每个输入变量的两倍。但是正如图 8.19c 所描述的，我们可以减少树的结点数目，即可以合并完全相同的端口结点，因此只有两个端口结点分别代表了 0 和 1。我们发现树右边的结点 x_2 是冗余的，可以移走，这是因为它的两条边都连接到了相同的结点(后续的)。从决策树上移走所有相同的结点和冗余的结点后，得到了所谓的*二元决策图*(BDD)。对应于图 8.19a 所示的真值表的 BDD，如图 8.19d 所示。二元决策图提供了一个紧凑的逻辑函数表达式，也可用于提供一个低成本的实现方案。在图 8.19d 中，我们可以看到如果 $x_1=1$，或 $x_1=0$ 且 $x_2=0$，f 都为 1，因此可以将此函数写为 $f=x_1+\overline{x}_1\overline{x}_2=x_1+\overline{x}_2$。一般而言，一个 BDD 可以用于提供一个函数的各种实现方式，既可以是两级的形式也可以是多级的形式。

图 8.20 给出了关于逻辑“与”和逻辑“或”函数的 BDD 图。图 8.20a 表示函数 $f=x_1x_2$，图 8.20b 表示函数 $f=x_1+x_2$。很容易通过扩展这些 BDD 实现更大规模的逻辑“与”和逻辑“或”。图 8.21 展示了如何推导出“异或”函数的 BDD。图 8.21a 给出了函数 $f=x_1\oplus x_2$ 的决策树，将决策树中相同的端口结点合并后，没有产生多余的结点，得到的 BDD 图如图 8.21b 所示。图 8.21c 说明了如何将这个 BDD 扩展为 3 输入异或函数 $f=x_1\oplus x_2\oplus x_3$ 的 BDD。注意，端口结点 1 是从根结点 x_1 沿着标记为 1 的边且总数为奇数的路径到达

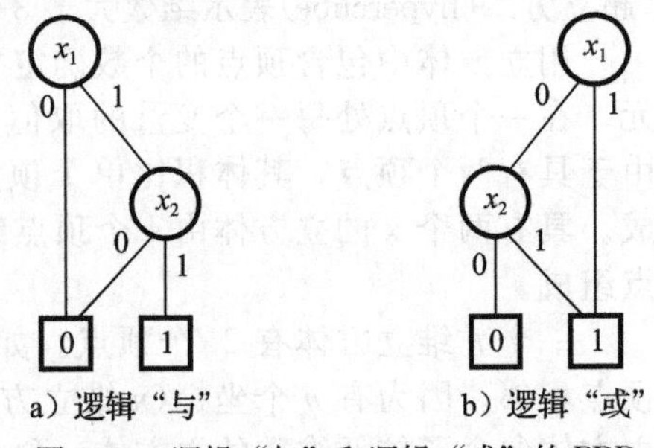

a）逻辑“与”　b）逻辑“或”

图 8.20　逻辑“与”和逻辑“或”的 BDD

的，正如异或函数所要求的那样。

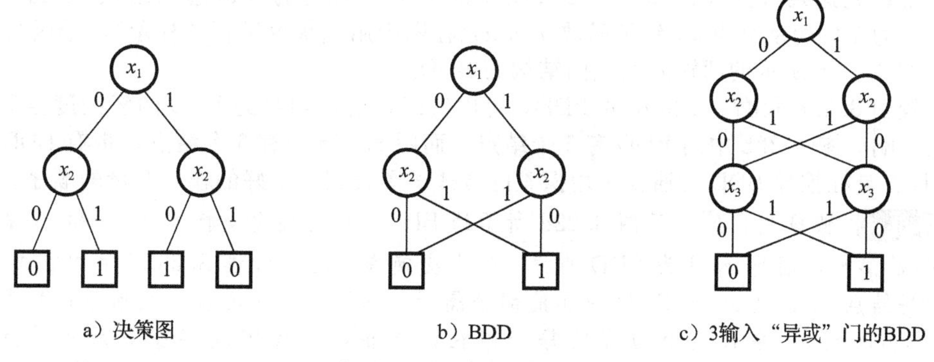

图 8.21 “异或”函数的 BDD

采用香农展开推导 BDD

正如图 8.19 和图 8.21 中所示，在一个决策树中，通过移除冗余的结点和合并相同的结点，可以推导出一个 BDD。虽然这种方法对于任何逻辑函数都可以采用，但是当函数的输入变量超过一定量时，其过程会变得冗长繁琐。另外一种推导 BDD 的方法就是利用 4.1.2 节中介绍的香农展开定理。回想一下，香农展开定理阐述了任何一个布尔函数 $f(x_1, x_2, \cdots, x_i, \cdots, x_n)$ 都可以写为：

$$f(x_1, x_2, \cdots, x_i, \cdots, x_n) = \overline{x}_i f_{\overline{x}_i} + x_i f_{x_i}$$

其中，$f_{\overline{x}_i} = f(x_1, x_2, \cdots, 0, \cdots, x_n)$，$f_{x_i} = f(x_1, x_2, \cdots, 1, \cdots, x_n)$。

考虑函数 $f = x_1 + x_2 x_3$，对输入 x_1 进行香农展开，可得 $f = \overline{x}_1 f_{\overline{x}_1} + x_1 f_{x_1}$。可以采用图 8.22a 的图形表示，因子 $f_{\overline{x}_1}$ 和 f_{x_1} 可以表示为：

$$f_{\overline{x}_1} = 0 + x_2 x_3 = x_2 x_3$$

$$f_{x_1} = 1 + x_2 x_3 = 1$$

现在我们可以推导出如图 8.22b 所示的 BDD，浅灰色强调的子函数 $f_{\overline{x}_1} = x_2 x_3$ 采用了我们在图 8.20a 中展现的两输入与门函数的 BDD。

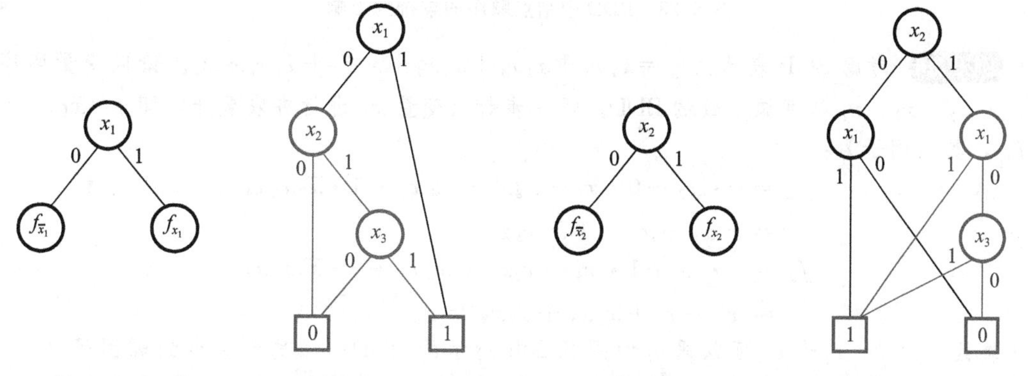

图 8.22 函数 $f = x_1 + x_2 x_3$ 的 BBD 的推导

BDD 的一个有用的性质是：对于给定的输入变量顺序，只有一个可能的 BDD。根据第 2 章的术语，这意味着对于给定的输入顺序，BDD 是函数的一个标准表示方式。但是我们需要考虑改变变量的顺序对 BDD 的影响。图 8.22c 展示了顺序为 x_2、x_1、x_3 时的函数 f 的香农展开，此时结点 x_2 是树的根，它的边指的是 f 关于 x_2 的辅因子，则有：

$$f_{\overline{x}_2} = x_1 + 0 \cdot x_3 = x_1$$

$$f_{x_2} = x_1 + 1 \cdot x_3 = x_1 + x_3$$

由上述表达式可推导出如图 8.22d 所示的 BDD。标记为 0 的边从结点 x_2 到子函数 x_1；标记为 1 的边从结点 x_2 到子函数 x_1+x_3(在图中用浅灰色进行了标示)。子函数 x_1+x_3 用了图 8.20b 所示的两输入的或门结构的 BDD。

比较图 8.22b 和图 8.22d 中的 BDD，可以发现，给定函数的 BDD 的复杂度会受变量顺序的影响。图 8.22b 中的 BDD 有 5 个结点，而图 8.22d 中有 6 个结点。带有 BDD 功能的 CAD 工具在推导 BDD 时通常采用探索的方式试图找到一个好的输入变量的顺序。

例 8.10 假设我们给出了图 8.22d 所示的 BDD，想要确定交换结点 x_1 和 x_2 的位置对 BDD 的影响，因此 x_1 变为 BDD 的根。这个交换操作可以如图 8.23 所示的方式完成：第一步将结点 x_1 以及 x_2 与 BDD 的其他部分隔开，如图 8.23a 的点划线所示；接着列举出输入 x_1 以及 x_2 穿过这个边界的每个路径上的值，并确定连接在其后的结点。从图 8.23b 的真值表可以看出 $x_1x_2=00$ 的路径连接到端口结点 0；$x_1x_2=01$ 连接到结点 x_3；剩下的路径都连接到端口结点 1。现在可以产生一个如图 8.23c 所示的图形，保证了所有 x_1x_2 的组合连接到正确的后续结点。移走图中右边的冗余结点 x_2，就可得到如图 8.22b 所示的 BDD。

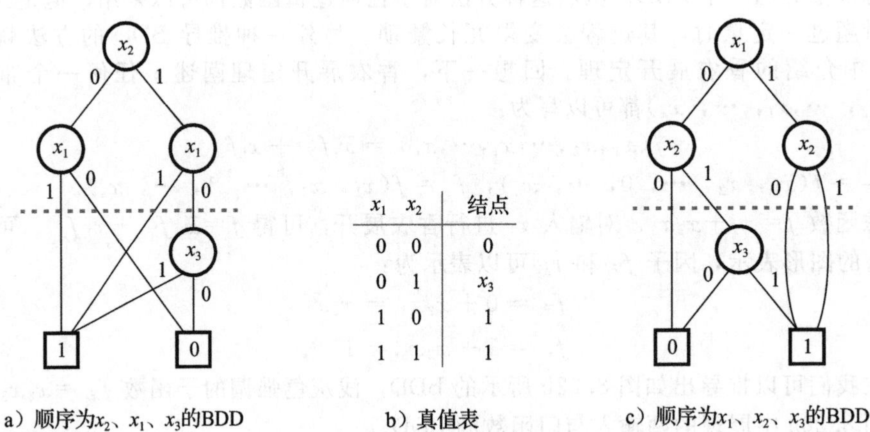

图 8.23　BDD 中结点顺序的重排的影响 ◀

例 8.11 考虑 SOP 表达式 $f=x_1x_3+x_1x_4+x_2x_4+x_2x_3+\overline{x}_1\overline{x}_2x_3x_4$。请以变量顺序为 x_1、x_2、x_3、x_4 构建该函数的 BDD。第一步针对变量 x_1 进行香农展开，即 $f=\overline{x}_1f_{\overline{x}_1}+x_1f_{x_1}$，其辅因子为：

$$\begin{aligned} f_{\overline{x}_1} &= 0 \cdot x_3 + 0 \cdot x_4 + x_2x_4 + x_2x_3 + 1 \cdot \overline{x}_2x_3x_4 \\ &= x_2x_4 + x_2x_3 + \overline{x}_2x_3x_4 \\ f_{x_1} &= 1 \cdot x_3 + 1 \cdot x_4 + x_2x_4 + x_2x_3 + 0 \cdot \overline{x}_2x_3x_4 \\ &= x_3 + x_4 + x_2x_4 + x_2x_3 = x_3 + x_4 \end{aligned}$$

对于辅因子 $f_{x_1}=x_3+x_4$ 可以采用如图 8.20b 所示的 BDD；但是为了得到辅因子 $f_{\overline{x}_1}=x_2x_4+x_2x_3+\overline{x}_2x_3x_4$ 的 BDD，还需要进一步针对变量 x_2 进行香农展开，即有：

$$f_{\overline{x}_1\overline{x}_2} = 0 \cdot x_4 + 0 \cdot x_3 + 1 \cdot x_3x_4 = x_3x_4$$

$$f_{\overline{x}_1x_2} = 1 \cdot x_4 + 1 \cdot x_3 + 0 \cdot x_3x_4 = x_3 + x_4$$

由以上表达式可以看出，对于辅因子 $f_{\overline{x}_1\overline{x}_2}$ 和 $f_{\overline{x}_1x_2}$ 可分别运用如图 8.20a 和图 8.20b 所示的 BDD。基于以上步骤得到了如图 8.24a 所示的决策图，其中关于子函数 x_3+x_4 的 BDD 用浅灰色标示。这个子函数用于表示辅因子 f_{x_1} ($x_1=1$ 时)和 $f_{\overline{x}_1x_2}$ ($x_1=0$ 且 $x_2=1$ 时)。子函数 x_3x_4 的 BDD 如图 8.24a 的左边所示，这个子函数用于表示辅因子 $f_{\overline{x}_1\overline{x}_2}$ ($x_1=x_2=0$ 时)。

合并图8.24a中相同的端口结点，并且合并两个相同的结点 x_4，就可得到如图8.24b所示的BDD。图中的BDD表明当 $x_1=1$ 或 $x_2=0$ 时，函数 f 表示为 x_3+x_4；而当 $x_1=x_2=0$ 时，函数 f 表示为 x_3x_4。因此可以写出函数 f 的多级表达式：

$$f=(x_1+x_2)\cdot(x_3+x_4)+\overline{x}_1\overline{x}_2(x_3x_4)$$

可以很容易看出该表达式与前面的SOP形式是一样的。

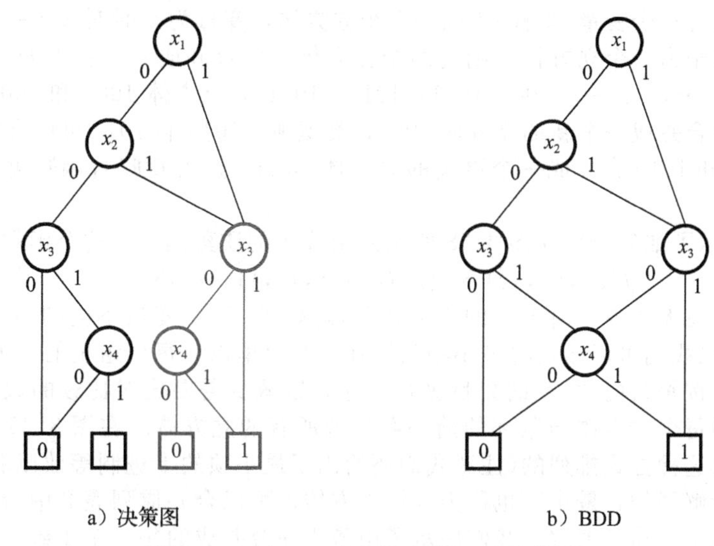

图8.24 例8.11中函数有关BDD的推导 ◀

BDD的实际应用

我们已经介绍了一些有关BDD的基本概念，以使读者能够了解这种表示逻辑函数的方式，更详细的信息可以参考相关的文献，如文献[7～10]等。BDD概念已经在许多软件程序(可以通过网络获得)中得以实现，这些软件通常称为BDD包，它们提供了很多有用的功能，包括为逻辑函数创建BDD、对输入重新排序以优化BDD以及采用BDD实现逻辑运算等。虽然关于这些BDD包的更详细讨论已经超出了本书的范围，但是仍然鼓励读者寻找一些有用的包所提供的功能进行实验。对于逻辑综合而言，两种比较流行且作为CAD工具的一部分的包为BuDDy[11]和CUDD[12]。

8.4 基于立方体表示法的优化技术

本节将介绍利用立方体表示逻辑函数的优化技术。立方体表示法非常适合于构建函数最小化算法，这种算法可以编程并且在计算机上高效运行。现代CAD工具中包括这些算法，即使不了解最小算法实现的细节，用户也能高效地使用这些CAD工具。读者也许会发现了解一些CAD工具是如何完成这个工作的是一件有趣的事。

8.4.1 最小化表格法

最小化表格法是20世纪50年代由Willard Quine[5]和Edward McCluskey[6]提出的，以奎因-麦克拉斯基(Quine-McCluskey)法的名字开始流行，虽然这种方法在现代CAD工具中不是很有效，但仍然是说明关键问题的一种简单方式。我们将用8.3节中介绍的立方符号展示这种方法。

产生质蕴涵项

正如8.3节提到的，一个给定的逻辑函数 f 的质蕴涵项就是使 $f=1$ 时最大可能的 k 维立方体。对于不完全规定的函数，即包括无关项顶点的集合的函数，其质蕴涵项是使 $f=1$ 或 f 为未指定时的最大 k 维立方体。

假设 f 的原始描述是依据使 $f=1$ 时的最小项形式给出的，当然那些无关项也定义为最小项。建立一个对于$f=1$或f为无关条件时相关顶点的列表，成对比较这些顶点，以确定它们是否可以结合成更大的立方体。然后我们尝试将这些新的立方体结合成更大的立方体，直至找到质蕴涵项。

这种方法的基础是布尔代数的结合律：

$$x_i x_j + x_i \overline{x}_j = x_i$$

如果存在只有一个变量(坐标)不同的 2 个立方体，变量为 0 时对应于一个立方体，而变量为 1 时对应于另一个立方体，则这两个立方体可以合并成一个更大的立方体。例如，考虑函数$f(x_1, \cdots, x_4)=\{1000, 1001, 1010, 1011\}$，立方体 1000 和 1001 只有变量$x_4$不同，它们可以合并成一个新的立方体 100x；类似地，1010 和 1011 可以合并成 101x；然后可以将 100x 和 101x 合并成一个更大的立方体 10xx，这就意味着函数可以简单地表示成$f=x_1\overline{x}_2$。

图 8.25 展示了如何产生如图 2.58 所示的函数f的质蕴涵项，这个函数可以定义为：

$$f(x_1,\cdots,x_4) = \sum m(0,4,8,10,11,12,13,15)$$

该函数不存在无关项。由于大的立方体只能从只有一个变量不同的最小项(0 维立方体)中产生，所以我们可以通过将最小项放置在一个组里以使每个组里的立方体中“1”的数目相同，并且按每组内“1”的数目进行排序，以减少需要成对比较的数目。因此需要比较给定组里的每个立方体与紧邻的前一组里的所有的立方体。在图 8.25 中，列表中的最小项就是通过这种方式排列的(注意我们还给出了最小项的十进制等效以利于讨论)。正如在 8.3 节中所解释的，最小项也称为 0 维立方体，可以合并成列表 2 中所示的 1 维立方体。为了使这些条目易于理解，我们展示了由最小项合并成的每一个 1 维立方体。接着检查 0 维立方体是否包含在 1 维立方体中，并在每一个包含在内的立方体边上作一标记。现在需要从列表 2的 1 维立方体中产生 2 维立方体，通过观察可以得到唯一的 2 维立方体为 xx00，如列表 3 所示。同样需要进行检查，并在包含于 2 维立方体中的 1 维立方体边上作一标记。由于只存在一个 2 维立方体，所以这个函数没有 3 维立方体。在每个列表中没有检查标记的立方体就是f的质蕴涵项。所以，该函数的质蕴涵项的集合P为：

$$P = \{10x0,101x,110x,1x11,11x1,xx00\} = \{p_1,p_2,p_3,p_4,p_5,p_6\}$$

列表1

0	0 0 0 0	√
4	0 1 0 0	√
8	1 0 0 0	√
10	1 0 1 0	√
12	1 1 0 0	√
11	1 0 1 1	√
13	1 1 0 1	√
15	1 1 1 1	√

列表2

0,4	0 x 0 0	√
0,8	x 0 0 0	√
8,10	1 0 x 0	
4,12	x 1 0 0	√
8,12	1 x 0 0	√
10,11	1 0 1 x	
12,13	1 1 0 x	
11,15	1 x 1 1	
13,15	1 1 x 1	

列表3

0,4,8,12	x x 0 0

图 8.25　图 2.58 中的函数的质蕴涵项的产生

最小覆盖的确定

在产生了所有质蕴涵项的集合之后，有必要选择一个最低成本子集涵盖所有使$f=1$的质蕴涵项。作为一种衡量方法，我们假设电路成本正比于所有门的输入端数，即电路成本与用于实现函数的质蕴涵项中字符数量成正比。

为了找到最低成本的覆盖，构建一个*质蕴涵项覆盖表*，在表中每一个质蕴涵项对应于一行，而每一列表示必须被覆盖的最小项。接着在每个质蕴涵项覆盖的最小项处放置检查标记(√)。图 8.26a 展示的就是图 8.25 中推导出的质蕴涵项覆盖表。如果覆盖表中的某些列只有一个检查标记，则对应的质蕴涵项是基本项，并且必须包含在最终的覆盖中。p_6就是基本项，它是覆盖最小项 0 和 4 的唯一质蕴涵项。接着移除与基本项对应的行和由基本项覆盖的列，即移除p_6以及列 0、4、8、12，就得到了如图 8.26b 所示的表格。

现在，我们利用行主导的概念简化覆盖表。观察发现 p_1 只覆盖了最小项 10，而 p_2 同时覆盖了 10 和 11，称为 p_2 主导 p_1。实现 p_2 和 p_1 的成本一样，选择 p_2 而不是 p_1 是比较审慎的，所以将 p_1 从表格中移除；相似地，p_5 主导 p_3 有优势，可以将 p_3 从表格中移除，进而可以得到如图 8.26c 所示的表格。这个表格说明我们必须选择 p_2 覆盖最小项 10 和 p_5 覆盖最小项 13，同时也覆盖了最小项 11 和 15，所以，最后的覆盖为：

$$C = \{p_2, p_5, p_6\} = \{101x, 11x1, xx00\}$$

上式意味着该函数的最小成本实现为：

$$f = x_1\overline{x}_2x_3 + x_1x_2x_4 + \overline{x}_3\overline{x}_4$$

这与图 2.58 中推导的结果一致。

质蕴涵项	最小项 0	4	8	10	11	12	13	15
p_1 = 1 0 x 0			√	√				
p_2 = 1 0 1 x				√	√			
p_3 = 1 1 0 x						√	√	
p_4 = 1 x 1 1					√			√
p_5 = 1 1 x 1							√	√
p_6 = x x 0 0	√	√	√			√		

a）初始质蕴涵项覆盖表

质蕴涵项	最小项 10	11	13	15
p_1	√			
p_2	√	√		
p_3			√	
p_4		√		√
p_5			√	√

b）移除基本质蕴涵项的覆盖表

质蕴涵项	最小项 10	11	13	15
p_2	√	√		
p_4		√		√
p_5			√	√

c）移除被主导项的覆盖表

图 8.26 图 2.58 所示函数覆盖的选择

在这个例子中我们采用了行主导的概念以简化覆盖表格。我们移除了被主导行，因为它们覆盖了更少的小项，并且对应的质蕴涵项的实现成本与主导行的质蕴涵项的实现成本相同。但是，如果一个被主导行的质蕴涵项成本比主导行的质蕴涵素项的成本低，则被主导行不应被移除。

这种制表方法可以用于包含无关项的函数，如下例所述。

例 8.12 无关项与使 $f=1$ 的最小项以同样的方式包括在初始列表中，如函数：

$$f(x_1, \cdots, x_4) = \sum m(0,2,5,6,7,8,9,13) + D(1,12,15)$$

我们鼓励读者推导出这个函数的卡诺图作为下面直观推导的一个辅助。图 8.27 展示了质蕴涵项的产生过程，其结果如下：

$$P = \{00x0, 0x10, 011x, x00x, xx01, 1x0x, x1x1\} = \{p_1, p_2, p_3, p_4, p_5, p_6, p_7\}$$

列表1

最小项	编码	
0	0 0 0 0	√
1	0 0 0 1	√
2	0 0 1 0	√
8	1 0 0 0	√
5	0 1 0 1	√
6	0 1 1 0	√
9	1 0 0 1	√
12	1 1 0 0	√
7	0 1 1 1	√
13	1 1 0 1	√
15	1 1 1 1	√

列表2

最小项	编码	
0,1	0 0 0 x	√
0,2	0 0 x 0	
0,8	x 0 0 0	√
1,5	0 x 0 1	√
2,6	0 x 1 0	
1,9	x 0 0 1	√
8,9	1 0 0 x	√
8,12	1 x 0 0	√
5,7	0 1 x 1	√
6,7	0 1 1 x	
5,13	x 1 0 1	√
9,13	1 x 0 1	√
12,13	1 1 0 x	√
7,15	x 1 1 1	√
13,15	1 1 x 1	√

列表3

最小项	编码
0,1,8,9	x 0 0 x
1,5,9,13	x x 0 1
8,9,12,13	1 x 0 x
5,7,13,15	x 1 x 1

图 8.27 例 8.12 中函数的质蕴涵项的产生

初始的质蕴涵项覆盖表如图 8.28a 所示。表中没有包括无关项，这是因为无关项不是必须被覆盖的，由表可以看出没有基本质蕴涵项。观察这个表格，可以看出第 8 列和第 9 列在同一行有检查标记，并且第 9 列在 p_5 行也有一个检查标记，因此第 9 列主导第 8 列，我们称之为**列主导**。当一列主导另一个列时，可以移除主导列，在这个例子中第 9 列被移除。注意这个与行主导正好相反，行中我们移除的是被主导行(而不是主导行)，其原因是当我们选择一个质蕴涵项覆盖对应于主导列的最小项时，这个质蕴涵项将同时覆盖对应于主导列的最小项。在这个例子中，选择 p_4 或 p_6 同时覆盖最小项 8 和 9；同样，第 13 列主导第 5 列，所以移除第 13 列。

在移除第 9 列和第 13 列后，得到了如图 8.28b 所示的简化表。在这个表中，p_4 行主导 p_6 行，p_7 行主导 p_5 行，因此可以移除 p_5 和 p_6，进而得到如图 8.28c 所示的表格。p_4 和 p_7 分别只覆盖最小项 8 和 5，因此它们是基本项，移除后可得到如图 8.28d 所示的表格，从表中可明显看出 p_2 覆盖了剩余的最小项 2 和 6，即 p_2 行主导 p_1 行和 p_3 行。

质蕴涵项	最小项							
	0	2	5	6	7	8	9	13
p_1 = 0 0 x 0	✓	✓						
p_2 = 0 x 1 0		✓		✓				
p_3 = 0 1 1 x				✓	✓			
p_4 = x 0 0 x	✓					✓	✓	
p_5 = x x 0 1			✓				✓	✓
p_6 = 1 x 0 x						✓	✓	✓
p_7 = x 1 x 1			✓		✓			

a）初始质蕴涵项覆盖表

质蕴涵项	最小项					
	0	2	5	6	7	8
p_1 = 0 0 x 0	✓	✓				
p_2 = 0 x 1 0		✓		✓		
p_3 = 0 1 1 x				✓	✓	
p_4 = x 0 0 x	✓					✓
p_5 = x x 0 1			✓			
p_6 = 1 x 0 x						✓
p_7 = x 1 x 1			✓		✓	

b）移除第9列和第13列后的覆盖表

质蕴涵项	最小项					
	0	2	5	6	7	8
p_1	✓	✓				
p_2		✓		✓		
p_3				✓	✓	
p_4	✓					✓
p_7			✓		✓	

c）移除p_5行和p_6行后的覆盖表

质蕴涵项	最小项	
	2	6
p_1	✓	
p_2	✓	✓
p_3		✓

d）移除基本项后的覆盖表

图 8.28　例 8.12 中函数的覆盖选择

因此，最终的覆盖为：

$$C = \{p_2, p_4, p_7\} = \{0\text{x}10, \text{x}00\text{x}, \text{x}1\text{x}1\}$$

函数可以表示为：

$$f = \overline{x}_1 x_3 \overline{x}_4 + \overline{x}_2 \overline{x}_3 + x_2 x_4$$ ◀

在图 8.26 和 8.28 中，我们用了行主导和列主导的概念简化覆盖表，但这并不总是能行得通，正如下面例子所阐述的。

例 8.13　考虑函数：

$$f(x_1, \cdots, x_4) = \sum m(0,3,10,15) + D(1,2,7,8,11,14)$$

这个函数的质蕴涵项为：

$$P = \{00\text{xx}, \text{x}0\text{x}0, \text{x}01\text{x}, \text{xx}11, 1\text{x}1\text{x}\} = \{p_1, p_2, p_3, p_4, p_5\}$$

图 8.29a 给出了原始质蕴涵项覆盖表，表中没有基本质蕴涵项，并且没有主导行或主导列；另外，由于所有的质蕴涵项都以两个字符实现，所以它们具有相同的成本，因此，

这个表格不能提供任何可以用以选择最低成本覆盖的线索。

质蕴涵项	最小项 0	3	10	15
$p_1 = 0\,0\,x\,x$	✓	✓		
$p_2 = x\,0\,x\,0$	✓		✓	
$p_3 = x\,0\,1\,x$		✓	✓	
$p_4 = x\,x\,1\,1$		✓		✓
$p_5 = 1\,x\,1\,x$			✓	✓

a）初始质蕴涵项覆盖表

质蕴涵项	最小项 0	15
p_1	✓	
p_2	✓	
p_4		✓
p_5		✓

b）包含p_3的覆盖表

质蕴涵项	最小项 0	3	10	15
p_1	✓	✓		
p_2	✓		✓	
p_4		✓		✓
p_5			✓	✓

c）排除p_3后的覆盖表

图 8.29 例 8.13 中函数的覆盖表的选择

一种在实际中应用的好方法是采用分支的概念。我们可以选择任何一个质蕴涵项，如 p_3，首先选择使这个质蕴涵项包括在最终的覆盖表中，可以用通用的方法确定最终表格中剩下的部分并且计算它的成本；接着通过将 p_3 排除在最终表格之外尝试其他的可能性，并且确定其成本；比较这些成本，并选择相对比较便宜的替代。

图 8.29b 给出了最终覆盖包括 p_3 时剩余项的覆盖表，表中没有包括最小项 3 和 10，这是因为它们已经被 p_3 覆盖。该表格表明一个完整的覆盖必须包括 p_1 或 p_2 覆盖最小项 0 以及 p_4 或 p_5 覆盖最小项 15。所以，一个完整的覆盖可以表示为：

$$C = \{p_1, p_3, p_4\}$$

将 p_3 排除在最终覆盖表之外的一种替代选择如图 8.29c 所示。从表中我们可以看到最小成本覆盖只有两个质蕴涵项：一种可能性是选择 p_1 和 p_5；另一种可能性是选择 p_2 和 p_4。因此一个最小成本覆盖可以为：

$$C_{min} = \{p_1, p_5\} = \{00xx, 1x1x\}$$

该函数的实现形式如下：

$$f = \overline{x}_1\overline{x}_2 + x_1x_3$$ ◀

表格法总结

表格法可以总结如下：

1）由一组代表使 $f=1$ 或无关条件的最小项的立方体开始，通过逐次成对比较这些立方体产生质蕴涵项；

2）推导出覆盖表以得到被每一个质蕴涵项覆盖的 $f=1$ 对应的最小项；

3）如果最终表格中包括基本质蕴涵项，则通过移除这些质蕴涵项和被覆盖的最小项简化表格；

4）运用行主导和列主导的概念来进一步简化覆盖表。只要一个被主导行质蕴涵项的实现成本大于或者等于主导行的质蕴涵项的实现成本，则移除被主导行；

5）重复步骤 3 和 4，直到覆盖表为空或者没有进一步简化表的可能性；

6）如果简化的覆盖表不为空，则采用支路的方法以确定应该包括在最小成本覆盖中的剩余质蕴涵项。

表格法展示了代数技术如何用于产生质蕴涵项，同时也给出了解决覆盖问题的简单方法以找到最小成本覆盖。这种方法实际上有一些限制，因为函数很少以最小项的形式定义(通常以代数表达式或者立方体的集合给出)。这种以最小项的列表开始最小化过程的需求意味着表达式或者集合必须扩展成这种形式，因此这个列表可能非常大。一个大的立方体产生，将要进行无数次的比较，计算将会变得很慢。当涉及大的函数时，用覆盖表选择质蕴涵项的最优集合也属于计算密集型。

为了达到减少产生最优覆盖时间的目的，人们开发了很多代数技术。虽然这些技术大多超出了本书的范围，我们仍将在下一节简单讨论一种可能的方法。对于只想应用 CAD 工具，且不关心自动实现最小化的具体细节的读者，可以在不影响连续性的情况下略过这节。

8.4.2　一种实现最小化的立方体技术

假设函数 f 的初始定义以蕴涵项的关系式给出，这些蕴涵项没有必要是最小项或是质蕴涵项，因此需确定一种产生其他蕴涵项的运算，这些蕴涵项不必在初始定义中严格给出，但需要最终能推导出 f 的质蕴涵项。星积(＊)运算就是一种可能的运算。

星积运算

运算将 2 个只有一个变量取值不同的立方体合并，可以推导出一个新的立方体，星积运算提供了实现此目的一种简单方法。令 $A=A_1A_2\cdots A_n$、$B=B_1B_2\cdots B_n$ 为两个 n 变量函数蕴涵项的立方体，每个坐标 A_i 和 B_i 通过取值 0、1 或 x 而具体化。在星积操作中有 2 个步骤：首先，按照图 8.30 所示的表格对每一对(A_i，B_i)($i=1$，2，…，n)按坐标进行星积运算；然后根据上述计算的结果，施加一系列规则于此结果之上，以得到星积运算的最终结果。图 8.30 的表格定义了按坐标的星积运算 $A_i * B_i$ 的规则。对于(A_i，B_i)每一种可能的取值组合，它规定了 $A_i * B_i$ 运算结果的值，该结果是 A 和 B 在该坐标上的交集(也就是共同部分)。注意当 A_i 和 B_i 取值相反时(一个取值为 0，另一个取值为 1，或者反过来)，$A_i * B_i$ 运算结果为空集，记为∅。基于这个表格，完整的星积运算定义如下：

A_i \ B_i	0	1	x
0	0	∅	0
1	∅	1	1
x	0	1	x

A_i*B_i

图 8.30　按坐标星积运算

$$C=A*B$$

所以有：

1) 在多于 1 个坐标上 $A_i * B_i=\varnothing$ 时，$C=\varnothing$。

2) 不满足上述条件时，如果 $A_i * B_i\neq\varnothing$ 时，则 $C_i=A_i * B_i$；如果 $A_i * B_i=\varnothing$，则 $C_i=x$。

例如，令 $A=\{0x0\}$ 和 $B=\{111\}$，则有 $A_1 * B_1=0 * 1=\varnothing$，$A_2 * B_2=x * 1$ 以及 $A_3 * B_3=0 * 1=\varnothing$。因为在两个坐标上结果为∅，根据规则 1 可以知道 $A * B=\varnothing$。换句话说，这样的两个立方体不可以合并成为另一个立方体，这是因为这两个立方体在两个坐标上不同。

另一个例子，令 $A=\{11x\}$和 $B=\{10x\}$，有 $A_1 * B_1=1 * 1=1$，$A_2 * B_2=1 * 0=\varnothing$及 $A_3 * B_3=x * x=x$。根据上述规则 2，有 $C_1=1$、$C_2=x$ 以及 $C_3=x$，因此有：$C=A * B=\{1xx\}$。两个 1 维立方体只有 1 个坐标上不同，星积运算的结果产生了一个大的 2 维立方体。

星积运算的结果可能是比运算中涉及的两个立方体更小的立方体。令 $A=\{1x1\}$和$B=\{11x\}$，则有 $C=A * B=\{111\}$。我们注意到 C 被 A 包含，也被 B 包含，这意味着这个立方体在找寻质蕴涵项中没有用处，所以，应该在最小算法中移除 C。

最后一个例子，令 $A=\{x10\}$和 $B=\{0x1\}$，则有 $C=A * B=\{01x\}$，这 3 个立方体具有相同的尺寸，但是 C 既不被 A 包含，又不被 B 包含，因此在找寻质蕴涵项中必须保留 C。读者可能会发现画出卡诺图将有助于观察立方体 A、B 和 C 间的关系。

用星积运算求质蕴涵项

星积运算的本质就是从成对的已存在的立方体中找到一个新的立方体。发现一个并不包含在已知立方体中的新的立方体是很有趣的，找寻质蕴涵项的过程如下。

假设函数 f 定义为一个表示立方体的蕴涵项集合，这个集合称为 f 的覆盖 C^k，令 c^i 和 c^j 为 C^k 中的任意两个立方体。对 C^k 中所有成对的立方体应用星积运算，令 G^{k+1} 为新产生的立方体的集合，因此有：

$$G^{k+1}=c^i * c^j \quad \text{对于所有的 } c^i, c^j \in C^k \text{ 均成立}$$

现在用 C^k 和 G^{k+1} 中的立方体构成函数 f 的新覆盖。由于其中的一些立方体已包含于其他的立方体中，因此这些立方体可能是冗余的，应该被移除。令新的覆盖为：

$$C^{k+1}=C^k \cup G^{k+1}-\text{冗余立方体}$$

式中∪表示两个集合的逻辑并集，减号(－)表示需要从集合中移除的元素。如果 $C^{k+1}\neq$

C^k，则通过同样的步骤产生一个新的覆盖 C^{k+2}；如果 $C^{k+1}=C^k$，则覆盖中的立方体就是 f 的质蕴涵项。对于一个n变量的函数，有必要重复此步骤 n 次。

必须被移除的冗余立方体通过成对地比较立方体确定。如果 $A=A_1A_2\cdots A_n$ 中的每一个立方体包含在立方体 $B=B_1B_2\cdots B_n$ 中，则立方体 A 应该被移除，即对于每一个坐标 i，$A_i=B_i$ 或 $B_i=\mathrm{x}$ 时所对应的情况。

例 8.14 考虑图 2.56 中的函数 $f(x_1, x_2, x_3)$，假设 f 初始定义为对应于最小项 m_0、m_1、m_2、m_3 及 m_7 的顶点组成的集合，这样初始覆盖为 $C^0=\{000, 001, 010, 011, 111\}$。用星积运算产生一个新的立方体集合，可以得到 $G^1=\{00\mathrm{x}, 0\mathrm{x}0, 0\mathrm{x}1, 01\mathrm{x}, \mathrm{x}11\}$，则 $C^1=C^0\cup G^1-$冗余立方体。通过观察可以看到 C^0 中的每个立方体都包含在 G^1 的立方体中，即 C^0 中的所有立方体都是冗余的，因此 $C^1=G^1$。

下一步就是对 C^1 中的立方体进行星积运算，产生 $G^2=\{000, 001, 0\mathrm{xx}, 0\mathrm{x}1, 010, 01\mathrm{x}, 011\}$，注意 G^2 中所有的立方体都包含在立方体 0xx 中，即除了 0xx 之外所有的立方体都是冗余的。所以很容易得到：

$$C^2=C^1\cup G^2-\text{冗余项}=\{\mathrm{x}11,0\mathrm{xx}\}$$

注意，C^1 中的立方体除了 x11 之外都被 0xx 覆盖，因此是冗余的，已被移除。

对 C^2 进行星积运算，得到 $G^3=\{011\}$，并且有：

$$C^3=C^2\cup G^3-\text{冗余项}=\{\mathrm{x}11,0\mathrm{xx}\}$$

由于 $C^3=C^2$，函数 f 的质蕴涵项集合为$\{\mathrm{x}11, 0\mathrm{xx}\}$，对应于积之和形式 $x_2x_3+\overline{x}_1$，这与我们在图 2.56 中利用卡诺图推导出的质蕴涵项的集合是相同的。

通过观察可以看出这个例子中质蕴涵项的推导与 8.4.1 节中阐述的制表方法很相似，这是由于它们的函数 f 都是由最小项的集合给出的。◀

例 8.15 作为另一个例子，考虑图 2.57 的 4 变量函数。假设这个函数由覆盖初始定义为 $C^0=\{0101, 1101, 1110, 011\mathrm{x}, \mathrm{x}01\mathrm{x}\}$，则采用星积运算且移除冗余项后，可以得到：

$$C^1=\{\mathrm{x}01\mathrm{x},\mathrm{x}101,01\mathrm{x}1,\mathrm{x}110,1\mathrm{x}10,0\mathrm{x}1\mathrm{x}\}$$
$$C^2=\{\mathrm{x}01\mathrm{x},\mathrm{x}101,01\mathrm{x}1,0\mathrm{x}1\mathrm{x},\mathrm{xx}10\}$$
$$C^3=C^2$$

所以，该函数的质蕴涵项为：$\overline{x}_2x_3$，$x_2\overline{x}_3x_4$，$\overline{x}_1x_2x_4$，$\overline{x}_1x_3$ 和 $x_3\overline{x}_4$。◀

基本质蕴涵项的确定

从一个由所有的质蕴涵项组成的覆盖来看，很有必要提取出一个最小覆盖。正如我们在 2.12.2 节中看到的，所有基本质蕴涵项肯定包含在一个最小覆盖中，为了找到基本质蕴涵项，有必要定义一种运算，这种运算能判断立方体中的某一部分(质蕴涵项)没被另一个立方体包含，其中一种称为锐积运算(“#运算”)，定义如下。

锐积运算(“#”)

仍然令 n 变量函数的 2 个立方体(蕴含项)为 $A=A_1A_2\cdots A_n$ 和 $B=B_1B_2\cdots B_n$，锐积运算 $A\#B$ 的结果为“A 中不被 B 包含的部分”。和星积运算类似，锐积运算也分为两步：首先对每一个坐标 i 作 $A_i\#B_i$，然后对该结果施加一系列规则以获得最终结果。图 8.31 定义了对每个坐标的锐积运算。当对每一对(A_i, B_i)完成锐积运算后，再按以下定义完成整个锐积运算：

$A_i \backslash B_i$	0	1	x
0	ε	$\varnothing$	ε
1	$\varnothing$	ε	ε
x	1	0	ε

$A_i\#B_i$

图 8.31　按坐标锐积运算规则表

$$C=A\#B$$

所以有：

1) 如果存在某些 i 使 $A_i\#B_i=\varnothing$，则 $C=A$。

2) 如果对于所有的 i 使 $A_i\#B_i=\varepsilon$，则 $C=\varnothing$。

3) 如果不满足以上两条规则，对于满足 $A_i=\mathrm{x}$ 以及 $B_i\neq\mathrm{x}$ 的所有 i，则有 $C=\bigcup_i(A_1,$

A_2，…，$\overline{B}_i$，…，A_n)。

第一个规则对应于立方体 A 和 B 完全不相交的情况，即 A 和 B 至少一个变量取值不同，也意味着 A 中的立方体没有被 B 包含。例如，令 A=0x1、B=11x，按坐标锐积运算的结果为 $A_1 \# B_1 = \varnothing$，$A_2 \# B_2 = 0$ 及 $A_3 \# B_3 = \varepsilon$，根据规则 1，有 0x1＃11x=0x1。第二个规则反映了 A 完全被 B 包含的情况，例如，0x1＃0xx=$\varnothing$。第三个规则对应于 A 中只有部分被 B 包含的情况，在这种情况下，锐积运算产生了一个或多个立方体。具体地说，对于每一个满足 A_i=x、$B_i \neq$x 的坐标 i，实行锐积运算后就会产生一个立方体，该立方体除了在坐标 i 上 A_i 被 $\overline{B}_i$ 代替外，其他坐标都和 A 相同。例如，0xx＃01x=00x，以及 0xx＃010={00x，0x1}。

现在说明如何使用锐积运算找寻基本质蕴涵项。令 P 为一个给定的函数 f 的所有质蕴涵项的集合，p^i 代表在集合 P 中的一个质蕴涵项(由于下标表示的是立方体中坐标位置，所以在本节中用上标表示不同的质蕴涵项)，DC 代表函数 f 中的无关项顶点的集合，则当且仅当 $p^i \# (P-p^i) \# DC \neq \varnothing$ 时，p^i 才是基本质蕴涵项。这意味着至少存在一个使 $f=1$ 的顶点仅被 p^i 包含时，p^i 为基本质蕴涵项。锐积运算也受无关项立方体集合的影响，这是因为 p^i 中与无关项相对应的顶点并不一定要被覆盖。$p^i \# (P-p^i)$ 的含义是逐次对 P 中的每个质蕴涵项(除了 p^i 之外)进行 p^i 锐积运算。例如，考虑 $P=\{p^1, p^2, p^3, p^4\}$ 以及 $DC=\{d^1, d^2\}$，为了检验 p^3 是否是基本质蕴涵项，需要计算：

$$((((p^3 \# p^1) \# p^2) \# p^4) \# d^1) \# d^2$$

如果上式的结果不为$\varnothing$，则 p^3 为基本质蕴涵项。

例 8.16 在例 8.14 中我们确定了立方体 x11 和 0xx 是图 2.56 中函数 f 的质蕴涵项。根据以下判断，可以发现这些质蕴涵项是否是基本质蕴涵项：

$$\text{x11} \# \text{0xx} = 111 \neq \varnothing$$
$$\text{0xx} \# \text{x11} = \{\text{00x}, \text{0x0}\} \neq \varnothing$$

立方体 x11 是基本质蕴涵项，因为对于 $f=1$，它是唯一包含顶点 111 的质蕴涵项。而质蕴涵项 0xx 也是基本质蕴涵项，它是唯一的一个包含顶点 000、001 以及 010 的质蕴涵项，这也可以从图 2.56 中的卡诺图中看出。◀

例 8.17 在例 8.15 中我们得到了图 2.57 中函数的质蕴涵项是 P={x01x，x101，01x1，0x1x，xx10}。因为这个函数不包含无关项，通过计算可得：

$$\text{x01x} \# (P - \text{x01x}) = 1011 \neq \varnothing$$

具体可通过以下步骤计算得到：x01x＃x101=x01x，然后 x01x＃01x1=x01x，从而 x01x＃0x1x=101x，最终 101x＃xx10=1011。类似地，可以得到：

$$\text{x101} \# (P - \text{x101}) = 1101 \neq \varnothing$$
$$\text{01x1} \# (P - \text{01x1}) = \varnothing$$
$$\text{0x1x} \# (P - \text{0x1x}) = \varnothing$$
$$\text{xx10} \# (P - \text{xx10}) = 1110 \neq \varnothing$$

所以，基本质蕴涵项为 x01x、x101 以及 xx10。它们分别唯一包含顶点 1011、1101 以及 1110，这都可以从图 2.57 的卡诺图中明显看出。

检验一个立方体 A 是否是基本质蕴涵项时，要从 $P-A$ 中依次选出一个立方体进行锐积运算。每一次锐积运算可能产生成倍的立方体，因此，这些立方体的每一个都需对 $P-A$ 中所有剩余的立方体进行锐积运算。◀

求最小覆盖的完整过程

介绍了星积和锐积运算后，我们现在可以总结求 n 变量函数的最小覆盖的完整过程。假设函数 f 是使 $f=1$ 的顶点集合，这些顶点集合通常用符号 ON 表示；另外，假设用 DC 集合表示无关项集合，则 f 的初始覆盖就是 ON 和 DC 的并集。

f 的质蕴涵项可以由星积运算产生，然后用锐积运算找寻基本质蕴涵项。如果基本质蕴涵项包含了整个 ON 集，则它们可以组成函数 f 的最低成本覆盖；否则，最小项覆盖中还需要包含其他质蕴涵项，直到集合 ON 中的所有顶点被覆盖。

对于 2 个非基本质蕴涵项 p^i 和 p^j，如果被 p^i 覆盖的集合 ON 中的顶点都被 p^j 覆盖，并且 p^j 成本低于 p^i，则 p^i 应当被删除。如果剩下的非基本质蕴涵项具有相同的成本，则可以采用以下的的探索式方法：从剩余的非基本质蕴涵项中任意选取一项，使之包含在覆盖中，然后再决定覆盖的其他项；通过在覆盖中去除这个质蕴涵项，产生另一个覆盖；从以上两个覆盖中选择一个最低成本的加以实现。这种方法通常称为分支探索法(我们在 2.12.2 和 8.4.1 节已经使用过这种方法)。

总结以上的讨论，可以得到求最小化覆盖的过程如下：

1) 令 $C^0 = ON \cup DC$ 作为函数 f 及其无关项的初始覆盖；

2) 用星积运算找寻 C^0 中的所有质蕴涵项的集合 P；

3) 用锐积运算找寻基本质蕴涵项。如果 $p^i \# (P - p^i) \# DC \neq \varnothing$，则质蕴涵项 p^i 就是基本的；如果这些基本质蕴涵项包含集合 ON 中的所有顶点，则这些质蕴涵项组成最低成本覆盖；

4) 设 p^i 和 p^j 为 P 中任意两个非基本质蕴涵项，如果 $p^i \# DC \# p^j = \varnothing$，且 p^i 的成本高于 p^j(p^i 是一个较小的立方体)，则将 p^i 删除；

5) 选择一个最低成本的质蕴涵项覆盖集合 ON 中的剩余顶点，如果各个质蕴涵项的成本相等，则对剩余的质蕴涵项使用探索性的分支法求得最低成本覆盖。

例 8.18 为了解释以上的简化过程，分析以下函数：

$$f(x_1, x_2, x_3, x_4, x_5) = \sum m(0,1,4,8,13,15,20,21,23,26,31) + D(5,10,24,28)$$

为了帮助读者理解下面的讨论，还给出了该函数的卡诺图，如图 8.32 所示。

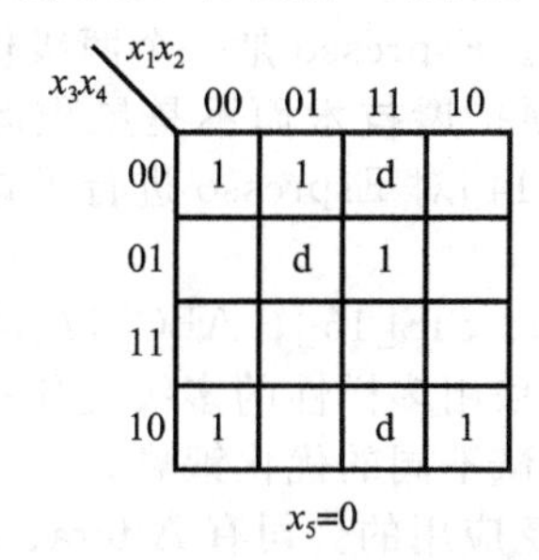

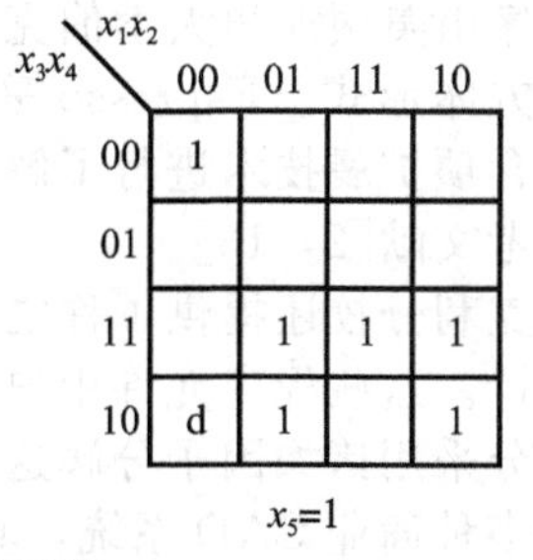

图 8.32 例 8.18 的函数

假设 f 以 SOP 形式而不是最小项的形式定义：

$$f = \bar{x}_1\bar{x}_3\bar{x}_4\bar{x}_5 + x_1x_2\bar{x}_3x_4\bar{x}_5 + \bar{x}_1\bar{x}_2\bar{x}_3\bar{x}_4x_5 + \bar{x}_1x_2x_3x_5 + x_1\bar{x}_2x_3x_5 + x_1x_3x_4x_5 + \bar{x}_2x_3\bar{x}_4\bar{x}_5$$

同理，假设无关项由以下式子定义：

$$DC = x_1x_2\bar{x}_4\bar{x}_5 + \bar{x}_1x_2\bar{x}_3x_4\bar{x}_5 + \bar{x}_1\bar{x}_2x_3\bar{x}_4x_5$$

所以由立方体表示的集合 ON 为：

$$ON = \{0x000, 11010, 00001, 011x1, 101x1, 1x111, x0100\}$$

无关项的集合为：

$$DC = \{11x00, 01010, 00101\}$$

由集合 ON 和集合 DC 组成的初始集合 C^0 为：

$$C^0 = \{0x000, 11010, 00001, 011x1, 101x1, 1x111, x0100, 11x00, 01010, 00101\}$$

逐次运用星积运算，得到的覆盖集合为：

$$C^1 = \{0x000, 011x1, 101x1, 1x111, x0100, 11x00, 0000x, 00x00, x1000, 010x0, 110x0, x1010, 00x01, x1111, 0x101, 1010x, x0101, 1x100, 0010x\}$$

$$C^2 = \{0x000, 011x1, 101x1, 1x111, 11x00, x1111, 0x101, 1x100, x010x, 00x0x, x10x0\}$$

$$C^3 = C^2$$

所以，$P=C^2$。

再运用锐积运算，发现有两个基本质蕴涵项：00x0x(因为它是唯一一个覆盖顶点 00001 的质蕴涵项)和 x10x0(因为它是唯一一个覆盖顶点 11010 的质蕴涵项)。由这两个基本质蕴涵项覆盖的 f 的最小项为 $m(0, 1, 4, 8, 26)$。

接下来，我们发现 1x100 可以删除，因为被它覆盖的集合 ON 中的顶点仅为 10100(m_{20})，而该顶点同时也被 x010x 覆盖，而 x010x 的成本更低。注意在移除 1x100 之后，质蕴涵项 x010x 变为基本质蕴涵项，这是因为其他剩余的质蕴涵项中都不包含顶点 10100。所以，x010x 必须包含在最终解中，且 x010x 覆盖了 $m(20, 21)$。

接下来就是找寻覆盖 $m(13, 15, 23, 31)$的质蕴涵项。运用分支探索法求最低成本覆盖，可求得质蕴涵项 011x1 和 1x111。因此最终解为：

$$C_{minimum}=\{00x0x, x10x0, x010x, 011x1, 1x111\}$$

对应的积之和表达式为：

$$f=\overline{x}_1\overline{x}_2\overline{x}_4+x_2\overline{x}_3\overline{x}_5+\overline{x}_2x_3\overline{x}_4+\overline{x}_1x_2x_3x_5+x_1x_3x_4x_5$$

虽然手工完成求解过程冗长，但是通过编写一段计算机程序自动实现这个算法并不难。读者应该从图 8.32 所示卡诺图中找寻一个最优实现方式验证以上方法的有效性。◄

8.4.3 考虑实际问题

以上讨论的目的在于让读者了解一些可以用 CAD 工具自动实现逻辑函数的最小化方法。我们选择了一个不太难解释的方案，实际上这个方案存在一些缺点，其中最主要的缺点在于过程中涉及的立方体数目很多而难以处理。

如果将最小化的目标降低一点要求，即不必找寻一个最低成本的实现方式，则可能通过该方法在可接受的时间内得到较好的结果。探索式技术构成了广泛应用的 Espresso 程序的基础，该程序由美国加州大学伯克利分校提供。Espresso 是一个两级优化程序，其输入输出都采用立方体形式。Espresso 采用了蕴涵项扩展技术而不是星积运算找寻蕴涵项(习题 8.25 对蕴含项扩展技术进行了解释)。文献[14]对 Espresso 进行了详细的解释，简要的介绍可以参考文献[2, 13]。

加州大学伯克利分校还提供了称之为 MIS[15]、SIS[16]、ABC[17]的软件程序以应用于多级电路设计。这些程序允许用户对逻辑电路采用多样性的多级优化技术，如允许对电路的全部或部分采用诸如因子分解这样的技术尝试不同的优化策略。

市场上有很多种商业 CAD 系统，其中得到广泛应用的公司有 Altera、Cadence Design Systems、Mentor Graphics、Synopsys 以及 Xilinx。有关他们产品的信息可以通过互联网获取。每个公司提供的逻辑综合软件可以用各种技术实现所描述的芯片电路，例如 FPGA、门阵列、标准单元以及定制芯片。由于存在多种方式综合电路(正如前面部分中所介绍的一样)，每种商业产品都采用了自己特有的基于探索式方法的逻辑优化策略。

为了描述 CAD 工具，人们发明了一些新的术语。在这里我们介绍在工业界广泛应用的两个术语：*与工艺无关的逻辑综合*和*工艺映射*。第一个术语指的是应用于优化电路的技术不需考虑目标芯片的可用资源，本章中呈现的大部分技术都是这种类型。第二个专业术语，工艺映射，指的是逻辑综合的结果只能由目标芯片的资源实现。工艺映射的一个很好例子是如果目标芯片为仅包含与非门的门阵列，则工艺映射的任务是把电路中的与门和或门等逻辑门都转换为与非门。另一个例子是如果目标芯片为 FPGA，则工艺映射的任务是将逻辑运算转换为查找表。

第 10 章将详细地讨论 CAD 工具，展示实现一个数字系统的典型的设计流程。

8.5 小结

本章试图让读者理解逻辑函数综合的各种概念。下一章我们将讨论异步时序电路，在这些电路的设计中，我们将用到前面章节中涉及的很多种综合技术，包括本章中介绍的立方体标记法。

8.6　解决问题的实例

本节将给出读者可能遇到的一些典型问题，并说明如何解决这样的问题。

例 8.19　考虑 4 输入逻辑函数：

$$f = x_1x_2x_4 + x_2x_3\overline{x}_4 + \overline{x}_1\overline{x}_2\overline{x}_3$$

说明如何用具有 3 输入 LUT 的 FPGA 实现这个函数。

解：一个直观的方案需要 4 个 3 输入的 LUT：3 个实现与操作，1 个实现或操作。但是，对该函数的变量 x_2 进行香农展开可得：

$$f = x_2 \cdot (x_1x_4 + x_3\overline{x}_4) + \overline{x}_2 \cdot (\overline{x}_1\overline{x}_3)$$

则只需要 3 个 LUT，如图 8.33 所示。第 1 个 LUT 产生子函数 $x_1x_4 + x_3\overline{x}_4$，第 2 个 LUT 产生 $h = \overline{x}_1\overline{x}_3$，最后 1 个 LUT 产生 $f = x_2 \cdot g + \overline{x}_2 \cdot h$。◀

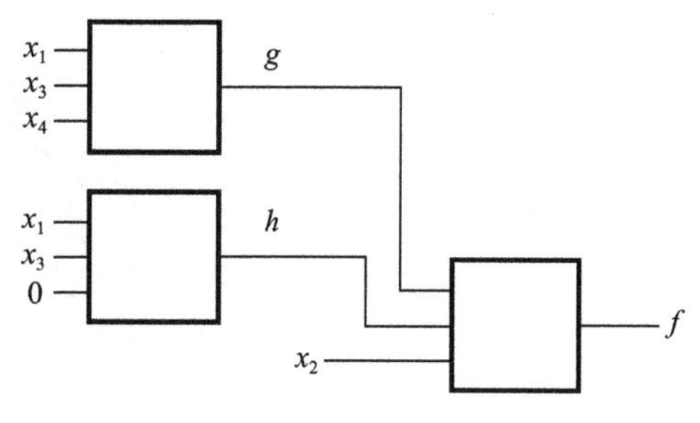

图 8.33　例 8.19 函数的实现

例 8.20　例 8.11 中我们为函数 $f = x_1x_3 + x_1x_4 + x_2x_4 + x_2x_3 + \overline{x}_1\overline{x}_2x_3x_4$ 建立了一个 BDD。请考虑输入 x_3 和 x_4 的子函数，用功能分解法推导函数 f 的一个多级实现方案。

解：函数 f 的卡诺图如图 8.34 所示，第 1 列的子函数为 $h = x_3x_4$，第 2、第 3 及第 4 列的子函数 $g = x_3 + x_4$，因此：

$$\begin{aligned} f &= (\overline{x}_1\overline{x}_2) \cdot h + (\overline{x}_1x_2 + x_1x_2 + x_1\overline{x}_2) \cdot g \\ &= (\overline{x}_1\overline{x}_2) \cdot x_3x_4 + (x_1 + x_2) \cdot (x_3 + x_4) \end{aligned}$$

这与例 8.11 中用 BDD 推导的表达式一样。这个表达式还可以进行简化，令 $k = (x_1 + x_2)$，则有：

$$\begin{aligned} f &= \overline{k} \cdot x_3x_4 + k \cdot (x_3 + x_4) \\ &= \overline{k} \cdot x_3x_4 + k \cdot x_3 + k \cdot x_4 \\ &= \overline{k} \cdot x_3x_4 + k \cdot x_3x_4 + k \cdot x_3 + k \cdot x_4 \\ &= (\overline{k} + k) \cdot x_3x_4 + k \cdot (x_3 + x_4) \\ &= x_3x_4 + k \cdot (x_3 + x_4) \end{aligned}$$

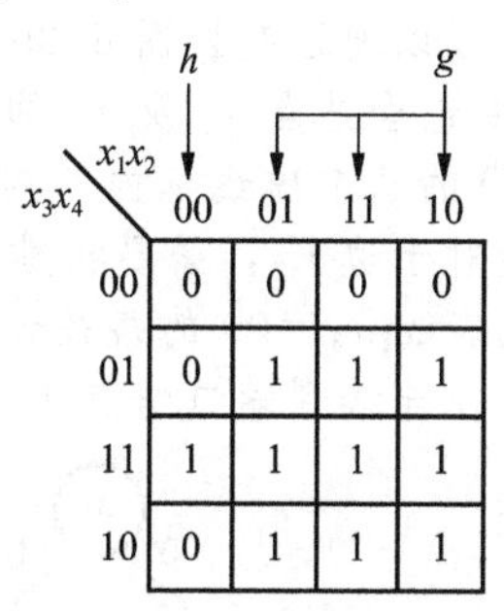

x_3x_4 \ x_1x_2	00	01	11	10
00	0	0	0	0
01	0	1	1	1
11	1	1	1	1
10	0	1	1	1

图 8.34　例 8.20 函数的卡诺图

式中为了简化表达式，我们运用了 2.5 节的吸收律 13a，将 kx_3 扩展成 $k \cdot x_3x_4 + k \cdot x_3$。把 $k = (x_1 + x_2)$ 代入上式，得：

$$f = x_3x_4 + (x_1 + x_2) \cdot (x_3 + x_4)$$

也可以通过观察图 8.34 中的卡诺图的行以推导出同样的表达式，并且定义为变量 x_1 和 x_2 的子函数。第 2 行和第 4 行的子函数为 $k = (x_1 + x_2)$，第 3 行的子函数为 1，因此：

$$\begin{aligned} f &= (\overline{x}_3x_4 + x_3\overline{x}_4) \cdot k + (x_3x_4) \cdot 1 \\ &= (\overline{x}_3x_4) \cdot k + (x_3\overline{x}_4) \cdot k + (x_3x_4) \cdot k + x_3x_4 \\ &= (\overline{x}_3x_4 + x_3\overline{x}_4 + x_3x_4) \cdot k + x_3x_4 \\ &= (x_3 + x_4) \cdot k + x_3x_4 \\ &= (x_3 + x_4) \cdot (x_1 + x_2) + x_3x_4 \end{aligned}$$

◀

例 8.21　输入顺序为 x_1、x_2、x_3、x_4 时，通过香农展开定理为函数 $f = x_1x_3 + x_2x_4$ 建立一个 BDD。

解：关于 x_1 的香农展开，有：$f = \overline{x}_1 f_{\overline{x}_1} + x_1 f_{x_1}$，其辅因子为：

$$f_{\overline{x}_1} = 0 \cdot x_3 + x_2x_4 = x_2x_4$$

$$f_{x_1} = 1 \cdot x_3 + x_2x_4 = x_3 + x_2x_4$$

对于辅因子 $f_{x_1}=x_3+x_2x_4$，再次使用关于输入变量 x_2 的香农展开，可以得到：

$$f_{x_1\overline{x}_2} = x_3 + 0 \cdot x_4 = x_3$$

$$f_{x_1x_2} = x_3 + 1 \cdot x_4 = x_3 + x_4$$

得到的 BDD 如图 8.35 所示。$f_{\overline{x}_1}=x_2x_4$ 的 BDD 用浅灰色高亮部分显示。f_{x_1} 的 BDD 位于图的右边，其中结点 x_2 的 0 边的子函数为 $f_{x_1\overline{x}_2}=x_3$，结点 x_2 的 1 边的子函数为 $f_{x_1x_2}=x_3+x_4$。

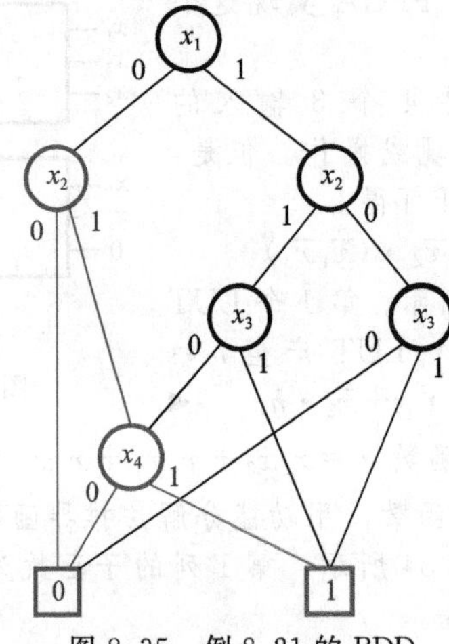

图 8.35　例 8.21 的 BDD ◀

例 8.22　输入顺序为 x_1、x_3、x_2、x_4 时，重复例 8.21 的问题给函数建立一个 BDD。

解：可以通过交换图 8.35 的 BDD 输入变量 x_2 和 x_3 的顺序推导出 BDD。第一步，隔离 BDD 中包含结点 x_2 及 x_3 的部分，如图 8.36a 中虚线所示。有两条边(标为 E_1 和 E_2)包含在 BDD 的这个虚线框内，对于边 E_1 没有进行重新排序的必要，因为它不依赖于结点 x_3；但是对于边 E_2，需要构建如图 8.36b 所示的真值表以助于枚举从 E_2 开始的 BDD 的路径。代表 $x_2x_3=00$ 的路径连接到端口结点 0；而 $x_2x_3=10$ 的路径连接到结点 x_4，剩余的两条路径连接到端口结点 1。

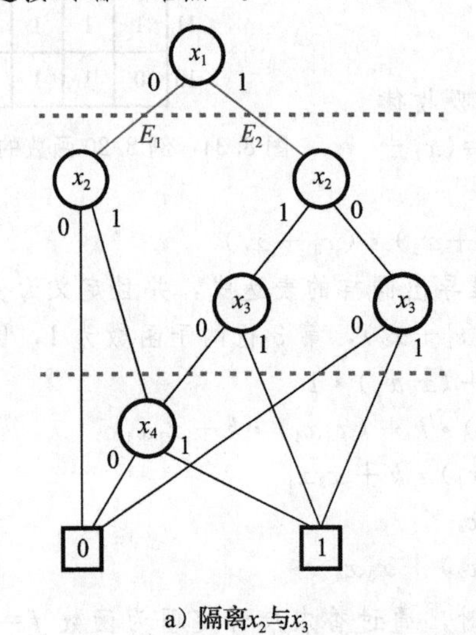

a）隔离 x_2 与 x_3

x_2	x_3	E_2
0	0	0
0	1	1
1	0	x_4
1	1	1

b）真值表

图 8.36　图 8.35 中重新定义变量顺序后的 BDD

现在可以构建如图 8.37a 所示的图表，并且保证从边 E_2 出发的所有路径都可以达到如真值表中所示的正确的目的结点。移除图表中右边的冗余结点 x_2 并且合并 x_2 余下的两个相同边，从而得到如图 8.37b 中的 BDD。这个 BDD 比图 8.35 中的简单。

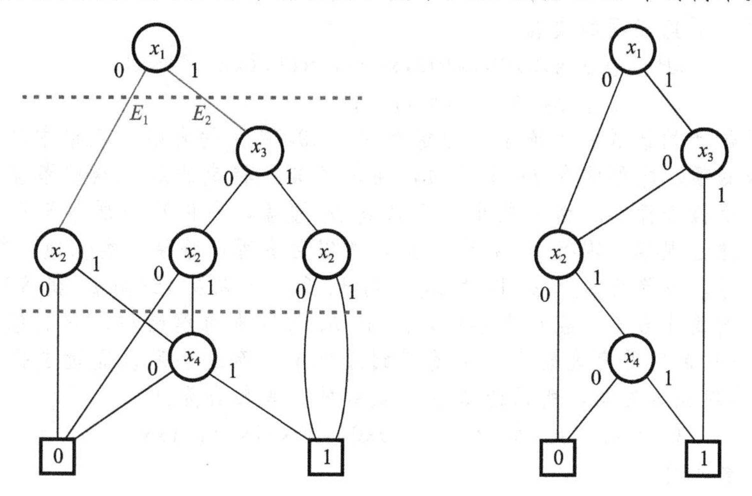

a）重新徘序后的决策树　　b）顺序为x_1、x_3、x_2、x_4的BDD

图 8.37　例 8.22 的 BDD ◀

例 8.23 用 8.4.1 节中的制表法，推导函数 f 的最小成本 SOP 表达式。函数为：

$$f(x_1,\cdots,x_4)=\overline{x}_1\overline{x}_3\overline{x}_4+x_3x_4+\overline{x}_1\overline{x}_2x_4+x_1x_2\overline{x}_3x_4$$

假设存在无关项 $D=\sum(9,\ 12,\ 14)$。

解：制表方法要求从一个由最小项定义的函数开始，如图 2.68 所示，函数 f 也可以表示为：

$$f(x_1,\cdots,x_4)=\sum m(0,1,3,4,7,11,13,15)+D(9,12,14)$$

相应地，存在 11 个 0 维立方体，如图 8.38 中的列表 1。

列表1

0	0 0 0 0	√
1	0 0 0 1	√
4	0 1 0 0	√
3	0 0 1 1	√
9	1 0 0 1	√
12	1 1 0 0	√
7	0 1 1 1	√
11	1 0 1 1	√
13	1 1 0 1	√
14	1 1 1 0	√
15	1 1 1 1	√

列表2

0,1	0 0 0 x	
0,4	0 x 0 0	
1,3	0 0 x 1	√
1,9	x 0 0 1	√
4,12	x 1 0 0	
3,7	0 x 1 1	√
3,11	x 0 1 1	√
9,11	1 0 x 1	√
9,13	1 x 0 1	√
12,13	1 1 0 x	√
12,14	1 1 x 0	√
7,15	x 1 1 1	√
11,15	1 x 1 1	√
13,15	1 1 x 1	√
14,15	1 1 1 x	√

列表3

1,3,9,11	x 0 x 1
3,7,11,15	x x 1 1
9,11,13,15	1 x x 1
12,13,14,15	1 1 x x

图 8.38　例 8.23 中函数的质蕴涵项的产生

对所有 0 维立方体进行成对比较以确定列表 2 所示的 1 维立方体。注意，所有的 0 维立方体都包含在 1 维立方体中，正如在列表 1 中每个 0 维立方体边上都有检查符号(√)；接着，继续对所有的 1 维立方体进行对比，形成如列表 3 所示的 2 维立方体，其中某些 2 维立方体可以通过多种方式产生，但是多次列出同一个 2 维立方体是没有意义的(例如，列表 3 中的 x0x1 可以通过结合列表 2 中的立方体 1、3 和 9、11 或者 1、9 和 3、11 获得)。注意，除了 3 个 1 维立方体以外的其他 1 维立方体都包含在 2 维立方体中。不可能产生 3

维立方体，所以所有不被其他项包含的项(列表 2 中没有标记的项和列表 3 中的所有项)都是 f 的质蕴涵项。质蕴涵项的集合为：

$$P = \{000x, 0x00, x100, x0x1, xx11, 1xx1, 11xx\} = \{p_1, p_2, p_3, p_4, p_5, p_6, p_7\}$$

为了找出函数 f 的最低成本覆盖，构建如图 8.39a 所示的表格。表格中列出了必须被覆盖的所有质蕴涵项，即那些令 $f=1$ 的项，在与被某一特定的质蕴涵项覆盖的最小项对应的位置放置一个检查标记。由于最小项 7 只被 p_5 覆盖，所以这个质蕴涵项必须包含在最终的覆盖中。通过观察发现行 p_2 主导行 p_3，所以后者可以移除；类似地，行 p_6 主导行 p_7，后者也应移除。移除行 p_5、p_3 以及 p_7 和列 3、7、11 以及 15(由 p_5 覆盖)后，得到了如图 8.39b 所示的简化表格。在该表格中，p_2 和 p_6 为基本质蕴函项，它们包含了最小项 0、4 及 13，因此只需要再覆盖最小项 1 就得到最终解。而这个可以通过选择 p_1 或 p_4 完成，由于 p_4 的实现成本更低，所以选择 p_4。最终的覆盖集合为：

$$C = \{p_2, p_4, p_5, p_6\} = \{0x00, x0x1, xx11, 1xx1\}$$

对应的函数可以表示为：

$$f = \overline{x}_1\overline{x}_3\overline{x}_4 + \overline{x}_2 x_4 + x_3 x_4 + x_1 x_4$$

质蕴涵项	最小项 0	1	3	4	7	11	13	15
p_1 = 0 0 0 x	√	√						
p_2 = 0 x 0 0	√			√				
p_3 = x 1 0 0				√				
p_4 = x 0 x 1		√	√			√		
p_5 = x x 1 1			√		√	√		√
p_6 = 1 x x 1						√	√	√
p_7 = 1 1 x x							√	√

a）初始质蕴涵项覆盖表

质蕴涵项	最小项 0	1	4	13
p_1 = 0 0 0 x	√	√		
p_2 = 0 x 0 0	√		√	
p_4 = x 0 x 1		√		
p_6 = 1 x x 1				√

b）移除 p_3、p_5、p_7 行与 3、7、11、15 后的质蕴涵项覆盖表

图 8.39 例 8.23 中函数的覆盖的选择 ◀

例 8.24 运用星积运算找出函数 $f(x_1, \cdots, x_4)=\overline{x}_1\overline{x}_3\overline{x}_4 + x_3 x_4 + \overline{x}_1\overline{x}_2 x_4 + x_1 x_2 \overline{x}_3 x_4$ 的所有质蕴涵项，假设存在无关项 $D=\sum(9, 12, 14)$。

解：该函数集合 ON 为：

$$ON = \{0x00, xx11, 00x1, 1101\}$$

由集合 ON 和无关项组成的最初的覆盖集合为：

$$C^0 = \{0x00, xx11, 00x1, 1101, 1001, 1100, 1110\}$$

运用星积运算，可以得到逐次产生的集合为：

$$C^1 = \{0x00, xx11, 00x1, 000x, x100, 11x1, 10x1, 111x, x001, 1x01, 110x, 11x0\}$$

$$C^2 = \{0x00, xx11, 000x, x100, x0x1, 1xx1, 11xx\}$$

$$C^3 = C^2$$

因此所有的质蕴涵项集合为：

$$P = \{\overline{x}_1\overline{x}_3\overline{x}_4, x_3 x_4, \overline{x}_1\overline{x}_2\overline{x}_3, x_2\overline{x}_3\overline{x}_4, \overline{x}_2 x_4, x_1 x_4, x_1 x_2\}$$ ◀

例 8.25 找出函数 $f(x_1, \cdots, x_4)=\overline{x}_1\overline{x}_3\overline{x}_4 + x_3 x_4 + \overline{x}_1\overline{x}_2 x_4 + x_1 x_2 \overline{x}_3 x_4$ 的最低成本实施方案，假设存在无关项 $D=\sum(9, 12, 14)$。

解：这与例 8.23 以及例 8.24 用的是同一个函数。在这些例子中，我们发现最小成本 SOP 实现方案为：

$$f = x_3 x_4 + \overline{x}_1\overline{x}_3\overline{x}_4 + \overline{x}_2 x_4 + x_1 x_4$$

这就要求有 4 个与门、1 个或门以及 13 个输入端，总成本为 18。

最低成本的 POS 实现方案为：

$$f=(\overline{x}_3+x_4)(\overline{x}_1+x_4)(x_1+\overline{x}_2+x_3+\overline{x}_4)$$

这要求有 3 个或门、1 个与门以及 11 个输入端，总成本为 15。

我们还可以考虑这个函数的多级实现方案，对上述 SOP 表达式运用因子分解可以得到：

$$f=(x_1+\overline{x}_2+x_3)x_4+\overline{x}_1\overline{x}_3\overline{x}_4$$

这种实现方案要求有两个“与”门、两个“或”门以及 10 个输入端，总成本为 14。比较 SOP 和 POS 实现方案，在门级和输入端口数方面该方案具有最低的成本，但是它的速度相对慢一点，这是由于信号必须经过三级门电路进行传输。◀

例 8.26 在一些商用的 FPGA 中，逻辑模块都是 4 输入的 LUT，通过分解的方法，连接成如图 8.40 所示的 2 个这样的 LUT 用于实现 7 变量的函数：

$$f(x_1,\cdots,x_7)=f[g(x_1,\cdots,x_4),x_5,x_6,x_7]$$

很容易看出例如 $f=x_1x_2x_3x_4x_5x_6x_7$ 和 $f=x_1+x_2+x_3+x_4+x_5+x_6+x_7$ 等函数可以用这种形式实现。请说明存在某些 7 变量函数不能用两个 4 输入的 LUT 实现。

解： 1 个 7 变量函数的真值表可按图 8.41 所示排列，共有 $2^7=128$ 个小项。变量 x_1、x_2、x_3 及 x_4 的每一组值对应着真值表中 16 列中的某一列，同时 x_5、x_6 及 x_7 的每一组值对应着 8 行中的某一行。由于要求必须采用图 8.40 中的电路，函数 f 的真值表可以由子函数 g 的关系式定义。在这种情况下，g 选择了真值表中 16 列中的一列，而不是变量 x_1、x_2、x_3 及 x_4，因为 g 只能取 0 或 1 中的一个，所以在真值表中只有两列。如果图 8.40 的 16 列中只存在 1 和 0 两种不同的模式，则可能用于实现所需的函数。所以，在 7 变量函数中，只有相当少的子集可以仅用两个 LUT 实现。

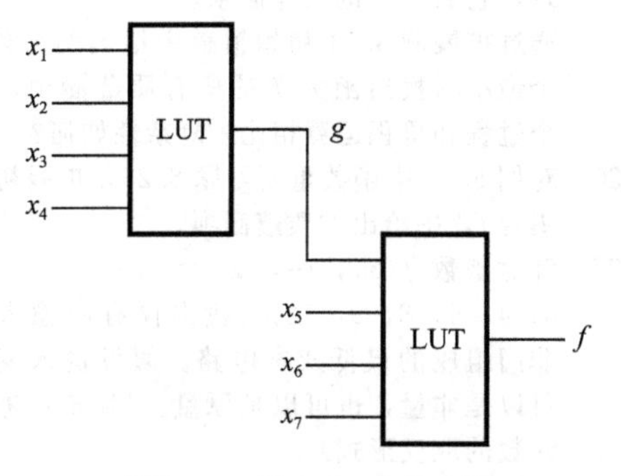

图 8.40 例 8.26 中的电路

$x_5x_6x_7$ \ $x_1x_2x_3x_4$	0000	0001	…	1110	1111
000	m_0	m_8		m_{112}	m_{120}
001	m_1	m_9		m_{113}	m_{121}
010	m_2	m_{10}		m_{114}	m_{122}
011	m_3	m_{11}	…	m_{115}	m_{123}
100	m_4	m_{12}		m_{116}	m_{124}
101	m_5	m_{13}		m_{117}	m_{125}
110	m_6	m_{14}		m_{118}	m_{126}
111	m_7	m_{15}		m_{119}	m_{127}

图 8.41 7 变量函数真值表的可能形式 ◀

习题㊀

*8.1 只用“与非”门实现图 8.6b 中的逻辑电路。

*8.2 只用“或非”门实现图 8.6b 中的逻辑电路。

8.3 只用“与非”门实现图 8.8b 中的逻辑电路。

8.4 只用“或非”门实现图 8.8b 中的逻辑电路。

*8.5 推导一个用“非”门、“与”门和“或”门实现函数 $f=x_3x_5+\overline{x}_1x_2x_4+x_1\overline{x}_2\overline{x}_4+x_1x_3\overline{x}_4+\overline{x}_1x_3x_4+\overline{x}_1x_2x_5+x_1\overline{x}_2x_5$ 的最低成本的电路。

8.6 求函数 $f(x_1,\cdots,x_4)=\sum m(4,7,8,11)+D(12,15)$ 的最低成本实现。

8.7 求函数 $f(x_1,\cdots,x_4)=\sum m(0,3,4,7,9,10,13,14)$ 的最简表示，假设逻辑门具有的最大扇入为 2。

*8.8 求函数 $f(x_1,\cdots,x_4)=\sum m(0,4,8,13,14,15)$ 的最低成本电路实现，假设输入变量只以非量形式存在。（提示：采用功能分解法）

8.9 用功能分解法求函数 $f(x_1,\cdots,x_5)=\sum m(1,2,7,9,10,18,19,25,31)+D(0,15,20,26)$ 的最佳实现方式。计算电路成本，并与最低成本 SOP 实现方案比较。

㊀ 本书后面给出了标有星号的习题答案。

8.10 图 8.7 中我们通过首先确定卡诺图中列的子函数对函数 f 进行分解，请通过首先确定卡诺图中行的子函数重复这个分解过程。

8.11 图 8.8 中我们通过首先确定卡诺图中行的子函数对函数 f 进行分解，请通过首先确定卡诺图中列的子函数重复这个分解过程。

*8.12 输入顺序为 x_1、x_2、x_3、x_4 时，对图 8.6 中的函数建立一个 BDD。

8.13 输入顺序为 x_4、x_3、x_2、x_1 时，重复习题 8.12。

8.14 输入顺序为 x_1、x_2、x_3、x_4、x_5 时，对图 8.8 的函数建立一个 BDD。

8.15 输入顺序为 x_5、x_4、x_3、x_2、x_1 时，重复习题 8.14。

8.16 对例 8.21 中的函数 $f=x_1x_3+x_2x_4$，说明如何用香农展开定理推导出图 8.37b 所示的 BDD。

8.17 说明如何通过交换图 8.37b 所示的 BDD 中变量的顺序推导出图 8.35 所示的 BDD。

*8.18 用 8.4.1 节中讨论的制表法找出函数 $f(x_1, \cdots, x_4)=\sum m(0, 2, 4, 5, 7, 8, 9, 15)$的最低成本 SOP 实现。

8.19 对函数 $f(x_1, \cdots, x_4)=\sum m(0, 4, 6, 8, 9, 15)+D(3, 7, 11, 13)$重复习题 8.18 的要求。

8.20 对函数 $f(x_1, \cdots, x_4)=\sum m(0, 3, 4, 5, 7, 9, 11)+D(8, 12, 13, 14)$重复习题 8.18的要求。

8.21 证明下面的类分配规则是有效的：

$$(A \cdot B) \# C = (A \# C) \cdot (B \# C)$$
$$(A + B) \# C = (A \# C) + (B \# C)$$

8.22 运用立方体表示法和 8.4.2 节中讨论的方法找出函数 $f(x_1, \cdots, x_4)=\sum m(0, 2, 4, 5, 7, 8, 9, 15)$的最低成本 SOP 实现。

8.23 对函数 $f(x_1, \cdots, x_5)=\overline{x}_1\overline{x}_3\overline{x}_5+x_1x_2\overline{x}_3+x_2x_3\overline{x}_4x_5+x_1\overline{x}_2\overline{x}_3x_4+x_1x_2x_3x_4\overline{x}_5+\overline{x}_1x_2x_4\overline{x}_5+\overline{x}_1\overline{x}_3x_4x_5$ 重复习题 8.22。

8.24 运用立方体表示法和 8.4.2 节中讨论的方法找出函数 $f(x_1, \cdots, x_4)$的最小成本 SOP 实现方法，函数 f 由集合 ON={00x0, 100x, x010, 1111}和无关项集合 DC={00x1, 011x}所定义。

8.25 在 8.4.2 节中，介绍了如何用星积运算找出一个给定函数 f 的质蕴涵项。另外一个找出质蕴涵项的可能性是通过扩展函数初始覆盖中的蕴涵项。一个蕴涵项可以通过移除一个变量产生更大的蕴涵项(和包含的顶点数目有关)的方式进行扩展。当 $f=0$ 且大的蕴涵项不包括任何的顶点时，它才是有效的。在扩展过程中，可以获得的最大的有效蕴涵项是质蕴项。图 P8.1 展示了例 8.14 中所用函数的最小项 $\overline{x}_1x_2x_3$ 的扩展过程。从图 2.56 中注意到：

$$\overline{f}=x_1\overline{x}_2\overline{x}_3+x_1\overline{x}_2x_3+x_1x_2\overline{x}_3$$

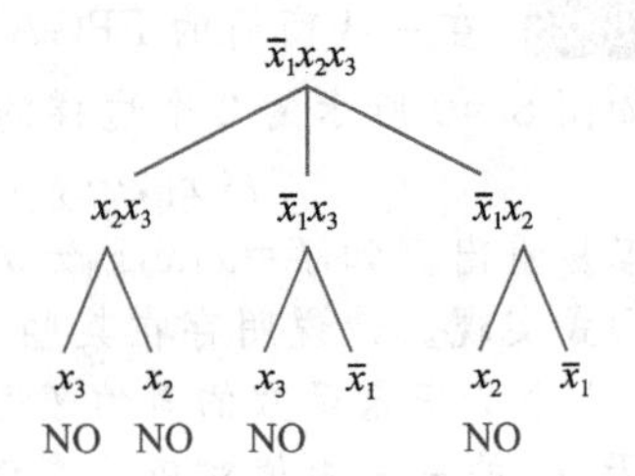

图 P8.1 质蕴涵项 $\overline{x}_1x_2x_3$ 分解

图 P8.1 中，用词“NO”说明扩展的最小项是无效的，因为它包含了函数 f 的一个或多个顶点。从图中可以很清楚地看出这个扩展中产生的最大有效蕴涵项是 x_2x_3 和 $\overline{x}_1$，它们是 f 的质蕴涵项。

通过扩展例 8.14 初始覆盖中给出的另外 4 个最小项找出函数 f 的所有质蕴涵项，这个过程和星积运算相比，复杂性如何？

8.26 对例 8.15 中函数重复习题 8.25，扩展初始集合 C^0 中给出的质蕴涵项。

8.27 针对函数 $f(x_1, \cdots, x_4)=\sum m(0, 1, 2, 3, 4, 6, 8, 9, 12)$，找出仅有两输入与非门组成的最低成本电路。假设输入变量可以是非量，也可以是原量。(提示：考虑函数的取反形式)

8.28 针对函数 $f(x_1, \cdots, x_4)=\sum m(2, 3, 6, 8, 9, 12)$重复习题 8.27。

8.29 针对函数 $f(x_1, \cdots, x_4)=\sum m(6, 7, 8, 10, 12, 14, 15)$，找出仅有两输入或非门组成的最低成本电路。假设输入变量可以是非量，也可以是原量。(提示：考虑函数的取反形式)

8.30 针对函数 $f(x_1, \cdots, x_4)=\sum m(2, 3, 4, 5, 9, 10, 11, 12, 13, 15)$ 重复习题 8.29。

参考文献

1. R. L. Ashenhurst, "The Decomposition of Switching Functions," Proc. of the Symposium on the Theory of Switching, 1957, *Vol. 29 of Annals of Computation Laboratory* (Harvard University: Cambridge, MA, 1959), pp. 74–116.
2. F. J. Hill and G. R. Peterson, *Computer Aided Logical Design with Emphasis on VLSI*,

4th ed. (Wiley: New York, 1993).

3. T. Sasao, *Logic Synthesis and Optimization* (Kluwer: Boston, MA, 1993).
4. S. Devadas, A. Gosh, and K. Keutzer, *Logic Synthesis* (McGraw-Hill: New York, 1994).
5. W. V. Quine, "The Problem of Simplifying Truth Functions," *Amer. Math. Monthly* 59 (1952), pp. 521–531.
6. E. J. McCluskey Jr., "Minimization of Boolean Functions," *Bell System Tech. Journal*, November 1956, pp. 1417–1444.
7. S. B. Akers, "Binary Decision Diagrams," IEEE Transactions on Computers, Vol. C-27, No. 6, pages 509-516, June 1978.
8. R. E. Bryant, "Graph-based algorithms for Boolean function manipulation," IEEE Transactions on Computers, Vol. C-35, No. 8, pages 677-691, August 1986.
9. G. D. Hachtel and F. Somenzi, "Logic Synthesis and Verification Algorithms," (Springer-Verlag: 2006)
10. H. R. Andersen, "An Introduction to Binary Decision Diagrams," Lecture Notes, 1999, IT University of Copenhagen.
11. J. Lind-Nielsen, "BuDDy - A Binary Decision Diagram Package," University of Michigan, http://vlsicad.eecs.umich.edu/BK/Slots/cache/www.itu.dk/research/buddy/index.html
12. F. Somenzi, "CUDD: CU Decision Diagram Package," University of Colorado at Boulder, http://vlsi.colorado.edu/ fabio/CUDD/
13. R. H. Katz and G. Borriello, *Contemporary Logic Design*, 2nd ed. (Pearson Prentice-Hall: Upper Saddle River, NJ, 2005).
14. R. K. Brayton, G. D. Hachtel, C. T. McMullen, and A. L. Sangiovanni-Vincentelli, *Logic Minimization Algorithms for VLSI Synthesis* (Kluwer: Boston, MA, 1984).
15. R. Murgai, R. K. Brayton, and A. Sangiovanni-Vincentelli, "Logic Synthesis for Field-Programmable Gate Arrays," (Kluwer Academic Publishers: 1996)
16. E. M. Sentovic, K. J. Singh, L. Lavagno, C. Moon, R. Murgai, A. Saldanha, H. Savoj, P. R. Stephan, R. K. Brayton, and A. Sangiovanni-Vincentelli, "SIS: A System for Sequential Circuit Synthesis," Technical Report UCB/ERL M92/41, Electronics Research Laboratory, Department of Electrical Engineering and Computer Science, University of California, Berkeley, 1992.
17. R. Brayton and A. Mishchenko, "ABC: A System for Sequential Synthesis and Verification," Berkeley Logic Synthesis and Verification Group, http://www.eecs.berkeley.edu/ alanmi/abc/.

第9章

异步时序电路

本章主要内容

- 未被时钟同步的时序电路
- 异步时序电路的分析
- 异步时序电路的综合
- 稳定和不稳定状态的概念
- 导致电路不正确行为的竞争冒险
- 数字电路的时序问题

第6章探讨了如何设计同步时序电路。在同步时序电路中，状态变量是同一时钟控制的触发器表征，这个时钟是由脉冲组成的周期信号，状态变化可发生在时钟脉冲的上升沿或者下降沿。由于状态由时钟脉冲控制，同步时序电路又称为工作在脉冲模式。本章我们将展示一种无需工作在脉冲模式且无需使用触发器表征状态变量的时序电路，这类时序电路称为异步时序电路。

在异步时序电路中，状态变化不是由时钟脉冲触发，而是取决于给定时刻电路输入的逻辑值是为0还是为1。为了使电路可靠工作，电路的输入必须以特定方式改变。在本引言中，我们将着力于最简单的情况。假设在某一时间内只有一个输入发生改变，且在输入的两次变化之间有足够的时间保证电路达到稳定状态(即所有内部信号停止改变)，遵守这一约束的电路被称为工作在基本模式。

异步时序电路比同步时序电路更难设计。人们已经开发出复杂异步时序电路的特别设计技术，然而这些技术已经超出本书的范围。本章讨论异步时序电路的主要原因是：即使是最简单的异步时序电路都提供了一个绝好的途径让读者对数字电路的整体工作有深入的理解。特别是异步时序电路展示了逻辑电路中由传播延迟引起的时序问题。

本章所论及的设计方法只适用于很小规模电路的经典设计。这些方法易于理解，并能很好地展示由时序约束引起竞争冒险等时序问题。此类问题在同步电路中可以通过使用时钟同步机制避免。

9.1 异步行为

为引入异步时序电路，我们再次考虑如图5.3所示的基本锁存器电路。将该置位-复位(SR)锁存器重画为图9.1a所示，其中的反馈环路导致电路具有时序特性，因为其输出端Q不需要等待一个同步时钟脉冲即可发生变化，所以这是一个异步时序电路。当输入端R或者S发生变化时，输出Q在经过或非门的传输延迟时间后发生变化。在图9.1a中，通过两个或非门所引起的延迟时间由标有Δ的方框表示，因此图中或非门符号表示不存在延迟的理想门电路。采用第6章中的符号，输出Q与电路的当前状态相一致，由当前状态变量y表示。变量y的值通过电路反馈到电路输入端并产生次状态变量Y的值，Y表示电路的次状态。经过延迟时间Δ后，y被赋值为Y。注意我们已经按如图6.85所示的时序电路的通用模型的形式画出该电路。

通过分析SR锁存器，我们可以得到如图9.1b所示的状态分配表。当当前状态$y=0$

和输入 $S=R=0$ 时，电路输出 $Y=0$。因为 $y=Y$，所以电路的状态不会改变，我们称电路在这种输入条件下是稳定的。现在我们假设 S 仍为 0 但 R 变为 1，则电路输出 Y 仍然为 0，并保持稳定。假设下一时刻，R 仍为 1 但 S 变为 1，则电路输出 Y 仍然不变，并保持稳定。然而，当 S 仍为 1 而 R 变为 0 时，即输入端的值 $SR=10$，则电路输出端 Y 变为 1。由于 $y \neq Y$，所以电路不稳定，经过 Δ 时间的延迟后，电路变为新的当前状态 $y=1$。一旦达到这种新状态，只要 $SR=10$，Y 值仍然保持为 1。因此，电路再次稳定。可以采用相似的方法分析当前状态 $y=1$ 的情况。

稳定状态是异步时序电路中的一个很重要概念。对于一组给定的输入值，如果电路达到特定的状态并保持在这种状态，则称这一状态为稳定状态。为了更清晰地指出电路稳定的条件，我们把所有的稳定状态都在表中圈出来，如图 9.1b 所示。

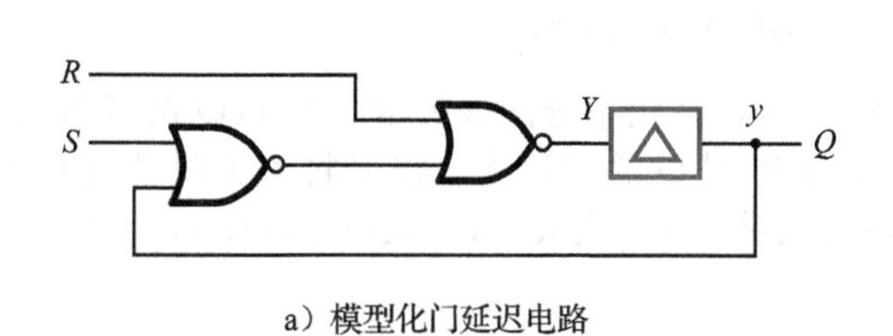

a）模型化门延迟电路

现态 y	次态			
	SR=00	01	10	11
	Y	Y	Y	Y
0	⓪	⓪	1	⓪
1	①	0	①	0

b）状态分配表

图 9.1 SR 锁存器分析

从状态分配表中我们可以得到如图 9.2a 所示的状态表。状态 A、B 分别表示状态 $y=0$ 和 $y=1$。由于输出 Q 只依赖于当前状态，所以电路是一个 Moore 型有限状态机。表示这一 FSM 行为的状态图如图 9.2b 所示。

现态	次态				输出
	SR=00	01	10	11	Q
A	Ⓐ	Ⓐ	B	Ⓐ	0
B	Ⓑ	A	Ⓑ	A	1

a）状态表

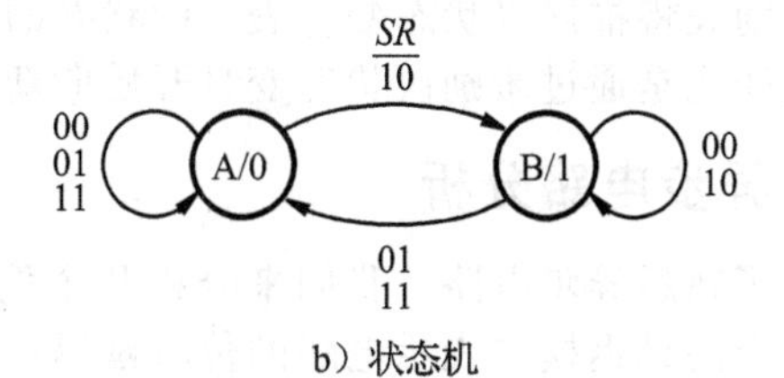

b）状态机

图 9.2 SR 锁存器的 FSM 模型

上述分析表明，与第 6 章中同步时序电路相似，可以采用 FSM 分析异步时序电路的行为。现在考虑如何完成相反的任务。即根据图 9.2a 所示的状态表，可通过以下步骤综合异步时序电路：完成状态分配之后，可以得到如图 9.1b 所示的状态转换表。这个表给出了 Y 关于输入 y、S 和 R 的真值表。推导得到最简“或-与”表达式：

$$Y=\overline{R}\cdot(S+y)$$

如果我们采用第 6 章中的方法推导一个同步时序电路，则 Y 被连接到触发器的 D 输入端，且要使用一个时钟信号控制状态发生变化的时间。但是由于现在是综合一个异步时序电路，我们没有在反馈路径中插入触发器；相反，我们通过使用必要的逻辑门实现了之前的表达式，并且把输出信号反馈回来作为当前状态输入 y。如果使用或非门实现，其电路如图 9.1a 所示。这个简单例子表明异步电路和同步电路可以通过相似的方法进行综合。然而，我们稍后将发现对于更复杂的异步电路，设计任务将变得更困难。

为了更深入分析异步电路的特性，考虑如何将 SR 触发器的行为用 Mealy 模型表示出来将非常有意义。如图 9.3 所示，电路处于稳定状态下的输出与 Moore 模型一致，即在状态 A 时为 0，在状态 B 时为 1。现在考虑当电路状态变化时会发生什么。假设当前状态为 A 且输入变量 SR 从 00 变为 10，如状态表给出的，FSM 的下一状态为 B；当电路达到状态 B 时，输出 Q 将为 1，但是 Mealy 模型认为输出会立即受输入信号变化的影响。因此，尽管电路仍处于状态 A，SR 变为 10 将导致 $Q=1$。我们可以在状态表的顶行相应位置写 1，但是我们选择该项为无关项，其原因是只要电路达到状态 B 时输出 Q 应会变为 1，尝试使 Q 更快地变为 1 没有多大意义。无关项使我们可以任意赋为 0 或 1，以使实现的电路变得更简单。同理，在状态 B 变为状态 A 时，对应的两个输出项也为无关项。

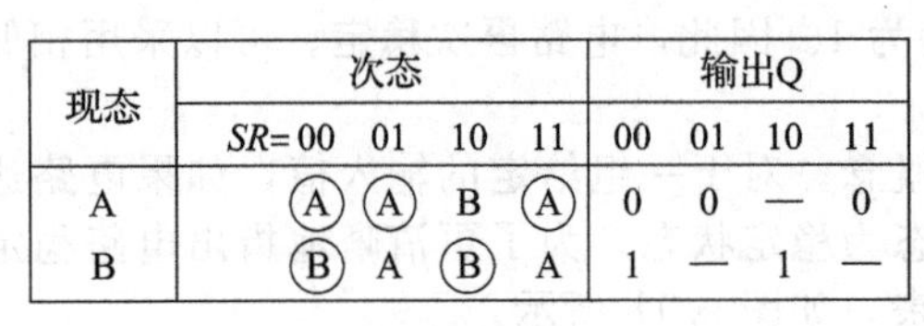

现态	次态				输出Q			
	SR=00	01	10	11	00	01	10	11
A	(A)	(A)	B	(A)	0	0	—	0
B	(B)	A	(B)	A	1	—	1	—

a）状态表

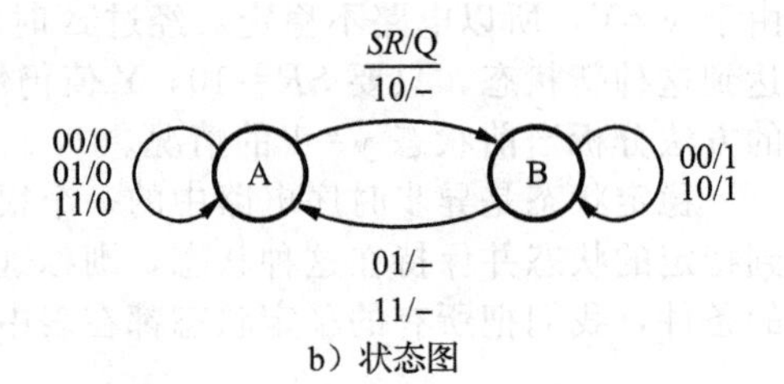

b）状态图

图 9.3　SR 锁存器的 Mealy 模型表示

为状态 A 分配 $y=0$，为状态 B 分配 $y=1$，则状态分配表表示了 Y 和 Q 的真值表。Y 的最简表达式与 Moore 模型是一致的。为了得到 Q 的表达式，需要将无关项设为 0 或 1，假设第 1 行中的无关项为 0、第 2 行中的无关项为 1，则 $Q=y$，且电路与图 9.1a 所示电路相同。

术语

在前面的讨论中，我们使用的术语与以前章节所讨论的同步时序电路的术语相同。然而，在处理异步时序电路时，我们通常使用两个另外的术语，用“流程表”替代“状态表”，表示状态受输入信号的变化的影响；用“转换表”或“激励表”替代“分配表”。本章中我们用“流程表”和“激励表”两个术语。流程表将定义状态的改变及其相应的输出，激励表将描述以状态变量表示的状态的转换。术语“激励表”源自于一个事实：稳定状态的变化是通过激励次状态变量开始向新状态变化而实现的。

9.2　异步电路分析

为了熟悉异步电路，我们来分析几个例子。回想如图 6.85 所示的一般模型，假设反馈路径中的延迟模块表示电路的传输延迟，则逻辑门符号表示零延迟的理想门单元。

例 9.1　门控 D 锁存器　在第 5 章和第 6 章中，我们在一个同步时钟控制的电路中使用门控 D 锁存器作为关键元件，因为电路中时钟只作为一个输入，将这种锁存器作为异步电路分析是有益的。假设 D 端的信号和时钟不在同一时间变化是合理的，这样满足了异步时序电路的基本要求。

图 9.4a 展示了以图 6.85 所示的模型绘制的门控 D 锁存器。我们在图 5.7 中介绍过这一电路，并在 5.3 节对其进行了讨论。该电路的次状态表达式为：

$$\begin{aligned} Y &= (C \uparrow D) \uparrow ((C \uparrow \overline{D}) \uparrow y) \\ &= CD + \overline{C}y + Dy \end{aligned}$$

式中，分量 Dy 是冗余的，可以被删除而不影响 Y 的逻辑功能。因此，Y 的最简表达式为：

$$Y = CD + \overline{C}y$$

实现上述表达式中冗余项 Dy 的电路的原因是该冗余项可以避免一种冒险竞争的产生，我们将在 9.6 节详细介绍冒险的内容。

通过分析 Y 的表达式可以得到在 C、D 和 y 的所有取值情况下 Y 的值，形成了如图 9.4b所示的激励表。注意电路只有在 $C=1$ 且 D 与当前状态 y 不同时，状态才会改变。在其他情况下，电路都是稳定的。使用符号 A、B 分别表示状态 $y=0$ 和 $y=1$，得到如图 9.4c和图 9.4d 所示的流程表和状态图。

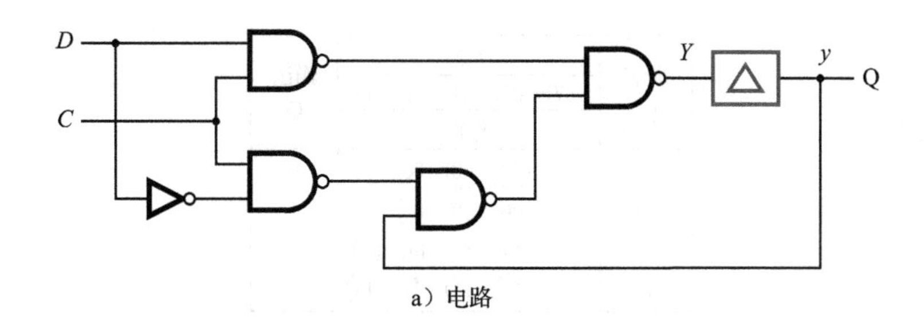

a）电路

现态 y	次态 CD=00 Y	01 Y	10 Y	11 Y	Q
0	⓪	⓪	⓪	1	0
1	①	①	0	①	1

b）激励表

现态	次态 CD=00	01	10	11	Q
A	Ⓐ	Ⓐ	Ⓐ	B	0
B	Ⓑ	Ⓑ	A	Ⓑ	1

c）流程表

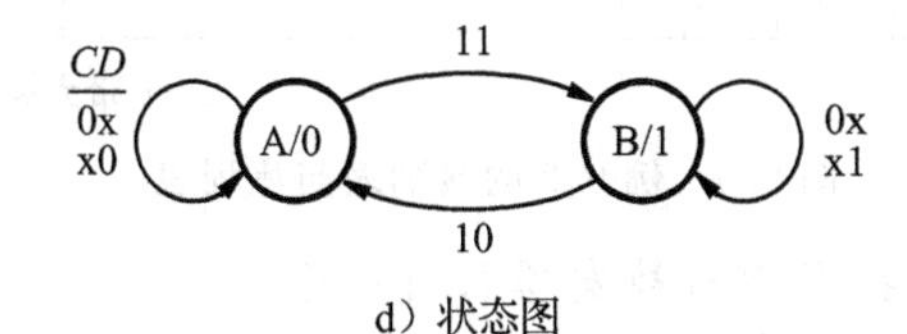

d）状态图

图 9.4　门控 D 锁存器 ◀

例 9.2　主从 D 触发器　在例 9.1 中，我们将门控 D 锁存器作为一个异步电路进行了分析。实际上，所有的电路都是异步的，但是，如果电路的行为由时钟严格控制，则我们可以像在第 6 章中所做的那样使用一些简单的假设。回想一下，在一个同步时序电路中，所有信号都在时钟信号同步时改变其值。下面我们把另外一种同步电路看作异步电路进行分析。

如图 5.9 所示，使用两个门控 D 锁存器实现一个主从 D 触发器，将它重新画为如图 9.5 所示的电路。通过将其看作两个门控 D 锁存器串联进行分析，运用例 9.1 得到的结果，简化的次态表示为：

$$Y_m = CD + \overline{C}y_m$$

$$Y_s = \overline{C}y_m + Cy_s$$

图 9.5　主从式 D 触发器电路

式中，下标 m、s 分别表示触发器的主级和从级。这两个表达式对应的激励表如图 9.6a 所示，将其中的 4 种状态标记为 $S1 \sim S4$，得到如图 9.6b所示的流程表。而图 9.7 则给出了相应的状态图。

下面我们更详细地分析这个 FSM 的行为。第一种状态 $S1$，此时 $y_m y_s = 00$，除了 $CD=11$ 外的其他输入状态电路都是稳定的。当 $C=1$ 时，D 的值存储在主级中，$CD=11$ 导致触发器状态变为 $S3$，即 $y_m y_s = 10$，如果此时输入 D 变回 0，同时时钟信号保持为 1，则触发器状态变回为 $S1$。这种在 $S1$ 和 $S3$ 之间的状态迁移说明如果 $C=1$，主级的输出 $Q_m = y_m$ 将跟随输入 D 变化而不影响从级。当时钟信号变为 0 时，电路的状态从 $S3$ 变为 $S4$。在状态 $S4$，主级和从级都被设置为 1，因为主级的信息将在时钟的负沿传递到从级。现在触发器仍然保持在状态 $S4$ 直到时钟变为 1 且输入信号 D 变为 0，导致电路状态变为 $S2$。在状态 $S2$ 中，主级清零，但是从级仍然为 1。触发器状态将在 $S2$ 和 $S4$ 之间来回变换，因为主级在 $C=1$ 的情况下跟随输入信号 D 变化，当时钟信号变为 0 时，电路状态从 $S2$ 跳至 $S1$。

现态 $y_m y_s$	次态				输出 Q
	CD= 00	01	10	11	
	$Y_m Y_s$				
00	(00)	(00)	(00)	10	0
01	00	00	(01)	11	1
10	11	11	00	(10)	0
11	(11)	(11)	01	(11)	1

a）激励表

现态	次态				输出 Q
	CD= 00	01	10	11	
S1	(S1)	(S1)	(S1)	S3	0
S2	S1	S1	(S2)	S4	1
S3	S4	S4	S1	(S3)	0
S4	(S4)	(S4)	S2	(S4)	1

b）流程表

现态	次态				输出 Q
	CD= 00	01	10	11	
S1	(S1)	(S1)	(S1)	S3	0
S2	S1	—	(S2)	S4	1
S3	—	S4	S1	(S3)	0
S4	(S4)	(S4)	S2	(S4)	1

c）带无关项的流程表

图 9.6　例 9.2 的激励表与流程表

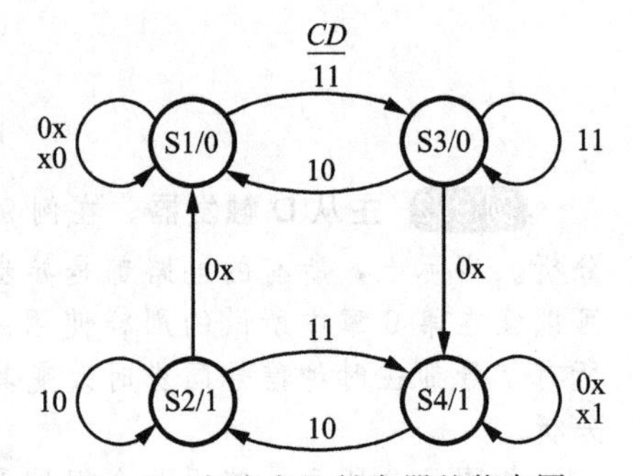

图 9.7　主从式 D 触发器的状态图

在图 9.6 和图 9.7 中，我们指出触发器只有一个输出端 Q，这是将该电路作为一个负边沿触发的触发器的情况。从外部观察者的角度来看，触发器只有 0 和 1 两种状态，但实际上，触发器由主级和从级组成，导致了如上所述 4 种状态的出现。

我们应当审视一下同一时刻只有一个输入端发生变化的这一基本假设。如果电路稳定在状态 $S2$，此时 $CD=10$，在输入变为 $CD=01$ 时电路不可能从这一状态变为 $S1$，因为这一瞬间不会发生两个输入信号同时改变的情况。这样，在流程表的第 2 行中，$CD=01$ 对应的项可标记为未指定而不是从状态 $S2$ 变为状态 $S1$。因此，只有在 CD 从 10 变为 00 时，电路才会从状态 $S2$ 变为 $S1$。相似地，如果电路处于状态 $S3$，此时 $CD=11$，则电路不可能在输入变为 $CD=00$ 的情况下变化到状态 $S4$，所以对应项也可以标为未指定，由此得到了最终的流程表，如图 9.6c 所示。

如果我们将分析步骤反过来，使用如图 9.6a 所示的状态转换综合出 Y_m 和 Y_s 的表达式，可以得到：

$$Y_m = CD + \overline{C}y_m + y_m D$$
$$Y_s = \overline{C}y_m + Cy_s + y_m y_s$$

式中 $y_m D$ 和 $y_m y_s$ 是冗余的。正如之前提到的，它们包含在电路中是为了避免冒险竞争问题的产生，这将在 9.6 节讨论。◀

例 9.3 考虑如图 9.8 所示电路，对应表达式为：

$$Y_1 = y_1 \overline{y}_2 + w_1 \overline{y}_2 + \overline{w}_1 \overline{w}_2 y_1$$
$$Y_2 = y_1 y_2 + w_1 y_2 + w_2 + \overline{w}_1 \overline{w}_2 y_1$$
$$z = \overline{y}_1 y_2$$

相应的激励表和流程表如图 9.9 所示。

流程表中的一些状态迁移在实际中是不可能发生的，因为已经假设输入信号 w_1 和 w_2 不可能同时改变。在状态 A，输入 $w_2 w_1=00$ 时电路是稳定的，此时输入不经过 01

或 10 不可能变为 11。这种情况下，这两种取值分别对应于状态 B 和 C。这样状态为 A 且 $w_2w_1=11$ 的状态迁移项可以标为未指定。类似地，如果电路在 $w_2w_1=01$ 时稳定在状态 B，通过将输入端变为 $w_2w_1=10$ 而使电路转变为状态 D 是不可能的，对应项也应该标为未指定。如果电路在 $w_2w_1=11$ 时稳定在状态 C，通过将输入端变为 $w_2w_1=00$ 而使电路转变为状态 A 也是不可能的。然而，通过一次只改变 1 个输入是有可能使电路迁移到状态 A 的，因为电路在 $w_2w_1=01$ 和 $w_2w_1=10$ 两种情况下稳定在状态 C。

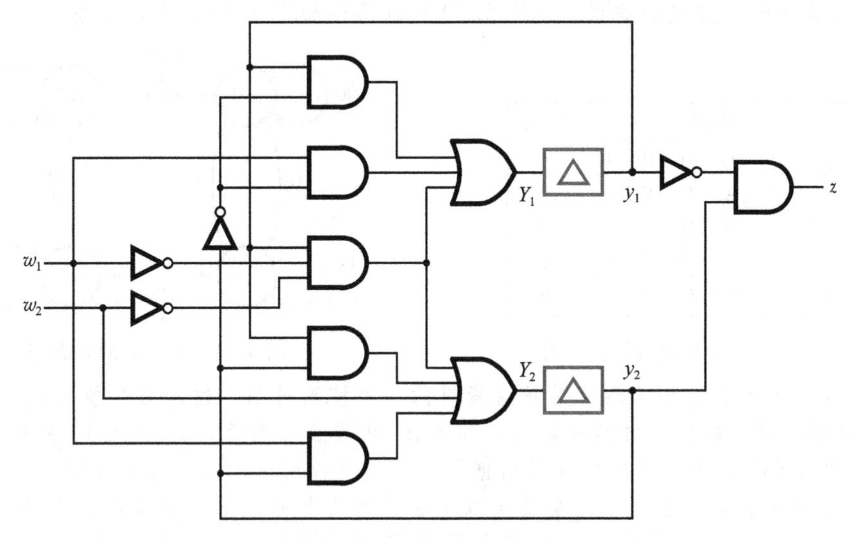

图 9.8　例 9.3 的电路

现态 y_2y_1	次态 $w_2w_1=00$ Y_2Y_1	01 Y_2Y_1	10 Y_2Y_1	11 Y_2Y_1	输出 z
00	(00)	01	10	11	0
01	11	(01)	11	11	0
10	00	(10)	(10)	(10)	1
11	(11)	10	10	10	0

a）激励表

现态	次态 $w_2w_1=00$	01	10	11	输出 z
A	(A)	B	C	D	0
B	D	(B)	D	D	0
C	A	(C)	(C)	(C)	1
D	(D)	C	C	C	0

b）流程表

图 9.9　图 9.8 中电路的激励表与流程表

如果电路在 $w_2w_1=00$ 时稳定在状态 D，则此时电路将会产生一种特殊现象。此时看起来似乎 $w_2w_1=11$ 对应的项应该是未指定的，因为这种输入的改变是不可能在稳态 D 的情况下发生的，但是，假设电路在稳态 B，$w_2w_1=01$，现在使输入变为 $w_2w_1=11$，这将导致电路状态变为 D。电路确实变到了状态 D，但是在这种输入条件下电路处于不稳定状态，一旦变为状态 D，电路将因为输入 $w_2w_1=11$ 而继续向状态 C 转换；只要输入都为 1，电路将一直稳定在状态 C。由此我们可以得到如下结论：输入为 $w_2w_1=11$ 时，电路从状态 D 变为状态 C 是有意义的，因此不应忽略。从稳定状态 B 向稳定状态 C 的转变需要经过状态 D，表明状态的转换并不一定要从一个稳态直接转换到另一个稳态。电路从一个稳态转变为另一个稳态所需要经过的状态称为**不稳定状态**。只要不稳定状态不会产生不期望出现的输出信号，包含不稳定状态的转换就是无害的。例如，如果某两稳态之间发生状态转换，且输出信号应该为零，如果中间的不稳定状态导致输出为 1 就是不可接受的；即使电路通过不稳定状态的过程非常快，输出信号中的极短脉冲波形也会非常棘手。在本例中这并不是问题，当电路稳定在状态 B 时，输出 $z=0$，当输入信号变为 $w_2w_1=11$，在转变

为状态 D 的过程中输出仍为 0。只有当电路最终转变为状态 C 时，z 才会变为 1。因此，从 $z=0$ 到 $z=1$ 的变化在这些转变中只发生了一次。

图 9.10 给出了修改过的流程表，显示了未指定的状态转换，该表反映了如图 9.8 所示电路的状态转换行为。如果我们不了解电路是如何工作的，就很难发现电路的实际应用。幸运的是，电路的用途是已知的，设计者进行分析的目的就是确保电路能如期正常工作。在我们的例子中，很明显电路在状态 C 时会产生输出 $z=1$，这可以作为利用另外 3 种状态检测某些输入方式的结果。从图 9.10 可以得到如图 9.11 所示的状态图。

现态	次态				输出
	w_2w_1=00	01	10	11	z
A	(A)	B	C	—	0
B	D	(B)	—	D	0
C	A	(C)	(C)	(C)	1
D	(D)	C	C	C	0

图 9.10 例 9.3 修改后的流程图

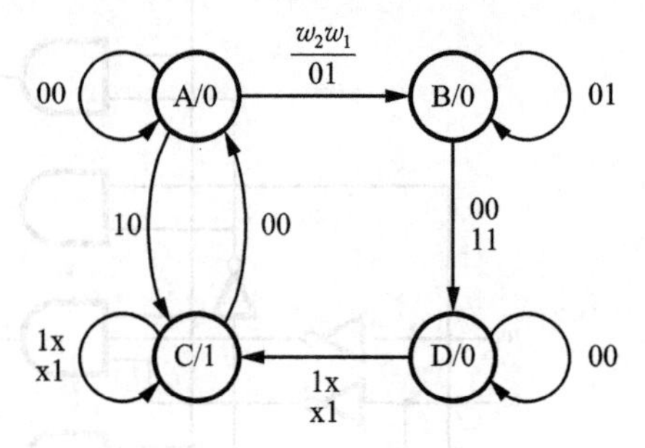

图 9.11 例 9.3 的状态图

图 9.11 所示的状态图实现了简单售货机的一种控制机制。这种售货机只接收 10 分和 5 分两种硬币，贩卖如糖果之类的商品。如果 w_1 代表 5 分硬币，w_2 代表 10 分硬币，则投币 10 分将使 FSM 跳转至状态 C 并送出糖果。硬币接收机 1 次只接收 1 枚硬币，也就是说 $w_2w_1=11$ 不可能出现。因此，不会发生以上讨论的状态 B 通过不稳定状态 D 转移至状态 C 的状态迁移。通过观察发现，状态 B 和状态 D 都表明已经投入 5 分硬币，其中状态 B 表示 5 分的硬币被接收机检测到，而状态 D 表示 5 分硬币已经存放，并且硬币接收机现在是空的。在状态 D，还可能再投入一个 5 分或者 10 分硬币，这将导致电路转入到状态 C。在状态 D 中不区分这两种硬币，因此如果存入 15 分，则机器不会找零。一个 10 分硬币将使电路从状态 A 转变到状态 C。已知输入 $w_2w_1=11$ 不可能发生，则得到如图 9.12 所示的流程表。如果我们想利用图 9.9a 所示的状态分配来综合出 Y_1 和 Y_2 的积之和逻辑（"与-或"）表达式，将得到如图 9.8 所示的电路。◀

现态	次态				输出
	w_2w_1=00	01	10	11	z
A	(A)	B	C	—	0
B	D	(B)	—	—	0
C	A	(C)	(C)	—	1
D	(D)	C	C	—	0

$w_2\equiv$10分　$w_1\equiv$5分

图 9.12

分析过程的步骤

我们可以使用例子来说明分析过程，其中必需的步骤如下所述：

- 根据图 6.85 所示的通用模型对给定的电路进行解释。即切断所有的反馈路径，并且在所有切断的点都插入了一个延迟单元。延迟单元的输入信号表示相应的次态变量 Y_i，输出信号表示当前状态变量 y_i。断点可以设在由反馈连接形成的特定环路的任何地方，只要满足每个环路中只有一个断点即可。这样设置的断点数最少，并且电路中除了延迟单元输出外没有任何其他反馈。这个最小断点数有时称为割集。注意，在一个给定环路的某点切断环路进行分析得到的流程表可能与在另一点切断环路得到的流程表不同，但是从输入输出的角度来看，这些流程表都反映了相同的功能行为。
- 从电路分析中得到次态和输出表达式。
- 推导与次态和输出表达式相一致的激励表。
- 推导流程表，并给每个编码的状态取字。
- 如果需要，从流程表中推导出相应的状态图。

9.3 异步电路综合

异步时序电路的综合同样遵循第6章中所介绍的同步时序电路综合的基本步骤。由于异步电路本身的特性，其综合过程中有一些地方不同于同步时序电路，使得异步电路更难设计。我们将通过介绍几个设计实例来解释这些不同。异步时序电路的综合步骤如下：

- 从实现所需功能行为的FSM推导出相应的状态图；
- 推导流程表，并尽可能减少状态数；
- 进行状态分配，并推导激励表；
- 得到次态和输出表达式；
- 构造实现这些表达式的电路。

在设计状态图或流程图时，必须确保电路在稳态时能够产生正确的输出。如果电路状态迁移必须经过一个不稳定态，则必须确保这一不稳定态不会产生不期望的输出。

最小化状态数并不是很直观，我们在9.4节中将介绍一个最小化过程。

状态分配的目的并不只是降低最终电路的成本。在异步电路中，某些状态分配方式可能会导致电路工作不可靠。我们将通过以下例子解释这一问题。

例9.4 **串行奇偶发生器** 设计一个只有一个输入信号w和一个输出信号z的电路。当脉冲信号加载到输入w时，如果当前的脉冲个数为偶数，则输出z等于0；反之，如果当前的脉冲个数为奇数，则输出z等于1。因此该电路相当于一个串行奇偶发生器。

用A表示已经接收的偶数个脉冲的状态。使用Moore模型，当电路处于状态A时，输出信号z等于0。只要$w=0$，电路将一直保持在状态A，即在状态图中用一个从A出发仍回到A的迁移弧线表示，因此当$w=0$时状态A是稳定的。当下一个脉冲到达时，输入$w=1$将导致FSM跳至新的状态，称之为状态B，此时输出$z=1$。当FSM达到状态B时，只要$w=1$，其必须稳定在状态B；当w变为0时，输入信号再次发生变化，对应地FSM必须跳变至一个新的状态。在该状态中，$z=1$且事实上已经接收到一个完整的脉冲，也就是说w已经从1变为0，我们称这个状态为状态C，该状态必须在输入$w=0$的条件下保持稳定。下一脉冲的到达使得$w=1$，且FSM跳转至状态D，这说明已经接收到偶数个脉冲，且最后一个脉冲仍然存在。状态D在$w=1$条件下保持稳定，且输出$z=0$。最终，当在脉冲结束时，w变为0，FSM回到状态A，这说明当前已经接收到偶数个脉冲，且$w=0$。推导出的状态图如图9.13a所示。

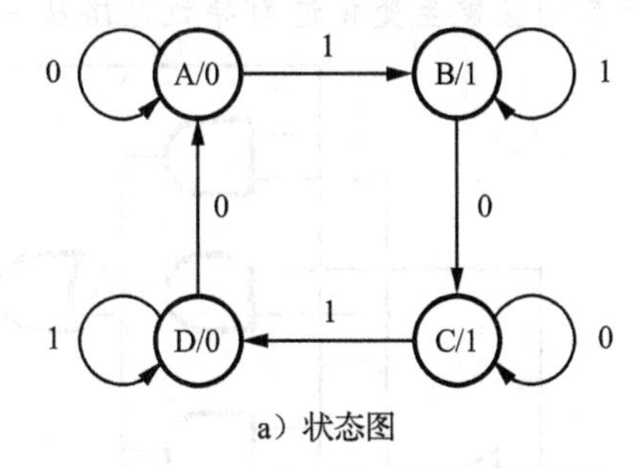

a）状态图

现态	次态		输出
	w=0	w=1	z
A	(A)	B	0
B	C	(B)	1
C	(C)	D	1
D	A	(D)	0

b）流程表

图9.13 异步FSM串行奇偶发生器

需要弄明白的关键是，我们只是想区分输入脉冲的个数是偶数还是奇数，为什么还需要4个状态而不是2个状态。我们注意到即使状态B和C都表明已经接收到奇数个脉冲，这两个状态仍不能合并为1个状态。假设用状态B表示这个含义，则必须增加一个由状态B出发又回到状态B且标有0的新迁移弧线。问题是没有状态C，因此当输入为$w=1$时，FSM必须从状态B直接迁移到状态D，以响应新脉冲到达时引起输入信号的变化。而B在$w=1$及相同输入条件引起跳转至状态D的条件下，状态B都稳定是不可能的。相似地，我们可以明白状态A和D同样不能合并为1个状态。

图 9.13b 给出了与状态图相对应的流程表。在很多情况下，设计者可以从状态图直接得到流程表。大多情况下我们都使用状态图，因为它提供了反映 FSM 中状态迁移的直观图示。

下一步是以状态变量的形式进行状态分配。由于 FSM 中有 4 种状态，因此至少要有 2 个状态变量。设这两个变量分别为 y_1 和 y_2。在状态分配的第一次尝试中，我们设状态 A、B、C 和 D 分别编码为 $y_2y_1=00$、01、10 和 11，对应于这一状态编码的激励表如图 9.14a 所示。不幸的是，这个激励表存在一个严重的缺陷。虽然在输入 $w=1$ 条件下，实现激励表的电路保持稳定在状态 $D=11$，但是，如果输入变为 $w=0$ 将发生什么？根据激励表，电路将迁移到状态 $A=00$，并且稳定在这一状态，问题是从 $y_2y_1=11$ 转变为 $y_2y_1=00$，这两个状态变量都必须改变它们的值，而这在同一时刻是不可能发生的。在异步电路中，次状态变量的值是由具有不同传输延迟的逻辑门网络决定的，因此，应该合理假定一个状态变量的值比另一个状态变量稍早一点发生改变，这将导致电路产生一种非期望的状态（电路可能会对输入产生意料不到的响应）。如假设 y_1 的值先改变，则电路从状态 $y_2y_1=11$ 迁移到状态 $y_2y_1=10$。只要到达状态 C，且 $w=0$，电路将试图保持稳定在该状态，这显然是一个错误结果。另一方面，假设 y_2 的值先改变，则电路会从状态 $y_2y_1=11$ 迁移到状态 $y_2y_1=01$，这与状态 B 相一致，当 $w=0$ 时，电路将试图迁移到状态 $y_2y_1=10$，这同样要求 y_1 和 y_2 都发生改变。由于已假设了在这个过程中 y_2 先改变，因此电路最后会处于状态 $y_2y_1=00$，这正是所期望的目标状态 A。上述讨论表明如果 y_2 比 y_1 先改变，则电路从状态 D 到状态 A 将发生正确迁移，但是如果 y_1 比 y_2 先改变，这一迁移将不正确，最终的输出结果将依赖于由信号 y_1 和 y_2 之间竞争的结果。

现态	次态		输出
	$w=0$	$w=1$	
y_2y_1	Y_2Y_1		z
00	(00)	01	0
01	10	(01)	1
10	(10)	11	1
11	00	(11)	0

a）差的状态分配

现态	次态		输出
	$w=0$	$w=1$	
y_2y_1	Y_2Y_1		z
00	(00)	01	0
01	11	(01)	1
11	(11)	10	1
10	00	(10)	0

b）好的状态分配

图 9.14　图 9.13b 的状态分配

必须消除这种由某一个输入引起的多个状态变量发生变化进而导致电路从一个状态迁移到另一个状态的不确定性。用术语“竞争条件”来表示这种不可预测的行为。我们将在 9.5 节详细介绍这一问题。

通过把当前状态变量作为电路的输入端，即一次只有一个状态变量发生变化，可以消除竞争条件。在我们的例子中，状态分配 $A=00$、$B=01$、$C=11$ 和 $D=10$ 满足这一要求，相应的激励表如图 9.14b 所示。读者可以自行验证，所有的状态迁移都只涉及一个状态变量的改变。

从图 9.14b 可以得到的次态和输出变量的表达式为：

$$Y_1 = w\overline{y}_2 + \overline{w}y_1 + y_1\overline{y}_2$$
$$Y_2 = wy_2 + \overline{w}y_1 + y_1y_2$$
$$z = y_1$$

Y_1 和 Y_2 的表达式中的最后一个乘积项是用

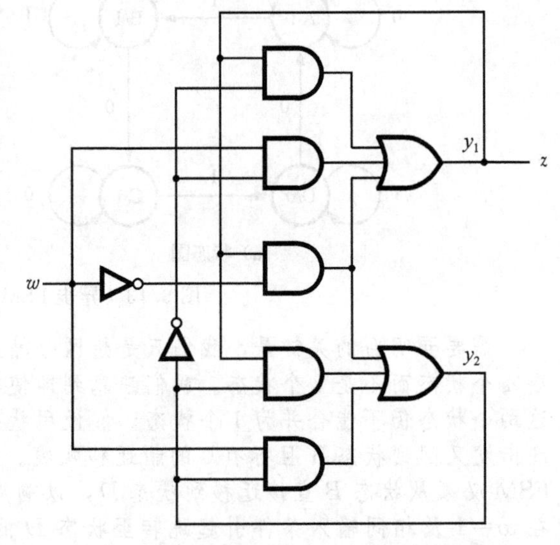

图 9.15　图 9.13b 中的状态机的实现电路

来处理可能存在的冒险竞争问题，这将在9.6节讨论，相应电路如图9.15所示。

用同步电路实现串行奇偶发生器是十分有趣的，所有需要的就是一个在输入脉冲到达时改变其状态的触发器。如图9.16所示正沿触发的D触发器就能完成这一任务。假设触发器被初始化为$Q=0$，该触发器的逻辑复杂度和图9.15所示电路完全一样。实际上，如果我们使用前面的Y_1和Y_2的表达式，并且用C代替w，用D代替$\overline{y}_2$，用y_m代替y_1，用y_s代替y_2，就可得到例9.2中主从D触发器的激励表达式。图9.15所示电路实际上是一个负沿触发的主从触发器，其$\overline{Q}$输出端(y_2)连接到输入端D，输出z连接到触发器主级的输出。◀

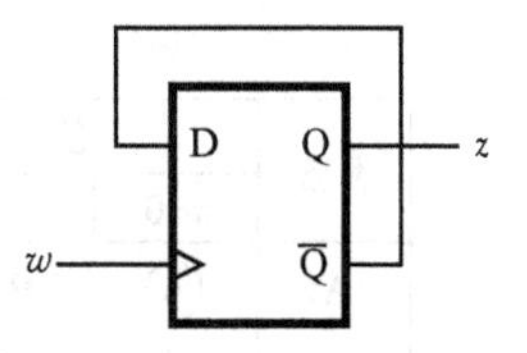

图9.16 例9.4的同步电路方案

例9.5 模4计数器 第5章和第6章描述了如何用触发器实现计数器。现在我们将采用异步时序电路综合一个计数器。图9.17描述了模4加1计数器的状态图，它记录了输入端w上的脉冲数。要求电路能够处理输入信号的所有变化，因此其必须在每个脉冲的上升沿和下降沿执行特定的动作，我们需要8种状态来处理4个连续脉冲的边沿。

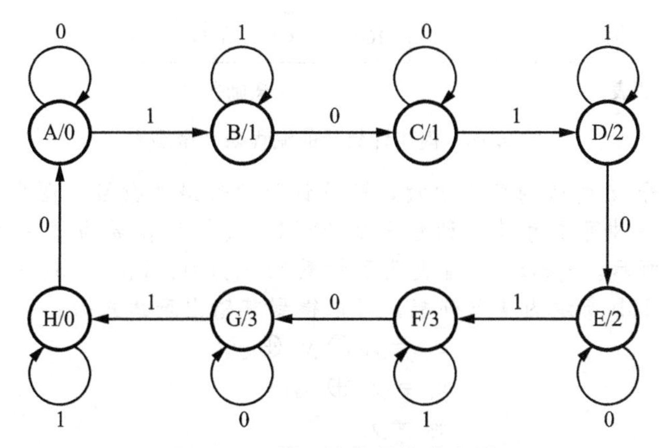

图9.17 模4计数器的状态图

计数器从状态A开始，并在$w=0$条件下保持稳定。当w变为1时，电路迁移到状态B，且只要$w=1$，电路就保持稳定在该状态；当w再次变为0时，电路迁移到状态C，且保持稳定在该状态直至w再次变为1。w再次变为1导致电路迁移到状态D，以此类推。根据Moore模型，每一个状态对应于特定的计数值，而每个计数值存在2个状态，即当脉冲到来时w从0变为1时FSM进入的状态，以及当脉冲结束w从1变为0时FSM进入的状态。状态B和C与计数值1相对应，状态D和E与计数值2相对应，状态F和G与计数值3相对应，而状态A和H则与计数值0相对应。

图9.18展示了计数器的流程表和激励表。为了避免竞争条件，状态分配的选择必须保证状态间的状态迁移1次只能有1个状态变量发生改变。输出使用二进制变量z_2和z_1。从激励表中可得次态和输出的表达式：

$$\begin{aligned}Y_1 &= \overline{w}y_1 + wy_2y_3 + w\overline{y}_2\overline{y}_3 + y_1y_2y_3 + y_1\overline{y}_2\overline{y}_3\\ &= \overline{w}y_1 + (w+y_1)(y_2y_3 + \overline{y}_2\overline{y}_3)\\ Y_2 &= wy_2 + \overline{w}y_1\overline{y}_3 + \overline{y}_1y_2 + y_2\overline{y}_3\\ Y_3 &= wy_3 + y_1y_3 + \overline{y}_1y_2\overline{w} + y_2y_3\\ z_1 &= y_1\\ z_2 &= y_1y_3 + \overline{y}_1y_2\end{aligned}$$

这些表达式定义了实现所要求的模4脉冲计数器的电路。

在上面的推导中，我们设计了一个电路，该电路在输入信号w的每一个边沿都改变其状态，且共需要8个状态。既然假定电路对完整的脉冲(即包含一个上升沿和一个下降沿)

进行计数，则电路的输出 z_2z_1 都只是在每一个脉冲的第 2 个状态才改变其值。FSM 的行为就像 1 个同步时序电路，其输出(计数结果)只有在 w 从 0 变为 1 时改变。

现态	次态		输出
	w=0	w=1	z
A	A	B	0
B	C	B	1
C	C	D	1
D	E	D	2
E	E	F	2
F	G	F	3
G	G	H	3
H	A	H	0

a）流程表

现态 $y_3y_2y_1$	次态		输出
	w=0	w=1	z_2z_1
	$Y_3Y_2Y_1$		
000	000	001	00
001	011	001	01
011	011	010	01
010	110	010	10
110	110	111	10
111	101	111	11
101	101	100	11
100	000	100	00

b）激励表

模8输出 $z_3z_2z_1$
000
001
010
011
100
101
110
111

c）边沿计数输出

图 9.18 模 4 计数器的流程表和激励表

现在想记录信号 w 的值的变化次数，即统计脉冲边沿的数目。图 9.17 和图 9.18 所示的状态迁移定义了一种可作为模 8 计数器的 FSM，我们只需要为每一个状态定义不同的输出，如图 9.18c 所示。$z_3z_2z_1$ 的值表明了计数顺序为 0、1、2、3、4、5、6、7、0，利用这一要求和图 9.18b 所示的状态分配，可以得到其输出表达式为：

$$z_1 = y_1 \oplus y_2 \oplus y_3$$
$$z_2 = y_2 \oplus y_3$$
$$z_3 = y_3$$

◀

例 9.6 一个简易仲裁器 在计算机系统中，一些不同的设备共享某些资源是十分有益的。一般而言，这些资源在同一时刻只能被一个设备使用，当不同的设备都想使用这一资源时，这些设备需要发出请求，这些请求将由一个仲裁器处理。如同 6.8 节中所讨论的，当有 2 个或者更多的请求(未处理)时，仲裁器可能使用某种优先级方案从中选出一个请求进行处理。

我们将考虑用异步时序电路实现一个简易仲裁器的例子。为了简化例子，假设只有 2 个设备竞争共享资源，如图 9.19a 所示，每个设备通过两个信号——请求和授权与仲裁器通信。当设备需要使用共享资源时，将其请求信号设为 1，一直等待直到仲裁器通过授权信号响应这次请求。

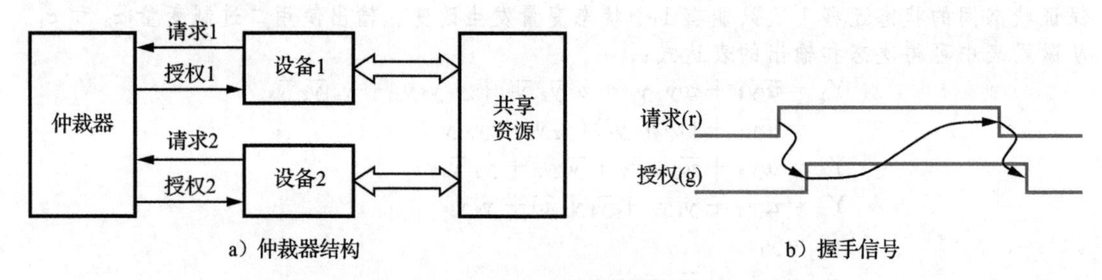

a）仲裁器结构　　b）握手信号

图 9.19 仲裁器举例

图 9.19b 所示为异步环境中的两个实体进行通信的一种常用机制，即握手信号机制。一般采用两个信号进行握手。设备通过提出请求(r=1)初始化仲裁器行为，当共享资源可

用时，仲裁器反馈授权信号($g=1$)响应这一请求；设备接收到授权信号后，就可以开始使用所请求的共享资源。设备使用完共享资源后，通过将 r 设置为 0 取消请求；当仲裁器发现 $r=0$ 时，通过将 g 设置为 0 以撤消授权信号。图中的箭头表明了这种通信机制的因果关系，一个信号的变化会导致另一个信号发生变化。具有因果关系的两个信号间的变化时间差依赖于电路的具体实现方式，其中关键的一点是这种机制并不需要同步时钟。

图 9.20 给出了简易仲裁器的状态图。图中有 2 个输入信号：请求信号 r_1 和 r_2，还有两个输出信号：授权信号 g_1 和 g_2。该状态图用 Moore 模型描述了所要求的 FSM，其中弧线标记为 r_2r_1，状态输出标记为 g_2g_1。静止状态为 A，表示没有请求；状态 B 表示设备 1 已经被许可使用共享资源，状态 C 表示设备 2 已经被许可使用共享资源。状态 B 在 $r_2r_1=01$ 条件下保持稳定，状态 C 在 $r_2r_1=10$ 条件下保持稳定。为遵循异步电路的设计规则，我们假设输入 r_1 和 r_2 一次只有一个有效。因此，在状态 A 中不可能发生 $r_2r_1=00$ 到 $r_2r_1=11$ 的变化。只有在拥有授权信号的设备完成对共享资源的使用之前又发出第二个请求时，状态 $r_2r_1=11$ 才可能发生。这也可能发生在状态 B 和状态 C。假设在状态 B 或者 C 中 FSM 稳定，如果 r_1 与 r_2 都变为 1，则它仍保持在该状态。

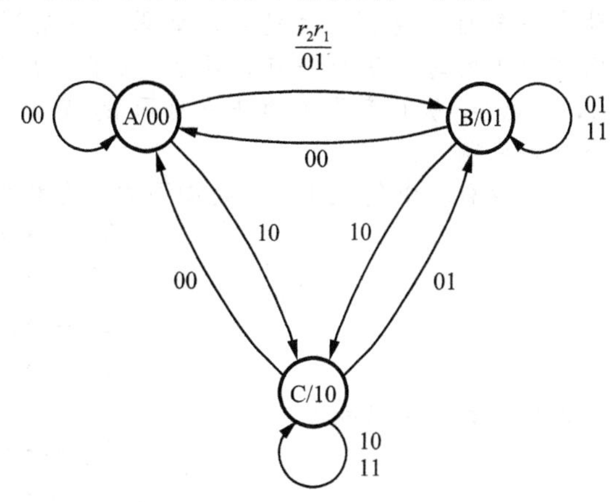

图 9.20　仲裁器的状态图

图 9.21a 给出了仲裁器的流程表，而图 9.21b 给出了相应的激励表。对于这 3 个状态 A、B、C 找不到一种状态分配能使状态间的迁移只涉及一个状态变量的改变。图中所选的状态分配方案中，从状态 A 出发或向状态 A 的迁移都可以正确地实现，但是状态 B 和 C 之间的迁移涉及状态变量 y_1 和 y_2 同时发生变化的情况。假设电路在输入为 $r_2r_1=11$ 条件下稳定在状态 B，若输入变为 $r_2r_1=10$，则会导致电路转变为状态 C，即状态变量必须从 $y_2y_1=01$ 变为 10。如果 y_1 的变化发生在 y_2 之前，则电路将瞬时进入 $y_2y_1=00$ 状态，并最终导致迁移到期望的目标状态，因为在输入为 10 的情况下从状态 A 到状态 C 有一个指定的迁移；但是如果 y_2 的改变发生在 y_1 之前，则电路将会到达状态 $y_2y_1=11$，这一状态在流程表中并没有定义。为了确保即使在这种情况下电路仍然可以到达目标状态 C，我们必须在激励表中包括状态 $y_2y_1=11$，即状态 D，并给出如图所示的状态迁移。相似地，当输入为 $r_2r_1=11$ 时电路稳定在状态 C，且当 r_2 从 1 变为 0 时电路变为状态 B。

现态	次态 $r_2r_1=00$	01	10	11	输出 g_2g_1
A	(A)	B	C	—	00
B	A	(B)	C	(B)	01
C	A	B	(C)	(C)	10

a) 流程表

	现态 y_2y_1	次态 Y_2Y_1 $r_2r_1=00$	01	10	11	输出 g_2g_1
A	00	(00)	01	10	—	00
B	01	00	(01)	10	(01)	01
C	10	00	01	(10)	(10)	10
D	11	—	01	10	—	dd

b) 激励表

图 9.21　仲裁器的实现

附加状态 D 的输出值表示为无关状态，无论其中哪个输出从 0 变为 1 或者从 1 变为

0，如果当电路处于稳态时其输出总是正确的，而这一变化发生的确切时刻并不重要。无关状态可能使输出函数得到简化，在其过程中保证未指定的输出不会产生一个导致错误行为的值是非常重要的。从图 9.21b 中可以看出，在电路经过不稳定状态 D 的短暂瞬间使输出变为 $g_2g_1=11$ 是可能的，这在本例中并没有带来坏处，因为刚使用完共享资源的设备在授权信号变为 0，即它与仲裁器的本次握手完成之前是不会再次试图使用共享资源的。通过观察发现，如果这一情况发生在电路从状态 B 变为状态 C，那么 g_1 保持为 1 的时间稍长一点，而 g_2 稍早一点变为 1。相似地，如果是从状态 C 变为状态 B，那么 g_1 从 0 变为 1 稍快一点而 g_2 变为 0 稍慢一点。在这两种情况下，g_1 和 g_2 都不会出现毛刺。

从激励表中我们可以得到如下的次态和输出的表达式：

$$Y_1 = \overline{r}_2 r_1 + r_1 \overline{y}_2$$
$$Y_2 = r_2 \overline{r}_1 + r_2 y_2$$
$$g_1 = y_1$$
$$g_2 = y_2$$

将前两个表达式改写为：

$$Y_1 = r_1(\overline{r}_2 + \overline{y}_2) = r_1\,\overline{r_2 y_2}$$
$$Y_2 = r_2(\overline{r}_1 + y_2)$$

根据以上两式可以得到如图 9.22 所示的电路。通过观察可以发现电路对输入信号的变化响应非常快。这一特点与 6.8 节所讨论的仲裁器形成鲜明对比。在 6.8 节所讨论的仲裁器中同步时钟决定了最小响应时间。

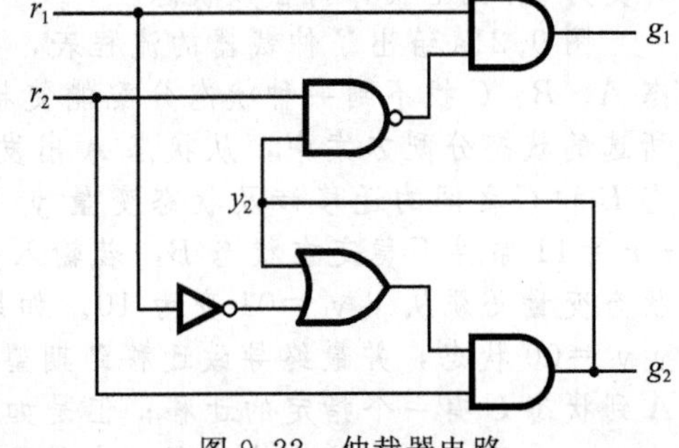

图 9.22　仲裁器电路

状态 B 和状态 C 之间的迁移引起的竞争问题可以通过另一种方式解决。我们可以简单阻止电路达到未指定的状态。图 9.23a 所示为一个修改过的流程表，其中状态 B 和状态 C 之间的迁移都会经过状态 A。如果电路稳定在状态 B 且输入变量从 $r_2r_1=11$ 变为 10，则电路首先会变到状态 A。当电路一到达状态 A，由于该状态在输入为 10 的情况下是不稳定的，将会继续迁移到稳态 C。通过不稳定状态 A 的迁移是可以接受的，因为电路在状态 A 的输出为 $g_2g_1=00$，这与仲裁器的期望运行情况相一致。状态 C 到状态 B 的迁移也可以用相同的方法处理。从图 9.23b 所示修改后的激励表中我们推导出次态表达式：

$$Y_1 = r_1 \overline{y}_2$$
$$Y_2 = \overline{r}_1 r_2 \overline{y}_1 + r_2 y_2$$

根据以上表达式得到的电路与图 9.22 所示电路不同。然而，这两个电路都能够实现仲裁器所需的功能。

现态	次态				输出
	r_2r_1=00	01	10	11	g_2g_1
A	(A)	B	C	—	00
B	A	(B)	A	(B)	01
C	A	A	(C)	(C)	10

a）修改后的流程表

现态 y_2y_1	次态 Y_2Y_1				输出 g_2g_1
	r_2r_1=00	01	10	11	
00	(00)	01	10	—	00
01	00	(01)	00	(01)	01
10	00	00	(10)	(10)	10

b）修改后的激励表

图 9.23　避免图 9.21a 所示电路竞争的另一种方法

下面我们将尝试使用 Mealy 模型设计该仲裁器。从图 9.20 可以明显看出，状态 B 和状态 C 是根本不同的，因为对于输入 $r_2r_1=11$，它们产生不同的输出。状态 A 的唯一性体现在任何时候只要输入 $r_2r_1=00$，就必然输出 $g_2g_1=00$。如果使用 Mealy 模型，这一情况可以在状态 B 或状态 C 中指定。图 9.24 给出了对应的状态图，流程表和激励表如图 9.25 所示，根据以上内容可以推导出表达式：

$$Y = r_2\bar{r}_1 + \bar{r}_1 y + r_2 y$$

$$g_1 = r_1\bar{y}$$

$$g_2 = r_2 y$$

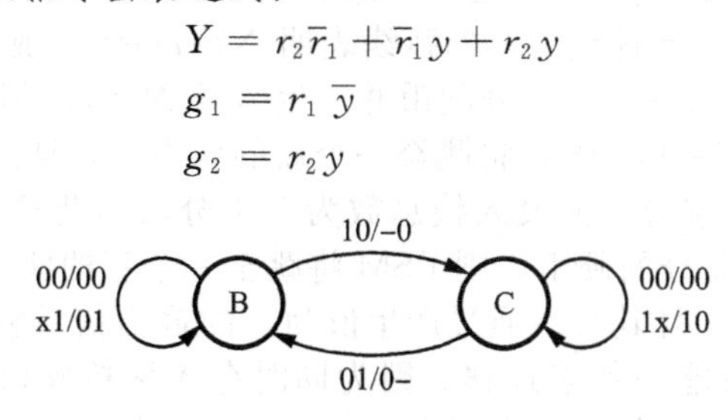

图 9.24　Mealy 模型的仲裁器 FSM

现态	次态				输出 g_2g_1			
	r_2r_1=00	01	10	11	00	01	10	11
B	(B)	(B)	C	(B)	00	01	–0	01
C	(C)	B	(C)	(C)	00	0–	10	10

a）流程图

现态 y	次态 Y				输出 g_2g_1			
	r_2r_1=00	01	10	11	00	01	10	11
0	(0)	(0)	1	(0)	00	01	d0	01
1	(1)	0	(1)	(1)	00	0d	10	10

b）激励表

图 9.25　仲裁器 FSM 的 Mealy 模型实现

尽管只需要一个状态变量，但这一电路与图 9.22 所示 Moore 模型电路相比需要更多的门来实现。

以上的例子说明对于状态分配一定要小心谨慎，以避免状态变量发生变化时的冒险竞争现象。9.5 节将会详细介绍这一问题。

我们作了基本假设：仲裁器 FSM 的请求一次只能有一个输入发生改变，这使得电路能够在下一变化发生前达到稳定状态。但是如果设备完全独立，则它们可以在任何时间提出请求，假设每个设备每隔几秒钟就会提出一次请求。既然仲裁器电路从一个稳定状态跳转至另一个稳定状态只需要几纳秒，两个设备在非常短的时间内提出请求而引起仲裁器电路产生错误的输出几乎不太可能。然而，尽管由于请求信号的同步到达而引起错误的可能性非常低，但其毕竟不是完全不可能，如果这一错误概率是不能容忍的，那么可以通过**互斥**(ME)单元来传递请求信号。互斥单元有两个输入和两个输出，如果两个输入都为 0，则两个输出都为 0；如果只有 1 个输入为 1，则相应的输出也为 1；如果两个输入都为 1，那么电路的一个输出为 1 而另一个保持为 0。使用互斥单元时需要稍微改变一下仲裁器的设计，因为 $r_2r_1=11$ 是永远不会发生的，所以图 9.21 中对应列中的值都是无关项。文献[6]详细讨论了互斥单元和输入信号同时变化的问题。最后必须注意同步电路中存在的相似问题，如 7.8.3 节所讨论的，在同步电路中，不受同一时钟控制的电路会产生一个或多个输入。◀

9.4　状态化简

在第 6 章中我们看到减少实现给定 FSM 功能所需的状态数通常能减少状态变量的个数，这意味着相应的同步时序电路所需的触发器更少。在异步时序电路中，减少状态的个数同样是有用的，因为这会使实现的电路更简单。

设计异步 FSM 时，最初的流程表可能包含许多无关项，因为设计者必须遵循一次只能有一个输入变量发生变化的约束条件。例如，假设我们想设计一个如例 9.3 所示的简易售货机的 FSM。售货机只接受 5 美分和 10 美分硬币，并在投入硬币满 10 美分时分发糖果；此外，如果投入 15 美分，售货机不会找零。对于这样一个 FSM，其初始状态图可以通过列举所有可能使钱的总数达到至少 10 美分的投币序列而直接得到。一种采用 Moore 模型定义的状态图如图 9.26 所示。从复位状态 A 开始，只要没有硬币投入，FSM 将一直处于这一状态，在图中以一条标记为 0 的弧线表明 $N=D=0$。现在用一个标为 N 的弧线表示硬币检测机已经检测到一个 5 美分硬币并产生信号 $N=1$。相似地，用 D 表示投入了 1 个 10 美分硬币，如果 $N=1$，FSM 将跳至一个新的状态 B，且只要 N 为 1，它必须保持稳定在该状态。既然 B 对应着当前投入钱总数为 5 美分，因此这一状态的输出必须为 0。如果在状态 A 时投入 10 美分的硬币，则 FSM 将跳至一个新的状态 C，且只要 $D=1$，它就必须保持稳定在状态 C，且其必然通过产生值为 1 的输出信号释放一个糖果。以上这些是从状态 A 出发的所有可能的状态迁移。因为同时存入两枚硬币是不可能的，这意味着 $DN=11$ 是无关的输入情况。然后，在状态 B，必须有一个返回 $DN=00$ 的迁移，因为硬币检测机将会在第 1 枚硬币投入之后的一段时间内检测到第 2 枚硬币。这一行为与一次只有一个输入变量发生变化的要求相一致，因此不允许出现从 $DN=01$ 直接迁移到 $DN=10$。输入 $DN=10$ 在状态 B 不可能发生，且应该认为是无关条件。输入 $DN=00$ 使 FSM 转至新的状态 D，意味着已经投入 5 美分硬币，且在检测机内没有其他硬币。在状态 D，投入的可能是 10 美分的硬币也可能是 5 美分硬币；如果 $DN=01$，机器迁移到状态 E，意味着已经投入了 10 美分，且将产生输出 1；如果 $DN=10$，机器迁移至状态 F，这也意味着可以产生输出 1；最后，当 FSM 处于 C、E、F 中的任一个状态时，唯一可能的输入是 $DN=00$，使得机器返回状态 A。

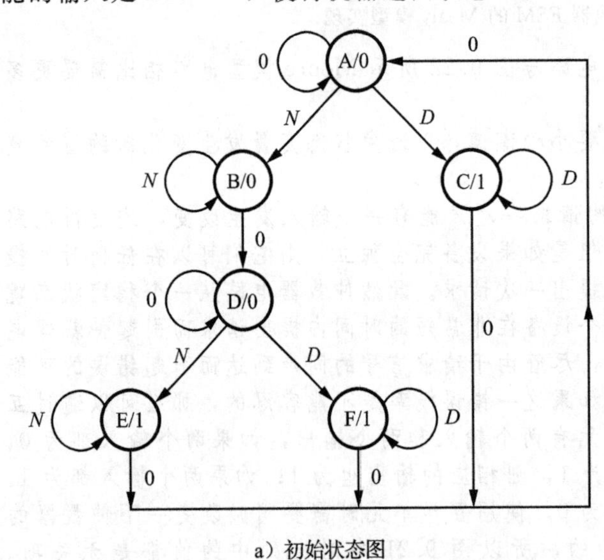

a）初始状态图

现态	次态				输出
	DN= 00	01	10	11	z
A	Ⓐ	B	C	—	0
B	D	Ⓑ	—	—	0
C	A	—	Ⓒ	—	1
D	Ⓓ	E	F	—	0
E	A	Ⓔ	—	—	1
F	A	—	Ⓕ	—	1

b）初始流程表

图 9.26 简单售货机的一个 FSM 推导

图 9.26b 给出了这个 FSM 的流程表，并且显式地列出了所有的无关项，这些未指定项提供了一定程度的灵活性以减少状态数。注意到该表中每一行只有一个稳定状态，这种每行只有一个稳定状态的流程表称为基本流程表。

当前已经研发出多种降低状态数的技术。在本节中，我们将介绍一种两步法技术。在第一步中，我们将使用 6.6.1 节所介绍的划分过程，并假定流程表中的潜在等价行应该产生相同的输出。作为一个附加的约束，对于可能等价的两行中所有的未指定项都应该在相同的次态列中。因此，将等价的状态合并为一个状态不会丢失任意无关项以及它们所提供的灵活性。在第二步中，通过利用无关项合并不同的行。如果不同的两行不包含冲突的次态项，那么这两行就可以合并。这意味着对于任意输入值它们的次态项都是完全相同的，或它们中一行是未指定的，或两行都指定同一个稳定状态。如果使用Moore模型，则两行必须产生相同的输出。如果使用Mealy模型，那么这两行对于两者都稳定的状态下的任何输入取值必须产生相同的输出。

例9.7 现在我们将展示如何将图9.26b所示的流程框图优化成如图9.12所示的形式。减少状态的第一步是按照6.61节所示的划分方法进行状态分类。状态A和D都在输入为$DN=00$的条件下稳定，产生的输出也都是0；它们的未指定项在相同的位置。状态C和F都在$DN=10$条件下稳定，产生的输出为$z=1$，并且具有相同的未指定项。状态B和E也具有相同的未指定项，它们都在$DN=01$的条件下稳定，但是状态B产生输出$z=0$而状态E产生输出$z=1$，它们并不等价。因此，初始划分为：

$$P_1=(AD)(B)(CF)(E)$$

状态A和D的下一状态在$DN=00$时为(A,D)，而在$DN=01$时为(B,E)，在$DN=10$时为(C,F)。由于(B,E)在P_1中并不属于同一块，因此A和D也不等价。状态C和F的下一状态在$DN=00$时为(A,A)，在$DN=10$时为(C,F)，且每一对在P_1中都属于同一块内。因此，第2次划分为：

$$P_2=(A)(D)(B)(CF)(E)$$

C和F的下一状态在P_2中的同一块内，这也就意味着：

$$P_3=P_2$$

以上结果表明C和F是等价的，将它们合并为一行并将所有F的信息替换为C的信息，从而得到如图9.27所示的流程表。

现态	次态				输出
	DN=00	01	10	11	z
A	Ⓐ	B	C	—	0
B	D	Ⓑ	—	—	0
C	A	—	Ⓒ	—	1
D	Ⓓ	E	C	—	0
E	A	Ⓔ	—	—	1

图9.27　图9.26b中FSM简化的第一个步骤

接下来我们将尝试通过利用未指定项合并流程表中的某些行。C是唯一能与其他行合并的行，它可以和A或者E合并，但是不能同时与二者合并。把C和A合并意味着合并后的新状态在输入稳定为00时产生输出$z=0$，而当输入稳定为10时须产生输出$z=1$，这只能通过Mealy模型实现。另一种选择是把C和E合并，这意味着合并后的新状态在输入稳定为01和10时都产生输出$z=1$，这可以通过Moore模型实现。把C和E合并到状态C中，并将所有的E替换为C从而得到如图9.12所示流程表。当C和E合并时，新的C行包含原C和E行中所有指定的定义；两行都定义A为$DN=00$时的次态。行E定义为在$DN=01$时的稳定状态，所以，必须指定新行(称为C)在同样取值下是一个稳定状态。相似地，原行C指定为在$DN=10$时的一个稳定状态，这也必须在新行中得到反映。因此，新行中的次态在输入变量为00、01和10时分别为A、Ⓒ和Ⓒ。 ◀

合并过程

在例9.7中，我们很容易决定哪一行应该被合并，因为唯一的可能就是将C与A或E合并。我们选择将C和E合并是因为可以用Moore模型实现，这通常意味着可以得到实现z的更简单的表达式。

通常情况下，在大的流程表中可以合并的行很多。在这种情况下，寻找更有结构化的过程进行合并选择是必要的。一个更有效的过程可以使用状态相容性的概念来定义。

定义9.1 如果2个状态(流程表中的2行)S_i和S_j，对于任意的输入取值都不存在状态冲突，则称S_i和S_j是兼容的。因此，对于任意输入，下列条件之一必须是正确的(为真)：

- S_i 和 S_j 具有相同的次态；
- S_i 和 S_j 都是稳定的；
- S_i 或 S_j 的后继之一未指定，或二者都未指定。

此外，如果指定了 S_i 和 S_j 的输出，则必须相同。

考虑如图 9.28 所示的基本流程表。让我们检查其中不同状态之间的兼容性，假设我们希望这个 FSM 保持 Moore 模型的输出。状态 A 只与状态 H 兼容；状态 B 与状态 F 和 G 兼容；状态 C 不与任何状态兼容；状态 D 与状态 E 兼容；状态 F 与状态 G 兼容；状态 G 与状态 H 兼容。也就是说，存在以下兼容状态对：(A，H)，(B，F)，(B，G)，(D，E)，(F，G)和(G，H)。这些不同状态间的兼容关系可以通过一种称为状态合并图的形式表示，定义如下：

- 流程表的每一行用一个点表示，并以该行的名字标注。
- 对应于每个兼容状态(行)对，都有一条线连接着表示这 2 个状态(行)的点。

从状态合并图中我们可以找到最佳可选的合并，并得到化简后的流程表。

现态	次态				输出
	w_2w_1= 00	01	10	11	z
A	Ⓐ	H	B	—	0
B	F	—	Ⓑ	C	0
C	—	H	—	Ⓒ	1
D	A	Ⓓ	—	E	1
E	—	D	G	Ⓔ	1
F	Ⓕ	D	—	—	0
G	F	—	Ⓖ	—	0
H	—	Ⓗ	—	E	0

图 9.28　基本流程表

图 9.29 给出了图 9.28 所示基本流程表的状态合并图。该图表明行 A 可以与 H 合并，但前提是 H 没有与 G 合并，因为 A 与 G 之间没有连接线。行 B 可以和 F 和 G 合并。既然 F 和 G 也可以合并，则 B、F、G 是两两兼容的。对于任意行的集合，只要所有对中两两兼容，则这个集合中的所有行都可以合并为一个状态。因此，状态 B、F 和 G 可以合并为一个状态，但前提是 G 没有与 H 合并；状态 C 不能和任一状态合并，状态 D 和 E 可以合并。

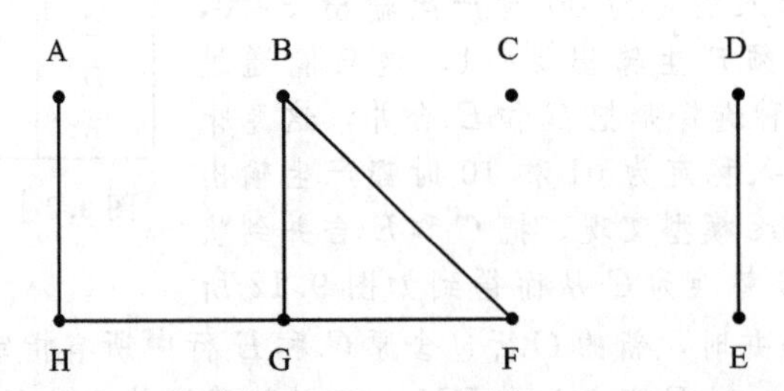

图 9.29　图 9.28 中 FSM 化简后的 Moore 模型流程表

一个明智的策略是合并这些状态使得最终的流程表的状态数越少越好。在我们的例子中，最明智的选择是合并兼容状态(A，H)、(B，F，G)和(D，E)，从而得到图 9.30 所示的简化流程表。当通过合并两行或更多行得到一个新行时，新行中所有指定项必须包含原行中的全部指定。用新行 A 替代行 A 和 H 时要求新行 A 在 w_2w_1 = 00 和 01 时都保持稳定，因为原来的 A 必须在 00 下稳定而 H 必须在 01 下稳定。同时还要指定 B 作为 w_2w_1 = 10 时的次态，E 作为 w_2w_1 = 11 时的次态。由于在 D 和 E 合并后，原来的状态 E 会变为 D，所以在这之后新行 A 针对输入变量 00、01、10、11 必须分别指定次态为Ⓐ、Ⓐ、B 和 D。用新行 B 替代原来的行 B、F 和 G 时，必须使新行 B 在 w_2w_1 = 00 和 10 时保持稳定。在 w_2w_1 = 01 时的次态必须为 D 以满足原状态 F 的要求。而 w_2w_1 = 11 时的次态必须为 C，如同原状态 B 所指定的那样。注意原状态 G 没有指定在 w_2w_1 = 01 和 11 时的状态迁移要求，因为其对应的次态是未指定的。行 C 除了必须将 w_2w_1 = 01 时的次态名从 H 改为 A 外，其余均保持不变。使用相似的原理，行 D 和 E 被新行 D 所替代。可以发现最后得到图 9.30 所示的流程表仍为 Moore 型。

现态	次态				输出
	w_2w_1=00	01	10	11	z
A	(A)	(A)	B	D	0
B	(B)	D	(B)	C	0
C	—	A	—	(C)	1
D	A	(D)	B	(D)	1

图 9.30 图 9.28 中 FSM 化简后的 Moore 型流程表

到目前为止，我们只考虑了合并那些在合并后允许我们继续使用如图 9.28 所示 Moore 型 FSM 的行。如果我们想改变为 Mealy 模型，则存在其他一些合并的可能性。图 9.31 为图 9.28 所示 FSM 的完整状态合并图，其中用黑线连接那些可以合并为一个新的状态并保证 Moore 型输出不变的可兼容状态，这与图 9.29所示的状态合并图相一致。使用浅灰色线连接那些只有 Mealy 型输出的可兼容状态。

在该例中，使用 Mealy 型几乎不可能得到一个简化电路。尽管存在一些合并的可能性，但是最终简化后的流程表中至少还有 4 个状态，这并不比图 9.30 所示的结果更好。例如，一种可行的方案是在划分(A，H)，(B，C，G)，(D，E)，(F)的基础上进行合并。另一种可行的方案是在划分(A，C)，(B，F)，(D，E)，(G，H)的基础上合并。现在我们还不准备继续讨论这些可能性，我们将在例 9.9 中指定 Mealy 型输出时再讨论这个问题。

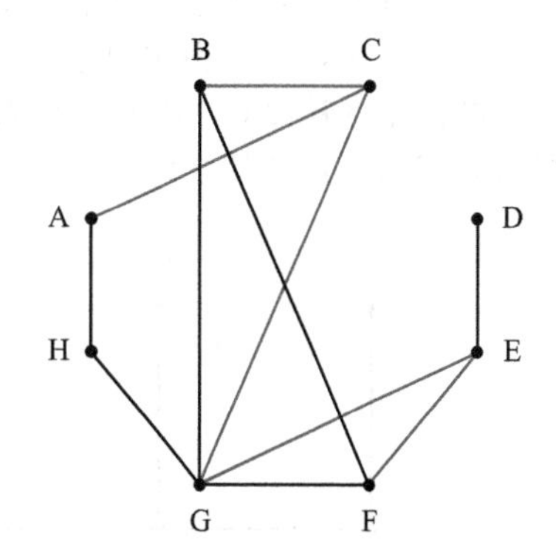

图 9.31 图 9.28 的完全合并图

状态化简过程：

我们将基本流程表化简为简化流程表的过程总结如下：

1) 按照划分过程消除基本流程表中的等价状态。
2) 为所得到的流程表构造状态合并图。
3) 选择一组可以合并的兼容状态的子集，尝试最小化覆盖所有状态的子集数，要求每一状态只能包含于一个所选子集。
4) 合并所选子集中的行以获得简化的流程表。
5) 重复步骤 2)～4)观察是否存在继续化简的可能。

对于大的 FSM 而言，选择兼容状态的最佳子集进行合并是一项非常复杂的任务，因为大的 FSM 包含很多种需要考察的可能性，试错法是处理这一问题的合理方法。

例 9.8 考虑图 9.32 所示的初始流程表，为了应用划分过程，我们首先将状态对(A，G)，(B，L)，(H，K)看成潜在等价行。因为每一对中的两行都具有相同的输出，且它们的无关项都在相同的列上，在这方面，剩余行明显不同。因此，第一次划分为：

$$P_1 = (AG)(BL)(C)(D)(E)(F)(HK)(J)$$

现在，(A，G)在 $w_2w_1=00$ 时的后继为(A，G)，01 时为(F，B)，10 时为(C，J)。既然 F 和 B 不在同一块内，C 和 J 也不在同一块内，所以 A 和 G 不等价。(B，L)的后继分别为(A，A)、(B，L)和(H，K)，全都在同一块内。(H，K)的后继分别为(L，B)、(E，E)和(H，K)，也都在同一块内。因此，第二次划分如下：

$$P_2 = (A)(G)(BL)(C)(D)(E)(F)(HK)(J)$$

再进行后继的检测，表明(B，L)和(H，K)的后继仍在同块内，因此：

$$P_3 = P_2$$

现态	次态				输出
	w_2w_1=00	01	10	11	z
A	(A)	F	C	—	0
B	A	(B)	—	H	1
C	G	—	(C)	D	0
D	—	F	—	(D)	1
E	G	—	(E)	D	1
F	—	(F)	—	K	0
G	(G)	B	J	—	0
H	—	L	E	(H)	1
J	G	—	(J)	—	0
K	—	B	E	(K)	1
L	A	(L)	—	K	1

图 9.32 例 9.8 的流程表

将行 B 和 L 合并为新行 B，将 H 和 K 合并为新行 H，从而得到如图 9.33 所示流程表。

图 9.34 给出了该流程表的一个状态合并图，图中行 B 和 H 应该合并为一行，我们仍将其标为 B。状态合并图同样显示行 D 和 E 应该被合并，我们仍将其标为 D。剩余的行都具有至少两个合并选择。合并行 A 和 F，但是这样 F 和 J 就不能合并。可以合并行 C 和 J，或者合并 G 和 J。我们选择将 A 和 F 合并为一个名为 A 的新行，并将行 G 和 J 合并为新行 G。合并选择如图中浅灰色线所示。最终得到的状态流程表如图 9.35 所示。为了弄清这一流程表是否存在继续合并的可能，我们可以构造如图 9.36 所示状态合并图，从该图中可以明显看到，行 C 和 G 可以被合并为新行 C，从而得到图 9.37 所示新的流程表，该表不能被继续化简。◀

现态	次态				输出
	w_2w_1= 00	01	10	11	z
A	Ⓐ	F	C	—	0
B	A	Ⓑ	—	H	1
C	G	—	Ⓒ	D	0
D	—	F	—	Ⓓ	1
E	G	—	Ⓔ	D	1
F	—	Ⓕ	—	H	0
G	Ⓖ	B	J	—	0
H	—	B	E	Ⓗ	1
J	G	—	Ⓙ	—	0

图 9.33 通过划分过程得到的简化流程表

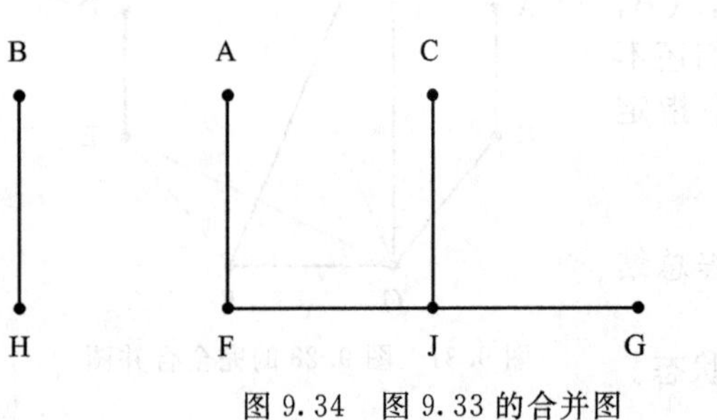

图 9.34 图 9.33 的合并图

现态	次态				输出
	w_2w_1= 00	01	10	11	z
A	Ⓐ	Ⓐ	C	B	0
B	A	Ⓑ	D	Ⓑ	1
C	G	—	Ⓒ	D	0
D	G	A	Ⓓ	Ⓓ	1
G	Ⓖ	B	Ⓖ	—	0

图 9.35 由图 9.34 的合并图得到的简化流程表

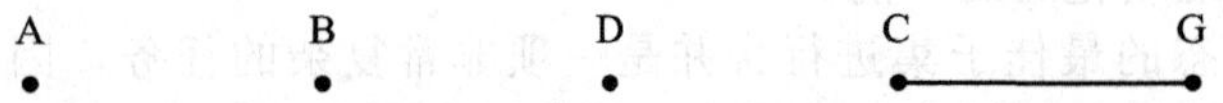

图 9.36 图 9.35 的合并图

现态	次态				输出
	w_2w_1= 00	01	10	11	z
A	Ⓐ	Ⓐ	C	B	0
B	A	Ⓑ	D	Ⓑ	1
C	Ⓒ	B	Ⓒ	D	0
D	C	A	Ⓓ	Ⓓ	1

图 9.37 例 9.8 的简化流程表

例 9.9 考虑图 9.38 所示流程表。对该表应用划分过程可以得到：

$$P_1=(AFK)(BJ)(CG)(D)(E)(H)$$
$$P_2=(A)(FK)(BJ)(C)(G)(D)(E)(H)$$
$$P_3=P_2$$

将 B 和 J 合并为新状态 B，F 和 K 合并为新状态 F，从而得到如图 9.39 所示流程表。

图 9.40a 给出了该流程表的一个状态合并图，其中标明了满足保持 FSM 仍为 Moore 型的前提下合并的可能性。在这种情况下，B 和 F 可以合并，C 和 H 也可以合并，从而得到只有 6 行的流程表。

接着可以考虑如果希望改为使用 Mealy 模型时存在的合并可能性。当把 Moore 模型转为 Mealy

现态	次态				输出
	w_2w_1= 00	01	10	11	z
A	Ⓐ	G	E	—	0
B	K	—	Ⓑ	D	0
C	F	Ⓒ	—	H	1
D	—	C	E	Ⓓ	0
E	A	—	Ⓔ	D	1
F	Ⓕ	C	J	—	0
G	K	Ⓖ	—	D	1
H	—	—	E	Ⓗ	1
J	F	—	Ⓙ	D	0
K	Ⓚ	C	B	—	0

图 9.38 例 9.9 的流程表

模型时，一个稳定状态为 Mealy 模型时产生的输出必须与该状态为 Moore 模型时相同。还有必须确保在 Mealy 模型中的状态迁移不会在输出信号中产生不期望的毛刺。

图 9.41 说明了如何将图 9.39 所示的 FSM 转变为 Mealy 模型的形式，其中次态都没有改变。在图 9.41 中，每一个稳定状态的输出必须与 Moore 模型流程表的相应行的输出相同。例如，状态 A 稳定在 $w_2w_1=00$ 时输出 $z=0$。同样，状态 B、D 和 F 分别稳定在 $w_2w_1=10$、11 和 00 时输出 $z=0$。相似地，状态 C、E、G 和 H 分别稳定在 $w_2w_1=01$、10、01 和 11 时输出 $z=1$。如果从一个稳定状态到另一个稳定状态的迁移要求输出从 0 变为 1，或者从 1 变为 0，则正如我们在 9.1 节讨论图 9.3 时所解释的，这一变化发生的确切时间并不重要。例如，假设 FSM 在 $w_2w_1=00$ 条件下稳定在状态 A，并产生输出 $z=0$，如果输入变为 $w_2w_1=01$，那么 FSM 将迁移到状态 G，并产生输出 $z=1$。由于 z 在电路到达状态 G 之间变为 1 并不是问题，则行 A 中对应这一迁移的输出项可指定为无关项，因此该项在表中是未指定的。从稳定状态 A 也可能迁移到状态 E，这又有可能指定另一个无关项，因为此时 z 要从 0 变为 1。行 B 中的情况与此不同，假设电路在 $w_2w_1=10$ 条件下稳定在状态 B，如果输入变为 11，将导致电路迁移到状态 D，且 z 在状态迁移过程中保持为 0。因此，行 B 在 $w_2w_1=11$ 条件下被指定为 0；如果不将其指定为 0，而是未指定状态，即为无关项，那么在电路实现过程中这一项很可能被认为是 1，这将导致输出存在一个毛刺。即在输入从 10 变为 11 而电路从状态 B 迁移到 D 的过程中输出的变化为：0→1→0。同样的情况发生在输入从 10 变为 00 而电路从状态 B 迁移到 F 的过程中。我们可以使用相同的原理确定图 9.41 中其他输出项的值。

现态	次态 $w_2w_1=00$	01	10	11	输出 z
A	(A)	G	E	—	0
B	F	—	(B)	D	0
C	F	(C)	—	H	1
D	—	C	E	(D)	0
E	A	—	(E)	D	1
F	(F)	C	B	—	0
G	F	(G)	—	D	1
H	—	—	E	(H)	1

图 9.39　通过划分过程得到的简化流程表

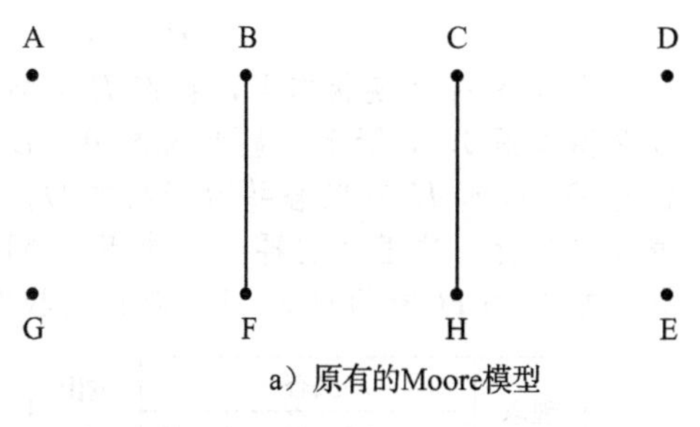

a）原有的Moore模型

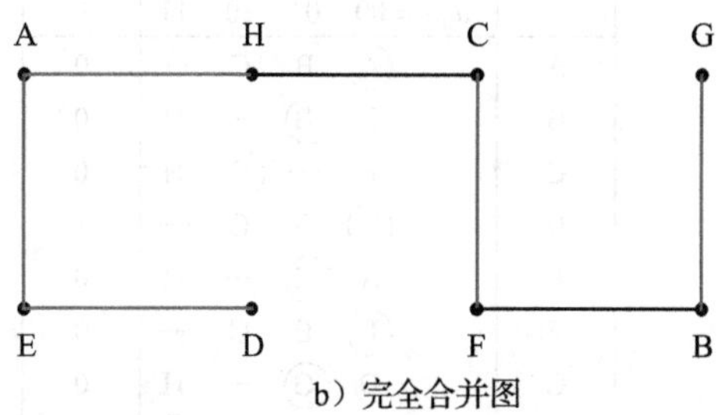

b）完全合并图

图 9.40　图 9.39 的合并图

现态	次态 $w_2w_1=00$	01	10	11	输出 z 00	01	10	11
A	(A)	G	E	—	0	—	—	—
B	F	—	(B)	D	0	—	0	0
C	F	(C)	—	H	—	1	—	1
D	—	C	E	(D)	—	—	—	0
E	A	—	(E)	D	—	—	1	—
F	(F)	C	B	—	0	—	0	—
G	F	(G)	—	D	—	1	—	—
H	—	—	E	(H)	—	—	1	1

图 9.41　图 9.39 的 FSM 以 Mealy 模型表示的流程表

从图 9.41 中我们可以得到如图 9.40b 所示的状态合并图。图中用浅灰色线连接的行是只能在 Mealy 模型形式下合并的行。用黑色线条连接的行是输出为 Moore 模型形式时也可以合并的行，这与图 9.40a 所示的框图相一致。选择如下可兼容状态子集：(A, H)，(B, G)，(C, F)和(D, E)，则 FSM 可以只用 4 个状态表示。将状态 A 和 H 合并为新状态 A，状态 B 和 G 合并为新状态 B，状态 C 和 F 合并为新状态 C，状态 D 和 E 合并为新状态 D，我们可以得到图 9.42 所示简化流程表。该表中的每一项都满足被合并的对应行中所指定的要求。◀

现态	次态				输出z			
	w_2w_1=00	01	10	11	00	01	10	11
A	Ⓐ	B	D	Ⓐ	0	—	1	1
B	C	Ⓑ	Ⓑ	D	0	1	0	0
C	Ⓒ	Ⓒ	B	A	0	1	0	1
D	A	C	Ⓓ	Ⓓ	—	—	1	0

图 9.42　例 9.9 的简化流程表

例 9.10　考虑如图 9.43 所示流程表。应用划分过程可得：

$$P_1 = (AF)(BEG)(C)(D)(H)$$
$$P_2 = (AF)(BE)(G)(C)(D)(H)$$
$$P_3 = P_2$$

用状态 A 替换状态 F，状态 B 替换状态 E，得到如图 9.44 所示流程表，对应的状态合并图如图 9.45 所示。显然状态 A、B 和 C 是可以合并的，将其用新状态 A 代替。同样，状态 D、G 和 H 可以合并为新状态 D。最后，我们得到如图 9.46 所示的简化流程表，该表只有 2 行。这里我们再一次使用了 Mealy 模型，因为被合并的状态 D、H 和 G 中，稳定状态 D 和 H 有输出 $z=1$，而稳定状态 G 有输出 $z=0$。

现态	次态				输出
	w_2w_1=00	01	10	11	z
A	Ⓐ	B	C	—	0
B	F	Ⓑ	—	H	0
C	F	—	Ⓒ	H	0
D	Ⓓ	G	C	—	1
E	A	Ⓔ	—	H	0
F	Ⓕ	E	C	—	0
G	D	Ⓖ	—	H	0
H	—	G	C	Ⓗ	1

图 9.43　例 9.10 的流程表

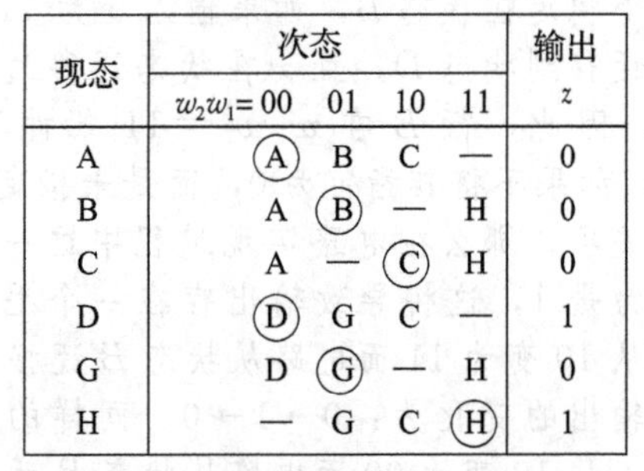

现态	次态				输出
	w_2w_1=00	01	10	11	z
A	Ⓐ	B	C	—	0
B	A	Ⓑ	—	H	0
C	A	—	Ⓒ	H	0
D	Ⓓ	G	C	—	1
G	D	Ⓖ	—	H	0
H	—	G	C	Ⓗ	1

图 9.44　运用划分过程后的简化流程表

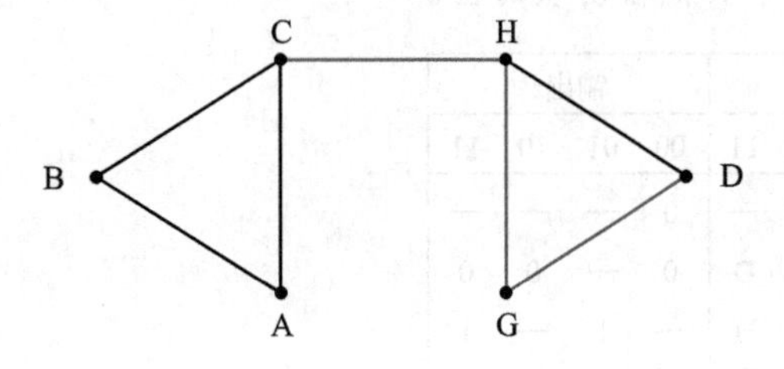

图 9.45　图 9.44 的合并图

现态	次态				输出z			
	w_2w_1=00	01	10	11	00	01	10	11
A	Ⓐ	Ⓐ	Ⓐ	D	0	0	0	—
D	Ⓓ	Ⓓ	A	Ⓓ	1	0	—	1

图 9.46　例 9.10 的简化流程表　◀

9.5　状态分配

9.3 节中的例子表明异步 FSM 的状态分配十分复杂。改变状态变量所需时间依赖于电路中的传输延迟。这使得保证两个甚至更多的状态变量精确地在同一时刻发生变化完全不可能。为了使电路稳定运行，一次只能有一个状态变量的值以可控的形式发生改变。这要通过在电路设计的过程中确保状态迁移时只有一个状态变量值发生改变。

FSM 中的各个状态都被编码为一组位串表示状态变量的不同取值。两个给定位串中的不同位的数目称为串之间的汉明距离。例如，对于给定位串 0110 和 0100 的汉明距离为 1，而给定位串 0110 和 1101 的汉明距离为 3。利用这一术语，可以认为一个理想的状态分配是指使得从一个稳定状态到另一个稳定状态的迁移的汉明距离为 1 的分配。当理想状态分配不可能实现时，必须找到一种可替代的方法，如利用未指定状态或经由不稳定状态的迁移再次寻求理想分配。有时必须增加状态变量的数目以提供足够的灵活性。

例 9.11 考虑如图 9.13 所示的奇偶发生器，图 9.14 给出了这一 FSM 可能的两个状态分配。图 9.13b 所示的状态迁移可以采用如图 9.47 所示的直观形式描述。流程表中的每 1 行表示 1 个点，因此需要 4 个点表示所有的行。这 4 个点以正方形 4 个顶点的位置排列在图中，每个顶点有 1 个表示状态变量 y_2y_1 一种取值的相关联的代码。图中所示代码与 8.3.1 节中所示的 2 维立方体的坐标相一致。图 9.47a 描述了如果采用图 9.14a 中的状态分配，即如果 $A=00$、$B=01$、$C=10$ 和 $D=11$，将会发生什么现象。如果 $w=1$ 时发生一个从状态 A 到状态 B 的迁移，这只要求 y_1 发生改变；如果 $w=1$ 时发生从状态 C 到状态 D 的迁移，这也只要求 y_1 发生改变。然而，由 $w=0$ 导致的从状态 B 到状态 C 的迁移要求 y_2 和 y_1 都发生改变。类似地，如果 $w=0$ 时发生从状态 D 到状态 A 的迁移也要求 y_2 和 y_1 都发生改变。两个状态变量都发生改变的情况与框图中的斜对角线相一致。

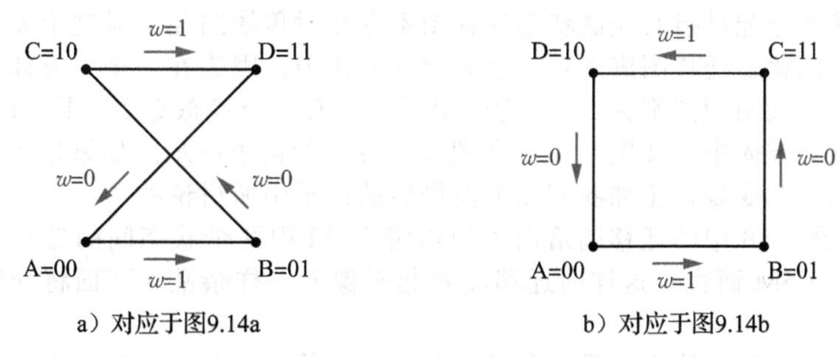

a）对应于图9.14a　　b）对应于图9.14b

图 9.47　图 9.13 的状态迁移

图 9.47b 显示了使用图 9.14b 中的状态分配后的结果，该状态分配交换了 C 和 D 的取值。这种情况下，4 个状态迁移将沿着这个 2 维立方体的边发生，且它们只涉及一个状态变量的改变，这正是所期望的状态分配。◀

例 9.12 图 9.21a 给出了仲裁器 FSM 的流程表。使用状态分配为 $A=00$、$B=01$ 和 $C=10$，则该 FSM 的状态迁移如图 9.48a 所示。在这种情况下，状态间的迁移存在很多种可能。例如，状态 A 和 B 之间的迁移就有两种：如果 $r_2r_1=00$ 则从状态 B 迁移到状态 A；如果 $r_2r_1=01$ 则从状态 A 迁移到状态 B。此处有 1 个与状态 B 和 C 之间迁移相对应的对角线路径是应该避免的。一种可能的解决方案是引入第 4 个状态 D，如图 9.48b 所示。状态 B 和 C 之间的迁移可以通过不稳定状态 D 进行。因此，当 $r_2r_1=10$ 时，电路先从状态 B 迁移到状态 D，然后再从状态 D 迁移到状态 C，而不是直接从状态 B 迁移到状态 C。

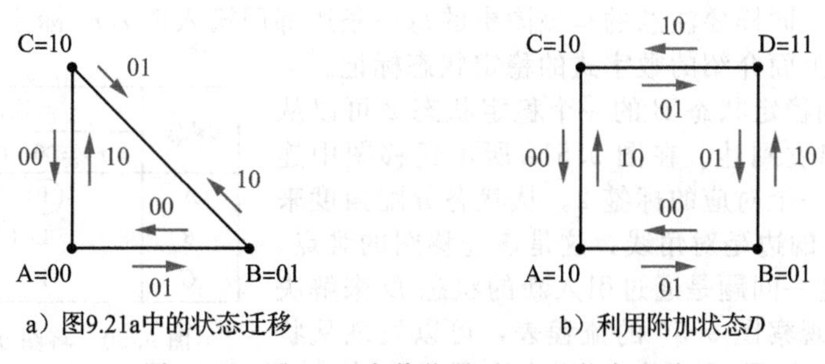

a）图9.21a中的状态迁移　　b）利用附加状态D

图 9.48　图 9.21 中仲裁器 FSM 的状态迁移

使用图 9.48b 所示的状态分配要求将流程表修改为如图 9.49 所示。状态 D 对于任何输入都不稳定，且其在 $r_2r_1=00$ 或 11 的条件下无法达到。因此，在流程表中这些项是未指定的。我们同样可以观察到指定了状态 D 的输出为 $g_2g_1=10$，而不是未指定的。当从某个稳态到另一个稳态的迁移需要通过 1 个不稳定状态时，该不稳定状态的输出必须与这两个稳定状态中的一个输出相一致，这是为了确保在经过不稳定的状态时不会产生错误输出。

现态	次态				输出
	r_2r_1=00	01	10	11	g_2g_1
A	Ⓐ	B	C	—	00
B	A	Ⓑ	D	Ⓑ	01
C	A	D	Ⓒ	Ⓒ	10
D	—	B	C	—	10

图 9.49　基于图 9.48b 中的状态迁移修改后的流程表

比较该流程表和图 9.21b 所示的激励表是很有意义的，该激励表也是基于多余状态 D 的。在图 9.21b 中，状态 D 只指定了一些必要的迁移，即当电路发现由于试图同时改变两个状态变量值结果导致竞争，进而意外地进入该状态时能再迁移出去。在图 9.49 中，状态 D 被用于有秩序的迁移中，这些迁移不受任何竞争条件的影响。◀

9.5.1　状态迁移图

描述流程表中指定的状态迁移的框图称为*状态迁移图*。在一些书中，该图又称为*状态邻接图*。这些图为寻找合适的状态分配提供了帮助。

一个好的状态分配是指对应的状态迁移图不存在对角线路径，对这个要求的一般表述为，必须能够将该状态迁移图嵌入到一个 k 维立方体中。因为在一个立方体中，所有相邻的顶点间的迁移的汉明距离都为 1。理想情况下，具有 n 个状态变量的 FSM 的状态迁移图可以嵌入到 n 维立方体中，如图 9.47b 和图 9.48b 中的例子所示。如果这不能够实现，则必须引入附加的状态变量，正如我们在上面最后的例子中所讨论的。

图 9.47 和图 9.48 中的迁移图给出了与给定 FSM 中两个状态间的迁移相关的所有信息。对于较大的 FSM 而言，这样的迁移图看起来像云一样杂乱，下面将介绍一种简单的形式。

状态迁移图必须显示输入变量的各种取值对应的状态迁移。迁移的方向，例如从状态 A 迁移到状态 B 或从状态 B 迁移到状态 A，并不重要，因为我们只要确保所有迁移的汉明距离为 1 即可。状态迁移图必须显示迁移到每一个稳定状态的迁移结果，这意味着可能涉及一些不稳定的中间状态。对于一个流程表中的给定行而言，不同输入值可能具有 2 个或更多的稳定状态项。在状态迁移图中使用一些明显的标签表明导致这些稳定状态的迁移是非常有益的。为了给每个稳定状态项一个明显的标签，我们将这些稳定状态项标记为 1、2、3……因此，如果状态 A 在两个输入值下都稳定，我们将用 1 替代其中一种输入取值下的标签 A，而用 2 替代另一种输入取值下的标签 A。

对图 9.21a 中的流程表重新标记后的流程表如图 9.50 所示。我们随意选择了将标签Ⓐ标记为 1，标签Ⓑ的 2 次出现依次标记为 2 和 3，标签Ⓒ的 2 次出现依次标记为 4 和 5。所有次态列中的项都以此形式标记。图 9.51a 中显示了这些标签标记出的状态迁移；图 9.48a给出了相同的信息。实际上，图 9.48a 包含更多信息，因为其中的箭头显示了每一个迁移的方向。同样要注意的是该图中的每一条边都用输入值 r_2r_1 标注，而图 9.51a 中的每一条边都用上面介绍的数字式的稳定状态标记。

图 9.50 表明稳定状态 B 的一个稳定状态 2 可以从状态 A 或者 C 出发到达。在图 9.51a 所示迁移图中连接顶点的边上有一个对应的标签 2。从状态分配角度来看，状态 C 到 B 的边是对角线，这是该迁移图的难点。在例 9.12 中，这一问题是通过引入新的状态 D 来解决的。通过进一步观察图 9.50 的流程表，可以发现从状态 C 到 B 的迁移如果通过状态 A 就能实现该仲裁器

现态	次态				输出
	r_2r_1=00	01	10	11	g_2g_1
A	①	2	4	—	00
B	1	②	4	③	01
C	1	2	④	⑤	10

图 9.50　将图 9.21a 重新标记后的流程表

FSM 所要求的功能行为，即如果电路稳定在状态 C，当输入 $r_2r_1=01$ 时将导致一个到状态 A 的迁移，一旦到达状态 A 后，电路立即继续迁移到状态 B。我们可以通过在图 9.51a 中连接 C 和 A 的边上加标签 2 的方式说明使用这条边完成所需功能的可能性。

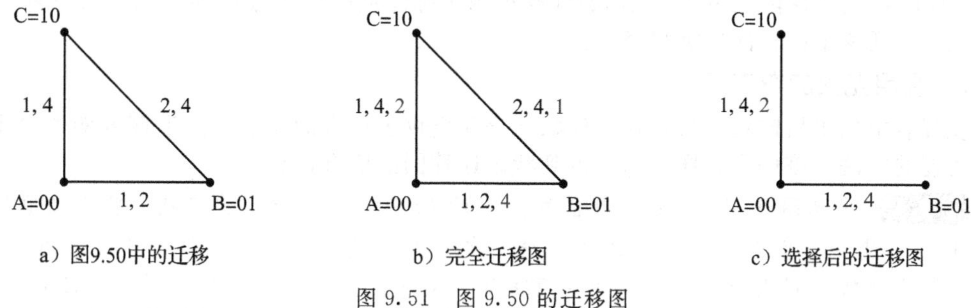

a）图9.50中的迁移　　b）完全迁移图　　c）选择后的迁移图

图 9.51　图 9.50 的迁移图

相似的情况存在于从状态 B 到 C 的迁移，该边的标记为 4。一种可选择的迁移路径是先使电路在 $r_2r_1=10$ 的条件下从状态 B 迁移到状态 A，然后立即继续迁移到状态 C；同样，这也可以通过在图 9.51a 中连接 B 和 A 的边上加一个标记 4 的方式表示。

当重新标定的流程图中存在某两个状态具有相同的未被圈定的标签时，这两个状态间的迁移就可能存在另一种可选的路径。在图 9.50 中，如果在输入为 $r_2r_1=00$ 时使用标签 1，就存在着第 3 条这样的可选路径。不过这种可能性并没有什么实际意义，因为使用图 9.51a所示的状态分配无论从 B 或 C 迁移到 A 都只涉及 1 个状态变量的改变。因此，对于这一种输入取值条件下进行 B 和 C 之间的状态迁移就有些得不偿失了。

为了显示可选的路径，我们在图中用浅灰色字标示出对应的迁移。这样一个完全的迁移图将以黑色字显示所有直接到稳定状态的迁移，用浅灰色字显示可能通过不稳定状态的间接迁移。图 9.51b 为如图 9.21a 所示的流程表所对应的完全状态迁移图。

图 9.51b 所示的状态迁移图并不能嵌入到 2 维立方体中，因为其中一些迁移需要对角线路径。我们不用考虑状态 B 和 C 之间用浅灰色标签 1 标记的路径，因为它只表示一个不必要的可选路径。但是 B 和 C 之间标记为 2 和 4 的迁移却是必需的。图中显示了一条通过状态 A 的可选路径，该路径的标签为 2 和 4，可以使用这条可选路径，消除对角线的连接边。修改后的状态迁移图如图 9.51c 所示，它可以嵌入到 2 维立方体中。所以，我们得到以下结论：状态分配 $A=00$、$B=01$ 和 $C=10$ 是可用的，但是必须修改流程表以指定通过哪条路径实现状态间的迁移。修改后的流程表和之前使用特别的方法得到的如图 9.23a 所示的流程表完全相同。

最后提醒一下，我们必须关注可选路径对 FSM 输出的影响。如果 $r_2r_1=01$，则从稳定状态 C 经由不稳定状态 A 到稳定状态 B 的迁移产生的输出为 $g_2g_1=10\rightarrow00\rightarrow01$，而不是如图 9.21a 所示的 $10\rightarrow01$。正如例 9.6 所解释的，对于仲裁器的 FSM 这并不是个问题。

状态迁移图的推导过程

可以通过以下步骤从流程表推导出状态迁移图：

- 按照前面的介绍首先推导出重新标记的流程表。对于一个给定的输入变量，所有最终得到相同稳定状态的迁移都以相同的数字标注。经由不稳定状态但最终达到同一稳定状态的迁移也以相同数字进行标注，作为稳定状态。
- 流程表的每一行用 1 个顶点表示。
- 如果某 2 个顶点 V_i 和 V_j 在重新标注的流程表中的某一列具有相同的数字，那么可以用 1 条边将这两个顶点连接起来。
- 对于 V_i 和 V_j 具有相同数字的每一列，用该数字标注对应的 V_i 和 V_j 之间的边。我们将使用黑色标签标记那些被圈定(稳定)状态的直接迁移，而对 V_i 和 V_j 的次态在流程表中都是未圈定状态的迁移则采用浅灰色标签标注。

注意上述第一步提到在重新标记的流程表中经过不稳定状态的迁移被赋予了这些迁移在给定输入下最后到达的稳定状态的标记。例如：要从图 9.23a 中的流程表推导出状态迁移图，该流程表重新标记的结果如图 9.50 所示。从稳定状态 A 迁移到稳定状态 B，当 $r_2r_1=01$ 时，其路径标记为 2。该标签同样可用于标注从稳定状态 C 到不稳定状态 A 的迁移，因为该迁移最终转向稳定状态 B。

9.5.2 利用无关的次态项

流程表中的未指定状态为寻找最佳状态分配提供了更多的灵活性。下面的例子给出了一种可能的方法，该例子同样展示了得到状态迁移图的所有过程。

例 9.13 考虑图 9.52a 所示的流程表。该 FSM 具有 7 个稳定状态项，将之按顺序标注为 1～7，得到如图 9.52b 所示的流程表。在这种情况下，状态 1 和 2 与状态 A 对应，状态 3 和 4 与状态 B 对应，状态 5 和 6 与状态 C 对应，状态 7 与状态 D 对应。在 $w_2w_1=00$ 的列中，有一个标注为 1 的状态 C 到 A 的迁移，还有一个标注为 3 的状态 D 到 B 的迁移。相似地，在 $w_2w_1=11$ 的列中，有一个标注为 6 的状态 B 到 C 的迁移，还有一个标注为 2 的状态 D 到 A 的迁移。在 $w_2w_1=01$ 的列中，有一个标注为 4 的状态 A 到 B 的迁移。状态 C 在该输入取值下保持稳定并标注为 5，表中没有指定的迁移导向这一稳定状态，只有在状态 C 稳定在 $w_2w_1=11$，然后输入变为 $w_2w_1=01$ 时才能到达该状态，在表中标记为 6。注意当输入从 11 变为 01 时，该 FSM 仍保持稳定在状态 C，反之亦然。第 10 列展示了如何处理不稳定状态。表中指定了一个从稳定状态 A 到不稳定状态 C 的迁移，一旦 FSM 到达状态 C，它将继续迁移至图中标记为 7 的稳定状态 D。这样，标记 7 就被用来表示从状态 A 经过 C 到 D 的整个迁移过程。

现态	次态				输出
	$w_2w_1=00$	01	10	11	z_2z_1
A	(A)	B	C	(A)	00
B	(B)	(B)	D	C	01
C	A	(C)	D	(C)	10
D	B	—	(D)	A	11

a）流程表

现态	次态				输出
	$w_2w_1=00$	01	10	11	z_2z_1
A	(1)	4	7	(2)	00
B	(3)	(4)	7	6	01
C	1	(5)	7	(6)	10
D	3	—	(7)	2	11

b）重新标记后的流程表

图 9.52 例 9.13 中的流程表

以行 A、B、C 和 D 作为顶点，状态迁移图的首次尝试得到图 9.53a。状态迁移图展示了所有状态对之间的迁移，由图可以看出可以有一种状态分配使得所有迁移的汉明距离都为 1。如果使用状态分配 $A=00$、$B=01$、$C=11$ 和 $D=10$，那么 A 和 C 之间或 B 和 D 之间的对角线迁移需要 2 个状态变量同时发生改变。从 B 到 D 且标注为 7 的对角线路径是不需要的，因为存在从 B 到 D 的另一条可选路径，即经由状态 A 或者 C 的路径。不幸的是，标注为 1 和 3 的对角线路径无法消除，因为不存在这些迁移的其他可选路径。

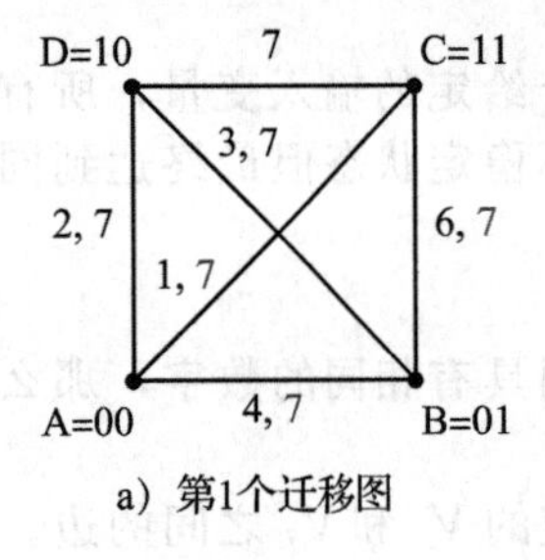

a）第1个迁移图

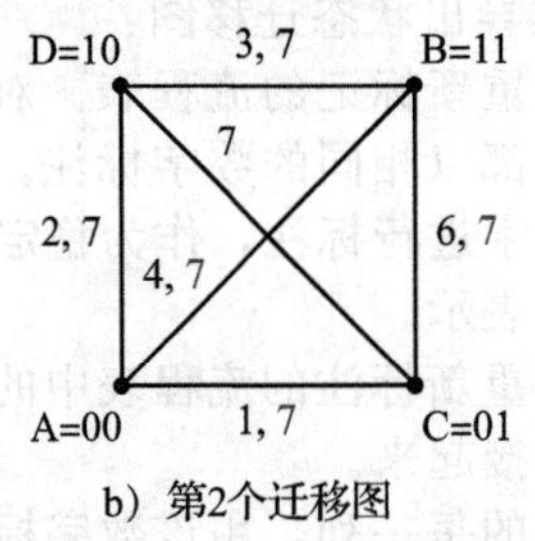

b）第2个迁移图

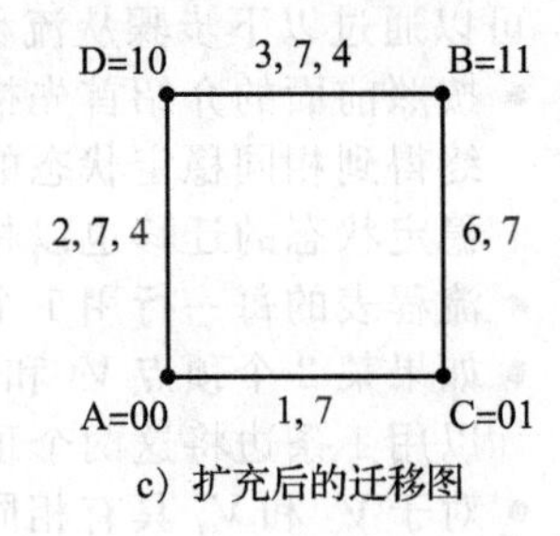

c）扩充后的迁移图

图 9.53 图 9.52 的迁移图

为了寻找另一种合适的状态分配，我们将 B 和 C 的状态编码互换，进而得到如

图 9.53b所示的状态迁移图。前面关于标注为 7 的可选路径的讨论表明从 C 到 D 的对角线迁移是可以消除的。同样，标注为 7 的从 A 到 B 的对角线迁移也是可以消除的。然而，标注为 4 的 A 到 B 的对角线必须保留，因为该迁移没有其他可选路径。观察图 9.52b 所示的流程表，我们可以看到在 $w_2w_1=01$ 列中有一个未指定项，可以将该项标注为 4，以消除对角线迁移。在这种情况下，在状态迁移图中 A 和 D 以及 B 和 D 的连接边上标注为 4，这样就可消除 A 和 B 之间的对角线，最终得到了如图 9.53c 所示的状态迁移图。该图可以嵌入到 2 维立方体中，这意味着状态分配 $A=00$、$B=11$、$C=01$ 和 $D=10$ 是可用的。

为了使图 9.53c 所示状态迁移图有效，该 FSM 的状态流程表必须修改为如图 9.54a 所示的流程表。在这里，图 9.52a 中的未指定项被指定为一个到状态 B 的迁移。根据图 9.53c，在输入变量 $w_2w_1=01$ 条件下从状态 A 到 B 的迁移必须经过状态 D；因此必须将第 1 行的对应项进行修改，以保证这一迁移的正确进行。同样地，当 $w_2w_1=10$ 时，该 FSM 必须迁移到状态 D。如果 FSM 进入了状态 C，那么这个迁移就必须通过状态 A 或者状态 B 进行。在图 9.54a 中选择通过状态 B 的路径。

现态	次态				输出 z_2z_1			
	$w_2w_1=00$	01	10	11	00	01	10	11
A	(A)	D	D	(A)	00	00	11	00
B	(B)	(B)	D	C	01	01	11	01
C	A	(C)	B	(C)	–0	10	1–	10
D	B	B	(D)	A	–1	0–	11	00

a）修改后的流程表

	现态 y_2y_1	次态 Y_2Y_1				输出 z_2z_1			
		$w_2w_1=00$	01	10	11	00	01	10	11
A	00	(00)	10	10	(00)	00	00	11	00
B	11	(11)	(11)	10	01	01	01	11	01
C	01	00	(01)	11	(01)	–0	10	1–	10
D	10	11	11	(10)	00	–1	0–	11	00

b）激励表

图 9.54 图 9.52a 中 FSM 的实现

图 9.52a 中所示的原始流程表定义为 Moore 模型。图 9.54a 所示修改后的流程表要求使用 Mealy 模型，因为前面描述的那些通过不稳定状态的迁移必须产生正确的输出。考虑在 $w_2w_1=01$ 条件下从状态 A 开始的迁移。当稳定在状态 A 时，电路必须产生输出 $z_2z_1=00$，一旦达到稳定状态 B，输出必须变为 01，问题是这一迁移要求 FSM 暂时通过状态 D，这在 Moore 模型里将产生临时输出 $z_2z_1=11$。因此，输出信号 z_2 将会产生一个毛刺，即产生了 $0\to1\to0$ 的变化。为了避免这个毛刺，状态 D 在该输入值下必须产生输出 $z_2=0$，这就要求使用如图 9.54a 所示 Mealy 模型。可以观察到尽管在状态 D 和输入为 $w_2w_1=01$ 条件下 z_2 必须为 0，但 z_1 却可以为 0 或者 1，因为它是从状态 A 下的 0 变化到状态 B 下的 1。因此，在状态 D 时 z_1 可以是未指定的。当电路在 $w_2w_1=10$ 条件下从状态 C 通过状态 B 迁移到状态 D 时也会发生同样的情况，其输出必须从 10 变为 11，这意味着在整个过程中 z_2 必须保持为 1，包括处于状态 B 的短暂时间内。如果用 Moore 模型，此时的输出应该为 01。

修改后的流程表和所选的状态分配导致的激励表如图 9.54b 所示。从这个激励表中可以得到次态的表达式和输出的表达式，这与第 9.3 节例子中所得到的结果相同。◀

9.5.3 利用附加状态变量的状态分配

如 9.5.2 节所讨论的，在图 9.52a 中存在一个未指定的迁移项，我们可以利用它寻找到合适的状态分配。通常情况下，并不一定总存在这种机会。对于 1 个 n 行的流程表，我们无法找到只能使用 $\log_2^n$ 个状态变量的无竞争的状态分配方案。这一问题可以通过增加附加的状态变量解决，具体的有 3 种实现方法，下面的例子将分别进行展示。

例 9.14 利用附加的不稳定状态 考虑图 9.55a 中流程表所指定的 FSM。重新标注该流程表后得到图 9.55b，相应的状态迁移图如图 9.56a 所示。该图表明在所有成对顶点间都存在迁移，并且对现有的顶点进行任何重排都不可能将该迁移图映射到 2 维立方体上。

a）流程表

现态	次态				输出
	w_2w_1=00	01	10	11	z_2z_1
A	(A)	(A)	C	B	00
B	A	(B)	D	(B)	01
C	(C)	B	(C)	D	10
D	C	A	(D)	(D)	11

b）重新标记后的流程表

现态	次态				输出
	w_2w_1=00	01	10	11	z_2z_1
A	(1)	(2)	6	4	00
B	1	(3)	7	(4)	01
C	(5)	3	(6)	8	10
D	5	2	(7)	(8)	11

图 9.55　例 9.14 中的 FSM

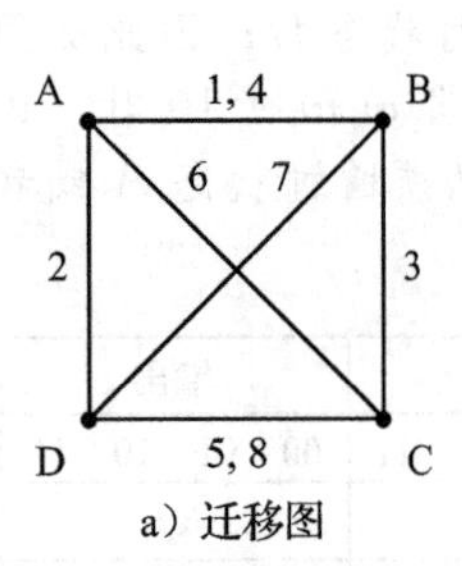

a）迁移图

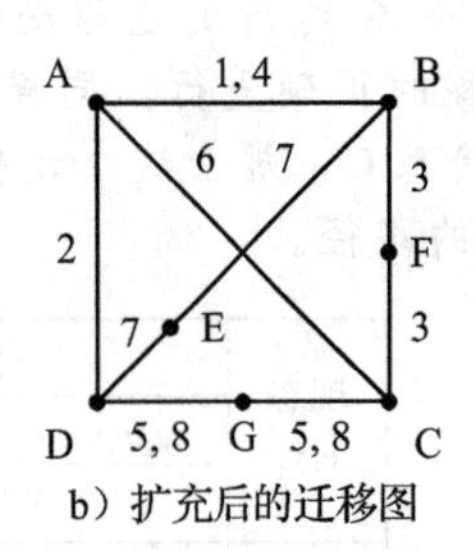

b）扩充后的迁移图

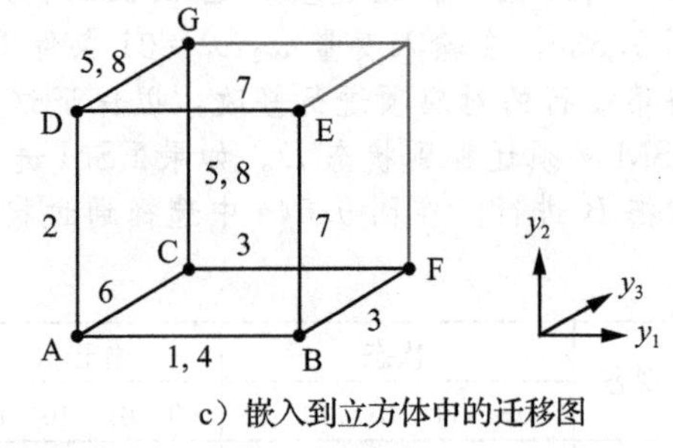

c）嵌入到立方体中的迁移图

图 9.56　图 9.55 的迁移图

让我们引入一个附加的状态变量以便找到一种将状态迁移图映射到 3 维立方体上的方法。对于 3 状态变量，状态 A 的分配与状态 B、C 和 D 的分配间的汉明距离都为 1。例如，我们可以让 A=000，B=001，C=100，D=010。但是，这将不可能使(B, C)、(B, D)和(C, D)之间的汉明距离全都为 1。一种解决办法是在迁移路径中插入附加的顶点，如图 9.56b 所示。图中顶点 E 将 B 和 D 分隔开，同时 F 和 G 分别将(B, C)和(C, D)分隔开。与迁移相关的标签标注于被隔开路径的每一段上，所得到的状态迁移图可以嵌入到一个 3 维立方体中，如图 9.56c 所示，图中黑色部分表示的是所期望的迁移路径。因此，当 w_2w_1=10 时，从 B 到 D 的迁移经顶点 E 完成(标记 7)；当 w_2w_1=01 时，从 C 到 B 的迁移经顶点 F 完成(标记 3)；当 w_2w_1=11 时，从 C 到 D 的迁移经顶点 G 完成(标记 8)；当 w_2w_1=00 时，从 D 到 C 的迁移经顶点 G 完成(标记 5)。因此，流程表必须修改为如图 9.57a 所示的形式，其中 3 个附加的状态都是不稳定的，因为电路在任何输入取值下都不会稳定在这些状态。电路只在从一个稳定状态到另一个稳定状态的迁移中经过这些状态。通过观察发现，状态 E、F 和 G 只需响应相应的 1 种或 2 种输入取值以使电路有效完成状态迁移。因此，没有必要指定在其他输入取值时的迁移，因为在正常工作的电路中这些情况永远也不会发生。

a）修改后的流程表

现态	次态				输出
	w_2w_1=00	01	10	11	z_2z_1
A	(A)	(A)	C	B	00
B	A	(B)	E	(B)	01
C	(C)	F	(C)	G	10
D	G	A	(D)	(D)	11
E	—	—	D	—	-1
F	—	B	—	—	01
G	C	—	—	D	1-

b）激励表

现态		次态 $Y_3Y_2Y_1$				输出
	$y_3y_2y_1$	w_2w_1=00	01	10	11	z_2z_1
A	000	(000)	(000)	100	001	00
B	001	000	(001)	011	(001)	01
C	100	(100)	101	(100)	110	10
D	010	110	000	(010)	(010)	11
E	011	—	—	010	—	-1
F	101	—	001	—	—	01
G	110	100	—	—	010	1-

图 9.57　例 9.14 修改后的表格

图 9.57a 中的输出可以使用 Mealy 模型指定。为了避免在输出信号中产生不期望的毛刺，必须保证电路在经过不稳定状态时能产生正确的输出。

如果我们按着图 9.56c 右边所示的方式对状态变量进行分配，那么从修改后的流程表就可得到如图 9.57b 所示的激励表，从这个表中可以直接推导出次态表达式和输出表达式。◀

例 9.15　利用等价状态对　增加状态分配灵活性的另一种方法是通过为每个现有的状态引入 1 个等价的新状态。因此，状态 A 可以用状态 $A1$ 和 $A2$ 替代，并且使得最终的电路在状态 $A1$ 和 $A2$ 时产生的输出与原来为状态 A 时产生的输出相同。类似地，其余状态也可以用等价的 1 对状态替代。图 9.58 展示了如何用 1 个 3 维立方体为 1 个 4 行的流程表寻找合适的状态分配。其中 4 个等价状态对的排列使得所有状态对间的汉明距离为最小值 1。例如，状态对($B1$，$B2$)相对于 $A1$(或者 $A2$)，$C2$ 和 $D2$ 的汉明距离都为 1。

图 9.56a 中的状态迁移图可以嵌入到如图 9.58所示的 3 维立方体中。由于对图 9.56a 中的每个顶点都有 2 个立方体顶点可供选择，所以被嵌入的迁移图不会存在任何对角线路径。使用这种状态分配，图 9.55a 中的流程表必须修改为如图 9.59a 所示的形式。原始流程表中的每一个迁移在修改后的表中是通过相应的等价状态对之间的迁移实现的。等价状态对中的每一个状态对于使原始状态稳定的输入值都是稳定的。因此，状态 $A1$、$A2$ 在 $w_2w_1=00$ 或 01 条件下保持稳定；状态 $B1$ 和 $B2$ 在 $w_2w_1=01$ 或 11 条件下保持稳定；以此类推。在任一给定时刻，FSM 可能会处于表示同一原始状态的 2 个等价状态中的某一个，这 2 个等价状态中的任一个也必须都存在迁移到其他状态的可能。例如，图 9.55a 指定了 FSM 必须在输入 $w_2w_1=11$ 条件下从稳定状态 A 迁移到状态 B。在修改后的流程表中相应的等价迁移是从 $A1$ 迁移到 $B1$ 或者从 $A2$ 迁移到 $B2$。如果 FSM 稳定于状态 A，且输入从 00 变为 10，则需要迁移到状态 C。在修改后的流程表中的等价迁移是从状态 $A1$ 迁移到 $C1$；如果 FSM 正好处于状态 $A2$，则需要先迁移到 $A1$，然后迁移到 $C1$。同理可推导出图 9.59a 中剩余项。

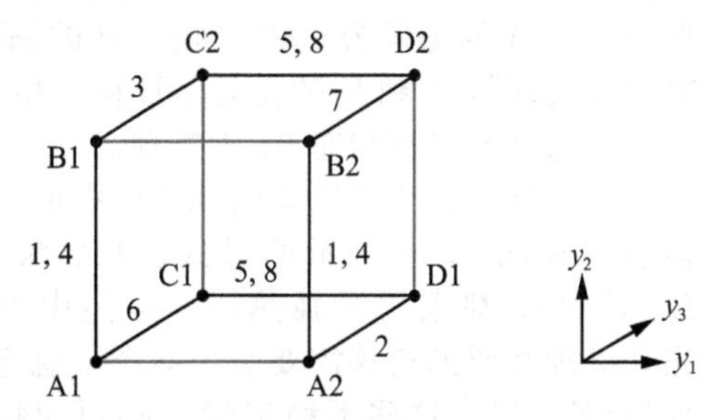

图 9.58　每一行使用 2 个结点进行嵌入后的迁移图

现态	次态 $w_2w_1=00$	01	10	11	输出 z_2z_1
A1	(A1)	(A1)	C1	B1	00
A2	(A2)	(A2)	A1	B2	00
B1	A1	(B1)	B2	(B1)	01
B2	A2	(B2)	D2	(B2)	01
C1	(C1)	C2	(C1)	D1	10
C2	(C2)	B1	(C2)	D2	11
D1	C1	A2	(D1)	(D1)	11
D2	C2	D1	(D2)	(D2)	11

a）修改后的流程表

现态	$y_3y_2y_1$	次态 $Y_3Y_2Y_1$ $w_2w_1=00$	01	10	11	输出 z_2z_1
A1	000	(000)	(000)	100	010	00
A2	001	(001)	(001)	000	011	00
B1	010	000	(010)	011	(010)	01
B2	011	001	(011)	111	(011)	01
C1	100	(100)	110	(100)	101	10
C2	110	(110)	010	(110)	111	10
D1	101	100	001	(101)	(101)	11
D2	111	110	101	(111)	(111)	11

b）激励表

图 9.59　例 9.15 修改后的流程表和激励表

图 9.57a 中的输出是以 Moore 模型指定的，因为表中不稳定状态仅与等价状态对中的一个状态迁移到另一个状态有关，且等价状态对中的 2 个状态的输出都相同。例如，在前

面所描述的状态 A 到 C 的迁移中，如果起点是 A2，则必须先迁移到 A1，然后迁移到 C1。即使 A1 在 $w_2w_1=10$ 条件下不稳定也不是问题，因为其输出和 A2 的输出是相同的。因此，如果原始流程表是使用 Moore 模型定义的，则修改后的流程表也可以使用 Moore 模型定义。

使用图 9.58 所示的状态分配可以推导出如图 9.59b 所示的激励表。◀

9.5.4　独热码(一热态位)状态分配

前面介绍的将流程表嵌入立方体的方法虽然可以得到最优的状态分配，但是这个方法需要试错，这对于大的 FSM 就不太合适了。另一个直观但是更昂贵的可选方法是使用独热码分配法。如果一个 FSM 流程表中的每一行都采用独热码编码，则无竞争状态迁移就可以通过与迁移中涉及的两个稳定状态的汉明距离都为 1 的不稳定中间状态实现。例如，假设状态 A 的编码为 0001，状态 B 的编码为 0010，则通过编码为 0011 的不稳定中间状态就可以实现从 A 到 B 的无竞争迁移。相似地，如果 C 的编码为 0100，那么从 A 到 C 的迁移可以通过不稳定状态 0101 实现。

使用这一方法可以将图 9.55a 中的流程表修改为如图 9.60 所示的形式。4 个状态 A、B、C 和 D 都采用了独热码。从图中可以看出，处理必要的迁移需要引入 6 个不稳定状态变量(E～J)。这些不稳定状态必须为特定的迁移定义，也就是说，对于其他输入值，它们可以视为无关项。

状态分配	现态	次态				输出
		w_2w_1=00	01	10	11	z_2z_1
0001	A	(A)	(A)	E	F	00
0010	B	F	(B)	G	(B)	01
0100	C	(C)	H	(C)	I	10
1000	D	I	J	(D)	(D)	11
0101	E	—	—	C	—	–0
0011	F	A	—	—	B	0–
1010	G	—	—	D	—	–1
0110	H	—	B	—	—	01
1100	I	C	—	—	D	1–
1001	J	—	A	—	—	00

图 9.60　使用独热码编码的状态分配

输出可以采用 Moore 模型定义。在某些情况下某个特定的输出信号发生改变是无关紧要的。例如，状态 E 用于产生状态 A 到 C 的迁移。由于处于状态 A 和 C 时其输出 z_2z_1 分别为 00 和 10，因此 z_2 在经过状态 E 时是否会发生变化就不重要了。

尽管实现起来很直观，但是独热码编码的代价极大，因为它需要 n 个状态变量来实现 n 行的流程表。在设计逻辑电路中往往需要考虑设计的简单性和实现的成本！

9.6　冒险

在异步时序电路中，避免信号出现不期望的干扰是极为重要的。设计者必须知道产生干扰的可能干扰源并确保电路中的状态迁移是无毛刺的。由给定电路的结构和传输延迟所产生的干扰称为冒险。图 9.61 展示了两种冒险类型。

a）静态冒险　　b）动态冒险

图 9.61　冒险的定义

如果一个信号在输入变量改变时仍需要保持为某个特定的逻辑值，但是与期望相反，该信号在这一期间内的值发生了短暂的变化，偏离了所期望的值，此时就认为存在一种静态冒险。如图 9.61a 所示，静态冒险的一种类型是当信号处于高电平 1 时，期望其一直处于高电平 1，但是其在某一短暂时间内变为低电平 0 后又变回高电平的情况。另一种类型是当信号被期望一直处于低电平 0，但是其在某一短暂时间内变为高电平 1 又变回低电平的情况，这样就产生了一个毛刺。

另一种类型的冒险可能发生在期望信号从 1 变为 0 或从 0 变为 1 的过程中，如果这一变化在信号稳定到其新值之前会产生瞬时振荡，如图 9.61b 所示，则称存在一个动态冒险。

9.6.1　静态冒险

图 9.62a 展示了一个存在静态冒险的电路。假设电路处于 $x_1=x_2=x_3=1$ 的状态下，此时 $f=1$。现在让 x_1 从 1 变为 0，且电路仍然要保持为 1。但是，如果考虑门间的传输延迟将会发生什么？很可能在 p 点观察到 x_1 的变化应该比在 q 点看到同样的变化要早一些，这是因为从 x_1 到 q 点的路径多了一个额外的非门。因此，在 q 点信号变为 1 之前 p 点的信号变为 0，因此在短暂时间内会出现 p 和 q 都为 0 的现象，这将使 f 在此期间内变为 0，进而导致如图 9.61a 左图所示的毛刺。

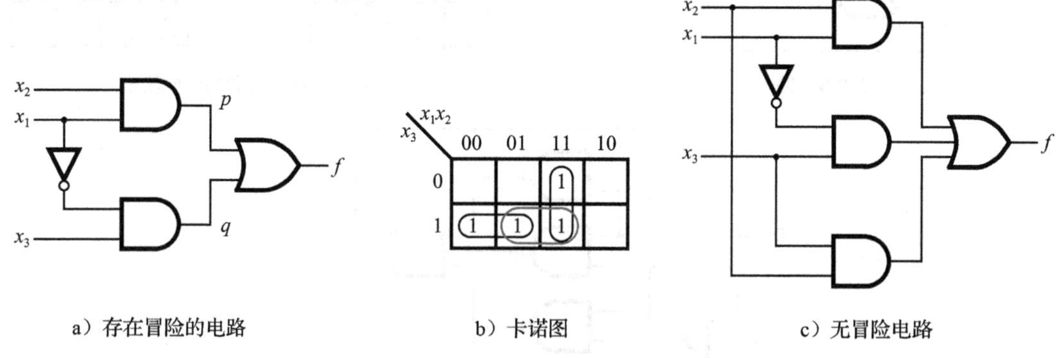

a）存在冒险的电路　　b）卡诺图　　c）无冒险电路

图 9.62　静态冒险的例子

信号 f 上的毛刺可以通过以下方法避免。电路实现的函数为：

$$f=x_1x_2+\overline{x}_1x_3$$

相应的卡诺图如图 9.62b 所示。两个乘积项实现了黑线圈出的质蕴涵项，前面提到的冒险发生在从质蕴涵项 x_1x_2 到质蕴涵项 $\overline{x}_1x_3$ 间的迁移过程中。可以通过增加第 3 项质蕴涵项(图中用浅灰色线圈出)来消除该冒险。因此电路所实现的函数表示为：

$$f=x_1x_2+\overline{x}_1x_3+x_2x_3$$

现在 x_1 从 1 变为 0 时将不会对输出 f 产生任何影响，因为如果 $x_2=x_3=1$，那么不管 x_1 取什么值乘积项 x_2x_3 都会等于 1。最后所得到的无冒险电路如图 9.62c 所示。

一个潜在的冒险存在于卡诺图中两个相邻的 1 没有被一个单独的乘积项覆盖的情况。因此，一种避免冒险的方法是寻找能够使所有相邻的两个 1 都被一个单独的乘积项所覆盖。由于一个输入变量的变化将会导致两个相邻 1 之间的 1 个迁移，当两个相邻的 1 包含于一个乘积项中就不会产生任何毛刺。

在异步时序电路中，冒险将会导致电路迁移到不正确的稳定状态中。例 9.16 就展示了这种情况。

例 9.16　在例 9.2 中，我们分析了一个实现主从式 D 触发器的电路。利用图 9.6a 所示的激励表可以尝试综合出一种最低成本的电路以实现所要求的功能 Y_m 和 Y_s。即：

$$\begin{aligned}Y_m&=CD+\overline{C}y_m\\&=(C\uparrow D)\uparrow(\overline{C}\uparrow y_m)\\Y_s&=\overline{C}y_m+Cy_s\\&=(\overline{C}\uparrow y_m)\uparrow(C\uparrow y_s)\end{aligned}$$

对应的电路如图 9.63a 所示。初看这个电路可能比第 5 章中所示的触发器更吸引人，因为其成本更低，然而问题是该电路存在一个静态冒险。

图 9.63b 展示了 Y_m 和 Y_s 的卡诺图，最低成本的实现方式是基于黑线圈出的质蕴涵项。为了弄清楚静态冒险是如何影响电路的，我们假设此时 $Y_s=1$ 且 $C=D=1$，电路产生

$Y_m=1$。现在让 C 从 1 变为 0，为了使触发器正常工作，Y_s 必须保持为 1。在图 9.63a 中，当 C 变为 0 时，则 p 和 r 都应该变为 1。由于经过非门的延迟，q 可能仍然为 1，导致电路产生 $Y_m=Y_s=0$。Y_m 的反馈将保持 $q=1$，因此电路将保持于不正确的稳定状态，并且输出 $Y_s=0$。

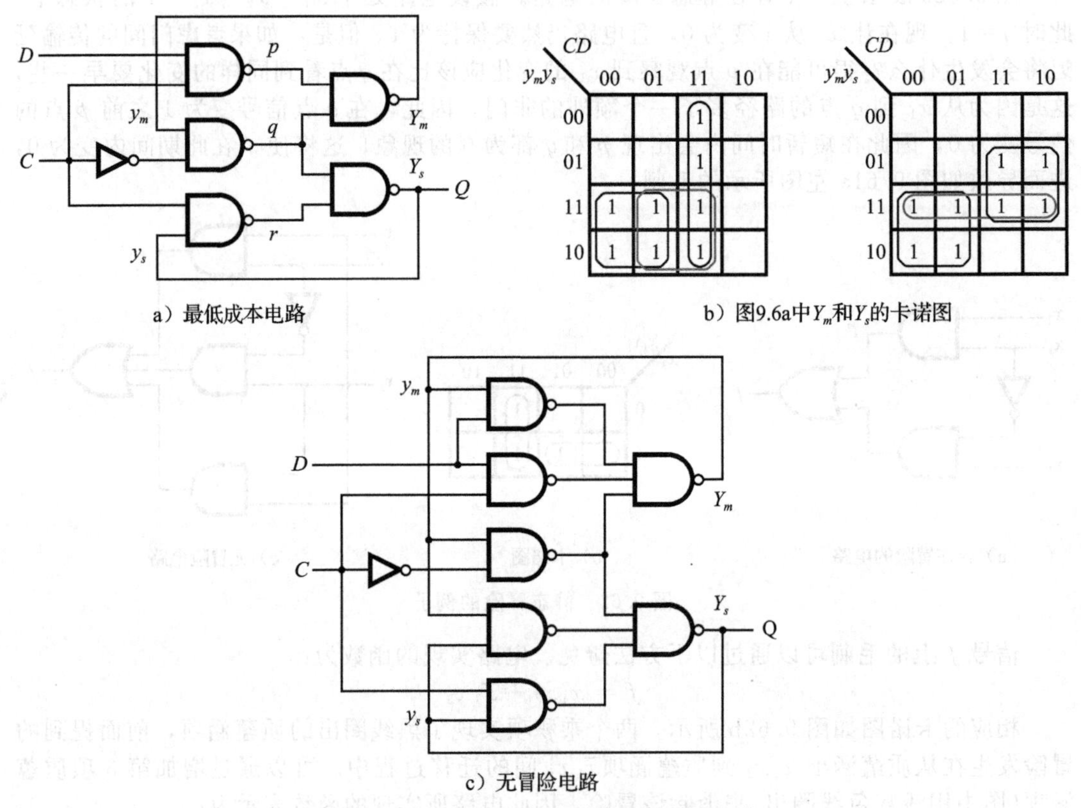

图 9.63 主从式 D 触发器的两级实现电路

为了避免冒险，就必须将卡诺图中浅灰色线所圈出的乘积项包含进来，进而得到如下的表达式：

$$Y_m=CD+\overline{C}y_m+Dy_m$$

$$Y_s=\overline{C}y_m+Cy_s+y_my_s$$

用与非门实现的电路如图 9.63c 所示。

注意我们可以通过将 Y_m 和 Y_s 的表达式写成如下形式来获得另一种与非门实现方式：

$$\begin{aligned}Y_m&=CD+(\overline{C}+D)y_m\\&=(C\uparrow D)\uparrow((\overline{C}+D)\uparrow y_m)\\&=(C\uparrow D)\uparrow((\overline{C}\uparrow D)\uparrow y_m)\\Y_s&=\overline{C}y_m+(C+y_m)y_s\\&=(\overline{C}\uparrow y_m)\uparrow((\overline{C}\uparrow\overline{y_m})\uparrow y_s)\end{aligned}$$

该表达式对应的电路图与图 9.12 完全相同。◀

例 9.17 从前面的例子可以看出通过将所有的质蕴涵项包含于一个给定功能的积之和电路就可以避免静态冒险，事实也如此。但是，并不总是需要将所有的质蕴涵项包含进来，只需要包含那些覆盖相邻“1”的乘积项，而不必覆盖无关的顶点。

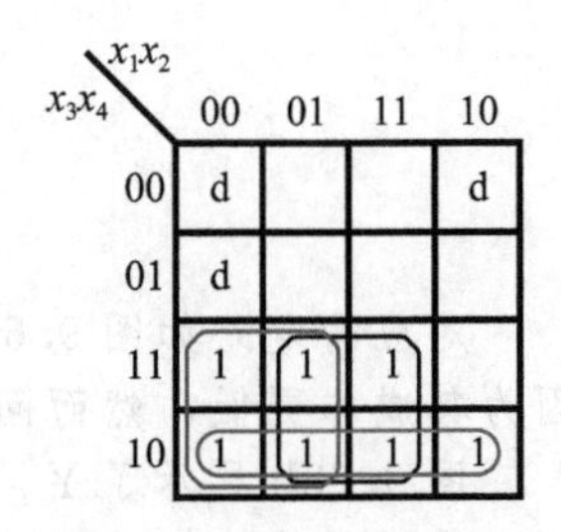

x_3x_4 \ x_1x_2	00	01	11	10
00	d			d
01	d			
11	1	1	1	
10	1	1	1	1

图 9.64 例 9.17 的函数

考虑图 9.64 所示的函数。实现该函数的一个无冒险电路应该包含所圈出的项，由此可得到：

$$f=\overline{x}_1x_3+x_2x_3+x_3\overline{x}_4$$

质蕴涵项$\overline{x}_1\overline{x}_2$对于消除干扰并不是必须的，因为它只覆盖了最左边那一列的2个1，而它们已经被$\overline{x}_1x_3$覆盖了。◀

例9.18 静态冒险也会发生在其他类型的电路中。图9.65a所示为一个包含冒险的和之积电路。如果$x_1=x_3=0$且x_2从0变为1，那么f应该保持为0。然而，如果p点信号的变化比q点变化快一点，则p和q在短暂时间内将同时为1，这导致了f上有一个0→1→0的脉冲。

在一个POS电路中，相邻0之间的迁移将可能导致冒险。因此，为了设计无冒险电路，就必须包含覆盖所有相邻“0”的顶点对。本例中，卡诺图中的蓝线圈起来的项必须包含在内，进而得到：

$$f=(x_1+x_2)(\overline{x}_2+x_3)(x_1+x_3)$$

所实现的电路如图9.65c所示。

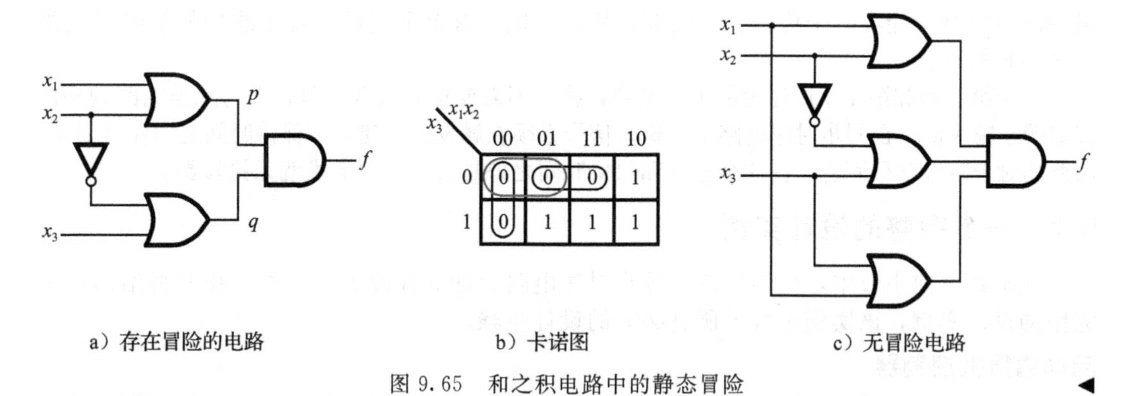

a）存在冒险的电路 b）卡诺图 c）无冒险电路

图9.65 和之积电路中的静态冒险 ◀

9.6.2 动态冒险

一个动态冒险会导致电路的输出信号在0→1或1→0的转变过程中产生毛刺。图9.66给出了一个例子。假设所有的与非门具有相同的延迟，可以得到图中所示的时序图，其中两条垂直线间的时间间隔对应着1个门延迟，输出f存在应该避免的毛刺。

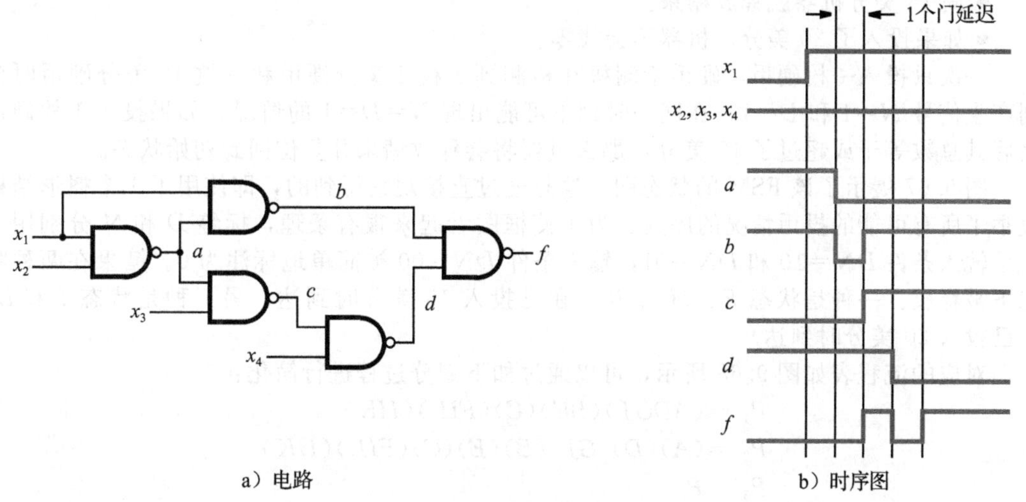

a）电路 b）时序图

图9.66 存在动态冒险的电路

考虑该电路所实现的函数是非常有意义的，该函数表示为：

$$f=x_1\overline{x}_2+\overline{x}_3x_4+x_1x_4$$

这是该函数的最低成本积之和表达式，如果以这种形式实现电路，该电路将既存在静态冒险又存在动态冒险。

动态冒险是由电路结构引起的，该电路结构对于一个给定信号变化存在多条传输路径。如果输出信号的值变化了 3 次，本例中为 0→1→0→1，则电路中初始输入的变化传播到输出至少存在 3 条路径。存在动态冒险的电路在电路的某一部分中必然存在静态冒险。从图 9.66b 可以看出，连线 b 上的信号存在一个静态冒险。

利用第 8 章中所讨论的因子分解法得到的多级电路中经常存在动态冒险，这种冒险既不容易检测又不容易处理。设计者可以通过使用两级电路并确保其中不会出现静态冒险的简单方法来避免这种动态冒险。

9.6.3　冒险的影响

异步时序电路中的干扰会导致电路进入不正确的状态并可能稳定在该状态。因此产生次态变量的电路必须是无冒险的。因为异步时序电路中的基本假设就是原始输入和状态变量中同一时刻只能有一个信号发生改变，所以每次只有单个变量值发生改变就能确保电路不会出现冒险。

对于第 3 章和第 4 章所讨论的组合电路，我们不需要担心出现冒险，因为此类电路的输出仅依赖于输入值。在同步时序电路中，输入信号必须在触发器的建立和保持时间之内保持稳定。因此相对于时钟信号而言，在这个建立和保持时间之外是否会出现干扰就无关紧要了。

9.7　一个完整的设计实例

在本章之前小节中，我们讨论了异步时序电路设计的各种概念。本节我们将给出一个完整的设计实例，该实例包含了所有必需的设计步骤。

自动售货机控制器

自动售货机的控制机制是用来展示数字电路应用的一个很好的载体。我们在第 6 章同步环境中使用过它；9.2 节中还将一个小型自动售货机的例子作为分析对象。现在，我们将考虑设计一个与例 6.7 中的电路类似的自动售货机控制器，以弄清楚如何通过异步时序电路实现自动售货机控制器。该控制器的要求描述如下：

- 只接收 5 美分和 10 美分的硬币。
- 满 15 美分机器就释放糖果。
- 如果投入了 20 美分，机器不会找零。

一次只投入一枚硬币，硬币检测机在检测到 1 枚 5 美分硬币和一枚 10 美分硬币时分别产生信号 $N=1$ 和 $D=1$；在同一时刻不可能出现 $N=D=1$ 的情况。如果投入 1 枚硬币之后其总数等于或超过了 15 美分，那么机器将会释放糖果并复位回到初始状态。

图 9.67 展示了该 FSM 的状态图，这是通过直接观察得到的，即使用了 1 个树形结构枚举了所有可能的投币情况的序列。为了使框图看起来很有条理，标签 D 和 N 分别用于表示输入条件 $DN=10$ 和 $DN=01$，输入条件 $DN=00$ 被简单地标注为 0。糖果在两种状态下被释放：一种是状态 F、H 和 K，在已投入 15 美分时到达；另一种是状态 I 和 L，在已投入 20 美分时到达。

对应的流程表如图 9.68 所示，可以通过如下划分过程进行简化：

$$P_1=(ADGJ)(BE)(C)(FIL)(HK)$$
$$P_2=(A)(D)(GJ)(B)(E)(C)(FIL)(HK)$$
$$P_3=P_2$$

使用 G 表示等价状态 G 和 J，使用 F 表示等价状态 F、I 和 L，并使用 H 表示等价状态 H 和 K，从而得到如图 9.69 所示简化流程表。该流程表的合并图如图 9.70 所示。由图可知，状态 C 和 E，以及状态 F 和 H 可以合并。因此，可以得到简化的流程表如

图 9.71a所示。同样的信息以如图 9.72 所示的状态图形式表示。

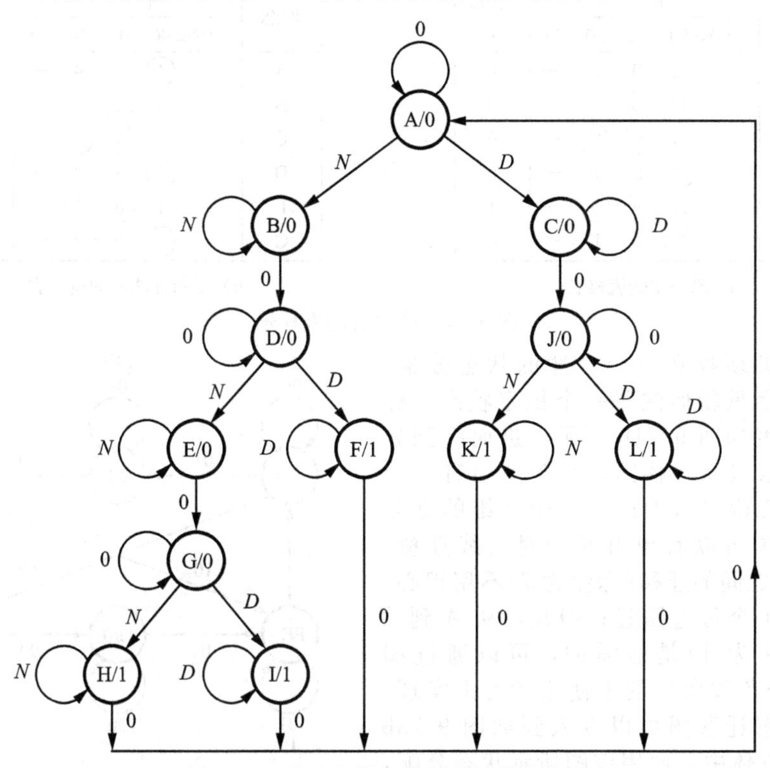

图 9.67　自动售货机控制器初始状态图

现态	次态				输出
	DN=00	01	10	11	z
A	Ⓐ	B	C	—	0
B	D	Ⓑ	—	—	0
C	J	—	Ⓒ	—	0
D	Ⓓ	E	F	—	0
E	G	Ⓔ	—	—	0
F	A	—	Ⓕ	—	1
G	Ⓖ	H	I	—	0
H	A	Ⓗ	—	—	1
I	A	—	Ⓘ	—	1
J	Ⓙ	K	L	—	0
K	A	Ⓚ	—	—	1
L	A	—	Ⓛ	—	1

图 9.68　自动售货机控制器初始流程表

现态	次态				输出
	DN=00	01	10	11	z
A	Ⓐ	B	C	—	0
B	D	Ⓑ	—	—	0
C	G	—	Ⓒ	—	0
D	Ⓓ	E	F	—	0
E	G	Ⓔ	—	—	0
F	A	—	Ⓕ	—	1
G	Ⓖ	H	F	—	0
H	A	Ⓗ	—	—	1

图 9.69　状态最小化的第一步

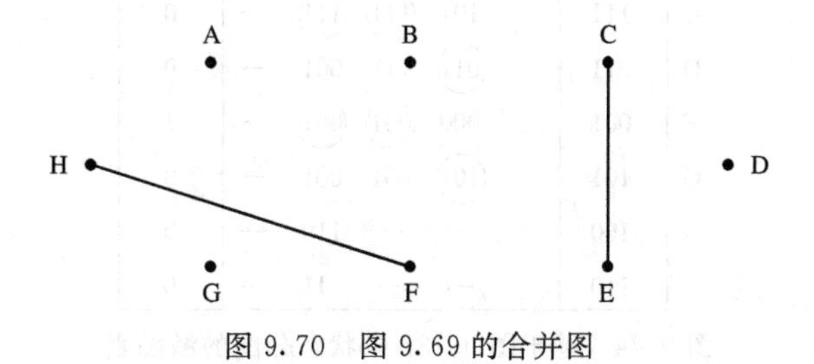

图 9.70　图 9.69 的合并图

现态	次态				输出
	DN=00	01	10	11	z
A	(A)	B	C	—	0
B	D	(B)	—	—	0
C	G	(C)	(C)	—	0
D	(D)	C	F	—	0
F	A	(F)	(F)	—	1
G	(G)	F	F	—	0

a）最小化的流程表

现态	次态				输出
	DN=00	01	10	11	z
A	(1)	2	4	—	0
B	5	(2)	—	—	0
C	8	(3)	(4)	—	0
D	(5)	3	7	—	0
F	1	(6)	(7)	—	1
G	(8)	6	7	—	0

b）重新标注后的流程表

图 9.71　简化后的流程表

接下来必须找到一个合适的状态分配。用唯一的数字重新标注每一个稳定状态，标注后的流程表如图 9.71b 所示，进而得到如图 9.73a 所示状态迁移图，由于图中有 8 个顶点，我们希望将该图嵌入一个 3 维的立方体中。从图中可以看出有两个对角线迁移，其中 D 和 G 之间的迁移(标注为 7)不用担心，因为它只是 1 个可选路径；但是，从 A 到 C 的迁移(标注为 4)是必需的，可以通过如图 9.73b浅灰色线所示的未使用状态来实现。因此，该状态迁移图可以嵌入到如图 9.73b 所示 3 维立方体中。使用该图所示状态分配，可以得到如图 9.74 所示激励表。

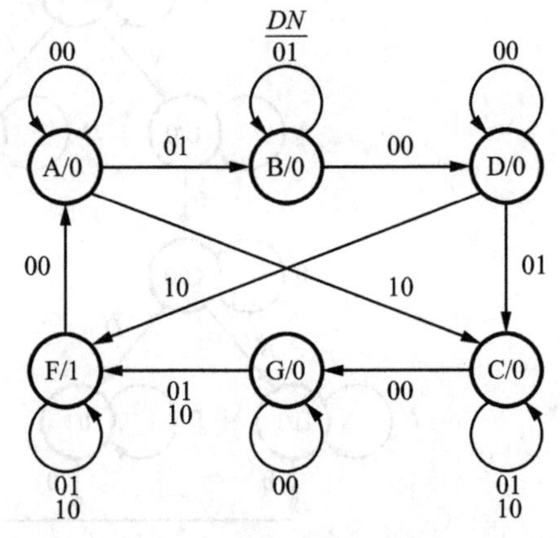

图 9.72　自动售货机控制器的状态图

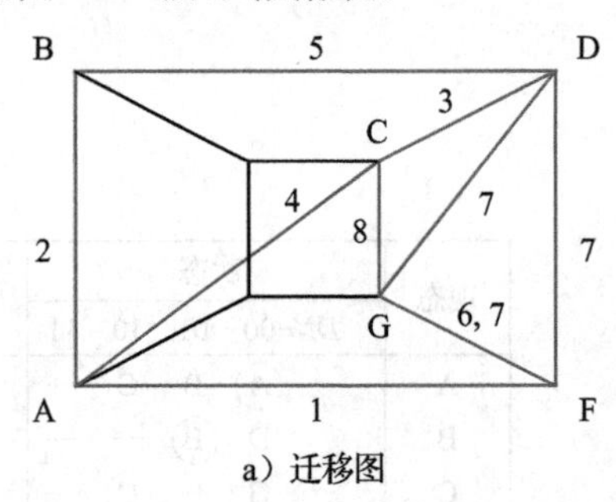

a）迁移图

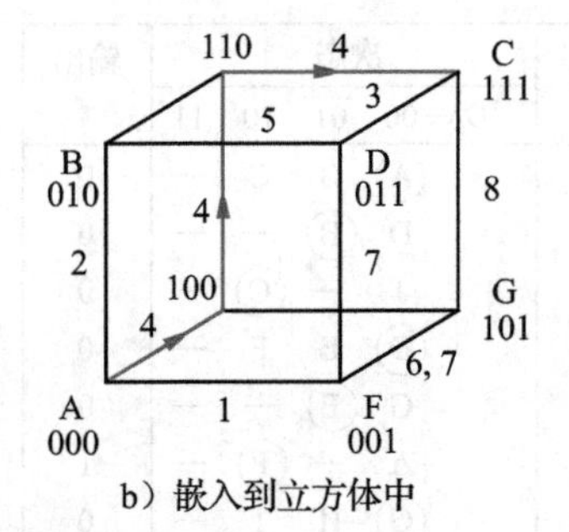

b）嵌入到立方体中

图 9.73　状态分配的确定

	现态 $y_3y_2y_1$	次态 $Y_3Y_2Y_1$				输出 z
		DN=00	01	10	11	
A	000	(000)	010	100	—	0
B	010	011	(010)	—	—	0
C	111	101	(111)	(111)	—	0
D	011	(011)	111	001	—	0
F	001	000	(001)	(001)	—	1
G	101	(101)	001	001	—	0
	100	—	—	110	—	0
	110	—	—	111	—	0

图 9.74　基于图 9.73b 中状态分配的激励表

图 9.75 给出了次态函数的卡诺图，从这些卡诺图可以推导出如下的无冒险的次态函数表达式：

$$Y_1 = \overline{N}y_2 + Ny_1 + Dy_1 + y_1y_3 + y_1y_2$$
$$Y_2 = N\overline{y}_1 + Ny_2 + \overline{y}_1y_3 + \overline{D}y_2\overline{y}_3 + Dy_2y_3$$
$$Y_3 = D\overline{y}_1 + y_2y_3 + Ny_1y_2 + \overline{D}y_3\overline{N}$$

以上表达式中的所有乘积项除了 y_1y_2 外都是最低成本 POS 实现所必须的，而 y_1y_2 是为了避免 Y_1 表达式中出现冒险而添加的。输出表达式为：

$$z = y_1\overline{y}_2\overline{y}_3$$

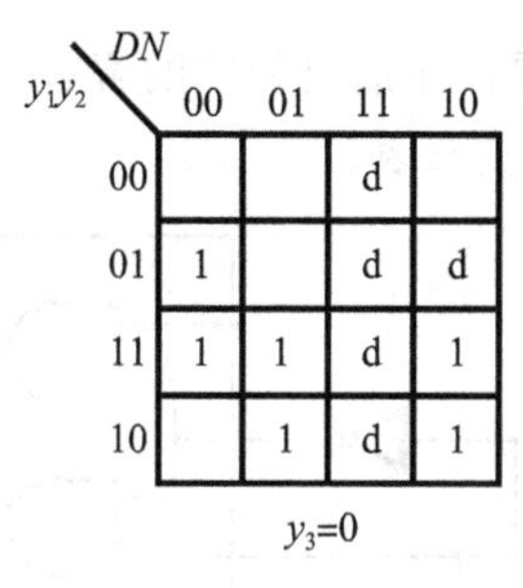

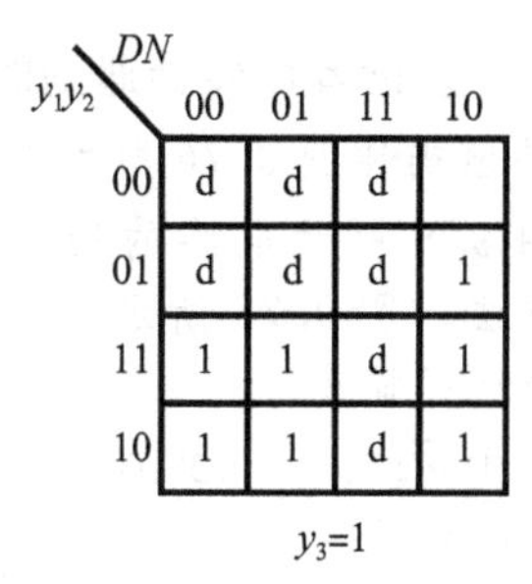

a）Y_1的卡诺图

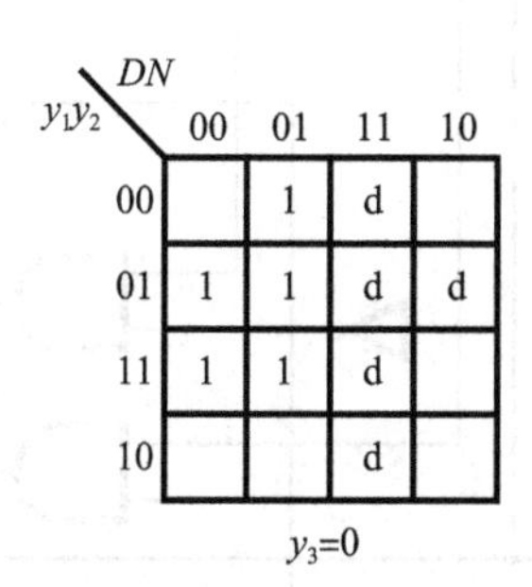

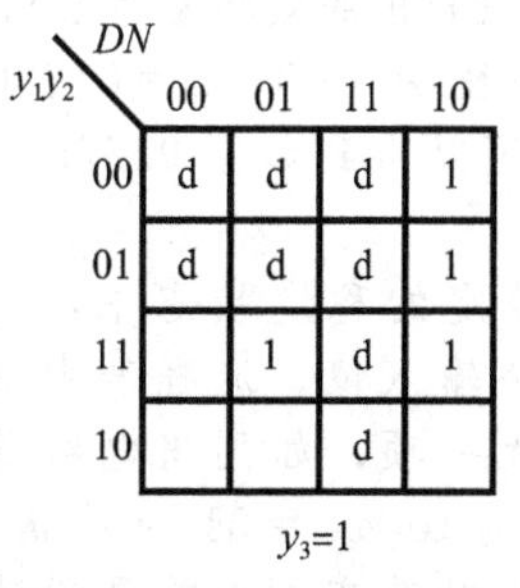

b）Y_2的卡诺图

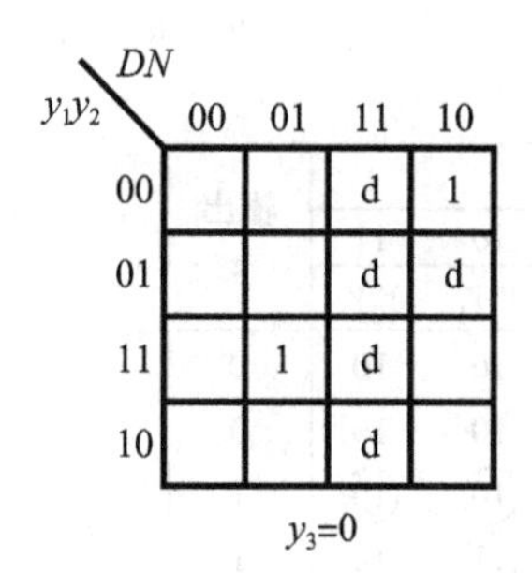

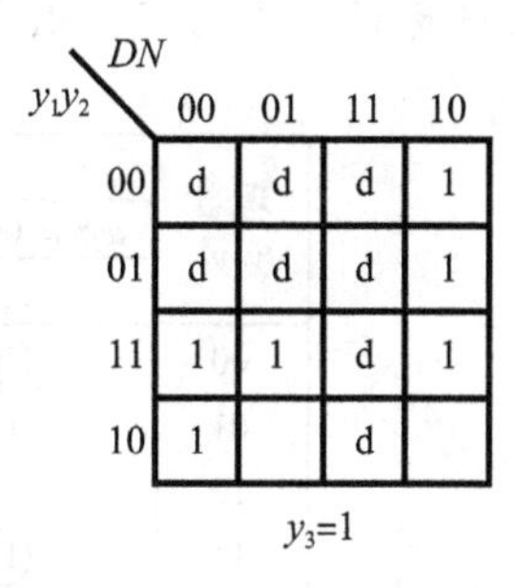

c）Y_3的卡诺图

图 9.75　图 9.74 中各函数的卡诺图

9.8　小结

异步时序电路比同步时序电路更难设计一些。在异步时序电路设计中，必须认真处理竞争条件所引起的问题。但目前针对异步电路设计的 CAD 工具支持还很不成熟。由于这些原因，很多设计者在实际设计中往往采用时序电路来完成设计任务。

异步时序电路的一个重要优点是其执行速度。由于电路不包含时钟(同步)，电路的工作速度只取决于电路的传输延迟。在一个包含若干个电路的异步时序系统中，某些电路的执行速度可能比其他电路快，因而有可能提升整个系统的总体性能。相反，在同步时序系统中，时钟周期必须足够长以适应最慢的电路的要求，这对电路的整体性能有很大影响。

在设计由两个或者更多具有不同时钟控制的电路组成的系统中，异步电路技术也是十分有用的。系统中不同时钟控制的电路间的信号交换通常表现出异步的特性。

从读者角度，将异步时序电路作为更深入理解一般数字电路操作特点的一个载体也是十分有益的。这些电路展示了由电路结构引起的传播延迟和竞争条件的影响。它们同样通过稳定和不稳定状态阐明了稳定的概念。为了深入理解异步时序电路，读者可以查阅参考文献[1－6]。

9.9　解决问题的实例

本节主要介绍一些读者可能会遇到的典型问题，并给出相应的解答。

例 9.19　推导出描述图 9.76 所示电路行为的流程表。

解： 采用为图 9.8 所示电路的门传输延迟建立模型的方法，图 9.76 所示电路可以用次态和输出表达式描述：

$$Y_1 = w_1\overline{w}_2 + \overline{w}_2 y_1 + \overline{w}_1 y_1 y_2$$

$$Y_2 = w_2 + \overline{w}_1 y_1 + w_1 y_2$$

$$z = y_2$$

由这些表达式推导出的激励表如图 9.77a 所示。假设状态分配 $A=00$、$B=01$、$C=10$ 和 $D=11$ 时，可以得到如图 9.77b 所示流程表。

由于在一个给定的稳定状态中，电路一次只能改变 1 个输入值。流程表中的某些项可以标记为无关项，如同当电路稳定于状态 B 且输入为 $w_2w_1=01$ 时的情况，这两个输入不能同时改变，也就是说流程表中的相应项应该被标记为未指定。然而，

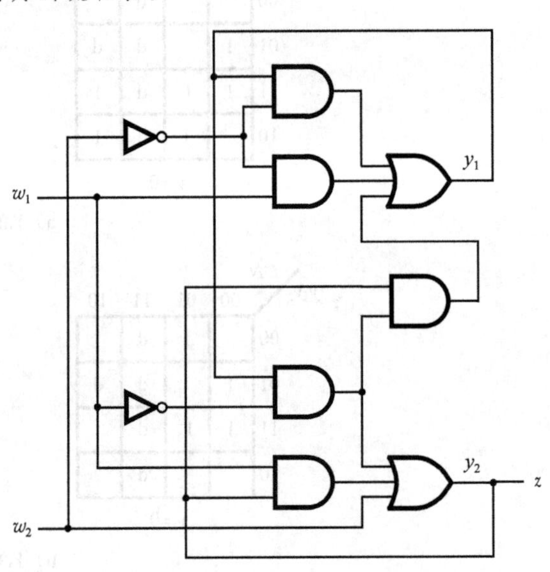

图 9.76　例 9.19 的电路

现态 y_2y_1	次态 $w_2w_1=00$ Y_2Y_1	01 Y_2Y_1	10 Y_2Y_1	11 Y_2Y_1	输出 z
00	(00)	01	10	10	0
01	11	(01)	10	10	0
10	00	11	(10)	(10)	1
11	(11)	(11)	(11)	10	1

a）激励表

现态	次态 $w_2w_1=00$	01	10	11	输出 z
A	(A)	B	C	C	0
B	D	(B)	C	C	0
C	A	D	(C)	(C)	1
D	(D)	(D)	(D)	C	1

b）电路实现的流程表

现态	次态 $w_2w_1=00$	01	10	11	输出 z
A	(A)	B	C	C	0
B	D	(B)	—	C	0
C	A	D	(C)	(C)	1
D	(D)	(D)	(D)	C	1

c）最终流程表

图 9.77　图 9.76 中的电路的激励表与流程表

当电路稳定于状态 A，且输入值为 $w_2w_1=00$ 时，就会出现一种不同的情况。在这种情况下，我们不能将在 $w_2w_1=11$ 条件下的迁移标记为未指定，这是因为如果电路稳定于状态 B，在 w_2 从 0 变为 1 时其必须能够迁移到状态 C；状态 B 和 C 分别实现 $y_2y_1=01$ 和 $y_2y_1=10$，由于两个状态变量都必须改变其值，从 01 到 10 的变化将会经过 11 或者 00，这由不同路径的延迟决定。如果 f_2 先改变，电路将经过不稳定状态 D，最终迁移到稳定状态 C；但是，如果 f_1 先改变，电路将只能经过不稳定状态 A，并最终迁移到稳定状态 C。因此，第 1 行中到状态 C 的迁移必须指定。这是一个安全竞争的例子，即不管电路中不同路径的传输延迟是否相同，电路都能达到正确的目标状态。最终流程表如图 9.77c 所示。◀

例 9.20　图 9.76 所示的电路是否存在冒险?

解： 图 9.78 给出了例 9.19 推导出的次态表达式的卡诺图。由图可以看出，所有的质蕴涵项都包含于 Y_1 的表达式中；但是，Y_2 的表达式只能包含 4 个质蕴涵项中的 3 个。当 $w_2y_2y_1=011$ 且 w_1 从 0 变为 1(或者从 1 变为 0)时，电路存在一个静态冒险。该冒险可以通过增加第 4 个质蕴涵项 y_1y_2 来避免。

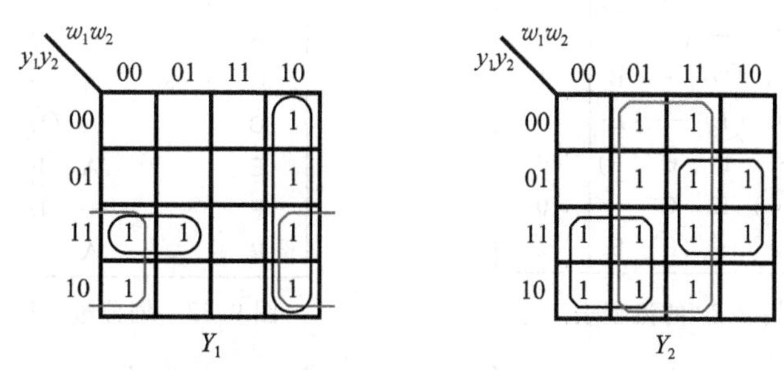

图 9.78　图 9.76 所示电路的卡诺图 ◀

例 9.21　一个具有单输入 w 和单输出 z 的电路。当一个脉冲序列作用于输入 w 时，输出需要复制该脉冲序列的第 2 个脉冲，如图 9.79 所示。请设计一个实现该要求的合适电路。

图 9.79　例 9.21 的波形图

解： 一种可能的状态图和相应的状态流程表如图 9.80 所示。与例 9.4 中图 9.13 所示的偶数发生器的 FSM 相比，唯一的区别在于输出信号。在我们的例子中，只有在状态 B 中输出才为 $z=1$。因此，次态表达式与例 9.4 中的相同，而输出表达式为：

$$z = y_1\overline{y}_2$$

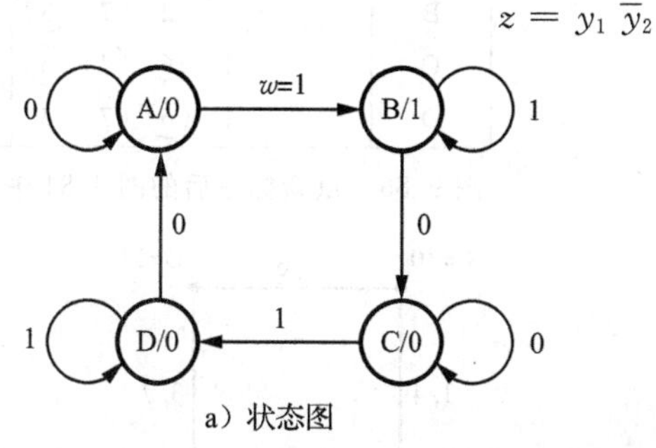

a）状态图

现态	次态		输出
	$w=0$	$w=1$	z
A	(A)	B	0
B	C	(B)	1
C	(C)	D	0
D	A	(D)	0

b）流程表

图 9.80　例 9.21 中的状态图与流程表 ◀

例 9.22　考虑图 9.81 所示流程表，简化该流程表并寻找一种合适的状态分配以使该 FSM 的实现方式越简单越好，但仍保持为 Moore 模型形式。并推导出激励表。

解： 对图 9.81 所示流程表进行划分过程，得到：

$$P_1=(ACEFG)(BDH)$$
$$P_2=(AG)(B)(C)(D)(E)(F)(H)$$
$$P_3=P_2$$

将 A 和 G 合并得到如图 9.82 所示的流程表。该流程表的合并图如图 9.83 所示。将 (A，E)、(C，F)、(D，H)合并从而得到如图 9.84 所示简化流程表。为了寻找好的状态分配，我们将流程表重新标注，如图 9.85 所示，并构造出如图 9.86a 所示的状态迁移图。该图的唯一问题是从状态 D 到 A 的迁移，即标注为 1 的迁移。如果从状态 D 到 A 的变化经过状态 C（我们可以在流程表中这样定义），就不需要从 D 到 A 的直接迁移了，如图 9.86b所示。最终流程表和相应的激励表如图 9.87 所示。

现态	次态				输出
	w_2w_1=00	01	10	11	z
A	(A)	E	C	—	0
B	—	E	H	(B)	1
C	G	—	(C)	F	0
D	A	(D)	—	B	1
E	G	(E)	—	B	0
F	—	D	C	(F)	0
G	(G)	E	C	—	0
H	A	—	(H)	B	1

图 9.81　例 9.22 的流程表

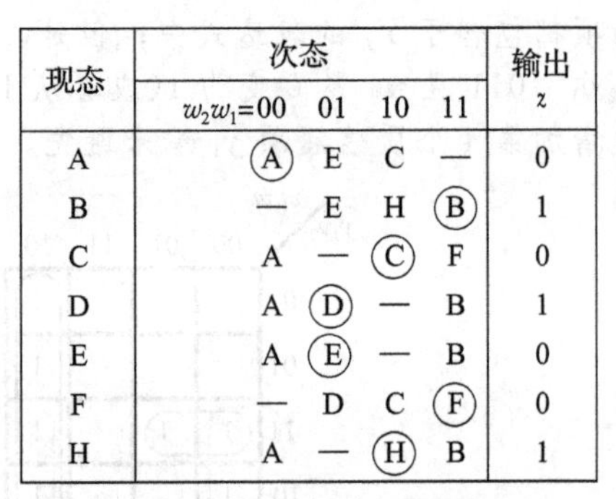

现态	次态				输出
	w_2w_1=00	01	10	11	z
A	(A)	E	C	—	0
B	—	E	H	(B)	1
C	A	—	(C)	F	0
D	A	(D)	—	B	1
E	A	(E)	—	B	0
F	—	D	C	(F)	0
H	A	—	(H)	B	1

图 9.82　划分过程后的简化流程表

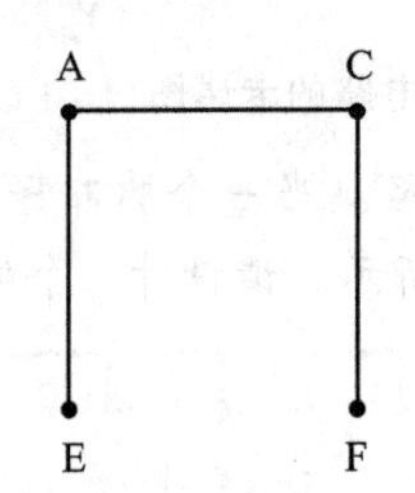

图 9.83　图 9.82 中的流程表的合并状态图

现态	次态				输出
	w_2w_1=00	01	10	11	z
A	(A)	(A)	C	B	0
B	—	A	D	(B)	1
C	A	D	(C)	(C)	0
D	A	(D)	(D)	B	1

图 9.84　图 9.82 中的 FSM 的简化流程表

现态	次态				输出
	w_2w_1=00	01	10	11	z
A	(1)	(2)	4	3	0
B	—	2	7	(3)	1
C	1	6	(4)	(5)	0
D	1	(6)	(7)	3	1

图 9.85　重新标注后的图 9.84 中流程表

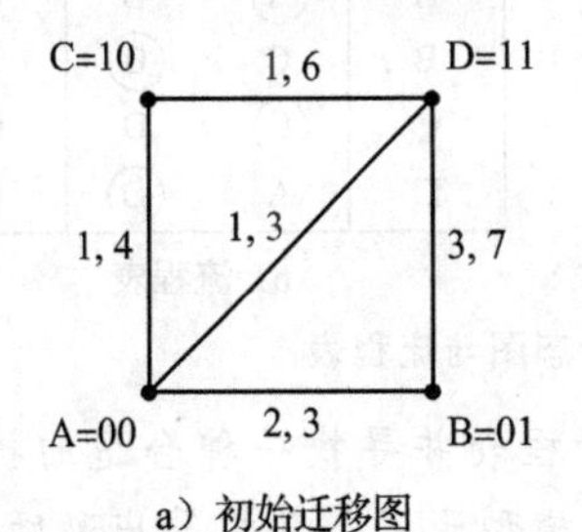

a）初始迁移图

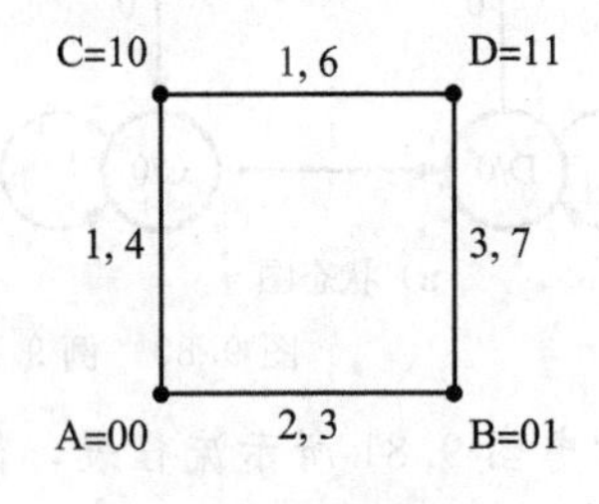

b）扩充迁移图

图 9.86　图 9.85 的迁移图

现态	次态				输出
	w_2w_1=00	01	10	11	z
A	(A)	(A)	C	B	0
B	—	A	D	(B)	1
C	A	D	(C)	(C)	0
D	C	(D)	(D)	B	1

a）最终流程表

现态 y_2y_1	次态				输出 z
	w_2w_1=00	01	10	11	
	Y_2Y_1	Y_2Y_1	Y_2Y_1	Y_2Y_1	
00	(00)	(00)	10	01	0
01	—	00	11	(01)	1
10	00	11	(10)	(10)	0
11	10	(11)	(11)	01	1

b）激励表

图 9.87　例 9.22 的激励表与流程表　◀

例 9.23　推导出以下函数的无冒险最低成本 SOP 实现方式：

$$f(x_1,\cdots,x_5)=\sum m(2,3,14,17,19,25,26,30)+D(10,23,27,31)$$

解：该函数的卡诺图如图 9.88 所示，从中可以得到所需要的表达式为：

$$f=x_1\overline{x}_3x_5+x_2x_4\overline{x}_5+\overline{x}_1\overline{x}_2\overline{x}_3x_4+\overline{x}_2\overline{x}_3x_4x_5$$

前 3 个乘积项将图中所有 1 全部覆盖，第 4 项是为了避免当 $x_2x_3x_4x_5=0011$ 且 x_1 从 0 变为 1(或者从 1 变为 0)时的冒险。因此，所有相邻“1”的对都被该表达式中的质蕴涵项所覆盖。

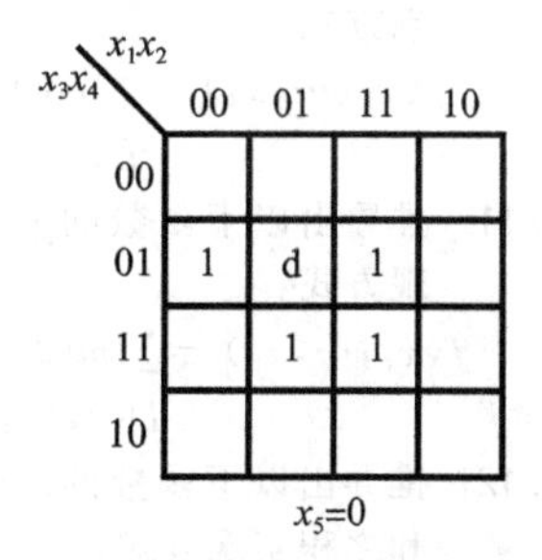

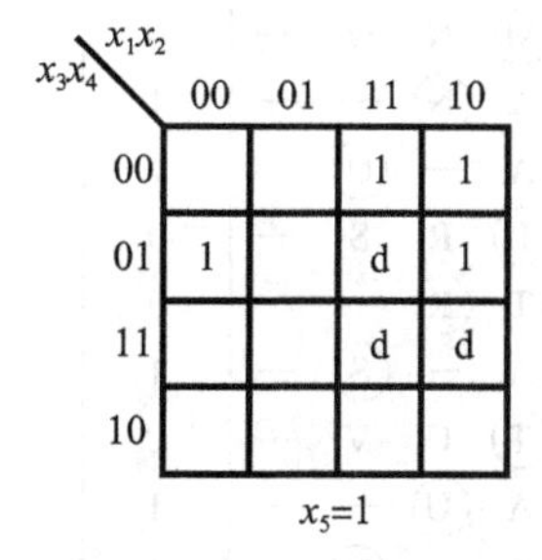

图 9.88　例 9.23 的卡诺图　◀

习题[⊖]

*9.1　推导出描述图 P9.1 所示电路行为的流程表，将得到的结果与图 9.21 所示的流程表进行比较，看看两者有什么相似性。

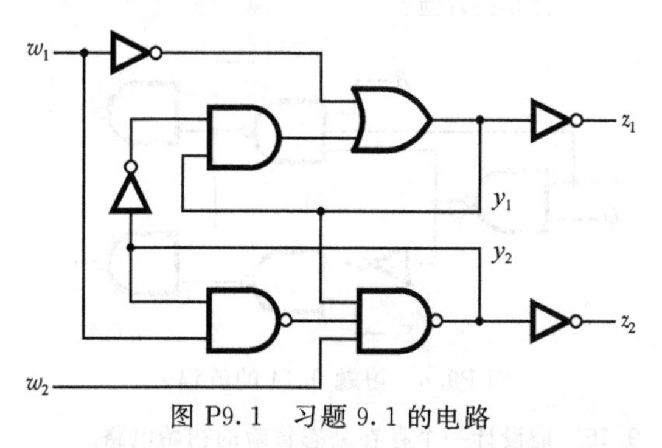

图 P9.1　习题 9.1 的电路

9.2　考虑如图 P9.2 的电路，画出信号 C、z_1、z_2 的波形。假设 C 为一个方波时钟信号，且每个门传输延迟为 Δ。用流程表描述电路的行为(采用 Mealy 型)。

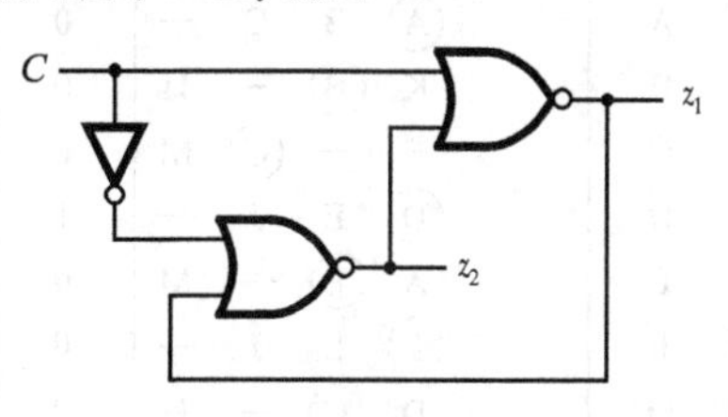

图 P9.2　习题 9.2 的电路

9.3　根据图 P9.3 所示的流程表推导出一个描述相同功能行为的最小流程表。

9.4　根据图 P9.4 所示的流程表推导出一个描述相同功能行为的最简 Moore 类型流程表。

9.5　为图 9.42 所示的流程表找到一个使用状态尽可能少的恰当的状态分配，并推导出其次

⊖　本书最后给出了带星号习题的答案。

态和输出表达式。

9.6 使用例 9.15 所示的等价状态对概念为图 9.42 所示的流程表找到一个恰当的状态分配，并推导出次态表和输出表达式。

现态	次态				输出
	w_2w_1=00	01	10	11	z
A	Ⓐ	B	C	—	0
B	D	Ⓑ	—	—	0
C	P	—	Ⓒ	—	0
D	Ⓓ	E	F	—	0
E	G	Ⓔ	—	—	0
F	M	—	Ⓕ	—	0
G	Ⓖ	H	I	—	0
H	J	Ⓗ	—	—	0
I	A	—	Ⓘ	—	1
J	Ⓙ	K	L	—	0
K	A	Ⓚ	—	—	1
L	A	—	Ⓛ	—	1
M	Ⓜ	N	O	—	0
N	A	Ⓝ	—	—	1
O	A	—	Ⓞ	—	1
P	Ⓟ	R	S	—	0
R	T	Ⓡ	—	—	0
S	A	—	Ⓢ	—	1
T	Ⓣ	U	V	—	0
U	A	Ⓤ	—	—	1
V	A	—	Ⓥ	—	1

图 P9.3 习题 9.3 的流程表

现态	次态				输出
	w_2w_1=00	01	10	11	z
A	Ⓐ	B	C	—	0
B	K	Ⓑ	—	H	0
C	F	—	Ⓒ	M	0
D	Ⓓ	E	J	—	1
E	A	Ⓔ	—	M	0
F	Ⓕ	L	J	—	0
G	D	Ⓖ	—	H	0
H	—	G	J	Ⓗ	1
J	F	—	Ⓙ	H	0
K	Ⓚ	L	C	—	1
L	A	Ⓛ	—	H	0
M	—	G	C	Ⓜ	1

图 P9.4 习题 9.4 的流程表

9.7 使用独热码编码为图 9.42 所示的流程表找到一个恰当的状态分配，并推导出其次态表达式和输出表达式。

*9.8 用图 9.40a 所示的合并图实现图 9.39 所示的 FSM。

9.9 为图 P9.5 所示流程表所定义的 FSM 找到一个合适的状态分配，并使用所找到状态分配推导出该 FSM 的状态和输出表达式。

现态	次态				输出
	w_2w_1=00	01	10	11	z
A	Ⓐ	B	C	—	0
B	D	Ⓑ	—	G	0
C	F	—	Ⓒ	G	0
D	Ⓓ	E	C	—	1
E	A	Ⓔ	—	G	0
F	Ⓕ	E	C	—	0
G	—	B	C	Ⓖ	1

图 P9.5 习题 9.5 的流程表

*9.10 推导出以下函数的一个无冒险最低代价实现方式：

$$f(x_1,\cdots,x_4)=\sum m(0,4,11,13,15)+D(2,3,5,10)$$

9.11 推导出以下函数的一个无冒险最低代价实现方式：

$$f(x_1,\cdots,x_5)=\sum m(0,4,5,24,25,29)+D(8,13,16,21)$$

*9.12 推导出以下函数的一个无冒险最小代价的和之积实现方式：

$$f(x_1,\cdots,x_4)=\Pi M(0,2,3,7,10)+D(5,13,15)$$

9.13 针对以下函数，重做习题 9.12：

$$f(x_1,\cdots,x_5)=\Pi M(2,6,7,25,28,29)+D(0,8,9,10,11,21,24,26,27,30)$$

*9.14 考虑图 P9.6 所示电路，并分析这个电路是否存在冒险？

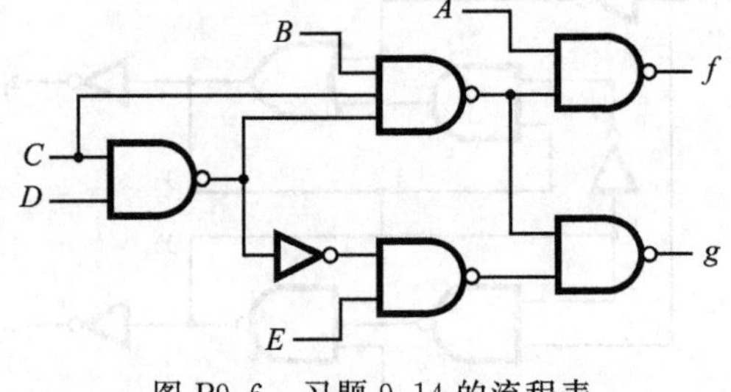

图 P9.6 习题 9.14 的流程表

9.15 请设计一个存在动态冒险的初始电路。

9.16 一个自动售货机的控制机制只接收 5 分硬币和 10 分硬币。当投入硬币的总面值达到 20 分时，自动售货机传动给出商品；即使投入硬币的总面值为 25 分，自动售货机也不找零。设计一个实现该控制功能的 FSM，要求使用状态数越少越好，为其找到一个合适的状态分配并推导出次态和输出表达式。

*9.17　设计 1 个满足以下要求的异步时序电路。该电路具有 2 个输入：1 个时钟输入 c 和 1 个控制输入 w。当 $w=1$ 时，输出 z 复制时钟脉冲，否则 $z=0$。出现在 z 上的脉冲必须是完整脉冲，因此，如果 w 从 0 变为 1 时 $c=1$，电路不能将这个不完整的脉冲输出到 z，而必须等待直到下一个时钟脉冲到来时才产生 $z=1$ 的输出。如果当 w 从 1 变为 0 时 $c=1$，那么必须保证这个时钟脉冲仍能被完整地输出；也就是说，此时只要 $c=1$，就有 $z=1$。图 P9.7 所示为需要实现的功能。

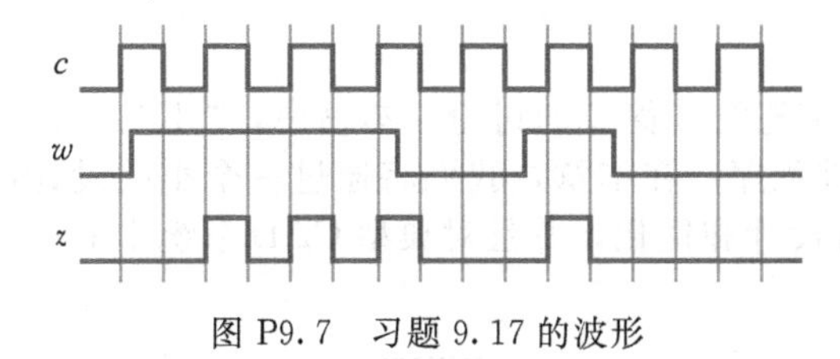

图 P9.7　习题 9.17 的波形

9.18　重做习题 9.17，电路要求有如下修改：当 $w=1$ 时，输出 z 只包含 1 个脉冲；如果 c 上有多个脉冲，那么只有第 1 个脉冲会被复制到 z 上。

9.19　例 9.6 描述了一个针对 2 个设备竞争使用同一共享资源的简单仲裁器。请设计一个类似的针对 3 个设备使用同一共享资源的仲裁器。同时出现多个请求的情况下，假设设备之间的优先级为设备 1＞设备 2＞设备 3。

9.20　在例 9.6 的讨论中，我们曾提到使用互斥单元(ME)能够阻止 FSM 的 2 个输入请求同时为 1。设计一个实现该功能的仲裁器。

9.21　在例 9.21 中，我们设计了一种复制输入 w 上每第 2 个脉冲作为输出 z 的电路。设计一个类似的电路实现每第 3 个脉冲的复制功能。

9.22　在例 9.22 中，通过合并状态 D 和 H 实现了图 9.82 所示的 FSM。另一方法是根据图 9.83 所示的合并图合并状态 B 和 H。请推导出使用该方法的实现方式，并推导出激励表。

参考答案

1. K. J. Breeding, *Digital Design Fundamentals*, (Prentice-Hall: Englewood Cliffs, NJ, 1989).
2. F. J. Hill and G. R. Peterson, *Computer Aided Logical Design with Emphasis on VLSI*, 4th ed., (Wiley: New York, 1993).
3. V. P. Nelson, H. T. Nagle, B. D. Carroll, and J. D. Irwin, *Digital Logic Circuit Analysis and Design*, (Prentice-Hall: Englewood Cliffs, NJ, 1995).
4. N. L. Pappas, *Digital Design*, (West: St. Paul, MN, 1994).
5. C. H. Roth Jr., *Fundamentals of Logic Design*, 5th ed., (Thomson/Brooks/Cole: Belmont, Ca., 2004).
6. C. J. Myers, *Asynchronous Circuit Design*, (Wiley: New York, 2001).

第10章 计算机辅助设计工具

本章主要内容

- 网表提取
- 工艺映射
- 布局
- 布线
- 静态时序分析

2.9节已经介绍了CAD工具，并在其他章节进行了简要的讨论。本书中，“工具”这个词指代的是一个允许用户完成特定任务的软件程序。在本章，我们将通过一个小的设计案例展示经过不同的CAD流程阶段时如何进行设计和优化，并且对典型CAD系统中的一些工具进行更为详细的介绍。

10.1 综合

从图2.35复制而来的图10.1给出了一个CAD系统的概貌。对期望电路的描述通常是以诸如Verilog HDL之类的硬件描述语言的形式准备好的。然后，Verilog代码经过CAD系统的综合阶段进行处理。综合是一个将用户规范生成为逻辑电路的过程，综合过程包括3个典型阶段，如图10.2所示。

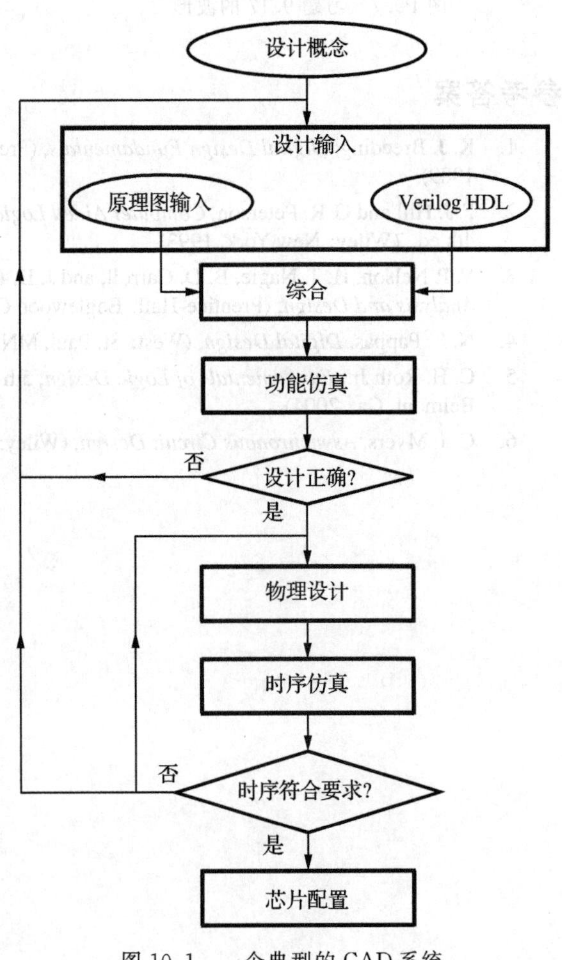

图10.1 一个典型的CAD系统

10.1.1 网表生成

网表生成阶段会检查代码的语法，并报告诸如信号未定义、括号丢失和错误关键字等错误。一旦所有错误都被修改，则会生成一个由Verilog代码语义确定的电路网表。网表采用逻辑表达方式描述电路，并包含了诸如加法器、触发器之类的元件以及有限状态机等。

10.1.2 门级优化

接下来的步骤就是门级优化，该过程执行的就是前面章节所描述的几种逻辑优化。根据优化目标对网表进行优化操作以得到一个等效的但更好的电路。正如我们前面所介绍的，一个电路是否优于其他电路的考量标准就在于电路的成本、执行速度，或者两者的综合考虑。

以目前讨论的综合阶段所产生的结果为例，考虑如图 10.3 所示的加减模块的 Verilog 代码，这些代码定义了一个可以实现 n 位数的加减法并将寄存器中的结果进行累加的电路。根据这段代码，综合工具会生成一个与图 10.4 所示的电路相对应的网表。输入数 $A=a_{n-1}, \cdots, a_0$ 和 $B=b_{n-1}, \cdots, b_0$ 在执行加减运算之前被放置在寄存器 *Areg* 和 *Breg* 中。如果 A 和 B 是外部提供以异步方式输入的，这些寄存器就会使得电路进行同步运算。控制输入端 *Sel* 决定了运算的模式。如果 $Sel=0$，则选择 A 作为加法器的一个输入；如果 $Sel=1$，则选择结果寄存器 *Zreg*。控制输入端 *AddSub* 用以选择进行加法运算或减法运算。图 10.4中用于构成寄存器 A、B、*Sel*、*AddSub* 和 *Overflow* 的触发器由图 10.3 中的"*Define flip-flops and registers*"的代码推导出来的。多路选择器由 *mux2to1* 模块产生，而加法器由图 10.3 的 *adderk* 模块生成。连接到寄存器 B 的异或门和输出 *Overflow* 的异或功能由 *addersubtractor* 模块接近中间的代码生成。

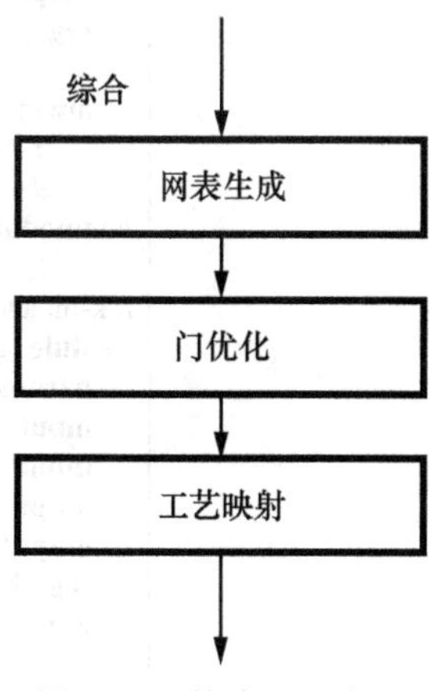

图 10.2　综合工具中的 3 个阶段

```
// Top-level module
module addersubtractor (A, B, Clock, Reset, Sel, AddSub, Z, Overflow);
   parameter n = 16;
   input [n-1:0] A, B;
   input Clock, Reset, Sel, AddSub;
   output [n-1:0] Z;
   output Overflow;
   reg SelR, AddSubR, Overflow;
   reg [n-1:0] Areg, Breg, Zreg;
   wire [n-1:0] G, H, M, Z;
   wire carryout, over_flow;

// Define combinational logic circuit
   assign H = Breg ^ {n{AddSubR}};
   mux2to1 multiplexer (Areg, Z, SelR, G);
      defparam multiplexer.k = n;
   adderk nbit_adder (AddSubR, G, H, M, carryout);
      defparam nbit_adder.k = n;
   assign over_flow = carryout ^ G[n-1] ^ H[n-1] ^ M[n-1];
   assign Z = Zreg;

// Define flip-flops and registers
   always @(posedge Reset or posedge Clock)
      if (Reset == 1)
      begin
         Areg <= 0; Breg <= 0; Zreg <= 0;
         SelR <= 0; AddSubR <= 0; Overflow <= 0;
      end
      else
      begin
         Areg <= A; Breg <= B; Zreg <= M;
         SelR <= Sel; AddSubR <= AddSub; Overflow <= over_flow;
      end
endmodule

// k-bit 2-to-1 multiplexer
module mux2to1 (V, W, Selm, F);
   parameter k = 8;
   input [k-1:0] V, W;
   input Selm;
```

图 10.3　一个累加器电路的 Verilog 代码

```
    output  [k–1:0] F;
    reg  [k–1:0] F;

    always @(V or W or Selm)
        if (Selm == 0)  F = V;
        else  F = W;
endmodule

// k-bit adder
module  adderk (carryin, X, Y, S, carryout);
    parameter k = 8;
    input  [k–1:0] X, Y;
    input  carryin;
    output  [k–1:0] S;
    output  carryout;
    reg  [k–1:0] S;
    reg  carryout;

    always @(X or Y or carryin)
        {carryout, S} = X + Y + carryin;
endmodule
```

图 10.3 （续）

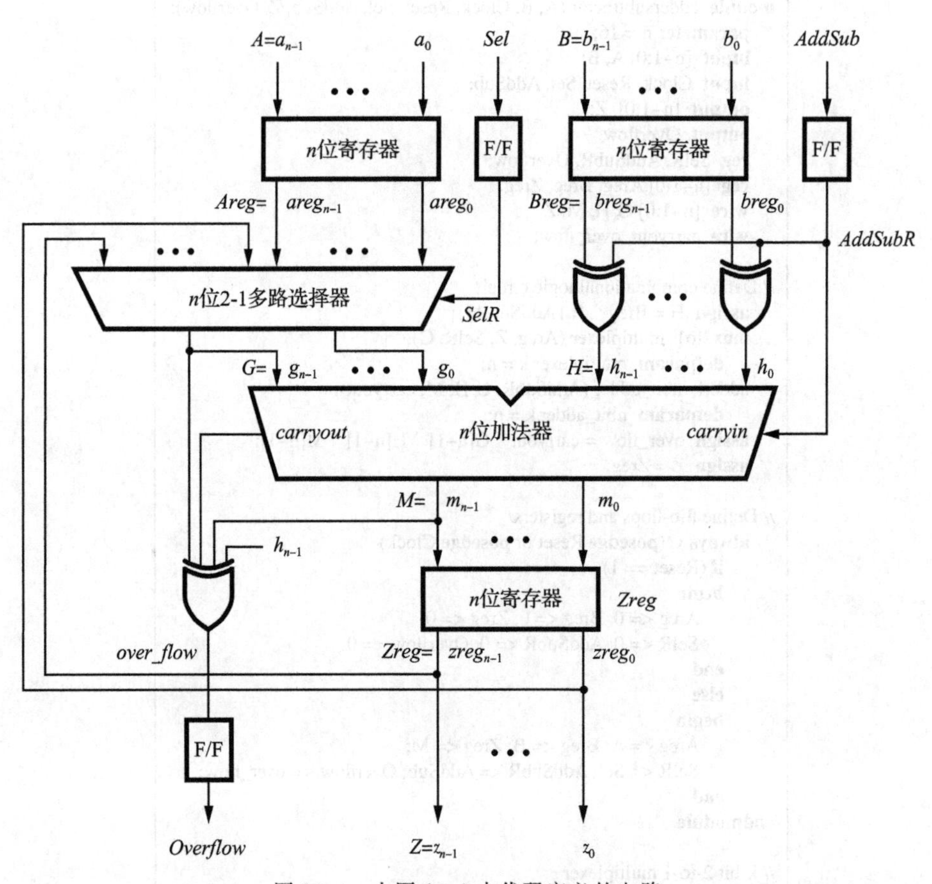

图 10.4 由图 10.3 中代码定义的电路

10.1.3 工艺映射

综合的最后一个阶段是工艺映射。该阶段将决定网表中的每一个元件如何在目标芯片的可用资源中实现，如 FPGA。图 10.5a 展示了一个典型的 FPGA 逻辑模块，它包含了 1

个4输入的LUT和1个触发器，并且有两个输出。1个多路选择用于选择来自LUT的触发器信号或直接来自输入信号In3；另一个多路选择器则把触发器中存储的值反馈到LUT的一个输入端。该逻辑模块可以用于很多种不同的方式或者模式。最直接的选择就是在LUT中实现1个多至4输入的功能，并将这些函数值存储在触发器中；LUT和触发器都可以作为逻辑模块的输出。图10.5b～e展示了该模块的4种其他应用方式。在图10.5b和图10.5c中，只用到了LUT或触发器。在图10.5d中只有LUT作为逻辑模块的一个输出，且LUT的1个输入连到触发器上。

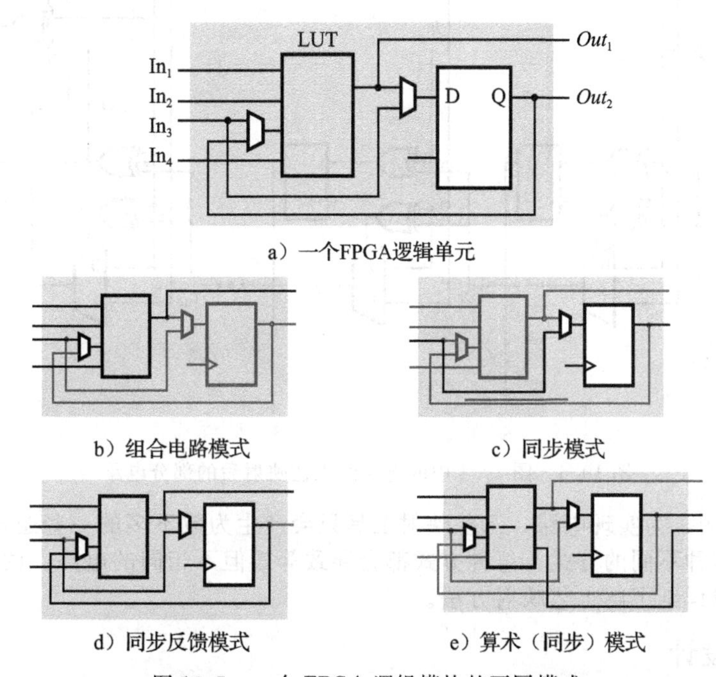

a）一个FPGA逻辑单元

b）组合电路模式

c）同步模式

d）同步反馈模式

e）算术（同步）模式

图10.5 一个FPGA逻辑模块的不同模式

FPGA中通常含有实现快速加法的专用电路。图10.5e展示了这种电路的一种实现方式。LUT分成两半使用，一半用来产生3个LUT输入求和功能，另一半用于产生这些输入的进位功能。求和功能可以提供该模块的1个输出或存储于触发器中，而进位功能产生了一个特殊的输出信号。该进位输出端可以直接连接到相邻的逻辑模块，并将其作为进位输入。这个模块反过来产生进位输出的下一级，依此类推。用这种方法，相邻逻辑模块的直接连接可用于形成快速的进位链。

图10.6展示了图10.4中的网表所对应的工艺映射的部分结果。每一个逻辑模块都使用了浅灰色的方框进行强调，并在左下角进行了标注，以表明使用的是图10.5中的何种模式。该图显示了源于图10.4且在模式d应用(图10.5d)的逻辑模块产生的h_0位，该模块使用一个触发器存储原始输入b_0的值，并在LUT中实现了异或功能，这在减法操作中用于求取B的补码。XOR的1个输入由处于工作模式C的逻辑模块提供，而在模式C时将$AddSub$输入值存储于触发器中。该触发器还驱动15个其他用于实现h_1、…、h_{15}的逻辑模块，这些模块并未显示于图中。

$AddSub$触发器连接到加法器中第1个逻辑模块的进位输入，该模块使用模式e产生和与进位输出。和存储于触发器中用于产生z_0，进位连接到加法器的下一级。图中显示了如下的进位功能：

$$c_1 = \overline{(c_0 \oplus h_0)} \cdot h_0 + (c_0 \oplus h_0) \cdot g_0$$

该表达式的功能等效于第3章形式为$c_1 = c_0 h_0 + c_0 g_0 + h_0 g_0$的表达式，但它能更清晰地展现FPGA中进位链是如何构建的。图10.6中加法器的最后一个逻辑模块并没有使用其触发器，这是因为求和输出必须直接连接到用于实现 *Overflow* 信号的逻辑模块。求和输出不能由组合逻辑电路和寄存器输出共同提供，所以就需要一个单独的工作于模式 c 的逻辑模块来产生 z_{15}。

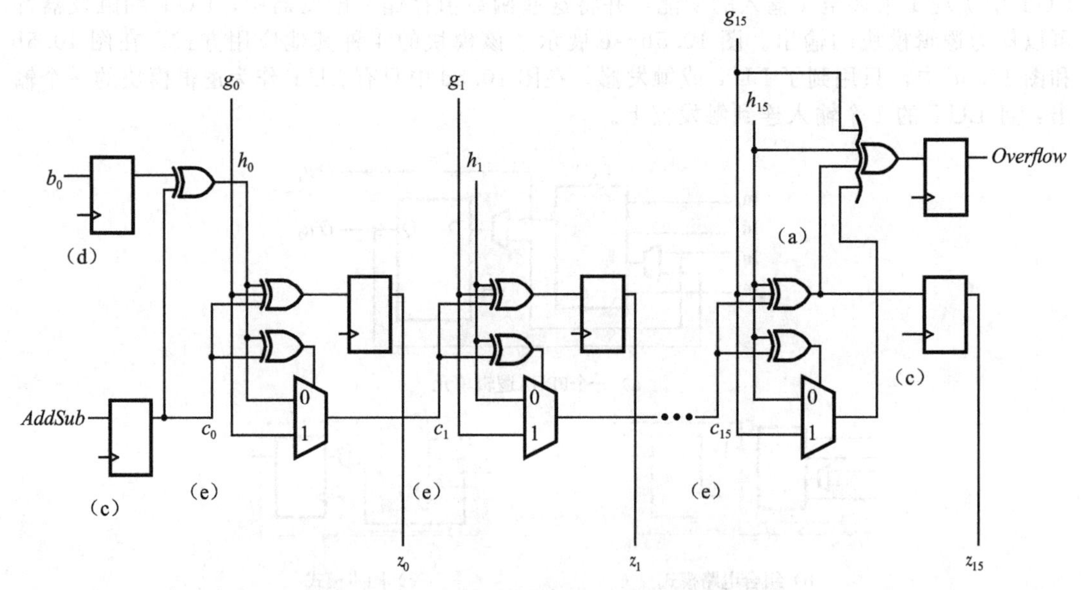

图 10.6　图 10.4 中的电路经工艺映射后的部分电路

图 10.6 表明，为实现电路，工艺映射工具只会产生为数不多的一些逻辑模块。通常，工艺映射有很多种不同的方式，每种方式都会导致等效但不相同的电路。读者可以阅读参考文献[1～3]以详细了解工艺映射方法。

10.2　物理设计

由图 10.1 可以看出，综合的下一个阶段就是功能仿真和物理设计。正如在 2.9 节所提到的，功能仿真包括将测试样本应用到综合网表中，并检测其输出结果是否正确。在仿真中，假定电路不存在传输延时，这是因为仿真的目的在于评估基本的功能而不是时序。功能仿真所使用的网表可以是工艺映射之前或之后的版本。

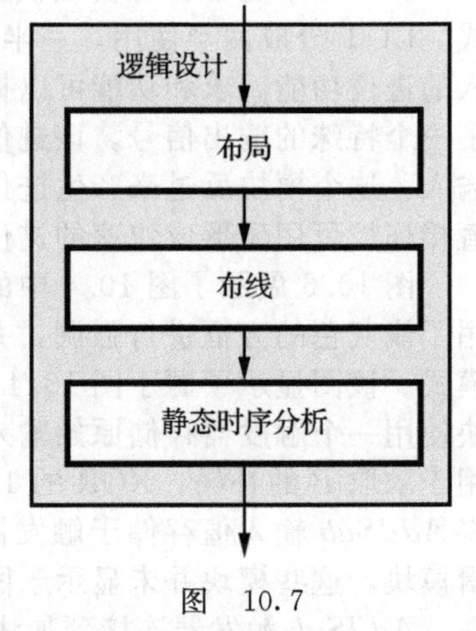

图　10.7

一旦综合生成的网表功能正确，就可以进入物理设计阶段了。该阶段是在目标芯片中精确实现所设计的综合网表。如图 10.7所示，该阶段包含三个步骤：布局、布线以及静态时序分析。

10.2.1　布局

布局是指为工艺映射网表中的每一个逻辑模块在目标芯片上选择合适的位置。图 10.8 展示了一种布局结果，该图是一小部分 FPGA 芯片中的一组逻辑模块。中间 3 个小方块代表未被占用的模块，外面一个大方块显示的是用于实现图 10.4 电路的模块布局。该电路中共有 53 个逻辑模块，包含图 10.6 中所示的部分。图 10.8 中还给出了一些电路的原始输入的布局，这些输入分配在芯片周围的引脚上。

为了找到一种好的布局方案，必须为每一个逻辑模块尝试众多不同的位置。对于一个可能包含数万个模块的大型电路，这是一个很难解决的问题。为了了解所涉及问题的复杂性，让我们试着观察一个给定电路会有多少种可能的布局方案。假设电路中有 N 个逻辑模块，并且需要放置到一个正好包含 N 个模块的 FPGA 中。对于第 1 个模块，布局工具有 N 种选择，对于第 2 个模块则有 $N-1$ 种选择，第 3 个模块有 $N-2$ 种选择，以此类推。将这些选择乘起来就得到共有 $(N)(N-1)\cdots(1)=N!$ 种可能的布局方案。即使对于一个适中的值，$N!$ 也是一个非常大的数字，这意味着即使只考虑所有选择中的一小部分方案时，为了找到更好的方案，也必须采用启发式技术。一种典型的商业布局工具是通过构造一个初始的布局配置，然后采用迭代的方式将逻辑模块移到不同的地方来进行布局。对于每一个迭代，其方案的优劣通过对所实现电路的运行速度或成本进行评估。在参考文献[4～7]中对布局问题做进一步的研究和更为详细的描述。

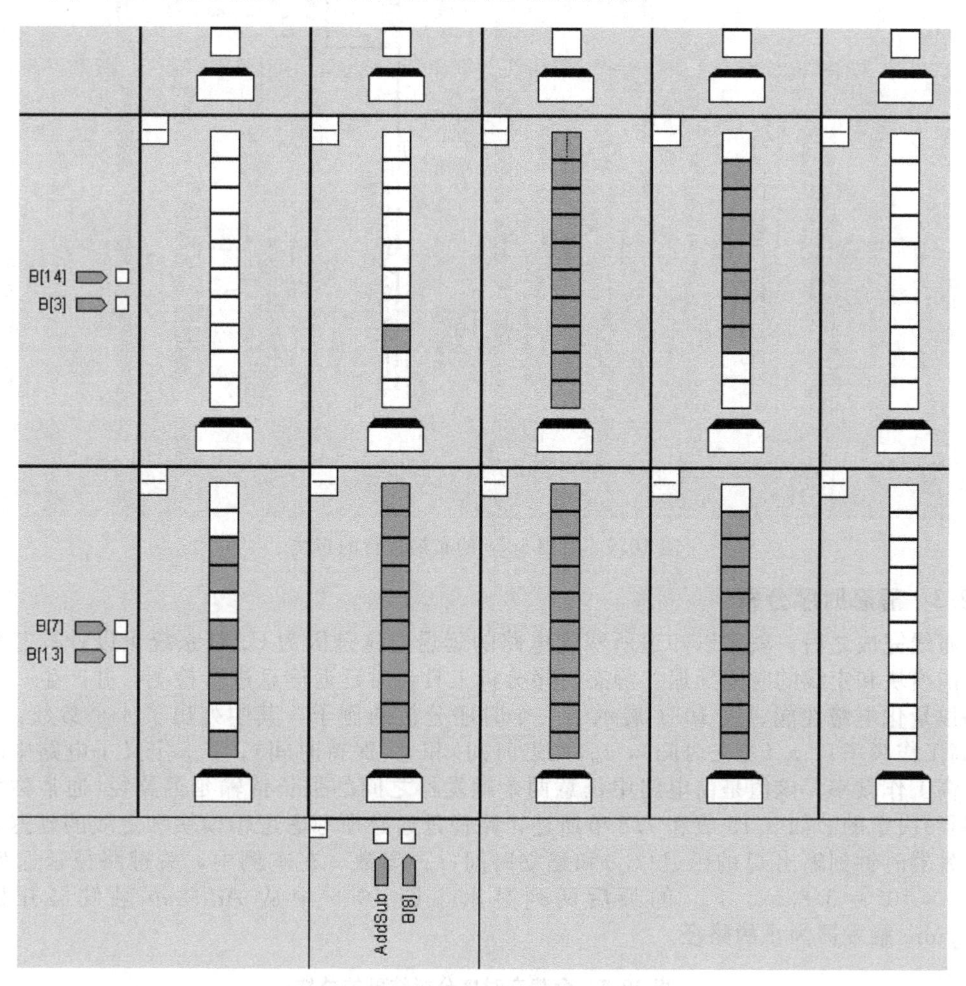

图 10.8 图 10.6 所示电路的布局

10.2.2 布线

一旦确定了电路中每个逻辑模块在芯片中的位置就可以进入布线阶段。该阶段就是把放置在芯片中的模块用线连接起来。图 10.9 所示的即为对图 10.8 的布局进行布线的一个案例。除了显示逻辑模块之外，该图也展示了芯片中的一些走线，其中灰色阴影表示所实现的电路中的走线，该图中有单股线(可能有不同的长度)，也有整束的线，如灰色矩形所示。布线 CAD 工具将尽可能使各种线的使用达到最优，如用于进位链的有效连接。图 10.9中展示了图 10.6 中的进位链路径的布线案例，黑线表示的是进位链走线，它连接了加法器与 *Overflow* 寄存器。在参考文献[3]、[5～6]和[8]中对布线工具有更为详细的介绍。

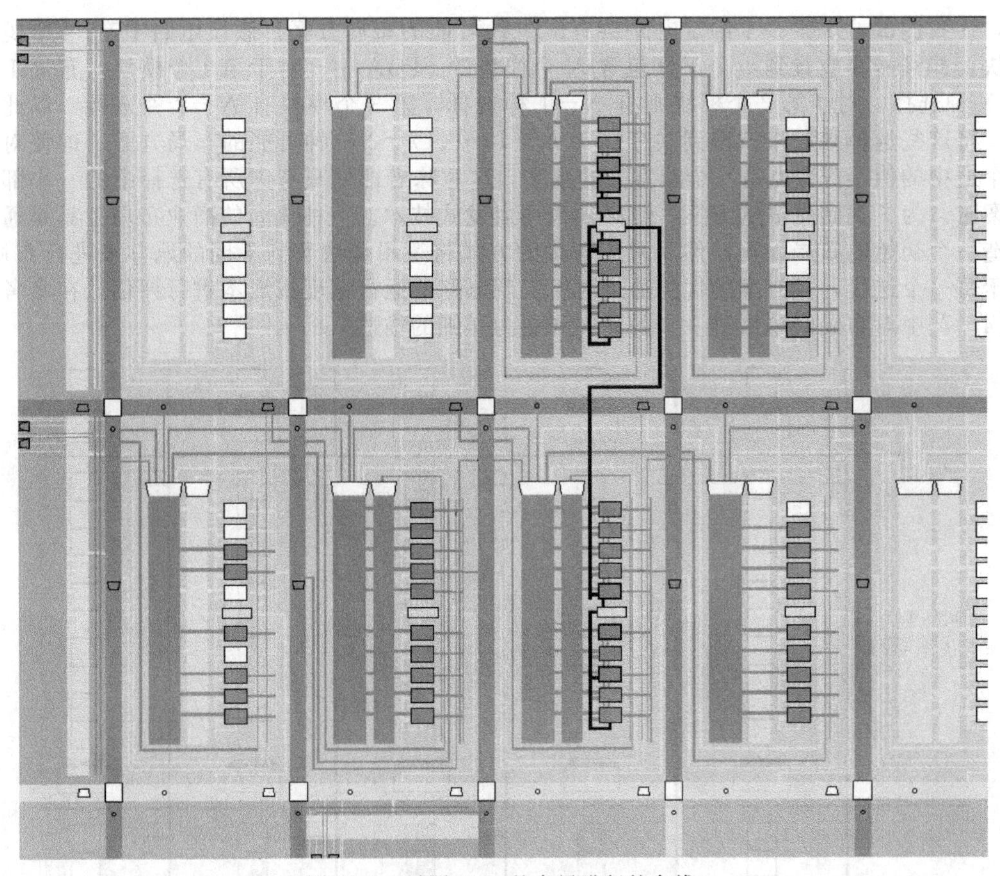

图 10.9 对图 10.8 的布局进行的布线

10.2.3 静态时序分析

布线完成之后，就可以知道所实现电路的延迟，这是因为 CAD 系统可以计算芯片中所有的模块和走线的时间延迟。静态时序分析工具会对延迟信息进行检测，并产生一系列表格以量化电路性能。表 10.1 展示了一个时序分析的例子，其中列出了 4 个参数：F_{max}（最高工作频率），t_{su}（建立时间），t_{co}（延迟时间）和 t_h（保持时间）。F_{max} 定义了电路中时钟的最高工作频率，该值是由电路中任意两个触发器之间的最长传输延迟路径（通常称为关键路径）决定的。如 5.15 节和 7.8 节所述，路径延迟必须考虑逻辑模块和走线的延迟，以及触发器时钟到输出 Q 的延迟（t_{cQ}）和建立时间（t_{su}）参数。在本例中，关键路径延迟为 $1/261.1\times10^6=3.83$ns。F_{max} 的最后两列显示了图 10.6 中从 *AddSub* 触发器开始到 *Overflow* 触发器为止的路径。

表 10.1 个静态时序分析结果的总结

参数	实际值	期望值	余量	起始	结束
F_{max}	261.1MHz	200MHz	1.17ns	*AddSub*	*Overflow*
t_{su}	2.356ns	10.0ns	7.644ns	b_0	$breg_0$
t_{co}	6.772ns	10.0ns	3.228ns	zreg$_0$	z_0
t_h	0.240ns	N/A	N/A	b_1	$breg_1$

大多数 CAD 系统允许用户定义电路的时序约束。在表 10.1 中，我们假设用户定义的电路在时钟频率达到 200MHz 时能正常工作，该值与由 CAD 获得的结果之差称为余量。本表中，所要求的传输延迟不能超过 $1/200\times10^6=5$ns，结果是 3.83ns，故余量值为 1.17ns。正的余量意味满足了约束条件，并留有余量。如果余量值为负，则没有达到用户

的要求，此时必须修改 Verilog 代码或者 CAD 工具中的设置以满足约束条件。

表 10.1 中的其他行显示了设计的原始输入和输出的时序结果。t_{su} 结果显示了最坏情况下从引脚 b_0 到触发器 $breg_0$ 的建立时间为 2.356ns，该参数意味着在指定引脚的每个时钟信号的有效沿之前，b_0 信号值保持稳定的时间至少为 2.356ns。因为设计者指定最坏情况下的建立时间约束为 10ns，其结果意味着所实现电路超过要求值 7.644ns。电路中从 $zreg_0$ 到引脚 z_0，最坏情况下时钟到输出的延迟为 6.772ns，这意味着从其引脚的时钟信号有效沿到相应的 z_0 信号改变的传输延迟为 6.772ns，由于对应的约束定义为 10ns，所以其余量为 3.228ns。

表 10.1 中的最后 1 行给出了从引脚 b_1 到触发器 $breg_1$ 路径的最大维持时间为 0.24ns。因此，在时钟引脚每个有效沿之后，引脚 p_1 上的信号稳定值至少维持 0.24ns。我们假设对于该参数无约束条件限制，因此没有显示余量值。

表 10.1 中只列出了最坏路径下的 F_{max}，t_{su}，t_{co} 和 t_h。所实现电路中会有很多其他路径，其延迟更小，余量更大。静态时序分析通常还会提供每个参数的附加表，以列出更多路径。

在图 10.1 中，CAD 流程的最后一个阶段就是时序仿真，该阶段将对电路功能和时序特性一起仿真。在进行时序仿真时，CAD 工具将对所有逻辑元件、走线和目标芯片的其他资源的时间延迟进行评估。

10.3　小结

本章简要介绍了一种典型的设计流程，由于已有高效的 CAD 工具使这种设计成为可能。我们只介绍了商业 CAD 系统可用工具中最重要的子集。为了了解到更多的内容，读者可以查阅参考文献[1～8]，或访问 CAD 工具提供者的网站。表 10.2 列举了一些 CAD 工具的主流厂商，并给出了其网址和一些流行的产品名称。

表 10.2　主要 CAD 工具产品

公司	网址产品名称	
Altera	altera.com	Quartus II
Mentor Graphics	mentorgraphics.com	ModelSim，Precision
Synopsys	synopsys.com	Design Compiler，VCS
Xilinx	xilinx.com	ISE，Vivado

参考文献

1. R. Murgai, R. Brayton, A. Sangiovanni-Vincentelli, *Logic Synthesis for Field-Programmable Gate Arrays*, (Kluwer Academic Publishers, 1995).
2. J. Cong and Y. Ding, *FlowMap: An Optimal Technology Mapping Algorithm for Delay Optimization in Lookup-Table Based FPGA Designs*, (in IEEE Transactions on Computer-aided Design 13 (1), January 1994).
3. S. Brown, R. Francis, J. Rose, Z. Vranesic, *Field-Programmable Gate Arrays*, (Kluwer Academic Publishers, 1995).
4. M. Breuer, *A Class of Min-cut Placement Algorithms*, (in Design Automation Conference, pages 284–290, IEEE/ACM, 1977).
5. Carl Sechen, *VLSI Placement and Global Routing Using Simulated Annealing*, (Kluwer Academic Publishers, 1988).
6. V. Betz, J. Rose, and A. Marquardt, *Architecture and CAD for Deep-Submicron FPGAs*, (Kluwer Academic Publishers, 1999).
7. M. Sarrafzadeh, M. Wang, and X. Yang, *Modern Placement Techniques*, (Kluwer Academic Publishers, 2003).
8. L. McMurchie and C. Ebeling, *PathFinder: A Negotiation-Based Performance-Driven Router for FPGAs*, (in International Symposium on Field Programmable Gate Arrays, Monterey, Ca., Feb. 1995).

第11章
逻辑电路测试

本章主要内容

- 数字电路的各种测试技术
- 电路中典型故障表示方法
- 用于测试电路行为的测试推导
- 可测性电路设计

在前几章中，我们讨论了逻辑电路的设计。接下来的重要设计步骤是确认所设计的电路能否按预期工作。如何证明所设计的电路确实达到了预期的功能呢？关键的一点就是要确认电路能按指定的功能行为运行，而且还要满足所有加载于该电路的时序约束条件。本书中已有多处讨论了时序问题，本章主要讨论用于验证给定电路功能的某些测试技术。

对逻辑电路进行测试的原因有多个：电路开发完成时，需要验证它是否满足功能和时序规范要求；当一个正确设计的电路进行批量生产时，必须对产品进行测试以确保生产过程未引入任何缺陷；当怀疑现场安装的设备中的电路可能存在某些问题时，也有必要对电路进行测试。

所有测试技术的基础都是将预先定义好的输入集(称为测试或者测试矢量)施加到电路上，并将其输出与功能正常的电路的输出结果进行比较。其难点在于如何用相对较少的测试集而又能充分证明电路的正确性。对于大型电路来说，将所有可能的情况都写成测试矢量的穷举法是不切实际的，因为存在太多可能的测试矢量了。

11.1 故障模型

当电路存在某些错误，如晶体管故障或连线故障，都会导致电路功能出错。很多情况都有可能出错，进而导致各种各样的故障：晶体管开关损坏导致永久的开路或者短路；电路的连线与电源(V_{DD})或地短路，或者连线本身断开；两条线间出现不应有的连接；实现逻辑门的电路出现故障导致错误的输出。处理各种各样的故障是劳神费力的麻烦事。幸运的是，可以对测试过程限定在一些简单的故障中并能得到基本满意的结果。

11.1.1 固定故障

本书讨论的大多数电路都是用逻辑门作为构建电路的基本元件的。适用于这种电路的故障模型是假定所有的故障出现在连线上(逻辑门的输入或输出)，其值永久固定为逻辑值0或1。将连线w上的信号固定为一个永久的故障值0的情况称w存在固定0故障(stuck-at-0)，标记为$w/0$。如连线w上的信号固定为一个永久的故障值1的情况则称w存在固定1故障(stuck-at-1)，记为$w/1$。

举一个明显存在固定故障的例子：逻辑门的输入错误地连接到电源电压上，即连接在V_{DD}或地上。还有一些其他类型的故障，它们引起的问题看起来就像连线固定在了一个特定的逻辑值上，固定故障模型也可用于这些场合。逻辑门电路出现故障所产生的实际影响取决于逻辑门电路制造时采用的特定工艺技术。我们将把注意力集中在固定故障模型上，假设固定故障是唯一会出现的故障，然后检查测试过程。

11.1.2　单个故障和多个故障

电路中可能存在单个故障，也可能存在多个故障。同时处理多个故障很困难，因为每个故障都会表现出多种不同的形式。比较实用的方法是只考虑单个故障。实践表明，一个可以检测所有单个故障的测试集合也可以检测绝大部分的多个故障。

只有在输入端施加适当的输入后故障电路所产生的输出结果与电路正常工作时的输出结果不同时才能检测出故障。每次测试都假定能够检测出一个或几个故障。对于给定电路的一个完全的测试集合称为测试集(test set)。

11.1.3　CMOS 电路

CMOS(互补金属氧化物半导体)逻辑电路表现出一些特殊的故障行为。晶体管可能永久地保持开或关(即短路)状态而失效。大多这样的故障表现为固定故障，但某些故障又会产生完全不同的行为。例如，晶体管出现短路时，可能会引起从 V_{DD} 到地的连续电流，而使输出电压处于中间值，既不是逻辑 0 也不是逻辑 1。晶体管出现开路故障可能会使输出电容保持固定电平的电荷，因为用于放电的开关被断开了，其结果是使一个组合 CMOS 电路出现时序电路的行为。

测试 CMOS 电路的专用技术超出了本书的范围。有关这个话题的介绍性材料可参考文献[1-3]。CMOS 电路测试已成为研究热点[4-6]。在本书中假设采用固定故障模型得到的测试集可以覆盖所有电路的故障。

11.2　测试集的复杂度

组合电路和时序电路的测试有很大的不同。不管组合逻辑电路的设计规模多大都能进行充分的测试；而时序电路的测试则具有更大的挑战性，因为被测电路的行为不仅受到外部输入测试信号的影响，还与测试信号输入时的电路状态有关。如果设计者在设计时没有考虑到电路的可测性，就很难对时序电路进行测试。其实，设计易测试的电路是可能的，我们将在 11.6 节中讨论这个问题。现在我们先从组合电路的测试入手。

测试组合电路的一种直接的方法是加载包含所有输入值的测试集，检查被测电路的输出值是否与设计电路的真值表一致。这种方法对于小型电路来说很有用，因为测试集不是太大；但是对于输入变量很多的大型电路而言，这种方法就变得完全不可行。幸运的是，我们并不需要对具有 n 个输入端的电路施加包含所有 2^n 种可能的测试集。可以检测出所有单个故障的完整测试集通常由较少的测试组成。

图 11.1a 展示了一个简单的 3 输入电路，我们需要确定该电路的最小测试集。穷举测试集包括：所有 3 个输入信号的 8 个组合，涉及 5 条连线的电路，这 5 条连线在图中分别标记为 a、b、c、d 和 f。采用我们的故障模型，每条线都可能有固定为 0 或 1 的故障。

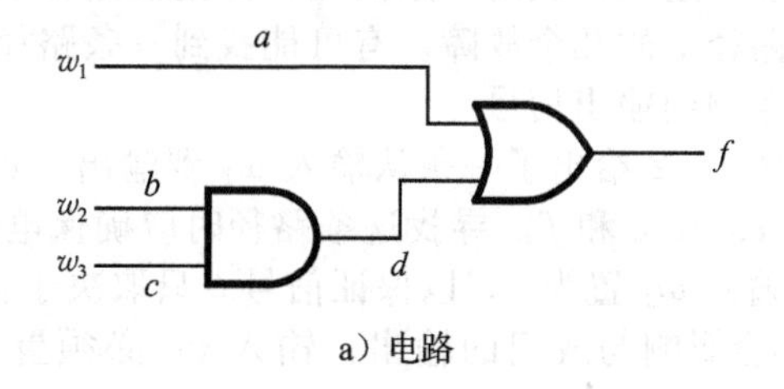

a）电路

测试 $w_1w_2w_3$	检测的故障									
	a/0	a/1	b/0	b/1	c/0	c/1	d/0	d/1	f/0	f/1
000		√						√		√
001		√		√				√		√
010		√				√		√		√
011			√		√		√		√	
100	√								√	
101	√								√	
110	√								√	
111									√	

b）不同输入变量所检测的故障

图 11.1　一个简单电路的故障检测

图 11.1b 列出了所有 8 种可能的输入组合作为测试矢量。测试向量 $w_1w_2w_3=000$ 可以检测出连线 a、d 和 f 固定 1 故障。在正常的电路中，输入这个测试矢量得到的输出结果为 $f=0$。但是，如果 $a/1$、$d/1$ 或者 $f/1$ 故障中的任意一个发生，在输入向量为 000 时，电路的输出就会变为 $f=1$。测试向量为 001 时，在正常的电路中其输出应该为 $f=0$，而如果出现 $a/1$、$b/1$、$d/1$ 或者 $f/1$ 故障，则输出变为 $f=1$。这个测试向量可以检测出 4 种故障，我们说它覆盖了 4 个故障。测试向量 111 只能检测出一个故障 $f/0$。

可以通过查找表推导出覆盖该电路所有故障的最小测试集。某些故障只能被一个测试向量覆盖，这就意味着必须把这些测试向量包含在测试集中。$b/1$ 故障只能被 001 覆盖；$c/1$ 故障只能被 010 覆盖；$b/0$、$c/0$ 和 $d/0$ 故障只能被 011 覆盖；这 3 个测试矢量是最基本的。对于剩下的故障需选择一个矢量进行测试。测试矢量 001、010 和 011 覆盖了除了 $a/0$ 之外的所有故障，而故障 $a/0$ 可以被 3 个不同的测试矢量覆盖。任意挑选一个测试矢量，如 100，便可以得到该电路的一个完整的测试集：

$$测试集 = \{001,010,011,100\}$$

由此可以得出结论：在这个电路中使用 4 个测试矢量即可检测出该电路所有可能的固定故障，而如果我们只是简单地用完整的真值表测试电路，就需要用到 8 个测试向量。

对于 1 个给定的 n 输入的电路而言，其完整的测试集的规模通常远小于 2^n。但是，在实际情况中测试集的规模仍然可能太大而无法接受，甚至对于中等规模的电路，要得到最小测试集也是一令人头痛的事，显然像图 11.1 中的简单方法并不实用。下一节，我们要探讨一种更有趣的解决方法。

11.3 路径敏化

从实用的角度来看，11.2 节所介绍的通过考虑电路中所有连线的每个故障从而推导出测试集的方法并没有吸引力，因为需要考虑太多的连线和故障。另一种更好的方法是处理由多条连线构成的一条路径，并把该路径视为一个整体，使用一个测试向量便可检测出这条路径上的几个故障。有可能找到一条路径，使得信号的变化可以沿着该路径传递，并直接影响到输出信号。

图 11.2 给出了一条从输入 w_1 到输出 f 的路径。这条路径经过 3 个逻辑门，并包含了连线 a、b、c 和 f。寻找这条路径时应确保电路的输出 f 不受其他路径的影响，为此，必须把输入 w_2 置为 1，以保证信号 b 只取决于信号 a 的值。而输入 w_3 必须置为 0，以保证 w_3 不会影响与或门的输出；输入 w_4 必须置为 1，使其不影响与门的输出。这样，如果 $w_1=0$，则输出为 $f=1$；反之 $w_1=1$，则 $f=0$。在相关文献中采用一个更专业的术语代替“找到了从 w_1 到输出 f 的这条路径”的说法，即称为路径被敏化。

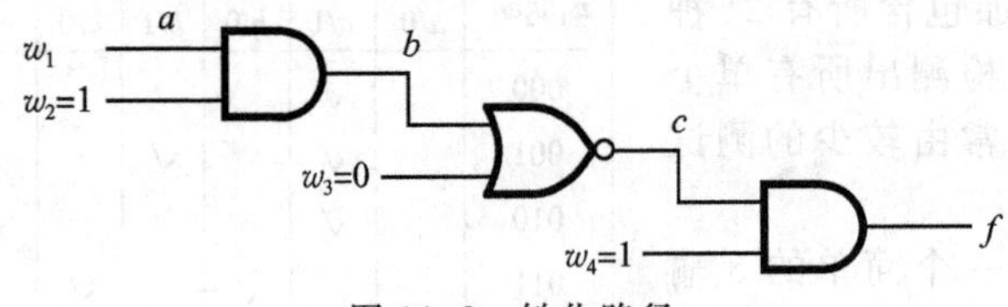

图 11.2 敏化路径

为了敏化从与门、与非门的某个输入端起始的路径，所有其他的输入端都需置为 1；而为了敏化从或门、或非门的某个输入端起始的路径，所有其他的输入端都要置为 0。

现在，我们考虑敏化路径上故障的影响。在图 11.2 中如果出现 $a/0$ 故障，即使 $w_1=1$，其输出为 $f=1$；如果出现 $b/0$ 或 $c/1$ 故障，将存在相同的影响，故测试向量 $w_1w_2w_3w_4=1101$ 可以检测出 $a/0$、$b/0$ 和 $c/1$ 故障。类似地，如果 $w_1=0$，输出应该是 $f=1$，但如果存在 $a/1$、$b/1$ 或 $c/0$ 故障时，则输出 $f=0$。所以可以用测试向量 0101 检测这 3 个故障。只需用这两个测试矢量就可以检测出敏化路径上的任意一个固定故障。

给定电路中路径数要比单根连线的数量少得多，这就意味着基于敏化路径产生测试集的方法会有更大的吸引力。下面的例子详细说明了这种可能性。

例 11.1 **路径敏化测试**　考虑图 11.3 中的电路，该电路有 5 条路径。路径 w_1-c-f 通过设置 $w_2=1$、$w_4=0$ 被敏化，而 w_3 为 0 或 1 均可。因为 $w_2=1$ 使得连线 b 的信号等于 0，进而强制信号 d 为 0，而与 w_3 的值无关。这样该路径通过设置 $w_2w_3w_4=1$x0(x 表示 w_3 的值无关紧要)被敏化。因此测试向量 $w_1w_2w_3w_4=01$x0 和 11x0 可以检测出该路径上的所有故障。第 2 条路径 w_2-c-f 上的故障可以用 1000 和 1100 检测。第 3 条路径 w_2-b-d-f 可以用 0010 和 0110 检测。第 4 条路径 w_3-d-f 可以用 x000 和 x010 检测。第 5 条路径 w_4-f 可以用 0x00 和 0x01 检测。实际上并不需要使用所有这 10 个测试矢量，通过观察可以发现：0110 可以起到 01x0 的作用，1100 可以起到 11x0 的作用，1000 可以起到 x000 的作用，而 0010 可以起到 x010 的作用。因此，这个测试集就是：

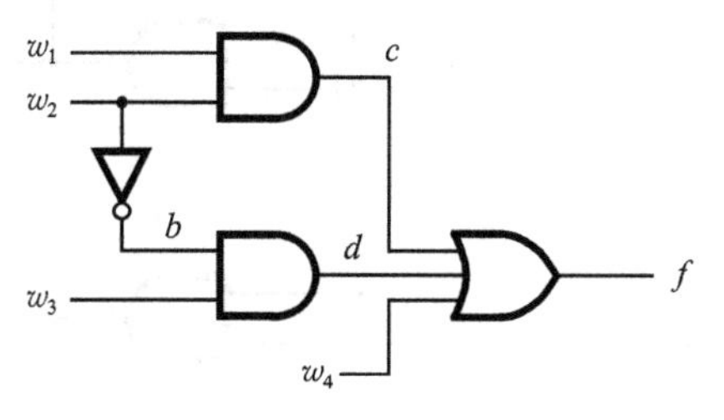

图 11.3　例 11.1 中的电路

$$测试集 = \{0110, 1100, 1000, 0010, 0x00, 0x01\}$$

虽然这种解决方法较为简单，但对于大规模电路而言仍然不实用。路径敏化这个概念非常有用，在接下来的讨论中我们可以看到这一点。◄

固定故障的检测

假如我们怀疑图 11.3 中的电路在连线 b 上存在一个固定 1 故障。通过敏化将故障的影响传播到可观察到的输出 f 的路径以获得确定故障是否存在的测试矢量。该路径为 b-d-f，必须设置 $w_3=1$、$w_4=0$ 及 $c=0$，而后者可以通过设置 $w_1=0$ 实现。如果 b 为固定 1 故障，则必须设置一个适当的输入使得连线 b 上的正常值为 0，才能保证输出端在正常情况和故障情况下的值不同，所以必须将 w_2 设置为 1。这样就可以得到检测故障 $b/1$ 的测试向量为：$w_1w_2w_3w_4=0110$。

一般而言，要检测一条给定连线上的故障，可以敏化一条合适的路径，将故障点的影响传播到输出端。敏化过程包括给该路径上的所有逻辑门的其他输入端赋以适当的值，而这些值必须能够通过给原始(外部)输入端赋以特定的值得到，但这一点并不是总能做到的。例 11.2 展示了这个过程。

例 11.2 **故障传播**　故障的影响沿着敏化路径的各个门传递，当经过一个“非”门时，信号的极性就会改变。一般设符号 D 表示固定 0 故障，在经过“与”门和“或”门时，固定 0 故障的影响不会改变极性。如果 D 是“与”门(“或”门)的一个输入，则其他输入应该设置为 1(0)，这样该门的输出端的值就为 D。但是，如果 D 作为非门、与非门或者异或门的一个输入，则相应的输出就会表现出固定 1 故障，表示为$\overline{D}$。

图 11.4 展示了如何通过使用 D 和$\overline{D}$传播故障的影响。首先假设线 b 上出现固定 0 故障，记为 $b/0$。我们想让该故障的影响沿着路径 b-h-f 传递，这可以通过如图 11.4b 所示的方式实现：设置 $g=1$，故障的影响传到连线 h，则 h 出现固定 1 故障，记为$\overline{D}$；接着设置 $k=1$，故障的影响传播到 f，因为最后的“与非”门使信号值翻转，所以输出为 D，与 $f/0$ 等价。这样正常的电路输出应该为 1，而有故障的电路输出为 0。下一步需要确认通过对原始输入端施加适当的值而得到 $g=1$ 和 $k=1$ 的可能性，这称为**一致性检查**。通过设置$c=0$，g 和 k 都被强制为 1，而设置 $w_3=w_4=1$ 则可得到 $c=0$。最后，为了确保连线 b 上的故障 D 的传播，必须施加一个使 b 为 1 的输入信号，这意味着 w_1 或 w_2 必须等于 0。因此，可以得到检测故障 $b/0$ 的测试向量 $w_1w_2w_3w_4=0011$。

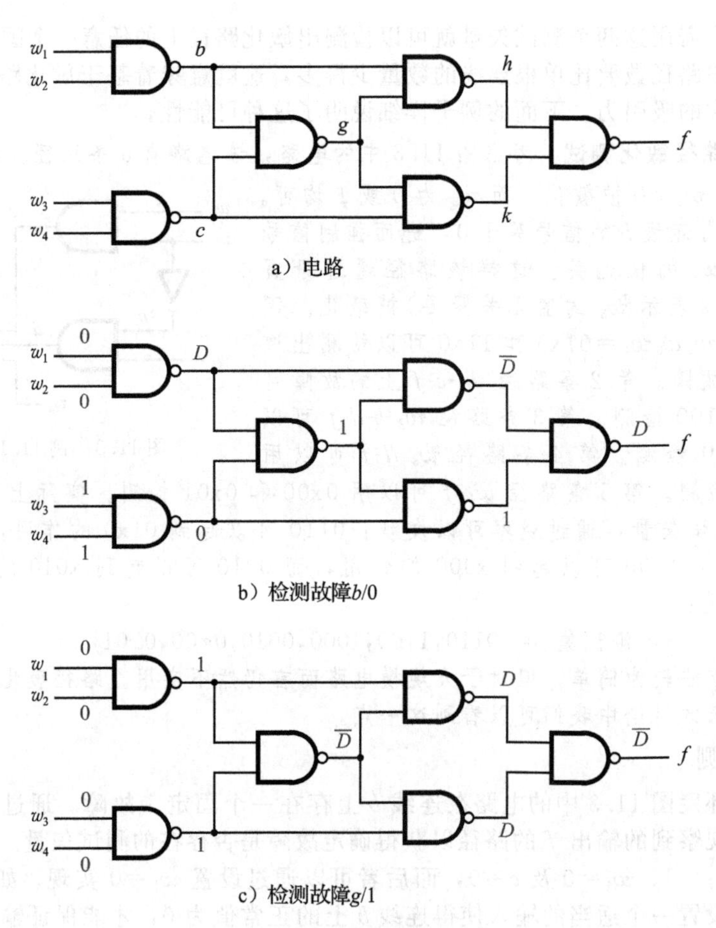

图 11.4　故障检测

接下来假设连线 g 存在固定 1 故障，表示为$\overline{D}$。我们尝试通过设置 $b=1$ 和 $k=1$ 使得故障的影响经路径 g-h-f 传播到输出。为了使 $b=1$，设置 $w_1=w_2=0$。而为了使 $k=1$，必须令 $c=0$。但是为了使故障$\overline{D}$向后传播，必须保证在正常电路中 $g=0$，这只能在 $b=c=1$ 时才能获得。问题在于同时我们需要置 $c=0$，以使 $k=1$。因此，一致性检查失败，故障 $g/1$ 不能通过这条路径传播。

另一种可能性是同时沿着两条路径传播故障，如图 11.4c 所示。在这种情况下，故障同时沿着路径 g-h-f 和 g-k-f 传播，这要求设置 $b=1$、$c=1$，这正是上面讨论的情况。测试向量 0000 就可以达到检测 $g/1$ 的目的。通过观察可以发现，如果与非门的两个输入都接 D（或$\overline{D}$），则输出值就是$\overline{D}$(或是 D)。

基于通过路径敏化传播故障的影响以得到故障检测的测试集的思想已经开发出许多方法。图 11.4 展示了 D 算法的原理，这是故障检测的第 1 个实用方法[7]。在此基础上又发展出一些其他的技术[8]。◀

11.4　树形结构电路

树形结构电路，即每个门只有一个扇出的电路，特别易于测试。这种电路的最常见的形式为积之和形式或和之积形式。由于从每一个原始输入端到输出端都只有一条唯一的路径，所以从原始输入端就足够推导出故障的测试向量。我们可以用图 11.5 中的积之和电路来解释这个概念。

如果一个“与”门的任意输入端存在固定 0 故障，通过设置这个门的所有其他输入为

1，并保证其他的与门输出结果为 0，就可以检测出这个故障。对于正常的电路有 $f=1$，而存在故障的电路则有 $f=0$。因为有 3 个与门，所以需要 3 个这样的测试向量。

检测固定 1 故障要稍微复杂些。测试与门的一个输入端是否出现了固定 1 故障的方法为：用逻辑 0 驱动这个输入端，而该与门的其他输入端都连接逻辑 1。这样正常门输出值为 0；而故障门的输出值为 1。同时，其他与门的输出必须为 0，这只需设置这些与门至少有一个输入端为 0 即可。

图 11.6 展示了必要的测试向量的推导。前 3 个测试向量用于检测固定 0 故障，第 4 个测试向量可以检测最上面那个门的第 1 个输入或者其他两个门的第 3 个输入端的固定 1 故障。通过观察发现，每种情况下，被测输入端由逻辑 0 驱动，而其他输入都等于 1，这就产生了测试向量 $w_1w_2w_3w_4=0100$。很明显，用单个测试向量测试尽量多逻辑门的输入是很有益的。第 5 个测试向量可以检测最上面逻辑门的第 2 个输入的故障和最底下那个门的任何输入的故障，其测试向量为 1110。另 3 个测试向量用以检测这些与门其余的输入的固定 1 故障。这样，可得到完整的测试集为：

$$测试集 = \{1000,0101,0111,0100,1110,1001,1111,0011\}$$

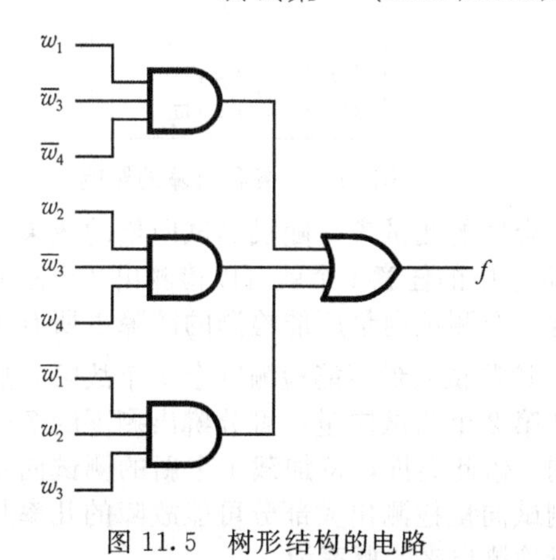

图 11.5　树形结构的电路

	No.	积项			测试
		$w_1\ \overline{w}_3\ \overline{w}_4$	$w_2\ \overline{w}_3\ w_4$	$\overline{w}_1\ w_2\ w_3$	$w_1\ w_2\ w_3\ w_4$
固定0故障检测	1	1 1 1	0 1 0	0 0 0	1 0 0 0
	2	0 1 0	1 1 1	1 1 0	0 1 0 1
	3	0 0 0	1 0 1	1 1 1	0 1 1 1
固定1故障检测	4	0 1 1	1 1 0	1 1 0	0 1 0 0
	5	1 0 1	1 0 0	0 1 1	1 1 1 0
	6	1 1 0	0 1 1	0 0 0	1 0 0 1
	7	1 0 0	1 0 1	0 1 1	1 1 1 1
	8	0 0 0	0 0 1	1 0 1	0 0 1 1

图 11.6　图 11.5 电路的测试集求解

11.5　随机测试

到目前为止，我们只考虑了如何为给定的电路推导出确定的测试集，这基本依赖于路径敏化的概念。但是当电路的规模变得更大时，产生这样的测试集会很困难。另一种有用的方法是随机选择测试，在本节将讨论这种方法。

图 11.7 给出了两个变量的所有函数。对于一个 n 变量的函数，则可能存在着 2^{2^n} 个函数；对于 $n=2$，则存在 $2^{2^2}=16$ 个 2 变量函数。以异或函数为例，其逻辑原理图如图 11.8 所示，考虑该电路中连线 b、c、d、h 和 k 上可能出现的固定 0 故障和固定 1 故障。每一个故障都会使该电路变成故障电路，即电路所实现的不再是异或功能，如图 11.9 所示。为了测试该电路，可以施加一个或多个输入变量值，以区分正常电路与图 11.9 中所列出的那些故障电路。任意选择 $w_1w_2=01$ 作为第 1 个测试向量，这个测试向量可以使正常的电路输出为 $f=1$，而故障电路 f_0、f_2、f_3、f_{10} 的输出为 $f=0$，进而可以达到区分两者而实现检测的目的。接着任意选择测试向量 $w_1w_2=11$，这个测试向量区分出正常的电路与故障电路 f_5、f_7 和 f_{15}，同时也能检测 f_3，但该故障已经用 $w_1w_2=01$ 检测了。第 3 个测试向量选择为 $w_1w_2=10$，可以检测故障 f_4 和 f_{12}。这 3 个测试向量都是随机抽取的，但已能检测出图 11.9 中列出的所有电路故障。而且请注意：前两个测试向量就可以检测 9 个可能故障中的 7 个。

w_1w_2	f_0	f_1	f_2	f_3	f_4	f_5	f_6	f_7	f_8	f_9	f_{10}	f_{11}	f_{12}	f_{13}	f_{14}	f_{15}
00	0	0	0	0	0	0	0	0	1	1	1	1	1	1	1	1
01	0	0	0	0	1	1	1	1	0	0	0	0	1	1	1	1
10	0	0	1	1	0	0	1	1	0	0	1	1	0	0	1	1
11	0	1	0	1	0	1	0	1	0	1	0	1	0	1	0	1

图 11.7　所有 2 变量函数

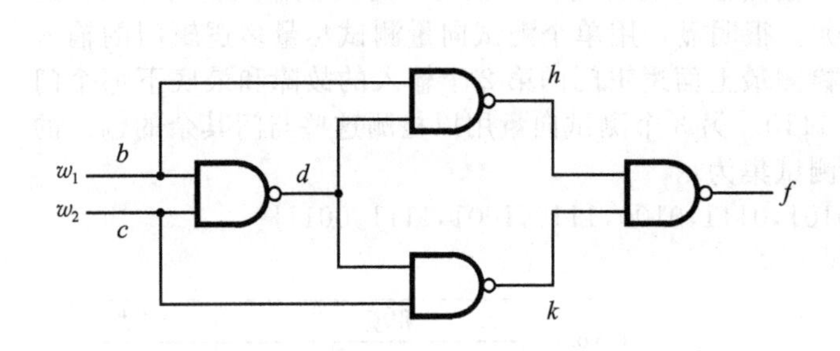

图 11.8　异或电路

故障	电路实现
$b/0$	$f_5=w_2$
$b/1$	$f_{10}=\overline{w}_2$
$c/0$	$f_3=w_1$
$c/1$	$f_{12}=\overline{w}_1$
$d/0$	$f_0=0$
$d/1$	$f_7=w_1+w_2$
$h/0$	$f_{15}=1$
$h/1$	$f_4=\overline{w}_1w_2$
$k/0$	$f_{15}=1$
$k/1$	$f_2=w_1\overline{w}_2$

图 11.9　各种故障的影响

这个例子说明随机选择测序向量有可能得到一个合适的测试集。随机测试向量的效果又如何呢？从图 11.7 中可以看到，用 4 个可能的测试向量中的任意 1 个就可以检测出 8 个故障电路，因为它们得到的输出值与正常电路不同。用这一个测试向量所能检测的故障占所有可能的故障函数(对于 2 变量的情况是 2^{2^2-1})中的一半。该测试向量不能检测其余 7 个故障，这是因为它们的输出结果与正常电路的结果相同。施加第 2 个测试向量，可分辨出剩下的 7 个故障函数中的 4 个，因为它们的输出和正常电路不同。依此类推，每加载 1 个新的测试向量就能从剩下的故障函数中去掉一半。所以，前几个测试向量检测出大部分可能故障的几率是很高的。具体而言，每个故障电路被第 1 个测试向量检测出来的概率为：

$$P_1=\frac{1}{2^{2^2}-1}\cdot 2^{2^2-1}=\frac{8}{15}=0.53$$

这个概率是与正常电路输出不同的故障电路数目与故障电路总数的比值。

上式可以很容易扩展到 n 变量的函数，第 1 个测试向量可以检测出 $2^{2^n}-1$ 个可能故障函数中的 2^{2^n-1} 个。因此，如果施加 m 个测试向量，故障电路可能被检测出来的概率为：

$$P_m=\frac{1}{2^{2^n}-1}\cdot\sum_{i=1}^{m}2^{2^n-i}$$

上式可以用如图 11.10 所示的图形表示，得到以下结论：随机测试是很有效的，即使在非常大的电路中，存在的故障也很有可能通过施加几十个测试向量而被检测出来。

对于扇入不高的电路来说，随机测试尤为有效。如果扇入较大，可能有必要求助于其他测试方法。例如，假设一个与门有很多个输入端，检测输入端固定 1 故障就会有困难。随机测试不一定能检测覆盖这个故障，但是用 11.4 节介绍的方法却有可能检测这些故障。

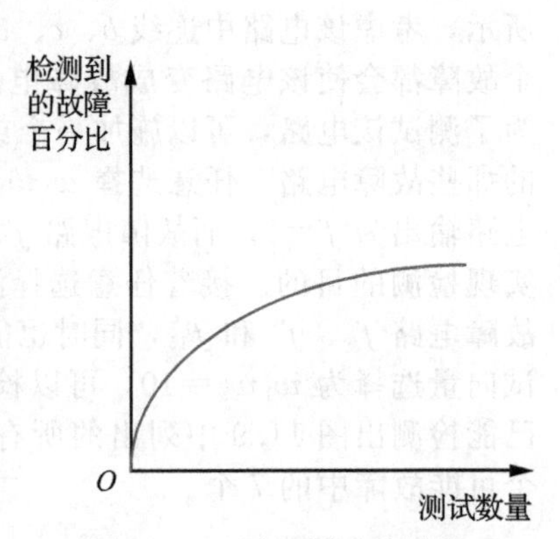

图 11.10　随机测试的效率

随机测试的简易性是非常吸引人的，因为有很好的测试效率，这种测试技术广泛应用在实际工作中。

11.6 时序电路的测试

从前几节中我们可以看到，组合电路都可以有效测试，其测试向量可以是确定性测试集，也可以是随机测试集。可对于时序电路的测试却困难得多，存储元件的出现允许一个时序电路有多种不同的状态，而且电路对外部测试输入信号的响应还取决于电路所处的状态。

组合电路的测试可以通过比较其行为与其真值表指定的功能实现。我们也可以采用相同的方法测试时序电路，即比较时序电路的行为和状态表指定的功能。时序电路的测试可以检测电路各状态之间的迁移和输出的正确性。这个方法看似简单，实际上却极其复杂。一个很大的问题在于：大多数情况下，从电路的外部引脚很难观察到状态变量，从而很难确定电路是否处于所定义的状态。另外，为了测试每一个迁移，必须充分验证电路是否到达正确的目标状态。对于非常小的时序电路，这种方法可能有效，但对于实际存在的电路规模而言，这种方法是不可行的。更好的方法是在设计电路时考虑其可测性。

可测性设计

一个同步时序电路由组合电路与触发器组成，其中组合电路实现输出函数和次态函数，而触发器则保持一个时钟周期中的状态信息。时序电路的通用模型如图 6.85 所示，组合电路的输入为从 w_1 到 w_n 的原始外部输入，而 y_1 到 y_n 为当前状态变量；输出包括从 z_1 到 z_m 的原始输出端，Y_1 到 Y_k 是次态变量。组合网络的测试可以用前几节所介绍的方法，如果有可能在输入端施加测试向量并在输出端观察其结果就可以作为一个测试。问题是如何才能将测试向量加到当前状态的输入端上，而又如何在次态的输出端观察其值？

一种可能的方法是在每一个当前状态变量的路径上添加一个 2 选 1 多路选择器，这样组合网络的输入可以选择状态变量的值(由相应的触发器的输出得到)或部分测试向量的值。但这个方法有一个明显的缺陷：每一个多路选择器的第 2 个输入(测试向量)要由外部引脚直接输入，如果状态较多则需要有很多引脚。另一种有吸引力的方法是提供一种连接方式，允许将测试向量一位一位地移入电路中，在增加引脚和增加测试时间之间进行折中。已经有多种这样的方案，下面介绍其中的一种。

扫描路径技术

有一种使用很广的技术称为*扫描路径技术*，该技术在触发器的输入端添加了多路选择器，以允许触发器独立用作时序电路的正常操作，或作为测试用的移位寄存器的一部分。图 11.11 展示了用 3 个触发器构成的常规扫描路径电路。每个触发器的输入端 D 通过一个 2 选 1 多路选择器与相应的次态变量相连，或与一个串行路径相连；这个串行路径将所有的触发器连接成一个移位寄存器。控制信号 $\overline{Normal}/Scan$ 选择多路选择器的输入。在正常工作模式下，触发器的输入由次态变量 Y_1、Y_2 和 Y_3 驱动。

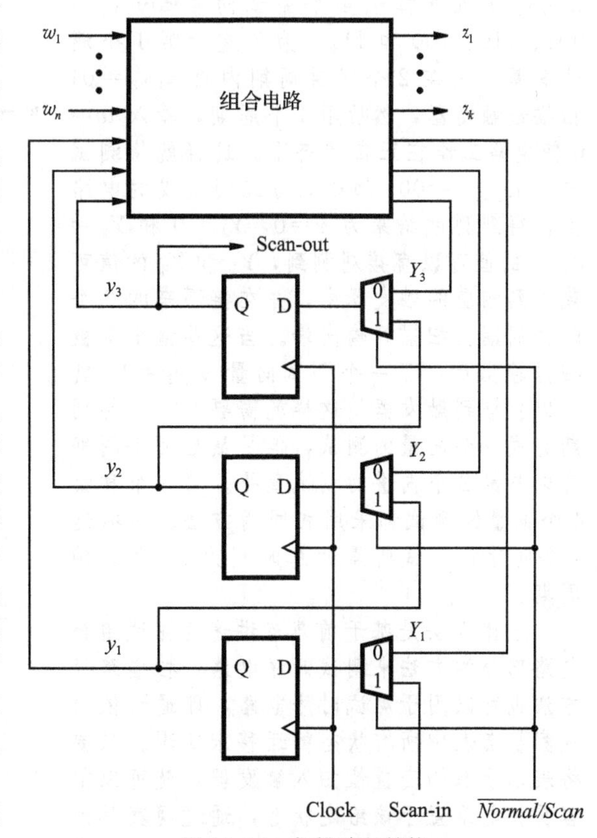

图 11.11 扫描路径结构

为了便于测试，采用移位寄存器连接方式(即将 Q_i 连接到 D_{i+1}上)扫描包含

当前状态变量 y_1、y_2 和 y_3 的每一个测试向量的端口。第 1 个触发器的输入由一个外部引脚(*Scan-in*)引入，最后 1 个触发器的输出连接到引脚 *Scan-out*。

扫描路径技术包括以下几步：

1. 检测触发器的操作可以通过将由 0、1 组成的一串数字，比如 01011001，在连续的时钟周期里依次扫描(移位)到触发器内，并观察扫描(移位)输出的结果是否一致。

2. 组合电路的测试可以通过给 $w_1w_2\cdots w_ny_1y_2y_3$ 施加测试向量，并在 $z_1z_2\cdots z_mY_1Y_2Y_3$ 观察产生的结果。具体操作步骤如下：

- 设置$\overline{Normal}/Scan=1$，经 3 个时钟周期将测试向量中 $y_1y_2y_3$ 的值扫描进入触发器中。
- 设置$\overline{Normal}/Scan=0$，时序电路处于正常工作模式，在一个时钟周期里，测试向量中的 $w_1w_2\cdots w_n$ 为以通常方式输入，可以观察到输出信号 $z_1z_2\cdots z_m$。同时，得到的 $Y_1Y_2Y_3$ 的值被载入到触发器中。
- 输入选择端变为$\overline{Normal}/Scan=1$，触发器中的内容在接下来的 3 个时钟周期内被逐位移出(扫描)到输出端，使得测试结果中 $Y_1Y_2Y_3$ 部分可以通过外部观察到。同时，可以把下一个测试向量逐位移位(扫描)进入触发器以节省所需总的测试时间。

下面的例子展示了考虑了扫描路径测试的特定电路的设计。

例 11.3 图 6.75 所示的电路可以辨识出特定的输入序列，如 6.9 节所述。该电路经修改后添加了扫描路径，使得测试变得更加容易，如图 11.12 所示。其中组合电路部分没有改变，即两个图中都包含 4 个“与”门和两个“或”门。

根据以上所述的方法，触发器可以通过将一串 0、1 序列扫描到其中进行测试；而组合电路则通过在 w、y_1 和 y_2 上施加测试向量进行测试。现在采用随机测试方法，对 wy_1y_2 随机选择了 4 个测试向量 $wy_1y_2=001$、110、100 和 111。为了施加第 1 个测试向量，先在 2 个时钟周期内将 $y_1y_2=01$ 扫描进触发器，然后用 1 个周期，输入 $w=0$ 使电路工作在正常状态下。这样就将测试向量 $wy_1y_2=001$ 加载到与或门组成的电路上，得到测试结果为 $z=0$，$Y_1=0$ 和 $Y_2=0$。z 的值可以直接观测到，Y_1 和 Y_2 的值可载入到相应的触发器中，并在接下来的 2 个时钟周期里扫描到输出端。当这些值全都被扫描输出后，下一个测试向量 $y_1y_2=10$ 就可以扫描到触发器，这样就需要 5 个时钟周期完成一个向量的测试，但是最后两个周期可以与第 2 个向量的测试重叠。第 3 个和第 4 个向量的测试都采用相同的方法。所有这 4 个向量的测试所需的总时间为 14 个时钟周期。

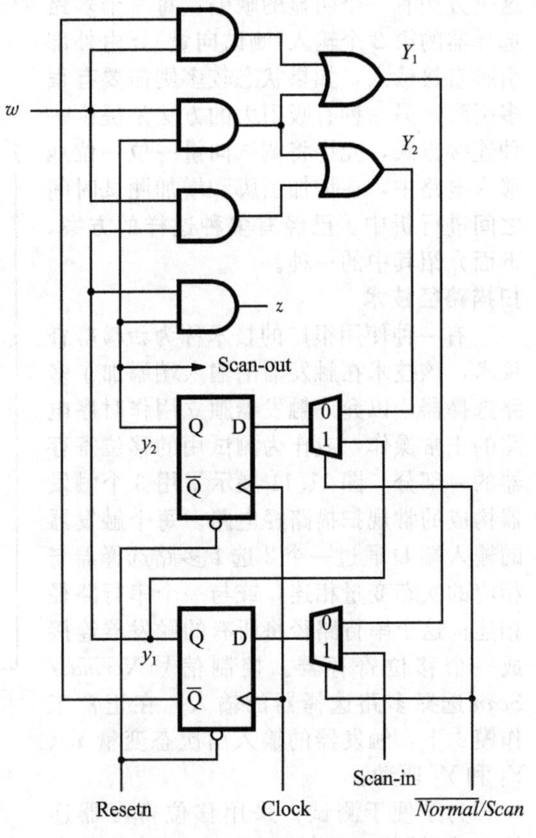

图 11.12　例 11.3 的电路

上述方法是基于前几节讲述的测试组合电路部分的方法来测试时序电路。扫描路径方法也可以用于测试时序电路，即通过依次观察状态表中所有状态的迁移来实现。只要将表示状态的变量值扫入触发器，就可以很容易将电路置于该给定状态，通过观察其外部输出并使扫描输出值呈现出目标状态，就可以检测状态迁移的结果。有关这个方法的细节留给读者思考(参见习题 11.16)。

扫描路径法的局限性在于：若电路正常工作中使用了触发器的异步置位和复位功能，则该方法就不能正常发挥作用。我们已经建议过最好使用同步置位和复位的方法，若设计者想使用异步置位和复位方式，则可以使用诸如**电平敏感扫描设计**(*level-sensitive scan design*)[1,9]等技术来设计可测试电路，读者可以参考介绍这一技术的文献。◀

11.7　内建自测试

到目前为止，我们假设了逻辑电路的测试是这样进行的：外部施加测试输入并将其输出结果与电路的期望行为进行比较。这要求被测试电路必须连接到外部测试设备。一个有趣的问题是：我们是否可让电路本身具有可测试能力，而不需要外部测试设备？这种内建测试的能力使得电路可以完成自测试。本节将讲述提供**内建自测试**(*built-in self-test*, BIST)的一种方案。

图 11.13 是一种 BIST 结构示意图，其中测试向量产生器产生测试电路所需要的测试向量。在 11.5 节中，我们曾提到随机测试向量的测试效果较好，其故障覆盖率取决于进行测试的次数。对于施加在电路上的每一个测试向量，必须确定电路应产生的响应。正常电路的响应可以通过 CAD 工具仿真得到，而测试所期望的响应必须预先保存在芯片中，以便测试电路时能进行比较。

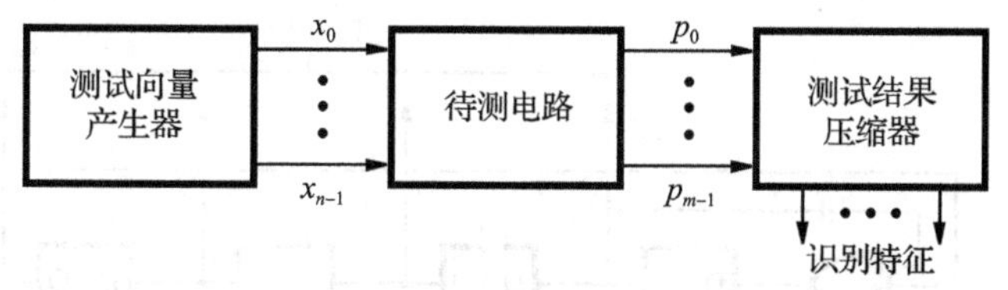

图 11.13　测试安排

在芯片上产生测试向量的实际方法是使用伪随机测试。伪随机具有与随机测试相同的特性，但伪随机(测试生成器)产生的测试向量是固定的并可以随意重复。伪随机测试产生器用带反馈的移位寄存器很容易实现。图 11.14 展示了一个小规模的伪随机测试向量产生器：一个 4 位的移位寄存器，第 1 级和第 4 级的输出信号通过一个异或门反馈到第 1 级的输入，在连续的时钟周期中可产生 15 个不同的测试向量。请注意，0000 不能用作移位寄存器的初始状态，因为这样会使电路永远锁死在该状态。

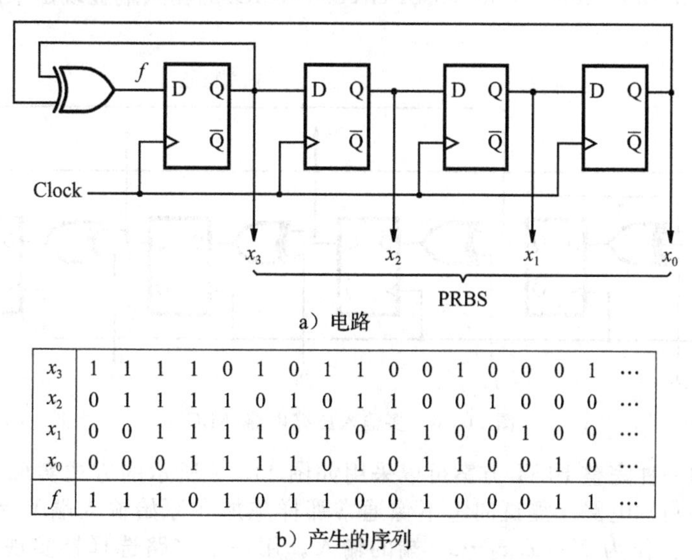

a) 电路

x_3	1	1	1	1	0	1	0	1	1	0	0	1	0	0	0	1	…
x_2	0	1	1	1	1	0	1	0	1	1	0	0	1	0	0	0	…
x_1	0	0	1	1	1	1	0	1	0	1	1	0	0	1	0	0	…
x_0	0	0	0	1	1	1	1	0	1	0	1	1	0	0	1	0	…
f	1	1	1	0	1	0	1	1	0	0	1	0	0	0	1	1	…

b) 产生的序列

图 11.14　伪随机二进制序列产生器(PRBSG)

图 11.14 所示的电路属于称为线性反馈移位寄存器(linear feedback shift registers, LFSR)类的电路。从 n 位移位寄存器的不同级通过异或门反馈连接到电路的第 1 级，可能产生 2^n-1 个测试码序列，这些测试码具有随机数特性。这样的电路可扩展用于产生纠错码，其工作原理在很多参考书[1～3，10]中都有介绍。Peterson 和 Weldon 在书[11]中给出了 n 种不同反馈连接所能产生的最大长度的伪随机序列的测试码表。

伪随机二进制序列产生器(PRBSG)给出了一种生成测试向量的简单方法。该方法要求测试时电路的响应通过 CAD 系统的模拟器工具确定。接下来的问题是如何检测电路确实产生了这样的响应。在包含主电路的芯片上保存大量的测试响应并不可取。一种实用的解决办法就是将测试结果压缩成一个代码，用 LFSR 电路实现这一点。LFSR 电路不只将反馈信号作为输入，压缩电路还包含由测试电路时产生的输出信号。图 11.15 展示了一个单输入压缩电路(single-input compressor circuit，SIC)，其反馈连接与图 11.14 所示的 PRBSG 相同，其输入端 P 是电路在测试时的输出。当施加一些测试向量后，P 端的结果值驱动 SIC，并根据 LFSR 的功能产生 1 个 4 位代码。由 SIC 产生的代码称为测试电路对给定序列测试序列的识别特征(signature)。该特征表示一个单个代码，可以解释为所加载的所有测试向量的结果，将其与一个预先确定的正确代码比较，以观察被测电路是否正常工作。保存一个只用于比较的 n 位代码只需要付出很小的代价。基于 LFSR 的压缩电路的随机特性产生了较全面的由故障电路产生的代码覆盖[12]。

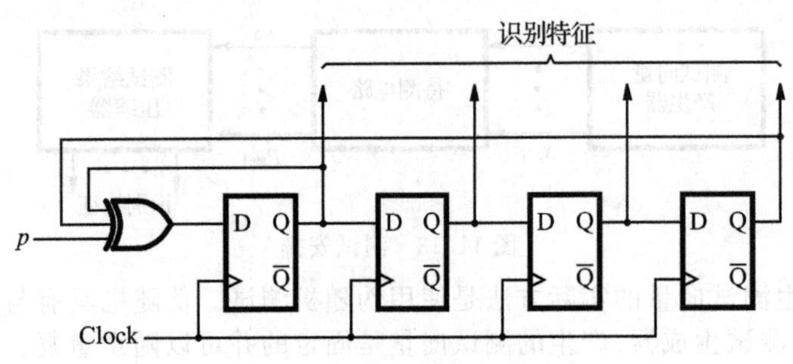

图 11.15 单输入压缩电路(SIC)

若被测电路有多个输出，则可以用多输入的 LFSR。图 11.16 说明了 4 个输入 $p_0\sim p_3$ 是如何施加到图 11.14 的电路中的。4 位特征提供了一个很好的机制，能很好地区分在多输入压缩电路(multiple-input compressor circuit，MIC)的输入端显现出来的 4 位代码不同序列。

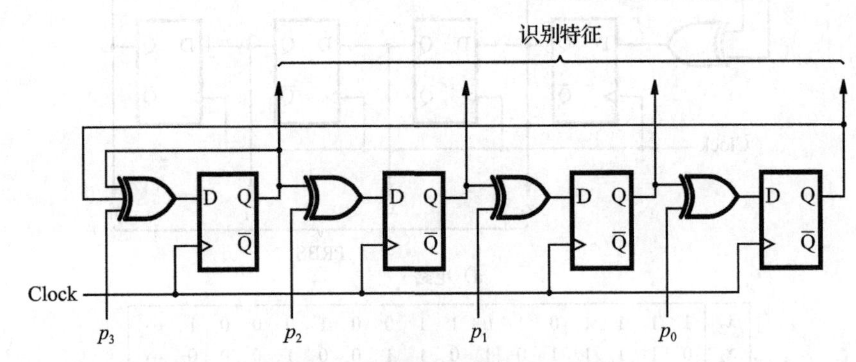

图 11.16 多输入压缩电路(MIC)

时序电路的一种完整 BIST 方案可以采用如图 11.17 所示的方式实现。扫描路径方法可以提供一种可测性电路。测试向量不像通常那样施加在原始输入端 $W=w_1w_2\cdots w_n$ 上，而是由内部产生，作为 $X=x_1x_2\cdots x_n$ 端的输入。用一个多路选择器实现从 W 到 X 的切换，作为组合电路的输入。伪随机二进制序列产生器 PRBSG—X 产生 X 的测试码。经由次态信号所施加的部分测试码 y 由第 2 个伪随机二进制序列产生器 PRBSG-y 产生。这些测试码被逐位扫描到各触发器中，如 11.6 节所述。

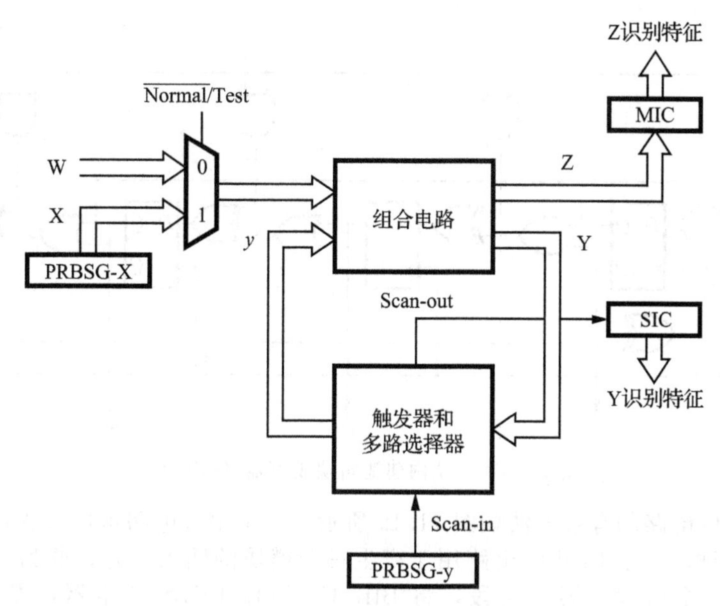

图 11.17 时序电路中的 BIST

测试输出使用 2 个压缩电路进行压缩。原始输出码 $Z=z_1z_2\cdots z_m$ 用 MIC 电路压缩，而那些用于次态的连线上的向量 $Y=y_1y_2\cdots y_k$ 用 SIC 电路压缩。这两个电路分别产生 Z-特征和 Y-特征。测试过程与例 11.3 相同，只是测试结果与正常电路的响应只进行一次比较，而且测试过程结束时两个特征要和所保存的模式相比较。图 11.17 并没有给出用于存储模式的电路和比较电路。我们不把存储应有结果的特征模式作为所设计电路的一部分，而是将 MIC 和 SIC 移位寄存器的内容移出到两个输出的引脚上，在外部与所期望的特征进行必要的比较。请注意，与前面提到的将扫描出的每个测试向量的结果与预期的结果进行比较的方法相比，使用这种特征测试的方法可以显著减少测试时间。

BIST 方法的效率取决于 LFSR 产生器和压缩电路的长度。移位寄存器越长则结果越好[13]。测试时检查不到电路故障的一个原因是伪随机产生的测试向量并不能完全覆盖所有可能的故障；另一个原因是故障电路的输出所产生的特征恰巧与正常电路产生的特征一样，这是有可能发生的，因为压缩过程可能导致一些信息的丢失，例如两个完全不同的输出码压缩后可能产生同一个特征，这就是所谓的同名(特征混淆)问题。

11.7.1 内建逻辑块观察器

BIST 的本质是在芯片内部产生测试向量并进行结果比对。不必用不同的电路完成这两部分功能，而只用一个电路就可以实现这两个目的。图 11.18 展示了这样的一种电路结构，称之为内建逻辑块观察器(BIBLO)[14]。这个 4 位电路与图 11.14 所示电路的反馈连接相同。

内建逻辑块观察器(BIBLO)有 4 种运行模式，由模式位 M_1 和 M_2 来控制。这 4 种模式如下：

- $M_1M_2=11$ 为正常系统模式，所有触发器分别受输入信号 $p_0\sim p_3$ 控制。在此模式下，每一个触发器都可以用于实现有限状态机的状态变量，把 $p_0\sim p_3$ 视为 $y_0\sim y_3$。
- $M_1M_2=00$ 为移位寄存器模式，所有的触发器连接成 1 个移位寄存器。当输入控制信号 $\overline{G}/S=1$ 时，允许测试向量逐位扫描进入，并把测试结果逐位扫描输出；当 $\overline{G}/S=0$ 时，电路实现了二进制 PRBS 发生器的功能。

- M_1M_2＝10 为特征模式，施加在输入端 p_0～p_3 的模式序列被压缩成 q_0～q_3，作为模式序列的特征。
- M_1M_2＝01 为复位模式，所有触发器被复位为 0。

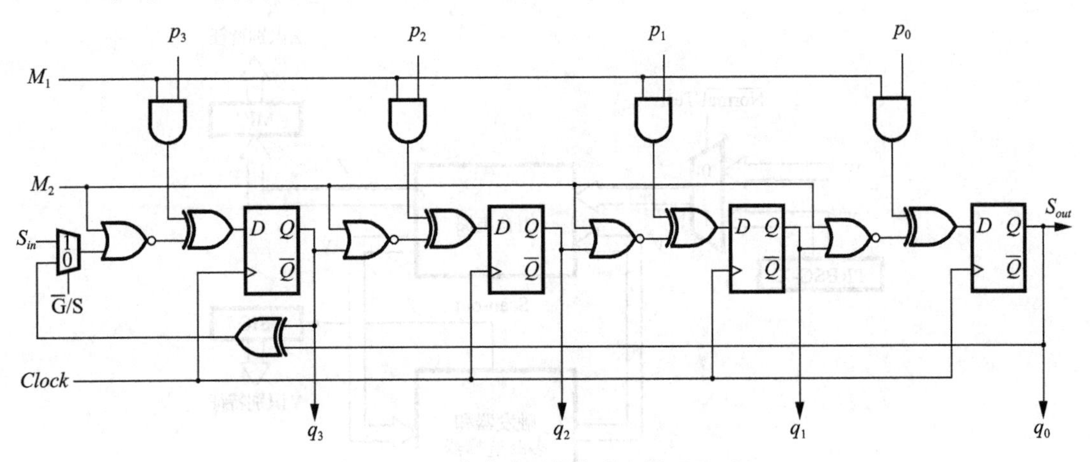

图 11.18　4 位内建逻辑块观察器(BIBLO)

使用 BIBLO 电路的有效方法如图 11.19 所示。一个组合电路可以分为两部分(或者更多部分)进行测试。一个 BIBLO 电路用于产生一个模块的输入，并接收另一模块的输出。测试过程包含 2 个阶段：第 1 阶段，将 BIBLO1 用作 PRBS 产生器，提供组合网络 1(CN1)的测试向量，在这个阶段内，BIBLO2 作为压缩器(即比较器)并生成测试的特征，通过将 BIBLO2 设置为移位寄存器模式，将特征逐位移出；第 2 阶段，将 BIBLO1 和 BIBLO2 的角色对调，测试 CN2，重复第 1 阶段的过程。

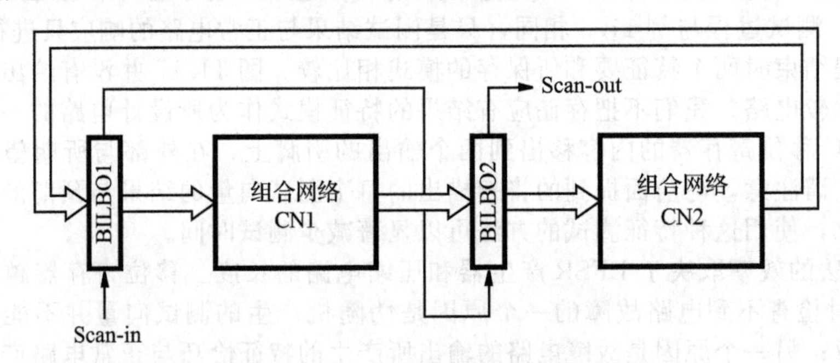

图 11.19　测试用的 BIBLO 电路

测试过程的详细步骤如下：

1. 把初始测试向量逐位扫描到 BIBLO1，并复位 BIBLO2 的所有触发器。
2. 在给定的时钟周期内将 BIBLO1 用作 PRBS 产生器，BIBLO2 用于产生特征。
3. 把 BIBLO2 中的内容逐位扫描输出，在片外比较特征；然后将 CN2 的原始测试向量逐位扫入 BIBLO2 中，并复位 BIBLO1 中的所有触发器。
4. 在给定的时钟周期内将 BIBLO2 用作 PRBS 产生器，BIBLO1 用于产生特征。
5. 把 BIBLO1 中的特征逐位扫描输出，在片外与期望的输出比较。

采用上述方法 BIBLO 电路可以实现测试目的。而在其他场合，BIBLO 电路用作正常的系统工作模式。

11.7.2 特征分析

前面我们已经介绍了如何使用特征分析实现一个有效的内建自测试机制。将一个长序列的测试结果压缩成一个特征的主要思想源于惠普公司在上世纪 70 年代生产的一种设备，该设备叫特征分析仪[15]。特征分析法专指这样一种测试模式，即用特征来表示测试结果。

特征分析法适用于数字系统，因为数字系统天生就具有产生所期望的测试模式的能力。在计算机系统中，各部分可以将在软件控制下产生的测试码作为激励信号。

11.7.3 边界扫描

前几节讨论的测试技术既适用于单个芯片上的电路，也适用于包含多个芯片的印刷电路板。只要在电路上能够施加测试向量，又可以观察其输出，则该电路就是可测试的。这涉及电路原始输入和输出的直接访问。

当芯片焊到电路板上后，通常就不可能用探针方式进行测试，这样就妨碍了测试过程，除非提供一些间接访问的引脚。扫描路径的概念可以扩展到电路板级电路。假设芯片的每个原始输入输出引脚通过一个D触发器连接在一起。而且在测试模式下，所有的触发器都连接成一个移位寄存器，然后用两个引脚作为串行序列的输入和输出端，测试向量就可以用移位寄存器逐位扫入或扫出。测试时，将一个芯片的串行输出引脚连接到另一个芯片的序列输入引脚上，使得芯片的所有引脚连接成一个板级移位寄存器。这个方法在实际应用中已经得到普及，并已形成IEEE1149.1标准[16]。

11.8 印制电路板

前面介绍的设计与测试技术适用于任何逻辑电路，不管是单个芯片上的电路还是包含多个芯片的印制电路板。在本节中将讨论在PCB上实现的由1个或多个电路组成的大型数字系统所引起的一些实际问题。

一典型的PCB包含多层连线。在制作PCB时，生成每一层的连线模式。各层之间由绝缘材料隔开，并像三明治那样压在一起形成一块板。不同连线层之间通过专用的通孔(专为该目的提供的)实现。芯片和其他元件既可以焊在PCB的项层，也可以焊在PCB的底层。

在前面几章中我们已经非常详细地讨论了可在一个芯片(如FPGA)上设计电路的CAD工具。对于多芯片实现，我们需要另外一种用于设计PCB的CAD工具，它将多个芯片组合在一起以实现一个完整的数字系统。这样的CAD工具可以从许多公司得到，例如Candence设计公司和Mentor图形公司。这些工具可以自动确定各个芯片在PCB上的位置，但是设计者也可以手动确定某个芯片在PCB上的位置，这个过程称为*布局*(placement)。确定了芯片和其他元件(如连接器和电容器)的位置后，该工具产生每层的走线，进而提供板上所要求的连接，这个过程叫做*布线*(routing)。同样，设计者也可以干预或手动布置某些连线。但是连接线有成千上万条，所以得到一个好的自动布线的方案是至关重要的。

除了前面几章中讨论过的设计问题外，由PCB实现的大规模电路还受制于某些其他因素。连线上的信号也许会受到诸如串扰、电源电压的毛刺以及从长走线端点来的反射等引起的噪声问题的影响。

串扰

两条紧紧相邻的平行线之间存在电容耦合，一条线上的脉冲会在邻近线上产生类似的脉冲(通常会小很多)，这种现象称为*串扰*(crosstalle)。这是我们不希望的，因为它引起了噪声问题。

画时序图时，我们通常画的是理想方波(时钟沿非常陡峭)，很好地定义了逻辑0和1的电平。在实际电路中相应的信号可能明显有别于理想的情况。正如附录*B*所解释的那样，电路中的噪声会影响电压的电平，这是一件很麻烦的事。例如，在某一时刻信号值会因噪声而变小，逻辑1就会变成逻辑0送到下一级，这样电路就会出现误操作，因为噪声的影响是随机的，因而很难检测到。

为了使串扰降到最小，应该小心避免长线互相紧邻且平行，但这很难做到，因为PCB大小有限，而连接线却很多。增加走线层(平面)有助于解决串扰问题。

电源噪声

当 CMOS 电路的状态发生改变时，电路中会出现瞬间电流，在电源(V_{DD}和地)线上产生一个电流脉冲。因为 PCB 上的连线存在一个小的电导，因此电流脉冲就会引起连线产生一个电压毛刺(短脉冲)。这种电压毛刺积累起来可能会引起电路的误动作。

在紧靠芯片附近的 V_{DD} 和地线间连接一个小电容可以明显减小毛刺。因为这些毛刺具有甚高频脉冲特性，电容路径会使它们短路，因此电压毛刺会被“旁路”掉而不影响在同一条线上的其他信号。这样的电容称为旁路电容，它不会影响电源线上的直流电压。

反射与终端

当时钟频率较低时，PCB 上的走线在电路中就视为一根简单的连线。然而，在时钟频率很高时就必须考虑其传输线效应了。当信号沿一条长线传播时会因连线的小电阻而减弱，信号会受到串扰影响而表现为噪声，且当信号到达连线的终端时还有可能产生反射。反射如果未能在下一个有效时钟沿到来前消失，就会产生问题。传输线效应不属于本书的讨论范围，我们只是提醒，信号的反射可以通过在传输线上连接一个终端负载元件来避免。终端负载元件可以是一个简单的电阻，但电阻值要和传输线上的特性阻抗相匹配。还有一些其他形式的终端负载元件。对于这些原理的详细信息，读者可以参阅参考文献[17-18]。

11.8.1 PCB 的测试

对于制造好的 PCB 必须进行完整测试。制造过程中的瑕疵可能会引起某些连接线断开，或某些连线也可能因为焊渣造成与邻近的连线短路。也可能存在设计过程中没有发现的因设计错误而引起的问题。另外，PCB 上的某些芯片和元件也有存在缺陷的可能性。

上电(接通电源)

测试的第一步是接通电源。这一步最坏的情况是由于致命的短路而引起某些芯片的损坏(极端情况下，芯片的封装可能被烧裂)。假设没有出现这种情况，还要检查某些芯片是不是异常发热。过热是出现严重问题的征兆，必须加以纠正。

我们必须检查每块芯片的电源和地的连接是否正确，及其电平值是否正常。

复位

测试的第二步是将 PCB 上所有的电路复位到预定的起始状态。典型的是将所有的触发器复位，这通常通过一条公共复位线实现。验证所有的起始状态是否正确是很重要的。

底层(低层次)功能测试

由于实际电路非常复杂，明智的作法是先测试其基本的功能。一个关键的测试是验证控制信号能否正常工作。

采用分而治之的方法，首先测试简单功能，然后再测试复杂功能。

全功能测试

子电路模块运行验证完毕后，有必要测试 PCB 上整个系统的功能。错误的数量通常取决于设计过程中模拟的彻底程度。一般而言，对一个大型数字系统进行全面的模拟是很困难的，所以有些错误有可能在 PCB 上发现。典型错误产生的原因为：

- 制造错误，如连线错误、元件损坏或电源电压连接错误。
- 设计规范错误。
- 设计者误解了描述某些芯片的数据中的信息。
- 芯片制造商提供的数据信息中有错误的信息。

如前面所提到过的，PCB 包含多层连线，而每层内都有成千上万条连线。找到并定位 PCB 的错误是一件既困难又费时的任务，尤其是在内部走线层(相对于顶层和底层)上的连线错误时更是如此。

时序

接下来需要验证电路的时序。一种好的策略是先从较慢的时钟开始，如果电路工作正常，再逐渐提高时钟频率，直到达到所期望的工作频率。

时序问题是由于电路中不同的传播路径的延迟引起的。这些延迟主要是来自于逻辑门以及它们之间的连线。最基本的要求是在时钟信号的有效沿到达之前，电路中所有触发器的数据输入达到稳定，满足建立时间的要求。

可靠性

我们期望一个数字系统能长时间可靠运行。影响可靠性的因素有多种，如时序、噪声和串扰等问题。

信号的时序必须有一定的安全冗余，以允许某些传播延迟的微小变化。如果时序安排太紧凑，电路在某些时钟周期运行正常，但最终还会因为一些时序错误而失效。芯片的时序可能会随温度变化而变化，所以如果没有考虑温度约束，电路可能会出现失效。用风扇通常可以解决电路的冷却问题。

11.8.2　测试仪器

PCB 电路的测试需要一些特殊的仪器。

示波器

通过示波器可以检查每个信号的详细信息。该仪器显示一个信号的电压波形，可以展示出关于传播延迟和噪声的潜在问题。在示波器上显示的波形表示信号的实际电压值，而不只是描绘简单且具有完美边沿的理想方波波形。如果使用者只想看信号的逻辑值(0 或 1)，可以使用另一种称为逻辑分析仪的仪器。

逻辑分析仪

示波器允许同时观察几个信号，而逻辑分析仪却允许同时观察数十个甚至数百个通道的信号，它通过将探针连接到一系列电路的结点上，获取相应的输入，并将信号值数字化，在屏幕上以波形方式显示这些被测信号。逻辑分析仪的一个强大特性是具有内部存储功能，可以记录在某一小段时间内一系列信号的跳变。这样操作人员可以根据需要显示信息中的任意一段。典型的逻辑分析仪可以记录下几个毫秒内发生的事件，这在通常的数字电路中可能包含了很多个时钟周期的信息。

通过观察在调试阶段电路正常工作时产生的波形对于调试过程的工作帮助不大，关键是要观察故障发生时的波形。逻辑分析仪可以被“触发”，以记录触发事件前后的事件窗口。用户必须指定触发事件。假设我们怀疑电路故障是由两个控制信号(A 和 B)同时发生引起的，而设计说明书上明确规定这两个控制信号互斥。当 A 与 B 相“与”为 1 时，可以建立一个有用的触发点。找到合适的触发事件很难，它需要依靠用户的直觉和经验。

想要有效地使用逻辑分析仪，必须能将电路上某些有用的点(用于测试目的)连接至探针。所以，在设计 PCB 时必须提供这些“测试点”。

11.9　小结

制造的产品必须经过测试以确保具有所期望的功能。本章中讨论的所有技术都是有关这种类型的测试。测试向量的生成和施加测试后电路要求的响应都是建立在电路设计正确的基础上的。我们要测试的是物理实现的正确性。

测试的另一个方面表现在设计过程中，即设计者必须确保设计的电路符合设计规范。从测试的观点来看，这是一个重要的问题，因为不存在被证明可以产生期望的测试向量的电路。CAD 工具有助于获得电路的测试向量，但不能确定电路是不是达到了设计者预期的功能。设计错误往往导致制成的芯片在某些方面的功能上不符合设计规范。

小规模电路可以进行完全测试以验证它们的功能。组合电路可以通过测试检查它是否按照真值表工作。时序电路可以通过测试检查它是否按照状态表进行状态转移。如果是可测性电路，测试工作就会容易得多，如 11.6.1 节所述。大规模电路不能进行穷举测试，因为必须施加的测试向量实在太多，在这种情况下就需要设计者的智慧了。他们必须要能确定一个可管理的测试向量集合，从而验证电路的正确性。

习题[1]

*11.1　推导出如图 P11.1 所示电路的类似于图 11.1b 所示的表，用 8 个可能的测试向量覆盖固定 0 故障和固定 1 故障。找到该电路的最小测试集。

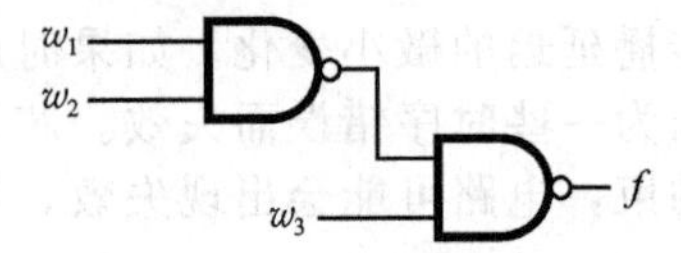

图 P11.1　习题 11.1 电路

11.2　对如图 P11.2 所示电路重复习题 11.1 的工作。

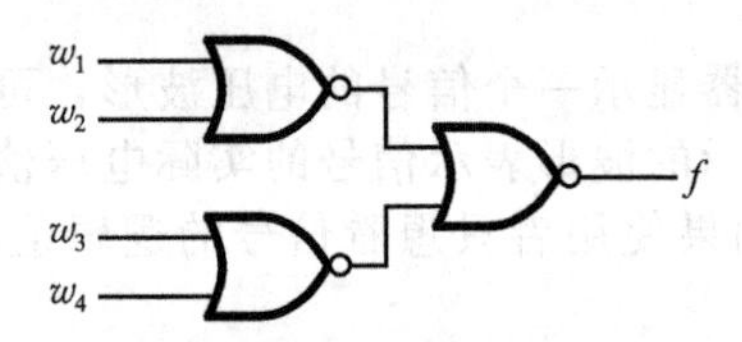

图 P11.2　习题 11.2 的电路

*11.3　设计一个测试来区分实现下列表达式的 2 个电路

$$f = x_1 x_2 x_3 + x_2 \overline{x}_3 x_4 + \overline{x}_1 \overline{x}_2 x_4 + \overline{x}_1 x_3 \overline{x}_4$$

$$g = (\overline{x}_1 + x_2)(x_3 + x_4)$$

11.4　设被测电路如图 P11.3 所示，敏化该电路的每一条路径，以得到包含最少测试向量的完备测试集。

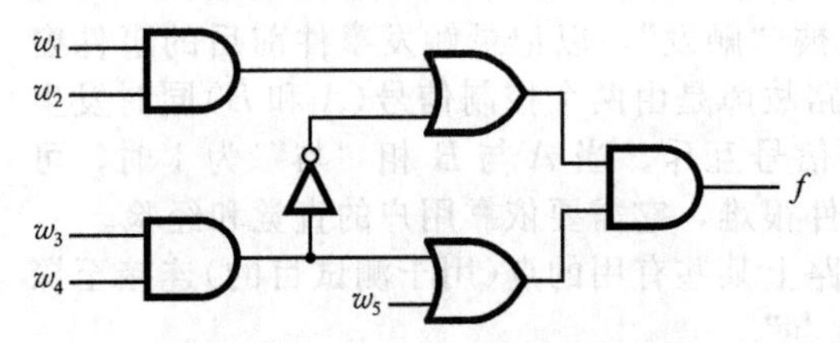

图 P11.3　习题 11.4 的电路

*11.5　电路如图 11.4a 所示，找出能检测出以下故障的测试向量：$w_1/0$，$w_4/1$，$g/0$，$c/1$。

11.6　假设随机选取 5 组测试向量：$w_1 w_2 w_3 w_4$ = 0100，1010，0011，1111 和 0110 来测试图 11.3 所示的电路，用这些测试向量能测单个故障的覆盖率是百分之几？

11.7　对如图 11.4a 所示的电路，重复习题 11.6 的工作。

11.8　对如图 11.5 所示的电路，重复习题 11.6 的工作。

*11.9　被测电路如图 P11.4 所示，电路中所有单个固定 0 故障和固定 1 故障是否都可测的？如果不能，请解释原因？

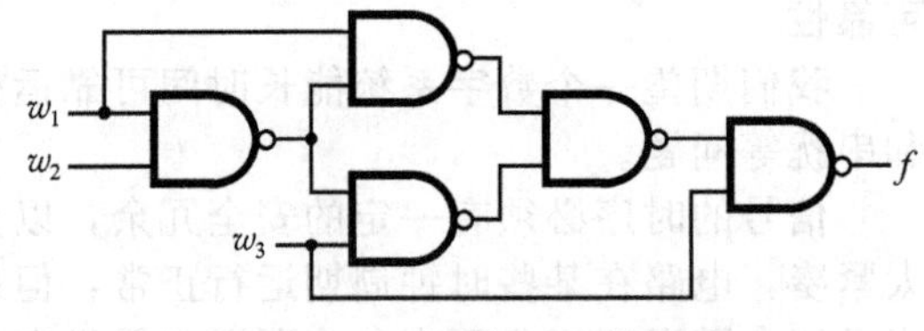

图 P11.4　习题 11.9 的电路

11.10　证明在所有门的扇出都为 1 的电路中，任何能检测出输入线上单个故障的测试集也一定能检测出整个电路的单个故障。

*11.11　图 P11.5 所示的电路可确定 4 位数据单元的奇偶性。找出能检测出该电路中所有单个固定 0 故障和固定 1 故障的最小测试集。如果其中的异或门用如图 8.9c 所示电路实现，你的测试集能否工作？你的结果能否扩展到包含 n 位数据单元的一般情况？

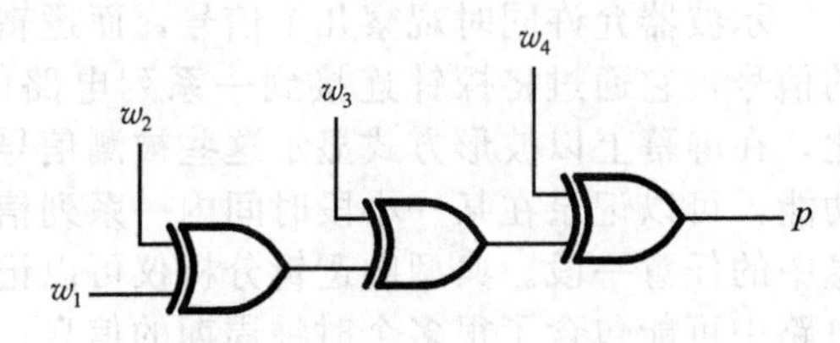

图 P11.5　习题 11.11 的电路

*11.12　找出能检测出图 4.14c 所示的译码器电路所有单个故障的测试集。

11.13　列出图 11.4a 所示电路中能用测试集 ($w_1 w_2 w_3 w_4$ = 1100，0010 和 0110) 中的每一个测试向量检测出的所有单个故障。

11.14　敏化如图 11.12 所示电路中组合电路部分的每一条路径，以得到尽可能小的完备测试集。说明你的测试集是如何施加到该电路进行测试的，并说明完成必要的测试需要多少个时钟周期？

11.15　画出一个 ASM 图以表示测试图 11.12 所示电路所需的控制流。

11.16　图 11.12 所示电路为图 6.76 所示的 FSM 提供一种可测性电路实现。在例 11.3 中，我们介绍了如何通过随机选择测试向量对组合电路部分进行测试。另一种测试方法是设法确定该电路是否真的实现了如图 6.76b 状态表所指定的功能，这可以借助于使电路通过状态表指定的所有转换来实现。例如，在施加 $Resetn = 0$ 信号后，电

[1] 本书最后给出了带星号习题的答案。

路处于起始状态 A。必须通过扫描输出期望的 $y_2y_1=00$，来验证该电路是否真的设定在状态 A。接下来必须检测每一次状态迁移。为了验证当 $w=0$ 时存在转换 $A\rightarrow A$，必须使输入 $w=0$，并允许设置 $\overline{Normal}/Scan=0$，使电路在一个时钟周期中发生正常操作。输出 z 的值必须能被观察到，这可以通过扫描 y_1 与 y_2 的值以观察是否 $y_2y_1=00$。同时，下一个测试向量必须扫入。如果该测试包含验证当 $w=0$ 时存在转换 $B\rightarrow A$，则需要把 $y_2y_1=01$ 的测试向量扫入。继续执行该过程直到所有的状态迁移过程得到验证。

用表格写出在每个时钟周期下信号 $\overline{Normal}/Scan$，$Scan\text{-}in$，$Scan\text{-}out$，w 和 z 的信号值，以及已测试的状态迁移，以实现该电路的完备测试。

11.17 编写描述如图 11.12 所示电路的 Verilog 代码。

11.18 画出一个 ASM（算法状态机）图，以描述采用如图 11.18 和图 11.19 所示的 BILBO 结构的数字系统的测试所需要的控制。

参考文献

1. A. Miczo, *Digital Logic Testing and Simulation* (Wiley: New York, 1986).
2. P. K. Lala, *Practical Digital Logic Design and Testing* (Prentice-Hall: Englewood Cliffs, NJ, 1996).
3. F. H. Hill and G. R. Peterson, *Computer Aided Logical Design with Emphasis on VLSI*, 4th ed. (Wiley: New York, 1993).
4. Y. M. El Ziq, "Automatic Test Generation for Stuck-Open Faults in CMOS VLSI," Proc. 18th Design Automation Conf., 1981, pp. 347–54.
5. D. Baschiera and B. Courtois, "Testing CMOS: A Challenge," *VLSI Design*, October 1984, pp. 58–62.
6. P. S. Moritz and L. M. Thorsen, "CMOS Circuit Testability," *IEEE Journal of Solid State Circuits* SC-21 (April 1986), pp. 306–9.
7. J. P. Roth et al., "Programmed Algorithms to Compute Tests to Detect and Distinguish Between Failures in Logic Circuits," *IEEE Transactions on Computers* EC-16, no. 5, (October 1967), pp. 567–80.
8. J. Abraham and V. K. Agarwal, "Test Generation for Digital Systems," in D. K. Pradhan, *Fault-Tolerant Computing*, vol. 1, (Prentice-Hall: Englewood Cliffs, NJ, 1986).
9. T. W. Williams and K. P. Parker, "Design for Testability—a Survey," *IEEE Transactions on Computers* C-31 (January 1982), pp. 2–15.
10. V. P. Nelson, H. T. Nagle, B. D. Carroll, and J. D. Irwin, *Digital Logic Circuit Analysis and Design* (Prentice-Hall: Englewood Cliffs, NJ, 1995).
11. W. W. Peterson and E. J. Weldon Jr., *Error-Correcting Codes*, 2nd ed. (MIT Press: Boston, MA, 1972).
12. J. E. Smith, "Measures of Effectiveness of Fault Signature Analysis," *IEEE Transactions on Computers* C-29, no. 7 (June 1980), pp. 510–4.
13. R. David, "Testing by Feedback Shift Register," *IEEE Transactions on Computers* C-29, no. 7 (July 1980), pp. 668–73.
14. B. Koenemann, J. Mucha, and G. Zwiehoff, "Built-In Logic Block Observation Techniques," Proceedings 1977 Test Conference, IEEE Pub. 79CH1609-9C, October 1979, pp. 37–41.
15. A. Y. Chan, "Easy-to-Use Signature Analyzer Accurately Troubleshoots Complex Logic Circuits," *Hewlett-Packard Journal*, May 1997, pp. 9–14.
16. *Test Access Port and Boundary-Scan Architecture*, IEEE Standard 1149.1, May 1990.
17. *High-Speed Board Designs*, Application Note 75, Altera Corporation, January 1998.
18. L. Y. Levesque, "High-Speed Interconnection Techniques," Technical Report, Texas Instruments Inc., 1994.

附录 A Verilog 参考

本附录描述了书中出现的 Verilog 的语言特征，旨在为读者提供方便的参考，因此里面只有一些简单的描述和例子。所以我们鼓励读者们先学习 2.10 节。

本附录并非一个面面俱到的 Verilog 手册。当我们讨论那些几乎用于所有的逻辑电路综合的 Verilog 特性时，会忽略很多仅仅用于电路仿真的特性。尽管这些被忽略的特性在本书的范例中是不需要的，但如果想了解更多 Verilog 知识的读者可以参考文献[1～7]。

如何编写 Verilog 代码

对于初学者来说，Verilog 的编写风格倾向于电脑程序，包含很多变量和嵌套。由于 CAD 工具很难判断这样的代码会综合出什么样的逻辑电路，综合工具就会根据代码的含义，逐句地分析你写的 Verilog 代码，并决定什么样的电路可以实现此代码功能。比如一段代码是这样的：

```
if (s == 0)
   f = w0;
else
   f = w1;
```

我们逐句分析便可明白这段代码的含义，就像仿真工具做的事一样。此代码根据 s 的取值情况来给 f 赋值，s 等于 0 时，f 等于 w_0；s 不等于 0 时，f 等于 w_1。这样，综合工具通常会采用多选一电路来实现这段行为级代码。

通常来说，综合工具必须要识别出代码中映射的某种电路结构，例如上面提到的多选一电路。不过实际上，只有当你写的代码符合通用的风格时才行。因此，Verilog 初学者应该学习并接受那些“高手”们推荐的代码风格。本书囊括了 120 多个 Verilog 代码范例，其表征的逻辑电路范围广泛。在所有的这些范例中，代码都直接简单地与所要描述的逻辑电路相关联，我们也鼓励读者们采用这种风格的代码。对于写 Verilog 代码，一个好方法就是“把你想要的电路简单明了地写出来”。

无论学习还是使用，Verilog 都是一种相当直接易懂的语言，但是初学者仍然会犯一些常见的语法和语义的错误。在 A.15 节的表格中列出了典型的错误和一些经验老到的“码农”所推崇的代码风格，这些珍贵的指导会帮助您写出简洁而高效的代码。

对于一个特定的设计，一旦完整的 Verilog 代码写成之后，认真分析 CAD 工具综合出来的电路是很有用的。在这个过程中，可以学到很多关于 Verilog、逻辑电路和逻辑综合方面的知识。

A.1 Verilog 代码中的注释

Verilog 代码中可以写入注释。短注释是以双斜线//打头的，出现在一行的结尾处。长注释可以是多行的，以/*和*/作为起始和结束，如：

```
// This is a short comment
/*This is a long Verilog comment
   that spans two lines */
```

A.2 空白符

空白符可以通过点击 SPACE 键、TAB 键和空白行实现，所有的空白符都会被

Verilog 编译器忽略。在一行里面可以写多句表达式和语句，比如：

```
f = w0; if (s == 1) f = w1;
```

虽然这是符合语法规则的，但是这种代码读起来很吃力，是一种糟糕的风格。把每一句写成单独的一行，并在代码段中使用行首缩进(比如 **if-else** 语句块)是增强代码可读性的好办法。

A.3 Verilog 代码中的信号

在 Verilog 语言中，电路里的一个信号就代表了一个特定类型的线网或变量。这里的线网是从电子学术语得来的，指的是两个或更多个电路结点的相互联络。一个线网或变量的声明格式如下：

```
type [range] signal_name{, signal_name};
```

方括号的内容是可选的，大括号表示允许加入的词目。在整个附录中我们都将采用这种语法格式。*signal_name* 是标识符，在 A.4 节中会对此进行定义。一个没有定义 *range* 的线网或变量是一个标量，表示单位信号。因此 range 是用来指定矢量，即多位信号的，这部分内容将在 A.6 中解释。

A.4 标识符

在 Verilog 代码中，标识符是变量和其他元素的名称。标识符的使用规则很简单：任何字母或数字都可以使用，同时下划线_和美元符号 $ 也是允许的。但是有两点需要注意：标识符不能以数字打头，也不能使用 Verilog 关键字。例如：*f*，*x*1，*x_y* 和 *Byte* 都是合法的标识符；而 1*x*，+*y*，*x* * *y* 和 258 是非法的标识符命名。此外，Verilog 语言区分大小写，所以 k 和 K，BYTE 和 Byte 是不一样的。

出于特殊的目的，Verilog 还允许第二种形式的标识符，叫做转义标识符。这种标识符以反斜线符号 \ 开始，后面可以是除了空白符之外任何可以打出来的 ASCII 字符。比如：\123，\ *sig-name*，还有 \ *a*+*b*。转义标识符不应该出现在通常的 Verilog 代码中，它是用在其他语言翻译成 Verilog 语言时自动生成的代码中的。

A.5 信号的值、数字和参数

Verilog 语言支持代表单位信号的标量线网和变量，以及代表多位信号的矢量。每个单位信号有四种可能的值：

```
0 = logic value 0
1 = logic value 1
z = tri-state (high impedance)
x = unknown value
```

z 和 x 值也可以用大写字母 Z 和 X 表示。x 值可以表示代码中不关心的情况；符号？也可以用来表示这个意思。一个矢量变量的值是以常数的形式来指定的

```
[size]['radix]constant
```

size 表示常数的位数，*radix* 表示常数的基数。Verilog 支持的基数是

```
d = decimal
b = binary
h = hexadecimal
o = octal
```

如没有特定声明基数，则默认为是十进制。如果定义的位数大于所需要的位数时，大多数情况都用 0 来填充。但有一种例外，当此常数的第一个字符是 x 或者 z 时就用 x 或 z 来填充。以下是一些常数的示例：

```
0               the number 0
10              the decimal number 10
'b10            the binary number 10 = (2)10
'h10            the hex number 10 = (16)10
4'b100          the binary number 0100 = (4)10
4'bx            an unknown 4-bit value xxxx
8'b1000_0011    _ can be inserted for readability
8'hfx           equivalent to 8'b1111_xxxx
```

A. 5. 1 参数

一个参数是由一个标识符和一个常数组成，比如：

```
parameter n = 4;
parameter S0 = 2'b00, S1 = 2'b01, S2 = 2'b10, S3 = 2'b11;
```

标识符 *n* 在代码中可以用在表示数字 4 的地方，而 *S*0 也可以用于替换数值 2'b00，等等。参数的一个重要用途在于指定参数化的子电路，这将在 A. 12 节中讲述。

A. 6 线网和变量的类型

Verilog 定义了一些线网和变量的类型。这些类型是 Verilog 语言本身定义的，用户定义类型是不允许的。

A. 6. 1 线网

一个线网型信号代表着电路中的一个结点。为了区分不同类型的电路结点，Verilog 给出几种线网类型：*wire*，*tri* 和一些其他的综合中用不到的线网，同时也是本书中不使用的。

wire 型线网是用来连接电路中一个逻辑模块的输出和另一个逻辑模块的输入的。下面是标量 **wire** 的示例：

```
wire x;
wire Cin, AddSub;
```

一个矢量 wire 表示并联的结点，例如：

```
wire [3:0] S;
wire [1:2] Array;
```

方括号中的内容定义了矢量信号的范围。范围[R_a：R_b]可以增大或减小。在任何情况下，R_a 都表示一个矢量信号的最高有效位(最左边)，而 R_b 则表示最低有效位(最右边)。R_a 和 R_b 可以是正整数或者负整数。

线网型信号 *S* 可以作为一个 4 位信号使用，也可以将每一位单独作为单位信号使用，如：*S*[3]，*S*[2]，*S*[1]，*S*[0]。如果给 *S* 赋一个值为 *S*=4'b0011，就意味着 *S*[3]=0，*S*[2]=0，*S*[1]=1，*S*[0]=1。如果将一个矢量信号中的某一位赋给另一个线网信号，如：*f*=*S*[0]，称为位选操作。如果将一个矢量信号中的某几位赋给另一个矢量信号，称为域选操作。如果我们令 Array=S[2：1]，其结果是 *Array*[1]=*S*[2]，*Array*[2]=*S*[1]。如果这条指令使用的是位选操作，就可以引入变量，例如 *S*[*i*]；但是如果使用的是域选操作，就必须是连续表达，例如 *S*[2：1]。

tri 型线网表示电路的结点以三态方式连接。**tri** 的例子如下：

```
tri z;
tri [7:0] DataOut;
```

这些线网都以与 **wire** 型线网相同的方式处理，而且它们只用于提高包含三态门的代码的可读性。

A. 6. 2 变量

线网提供了一种逻辑元件互相连接的方式，但是线网不能以行为的方式来描述电路。

为了达到这个目的，Verilog 提供了变量。可以在一条 Verilog 语句中给一个变量赋值，而且变量会保持这个值不变，直到被随后的赋值语句所赋给的值覆盖。变量的类型有两种，*reg* 和 *integer*。参考下面这段代码：

```
Count = 0;
for (k = 0; k < 4; k = k + 1)
  if (S[k])
    Count = Count + 1;
```

for 和 **if** 语句将在 A.11 节中讲述。这段代码是将 *S* 中等于 1 的位数存入 *Count* 中。因为 *Count* 是电路行为级模型，所以它必须是一个变量，而不能是简单的 **wire**。如果 *Count* 是 3 位信号，那么对它的声明应该是：

```
reg [2:0] Count;
```

关键词 **reg** 不代表它是一个存储单元，或者寄存器。在 Verilog 代码中，reg 型变量要么用组合逻辑电路建模，要么用时序电路建模。在我们举的例子中，变量 *k* 都用在循环语句中。这种变量在语句中都声明为 **integer** 型变量：

```
integer k;
```

integer 型变量在描述模块的行为时是很有用处的，但它们不直接对应电路的结点。在本书中，我们将 **integers** 用于循环控制变量。

A.6.3　寄存器

寄存器是一个 2 维的位数。Verilog 允许这种结构以 2 维数组变量(**reg** 或 **integer**)的形式声明，例如：

```
reg [7:0] R [3:0];
```

这条语句将 *R* 定义为 4 个 8 位变量，分别是 *R*[3]，*R*[2]，*R*[1]，*R*[0]。

二级指令，比如 R[3][7]是可以使用的。同时也支持更高维数的数组。一个 3 维数组可以这样声明：

```
reg [7:0] R [3:0] [1:0];
```

这条语句定义了一个 3 维的位数组。

A.7　操作符

Verilog 提供了很多种操作符，如表 A.1 所示。表格的第 1 列给出了操作符的分类，第 2 列说明了每一种操作符的使用方法，第 3 列表示的是操作符产生结果的位数。为了有助于说明此表格，我们使用 *A*，*B* 和 *C* 三个操作数，它们既可以是矢量，也可以是标量。～*A* 表示操作符～是作用于变量 *A* 的，而 *L*(A)则表示其结果是具有和 *A* 相同的位数。

表 A.1　Verilog 操作符与位数

<table>
<tr><th>分类</th><th>示例</th><th>位数</th></tr>
<tr><td>按位</td><td>～A，＋A，－A
A&B，A | B，A^B，A^～B</td><td>L(A)
L(A)和 L(B)中较大者</td></tr>
<tr><td>逻辑</td><td>! A，A&&B，A || B</td><td>1 位</td></tr>
<tr><td>缩减</td><td>&A，～&A，| A，～ | A，^A，～^A</td><td>1 位</td></tr>
<tr><td>关系</td><td>A==B，A! =B，A>B，A<B
A>=B，A<=B，A===B，A! ==B</td><td>1 位</td></tr>
<tr><td>运算</td><td>A+B，A－B，A * B，A/B，A%B</td><td>L(A)和 L(B)中较大者</td></tr>
<tr><td>移位</td><td>A<<B，A>>B</td><td>L(A)</td></tr>
<tr><td>拼接</td><td>{A，…，B}</td><td>L(A)＋…＋L(B)</td></tr>
<tr><td>复制</td><td>{B{A}}</td><td>B * L(A)</td></tr>
<tr><td>条件</td><td>A? B：C</td><td>L(B)和 L(C)中较大者</td></tr>
</table>

表 A.1 中的大部分操作符都在表 4.2 中列出并在 4.6.5 节中进行了详细说明。按位操作符有取反(~)、加法(+)、减法(-)、按位与(&)、按位或(|)、按位异或(^)、按位同或(~^或^~)。按位操作符产生的结果是多位的，通常是和操作数相同的位数。例如，如果 $A=a_1a_0$，$B=b_1b_0$，$C=c_1c_0$，那么 $C=A\&B$ 产生的结果是 $c_1=a_1\&b_1$ 和 $c_0=a_0\&b_0$。要注意的是加操作只针对正数。

逻辑操作产生 1 位的结果。逻辑操作有取反操作(!)、与操作(&&)、还有或操作(||)。如果! 的操作数是一个矢量，那么只有当 A 的所有位数都是 0 的情况下! A 才会得到 1(真)的结果；否则! A 的结果是 0(非真)。如果 A 和 B 都不是零，那 $A\&\&B$ 的结果为 1；而只有 A 和 B 都为零，$A \,||\, B$ 才不等于 1。如果操作数是不确定的(包含 x)，结果就为 x。逻辑操作符通常用在条件语句中，比如 **if**((*A*<*B*)&&(*B*<*C*))。

缩减操作的符号与按位操作中的某些符号是相同的，但缩减操作只有一个操作数。缩减操作 $\&A$ 将 A 中所有位的数进行与操作，而 $\sim\&A$ 是将 A 中所有位的数进行与非操作。同样地，其他的缩减操作都产生单位的布尔型结果。

关系操作基于 A 和 B 的指定的比较，给出 1(真)或者 0(非真)的结果。对于逻辑电路的综合，A 和 B 通常是 **wire** 或 **reg** 型变量，Verilog 将它们视为无符号数。如果支持 **integer** 型变量，那它们可能是有符号数。当任一个操作数是未指定的数字时，关系操作的结果就是不确定的(x)。一个例外是对于===和!==操作，这两个操作分别检查相等与不等。除了 0 和 1 之外，这些操作比较 x 和 z 的相等关系。

Verilog 包含了常用的算数运算+，-，*和/，也包括取模运算(%)，但是这种运算操作不可支持，除非是用在计算编译时间常数。$A\%B$ 操作得到的结果是 $A\div B$ 的余数。**wire** 和 **reg** 型变量的算数操作被当作无符号的数字。如果两个操作数的位数不等，会在左边补零，而如果结果的位数小于最大位数，其位数会被缩短。**Integer** 型变量被当作 2 的补码数。

<<和>>分别是逻辑左移和右移。对于左移操作，零会补到最低有效位(LSB)，而对于右移操作，零会补到最高有效位(MSB)。对于综合来说，操作数 B 应该是一个常数。

拼接符{,}使矢量操作数拼接起来组成一个更高位数的矢量结果。任何一个常数操作数都有固定的位数，比如 4'b0011。此操作可通过使用复制操作实现重复数次的效果。操作{{3{A}}, {2{B}}}等于{A, A, A, B, B}。复制操作可用来构成一个 *n* 位的数字矢量：操作{*n*{1'b1}}表示 *n* 个 1。

表 A.1 中最后一项操作符是?：条件操作。A? B：C 的结果是：如果 A 等于 1(True)，结果为 B；否则结果为 C。如果 A 为 x，条件操作产生一个按位输出；如果 B 和 C 的对应位都是 1，则每一位都是 1；如果对应位都是 0，则每一位都是 0；否则是 x。

Verilog 操作符的优先级遵循与算术和布尔代数相似的规则。例如，*的优先级高于+，& 的优先级比 | 高。表 4.3 给出了一个完全的优先级规则列表。

A.8 Verilog 模块

用 Verilog 代码描述的电路或者子电路叫做模块。图 A.1 给出了一个模块声明的基本框架。模块有模块名：*module_name*，它可以是任何有效的标识符，后面跟一个端口列表。术语 *port* 来自电学术语中，它涉及电子电路中的输入或输出连接。端口类型可以是 **input**，**output** 或者 **inout**(双向)，既可以是标量也可以是矢量。端口的例子如下：

```
module module_name [(port_name{, port_name})];
    [parameter declarations]
    [input declarations]
    [output declarations]
    [inout declarations]
    [wire or tri declarations]
    [reg or integer declarations]
    [function or task declarations]
    [assign continuous assignments]
    [initial block]
    [always blocks]
    [gate instantiations]
    [module instantiations]
endmodule
```

图 A.1

```
input Cin, x, y;
input [3:0] X, Y;
output Cout, s;
inout [7:0] Bus;
output [3:0] S;

wire Cout, s;
wire [7:0] Bus;
reg [3:0] S;
```

如上所示，输出和输入端口有一个相关联的类型。我们假设 *Cout*，*s* 和 *Bus* 在这个例子中是线网，而 *S* 是一个变量。**wire** 声明实际上是可以忽略的，因为 Verilog 假定信号在默认状态下是线网。尽管如此，任何当作变量使用的端口必须像这样清晰地声明。

我们可以将声明 reg 型变量的语句包含在声明输出语句中，而不是在一个单独的语句中声明，如下：

```
output reg [3:0] S;
```

在本书中我们贯彻了这种风格。

如图 A.1 所示，一个模块可以包含任意多的线网(**wire** 或 **tri**)或变量(**reg** 或 **integer**)声明，其他类型的声明变化将在本附录后面介绍。

图 A.2 给出了一个 *fulladd* 模块的 Verilog 代码，描述的是一个全加器电路。(这个电路在 3.2 节中讨论过)。输入端 *Cin* 是进位输入，加数和被加数是 *x* 和 *y*。输出端是和 *s*，输出进位 *Cout*。全加器的功能是用由 **assign** 打头的逻辑等式描述的，这将在 A.10 中讨论。

用 Verilog 描述一个电路通常不只一种方法。图 A.3 给出了另外一种版本的 *fulladd* 模块，里面用到了拼接和加法操作。语句

```
assign {Cout, s} = x + y + Cin;
```

表明将 $x+y+Cin$ 结果中的最低有效位赋给 *s*，最高有效位赋给 *Cout*。图 A.2 和图 A.3 模块得到的电路是相同的。

```
module fulladd (Cin, x, y, s, Cout);
   input Cin, x, y;
   output s, Cout;

   assign s = x ^ y ^ Cin;
   assign Cout = (x & y) | (Cin & x) | (Cin & y);

endmodule
```

图 A.2

```
module fulladd (Cin, x, y, s, Cout);
   input Cin, x, y;
   output s, Cout;

   assign {Cout, s} = x + y + Cin;

endmodule
```

图 A.3

A.9 门实例化

Verilog 包含预先设定的基本逻辑门。这些门允许用 *gate instantiation* 语句描述电路结构：

```
gate_name [instance_name] (output_port, input_port{, input_port});
```

gate_name 规定了需要的门的类型，*instance_name* 是任意唯一的标识符。每个门可以有不同数量的端口，输出端写在前面，随后是可变数量的输入端。使用门来实现的全加器例子如图 A.4 所示。代码定义了四个 **wire** 型线网，*z*1 到 *z*4，将门连接起来，每个门都有不同的实例名。图 A.5 给出了一个更简单的版本，其中不包含实例名，*z*1 到 *z*4 也没有声明。由于线网没有明确声明，它们默认为是 **wire** 型线网。

```
// Structural specification of a full-adder
module fulladd (Cin, x, y, s, Cout);
   input Cin, x, y;
   output s, Cout;
   wire z1, z2, z3, z4;

   and And1 (z1, x, y);
   and And2 (z2, x, Cin);
   and And3 (z3, y, Cin);
   or Or1 (Cout, z1, z2, z3);
   xor Xor1 (z4, x, y);
   xor Xor2 (s, z4, Cin);

endmodule
```

图 A.4

```
// Structural specification of a full-adder
module fulladd (Cin, x, y, s, Cout);
   input Cin, x, y;
   output s, Cout;

   and (z1, x, y);
   and (z2, x, Cin);
   and (z3, y, Cin);
   or (Cout, z1, z2, z3);
   xor (z4, x, y);
   xor (s, z4, Cin);

endmodule
```

图 A.5

表 A.2 列出了 Verilog 所支持的逻辑门。第 2 列描述每个门的功能，最右边一列给出了门例化的例子。Verilog 允许门具有任意数量的输入，但有些 CAD 系统在这方面设置了实际的限制。*notif* 和 *bufif* 门代表三态缓冲器(驱动器)。*notif*0 是一个低电平使能的反相三态缓冲器，而 *notif*1 则是高电平使能的具有相同功能的门。*bufif*0 和 *bufif*1 是不具有反相输出的三态缓冲器。

表 A.2 Verilog 门

名称	说明	用法
and	$f=(a\cdot b\cdot\cdots)$	**and**$(f, a, b, \cdots)$
nand	$f=\overline{(a\cdot b\cdot\cdots)}$	**nand**$(f, a, b, \cdots)$
or	$f=(a+b+\cdots)$	**or**$(f, a, b, \cdots)$
nor	$f=\overline{(a+b+\cdots)}$	**nor**$(f, a, b, \cdots)$
xor	$f=(a\oplus b\oplus\cdots)$	**xor**$(f, a, b, \cdots)$
xnor	$f=(a\odot b\odot\cdots)$	**xnor**$(f, a, b, \cdots)$
not	$f=\bar{a}$	**not**(f, a)
buf	$f=a$	**buf**(f, a)
notif0	$f=(!\ e?\ \bar{a}:'bz)$	**notif0**(f, a, e)
notif1	$f=(e?\ \bar{a}:'bz)$	**notif1**(f, a, e)
bufif0	$f=(!\ e?\ a:'bz)$	**bufif0**(f, a, e)
bufif1	$f=(e?\ a:'bz)$	**bufif1**(f, a, e)

出于仿真的目的，可以设置一个门传播延迟的参数。例如，下面的语句实例化了一个 3 输入的 AND 门，延迟是 5 个时间单位(时间单位由所用的仿真器决定)：

```
and #(5) And3 (z, x1, x2, x3);
```

但是这种延迟参数类型对于逻辑电路的综合来说没有任何意义。

A.10 并行语句

在包括 Verilog 任何硬件描述语言中，并行语句的概念是指代码包含的每条语句都代表着电路的一部分。我们之所以用并行这个词，是因为语句被认为是并列的，而且语句间的顺序并不重要。门例化就是并行语句的一种类型。本节介绍另一种类型的并行语句，连续赋值。

A.10.1 连续赋值

当门例化允许电路结构的描述时，连续赋值就允许电路功能的描述。这种语句的一般格式是

```
assign net_assignment{, net_assignment};
```

net_assignment 可以是表格 A.1 中的任何表达式。连续赋值的例子是

```
assign Cout = (x & y) | (x & Cin) | (y & Cin);
assign s = x ^ y ^ z;
```

Cout 表达式中使用了圆括号，尽管根据操作优先级这是不需要的。多个声明可以在一个 **assign** 语句中声明，用逗号分隔开，比如

```
assign Cout = (x & y) | (x & Cin) | (y & Cin),
       s = x ^ y ^ z;
```

举一个多位的赋值语句的例子

```
wire [1:3] A, B, C;
        ⋮
assign C = A & B;
```

这段语句的结果是 $c_1 = a_1 b_1$，$c_2 = a_2 b_2$，$c_3 = a_3 b_3$。

运算赋值

```
wire [3:0] X, Y, S;
        ⋮
assign S = X + Y;
```

表示一个 4 位加法器，不带进位输入输出。如果我们声明进位输入和输出，即

```
wire carryin, carryout;
```

语句

```
assign {carryout, S} = X + Y + carryin;
```

表示含进位输入输出的 4 位加法器。我们在 A.7 中提到 Verilog 把 **wire** 型线网当作无符号数。由于{carryon，S}的结果是 5 位的，每个操作数都要补零。当对 Verilog 语言描述的电路进行综合时，由编译器来决定或判断一个含进位输出的 4 位加法器是否需要补零。

图 A.6 给出了一个完整的算术赋值例子，里面有两个 4 位输入，X 和 Y，还有两个 8 位输出，S 和 $S2s$。为了生成 8 位输出和 $S=X+Y$，Verilog 编译器给 X 和 Y 补了 4 个零。对 $S2s$ 的赋值显示了一个有符号(2 的补码)结果如何生成。回忆 3.3 节的内容可知补码的最高位是符号位。对 $S2s$ 使用了拼接和复制操作，分别复制了 4 次 X 和 Y 的最高位，实现符号的扩展。

假设 $X=0011$，$Y=1101$，无符号输出 $S=0011+1101=00010000$，或者 $S=3+13=16$。有符号结果 $S2s=0011+1101=00000000$，或 $S2s=3+(-3)=0$。

A.10.2 使用参数

图 A.6 是一个针对 4 位数的加法器，我们可以通过在加法器中引入设置位数的参数使这段代码更加通用。图 A.7 给出一段关于 n 位加法器模块的代码，*addern*。要加入的位数以关键词 **parameter** 定义，这在 A.5 中已经介绍过了。n 的值决定了 X、Y、S 和 $S2s$ 的位宽。

```
module adder_sign (X, Y, S, S2s);
  input [3:0] X, Y;
  output [7:0] S, S2s;

  assign  S = X + Y,
          S2s = {{4{X[3]}}, X} + {{4{Y[3]}}, Y};

endmodule
```

图 A.6

```
module addern (X, Y, S, S2s);
  parameter n = 4;
  input [n-1:0] X, Y;
  output [2*n-1:0] S, S2s;

  assign  S = X + Y,
          S2s = {{n{X[n-1]}}, X} + {{n{Y[n-1]}}, Y};

endmodule
```

图 A.7

可以用 **wire** 声明来合并连续赋值。例如，一个半加器的输出和 s，输出进位 c 可以定义为：

```
wire s = x ^ y,
     c = x & y;
```

Verilog 允许在连续赋值中加入参数，比如延迟。这些参数对于综合没有任何意义，但是我们考虑到本书的全面性，还是提一下。考虑下面这段语句

```
wire #8 s = x ^ y,
     #5 c = x & y;
```

这段语句指定了操作 x^y 具有 8 个单位时间的传播延迟，$x\&y$ 具有 5 个单位时间的传播延

迟。这种只在仿真起作用的延迟也可以与 wires 相关联，比如

```
wire   #2 c;
assign #5 c = x & y;
```

这条指定了 2 个延迟单位时间的代码是在 AND 门代码的 5 个单位时间之外单独计算的。

A.11 过程语句

除了前面介绍的并行语句，Verilog 还提供了过程语句(也叫做时序语句)。并行语句是并行执行，而过程语句是按照代码的顺序执行。Verilog 语法要求过程语句要包含在一个 **always** 块内部。

A.11.1 Always 和 Initial 块

always 块是一个包含一个或多个过程语句的结构。它的形式如下

```
always @(sensitivity_list)
[begin]
   [procedural assignment statements]
   [if-else statements]
   [case statements]
   [while, repeat, and for loops]
   [task and function calls]
[end]
```

Verilog 包含几种类型的过程语句。相比连续赋值语句和门例化，上面的这些语句提供了更为强大的行为级电路描述方式。

当一个 **always** 块中包含多条语句时，就必须用关键词 **begin** 和 **end**；否则可以不要。关键词 **begin** 和 **end** 也可以用在其他 Verilog 构架里。我们所提到的语句中涉及的 **begin** 和 **end** 仅限于 *begin-end* 块。

敏感列表是一个直接影响 **always** 块输出结果的信号列表。一个简单的 **always** 块例子如下

```
always @(x, y)
begin
   s = x ^ y;
   c = x & y;
end
```

由于输出变量 s 和 c 取决于 x 和 y，x 和 y 被包含在敏感列表中，用逗号或关键词 **or** 隔开。我们在本书中用逗号，但是应该注意的是在 Verilog 原版本中需要用关键词 **or**。当使用一个 **always** 块来指定一个组合逻辑电路时，可以简单地写成

```
always @*
```

这表示 **always** 块中所有的输入信号都包括在敏感列表中。本书中的例子将信号明确地写进敏感列表中，以使读者更容易理解 Verilog 代码。

always 块的语法是：如果一个敏感列表中的信号值发生了变化，那么 **always** 块中语句就以代码的顺序运行。

为了仿真的目的，Verilog 也提供了 *initial* 结构。**initial** 和 **always** 块具有相同的结构，但 **initial** 块内的语句只在仿真开始的时候运行一次。**initial** 块对于综合而言毫无意义，因此我们后面不再讨论它。

一个 Verilog 模块可能包含几个 **always** 块，每一个 **always** 块都代表电路模型的一部分。当每个 **always** 块中的语句顺序运行时，不同 **always** 块之间是无所谓先后的。就这点来说，每个完整的 always 块可以被认为是一个并行语句，因为 Verilog 编译器同时运行所有的 **always** 块的语句。

过程赋值语句

任何一个在 **always** 块内赋值的信号都必须是 **reg** 型或 **integer** 型变量。给一个变量赋值

是通过过程赋值语句实现的。有两种赋值：以＝表示的阻塞赋值，和以＜＝表示的非阻塞赋值。阻塞这个术语表示赋值语句在后面的语句运行之前完成赋值。这个概念在仿真环境中得到最好的解释。考虑下面的阻塞赋值：

```
S = X + Y;
p = S[0];
```

语句在仿真时间点 t_i 按顺序运行，第一句使 S 等于当前的 X 与 Y 的和，然后运行第二句，使 p 等于赋值后的 S 的最低位。Verilog 也提供了非阻塞赋值：

```
S <= X + Y;
p <= S[0];
```

在这种情况下，语句在仿真时间点 t_i 仍按序执行运行，只是赋值过程同时将仿真开始 t_i 时刻的值赋给左边。第一句和上一种情况相同，但是 S 的值并不立刻改变，而是等到所在 **always** 块中所有语句运行完之后才生效。因此时间点 t_i 的 p 值取决于时间点 t_{i-1} 的 S 值。我们可以总结出阻塞赋值和非阻塞赋值的区别。对于阻塞赋值，每一句中时间点 t_i 时的变量值都取决于之前的语句在 t_i 时的新值。而对于非阻塞赋值，变量在时间点 t_i 的值都是 t_{i-1} 时的值。

尽管我们在仿真环境中引入了阻塞赋值和非阻塞赋值的概念，但是就综合来说，语法是相同的。对于组合逻辑电路，只有阻塞赋值是可以使用的，正如我们在 A11.7 中解释的那样。我们将在下一节给出一些组合逻辑电路的例子，并介绍 **if-else**，**case** 和循环语句。A.14 节主要针对时序电路并解释了它们只能用非阻塞赋值来进行设计。

A.11.2 if-else 语句

图 A.8 给出了 **if-else** 语句的基本形式。如果 *expression*1 为真，那么运行第一条语句。当存在多条语句时，它们必须包含在 **begin-end** 块中。

else if 和 **else** 是可选的。Verilog 语法规定了当包含 **else if** 和 **else** 时，它们与最近的未完成的 **if** 和 **else if** 相匹配。

一个用在组合逻辑中的 **if-else** 语句如下：

```
always @(w0, w1, s)
  if (s == 0)
    f = w0;
  else
    f = w1;
```

这段代码定义了一个 2 选 1 电路，其数据输入为 w_0 和 w_1，选择输入为 s，输出为 f。

A.11.3 语句的顺序

图 A.9 给出了使用 **if-else** 语句描述 2 选 1 电路的另一种方法。这段代码首先确定默认赋值 $f=w_0$，然后判断当 s 为 1 时改变默认赋值为 $f=w_1$。Verilog 规定在 **always** 块中一个重复赋值的信号保持最后一次赋值。这个例子突出了在 **always** 块中语句顺序的重要性。如果语句改为

```
if (expression1)
begin
  statement;
end
else if (expression2)
begin
  statement;
end
else
begin
  statement;
end
```

图 A.8

```
module mux2to1 (w0, w1, s, f);
  input w0, w1, s;
  output reg f;

  always @(w0, w1, s)
  begin
    f = w0;
    if (s == 1)
      f = w1;
  end

endmodule
```

图 A.9

```
always @(w0, w1, s)
begin
    if ( s == 1 )
        f = w1;
    f = w0;
end
```

那么会首先运行 **if** 语句，最后运行 $f=w_0$。因此，运行代码的结果总是会把 w_0 赋给 f。

含蓄记忆

考虑这段 **always** 块

```
always @( w0, w1, s )
begin
    if (s == 1)
        f = w1;
end
```

这与图 A.9 的代码一样，只是删去了默认赋值 f=w0。由于代码没有指定当 s 为 0 时变量 f 的值，Verilog 规定 f 必须保持它的当前值。综合后的电路必须能实现下面的功能

$$f = s \cdot w_1 + \bar{s} \cdot f$$

因此，当 $s=0$ 时，w_1 的值被锁存器固定在输出端 f。这种效应叫含蓄记忆。我们将简要说明含蓄记忆是描述时序电路的关键概念。

A.11.4　case 语句

图 A.10 给出了一个 **case** 语句的形式。*expression* 称为控制表达式，被检测是否与 *alternate* 匹配。第一个匹配成功的 *alternate*，其关联的语句被执行。每个 *alternate* 中的每一位数字都严格地与 4 个数值 0、1、z 和 x 比较。**default** 子句是一个特殊的情况，在没有其他 *alternate* 匹配时生效。当使用 Verilog 仿真时，一个 *alternate* 可以是通用表达式，但是对于综合来说，仅限于一个常数，比如 1'b0：或者一个用逗号隔开的常数列表，比如 1，2，3：。

```
case (expression)
    alternative1: begin
                      statement;
                  end
    alternative2: begin
                      statement;
                  end
    [default:     begin
                      statement;
                  end]
endcase
```

图　A.10

一个 **case** 语句的例子如下

```
always @(w0, w1, s)
    case (s)
        1'b0:  f = w0;
        1'b1:  f = w1;
    endcase
```

这段代码表达了和 A11.2 节使用 **if-else** 语句相同的 2 选 1 电路。当使用 Verilog 进行仿真时，需要让控制表达式完备。alternate 列表中必须包含默认情况以覆盖所有可能的取值。在此例中，s 可以取 4 个值 0，1，x，z；因此我们可以加入默认情况来包括 $s=x$ 和 $s=z$ 的情况。综合工具只需要考虑 0 和 1，因为我们只考虑综合，所以没有加入默认情况。

图 A.11 表述了用一个 **case** 语句来指定真值表的例子。这段代码表达了和图 A.2 与图 A.3相同的全加器。**case** 语句中的控制表达式是拼接数{Cin，x，y}，而备选项则对应图 3.3a 中的真值表那一列。

```
// Full adder
module fulladd (Cin, x, y, s, Cout);
    input Cin, x, y;
    output reg s, Cout;

    always @(Cin, x, y)
    begin
        case ( {Cin, x, y} )
            3'b000: {Cout, s} = 'b00;
            3'b001: {Cout, s} = 'b01;
            3'b010: {Cout, s} = 'b01;
            3'b011: {Cout, s} = 'b10;
            3'b100: {Cout, s} = 'b01;
            3'b101: {Cout, s} = 'b10;
            3'b110: {Cout, s} = 'b10;
            3'b111: {Cout, s} = 'b11;
        endcase
    end

endmodule
```

图　A.11

case 语句对于表述一些时序电路也很重要，比如有限状态机，这将在 A.14 中讨论。

A. 11. 5 casez 和 casex 语句

在 **case** 语句中，备选项中的 x 或 z 值用于检查表达式中的值是否精确匹配。**casez** 针对备选项中无关项的情况，增强了灵活性。**casex** 将 x 和 z 都当作不关心的情况。备选项不一定非要相互独立。如果不是相互独立的，排在前面的选项具有优先权。图 A. 12 表示了 **casex** 怎样描述一个含 4 位输入 W，输出 Y 与 f 的优先编码器。图 4. 20 定义了这个优先编码器(图 4. 20 中的输出 z 对应图 A. 12 代码中的 f)。第一个备选项，1xxx，规定如果 w_3 为 1，那么其他几位的值无关紧要，因此输出设为 $Y=3$。相似地，其他几项备选项描述了所需的优先组合。

```
module priority (W, Y, f);
  input [3:0] W;
  output reg [1:0] Y;
  output f;

  assign f = (W != 0);
  always @(W)
  begin
    casex (W)
      'b1xxx: Y = 3;
      'b01xx: Y = 2;
      'b001x: Y = 1;
      default: Y = 0;
    endcase
  end

endmodule
```

图 A. 12

A. 11. 6 循环语句

Verilog 包括四种类型的循环语句：**for**，**while**，**repeat** 和 **forever**。综合工具通常支持 for 循环，其基本格式为

```
for (initial_index; terminal_index; increment)
begin
  statement;
end
```

这段代码从语法上看与 C 语言中的 **for** 循环非常相似。*initial_index* 只执行一次，在第一次循环之前，通常执行整数循环控制变量的初始化，比如 $k=0$。在每一次循环中，**begin-end** 块都会运行，然后执行 *increment* 语句。一个典型的 increment 语句是 $k=k+1$。最后，检查 terminal_index 条件是否满足，如果为真，就执行下一个循环迭代。对于综合来说，terminal_index 必须使循环数是个整数，比如 $k<8$。

一个使用 **for** 语句描述 n 位加法器的例子如图 A. 13 所示。循环的作用是重复执行 k 次 **begin-end** 块。在本例中，每次循环迭代都定义了一个具有输入 x_k，y_k 和 c_k，输出 s_k 和 c_{k+1} 的全加器。如果 **begin-end** 块有标签，可以在 **always** 块内定义**整数** k(参数也可以按此方式定义)。例如：

```
module ripple (carryin, X, Y, S, carryout);
  parameter n = 4;
  input carryin;
  input [n-1:0] X, Y;
  output reg [n-1:0] S;
  output reg carryout;
  reg [n:0] C;
  integer k;

  always @(X, Y, carryin)
  begin
    C[0] = carryin;
    for (k = 0; k <= n-1; k = k+1)
    begin
      S[k] = X[k] ^ Y[k] ^ C[k];
      C[k+1] = (X[k] & Y[k]) | (C[k] & X[k]) | (C[k] & Y[k]);
    end
    carryout = C[n];
  end

endmodule
```

图 A. 13

```
always @(X, Y, carryin)
begin: fulladders
   integer k;
   C[0] = carryin;
   for (k = 0; k <= n−1; k = k+1)
   begin
      S[k] = X[k] ^ Y[k] ^ C[k];
      C[k+1] = (X[k] & Y[k]) | (C[k] & X[k]) | (C[k] & Y[k]);
   end
   carryout = C[n];
end
```

图 A.14 给出了第二种 **for** 循环的例子。这段代码计算 n 位输入 X 中等于 1 的数量。将循环过程展示出来，可以看到前两次循环的结果为

```
Count = Count + X[0];
Count = Count + X[1];
```

第一句使 $Count=0+X[0]=X[0]$。随后第二个赋值语句使 $Count=X[0]+X[1]$，后面的循环以此类推。最后，我们得到

```
Count = X[0] + X[1] + · · · + X[n−1]
```

综合工具会生成一个级联的加法器电路来实现这个表达式。例如当 $n=3$ 时，一种可能的电路会采用如图 A.15 所示的 2 位加法器。

```
module bit_count (X, Count);
   parameter n = 4;
   parameter logn = 2;
   input [n−1:0] X;
   output reg [logn:0] Count;
   integer k;

   always @(X)
   begin
      Count = 0;
      for (k = 0; k < n; k = k+1)
         Count = Count + X[k];
   end

endmodule
```

图 A.14

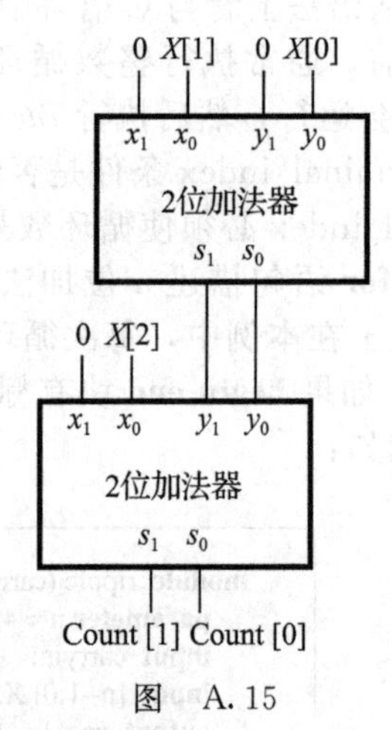

图 A.15

图 A.16 显示了通用的 **while** 和 **repeat** 循环。**while** 语句与 C 语言中的对应语句具有相同结构，而 **repeat** 语句简单地令 **begin-end** 块循环一定的次数。**forever** 循环是无限循环，没有在图中表示出来。

```
while (condition)
begin
   statement;
end

   ⋮

repeat (constant_value)
begin
   statement;
end
```

图 A.16

A.11.7 组合电路的阻塞与非阻塞赋值

我们之前提到的组合电路例子都使用了阻塞赋值，这是一种设计组合电路的好方法。一个很自然的问题是组合电路是否可以使用非阻塞赋值。答案是可以在很多情况中使用，但是如果分支语句的赋值取决于之前的赋值结果，非阻塞赋值可能产生无意义的电路。作为一个例子，考虑改变图 A.14 中的 **for** 循环，采用非阻塞赋值，如图 A.17 所示。简便起见，假设 $n=3$，将循环过程展示出来：

```
Count <= Count + X[0];
Count <= Count + X[1];
Count <= Count + X[2];
```

因此采用了非阻塞赋值，每个分支语句的赋值都参照初始值 *Count*=0，而不是一个新的由前一句产生的 *Count* 值。**for** 循环因此退化为：

```
Count <= 0 + X[0];
Count <= 0 + X[1];
Count <= 0 + X[2];
```

当 **always** 块中存在多条给同一变量赋值的语句时，Verilog 规定变量保持它上一次的赋值结果。因此，代码会产生错误的结果 *Count*=*X*[2]。

```
always @(X)
begin
    Count = 0;
    for (k = 0; k < n; k = k+1)
        Count <= Count + X[k];
end
```

图　A. 17

A. 12　子电路的使用

一个 Verilog 模块可以作为一个子电路包含在另一个模块中。采用这种方式，所有的模块都必须定义在同一个文件中，那么 Verilog 编译器就必须被告知每个模块的所属(这么做的原理因每个编译器而异)。模块例化的通用形式与门例化语句类似

```
module_name [#(parameter overrides)] instance_name (
        .port_name ( [expression] ) {, .port_name ( [expression] )} );
```

instance_name 可以是任何合法的 Verilog 标识符，端口连接指定了模块之间的连接方式。在一个设计中，相同的模块可以多次例化，但每个例化名必须是独一无二的。#(parameter overrides)是用来设置模块内部的参数值的，我们将在下一节讨论这个问题。每个 *port_name* 都对应着子电路中的一个端口名，每个 *expression* 都指定了端口的连接。. *port_name* 可以使例化语句列表中的信号顺序不必与子电路模块中的端口顺序一致。在 Verilog 术语中，这叫做*名称端口连接*。如果端口排序与子电路相同，那么 . *port_name* 就不是必需的。这种形式叫*顺序端口连接*。

图 A. 18 给出了范例。这段 4 位加法器的代码使用了如图 A. 2 所示的 4 个例化的全加器。加法器的输入是 *carryin* 和 2 个 4 位加数 *X* 和 *Y*。输出是 4 位结果 *S* 和 *carryout*。3 位信号 *C* 表示来自第 0，1，2 级的进位。这个信号是 3 位 **wire** 型矢量线网。

```
module adder4 (carryin, X, Y, S, carryout);
    input carryin;
    input [3:0] X, Y;
    output [3:0] S;
    output carryout;
    wire [3:1] C;

    fulladd stage0 (carryin, X[0], Y[0], S[0], C[1]);
    fulladd stage1 (C[1], X[1], Y[1], S[1], C[2]);
    fulladd stage2 (C[2], X[2], Y[2], S[2], C[3]);
    fulladd stage3 (.Cout(carryout), .s(S[3]), .y(Y[3]), .x(X[3]), .Cin(C[3]));

endmodule
```

图　A. 18

模块 *adder*4 例化为 4 个相同全加器子电路。在前 3 个例化语句中，我们使用了顺序端口连接，因为信号顺序相同。最后一句例化采用名称端口连接。例化语句中的端口连接指定了例化的全加器组成加法器模块的连接方式。

图 A. 19 给出 1 个包含两个模块的分层 Verilog 文件。底层模块 *seg*7 描述了一个 BCD-7 段码转换器电路，如图 2. 63 所示。它有 4 位 *bcd* 输入，代表 1 个二进制-十进制数字；7 位 *leds* 输出，用来驱动数字显示器上的 7 段 *a* 到 *g*。顶层例化了 3 个相同的 7 段译码器电路。整个电路具有 1 个 12 位的输入 *Digits*，和 1 个 21 位的输出 *Lights*，它们都与 3 个例化的子电路相连。

```
module group (Digits, Lights);
   input [11:0] Digits;
   output [1:21] Lights;

   seg7 digit0 (Digits[3:0], Lights[1:7]);
   seg7 digit1 (Digits[7:4], Lights[8:14]);
   seg7 digit2 (Digits[11:8], Lights[15:21]);

endmodule

module seg7(bcd, leds);
   input [3:0] bcd;
   output reg [1:7] leds;

   always @(bcd)
      case (bcd)   //abcdefg
         0: leds = 7'b1111110;
         1: leds = 7'b0110000;
         2: leds = 7'b1101101;
         3: leds = 7'b1111001;
         4: leds = 7'b0110011;
         5: leds = 7'b1011011;
         6: leds = 7'b1011111;
         7: leds = 7'b1110000;
         8: leds = 7'b1111111;
         9: leds = 7'b1111011;
         default: leds = 7'bx;
      endcase

endmodule
```

图　A. 19

A. 12. 1　子电路的参数

当一个子电路包含参数时，参数的默认值可以在例化语句中修改。图 A. 20 给出了一个包含两个 8 位输入 X 和 Y，1 个 4 位输出 C 的模块。这个模块是计算 X 和 Y 在对应位上数字相同的个数的。这段代码首先使用 XNOR 操作产生一个信号 T，若 X 和 Y 在某一位上具有相同的数字，则 T 的对应位上为 1。然后图 A. 14 的子电路被例化来计算 T 中含有 1 的个数。#(8，3)按代码顺序覆盖子电路参数的默认值。因为图 A. 14 首先定义了参数 n，随后是 $logn$，所以#(8，3)设置 $n=8$，$logn=3$。如果只指定一个参数，比如#8，那么只覆盖子电路中第一个参数。参数也可以参照名称，#(. n(8)，. logn(3))。

图 A. 21 给出了一种不同的覆盖参数值的语法。在这种方法中，子电路参数通过不同的语句指定。

```
module common (X, Y, C);
   input [7:0] X, Y;
   output [3:0] C;
   wire [7:0] T;

   // Make T[i] = 1 if X[i] == Y[i]
   assign T = X ~^ Y;

   bit_count #(8,3) cbits (T, C);

endmodule
```

图　A. 20

```
module common (X, Y, C);
   input [7:0] X, Y;
   output [3:0] C;
   wire [7:0] T;

   // Make T[i] = 1 if X[i] == Y[i]
   assign T = X ~^ Y;

   bit_count cbits (T, C);
      defparam cbits.n = 8, cbits.logn = 3;

endmodule
```

图　A. 21

```
defparam cbits.n = 8, cbits.logn = 3;
```

这条语句不是例化语句的一部分；因此，它可以出现在代码中的任何位置。所要例化的子电路通过它的例化名 *cbits* 唯一确定。如果 **defparam** 语句出现在单独的语句中而不是对应的例化语句中，除了例化名外，子电路模块名应该另外指定。例如：

```
defparam bit_count.cbits.n = 8, bit_count.cbits.logn = 3;
```

A.12.2 生成块

图 A.18 例化了 4 个相同的全加器子电路，构成一个 4 位加法器。这段代码的自然延伸是增加一个设置所需位数的参数，然后使用循环来例化所需子电路。这可以通过 **generate** 结构实现。

generate 结构简单

```
generate
   [for loops]
   [if-else statements]
   [case statements]
   [instantiation statements]
endgenerate
```

这种结构提高了 Verilog 模块的灵活度，因为它允许例化语句包含在 **for** 循环和 **if-else** 语句内。如果一个 **for** 循环包含在 **generate** 块内，循环数变量必须声明为 **genvar** 类。**genvar** 变量类似于 **integer** 变量，但是 **genvar** 只能是正数且只能用在 **generate** 块内。

图 A.22 是一个 *ripple_g* 模块，其例化了 *n* 个全加器模块。每个 **for** 循环中产生的实例都会有一个唯一的由编译器产生的例化名。产生的例化名为 *addbit*[0].*stage*，. . .，*addbit*[*n*−1].*stage*。这段代码产生的结果与图 A.13 中的代码相同。

```
module ripple_g (carryin, X, Y, S, carryout);
   parameter n = 4;
   input carryin;
   input [n–1:0] X, Y;
   output [n–1:0] S;
   output carryout;
   wire [n:0] C;

   genvar i;
   assign C[0] = carryin;
   assign carryout = C[n];

   generate
      for (i = 0; i <= n–1; i = i+1)
      begin:addbit
         fulladd stage (C[i], X[i], Y[i], S[i], C[i+1]);
      end
   endgenerate

endmodule
```

图 A.22

generate 块可以包括并行语句和过程语句，但是它的主要优点在于 **for** 循环与 **if-else** 语句内的门例化和模块例化。

A.13 函数和任务

图 4.4 显示了怎样用 5 个例化的 4 选 1 电路组成 1 个 16 选 1 电路。另外一种方法是使用 Verilog 函数，其基本形式为

```
function [range | integer] function_name;
   [input declarations]
   [parameter, reg, integer declarations]
   begin
      statement;
   end
endfunction
```

函数的目的是允许代码写成模块的方式而不是定义为独立的模块。如果在模块内定义一个函数，那既可以用连续赋值语句调用，也可以在此模块内用过程赋值语句调用。函数可以具有不只一个输入，但只能有一个输出，因为函数名本身就充当输出变量。图 A. 23 给出了一个使用函数功能实现 16 选 1 电路模块的例子。来看看这段代码是怎么运行的，考虑语句

```
module mux_f (W, S16, f);
   input [0:15] W;
   input [3:0] S16;
   output reg f;
   reg [0:3] M;

   function mux4to1;
      input [0:3] W;
      input [1:0] S;

      if (S == 0) mux4to1 = W[0];
      else if (S == 1) mux4to1 = W[1];
      else if (S == 2) mux4to1 = W[2];
      else if (S == 3) mux4to1 = W[3];
   endfunction

   always @(W, S16)
   begin
      M[0] = mux4to1(W[0:3], S16[1:0]);
      M[1] = mux4to1(W[4:7], S16[1:0]);
      M[2] = mux4to1(W[8:11], S16[1:0]);
      M[3] = mux4to1(W[12:15], S16[1:0]);
      f = mux4to1(M[0:3], S16[3:2]);
   end

endmodule
```

图 A. 23

```
f = mux4to1(M[0:3], S16[3:2]);
```

调用函数的效果是令 Verilog 编译器用函数本体替换赋值语句。上述函数调用中的等式为

```
if (S16[3:2] == 0) f = M[0];
else if (S16[3:2] == 1) f = M[1];
else if (S16[3:2] == 2) f = M[2];
else if (S16[3:2] == 3) f = M[3];
```

类似地，写入每个调用函数，并用 *S*16，*W* 和 *M* 中合适的数来替换相应的位置。

关于函数的另一个例子如图 A. 24 所示。*group_f* 模块等同于图 A. 19 中的 *group* 模块。*group* 模块中例化了 3 个相同的 7 段码子电路，而 *group_f* 模块仅使用一个函数就达到了相同的效果。由于函数返回了一个 7 位的值，所以采用下面的语句定义

```
function [1:7] leds;
```

再考虑图 A. 23 中的 16 选 1 电路。图 A. 25 给出了这段代码的另一种写法。这段代码使用了与函数相似的 Verilog 任务。函数执行完会返回一个值，但是任务不是这样；任务

具有输入和输出变量，更像一个模块。任务只能在 **always**(或 **initial**)块内调用。与上面描述的 Verilog 函数相似，编译器在代码中需要调用的位置插入任务。

```
module group_f (Digits, Lights);
  input [11:0] Digits;
  output reg [1:21] Lights;

  function [1:7] leds;
    input [3:0] bcd;
    begin
      case (bcd)  //  abcdef g
        0: leds = 7'b1111110;
        1: leds = 7'b0110000;
        2: leds = 7'b1101101;
        3: leds = 7'b1111001;
        4: leds = 7'b0110011;
        5: leds = 7'b1011011;
        6: leds = 7'b1011111;
        7: leds = 7'b1110000;
        8: leds = 7'b1111111;
        9: leds = 7'b1111011;
        default: leds = 7'bx;
      endcase
    end
  endfunction

  always @(Digits)
  begin
    Lights[1:7] = leds(Digits[3:0]);
    Lights[8:14] = leds(Digits[7:4]);
    Lights[15:21] = leds(Digits[11:8]);
  end

endmodule
```

图 A.24

```
module mux_t (W, S16, f);
  input [0:15] W;
  input [3:0] S16;
  output reg f;
  reg [0:3] M;

  task mux4to1;
    input [0:3] W;
    input [1:0] S;
    output Result;
    begin
      if (S == 0) Result = W[0];
      else if (S == 1) Result = W[1];
      else if (S == 2) Result = W[2];
      else if (S == 3) Result = W[3];
    end
  endtask

  always @(W, S16)
  begin
    mux4to1(W[0:3], S16[1:0], M[0]);
    mux4to1(W[4:7], S16[1:0], M[1]);
    mux4to1(W[8:11], S16[1:0], M[2]);
    mux4to1(W[12:15], S16[1:0], M[3]);
    mux4to1(M[0:3], S16[3:2], f);
  end

endmodule
```

图 A.25

函数和任务对于设计 Verilog 代码并不重要，但却能大大方便模块化设计。使用函数和任务的一个好处是它们可以从一个 **always** 块中调用，而这些块是不允许包含例化语句的。随着代码量的增多，Verilog 的这些特点就变得尤为重要。

A.14 时序电路

组合逻辑电路既可以用连续赋值语句描述，也可以用过程赋值语句描述，但时序电路只能用过程赋值语句描述。我们现在给出一些时序电路的例子。

A.14.1 门限 D 锁存器

图 A.26 给出了一个门限 D 锁存器的代码。**always** 块的敏感列表包含了数据输入 D 和时钟 clk。**if** 语句指定了只要 clk 为 1 时，Q 就应该等于 D 的值。这里的 **if** 语句中没有 **else** 声明。就像我们在 A.11.3 节中阐述的那样，当 **if** 条件不成立的时候，Q 保持原值不变。

```
module latch (D, clk, Q);
  input D, clk;
  output reg Q;

  always @(D, clk)
    if (clk)
      Q = D;

endmodule
```

图 A.26

A.14.2 D 触发器

图 A.27 表示怎样用 Verilog 描述一个触发器。**always** 块使用了特殊的敏感列表@(**posedge** Clock)。这个事件表达式告诉 Verilog 编译器任何 **always** 块内的赋值的 **reg** 型变量都是 D 触发器输出。图中的代码产生一个具有对时钟上升沿敏感的输入 D 和输出 Q 的触发器。下降沿敏感的触发器这样定义：

@(**negedge** Clock)。

我们在 A.11.1 节中说过时序电路应该使用非阻塞语句赋值，在图 A.27 中我们使用的就是这种类型的赋值语句。时序电路中阻塞赋值和非阻塞赋值的行为将在 A14.5 中讨论。

```
module flipflop (D, Clock, Q);
  input D, Clock;
  output reg Q;

  always @(posedge Clock)
    Q <= D;

endmodule
```

图 A.27

A.14.3 含复位端的触发器

图 A.28 给出了一个和图 A.27 类似的 **always** 块，代码描述了一个含异步复位(清零)输入 *Resetn* 的 D 触发器。当 *Resetn*=0，D 触发期输出 *Q* 置 0。信号名后加一个字母 *n* 通常表示低电平触发信号。

Verilog 语法规定敏感列表要么全部是边沿触发，要么是电平触发，但不能混用。因此，复位条件是下降沿触发。高电平有效的复位信号就需要上升沿触发，且 **if-else** 语句要检查(*Resetn*==1)是否满足。

通常来说，Verilog 提供了多种方法描述一个特定的电路。但是对于触发器，代码格式要求很严格。图 A.27 和图 A.28 中的代码只能做很小的改动来实现所需的触发器。例如，**if-else** 语句可以变为 **if**(! Resetn)，但是这个必须放在 **always** 块中的第一句。注意变量名 *Clock* 没什么特殊之处，关键词 **posedge** 和 **always** 块内其他格式必须让编译器认出这是一个触发器的时钟信号。

图 A.29 显示了如何描述一个含异步复位输入的触发器。因为 **always** 快的敏感列表中包含时钟信号的上升沿，复位操作必须与时钟边沿同步。

```
module flipflop_ar (D, Clock, Resetn, Q);
  input D, Clock, Resetn;
  output reg Q;

  always @(posedge Clock, negedge Resetn)
    if (Resetn == 0)
      Q <= 0;
    else
      Q <= D;

endmodule
```

图 A.28

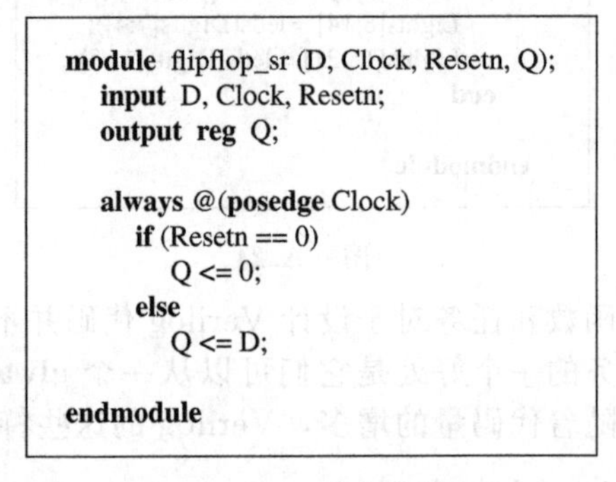

```
module flipflop_sr (D, Clock, Resetn, Q);
  input D, Clock, Resetn;
  output reg Q;

  always @(posedge Clock)
    if (Resetn == 0)
      Q <= 0;
    else
      Q <= D;

endmodule
```

图 A.29

A.14.4 寄存器

一种描述多位寄存器的可能方式是创建一个例化多个触发器的整体。图 A.30 给出了一种更便捷的方法。它采用和图 A.28 相同的代码，但是使用了 4 位输入 *D* 和 4 位输出 *Q*。这段代码描述了一个含异步清零的 4 位寄存器。

图 A.31 显示了图 A.30 中的代码如何扩展成表示一个含使能输入 *E* 的 *n* 位寄存器。触发器的数量通过参数 *n* 设置。当时钟边沿被触发时，如果使能端 *E* 为 0，寄存器中的触发器不能改变它们的存储值。如果 *E* 为 1，寄存器对应正常状态下的情况。

A.14.5 移位寄存器

图 A.32 提供了一个定义了 3 位移位寄存器的代码范例，标出代码行以便参照。移位寄存器有一个串行输入 *w* 和并行输出 *Q*。寄存器最低位是 *Q*[3]，最高位是 *Q*[1]。移位方向从右向左。所有对 *Q* 的赋值都与时钟边沿同步，因此 *Q* 代表了触发器的输出。第 6 行的语句指定给 *Q*[3]赋值 *w*。非阻塞赋值意味着后面的语句不会随 *Q*[3]的新值而改变，而是等到 **always** 块的下一次触发才改变值。在第 7 行为 *Q*[3]的当前值，在移位前作为第 6

行的结果赋给 $Q[2]$。第 8 行通过给 $Q[2]$和 $Q[1]$赋当前值完成移位操作。

```
module reg4 (D, Clock, Resetn, Q);
   input [3:0] D;
   input Clock, Resetn;
   output reg [3:0] Q;

   always @(posedge Clock, negedge Resetn)
   if (Resetn == 0)
      Q <= 4'b0000;
   else
      Q <= D;

endmodule
```

图　A.30

```
module regne (D, Clock, Resetn, E, Q);
   parameter n = 4;
   input [n–1:0] D;
   input Clock, Resetn, E;
   output reg [n–1:0] Q;

   always @(posedge Clock, negedge Resetn)
      if (Resetn == 0)
         Q <= 0;
      else if (E)
         Q <= D;

endmodule
```

图　A.31

重要的是，在图 A.32 的代码中，给第 6 行和第 8 行的赋值在 **always** 块结束前并不生效。因此，所有的触发器同时改变它们的值，这是移位寄存器所需要的。我们可以不必在意第 6 行和第 8 行的顺序问题会改变代码的含义。

用于时序电路的阻塞赋值

我们之前说过时序电路不应该使用阻塞赋值。作为一个例子，图 A.33 用阻塞赋值写出图 A.32 中的代码。第一个赋值将 $Q[3]$置为 w。因为使用的是阻塞赋值，下一句会等待 $Q[3]$的新值；因此，结果是 $Q[2]=Q[3]=w$。类似地，最后一句的结果是 $Q[1]=Q[2]=w$。这段代码描述的不是我们想要的移位寄存器，而是给所有的触发器赋给输入 w 的值。

```
1   module shift3 (w, Clock, Q);
2      input w, Clock;
3      output reg [1:3] Q;

4      always @(posedge Clock)
5      begin
6         Q[3] <= w;
7         Q[2] <= Q[3];
8         Q[1] <= Q[2];
9      end

10  endmodule
```

图　A.32

```
module shift3 (w, Clock, Q);
   input w, Clock;
   output reg [1:3] Q;

   always @(posedge Clock)
   begin
      Q[3] = w;
      Q[2] = Q[3];
      Q[1] = Q[2];
   end

endmodule
```

图　A.33

为了使图 A.33 能够正确地描述一个移位寄存器电路，3 个赋值语句的顺序必须改变。那么第一个赋值将 $Q[1]$置为 $Q[2]$的值，第二句将 $Q[2]$置为 $Q[3]$的值。每个赋值语句不能被前面的赋值影响；这样，阻塞赋值就不会出错了。

为了避免语句顺序的混乱，当设计时序电路时应该避免使用阻塞赋值。同样地，因为它们的语义不同，阻塞和非阻塞赋值永远不要出现在同一个 **always** 块内。

A.14.6　计数器

图 A.34 表示了一个含异步复位输入的 4 位计数器。这个计数器同时还有一个使能输入 E。当时钟上升沿触发，如果 E 为 1，计数器计数；如果 E 为 0，计数器保持当前值。

```
module count4 (Clock, Resetn, E, Q);
   input Clock, Resetn, E;
   output reg [3:0] Q;

   always @(posedge Clock, negedge Resetn)
      if (Resetn == 0)
         Q <= 0;
      else if (E)
         Q <= Q + 1;

endmodule
```

图　A.34

A.14.7 一个时序电路的例子

图 A.35 给出了一个时序电路的例子。电路通过连续时钟周期将 k 位输入信号 X 的值累加起来，并将累加值存在一个 k 位的寄存器中。这样的电路叫做*累加器*。为了存储每次加操作的结果，电路包含一个含异步复位输入 *Resetn* 的 k 位寄存器。同时还包括一个使能输入 E，由递减计数器控制。递减计数器有一个异步加载输入和一个计数使能输入。电路首先复位为 0，同时也将 k 位寄存器清零，并给递减计数器的输入端 Y 赋一个 m 位的数字。

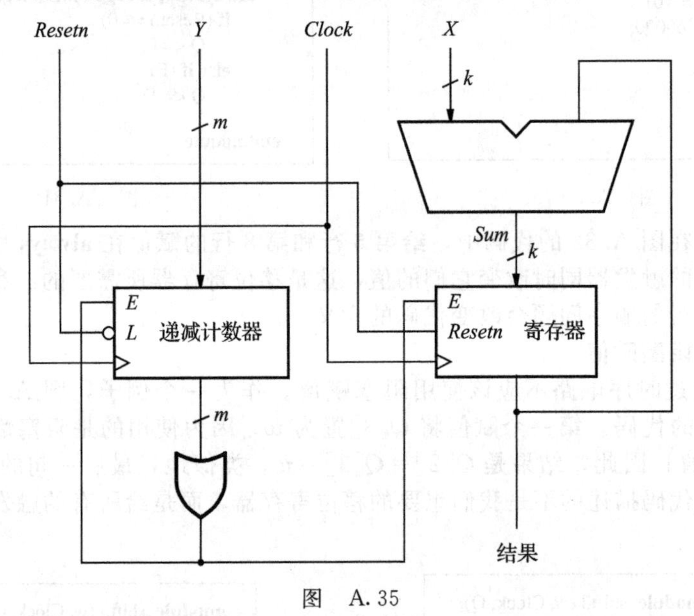

图 A.35

然后，在每个时钟周期计数器都递减计数，加法器的计数结果输出到寄存器。当计数器递减到 0，寄存器和计数器的使能端都通过或门置 0，电路维持这个状态直到重新复位。寄存器中保存的最终值是在每个 Y 时钟周期内的 X 的值。

我们使用两个子电路：ripple(图 A.13)和 regne(图 A.31)来实现这个累加器电路。图 A.36给出了完整的代码。代码引入参数 k 和 m 分别设置输入 X 的位数和计数器的位数。使用这些参数使将来因设计需要而改变位宽变得很方便。代码定义了信号 *Sum* 加法器的输出；简便起见，我们忽略了溢出的可能性，并假设加权和为 k 位。m 位信号 C 表示递减计数器的输出。信号 *Go* 连接到寄存器和计数器的使能端。

A.14.8 摩尔有限状态机

图 A.37 给出了一个简单的摩尔状态机的状态图。图 A.38 给出了这个状态机的 Verilog 代码。两位矢量 y 代表当前状态，状态码定义为参数。一些 CAD 综合系统提供了一种自动选择状态赋值的方式，但是我们在本例中手工指定了赋值方式。

当前状态信号 y 对应状态触发器的输出，而信号 Y 代表触发器的输入，并定义为次态。代码有两个 **always** 块，上面一个描述了一个组合逻辑电路并使用 **case** 语句来指定针对每一个 y 的 Y 值。另一个 **always** 块代表一个时序电路，指定了在时钟上升沿时给 y 赋 Y 的值，在 *Resetn* 为 0 时给 y 赋 A 的值。

由于状态机是摩尔型的，输出 z 可以使用只取决于当前状态的赋值语句 $z=(y==C)$ 赋值。这句赋值语句出现在代码的末尾，使用连续赋值方式，但是它也可以出现在第一个 **always** 块内作为有限状态机的组合逻辑部分。它不能出现在第二个 **always** 块内，因为这样可能导致 z 变成单个触发器的输出，而不是组合函数 y 的结果。在状态机进入状态 C 时，电路可能在所需时间的一个周期后使 z 置 1。

```
module accum (X, Y, Clock, Resetn, Result);
    parameter k = 8;
    parameter m = 4;
    input [k–1:0] X;
    input [m–1:0] Y;
    input Clock, Resetn;
    output [k–1:0] Result;
    wire [k–1:0] Sum;
    wire Cout, Go;
    reg [m–1:0] C;

    ripple u1 (.carryin(0), .X(X), .Y(Result), .S(Sum), .carryout(Cout));
        defparam u1.n = k;
    regne u2 (.D(Sum), .Clock(Clock), .Resetn(Resetn), .E(Go), .Q(Result));
        defparam u2.n = 8;

    always @(posedge Clock, negedge Resetn)
        if (Resetn == 0)
            C <= Y;
        else if (Go)
            C <= C – 1;

    assign Go = | C;

endmodule
```

图　A. 36

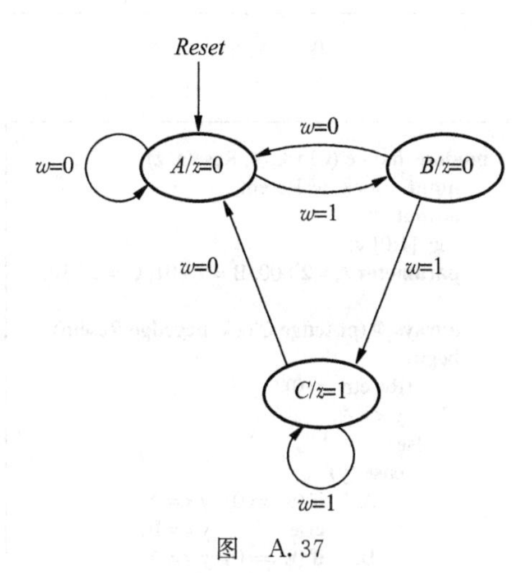

图　A. 37

图 A. 39 给出了摩尔状态机代码的另一种版本。这段代码使用单一的 **always** 块定义有限状态机的组合部分和时序部分。实际上，图 A. 38 中的代码更加通用。

A. 14. 9　梅利有限状态机

图 A. 40 给出了一个简单的梅利状态机的状态图，对应的代码在图 A. 41 中。代码具有和图 A. 38 相同的结构，除了输出 z 定义在第一个 **always** 块内。**case** 语句指定了当状态机处在状态 A 时，z 应该为 0；但处于状态 B 时，z 应该等于 w。由于第一个 **always** 块代表组合逻辑电路，只要 w 值改变，输出 z 就改变，这正是梅利状态机所需要的。

```
module moore (Clock, w, Resetn, z);
   input Clock, w, Resetn;
   output z;
   reg [1:0] y, Y;
   parameter A = 2'b00, B = 2'b01, C = 2'b10;

   always @(w, y)
   begin
      case (y)
         A:   if (w == 0)  Y = A;
              else         Y = B;
         B:   if (w == 0)  Y = A;
              else         Y = C;
         C:   if (w == 0)  Y = A;
              else         Y = C;
         default:          Y = 2'bxx;
      endcase
   end

   always @(posedge Clock, negedge Resetn)
   begin
      if (Resetn == 0)
         y <= A;
      else
         y <= Y;
   end

   assign z = (y == C);

endmodule
```

图 A.38

```
module moore (Clock, w, Resetn, z);
   input Clock, w, Resetn;
   output z;
   reg [1:0] y;
   parameter A = 2'b00, B = 2'b01, C = 2'b10;

   always @(posedge Clock, negedge Resetn)
   begin
      if (Resetn == 0)
         y <= A;
      else
         case (y)
            A:   if (w == 0)  y <= A;
                 else         y <= B;
            B:   if (w == 0)  y <= A;
                 else         y <= C;
            C:   if (w == 0)  y <= A;
                 else         y <= C;
            default:          y <= 2'bxx;
         endcase
   end

   assign z = (y == C);

endmodule
```

图 A.39

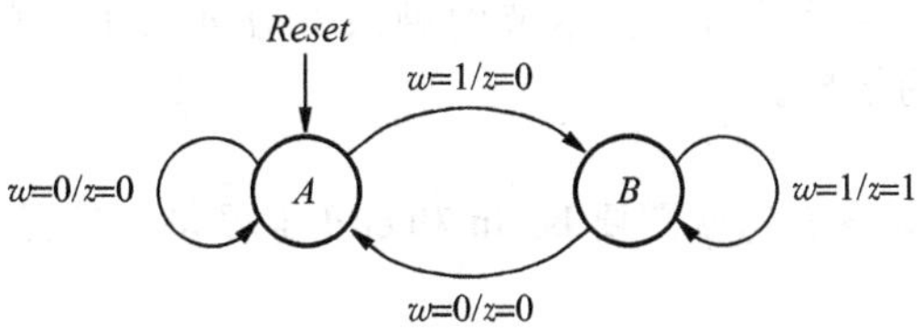

图 A.40

```
module mealy (Clock, w, Resetn, z);
   input Clock, w, Resetn;
   output reg z;
   reg y, Y;
   parameter A = 1'b0, B = 1'b1;

   always @(w, y)
      case (y)
         A: if (w == 0)
            begin
               Y = A;
               z = 0;
            end
            else
            begin
               Y = B;
               z = 0;
            end
         B: if (w == 0)
            begin
               Y = A;
               z = 0;
            end
            else
            begin
               Y = B;
               z = 1;
            end
      endcase

   always @(posedge Clock, negedge Resetn)
      if (Resetn == 0)
         y <= A;
      else
         y <= Y;

endmodule
```

图 A.41

A.15 Verilog 代码编写指南

现在的数字系统规模很大也很复杂，一个好的设计方法可以使系统分解为更小更可控的部分，然后每一个部分都可以充分使用本书中介绍的通用的子电路模块来进行设计。

当考虑综合时，关键的问题是要让所写的代码生成所需要的电路。例如，组合逻辑电路，如加法器、多选一电路、编码器和译码器应该写成第 3 章和第 4 章介绍的那样；触发器、寄存器和计数器应该采用第 5 章中介绍的代码风格；有限状态机应该采用第 6 章所述的表达方式。第 7 章给出一些范例，说明了更大的电路可以采用这些通用模块构成。这种将通用的、相关的简单子电路相连的编写代码方法叫做 RTL(register-transfer level)风格。

它是实际使用中最受欢迎的设计方法。本节的剩余部分列出了一些 Verilog 代码中的常见错误并给出了一些有用的指导。

缺省 begin-end 块

如果 **always** 块中有多条语句就需要 **begin** 和 **end** 定界符。编译器不会考虑缩进。例如，这个 **always** 块

```
always @(w0, w1, s)
   if ( s == 1 )
      f = w1;
   f = w0;
```

只有一个语句而不是两个。

缺省分号

每一个语句都必须以分号结束。

缺省{}

复制操作需要很多括号。一个常见的错误是将{{3{A}}，{2{B}}}写成{3{A}，2{B}}。

临时赋值

语句

```
always @(w0, w1, s)
begin
   if ( s = 1 )
      f = w1;
   f = w0;
end
```

并不是检测 s 的值，而是给 s 赋值 1。

不完整的敏感列表

考虑这个 **always** 块

```
always @(x)
begin
   s = x ^ y;
   c = x & y;
end
```

对这段代码进行综合可以得到想要的半加器电路。但是如果对这段代码进行仿真时，s 和 c 的值只有在 x 的值改变时才更新。因为 y 不在敏感列表中，所以 y 的改变不会产生影响。为了避免仿真结果和综合出的电路之间的失配问题，用在组合逻辑电路的 **always** 块的敏感列表应该包含所有块内赋值语句右边的信号。

变量与线网

只有线网可以成为连续赋值语句的目标。**always** 块内的变量赋值只针对 **reg** 或 **integer**。对一个信号的赋值不可能既在 **always** 块内，又使用连续赋值。

多个 always 块内的赋值

如果一个模块包含多个 **always** 块，所有的 **always** 块都是并行的。因此，不要在多个 **always** 块内对同一个变量赋值。这样做表示存在对同一个变量的多条并行赋值，这没有任何意义。

阻塞与非阻塞赋值

当在一个 **always** 块内描述组合逻辑电路时，最好只使用阻塞赋值(见 A. 11. 7 节)。而对于时序电路，则应该使用非阻塞赋值(见 A. 14. 5 节)。在一个 **always** 块内，阻塞和非阻塞赋值不应该混用。

在一个 **always** 块内，不可能既建立组合逻辑电路又建立时序电路。时序电路需要边沿触发控制，例如@(posedge Clock)，这意味着块内所有赋值的变量都实现为触发器的

输出。

模块例化

一个 **defparam** 语句必须引用模块例化名，而不只是子电路的模块名。代码

```
bit_count cbits (T, C);
   defparam bit_count.n = 8, bit_count.logn = 3;
```

是非法的，而代码

```
bit_count cbits (T, C);
   defparam cbits.n = 8, cbits.logn = 3;
```

是可以正确综合的。

标签、线网和变量名

使用任何 Verilog 关键词作为标签、线网和变量名都是非法的。例如不能给一个信号命名为 *input* 或 *output*。

标注的 begin-end 块

在 **begin-end** 块内定义一个变量或参数是非法的，但是有标签的块除外。代码

```
always @(X)
begin
   integer k;
   Count = 0;
   for (k = 0; k < n; k = k+1)
      Count = Count + X[k];
end
```

是非法的，而代码

```
always @(X)
begin: label
   integer k;
   Count = 0;
   for (k = 0; k < n; k = k+1)
      Count = Count + X[k];
end
```

是可以正确综合的。

含蓄记忆

如 A. 14. 1 节中所述，含蓄记忆用于描述存储的元素。必须注意避免无意的含蓄记忆。代码

```
always @(LA)
   if (LA == 1)
      EA = 1;
```

会使变量 *EA* 产生含蓄记忆。如果不希望这样，那么代码应该修改为

```
always @(LA)
   if (LA == 1)
      EA = 1;
   else
      EA = 0;
```

含蓄记忆也可以应用在 **case** 语句中。代码

```
always @(W)
   case (W)
      2'b01:  EA = 1;
      2'b10:  EB = 1;
   endcase
```

在 *W* 不等于 01 时没有指定变量 *EA* 的值，在 *W* 不等于 10 时也没有指定变量 *EB* 的值。为了避免产生这种情况，这些变量的赋值应该考虑默认情况，如

```
always @(W)
begin
   EA = 0; EB = 0;
   case (W)
      2'b01: EA = 1;
      2'b10: EB = 1;
   endcase
end
```

A. 16 小结

本附录描述了用于逻辑电路综合的 Verilog 语言的重要特性。如前面所介绍的，我们并不讨论只针对电路仿真或其他用途的 Verilog 特性。希望了解更多知识的读者可以参考给出的书籍[1—7]。

参考文献

1. D. A. Thomas and P. R. Moorby, *The Verilog Hardware Description Language*, 5th ed., (Kluwer: Norwell, MA, 2002).
2. Z. Navabi, *Verilog Digital System Design*, 2nd ed., (McGraw-Hill: New York, 2006).
3. S. Palnitkar, *Verilog HDL—A Guide to Digital Design and Synthesis*, 2nd ed., (Prentice-Hall: Upper Saddle River, NJ, 2003).
4. D. R. Smith and P. D. Franzon, *Verilog Styles for Synthesis of Digital Systems*, (Prentice-Hall: Upper Saddle River, NJ, 2000).
5. J. Bhasker, *Verilog HDL Synthesis—A Practical Primer*, (Star Galaxy Publishing: Allentown, PA, 1998).
6. D. J. Smith, *HDL Chip Design*, (Doone Publications: Madison, AL, 1996).
7. S. Sutherland, *Verilog 2001. A Guide to the New Features of the Verilog Hardware Description Language*, (Kluwer: Hingham, MA, 2001).

附录 B 实现技术

本附录详细讨论了集成电路技术，展示了晶体管如何像简单开关一样工作，以及如何用晶体管构建逻辑门；其次介绍了用于实现逻辑电路的集成电路芯片的结构，包括可编程逻辑器件、栅阵列和存储器芯片；最后，研究了电子电路的基本特性，包括电流和功耗等。

首先考虑逻辑变量如何代表物理电子电路中的信号。我们的讨论仅限于二进制变量，即只考虑逻辑 0 与逻辑 1。在电路中这些值可以表示电压或电流，不同的电路中可以进行不同的选择。我们只关注最简单最常用的电压信号表示方式。

表征电压(或电平)逻辑值的最直观的方法是定义一个阈值电压，任何低于阈值的电压表示为一个逻辑值，高于阈值的电压表示为另一个逻辑值。定义低电平和高电平为哪个逻辑值可以任意选择。通常，逻辑值 0 表示低电平，逻辑值 1 表示高电平，这就是众所周知的*正逻辑系统*；相反，定义低电平为逻辑 1，高电平为逻辑 0，即为*负逻辑系统*。在本书中，我们只用正逻辑系统，但是也会在 B.4 节简要地讨论负逻辑系统。

在正逻辑系统中，逻辑值 0 和 1 简单地代表“低”和“高”。为了说明阈值电压的概念，定义了低电平和高电平的范围，如图 B.1 所示。图中给出了最低电压，称为 V_{SS}；最高电压，称为 V_{DD}，都已标记在电路中。我们假设 V_{SS} 为 0 伏，对应于电路地，记为 *Gnd*。电压 V_{DD} 代表供电电压。通常 V_{DD} 电平在 5V 和 1V 之间。在附录中我们大多采用 $V_{DD}=5V$。图 B.1 中在 *Gnd* 和 $V_{0,max}$ 之间的电平表示逻辑 0；$V_{0,max}$ 指的是逻辑电路中判定为逻辑 0 的最高电平。类似地，在 $V_{1,min}$ 和 V_{DD} 之间的范围对应于逻辑值 1，$V_{1,min}$ 指的是逻辑电路中判定为 1 的最低电平。$V_{0,max}$ 和 $V_{1,min}$ 的实际值取决于所使用的特定技术；典型的设置为：$V_{0,max}$ 为 $40\% V_{DD}$，$V_{1,min}$ 为 $60\% V_{DD}$。在 $V_{0,max}$ 和 $V_{1,min}$ 之间的电平未定义其逻辑值；一般逻辑信号不会假定在这个区域，除了从一个逻辑值过渡到另一个逻辑值的变换过程中。我们将在 B.8.3 中更深入讨论用在逻辑电路中的电平值。

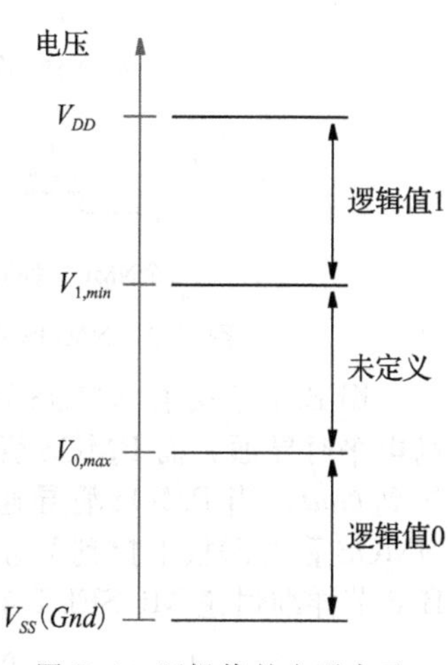

图 B.1 逻辑值的电平表示

B.1 晶体管开关

逻辑电路都是由晶体管组成。全面分析晶体管特性已超出本章节的范围，但可以从电子电路课本中(如文献[1]和[2])学习。为了理解逻辑电路的组成原理，我们可以假设晶体管为简单的开关。图 B.2a 展示了一个受逻辑信号 x 控制的开关，当 x 为低时开关断开，当 x 为高时，开关闭合。实现简单开关的最常用晶体管类型是*金属氧化物半导体场效应管*(MOSFET)，包括两种不同类型，即 n *沟道* MOS 管(NMOS)以及 p *沟道* MOS 管(PMOS)。

图 B.2b 给出了 NMOS 图示符号，它有 4 个电子接线端，称为*源*、*漏*、*栅*和*衬底*。在逻辑电路中，衬底(也称为体)与 *Gnd* 连接。我们将使用如图 B.2c 所示的简化图示符号，图中省略了衬底端。源极与漏极在物理上没有区别，实际中它们是根据加载到这两个端口上的电平进行区分的，对于 NMOS 管较低电平的端口认为是源端。

B.8.1 节详细解释了晶体管的工作原理。现在只需知道 MOS 管受栅极电平 V_G 的控制。如果 V_G 为低电平，源漏之间没有连接关系，称该晶体管处于断开状态。如果 V_G 为高电平，则晶体管处于接通状态，表现为一个连接在源极与漏极之间的闭合开关。在 B.8.2 节中，我们将给出如何计算晶体管导通时源漏极之间的阻抗，而现在假设阻抗为 0Ω。

PMOS 管的行为特性与 NMOS 管相反，它可以用于实现如图 B.3a 所示的开关，当 x 为高电平时开关断开，而当 x 为低电平时开关闭合。PMOS 管的图形符号如图 B.3b 所示。在逻辑电路中，PMOS 管的衬底需永远连接到 V_{DD}，因此可得到如图 B.3c 所示的简化符号。当 V_G 为高电平时，PMOS 管截止，表现为一个断开的开关；当 V_G 为低电平时，晶体管导通，表现为连接在源漏极之间的闭合开关。PMOS 晶体管中，源极连接在较高电平的结点。

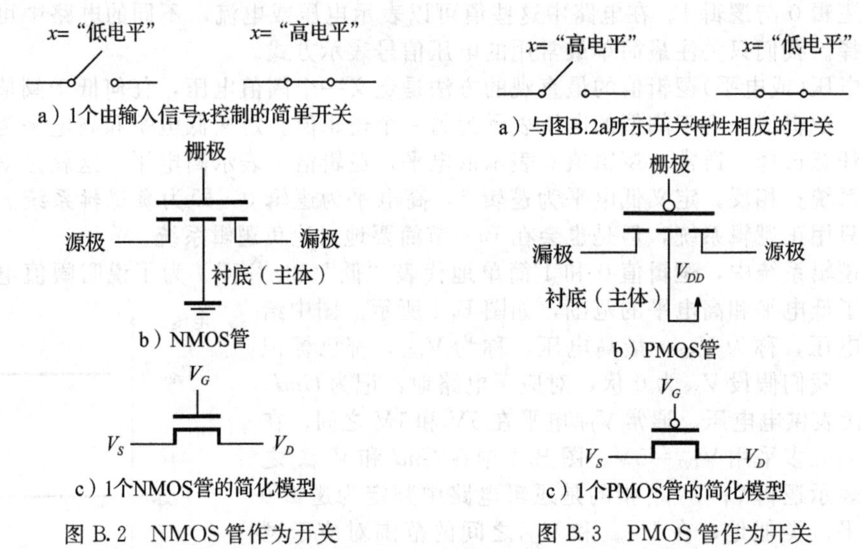

图 B.2　NMOS 管作为开关　　　图 B.3　PMOS 管作为开关

图 B.4 总结了 NMOS 管和 PMOS 管在逻辑电路中的典型应用。NMOS 管在其栅极为高电平时导通，而 PMOS 管在其栅极为低电平时导通。当 NMOS 管导通时，它的漏被下拉到 Gnd；当 PMOS 管导通时，它的漏被上拉到 V_{DD}。由于 MOS 管的工作方式，不能把 NMOS 管的漏极上拉到 V_{DD}；类似地，也不能把 PMOS 管的漏极下拉到 Gnd。我们将在 B.8 节详细讨论 MOSFET 的工作原理。

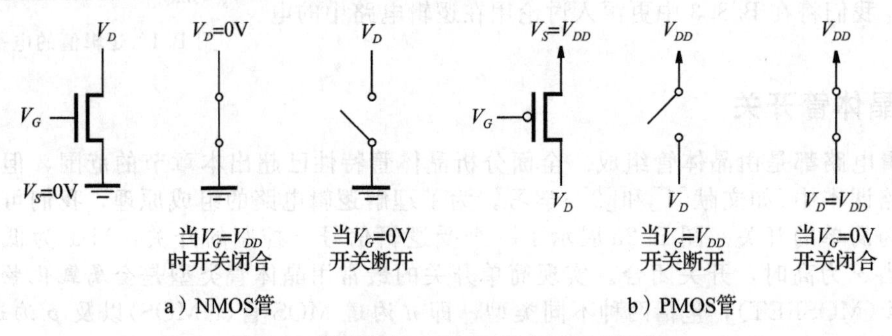

图 B.4　逻辑电路中的 NMOS 与 PMOS 管

B.2　NMOS 逻辑门

在 20 世纪 70 年代，用 MOSFET 构造逻辑门开始流行，其实现方法是：要么单独使用 PMOS 管，要么单独使用 NMOS 管，即这两种 MOS 管不会同时使用。到了 20 世纪 80 年代初，开始出现同时使用 NMOS 管和 PMOS 管构建电路。我们首先介绍用 NMOS 管构造的逻辑电路，因为这些电路更容易理解，这就是众所周知的 NMOS 电路。然后我们介绍如何将 NMOS 管和 PMOS 管结合起来构成逻辑电路，这就是现在流行的互补 MOS 技术，即 CMOS。

在图 B.5a 所示的电路中，当 $V_x=0\text{V}$ 时，NMOS 管截止，没有电流流过电阻 R，所以 $V_f=5\text{V}$。另一方面，当 $V_x=5\text{V}$ 时，NMOS 管导通，V_f 被下拉到低电平。在这个例子中 V_f 的实际电压值取决于流过电阻和晶体管的电流。典型地，V_f 约为 0.2V(见 B.8.3 节)。如果 V_f 为 V_x 的函数，则该电路即为由 NMOS 管实现的非门，即该电路实现了 $f=\overline{x}$ 的逻辑功能。图 B.5b 给出了一个简化的电路图，图中在箭头边上标记 V_{DD} 以表示连接到电源的正极，而符号 *Gnd*(地)表示连接到电源的负极，在接下来的部分都采用这种简化形式的电路图。

在“非”门中的电阻是为了限制在 $V_x=5\text{V}$ 时流过 MOS 管的电流。通常使用晶体管而不是电阻实现这个目的，我们将在 B.8.3 节更详细地讨论这个问题。在随后的图表中，用电阻 R 附近的虚线框表示该电阻是用晶体管实现的。

图 B.5c 给出了“非”门的符号图。左边的符号包括输入、输出、电源和地 4 个端口，而右边的符号简化为只包含输入、输出端口。“非”门又经常称为反相器，在本书中这两个名字都用。

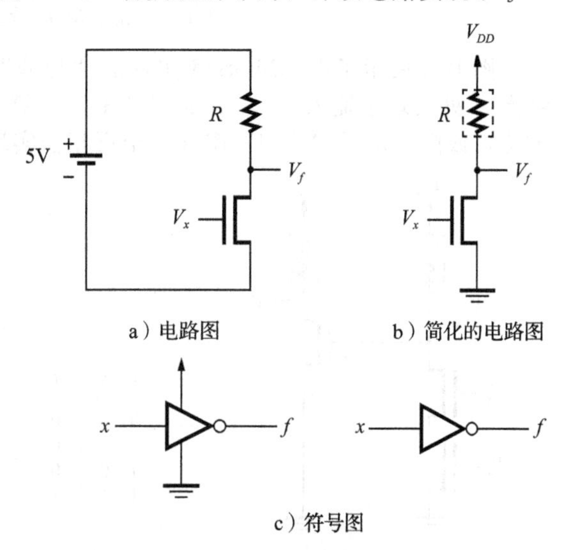

图 B.5 用 NMOS 管构造的“非”门

在 2.1 节我们看到，开关的串联对应于逻辑与功能，而开关的并联则对应于逻辑或功能。采用 NMOS 管，可以实现如图 B.6a 所示的串联电路。如果 $V_{x_1}=V_{x_2}=5\text{V}$，两个 MOS 管都导通，并且 V_f 接近于 0V。但是如果 V_{x_1} 或 V_{x_2} 为 0V 时，则没有电流流过串联的晶体管，并且 V_f 上拉到 5V。该电路的逻辑关系以真值表形式表示，如图 B.6b 所示。该电路实现了一个“与非”门，符号图如图 B.6c 所示。

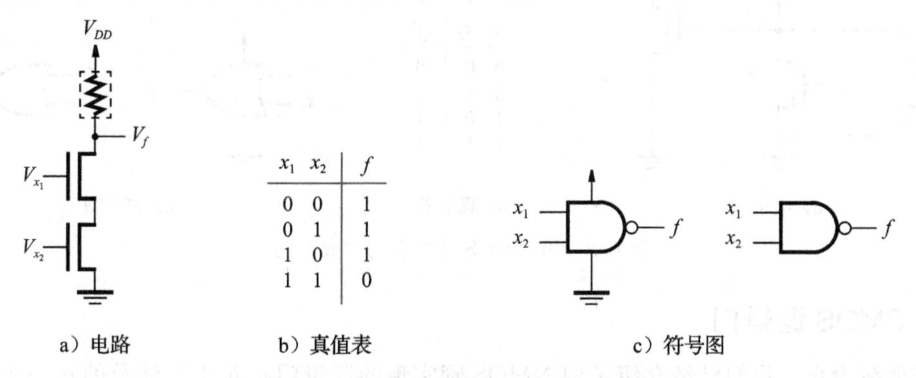

x_1	x_2	f
0	0	1
0	1	1
1	0	1
1	1	0

b）真值表

图 B.6 由 NMOS 管实现的“与非”门

图 B.7a 给出了 NMOS 管并联而成的电路。如果 $V_{x_1}=5\text{V}$ 或 $V_{x_2}=5\text{V}$，则 V_f 的电平接近于 0V。只有当 V_{x_1} 和 V_{x_2} 都为 0V 时，V_f 上拉到 5V。图 B.7b 给出了相应的真值表，表明该电路实现了“或非”功能，其符号图如图 B.7c 所示。

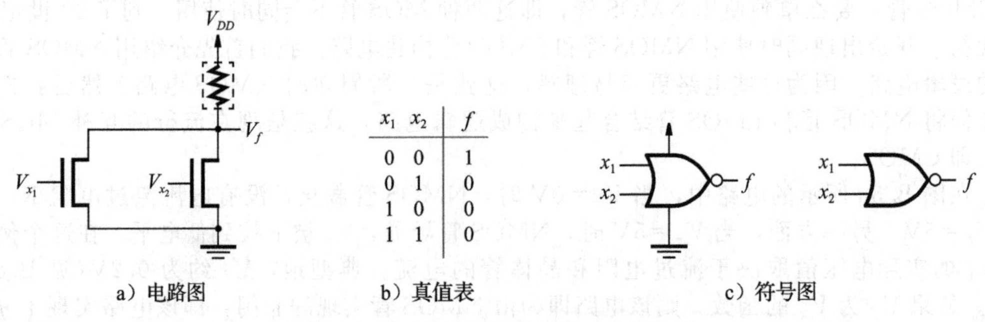

a）电路图　　b）真值表　　c）符号图

图 B.7　由 NMOS 管实现的“或非”门

图 B.8 展示了由 NMOS 管实现的“与非”门串接一个“非”门而构成的“与”门，结点 A 处实现了输入 x_1 与 x_2 的“与非”运算，而 f 则代表了“与”的功能。采用相似的方法，或门可由或“非门”串接一个反相器实现，如图 B.9 所示。

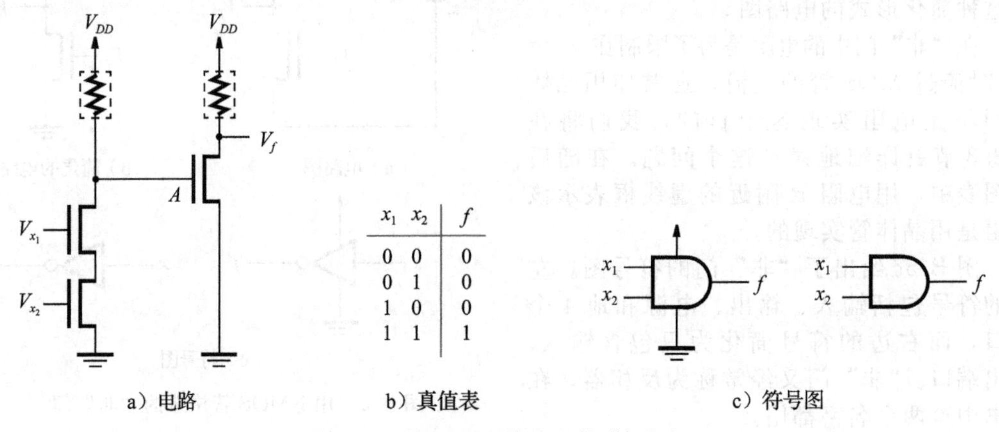

a）电路　　b）真值表　　c）符号图

图 B.8　用 NMOS 管实现的“与”门

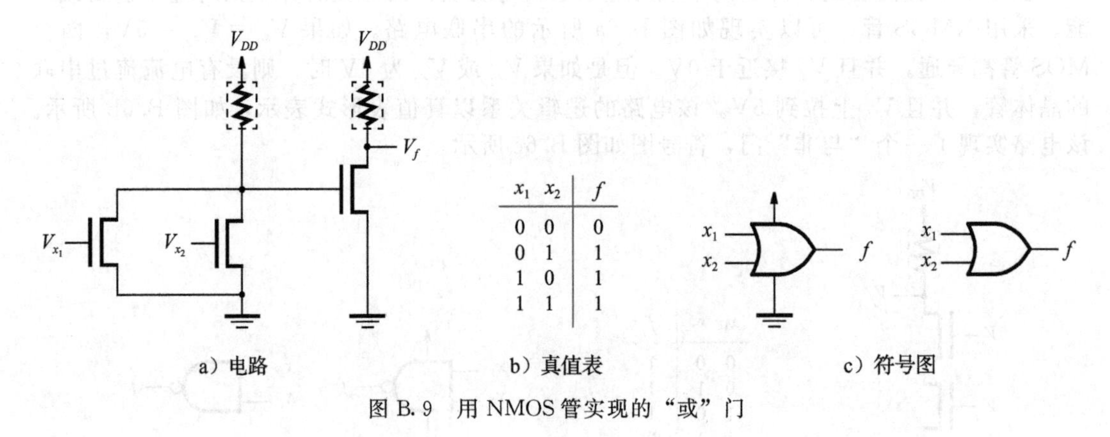

a）电路　　b）真值表　　c）符号图

图 B.9　用 NMOS 管实现的“或”门

B.3　CMOS 逻辑门

到现在为止，我们已经介绍了用 NMOS 管实现的逻辑门，对于所涉及的每一个电路，都可以用 PMOS 管实现其等价电路。然而，更有兴趣的是同时用 PMOS 管和 NMOS 管组成逻辑电路，这是最流行的技术，即众所周知的 CMOS 技术。与 NMOS 技术相比，CMOS 技术更具优点，我们将在 B.8 节中给出。

在 NMOS 电路中，由 NMOS 管和起着电阻作用的上拉器件实现了逻辑功能。我们称电路中的 NMOS 管部分为下拉网络(PDN)。因此，图 B.5 至 B.9 的电路结构都可以用图 B.10所示的方框图表示。CMOS 电路的基本概念是用由 PMOS 管构成的上拉网络(PUN)替代原来的上拉器件，这样通过 PDN 和 PUN 的互补作用实现了相应的逻辑功能。其逻辑电路，如一个典型的逻辑门的电路结构如图 B.11 所示。对于任意给定的输入信号值，输出电压 V_f 不是由 PDN 下拉到 *Gnd* 就是由 PUN 上拉到 V_{DD}。组成 PDN 和 PUN 的晶体管数相同，而且是成对安排。如果 PDN 中的 NMOS 管串联，则 PUN 中的 PMOS 管并联，反之亦然。

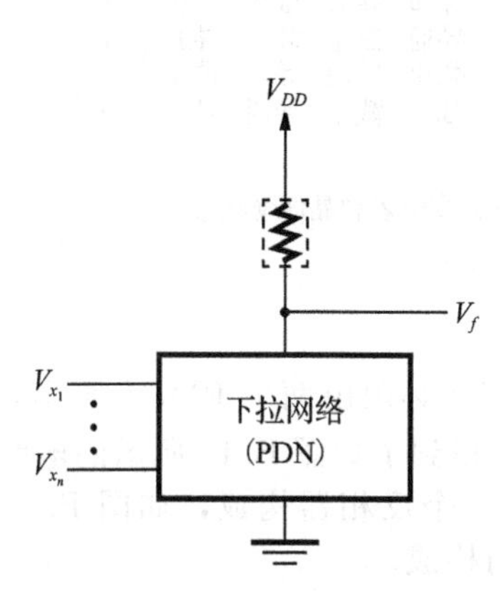

图 B.10 NMOS 电路结构

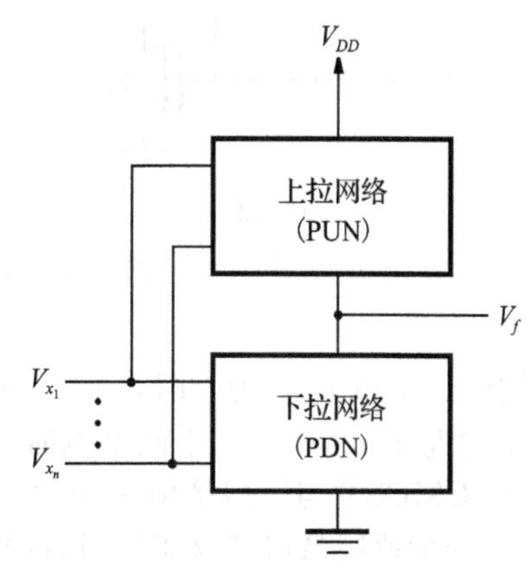

图 B.11 CMOS 电路结构

CMOS 电路的最简单例子，就是一个非门，如图 B.12 所示。当 $V_x=0\text{V}$ 时，晶体管 T_2 截止，而晶体管 T_1 导通，因此 $V_f=5\text{V}$，由于 T_2 是截止的，因此晶体管中没有电流流过。当 $V_x=5\text{V}$时，T_2 导通，T_1 截止，因此 $V_f=0\text{V}$，由于 T_1 截止，晶体管中没有电流流过。

关键一点是不论输入是低电平或是高电平，电路中都没有电流流过，这对于所有 CMOS 电路都成立，因此在静态下没有功率消耗。这个特性使得 CMOS 逻辑电路成为当今构造逻辑电路最流行的技术。我们将在 B.8.6 节详细讨论电流和功耗。

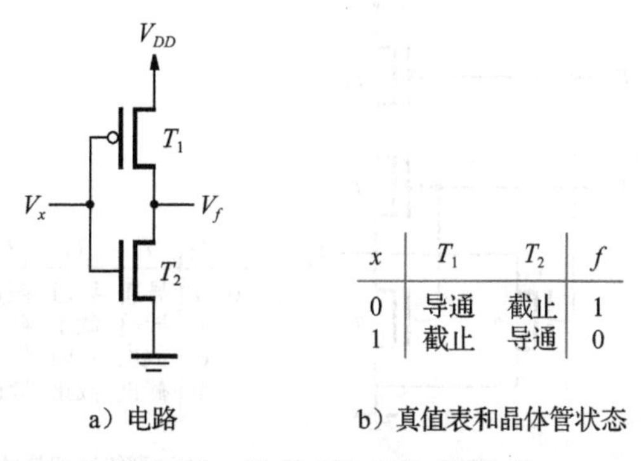

x	T_1	T_2	f
0	导通	截止	1
1	截止	导通	0

a）电路　　b）真值表和晶体管状态

图 B.12 用 CMOS 实现“非”门

图 B.13a 给出了一个 CMOS 实现的与非门。与图 B.6 中的 NMOS 实现的与非门相似，只是将所有的上拉器件换成了由并联的 2 个 PMOS 管构成的上拉网络 PUN。图 B.13b所示的真值表描述了在输入 x_1 和 x_2 的某一个逻辑值时每个晶体管的状态。读者可以验证电路正确地实现了与非功能。在静态条件下，V_{DD} 到 *Gnd* 之间不存在电流通路。

图 B.13 中的电路，可以从定义与非功能的逻辑表达式 $f=\overline{x_1x_2}$ 推导出，该表达式定义了 $f=1$ 的条件，即定义了 PUN。由于 PUN 包含 PMOS 管，而 PMOS 管在控制输入(栅)为 0 时导通，即当 $x_i=0$ 时，晶体管导通。根据德摩根定律，有：

$$f=\overline{x_1x_2}=\overline{x}_1+\overline{x}_2$$

因此当 x_1 或 x_2 为 0 时，$f=1$，这意味着 PUN 必须由两个并联的 PMOS 管构成。PDN 实现的逻辑应为 f 的非，即：

$$\overline{f}=x_1x_2$$

当 x_1 和 x_2 都为 1 时，$\overline{f}=1$，因而 PDN 应当由两个 NMOS 晶体管串联而成。

CMOS 或非门电路可以由定义了“或非”功能的逻辑表达式推得，该表达式为：

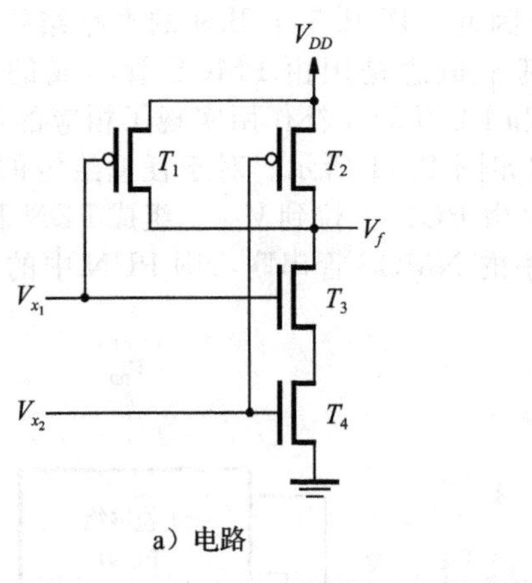

a）电路

x_1	x_2	T_1	T_2	T_3	T_4	f
0	0	导通	导通	截止	截止	1
0	1	导通	截止	截止	导通	1
1	0	截止	导通	导通	截止	1
1	1	截止	截止	导通	导通	0

b）真值表和晶体管状态

图 B.13　用 CMOS 实现“与非”门

$$f = \overline{x_1 + x_2} = \overline{x}_1\overline{x}_2$$

因为只有当 x_1 和 x_2 都为 0 时，$f=1$ 才成立，所以 PUN 必须由两个 PMOS 管串联而成。而 PDN 实现 $\overline{f}=x_1+x_2$，由两个 NMOS 管并联而成，得到了如图 B.14 所示的电路。

一个 CMOS“与”门是由一个“与非”门后串接一个反相器构成，如图 B.15 所示。相似的，一个或门是由“或非”门后串接一个“非”门构成。

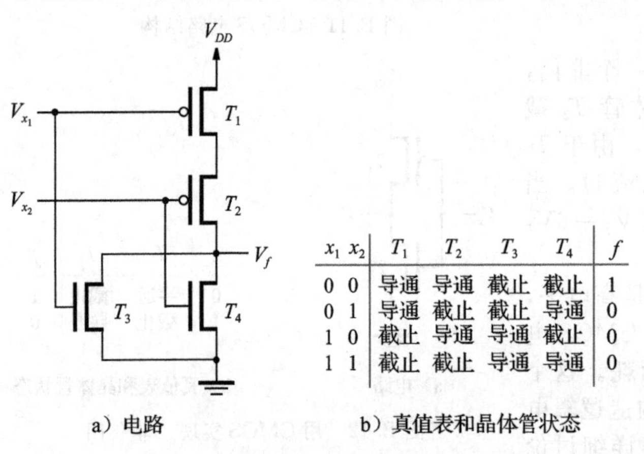

a）电路

x_1	x_2	T_1	T_2	T_3	T_4	f
0	0	导通	导通	截止	截止	1
0	1	导通	截止	截止	导通	0
1	0	截止	导通	导通	截止	0
1	1	截止	截止	导通	导通	0

b）真值表和晶体管状态

图 B.14　用 CMOS 实现“或非”门

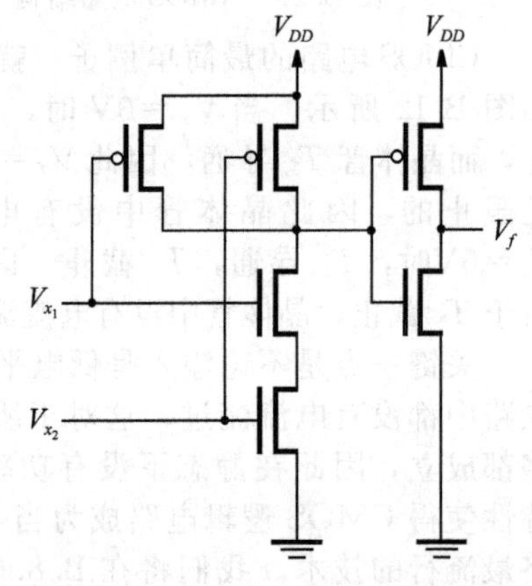

图 B.15　一个“与”门的 CMOS 实现

上述推导 CMOS 电路的步骤可以应用到实现更常用的逻辑函数的复杂电路中，有关过程请看以下两个例子。

例 B.1　设电路期望实现的逻辑函数为：

$$f = \overline{x}_1 + \overline{x}_2\overline{x}_3$$

由于表达式中所有的变量都是以非量形式出现，可以直接推导出 PUN 是由 x_1 控制的 PMOS 管与由 x_2 和 x_3 控制的串联 PMOS 管支路相并联而构成。对于 PDN 我们有：

$$\overline{f} = \overline{\overline{x}_1 + \overline{x}_2\overline{x}_3} = x_1(x_2 + x_3)$$

由上式可以得到，PDN 是由 x_1 控制的 NMOS 管与由 x_2 和 x_3 控制的并联 NMOS 管支路串联而成。整个电路如图 B.16 所示。◀

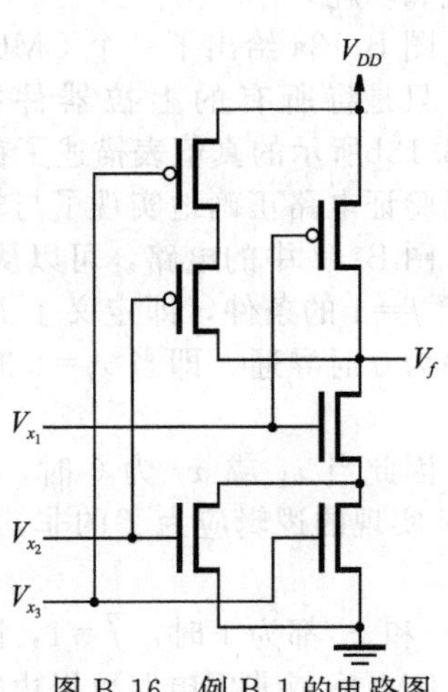

图 B.16　例 B.1 的电路图

例 B.2 设电路期望实现的逻辑函数为：

$$f=\overline{x}_1+(\overline{x}_2+\overline{x}_3)\overline{x}_4$$

则有：

$$\overline{f}=x_1(x_2x_3+x_4)$$

基于以上表达式可直接推导出如图 B.17 所示的电路。◀

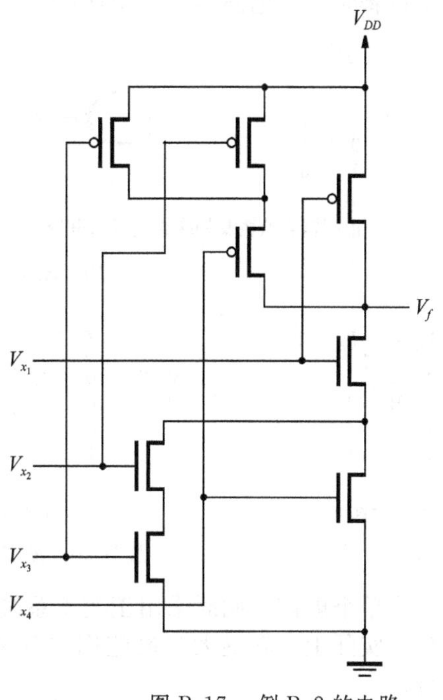

图 B.17 例 B.2 的电路

图 B.16 和图 B.17 的电路表明采用晶体管(作为开关活动)的串并联连接实现相当复杂的逻辑功能是可能的，而不必用完整的与门(使用图 B.15 所介绍的结构)或者或门的串并联实现。

B.3.1 逻辑门电路的速度

前面章节里我们已经假设晶体管为理想的开关，即电流流过闭合开关时没有任何电阻。因此，推导出的逻辑电路虽然实现了逻辑门所期望的功能，但却忽视了电路工作速度这个重要问题。实际的晶体管开关在接通时存在一个明显的阻抗。另外，晶体管电路还存在寄生电容，这是制造过程的副作用引起的。这些因素影响了信号通过逻辑门所需的传输时间。有关逻辑电路速度的详细讨论见 B.8 节，在那里还提供了一些其他的实际问题。

B.4 负逻辑系统

在对图 B.1 的讨论中，我们说过逻辑值以明显区别的两个电平值表示。我们使用习惯的定义即高电平代表逻辑值 1，低电平值代表逻辑值 0，这就是众所周知的正逻辑系统，在实际设计中得到广泛的应用。在本节中我们将简要介绍负逻辑系统，其电平值和逻辑值之间的关系与正逻辑系统正好相反。

让我们重新考虑如图 B.13 所示的 CMOS 电路，并重画成如图 B.18a 所示的电路。图 B.18b 给出了电路的真值表，且表中以电平值代替了逻辑值。该表中，L 表示电路的低电平值，即 0V，H 表示高电平值，即 V_{DD}。这是集成电路制造商在数据表中经常采用的描述芯片功能的真值表形式，L=0 和 H=1 或 L=1 和 H=0 完全由芯片用户定义。

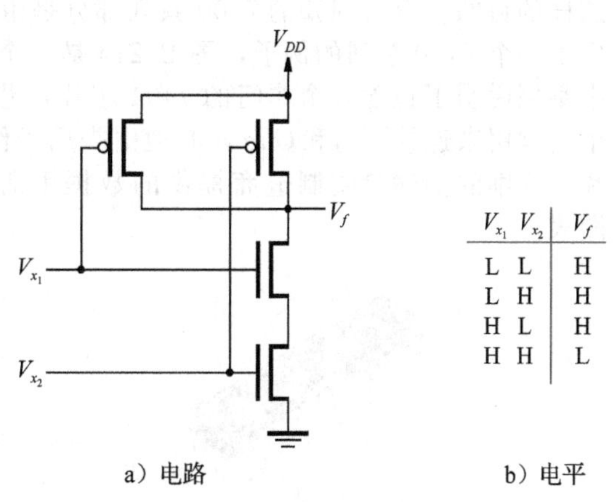

V_{x_1}	V_{x_2}	V_f
L	L	H
L	H	H
H	L	H
H	H	L

a）电路 b）电平

图 B.18 图 B.13 所示电路的电平

图 B.19a 展示了 L=0 和 H=1 的正逻辑的真值表，这与在图 B.13 的讨论中的结果相同，在正逻辑解释下该电路代表一个与非门。与之相反的是采用负逻辑的真值表，如图 B.19b 所示。此时 L=1 和 H=0，在负逻辑解释下该电路代表一个或非门。请注意，为了使图 B.19b 与图 B.18b 的 L 和 H 值相一致，真值表的行的顺序与我们通常的顺序恰好相反。图 B.19b 所示的或非门的逻辑符号的引线端加了一个小三角，表示采用的是负逻辑系统。

作为另一个例子，再一次考察图 B.15 所示电路，其以电平形式表示的真值表如图 B. 20a所示。采用正逻辑解释时，这个电路表示一个与门，如图 B. 20b 所示；但采用负逻辑解释时，该电路表示一个或门，如图 B. 20c 所示。

a）正逻辑真值表及相应的逻辑门符号　　b）负逻辑真值表及相应的逻辑门符号

图 B. 19　图 B. 18 所示电路的正、负逻辑解释

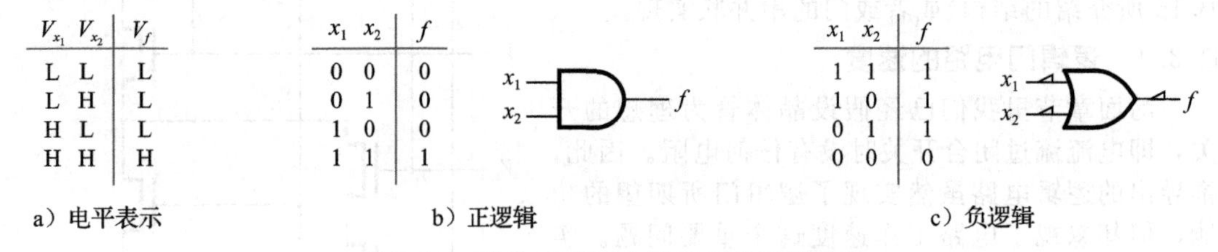

a）电平表示　　b）正逻辑　　c）负逻辑

图 B. 20　图 B. 15 所示电路的正负逻辑解释

在单个电路中同时采用正逻辑系统和负逻辑系统是允许的，即为众所周知的*混合逻辑系统*。实际上，在绝大多数应用中都采用正逻辑系统。在本书主体部分不再考虑负逻辑系统。

B. 5　标准芯片

在第 1 章中我们曾经提到，可以选择多种不同类型的集成电路芯片实现一个逻辑电路，本节将详细讨论这个问题。

B. 5. 1　7400 系列标准芯片

直到 20 世纪 80 年代中期，一个广泛采用的方法是把多个芯片连接在一起构成一个逻辑电路，而每一个芯片只包含很少的逻辑门。为了将不同类型的逻辑门分类，就可以达到这样的目的。众所周知的 7400 系列部分是由于它们打头的两个数字永远是 74。图 B. 21 给出了一个 7400 系列的例子，图 B. 21a 是一个称为*双列直插式*(DIP)的封装形式。图 B. 21b 中举例说明了包含 6 个非门的 7404 芯片，芯片的外部连接端子称为*引脚*或*引线*，其中两个引脚用来连接 V_{DD} 和 *Gnd*，其他引脚用于作为非门的输入输出端。7400 系列包含多种芯片，详细的描述参阅制造商提供的数据手册[3-7]。某些课本[8-12]上也含有 74 系列芯片的图表。

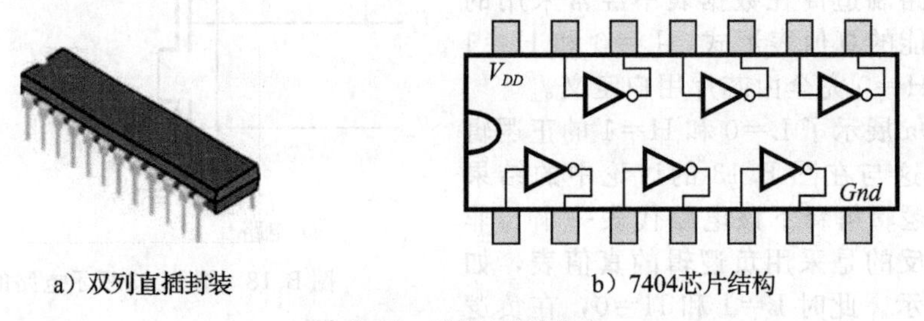

a）双列直插封装　　b）7404芯片结构

图 B. 21　7400 系列芯片

7400 系列芯片由大量集成电路制造商以标准形式制造，采用协商一致的技术规范。各大制造商之间的竞争表现在给设计者提供的优质服务，因此它们力图降低售价并及时供货。对于每一个特定的 7400 系列芯片，采用不同技术时会产生不同的变体。例如，

74LS00 采用了晶体管-晶体管逻辑(TTL)技术，在文献[1]中有详细描述，而 74HC00 采用了 CMOS 技术制造。一般而言，当前最流行的芯片大多采用 CMOS 技术。

作为一个说明采用 7400 系列芯片实现逻辑电路的例子，设需实现的逻辑功能为：$f=x_1x_2+\overline{x}_2x_3$，需要一个“非”门产生 $\overline{x}_2$、两个 2 输入的“与”门以及 1 个 2 输入的“或”门。图 B.22 展示了采用 3 个 7400 系列的芯片来实现此功能的电路。假设 3 个输入信号 x_1、x_2、x_3 来自其他电路的输出，用导线连接到该电路的 3 个芯片。注意，3 个芯片的电源、地都已正确连接，门的连接关系也已妥当安排，芯片中还余下一些没用过的门，可以用于实现其他功能。

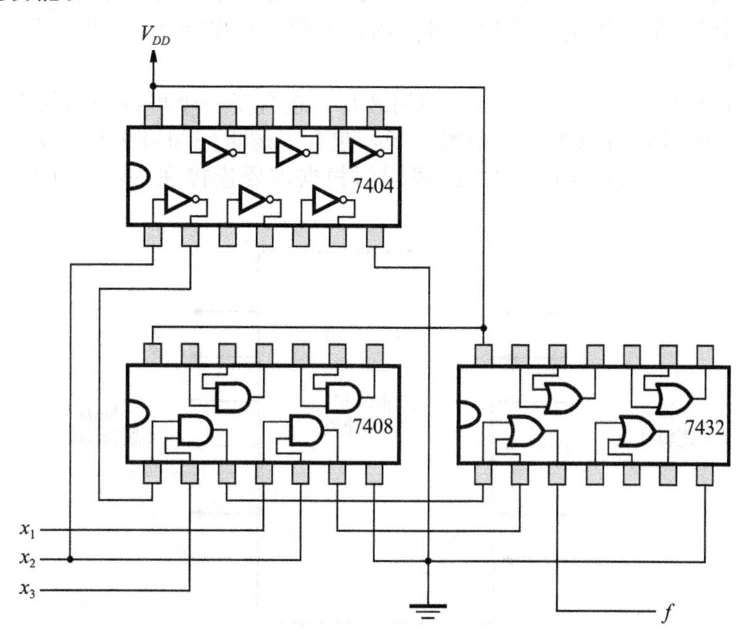

图 B.22 函数 $f=x_1x_2+\overline{x}_2x_3$ 的实现

由于标准芯片中逻辑门数量较少，实际上目前已很少使用，唯一例外的是缓冲器芯片。许多现代产品中仍然用到缓冲器。缓冲器是逻辑门的一种，通常用来提升电路的速度。图 B.23 为一个缓冲器芯片的实例——74244 芯片，其中包含 8 个三态缓冲器。7.1.1 节已介绍过三态缓冲器的工作原理。在图 B.23 中我们用引脚号码表示缓冲器的输入输出端与封装引脚间的连接，而不像图 B.21 中那样标注出非门的引脚在封装中的具体位置。该芯片的封装有 20 个引脚，与图 B.21 相同，引脚的编号从左下角开始编号为引脚 1，而引脚 20 在左上角，地(*Gnd*)与电源(V_{DD})分别连接到引脚 10 和 20。当然还存在许多别的缓冲器芯片，如 162244 芯片中含有 16 个三态缓冲器，它属于另一个器件系列，与 7400 系列芯片类似，但每个芯片中的门数是 7400 系列的 2 倍。这种芯片的封装有很多种，其中最常用的是小型框架集成电路封装(SOIC)。一个 SOIC 封装的形状与 DIP 相似，只是 SOIC 的物理尺寸更小。

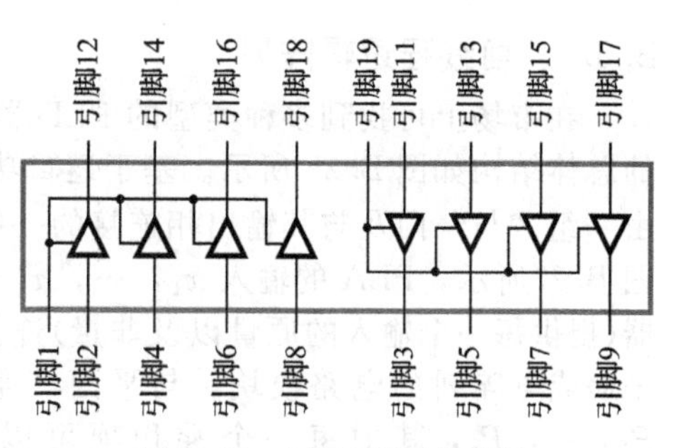

图 B.23 74244 驱动器芯片

集成电路技术随时间推移而不断进步，一种根据芯片规模分类的系统随之出现。早期的芯片，如 7400 系列，仅包含很少的逻辑门，生产这种芯片的技术称为小规模集成电路(SSI)技术。若芯片包含较多的逻辑电路，典型的规模约为 10～100 个门，称为中规模集成电路(MSI)技术。到 20 世纪 80 年代中期，芯片规模已远超中规模，因而称为大规模集成电路(LSI)技术。近些年已很少用芯片中包含的门数对集成电路分类，因为大多数集成电路包含数以千计甚至百万计的晶体管。不管其中究竟包含多少门都称为超大规模集成电路(VLSI)技术。数字硬件产品的发展趋势是尽可能集成更多电路到一个单芯片上。因此，今天绝大多数芯片都采用 VLSI 技术，并且极少使用其他老一点的芯片技术。

B.6 可编程逻辑器件

7400 系列中每一个器件提供的功能都是固定的，并且不能剪裁以适应特定设计要求，而且每个芯片仅包含很少的逻辑门，所以在构建大的逻辑电路时效率很低。而制造包含较大规模且结构不固定的逻辑电路芯片是可能的，这种芯片出现于 20 世纪 70 年代，称为可编程逻辑器件(PLD)。

PLD 对于构建逻辑电路而言是一个通用芯片，包含了一个可以用不同方式定制的逻辑电路元件集。一个 PLD 可以视为一个黑盒子，包含了逻辑门和可编程开关，如图 B.24 所示。通过可编程开关可以把 PLD 内部的逻辑门根据需要连接在一起以实现所需的任何逻辑电路。

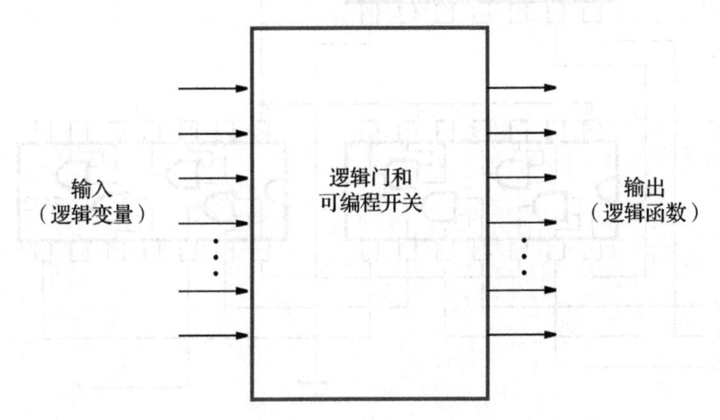

图 B.24 相当于一个黑盒子的可编程逻辑器件

B.6.1 可编程逻辑阵列

在市场上可找到多种类型的 PLD 器件。最早开发的是可编程逻辑阵列(PLA)。PLA 的总体结构如图 B.25 所示。基于逻辑功能可以用积之和形式实现的想法，一个 PLA 主要由一组“与”门及与其输出相连接的一组或门组成。如图 B.25所示，PLA 的输入 x_1，…，x_n 通过一系列缓冲器(提供每一个输入的原量以及非量)连接到一个称为与平面或与阵列的电路模块。与平面产生一系列乘积项 P_1，…，P_n，其中每一个乘积项可以配置实现变量 x_1，…,x_n 的任何“与”功能。乘积项作为或平面的输入，而或平面产生输出信号 f_1，…，f_n。每一个输出信号可以配置实现变量 P_1，…，P_n 的任何“或”功能，进而实现了PLA 输入的“积之和”功能。

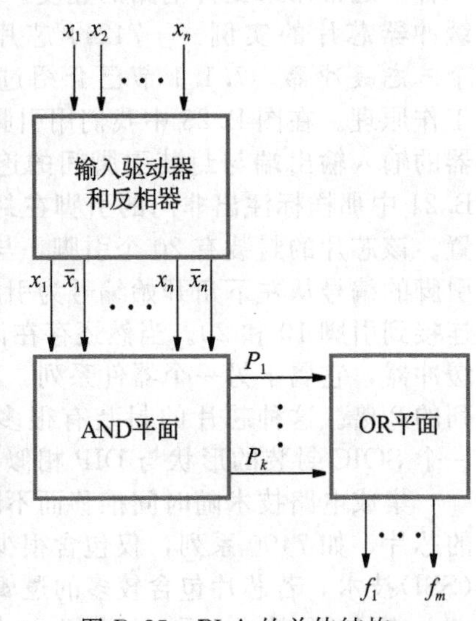

图 B.25 PLA 的总体结构

一个小规模的 PLA 的详图如图 B.26 所示，该PLA 有 3 个输入，4 个乘积项和两个输出。与阵列中的每一个“与”门有 6 个输入，分别对应于 3 输入信号的原量及其非量。每一个输入和与门的连接都是可编程的；图中用波浪线表示输入和与门的连接，断开的线表示输入和“与”门间不相连，因此该输入对于该“与”

门没有任何作用。商用的 PLA，存在多种实现连线编程的方法。B.10 节将给出用晶体管构建 PLA 的细节。

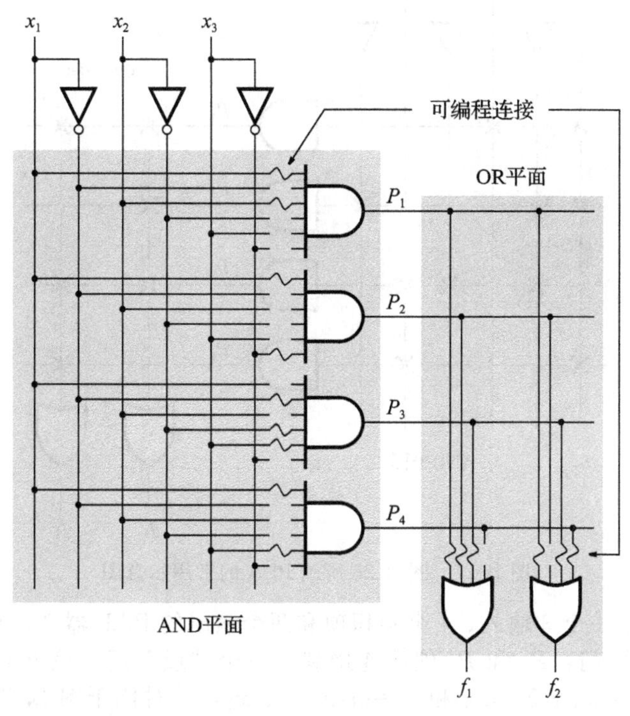

图 B.26 PLA 的门级电路图

在图 B.26 中，输出为 P_1 的“与”门的输入为 x_1 和 x_2，即 $P_1=x_1x_2$。相似地，有 $P_2=x_1\overline{x}_3$，$P_3=\overline{x}_1\overline{x}_2x_3$，并且 $P_4=x_1x_3$。或平面同样也是可编程的。输出为 f_1 的或门的输入端连接到乘积项 P_1、P_2 和 P_3。因此有 $f_1=x_1x_2+x_1\overline{x}_3+\overline{x}_1\overline{x}_2x_3$。相似地，有 $f_2=x_1x_2+\overline{x}_1\overline{x}_2x_3+x_1x_3$。虽然图 B.26 展示了通过编程 PLA 可实现以上所描述的功能，但是通过对与阵列及或阵列分别编程，每一个输出 f_1 和 f_2 可实现输入 x_1、x_2 和 x_3 的各种函数。唯一的限制在于与阵列的规模，因为它只产生 4 个乘积项。商用的 PLA 的规模比该例中的要大一些。典型参数是 16 个输入，32 个乘积项和 8 个输出。

虽然图 B.26 清晰地说明了一个 PLA 的功能结构，对于大规模芯片采用这种形式的画法不太合适。另一种技术上经常采用的风格如图 B.27 所示。每一个“与”门连接到一条水平线上，而可能是与门的输入则画成与水平横线相交的垂直线，在其交点处打叉(符号×)表示该输入被编程为和与门相连。图 B.27 展示了实现图 B.26 所示的乘积项所需要的编程连接。每一个“或”门以相似的方式描述，以一根垂直线连接到“或”门，“与”门的输出与这些线相交，对交叉点连接进行编程，实现所需的逻辑。函数 f_1 和 f_2 的功能和图 B.26相同。

在实现集成电路时，采用 PLA 结构有利于节约芯片面积，因此在大规模芯片中经常包含 PLA，如在微处理器中。在这种情况下，与门及或门的连接都是固定的，而不是可编程的。在 B.10 节我们将展示用类似的结构建立可编程的和固定的 PLA。

B.6.2 可编程阵列逻辑

在一个 PLA 中与阵列和或阵列都是可编程的。从历史发展看，对于 PLA 制造商而言可编程开关的制造存在两个困难：一是难以精确制造，二是降低了在 PLA 中实现的电路的速度。因此出现了一个类似的器件，其中与阵列是可编程的，或平面是固定的，这种芯片就是众所周知的可编程阵列逻辑(PAL)器件。

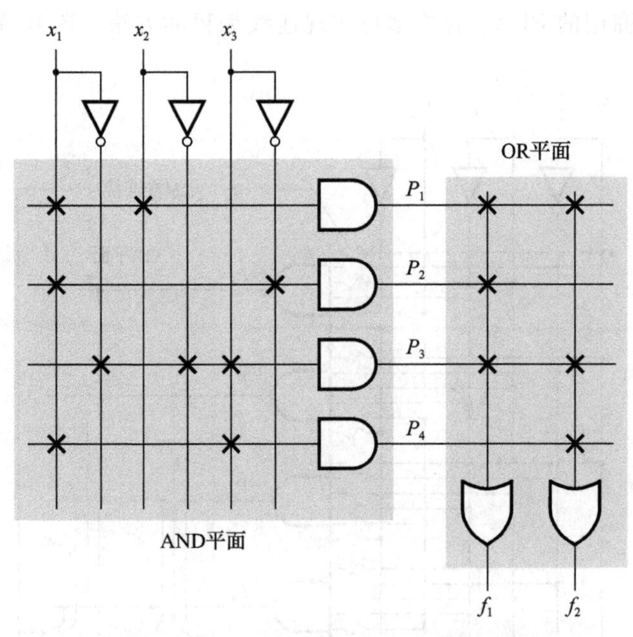

图 B.27 图 B.26 所示 PLA 的常用示意图

图 B.28 展示了一个 3 输入、4 个乘积项和两个输出的 PAL 器件，乘积项 P_1 和 P_2 硬性连接到一个“或”门，P_3 和 P_4 硬性连接到另一个“或”门。该 PAL 经编程实现了两个逻辑函数 $f_1=x_1x_2\overline{x}_3+\overline{x}_1x_2x_3$ 和 $f_2=\overline{x}_1\overline{x}_2+x_1x_2x_3$。对比于图 B.27 中的 PLA，PAL 的灵活性较小；PLA 的每一个“或”门可以实现 4 个乘积项，而 PAL 中的一个“或”门只有两个输入(只能实现两个乘积项)。作为灵活性减小的一种补偿，PAL 的规模可在一定范围变化，其输入输出的数量都可变，而或门的输入端口数也可以不同。

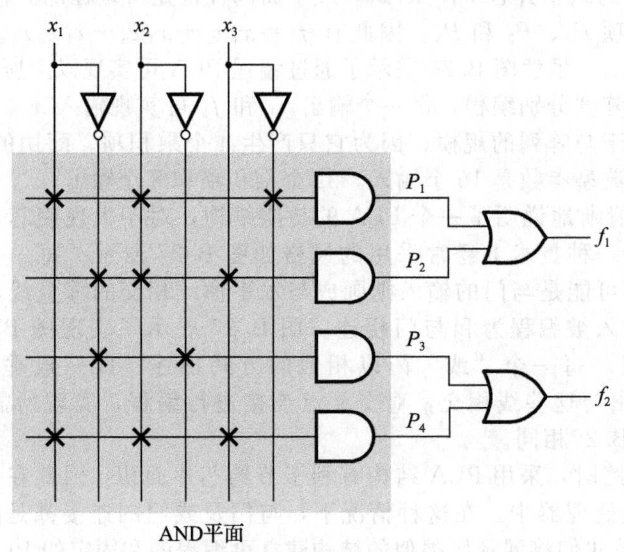

图 B.28 PAL 的一个例子

图 B.29 给出了一个常用的称为 22V10[13] 的 PAL。其中有 11 个与阵列的输入信号和 1 个可以作为时钟输入的输入。或门的规模可变，输入范围为 8～16 个；每一个输出连接一个三态缓冲器，以便定义为输入引脚。额外的电路连接到每一个“或”门，该额外的电路称为宏单元。

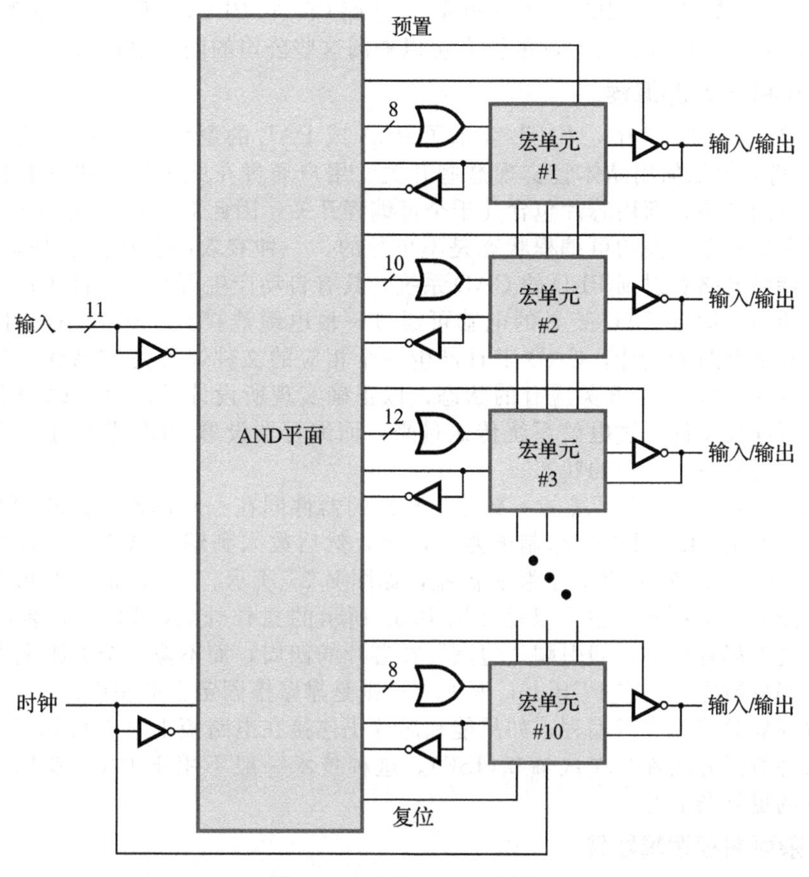

图 B.29 22V10 PAL 器件

图 B.30 展示了 22V10PAL 中的一个宏单元。该宏单元将或门连接到一个异或门的输入，异或门的输出连接到一个 D 触发器；异或门的另一个输入可以编程为 0 或 1，用来实现或门的互补输出。一个 2 选 1 的多路选择器用于旁路触发器，并且三态缓冲器可以永久的使能或连接到来自于与平面的一个乘积项。不管是触发器的输出 $\overline{Q}$ 或是三态驱动器的输出都可连接到与平面。假如三态驱动器没有使能，相应的引脚可以用作一个输入。

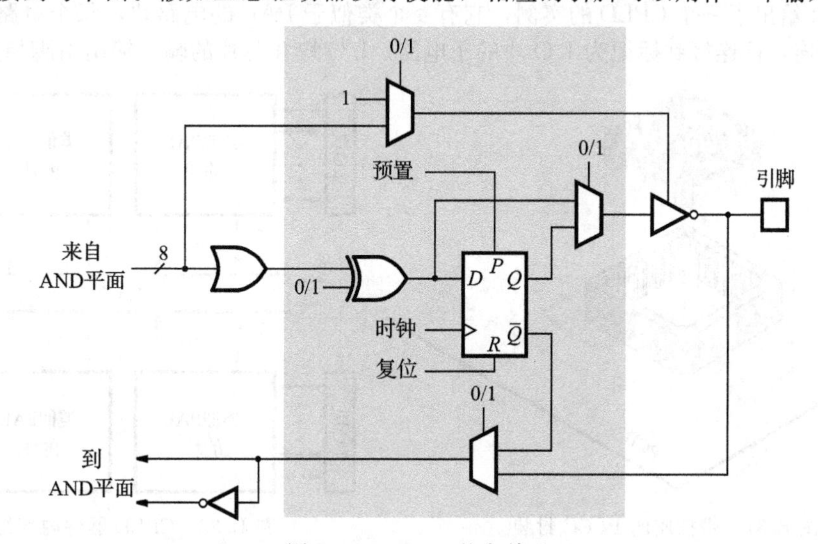

图 B.30 22V10 的宏单元

很多公司制造 PLA、PAL 以及类似的电路(简单 PLD, SPLD), 这些公司包括 Altera、Atmel 和 Lattice。有兴趣的读者可以查阅这些公司的网站信息。

B.6.3　PLA 和 PAL 的编程

在图 B.27 和图 B.28 中,“×”表示了 PLA 或 PAL 的逻辑信号和与/或门之间的连接。B.10 节将介绍如何用晶体管实现这些开关。用户通过在此类器件中配置或编程这些开关实现所需的电路。商用芯片包含几千个可编程开关, 因此对于使用这些芯片的用户而言, 手工定义每一个开关的可编程状态是不可行的。一种有效的替代方法是采用 CAD 系统。对于支持将电路映射到 PLD 的 CAD 系统, 具有自动产生可编程器件中的每一个开关所需信息的能力。运行 CAD 工具的电脑可通过一根电缆连接到一个专用的可编程器件。一旦用户完成了电路的设计, CAD 工具产生一个相应的文件, 称为**可编程文件**或**文件描述**, 定义 PLD 中的每一个开关应有的状态, 以正确实现所设计的电路。PLD 放置在编程器的上面, 可编程文件通过电脑系统传送过来, 而编程器设置 PLD 芯片于一个特定的编程模式, 并配置每一个开关的状态。

PAL 和 PLA 只是整个系统的一部分, 与别的器件同在一块印制电路板(PCB)上。上述描述过程是假定 PLD 可以从印制电路上取出, 然后放入到编程器中。芯片之所以可以从 PCB 上取下, 是因为在 PCB 上装有插座, 如图 B.31 所示。PLA 和 PAL 可以是 DIP 封装形式, 如图 B.21a 所示, 也可以是如图 B.31 所示的**塑料封装**(PLCC)封装形式。PICC 所有的四条边上都有引脚, 即引脚“包围”在芯片的四周, 而不像一个 DIP 封装只有两侧有引脚。用锡将插座焊接在 PCB 上, 而 PLCC 则是靠摩擦固定在插座中。

使用编程器对芯片进行编程, 如果能在芯片仍连接在电路板上时进行编程将具有明显的优势, 这种编程方法称为**在线编程**(ISP)。这种技术一般不用于 PAL 和 PLA, 而是用于下面所述的更复杂的芯片。

B.6.4　复杂可编程逻辑器件

PLA 和 PAL 一般用于实现小规模的数字电路, 每一个器件可实现不多于特定芯片所提供的输入、乘积项和输出数量的电路。这些芯片限定在相当的中等规模, 典型的数据为: 输入引脚数加上输出引脚数不超过 32。对于实现需要更多输入和输出的电路时, 可以采用多片 PAL 或 PLA, 或者采用另一种称作**复杂可编程逻辑器件**(CPLD)的芯片。

一个 CPLD 在单个芯片上包含了多种电路模块, 并且有内部连线资源可以将这些电路模块连接起来。每一个电路块在结构上与 PLA 或 PAL 相似, 我们称之为**类似于 PAL 的电路块**。图 B.32 给出了一个 CPLD 的实例, 它有 4 个类似于 PAL 的电路块, 每个电路块和内部连线资源相连, 且连接到标记为 I/O 块的子电路。I/O 块和芯片的输入输出引脚相连。

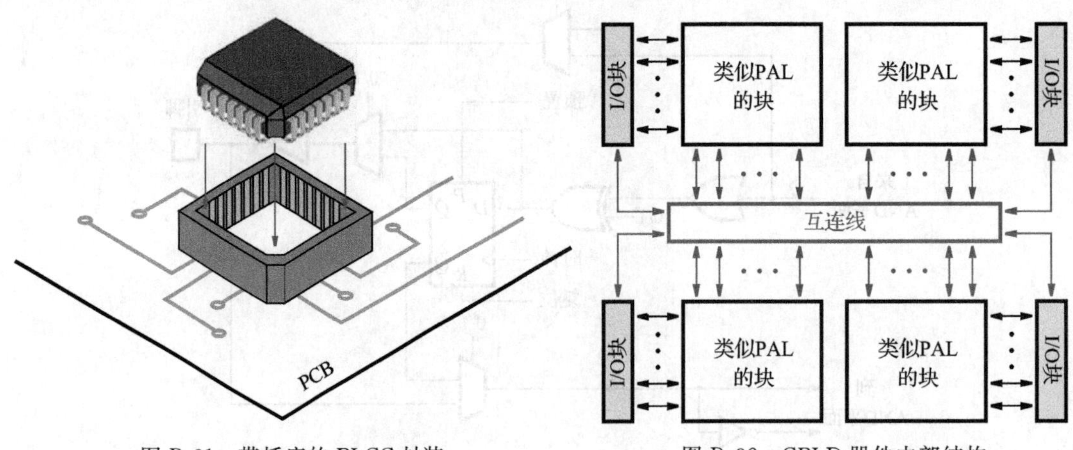

图 B.31　带插座的 PLCC 封装

图 B.32　CPLD 器件内部结构

图 B.33 展示了一个 CPLD 的内部连线结构以及连接到类似于 PAL 结构的电路块的例子。类似 PAL 的电路块包含 3 个宏单元(典型的实际 CPLD 包含约 16 个宏单元)，每一个宏单元包含一个 4 输入“或”门(典型的实际 CPLD 中“或”门的输入个数是 5～20)。“或”门输出连接到“异或”门，“异或”门的其他输入可以被编程连接到 1 或 0。如果为 1，“异或”门作为“或”门的反相输出；如果为 0，则“异或”门不影响输出(即为或门输出)。宏单元同时包含 1 个触发器、1 个多路选择器和 1 个三态缓冲器。每 1 个三态缓冲器连接到 CPLD 的一个引脚。三态缓冲器允许每个引脚作为 CPLD 的输出或者输入使用。

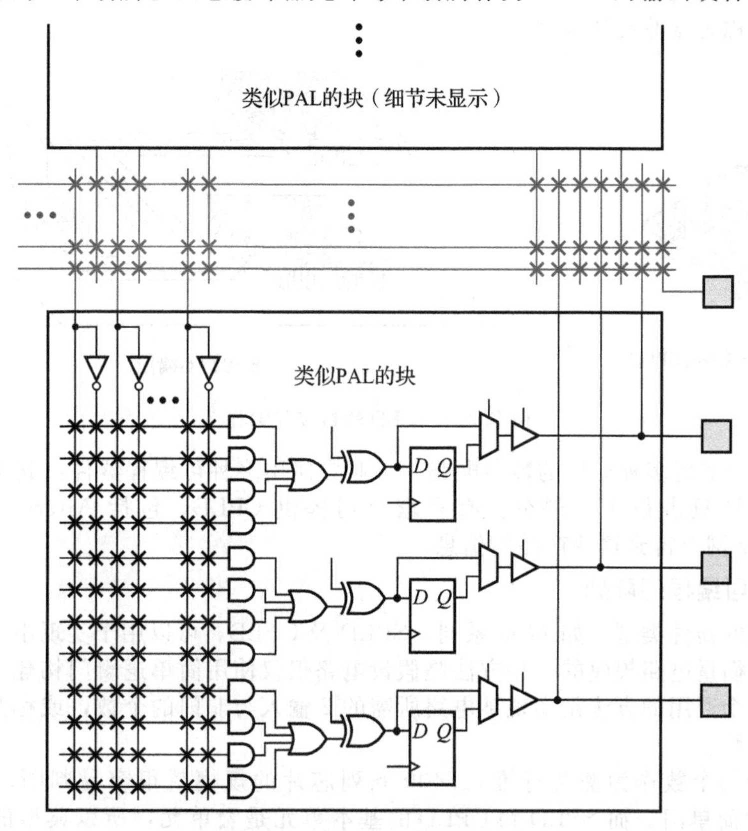

图 B.33 图 B.32 中的一部分

内部连线包含可编程开关，用于类似 PAL 电路块的连接。每一根水平线可以和与之相交的垂直线中的一部分相连。值得注意的是当一个引脚用作输入时，与之相连的宏单元就不能使用了。为了避免这种浪费，某些 CPLD 在宏单元和内部连线资源间另外增加了一些连线。

商用 CPLD 的规模从只包含两个类似 PAL 模块到多于 100 个类似 PAL 模块。它们的封装形式多种多样，包括图 B.31 所示的 PLCC 封装。图 B.34a 给出了另一种类型的封装，称为*方形扁平封装*(QFP)。与 PLCC 封装相似，QFP 封装的四边都有引脚，但是 PLCC 的引脚直立地包围在封装的周围，而 QFP 的引脚则弯曲向外。QFP 的引脚比 PLCC 的引脚细得多，即一个封装可以有更多的引脚；QFP 封装的引脚数可以超过 200，而 PLCC 的引脚数一般不超过 100。

大多数 CPLD 包含 SPLD 中采用的相同类型的可编程开关，我们将在 B.10 节中介绍这部分内容。这些开关的编程可以采用 B.6.3 节中介绍的同种技术实现，即把芯片安放在一个特殊的编程器中。但是这种编程方法对于大型 CPLD 却很不方便，原因之一是其引脚多且细(多于 200 个引脚)；原因之二是需要一个价格昂贵的插座，此类插座的价格可能高于 CPLD 器件本身。为了解决此类问题，CPLD 器件通常支持 ISP 技术，即 CPLD 芯片所在的 PCB 上还焊有一个很小的连接器，用一根电缆连接该连接器和计算机系统。CAD 系统产生的编程信息通过电缆和连接器到达 CPLD，进而实现对 CPLD 的编程。这种技术已经由 IEEE 标准化了，通常称为 JTAG 端口。该端口包含 4 根连线，用以在电脑和被编程器件之间传送信息。术语 JTAG 表示联合测试行动小组。图 B.34b 展示了使用 JTAG 端口编程的一个实例，两个 CPLD 在同一 PCB 上连接在一起，可以同时连接到计算机系统，并且两个器件同时被编程。一旦 CPLD 被编程，其编程状态保持不变，即使芯片的电源断电，这个特性称为非易失性编程。

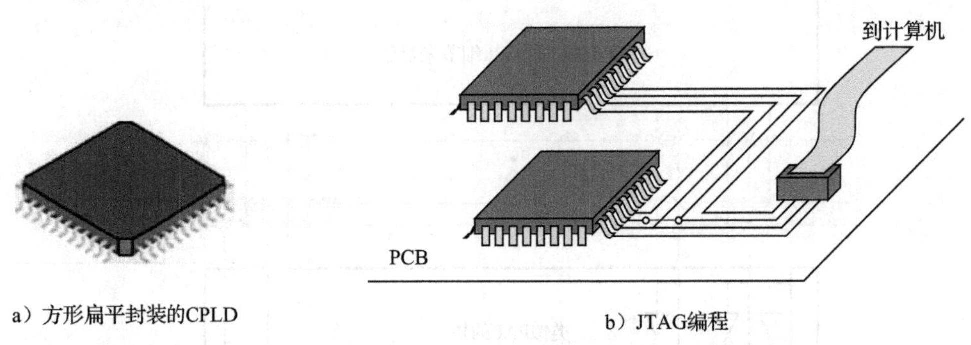

a）方形扁平封装的CPLD

b）JTAG编程

图 B.34　CPLD 的封装与编程

CPLD 用于实现多种类型的数字电路。工业界使用多种可编程器件，其中 CPLD 约占一半，而 SPLD 只占很小一部分。有多家公司提供 CPLD，包括 Altera、Lattice 以及 Xilinx。可以从网上得到这些产品的信息。

B.6.5　现场可编程门阵列

前面介绍的器件类型，如 7400 系列、SPLD 及 CPLD，可以用于实现小规模或中规模的逻辑电路。衡量电路规模的一种方法是假设电路仅仅使用简单逻辑门构建，并估计出需要的门数。一个通用的方法是实现某电路所需的 2 输入与非门的个数，或称为该器件中包含的等价门个数。

使用等价门个数作为衡量标准，7400 系列芯片的规模就很容易判断，因为该系列芯片中只包含简单门。而 SPLD 和 CPLD 的基本单元是宏单元，所以典型的评价方法是将一个宏单元视为 20 个等价门。一个包含 8 个宏单元的典型的 PAL 可以装入一个大约 160 个等价门的电路，而一个包含 500 个宏单元的 CPLD 可以装入约 10000 个等价门的电路。

按当前的水平，一个拥有 10000 个门的逻辑电路已经不算大规模逻辑电路了。为了实现更大规模的电路，使用不同类型的具有较大逻辑容量的芯片是很便利的。现场可编程门阵列(FPGA)就是一个支持相当大规模的逻辑电路实现的可编程逻辑器件。FPGA 与 SPLD 和 CPLD 存在很大不同，因为 FPGA 不包含与阵列和或阵列，取而代之的是 FPGA 提供了实现期望功能的逻辑元件。图 B.35a 展示了一个 FPGA 的一般结构，其中包含了 3 种主要资源：逻辑元件、连接到封装引脚的 I/O 模块和连线资源及开关。逻辑元件安排为 2 维阵列，而连线资源则安排在逻辑块的行列间成水平与垂直布线通道。布线通道中包含连线和可编程开关，允许逻辑元件以多种方式互联。图 B.35a 展示了可编程开关的两种位置：处于邻近逻辑元件的开关(浅灰色盒子表示)用于实现逻辑元件的输入输出端口和连线的连接；而处于逻辑元件斜对角线上的开关(浅灰色盒子表示)用于实现连线间的互连(例如水平线和垂直线的连接)。I/O 模块与连线之间也有可编程开关。商用的 FPGA 芯片中实际的可编程开关数和连线数是变化的。

FPGA可以用于实现超过百万等价门的逻辑电路。商用FPGA产品的示例可以在Altera和Xilinx公司（FPGA芯片的领导者）网站上可以找到。FPGA芯片的封装形式多种多样，包括前面描述的PLCC和QFP封装。图B.35b展示了另一种类型的封装，称为插针网格阵列（PGA）封装。一个PGA封装的引脚数可达数百个，从封装的底部以网格状直接向下延伸。另外还有一种封装形式是众所周知的球栅阵列（BGA）。BGA封装的引脚是小圆球而非直杆。BGA封装的优点是引脚很小，因此在相对较小的封装上可以提供更多的引脚。

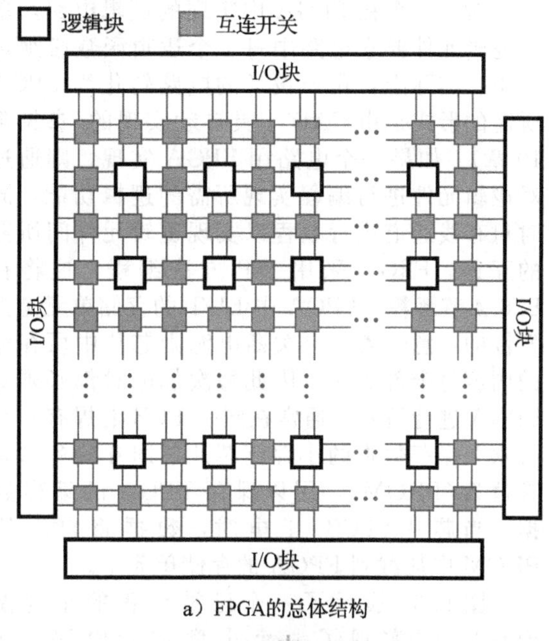

a）FPGA的总体结构

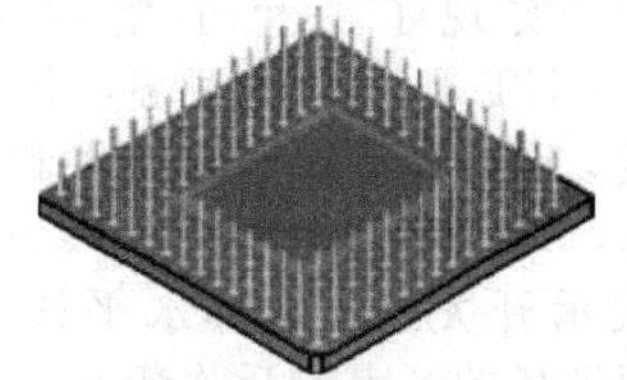

b）引线网络阵列（PGA）封装的底视图

图B.35　一个现场可编程门阵列（FPGA）

FPGA中的每一个逻辑元件通常只有少量的输入和输出。市场上有各种各样的FPGA产品，其中逻辑元件的特性也不同。最常用的逻辑元件是查找表（LUT），包含用于存储逻辑函数真值表的存储单元。每一个单元具有保存一个单独的逻辑值（0或1）的能力。LUT的规模用其输入个数进行定义，可以创建各种规模的LUT。图B.36a展示了一个规模很小LUT的结构，有2个输入x_1、x_2以及一个输出f，可以实现2个输入变量的任意逻辑函数。因为一个2变量的真值表有4行，所以这个LUT有4个存储单元，一个单元对应真值表的每一行的输出值。输入变量x_1和x_2分别连接到3个多路选择器的选择输入端，根据x_1和x_2的值从4个存储单元中选择一个的内容送到LUT的输出端。我们将在B.9节中讨论存储单元。

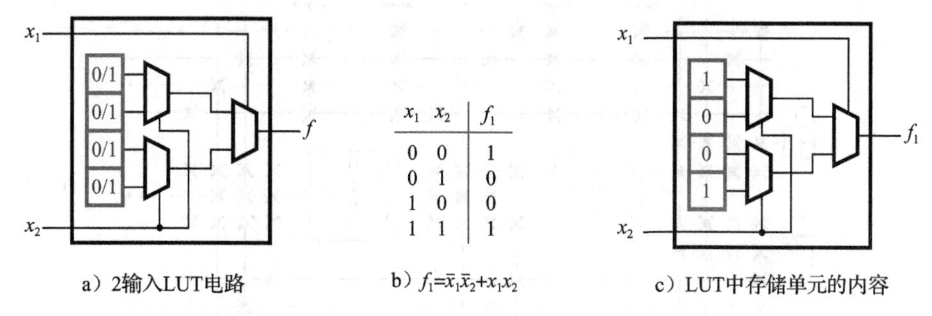

x_1	x_2	f_1
0	0	1
0	1	0
1	0	0
1	1	1

a）2输入LUT电路　b）$f_1=\bar{x}_1\bar{x}_2+x_1x_2$　c）LUT中存储单元的内容

图B.36　一个2输入查找表（LUT）

为了了解如何用2输入LUT实现一个逻辑函数，观察如图B.36b所示的真值表。该表中的函数f_1的值可以存储在如图B.36c所示的LUT中。LUT中多路选择器适当安排可正确实现函数f_1。当$x_1=x_2=0$时，LUT的输出由顶层存储单元所驱动，代表了真值表中$x_1x_2=00$所对应的行目。相似地，当输入变量x_1和x_2取其他值时，LUT的输出值也与真值表一致，当x_1和x_2的值确定时，只有1个存储单元能够出现在LUT的输出端。

图B.37展示了一个3输入LUT，由于3变量真值表有8行，所以它有8个存储单元。在商用FPGA芯片中，LUT通常有4～6个输入，对应的存储单元的数分别为16、32和

64 个。除了 LUT 之外，FPGA 逻辑元件通常还包含一个如图 B.38 所示的触发器。

对于一个在 FPGA 中实现的逻辑电路，单个逻辑元件要求电路中每一个逻辑函数必须足够小。实际上，用户设计的电路转化为 FPGA 所需的形式是由 CAD 工具自动实现的(参见第 10 章)。如果一个电路用 FPGA 实现，则通过对逻辑元件进行编程实现所需的逻辑功能，同时对布线通道进行编程以实现逻辑元件间所需的互连。FPGA 采用 ISP 方法编程，这将在 B.6.4 节解释。FPGA 中 LUT 的存储单元是挥发性的，意味着一旦关断电源则芯片中所存储的内容将全部丢失。因此每次加电时都必须对 FPGA 进行编程。通常在同一 PCB 上焊有一个可永久保存数据的小存储芯片，即可编程只读存储器(PROM)，用以保存 FPGA 的编程数据，当芯片(PCB)上电时，数据将自动从 PROM 中加载到 FPGA 的存储单元中。

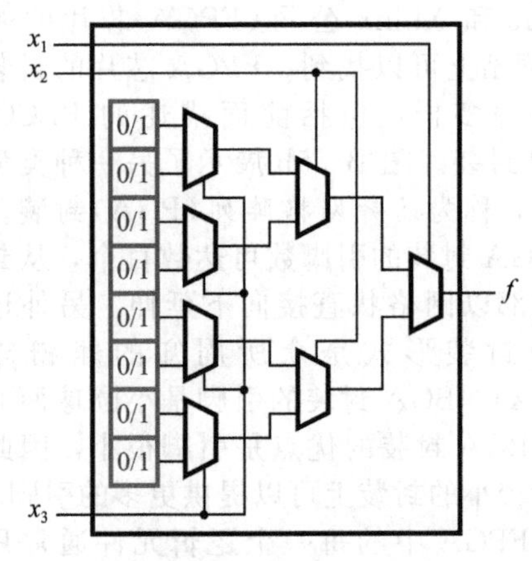

图 B.37　一个 3 输入的 LUT

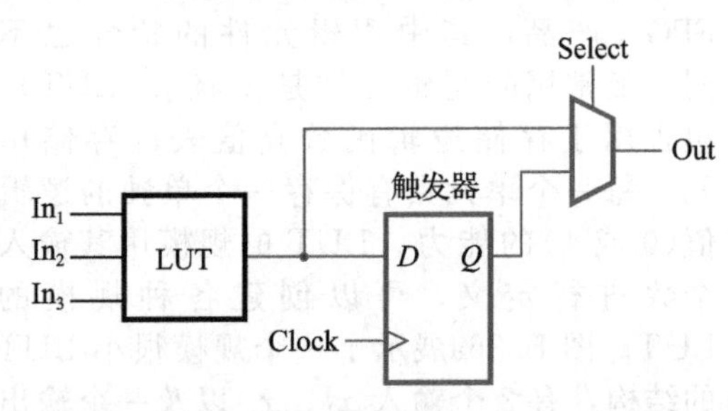

图 B.38　FPGA 逻辑元件中的一个触发器

图 B.39 展示了一个已被编程的小规模 FPGA，它实现了一个小型逻辑电路。该 FPGA 的 LUT 有两个输入端，每条布线通道有 4 根线，图中展示了逻辑元件和布线通道的编程状态，可编程开关用符号×表示。用浅灰色的×表示开关接通，即水平线与垂直线相连，而用黑色的×表示开关断开。B.10.1 节将介绍如何用晶体管实现开关。根据真值表的内容对 FPGA 进行编程，其中顶行的逻辑元件编程实现函数 f_1 和 f_2：$f_1=x_1x_2$ 和 $f_2=\overline{x}_2x_3$。图中右下角的逻辑元件编程实现了 $f=f_1+f_2=x_1x_2+\overline{x}_2x_3$。

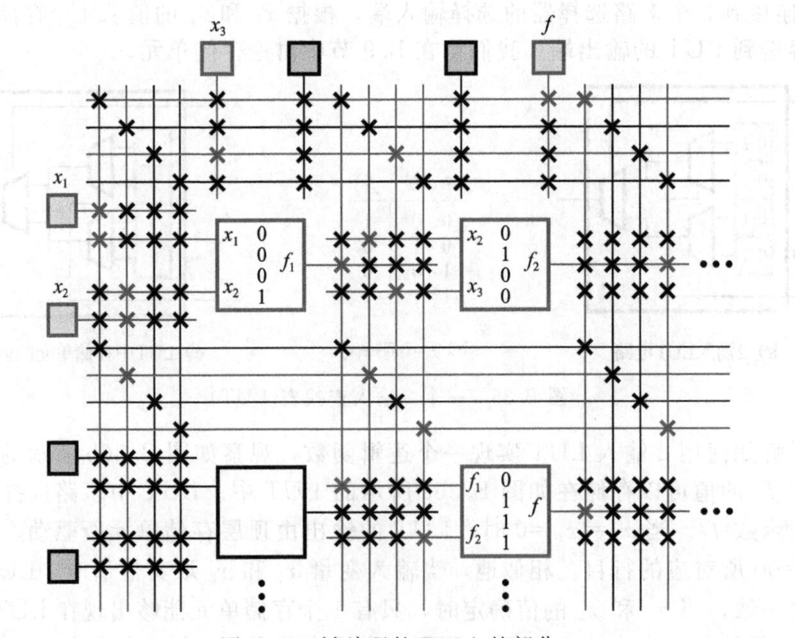

图 B.39　被编程的 FPGA 的部分

B.7 定制芯片、标准单元和门阵列

PLD中的可编程开关提供了用户可编程的能力，但是占用了芯片很多的面积(进而导致成本的增加)，并降低了电路的工作速度(导致功耗的增加)。在本节中我们将介绍不含可编程开关的高容量的集成电路技术。

*定制芯片*可以提供最大数量的逻辑门、最高的电路速度或最低的功耗。而PLD是预先制造的，包含逻辑门和可编程开关，通过编程以实现用户电路，而定制芯片则是从头开始实现定制芯片的设计者有很大的自由度，可以自己决定芯片的规模、包含的晶体管数量、每一个晶体管在芯片中的布局以及晶体管间的互连方式。定义晶体管在芯片中的准确位置以及相互连线的过程称为*芯片布图*。定制芯片的设计者可以创建出任何所期望的版图。一个定制芯片需要付出大量的设计精力，其成本十分昂贵。因此，只有在FPGA这样的标准芯片不能满足要求时才会制造定制芯片。为了使定制芯片的成本可被用户接收，要求设计的芯片销售量很大，以收回成本。定制芯片最常见的两个例子是：微处理器和存储器芯片。

使用标准单元可以减少设计者在设计一个对晶体管的版图的灵活性要求不高的定制电路所需付出的精力。使用这种技术制成的芯片常常称为*专用集成电路*(ASIC)。图B.40展示了一个ASIC芯片的一小部分。CAD工具用于自动布局，使标准单元排列成行，并在行间布线*通道*中实现单元间的连线。ASIC芯片中利用的标准单元有很多种，包括基本的逻辑门、锁存器、触发器等等。标准单元预先设计好并存放在库中，设计者可以随时调用。在图B.40中的有两种颜色的内部连线，这两种颜色的金属连线有相互交叉而没有发生短路的现象是因为它们分布在不同的层上。浅灰色线代表某一层的金属线，黑线代表另一层的金属线；方块表示*通孔*，用于实现不同层间的金属线连接。在当今的技术条件下，金属线层可达十层甚至更多。某些金属层可以置于逻辑门的晶体管的上层，从而使芯片布图更为有效。

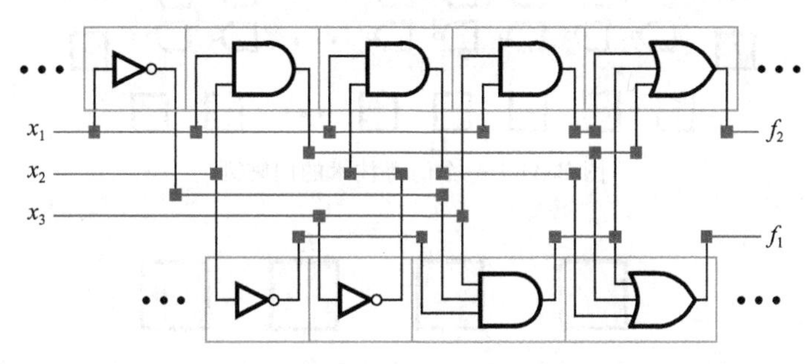

图B.40 标准单元芯片的2行部分

标准单元芯片与用户定制芯片相似，都是根据用户的技术说明开始创建的。图B.40所示的电路实现了图B.26 PLA所实现的2个逻辑函数，即 $f_1=x_1x_2+x_1\overline{x}_3+\overline{x}_1\overline{x}_2x_3$ 和 $f_2=x_1x_2+\overline{x}_1\overline{x}_2x_3+x_1x_3$。由于成本的原因，标准单元芯片从不用于设计这么小规模的电路，因此图中展示的只是一个大规模芯片的一小部分。单个门(标准单元)的版图是预先设计好的，并且固定不变。由于逻辑门(单元)安排规则成行，芯片版图可以由CAD工具自动完成。一个典型芯片包含多行的逻辑门及行间大量的连接线，芯片的周围是I/O模块，用于实现与芯片封装的引脚间的连接，芯片封装的形式有QFP、PGA或BGA。

类似于标准单元的另一种技术为*门阵列*技术。门阵列芯片的一部分是预先制造的，其余部分则根据用户要求定制。这个概念解释一个事实：集成电路制造过程包含一系列步骤，其中某些步骤用于制造晶体管，另一些步骤用于制造晶体管间的连线。在门阵列技术中，制造商完成了大部分制造步骤，通常是完成晶体管的制造，而不用考虑用户的需求。

该过程预先制造出半成品芯片，称为门阵列母版(模版)。此后再对母版进行后续加工，制造晶体管间的连线，以便在芯片上制造出完整的用户电路。与定制芯片技术相比，门阵列技术的成本较低，这是因为门阵列母版的结构相同，可以批量生产，进而降低了芯片的成本。门阵列技术也存在很多形式，某些门阵列具有较大规模的逻辑单元，而另一些可以在晶体管级别上进行配置。

图 B.41 展示了一个门阵列母版，其包含了逻辑单元的 2 维阵列。芯片的一般结构和标准单元芯片类似，唯一不同之处在于门阵列中的逻辑单元都是相同的。尽管门阵列中所使用的逻辑单元类型可以不同，但常用的都是 2 输入或 3 输入的“与非”门。某些门阵列的逻辑单元行间留有空间，以便在后续步骤中布线以实现逻辑单元间的连接。然而，大多数门阵列的逻辑单元行间并未留有空间，此时布线只能在逻辑单元的上部，这样做是可行的，如同在介绍图 B.40 时所阐述的，金属线可以布在芯片的不同层上，这就是众所周知的门海技术。图 B.42 展示了门阵列的一小部分，该部分已经定制了逻辑函数 $f=x_2\overline{x}_3+x_1x_3$。该电路只使用一种“与非”门，实现了“与或”逻辑关系，如 2.7 节所述，这种逻辑等价关系很容易得到验证。

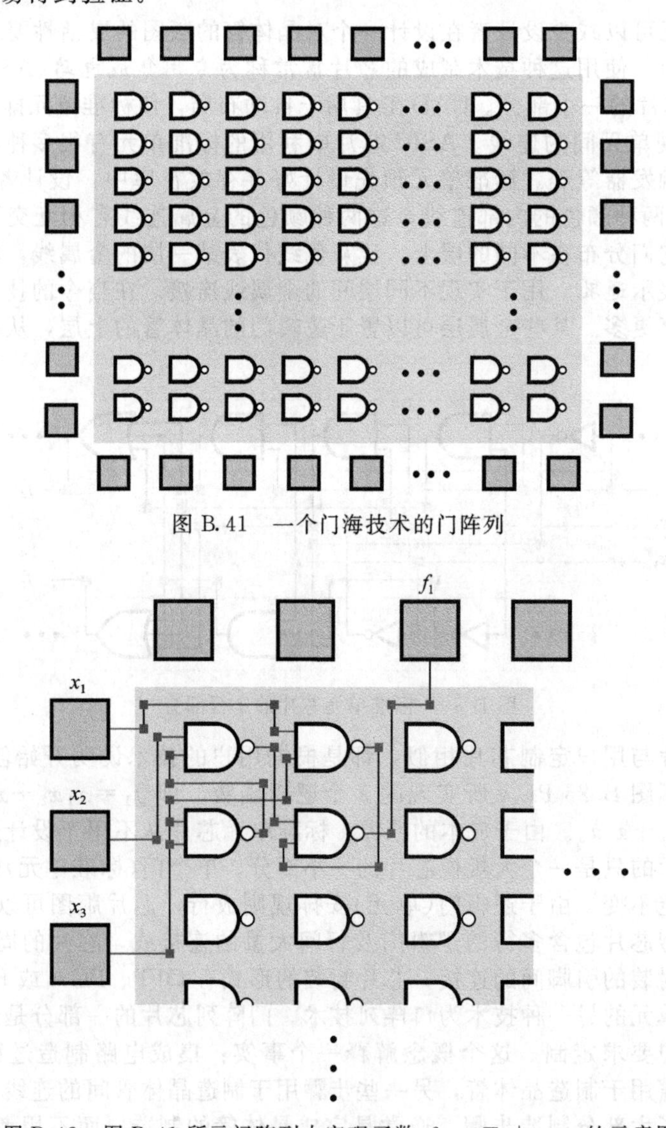

图 B.41　一个门海技术的门阵列

图 B.42　图 B.41 所示门阵列中实现函数 $f=x_2\overline{x}_3+x_1x_3$ 的示意图

B.8 实际特性

本节将对数字电路的几个概念进行更详细的讨论，介绍如何在硅片上制造晶体管，并详细解释晶体管的工作原理。本节将进一步讨论逻辑电路的健壮性，以及逻辑电门的信号传输延时及功耗等重要问题。

B.8.1 MOS管的制造和特性

为了理解NMOS管和PMOS管的工作原理，首先要了解集成电路中是如何制造这些MOS管的。集成电路是在硅晶片上制造的，一个硅晶片的直径通常为6、8或12英寸，外形与音频CD有几分相似。一个硅晶片上可以制造大量的集成电路芯片，然后通过划片过程切割成单个芯片。

在电学上硅是一种半导体，在某些时间导电而在另一些时间不导电。晶体管的制造是通过在硅衬底上创建一个区域，该区域中具有过量的正电荷或负电荷。含负电荷的区域称为 n 型，而含正电荷的区域称为 p 型。图B.43展示了一个NMOS管的结构。其源极和漏极都是 n 型硅，而衬底是 p 型硅，金属线用以实现源极和漏极的电连接。

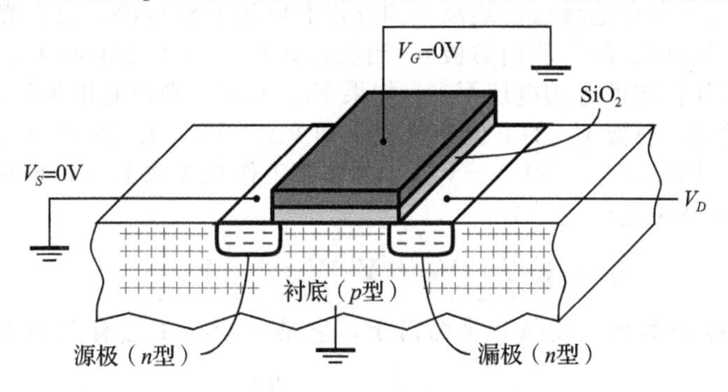

a）V_{GS}=0V时晶体管截止

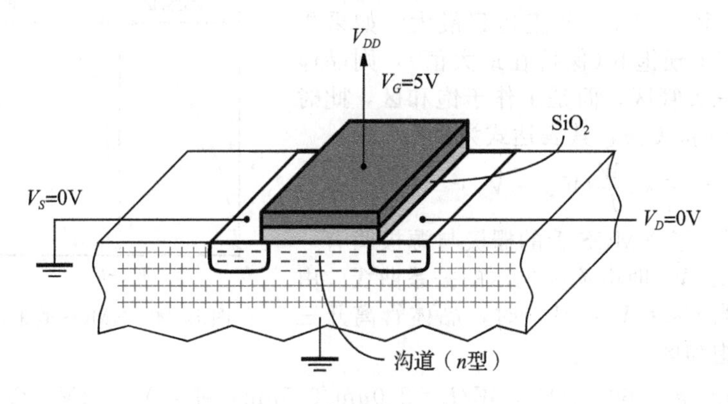

b）V_{GS}=5V时晶体管导通

图B.43 NMOS管的物理结构

在MOSFET刚发明时，其栅极是金属，现在则使用众所周知的**多晶硅**。多晶硅与金属一样是导体。栅极与晶体管其他部分由二氧化硅（SiO_2）层实现电隔离，该二氧化硅层是实现栅极和晶体管衬底间电隔离的一种玻璃（绝缘）。晶体管的工作状态受加载于晶体管电极上的电压所形成的电场控制，下面具体讨论。

如图B.43所示，加载在源极、栅极和漏极的电平分别标注为 V_S、V_G 和 V_D。首先考虑图B.43a中的情况，图中源极和栅极都连接到 Gnd（$V_S=V_G=0$V）。n 型源极与漏极间由p型衬底隔离。根据电学原理，在源极和漏极之间存在两个二极管。一个二极管由衬底和源极之间的 p-n 结形成，而另一个二极管由衬底和漏极之间 p-n 结形成。这两个背靠背的二极管表示源极和漏极之间存在一个很大的阻抗(约 $10^{12}\Omega$)，阻止了电流的流动。因此我们称此时晶体管处于截止(或断开)状态。

接着考虑增大栅源之间的电压 V_{GS}，如果 V_{GS} 大于某个电压(即*阈值电压* V_T)时，则晶体管由截止变为导通，即由断开的开关变为接通的开关，其原理详见下文。实际上 V_T 的值取决于很多因素，典型情况下其值大约为 $0.2V_{DD}$。

当 $V_{GS}>V_T$ 时，晶体管状态如图 B. 43b 所示，图中栅极连接到电源 V_{DD}，使得 $V_{GS}=5V$。栅极上的正电压吸引存在于 n 型源极以及晶体管其他区域的自由电子，使这些电子趋向栅极。由于这些电子不能穿过栅极下的绝缘层，因而聚集到源极和漏极之间的衬底区域，此时该区域称为沟道。由于在沟道区域硅的电子浓度产生了反型，即该区域由 p 型转变为 n 型，进而有效地将源极和漏极连接起来。沟道的尺寸由栅的宽和长决定，沟道长度 L 指的是晶体管的源极和漏极之间栅的尺寸，而沟道宽度 W 则是另一个方向上的尺寸。也可以认为沟道还具有厚度，其大小与源极、栅极和漏极上所加电压有关。

由于栅极与衬底间存在绝缘层的隔离，因此没有电流能流过晶体管的栅极，漏极与源极间可以有电流 I_D 流过(从漏极流向源极)。当栅源之间有一个固定电压 $V_{GS}>V_T$ 时，电流 I_D 的值取决于加载在沟道上的电压 V_{DS}。如果 $V_{DS}=0V$，则没有电流流过；V_{DS} 逐渐增加，则 I_D 也逐渐增大，只要 V_D 的电位足够低，即 $V_{GD}>V_T$，I_D 和 V_{DS} 近似呈线性关系。在这个电压范围内，即 $0<V_{DS}<(V_{GS}-V_T)$，晶体管工作在*三极管区*，也称为*线性区*，此时电压和电流间的关系可近似表示为：

$$I_D = k_n' \frac{W}{L}\left[(V_{GS}-V_T)V_{DS} - \frac{1}{2}V_{DS}^2 \right] \tag{B.1}$$

其中，k_n' 叫做*跨导参数*，或称为*导电因子*，它是一个与工艺有关的常数，其单位为 A/V^2。

V_D 继续增大，则流过晶体管的电流也增大，其关系如式(B. 1)所示。但当 V_D 增大到一个特定值时，即 $V_{DS}=V_{GS}-V_T$，电流达到最大。如果再增大 V_{DS}，电流出现饱和(保持在最大值)，则晶体管不再工作于三极管区，而是工作于饱和区，此时电流 I_D 与电压 V_{DS} 无关，其表达式为：

$$I_D = \frac{1}{2}k_n' \frac{W}{L}(V_{GS}-V_T)^2 \tag{B.2}$$

图 B. 44 展示了 NMOS 管的栅极与源极间有一个固定电压 $V_{GS}>V_T$ 时电流和电压的关系曲线。由该图可以看出当 $V_{DS}=V_{GS}-V_T$ 时，晶体管离开三极管区而进入饱和区。

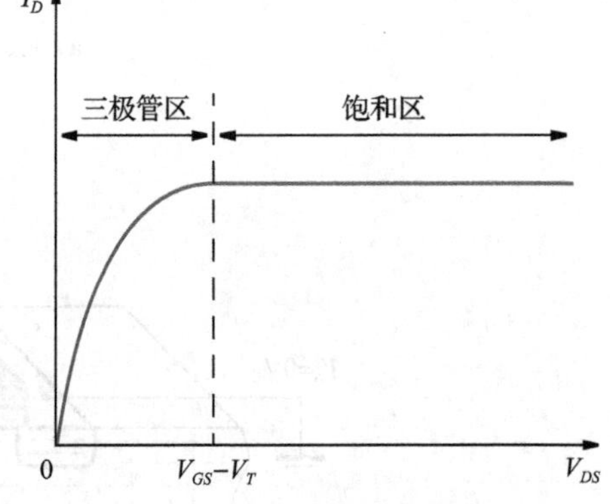

图 B. 44　NMOS 管的电流电压关系

例 B. 3　假设 $k_n'=60\mu A/V^2$，$W/L=2.0\mu m/0.5\mu m$，并且 $V_T=1V$。如果 $V_D=2.5V$，晶体管的电流由式(B. 1)可计算出 $I_D\approx1.7mA$，如果 $V_D=5V$，则由式(B. 2)计算出其饱和电流为 $I_D\approx2mA$。◀

PMOS 晶体管

PMOS 管和 NMOS 管的行为十分相似，只是电流、电压的方向都相反。PMOS 管的源极是最高电位端(对于一个 NMOS 管源极是最低电位端)，使晶体管导通的阈值电压为负值。PMOS 管和 NMOS 管的物理构造也十分相似，不同之处在于 NMOS 晶体管中的 n 区对应于 PMOS 管的 p 区，反之亦然。与图 B. 43a 等价的是 PMOS 管的源极及栅极都连接到 V_{DD}，此时晶体管截止；如果想让与图 B. 43b 等价的 PMOS 管导通，则应将栅极连接到地，此时 $V_{GS}=-5\text{V}$。

由于PMOS管的沟道是 p 型而不是 n 型，PMOS管导电的物理机制与NMOS管不同，有关这个概念的详细讨论已超出本书的范围，但是需要指出的是，在式(B.1)和式(B.2)中采用了参数 k'_n，PMOS管中对应的参数为 k'_p，但是 n 型硅的导电性高于 p 型硅，在典型工艺下有：$k'_p \approx 0.4k'_n$。如果期望PMOS管的电流与NMOS管相等，则必须使PMOS管的宽长比 W/L 为NMOS管的2～3倍。在实现逻辑门时，通常要考虑NMOS管和PMOS管的面积这一因素。

B.8.2 MOSFET的导通电阻

在B.1节中我们把MOSFET当作理想开关，即开关断开时电阻为无穷大，而开关接通时电阻为0。实际上当晶体管导通时沟道的电阻为 V_{DS}/I_D，称为导通电阻。使用式(B.1)可以计算出晶体管处于三极管区的导通电阻，如下例所示。

例B.4 考虑输入电压 $V_X=5\text{V}$ 时的CMOS反相器。当NMOS管导通时，输出电压 V_f 接近0V，此时NMOS管的 V_{DS} 接近0，晶体管工作于三极管区，即处于图B.44所示曲线非常接近于原点的位置。虽然 V_{DS} 很小，但并不是实际意义上的0。在下一节中我们将指出 V_{DS} 的典型值约为0.1mV，因此电流 I_D 的精确值不是0，而是由式(B.1)定义。在这种情况下由于 V_{DS} 很小，所以 V_{DS}^2 项可以忽略。导通电阻可近似表示为：

$$R_{DS}=V_{DS}/I_D=1/\left[k'_n\frac{W}{L}(V_{GS}-V_T)\right] \tag{B.3}$$

设 $k'_n=60\mu\text{A/V}^2$，$W/L=2.0\mu\text{m}/0.5\mu\text{m}$，$V_{GS}=5\text{V}$，且 $V_T=1\text{V}$，则可得到 $R_{DS}\approx 1\text{k}\Omega$。◄

B.8.3 逻辑门的电平

在图B.1中我们把逻辑值表示为一个电平范围，现在则要仔细地考虑逻辑门的电平问题。

一个逻辑门的高、低电平的特点，可以用基本反相器的运行状况来表示。把图B.5中的NMOS反相器重画于图B.45a所示的电路。当 $V_x=0\text{V}$ 时，NMOS管截止，管中没有电流流过，因此 $V_f=5\text{V}$；当 $V_x=V_{DD}$ 时，NMOS管导通。为了计算 V_f 的值，我们可以采用一个值为 R_{DS} 的电阻代替NMOS管，如图B.45b所示，V_f 的值可由电阻分压求出：

$$V_f=V_{DD}\frac{R_{DS}}{R_{DS}+R}$$

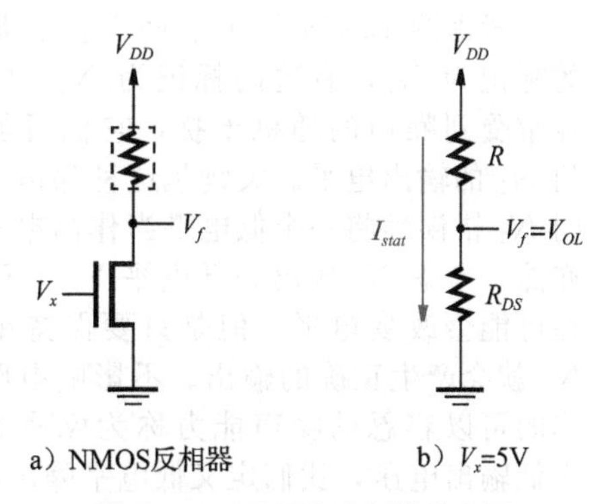

图B.45 NMOS反相器的电平

例B.5 假设 $R=25\text{k}\Omega$，采用例B.4的结果，即 $R_{DS}=1\text{k}\Omega$，计算可得：$V_f\approx 0.2\text{V}$。

如图B.45b所示，在 $V_x=V_{DD}$ 的静态条件下，NMOS反相器中有电流 I_{stat} 流过，即有：

$$I_{stat}=V_f/R_{DS}=0.2\text{V}/1\text{k}\Omega=0.2\text{mA}$$

这个静态电流有重要的含义，我们将在B.8.6节中讨论。

实际上，在电路中经常用PMOS管实现上拉电阻。这种电路称为伪NMOS电路，它们与CMOS电路完全兼容。因此单个芯片既可包含CMOS门也可包含伪NMOS门。例B.17给出了一个伪NMOS反相器电路，并讨论了如何计算其输出电平。◄

CMOS反相器

习惯上使用符号 V_{OH} 和 V_{OL} 表征逻辑电路的电平。V_{OH} 指的是输出为高电平的值，V_{OL} 则代表输出为低电平时的值。对于前面讨论的NMOS反相器而言，$V_{OH}=V_{DD}$ 且 V_{OL} 约为0.2V。

再一次考虑图 B. 12a 所示的 CMOS 反相器，它的输出输入电压关系可以用图 B. 46 所示的电压转移特性曲线表示，该曲线给出每一个 V_x 值对应的 V_f 的稳定值。当 $V_x=0\text{V}$ 时，NMOS 管截止，晶体管没有电流流过，因此 $V_f=V_{OH}=V_{DD}$；当 $V_x=V_{DD}$ 时，PMOS 管截止，没有电流流过，且 $V_f=V_{OL}=0\text{V}$。作为一个完整的描述我们应该指出即使一个晶体管截止，也会有一个称为漏电流的极小电流流过，这个电流对于 V_{OH} 和 V_{OL} 的值存在一定的影响，如，V_{OL} 的典型值为 0.1mV，而不是 0V[1]。

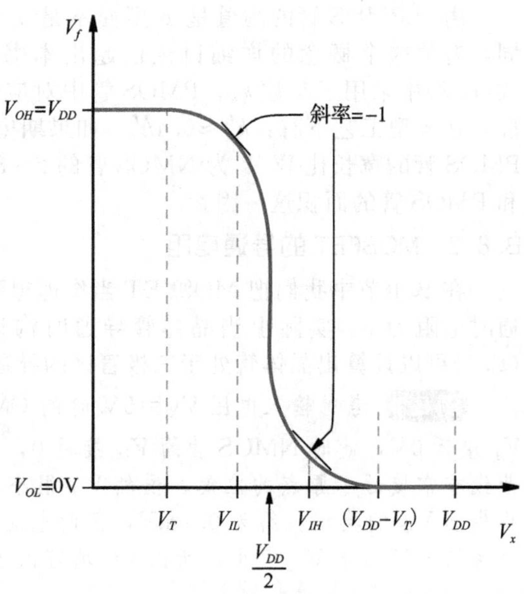

图 B. 46　CMOS 反相器的电压转移特性

图 B. 46 中，在输出电压由高向低的转变点处进行了标记，由低向高的转变点也同样进行了标记。电压 V_{IL} 表示了输出电压为高且特性曲线在该点的斜率为－1 的点。我们定义 V_{IL} 为输入电平为低的最大值，此时反相器的输出为高；相似地，电压 V_{IH} 表示了输出电压为低且特性曲线在该点的斜率为－1 的另一个点，定义 V_{OH} 为输入电平为高时的最小值，此时反相器的输出为低。V_{OH}、V_{OL}、V_{IL} 和 V_{IH} 是衡量逻辑电路健壮性的重要参数，下面将详细讨论。

B. 8. 4　噪声容限

考虑图 B. 47a 所示的两个反相器，左边的标记为 N_1，右边的标记为 N_2。电子线路经常受到噪声的随机干扰，它们可能会改变门 N_1 的输出电平。关键是这种噪声不能引起门 N_2 错误地将一个低电平当作高电平，反之亦然。考虑 N_1 输出为低电平 V_{OL}，噪声的存在可能会改变电平，但是只要保持小于 V_{IL}，N_2 就会产生正确的输出。不影响电路正常工作的可以容忍的噪声能力称为噪声容限。对于低输出电压，我们定义低电平噪声容限为：

$$NM_L = V_{IL} - V_{OL}$$

相似的情况为：N_1 输出为高电平 V_{OH}。电路中存在的任何噪声都可能改变电平，但是只要该电压大于 V_{IH}，N_2 就会产生正确的输出。高电平噪声容限定义为：

$$NM_H = V_{OH} - V_{IH}$$

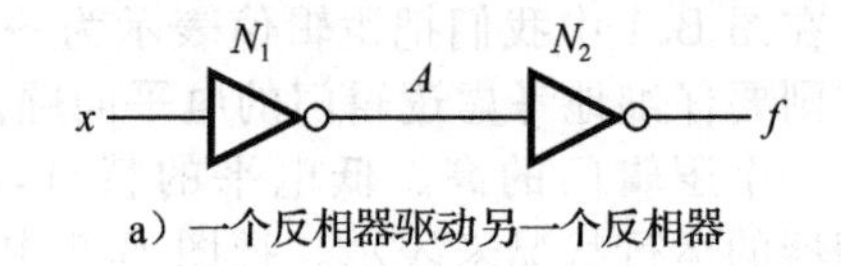

a）一个反相器驱动另一个反相器

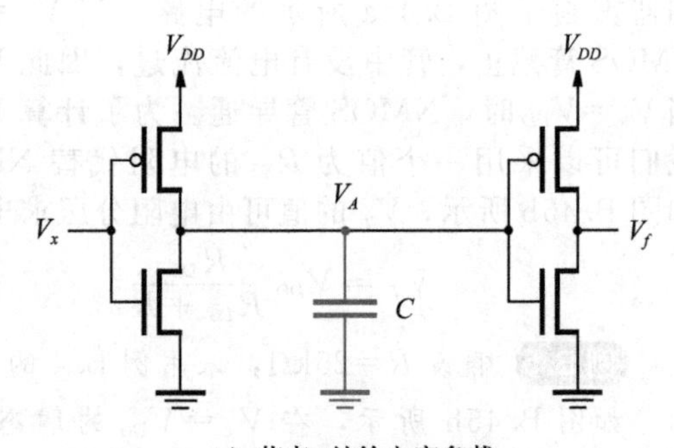

b）节点A处的电容负载

图 B. 47　集成电路中的寄生电容

例 B. 6　在工艺技术给定的情况下，基本反相器的电压传输特性决定了 V_{OH}、V_{OL}、V_{IL} 和 V_{IH} 的值。如图 B. 46 所示的 CMOS 工艺的电压转移特性可得 $V_{OH}=V_{DD}$，$V_{OL}=0\text{V}$。通过找到转移特性上斜率为－1 的两个点，可以得到[1]：$V_{IL}\cong\frac{1}{8}(3V_{DD}+2V_T)$ 和 $V_{IH}\cong\frac{1}{8}(5V_{DD}-2V_T)$。典型情况下 $V_T=0.2V_{DD}$，因此：

$$NM_L = NM_H = 0.425\times V_{DD}$$

由上式可知噪声容限和电源电压有关。当 $V_{DD}=5\text{V}$ 时，噪声容限为 2.1V；当 $V_{DD}=3.3\text{V}$

时，噪声容限为1.4V。◀

B.8.5 逻辑门的动态运行

图B.47a中两个门间的结点标记为A。由于晶体管是在硅片上制造的，非门N_2给结点A增加了电容负载。图B.43表明晶体管是由几层不同的金属层构建的，只要在晶体管中有2种材料相接或重叠，就会形成一个电容，由于这个电容是在晶体管制造过程中产生的(而不是我们所期望的)，所以称为寄生电容(或杂散电容)。考虑图B.47中结点A处的电容，该结点存在的寄生电容部分由N_1引起，部分由N_2引起。影响较大的寄生电容是反相器N_2的输入端与地之间的电容，该电容的值取决于N_2中晶体管的尺寸。每一个晶体管都存在一个栅电容，$C_g=W\times L\times C_{ox}$，其中$C_{ox}$称为栅氧电容，单位为$fF/\mu m^2$，是与所采用工艺有关的一个常数。另外的电容由$N_1$中的晶体管及连接到结点$A$的金属线所引起。我们可以把所有这些寄生电容等效为一个在结点A与地之间的电容，在图B.47b中的电容C即表示了该等效电容。

杂散(寄生)电容会给逻辑电路的工作速度带来负面影响。电容两端的电压不能瞬间变化，对电容充放电所需的时间取决于电容C的大小以及流过电容的电流大小。在图B.47b所示的电路，当反相器N_1中的PMOS管导通时，电容被充电到V_{DD}；当NMOS管导通时，电容被放电。充放电的电流I_D流过相应的晶体管，电容C的值决定充放电的速率。

在第2章中介绍了时序图的概念，图2.10所展示的时序图的波形画得太过理想，从一个电平转移到另一个电平为一条垂直线。实际电路的波形不可能是这样的理想形状，而是如图B.48所示的形状。图中给出的是图B.47b所示电路中结点A对应于输入V_x的波形。假设V_x的初始状态处于高电平V_{DD}，然后向低电平0V转移。一旦V_x达到足够低的电平，则反相器N_1开始驱动结点V_A向V_{DD}转移。由于寄生电容的影响，V_A不能立即变化，而是如图所示逐渐变化。V_A由低向高变化所需时间称为上升时间t_r，定义为当V_A从V_{DD}的10%上升到90%所需要的时间。图B.48还定义了反相器的传播延迟t_p，指V_x变化到V_{DD}的50%而引起V_A到达V_{DD}的50%所经历的时间。

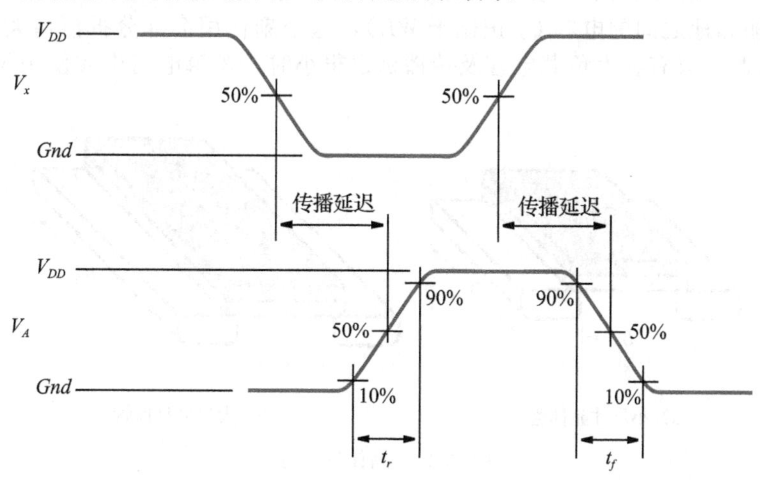

图B.48 逻辑门的电压波形

V_x到达0V并保持一段时间后开始向V_{DD}返回，电容C通过N_1对地放电。在这种情况下，结点A的电平V_A由高向低变化，其下降时间t_f，定义为V_A从V_{DD}的90%下降到10%所经历的时间。图中还表示出这种情况下(V_x引起V_A变化)的传播延迟。对于给定的逻辑门，其上升时间t_r和下降时间t_f与NMOS管、PMOS管的尺寸有关，通常对尺寸的适当选择，可使t_r和t_f大致相等。

式B.1和B.2定义了流经NMOS管的电流。如果图B.47中的电容C值已经给定，则

可以计算出 V_A 由高变低的传播延时。为了简化计算，假设 V_x 的初始值为 0V，此时 PMOS 管导通，并且 $V_A=5V$；然后 V_x 在 0 时刻变为 V_{DD}，导致 PMOS 管截止，同时 NMOS 管导通；电容 C 经 NMOS 管放电，导致 V_A 下降，而 V_A 由 V_{DD} 下降到 $V_{DD}/2$ 所需的时间即为延迟时间。当 V_x 刚刚到达 V_{DD} 时，$V_A=5V$，因此 NMOS 管将有 $V_{DS}=V_{DD}$，将处于饱和区，此时的电流 I_D 由式(B.2)确定。一旦 V_A 下降到低于 $V_{DD}-V_T$ 时，NMOS 管进入三极管区，此时电流 I_D 由式(B.1)确定。为了计算延迟时间，可以近似计算 V_A 由 V_{DD} 下降到 $V_{DD}/2$ 时的电流值：即在 $V_{DS}=V_{DD}$ 时用式 B.2 计算出的电流值，和在 $V_{DS}=V_{DD}/2$ 时用式 B.1 计算出的电流值，取两者的平均值。根据电容充电的基本表达式(见例 B.15)，可以得到：

$$t_p=\frac{C\Delta V}{I_D}=\frac{CV_{DD}/2}{I_D}$$

将前面讨论的 I_D 的平均值代入，可得到[1]：

$$t_p \approx \frac{1.7C}{k_n'\frac{W}{L}V_{DD}} \tag{B.4}$$

以上表达式说明电路的工作速度与电容 C 及 NMOS 管的尺寸有关。通过减小电容 C 或增大 NMOS 管的宽长比 W/L，可以减小电路的传播延迟；这个表达式可以确定输出由高电平变为低电平时的传播延迟。输出由低变高时的传播延迟也可用此表达式计算，只是其中的系数改用 k_p'，同时用 PMOS 管的 W/L。

在逻辑电路中，晶体管的沟道长度 L 通常设为由制造工艺确定的最小值；而沟道宽度 W 与所需电流的大小及期望的传播延迟有关。图 B.49 用两个例子说明了晶体管的尺寸，其中图 B.49a 展示了最小尺寸(宽长比)的晶体管，可以用于电容负载较小或速度要求不严格的电路中；图 B.49b 展示了较大尺寸的晶体管，其沟道长度 L 与图 B.49a 相同，只是宽度 W 增大了。选择晶体管尺寸时必须进行折中，因为一个大尺寸的晶体管比小尺寸的晶体管占用更多的芯片面积，同时 W 的增大不仅会增大流过晶体管的电流，也会增大其寄生电容(在栅和地之间的电容 C_g 正比于 WL)，这个副作用会部分抵消增大 W 所带来的性能改善。因此，只有在大负载电容及传播延迟很小时，逻辑电路中才使用尺寸较大的晶体管。

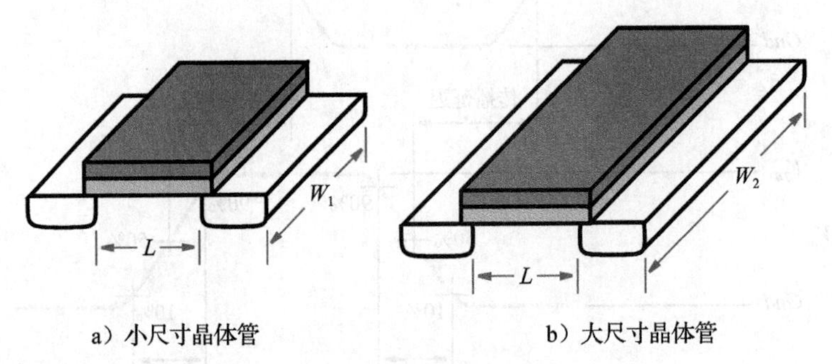

a) 小尺寸晶体管　　b) 大尺寸晶体管

图 B.49 晶体管尺寸

例 B.7 逻辑门中的功耗

在图 B.47 中，假设 $C=70fF$，$W/L=2.0\mu m/0.5\mu m$，$k_n'=60\mu A/V^2$ 且 $V_{DD}=5V$。采用式 B.4，可以计算出反相器由高变为低的传播延迟为 $t_p \approx 0.1ns$。◀

B.8.6 逻辑门的功耗

电子线路中晶体管的功耗是设计者需要考虑的重要问题。集成电路技术的发展使得单个芯片上可以制造数十亿的晶体管，因此每一个晶体管的功耗必须很小。逻辑电路的功耗在所有应用中都是一个很重要的问题，在用电池供电的设备中(如便携式电脑以及类似产品)更为重要。

再一次考虑图 B.45 所示的 NMOS 反相器。当 $V_x=0V$，没有电流流过晶体管，因此功耗也为 0；但当 $V_x=5V$ 时，由于存在电流 I_{stat}，因此产生了功耗。在稳态情况下，功耗为 $P_S=I_{stat}V_{DD}$。在例 B.5 中我们计算出 $I_{stat}=0.2mA$，此时的功耗为 $P_S=0.2mA\times5V=1.0mW$。如果某芯片中包含 1 万个等价反相器，则总功耗达到 10W！如此大的功耗使得 NMOS 门的应用受到很大的限制，即仅能用于特殊场合，B.8.9 节将进行详细讨论。

通常定义两种类型的功耗以区分稳态功耗和信号电平发生改变下的功耗。一种是*静态功耗*，即电路在稳态下，电流流过产生的功耗；另一种是*动态功耗*，即由于信号电平改变而引起的电流流过产生的功耗。NMOS 管构成的电路既存在静态功耗又存在动态功耗，而 CMOS 电路的大部分功耗为动态功耗。要注意：我们在 B.8.3 节中提到在晶体管截止时仍存在*漏电流*，虽然在 CMOS 电路中这个漏电流也会引起静态功耗，但在将来的讨论中我们不再考虑这个效应。

考虑图 B.12a 所示的 CMOS 反相器。假设 V_x 为低电平，此时由于 NMOS 管截止而没有电流流过。当 V_x 为高电平时，则 PMOS 管截止，同样没有电流流过。因此 CMOS 电路在稳态情况下没有电流。但是，当信号电平由一个值变化到另一个值的短暂时间内确实有电流流过。

图 B.50a 展示了信号电平发生变化时的电流情况。假设 V_x 在这段时间保持为 0V，则 $V_f=5V$；现在令 V_x 变为 5V，则 NMOS 管导通，导致 V_f 向地(0V)变化，由于结点 f 存在寄生电容 C，电压 V_f 不会立即发生改变，电容 C 通过 NMOS 管进行放电，此时有电流 I_D 短暂流过 NMOS 管；当 V_x 从 5V 变化为 0V 时，发生类似的情况，如图 B.50b 所示。图中电容 C 的初始值为 0V，由于 PMOS 管的导通，有电流从电源经 PMOS 管对电容充电，使得 V_f 向 5V 变化。

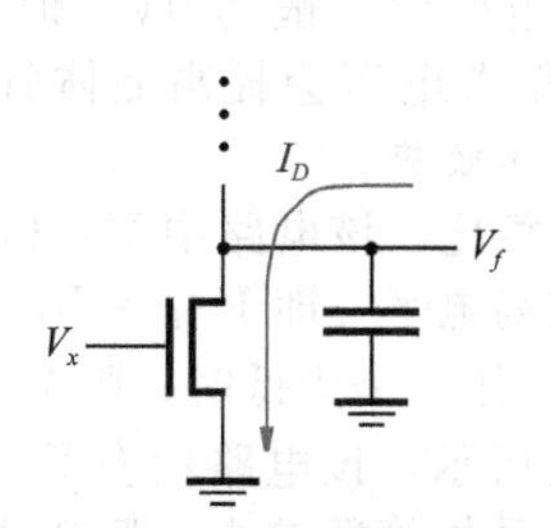

a) V_x从0V变化到5V时的电流

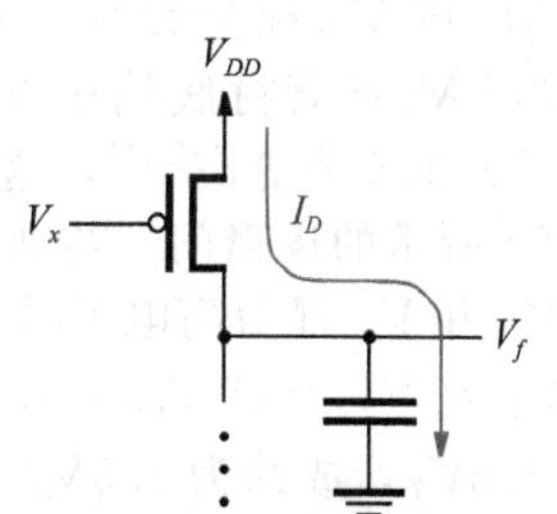

b) V_x从5V变化到0V时的电流

图 B.50 CMOS 电路中的动态电流

CMOS 反相器电压转移曲线如图 B.46 所示，由图可以看出输入电压 V_x 处于某个小范围时两个晶体管都导通，在这个电压范围中，特别是 $V_T<V_x<(V_{DD}-V_T)$ 时，电流从 V_{DD} 出发流过两个晶体管到地，通常称之为门中的*短路电流*。和对电容 C 的充放电电流相比，这个短路电流小到可以忽略不计。

单个 CMOS 反相器的功耗是很小的。我们再次观察图 B.50a 所示电路在 $V_f=V_{DD}$ 时的工作情况，此时存储在电容中的能量为 $CV_{DD}^2/2$(见例 B.12)，当电容放电到 0V 时，电容所存储的能量消耗在 NMOS 管中。图 B.50b 所示的情况与此相似，当 C 充电到 V_{DD} 时，能量 $CV_{DD}^2/2$ 消耗在 PMOS 管中。因此在每一个反相器充、放电的周期中，能量总消耗为 CV_{DD}^2。因为功耗的定义为每单位时间的能量消耗，反相器中的功耗是一个周期内充、放电所消耗的功耗乘以每秒钟的周期数 f，所以有：

$$P_D = fCV_{DD}^2$$

实际上，CMOS 电路总的动态功耗大大小于其他电路(如 NMOS 电路)的总功耗。因此，现今的大规模集成电路大多采用 CMOS 技术。

例 B.8 对于一个 CMOS 反相器，假设 $C=70\text{fF}$ 并且 $f=100\text{MHz}$，其动态功耗为 $P_D=175\mu\text{W}$。假设一个芯片包含 10 000 个等价的反相器，并且平均有 20% 的反相器在任意时刻改变状态，则芯片总的动态功耗为：$P_D=0.2\times 10\,000\times 175\mu\text{W}=0.35\text{W}$。◀

B.8.7　通过晶体管开关传送 1 和 0

图 B.4 所示的电路中，NMOS 管被用作下拉器件，而 PMOS 管被用作上拉器件。现在考虑用相反的方式使用这两种晶体管，即用 NMOS 管驱动输出为高，而用 PMOS 管驱动输出为低。

图 B.51a 展示了用 NMOS 管传输信号的例子，NMOS 管的栅极和该开关的一端的电平被驱动至 V_{DD}。假设栅极 V_G 和结点 A 的初始电平为 0V，然后令 V_G 变化到 5V。由于结点 A 的电平最低，所以结点 A 是晶体管的源极。由于 $V_{GS}=V_{DD}$，晶体管导通，并且驱动结点 A 的电平向 V_{DD} 靠近，当结点 A 的电平上升时，V_{GS} 下降，而当 V_{GS} 下降到不再大于 V_T 时，晶体管截止。此时，晶体管进入稳态 $V_A=V_{DD}-V_T$，意味着 NMOS 管只能部分地传输高电平。

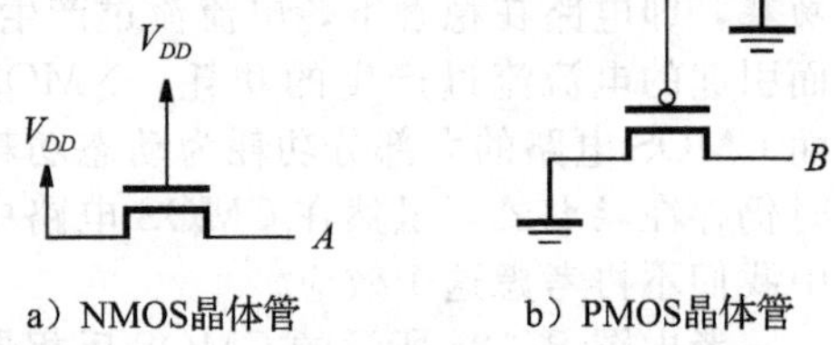

a）NMOS晶体管　　b）PMOS晶体管

图 B.51　以图 B.4 相反方式用 NMOS 管和 PMOS 管

类似的情况发生在如图 B.51b 所示的电路中，这是应用 PMOS 管传输低电平信号的电路。假设 V_G 和结点 B 的电平均为 5V，然后令 V_G 变为 0V，则 PMOS 管导通，并且将源结点 B 的电平向 0V 方向驱动，当结点 B 的电平下降到 V_T 时，PMOS 管截止，晶体管进入稳定状态，且结点 B 的电平等于 V_T。

在 B.1 节已经提到，NMOS 管的衬底(体)连接到地，而 PMOS 管的衬底连接到 V_{DD}。源极与衬底间的电压 V_{SB} 称为*衬底偏置电压*，在逻辑电路中一般为 0V。但是在图 B.51 中，NMOS 管和 PMOS 管衬底偏压 $V_{SB}=V_{DD}$。衬底偏置电压会提高晶体管的阈值电压 V_T，其影响因子为 1.5 或更高[2,1]，这就是众所周知的体效应。

考虑图 B.52 所示的逻辑门，与前面讨论过的电路相比，该电路中 V_{DD} 和 Gnd 的连接正好相反。当 V_{x_1} 和 V_{x_2} 都为高电平时，V_f 被上拉输出高电平，即 $V_{OH}=V_{DD}-1.5V_T$。如果 $V_{DD}=5\text{V}$、$V_T=1\text{V}$，则有 $V_{OH}=3.5\text{V}$。当 V_{x_1} 或 V_{x_2} 任一个为低时，则 V_f 被下拉输出低电平，$V_{OL}=1.5V_T$，或约为 1.5V。如图中的真值表所示，该电路代表了一个与门。与通常所用的与门(如图 B.15 所示)相比，该电路所用的晶体管数较少，但其缺点是噪声容限较差，因为 V_{OH} 和 V_{OL} 相差较小。

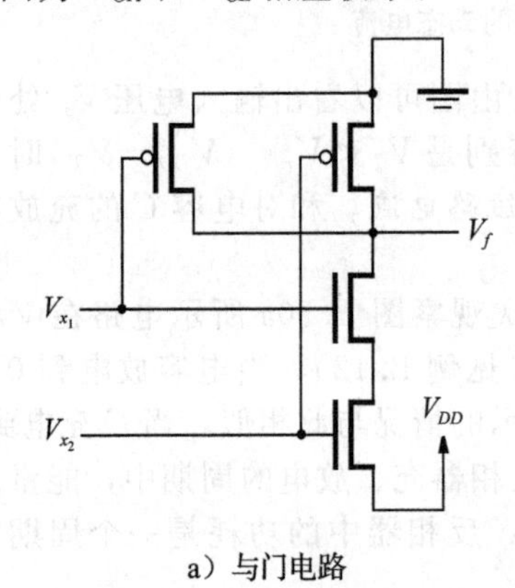

a）与门电路

逻辑值		电压	逻辑值
x_1	x_2	V_f	f
0	0	1.5V	0
0	1	1.5V	0
1	0	1.5V	0
1	1	3.5V	1

b）真值表与电平

图 B.52　CMOS 与门的一种不好的实现方案

图 B.52 中电路的另一个主要缺点是存在静态功耗，这与正常的 CMOS 与门不一样。

假设这个与门输出驱动一个 CMOS 反相器的输入，当 $V_f=3.5\text{V}$ 时，反相器中的 NMOS 管导通，反相器的输出为低电平。但是反相器中的 PMOS 管并没有截止，因为它的栅源电压为 -1.5V(大于 V_T)，因而存在 V_{DD} 流经反相器到地的静态电流。在与门输出为低电平 $V_f=1.5\text{V}$ 时会发生类似的现象，此时反相器中的 PMOS 管导通，而 NMOS 管并没有截止。所以图 B.52 所示的与门在实际中并不采用。

B.8.8 传输门

在 B.8.7 节中我们可以看出 NMOS 管能很好地传输 0 而不能很好地传输 1(存在一个阈值电压的损失)；PMOS 管正好反过来可以很好地传输 1 而不能很好地传输 0。采用一个 NMOS 管和一个 PMOS 管并联构成一个开关以实现同时很好地传输 0 和 1 是可能的。这就是传输门电路，如图 B.53a 所示。由图 B.53b 和图 B.53c 可以看出，传输门表现为连接 x 与 f 的一个开关，开关控制信号为输入原量 s 及其非量$\bar{s}$。当 $V_s=5\text{V}$ 和 $V_{\bar{s}}=0\text{V}$ 时开关闭合，如果此时 V_x 为 0，则 NMOS 管导通(因为 $V_{GS}=V_s-V_x=5\text{V}$)且 V_f 将会为 0V；如果 V_x 为 5V，则 PMOS 管导通($V_{GS}=V_{\bar{s}}-V_x=-5\text{V}$)且 V_f 将达到 5V。传输门的符号如图 B.53d 所示。

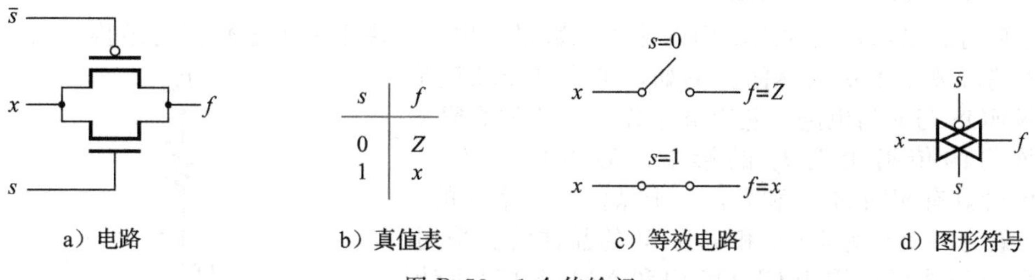

图 B.53 1 个传输门

传输门可以有多种应用，以下的例子展示了如何采用传输门实现乘法器、异或门及锁存电路。

例 B.9 图 B.54 是采用传输门实现如图 4.1d 所示一个多路选择器电路。输入选择信号 s 用以选择输出 f 为 w_1 或 w_2：如果 $s=0$，则 $f=w_1$；如果 $s=1$，则 $f=w_2$。◀

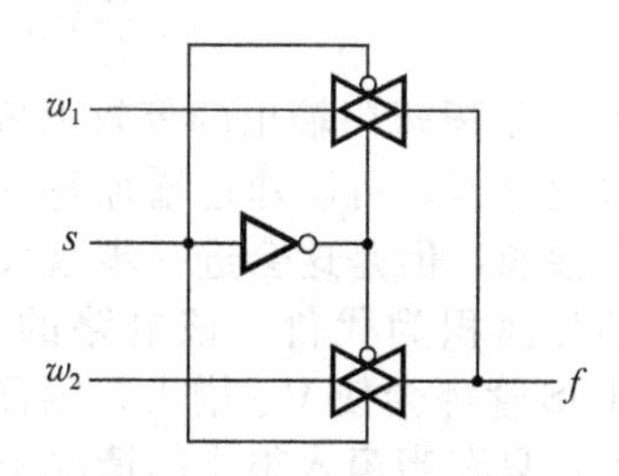

图 B.54 采用传输门实现的 2 选 1 多路选择器

例 B.10 异或门函数积之和形式为 $x_1\oplus x_2=\bar{x}_1x_2+x_1\bar{x}_2$，对应的电路由两个“非”门、两个 2 输入“与”门以及 1 个 2 输入“或”门组成。由 B.3 节可知，每一个与门和或门需要 6 个晶体管，而一个非门需要 2 个晶体管。因此采用 CMOS 技术实现该电路时共需要 22 个晶体管。一种可能大幅减少晶体管数的方法是采用传输门实现该电路。图 B.55 给出了一个采用图 B.54 所示的多路选择器结构的异或门。当 $x_1=0$ 时，上部的传输导通，输出 $f=x_2$；当 $x_1=1$ 时，底部的传输门导通，输出 $f=\bar{x}_2$，这个电路仅需要 6 个晶体管。我们在 4.1 节已经讨论过使用多路选择器实现逻辑功能的概念。◀

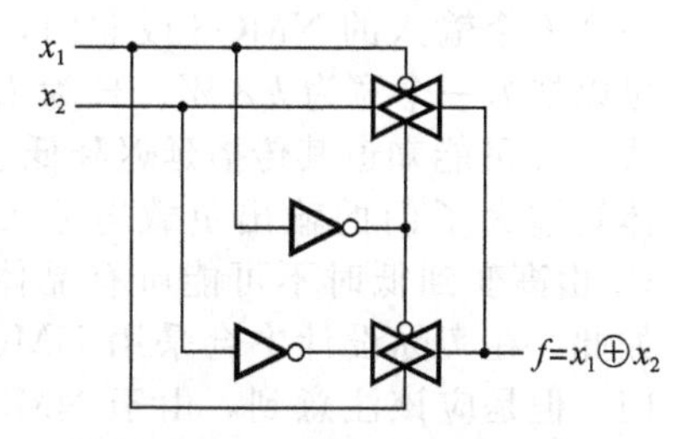

图 B.55 一种异或门的实现

例 B.11 图 B.56 所示的电路中包含两个传输门。一个传输门 TG1 用于连接数据输入端与电路结点 A；另一个传输门 TG2 用于控制**反馈回路**的通断以保持电路的状态。传输门的控制信号为 $Load$，如果 $Load=1$，则 TG1 导通，结点 A 的值等于输入数据值。由于存储在输出

(Output)的值可能不等于数据(Data)的值，当 $Load=1$ 时反馈通路由于 TG2 的关断而被打开。当 $Load$ 变为 0 时，TG1 断开，而 TG2 导通，反馈回路闭合，存储单元将保留它的状态(在 $Load=0$ 期间)。这个电路实现了一个门控 D 锁存器，将图 B.56 中的 $Load$ 信号等效为 Clk，则该电路与使用与非门实现的电路(图 5.7 所示)是等价的。

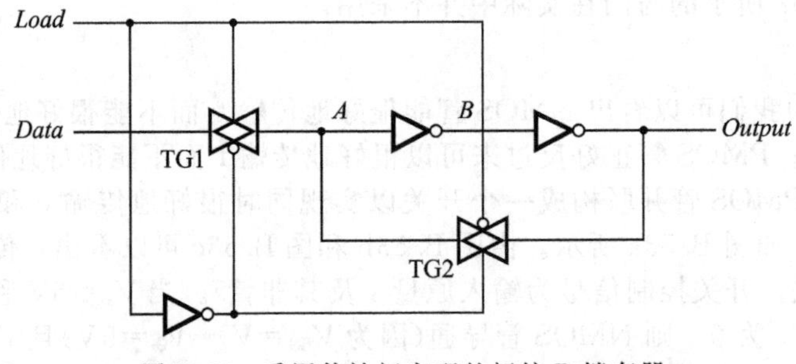

图 B.56　采用传输门实现的门控 D 锁存器

B.8.9　逻辑门的扇入和扇出

逻辑门的扇入定义为逻辑门的输入端数量。扇入取决于一个逻辑门的结构，增加大量的输入端口数是不切实际的。例如，考虑图 B.57 所示的 NMOS 与非门电路，它有 k 个输入，我们观察 k 对于该门的传播延迟 t_p 的影响。假设所有 k 个 NMOS 管具有相同的 W 和 L，由于晶体管是串联的，可以等效为一个长为 $k\times L$ 和宽为 W 的晶体管。采用等式 B.4(该式可应用于 CMOS 门和 NMOS 门)可计算得到传播延时为：

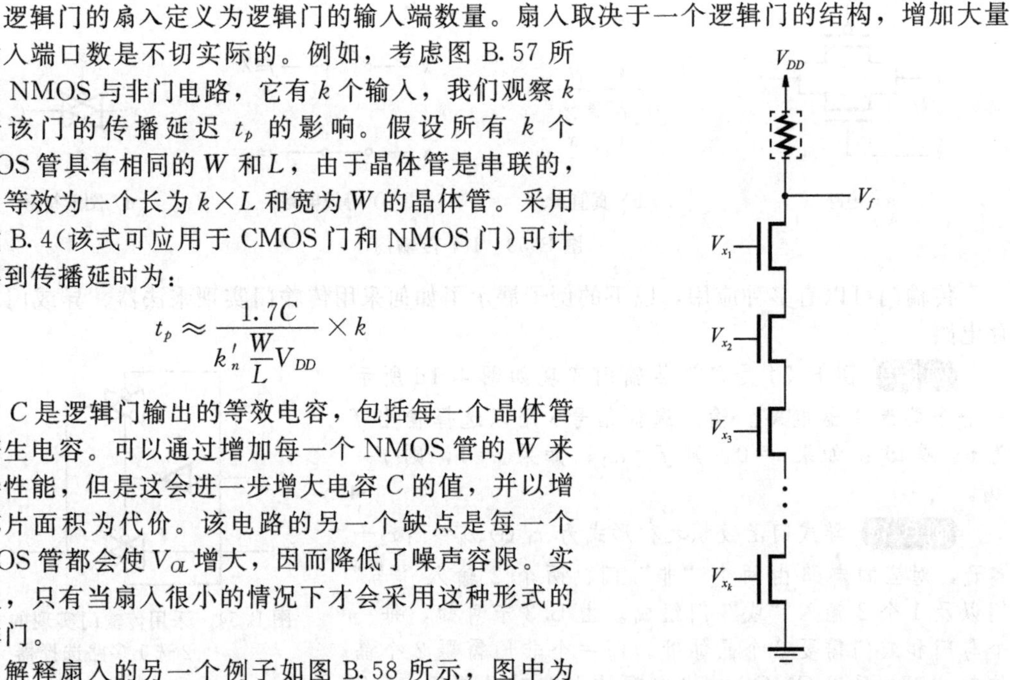

图 B.57　高扇入 NMOS 与非门

$$t_p \approx \frac{1.7C}{k_n' \dfrac{W}{L} V_{DD}} \times k$$

式中 C 是逻辑门输出的等效电容，包括每一个晶体管的寄生电容。可以通过增加每一个 NMOS 管的 W 来改善性能，但是这会进一步增大电容 C 的值，并以增大芯片面积为代价。该电路的另一个缺点是每一个 NMOS 管都会使 V_{OL} 增大，因而降低了噪声容限。实际上，只有当扇入很小的情况下才会采用这种形式的与非门。

解释扇入的另一个例子如图 B.58 所示，图中为一个 k 个输入的 NMOS 或非门，k 个 NMOS 管并联可以视为一个宽为 $k\times W$、长为 L 的大晶体管，根据式 B.4 可能知道其传播延迟降低了 k 倍。但是并联晶体管增大了门的输出负载电容 C，更重要的是，当 V_f 由高变到低时不可能所有晶体管都导通。正因为如此，在实际设计中会采用 NMOS 管的高扇入或非门。但是应该注意到，由于 NMOS 电路中流过上拉器件的电流受到限制，因而该电路由低到高的传播延迟要大于由高到低的延迟(见例 B.13 和 B.14)。

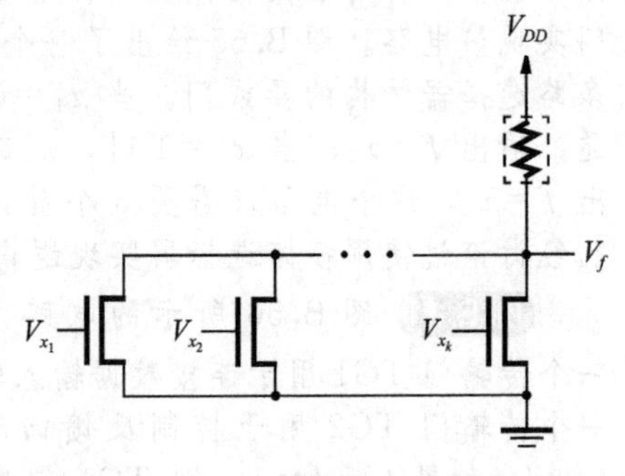

图 B.58　高扇入 NMOS 或非门

对于高扇入 CMOS 逻辑门而言，需要 k 个 NMOS 或 k 个 PMOS 管串联，因而是不实用的。在

CMOS 电路中，构建高扇入电路的唯一可行的方法是采用两个或多个低扇入门。例如，实现 6 输入与门的方式是把两个 3 输入的“与”门连接到 1 个 2 输入的“与”门。还有比这种方法更节约晶体管的其他方法构建 6 输入 CMOS“与”门，我们把这个问题留给读者作为练习(见习题 B.4)。

扇出

图 B.48 举例说明了一个反相器驱动另一个反相器的时间延迟。实际电路中每一个门往往要驱动多个其他门。某个门驱动其他门的数量称为*扇出*。图 B.59a 给出了一个扇出的例子，展示了一个反相器 N_1 驱动 n 个其他反相器的情况，被驱动的每一个反相器都对结点 f 上的总负载电容有各自的贡献，总的负载电容记为 C_n，如图 B.59b 所示。为了简化，假设每一个反相器所贡献的电容 C 都相等，所以总的负载电容为 $C_n=n\times C$。式(B.4)表明传播延迟与 n 成正比。

图 B.59c 例示了扇出 n 对传播延迟的影响。假设在时刻 0 信号 x 由逻辑值 1 变为逻辑 0，图中的一条曲线表示 $n=1$ 时 V_f 的波形；而另一条曲线则表示 $n=4$ 时 V_f 的波形。采用例 B.7 中的参数，当 $n=1$ 时，有 $t_p=0.1$ns；当 $n=4$ 时，$t_p\approx0.4$ns。可以通过增加 N_1 的宽长比 W/L 以减小 t_p。

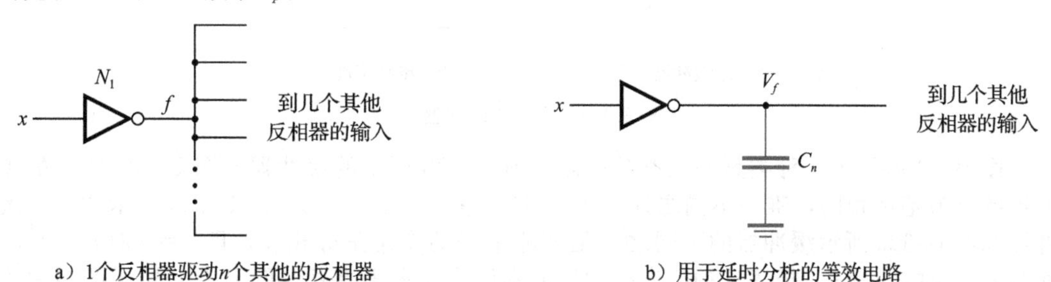

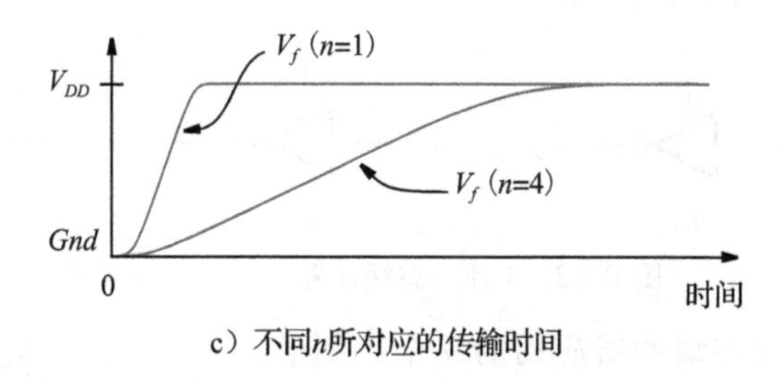

c）不同n所对应的传输时间

图 B.59 扇出对传播延迟的影响

缓冲器

当电路中的一个逻辑门必须驱动一个大的负载电容时，通常用缓冲器来改善性能。缓冲器是一个单输入(输入为 x)单输出(输出为 f)的逻辑门，其逻辑关系为 $f=x$。实现缓冲器的最简单方法是采用两个反相器，如图 B.60a 所示。缓冲器中晶体管的尺寸(见图 B.49)决定了缓冲器驱动电容负载的能力。一般而言，缓冲器用于驱动较大(高于常见电路)的电容负载，因此缓冲器中晶体管尺寸要大于典型逻辑门中的晶体管尺寸。图 B.60b 给出了非反相的缓冲器的图形符号。

另一种类型的缓冲器是*反相缓冲器*，它产生的输出信号与反相器输出相同，即 $f=\overline{x}$，但是缓冲器中采用了尺寸相对较大的晶体管。反相缓冲器的图形符号与反相器相同，

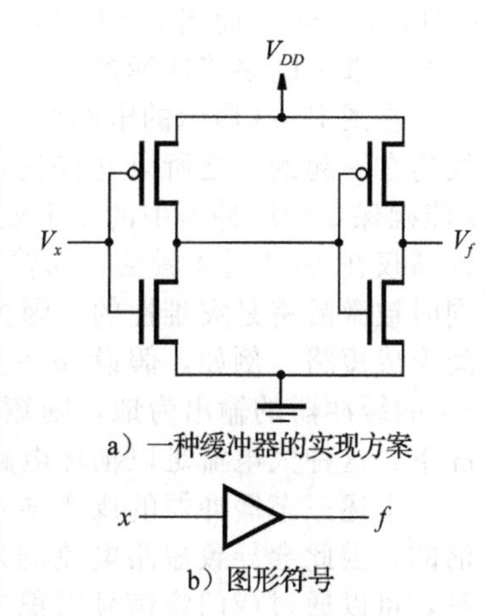

图 B.60 一个非反相的缓冲器

但是它能驱动较大的电容负载。如图 B. 59 所示，当反相器 N_1 的负载 n 较大时，就应当采用反相缓冲器。

缓冲器除了用于提高电路的工作速度外，还用于驱动需要大电流的负载。缓冲器可以通过较大电流的原因在于它是由较大的晶体管构成的。这种应用最常见的例子是控制一个发光二极管(LED)。5.14.1 节介绍过缓冲器在这方面的应用实例。

一般而言，扇出、电容负载和通过的电流是数字电路设计者必须仔细考虑的重要问题。实际上，一个电路是否需要缓冲器都是在CAD工具的帮助下完成的。

B. 8. 10　三态缓冲器

如同在图 7.1 所展示的，一个三态缓冲器有 1 个输入 w、1 个输出 f 和 1 个控制输入即使能信号 e。当 $e=0$ 时，缓冲器和输出 f 完全断开；但当 $e=1$ 时，缓冲器将 w 的值驱动到输出 f(即 $f=x$)。图 B. 61 展示了一个采用反相器和传输门实现的三态缓冲器。

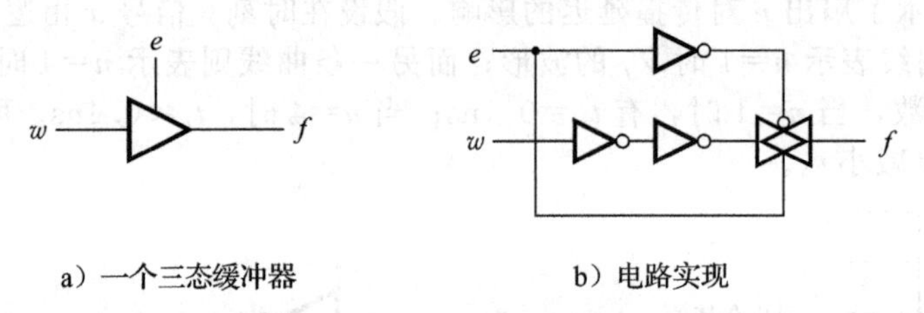

a）一个三态缓冲器　　b）电路实现

图 B. 61　三态缓冲器

图 B. 62 展示了几种类型的三态缓冲器。图 B. 62b 所示的缓冲器与图 B. 62a 所示的缓冲器的行为基本相同，唯一不同之处是 $e=1$ 时，它产生了 $f=\overline{w}$。图 B. 62c 所示的三态缓冲器和图 B. 62a 所示缓冲器的不同之处是使能信号的作用正好相反，即 $e=0$ 时，$f=w$；而当 $e=1$ 时，$f=Z$。描述这种三态缓冲器的术语为低电平有效。图 B. 62d 所示的缓冲器也是低电平有效，并且当 $e=0$ 时，$f=\overline{w}$。

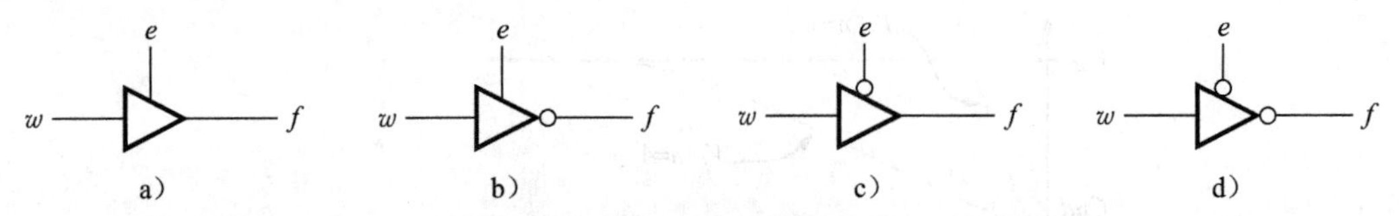

图 B. 62　4 种三态缓冲器

图 B. 63 所示的电路是三态缓冲器应用的一个小例子，该电路的输出 f 根据信号 s 确定等于 w_1 或等于 w_2。当 $s=0$ 时，$f=w_1$，而当 $s=1$ 时，$f=w_2$。因此，电路实现了一个 2 选 1 的多路选择器。

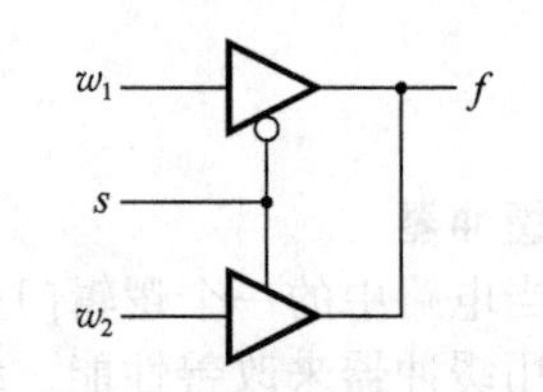

图 B. 63　三态缓冲器的一种应用

在图 B. 63 所示的电路中，2 个三态缓冲器的输出是用线连在一起的。之所以允许这样连接是因为控制输入信号 s 能确保 2 个缓冲器中的 1 个处于高阻态。输入为 w_1 的缓冲器仅在 $s=0$ 时才激活，而输入为 w_2 的缓冲器仅在 $s=1$ 时才激活。如果允许 2 个缓冲器同时被激活将是灾难性的，因为这样做一旦 2 个缓冲器的输出值不同，就会在电源与地之间形成短路。例如，假设 $w_1=1$ 且 $w_2=0$，则输入为 w_1 的缓冲器输出为 V_{DD}，而输入为 w_2 的缓冲器的输出为地，则短路电流从 V_{DD} 出发经三态缓冲器的晶体管到达地。通常情况下，这种大电流足以损坏电路。

上述三态缓冲器的线连接方式并不适合普通的逻辑门，因为普通逻辑门的输出总是激活的，因此会导致短路电流的发生。如果想采用普通逻辑门实现与线连接等价的逻辑关系，可以通过或门将信号以积之和的形式组合起来。

B.9 静态随机存储器(SRAM)

在第5章我们介绍了几种可以用于存储数据的电路形式。假设我们需要存储大量的数据，设为m项，每一个数据项包含n位。一种可能的方式是每一个数据项采用一个包含n个D触发器的n位寄存器存储。我们需要设计电路来控制选择某一个寄存器，进行数据的写入与读出。

当m很大时，采用单个寄存器存储数据是不太方便的。一个较好方法是采用一个静态随机存储器(SRAM)模块。SRAM模块包含二维阵列的SRAM单元，每一个单元可以存储一个位的信息。如果我们需要存储某个n位的m个数据项，我们可使用一个$m\times n$阵列的SRAM单元。SRAM阵列的大小称为纵横比。

一个SRAM模块可能包含大量的SRAM单元，所以每一个SRAM单元在一个集成电路芯片中占用的面积应尽可能小，存储单元中的晶体管数应尽可能少。在实际应用中的一种经典的存储单元如图B.64所示，其工作过程如下：将*Sel*置为1，来自于数据(*Data*)输入端的数据存入单元。SRAM单元可能包含一个独立数据的非量输入，如图中浅灰色的晶体管所示，为了简化，我们假设SRAM单元内不包含这个晶体管。在等待足以使数据通过由两个反相器构成的反馈回路的时间后，*Sel*变为0，则存储的数据无限期地保留在反馈回路中。一个可能的问题是当$Sel=1$时，*Data*值可能与反馈回路中的由小尺寸反相器驱动的值不同，这就造成由*Sel*控制的晶体管可能尝试去驱动存储数据到某一逻辑值，而小尺寸反相器的输出却是相反的值。解决这个问题的一个方法是用小的(弱的)晶体管构建反馈路径的反相器，以使其输出可以被新的数据过驱动。

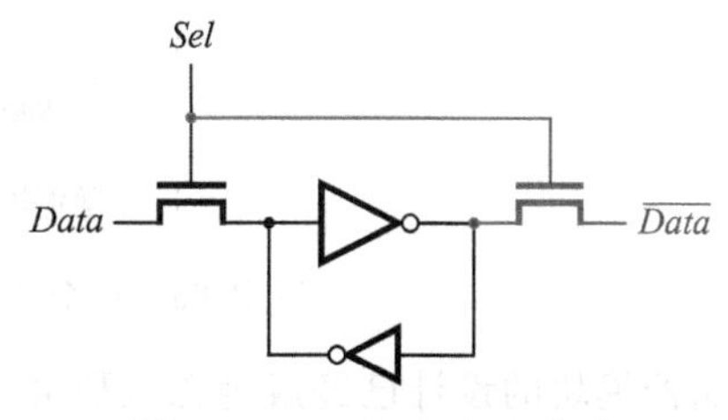

图B.64 一个SRAM单元

单元存储数据的读出可以简单地设置$Sel=1$。此时*Data*结点将不会受外部电路驱动，所以SRAM单元可以把存储的数据保存到该结点。*Data*信号通过驱动器(图中没有显示)以提供SRAM模块的输出。

一个SRAM模块包含一个SRAM单元阵列。图B.65展示了2×2(2行，而每行有2个单元)阵列。阵列中每一列单元的*Data*结点连接在一起；而阵列中每一行i有不同选择输入信号Sel_i，用以确定对哪一行读或写。大的阵列通过增加阵列的行数以及每一行的单元数(连接到同一Sel_i)来实现。SRAM模块还必须包含控制阵列中每一行的访问电路，图B.66展示了采用如图B.65类型的$2^m\times n$阵列，以及用以驱动阵列每一行的*Sel*输入的解码器。解码器的输入称为地址输入，这个称呼起源于阵列中行的位置，可以视为此行的“地址”。解码器有m地址输入且产生2^m个选择输出。如果控制输入信号*Write*为1，则图中顶部的三态缓冲器使能，并且输入数据d_{n-1}，…，d_0存储在由地址输入选中行的单元中。如果控制输入*Read*为1，则图B.66底部的三态缓冲器使能，且由地址输入选中行的存储数据送到q_{n-1}，…，q_0输出。在很多实际应用中，数据的输入和输出连在一起，因此必须保证控制信号*Write*和*Read*永远不会同时为1。

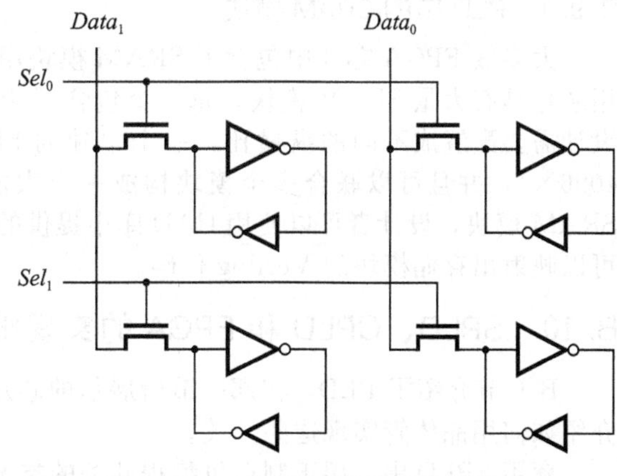

图B.65 一个2×2阵列SRAM单元

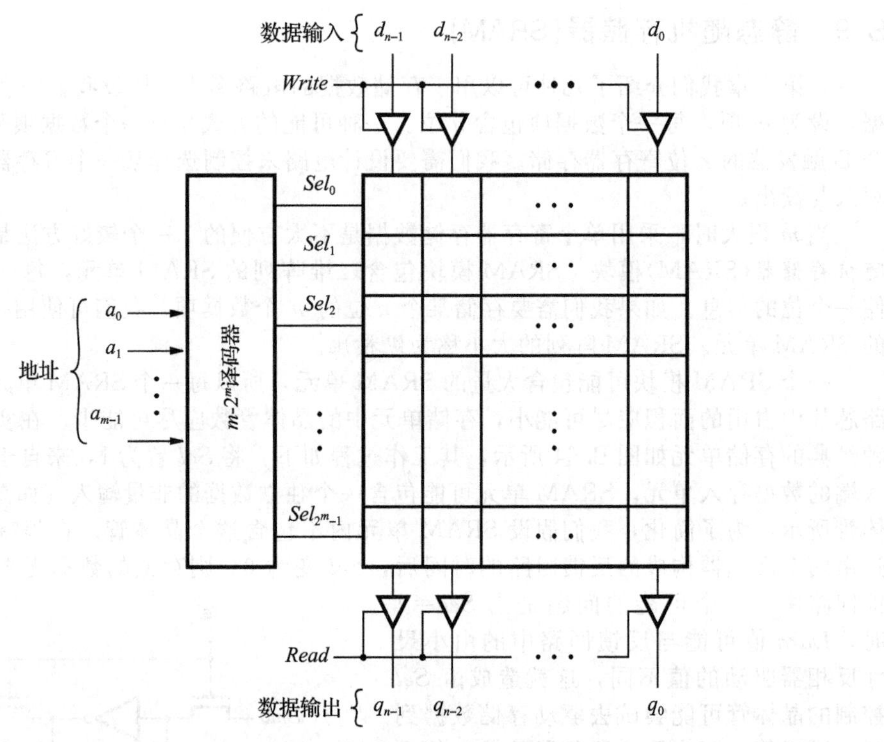

图 B.66 一个 $2^m \times n$ 阵列的 SRAM 模块

存储器模块的设计已经成为深入研究与开发的主题。我们仅仅介绍了一种类型的存储器的基本操作。更多的信息可以参考计算机类书籍[14,15]。

B.9.1 PLD 中的 SRAM 模块

大多数 FPGA 芯片中包含了 SRAM 模块用作芯片上实现逻辑电路的一部分。一个通用芯片具有大量 SRAM 模块，每一个包含了 4096 个 SRAM 单元。SRAM 模块可以根据设计需要配置成不同的纵横比，一个单独的 SRAM 模块可以实现的纵横比为 512×8～4096×1，并且可以联合多个模块构成一个大的存储阵列。为了设计一个电路中包含的 SRAM 模块，设计者可以使用 CAD 库中提供的预搭建的模块，也可以编写一些综合工具可以映射出存储模块的 Verilog 代码。

B.10 SPLD、CPLD 和 FPGA 的实现细节

B.6 节介绍了 PLD，在那一节所展示的芯片图中，使用符号×表示可编程开关。现在介绍如何用晶体管实现这些开关。

商用 SPLD 中，用于制造可编程开关的技术主要有两种。其中一种最古老的技术是用金属合金熔丝做可编程连接，在该技术中每一个垂直线和水平线的交叉点被很小的金属熔丝连接，当对该芯片编程时，对于电路中不需编程的交叉点的熔丝进行熔化。这种编程过程是不可逆的，因为熔丝被熔化后就已经被毁坏了。我们不详细介绍这种技术，因为它基本上已被其他方法所替代。

目前生产的 PLA 和 PAL 中的可编程开关采用一种特殊类型的可编程晶体管实现。因为 CPLD 包含了类似 PAL 的模块，因此用于 SPLD 的技术也可以用于 CPLD。下面通过介绍 PLA 展示其主要思想。PLA 可以实现大范围的逻辑函数，也同时支持含少量变量或较多变量的函数。在 B.8.9 节我们曾经讨论了逻辑门中的扇入问题，当扇入很大时最好的门的类型是 NMOS“或非”门。因此 PLA 常常以这种门为基础。

图 B.67 所示的即为 PLA 实现的一个小例子。标为 S_1 的水平线是 NMOS“或非”门的输出，其输入为 x_2 和 $\overline{x}_3$，因此 $S_1=\overline{x_2+\overline{x}_3}$。与此相似，$S_2$ 和 S_3 也是“或非”门的输出，分别为 $S_2=\overline{x_1+x_3}$ 和 $S_3=\overline{x_1+\overline{x}_2+x_3}$。产生信号 S_1、S_2 和 S_3 的 3 个“或非”门被安置在一个称为或非平面的规则结构中。该结构在集成电路中很容易建立，并且规模也容易扩展，只需要在列的方向上增加输入，在行的方向上增加或非门即可。

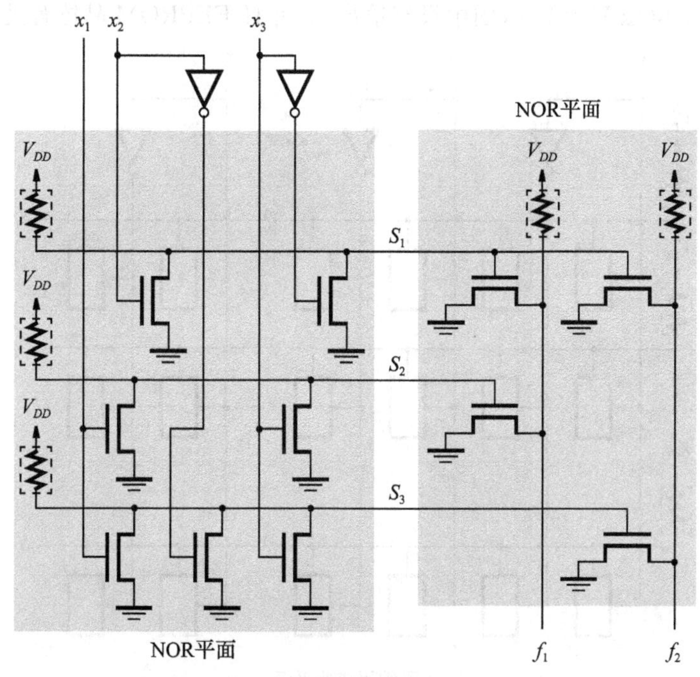

图 B.67 一个“或非-或非”PLA 实例

信号 S_1、S_2 和 S_3 是第 2 个“或非”平面的输入。通过将第 1 个“或非”平面顺时针转 90° 就可画出第 2 个“或非”平面。产生输出信号 f_1 的“或非”门的输入信号为 S_1 和 S_2。所以：

$$f_1=\overline{S_1+S_2}=\overline{\overline{(x_2+\overline{x}_3)}+\overline{(x_1+x_3)}}$$

使用德摩根定理，上式可等效为和之积形式：

$$f_1=\overline{S}_1\,\overline{S}_2=(x_2+\overline{x}_3)(x_1+x_3)$$

相似地输出为 f_2 的“或非”门的输入为 S_1 和 S_3，则有：

$$f_2=\overline{S_1+S_3}=\overline{\overline{(x_2+\overline{x}_3)}+\overline{(x_1+\overline{x}_2+x_3)}}$$

上式可等效为：

$$f_2=\overline{S}_1\,\overline{S}_3=(x_2+\overline{x}_3)(x_1+\overline{x}_2+x_3)$$

如图 B.67 所示的 PLA 类型称为“或非-或非”PLA。也存在其他的实现方式，但是由于“或非-或非”结构简单，因而是最流行的风格。注意，图 B.67 所示的 PLA 的所有晶体管连接关系是固定的，它仅实现两个特定的逻辑函数 f_1 和 f_2。但是“或非-或非”结构可用于可编程 PLA，下面进行详细介绍。

严格来说，PLA 一词仅应用于如图 B.67 所示的固定结构的 PLA，而适合于可编程 PLA 的技术术语为现场可编程逻辑阵列(FPLA)，但在日常应用中常略去 F。图 B.68a 展示了一个或非平面的可编程方案，它有 n 个输入 x_1，…，x_n 和 k 个输出 S_1，…，S_n。在每一个水平线和垂直线的交叉点处有一个可编程开关，该开关由两个晶体管串联而成，其中一个是 NMOS 管，另一个是电可擦可编程只读存储器(EEPROM)晶体管。

可编程开关以 EEPROM 晶体管行为特性为基础。有关 EEPROM 晶体管的工作原理可参阅相关的电子书籍，如参考文献[1]、[2]，在这里我们只提供简要的描述。图 B.68b

给出了一个可编程开关，而图 B.68c 给出了 EEPROM 晶体管结构。EEPROM 晶体管与 NMOS 管(见图 B.43)基本相同，只有一个主要的不同点：EEPROM 晶体管有两个栅极，第 1 个栅极和 NMOS 管栅极相同，第 2 个栅极为浮栅。浮栅之所以这么命名是因为它被绝缘玻璃所包围，并且与晶体管的其他部分都不连接。当该晶体管处于原始未编程的状态时，浮栅对晶体管的工作没有影响，并且与正常的 NMOS 管工作状况一样。当 PLA 正常使用时，浮栅上的电压 $V_e=V_{DD}$(图中没有给出)，并且 EEPROM 晶体管处于导通状态。

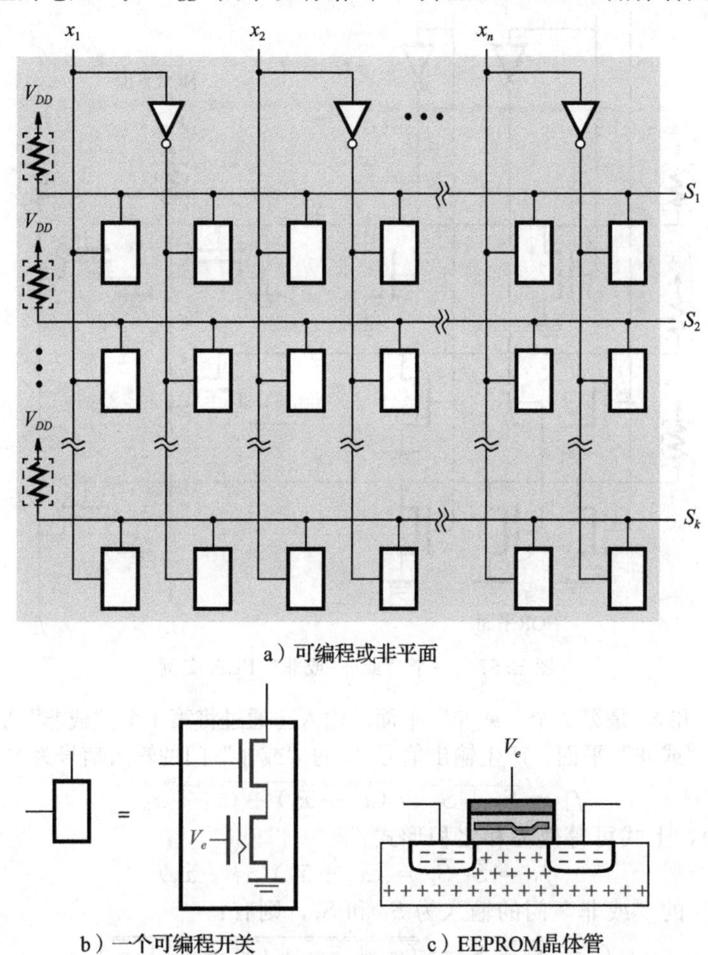

a）可编程或非平面

b）一个可编程开关　　c）EEPROM晶体管

图 B.68　采用 EEPROM 晶体管构建可编程或非平面

对 EEPROM 晶体管的编程是通过采用高于正常电平(典型值为 $V_e=12\text{V}$)使晶体管导通。这意味着晶体管沟道中有大量电流流过，如图 B.68c 所示，浮栅的一部分向下扩展，使其非常接近沟道的上表层。大电流流过沟道会产生 F-N 隧穿(Foeler-Nordheim)，该效应使得沟道中的一些电子在最薄处隧穿进入绝缘玻璃，且在浮栅下被俘获。编程过程完成后，被俘获的电子排斥其他电子进入沟道。当 EEPROM 加上电压 $V_e=V_{DD}$时，在正常情况下晶体管会导通，但被俘获的电子却使晶体管截止。因此，编程将使图 B.68a 中的“或非”平面中的“或非”门与其输入断开。对于应该和每一个“或非”门输入端相连接的输入，其相应的 EEPROM 晶体管保持未编程状态。

一旦 EEPROM 晶体管被编程后，它将永久保持编程状态不变。但是编程过程是可逆的，这个逆过程称为擦除。它是通过施加与编程极性相反的电压完成的。在擦除过程中，施加极性相反的电压将使被俘获在浮栅下的电子返回到沟道，EEPROM 晶体管将回到它的初始状态，再一次表现为与正常的 NMOS 管一样的特性。

为了完整性，我们将介绍另一种与EEPROM相似的技术，即可擦除PROM(EPROM)。EPROM晶体管实际上是EEPROM的前身，其编程方式与EEPROM相似，但其擦除方法不同。为了擦除EPROM晶体管，必须将它曝露在特定波长的光能源下。为了方便这个擦除过程，以EPROM技术为基础的芯片被封装在一个透明的玻璃窗内，透过这个窗口可以看到芯片。擦除芯片时，将其放置在紫外线光源下几分钟即可。与EEPROM相比较，EPROM的擦除过程要复杂得多，因而EPROM技术实际上已经被EEPROM技术所取代。

如图B.69所示的是一个以EEPROM技术为基础的“或非-或非”PLA，第1个“或非-或非”平面有4个输入、6个和项，整个PLA有两个输出。图中用黑色的×表示被编程为断开状态的开关，而用浅灰色的×表示未编程的开关。根据图中所示开关的状态，该PLA实现的逻辑函数为$f_1=(x_1+x_3)(x_1+\overline{x}_2)(\overline{x}_1+x_2+\overline{x}_3)$和$f_2=(x_1+\overline{x}_3)(\overline{x}_1+x_2)(x_1+\overline{x}_2)$。

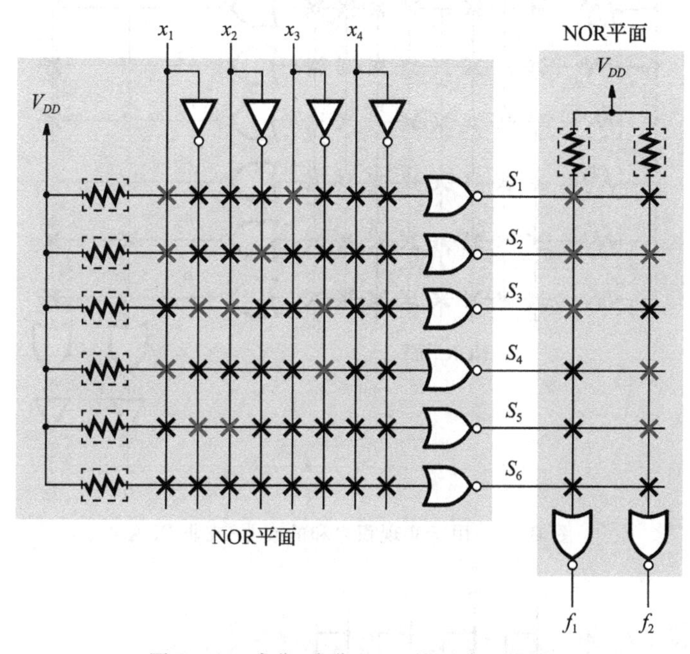

图B.69　或非-或非PLA的可编程形式

PLA不仅可以用于实现和之积形式的逻辑函数，还可以实现积之和形式的函数。对于积之和形式需要在PLA的第1个“或非”平面实现与门。如果我们首先完成“或非”平面的输入，再根据德摩根定理可以等效为产生了一个“与”平面，因此在PLA产生了非量，至此提供了每一个输入的原量与非量。图B.70中给出了一个积之和形式实现的例子，第1个“或非”平面的输出标记为P_1，…，P_6，以反映所实现的乘积项。信号P_1被编程实现了$\overline{\overline{x}_1+\overline{x}_2}=x_1x_2$函数；相似地可以实现$P_2=x_1\overline{x}_3$，$P_3=\overline{x}_1\overline{x}_2x_3$，及$P_4=\overline{x}_1\overline{x}_2\overline{x}_3$。由于已经产生了所需的乘积项，现在只需要把他们“或”起来即可。实现此操作需要把第2个“或非”平面的输出求反，图B.70中的“非”门即用于此目的。图中或平面的可编程开关的状态产生以下的输出：$f_1=P_1+P_2+P_3=x_1x_2+x_1\overline{x}_3+\overline{x}_1\overline{x}_2x_3$，并且$f_2=P_1+P_4=x_1x_2+\overline{x}_1\overline{x}_2\overline{x}_3$。

上述关于PLA的概念也可用于PAL。图B.71展示了一个有4个输入和两个输出的PAL。假设第1个“或非”平面采用以上方式编程实现乘积项。图中的乘积项是以3个为一组硬连接到或门的输入以实现PAL的输出。我们曾在图B.29中展示过，在PAL的或门和输出引脚间可以包含一些附加电路，但图B.71中没有展示该部分电路。PAL编程所实现的逻辑函数与图B.70中PLA所实现的逻辑函数相同，即为f_1和f_2。可以发现乘积

项 x_1x_2 在 PAL 中被实现了两次(在 P_1 和 P_4 中)，由于一个 PAL 乘积项不可以被多个输出共享(而 PLA 却可以)，因此必须实现复用。从图 B.71 中还可观察到，虽然函数 f_2 只需求两个乘积项，但是 PAL 的每一个"或"门都被硬连接到 3 个乘积项，故额外的乘积项 P_6 必须设置为逻辑值 0，使其不产生影响；这可以通过对 P_6 进行编程使得其为输入的原量及其非量的乘积(其结果总为 0)实现。在图中有 $P_6=x_1\ \overline{x}_1=0$，但是也可采用任何别的输入来实现这个目的。

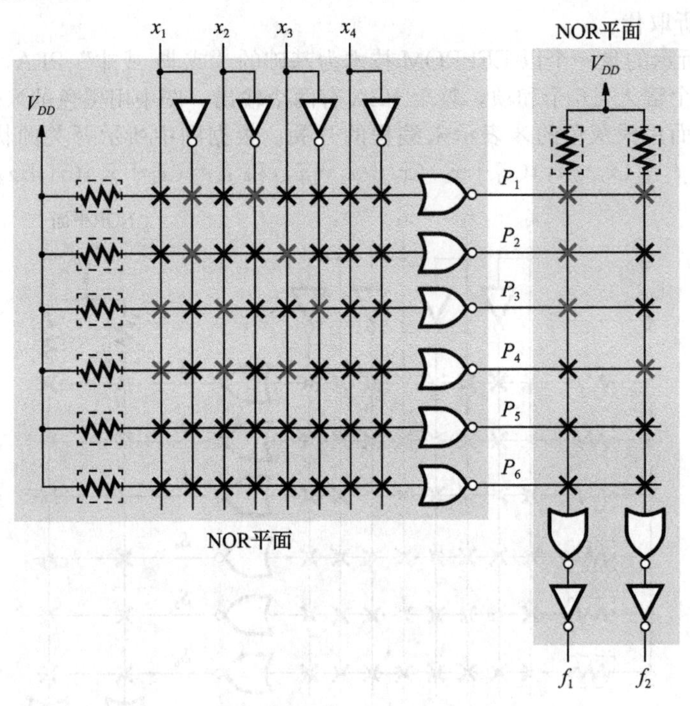

图 B.70 用于实现积之和的或非-或非 PLA

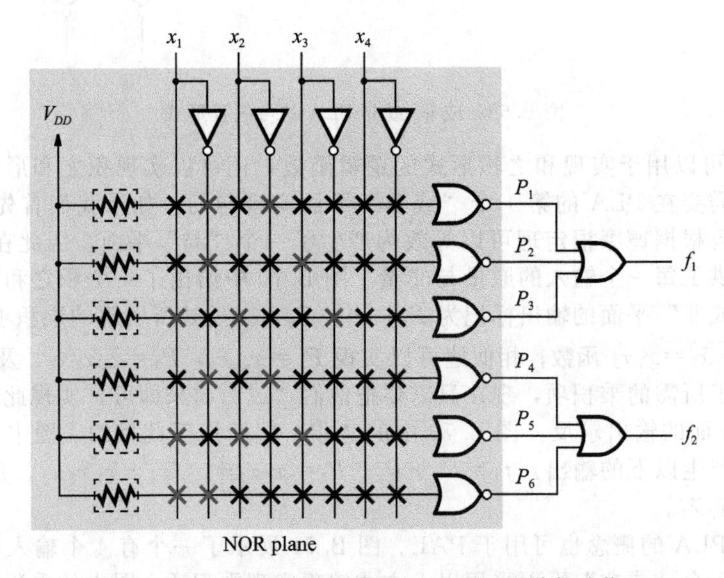

图 B.71 PAL 被编程实现图 B.70 所示电路的功能

包含于 CPLD 中的类似 PAL 模块通常都采用本节讨论的技术实现。在一个典型的 CPLD 中，与平面使用 NMOS"或非"门，其输入有相应的输入非量；而或平面采用与

PAL 中类似的硬连接(这与 PLA 中全编程方式不同)。然而，CPLD 中也存在一些因采用可编程电路而带来的灵活性，可以把乘积项定位于用户所希望的任何一个或门上。

例 B.12 B.9 节介绍了静态随机存储器，该类型的存储器广泛用于需要同时支持读和写数据的场合。在很多情况下，把数据写入一个存储器然后永久使用所存储数据而不用进一步修改也很有用。只读存储器(ROM)就非常适合这种应用。ROM 中的存储单元采用 EEPROM(或 EPROM)晶体管搭建，与图 B.68 的结构相似，如果某些 EEPROM 单元是"关断"的，则 ROM 中对应的每个数据位的数据为 1；但是，如果某些 EEPROM 单元编程为"导通"，则相对应的数据位的数据被拉低为 0。

图 B.72 所示为一个 ROM 模块的实例，存储单元以 2^m 行且每行 n 单元布局，因此每一行存储 n 位信息。ROM 中每一行的位置定义为它的**地址**，图中顶部行的地址为 0，而底部行的地址为 2^m-1。存储在行中的信息可以由选择线 $\mathrm{Sel}_0 \sim \mathrm{Sel}_{2^m-1}$ 选择读取。由图可以看出，一个有 m 个输入和 2^m 个输出的地址译码器用以产生选择线上的信号。图 B.72 中每一根数据线有一个相关联的三态缓冲器，该缓冲器的使能端由 ROM 的输入信号 *Read* 控制。要实现 ROM 数据的写入与读出，必须选择所期望的行对应的地址线，同时 *Read* 必须置 1。

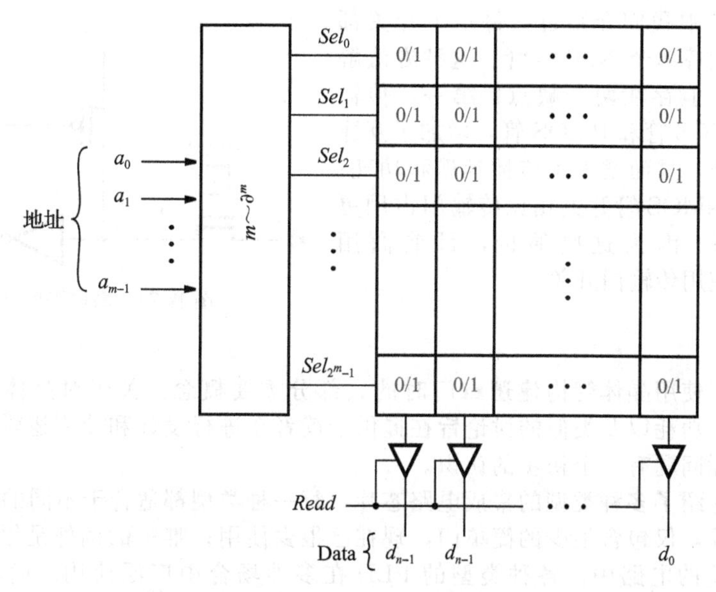

图 B.72 一个 $2^m \times n$ 只读存储模块(ROM) ◀

B.10.1 FPGA 的实现

FPGA 不采用 EEPROM 技术实现可编程开关，而是将编程信息存储在 SRAM 单元中。SRAM 单元用于把真值表的值存储在 LUT 中，同时也用于配置 FPGA 中的互连线。

图 B.73 展示了图 B.39 所示的 FPGA 中的某一小部分。所示的逻辑块产生输出 f_1，驱动浅灰色的水平线，该浅灰色线可以通过可编程开关连接到与之相交的垂直线。每一个可编程开关用 NMOS 管实现，其栅极受 SRAM 单元控制，这种开关即为众所周知的传输晶体管开关。如果 SRAM

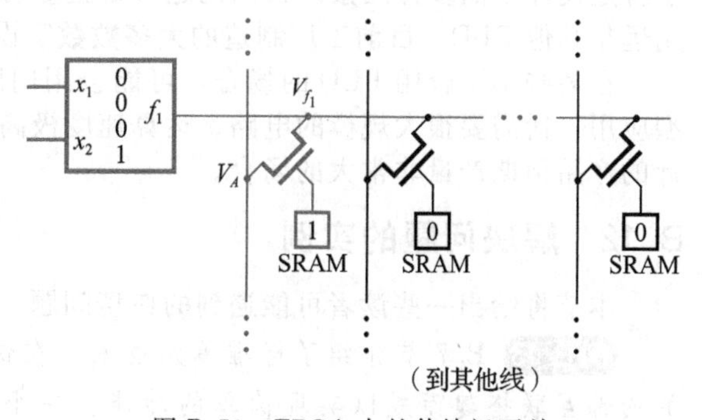

图 B.73 FPGA 中的传输门开关

单元存储了逻辑值 0，则相应的 NMOS 管截止；如果 SRAM 单元存储了逻辑值 1(图中用灰色表示)，则相应的 NMOS 管导通，即把源极和漏极上的连线连接了起来。在 FPGA 中提供的可编程开关数取决于特定的芯片结构。

B. 8. 7 节曾经提到 NMOS 管只能部分传输高电平，因此在图 B. 73 中如果 V_{f_1} 为高电平，则 V_A 仅为部分高电平。采用 B. 8. 7 节的值，$V_{f_1}=5V$，则 $V_A=3.5V$。正如我们在 B. 8. 7 节中所解释的，电压值的降低会导致静态功耗(见例 B. 19)。解决这个问题的一种方案[1]如图 B. 74 所示。假设信号 V_A 在到达目标(另一个逻辑块)之前经过另一个传输晶体管开关(输出为 V_B)，因为阈值电压下降仅仅发生在穿过第一个传输晶体管开关之时，所以信号 V_B 和 V_A 具有相同电平。为了恢复 V_B 为真正的高电平，使用一个反相器作为缓冲。在反相器和电源 V_{DD} 间连接了一个 PMOS 晶体管，该晶体管的栅极由反相器的输出控制。当 $V_B=0V$ 时，PMOS 管对反相器的输出电平没有影响；当 $V_B=3.5V$ 时，反相器的输出为低电平，使 PMOS 管导通，导致 V_B 的电平迅速恢复到合适的值 V_{DD}，进而阻止静态电流的产生。除了这种采用上拉晶体管的方法之外，另一种可行方法是改变图 B. 74 中反相器 PMOS 管的阈值电压(在集成电路制造过程中)，使得在 $V_B=3.5V$ 时该 PMOS 管仍然保持截止。这两种方法在不同的商用 FPGA 芯片中都有应用。

在 B. 8. 8 节中我们介绍过，每一个开关都可以用传输门代替单个 NMOS 管。这种方法解决了电平问题，但存在两个缺点：第一，传输门同时使用 NMOS 管和 PMOS 管，增加了互连线中的电容负载，进而增大了传播延迟和功耗；第二，与单个 NMOS 管开关相比传输门占用更多的芯片面积。因为这些原因，目前商用 FPGA 芯片不使用传输门开关。

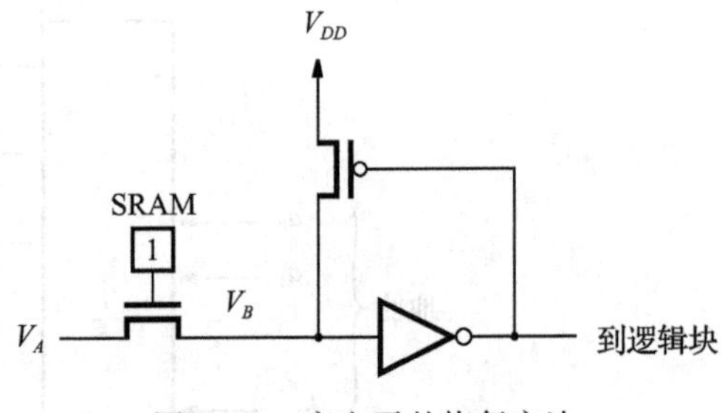

图 B. 74　高电平的恢复方法

B. 11　小结

本章介绍了使用晶体管构建逻辑门时的大部分重要概念。关于对晶体管的制造、电平、传播延迟、功耗以及类似的讨论旨在提供给读者在进行设计和使用逻辑电路时，对于需要考虑的实际问题有一个初步的认识。

我们已经介绍了多种类型的集成电路芯片，每一种类型都适合于不同的应用。如 7400 系列的标准芯片，仅包含很少的简单门，现在已很少使用；唯一的例外是缓冲器芯片，还用在需要大电流的电路中。各种类型的 PLD 在多种场合中广泛使用。简单的 PLD，如 PLA 和 PAL 适用于实现小型的逻辑电路。SPLD 具有低成本高速的特点。CPLD 的应用场合与 SPLD 相同，但是 CPLD 也可用于实现更大型的电路(超过 10 000～20 000 门)。可以用 CPLD 实现的电路，大多可以用 FPGA 实现，到底选用这两种类型中的哪一种取决于特定设计中的多种因素。目前的趋势是把尽可能多的电路装入单个芯片中，FPGA 的应用远超其他 PLD。目前工厂制造的大多数数字设计都包含了某些类型的 FPGA。

在某些不适合用 PLD 的场合，可能会用门阵列、标准单元以及全定制芯片技术，典型应用包括需要很大规模的电路、运算速度极高的电路以及需要低功耗的电路，并且所设计的产品预期产量非常大的场合。

B. 12　解决问题的实例

本节将给出一些读者可能遇到的典型问题，并且给出了相应的解决方案。

例 B. 13　B. 7 节介绍了标准单元技术。在该技术中，电路通过模块单元(如逻辑门)的内部互联搭建而成以实现简单的功能。一个常用的标准单元为与-或-非(AOI)单元，可以用于有效构建 CMOS 门电路。观察如图 B. 75 所示的 AOI 单元，该单元实现的函数

为 $f=\overline{x_1x_2+x_3x_4+x_5}$，推导实现该单元的CMOS门电路。

解：通过对 f 表达式两次应用德摩根定理得到：

$$f=\overline{x_1x_2}\cdot\overline{x_3x_4}\cdot\overline{x_5}$$
$$=(\overline{x}_1+\overline{x}_2)\cdot(\overline{x}_3+\overline{x_4})\cdot\overline{x_5}$$

因为该表达式中所有的输入变量都是非量，可以直接推导出由两个并联PMOS管（其栅极分别为 x_1 和 x_2）与另两个并联的PMOS管（其栅极分别为 x_3 和 x_4）及栅极为 x_5 的PMOS管串联而构成的上拉网络。同理可得到其下拉网络，完整的电路如图B.76所示。

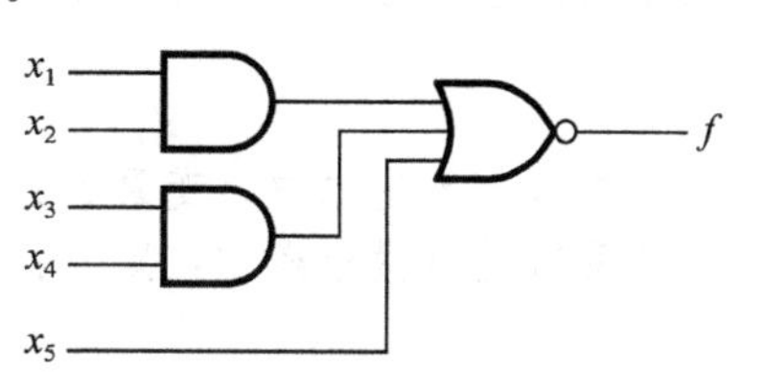

图B.75 例B.13的AOI单元

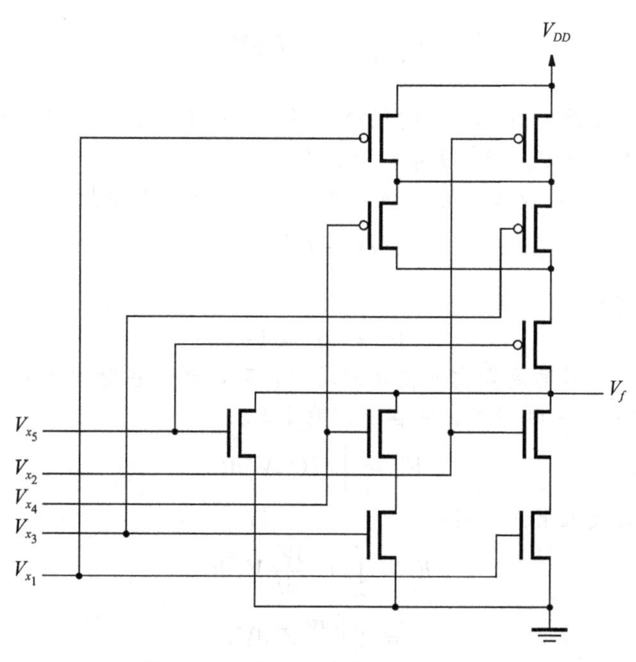

图B.76 例B.13和例B.14的电路 ◀

例B.14 对于图B.76的CMOS门电路，请确定晶体管尺寸以使电路的速度近似于一个反相器的速度。

解：回顾B.8.5节有关一个宽为 W、长为 L 的晶体管的驱动能力正比于 W/L。同时晶体管并联时它们的宽度有效累加而导致驱动能力的增加，类似地，当晶体管串联时，它们的长度累加，导致驱动能力下降。假设所有NMOS管及PMOS管有相同的长度 $L_n=L_p=L$，图B.76中栅极接 V_{x_5} 的NMOS管的宽度可以取与反相器相同的宽度 W_n，但是这个电路中下拉网络最坏的路径包含2个串联的NMOS管，对于这些栅极接 V_{x_1}、…、V_{x_4} 的NMOS管的宽度应等于 $2\times W_n$。对于上拉网络，最坏路径包含3个串联PMOS管，因此，如同在B.8.1节所介绍的，PMOS管的驱动能力约为NMOS管的一半，所以可以得到PMOS管的有效宽度为：

$$W_p=3\times W_n\times 2=6W_n$$ ◀

例B.15 在B.8.5节中给出了电容充电所需时间为：

$$t_p=\frac{C\Delta V}{I}$$

请推导出这个表达式。

解：如B.8.5节所述，电容两端的电压不能突变。在图B.50b中，当 V_f 由0V充电

到 V_{DD}，电压的改变遵循下式：

$$V_f = \frac{1}{C}\int_0^{\infty} i(t)\mathrm{d}t$$

在这个表达式中，变量 t 是时间，$i(t)$ 代表在时间 t 内流过电容的实时电流。对上式两边同时进行微分操作，则有：

$$i(t) = C\frac{\mathrm{d}V_f}{\mathrm{d}t}$$

如果 I 为常数，则有 $\frac{I}{C}=\frac{\Delta V}{\Delta t}$。

所以有：

$$\Delta t = t_p = \frac{C\Delta V}{I}$$

◀

例 B.16 B.8.6 节对于图 B.50a 的讨论中指出，一个电容 C 被充电到 $V_f=V_{DD}$，则电容中存储的能量为 $V_f=CV_{DD}^2/2$。请推导出这个表达式。

解：如例 B.15 所示，流过电容 C 的电流是与电容上所加电压的改变速度相关，即：

$$i(t) = C\frac{\mathrm{d}V_f}{\mathrm{d}t}$$

电容的瞬态功耗为：

$$P = i(t) \times V_f$$

能量定义为在一个时间周期内所使用的功率，可以通过在时间上对功率进行积分以计算当 V_f 由 0V 变化到 V_{DD} 时储存在电容中的能量 E_C：

$$E_C = \int_0^{\infty} i(t)V_f\mathrm{d}t$$

将上例中 $i(t)$ 表达式代入上式，有：

$$\begin{aligned} E_C &= \int_0^{\infty} C\frac{\mathrm{d}V_f}{\mathrm{d}t}V_f\mathrm{d}t \\ &= C\int_0^{V_{DD}} V_f\mathrm{d}V_f \\ &= \frac{1}{2}CV_{DD}^2 \end{aligned}$$

◀

例 B.17 在原始的 NMOS 技术中，上拉器件是 n 沟道的 MOSFET。但是现今制造的大多数集成电路都采用 CMOS 技术。因此采用一个 PMOS 管可以很方便地实现上拉电阻，如图 B.77 所示。该电路称为伪一NMOS 电路。而作为上拉器件的 PMOS 管的 W/L 较小，因此称为“弱”PMOS 管。

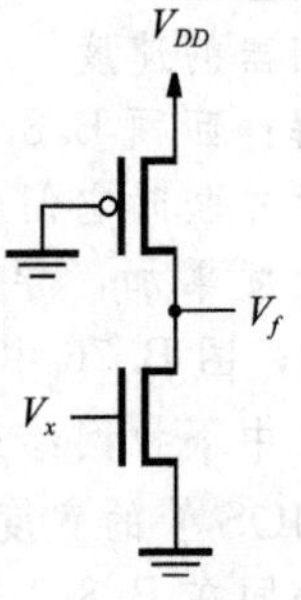

当 $V_x=V_{DD}$ 时，V_f 为一个低电平值，NMOS 管工作在三极管区，而 PMOS 管工作在饱和区，限制了电流的大小。流过 NMOS 管和 PMOS 管的电流分别由式 B.1 和式 B.2 计算出，并且这两个电流应该相等。在输出为低电压(即 $V_f=V_{OL}$)时，有：

图 B.77　一个伪 NMOS 反相器

$$V_f = (V_{DD} - V_T)\left[1 - \sqrt{1 - \frac{k_p}{k_n}}\right]$$

式中 k_p 和 k_n，称为增益因子，分别取决于 PMOS 管和 NMOS 管的尺寸，即有 $k_p=k_p{'}W_p/L_p$ 和 $k_n=k_n{'}W_n/L_n$。

解：为了简化，假设 NMOS 管和 PMOS 管的阈值电压值相等，则有；

$$V_T = V_{TN} = -V_{TP}$$

PMOS 管工作于饱和区，所以流过的电流为：

$$I_D = \frac{1}{2}k_p{}'\frac{W_p}{L_p}(-V_{DD} - V_{TP})^2$$
$$= \frac{1}{2}k_p(-V_{DD} - V_{TP})^2$$
$$= \frac{1}{2}k_p(V_{DD} - V_T)^2$$

类似地，NMOS 管工作于三极管区，流过的电流为：

$$I_D = k_n{}'\frac{W_n}{L_n}\left[(V_x - V_{TN})V_f - \frac{1}{2}V_f^2\right]$$
$$= k_n\left[(V_x - V_{TN})V_f - \frac{1}{2}V_f^2\right]$$
$$= k_n\left[(V_{DD} - V_T)V_f - \frac{1}{2}V_f^2\right]$$

由于只存在一条电流通路，可以使流过 NMOS 管和 PMOS 管的电流相等而求解出 V_f 的值：

$$k_p(V_{DD} - V_T)^2 = 2k_n\left[(V_{DD} - V_T)V_f - \frac{1}{2}V_f^2\right]$$
$$k_p(V_{DD} - V_T)^2 - 2k_n(V_{DD} - V_T)V_f + k_nV_f^2 = 0$$

这个二次方程可以通过标准公式解答，其中参数 $a = k_n$、$b = -2k_n(V_{DD} - V_T)$、$c = k_p(V_{DD} - V_T)^2$，则有：

$$V_f = \frac{-b}{2a} \pm \sqrt{\frac{b^2}{4a^2} - \frac{c}{a}}$$
$$= (V_{DD} - V_T) \pm \sqrt{(V_{DD} - V_T)^2 - \frac{k_p}{k_n}(V_{DD} - V_T)^2}$$
$$= (V_{DD} - V_T)\left[1 \pm \sqrt{1 - \frac{k_p}{k_n}}\right]$$

以上两个答案中仅有一个是有效的，因为我们已经假设 NMOS 管工作于三极管区，而 PMOS 管工作于饱和区，所以有：

$$V_f = (V_{DD} - V_T)\left[1 - \sqrt{1 - \frac{k_p}{k_n}}\right]$$ ◀

例 B.18 如图 B.77 所示的电路中，假设 $k_n{}' = 60\mu A/V^2$，$k_p{}' = 0.4k_n{}'$，$W_n/L_n = 2.0\mu m/0.5\mu m$，$W_p/L_p = 0.5\mu m/0.5\mu m$，$V_{DD} = 5V$ 且 $V_T = 1V$。当 $V_x = V_{DD}$ 时，试计算：

(a) 静态电流 I_{stat}。

(b) NMOS 管的导通电阻。

(c) V_{OL}

(d) 反相器的静态功耗

(e) PMOS 管的导通电阻

(f) 假设反相器用以驱动一个 70fF 的电容负载。采用式(B.4)计算由低到高以及由高到低的传播延迟。

解：(a) 当 $V_x = V_{DD}$ 时，PMOS 管饱和，因此有：

$$I_{stat} = \frac{1}{2}k_p{}'\frac{W_p}{L_p}(V_{DD} - V_T)^2$$
$$= 12\frac{\mu A}{V^2} \times 1 \times (5V - 1V)^2 = 192\mu A$$

(b) 采用式(B.3)可以计算出：

$$R_{DS}=1/\left[k_n{}'\frac{W_n}{L_n}(V_{GS}-V_T)\right]$$
$$=1/\left[0.060\,\frac{\text{mA}}{\text{V}^2}\times 4\times(5\text{V}-1\text{V})\right]=1.04\text{k}\Omega$$

(c) 采用例 B.17 推导得到的表达式，有：

$$k_p=k_p{}'\frac{W_p}{L_p}=24\,\frac{\mu\text{A}}{\text{V}^2}$$
$$k_n=k_n{}'\frac{W_n}{L_n}=240\,\frac{\mu\text{A}}{\text{V}^2}$$
$$V_{OL}=V_f=(5\text{V}-1\text{V})\left[1-\sqrt{1-\frac{24}{240}}\right]$$
$$=0.21\text{V}$$

(d)

$$P_D=I_{stat}\times V_{DD}$$
$$=192\mu\text{A}\times 5\text{V}=960\mu\text{W}\approx 1\text{mW}$$

(e)

$$R_{SDP}=V_{SD}/I_{SD}$$
$$=(V_{DD}-V_f)/I_{stat}$$
$$=(5\text{V}-0.21\text{V})/0.192\text{mA}=24.9\text{k}\Omega$$

(f) 由低到高的传播延迟为：

$$t_{PLH}=\frac{1.7C}{k_p{}'\dfrac{W_p}{L_p}V_{DD}}$$
$$=\frac{1.7\times 70\text{fF}}{24\,\dfrac{\mu\text{A}}{\text{V}^2}\times 1\times 5\text{V}}=0.99\text{ns}$$

由高到低的传播延迟为：

$$t_{PHL}=\frac{1.7C}{k_n{}'\dfrac{W_n}{L_n}V_{DD}}$$
$$=\frac{1.7\times 70\text{fF}}{60\,\dfrac{\mu\text{A}}{\text{V}^2}\times 4\times 5\text{V}}=0.1\text{ns}$$

例 B.19 图 B.74 中展示了使用 NMOS 管作为开关管的静态功耗问题的解决方法。如果将上拉器件 PMOS 管从该电路中移走，并假设 $k_n{}'=60\mu\text{A/V}^2$，$k_p{}'=0.5k_n{}'$，$W_n/L_n=2.0\mu\text{m}/0.5\mu\text{m}$，$W_p/L_p=4.0\mu\text{m}/0.5\mu\text{m}$，$V_{DD}=5\text{V}$ 及 $V_T=1\text{V}$。如果 $V_B=3.5\text{V}$，请计算：

(a) 静态电流 I_{stat}。

(b) 反相器输出的电压 V_f。

(c) 反相器的静态功耗。

(d) 假如一个芯片包含 250 000 个这种方式的反相器，计算总的静态功耗。

解： (a) 假设 PMOS 管工作在饱和区，则流过反相器的电流为：

$$I_{stat}=\frac{1}{2}k_p{}'\frac{W_p}{L_p}(V_{GS}-V_{Tp})^2$$
$$=120\,\frac{\mu\text{A}}{\text{V}^2}((3.5\text{V}-5\text{V})+1\text{V})^2=30\mu\text{A}$$

(b) 因为静态电流 I_{stat} 流过PMOS管的同时也会流过NMOS管，假设NMOS管工作于三极管区，则有：

$$I_{stat}=k_n'\frac{W_n}{L_n}\left[(V_{GS}-V_{Tn})V_{DS}-\frac{1}{2}V_{DS}^2\right]$$

$$30\mu A=240\,\frac{\mu A}{V^2}\times\left[2.5V\times V_f-\frac{1}{2}V_f^2\right]$$

$$1=20V_f-4V_f^2$$

解以上二次方程可得到 $V_f=0.05V$。注意到输出电压 V_f 满足PMOS管工作于饱和区及NMOS管工作于三极管区的假设。

(c) 反相器的静态功耗为：

$$P_S=I_{stat}\times V_{DD}=30\mu A\times 5V=150\mu W$$

(d) 250 000个反相器的总静态功耗为：

$$250\,000\times P_S=3.75W$$ ◀

习题⊖

B.1 请考虑图PB.1所示电路。

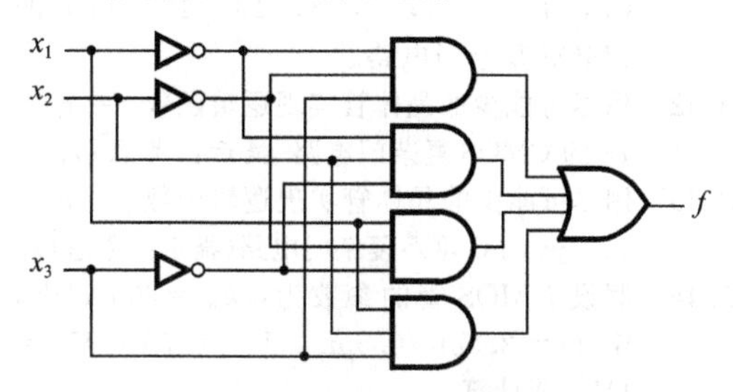

图PB.1 一个积之和形式的CMOS电路

(a) 写出逻辑函数 f 的真值表。

(b) 如果电路中的每一个门都用CMOS门实现，共需要多少个晶体管？

B.2 (a) 比较图PB.2与图PB.1所示的电路，证明二者具有等价的逻辑功能。

(b) 实现该CMOS电路，需要多少个晶体管？

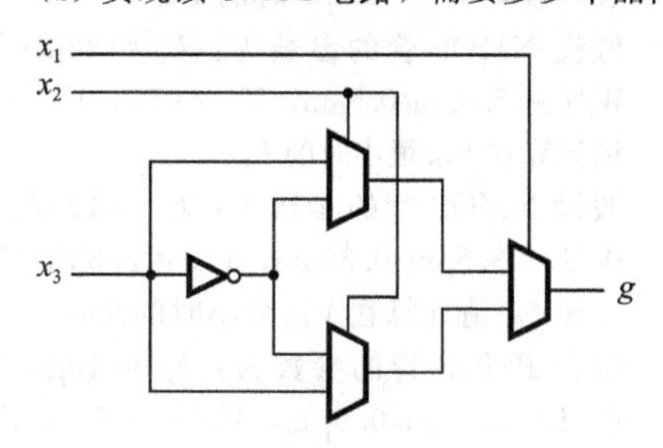

图PB.2 一个用多路选择器实现的CMOS电路

B.3 (a) 比较图PB.3与图PB.2所示的电路，证明二者具有等价的逻辑功能。

(b) 如果每一个“异或”门都用图B.55所示电路实现，构建这个CMOS电路需要多少个晶体管。

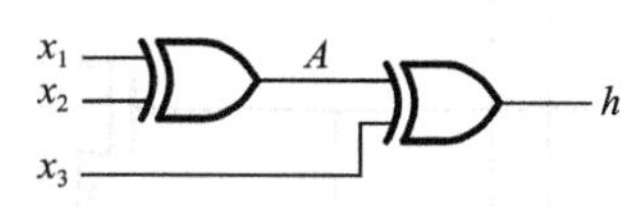

图PB.3 习题B.3的电路

*B.4 在B.8.9节中，我们曾经提到1个6输入CMOS与门可以用两个3输入“与”门和1个2输入“与”门构成，这个方法需要22个晶体管。请仅用CMOS“与非”门和“或非”门构成6输入“与”门，并计算所需的晶体管数量(提示：使用德摩根定理)。

B.5 根据习题B.4的要求构造一个8输入的CMOS“或”门。

B.6 (a) 请给出图PB.4所示的CMOS电路的真值表。

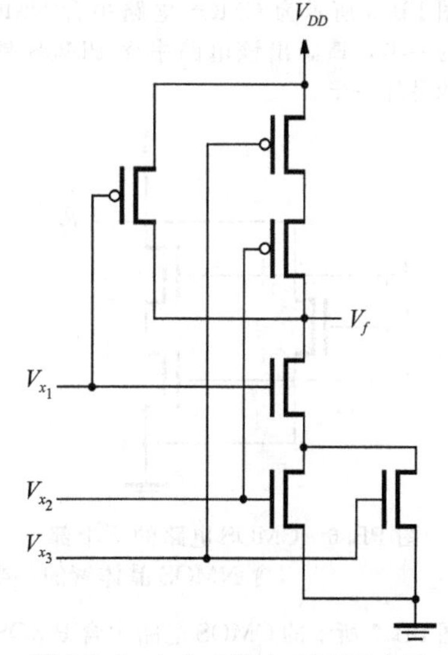

图PB.4 1个3输入CMOS电路

⊖ 本书最后给出了带星号习题的答案。

(b) 从(a)所得真值表推导出规范的积之和形式的表达式。如果只用“与”门、“或”门及“非”门实现一个代表该表达式的电路，共需要多少晶体管？

B. 7 (a) 请给出图 PB. 5 所示的 CMOS 电路的真值表。

(b) 从(a)所得真值表推导出规范的积之和形式的表达式。如果只用“与”门、“或”门及“非”门实现一个代表该表达式的电路，共需要多少晶体管？

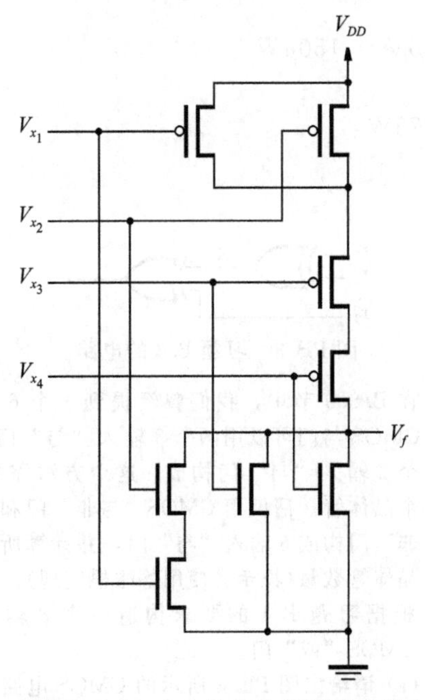

图 PB. 5 一个 4 输入的 CMOS 电路

* B. 8 图 PB. 6 所示为 CMOS 电路中含 NMOS 管的一半，请画出该电路中含 PMOS 晶体管的另外一半。

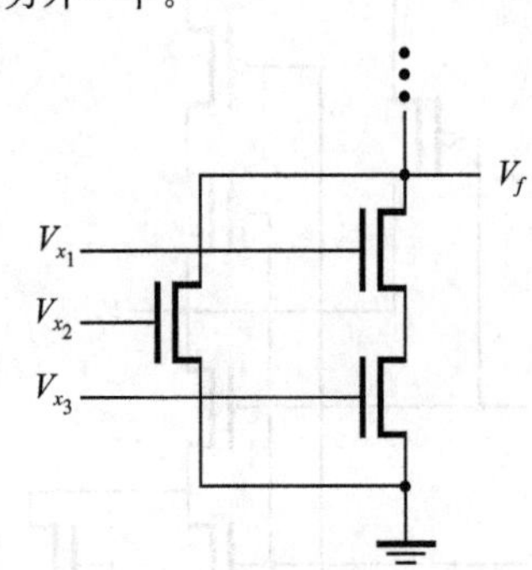

图 PB. 6 CMOS 电路的下半部（含 NMOS 晶体管的一半）

B. 9 图 PB. 7 所示的 CMOS 电路中含 PMOS 管的一半，请画出该电路中含 NMOS 管的另外一半。

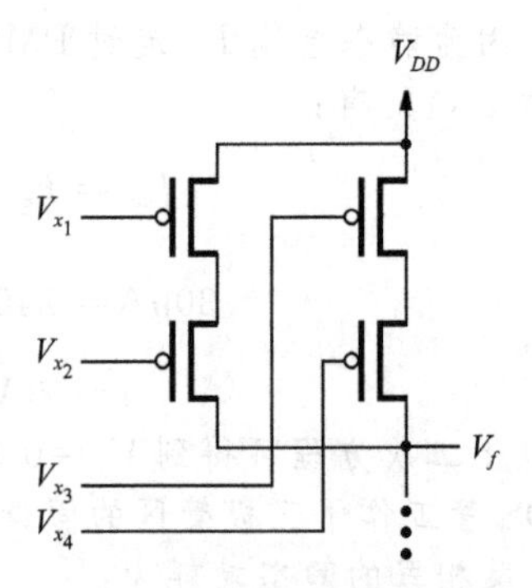

图 PB. 7 CMOS 电路的上半部（含 PMOS 晶体管的一半）

B. 10 推导出逻辑函数 $f(x_1, x_2, x_3, x_4) = \Sigma m(0, 1, 2, 4, 5, 6, 8, 9, 10)$ 的 CMOS 复杂门电路。

B. 11 推导出逻辑函数 $f(x_1, x_2, x_3, x_4) = \Sigma m(0, 1, 2, 4, 6, 8, 10, 12, 14)$ 的 CMOS 复杂门电路。

* B. 12 用尽可能少的晶体管实现逻辑函数 $f = xy + xz$ 的 CMOS 复杂门电路(提示：考虑 $\overline{f}$)。

B. 13 用尽可能少的晶体管实现逻辑函数 $f = xy + xz + yz$ 的 CMOS 复杂门电路(提示：考虑 $\overline{f}$)。

* B. 14 假设 NMOS 管的参数为：$k_n' = 20\mu A/V^2$，$W/L = 2.5\mu m/0.5\mu m$，$V_{GS} = 5V$，$V_T = 1V$。请计算：

(a) 当 $V_{DS} = 5V$ 时的 I_D。

(b) 当 $V_{DS} = 0.2V$ 时的 I_D。

B. 15 假设 PMOS 管的参数为：$k_p' = 10\mu A/V^2$，$W/L = 2.5\mu m/0.5\mu m$，$V_{GS} = -5V$，$V_T = -1V$。请计算：

(a) 当 $V_{DS} = -5V$ 时的 I_D。

(b) 当 $V_{DS} = -0.2V$ 时的 I_D。

B. 16 假设 NMOS 管的参数为：$k_n' = 20\mu A/V^2$，$W/L = 5.0\mu m/0.5\mu m$，$V_{GS} = 5V$，$V_T = 1V$，请计算在 V_{DS} 很小时的 R_{DS}。

* B. 17 假设 NMOS 管的参数为：$k_n' = 40\mu A/V^2$，$W/L = 3.5\mu m/0.35\mu m$，$V_{GS} = 3.3V$，$V_T = 0.66V$。请计算在 V_{DS} 很小时的 R_{DS}。

B. 18 假设 PMOS 管的参数为：$k_p' = 10\mu A/V^2$，$W/L = 5.0\mu m/0.5\mu m$，$V_{GS} = -5V$，$V_T = -1V$。请计算当 $V_{DS} = -4.8V$ 时的 R_{DS}。

B. 19 假设 PMOS 管的参数为：$k_p' = 16\mu A/V^2$，$W/L = 3.5\mu m/0.35\mu m$，$V_{GS} = -3.3V$，$V_T = -0.66V$。计算当 $V_{DS} = -3.2V$ 时的 R_{DS}。

B. 20 例 B. 17 中我们展示了如何计算伪 NMOS 反相器的电平。图 PB. 8 展示了一个伪 PMOS 反相器，在这个技术中，用一个弱的 NMOS 管实现下拉电阻。

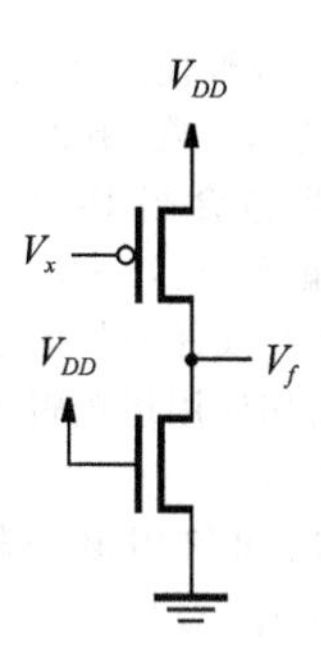

图 PB.8 伪PMOS反相器

当$V_x=0$V时，V_f为高电平，PMOS管工作于三极管区，而NMOS管工作于饱和区，限制了电流的大小。流过PMOS管和NMOS管的电流可以由式(B.1)和式(B.2)计算出，并且必须相等。请推导出$V_f=V_{OH}$的表达式(表示为V_{DD}、V_T、k_p、k_n的函数，其中k_p和k_n是增益因子，如同例B.17中所定义的)。

*B.21 在图PB.8所示的电路中，假设 $k_n'=60\mu A/V^2$，$k_p'=0.4k_n'$，$W_n/L_n=0.5\mu m/0.5\mu m$，$W_p/L_p=4.0\mu m/0.5\mu m$，$V_{DD}=5V$，$V_T=1V$，当$V_x=0$时，请计算：

(a) 静态电流I_{stat}

(b) PMOS管的导通电阻

(c) V_{OH}

(d) 反相器的静态功耗

(e) NMOS管的导通电阻

(f) 如果该反相器驱动70fF的负载电容。请用式B.4，计算由低到高和由高到低的传播延迟。

B.22 假设$W_n/L_n=4.0\mu m/0.5\mu m$，重新计算习题B.21的各项要求。

B.23 例B.17(见图B.77)展示了伪NMOS技术中的上拉器件是用PMOS管实现的。设想用伪NMOS技术构建一个与非门，假设电路中2个NMOS管参数都与例B.18相同，请重新计算习题例B.17的各项要求。

B.24 设想用伪NMOS技术实现一个或非门，完成习题B.23的各项要求。

*B.25 (a) 假设$V_{IH}=4V$，$V_{OH}=4.5V$，$V_{IL}=1V$，$V_{OL}=0.3V$，和$V_{DD}=5V$，计算噪声容限NM_H和NM_L。

(b) 对于一个用NMOS技术实现的8输入与非门，如果通过每一个晶体管的电压降为0.1V，请问V_{OL}是多少？如果用(a)中相同的其他参数，相应的N_{ML}是多少？

B.26 在稳态条件下，对于一个n输入的CMOS与非门，V_{OL}和V_{OH}为多少？并请加以解释。

B.27 假设CMOS反相器的负载电容为$C=150$fF且$V_{DD}=5V$，该反相器的电平周期性地在高、低电平间变化，其平均速率为$f=75$MHz。

(a)计算反相器的动态功耗。

(b)假如包含有250 000个等价反相器的芯片，且在任意时刻有20%的门改变状态，计算总动态功耗。

*B.28 假设$C=120$fF，$V_{DD}=3.3V$，且$f=125$MHz，重新计算习题B.27的各个要求。

B.29 在一个CMOS反相器中，假设 $k_n'=20\mu A/V^2$，$k_p'=0.4\times k_n'$，$W_n/L_n=5.0\mu m/0.5\mu m$，$W_p/L_p=5.0\mu m/0.5\mu m$，$V_{DD}=5V$。反相器的负载电容为150fF。

(a) 计算输出由高到低的传播延迟。

(b) 计算输出由低到高的传播延迟。

(c) 要使由低到高和由高到低的传播延迟相等，PMOS管的尺寸应该为多少？忽略PMOS管对反相器负载电容的影响。

B.30 假设参数 $k_n'=40\mu A/V^2$，$k_p'=0.4\times k_n'$，$W_n/L_n=W_p/L_p=3.5\mu m/0.35\mu m$，$V_{DD}=3.3V$，请重新计算习题B.29的各个要求。

B.31 假定一个CMOS反相器的参数$W_n/L_n=2$且$W_p/L_p=4$，如果要使CMOS与非门输出端的驱动电流(高、低电平)与反相器相等，计算该与非门的NMOS管和PMOS管的W/L。

*B.32 对于CMOS或非门，重新做习题B.31。

B.33 对于图B.16所示的CMOS复杂门电路，重新做习题B.31，其晶体管尺寸应该选择在最坏情况下的驱动电流与反相器相等。

B.34 对于图B.17所示的CMOS复杂门电路，重新做习题B.31。

B.35 图B.74所示的是NMOS传输晶体管静态功耗问题的一种解决方案。假设将PMOS管从该电路移走，并假设晶体管的参数为 $k_n'=60\mu A/V^2$，$k_p'=0.4\times k_n'$，$W_n/L_n=1.0\mu m/0.25\mu m$，$W_p/L_p=2.0\mu m/0.25\mu m$，$V_{DD}=2.5V$，$V_T=0.6V$，设$V_B=1.6V$，请计算：

(a) 静态电流I_{stat}

(b) 反相器输出电压V_f

(c) 反相器静态功耗

(d) 假如芯片包含了这种形式的500 000个反相器，求出总静态功耗。

B.36　用图 B.70 的风格，画出一个 PLA 的编程图形以实现函数 $f_1(x_1, x_2, x_3)=\Sigma m(1, 2, 4, 7)$。该 PLA 的输入为 x_1、x_2、x_3，乘积项为 P_1，…，P_4，输出为 f_1 和 f_2。

B.37　用图 B.70 的风格，画出一个 PLA 的编程图形以实现 $f(x_1, x_2, x_3)=\Sigma m(0, 3, 5, 6)$。认 PLA 的输入为 x_1，x_2，x_3，乘积项为 p_1，…，p_4，输出为 f_1 和 f_2。

B.38　用图 B.71 所示的风格实现习题 B.36 的函数 f_1，画出该 PLA 的编程图形。该 PLA 的输入为 x_1、x_2、x_3，和项为 S_1，…，S_4，输出为 f_1 和 f_2。

B.39　用图 B.71 所示的风格实现习题 B.37 的函数 f_1，画出该 PLA 的编程图形。该 PLA 的输入为 x_1、x_2、x_3，和项为 S_1，…，S_4，输出为 f_1 和 f_2。

B.40　用图 B.67 所示的 PLA 风格重做习题 B.38。

B.41　用图 B.67 所示的 PLA 风格重做习题 B.39。

B.42　习题 B.36 已经实现了函数 f_1，列出所有可能利用该 PLA 的输出端 f_2 还可以实现的逻辑函数。

B.43　习题 B.37 已经实现了函数 f_1，列出所有可能利用该 PLA 的输出端 f_2 还可以实现的逻辑函数。

B.44　用 5 个 2 输入的查找表(LUT)实现函数 $f(x_1, x_2, x_3)=x_1\overline{x}_2+x_1x_3+x_2\overline{x}_3$。用图 B.39 所示的风格表示，只需给出每个 LUT 的真值表即可，而不必画出 FPGA 中的连线。

*B.45　用 2 输入查找表(LUT)实现函数 $f_1(x_1, x_2, x_3)=\Sigma m(2, 3, 4, 6, 7)$。用图 B.39 所示的风格表示，只需给出每个 LUT 的真值表即可，而不必画出 FPGA 中的连线。

B.46　以最直接的方式用 FPGA 实现函数 $f=x_1x_2x_4+x_2x_3\overline{x_4}+\overline{x}_1\overline{x}_2\overline{x}_3$，需要 4 个 3 输入 LUT。请给出只用 3 个 3 输入 LUT 实现该函数的方案，并在每个 LUT 的输出端以逻辑表达式形式标出该 LUT 所实现的功能。

B.47　用 7 个 2 输入 LUT 实现习题 B.46 的逻辑函数 f，在每个 LUT 的输出端以逻辑表达式形式标出该 LUT 所实现的功能。

B.48　图 B.39 所示为一个已被编程实现某函数的 FPGA，其中一个引脚用作函数 f 的输出，还有其他几个引脚未使用。请在不改变图中已被编程为接通状态的开关的前提下，列出可以在未被使用的引脚上实现的另 10 个其他的逻辑函数(函数 f 除外)。

B.49　假设门阵列包含图 PB.9 所示类型的逻辑单元，其输入 in_1，…，in_7 可以连接到逻辑 1、逻辑 0 或任何其他逻辑信号。

(a) 表示出如何用该逻辑单元实现函数 $f=x_1x_2+x_3$。

(b) 表示出如何用该逻辑单元实现 $f=x_1x_3+x_2x_3$。

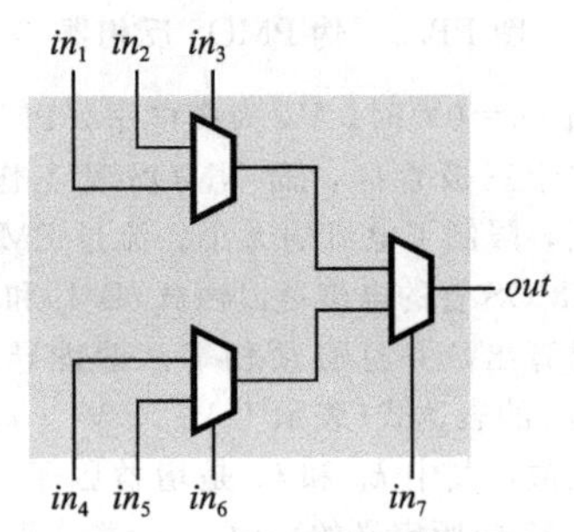

图 PB.9　一个门阵列逻辑单元

B.50　设门阵列中使用 3 输入与非门，每个与非门的输入可以连接到逻辑 1、逻辑 0 或任何其他逻辑信号。请表示出在该门阵列中如何实现以下逻辑函数(提示：使用德摩根定理)：

(a) $f=x_1x_2+x_3$

(b) $f=x_1x_2x_4+x_2x_3\overline{x_4}+\overline{x}_1$

B.51　图 PB.10 所示电路实现了什么功能的逻辑门？这种电路存在大的缺点吗？

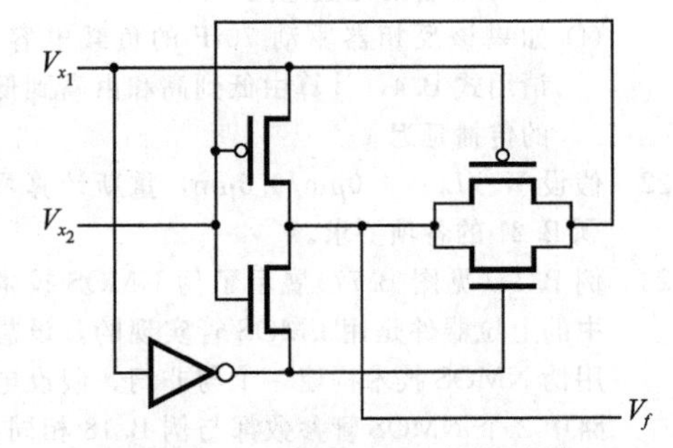

图 PB.10　习题 B.51 的电路图

*B.52　图 PB.11 所示电路实现的逻辑门是什么？这个电路存在大的缺点吗？

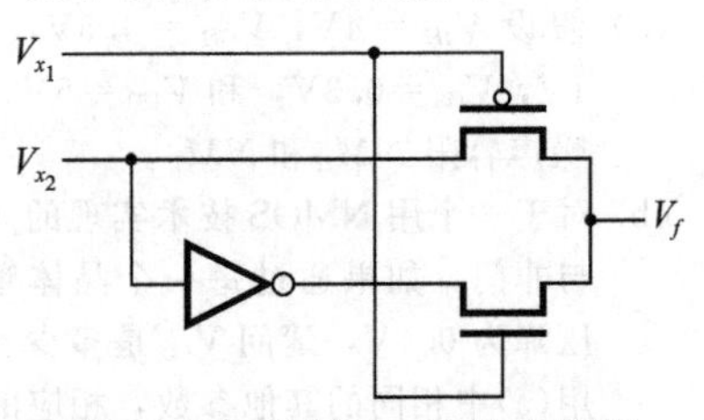

图 PB.11　习题 B.52 的电路图

参考文献

1. A. S. Sedra and K. C. Smith, *Microelectronic Circuits*, 5th ed. (Oxford University Press: New York, 2003).
2. J. M. Rabaey, *Digital Integrated Circuits*, (Prentice-Hall: Englewood Cliffs, NJ, 1996).
3. Texas Instruments, *Logic Products Selection Guide and Databook CD-ROM*, 1997.
4. National Semiconductor, *VHC/VHCT Advanced CMOS Logic Databook*, 1993.
5. Motorola, *CMOS Logic Databook*, 1996.
6. Toshiba America Electronic Components, *TC74VHC/VHCT Series CMOS Logic Databook*, 1994.
7. Integrated Devices Technology, *High Performance Logic Databook*, 1994.
8. J. F. Wakerly, *Digital Design Principles and Practices* 3rd ed. (Prentice-Hall: Englewood Cliffs, NJ, 1999).
9. M. M. Mano, *Digital Design* 3rd ed. (Prentice-Hall: Upper Saddle River, NJ, 2002).
10. R. H. Katz, *Contemporary Logic Design* (Benjamin/Cummings: Redwood City, CA, 1994).
11. J. P. Hayes, *Introduction to Logic Design* (Addison-Wesley: Reading, MA, 1993).
12. D. D. Gajski, *Principles of Digital Design* (Prentice-Hall: Upper Saddle River, NJ, 1997).
13. Lattice Semiconductor, Simple PLDs Data Sheets, http://www.latticesemi.com
14. V. C. Hamacher, Z. G. Vranesic, S. G. Zaky, and N. Manjikian, *Computer Organization and Embedded Systems*, 6th ed. (McGraw-Hill: New York, 2011).
15. D. A. Patterson and J. L. Hennessy, *Computer Organization and Design—The Hardware/Software Interface*, 3rd ed. (Morgan Kaufmann: San Francisco, CA, 2004).

部分习题参考答案

第 1 章

1.1 (a) 10100 (b) 1100100 (c) 10000001
(d) 100000100 (e) 1010000000000

1.4 (a) 10001 (b) 100001 (c) 1000011
(d) 10000010 (e) 10100000000
(f) 1100100000000000

1.6 (a) 9 (b) 28 (c) 63 (d) 2730

1.8 (a) 9 (b) 10 (c)10 (d) 11

第 2 章

2.7 (a) 对 (b) 对 (c) 错

2.12 $f=x_1x_3+x_2x_3+\overline{x}_2\overline{x}_3$

2.15 $f=(x_1+x_2)(\overline{x}_2+x_3)$

2.20 $f=x_2x_3+x_1\overline{x}_3$

2.23 $f=(x_1+x_2)(\overline{x}_1+\overline{x}_3)$

2.28 $f=x_1x_2+x_1x_3+x_2x_3$

2.32 $f=(x_1+x_2+\overline{x}_3)(x_1+\overline{x}_2+x_3)(\overline{x}_1+\overline{x}_2+\overline{x}_3)(\overline{x}_1+x_2+x_3)$

2.33 $f=\overline{x}_1x_3+\overline{x}_1x_2+x_2x_3+x_1\overline{x}_2\overline{x}_3$

2.37 SOP 形式：$f=\overline{x}_1x_2+\overline{x}_2x_3$
POS 形式：$f=(\overline{x}_1+\overline{x}_2)(x_2+x_3)$

2.38 SOP 形式：$f=x_1\overline{x}_2+x_1x_3+\overline{x}_2x_3$
POS 形式：$f=(x_1+x_3)(x_1+\overline{x}_2)(\overline{x}_2+x_3)$

2.41 SOP 形式：$f=\overline{x}_3\overline{x_5}+\overline{x}_3x_4+x_2x_4\overline{x_5}+\overline{x}_1x_3\overline{x_4}x_5+x_1x_2\overline{x_4}x_5$
POS 形式：$f=(\overline{x}_3+x_4+x_5)(\overline{x}_3+\overline{x_4}+\overline{x_5})(x_2+\overline{x}_3+\overline{x_4})(x_1+x_3+x_4+\overline{x_5})(\overline{x}_1+x_2+x_4+\overline{x_5})$

2.45 $f=x_1x_2x_3+x_1x_2x_4+x_1x_3x_4+x_2x_3x_4$

2.47 错误：考虑 $f(x_1, x_2, x_3)=\Sigma m(0, 5, 7)$ 的计数器，则最低成本的积之和形式 $f=x_1x_3+\overline{x}_1\overline{x}_2\overline{x}_3$ 是唯一的。但是，存在 2 个最低成本的和之积形式：
$f=(x_1+\overline{x}_3)(\overline{x}_1+x_3)(x_1+\overline{x}_2)$ 和 $f=(x_1+\overline{x}_3)(\overline{x}_1+x_3)(\overline{x}_2+x_3)$

2.48 在一个组合电路中：
$f=\overline{x}_2x_3\overline{x_4}+\overline{x}_1\overline{x}_3\overline{x_4}+x_1\overline{x}_2\overline{x}_3x_4+\overline{x}_1x_2x_3$
$g=\overline{x}_2x_3\overline{x_4}+\overline{x}_1\overline{x}_3\overline{x_4}+x_1\overline{x}_2\overline{x}_3x_4+x_1x_2x_4$
前 3 个乘积项可以共享，因此总成本为 31。

2.50 $f=(x_1+x_4+x_5)\cdot(x_1+x_2+x_3)\cdot(\overline{x}_1+\overline{x}_2+x_3)\cdot(\overline{x}_1+\overline{x_4}+x_5)$。

2.54 电路为：

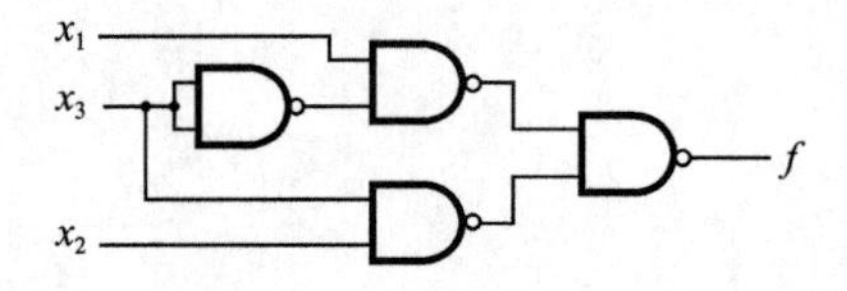

2.56 电路为

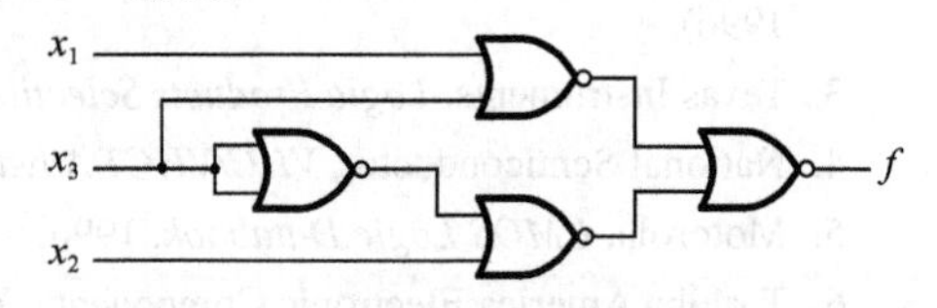

2.66 都表示了卡诺图形式的函数，很容易得到 $f=g$。

第 3 章

3.1 (a) 478 (b) 743 (c) 2025 (d) 41 567
(e) 61 680

3.2 (a) 478 (b) −280 (c) −1

3.3 (a) 478 (b) −281 (c) −2

3.4 表示的数字如下：

十进制数	符号与幅度	基数为 1 的补码	基数为 2 的补码
73	000001001001	000001001001	000001001001
1906	011101110010	011101110010	011101110010
−95	100001011111	111110100000	111110100001
−1630	111001011110	100110100001	100110100010

3.11 是的，能工作。在 $i>0$ 阶段产生 c_i 的非门用不到。缺点是通过顶层 NMOS 管传输 $\overline{c_i}=1$ 的能力较“弱”。优点是产生 $\overline{c_{i+1}}$ 所需要的晶体管较少。

3.12 由式 3.4 可以看出，每一个 c_i 需要 i 个与门和 1 个或门。因此，为了确定所有的 c_i 信号，需要 $\sum_{i=1}^{n}(i+1)=(n^2+3n)/2$ 个门。另外，还需要 $3n$ 个门产生所有的 g、p 和 s 函数。因此，总共需要 $(n^2+9n)/2$ 个门。

3.13 84 个门

3.17 图 P3.2 所示的代码表示一个乘法器。它将 Input 的低两位乘以 Input 的高两位，产生 4 位的输出(Output)。

3.21 可以使用一个全加器电路，将数的两位分别连接到输入信号 x 和 y，而第 3 位连接到进位信号，因此溢出位与和位将给出输入的数中 1 的个数，电路如图所示：

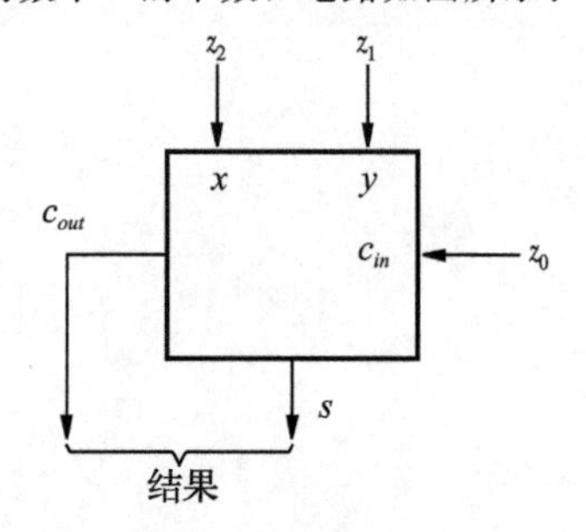

第 4 章

4.3

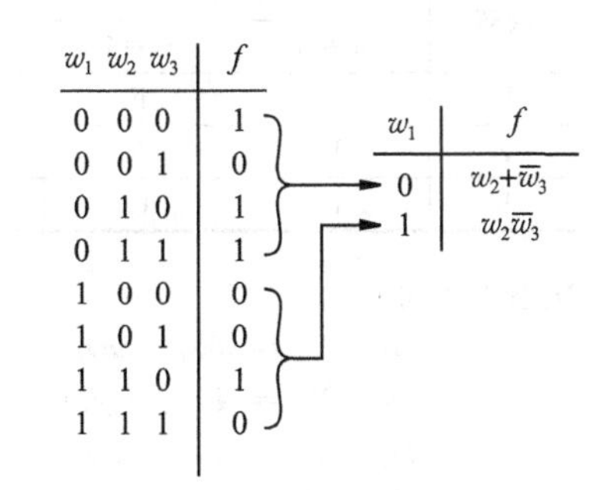

w_1 w_2 w_3	f
0 0 0	1
0 0 1	0
0 1 0	1
0 1 1	1
1 0 0	0
1 0 1	0
1 1 0	1
1 1 1	0

w_1	f
0	$w_2+\overline{w}_3$
1	$w_2\overline{w}_3$

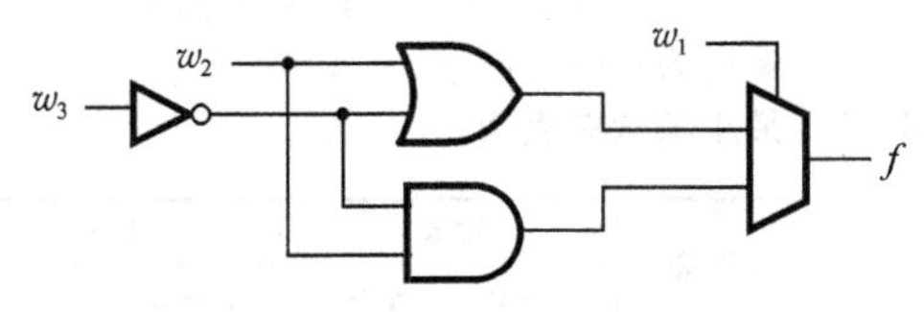

4.5 所推导出的电路如图所示：

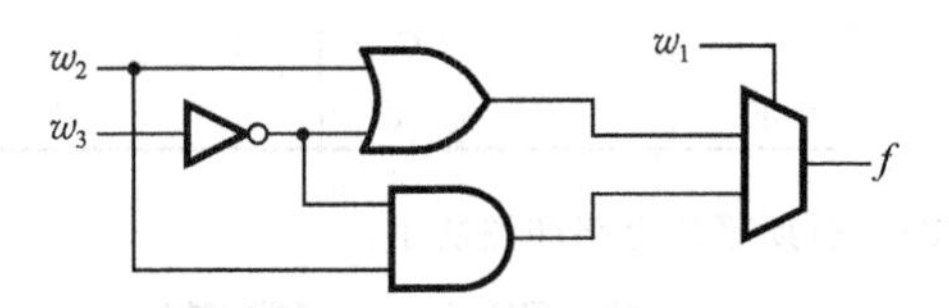

4.10 $f(w_1, w_2, \ldots, w_n)=[w_1+f(0, w_2, \cdots, w_n)]\cdot[\overline{w}_1+f(1, w_2, \ldots, w_n)]$

4.11 函数 f 针对 w_2 项展开，有：

$$f=\overline{w}_2(\overline{w}_1+\overline{w}_3)+w_2(w_1 w_3)$$
$$=w_2\oplus(\overline{w}_1+\overline{w}_3)$$
$$=w_2\oplus\overline{w_1 w_3}$$

该电路需耗费 2 个门和 4 个输入，成本为 6

4.13.

$$a=w_3+w_2 w_0+w_1+\overline{w}_2\,\overline{w}_0$$
$$b=\overline{w}_1\overline{w}_0+w_1 w_0+\overline{w}_2$$
$$c=w_2+\overline{w}_1+w_0$$

4.18 图 P4.2 所示的代码是一个具有使能输入的 2 到 4 的译码器，图中代码并不是描述这个解码器的一个好的形式，该代码不容易读，甚至 Verilog 编译器总将 **if** 条件转入多路选择器，在这种情况下，所得到的译码器在输出端可能产生由 En 信号控制的多路选择器。

第 5 章

5.3 电路如图所示

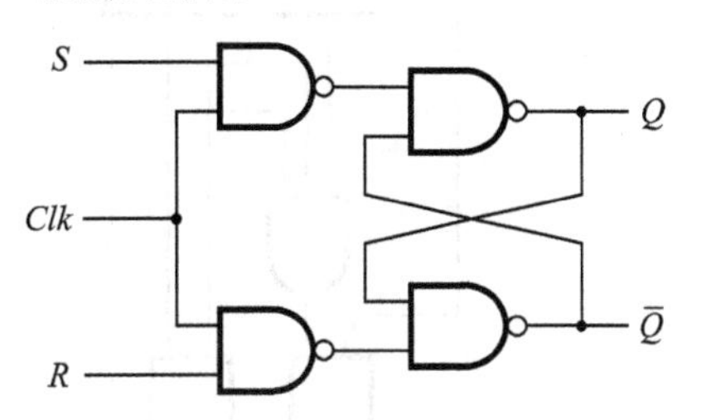

5.5 一种可能的电路如图所示：

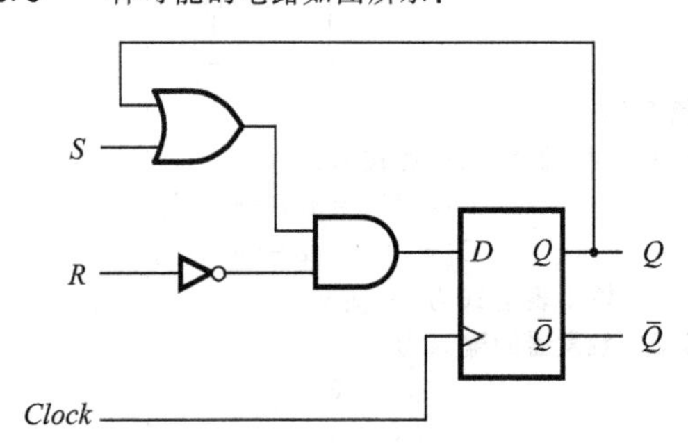

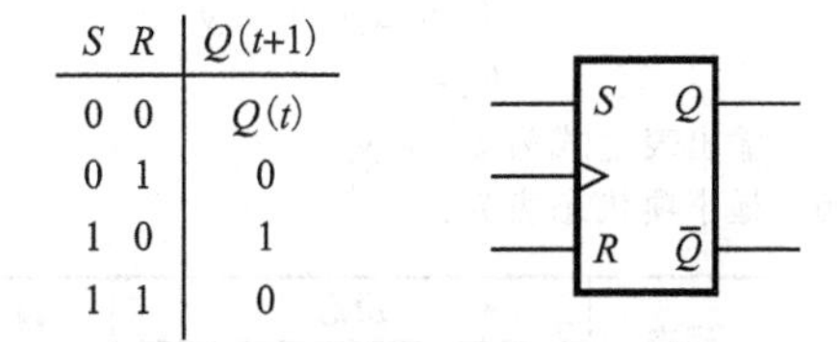

S R	$Q(t+1)$
0 0	$Q(t)$
0 1	0
1 0	1
1 1	0

5.8 该电路是一个下降沿触发的 JK 触发器，其中 $J=A$，$K=B$，$Clock=C$，$Q=D$，$\overline{Q}=E$。

5.15 实现所要求的计数器的电路如图所示：

5.17 计数序列为 000，001，010，111。

5.21 电路中的最长延时是从 FF_0 的输出到 FF_3 的输出。这个总延时是 5ns。因此该电路可靠工作的最小周期为：

$$T_{min}=5+3+1=9\text{ns}$$

最高频率为：

$$F_{max}=1/T_{min}=111\text{MHz}$$

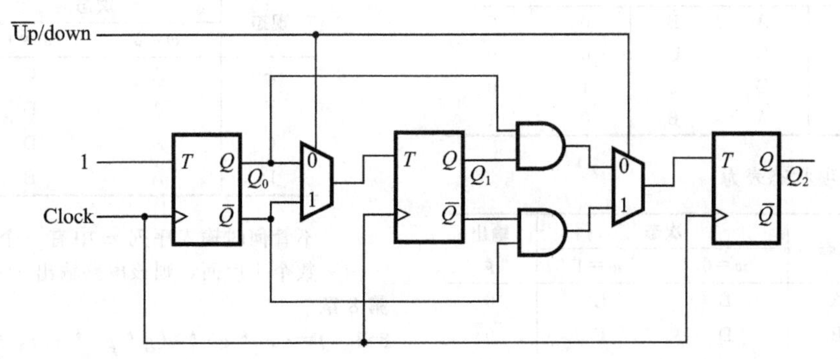

5.26 一种合适的电路如图所示：

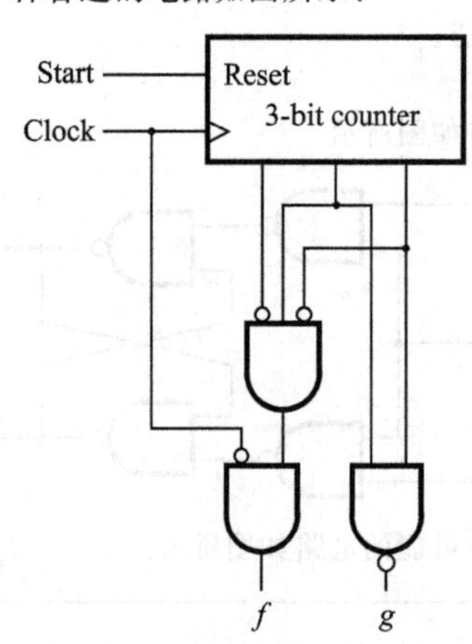

第6章

6.1 触发器输入表达式为：

$$D_2 = Y_2 = \overline{w}y_2 + \overline{y}_1\,\overline{y}_2$$
$$D_1 = Y_1 = w \oplus y_1 \oplus y_2$$

输出表达式为 $z = y_1 y_2$。

6.2 触发器的输入为：

$$J_2 = \overline{y}_1$$
$$K_2 = w$$
$$J_1 = \overline{w}y_2 + w\overline{y_2}$$
$$K_1 = J_1$$

输出表达式为 $z = y_1 y_2$

6.5 最小项状态表为：

现态	次态		输出
	$w=0$	$w=1$	z
A	A	B	0
B	E	C	0
C	D	C	0
D	A	F	1
E	A	F	0
F	E	C	1

6.6 最小项状态表为：

现态	次态		输出	
	$w=0$	$w=1$	$w=0$	$w=1$
A	A	B	0	0
B	D	C	0	0
C	D	C	1	0
D	A	B	0	1

6.12 最小项状态表为：

现态	次态		输出
	$w=0$	$w=1$	p
A	B	C	0
B	D	E	0
C	E	D	0
D	A	F	0
E	F	A	0
F	B	C	1

6.15 次态表达式为：

$$D_4 = Y_4 = \overline{w}y_3 + wy_1$$
$$D_3 = Y_3 = \overline{w}(y_1 + y_4)$$
$$D_2 = Y_2 = \overline{w}y_2 + wy_4$$
$$D_1 = Y_1 = w(y_2 + y_1)$$

输出为：$z = y_4$。

6.17 最小项状态表为：

现态	次态		输出	
	$w=0$	$w=1$	$w=0$	$w=1$
A	A	C	0	0
C	F	C	0	1
F	C	A	0	1

6.21 所期望的电路如图所示：

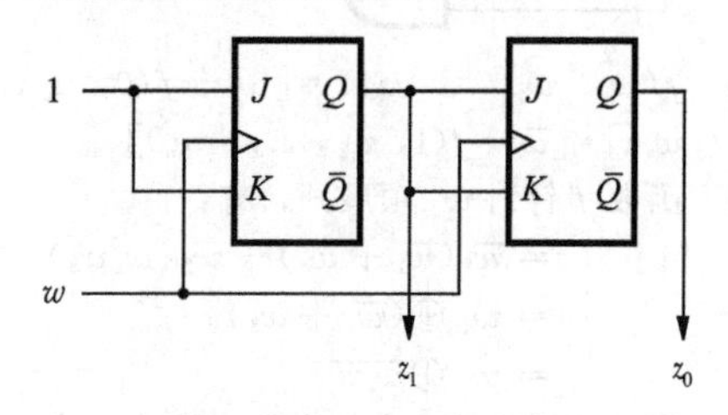

6.22 所期望的电路如图所示：

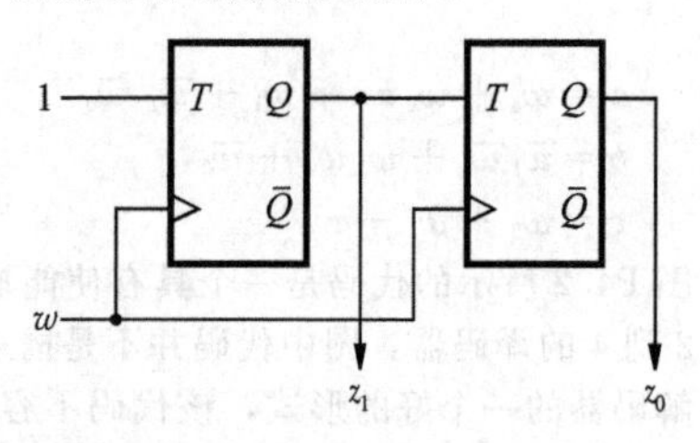

6.29 状态表如下所示：

现态	次态		输出
	$w=0$	$w=1$	z
A	A	C	0
B	A	D	1
C	A	D	0
D	A	B	0

不管何时输入序列 w 中有一个 0 跟随在偶数个 1 后面，则该电路输出 $z=1$。

第8章

8.1 $f = (x_3 \uparrow g) \uparrow ((g \uparrow g) \uparrow x_4)$，式中 $g = (x_1 \uparrow (x_2 \uparrow x_2)) \uparrow ((x_1 \uparrow x_1) \uparrow x_2)$

8.2　$\overline{f}=(((x_3\downarrow x_3)\downarrow g)\downarrow((g\downarrow g)\downarrow(x_4\downarrow x_4))$，式中 $g=((x_1\downarrow x_1)\downarrow x_2)\downarrow(x_1\downarrow(x_2\downarrow x_2))$，则 $f=\overline{f}\downarrow\overline{f}$。

8.5　$f=\overline{x}_1(x_2+x_3)(x_4+x_5)+x_1(\overline{x}_2+x_3)(\overline{x_4}+x_5)$

8.8　$f=g\cdot h+\overline{g}\cdot\overline{h}$，式中 $g=x_1x_2$ 并且 $h=x_3+x_4$。

8.12　BDD 如图所示：

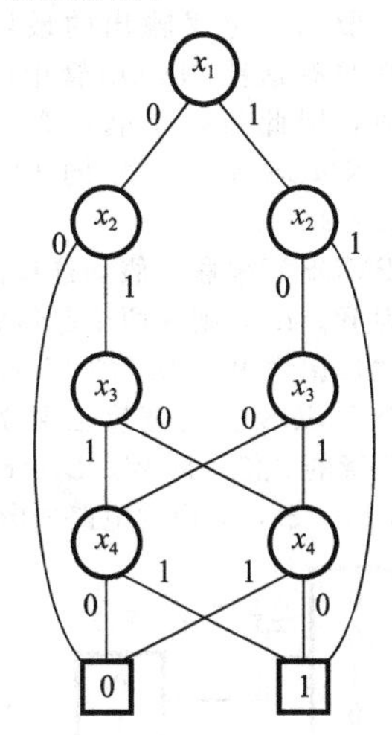

8.18　$f=\overline{x}_1\overline{x}_2\overline{x_4}+\overline{x}_1x_2\overline{x}_3+x_1\overline{x}_2\overline{x}_3+x_2x_3x_4$

第 9 章

9.1　流程表如下：

现态	次态				z_2z_1
	$w_2w_1=00$	01	10	11	
A	D	C	D	C	11
B	D	D	(B)	(B)	10
C	D	(C)	D	(C)	01
D	(D)	C	B	C	00

如果进行 $A\leftrightarrow D$ 和 $B\leftrightarrow C$ 的替换，则上表的行为与图 9.21a 所示的流程表所描述的行为相同。

9.8　采用图 9.40a 的合并图，图 9.39 中的 FSM 变为如表所示：

现态	次态				z
	$w_2w_1=00$	01	10	11	
A	(A)	G	E	—	0
B	(B)	C	(B)	D	0
C	B	(C)	E	(C)	1
D	—	C	E	(D)	0
E	A	—	(E)	D	1
G	B	(G)	—	D	1

9.10　无冒险的最低成本实现为

$$f=\overline{x}_1\overline{x}_3\overline{x_4}+x_1x_2x_4+x_1x_3x_4$$

9.12　无冒险的最低成本 POS 实现为：$f=(x_1+x_2+x_4)(x_1+x_2+\overline{x}_3)(x_1+\overline{x}_3+\overline{x_4})(x_2+\overline{x}_3+x_4)$。

9.14　如果 $A=B=D=E=1$，且 C 由 0 变化到 1，则 f 发生 0→1→0 的变化，而 g 发生 0→1→0→1 的变化。因此，f 存在一个静态冒险，而 g 存在一个动态冒险。

9.17　激励表为：

现态	次态				输出			
	$wc=00$	01	10	11	00	01	10	11
	Y				z			
0	(0)	(0)	1	(0)	0	0	0	0
1	0	(1)	(1)	(1)	0	1	0	1

次态表达式为 $Y=w\overline{c}+cy+wy$，注意式中的 wy 项可以防止静态冒险。输出表达式是 $z=cy$。

第 11 章

11.1　最小项测试集必须包含测试矢量 $w_1w_2w_3=$ 011、101 及 111，以及 000、010 或 100 中的一个。

11.3　两个函数仅在顶点 $x_1x_2x_3x_4=0111$ 时不同。因此，可以通过应用这个输入值区分电路。

11.5　测试矢量为：$w_1w_2w_3w_4=1111$，1110，0111 和 1111。

11.9　不能检测出 w_1 的固定 1 故障，因为该电路高度冗余，它实现了函数 $f=w_3(\overline{w}_1+\overline{w}_2)$，该函数可以用更简单一点的电路实现。

11.11　测试集为{0000，0111，1111，1000}，如图 4.26c 所示的异或门实现方式工作。如果为 n 位，可以采用同样的模式，其测试矢量为{00…00，011…1，11…1，100…0}。

11.12　图 6.16c 所示的译码电路中只有在 En 有效时 4 个与门才激活，当 $En=1$ 时，要求测试集必须包含 w_1 和 w_2 的所有的 4 种组合；并且还需要测试 En 的固定 1 故障，这可以使用测试向量 $w_1w_2En=000$ 测试。因此，一个完整的测试集包含 $w_1w_2En=$ 000，001，011，101 和 111。

附录 B

B.4　使用的电路如图所示。

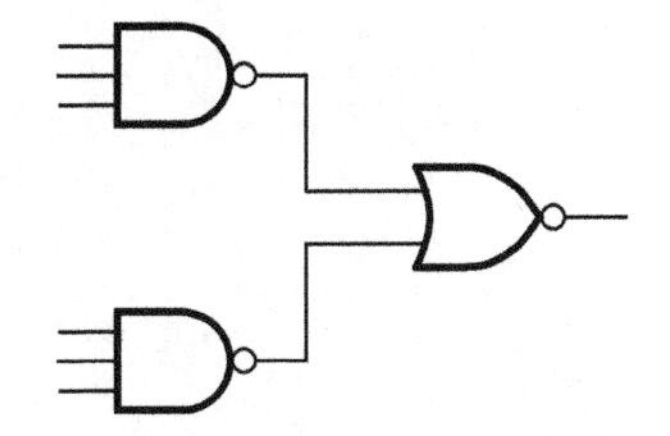

共需要 16 个晶体管。

B.8　完整电路如图所示。

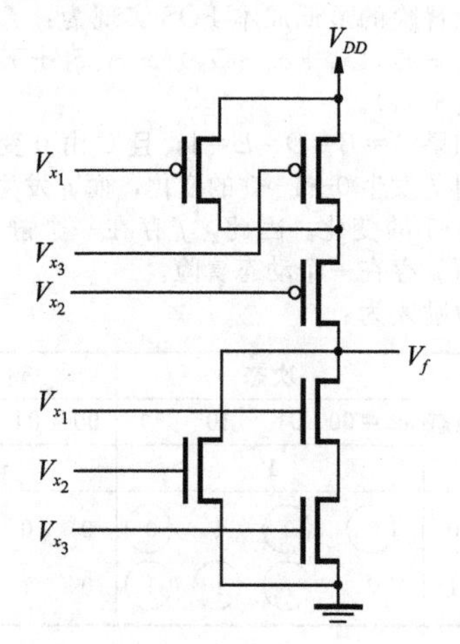

B.12　所期望的电路如图所示。

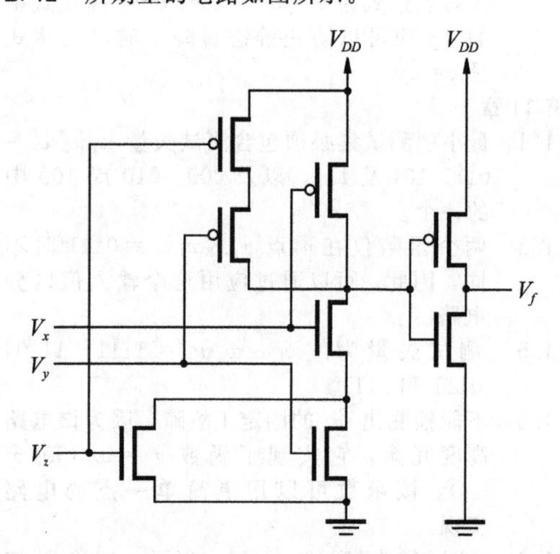

B.14　(a) $I_D=800\mu A$　(b) $I_D=78\mu A$。

B.17　$R_{DS}=947\Omega$

B.25　(a) $NM_H=0.5V$　$NM_L=0.7V$

(b) $V_{OL}=0.8V$　$NM_L=0.2V$

B.28　(a) $P_{NOT\_gate}=163\mu W$

(b) $P_{total}=8.2W$

B.32　CMOS“或”门中的两个 NMOS 管是并联的。驱动低电平输出的最坏情况电流发生在只有这些 NMOS 管中的一个“导通”时，因此每一个晶体管必须和反相器中 NMOS 管有相同的尺寸，即 $W_n/L_n=2$。

两个 PMOS 管串联，假如这些晶体管的宽长比为 W_p/L_p，则这两个晶体管可以看成一个宽长比为 $W_p/2L_p$ 的 PMOS 管，因此每一个 PMOS 管的宽度必须为反相器中 PMOS 管的 2 倍，即 $W_p/L_p=8$。

B.45　$f=x_2+x_1\,\overline{x}_3$，对应的电路如图所示。

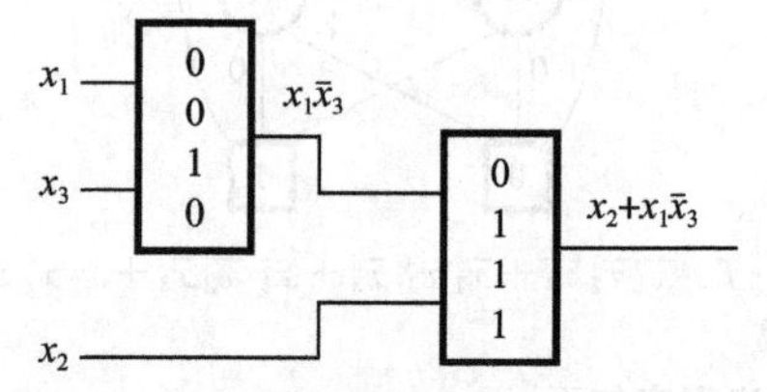

B.55　图 PB.11 所示的电路是一个 2 输入的“异或”门，这个电路存在两个缺点：当输入都为 0 时，PMOS 管必须驱动输出 f 到 0，导致 $f=V_T$ 伏；同时，当 $x_1=1$ 且 $x_2=0$ 时，NMOS 管必须驱动输出 f 为高电平，导致 $f=V_{DD}-V_T$。